FLORE

DE L'OUEST

DE LA FRANCE

PAR

JAMES LLOYD

NANTES

FLORE

DE L'OUEST DE LA FRANCE.

A PARIS,

Chez J. B. Baillière, libraire, rue Hautefeuille, 19.

NANTES, IMPRIMERIE MERSON.

FLORE
DE L'OUEST
DE LA FRANCE,

OU DESCRIPTION DES PLANTES

Qui croissent spontanément dans

LES DÉPARTEMENTS DE : CHARENTE-INFÉRIEURE,
DEUX-SÈVRES, VENDÉE,
LOIRE-INFÉRIEURE, MORBIHAN, FINISTÈRE,
CÔTES-DU-NORD, ILLE-ET-VILAINE,

PAR

M. JAMES LLOYD.

2e ÉDITION.

NANTES,
Mme TH. VELOPPÉ, LIBRAIRE,
RUE JEAN-JACQUES ROUSSEAU, 1.

1868.

A Monsieur T. Letourneux.

MON CHER AMI,

Veuillez accepter cette nouvelle Édition d'une FLORE *dont vous connaissez tous les détails. Puissent les plantes qui vont passer sous vos yeux vous rappeler les observations, les découvertes, les plaisirs passés; puissent ces lignes être pour vous un nouveau témoignage de l'amitié de*

J. LLOYD.

INTRODUCTION.

La Flore de l'Ouest de la France contient la description des plantes qui croissent dans les départements suivants : Charente-Inférieure, Deux-Sèvres, Vendée, Loire-Inférieure, Morbihan, Finistère, Côtes-du-Nord, Ille-et-Vilaine. Elle se trouve ainsi limitée par : la flore de la Vienne par Delastre, celles de Maine-et-Loire par Bastard, Desvaux et Guépin, la flore de la Sarthe et de la Mayenne par Desportes, enfin celle de la Normandie par M. de Brébisson.

Les descriptions ont été faites, sauf quelques rares exceptions indiquées, sur les plantes vivantes du pays, et le nombre d'espèces décrites dans le texte et dans les notes, s'élève à environ 1700. Parmi celles-ci quelques-unes ont été introduites, soit comme point nécessaire de comparaison, soit parce que j'ai la certitude ou l'espoir qu'elles seront trouvées dans nos limites ; mais je puis assurer qu'aucune ne figure ici pour grossir le livre ou pour le substituer aux ouvrages de mes voisins. Ces plantes étrangères, signalées quelquefois d'une manière très-succincte, sont précédées du signe * ou bien décrites en note.

Les localités sont classées par département dans l'ordre indiqué ci-dessus, en commençant par la

Charente-Inférieure, et lorsque je n'ai pas recueilli une plante, la personne qui me l'a communiquée est citée. Cependant, dans certains cas, l'abondance des indications m'a engagé à généraliser, en supprimant quelques noms; mais j'espère que les botanistes ne me sauront pas mauvais gré de cette omission, et qu'ils consentiront sans regret à un sacrifice qui permet, en moins de place, une distribution plus régulière des localités. D'un autre côté, il m'a été impossible dans la plupart des cas d'établir un ordre de priorité dans les découvertes, ainsi, le nom du botaniste cité après une localité, signifie seulement qu'il m'a fait voir la plante décrite.

Si dans ce travail j'ai omis plus d'une espèce notée dans les livres ou qui m'a été indiquée, c'est que je me suis imposé la règle de ne décrire que celles dont je peux prouver l'existence; je laisse la production des mêmes preuves aux personnes mieux renseignées que moi sur ces omissions.

J'ai noté par le signe ✕ les plantes qui ne croissent pas dans la Bretagne proprement dite, c'est-à-dire au nord de la Loire. Ce n'est pas parce que sur chaque rive règne une végétation différente, comme je l'expliquerai ailleurs; mais au midi et même quelquefois assez loin de ce fleuve commencent les grands bassins calcaires avec les plantes propres à ce terrain, ainsi que les plantes méridionales étrangères à la Bretagne et dont le botaniste n'a pas à s'occuper tant qu'il herborise dans cette province. Ce signe permettra aux botanistes bretons de faire plus facilement l'inventaire de leur flore spéciale.

Je n'ai pas cru devoir insérer les prétendus noms français de genres et d'espèces, que l'on trouve répétés dans toutes les Flores. Si ces noms sont usités quelque part, ce dont je doute, ils ne le sont certainement pas dans ce pays. Qui de nous s'est servi des mots de *Double rang à feuilles menues*, de *Diplotaxide à feuilles étroites*, de *Troscart*, de *Fluteau*, de *Tabouret*, de *Vigne portevin*, de *Géranion columbain*, d'*Erodion cicutain*, de *Ronce framboisier*, de *Poirier pommier*, de *Morelle tubéreuse*, etc.? Le botaniste est heureux de posséder une langue universelle, et, d'un autre côté, il doit s'apercevoir que les gens du monde et de la campagne n'empruntent aux flores aucune des dénominations précédentes.

Je ne me suis point occupé des plantes cultivées dont l'énumération appartient aux livres de jardinage. Ce n'est pas avec l'addition de 100 à 300 plantes exotiques que l'on parvient aujourd'hui à prévenir tous les cas où le commençant est embarrassé par une plante étrangère, et plutôt que de grossir ce volume par des descriptions qui lui ôteraient son caractère local, je renvoie aux livres traitant spécialement cette matière, par ex. au *Bon Jardinier*, à la *Statistique horticole de Maine-et-Loire* par M. Millet d'Angers, et surtout à la *Flore élémentaire des jardins et des champs*, par MM. Lemaout et Decaisne. Ce dernier ouvrage, volume de 936 pages, donne la description des plantes sauvages les plus apparentes, de la plupart des espèces cultivées, avec leurs propriétés, l'étymologie des genres; c'est le véritable complément des flores locales. Afin de diriger le commençant au milieu de la masse considérable de plantes décrite dans ces livres, je donne à la fin de l'Introduction une liste des plantes le plus généralement cultivées.

La description des familles est extraite des ouvrages de De Candolle, de Lindley et du Synopsis de Koch. Les caractères tirés de l'embryon ont été omis, parce que l'élève ne s'en occupe jamais, et parce que le botaniste ne vient pas les étudier dans une petite Flore locale. Il me semble aussi que l'on ne doit entretenir les élèves que des familles dont ils ont sous les yeux des représentants nombreux ou caractéristiques. C'est pour cette raison que je n'ai pu me résoudre à donner la description de celles dont nous ne possédons qu'un seul genre ou une seule espèce. J'ai cru plus simple d'indiquer dans le genre des caractères suffisants pour l'exclure des familles voisines.

J'ai adopté pour la distribution de cette Flore, l'ordre du Synopsis de Koch, 2me édition, ouvrage qui est généralement suivi pour les plantes de l'Europe centrale, et qui a toujours de la valeur malgré les innovations récentes. Lorsque, dans cet auteur ou dans d'autres, j'ai rencontré une phrase s'appliquant à nos plantes, je n'ai pas hésité à me l'approprier, sans chercher à déguiser l'emprunt; mais j'ajouterai encore que je n'ai inséré aucun caractère sans l'avoir vérifié sur le vivant. Quand toute vérification, soit de caractères, soit de localités, m'a été impossible, ces exceptions sont notées entre « ». J'ai été très-sobre de ces citations, et, quoique j'y attache de la valeur, chacun est libre d'y donner la considération que l'auteur cité mérite à ses yeux.

— Le sol de la Charente-Inférieure est presque entièrement calcaire; ce terrain se continue dans le midi et le long de l'est des Deux-Sèvres, ainsi que dans le midi de la Vendée. Dans ce dernier département, il reparait sur plusieurs localités peu étendues, ainsi qu'à Machecoul et à Arthon dans la Loire-Inférieure. Au delà de la Loire, ce terrain ne forme que quelques points dont le plus considérable est au midi et près de Rennes.

Le Bocage des Deux-Sèvres, celui de la Vendée et le midi de la Loire-Inférieure sont presque entièrement formés de terrains primitifs.

Au nord de la Loire, la Bretagne se compose de deux chaînes de terrains primitifs, l'une au sud assez continue, l'autre au nord, formée d'une multitude d'îlots séparés par les mêmes terrains de transition qui occupent tout l'espace compris entre ces deux chaînes.

— L'Ouest de la France offre deux Flores distinctes : la Flore maritime et celle de l'intérieur. La première comprend : 1° les plantes propres aux prés, aux vases et aux marais salés ; 2° les plantes des sables maritimes ; 3° les plantes des rochers et des coteaux ; 4° celles qui habitent les prés, les décombres et les terres cultivées ou incultes.

(N° 1.) PLANTES DES PRÉS, DES VASES ET DES MARAIS SALÉS.

Ranunculus Baudotii.
Cochlearia danica.
— anglica.
Lepidium latifolium.
Arenaria marina.
— media.
Eryngium viviparum.
Apium graveolens.
Aster Tripolium.
Inula crithmoïdes.
Artemisia maritima.
Sonchus maritimus.
Glaux maritima.
Statice Limonium.
— rariflora.
— lychnidifolia.
— Dodartii.
Plantago maritima.
Salicornia fruticosa.
— *radicans*.
— herbacea.
Salsola Soda.
Suæda maritima.
— fruticosa.
Atriplex littoralis.
— portulacoïdes.
Beta maritima.
Ruppia maritima.
— rostellata.
Althenia filiformis. X.
Zostera marina.
— nana.
Triglochin maritimum.
Juncus maritimus.
— Gerardi
Scirpus maritimus.
— parvulus.
— Rothii.
— Duvalii.
— triqueter.
— Savii.
Carex extensa.
— divisa.
Alopecurus bulbosus.
Crypsis aculeata.
— schœnoïdes.
Spartina stricta.
Polypogon maritimus.
— monspeliensis
— littoralis.
Agrostis maritima.
Glyceria maritima.
— distans.
— procumbens.
Hordeum maritimum.
Rottboellia incurvata.
Chara alopecuroïdes.

(N° 2.) PLANTES DES SABLES MARITIMES.

Matthiola sinuata.
Cakile serapionis.
Cistus salvifolius. X.
Viola nana.
Dianthus gallicus.
Silene Thorei. X.
— portensis.
— Otites var. umbellata
Arenaria peploïdes.
— *Lloydii.*
Cerastium tetrandrum.
Erodium cicutarium var.
Tribulus terrestris.
Ononis reclinata.
Medicago marina.
— striata.
— littoralis. X.
Trifolium arenivagum.
Eryngium maritimum.
Galium arenarium.
— neglectum.
Helichrysum Stæchas.
Artemisia crithmifolia.
Diotis candidissima.
Chrysanthem. maritim.
Centaurea aspera. X.
Thincia hirta var.
Crepis suffreniana.
— bulbosa.
Jasione montana var.
Convolvulus Soldanella.
Omphalodes littoralis.
Linaria arenaria.
— thymifolia. X.
— supina.
Lysimachia Lin. stellat.
Salsola Kali.
Atriplex crassifolia.
Polygonum maritimum.
— *Rayi.*
Euphorbia Peplis.
— Paralias.
— portlandica.
Ephedra distachya.
Pancratium maritimum.
Asparagus officinalis var.
Juncus maritimus.
— acutus.
Scirpus Holoschœnus.
Carex arenaria.
— trinervis.
Phleum arenarium.
Lagurus ovatus.
Calamagrostis arenaria.
Poa loliacea.
Festuca arenaria.
Bromus molliformis.
— mollis var.
Triticum junceum.

(N° 3.) PLANTES DES COTEAUX ET DES ROCHERS MARITIMES.

Raphanus maritimus.
Matthiola incana. X.
Crambe maritima.
Cochlearia danica.
— officinalis.
Polygala oxyptera.

Frankenia lævis.
Silene maritima.
Arenaria marina.
Lavatera arborea.
— cretica.
Erodium maritimum.
Medicago striata.
Melilotus parviflora.
— sulcata. X.
Sedum littoreum. X.
Trifol. arv. perpusill.
Daucus gummifer.
Crithmum maritimum.
Chrysanthem. maritim.
Erythræa maritima.
Lithosperm. apulum. X.
— prostratum.

Eufragia latifolia.
Statice Dodartii.
— ovalifolia.
— occidentalis.
Armeria maritima.
Plantago maritima.
Beta maritima.
Atriplex portulacoïdes.
Romulea Columnæ.
Juncus acutus.
Anthoxanthum nanum.
Avena barbata.
Poa loliacea.
Isoetes Hystrix.
Ophioglossum lusitanic.
Asplenium marinum.

(N° 4.) PLANTES DES PRÉS, DES HAIES, DES DÉCOMBRES ET DES LIEUX INCULTES OU CULTIVÉS.

Erodium malacoïdes.
Trifolium resupinatum.
— maritimum.
Tamarix anglica.
Lotus tenuifolius.
Valerianella eriocarpa v.
Scolymus hispanicus.
Cynanchum acutum. ♃.

Atriplex Halimus. *
Juncus maritimus.
Carex divisa.
Phalaris minor.
Festuca ciliata.
Bromus molliformis.
Triticum repens var.
Hordeum maritimum.

Les plantes de la Flore de l'intérieur peuvent être réparties selon leur station dans les listes suivantes ; celles-ci, afin d'être mieux caractérisées, ne contiennent pas les espèces qui habitent un grand nombre de stations.

(N° 5). PLANTES DES TERRAINS CALCAIRES.

Thalictrum minus. V.
Adonis autumnalis. V.
— æstivalis.

Adonis flammea. V.
Helleborus fœtidus.
Nigella arvensis. V.

Nigella damascena. V.
— gallica.
Delphinium Consolida V.
— cardiopetalum. V.
Rœmeria hybrida.
Hypecoum pendulum.
Fumaria parviflora. V.
— Vaillantii V.
Erucastrum obtusangul.
Diplotaxis muralis. V.
— viminea. V.
Sisymbrium austriacum
— Columnæ. V.
Erysimum orientale.
Nasturtium asperum.
Rapistrum rugosum.
Bunias Erucago.
Calepina Corvini. V.
Neslea paniculata. V.
Myagrum perfoliatum.
Alyssum calycinum. V.
Lepidium campestre. V.
Hutchinsia petræa.
Thlaspi perfoliatum. V.
Iberis amara. V.
Biscutella lævigata. V.
Helianthemum vulg. V.
— procumbens.
— salicifolium. V.
— pulverulentum.
Parnassia palustris.
Polygala calcarea.
Dianthus Carthusian. V.
Saponaria Vaccaria.
Silene inflata. V.
Arenaria controversa.
— segetalis. V.
Holosteum umbellat. V.
Linum strictum. V.
— corymbulosum. V.

Linum tenuifolium. V.
— Loreyi.
Althæa cannabina. V.
— hirsuta. V.
Genista pilosa.
— sagittalis.
Cytisus supinus. V.
Ononis Natrix. V.
Medicago marginata. V.
Melilotus arvensis. V.
Trifolium rubens. V.
Tetragonolobus siliquos
Anthyllis Vulneraria. V.
Astragalus glycyphyl. V.
Coronilla minima.
— scorpioïdes. V.
— varia. V.
Hippocrepis comosa. V.
Onobrychis sativa. V.
Vicia tenuifolia. V.
— varia. V.
— serratifolia. V.
Ervum Ervilia.
— cassubicum. V.
Orobus niger. V.
Prunus Mahaleb.
Potentilla verna. V.
Sedum anopetalum.
Buplevrum falcatum.
— protractum. V.
— rotundifolium. V.
Caucalis daucoïdes. V.
Turgenia latifolia. V.
Orlaya grandiflora. V.
Trinia vulgaris.
Bifora testiculata. V.
Falcaria Rivini. V.
Seseli montanum. V.
— coloratum. V.
— Libanotis. V.

Peucedanum Cervaria.
Cornus mas.
Lonicera Xylosteum.
Galium boreale.
— sylvestre. V.
— spurium.
Asperula galioïdes.
— arvensis. V.
Crucianella angustifolia.
Valeriana dioïca.
Valerianella hamata.
Globularia vulgaris.
Dipsacus pilosus. V.
Scabiosa Columbaria. V.
Micropus erectus. V.
Inula montana. V.
— squarrosa. V.
Artemisia camphorata.
Chrysanthem. corymb. V.
Senecio erucifolius. V.
Cirsium eriophorum. V.
— acaule. V.
Carduncellus mitiss. V.
Centaurea solstitialis.
— Scabiosa. V.
Xexanthemum inapert.
— cylindraceum. V.
Catananche cærulea.
Leontodon hispidus.
Tragopogon major. V.
Podosperm. laciniat. V.
Lactuca perennis. V.
Crepis setosa. V.
— pulchra. V.
Phyteuma orbiculare.
Campanula Erinus. V.
Chlora perfoliata. V.
Lithosperm. officin. V.
— purpur.-cæruleum. V
Anchusa italica. V.

Echinosperm. Lappul. V.
Cynoglossum pictum. V.
Physalis Alkekengi. V.
Digitalis lutea.
Veronica prostrata.
— verna.
— triphyllos.
— præcox. V.
Melampyrum arvense. V.
— cristatum. V.
Odontites jaubertiana V.
— lutea.
Orobanche cruenta. V.
— Epithymum. V.
— Teucrii.
Lathræa Squamaria.
Salvia sclarea. V.
— pratensis. V.
Galeopsis Ladanum. V.
Stachys germanica. V.
— alpina.
— annua. V.
— recta. V.
Ajuga genevensis.
— Chamæpitys. V.
Teucrium Botrys. V.
— Chamædrys. V.
— montanum. V.
Pinguicula vulgaris.
Androsace maxima.
Plantago media. V.
Polycnemum arvense. V.
— minus. V.
Polygonum Bellardi.
Passerina annua. V.
Euphorbia verrucosa.
— falcata. V.
Potamoget. plantagin. V.
Orchis odoratissima.
— chlorantha. V.

Orchis pyramidalis. V.
— hircina. V.
— fusca.
— galeata.
— simia. V.
— palustris. V.
Ophrys aranifera. V.
— Arachnites.
— apifera. V.
— Muscifera.
— fusca.
— anthropophora. V
Limodorum abortivum.
Epipactis ensifolia.
— rubra.
Juncus obtusiflorus. V.
Carex flava. V.
Carex Mairii.
— paludosa. V.
— tomentosa. V.
— montana.
— gynobasis. V.
— humilis.
Phleum Boehmeri. V.
Stipa pennata.
Echinaria capitata. V.
Kœleria valesiaca. V.
Avena pubescens. V.
— pratensis.
Bromus arvensis. V.
— erectus. V.
Equisetum Telmateia V.
Adiantum Cap. veneris.

Obs. La lettre V indique les plantes croissant dans le département de la Vendée.

(N° 6.) PLANTES AQUATIQUES.

A. *Plantes vivant dans l'eau ou en partie submergées.*

Ranunculus Lingua.
— Sect. Batrachium.
Nymphæa alba.
Nuphar luteum.
Nasturtium officinale.
— amphibium.
Elatine Alsinastrum.
Comarum palustre.
Trapa natans.
Myriophyllum spicatum.
— alterniflorum.
— verticillatum.
Hippuris vulgaris.
Montia fontana.
Cicuta virosa.
Sium latifolium.
Helosciadium inundat.
Œnanthe Phellandrium.
Limnanthem. nymphoïd
Menyanthes trifoliata.
Utriculariæ omnes.
Hottonia palustris.
Polygonum amphibium.
Callitriches omnes.
Ceratophyl. demersum.
— submersum.
Hydrocharis Mors. ranæ
Alisma natans.
Sagittaria sagittifolia.
Butomus umbellatus.
Potamogetones omnes.
Zannichellia palustris.

Zannichellia dentata.
Naias major.
— minor.
Lemnæ omnes.
Sparganium minimum.
Typhæ omnes.
Juncus heterophyllus.
Juncus supinus.
Scirpus fluitans.
Airopsis agrostidea.
Glyceria fluitans.
— plicata.
Marsilia quadrifoliata.
Charœ omnes.

Plantes maritimes.

Ruppia maritima.
— rostellata.
Althenia filiformis.
Zostera marina.
Zostera nana.
Spartina stricta.
Chara alopecuroïdes.

B. *Plantes des lieux marécageux, du bord des eaux.*

Thalictrum flavum.
Ranunculus Flammula.
— ophioglossifolius.
— nodiflorus.
— repens.
— sceleratus.
Caltha palustris.
Cardamine pratensis.
— amara.
— parviflora.
— Impatiens.
Erysimum cheiranthoïd
Nasturtium sylvestre.
— palustre.
— amphibium.
Viola palustris.
Drosera rotundifolia.
— intermedia.
Parnassia palustris X.
Saponaria officinalis.
Spergula nodosa.
Stellaria glauca.
— uliginosa.
Malachium aquaticum.
Elatines omnes.
Althæa officinalis.
Hypericum tetrapterum.
Elodes palustris.
Melilotus officinalis.
Lathyrus palustris.
Spiræa Ulmaria.
Rubus cæsius.
Sanguisorba officinalis.
Comarum palustre.
Epilobium hirsutum.
— parviflorum.
— tetragonum.
— palustre.
Lythrum Salicaria.
Peplis Portula.
— Boræi.
Montia fontana.
Chrysosplen. oppositif.
Hydrocotyle vulgaris.
Cicuta virosa.
Helosciadium repens.

Helosciadium nodiflor.
Sium latifolium.
— angustifolium.
Carum verticillatum.
Œnanthe crocata.
— fistulosa.
— Lachenalii.
Peucedanum palustre.
Angelica sylvestris.
— heterocarpa.
Galium uliginosum.
— palustre.
— constrictum.
Valeriana officinalis.
— dioïca.
Eupatorium cannabin.
Inula Britannica.
Bidens tripartita.
— cernua.
Achillea Ptarmica.
Senecio aquaticus.
Cirsium palustre.
— anglicum.
Scorzonera humilis.
Taraxacum palustre.
Wahlenbergia hederac.
Vaccinium Oxycoccos.
Symphytum officinale.
Myosotis palustris.
— repens.
— cæspitosa.
— sicula.
Solanum Dulcamara.
Scrofularia aquatica.
Gratiola officinalis.
Veronica scutellata.
— Anagallis.
— Beccabunga.
Lindernia Pixidaria.
Limosella aquatica.

Pedicularis palustris.
Sibthorpia europæa.
Lathræa clandestina.
Mentha aquatica.
— *Lloydii.*
— *subspicata.*
— *hirta.*
— sativa.
— arvensis.
— Pulegium.
Lycopus europæus.
Stachys palustris.
Chaiturus Marrubiast.
Scutellaria galericulata.
— hastifolia.
— minor.
Teucrium Scordium.
Pinguicula lusitanica.
— vulgaris.
Lysimachia vulgaris.
— Nummularia.
Anagallis tenella.
Samolus Valerandi.
Littorella lacustris.
Chenopodium rubrum.
Rumex palustris.
— maritimus.
— Hydrolapathum.
Polygonum Bistorta.
— amphibium.
— lapathifol.
— nodosum.
— Persicaria.
— dubium.
— Hydropiper.
— minus.
Euphorbia palustris.
Salix alba.
— fragilis.
— russelliana.

Salix triandra.
— undulata.
— seringeana.
— rugosa.
— purpurea.
— viminalis.
— cinerea.
— aurita.
— repens.
Alnus glutinosa.
Myrica Gale.
Alisma Plantago.
— ranunculoïdes.
— Damasonium.
Triglochin Barrelieri.
— palustre.
Typhæ omnes.
Sparganium ramosum.
— simplex.
Acorus Calamus.
Orchis maculata.
— latifolia.
— incarnata.
— palustris.
Spiranthes autumnalis.
Malaxis paludosa.
Iris Pseud. Acorus.
Narthecium ossifragum.
Juncus conglomeratus.
— effusus.
— glaucus.
— squarrosus.
— acutiflorus.
— lampocarpus.
— obtusiflorus.
— supinus.
— compressus.
Luzula multiflora.
Cyperus flavescens.
— fuscus.
Cyperus longus.
— Monti. X.
Schœnus nigricans.
Cladium Mariscus.
Rhynchospora alba.
— fusca.
Eleocharis palustris.
— uniglumis.
— multicaulis.
— ovata.
— acicularis.
Scirpus cæspitosus.
— pauciflorus.
— fluitans.
— setaceus.
— lacustris.
— Tabernæmont.
— triqueter.
— maritimus.
— sylvaticus.
— michelianus.
Eriophorum vaginatum.
— angustifolium.
— latifolium.
— gracile.
Carex dioïca.
— pulicaris.
— divisa.
— paniculata.
— teretiuscula.
— vulpina.
— stellulata.
— canescens.
— elongata.
— disticha.
— vulgaris.
— trinervis.
— stricta.
— acuta.
— flava.

Carex OEderi.
— punctata.
— Mairii.
— hornschuchiana.
— distans.
— limosa.
— panicea.
— maxima.
— Pseudo Cyperus.
— ampullacea.
— vesicaria.
— riparia.
— nutans.
— paludosa.
— filiformis.
Leersia oryzoides.
Coleanthus subtilis.
Calamagrostis lanceol.

Phragmites communis.
Aira uliginosa.
Airopsis agrostidea.
Glyceria spectabilis.
— fluitans.
— airoïdes.
Nardus stricta.
Equisetum arvense.
— Telmateia.
— limosum.
— palustre.
Marsilia quadrifoliata.
Pilularia globulifera.
Lycopodium inundatum.
Osmunda regalis.
Polystichum Thelypteris
— Oreopteris.

Plantes maritimes.

Cochlearia anglica.
Arenaria media.
Apium graveolens.
Aster Tripolium.
Artemisia maritima.
Sonchus maritimus.
Glaux maritima,
Statice Limonium.
— lychnidifolia.
— Dodartii.
Plantago maritima.
Salicornia radicans.
— herbacea.
Triglochin maritimum.

Juncus maritimus.
Scirpus maritimus.
— parvulus.
— Rothii.
— Duvalii.
— triqueter.
— Savii.
Carex extensa.
Spartina stricta.
Polypogon monspeliens.
— littoralis.
Glyceria maritima.
— distans.
Rottboellia incurvata.

(N° 7.) PLANTES DES BOIS.

Clematis Vitalba.
Anemone nemorosa.

Ranunculus auricomus.
— nemorosus.

Ranunculus repens.
Isopyrum thalictroïdes.
Aquilegia vulgaris.
Corydalis solida.
Dentaria bulbifera. ✠.
Viola odorata.
— hirta.
— riviniana.
— Reichenbachiana.
— canina.
Polygala vulgaris.
Arenaria trinervia.
Tilia microphylla.
Hypericum montanum.
— hirsutum.
— pulchrum.
Androsæmum officinale.
Acer campestre.
— monspessulanum. ✠.
Geranium sanguineum.
Impatiens Noli tangere.
Oxalis Acetosella.
Evonymus europæus.
Rhamnus catharticus.
— Frangula.
Ulex europæus.
— nanus.
Genista tinctoria.
— pilosa. ✠.
— sagittalis. ✠.
Sarothamnus scoparius.
Cytisus supinus. ✠.
Adenocarpus complicat.
Trifolium ochroleucum.
— medium.
Astragalus glycyphyllos.
Coronilla minima. ✠.
Vicia serratifolia. ✠.
Ervum cassubicum. ✠.
Lathyrus latifolius.

Orobus tuberosus.
— niger. ✠.
Prunus spinosa.
— fruticans.
— avium.
— Cerasus.
Spiræa Filipendula.
Geum urbanum.
Rubus fruticosus.
— Idæus.
Fragaria vesca.
— collina.
Potentilla Vaillantii.
Tormentilla erecta.
Rosæ omnes.
Cratægus monogyna.
— Oxyacantha.
Mespilus germanica.
Pyrus communis.
— Malus.
— torminalis.
— domestica.
— aucuparia.
Epilobium angustifol.
— montanum.
— lanceolatum.
Circæa lutetiana.
Sanicula europæa.
Conopodium denudatum
Seseli Libanotis.
Peucedanum Cervar. ✠
— parisiense.
Laserpitium latifol. ✠.
Hedera Helix.
Cornus sanguinea.
— mas. ✠.
Sambucus nigra.
Viburnum Opulus.
Lonicera Xylosteum ✠.
— Periclymenum.

Rubia peregrina.
Galium saxatile.
Asperula galioïdes. X.
— odorata.
Solidago Virga aurea.
Doronicum plantagin.
Senecio Ruthenicus. X.
Serratula tinctoria.
Centaurea serotina.
— nigra.
Scorzonera hispanica X.
Hypochœris maculata X.
Lactuca muralis.
Hieracium murorum.
— sylvaticum.
— tridentatum.
— umbellatum.
— boreale.
Phyteuma spicatum,
Campanula patula.
Vaccinium Myrtillus.
Erica ciliaris.
— cinerea.
— vagans.
— scoparia.
Calluna vulgaris.
Arbutus Unedo. X.
Monotropa Hypopitys.
Ilex Aquifolium.
Fraxinus excelsior.
Vinca minor.
Lithosperm. p. cærul. X.
Pulmonaria angustifolia.
Myosotis sylvatica.
Veronica Chamædrys.
— montana.
— officinalis.
Melampyrum pratense.
— cristatum. X.
Pedicularis sylvatica.

Euphrasia officinalis.
— nemorosa.
Odontites lutea. X.
Orobanche cruenta. X.
— Ulicis.
— Rapum.
Lathræa Squamaria. X.
Melittis Melissophyllum.
Galeobdolon luteum.
Stachys alpina. X.
Brunella hyssopifolia X.
Teucrium Scorodonia.
Lysimachia nemorum.
Daphne Laureola.
Euphorbia dulcis.
— angulata. X.
— verrucosa. X.
— hiberna. X.
— pilosa.
Mercurialis perennis.
Ulmus campestris.
Fagus sylvatica.
Castanea vulgaris.
Quercus pedunculata.
— sessiliflora.
— pubescens.
— Toza.
— Cerris.
— Ilex.
Corylus Avellana.
Carpinus Betulus.
Salix cinerea.
— Capræa.
Populus Tremula.
Betula alba.
Juniperus communis.
Pinus maritima.
Orchis bifolia.
— chlorantha.
— galeata. X.

Orchis simia. ✕.
Ophrys Arachnites. ✕.
Limodor. abortivum. ✕.
Epipactis ensifolia. ✕.
— rubra. ✕.
— latifolia.
Neottia Nidus avis.
Narciss. Pseudo-Narciss.
Galanthus nivalis.
Convallaria multiflora.
— Polygonatum
— maïalis.
Ruscus aculeatus.
Tamus communis.
Paris quadrifolia.
Simethis planifolia.
Ornithogalum sulfur.
Endymion nutans.
Allium ursinum.
Luzula Forsteri.
— pilosa.
— maxima.
— multiflora.
Carex remota.
— pallescens.
— lævigata.
— sylvatica.
— strigosa.
— maxima.
— præcox.
— polyrrhiza.
— montana. ✕.
— pilulifera.
— gynobasis. ✕.

Carex glauca.
Anthoxanthum odorat.
Calamagrostis Epigeios.
Milium effusum.
Aira cæspitosa.
— media. ✕.
— flexuosa.
Holcus mollis.
Arrhenatherum bulbos.
Avena pubescens.
— pratensis. ✕.
— sulcata. ✕.
— longifolia.
Danthonia decumbens.
Melica uniflora.
— cærulea.
Poa nemoralis.
Festuca tenuifolia.
— heterophylla.
Brachypodium sylvatic.
Bromus giganteus.
Elymus europæus. ✕.
Equisetum sylvaticum.
Lycopodium clavatum.
Aspidium angulare.
— aculeatum.
Polystichum Oreopteris.
— Filix mas.
— spinulosum.
Asplenium Filix fœmina.
Scolopendrium officin.
Blechnum Spicant.
Pteris aquilina.

(N. 8.) PLANTES DES HAIES, DES BUISSONS.

Dans beaucoup de cas, cette station rentre dans la précédente; les haies et les buissons pouvant être considérés comme des taillis clairs.

Clematis Vitalba.
Corydalis solida.
— claviculata.
Erysimum Alliaria.
Barbarea vulgaris.
Viola odorata.
— riviniana.
— canina.
Polygala vulgaris.
Dianthus Armeria.
Cucubalus baccifer.
Lychnis diurna.
Arenaria montana.
— trinervia.
Stellaria neglecta.
— holostea.
— graminea.
Malva Alcea.
Hypericum pulchrum.
— tetrangulum.
— hirsutum.
Acer campestre.
— monspessulanum. X.
Evonymus europæus.
Rhamnus catharticus.
— Frangula.
Ulex europæus.
— nanus.
Sarothamnus scoparius.
Pisum Tuffetii.
Vicia Cracca.
— tenuifolia. X.
— sepium.
— lutea.
— angustifolia.
Lathyrus Nissolia.
— sylvestris.
— latifolius. X.
Pruni omnes.
Rubus fruticosus.
Fragaria vesca.
Potentilla Vaillantii.
— fragariastrum.
Agrimonia odorata.
Cratægus monogyna.
— Oxyacantha.
Mespilus germanica.
Pyrus communis.
— Malus.
— torminalis.
— domestica.
Epilobium lanceolatum.
Bryonia dioïca.
Sedum Fabaria.
— Cepæa.
Ribes rubrum.
Buplevrum falcatum. X.
Chærophyllum temulum
Anthriscus sylvestris.
Torilis Anthriscus.
— helvetica.
— heterophylla.
Smyrnium Olusatrum.
Sison Amomum.
Ægopodium Podagraria.
Conopodium denudatum.
Pimpinella magna.
Œnanthe pimpinelloïd.
Pastinaca sylvestris
Heracleum Sphondylium
Cornus sanguinea.
— mas. X.
Adoxa Moschatellina.
Viburnum Lantana.
— Opulus.
Lonicera Periclymenum
— Xylosteum. X.
Rubia peregrina.
Galium Cruciata.
— Mollugo.

Galium saxatile.
— Aparine.
Lapsana communis.
Hieracium murorum.
— sylvaticum.
Campanula patula.
— Rapunculus.
— Trachelium.
Ilex Aquifolium.
Fraxinus excelsior.
Ligustrum vulgare.
Convolvulus sepium.
Lithospermum officinale
— purpur-cæruleum. ✗.
Pulmonaria angustifolia
Anchusa sempervirens.
Scrofularia nodosa.
— Scorodonia.
Digitalis purpurea.
Veronica Chamædrys.
— officinalis.
Calamintha ascendens.
— sylvatica.
Clinopodium vulgare.
Glechoma hederacea.
Lamium maculatum.
— album.
Stachys alpina. ✗.
— sylvatica.
Betonica officinalis.
Teucrium Scorodonia.
Primula officinalis.
— vulgaris.
Rumex conglomeratus.
— nemorosus.
Polygonum Convolvulus
— dumetorum.
Daphne Laureola.
Euphorbia stricta.
— dulcis.
— verrucosa. ✗
— pilosa.
Humulus Lupulus.
Corylus Avellana.
Salix cinerea.
— Capræa.
Populus Tremula.
— nigra.
Betula alba.
Orchis fusca. ✗.
Iris fœtidissima.
Galanthus nivalis.
Ruscus aculeatus.
Tamus communis,
Carex depauperata.
Calamagrostis Epigeios.
Arrhenatherum bulbos.
Dactylis glomerata.
Brachypodium pinnat.
Bromus asper.
Triticum repens.
Aspidium angulare.
Polistichum Filix mas.
Asplenium Filix fœmina
— Adiantum nigrum.

(N° 9.) PLANTES DES LANDES.

Les landes ne forment pas une station caractérisée, la plupart des plantes qui y habitent appartenant aux taillis clairs, aux buissons.

Helianthem. umbellat.
— alyssoïdes. ☓.
Viola canina.
— lancifolia.
Polygala vulgaris.
— depressa.
Linum catharticum
Hypericum pulchrum.
Ulex europæus.
— nanus.
— Gallii.
Genista anglica.
— pilosa. ☓.
Cytisus supinus. ☓.
Adenocarp. complicat.
Tormentilla erecta.
Pimpinella saxifraga.
Galium saxatile.
Solidago Virga aurea.
Filago montana.
Serratula tinctoria
Hypochœris glabra.
Lobelia urens.
Ericæ omnes.
Calluna vulgaris.
Gentiana Pneumonanth.
Erythræa diffusa.
Lithosperm. prostrat.
Pedicularis sylvatica.
Euphrasia nemorosa.
Orobanche Ulicis.
— Rapum.
Thymus Serpyllum.
Betonica officinalis.
Daphne Cneorum. ☓.

Euphorbia angulata. ☓.
Quercus Toza.
Juniperus communis.
Orchis maculata.
Gladiolus illyricus.
Asphodelus albus.
Simethis planifolia.
Scilla verna.
Allium ericetorum.
Juncus squarrosus.
Eleocharis multicaulis.
Scirpus cæspitosus.
Carex pulicaris.
— Œderi.
— hornschuchiana.
— binervis.
— panicea.
— præcox.
— glauca.
Agrostis canina.
— setacea.
Aira uliginosa.
— flexuosa.
— præcox.
Avena sulcata. ☓.
— longifolia.
Danthonia decumbens.
Melica cærulea.
Cynosurus echinatus.
Festuca tenuifolia.
Nardus stricta.
Brachypodium pinnat.
Lycopodium Selago.
Pteris aquilina.

(N° 10.) PLANTES DES PRÉS, DES PATURES.

Ranunculus boræanus.
— bulbosus.

Ranunculus philonotis.
Raphanus Raphanistrum

Cardamine pratensis.
Silene inflata.
Mœnchia erecta
Lychnis Flos cuculi.
Stellaria viscida.
Linum Catharticum.
— angustifolium.
Trigonella ornithopod.
Trifolium repens.
— michelianum
— subterraneum
— pratense.
— ochroleucum.
— maritimum.
— striatum.
— resupinatum.
— filiforme.
— procumbens.
— patens.
Lotus corniculatus.
Medicago Lupulina.
— maculata.
Vicia Cracca.
Lathyrus pratensis.
Orobus albus.
Spiræa Filipendula.
Daucus Carota.
Pimpinella saxifraga.
Œnanthe peucedanifolia
Silaus pratensis.
Peucedanum Chabræi.
Heracleum Sphondylium
Galium verum.
— boreale. ✠.
Bellis perennis.
Achillea Ptarmica.
Chrysanthem. Leucanth.
Senecio aquaticus.
Centaurea pratensis.
Leontodon autumnalis.
Taraxacum officinale.
Tragopogon porrifolius.
— pratensis.
— orientalis.
Hypochœris radicata.
Crepis virens.
— taraxacifolia.
Thrincia hirta.
Campanula glomerata.
Rhinanthus glaber.
Euphrasia officinalis.
Primula officinalis.
Plantago lanceolata.
Rumex crispus.
— acetosa.
Orchis viridis.
— conopea.
— maculata.
— pyramidalis.
— coriophora.
— ustulata.
— galeata. ✠.
— mascula.
— laxiflora.
— Morio.
Ophrys apifera.
Narcissus Pseudo-Narc.
Fritillaria Meleagris.
Ornithogalum sulfur.
Scilla autumnalis.
Colchicum autumnale.
Phalaris arundinacea.
Anthoxanthum odorat.
Alopecurus pratensis.
— geniculatus.
Phleum pratense.
Agrostis alba.
— vulgaris.
— canina.
Holcus lanatus.

Holcus mollis.
Arrhenatherum elatius.
— bulbosum
Avena pubescens.
— flavescens.
Briza media.
Poa trivialis.
— pratensis.
Dactylis glomerata.
Cynosurus cristatus.
Festuca sciuroïdes.
— rubra.
Festuca arundinacea.
— pratensis.
Bromus commutatus.
— racemosus.
— mollis.
— erectus.
Gaudinia fragilis.
Hordeum pratense.
— murinum.
Lolium perenne.
— italicum.
Ophioglossum vulgatum

(N° 11.) PLANTES DES SABLES.

Diplotaxis viminea.
Sisymbrium Sophia.
Alyssum campestre. ✕.
Viola nana.
— *segetalis.*
Reseda lutea.
Cistus salvifolius. ✕.
Helianthem. alyssoïd.
Dianthus prolifer.
Silene Otites.
— conica.
— gallica.
Spergula vulgaris.
— arvensis.
— pentandra.
— nodosa.
— subulata.
Arenaria segetalis.
— rubra.
— montana.
Holosteum umbellatum.
Cerastium arvense.
— semi-decandrum.
Geranium pusillum.
Oxalis stricta.
Ononis repens.
— Natrix. ✕.
— reclinata.
Medicago minima.
Trifolium Molinerii.
Lupinus reticulatus.
Ornithopus roseus.
— compressus.
— ebracteatus.
Vicia lathyroïdes.
Lathyrus angulatus.
Œnothera biennis.
Herniaria glabra.
— hirsuta.
Corrigiola littoralis.
Illecebrum verticillatum
Polycarpon tetraphyl.
Tillæa muscosa.
Sedum pentandrum.
Saxifraga tridactylites.
Eryngium campestre.
Buplevrum aristatum.
Aster acris.
— canadensis.
Filago arvensis.

Gnaphalium luteo album
Artemisia campestris.
Senecio viscosus.
Arnoseris pusilla.
Thrincia hirta.
Hypochœris glabra.
Chondrilla juncea.
Crepis fœtida.
Xanthium macrocarpum
Jasione montana.
Specularia Speculum.
Vincetoxicum officinale.
Chlora imperfoliata.
Lycopsis arvensis.
Linaria spuria.
— minor.
— spartea. ✕.
— supina.
Lamium amplexicaule.
Sideritis romana. ✕.
Armeria plantaginea.
Plantago arenaria.
Rumex bucephal. ✕.
Daphne Gnidium. ✕.
Aristolochia Clematitis.
Osyris alba. ✕.
Euphorbia gerardian. ✕.
— Esula.
— Cyparissias.
Quercus Ilex.
Salix repens.
Triglochin palustre.
Orchis hircina.
Serapias Lingua. ✕.
Asparagus officinalis.
Convallaria Polygonat.
Simethis planifolia.
Gagea arvensis.
Allium vineale.
Muscari comosum.
Juncus capitatus.
— lampocarpus.
— pygmæus.
— Tenageia.
Scirpus Holoschœnus.
— michelianus.
Carex Schreberi.
— ligerina.
— humilis. ✕.
— hirta.
Tragus racemosus. ✕.
Panicum filiforme.
— sanguinale.
— *ciliare.*
Setaria glauca.
Crypsis alopecuroïdes.
Cynodon Dactylon.
Milium scabrum.
Aira canescens.
— caryophyllea.
Avena sulcata. ✕.
— longifolia.
— tenuis.
Poa megastachya. ✕.
— pilosa.
— bulbosa.
— pratensis.
Festuca uniglumis.
— ciliata.
— rigida.
— tenuiflora.
Bromus tectorum.
— rigidus.
— madritensis.
Equisetum arvense.
— ramosum.

Obs. Voir les plantes des sables maritimes, liste (nº 2.)

(N° 12.) PLANTES DES MURS.

Chelidonium majus.
Papaver dubium.
Sisymbrium austriacum
— Columnæ. ✕.
— Irio.
Arabis thaliana.
Cardamine hirsuta.
Matthiola incana. ✕.
Cheiranthus Cheiri.
Draba verna.
Dianthus Caryophyllus.
Sagina procumbens.
— patula.
Arenaria serpyllifolia.
— *leptoclados.*
Holosteum umbellatum.
Cerastium triviale.
Rhamnus Alaternus. ✕.
Sedum album.
— micranthum.
— rubens.
— littoreum. ✕.
— acre.
— reflexum.
Sempervivum tectorum.
Umbilicus pendulinus.
Saxifraga tridactylites.
Hedera Helix.
Valeriana rubra.
Valerianella olitoria.
Valerianella carinata.
Hieracium Pilosella.
— murorum.
Echium vulgare.
Myosotis hispida.
Antirrhinum majus.
Linaria Cymbalaria.
Parietaria officinalis.
Allium vineale.
Mibora minima.
Poa bulbosa.
— nemoralis.
— compressa.
Festuca ciliata.
— pseudo-Myuros.
— rigida.
— tenuiflora.
Bromus sterilis.
— tectorum.
— rigidus.
— madritensis.
Hordeum murinum.
Grammitis Ceterach.
Polypodium vulgare.
Cystopteris fragilis.
Asplenium Trichomanes
— Adiantum nigrum
— lanceolatum.
— Ruta muraria.

(N° 13.) PLANTES DES ROCHERS, COTEAUX, LIEUX PIERREUX, LIEUX SECS.

Thalictrum minus. ✕.
Ranunculus parviflorus.
— chærophyllos
Helleborus fœtidus. ✕.
Brassica oleracea. ✕.
Erucastrum obtusang. ✕.
Sinapis incana.
Diplotaxis tenuifolia.

Diplotaxis muralis.
Sisymbrium austriacum
— Irio.
— Columnæ. ✕.
Turritis glabra.
Matthiola incana. ✕.
Cheiranthus Cheiri.
Arabis sagittata.
Draba muralis.
Rapistrum rugosum. ✕.
Lepidium Draba. ✕.
— ruderale.
— graminifolium
Hutchinsia petræa. ✕.
— procumbens. ✕.
Teesdalea Iberis.
Biscutella lævigata. ✕.
Helianthemum guttatum
— vulgare.
— pulverulentum. ✕.
— procumbens. ✕.
Reseda lutea.
Astrocarpus Clusii.
Dianthus prolifer.
— Caryophyllus.
Silene nutans.
Arenaria controversa. ✕.
— *leptoclados*.
Cerastium glutinosum.
Linum gallicum.
— corymbulosum. ✕.
— strictum. ✕.
— tenuifolium. ✕.
— angustifolium.
— Loreyi.
Hypericum linearifolium
— humifusum.
Ononis striata. ✕.
Columnæ. ✕.
Medicago marginata.

Medicago Gerardi.
Trifolium suffocatum.
— angustifolium.
— Bocconii.
Dorycnium suffrutic. ✕.
Lotus angustissimus.
— hispidus.
Anthyllis Vulneraria.
Astragalus purpureus. ✕.
— hamosus. ✕.
— monspessulanus. ✕.
Coronilla minima. ✕.
Ornithopus perpusillus.
Hippocrepis comosa. ✕.
Potentilla verna.
Agrimonia Eupatoria.
Poterium dictyocarpum.
— muricatum.
Scleranthus perennis.
— annuus.
Sedum rubens.
— andegavense.
— album
— micranthum.
— acre.
— anopetalum. ✕.
— reflexum.
Umbilicus pendulinus.
Saxifraga granulata.
Eryngium campestre.
Buplevrum tenuissimum
Torilis nodosa.
— heterophylla.
Trinia vulgaris. ✕.
Conium maculatum.
Fœniculum officinale.
Seseli montanum.
— Libanotis. ✕.
Tordylium maximum.
Sambucus Ebulus.

Galium anglicum.
— sylvestre. X.
Globularia vulgaris. X.
Linosyris vulgaris.
Aster acris.
Pallenis spinosa. X.
Inula montana. X.
— Conyza.
— squarrosa. X.
— dysenterica.
Helichrysum Stæchas.
Artemisia Absinthium.
Chrysanthem.corymb. X.
Cirsium eriophorum.
— bulbosum.
Carlina vulgaris.
Kentrophyllum lanatum
Carduncellus mitiss. X.
Crupina vulgaris. X.
Centaurea serotina.
— decipiens.
— nigra.
— Calcitrapa.
Xeranthem.cylindrac. X.
Catananche cærulea. X.
Cichorium Intybus.
Picris hieracioïdes.
Tolpis umbellata.
Podospermum. laciniat.
Lactuca saligna.
— muralis.
— perennis. X.
Andryala integrifolia.
Phyleuma orbiculare.
Campanula glomerata.
— persicifolia. X.
Campanula rotundif. X.
Convolvulus lineatus. X.
Echium vulgare.
— pyramidale. X.

Lithosperm. apulum. X.
Onosma echioïdes. X.
Cynoglossum pictum.
— officinale.
Hyoscyamus niger.
Datura Stramonium.
Verbascum Schraderi.
— thapsiforme
— floccosum.
— lychnitis.
— sinuatum. X.
— Blattaria.
— virgatum.
Digitalis lutea. X.
Linaria pelisseriana.
— commutata.
Veronica prostrata.
Eufragia latifolia.
Trixago apula.
Odontites lutea. X.
Orobanche cruenta. X.
— epithymum. X.
— Teucrii. X.
Origanum vulgare.
Calamintha Nepeta.
Stachys germanica.
— heraclea. X.
— recta.
Marrubium vulgare.
Hyssopus canescens. X.
Sideritis hyssopifolia. X.
Brunella vulgaris.
— alba.
Teucrium montanum. X.
— Chamædrys. X.
Plantago carinata.
Thesium humifusum.
Osyris alba. X.
Buxus sempervirens.
Euphorbia platyphyllos.

Euphorbia Lathyris.	Melica nebrodensis.
Orchis pyramidalis.	Cynosurus echinatus.
— hircina.	Festuca pseudo-Myuros.
Ophrys aranifera.	— sciuroides.
— arachnites.	— tenuifolia.
— apifera.	— duriuscula.
— fusca.	— rigida.
— anthropophora. ✠	— Poa.
Iris fœtidissima.	— tenuicula.
Asphodelus albus.	Bromus molliformis.
Gagea bohemica.	— sterilis.
Endymion nutans.	Gaudinia fragilis.
Allium roseum. ✠.	Lolium perenne.
— sphærocephalum.	Ægilops ovata. ✠.
Carex humilis. ✠.	— triuncialis. ✠.
Andropogon Ischæmum.	Nardus stricta.
Phleum nodosum.	Isoetes Hystrix.
Echinaria capitata. ✠.	Ophiogloss. lusitanicum
Stipa pennata. ✠.	Polypodium vulgare.
Kœleria cristata.	Grammitis leptophylla.
— valesiaca. ✠.	Pteris aquilina.
— phleoïdes.	Asplenium lanceolatum.
Aira præcox.	— Adiantum-nigrum.
Avena barbata.	— Breynii.
Poa bulbosa.	— septentrionale.
— compressa.	Adiantum Cap. veneris.
Dactylis glomerata.	Hymenophyll. Tunbridg.

(N° 14.) PLANTES CROISSANT DANS LES DÉCOMBRES, AU PIED DES MURS, AU BORD DES CHEMINS.

Cette station est presque comprise dans la précédente.

Ranunculus parviflorus	Sisymbrium Irio.
Chelidonium majus.	— Sophia.
Diplotaxis tenuifolia.	Nasturtium pyrenaicum.
— muralis.	Lepidium Smithii.
Sinapis incana.	— ruderale.
Sisymbrium officinale.	Coronopus Ruellii.

Coronopus didyma.
Reseda luteola.
Lychnis vespertina.
Cerastium triviale.
Malva sylvestris.
— rotundifolia.
— nicæensis.
Hypericum perforatum.
Geranium robertianum.
— *purpureum*.
— molle.
— rotundifolium
— lucidum.
Erodium cicutarium.
— moschatum.
— malacoïdes.
Medicago media.
Trifolium pratense.
— subterraneum
— fragiferum.
— campestre.
Lotus corniculatus.
— angustissimus.
Potentilla fragariastrum
— reptans.
Agrimonia Eupatoria.
Ecballium Elaterium.
Buplevrum tenuissimum
Anthriscus vulgaris.
Torilis heterophylla.
— nodosa.
Smyrnium Olusatrum.
Sison Amomum.
Ægopodium Podagraria.
Sambucus Ebulus.
Galium verum.
Achillea Millefolium.
Inula dysenterica.
Artemisia Absinthium.
Anthemis nobilis.

Cirsium lanceolatum.
— eriophorum.
— acaule.
Carduus tenuiflorus.
— pycnocephalus.
— nutans.
Silybum marianum.
Onopordum Acanthium.
Lappa minor.
Carlina vulgaris.
Kentrophyllum lanatum.
Centaurea pratensis.
— nigra.
— Calcitrapa.
Cichorium Intybus.
Thrincia hirta.
Hypochœris radicata.
Crepis diffusa.
Cynoglossum officinale.
— pictum.
Solanum nigrum.
Atropa Belladonna.
Hyoscyamus niger.
Datura Stramonium.
Verbasca omnia.
Linaria vulgaris.
Veronica Buxbaumii.
Mentha sylvestris.
Salvia Sclarea.
Nepeta Cataria.
Marrubium vulgare.
Ballota nigra.
Brunella vulgaris.
Verbena officinalis.
Plantago major.
— media.
— lanceolata.
— Coronopus.
Amarantus sylvestris.
— Blitum.

Amarantus prostratus.
— retroflexus.
Chenopodium murale.
— glaucum.
— intermedium.
— Bonus henricus.
— Vulvaria.
Atriplex latifolia.
— angustifolia.
Rumex pulcher.
Polygonum aviculare.
Euphorbia amygdaloïd.
Urtica pululifera.
— urens.
— dioïca.
— membranacea.
Parietaria officinalis.
Jaucus effusus.
— tenuis.
Carex muricata.
Avena barbata.
— tenuis.
Bromus sterilis.
Lolium perenne.

(N° 15.) PLANTES DES CHAMPS CULTIVÉS, DES JARDINS.

Adonis autumnalis ✕.
— æstivalis. ✕.
— flammea. ✕.
Myosurus minimus.
Ranunculus philonotis.
— arvensis.
Ficaria ranunculoïdes.
Nigella arvensis. ✕.
— damascena. ✕.
— gallica. ✕.
Delphinium Ajacis.
— Consolida. ✕.
— cardiopetalum. ✕.
Papavera omnia.
Rœmeria hybrida. ✕.
Hypecoum pendulum ✕.
Fumariæ omnes.
Raphanus Raphanistrum
Sinapis arvensis.
Diplotaxis muralis.
— viminea.
Barbarea intermedia.
— præcox.
Arabis thaliana.
Erysimum orientale. ✕.
Bunias Erucago. ✕.
Calepina Corvini. ✕.
Neslea paniculata. ✕.
Myagrum perfoliatum ✕.
Alyssum calycinum.
Lepidium calycinum.
Capsella Bursa pastoris.
Thlaspi perfoliatum.
— alliaceum.
— arvense.
Iberis amara. ✕.
Biscutella lævigata. ✕.
Helianthem. salicifol. ✕.
Viola Sect. *Pensées*.
Reseda lutea.
Gypsophila muralis.
Saponaria Vaccaria. ✕.
Silene inflata.
— gallica.
Sagina procumbens.
— apetala.
Lychnis Githago.
Spergula vulgaris.

Spergula arvensis.
Arenaria tenuifolia.
— rubra.
— segetalis. ✕.
— *leptoclados.*
Cerastium triviale.
— glomeratum.
— glutinosum.
— brachypetal.
Linum gallicum.
Althæa hirsuta.
Hypericum humifusum.
Oxalis stricta.
— corniculata.
Medicago apiculata.
— denticulata.
— Lupulina.
— media.
Melilotus arvensis.
Trifolium rubens. ✕.
— arvense.
— lappaceum. ✕.
Coronilla varia. ✕.
— scorpioïdes ✕.
Ornithopus roseus.
— compressus.
— ebracteatus.
Vicia tenuifolia. ✕.
— varia. ✕.
— bithynica. ✕.
— lutea.
— angustifolia.
— peregrina. ✕.
Ervum Ervilia. ✕.
— hirsutum.
— gracile.
— tetraspermum.
Pisum arvense.
Lathyrus Aphaca.
— Nissolia.
Lathyrus sphæricus.
— angulatus.
— hirsutus.
— tuberosus.
Alchemilla arvensis.
Poterium dictyocarpum.
— muricatum.
Epilobium tetragonum.
Portulaca oleracea.
Herniaria hirsuta.
Montia fontana.
Sedum rubens.
Scleranthus annuus.
Buplevrum protract. ✕.
— rotundifolium ✕.
Scandix Pecten veneris.
Caucalis daucoïdes. ✕.
Turgenia latifolia. ✕.
Orlaya grandiflora. ✕.
Daucus Carota.
Falcaria Rivini. ✕.
Ammi majus.
Bifora testiculata. ✕.
Æthusa Cynapium.
Galium anglicum.
— Aparine.
— spurium.
— tricorne.
Asperula arvensis. ✕.
Sherardia arvensis.
Crucianella angustif. ✕.
Valerianellæ omnes.
Scabiosa arvensis.
Tussilago Farfara.
Micropus erectus. ✕.
Inula graveolens.
Filago germanica.
— apiculata.
— spathulata.
— gallica.

Anthemis Cotula.
— mixta.
— arvensis.
Matricaria Chamomilla.
Chrysanthem. inodor.
— segetum.
Senecio vulgaris.
Calendula arvensis.
Cirsium arvense.
Centaurea Cyanus.
— Scabiosa.
Lapsana communis.
Arnoseris pusilla.
Lactuca perennis. ✕.
Sonchus asper.
— oleraceus
— arvensis.
Crepis virens.
— pulchra. ✕.
— setosa.
Specularia hybrida.
— Speculum.
Convolvulus arvensis.
Heliotropium europæum
Lithospermum arvense.
Anchusa italica.
Borago officinalis.
Myosotis intermedia.
— versicolor.
— hispida.
Echinosperm. Lapp. ✕.
Solanum nigrum.
Physalis Alkekengi. ✕.
Digitalis purpurea.
Antirrhinum Orontium.
Linaria Elatine.
— spuria.
— vulgaris.
— supina.
Veronica serpyllifolia.
— acinifolia.
— arvensis.
— triphyllos. ✕.
— præcox. ✕.
— agrestis.
— polita.
— Buxbaumii.
— hederifolia.
Melampyrum arvense.
Odontites verna.
— serotina.
— jaubertiana. ✕.
Orobanche minor.
— ramosa.
Calamintha Acynos.
Lamium amplexicaule.
— purpureum.
— incisum.
Galeopsis dubia.
— Ladanum.
— versicolor.
Stachys arvensis.
— annua.
Ajuga Chamæpitys.
Teucrium Botrys. ✕.
Verbena officinalis.
Anagallis arvensis.
Androsace maxima. ✕.
Amarantus sylvestris,
— Blitum.
Polycnenum arvense. ✕
— minus. ✕.
Chenopodium hybridum
— album.
— opulifolium.
— polyspermum.
— Vulvaria.
Atriplex angustifolia.
— latifolia.
Rumex crispus.

Rumex acetosa.
— Acetosella.
Polygonum aviculare.
— Bellardi. X.
— Convolvulus.
— lapathifolium.
— dumetorum.
Passerina annua. X.
Euphorbia Helioscopia.
— serrata. X.
— Peplus.
— falcata. X.
— exigua.
Mercurialis annua.
Urtica urens.
Gladiolus segetum. X.
Ornithogalum umbellat.
— divergens.
Allium roseum. X.
— paniculatum.
— oleraceum.
— vineale.
— polyanthum. X.
Muscari racemosum.
Juncus bufonius.
Panicum sanguinale.
Setaria verticillata.
— viridis.
— glauca.
Anthoxanthum Puelii.
Alopecurus agrestis.
Mibora minima.
Agrostis vulgaris.
— Spica venti.
— interrupta.
Gastridium lendigerum.
Echinaria capitata. X.
Aira caryophyllea.
Holcus mollis.
Arrhenatherum elatius.
— bulbosum.
Avena strigosa.
— fatua.
— ludoviciana.
Briza minor.
Poa megastachya. X.
— annua.
Festuca sciuroïdes.
— rigida.
— tenuiflora.
Bromus secalinus.
— mollis.
— arvensis.
— erectus.
Triticum repens.
Lolium italicum.
— multiflorum.
— temulentum.
— arvense.
Pteris aquilina.

(N° 15 *bis.*) PLANTES DES LINS.

Camelina dentata.
Silene annulata.
Spergula linicola.
Lolium linicola.

(N° 16.) PLANTES DES SCHISTES.

Astrocarpus sesamoïdes
Silene nutans.
Spergula Morisonii.
Hypericum linearifolium

Scleranthus perennis.
Sedum andegavense.
Filago montana.
Hypochœris glabra.
Plantago carinata.
Festuca tenuicula.
— Poa.

(N° 17.) PLANTES PARASITES.

Viscum album.
Monotropa Hypopitys.
Cuscutæ omnes.
Orobanches omnes.
Lathræa Clandestina.
— Squamaria. ✕.

Et, selon M. Decaisne, les espèces des genres suivants dans les Personées :
Melampyrum.
Pedicularis.
Rhinanthus.
Eufragia.
Trixago.
Odontites.
Euphrasia.

(N° 18.) PLANTES NE CROISSANT PAS AU NORD DE LA LOIRE (indiquées ✕).

Thalictrum minus.
Anemone Pulsatilla.
Adonis autumnalis.
— æstivalis.
— flammea.
Ranunculus gramineus.
— trilobus.
— muricatus.
Helleborus fœtidus.
Nigella arvensis.
— damascena.
— gallica.
Delphinium Consolida.
— cardiopetalum.
Rœmeria hybrida.
Hypecoum pendulum.
Erucastrum obtusangul.
Sinapis alba.
Sisymbrium Columnæ.
Braya supina.
Erysimum orientale.
Matthiola incana.
Dentaria bulbifera.
Nasturtium asperum.
Rapistrum rugosum.
Bunias Erucago.
Calepina Corvini.
Neslea paniculata.
Myagrum perfoliatum.
Astragalus purpureus.
Alyssum campestre.
— calycinum.
Lepidium Draba.
Hutchinsia procumbens.
Teesdalea Lepidium.
Iberis amara.
Biscutella lævigata.
Cistus salvifolius.
Helianthem. alyssoïdes.
— procumbens.

Helianthem salicifolium.
Viola pratensis.
Parnassia palustris.
Polygala calcarea.
— monspeliaca.
Saponaria Vaccaria.
Silene brachypetala.
Buffonia paniculata.
Arenaria controversa.
— segetalis.
Linum corymbulosum.
— strictum.
— tenuifolium.
— Loreyi.
Althæa cannabina.
Acer monspessulanum.
Ruta graveolens.
Genista pilosa.
— sagittalis.
Cytisus supinus.
Ononis striata.
— Columnæ.
— Natrix.
Trigonella gladiata.
— monspeliaca.
Melilotus sulcata.
Trifolium rubens.
— lappaceum.
— stellatum.
Dorycnium suffruticos.
Tetragonolobus siliquos.
Astragalus purpureus.
— hamosus.
— monspessulanus.
Coronilla minima.
— scorpioïdes.
— varia
Hippocrepis comosa.
Vicia serratifolia.
— bithynica.

Ervum Ervilia.
— cassubicum.
Lathyrus tuberosus.
— latifolius.
Orobus niger.
Spiræa obovata.
Prunus Mahaleb.
Potentilla supina.
Rosa sempervirens.
Lythrum bibracteatum.
Sedum anopetalum.
— elegans.
Buplevrum affine.
— falcatum.
— protractum.
— rotundifolium.
Caucalis daucoïdes.
Turgenia latifolia.
Orlaya grandiflora.
Trinia vulgaris.
Bifora testiculata.
Falcaria Rivini.
Ammi Visnaga.
Seseli Linabotis.
Peucedanum Cervaria.
— Oreoselinum.
Laserpitium latifolium.
Cornus mas.
Lonicera Xylosteum.
Galium boreale.
— sylvestre.
Asperula galioïdes.
— arvensis.
Crucianella angustifolia
Valeriana dioïca.
Valerianella hamata.
— pumila.
Globularia vulgaris.
Micropus erectus.
Bellis pappulosa.

Pallenis spinosa.
Inula squarrosa.
— montana.
Gnaphalium dioïcum.
Artemisia camphorata.
Chrysanthem. corymb.
— graminifolium.
Senecio crucifolius.
— Ruthenicus.
Carduncellus mitissimus
Centaurea solstitialis.
— aspera.
Crupina vulgaris.
Xeranthem. cylindrac.
— inapertum.
Catananche cærulea.
Leontodon hispidus.
Tragopogon major.
Scorzonera austriaca.
— hispanica.
— hirsuta.
Hypochœris maculata.
Lactuca chondrillæflora
— perennis.
— pulchra.
Phyteuma orbiculare.
Campanula persicifolia.
— rotundifolia.
— Erinus.
Arbutus Unedo.
Phillyrea media.
— angustifolia.
Cynanchum acutum.
Erythræa spicata.
Convolvulus lineatus.
— Cantabrica.
Echium pyramidale.
— plantagineum.
Lithosperum apulum.
— purpureo-cæruleum

Onosma echioïdes.
Asperugo procumbens.
Echinospermum Lappul.
Physalis Alkekengi.
Verbascum sinuatum.
Digitalis lutea.
Linaria spartea.
— thymifolia.
Veronica prostrata.
— spicata.
— verna.
— triphyllos.
— præcox.
Melampyrum cristatum.
Odontites jaubertiana.
— chrysantha.
— lutea.
Orobanche cruenta.
— epithymum.
— Teucrii.
Lathræa Squamaria.
Salvia pallidiflora.
Calamintha Acynos.
Stachys heraclea.
— alpina.
Hyssopus canescens.
Sideritis hyssopifolia.
— romana.
Brunella grandifolia.
— hyssopifolia.
Ajuga genevensis.
Teucrium Chamædrys.
— montanum.
— Botrys.
Androsace maxima.
Cyclamen neapolitanum.
Plantago media.
Polycnemum arvense.
— minus.
Rumex bucephalophor.

Polygonum Bellardi.
Passerina annua.
Daphne Gnidium.
— Cneorum.
Osyris alba.
Cytinus Hypocistis.
Aristolochia rotunda.
— longa.
Euphorbia angulata.
— verrucosa.
— hiberna.
— palustris.
— serrata.
— gerardiana.
— falcata.
Althenia filiformis.
Orchis odoratissima.
— fusca.
— galeata.
— simia.
Ophrys Arachnites.
— muscifera
— fusca.
— anthropophora.
Serapias Lingua.
Limodorum abortivum.
Epipactis ensifolia.
— rubra.
Iris spuria.
Gagea arvensis.
Allium roseum.
— Schœnoprasum.
— polyanthum.
Cyperus Monti.
Carex gynobasis.
— humilis.
Tragus racemosus.
Phalaris paradoxa.
Phleum Boehmeri.
Stipa pennata.
Echinaria capitata.
Kœleria valesiaca.
Aira media.
Avena pratensis.
Poa megastachya.
Ægilops ovata.
— triuncialis.
Lepturus cylindricus.

Voir p. XLVIII (n° 19), plantes méridionales, et p. LIX (n° 20), plantes des moissons du terrain calcaire.

CHARENTE-INFÉRIEURE.

Comme nous l'avons vu, le sol du département est presque entièrement calcaire, il se divise ainsi : Le terrain de craie commence à l'embouchure de la Gironde, qu'il remonte jusqu'à Saint-Romain de Beaumont, d'où il continue le long des collines de Mirambeau, Montendre, Montlieu et Montguyon, pour s'étendre vers le nord jusqu'à Burie, Ecoyeux, Saint-Hilaire, Grandgent, Tonnay-Boutonne, Tonnay-Charente, sur quelques points dans l'alluvion de la Charente au nord de Rochefort, et dans les îles d'Aix et d'Oleron. Le nord de cette dernière île et le reste du département sont composés de terrain jurassique. Au milieu de la craie se trouvent plusieurs bandes de terrains tertiaires, savoir : au midi des collines de Mirambeau, de Montendre, Montlieu, Montguyon et dans tout ce coin du département; au nord de ce même terrain de craie, entre la Seudre et la Charente, de Saint-André-de-Lidon, au nord de Mortagne, entre Mirambeau et Jonzac, et plus loin dans la direction de Montlieu ; de Saint-Jean-d'Angle à Ste-Gemme, Nancras, Sablonceaux, St-Romain, Thézac et au-delà ; de St-Thomas à St-Porchaire et les Essarts ; au nord de la Charente, de Taillant vers Annepont, St-Vénérand, St-Brice et Chérac; enfin quelques autres points à Meschers, St-Palais, les Mathes, Arvert, Soubise, Aumagne, la Rochelle, Benon, etc. Enfin des alluvions assez étendues règnent à l'extrémité de la Gironde, à l'embouchure de la Seudre, de la Charente, de la Sèvre et à l'est dans un coin du département entre Matha et Burie. Consultez la Description géologique etc. du département de Charente-Inférieure par Wm Manès, publiée en 1853 par le Conseil général, avec une belle carte géologique coloriée, dont une réduction se trouve dans la *France Minérale*, Paris, Dupont, 1864.

M. Faye, dans une *Note sur les progrès de l'étude de la botanique* dans ce département, publiée en 1846, a fait l'énumération des botanistes qui ont contribué à la connaissance des plantes du pays ; les principaux sont les suivants :

Morison, entre autres espèces, a découvert *Pancratium maritimum* et *Convolvulus lineatus*.

Guettard, dans ses *Observations sur les plantes*, 1747, cite Girard de Villars, médecin à la Rochelle, comme lui ayant communiqué des plantes de ce pays, où il donne les localités de : *Tribulus terres-*

tris, un *Phillyrea*, *Centaurea aspera* à la Flotte et *Catananche cœrulea* (Jacea calyculis argenteis.)

Bonamy dans son *Floræ Nannetensis Prodromus*, 1782, mentionne plusieurs espèces aux environs de la Rochelle et de Rochefort, et il est probable que c'est dans ce pays qu'il a vu les plantes calcaires de son catalogue qui ne peuvent appartenir au pays nantais.

De Candolle, en 1815, dans le supplément de la Flore Française, décrit plusieurs espèces dont q.q.-unes avaient été découvertes par Bonpland.

Lesson de l'Institut, a publié en 1835 un volume in-8o de 634 pages, intitulé *Flore Rochefortine*, ou description des plantes qui croissent spontanément, ou qui sont naturalisées aux environs de Rochefort.

La Société des sciences naturelles de la Rochelle a fait paraître en 1840 un Catalogue provisoire pour servir à la Flore de la Charente-Inférieure, cahier, sans localités de plantes, destiné moins à la circulation générale qu'aux botanistes que la société invitait à contribuer à la flore.

Enfin feu L. Faye, qui avait déjà donné, en 1846, dans l'*Aperçu sommaire de la Flore du Vergeroux*, une énumération des plantes de cette commune, a publié en 1850 un *Catalogue des plantes vasculaires de la Charente-Inférieure.*

La plupart de ces livres ne contiennent que des noms de plantes, et le seul ouvrage descriptif, la Flore Rochefortine n'est pas exécuté de manière à m'en permettre l'usage. J'ai donc pensé qu'au lieu de passer beaucoup de temps à me rendre compte des espèces de chaque auteur, il serait plus facile et plus utile d'herboriser moi-même dans ce pays et d'examiner les collections de plantes sèches qui pourraient m'être communiquées.

En exécution de ce plan, j'ai passé, en 1851 et

1852; une partie des mois de mai, juin et juillet à parcourir le département. D'un autre côté, feu l'Abbé Delalande, après avoir exploré le même pays dans les mois d'août et septembre 1847, 1848 et 1851, livrait à mon examen les abondantes récoltes, les notes qu'il en rapportait et dont il a donné un aperçu dans deux *Excursions botaniques* dans la Charente-Inférieure. Ces recherches, en me mettant au courant de la végétation d'automne, m'ont permis de suivre presque sans interruption toute la belle saison des plantes. Enfin, dans l'été de 1867, j'ai fait quelques nouvelles herborisations dans ce beau pays, aux environs de Dœuil, à la forêt de Chizé, à St-Jean-d'Angély, Saintes, au bord de la Charente de Taillebourg à St-Savinien et de Bords à Pont-l'Abbé.

Feu M. Hubert, ancien pharmacien à la Rochelle, secondant avec ardeur l'entreprise de cette flore, a mis à ma disposition tout son herbier, qui m'a fourni un nombre important de plantes à citer. Puis il m'a facilité l'examen de l'herbier de M. de Beaupreau, faisant partie des collections de la Société d'histoire naturelle de la Rochelle. J'ai beaucoup regretté que la mauvaise santé de ce dernier m'ait privé des conseils d'un botaniste qui savait étudier les plantes, ainsi que le prouvent quelques notes de son herbier et encore mieux sa longue correspondance avec M. Faye. Ces lettres montrent en outre qu'il était mieux au courant de la flore que sa collection incomplète ne le ferait présumer.

Feue Madame George, du Pin près Bourgneuf, m'a permis de passer en revue pendant plusieurs jours toutes les plantes qu'elle a recueillies dans ses environs, et, en regard des échantillons toujours accompagnés de localités précises, elle a eu la bonté de me donner ces détails instructifs que sa longue expérience des plantes lui a fait acquérir. Déjà cette dame avait envoyé à la Société d'histoire naturelle de la Rochelle un catalogue rédigé avec le plus grand soin de la flore du Pin qu'elle avait fait connaître et dont on s'est largement servi dans les publications notées.

M. Savatier, médecin à Beauvais-sur-Matha, m'a ouvert son herbier et fait part de ses observations sur les plantes du département et surtout des environs de Beauvais et de l'île d'Oleron. Cet herbier, revu tout entier en 1867, en présence de son auteur, m'a fait connaître les découvertes récentes ainsi que les plantes de la Charente, département voisin, dont, en collaboration avec M. de Rochebrune, M. Savatier a publié, en 1861, le *Catalogue raisonné*. Cet ouvrage est utile à consulter, et peut mettre sur la voie des espèces à trouver dans les terrains analogues du département.

M. L. Faye, en me montrant dans son herbier les plantes de la Charente-Inférieure, qu'il accompagnait d'explications intéressantes sur leur origine, m'a fait regretter qu'il n'eût pas conservé un plus grand nombre des espèces qu'il avait eues entre les mains, au fur et à mesure de leur découverte, alors qu'elles étaient entre lui et M. de Beaupreau un sujet d'étude et d'examen critique. Ces discussions ont dû l'autoriser à insérer dans son *Catalogue* beaucoup d'espèces que je n'ose répéter en l'absence des mêmes preuves, de ces arguments matériels dont je me suis fait une règle.

Depuis ces documents employés dans la 1re édition, j'ai été tenu au courant des découvertes par mes anciens correspondants, et d'autres sont venus augmenter notre connaissance de la Flore.

M. Dussouchaud, curé de Dœuil depuis longtemps, connaît parfaitement la végétation de ses environs, qui s'étendent sur les Deux-Sèvres. J'ai été heureux d'examiner tout son herbier en sa présence, et l'utilité de ce travail apparaîtra dans les nombreuses citations que j'en ai faites.

M. Pinatel, ancien instituteur à St-Jean-d'Angély, m'a montré la collection des plantes qu'il a recueillies dans le pays. Une partie de ses découvertes a été publiée dans le journal de St-Jean-d'Angély ; je les ai répétées, puis complétées par d'autres espèces trouvées depuis, et parmi lesquelles on verra *Anthericum ramosum* et *Spiræa obovata*.

M. Lemarié, libraire à St-Jean-d'Angély, pendant qu'il habitait l'île de Ré m'a communiqué les plantes de cette localité. Depuis qu'il s'est fixé à St-Jean-d'Angély, il a contribué à répandre le goût de la botanique, soit par la part active qu'il a prise à la création de la *Société historique et scientifique* de cette ville, soit par ses herborisations, dont une des dernières a enrichi la Flore de *Bellis pappulosa*.

J'ai encore pu examiner avec profit, à Saintes, les collections de : M. Brunaud, avoué, qui a ajouté dernièrement à la Flore *Ophrys fusca* ; et celles de MM. Marc Arnauld, banquier, et Rouffineau, ministre protestant, dont les découvertes sont notées à leur place.

MM. Georges et Louis de l'Isle, de Nantes, attirés dans le pays par la richesse de sa partie méridionale et maritime, y ont fait une herborisation récente, qui nous a enrichis de *Trifolium strictum*, *Vicia peregrina*, *Chrysanthemum graminifolium*, *Epipactis viridiflora*, *Althenia filiformis*, ainsi que de nouvelles localités pour : *Fumaria speciosa*, *Bellis pappulosa*, *Crepis bulbosa*, *Trixago bicolor*, *Orobanche Teucrii*, *Sideritis hyssopifolia*, *Carex montana*.

Tous les documents précédents et d'autres encore ont été reliés au moyen de mes herborisations, qui vont me permettre de donner quelques détails sur les localités intéressantes que j'ai parcourues.

C'est un riche département que celui de la Charente-Inférieure ! S'il renferme autant d'espèces que tous les autres départements réunis, cette abondance est due à son sol calcaire et varié, à une grande étendue de côtes et à sa position plus méridionale. A l'influence de cette dernière cause, on doit d'y rencontrer les plantes suivantes :

(N° 19). PLANTES MÉRIDIONALES.

Ranunculus trilobus.
— muricatus.
Nigella damascena.
— gallica.
Delphinium cardiopetal.
Rœmeria hybrida.
Hypecoum pendulum.
Sisymbrium austriacum
— Columnæ.
Matthiola incana.
Bunias Erucago.
Isatis tinctoria.
Alyssum campestre.
Cistus salvifolius.
Polygala monspeliaca.
Silene Thorei.
— brachypetala.
— portensis.
Arenaria controversa. *
Linum strictum.
— corymbulosum.
Malva nicæensis.
Althæa cannabina.
Acer monspessulanum.
Erodium malacoïdes.
Tribulus terrestris.
Ruta graveolens.
Ononis striata.
— Columnæ.
— reclinata.
Medicago littoralis.
Trigonella gladiata.
— monspeliaca.
Melilotus sulcata.
— parviflora.
Trifolium lappaceum.
— Bocconii.
— stellatum.
Dorycnium suffruticos.
Lupinus reticulatus.
Astragalus purpureus.
— monspessulanus
— hamosus.
— bayonensis.
Coronilla scorpioïdes.
Ornithopus roseus.
Vicia serratifolia.
— bithynica.
— peregrina.
Ervum cassubicum.
Pisum Tuffetii.
Lathyrus latifolius.
Spiræa obovata.
Rosa sempervirens.
Lythrum bibracteatum.*
Ecballium Elaterium.
Sedum littoreum.
— anopetalum.
Buplevrum affine.
Bifora testiculata.
Ammi Visnaga.
Asperula galioïdes.

Crucianella angustifolia.
Valerianella pumila.
— hamata.
Bellis pappulosa.
Pallenis spinosa.
Inula montana.
— squarrosa.
Chrysanthem. graminif.
Senecio Ruthenicus.
Centaurea aspera.
Crupina vulgaris.
Xeranthem. cylindrac.
— inapertum.
Scolymus hispanicus.
Catananche cærulea.
Tolpis umbellata.
Scorzonera hirsuta.
Lactuca chondrillæfl. *
Crepis nicæensis.
— suffreniana.
— bulbosa.
Andryala integrifolia.
Campanula Erinus.
Arbutus Unedo.
Phillyrea media.
— angustifolia.
Cynanchum acutum.
Chlora imperfoliata.
Erythræa spicata.
Convolvulus lineatus.
— Cantabrica.
Echium pyramidale.
— plantagineum.
Lithospermum apulum.
Onosma echioïdes.
Verbascum sinuatum.
Linaria commutata.
— spartea.
— thymifolia.
Trixago apula.
Odontites lutea.
Salvia pallidiflora.
Stachys heraclea.
Hyssopus canescens.
Sideritis hyssopifolia.
— romana.
Brunella grandiflora.
hyssopifolia.
Lysimachia L. stellatum
Androsace maxima. *
Cyclamen neapolitan. *
Rumex bucephaloph. *
Polygonum Bellardi.
Daphne Gnidium.
— Cneorum.
Osyris alba.
Cytinus Hypocistis.
Aristolochia rotunda.
— longa.
Euphorbia serrata.
Urtica membranacea. *
Quercus Cerris.
— Ilex.
Triglochin Barrelieri. *
Althenia filiformis.
Ophrys fusca.
Serapias Lingua.
— cordigera.
— *triloba.*
Iris spuria.
Allium roseum.
Cyperus Monti.
Scirpus Holoschœnus.
— michelianus.
Tragus racemosus.
Phalaris paradoxa.
Echinaria capitata.
Kœleria phleoïdes.
Aira media.
Airopsis globosa.

Avena sulcata.	Lepturus cylindricus.
— longifolia.	Ophioglos. lusitanic. *
Ægilops ovata.	Grammitis leptophylla. *
— triuncialis.	Adiantum Cap. veneris.

Les espèces suivies d'un * n'ont pas encore été trouvées dans la Charente-Inf.

Il est intéressant de suivre la manière dont chacune de ces espèces est distribuée, et comment quelques-unes remontent un peu loin dans le nord, à la faveur de la température modérée qui règne au bord de la mer et surtout dans les îles. On remarquera qu'en s'éloignant de la Gironde, peu à peu quelqu'une d'entre elles nous abandonne, et si le nombre d'espèces de plus en plus restreint ne nous faisait pas apercevoir le changement de climat, nous le sentirions facilement dans la végétation moins robuste chez les mêmes espèces.

Les listes 1, 2, 3, 4 contiennent l'énumération des plantes particulières à la région maritime, et comme celle-ci est la plus intéressante de la flore, soit par sa végétation spéciale, soit par les espèces méridionales qui y sont mêlées, nous allons la parcourir rapidement.

La première localité que nous visiterons sera la suite de *falaises crayeuses* s'étendant depuis Saint-Romain-de Beaumont jusqu'au-delà de Royan ; là croissent : *Brassica oleracea, Sinapis incana, alba, Erucastrum obtusangulum, Cheiranthus Cheiri, Matthiola incana, Sisymbrium austriacum, Rapistrum rugosum, Helianthemum pulverulentum, Linum strictum, Althæa cannabina, Dorycnium suffruticosum, Astragalus monspessulanus, Melilotus sulcata, Ononis Columnæ, Pallenis spinosa, Catananche cœrulea, Linosyris vulgaris, Inula montana, squarrosa, Chrysanthemum corymbosum, Carduncellus mitissimus, Helichrysum Stœchas, Convolvulus lineatus, Cantabrica, Echium pyramidale, Verbascum sinuatum,*

Salvia pallidiflora, Hyssopus canescens, Osyris alba, Allium roseum, Iris spuria, Kœleria phleoïdes, valesiaca, Avena barbata, Adiantum Capillus veneris.

Les rochers de la pointe de Meschers forment la localité la plus riche de cette région, où l'on doit s'attendre encore à des découvertes, même après celles faites dernièrement par MM. de l'Isle des *Chrysanthemum graminifolium, Bartsia bicolor, Sideritis hyssopifolia, Orobanche Teucrii.*

Dans les décombres et les prés au bas de ces coteaux, on trouve quelquefois *Ecballium Elaterium, Cynanchum acutum, Aristolochia rotunda.*

Lorsque les falaises ne bordent pas le fleuve, entre les deux s'étend une alluvion couverte de prés et de pâtures salées dont la liste nº 1 donne la composition.

Après Meschers commencent les sables maritimes (liste nº 2) souvent couverts de bois de *Pinus maritima* et de *Quercus Ilex*, dans les éclaircis desquels une belle récolte nous est offerte au milieu de *Cistus salvifolius, Daphne Gnidium, Osyris alba, Ononis Natrix, Helichrysum Stœchas, Artemisia crithmifolia, Scirpus Holoschœnus, Juncus acutus, Alyssum campestre, Equisetum ramosum.*

Les coteaux sablonneux, pierreux sont fort intéressants; j'y ai vu : *Stipa pennata, Avena pratensis, Carex humilis, Epipactis rubra, Orobanche cruenta, Ulicis, Helianthemum procumbens, pulverulentum, Euphorbia gerardiana, Phillyrea media.* Ce dernier offre un exemple curieux de la manière dont le vent de mer tourmente les arbres de la côte, en les inclinant fortement ou en arrêtant leur développement. Ici ces buissons de *Phillyrea* et de *Quercus Ilex* sont comme taillés au ciseau, les premiers pieds courts, rabougris, protégeant les suivants qui s'élèvent graduellement derrière cet abri.

En approchant de Royan, les coteaux s'abaissent insensiblement, et, après cette ville, ce ne sont plus que des plateaux secs et pierreux, formant ces pointes que nous verrons reparaître çà et là jusqu'à la limite du département. Au milieu d'herbes courtes et serrées, on remarque : *Trinia vulgaris*, *Inula montana*, *Catananche cœrulea*, *Carduncellus mitissimus*, *Echium pyramidale*, *Galium sylvestre*, *Astragalus monspessulanus*, *Coronilla minima*, *Convolvulus lineatus*, *Ophrys apifera*, *Carex gynobasis*.

Après Puyraveau, commencent ces vastes dunes qui s'étendent jusqu'à l'embouchure de la Gironde et jusqu'à la Tremblade. La partie voisine de la mer est uniforme et désolante par sa stérilité, que l'on essaie de faire disparaître au moyen de ces semis de Pin maritime que nous retrouverons à Oleron et ailleurs. Après avoir cueilli *Silene Thorei* et *Linaria thymifolia* et vu quelques *Pancratium*, gagnons la partie avoisinant les terres et surtout ces vallées humides situées au milieu des sables, appelées *Lèdes*, lettes, où croissent quelques espèces curieuses, par ex. : *Ononis reclinata*, *Spergula nodosa*, *Tetragonolobus siliquosus*, *Astragalus bayonensis*, *Carex trinervis*, *Erythræa chloodes*, *Chlora perfoliata*, *imperfoliata*, *Orchis palustris*, *Epipactis palustris*, *viridiflora*, *Scirpus Holoschœnus* toujours accompagnés de *Salix repens*.

Lorsque les dunes du côté de la mer sont élevées, l'eau des pluies qui en découle forme à leur pied de jolis marais où l'on trouve : *Carex teretiuscula*, *ampullacea*, *Epilobium palustre*, *Juncus obtusiflorus*, *Sium angustifolium*, *Teucrium Scordium*.

Nous rencontrons sur notre chemin la forêt d'Arvert qui est assez étendue, et composée de Pins maritimes. Cet arbre a fixé le sable mouvant des dunes dont on reconnaît encore les anciennes ondulations. Traversons rapidement la partie trop boisée où les pins ont presque détruit l'ancienne végétation dont ils n'ont laissé que de rares échantillons, et visitons de préférence les éclaircis et les bords.

A la Tremblade et à Marennes commencent les premiers marais salants avec les plantes des vases salées. (Liste nº 1.)

L'Ile d'Oleron, en dehors des terres cultivées, offre la même végétation des marais salants, et, sur la grande côte, les sables s'étendent depuis S.-Trojan jusqu'à la pointe de Chassiron où existent plusieurs plateaux avec *Convolvulus lineatus*, *Echium pyramidale, Statice Dodartii*. Dans l'intervalle, on peut voir sur les dunes *Crepis bulbosa, suffreniana, Ecballium Elaterium, Omphalodes littoralis, Lysimachia Linum stellatum* avec quelques figuiers, et dans les bois d'Avail et autres *Lithospermum apulum, Osyris alba, Daphne Gnidium* et *Cistus salvifolius* sur les racines duquel croît *Cytinus Hypocistis*. Au milieu des dunes, plusieurs marais assez étendus doivent être examinés, ils abondent en Characées et l'on pourrait y chercher les *Isoëtes*. Sur l'autre côté vis-à-vis le continent, on commence à voir, au milieu des pierres et des Tamarix, *Cynanchum acutum* et dans les sables *Sisymbrium Sophia*. Après l'écluse de S.-Georges jusqu'à fort Boyard règnent des dunes fort étendues où *Astragalus Bayonensis* est très-commun avec quelques *Carex trinervis*. Enfin, après le passage, se trouvent des marais salants et de vastes pâtures salées où croissent les *Salicornia, Suæda*, etc., de la liste nº 1. C'est au bord de ces marais salants que MM. de Rochebrune et Savatier ont vu abondant *Lepturus cylindricus* et découvert, dans les marais mêmes, le joli *Chara alopecuroïdes*. En compagnie de celui-ci, MM. de l'Isle viennent de trouver une plante encore plus extraordinaire, *Althenia filiformis*, espèce méditerranéenne qui rappelle combien cette région maritime est favorable aux plantes méridionales.

A l'île d'Aix, M. J. Richard vient de revoir *Phillyrea angustifolia*.

Entre Marennes et la Charente, on rencontre beaucoup de prés salés et les *Marais Gâts*, anciens marais salants dont on voit encore les dépressions et qui s'étendent entre S.-Just, S.-Sornin, Cadeuil, la Tour de Broue, S.-Symphorien, S.-Jean-d'Angle et Moëze.

Les coteaux de la Charente de Soubise à Martrou peuvent être visités, quoique bien moins riches que ceux de la Gironde.

Les bords de la Charente offrent encore une longue série de prés et de pâturages salés jusqu'à ce qu'on arrive à la pointe de Fouras, localité classique où croissent : *Linum strictum*, *Carex nitida*, *Tragus racemosus*, *Linaria commutata*, *Buplevrum aristatum*, *Trifolium lappaceum*, *Bocconii*, *Echium pyramidale*, *Astragalus hamosus*, *Trigonella monspeliaca*, *Kœleria phleoides*, *Lithospermum apulum*, *Omphalodes littoralis*, *Torilis heterophylla*, *Orobanche Hederæ*, *Orchis pyramidalis*, *Crypsis aculeata*, *Cynanchum acutum*, *Ecballium Elaterium*.

Entre cette pointe et celle d'Angoulin reviennent les vastes prés coupés de canaux, interrompus par la petite pointe du Rocher, où Bonamy indiquait *Iris spuria*, qui y croît encore, et celle de Châtelaillon.

La pointe du Chay, extrémité du platin d'Angoulin, quoique peu étendue, se recommande par une grande variété de plantes, parmi lesquelles on distingue les espèces des plateaux déjà énumérés et de plus : *Trigonella gladiata*, *Allium roseum*, *Veronica prostrata*, *Stachys heraclea*, *Catananche cærulea*, *Scorzonera hirsuta*, *Melilotus sulcata*.

La plupart des mêmes plantes se représentent sur les différentes pointes et plateaux entre la pointe du Chay et la Sèvre, c'est-à-dire à la pointe des Minimes, à celle de Chef de Baie et sur la côte d'Esnandes, jusqu'à ce qu'on arrive aux marais de la Sèvre, terminant le département, et dont il sera question lorsque nous entrerons dans le département de la Vendée.

Les environs de la Rochelle, mieux connus que les autres parties de la flore, ont été souvent parcourus par les botanistes qui ont habité cette ville; on y remarque : *Trifolium lappaceum*, *Euphorbia serrata*, *Sisymbrium Columnæ*, *Lepidium Draba*, *Lathyrus tuberosus*, *Crucianella angustifolia*, *Ononis reclinata*.

L'Ile-de-Ré est plus basse et plus sablonneuse qu'Oleron ; outre les marais salants, elle est principalement couverte de vignes, de champs d'*Hordeum vulgare*, avec un peu de luzerne. Sur les plateaux en face du continent, on retrouve *Trinia vulgaris*, *Convolvulus lineatus*, et sur d'autres points croissent les espèces méridionales suivantes : *Ranunculus trilobus*, *muricatus*, *Sisymbrium Columnæ*, *Polygala monspeliaca*, *Cynanchum acutum*, *Silene brachypetala*, avec *Pancratium maritimum*, *Erodium malacoïdes*, *Lepidium latifolium*, *Melilotus sulcata*, *Allium roseum*, *Rumex palustris*, *etc.* M. Lemarié, pendant plusieurs années de résidence dans l'île, a acquis une connaissance intime de sa flore et l'a enrichie de *Ononis reclinata*, *Crepis bulbosa*, *Omphalodes littoralis*, *Cystopteris fragilis*, *Tragus racemosus* et du méridional *Trifolium stellatum*.

Après la région maritime, il existe une localité que je recommande particulièrement, parce qu'elle forme exception à la végétation du département ; c'est celle que j'appelle *Pays de lande* et qui s'étend depuis S.-André-de-Lidon, entre Gemozac et Mortagne, sous S.-Genis, Plassac, au-dessus de Mirambeau, et se continue, par Montendre et Montlieu, jusqu'à la limite sud-est du département. Ce terrain sablonneux occupé par des landes, des bois de pins, qui chaque jour cèdent la place aux cultures, est caractérisé par : *Ulex europæus* et *nanus*, les *Erica*, *Quercus Toza*, *Potentilla splendens*, *Avena longifolia*, *sulcata*, *Agrostis setacea*, *Euphorbia angulata*, *Arenaria montana*, *Simethis planifolia*, *Viola lancifolia* et plusieurs autres plantes des sables. Il y croît encore : *Festuca tenuifolia*, *Silene gallica*, *Aira caryophyllea* cc., *A. canescens*, *flexuosa*, *Linaria spartea*, *pelisseriana*, *spuria*, *Ornithopus compressus*, *roseus*, *ebracteatus*, *Lathyrus angulatus*, *Arnoseris pusilla*, *Juncus ericetorum*, *Sedum pentandrum*, *Orobanche Ulicis*, *Serapias Lingua*, *cordigera*, *Filago montana*, *Helianthemum guttatum* cc., *Erodium cicutarium* cc., *Festuca Poa*, *Bromus tectorum*, *Geranium sanguineum*, *Convallaria Polygonatum*, *Scilla verna*, *Hypochœris glabra* cc., *Genista pilosa*, *Helianthemum alyssoïdes*, *Daphne Cneorum*.

Les parties marécageuses de ces landes produisent : *Scirpus fluitans*, *Holoschœnus*, *cæspitosus*, *Eleocharis multicaulis*, *Ranunculus hederaceus*, *ololeucos*, *Elodes palustris*, *Juncus squarrosus*, *Drosera rotundifolia*, *intermedia*, *Parnassia palustris*, *Potamogeton polygonifolius*, *Lycopodium inundatum*, *Rhynchospora fusca*, *alba*, *Allium ericetorum*, *Narthecium ossifragum*, *Myrica Gale*, *Utricularia intermedia*, *Pinguicula lusitanica*.

Je ne mentionne pas ici les plantes des coteaux de Montlieu, Montguyon, etc., parce qu'elles appartiennent à ces lieux pierreux calcaires que l'on rencontre fréquemment sur beaucoup de points du département. M. de Meschinet, professeur au Petit-Séminaire de Montlieu, a depuis longtemps fait connaître une grande partie des espèces ci-dessus, auxquelles lui-même et ses élèves ont ajouté récemment *Ophrys fusca*, *Anthericum ramosum*, *Carex polyrrhiza*.

Aux environs de Corme-Royal, Nancras et Cadeuil,

j'ai rencontré une végétation analogue ; par ex. dans les marais ; *Potamogeton plantagineus, polygonifolius, Carex flava, Mairii, Ranunculus divaricatus, Utricularia minor, Pinguicula vulgaris, lusitanica, Scirpus fluitans ;* dans les lieux sablonneux, *Euphorbia gerardiana, Bromus molliformis, Specularia Speculum, Anthemis arvensis, Trifolium suffocatum, Ornithopus compressus, Arenaria montana,* et *Sideritis romana*. Cette dernière plante a été découverte par M. Delalande, qui avait aussi parcouru avant moi les bois du Colombier situés entre Nancras et Cadeuil et dans lesquels croissent : *Simethis planifolia, Quercus Toza,* les *Erica* et *Ulex, Avena sulcata, Agrostis setacea, Orobanche Ulicis, Picridis, Hypochœris maculata, Carex punctata.*

Les autres terrains tertiaires, près et au nord et à l'est de Saintes, ont été visités plusieurs fois par M. Pinatel et son élève, M. Guillaud, qui continuera, je l'espère, l'étude de notre science. Une partie de leurs découvertes a été insérée dans le Journal de S.-Jean-d'Angély.

Les forêts du département sont très-riches ; voici les principales :

La *forêt de Benon*, composée moins de futaies que d'une suite de taillis, s'étend entre Courçon, Benon, La Laigne, jusqu'à Surgères, dont les bois en sont la continuation. Le droit possédé par les communes d'y faire paître leurs bestiaux, nous prive de ces belles récoltes qui couvrent les parties protégées contre la dent des animaux, et dans lesquelles on remarque : *Acer monspessulanum, Ulmus campestris, Orobus albus, niger, Aira media, Hypochœris maculata, Euphorbia verrucosa, Esula, Hypericum montanum, Galium boreale, Lathyrus latifolius, Cornus mas, Trinia vulgaris, Carduncellus mitissimus, Globularia vulgaris, Seseli Libanotis, Peucedanum Cervaria, Bupleurum falcatum, Trifolium medium, lappaceum, Onosma echioïdes, Inula montana, Scorzonera hirsuta, hispanica, Stachys heraclea*, quelques buissons de *Fagus sylvatica*, *Iris spuria*, *Linosyris vulgaris*, *Brunella hyssopifolia*, *Senecio Ruthenicus*, *Cytisus supinus*, *Coronilla minima*, *Catananche cœrulea*, *Melampyrum cristatum*, *Chrysanthemum corymbosum*, *Geranium sanguineum*, *Astragalus glycyphyllos*, *purpureus*, *Carex montana*.

Le bois d'Essouvert, près le Pin, qu'a fait connaître Madame George, jouit de à peu près la même végétation particulière aux bois secs du calcaire, dont il existe çà et là dans tout le département des bouquets, reste de bois que la culture a épargné.

La *forêt d'Aulnay*, située en partie dans le département des Deux-Sèvres, renferme au contraire de fort belles futaies composées par cantons de *Fagus sylvatica*, *Carpinus Betulus*, *Quercus sessiliflora* et *pedunculata*, âgés, en 1852, d'env. 150 ans. On voit aussi : dans la partie ombragée, *Epipactis ensifolia*, *Stachys alpina*, *Carex montana*, *Neottia Nidus-avis*, et *Elymus europœus*, lequel croît au milieu de *Vinca minor*, *Brachypodium sylvaticum*, *Milium effusum*, *Asperula odorata* ; dans les taillis ou dans la partie plus sèche ou pierreuse, *Carex gynobasis*, *Cytisus supinus*, *Convallaria Polygonatum*, *Lonicera Xylosteum*, *Cornus mas*, *Astragalus purpureus*, *Euphorbia verrucosa*, *Acer monspessulanum*, *Limodorum abortivum*, *Digitalis lutea*.

La *forêt de Chizé*, dont la plus grande partie s'étend sur le dép. des Deux-Sèvres, repose sur le même terrain et fournit les mêmes plantes.

On sait que les moissons des terrains calcaires sont bien plus variées que celles des terrains primitifs ; aussi le département qui jouit de cet avantage, sous une latitude plus méridionale, présente-t-il une assez longue suite d'espèces, comme on le verra par la liste ci-dessous :

(N° 20.) PLANTES DES MOISSONS DU TERRAIN CALCAIRE.

Thalictrum minus.	Orlaya grandiflora.
Adonis autumnalis.	Bifora testiculata.
— æstivalis.	Falcaria Rivini.
— flammea.	Asperula arvensis.
Nigella damascena.	Valerianella hamata.
— gallica.	Centaurea Scabiosa.
— arvensis.	Lactuca perennis.
Delphinium Consolida.	Anchusa italica.
Rœmeria hybrida.	Echinosperm. Lappula.
Hypecoum pendulum.	Veronica verna.
Fumaria parviflora.	— triphyllos.
— Vaillantii.	— præcox.
Diplotaxis muralis.	Melampyrum arvense.
— viminea.	Odontites jaubertiana.
Erysimum orientale.	Galeopsis Ladanum.
Saponaria Vaccaria.	Stachys annua.
Arenaria segetalis.	— recta.
Trifolium rubens.	Ajuga genevensis.
Coronilla varia.	Teucrium Botrys.
Vicia tenuifolia.	Androsace maxima.
— varia.	Polycnemum arvense.
Ervum Ervilia.	— minus.
Buplevrum protractum.	Polygonum Bellardi.
— rotundifolium.	Passerina annua.
Caucalis daucoïdes.	Euphorbia falcata.
Turgenia latifolia.	Bromus arvensis.

Les vignes n'ont pas de végétation spéciale; composées de plantes des champs, des moissons, des coteaux, elles varient selon que leurs terres sont fortes, pierreuses ou sablonneuses.

Les listes des plantes par stations donnent l'énumération des espèces propres aux lieux marécageux, aux eaux, aux prés, aux coteaux, aux bois, etc., et me dispensent d'entrer dans d'autres détails sur les localités que j'ai parcourues.

Cependant je ne puis passer sous silence ces

beaux coteaux, ces *Chaumes* brûlants de la rive droite de la Charente, qui doivent à la dureté de leur ossature de n'avoir pas été entamés par la culture. C'est au milieu de ces rochers, de ces pierres, que l'on rencontre quelques plantes méridionales particulières comme : *Spiræa obovata, Ruta graveolens, Sedum anopetalum, Artemisia camphorata*. C'est là que les *Quercus Ilex*, les *Phillyrea* trouvent à établir leurs racines et à former encore des taillis au milieu desquels peuvent vivre *Helianthemum procumbens, Ononis Columnæ, Buplevrum aristatum, Teucrium montanum, Kœleria valesiaca*, etc. Le fait qu'une partie de ces espèces avait échappé à nos devanciers donne l'espoir que d'autres nous sont réservées.

Il est donc permis d'observer, en terminant, que ce département est loin d'être bien connu, et récompensera longtemps les recherches du botaniste désireux de nouveautés; celles qui ont été trouvées tout récemment encore doivent nous apprendre que l'on n'herborise pas en vain dans ce riche pays.

DEUX-SÈVRES.

L'addition de ce département à la Flore, faite au dernier moment, avait cependant été déterminée par des documents importants; elle est justifiée aujourd'hui par de nouveaux travaux. Je vais énumérer les uns et les autres.

M. A. Guillon, inspecteur des contributions indirectes à Cognac, botaniste distingué, a herborisé avec ardeur principalement aux environs de Niort qu'il habitait; et avec le projet de publier un catalogue des plantes du département des Deux-Sèvres, il a composé un herbier de toutes les plantes de ce département qu'il a pu réunir dans l'espace de trois années. Cette collection que j'ai examinée en entier, en présence de son possesseur, a commencé ma connaissance des plantes des Deux-Sèvres. Depuis, elle a été donnée au Musée de Niort, où j'ai pu la parcourir de nouveau; sa conservation est parfaite, et le nombre des espèces en a été augmenté par MM. Sauzé et Maillard, de la Mothe Saint-Heray.

M. Rouffineau a habité longtemps Lezay, d'où il a fourni de bonnes contributions à la Flore.

Dans cette même région méridionale, j'ai vu un nombre important d'espèces recueillies par M. Vernial, juge de paix à Brioux, auquel on doit attibuer la découverte de toutes les plantes citées dans les environs, entr'autres : *Aristolochia longa, Astragalus purpureus, Carduncellus mitissimus, Delphinium cardiopetalum, Inula montana, Elymus europæus, Neottia Nidus avis, Epipactis rubra, ensifolia, Asperula odorata, Catananche cœrulea, Atropa Belladonna, Stachys alpina.*

Enfin M. Joussé, instituteur à Napoléon-Vendée, m'a communiqué une série de plantes intéressantes cueillies par lui aux environs de Loubillé; les principales sont : *Crucianella angustifolia, Delphinium cardiopetalum, Biscutella lævigata, Epipactis rubra, Peucedanum Cervaria, Nigella gallica, Inula montana, Cytisus supinus*, auxquels il a ajouté récemment *Hutchinsia petræa, Dorycnium suffruticosum, Sanguisorba officinalis.*

Voici maintenant d'autres documents reçus sur la lisière calcaire qui borde le département de la Vienne.

M. P.-A. Guyon, curé de S.-Pompain, aujourd'hui d'Amailloux, m'a adressé ou fait voir la plupart des espèces de ces localités, ainsi que des environs de Rom, Ste-Soline, mais surtout celles de S.-Loup. Ces dernières m'ont donné le désir de voir le riche *Coteau de Veluché*, commencement de ces beaux coteaux du Thouet aux rives si accidentées. M. Guyon étudie et connaît bien nos plantes; ses découvertes sont trop nombreuses pour être répétées ici, et je citerai seulement la dernière, *Avena tenuis* qu'il m'a fait cueillir.

Feu M. Brottier, instituteur à S.-Jouin-de-Marnes, a herborisé avec fruit aux environs de S.-Jouin, c'est-à-dire à Marnes, Bric, Douron, S.-Generoux, Borcq, Airvault, d'où il m'a envoyé les plantes caractérisant la végétation, parmi lesquelles on distingue : *Campanula persicifolia*, *Trinia vulgaris*, *Malva alcea*, *Asperula galioïdes*, *Ervum Ervilia*, *Ajuga genevensis*, *Vicia serratifolia*. J'ai revu tout l'herbier qu'il a laissé.

M. Mathurin-Théodose Bonnin, cordonnier-bottier à Airvault, sachant utiliser dignement les courts instants de loisir laissés par un travail assujettissant, se plaît à cultiver une heureuse intelligence par l'étude de plusieurs arts et sciences, entre autres de la Botanique. Depuis plus de 30 ans il compose un herbier des plantes d'Airvault, dans lequel j'ai remarqué : *Orlaya grandiflora*, *Myosurus minimus*, *Cardamine Impatiens*, *Asplenium septentrionale*, *Genista sagittalis*, *Lonicera Xylosteum*, *Convallaria Polygonatum*, *Gagea arvensis*, *bohemica*, *Orchis simia*, *fusca*, *Epipactis ensifolia*, *Holosteum umbellatum*, *Senecio viscosus*, *Filago arvensis*, *Urtica pilulifera*. Je viens de revoir cette collection considérablement augmentée et d'y trouver : *Veronica præcox*, *triphyllos*, *Sium angustifolium*, *Orobanche Teucrii*, *Milium scabrum*. Enfin j'ai été conduit par M. Bonnin aux riches coteaux du Thouet et à ces localités pierreuses redoutées de l'agriculteur, autant qu'aimées du botaniste qui se trouve dans un vrai parterre, au milieu de la réunion de *Vicia varia*, *Ononis Natrix*, *Anthyllis Vulneraria*, *Papaver Rhœas*, *Coronilla varia*, *Trifolium rubens*, *Bupleurum protractum*, *Melampyrum arvense*.

La belle localité des environs de Thouars a depuis longtemps attiré les yeux des botanistes. Guettard est peut-être le premier qui y ait herborisé; Du Petit Thouars la connaissait bien, et, après lui, M. Bastard y a fait ces belles récoltes qu'il se plaisait à communiquer à ses amis. Quelques-unes de ses découvertes sont comprises dans le supplément à sa Flore de Maine-et-Loire en 1812, et une liste des plantes recueillies par lui les 24, 25, 26 juillet 1809, et 21, 22 juin 1813, a été insérée en 1853 p. 360, dans les mémoires de la Société d'Agriculture d'Angers. Depuis, une foule de botanistes sont retournés à cette localité précieuse, et parmi eux : MM. J. Woods en 1836, Genuer 1840 et avant, Toussaints en 1840, 41, Ad. Lunet, Maille et Revelière. Ce dernier, botaniste soigneux, m'a adressé une liste et de beaux échantillons de toutes les espèces curieuses qu'il y avait recueillies en compagnie de M. Chédeau. Je viens moi-même de faire connaissance avec ce riche pays et de m'assurer que les environs de Saint-Loup, Airvault, Availles et surtout Thouars ne le cèdent à aucune localité de la Flore entière, par la variété et l'abondance de leurs plantes. Que d'espèces, en effet, ne trouve-t-on pas sur ces coteaux de Veluché près S.-Loup, des environs d'Airvault, de ceux de Crevant, Pommier, Missé, la Cascade, Vrines, Bel-Air, Fretevaux, Viennet près Thouars ! Où voit-on une réunion de plantes plus nombreuse, plus curieuse que dans ce pays varié et accidenté, où le sol calcaire et le schiste sont entremêlés et voisins du sable ! Qu'on en juge par la liste suivante d'une partie de ses plantes : *Androsace maxima*, *Orlaya grandiflora*, *Valerianella hamata*, *Euphorbia falcata*, *Specularia Speculum*, *Milium scabrum*, *Xeranthemum inapertum*, *Orobanche Picridis*, *Vicia tenuifolia*, *Adonis æstivalis*, *Althæa cannabina*, *Bifora testiculata*, *Echinospermum Lappula*, *Asperugo procumbens*, *Melica nebrodensis*, *Avena barbata*, *pratensis*, *Linum strictum*, *Loreyi*, *Buplevrum aristatum*, *Crucianella augustifolia, Campanula Erinus, Ononis Columnæ, Teucrium montanum, Medicago Gerardi, Micropus erectus, Odontites jaubertiana, Trifolium strictum, suffocatum, Bocconii, Buplevrum affine, Helianthenum salicifolium, procumbens, Torilis heterophylla, Wahlenbergia Erinus, Crupina vulgaris, Ægilops ovata, Ophrys muscifera, Orobanche Teucrii, Astrocarpus Clusii, Plantago carinata, Sedum elegans, pentandrum, andegavense, Trixago versicolor, Asplenium septentrionale, Linaria pelisseriana, Scleranthus perennis, Anemone Pulsatilla, Peucedanum Oreoselinum, Hieracium Peleterianum, Gagea bohemica, Ecballium Elaterium, Urtica pilulifera, Chenopodium opulifolium, Cardamine Impatiens*, et bien d'autres.

J'ai vu plusieurs espèces intéressantes, entr'autres *Hypochœris maculata*, recueillies à S.-Martin de Sanzay par M. Pellier, instituteur, et qui m'ont donné un specimen de la végétation voisine du département de Maine-et-Loire. De ce dernier département, M. E. Revelière m'a envoyé d'autres plantes croissant au Puy-Notre-Dame et à Montreuil-Bellay ; j'ai cru devoir en citer quelques-unes, parce que j'ai la certitude qu'elles se trouveront plus loin en dedans de nos limites.

M. Delastre m'a fait parvenir plusieurs espèces décrites dans sa Flore de la Vienne, que l'on peut consulter avec fruit, surtout pour la partie du département bordant celui de la Vienne.

J'ai revu chez M. Janneau, à Parthenay, les plantes qu'il avait recueillies autour de cette ville et dans le Bocage environnant. Parmi celles-ci, je noterai *Laserpitium latifolium, Arenaria segetalis, Androsace maxima, Gagea arvensis* ; et il m'a fait cueillir *Ornithopus roseus, Senecio viscosus, Holosteum umbellatum, Turritis glabra.*

La connaissance du Bocage a été accrue par l'*Extrait de la Florule des environs de Mortagne-*

sur-Sèvre, de M. Gaston Genevier, Angers 1866. Ce botaniste, connu par ses travaux sur les *Rubus*, a habité pendant dix ans la ville de Mortagne, située sur la limite des Deux-Sèvres et de la Vendée, et son ouvrage, applicable à l'un et à l'autre département, énumère une partie de leurs plantes et surtout les espèces nouvelles résultant du démembrement des anciens types. Avant M. Genevier, ce pays était à peine connu des botanistes.

L'*Exploration botanique de l'arrondissement de Bressuire*, par M. Sauzé, Niort 1867, vient de donner des détails intéressants sur le N. du département, et a fait ressortir les recherches de M. J. Richard, alors substitut du procureur impérial à Bressuire, aujourd'hui à Rochefort. Ce botaniste, zélé et complaisant, m'a fait voir toutes les plantes récoltées par lui dans cette région, dont j'ai pu apprécier moi-même la richesse aux environs d'Argenton-Château.

Ici, rappelons que M. Toussaints a, en 1840-41, herborisé aux environs de Thouars, Oyron, Argenton-Château, Bressuire, Bretignolles, où il a vu *Anemone Pulsatilla, Peucedanum Oreoselinum, Potentilla supina, Epipactis ensifolia, Ophrys muscifera, Isopyrum, Androsace, Gagea arvensis*. Les plantes remarquables de ces localités ne pouvaient échapper à son coup-d'œil sûr et rapide.

On sait que MM. Sauzé, médecin, et Maillard, ministre protestant à la Mothe S.-Héray, avaient déjà beaucoup contribué à la Flore de l'Ouest, en me montrant toute leur collection des plantes du département. Depuis, ils ont continué leurs travaux, dans le but de faire une flore de ce pays; et comme prodrome, ils ont publié le *Catalogue des plantes phanérogames des Deux-Sèvres*, Niort 1864. Ce livre, après un aperçu intéressant sur la constitition géologique du pays et son histoire botanique, n'offre, en général, qu'une liste de noms, sans descriptions, ni localités. Mais, pour moi, qui connais l'exactitude des auteurs, chaque nom était significatif, et m'a engagé à voir les plantes qu'ils représentent, ainsi qu'à m'assurer de leurs localités. J'aurais préféré avoir en main la flore projetée; je l'ai appelée et je l'appelle encore avec instance, dans la persuasion qu'elle rendra un compte meilleur que je ne puis le faire de la flore du département. En attendant, j'ai utilisé les renseignements du Catalogue, les communications de ses auteurs, enfin les notes et plantes reçues des botanistes cités plus haut, qui depuis longtemps apportent des matériaux à l'édifice commun.

Mon instruction sur les Deux-Sèvres est le fruit des documents qui précèdent; ceux-ci, joints à la connaissance que j'ai des calcaires voisins dans la Charente-Inférieure, la Vienne et la Vendée, ainsi que du Bocage par le terrain semblable dans la Vendée et la Loire-Inférieure, me permettent d'apprécier un département qui, par la variété et le nombre des espèces, peut prendre rang après celui de la Charente-Inférieure, quoique privé d'une flore maritime. Les herborisations récentes que j'y ai faites me donnent le regret de ne les avoir pas entreprises assez tôt pour les renouveler et me permettre de signaler plus en détail les localités les plus intéressantes de sa flore.

Pour terminer, j'emprunterai quelques traits à la *Description géologique* du département, par M. Cacarié, ingénieur des mines, insérée dans le tôme 7, 1842, 1843 des mémoires de la Société de statistique du département des Deux-Sèvres.

« Le département peut être divisé en trois parties différentes d'aspect et de nature géologique. Le Bocage, avec ses monticules sans nombre, ses cours d'eau au lit profond et parsemé de rochers, ses chemins tortueux et ombragés, ses haies impénétrables, ses prairies et ses bois, occupe la partie du nord-ouest. » Il est à peu près limité, au midi par une ligne commençant à Beugné près du département de la Vendée et continuant par Xaintray, Pamplie, Mazières, Vouhé, à l'est par le cours du Thouet et du Cébron, d'où il tourne autour et à l'est de Parthenay, et s'avance en pointe jusqu'à Menigoute. » Composé presque entièrement de granites ou de schistes primitifs, il a un sol argileux, maigre et froid; lorsque l'argile est trop compacte, le terrain devient landeux et ne produit que des bruyères et des ajoncs; dans les parties humides et contenant des graviers provenant de la destruction du granite, on trouve de bons pâturages. Les arbres poussent fort bien dans presque tout le Bocage; aussi le pays est-il coupé de haies vives avec de gros arbres qui ombragent complétement les chemins creux de la Gâtine. Quelques parties du Bocage sont recouvertes de sables; elles forment des landes stériles ne nourrissant qu'une herbe très-courte ou de maigres bruyères; lorsque ces sables sont assez humides, on y a planté des bois; c'est même dans cette variété de terrain que se trouvent les bois proprement dits du Bocage. » On voit que cette description pourrait s'appliquer au Bocage de la Vendée et à celui de la Loire-Inférieure.

« A l'est et au sud de la limite ci-dessus s'étend, sur un sol calcaire, *la Plaine* unie, couverte de moissons et de prairies artificielles, parfois arrosée par des rivières dont les eaux tranquilles, couvertes de nénuphars, coulent sur un fond vaseux, ou par des ruisseaux limpides, coulant dans un lit creusé dans le roc; parfois sèche et aride, ne recevant de l'humidité que des eaux souterraines qui circulent dans les fissures du sol. » La Plaine est en grande partie composée de calcaire jurassique entrecoupé du nord au sud, surtout à partir de S.-Loup, par des terrains tertiaires moyens, et sa végétation est celle des mêmes terrains, dont ils sont la continuation dans les départements qui l'avoisinent, la Charente-Inférieure au midi, la Vendée à l'ouest, la Vienne à l'est.

« Si ces deux régions offrent nécessairement des différences très-considérables, elles se prêtent en même temps à des rapprochements fort curieux. Ces rapprochements tiennent, dans la région septentrionale, à la présence d'une longue bande calcaire qui occupe le côté N.-E. du département, et, dans la région méridionale, à l'existence de plusieurs vallées de soulèvement qui mettent au jour les schistes et les granites. Aussi pourra-t-on voir, dans les cantons de Thouars, Airvault, S.-Loup et Thénezay, presque toutes les plantes qu'on rencontre, à l'extrémité opposée, sur les limites des départ. de la Charente et de la Charente-Inférieure, et pourra-t-on retrouver, dans les vallées schisteuses et granitiques des environs de S.-Maixent, la Mothe S.-Heray et Melle, la plupart des plantes de la Gâtine. » Sauzé cat.

Enfin, tout-à-fait à l'ouest, « le Marais forme au-dessous de Niort un triangle marécageux dont le terrain de sable laisse filtrer l'eau avec la plus grande facilité, et est découpé d'autant de canaux que le Bocage l'est de chemins creux. » Ce pays participe à la végétation du Marais Vendéen, dont il forme le commencement, empruntant encore à la région maritime un petit nombre de plantes comme *Sonchus maritimus, Trifolium resupinatum, Alopecurus bulbosus*.

VENDÉE.

Ici les matériaux sont abondants, et j'espère que le département sera dignement représenté dans la Flore, grâce aux botanistes dont je vais parler.

Messieurs Pontarlier et Marichal, professeurs au

Lycée de Napoléon, s'occupent depuis longtemps des plantes de la Vendée, qu'ils étudient en commun. Si M. Marichal a un peu plus manié les plantes critiques, M. Pontarlier, doué d'un corps robuste, aidé par un excellent coup-d'œil, a pu faire ces belles herborisations qui lui ont donné la connaissance de presque toutes les parties importantes du département. Du fruit de ce travail, ces deux botanistes ont composé deux herbiers de la Vendée qu'ils ont donnés au Lycée et à la ville de Napoléon, et, après avoir eu l'intention de les compléter par un catalogue des plantes de la Vendée, en collaboration avec M. Letourneux, ils ont embrassé avec le plus vif intérêt le plan de cette Flore. Ils en ont aidé l'exécution de tout leur pouvoir, non pas par des notes détachées, des herborisations partielles, mais par la communication d'herbiers parfaitement ordonnés de plantes étudiées, sur chacune desquelles ces messieurs se sont fait un plaisir de me renseigner abondamment. Depuis lors, tenu au courant des découvertes nouvelles, j'ai cru plus utile à la flore générale de porter ailleurs mes pas, laissant à autrui l'exploration d'un pays dont je me suis borné à prendre une connaissance sommaire, afin de mieux apprécier l'expérience de tous. Le nom de MM. Pontarlier et Marichal, si fréquemment cité, témoigne de leurs nombreuses contributions à cet ouvrage; le floriste est heureux lorsqu'il se trouve secondé par tant de zèle, d'exactitude et d'obligeance.

C'est de mon ami M. Letourneux qu'est venu le projet d'étendre la flore jusqu'aux départements situés au midi de la Loire. Son nom souvent mentionné dans ces pages reparaîtrait bien plus fréquemment s'il m'était possible de le rappeler après chaque conseil reçu dans l'exécution de mon travail. Placé dans une riche localité, sur la limite du Bocage, de la Plaine et du Marais, il est rare que M. Letourneux, dans chacune de ses herborisations, n'ajoute pas à la flore quelqu'espèce nouvelle ; enfin il a inspiré le goût de la botanique à M. Ayraud, médecin-vétérinaire à Fontenay, qui, de son côté, a fait de bonnes découvertes.

Ces documents et d'autres encore, tous de date récente et d'une valeur incontestable, m'ont fait négliger les publications antérieures dont j'aurais eu de la peine à tirer des preuves équivalentes à celles que j'avais sous les yeux. Ces écrits sont, au reste, peu nombreux, ainsi qu'on va en juger :

Guettard, dans ses Observations sur les plantes, en 1747, note plusieurs plantes du département, par ex : *Iris* (angustifolia) *spuria* L., le genêt bâtard (*Adenocarpus complicatus*), *Helleborus viridis*, *Galium arenarium*, etc.

Bonamy, dans son Prodromus, mentionne aussi quelques espèces de la Vendée.

M. Piet, dans ses mémoires sur Noirmoutier, aidé pour l'histoire naturelle par M. Impost, auteur de plusieurs volumes de jolies fables, a fait une énumération des plantes de l'île, qu'il répartit en six excursions. L'auteur a adopté la nomenclature française de la flore de De Candolle, et ces noms ne sont pas suivis de descriptions. Une 2me édition de ces mémoires fort rares a paru en 1863.

De Candolle, dans le supplément à sa flore, décrit plusieurs espèces que son voyage dans l'Ouest lui avait fait connaître.

Enfin M. L. Faye a inséré dans la Statistique de la Vendée, par Cavoleau, en 1844, une *Note sur les plantes de la Vendée*, où, après avoir rassemblé ce qui avait été dit dans les ouvrages antérieurs, il ajoute d'autres espèces trouvées par lui-même ou par MM. Rouillé et Bossuet.

L'*Extrait de la Florule des environs de Mortagne*, par M. Genevier, a déjà été noté p. LXIV.

La nature du sol dans la Vendée est plus variée

que dans aucun des autres départements. Le terrain calcaire occupe un espace étendu ; c'est là que croissent les espèces les plus curieuses et les plus nombreuses, formant, comme nous l'avons vu, la suite de la végétation de la Charente-Inférieure et des Deux-Sèvres. A ce dernier titre surtout, il est naturel que nous nous occupions premièrement des calcaires.

« Le Bassin principal appelé la Plaine s'étend au midi le long du Marais qu'il borde. Au nord il commence à Payré sur Vendée, descend à Chassenon, se dirige à peu près de l'est à l'ouest, au nord de S.-Michel-le-Cloucq, de Pissotte et de Serigné, remonte du sud au nord, du côté de Bourneau ; se dirige ensuite du sud-est au nord-ouest, au nord de S.-Laurent-de-la-Salle, au sud de S.-Martin-Lars et au nord de S.-Juire, d'où il descend sur la rive gauche du Lay, vis-à-vis Puymaufrais, où il joint une bande schisteuse qui borde la rivière. Il suit cette bande en descendant jusqu'à la maison de Lavert, au-dessous de Beaulieu-sur-Mareuil. Là il traverse le Lay pour décrire un cercle autour du bourg de la Couture, et retourne, le long du marais, traverser le Lay au village de Lavaud. Il suit la rive gauche du Lay, ou plutôt du marais qui borde cette rivière jusqu'au Port-la-Claye ; traverse le bassin du Lay ; et, à l'extrémité occidentale de la levée, tourne à droite, vers le nord, pour aller joindre le ruisseau du Graon, d'où il décrit une courbe à gauche pour descendre par S.-Sornin, sur la rive gauche du ruisseau de Troussepoil qu'il suit en descendant jusqu'à Girondin. Il se dirige de l'est à l'ouest et en ligne droite par S.-Hilaire-la-Forêt, sur un ruisseau qui coule à l'ouest de cette commune, et finit sur la côte entre l'anse du Perray et celle de Caillola (Cavoleau, statistique, p. 31). »

Dépourvue d'arbres dans la plus grande partie, la Plaine est couverte de moissons et de prés artificiels qui nous offrent la plupart des plantes de liste n° 5; les plus remarquables sont : *Nigella damascena, Delphinium cardiopetalum, Iberis amara, Biscutella lævigata, Holosteum umbellatum, Ononis Columnæ, Coronilla scorpioïdes, Vicia peregrina, Bupleurum rotundifolium, protractum, Bifora testiculata, Seseli Libanotis, Carduncellus mitissimus, Wahlenbergia Erinus, Veronica præcox, Melampyrum arvense, cristatum, Teucrium montanum, Euphorbia falcata, Ophrys anthropophora, Phleum Boehmeri.*

Quelques bois, aux environs de Luçon, rompent la monotonie de ce pays plat; ce sont : le bois de Barbetorte, de Bessay, de Lavroux, de S.-Denis-du-Payré, et surtout la petite forêt de Ste-Gemme dans laquelle existe une suite de plantes curieuses dont la plus grande partie a été découverte par Mlle Poey Davant, naturaliste distinguée de Fontenay. Je citerai dans ce dernier bois : *Inula salicina, Chrysanthemum corymbosum, Geranium sanguineum, Melampyrum cristatum, Astragalus glycyphyllos, Seseli Libanotis, Althæa cannabina, Ervum cassubicum, Vicia serratifolia, Cytisus supinus, Rosa pimpinellifolia*; auxquels il faut ajouter *Pisum Tuffetii* découvert par M. Lepeltier de Luçon, naturaliste connaissant bien la végétation de son pays.

Au Bois d'Ecoulandre et de la Rivière, près Mouzeuil, M. le curé David m'a fait voir *Orchis pyramidalis, simia, Acer monspessulanum, Convallaria Polygonatum.*

Le botaniste sortant de la Charente-Inférieure est étonné de ne plus trouver dans ces localités la série de plantes qui abondent dans les bois secs au midi de la Sèvre. Qu'il jette cependant un coup-d'œil sur celles qui viennent de le suivre jusqu'ici, car plusieurs ne reparaîtront plus dans sa route vers le nord.

La végétation calcaire se retrouve sur les éléva

tions répandues dans le Marais, et auxquelles, selon le niveau de leur sol, on a donné le nom de Iles basses ou Iles hautes; la tradition conservant ainsi le souvenir d'un temps où ces terres dominaient la mer qui couvrait tout ce pays. Les premières nourrissent à peu près les mêmes plantes que la Plaine. Les Iles hautes, au contraire, dont quelques-unes sont assez élevées, forment la continuation de ces coteaux et plateaux calcaires que nous avons vus sur la côte opposée dans la Charente-Inférieure et dans l'île de Ré. Cependant le nombre et d'espèces et d'individus en est singulièrement diminué, et ce n'est plus qu'un faible échantillon de la végétation que nous avons laissée. Parmi ces Iles hautes on distingue :

Le Rocher de la Dive, dans le golfe de l'Aiguillon, où M. Letourneux a découvert *Hutchinsia procumbens, Sisymbrium Columnæ*, quelques *Phillyrea media;* on y voit encore *Echium pyramidale, Teucrium montanum, Linum corymbulosum*, et M. Pontarlier y a retrouvé *Lavatera cretica;*

Chaillé-les-Marais, belle localité où MM. Letourneux et Ayraud m'ont montré *Astragalus monspessulanus, Convolvulus lineatus, Micropus erectus, Inula squarrosa, Buplevrum rotundifolium* et *protractum, Linum strictum, Fumaria micrantha, Ophrys anthropophora, Kœleria valesiaca, Medicago Gerardi, Helianthemum salicifolium, Allium roseum, Astragalus hamosus, Echinaria capitata;* ces trois dernières plantes avaient été découvertes par M. Gaston Genevier, qui m'a communiqué ses herborisations aux environs de Luçon;

L'Ile-d'Elle, qui nous fournit *Astragalus monspessulanus, purpureus, Linosyris vulgaris;*

L'Ilot de la Dune, situé près de ces montagnes d'huîtres que tous les géologues ont visitées, mais vers lesquelles le botaniste n'est attiré par aucune plante spéciale;

Le Gué de Velluire qui, sans être une île, offre, ainsi qu'à l'Ile-d'Elle et à Chaillé, des falaises blanches abruptement baignées par le Marais comme elles devaient l'être autrefois par la mer ; M. Letourneux y a trouvé *Micropus erectus*, *Inula squarrosa*, *Linum corymbulosum*, *Astragalus hamosus*, *Chrysanthemum corymbosum*, *Melilotus sulcata*, *Linosyris vulgaris*, *Rosa sempervirens*, *Iris spuria*, *Melica nebrodensis*, *Acer monspessulanum* ;

Enfin l'île de Maillezais, la plus considérable de toutes ; son sol moins élevé et dont les bords s'abaissent en pente plus douce vers le Marais, n'a pas une végétation aussi variée, mais produit cependant *Carex gynobasis*, *Carduncellus mitissimus*, *Ophrys anthropophora*, *Orobus albus*, *Inula salicina*, *montana*, *Crepis setosa*, *Senecio erucifolius*, *Micropus erectus*, *Potamogeton plantagineus*, *Astragalus glycyphyllos*, *Carex tomentosa*, *Potentilla Chaubardiana*.

Les autres îles hautes, d'une étendue médiocre, sont moins connues ; cependant deux d'entre elles produisent des plantes spéciales. St-Michel-en-Lherm est la localité unique de *Lythrum bibracteatum*, qui y a été découvert par M. Letourneux. On y voit aussi *Xeranthemum cylindraceum*, qui se retrouve à Triaize avec *Ecballium Elaterium* et *Erythræa spicata*.

Un autre bassin calcaire assez étendu est celui de Chantonnay. « De forme très-irrégulière et mesurant environ 40 kilomètres dans sa plus grande longueur, il commence au pont de Cezais, continue par S.-Sulpice, Thouarsais, Bouildroux, Bazoges, S.-Philbert du Pont-Charrault, S.-Mars-des-Prés et Chantonnay, où il s'élargit au nord jusqu'à Chassois et S.-Germain de Prinçay, S.-Vincent-Sterlange, puis s'allonge par Ste-Cécile jusqu'aux Essarts. » Cette localité a été plus d'une fois explorée par MM. Pontarlier et Marichal, qui y ont vu presque toutes les plantes de la Plaine, mais aucune qui lui fût particulière.

Dans la Statistique de Cavoleau, M. Fontenelle de Vaudoré mentionne les deux îlots calcaires de Puyrinsens et de la grande Rhé, près de Vouvant; M. Gobert a trouvé dans ce dernier *Caucalis daucoïdes, Turgenia latifolia, Orlaya grandiflora.*

En nous éloignant du midi, nous allons voir les calcaires devenir plus rares et ne produire qu'un petit nombre des plantes particulières à ce terrain (liste 5) et dont l'énumération n'offre plus d'intérêt que par les absences.

Le calcaire de la petite plaine d'Olonne est situé entre ce bourg, la mer et la Gachère. Ce pays est bien connu; il est le lieu de promenade du Petit Séminaire des Sables-d'Olonne, dont une partie de l'établissement se trouve à la Bauduère. M. l'abbé Dalin, ancien supérieur, a introduit le goût de la botanique dans cette maison, et ses élèves, MM. David, curé de Mouzeuil, Bonnaud, curé de Charzais, et Auvynet, ont à leur tour transmis l'amour des plantes à plusieurs de leurs élèves, entre autres à MM. Pontdevie et Rossignol. Ces derniers m'ont fait part de leurs récoltes, tant aux environs des Sables qu'à ceux de Benet et de Pouzauges.

Le calcaire de Commequiers s'étend du nord au sud, depuis le bourg de ce nom jusqu'à la rivière de Vie, et de l'est à l'ouest, depuis le hameau des Chaulières jusqu'à celui de Villeneuve, sur la route des Sables à Beauvoir, et occupe ainsi une étendue d'environ 3 kil. carrés. Il a été examiné par MM. Pontarlier et Gobert, qui y ont trouvé seulement *Althæa hirsuta, Ornithopus roseus, compressus, ebracteatus, Cirsium eriophorum, Linaria minor, Ajuga Chamæpitys, Orchis pyramidalis.*

Au sud-ouest de Challans, sur la Verrie et le Paty, jusqu'au canal du Perrier, se trouve le calcaire dit de Challans. MM. Gobert et Viaud Grand-marais ont fait de fréquentes herborisations dans ce pays, dont ils m'ont donné plusieurs plantes intéressantes, entre autres *Seseli coloratum*, *Juncus anceps*, ainsi que du Molin, autre calcaire situé entre Challans et celui de l'Ile Chauvel près Bois de Céné, et d'autres encore provenant des calcaires de Sallertaine et de Saint-Urbain. Déjà M. Pontarlier avait visité tout ce pays, moins remarquable par les plantes calcaires que par son terrain sablonneux et son vaste Marais.

Deux autres bassins calcaires existent à Bouin et à Barbatre dans le midi de l'île de Noirmoutier, sans que ces deux localités m'aient fourni aucune plante spéciale à ce terrain.

La région maritime de la Vendée se compose en grande partie de sables qui nous offrent à peu près la même végétation que ceux de la Charente-Inférieure. *Helichrysum Stœchas*, *Artemisia crithmifolia* et les autres plantes y sont aussi robustes, aussi abondantes. On y voit encore les bois de chênes verts avec *Cistus salvifolius*, *Daphne Gnidium*, mais sans *Osyris*. C'est surtout entre la Tranche et S.-Vincent sur Jard que règnent ces vastes dunes d'un spectacle si curieux et dont « les inégalités ressemblent aux ondulations énormes d'une mer agitée dont les vagues se seraient durcies subitement. » L'herborisation est fatigante et peu productive dans cette région uniforme, qu'il faut traverser aussi rapidement que le permet son sol mouvant, pour gagner les vallées humides, les marais des dunes et la partie voisine des cultures.

De Jard à l'anse du Perray, la côte est bordée de rochers calcaires peu élevés, coupés à pic, qui produiraient sans doute plusieurs plantes des plateaux calcaires de l'île de Ré, située vis-à-vis, s'ils n'étaient entièrement recouverts par le sable, qui apporte avec lui sa végétation propre.

Les Sables d'Olonne paraissent se prêter à la naturalisation des plantes étrangères, introduites peut-être par la navigation. Est-ce à cette cause que l'on doit *Lavatera cretica*, *Sedum littoreum*, bien installé sur les murs de la ville, où Bastard le trouvait dès 1809, et l'américain *Euphorbia polygonifolia* L., que M. Letard, pharmacien, trouve en abondance, depuis plusieurs années, loin des ports, en pleins sables maritimes. Un habitant plus orthodoxe est le précoce *Milium scabrum*, découvert par M. Letourneux.

Après les Sables-d'Olonne, les dunes règnent presque sans interruption jusqu'à la Barre-de-Monts.

L'île de Noirmoutier est depuis longtemps connue par l'ouvrage de Piet. Elle est basse, sablonneuse, surtout au sud et à l'ouest, séparée en deux parties inégales par des marais salants étendus. Quelques rochers peu élevés se trouvent à l'Herbaudière, au bois de la Chaise et au Viel. Le nord de l'île est granitique avec une lisière de gneiss de l'Herbaudière au Cobe, et de grès, depuis le Cobe jusqu'au bois de la Chaise, le reste est calcaire ; ces changements de terrain n'influent pas sur le caractère de la végétation qui est principalement celle des sables. C'est à Noirmoutier que se trouve la dernière station de quelques plantes méridionales, par ex. *Daphne Gnidium*, autrefois commun, *Centaurea aspera*, *Cistus salvifolius*, *Silene Thorei*, *Medicago littoralis*, accompagnées de quelques raretés du pays, comme *Romulea Columnæ*, *Crepis bulbosa*, *Omphalodes littoralis*, *Scirpus Holoschœnus*, *Poa megastachya*, *Echium plantagineum*, *Lysimachia Linum stellatum*, *Tribulus terrestris*, *Podospermum laciniatum*, *Lupinus reticulatus*, *Gladiolus segetum*, *Diplotaxis viminea*, *Scolymus hispanicus*, *Erodium malacoïdes* et *maritimum*, ce dernier croissant aussi à l'îlot du Pilier avec *Lavatera arborea*. Le bois de la Chaise et de la Blanche sont les derniers bois de chênes verts dans la région de l'Ouest.

L'île d'Yeu toute granitique nous transporte dans une des îles du Morbihan avec ses rochers élevés et ses landes, sans bois, sans vignes, sans marais salants. La grande côte est bordée de rochers élevés sur lesquels croît en abondance *Plantago carinata*. On voit dans les grottes quelques *Asplenium marinum*, sur les plateaux *Anthoxanthum nanum*, *Erythræa maritima*, *Trifolium perpusillum*, et *Statice occidentalis* y a été découvert par M. l'abbé David qui avait récolté aussi *Scolymus hispanicus*. La partie du nord, peu cultivée, est couverte de landes maigres, où doit croître *Isoetes Hystrix* avec *Romulea Columnæ*. Le reste de l'île est sablonneux et s'abaisse graduellement jusqu'à la côte de l'est qui, depuis le Port Breton jusqu'à la pointe du Corbeau, est bordée de dunes. Une plante curieuse, qu'on ne s'attend pas à rencontrer si haut dans le nord, *Rumex bucephalophorus*, est commune dans tous ces sables ainsi que dans ceux de l'anse des Vieilles sur la grande côte. Au midi du bourg existe un marais d'eau douce.

La grande côte de l'île d'Yeu forme la localité de rochers la plus étendue dans le département; les autres rochers se trouvent à S.-Gilles-sur-Vie, à S.-Jean-d'Orbetiers, sur lesquels croît *Crepis bulbosa*, enfin à la pointe du Perray, composée de lias.

Les marais salants sont nombreux: les plus considérables sont aux environs de l'Aiguillon, aux Sables-d'Olonne, à Saint-Hilaire-de-Riez, à Noirmoutier, et surtout ceux qui de la Barre-de-Monts s'étendent jusqu'à la limite du département par Beauvoir et Bouin. Les plantes qui leur sont propres sont énumérées liste n° 1.

Parmi les marais du département, deux méritent une mention particulière; l'un, appelé Marais méridional, est borné au nord par la Plaine, au midi par la

Sèvre, à l'est par le département des Deux-Sèvres, à l'ouest par la mer. Cette vaste alluvion, entrecoupée d'une multitude de canaux de dessèchement, se divise en marais desséchés et en marais mouillés. Dans les premiers, la végétation des marais a disparu pour faire place aux cultures et surtout aux prés, submergés l'hiver par le débordement de la Sèvre et de ses affluents ainsi que du Lay.

Le Marais mouillé, comme son nom l'indique, est plus marécageux. Les parties les plus élevées, divisées en petits carrés entourés d'eau, sont tantôt cultivées en chanvre, en fèves et en haricots, tantôt plantées de frênes et de saules, tantôt enfin abandonnées aux roseaux (Phragmites communis), reste de la végétation primitive. Quoique toute cette région soit intéressante et d'un aspect particulier, sa végétation est celle de tous les grands marais, avec le seul avantage de se présenter sur une vaste échelle et d'offrir toutes les gradations des terrains submergés aux prés plus ou moins humides et aux terres cultivées que le dessèchement a conquis. L'herborisation, sans cesse contrariée par l'un de ces mille canaux qui divisent ce pays comme un damier, y est fatigante et nécessite l'emploi continuel d'un bateau. Aussi cette localité est-elle peu connue, et il est impossible que l'on ne rencontre pas quelque nouveauté dans une région qui présente une surface de plusieurs myriamètres carrés. Le Marais se continue, avec la même végétation, sur la rive gauche de la Sèvre dans la Charente-Inférieure et dans les Deux-Sèvres au-dessous de Niort.

Le Marais occidental commence à Bourgneuf et Machecoul (Loire-Inf.) et se continue jusqu'au Port-la-Roche sur le Falleron, de là à Bois-de-Cené, Châteauneuf, Beauvoir, Saint-Urbain, Sallertaine, Ponthâbert, Challans, Soullans, Notre-Dame-de-Riez, Orouet, Saint-Jean, Notre-Dame et la Barre-de-Monts. Cet espace considérable, presque dépourvu d'arbres, est, en dehors des marais salants, principalement composé de prés entourés de larges fossés remplis d'herbes aquatiques. Couverts d'eau l'hiver, ils présentent au printemps la végétation des prés de la région maritime; mais « bientôt au mois de juillet, ce sol compacte se dessèche sous l'action du soleil et du vent salé, et tout le Marais n'offre plus alors qu'une surface aride et dépouillée. »

Le Marais est bordé dans toute sa longueur par un vaste terrain sablonneux qui fournit à la flore *Ornithopus roseus, compressus, ebracteatus, Spergula arvensis, pentandra, Filago arvensis, lutescens, Arenaria montana*, plantes d'autant plus recherchées que le sable manque dans l'intérieur de la Vendée.

Le reste du département repose sur des terrains primitifs parsemés de quelques terrains de transition ; il forme le Bocage, appelé de ce nom parce qu'il semble couvert d'une vaste forêt. Il n'en est pas ainsi cependant. Ce pays est composé, à l'exception des landes, d'une multitude de champs, de prés de peu d'étendue, chacun entouré d'une haie vive dans laquelle dominent des arbres peu élevés, assez rapprochés, coupés en têtards de forme bizarre dont on émonde régulièrement les branches tous les cinq ans. Cette partie est la moins intéressante de la flore pour un habitant de la Bretagne; elle forme la continuation du Bocage des Deux-Sèvres, et c'est cette même végétation que nous allons voir régner partout au nord de la Loire. Il est facile de s'en donner une connaissance générale en élaguant de la Flore les plantes maritimes (listes 1, 2, 3, 4), les plantes calcaires (liste 5) et celles qui sont marquées du signe X (liste 18).

J'ai déjà dit que je n'avais qu'une connaissance générale du département, mais suffisante cependant pour me permettre de comprendre les différentes formes de sa végétation. Ainsi, j'ai suivi tout le littoral, excepté de la Bauduère à S.-Jean-de-Monts; j'ai passé quelques jours à l'Ile-d'Yeu; je connais Noirmoutier. J'ai traversé la Plaine, plusieurs parties du Marais méridional et jeté un coup-d'œil sur quelques-unes de ses îles. Je comprends le Marais occidental pour l'avoir traversé, et par les marais de Machecoul à Bouin et Beauvoir, qui en font partie. Enfin, le peu que j'ai vu du Bocage me rappelle le même terrain dans la Loire-Inférieure avec lequel je suis familier.

LOIRE-INFÉRIEURE.

Les pages suivantes formaient l'introduction à la Flore de la Loire-Inférieure, et au risque de répéter ce qui a été dit sur les départements de la Charente-Inférieure et de la Vendée, je crois devoir la reproduire. L'importance attachée à certaines notes sur un département mieux connu que les autres fera peut-être ressortir les différences et les ressemblances de végétation entre les départements situés de chaque côté de la Loire. Je supprimerai cependant quelques détails qui ont trouvé place dans les pages précédentes et j'en ajouterai d'autres indiquant les découvertes faites depuis la publication de la Flore de la Loire-Inférieure, en 1844.

Morison paraît être le premier botaniste qui ait parcouru les côtes de la Bretagne, *missi*, dit-il, *ut totam oram Armoricæ, atque insulas adjacentes perlustraremus, atque rariores plantas maritimas observaremus, jussu et liberalitate principis Gastoniæ Franciæ*. Déjà en 1680, dans son *Plantarum historia*, il signale autour de Nantes Trifolium acetosum corniculatum luteum minus repens (*Oxalis corniculata* L.), *Lavatera arborea*; et une de nos meilleures plantes, Linaria maritima minima viscosa foliis hirsutis (*Linaria arenaria* DC.) est indiquée dans les sables maritimes.

Après Morison un siècle s'écoule avant que Bonamy, en 1782, fasse paraître son *Floræ Nannetensis Prodromus*. Aucun ouvrage n'avait encore été publié sur les plantes de l'Ouest; aussi doit-on peut-être excuser l'auteur d'avoir étendu les environs de Nantes jusqu'à Vannes, le Mans, Angers, Thouars, La Rochelle. Cependant l'absence d'une limite fixe est d'autant plus à regretter que, dans le *Prodromus*, le nom des plantes, exprimé par les phrases de Bauhin et de Tournefort, n'est jamais accompagné de descriptions et est rarement suivi de l'indication d'une localité précise. De plus, toute trace de l'herbier de Bonamy a disparu depuis longtemps; car cette collection n'a pas été connue des plus anciens botanistes vivants. On ne sera donc pas étonné du petit nombre de citations puisées dans un ouvrage qui ne peut être aujourd'hui d'aucune utilité. D'ailleurs, ce livre assez imparfait, même pour l'époque où il parut, fournit la preuve que le pays était alors peu connu, quoique l'auteur « se flatte qu'on trouvera peu de plantes nouvelles à ajouter au *Botanicum Nannetense*. » On n'en doit pas moins tenir compte des longs efforts de celui qui a ouvert la carrière, après avoir, dit-il, « pendant 45 ans consécutifs, enseigné la botanique à Nantes, à ses propres frais et sans avoir reçu ni dédommagements ni récompense. » En 1785 a paru un petit supplément au *Prodromus*, avec le titre d'*Addenda*, par le même auteur. On peut lui appliquer les mêmes remarques qu'à l'ouvrage principal.

Il nous faut attendre encore un demi-siècle avant d'arriver au second ouvrage spécial sur les plantes du pays. Pendant ce long intervalle, la publication de plusieurs flores françaises avait fait faire un grand progrès à la connaissance des plantes de France. Parmi ces ouvrages on remarque la Flore de De Candolle et surtout le volume supplémentaire où l'auteur décrit les plantes nouvelles de l'Ouest, qu'il devait, soit à ses propres recherches, soit aux communications des botanistes locaux et dont il avait déjà donné un aperçu dans son Voyage botanique et agronomiqne en 1808.

Le Catalogue de M. Pesneau, publié en 1837, et suivi d'un supplément en 1841, contient, comme l'énonce son titre, l'énumération de toutes les plantes que l'auteur avait recueillies dans le département de la Loire-Inférieure. Ce livre, qui indique seulement le nom des plantes avec leur localité ou leur station, a l'inconvénient commun à tous ceux du même genre qui, manquant de descriptions, du moins pour les espèces critiques, ne permettent aucune vérification. Ce défaut a été plus que compensé pour moi, par la facilité que l'auteur m'a accordée d'examiner en détail dans son herbier départemental les types des espèces inscrites au catalogue. Pénétré des bonnes intentions et de la véracité de l'auteur du Catalogue, je m'étais fait un devoir, dans la Flore de la Loire-Inférieure, de rendre un compte fidèle de sa nomenclature. Dans un ouvrage plus général, ce détail serait moins bien placé, et je l'omettrai, en priant de conserver un bon souvenir d'un naturaliste simple et modeste, ami de la vérité et des progrès de la science dans un pays auquel il s'intéressait plus que personne.

En 1842, M. Moisan avait publié la *Flore Nantaise*, volume in-8o de 725 pages, auquel je n'ai rien emprunté.

Dans l'exécution de la Flore de la Loire-Inférieure, j'aime à me rappeler les secours que je reçus alors et j'espère qu'on m'en permettra de nouveau le détail.

M. Hectot m'a donné les premiers conseils. Si, parmi les services qu'il a rendus à la Botanique, on ne peut compter des écrits ni la communication facile de ses collections, il ne faut pas oublier de reconnaître qu'on lui doit d'avoir, pendant une longue suite d'années, encouragé, entretenu à Nantes l'étude de la Botanique, et conservé la tradition, en remplissant presque seul l'immense intervalle qui sépare Bonamy de notre époque. L'herbier qu'il a laissé contient à peine quelques renseignements sur un temps éloigné du nôtre, et quelques notes sur les plantes qu'il avait communiquées à M. De Candolle, lors de son voyage dans l'Ouest, et pour lesquelles il est cité dans le supplément de la Flore de cet auteur. C'est pourquoi j'aurai, quoique à regret, très-rarement occasion de mentionner le nom de M. Hectot dans cet ouvrage.

Avant d'habiter Nantes, M. Desvaux y faisait tous les ans plusieurs voyages. Je sais que chaque fois on attendait impatiemment son arrivée, pour lui soumettre les plantes difficiles ou litigieuses dont on n'avait pu éclaircir la synonymie. C'est à cette source que doit être attribuée la connaissance de beaucoup de nos espèces critiques.

M. Letourneux, doué de ce coup-d'œil prompt et facile qui distingue le naturaliste, a fourni beaucoup de contributions à la Flore, et je dois à cet ami beaucoup de bons conseils sur le plan et les détails de mon premier ouvrage.

M. Le Boterf, longtemps avant sa mort prématurée, avait dû renoncer à ses études sur les plantes du pays qu'il était appelé à élucider.

M. l'abbé Delalande, dont je sens la perte plus que personne, a exploré avec soin les environs de Saint-Gildas, jusqu'alors inconnus.

On doit à M. Bornigal la connaissance de *Rhynchospora fusca, Scirpus cæspitosus, Hesperis matronalis*.

M. Moride, pharmacien à Nantes, dont j'ai reçu plusieurs conseils utiles, m'a communiqué ses herborisations aux environs de Châteaubriant. On lui doit l'invention du *Préparateur botanique*, instrument très-utile, servant à la dessiccation rapide des plantes, et dont la description se trouve à la fin de l'Introduction.

M. Guibo, employé des contributions indirectes, a fait de nombreuses herborisations dans le département, où il a signalé beaucoup de localités, surtout dans les arrondissements de Châteaubriant et d'Ancenis. De cette dernière ville, qu'il a habitée pendant près de deux ans, il a exploré tout l'est et le nord-est du département, où, après avoir retrouvé *Carex maxima, Ribes rubrum, Bromus erectus, Salvia pratensis, Inula salicina, Sedum pentandrum, Impatiens noli tangere*, il a fait la découverte de *Linosyris vulgaris, Gagea bohemica, Peucedanum alsaticum*.

MM. Georges et Louis de l'Isle ont fait plus d'une découverte importante, et récemment celle de ce *Coleanthus subtilis*, de toutes la plus inattendue. Ils sont fréquemment cités, et c'est à ces jeunes naturalistes qu'il est réservé de compléter la Flore.

« La constitution géologique du département se » compose de terrains primitifs et de transition. » Le terrain primitif commence entre Oudon et Ancenis, sur la rive droite de la Loire, passe par » les communes du Cellier, de Saint-Mars-du-Désert, Petit-Mars, traverse l'Erdre, passe à Casson, Héric, une partie de Blain, Fay, Cambon, » Pontchâteau, et se continue dans la direction » du *Sillon de Bretagne*, jusqu'à la Roche-Bernard. » De l'autre côté du fleuve, le terrain commence » à peu près en face du même point et embrasse » toute la partie méridionale du département.

» Le terrain intermédiaire qu'on observe à Angers, se continue dans notre département dans » toute la partie du nord et du nord-ouest, et vient » s'appuyer sur la première ligne que nous avons » indiquée. »

Au milieu de ces deux terrains, se trouvent surtout au midi de la Loire, des dépôts de terrains tertiaires sur lesquels reposent les calcaires dont nous parlerons plus tard. « Une partie de » ces bassins sont recouverts de terrain tourbeux » de la formation d'eau douce ; dans le premier » arrondissement, on remarque, entre le côteau » septentrional de la Loire et celui de Guérande, » une vaste tourbière de formation marine, celle » de Montoir. »

Une carte géologique du département a été publiée, en 1861, par M. Cailliaud directeur du Museum ; elle doit être entre les mains de tout botaniste.

Le département de la Loire-Inférieure offre deux flores distinctes : la flore maritime et celle de l'intérieur. La première comprend : (liste n° 1) les plantes propres aux prés, aux vases et aux marais salés ; (liste n° 2) les plantes des sables maritimes ; (liste n° 3) les plantes des rochers et des côteaux ; (liste n° 4) celles qui habitent les prés, les décombres et les terres cultivées ou incultes.

La région maritime a été assez bien parcourue et étudiée ; mais comme elle forme la partie la plus intéressante de la Flore, nous allons la passer rapidement en revue.

Si nous partons de l'extrémité méridionale de la côte, nous trouvons les marais salants de Bourgneuf, première station des plantes propres aux vases salées (liste n° 1.) Au risque de s'égarer, le botaniste ne doit pas craindre de pénétrer dans l'intérieur du marais, et d'en suivre les sinuosités ; c'est là seulement qu'il peut espérer de tout voir et qu'il rencontrera, au milieu des *Salsola, Salicornia, Suæda* et *Atriplex*, cette végétation curieuse qui ne rappelle en rien celle de l'intérieur. Il y sentira la nécessité d'étudier sur le vivant les plantes salées, si défigurées dans les herbiers qu'elles salissent. D'un autre côté, il n'oubliera pas qu'il est toujours utile d'examiner les points où les marais salants prennent naissance, en se confondant avec les terres cultivées, les sables, les pâtures marécageuses et les ruisseaux d'eau douce.

Au Collet, commencent les sables maritimes et les plantes qui leur sont particulières (liste n° 2). On ne négligera pas d'y recueillir, au printemps une de nos raretés, *Alyssum campestre* répandu sur un espace d'une demi-lieue, à côté de *Cerastium tetrandrum* et de *Viola nana*.

L'inclinaison des arbres vers l'est nous indique combien ils ont à lutter contre la violence du vent de mer, dont l'influence se remarque aussi sur les plantes de l'intérieur qui s'avancent jusqu'au bord de la mer. Battues par un air vif et salé, elles y perdent considérablement de leur taille ainsi que de leur port, et leurs racines, devenues épaisses et presque ligneuses, s'enfoncent profondément dans le sable pour chercher la fraîcheur qui y règne toujours.

Trompé par ce changement de port, le botaniste de l'intérieur est généralement tenté de voir dans ces végétaux rabougris et velus, à feuilles charnues et quelquefois salées, des espèces ou des variétés nouvelles. Plusieurs de ces formes ont été distinguées sous le nom de var. *maritima, nana, uniflora, carnosa, succulenta, salina*, mais toutes les plantes de l'intérieur pourraient avec autant de droit avoir leur variété maritime, car toutes se modifient en approchant de la mer.

Si l'uniformité souvent trop prolongée des sables maritimes nous éloigne de la mer, et nous fait découvrir quelque marais d'eau douce ou saumâtre, ou un cours d'eau se rendant à la mer, n'oublions pas que nous avons intérêt à les visiter à fond. Une végétation plus active nous arrêtera sur leurs bords où croissent souvent *Scripus Savii, Rothii*, *Œnanthe Lachenalii, Carex extensa* et quelquefois *punctata, Polypogon monspeliensis, maritimus* et peut-être *littoralis*.

De la Bernerie jusqu'à Pornic, la côte est élevée; les terres cultivées s'avancent jusqu'au bord de la mer et ne laissent souvent que la place nécessaire pour former un sentier étroit dont tous les ans quelque partie se détache et tombe. Sur les rochers après la Bernerie, les bouquets de *Statice Dodartii* et *occidentalis* attirent l'attention et portent à examiner en détail les fentes des rochers (dripping rocks) d'où quelques petites sources suintent et tombent goutte à goutte. Garanties des vents du nord et exposées au soleil, ces véritables petites serres naturelles cachent des trésors réservés à la patience du botaniste investigateur. Quelquefois au milieu des plantes maritimes, on sera étonné d'y rencontrer la végétation des marais de l'intérieur.

Les environs de Pornic doivent être parcourus plus d'une fois. Le canal de Haute-Perche, ruisseau remontant jusqu'à Arthon, est bordé de marécages et de prés salés, de marais et de prairies, qui fournissent une nombreuse suite de plantes intéressantes.

La côte de Pornic offre aussi une belle série d'espèces rares ou curieuses, *Trifolium strictum, angustifolium, Bocconii, Lotus hispidus, Bromus molliformis, Festuca ciliata, Hypochœris Balbisii, Linaria pelisseriana, Filago spathulata*, plantes qu'il faut chercher dans les vignes, dans les terres sablonneuses incultes et sur le talus des clôtures. Les moissons renferment *Papaver Argemone, hybridum, Valerianella eriocarpa* var. *glabra* et plusieurs *Lathyrus*. La même variété de végétaux continue de Sainte-Marie à Préfaille. On y voit de plus *Rosa pimpinellifolia* et sa variété, *Erythræa maritima*, qq. *Tolpis umbellata* et le précoce *Romulea Columnæ*.

La pointe de Saint-Gildas, remarquable seulement par sa sécheresse et sa stérilité, peut être passée rapidement. Là une côte pierreuse élevée, balayée par tous les vents, nourrit à peine des lichens et quelques buissons rabougris et clairsemés d'*Ulex*. C'est dans des localités semblables que j'ai vu *Anthoxanthum nanum*, des formes curieuses de *Trifolium arvense* et souvent aussi *Sagina maritima*.

En approchant des premières cabanes, nous rentrons dans une végétation meilleure, au milieu de laquelle *Rosa pimpinellifolia* se montre encore pour ne reparaître qu'au delà de la Loire. Le fond de la baie mérite d'être exploré avec soin ; c'est là, près du moulin de Tarron, sur ces pentes herbeuses exposées au midi, parmi les plantes peu élevées, mais nombreuses et serrées, que j'ai recueilli *Crepis suffreniana ;* c'est là que M. Ledantec a découvert *Buplevrum affine* et qu'on pourra trouver *Buplevrum aristatum, Lysimachia Linum stellatum, Omphalodes littoralis*.

Après une longue suite de dunes, et avant St-Michel, nous arrivons au marais de Calais, l'une des meilleures localités de la région maritime. Sur les dunes voisines, l'*Immortelle* (*Helichrysum Stœchas*) se fait remarquer par ses jolis corymbes ; non loin sont *Matthiola sinuata, Trifolium angustifolium*. quelques *Buplevrum aristatum, Asparagus officinalis* var. *maritimus, Medicago striata, marina*, etc. Le marais s'étend assez loin et se termine en prés salés couverts d'*Alopecurus bulbosus* et de *Carex divisa*, tandis que sur les bords de la partie inondée croissent *Scirpus pauciflorus, Tabernæmontani, Rothii*. Après avoir quitté une localité qui ne saurait être visitée trop fréquemment, n'oublions pas autour de Saint-Michel plusieurs *Orobanche, Trifolium arenivagum* et *Armeria plantaginea*.

Après Saint-Michel continuent les dunes, les vignes sablonneuses et les terres cultivées. Si l'on suivait la mer de trop près, on pourrait dépasser, sans la remarquer, l'embouchure de la Boivre, marais très-étendu qui remonte jusqu'à Saint-Père-en-Retz. La partie voisine de la mer est la plus intéressante ; la partie supérieure, composée de prés marécageux, coupés par de larges fossés, ne m'a offert aucune plante nouvelle. Il serait cependant utile de la revoir, ainsi que les marais à *Myrica* et à *Drosera*, dont les eaux viennent s'y verser. Dans celui de Lainerie, situé au-delà de Saint-Père-en-Retz, j'ai retrouvé *Scirpus cæspitosus* au milieu d'une belle localité.

En sortant de la chaussée de la Boivre, on rencontre un petit marais bordant les sables où M. Letourneux a trouvé *Carex ampullacea* et une forme naine et curieuse de *Carex vulgaris*; j'y ai vu aussi *Sparganium minimum*.

Depuis la Boivre jusqu'à la Loire s'étendent des dunes immenses d'une végétation aride et monotone, où *Senecio vulgaris* et *Gnaphalium luteo-album* sont réduits à une seule tête de fleurs. Cependant arrêtons-nous quelquefois pour examiner de près les petits vallons où l'eau des pluies laisse assez d'humidité pour entretenir un gazon court et clair, parmi lequel j'ai vu assez abondants *Juncus capitatus, pygmæus* et *Scirpus pauciflorus*.

Autour de Saint-Brevin n'oublions pas le marais de la Guerche. Dans le bourg même, M. Le Boterf a découvert *Sisymbrium Sophia*, une de nos plantes les plus rares, et en 1836, dans une herborisation avec mon compatriote M. Joseph Woods, j'y ai pour la première fois cueilli *Crepis suffreniana*. Il est qq.fois fort commun entre le bourg et Mindin, où j'ai vu aussi, mais rare, *Spergula arvensis*.

Les sables et les champs voisins fournissent en abondance *Ornithopus compressus*, *Medicago striata*, et *Rosa dibracteata* orne les haies de ses nombreux corymbes de fleurs blanches.

Nous suivrons les bords de la Loire, qui, tout en s'éloignant de la mer, continuent encore jusqu'à Paimbœuf la région maritime. Quelle belle herborisation de Saint-Brevin à Paimbœuf! En sortant des sables on récolte *Cerastium arvense*, *Medicago marina*, *Triticum junceum*. Les vases de la Loire produisent en grand nombre *Glyceria maritima*, *Rottboellia incurvata*, *Triglochin maritimum*, *Arenaria media*, etc. (liste nº 1). *Glyceria procumbens* et qqf. *G. distans* couvrent la terre argileuse dans les chemins des prairies, et ces immenses prairies salées offrent pendant deux lieux une végétation riche autant que variée. *Trifolium maritimum* et *Molinerii*, mêlés à l'élégant *Trifolium resupinatum*, à *Armeria maritima* et aux *Œnanthe*, y forment à la fin de mai un spectacle ravissant. En passant de l'admiration à l'examen des détails, le botaniste fera une ample récolte de *Trifolium michelianum*, *Trigonella ornithopodioïdes* et de *Carex divisa*, qui, pendant plusieurs lieues, abondent sur les deux rives.

Après avoir engagé les botanistes à bien choisir le temps pour arriver dans cette dernière localité, trois semaines avant la coupe des foins, parce que les plantes s'y dessèchent rapidement, nous passons sur la rive opposée et laissons la partie comprise entre Donges et Saint-Nazaire jusqu'au moment où il sera question de la Brière, en avertissant toutefois que le bord du fleuve offre le même caractère de végétation que la rive que nous venons de parcourir.

Entre Saint-Nazaire et l'entrée du chemin de Pornichet, reparaissent les plantes des sables (liste nº 2), destinées à être détruites bientôt par l'accroissement de la ville. Les moissons qui bordent le chemin de Pornichet nous montrent *Ornithopus roseus, ebracteatus, Lotus hispidus* et *Lathyrus angulatus, hirsutus, sphæricus ;* et à la Villemartin croît *Romulea Columnæ.*

Le tour de la pointe de Chemoulin peut, avec les sables de Saint-Nazaire, remplir une bonne journée d'herborisation, lorsqu'on veut suivre les sinuosités de la côte, faire de temps en temps quelque excursion dans les terres cultivées, remonter plusieurs vallées et descendre çà et là le long des rochers. *Rosa dibracteata* se montre dans plusieurs haies, et *Lupinus reticulatus* dans quelques champs; *Trifolium angustifolium, strictum, Festuca ciliata, Bromus molliformis, Papaver Argemone, hydridum, Scolymus hispanicus* habitent les champs incultes, les fossés, les rochers, et je ne doute pas que *Erodium maritimum* ne soit trouvé un jour sur quelque point de cette partie de la côte. *Statice Dodartii, ovalifolia, occidentalis* tapissent par intervalles les pentes de rochers, tandis que *Asplenium marinum* se cache dans les grottes humides qui sont à leur pied.

Si, après avoir tourné la grande pointe, on s'éloigne de la mer pour entrer dans les vignes, on y voit *Crepis fœtida, Fumaria parviflora, Trifolium angustifolium;* et sur les bords herbeux des haies, des champs *Buplevrum aristatum*. Les haies de *Santolina* annoncent que nous approchons de Saint-Sébastien, où *Rosa collina* se fait remarquer par ses grandes et belles fleurs roses. Les prés sont remplis de *Salvia verbenaca,* et dans les environs M. Letourneux a encore recueilli *Linaria pelisseriana.*

A Pornichet se présente un marais salant dont il est bon de faire le tour en suivant la lisière des terres cultivées; dans la partie du nord, *Salicornia radicans* est abondant.

Des dunes élevées occupent l'espace compris

entre Pornichet et le Pouliguen. Cette localité doit être souvent parcourue, car presque toutes nos *plantes de sables s'y trouvent.* Celles-ci, il y a environ 30 ans, en composaient toute la végétation ; aujourd'hui une partie des dunes est couverte de bois de Pins maritimes qui y ont été semés et s'étendront de plus en plus. C'est autour de ces bois, entre Escoublac et Pornichet, que l'on a planté, pour fixer le sable, *Rosa baltica* Bor. herb. 1862 p. 19, R. spinosissima Pesn. cat. 181, sous-arbrisseau très-épineux à fol. luisantes, fl. rouge, odorante, fruit globuleux-déprimé, rouge. Les pieds qui ont servi à ces plantations ont été apportés *du château de Lesnerac!!*, en 1832 pour le bois de la Bole, en 1844 pour ceux de Pornichet, lors du semis de ces pinières. Ce château de Lesnerac est situé hors de la région maritime et le *R. baltica* n'y est pas plus spontané que les Rosiers de Bengale, Pompon, Calendaire, etc. Il n'a donc pas un meilleur titre que ceux-ci pour appartenir à la flore du pays ; j'en avais inséré l'avertissement dans la Flore de la Loire-Inf. p. 84 ; je le renouvelle, afin que, si l'on vient à porter ailleurs cet étranger, une nouvelle localité ne fasse pas oublier *son origine bien constatée.*

Vers le milieu de la baie se voit un petit marais que forme un ruisseau descendant d'Escoublac. Si on veut le visiter à fond, on y trouvera *Lotus tenuifolius, Scirpus Rothii, Savii, pauciflorus, Œnanthe Lachenalii, Chlora perfoliata, Epipactis palustris, Spiranthes æstivalis, Teucrium Scordium, Triglochin palustre, Sium angustifolium, Spergula nodosa.* Toutes ces plantes se retrouvent dans la plupart des petits vallons humides ou marécageux situés entre les marais de Pornichet et Careil. On y remarque aussi *Salix repens*, seul arbrisseau naturel à ces sables maritimes, où il n'a souvent que quelques centimètres de hauteur. *Dans les sables,* je signalerai encore *Crepis suffre-*

niana, et sur les hauteurs et dans les vignes, *Trifolium angustifolium* et *Filago spathulata*.

Nous savons qu'il est toujours bon d'examiner les points où les marais salants prennent naissance. En côtoyant ainsi celui du Pouliguen, depuis la caserne de la Bole jusqu'au bourg, nous pouvons comparer entre eux *Glyceria distans, maritima* et *procumbens*, étudier les *Polypogon*, retrouver *Polypogon littoralis* et recueillir *Crypsis aculeata, Statice Dodartii*, *lychnidifolia*, *Limonium*, et peut-être *variflora*. *Melilotus alba*, autrefois localisé, s'est répandu tout le long de la route.

Entre le Pouliguen, Batz, le Croisic et Guérande s'étendent d'immenses marais salants où se trouvent réunies toutes les plantes particulières à cette station, (liste n° 1). Le genre *Atriplex* est singulièrement modifié par l'influence maritime. *Atriplex latifolia* et *angustifolia* prennent des feuilles charnues ou pulvérulentes-blanchâtres ; dans le premier, les valves du calice fructifère sont souvent d'une grosseur démesurée, et tous deux nous offrent des variétés notables.

En sortant du Pouliguen, visitons la promenade pour nous assurer que *Hippophaë rhamnoides*, *Bupleurum fruticosum*, *Spartium junceum* y ont été plantés comme le bois lui-même. Les alentours sont bons à visiter ; *Tribulus terrestris* n'a encore été trouvé que dans cette localité.

La pointe de Penchâteau mérite d'être explorée en tous sens. Sur les rochers du nord et du midi croissent *Peucedanum officinale*, *Statice Dodartii*, *ovalifolia* et *occidentalis*, *Melilotus parviflora* et quelques pieds de *Podospermum laciniatum*. Les sables du midi fournissent *Spergula nodosa*, *Rosa pimpinellifolia*, *Triticum junceum*. *Sium ochreatum*, *Epilobium parviflorum* bordent les petits filets d'eau, et *Apium graveolens* garnit les rochers humides, tandis que *Ephedra distachya* et *Artemisia crithmifolia* tapissent les sables et le revers des clôtures.

Après avoir, en descendant du bourg de Batz, foulé aux pieds *Polygonum maritimum* et les jolies rosettes rouges de *Euphorbia Peplis*, nous examinerons les champs compris entre le marais et les sables. J'y ai recueilli *Lepidium latifolium, Phalaris minor, Chenopodium opulifolium, Melilotus arvensis*. Dans les sables, on peut étudier plusieurs espèces d'*Orobanche*, et, en regagnant la mer, cueillir *Carex extensa* au bas des rochers humides. Enfin, avant d'arriver aux énormes rochers stériles de la Grande Pointe, les *Statice* reparaissent pour ne se montrer qu'à quelques lieues de là. C'est en vain que, depuis cette pointe jusqu'à l'embouchure de la Loire, M. Ducoudray-Bourgault et moi avons cherché *Isoëtes Hystrix*, que je supposais dans ces lieux.

Les délestages du Croisic méritent aussi bien que ceux des autres ports quelques instants d'examen, pour y constater les intrus à qui les floristes peu exacts seraient tentés d'accorder le droit de cité, et dont le nombre ne peut qu'augmenter par l'activité du commerce et des communications. C'est ainsi qu'au Croisic un pied de *Xanthium spinosum*, d'origine étrangère, a donné naissance aux individus qui depuis quelques années s'y reproduisent, et que MM. J. Richard et Ledantec y ont trouvé *Hyoscyamus albus, Chenopodium Botrys*. Dans la ville, le pied des murs est garni d'une ceinture d'*Urtica pilulifera*, et dans les environs se trouvent réunies nos quatre espèces de *Melilotus*. Enfin autour du Trait on voit de larges prés de *Spartina stricta*, qui se retrouve aussi çà et là dans les marais salants.

Remarquons que c'est au Croisic, depuis le port jusqu'à la Grande Pointe, qu'existe la meilleure localité pour les algues marines.

Au pied de la chaussée de Pembron, on rencontre la première grande station du tardif *Diotis candidissima*. Les sables bordant la pleine mer jusqu'à la Turballe n'ont jusqu'à présent fourni d'autre plante spéciale que *Scirpus Holoschœnus*, dont les larges touffes ne peuvent manquer de frapper la vue, si, en côtoyant le marais, on se dirige vers la Turballe. Dans les pâtures humides, on retrouve encore *Carex extensa*, *distans*, *Scirpus Savii*, *Rothii*, les *Polypogon*, et dans le ruisseau qui longe le marais, croît une variété à feuilles larges de *Potamogeton pusillus*.

A la Turballe se trouve *Elatine campylosperma* ; mais on ne voit plus à Penharang *Crambe maritima*, qui ne sera en sûreté que sur les rochers inaccessibles aux bestiaux. Suivant Bonamy, il était commun sur toute la côte ; cependant je n'ai jamais pu le trouver dans ce département.

Avant et après Piriac le *Diotis* se montre encore pour reparaître plus abondant à Mesquer, dans la baie de Pennebé et enfin entre Peneslin et Tréhiguier.

L'espace compris entre Clis, la Turballe et Piriac, mérite d'être souvent visité. M. Letourneux y a, en effet, recueilli plusieurs bonnes plantes, parmi lesquelles je mentionnerai : les *Lathyrus*, plusieurs *Valerianella*, *Bulliarda Vaillantii*, *Phalaris minor*, *Linaria pelisseriana*, *Delphinium Ajacis*, *Filago spathulata*, *Buplevrum aristatum*, *Romulea Columnæ*. Dans les bois de Lauvergnac et de Sourzac, on peut voir quelques beaux pieds de *Quercus Ilex* et *Suber* (occidentalis Gay).

Dans les marais de Mesquer, on retrouve encore toutes les plantes propres aux vases salées ; c'est là que j'ai pu étudier *Salicornia radicans* et *fruticosa*, et m'assurer qu'ils ne forment qu'une même espèce. Plusieurs localités produisent de beaux pieds de *Spartina stricta*, qui se retrouve autour de la baie et aux Montaignies, vis-à-vis Kérandré.

A la pointe de Pennebé, *Trifolium angustifolium* et *strictum* reparaissent à côté de *Scabiosa arvensis*, *Linum angustifolium*, *Galium anglicum*. Autour du moulin du Pont-Mahé, une végétation active et plus variée succède aux sables. *Rosa pimpinellifolia* croît dans les haies et sur le sommet des rochers, les *Statice* en couvrent le penchant, tandis que des milliers d'*Euphorbia Peplis* ornent les sables qui sont à leur pied.

Depuis le Pont-Mahé nous sommes entrés dans le Morbihan. J'engage les botanistes à visiter le vaste marais de Penestin, qui commence au Pont-Mahé, et dont l'entrée, commune aux deux départements, est formée par des prés et des marécages salés, couverts des *Glyceria* maritimes et surtout de *Polypogon maritimus*. C'est dans de semblables localités qu'on peut espérer de trouver *Triglochin Barrelieri*. *Juncus bufonius* var. *fasciculatus* n'y est pas rare, et *Potamogeton monogynus* et *pectinatus* remplissent les fossés dont *Scirpus Tabernæmontani* couvre quelquefois les bords.

Depuis la pointe du Bile jusqu'à Penestin, la côte est élevée et les terres cultivées s'avancent jusqu'à la mer. Enfin, entre Penestin et Tréhiguier, un marais salant nous conduit aux derniers sables maritimes.

Parmi les sables, j'ai revu *Crepis suffreniana*, et dans les endroits mous des pâtures salées, j'ai découvert *Scirpus parvulus*.

En remontant la Vilaine, la région maritime continue, en offrant sur le bord de la rivière et des étiers quelques plantes des vases et des prés salés, parmi lesquelles on remarque surtout, à côté de *Erythræa pulchella*, les nombreux chaumes de *Polypogon maritimus*. *Rosa pimpinellifolia* nous suit pendant longtemps, et enfin *Silene maritima* nous accompagne jusqu'à la Roche-Bernard, dont il couvre les rochers.

Avant de quitter la région maritime, dont nous venons de parcourir plus particulièrement ce qu'on appelle *le littoral,* je recommanderai aux recherches des botanistes cette partie de la côte qui forme la transition de la flore maritime à celle de l'intérieur. L'influence de la mer s'y fait sentir plus ou moins loin, qq.fois fort loin le long des cours d'eau, et c'est dans cette zône que croissent encore, avec quelques plantes méridionales qui s'avancent jusqu'ici, plusieurs espèces particulières aux terrains calcaires.

— Si nous passons à la Flore de l'intérieur, nous verrons que le terrain calcaire n'y occupe que quelques points. Aussi peut-on dire que toutes les plantes propres à ce terrain sont rares par rapport au reste du département. Ce côté faible de la Flore deviendra plus apparent par la liste suivante :

PLANTES DES TERRAINS CALCAIRES.

Fumaria parviflora.
— Vaillantii.
Diplotaxis muralis.
Bunias Erucago.
Alyssum calycinum.
Lepidium campestre.
Thlaspi perfoliatum.
Dianthus Carthusianor.
Silene inflata.
Helianthemum vulgare.
Althæa hirsuta.
Ononis Natrix.
Anthyllis Vulneraria.
Medicago Gerardi.
— marginata.
Hippocrepis comosa.
Potentilla verna.
Caucalis daucoïdes.
Seseli montanum.
Galium tricorne.
— spurium.
Scabiosa Columbaria.
Centaurea Scabiosa.
Cirsium acaule.
— eriophorum.
Chlora perfoliata.
Lithospermum officinale
Anchusa italica.
Melampyrum cristatum.
Salvia Sclarea.
— pratensis.
Galeopsis Ladanum.

Ajuga Chamæpitys.
Thymus Acynos.
Stachys germanica.
— recta.
— annua.
Polycnemum arvense.
Euphorbia gerardiana.
Potamog. plantagineus.
Ophrys apifera.
— aranifera.
Orchis pyramidalis.
Juncus obtusiflorus.
Carex nitida.
— paludosa.
Phleum Boehmeri.
Avena pubescens.
Festuca tenuiflora.
Bromus arvensis.
— erectus.
Equisetum Telmateia.
Plusieurs Chara.

Les deux bassins calcaires principaux sont ceux de Machecoul et d'Arthon, qui ont été assez bien explorés, autant du moins qu'on a pu le faire en y passant chaque année plusieurs jours. Mais ce qui doit engager les botanistes à y retourner, c'est que chaque voyage y a fait découvrir quelque plante nouvelle.

Le calcaire de Machecoul commence au Château, s'étend à une demi-lieue environ sur les routes de Saint-Philbert et de Port-Saint-Père, occupe l'espace compris entre ces deux routes, puis continue par les *Chaumes* presque jusqu'au Marais, et reparaît, après quelques interruptions, aux environs de Fresnay.

Cette localité est riche et variée. Les plantes suivantes lui sont particulières : *Galium spurium, Anchusa italica, Salvia Sclarea, Euphorbia gerardiana, Orchis pyramidalis, Festuca tenuiflora, Bromus erectus, Diplotaxis muralis, Caucalis daucoïdes, Juncus obtusiflorus.*

On y remarque aussi plusieurs espèces que nous sommes habitués à voir dans la région maritime ; ce sont : *Phleum arenarium,* plante maritime ; *Thesium humifusum, Asperula cynanchica, Linaria supina, Glaucium luteum, Salvia verbenaca, Carex divisa.*

Dans les fossés des Prises ou sur leurs bords se

trouvent *Ranunculus trichophyllus*, plusieurs *Chara*, *Festuca arundinacea*, *Carex paludosa*, *Equisetum Telmateia*. *Cerastium glutinosum* abonde dans les lieux pierreux ou sablonneux; et dans les moissons ou les friches croissent *Filago arvensis*, *Ervum gracile*, *Ornithopus ebracteatus*, *compressus* et *roseus*, *Lupinus reticulatus*, *Verbascum nigrum*, *Arenaria tenuifolia*, *Lathyrus angulatus*, *sphæricus*, *Armeria plantaginea*, *Fumaria Vaillantii*, *Lithospermum officinale*.

Le Marais, situé hors du calcaire, offre avant de se fondre dans la région maritime, les plantes propres aux marais et aux prés humides.

A Arthon le calcaire se dirige vers Chéméré, s'étend à l'est du marais qui règne au midi de ce bourg, dépasse le bourg en continuant jusqu'à Princey, et revient à Arthon en s'étendant à l'ouest du marais qui commence à ce dernier bourg. Cette localité, une des plus belles du département, a été découverte par M. Pesneau. Depuis, MM. Letourneux, Le Boterf et moi nous y sommes retournés, et chaque fois nous en avons rapporté quelque nouveauté pour la Flore.

Je noterai comme particuliers à cette localité, *Bunias Erucago*, *Ononis Natrix*, *Phleum Boehmeri*, *Polycnenum arvense*, *Valerianella Morisonii*, *Potamogeton plantagineus*.

Phleum arenarium, *Juncus maritimus* et *Helichrysum Stœchas* feraient croire que la mer s'est avancée autrefois jusque-là, comme la tradition le rapporte.

Parmi les plantes rares ou curieuses on remarque les suivantes : *Carex paludosa*, *divisa*, *nitida*, *Bupleurum aristatum*, *Inula salicina*, *Equisetum Telmateia*, *Ophrys apifera*, *Eriophorum latifolium*, *Stachys recta*, *Glaucium luteum*, *Trifolium Bocconii*, *medium*, *Cirsium acaule*, *Scirpus pauciflorus*, *Orchis fragrans*, *Lepidium campestre*, les *Ornithopus*, *Lupinus reticulatus*, *Cerastium glutinosum*,

Juncus obtusiflorus, Chara aspera, et M. l'abbé Beuchet y a découvert *Spergula arvensis.*

Les autres localités calcaires de la rive gauche sont : la Limousinière, où *Trifolium angustifolium* est la seule plante remarquable ; la Chevrolière ; Touvois, où M. Gaston Genevier a découvert *Viola Reichenbachiana ;* Vieillevigne, que je n'ai visité qu'une seule fois et où je n'ai aperçu aucune plante caractéristique ; enfin les Cléons, belle localité bien connue, qui nous fournit *Cerastium brachypetalum, Stellaria glauca, Lathyrus palustris, Ophrys apifera, Ranunculus ophioglossifolius , Cardamine parviflora, Melampyrum cristatum.*

Sur la rive droite, les terrains calcaires ne sont que des points éloignés l'un de l'autre, où les plantes rares, n'ayant qu'un espace limité du terrain qui leur est nécessaire, sont sujettes à être facilement détruites. A Copchoux croissent *Ophrys apifera, Orchis hircina, Lepidium campestre, Thlaspi perfoliatum* et *Althœa hirsuta.* Erbray produit seulement *Cirsium acaule* et *eriophorum.*

A Cambon le bassin calcaire est plus étendu, quoique peu riche en espèces. On y recueille cependant *Stachys germanica, Althœa hirsuta, Ophrys apifera, Cuscuta epilinum, Chlora perfoliata, Teucrium Scordium, Galium tricorne, Cirsium acaule, Ranunculus ololeucos.* Ce calcaire se dirige vers Saint-Gildas où il reparaît avec *Cirsium acaule, Ophrys apifera* et *Equisetum Telmateia.*

Bergon, situé dans une belle position entre deux marais, offre, outre plusieurs plantes marécageuses intéressantes, *Verbascum nigrum, Sison segetum* et *Galium tricorne.* Enfin à Saffré l'on retrouve encore *Ophrys apifera, aranifera, Orchis hircina, Salvia pratensis, Chlora perfoliata.*

M. Dubuisson signale encore aux environs de Nort plusieurs points calcaires qui n'ont pas été visités. A Saint-Liphard, M. Le Boterf et moi avons vainement cherché le terrain indiqué par le même auteur; aucune plante du moins n'en annonce la présence.

** Les phyllades des arrondissements d'Ancenis et de Châteaubriant viennent naturellement se placer dans notre revue après les calcaires. En effet, plusieurs plantes, telles que *Lepidium campestre, Medicago Gerardi, marginata, Althæa hirsuta, Salvia pratensis, Stachys germanica* et *recta* sont communes à ces deux terrains, où peut-être le coteau de Juigné, où on les trouve, conserve-t-il quelque trace de calcaire.

Le pays situé entre Oudon, Ancenis, Pouillé, Saint-Herblon, Varades et Ingrande se recommande particulièrement aux recherches des botanistes; il ne saurait être trop fréquemment visité. Sur les rochers et les coteaux schisteux caractérisés par *Festuca Poa, tenuicula, duriuscula, Filago montana, Hypochœris glabra, Spergula Morisonii, Aira præcox, Sedum anglicum* on rencontre souvent *Astrocarpus Clusii, Hypericum linearifolium, Plantago carinata, Seseli montanum, Melica nebrodensis, Avena flavescens, Trifolium strictum, suffocatum, glomeratum, Trigonella ornithopodioides, Verbascum floccosum*. On y voit aussi quelquefois *Carex Schreberi, Ophrys aranifera, Orchis hircina, Potentilla verna, Allium sphærocephalum*, et plus rarement *Sedum pentandrum, andegavense, Linaria pelisseriana, Scleranthus perennis, Gladiolus illyricus, Ranunculus nodiflorus*. *Cratægus Oxyacantha, Viburnum Lantana, Torilis heterophylla* croissent dans les haies dont *Draba muralis* tapisse les bords; *Ranunculus trichophyllus* et *Drouetii* y habitent les mares, et *R. ophioglossifolius* les fossés desséchés. *Barbarea intermedia* couvre les friches où l'on rencontre aussi *Orobanche cœrulea* et *Thlaspi alliaceum*. Enfin les moissons renferment *Bromus arvensis*; les vignes sont quelquefois remplies de *Allium paniculatum* et *oleraceum*, tandis que des milliers d'*Orobus albus* blanchissent les prés. A cette série de plantes viennent s'ajouter *Linosyris vulgaris, Gagea bohemica, Peucedanum alsaticum*, découverts par M. Guiho, ainsi que *Bromus erectus* et *Avena pubescens*, que nous avons retrouvés ensemble.

N'oublions pas que cette localité est le pays des Rosiers : les haies en sont remplies et présentent des bouquets de fleurs d'un effet charmant, ainsi que des sujets abondants pour éprouver leur nomenclature.

La *Vallée de la Loire* forme, par son étendue, par la variété et la richesse de sa végétation, une des plus belles localités du département. Composée de terres labourables, de sables, mais surtout de prés sujets chaque année à des inondations périodiques, elle offre, en tout temps, au botaniste quelque partie à explorer, quelque récolte à faire. Au printemps, les prairies appellent son attention; plus tard ce sont les sables et les terres cultivées; mais en tout temps et surtout à l'automne, il doit examiner les bords du fleuve, les *boires* et les marais formés par les eaux que l'hiver a laissées. S'il peut espérer de voir dans la Vallée la moitié des espèces qui composent la flore, il doit s'attendre à plus d'une surprise. Mais, en parcourant fréquemment les bords du fleuve, il apprendra à distinguer les plantes qui leur sont propres, de celles qu'une inondation apporte et que la suivante fait souvent disparaître.

Dans le haut de la Loire, les prés contiennent, outre des milliers de *Fritillaria*, d'*Œnanthe peucedanifolia*, *Trifolium Molinerii* en abondance, puis *Campanula glomerata*, *Veronica Teucrium*, *Peucedanum Chabræi*, *Nasturtium pyrenaicum*, enfin dans les lieux plus creux, plus humides, *Stellaria viscida*, *Cardamine parviflora*, *Alopecurus bulbosus*. A Ingrande, M. Delalande a vu *Asclepias Cornuti* Decaisne, et l'on pourrait y trouver *Crepis nicæensis* que M. Bastard recueillait à Montjeau.

C'est dans la vallée d'un de ses affluents, le Havre, que M. Ed. Bureau, monographe des Bignoniacées, vient de découvrir *Poa palustris*, plante inconnue de nos devanciers. Il abonde dans la localité, et c'est là qu'il faut apprendre à le distinguer de *Poa nemoralis*, afin de le reconnaître ailleurs dans la vallée de la Loire.

Sur le bord des haies et des buissons, on voit *Scutellaria hastifolia, Malva Alcea, Lamium maculatum, Galanthus nivalis, Equisetum ramosum, Cuscuta major, Œnanthe pimpinelloïdes, Ranunculus auricomus.*

Les bords du fleuve sont garnis d'une longue lisière de *Saules* dont les plus rares sont *Salix purpurea* et *seringeana*, et çà et là paraissent *Leersia orizoïdes, Cyperus longus et Inula Britannica.*

Dans les prés et dans les lieux incultes sablonneux, croissent *Œnothera biennis, Asparagus officinalis, Plantago arenaria, Carex Schreberi, ligerina, Muscari comosum, Allium oleraceum, Cerastium glutinosum, semi-decandrum*, plusieurs *Polygonum* et *Chenopodium.*

Sur les sables humides ou boueux, on rencontre çà et là *Poa pilosa, Nasturtium palustre, Xanthium macrocarpum, Crypsis alopecuroïdes, Scirpus michelianus, Peplis Borœi, Elatine campylosperma* et *macropoda*, plantes pour la plupart annuelles, sujettes à être déplacées par les inondations.

Les terres cultivées donnent *Linaria spuria, Oxalis stricta, Sonchus arvensis, Medicago denticulata* et *apiculata, Specularia Speculum*, et quelquefois *Orobanche ramosa*, autrefois commun mais disparaissant par les soins de la culture.

Sur la suite de rochers qui s'étend du Haut-Thouaré jusqu'au village de la Petite Vallée, on remarque *Allium oleraceum, Lepidium graminifolium, Astrocarpus Clusii, Festuca tenuicula, Asple-*

nium lanceolatum, *Orobanche Hederæ*, et à leur pied dans les lieux pierreux *Euphorbia platyphyllos*.

Enfin, dans les boires et les marais, croissent tous les *Potamogeton*, les *Lemna*, *Naïas*, *Chara* et *Nitella*, *Marsilia quadrifoliata*, et quelquefois *Elatine Alsinastrum*.

Au-dessous de Nantes, la végétation change graduellement ; les Saules sont remplacés par *Phragmites communis*, et dans les intervalles, les vases sont garnies d'innombrables *Scirpus triqueter*, auxquels se trouvent mêlés *Scirpus Duvalii*, *Tabernœmontani* et *maritimus*.

Après Couëron, d'anciens délestages fournissent *Anchusa angustifolia*, une *Pensée* (V. Pesneaui), avec quelques plantes des sables maritimes, et M. Monard y a découvert *Chara Braunii*. *Melilotus officinalis* borde fréquemment le fleuve, tandis que des milliers d'*Helminthia echioïdes* succèdent aux jolies plaines de *Fritillaria* de la Haute-Indre. Le beau *Caltha* garnit le bord des fossés et les lieux gras ; *Ranunculus divaricatus* se montre dans les eaux ; *Inula Helenium* paraît çà et là dans les prés, ainsi que *Sison segetum* et *Lactuca saligna* sur leur bord. Enfin, *Trifolium resupinatum* dans les prés, *Glaux maritima*, *Arenaria maritima* sur le bord de l'eau, nous conduisent graduellement à la région maritime et à ces immenses prés salés couverts d'*Alopecurus bulbosus*, de *Carex divisa*, et plus tard d'*Agrostis canina*.

— Après avoir passé en revue les stations les plus importantes de nos plantes, il suffira, en faisant le tour du département, de jeter un coup-d'œil rapide sur quelques localités curieuses, de signaler celles qui sont imparfaitement connues et d'indiquer les points qui n'ont pas été explorés.

A l'Est, de Candé à Vritz, le pays présente une suite de buttes et de rochers schisteux où l'on remarque *Trifolium suffocatum, Plantago carinata, Scleranthus perennis, Bulliarda Vaillantii*, plantes que M. Guiho a suivies depuis Candé jusqu'à la Barre-David. Elles continuent encore plus loin jusqu'au Grand-Auverné, où elles rencontrent *Helianthemum umbellatum, Ranunculus nodiflorus* et ce *Coleanthus subtilis* qui a étonné tous les botanistes, ce *Coleanthus* bien légitimement et incontestablement Breton! L'innombrable quantité que j'en ai vue à l'étang de Ploërmel nous accablerait du reproche de n'avoir pas connu la plante plus tôt, si elle n'était aussi petite, aussi tardive, aussi localisée.

Au Nord-Est sont situées plusieurs vastes forêts qui, si elles sont intéressantes sous le rapport de la cryptogamie, comme M. Desvaux s'en est assuré à la forêt du Gâvre, ne produisent qu'une série uniforme et peu nombreuse de plantes phanérogames. Rien de plus monotone que l'herborisation dans ces longues forêts plates, où aucun accident de terrain ne vient varier la végétation, où, après plusieurs lieues de marche, on parvient à trouver quelques pieds de *Lysimachia nemorum, Convallaria maïalis, Androsœmum officinale, Veronica montana, Asperula odorata, Neottia Nidus avis*. S'il est utile de les revoir, le botaniste n'oubliera pas surtout d'éviter les Grandes lignes.

Parmi les forêts de Teillé, du Gâvre, de Domnèche, Pavée, de Javardan et de Juigné, que j'ai parcourues en partie, la dernière me paraît offrir le plus d'intérêt. C'est là qu'on peut étudier sur de nombreux individus *Ranunculus Lenormandi*, dont les feuilles sont quelquefois si variables, si ressemblantes à celles de *R. ololeucos* qu'elles ont fait croire à deux espèces. Aux étangs de la Blisière, de Hautbreil, de la Primaudière, on remarquera que ce dernier en habite seulement la lisière, et ne s'avance pas dans les eaux profondes, comme *Ranunculus aquatilis* qui est indifférent sur toutes les stations aquatiques.

Les herborisations que j'ai faites dans le nord, complétées par celles de M. Guiho, prouvent que ce pays est loin d'offrir la même variété que les environs de Nantes. C'est de loin en loin que sont disséminées quelques plantes rares ou curieuses, et,pour les cueillir, il fallait traverser les immenses landes qui rendaient cette partie du département si remarquable. Si ces landes, composées des *Erica* et *Ulex*, de *Agrostis setacea*, *Nardus stricta*, *Festuca tenuifolia* et *duriuscula*, mêlés à *Gentiana Pneumonanthe*, *Viola lancifolia*, *Simethis planifolia*, *Asphodelus albus*, sont d'une végétation aride et monotone; dans leurs vallons ou sur leur penchant sont ordinairement situés de petits marais à tourbe grasse, caractérisés par les *Drosera*, *Narthecium ossifragum*, *Aira uliginosa*, *Anagallis tenella*, *Rhynchospora fusca* et *alba*, *Pinguicula lusitanica*, *Carex hornschuchiana* et autres, *Elodes palustris*, *Myrica Gale*, parmi lesquels j'ai quelquefois vu *Eriophorum latifolium*, *Utricularia minor*, *Scirpus cæspitosus*, *Lycopodium inundatum*, *Splachnum ampullaceum*.

Ce pays a subi un grand changement, par suite du partage des biens communaux : les landes ont en partie disparu, et quelque satisfaisant que soit ce progrès, sous le rapport agricole, le botaniste n'en est pas moins réduit à regretter une foule de bonnes localités.

Si, en suivant le Chère, petite rivière où se voit une forme curieuse de *Potamogeton heterophyllus*, on veut gagner la Vilaine, on arrive, après avoir parcouru plusieurs côteaux élevés, aux grands marais de Masserac. Ces marais, remplis de *Marsilia* et de *Leersia*, m'ont paru avoir beaucoup de ressemblance avec ceux de Saint-Julien-de-Concelles. J'engage les botanistes à les visiter encore, ainsi que le Murin, grande étendue d'eau formée par le confluent du Don et de la Vilaine, et d'où l'on tire tous les ans, pour fumer les terres, plus de 500 charretées d'herbes aquatiques, telles que

Potamogeton perfoliatus, heterophyllus, crispus et autres, les *Myriophyllum*, *Ceratophyllum* et *Chara*, dont la plupart portent parmi les cultivateurs un nom vulgaire et distinct. *Malaxis paludosa* y a été retrouvé par M. Desmars.

Quoique, à partir du Murin, les bords du Don n'offrent, pendant longtemps, que des prairies marécageuses d'un aspect uniforme, où abonde l'*Airopsis*, je conseille d'en remonter le cours jusqu'à Guémené, où les coteaux qui bordent la rivière jusqu'au château de Juzet procurent une agréable surprise, en présentant, parmi plusieurs plantes intéressantes, *Hypericum linearifolium*, *Asplenium lanceolatum*, *Sphærophoron fragile*, *Astrocarpus Clusii*, et surtout *Helianthemum umbellatum*, qui couvre les landes de ses jolis bouquets de fleurs blanches. Le riant aspect de ces plantes, élégamment groupées au milieu des nombreux épis de *Umbilicus pendulinus*, est encore rehaussé par un site pittoresque, auquel est loin de s'attendre le voyageur qui a traversé les cultures uniformes remplaçant l'ancienne lande de Conquereuil ou celles de Guémené à Guenrouet. Au bois de Juzet, où cesse cette série de plantes, on voit *Veronica montana*, *Chrysosplenium oppositifolium*, *Androsæmum*, *Ranunculus Lenormandi*, *Carex maxima*. En remontant encore la rivière, on trouve dans les prés *Ophioglossum vulgatum*, *Sanguisorba officinalis*, et rarement *Epipactis latifolia*.

Les environs de Redon, déjà visités par MM. Le Gall, Delalande et J.-M. Sacher, ont été explorés en détail par les professeurs du collége. Un de ces messieurs, l'abbé Moreau, d'Ancenis, botaniste exact, m'a depuis longtemps adressé les plantes de ce pays, où trois départements se rencontrent. En les signalant ainsi : *env. de Redon*, je rappellerai que ces plantes, surtout celles des lieux marécageux, croissent dans les trois départements. M. J. Desmars, dans le *Catalogue des plantes des en-*

virons de Redon, 1866, vient de donner une liste des espèces qui croissent dans un rayon de 5,6 lieues de cette ville. Elles sont dues, soit à ses propres recherches, soit à celles des professeurs du collége, et j'ai vu des échantillons de tout ce que j'ai cité. Notons, en passant, que *Acorus Calamus*, signalé depuis longtemps à Rennes, reparaît çà et là jusqu'à Redon, où il est commun, et invitons les herborisants à s'assurer que *Angelica heterocarpa* croît entre cette ville et la mer.

M. l'abbé Delalande a fait connaître de belles localités aux environs de Saint-Gildas, de Sévérac, de Quilly, de Plessé, où il a découvert *Polystichum Oreopteris, Verbascum lychnitis, Peucedanum parisiense*, et retrouvé *Erica vagans, Equisetum Telmateia, Potamogeton heterophyllus, obtusifolius, polygonifolius, Galium uliginosum, Monotropa Hypopitys, Ranunculus nemorosus, Rumex maritimus, Malaxis paludosa, Serapias triloba*. Nous y avons vu ensemble *Eriophorum gracile, Carex filiformis, Utricularia minor, Lycopodium inundatum, Scirpus cæspitosus, Sparganium minimum*.

Les marais de Saint-Gildas nous conduisent naturellement à ceux de la Brière, où leurs eaux viennent se verser. J'avais souvent pensé, avant de les visiter, que ces immenses marais, occupant par intervalles un espace de 4 lieues carrées, devraient offrir, sinon une variété de plantes correspondant à leur étendue, du moins quelques espèces particulières. Cependant, malgré plusieurs herborisations dans presque tous les sens de cette localité, mes espérances ne se sont pas réalisées, et j'ajouterai que des botanistes doués d'un meilleur coup-d'œil que moi, n'ont pas été plus heureux.

Une grande partie de la Brière est occupée par des prairies marécageuses, coupées vers le mois d'août, et composées à cette époque, des espèces

INT. 4

suivantes, qui toutes rentrent dans les plantes vulgaires des marais, savoir : *Phragmites communis, Cirsium anglicum, Alisma ranunculoïdes, Thrincia hirta, Panicum Crus galli, Bartsia viscosa, Phalaris arundinacea, Neottia æstivalis; Thalictrum flavum, Carum verticillatum,* et surtout *Scirpus maritimus, lacustris, Eleocharis multicaulis, Potentilla Anserina, Juncus lampocarpus, acutiflorus,* enfin *Melica cærulea,* qui y joue le principal rôle. C'est aussi dans le nord de la Brière que l'on remarque, ainsi qu'à Saint-Gildas, ces immenses plaines de *Ros* (Cladium Mariscus), dont les feuilles servent à couvrir les maisons.

S'il est inutile d'énumérer les plantes vulgaires des fossés et des lieux marécageux, on peut noter çà et là *Carex filiformis, Elatine Alsinastrum, Hippuris, Xanthium strumarium, Althæa officinalis, Rumex palustris, Leonurus Cardiaca, Tormentilla reptans, Exacum pusillum, Scirpus Tabernæmontani, triqueter, Rothii, parvulus, Triglochin palustre, Sonchus maritimus.*

En avançant vers la Loire, la végétation annonce l'approche de la mer; bientôt apparaissent les *Polypogon, Juncus maritimus, Triglochin maritimum;* enfin nous entrons avec *Trifolium resupinatum, Carex divisa, Alopecurus bulbosus, Arenaria media,* dans la région des prés salés, que nous connaissons déjà sur l'autre rive.

En traversant les terres cultivées, on aura vu çà et là dans les haies *Smyrnium Olusatrum,* dans quelques pâtures *Peucedanum officinale,* enfin dans les moissons *Medicago denticulata, apiculata, Camelina dentata* et *Matricaria Chamomilla,* plante qui, dans ce département, n'est commune que dans la région maritime. Avant de quitter cette localité, je rappellerai que *Crypsis aculeata* n'avait encore été trouvé que dans ses limites, jusqu'au jour où MM. de l'Isle l'ont revu au Pouliguen.

Les marais de l'Erdre sont trop rapprochés de Nantes pour qu'il soit nécessaire d'en parler longuement. On sait que les plus importants sont : le Petit-Port et la Verrière, localités classiques; celui de Carquefou, de Naye, que je crois avoir exploré le premier, ainsi que le marais de Far, faisant suite à celui de Logné, si remarquable par sa couche épaisse de *Sphagnum* sur laquelle reposent *Eriophorum vaginatum* et *Vaccinium Oxycoccos*; le marais de la Popinière ou de Blanche-Noe, rempli d'*Utricularia intermedia* et où M. Delalande et moi avons découvert *Juncus squarrosus*, enfin l'immense marais de plusieurs lieues d'étendue, connu sous le nom de Plaine de Mazerolles, et qui ne paraît pas avoir été visité avant MM. Moride, Delalande et moi. Parmi les plantes les plus curieuses de ces belles et vastes localités, il suffira de citer *Carex ampullacea, canescens, elongata, Utricularia intermedia, minor, neglecta, Sparganium minimum, Rhynchospora fusca, Lathyrus palustris, Cicuta virosa, Malaxis paludosa* et *Calamagrostis lanceolata.* Quoique la rivière soit canalisée, une partie de ces marais tend à acquérir plus de consistance et à se transformer graduellement en prés plus ou moins marécageux, changement dû à la création de nouveaux fossés, à leur meilleur entretien et surtout à l'accumulation successive de matières végétales.

Si nous passons sur la rive gauche de la Loire, on verra qu'après avoir parlé de la région maritime, des terrains calcaires et de la Vallée de la Loire, dans laquelle sont compris les marais adjacents de Saint-Julien-de-Concelles et de la Chapelle-Heulin, il ne nous reste plus qu'à rendre compte du pays situé entre le lac de Grand-Lieu, Legé et la limite du département à l'est.

Le lac de Grand-Lieu, vaste étang de 7 lieues de tour, n'offre pas au botaniste tout l'intérêt qu'on s'attendrait à rencontrer dans le lac le plus étendu de la France. Cependant, depuis le jour où, stimulé par M. Durieu, je me suis livré à la recherche des *Characées*, des *Isoetes*, dont il m'a communiqué le goût, la localité est mieux connue et mérite d'être détaillée. J'ai exploré le lac dans tous les sens et suivi tous ses bords qui sont toujours plats. Ses côtés Nord et Nord-Est, c'est-à-dire entre Bouaye et la Boulogne, sont composés de gravier, de sable, qq.fois très-fin et forment la partie la plus intéressante, surtout entre le village du Crêne et l'Oignon, où trois pointes s'avancent au loin dans le lac et donnent à la rive une grande étendue. C'est aussi la partie la plus facile à parcourir ; en effet, il est possible, sauf à l'embouchure de l'Oignon, de suivre toute sa végétation à pied, dans l'eau *algologorum modo*, et c'est ainsi qu'on peut la bien connaître. C'est là que s'étend une large zône de *Chara aspera, connivens, fragifera, fragilis,* quatre espèces dont les sept formes entremêlées se disputent ce fond de sable et de gravier. C'est là que, au milieu des *Littorella*, il faut distinguer *Isoetes echinospora*, et découvrir *I. tenuissima* que M. Durieu engage à y chercher. Là aussi abonde *Nitella hyalina,* et son élégante miniature *N. tenuissima* montre ses coussins ensablés. Les côtés Sud et Ouest, entre la Boulogne et l'Achenau, ne peuvent être suivis par le piéton, arrêté par une vase molle impraticable ou par une large bande de plantes marécageuses, qui s'avance de plus en plus. La plus envahissante est *Sparganium ramosum* (chevrée), qui, à en juger par les progrès accomplis depuis vingt-cinq ans, finirait, en moins d'un siècle, par transformer cette nappe d'eau en un vaste marais. Le milieu du lac presque nu, sauf quelques bancs de *Myriophyllum spicatum,* de *Potamogeton perfoliatus, lucens,* est peu profond, et le sol consiste en un sable très-fin, en vase très-molle, reliés par un mélange des deux. C'est sur ce fond que les bourgeons reproducteurs et les graines du *Sparganium* viennent tomber, et commencer les îlots qui grandissent et finissent par se rejoindre. On trouvera sur le bord du lac, ainsi que sur celui des rivières qui s'y jettent, les mêmes plantes que dans les nombreux marais du département; dans les eaux: les *Potamogeton, Elatine Alsinastrum, Hippuris*, les *Naïas*; sur les bords : *Carex filiformis, Myosotis sicula, Exacum Candollei, Aira uliginosa, Scirpus pauciflorus, Airopsis agrostidea, Juncus capitatus, pygmæus, Eleocharis uniglumis* dont la végétation est différente de ses voisins *Eleoc. palustris*, et *E. multicaulis* remarquable après la coupe, dans cette localité, par ses touffes de feuilles fines. Entre S.-Aignan et le village de l'Etier, où croissent *Scirpus Rothii* souvent à épi solitaire, et *Triglochin palustre*, on rencontre un terrain sablonneux où *Chondrilla juncea* et les nombreuses touffes de *Aira canescens* nous représentent presque les sables maritimes. *Spergula arvensis* se voit aussi dans ces sables et le précoce *Nitella glomerata* dans les fossés. Vis-à-vis S.-Aignan, sur la rive gauche de l'Oignon et au-delà de Passay, existent des terrains semblables. Plus loin, s'étendent jusqu'à la Boulogne de vastes prairies marécageuses où reluisent les innombrables panicules d'*Aira uliginosa*. Sur l'autre rive règne, de St-Philbert jusqu'au lac, une suite de prés marécageux qui, fauchés au mois d'août, offrent à peu près la même composition que ceux de la haute Brière. C'est dans cette partie de la rivière que l'on verra sur les bords plusieurs *Nitella*, et au milieu de son cours ces beaux buissons de *Potamogeton obtusifolius* et *acutifolius*, avec plusieurs formes de *P. heterophyllus*. A son embouchure, non loin de l'*Isoetes echinospora*, le fond de vase molle, profonde est couvert de fortes masses de *Chara connivens*, aux grosses anthéridies dorées, mêlé à celles de *Nitella stelligera*. Terminons en disant que le coin Nord-Ouest du lac est occupé par les vastes marais de St-Lumine, dont une partie consiste en prés marécageux entrecoupés de larges fossés.

L'arrondissement de Nantes, sur la rive gauche de la Loire, se compose, outre les marais et les vignes, d'un pays élevé, faisant suite au Bocage vendéen et garni, comme lui, surtout en s'éloignant de Nantes, de haies nombreuses, et entrecoupé de plusieurs vallées formées par des rivières qui vont se jeter soit dans la Loire, soit dans le lac de Grand-Lieu. Il me suffira d'avertir qu'il faut éviter le pays plat et gagner les vallées, où de beaux sites viennent dédommager du temps qu'on a mis à se rendre de l'une à l'autre. Quoique les bords des rivières offrent en tous temps une promenade agréable, on reconnaîtra que leur végétation est à peu près uniforme ; aussi n'aurai-je à produire qu'une faible liste de plantes qui leur soient particulières.

Je citerai d'abord *Cardamine impatiens*, qui habite le bord de presque toutes les rivières, *Impatiens noli tangere, Ægopodium Podagraria, Triticum sepium, Hesperis matronalis* ; puis, sur les côteaux boisés, *Isopyrum thalictroïdes, Myosotis sylvatica*, et sur les collines plus sèches *Saxifraga granulata*, enfin, dans les vignes *Tulipa sylvestris*.

Parmi les plantes trouvées sur d'autres points de la Flore, on remarque : sur les côteaux boisés, *Carex depauperata, Mercurialis perennis, Corydalis bulbosa, Doronicum plantagineum, Ranunculus nemorosus, Hypericum montanum* ; dans les vallées, *Hypericum quadrangulum, Lychnis diurna, Saponaria officinalis, Bromus giganteus, Allium ursinum, Epipactis latifolia, Avena pubescens*.

Après avoir recommandé à l'attention des botanistes, comme non suffisamment explorée, toute la limite du département, depuis Legé jusqu'à Vieille-Vigne, Boussay et la Regrippière, je terminerai ici cet aperçu de la Flore.

BRETAGNE.

Le sol de la Bretagne se compose de deux chaînes de terrains primitifs entourant des terrains de transition. Comme nous l'avons vu, le premier terrain commence entre Oudon et Ancenis (Loire-Inférieure) et va jusqu'à la Roche-Bernard. De là il remonte jusqu'à Redon, d'où il se divise en deux longues pointes, l'une allant jusqu'à Lanvaux ; l'autre partant de Malestroit jusqu'à Baud. Il continue de Malestroit à Ploërmel, Locminé, Pontivy, remonte à Rostrenen, suit les Montagnes Noires, jusqu'à Locronan et la côte, et enfin jusqu'à la rivière de Landerneau. Sur la côte du Nord, le terrain primitif forme une multitude d'îlots entremêlés de terrains de transition, lesquels vont en général rejoindre la masse du même terrain dans l'intérieur de la Bretagne. Il me serait difficile et peut-être peu utile pour la botanique de suivre toutes ces divisions du terrain primitif, qui ne dépasse pas dans l'intérieur une ligne partant de Brest et passant par le Huelgoat (Finistère), Plouguenast (Côtes-du-Nord), Hédé (Ille-et-Vil.) et finissant à Fougères. Ces deux terrains sont parsemés de quelques dépôts tertiaires.

La végétation de ce pays est peu variée, et pour permettre d'en saisir promptement le caractère, j'ai noté par le renvoi X toutes les espèces étrangères au nord de la Loire. A cette liste il faudrait ajouter quelques espèces croissant sur les schistes des environs d'Ancenis qui se relient plutôt avec le calcaire de l'Anjou qu'avec la Bretagne, et aussi plusieurs plantes qui ne s'écartent pas des bords de la Loire. Enfin il est probable que plus tard on devra y joindre un bon nombre d'autres espèces, que, faute de renseignements suffisants, je n'ai pas osé y comprendre ; quoiqu'elles n'aient pas été trouvées au nord de la Loire. Ce qui reste constitue la Flore Bretonne composée d'environ

1,300 espèces; nombre peu considérable pour un pays aussi vaste et lorsqu'il est comparé à la flore des départements situés au midi de la Loire.

Cette pauvreté relative est due en partie à la position plus septentrionale de la Bretagne. En effet, à mesure que l'on s'éloigne de la Loire et surtout de l'embouchure de la Vilaine, il est facile de remarquer la disparition graduelle de plusieurs plantes communes plus bas, et si quelques-unes nous accompagnent encore, ce n'est plus en nombre aussi fréquent ni avec une végétation aussi développée, aussi robuste. Ce contraste est encore plus frappant sur la côte nord de la Bretagne.

Une cause bien plus évidente de l'exiguïté de la flore bretonne est l'uniformité de son terrain et surtout l'absence du sol calcaire qui nous prive de toute une série de plantes croissant dans la Normandie située plus au nord. Ce n'est pas que notre pays soit entièrement dépourvu de plantes calcaires. Un petit nombre de celles-ci existent, mais seulement sur le littoral où le sel marin et les débris de coquillages fournissent les éléments qui leur sont nécessaires. Au reste, le nombre de ces plantes est très-limité, comme on le verra par le tableau suivant :

PLANTES CALCAIRES CROISSANT EN BRETAGNE.

Fumaria parviflora.	Potentilla verna.
Diplotaxis muralis.	Galium spurium.
— viminea.	— tricorne.
Arabis sagittata.	Dipsacus pilosus. (Ren.)
Lepidium campestre.	Scabiosa Columbaria.
Thlaspi perfol. (L.-Inf.)	Cirsium acaule.
Helianthemum vulgare.	— eriophor. (L.-I. Ren.)
Silene inflata.	Centaurea Scabiosa.
Althæa hirsuta. (L.-Inf.)	Podosperm. lacin. (L.-I.)
Anthyllis Vulneraria.	Chlora perfoliata.
Astragalus glycyphyllos.	Lithospermum officin.

Anchusa italica.	— palustris.
Cynogloss. pict. (Ren.)	Ophrys aranifera.
Salvia Sclarea.	— apifera
— pratensis. (L.-I.)	Juncus obtusiflorus.
Stachys german. (L.-I.)	Carex nitida.
— annua.	— paludosa.
— recta. (L.-Inf.)	Avena pubescens.
Ajuga Chamæpitys.	Bromus erectus.
Potamogeton plantagin.	— arvensis.
Orchis pyramidalis.	Equisetum Telmateia.
— hircina.	Adiant. Cap. veneris.

Cette liste, bien peu nombreuse, comprend toutes les plantes calcaires croissant au nord de la Loire. Celles qui sont particulières aux bassins calcaires du département de la Loire-Inférieure et à celui de Rennes sont marquées d'un signe distinct.

Je ne connais pas assez la Bretagne pour entreprendre la revue de tous ses départements. Cependant ce que j'ai vu de chacun me fait croire qu'ils se ressemblent trop entr'eux pour qu'une notice séparée n'entraînât pas à des répétitions continuelles. Les listes des plantes divisées par stations et dont on aura élagué les espèces marquées ☓ suffiront, je crois, et sans qu'il soit besoin d'autres détails, pour donner un aperçu de l'ensemble de la végétation bretonne.

On remarquera d'abord que la région maritime est de beaucoup la plus riche, la plus variée et la plus intéressante. Les listes 1,2,3,4 donnent l'énumération des espèces propres à cette région. On y peut ajouter, outre les plantes calcaires notées plus haut, les espèces suivantes, non maritimes, mais qui, dans ce pays, ne se trouvent que sur les bords de la mer, principalement dans les sables, ou qui y jouent un grand rôle.

Glaucium luteum.	— conica.
Silene Otites.	Spergula nodosa.

Arenaria viscidula.
Medicago minima.
Ononis repens.
Ornithopus compressus.
Vicia lathyroïdes.
Buplevrum aristatum.
Corrigiola littoralis.
Asperula cynanchica.
Gnaphalium luteo-alb.
Chondrilla juncea.
Vincetoxicum officinale.
Linaria supina.
Salix repens.
Asparagus officinalis.
Allium sphærocephal.
Muscari comosum.
Kœleria cristata.
Aira canescens.
Festuca uniglumis.

Geranium sanguineum.
Trifolium strictum.
Rosa pimpinellifolia.
Epilobium parviflorum.
Herniaria glabra.
Sium ochreatum.
Œnanthe Lachenalii.
Salvia Verbenaca.
Samolus Valerandi.
Thesium humifusum.
Carex punctata.

Enfin la valeur de tout cet ensemble est rehaussée par quelques plantes méridionales, qui, grâce à la douceur du climat, s'avancent plus ou moins loin sur les côtes ou dans les îles de la Bretagne; ce sont :

PLANTES MÉRIDIONALES CROISSANT AU NORD DE LA LOIRE.

Silene portensis.
Malva nicæensis.
Tribulus terrestris.
Ononis reclinata.
Melilotus parviflora.
Trifolium Bocconii.
Astragalus Bayonensis.
Ornithopus roseus.
Lupinus reticulatus.
Buplevrum aristatum.
Helichrysum Stæchas.
Scolymus hispanicus.
Tolpis umbellata.
Crepis bulbosa.
— suffreniana.
Andryala integrifolia.
Lithosperm. prostratum
Omphalodes littoralis.
Linaria commutata.
Trixago apula.
Eufragia latifolia.
Lysimachia L. stellatum.
Urtica membranacea.
Triglochin Barrelieri.
Serapias cordigera.
— triloba.
Romulea Columnæ.
Narcissus reflexus.
Allium ericetorum.
Scirpus parvulus.

— Savii.	Avena longifolia.
— Holoschœnus.	Bromus molliformis.
Carex trinervis.	Ophioglossum lusitanic.
Phalaris minor.	Grammitis leptophylla.
Lagurus ovatus.	Adiantum C. veneris.
Kœleria phleoïdes.	

La Bretagne ne présente que des montagnes peu élevées. Dans les Côtes-du-Nord elles portent le nom de Menez (montagne, en bas-breton). Entre Quintin et Corlay elles se divisent à l'est en deux branches, l'une passant par Plœuc, Collinée et se dirigeant vers l'est; l'autre descendant dans la direction de Josselin. A l'ouest, près de Callac (Côtes-du-Nord), la montagne se bifurque; la branche du nord, portant le nom de Montagnes d'Arès, se dirige vers Brest; celle du sud, appelée Montagnes Noires, se termine à la presqu'île de Crozon.

Les points les plus élevés, qui ne dépassent pas 350 et 400 mètres, sont le Menez-C'hom dans la presqu'île de Crozon (Fin.), la montagne S.-Michel près de Brasparts, la butte S.-Michel près de la Porte-au-Moine, non loin de Corlay (Côtes-du-Nord), et le Menez entre Moncontour et Collinée. J'ai herborisé dans ces localités et traversé la chaîne sur plusieurs autres endroits, sans y rencontrer aucune végétation de montagne; *Lycopodium Selago,* fort rare sur un ou deux points les plus élevés, *Viola palustris* et *Polystichum Oreopteris,* pouvant appartenir tout au plus à la région sous-montagneuse. La seule plante exceptionnelle est une forme à feuilles plus étroites de *Silene maritima,* qui croît sur le sommet de tous les rochers de la chaîne et que l'on retrouve dans la Vendée et les Deux-Sèvres.

Ces montagnes sont couvertes de landes dont plusieurs paraissent être le reste d'anciennes forêts, ainsi que le prouverait la présence de maigres *Vaccinium Myrtillus,* plante aimant l'ombre des bois.

C'est de la montagne que sortent les nombreuses petites rivières du pays commençant souvent par des marais étendus, qu'il est bon de visiter, sans que cependant ils soient aussi riches que leur étendue le ferait supposer.

Les landes occupent souvent des espaces très-vastes, surtout dans le Morbihan et le Finistère; cependant leur étendue diminue tous les jours par les progrès de l'agriculture; leur végétation est énumérée dans la liste nº 9.

Les forêts, dont quelques-unes sont considérables, sont loin d'offrir dans un grand espace la variété d'un petit bois sur sol calcaire. Les arbres qui le composent sont le Hêtre, *Quercus pedunculata* et *sessiliflora*, le Bouleau; le Frêne et l'Ormeau y sont très-rares; le Châtaignier et le Pin maritime y sont par plusieurs botanistes considérés comme spontanés. Dans le sous-bois figurent le Tremble, le Noisettier, le Houx, la Bourdaine, *Pyrus aucuparia, Vaccinium Myrtillus,* et l'Aune, avec *Salix aurita, cinerea, Capræa* habitent les parties humides.

Les moissons, commes toutes celles des pays granitiques, sont d'une pauvreté désolante, et c'est seulement dans la région maritime que le mélange du sable avec le débris des coquilles apporte un changement à cette triste uniformité.

Après cet aperçu, je me fais un devoir d'indiquer les sources où j'ai puisé la connaissance des plantes de la Bretagne. Dans cette énumération ne sont pas compris beaucoup de botanistes qui ont herborisé en passant ou plus souvent dans la presqu'île bretonne. Quelques-unes de leurs découvertes sont consignées dans les Flores, les Notices, etc.; d'autres m'ont été communiquées, et un grand nombre probablement est ignoré ou bien a été perdu. Parmi ces botanistes, je mentionnerai MM. Deschamps, Bourassin, Delise, Despréaux, J. Woods, auteur du Tourist's Flora, qui a découvert *Erythræa diffusa;* Dudresnay, qui a surtout herborisé aux environs de S.-Pol-de-Léon; J. Gay, Debooz, colonel d'artillerie, qui a visité beaucoup de points sur la côte; de la Pylaie, de Fougères, qui a fait de nombreux voyages en Bretagne, où il a recueilli la plupart des curiosités de ce pays.

MORBIHAN.

M. Le Gall, conseiller à la Cour de Rennes, a publié, en 1852, la Flore du Morbihan dont l'impression était commencée depuis plusieurs années. L'auteur, qui, depuis longtemps, a bien voulu encourager mes études ainsi que mon projet de Flore, m'a donné ou fait recueillir plusieurs des plantes remarquables qu'il a découvertes dans le département. La confiance que j'ai dans ses connaissances m'a engagé à puiser largement dans son livre, surtout pour les localités de l'intérieur que je ne connais pas. Cependant, pour ne pas m'écarter du principe adopté, j'ai renfermé entre « » les localités dont je n'ai pas vu d'échantillons. Je renvoie, au reste, à la Flore du Morbihan les personnes qui ne seraient pas satisfaites de mes descriptions; elles en trouveront de plus étendues dans ce livre, fruit d'une longue expérience chez un bon observateur.

M. Aubry avait publié précédemment, en l'an IX et X, sous le nom d'Exercices d'histoire naturelle à l'école centrale du Morbihan, au milieu de beaucoup d'espèces exotiques cultivées au jardin botanique de Vannes, une liste de plantes recueillies dans le Morbihan. Aucune description n'accompagne ces plantes, dont l'auteur indique seulement la station et presque toujours sans localité précise. Je n'ai cité que les espèces retrouvées depuis ou dont j'ai vu des échantillons à Quimper, dans l'herbier de Bonnemaison, qui les avait reçues de M. Aubry. Des notes trouvées dans cette collection me font croire que ces deux botanistes sont les premiers qui aient herborisé dans les îles de Houat et Hœdic, où ils ont dû trouver les plantes qui ne peuvent échapper à personne, comme *Pancratium maritimum, Lagurus ovatus, Crambe maritima,* etc.

Enfin, M. De Candolle, dans le supplément à la Flore française, mentionne plusieurs plantes du Morbihan recueillies dans son voyage, où il avait été quelquefois accompagné par M. Aubry.

M. Amand Taslé, ancien notaire à Vannes, avec lequel j'entretiens depuis longtemps des relations agréables, a beaucoup contribué à la Flore du Morbihan, à laquelle il prend le plus grand intérêt; son nom sera fréquemment cité pour les plantes nombreuses qu'il a eu la bonté de me montrer.

M. Pontarlier, lors de son séjour à Vannes, a souvent accompagné M. Taslé dans ses herborisations, et surtout dans celles du littoral et à Coëtsurho, belle localité située entre Arzal et Billiers, qui me rappelle les environs de Pornic, et où depuis fort longtemps M. Taslé avait découvert *Trifolium Bocconii.*

On sait que M. Hémont, médecin à Auray, a découvert l'intéressant *Eryngium viviparum.*

M. Toussaints, d'Auray, m'a communiqué ses découvertes aux environs de cette ville, ainsi que d'autres plus nombreuses faites dans les départements des Deux-Sèvres et de la Charente-Inférieure.

M. Thépault, médecin au Port-Louis, a herborisé aux environs de cette ville où il a retrouvé *Triglochin Barrelieri, Erica vagans,* et à l'île de Groix qui lui est familière, il a découvert *Trixago apula.*

M. J.-M. Sacher, professeur, a habité plusieurs villes de la Bretagne, entr'autres Ploërmel (Morb.) Lesneven (Fin.) dont il a étudié les plantes. J'ai eu le plaisir de voir en sa présence toutes celles qu'il avait rapportées de ces pays.

Feu l'abbé Delalande a exploré la limite du département au-delà de la Vilaine entre cette rivière et Saint-Gildas où il a découvert *Malaxis paludosa* et *Helianthemum umbellatum*. Nous y avons vu ensemble *Carex filiformis*, *Rhynchospora fusca*, *alba*, *Eriophorum gracile*, *Utricularia minor*, *Lycopodium inundatum*, *Scirpus cœspitosus*, qui croissent dans le marais de Valory et dans celui du Petit Rocher dont une partie appartient au département de la Loire-Inférieure. Ce bon camarade a fait plusieurs voyages aux îles de Hœdic et d'Houat, dont, en 1850, il a écrit l'histoire, accompagnée d'une liste des plantes qui y avaient été récoltées.

J'ai fait moi-même de fréquentes herborisations dans le département, sans cependant m'écarter beaucoup du littoral que j'ai parcouru presque en entier et où j'ai fait de longs séjours.

Enfin, les premiers travaux, viennent de recevoir un complément très-important dans le *Catalogue des plantes phanérogames du Morbihan*, publié en 1867 à Vannes, sous les auspices de la Société polymathique, par M. Arrondeau, inspecteur de l'Académie. Déjà ce botaniste était connu par : Statistique végétale du Morbihan, Notes et observations sur les plantes du Mor., Nouvelles additions à la Flore du Mor., Herborisations de 1863, brochures extraites du Bulletin de la Société polymathique 1860, 2, 3, 4, et contenant des détails utiles sur la végétation du pays, ainsi que des notes accompagnées de descriptions, sur ses plantes, principalement sur les espèces formées depuis peu au dépens des anciennes. Le Catalogue, fruit de 10 années de recherches continuées par l'auteur après celles de ses devanciers, en énumère toutes les plantes phanérogames, avec stations, localités, abondance ou rareté, fleuraison ; et quelques-unes sont l'objet de remarques et de descriptions. Ce livre m'a été du plus grand secours, en résumant les connaissances récentes, et j'ai pu le citer avec d'autant plus de sûreté, que j'ai vu dans l'herbier de la Société, grâce à l'obligeance de M. Taslé, ou reçu de l'auteur lui-même, les plantes les plus importantes signalées dans un ouvrage, supplément indispensable de la Flore de M. Le Gall.

LISTE DE QUELQUES PLANTES DU MORBIHAN, RARES POUR LE DÉPARTEMENT OU POUR LA FLORE GÉNÉRALE.

Thalictrum flavum.
Fumaria micrantha.
Raphanus maritimus.
Diplotaxis viminea.
Arabis sagittata.
Crambe maritima.
Cochlearia anglica.
Helianthemum umbellat.
Viola palustris.
Astrocarpus Clusii.
Silene portensis.
Arenaria montana.
Lavatera arborea.
Geranium sanguineum.
Erodium maritimum.
Ulex Gallii.
Adenocarpus complicat.
Ononis reclinata.
Melilotus parviflora.
Trifolium strictum.
— michelianum.
— angustifolium
— Bocconii.
Lupinus reticulatus.
Ornithopus compressus.
Potentilla Vaillantii.
Rosa mollissima.
Pyrus aucuparia.
Scleranthus perennis.
Eryngium viviparum sp.
Torilis heterophylla.
Sium angustifolium.
Œnanthe pimpinelloïd.
Peucedanum officinale.
Galium spurium.
Linosyris vulgaris.
Artemisia gallica.
Scolymus hispanicus.
Tolpis umbellata.
Crepis suffreniana.
— bulbosa.
Erica vagans.
— scoparia.
Omphalodes littoralis.
Linaria commutata.
— pelisseriana.
— supina.
Eufragia latifolia.
Trixago apula.
Stachys annua.
Teucrium Scordium.
Lysimachia L. stellatum.
Statice rariflora.
Plantago carinata.
Quercus Toza.
Potamog. obtusifolius.
Triglochin Barrelieri.
Zostera nana.
Acorus Calamus.
Ophrys aranifera.

Serapias cordigera.
— triloba.
Epipactis palustris.
Malaxis paludosa.
Gladiolus illyricus.
Pancratium maritimum.
Juncus obtusiflorus.
Scirpus parvulus.
— triqueter.
— Holoschœnus.
Eriophorum vaginatum.
— gracile.
Carex teretiuscula.
— nitida.
— limosa.
— depauperata.
— filiformis.
Coleanthus subtilis.
Polypogon littoralis.
Lagurus ovatus.
Cynosurus echinatus.
Bromus erectus.
Isoetes Hystrix.
Ophioglossum lusitanic.
Aspidium aculeatum.
Adiantum Cap. veneris.

Le signe sp. indique les plantes spéciales à chaque departement.

FINISTÈRE.

La Florule du Finistère, par MM. Crouan, Brest, 1867, contenant l'énumération des plantes cellulaires et vasculaires du département, va augmenter considérablement nos connaissances sur ce *finis terræ*. Je ne puis parler ici des plantes cellulaires qui occupent la plus grande partie du volume où sont inscrites, souvent avec notes, descriptions, les espèces nombreuses dues aux longues recherches des auteurs. Les algues surtout, famille de leur prédilection, sont abondamment représentées et accompagnées des figures de 198 genres, qui forment le complément des *Algues marines du Finistère,* collection en 3 volumes, contenant de beaux échantillons de 404 espèces.

La partie des plantes vasculaires consiste en un catalogue indiquant la station, localité, rareté, fleuraison de ces plantes, rarement accompagnées de notes. L'absence de descriptions m'a engagé à avoir recours à l'obligeance des auteurs pour voir les représentants des espèces de la Florule. Ces botanistes, dont les relations m'ont toujours été utiles et agréables, se sont empressés de m'ouvrir leur herbier, et en le parcourant en entier, de me donner des détails bien plus étendus, bien plus précieux que des descriptions imprimées. L'instruction que j'ai reçue à Brest, comble de grandes lacunes dans la Flore, et j'espère qu'on en sera reconnaissant envers les auteurs de la Florule du Finistère.

J'ai puisé d'autres connaissances sur le département aux sources suivantes :

L'herbier de Bonnemaison, appartenant à la bibliothèque de Quimper, m'a fourni beaucoup de localités. Bonnemaison était botaniste, comme le prouve son Essai sur les hydrophytes loculées, et il avait l'intention de faire une Flore de ce pays, qu'il devait mieux connaître que ce qui reste de son herbier ne le ferait croire. On sait qu'il a fourni à la Flore française de De Candolle plusieurs plantes nouvelles intéressantes, et dans le tome 3 du Journal de Botanique de M. Desvaux, il a inséré une note sur la végétation du Finistère.

M. J.-M. Sacher m'a montré les plantes qu'il avait recueillies aux environs de Lesneven.

M. de Guernisac m'a envoyé plusieurs espèces curieuses qui croissent aux environs de Morlaix, entre autres : *Galeopsis versicolor, Phalaris minor, Cineraria spathulæfolia, Avena pubescens, Gentiana campestris*. Ce botaniste est souvent cité, ainsi que M. de Crec'hquérault, dans la Florule du Finistère.

Feu M. Hubert, pharmacien à Brest, continuant de prendre à la Flore le même intérêt que lorsqu'il habitait la Rochelle, m'a fait part de ses récoltes aux environs de Brest. — MM. Guiho et Tanguy ont signalé quelques localités.

Enfin, j'ai herborisé dans ce département, aux environs de Quimperlé, de Pontaven, dont je connais la côte et d'où j'ai fait une visite aux îles Glénans; de Concarneau à la rivière de l'Odet et autour de Quimper; à la pointe de Penmarc'h; depuis Châteaulin jusqu'à la presqu'île de Crozon et Kélern; de Landerneau à Brest et dans la presqu'île de Plougastel, de Brest au Conquet. Sur la côte du nord, j'ai suivi la côte depuis l'anse de Goulven jusqu'à Batz, Roscoff et S.-Pol-de-Léon. A l'intérieur, j'ai vu depuis Brasparts jusqu'au Mont-S.-Michel, le marais du Yunélez, S.-Herbot, le Huelgoat, Carhaix, Châteauneuf du Faou et la forêt de Laz.

La végétation du Finistère est à peu près la même que celle du Morbihan et des Côtes-du-Nord; cependant on remarquera qu'un nombre assez considérable d'espèces de l'intérieur s'arrête à une grande distance de la pointe du Finistère. Le changement doit en être attribué à l'influence de la mer environnante, puisque les mêmes espèces reparaissent à l'extrémité E. des Côtes-Nord et Mor. et dans l'Ille-et-Vilaine. Cette privation est compensée par une grande étendue de côtes qui rend sa flore maritime abondante, et par cette même position péninsulaire à l'extrémité du golfe de Gascogne offrant un dernier asyle à quelques plantes méridionales.

LISTE DE QUELQUES PLANTES DU FINISTÈRE RARES POUR LE DÉPARTEMENT OU POUR LA FLORE GÉNÉRALE.

Fumaria speciosa.
Diplotaxis muralis.
Arabis sagittata.
Crambe maritima.
Cochlearia anglica.
— officinalis sp.
Viola palustris.
Silene portensis.
Arenaria montana.
Lavatera arborea.
Hypericum montanum.
Geranium sanguineum.
Erodium maritimum.
Ulex Gallii.
Ononis reclinata.
Trifolium strictum.
— angustifolium.
Astragalus bayonensis.

Rosa mollissima.
Pyrus aucuparia.
Sium angustifolium.
Peucedanum parisiense.
Cineraria spathulæfolia.
Crepis bulbosa.
Campanula patula.
Gentiana campestris. sp.
Erythræa diffusa.
Lithosperm. prostrat. sp.
Symphytum tuberosum.
Anchusa italica.
Omphalodes littoralis.
Linaria pelisseriana.
Eufragia latifolia.
Galeopsis versicolor. sp.
Teucrium Scordium.
Lysimachia L. stellat.
Statice rariflora.
Urtica membranacea. sp
Triglochin Barrelieri.
Orchis palustris.
Serapias cordigera.
Narcissus reflexus. sp.
Scilla verna.
Juncus squarrosus.

Scirpus cæspitosus.
— parvulus.
— triqueter.
Eriophorum vaginatum.
— gracile.
— latifolium.
Carex dioica.
— punctata.
Crypsis aculeata.
— schœnoides.
Lagurus ovatus.
Polypogon littoralis.
Aira flexuosa.
Avena pubescens.
— longifolia.
Cynosurus echinatus.
Bromus velutinus.
Lycopodium Selago.
Ophioglossum lusitanic.
Grammitis leptophyl. sp.
Polystichum Oreopteris.
Hymenophyl. tunbr. sp.
Chara fragifera.
Nitella hyalina.
— tenuissima.

COTES-DU-NORD.

Dans ce département j'ai fait quelques herborisations de Lannion à la Pointe de Trébeurden, à Guingamp, Saint-Brieuc, de Quintin à la Butte Saint-Michel dans les montagnes d'Arès, passant par le calcaire de Cartravers qui ne m'a offert aucune plante caractéristique ; de là à Uzel et à la forêt de Lorge, ainsi qu'à Moncontour et au Menez. De Lamballe et des bords du Gouessant, j'ai suivi la côte jusqu'à la Rance, sur les bords de laquelle j'ai vu les environs de Dinan.

A Lamballe, M. Adolphe Bichemin, pharmacien, et M. Droguet, médecin, après m'avoir fourni sur les plantes des renseignements utiles, m'ont fait cueillir plusieurs espèces curieuses comme *Polygonum Bistorta, Paris quadrifolia, Eufragia latifolia.*

M. Cornillé notaire et Mlle Cornillé, m'ont permis de voir dans leurs herbiers plusieurs espèces qu'ils avaient découvertes.

M. F. Ferrary, pharmacien à Saint-Brieuc, a commencé en 1836, dans l'annuaire des Côtes-du-Nord, une flore du département, classée d'après le système de Linné ; elle a été interrompue par sa mort en 1842. Je me suis à peine servi d'un livre où sont décrites comme plantes du pays : *Elymus arenarius ; Veronica verna, præcox, triphyllos* AC. tous trois : *Polycnemum arvense, Globularia vulgaris, Plantago media ; Cornus mas* dans presque tous les taillis ; *Passerina annua, Myosotis Lappula ; Asperugo procumbens* AC. au bord des étangs, *Campanula rotundifolia ; Atriplex pedunculata* AC. *Buplevrum rotundifolium, Viburnum Lantana, Anthericum ramosum, Liliago ; Convallaria Polygonatum* dans tous les taillis. L'insertion et la description de ces plantes, la plupart propres à la région calcaire, m'ôte toute confiance dans une flore à laquelle M. Le Gall a fait beaucoup d'honneur en la continuant. J'ajouterai que l'herbier de M. Ferrary étant composé de plantes sans indication de localités, ne permet ni de citer, ni de rectifier quoique ce soit dans ce livre.

Un ouvrage d'une toute autre nature, le *Catalogue des plantes des environs de Dinan et de St-Malo*, par M. Mabille, alors professeur au Lycée de Dinan, a paru en 1866, dans les Actes de la Société Linnéenne de Bordeaux. L'auteur a herborisé pendant 5 ans dans les limites suivantes : la côte depuis la baie de Cancale jusqu'à la rivière de Morieux ; de là vers l'O. et le S.-O. à Lamballe,

Moncontour, Collinée et le versant S. du Menez jusqu'à la forêt de Loudéac ; enfin vers le S. et S.-O., du Menez à la forêt de Boquien et les coteaux de Guenroc, le calcaire de St-Juvat vers Tréfumel et de là à Trévérien (Il-et-V.) jusqu'à la baie de Cancale, sans envelopper Dol et son marais. Il faut se rappeler que le côté O. de ces limites, avoisinant l'Ille-et-Vilaine, une partie des espèces qui y sont indiquées appartient aux deux départements. C'est le résultat de ces herborisations qui est exposé dans le Catalogue. Des Prolégomènes donnent une notice sur les botanistes antérieurs, une description pittoresque du pays, laquelle peut s'appliquer à une partie de la Bretagne, enfin des détails sur la répartition de ses plantes. Le Catalogue lui-même contient la liste des espèces (Mousses, Hépatiques incl.) avec station, localité, époque de fleuraison, rareté, et cette liste est accompagnée de remarques importantes principalement sur les espèces de nouvelle création, dont il est fait une longue énumération. Précédemment M. Mabille me faisait, de ses récoltes, de ses découvertes, une part abondante et qui me permet de puiser avec sécurité dans un travail dont le floriste est heureux de rencontrer le secours.

M. Baron, alors supérieur du collége de St-Brieuc, et bon observateur, m'a adressé une longue série d'espèces des environs de St-Brieuc, d'où il a étendu ses herborisations jusqu'à la côte de St-Cast ; les plus remarquables sont : *Hippophae rhamnoïdes*, *Lysimachia L. stellatum*, *Galium tricorne*, *Ajuga Chamœpitys*, *Nitella glomerata*.

Enfin MM. J.-M Sacher, Trobert et Fraval, ont signalé de nouvelles localités pour plusieurs bonnes plantes, entr'autres *Symphytum tuberosum*, *Adenocarpus complicatus*, *Selinum Carvifolia*, *Equisetum sylvaticum*.

LISTE DE QUELQUES PLANTES DES COTES-DU-NORD, RARES POUR LE DÉPARTEMENT OU POUR LA FLORE GÉNÉRALE.

Turritis glabra.	Hieracium murorum.
Arabis sagittata.	Gentiana amarella. sp.
Cochlearia anglica.	Erythræa diffusa.
Helianthemum vulgare.	Symphytum tuberosum.
Viola palustris.	Eufragia latifolia.
Hypericum montanum.	Polygonum Bistorta.
Geranium sanguineum.	Salix Capræa.
Erodium Botrys.	Neottia Nidus avis.
— maritimum.	Paris quadrifolia.
Adenocarpus complicat.	Juncus squarrosus.
Melilotus parviflora.	Carex depauperata.
Trifolium angustifolium	Agrostis interrupta.
Rosa mollissima.	Polypogon littoralis.
Pyrus aucuparia.	Avena pubescens.
Selinum Carvifolia.	Aira flexuosa.
Peucedanum parisiense.	Cynosurus echinatus.
Petasites vulgaris.	Equisetum sylvatic. sp.
Artemisia maritima.	— Telmateia.
Cineraria spathulæfolia.	Lycopodium Selago.
Cirsium acaule.	Polystichum Oreopteris.

ILLE-ET-VILAINE.

J'ai emprunté la plupart des citations de localités à l'*Ager rhedonensis*, herbier appartenant à la ville de Rennes. Cette collection, qui ne contient que les espèces d'Ille-et-Vilaine, a été composée par M. Pontallié avec les plantes de l'herbier de M. Degland, qu'il avait acquis, et avec celles qu'il avait détachées de son propre herbier. J'ai noté ces emprunts sous la rubrique (herb. Degland), parce que j'ai cru que la majeure partie des espèces provenait de cette source, et qu'elle avait l'avantage de rappeler le nom de celui qui a présidé à la botanique du pays pendant de longues années. Cette collection est trop incomplète pour représenter toutes les plantes que ces deux botanistes connaissaient dans le département, et cette circonstance me fait beaucoup regretter la perte de M. Pontallié, qui s'était offert de me renseigner sur les plantes du pays. La mémoire de ce savant et digne homme était excellente, et je suis certain que la Flore a beaucoup perdu par l'absence d'un botaniste qui, depuis plus de trente ans, avait suivi avec intérêt et retenu toutes les découvertes des plantes du département qu'il habitait.

M. Le Gall, conseiller à la cour, auteur de la Flore du Morbihan, continuateur de celle des Côtes-du-Nord, et parfaitement au courant de la végétation de la Bretagne, m'a remis plusieurs notes sur les plantes du département et m'en a montré les plus intéressantes.

Mon ami, M. Letourneux, élève de M. Degland, m'a fait part de ses premières herborisations aux environs de Rennes.

M. J.-M. Sacher m'a montré ou envoyé les espèces à noter dans ses herborisations autour de Rennes et aux environs de Redon; il continue, ainsi que son élève, M. J. Gallée, ses contributions à la Flore.

Son frère, M. Victor Sacher, professeur à Fougères, après m'avoir donné une liste des plantes des environs de Fougères, m'a fait cueillir *Cardamine amara*, *Carex limosa*, *teretiuscula*, *Pyrus aucuparia*. M. V. Sacher connaît bien la côte de l'Ille-et-Vilaine et a visité avec soin plusieurs autres localités intéressantes dans la Bretagne.

Je ne connais personnellement le département que par quelques promenades faites sur la limite de la Loire-Inférieure, entre Fougeray et Derval, à Rennes, autour de Fougères, à Antrain, et pour avoir suivi la côte depuis Pontorson jusqu'au Vivier et Dol ainsi que de Cancale à Saint-Malo.

Ce département est moins bien partagé que les autres départements bretons pour les plantes maritimes. Son littoral est, en effet, très-peu étendu, et une partie de celui-ci, de Pontorson à Cherueix, offre une vaste alluvion où se montrent peu de plantes maritimes. La partie la plus intéressante est celle située entre Cancale et Saint-Malo; quoique d'une longueur de quelques lieues seulement, elle fournit, avec la plupart des plantes de la région maritime, plusieurs espèces dont quelques-unes ne se retrouvent pas ailleurs en Bretagne ou rarement, par ex. *Avena pubescens*, *Seseli coloratum*, *Sinapis incana*, *Ajuga Chamæpytis*, *Centaurea Scabiosa*, *Potentilla verna*, *Scabiosa Columbaria*, *Trifolium strictum*, *Diplotaxis muralis*, *Cynosurus echinatus*, *Bupleurum aristatum*. On sait que ce pays vient d'être de nouveau exploré par M. Mabille, qui l'a compris dans son Catalogue.

L'Ille-et-Vilaine a l'avantage sur les autres départements bretons, situés au nord de la Loire-Inférieure, de posséder un bassin calcaire, qui peut donner une petite idée de la végétation de ce terrain. Il est situé au midi et près de Rennes, et est généralement connu des botanistes sous le nom de Calcaire de Saint-Jacques. Il contient les espèces calcaires suivantes :

Ranunculus ophioglossif
Lepidium campestre.
Astragalus glycyphyllos
Filago spathulata.
Cirsium eriophorum.
Centaurea Scabiosa.
Cynoglossum pictum.
Chlora perfoliata.
Lithospermum officinale

Galeopsis Ladanum.
Orchis pyramidalis.
— hircina.
Ophrys apifera.
Epipactis palustris.
Bromus erectus.
Potamogeton plantagin.
Carex paludosa.

LISTE DE QUELQUES PLANTES D'ILLE-ET-VILAINE RARES POUR LE DÉPARTEMENT OU POUR LA FLORE GÉNÉRALE.

Isopyrum thalictroïdes.
Sinapis incana.
Diplotaxis muralis.
Cardamine amara. sp.
Helianthemum umbellat
Astrocarpus Clusii.
Geranium sanguineum.
Trifolium strictum.
Astragalus glycyphyllos
Rubus Idæus
Potentilla verna.
Pyrus aucuparia.
Scleranthus perennis.
Seseli coloratum.
Selinum Carvifolia.
Dipsacus pilosus.
Scabiosa Columbaria.
Doronicum plantagin.
Cirsium eriophorum.
— acaule.
Centaurea Scabiosa.
Vaccinium Oxycoccos.
Cynoglossum pictum.
Galeopsis Ladanum.
Ajuga Chamæpitys.
Quercus Toza.
Salix rugosa.
— Capræa.
Potamogeton plantagin.
Naias major.
— minor.
Acorus Calamus.
Orchis hircina.
Ophrys aranifera.
Neottia Nidus avis
Paris quadrifolia.
Juncus obtusiflorus.
Eriophorum vaginatum.
— gracile.
Carex tereliuscula.
— elongata.
— limosa.
— strigosa.
Aira flexuosa.
Arrhenatherum elatius.
Avena pubescens.
Cynosurus echinatus.
Equisetum Telmateia.
Asplenium septentrion
Chara alopecuroïdes.

Tels sont les documents qui m'ont servi pour cette seconde édition. Ils sont bien plus nombreux que ceux à l'aide desquels j'avais entrepris la Flore de l'Ouest de la France, et cependant ils laissent encore voir combien de localités ont été à peine explorées, combien d'autres n'ont jamais été visitées, combien en un mot il reste encore à faire pour avoir une véritable Flore de l'Ouest. Si le présent essai peut conduire à ce but, je prie ceux qui s'en serviront de conserver un sentiment de reconnaissance pour les botanistes qui ont bien voulu m'aider et me fournir les matériaux que je viens de réunir.

Nantes, le 17 mars 1868

J. Lloyd.

TABLEAU DES GENRES

D'APRÈS LE SYSTÈME SEXUEL DE LINNÉ.

CLASSES.

I. MONANDRIE.	Etam. 1, libre dans une	fl.	herm.
II. DIANDRIE.	Etam. 2, libres	»	»
III. TRIANDRIE.	Etam. 3, »	»	»
IV. TÉTRANDRIE.	Etam. 4, »	»	»
V. PENTANDRIE.	Etam. 5, »	»	»
VI. HEXANDRIE.	Etam. 6, »	»	»
VII. HEPTANDRIE.	Etam. 7, »	»	»
VIII. OCTANDRIE.	Etam. 8, »	»	»
IX. ENNEANDRIE.	Etam. 9, »	»	»
X. DÉCANDRIE.	Etam. 10. »	»	»
XI. DODÉCANDRIE.	Etam. 12-19,	»	»

XII. ICOSANDRIE. Etam. 20 ou plus, libres, insérées sur le calice, dans une fl. hermaphrodite.

XIII. POLYANDRIE. Etam. 20 ou plus, libres insérées sur le réceptacle, dans une fl. herm.

XIV. DIDYNAMIE. Etam. 4, libres, dont 2 plus longues, dans une fl. hermaphrodite.

XV. TÉTRADYNAMIE. Etam. 6, libres, dont 4 plus longues, dans une fl. hermaphrodite.

XVI. MONADELPHIE. Etam. toutes soudées par les filets, dans une fl. hermaphrodite.

XVII. DIADELPHIE. Etam. soudées par les filets, en 2 faisceaux, dans une fl. hermaphrodite.

XVIII. POLYADELPHIE. Etam. soudées par les filets en 3 faisceaux ou plus, dans une fl. herm.

XIX. SYNGÉNÉSIE. Anthères 5 soudées en tube ; fl. réunies en tête dans un involucre commun.

XX. GYNANDRIE. Etam. insérées sur le pistil, dans une fl. herm.

XXI. MONŒCIE. Fl. unisexuelles, les mâles et les femelles sur le même individu.

XXII. DIŒCIE. Fl. unisexuelles, les mâles et les femelles sur des individus différents.

XXIII. POLYGAMIE. Fl. unisexuelles mêlées à des fl. herm.

XXIV. CRYPTOGAMIE. Etamines nulles.

ORDRES.

Dans les 13 premières classes, les ordres sont établis sur le nombre des ovaires, et, lorsque l'ovaire est unique, sur le nombre des styles et à leur défaut sur celui des stigmates. Dans les autres classes, les ordres s'expliquent d'eux-mêmes.

MONANDRIE.

Pages. MONOGYNIE.

190. *Hippuris*. Calice et corolle nuls. Feuilles verticillées.
417. *Salicornia*. Cal. charnu, entier. Cor. et feuil. 0.
Ab.* *Valeriana rubra*, p. 248. feuil. opposées.

DIGYNIE.

445. *Callitriche*. Carp. 4. Feuil. opposées. Herbes aquatiques.
Ab. *Festuca ciliata, Pseudo-Myuros, sciuroi*- p. 531, graminées. *Alchemilla arvensis*, p. 173, feuilles palmées.

4–8.GYNIE.

Ab. *Zannichellia* p. 472, herbes aquatiques à feuil. linéaires.

---

* Ab. (aberration). Signifie que les plantes suivant ce signe ont les caractères de la place qu'ils occupent dans ce tableau; ainsi : *Valeriana rubra* appartient à la monandrie monogynie ; *Festuca ciliata, Pseudo-Myuros, sciuroides, Alchemilla arvensis* appartiennent à la monandrie digynie.

DIANDRIE.

MONOGYNIE.

A. *Fleurs incomplètes.*

320. *Fraxinus.* Cal. et cor. 0. Arbre.
475. *Lemna.* Plantes en forme de feuil., flottantes.
Ab. *Cladium Mariscus* p. 525, feuil. graminées.

B. *Fleurs complètes, 1 pét., régulières.*

320. *Ligustrum.* Cal. à 4 dents. Cor. 4.fide. Baie.
321. *Phillyrea.* Cal. à 4 dents. Cor. à 4 div. Drupe globuleux à noyau fragile.
321. *Jasminum.* Cal. et cor. à 5 div.

C. *Fleurs complètes, 1.pét., irrégulières.*

* Fruit capsulaire.

358. *Veronica.* Cor. en roue, à 4 lobes.
401. *Pinguicula.* Cal. à 5 div. Cor. éperonnée, à 2 lèv.
401. *Utricularia.* Cal. à 2 lobes. Cor. éperonnée, personée.
351. *Gratiola.* Cor. tubuleuse, à 2 lèvres.

** Carpelles 4 au fond du calice.

380. *Lycopus.* Cor. à 4 lobes presq. égaux.
380. *Salvia.* Cor. à 2 lèvres.

D. *Fleurs complètes, polypétales.*

188. *Circæa.* Sép. et pét. 2.
Ab. *Lepidium ruderale*, p. 53 ; pét. 4. *Coronopus didyma*, p. 56, pét. 4.

DIGYNIE.

558. *Anthoxanthum.* Graminée ; épillets 3.flores.
564. *Coleanthus.* Graminée très-petite, glume 0.
Ab. *Crypsis aculeata*, p. 560, *Bromus rigidus*, *diandrus*, p. 598 ; graminées.

TÉTRAGYNIE.

471. *Ruppia.* Cal. et cor. 0 ; herbes des eaux salées.

TRIANDRIE.

MONOGYNIE.

A. *Cal. et cor. distincts, dissemblables.*

247. *Valeriana*. Cor. éperonnée. Fruit aigretté.
248. *Valerianella*. Cor. sans éperon.

B. *Cal. et cor. formant un périanthe à 6 div. pétaloïdes.*

496. *Iris*. Pér. régulier. Stigm. 3 grands pétaloïdes.
495. *Romulea*. Pér. régulier, en cloche. Stigm. 3 bifides.
496. *Crocus*. Pér. régulier, en cloche. Stigm. 3 dilatés dans le haut.
497. *Gladiolus*. Pér. irrégulier, presq. à 2 lèvres.

C. *Corolle* 0.

416. *Polycnemum*. Cal. à 5 div.
433. *Osyris*. Cal. à 3 div. Sous-arbrisseau.

D. *Fleurs glumacées.*

524. *Cyperus*. Epis aplatis. Glumes nombreuses, distiques.
525. *Schœnus*. Epillets comprimés ; glumes peu nombreuses, les inf. plus petites, vides.
525. *Cladium*. Glumes imbriquées en tous sens, les 3,4 inf. plus petites, vides. Ach. muni d'une enveloppe crustacée fragile.
526. *Rhynchospora*. Ach. terminé par la base persistante du style conique et endurci.
528. *Scirpus*. Glumes imbriquées en tous sens, les 1,2 inf. plus grandes, vides ; base du style non dilatée-persistante.
527. *Eleocharis*. Caract. du *Scirpus*. Ach. couronné par la base dilatée-persistante du style.
534. *Eriophorum*. Glumes bien plus courtes que les soies.

604. *Nardus*. Graminée; épillets 1.fl., en épi. Ab. *Junci triandri*. p. 517–520.

DIGYNIE. (*Graminées*.)

a. *Fl. en épis digités ou en panicule souv. resserrée en forme d'épi.*

* Glume 1.flore.

555. *Tragus*. Glume hérissée d'épines crochues.
555. *Andropogon*. Epis digités. Epillets géminés, le supér. mâle pédicellé, l'infér. sessile, herm.
562. *Cynodon*. Epis digités. Glume à 2 valves carénées, plus courte que la glumelle.
557. *Setaria*. Caract. du *Panicum*. Pédic. garni de soies à la base. Panicule en forme d'épi.
555. *Panicum*. Epis digités ou en panicule en forme d'épi. Glume à 2 valves, munie en dehors d'une 3me plus petite.
563. *Leersia*. Panic. étalée. Glume 0. Glumelle à 2 valves comprimées-carénées, presque égales.
559. *Alopecurus*. Panic. en forme d'épi. Glume à 2 valves comprimées-carénées. Glumelle 1.valve.
557. *Phalaris*. Panic. en forme d'épi. Glume à 2 valves comprimées en carène très-aiguë, presq. égales, dépassant la glumelle 2.valve.
561. *Phleum*. Panic en forme d'épi. Glume à 2 valves comprimées-carénées, dépassant la glumelle 2.valve.
560. *Crypsis*. Panic. en forme d'épi ou de tête. Glume à 2 valves comprimées-carénées, inégales, plus courte que la glumelle.
568. *Lagurus*. Glumelle à 2 valves, l'extér. à 3 arêtes, 2 terminales et 1 dorsale.
570. *Stipa*. Valve inf. de la glumelle terminée par une longue arête tordue et articulée à la base.
570. *Milium*. Panic. étalée. Glume à 2 valves convexes, dépassant la glumelle à 2 valves cartilagineuses renfermant le fruit.
569. *Gastridium*. Panic. en forme d'épi. Glume à 2 valves lancéolées, ventrues à la base.

564. *Polypogon*. Glume à 2 valves égales, comprimées, échancrées et terminées en arête longue.
568. *Calamagrostis*. Glume à 2 valves dépasssant la glumelle à 2 valves, longuement poilue à base.
566. *Agrostis*. Panic. étalée. Glume à 2 valves inégales, comprimées-carénées, dépassant la glumelle à 2 (rar. 1) valves membraneuses.

** Glume à 2, rar. 3 fleurs.

581. *Melica*. Glume à 1,2 fl., avec le rudiment d'une 3e. Glume et glumelle à valves convexes.
572. *Kœleria*. Glume 2-4.flore, à valves comprimées-carénées. Glumelle à 2 valves, l'extér. acuminée ou mucronée; stigm. latéraux.
571. *Sesleria*. Glume 2,3. fl. à 2 valves. Glumelle à 2 valves, l'inf. à 3 dents au sommet, la sup. bifide; stigm. terminaux.
572. *Aira*. Glume 2.flore, à 2 valves comprimées. Glumelle à 2 valves, l'extér. portant une arête sur le milieu du dos ou au-dessous.
575. *Airopsis*. Glume 2.flore. Valves de la glume et de la glumelle obtuses, sans arête.
576. *Holcus*. Glume bivalve à 2 fl., l'infér. herm. mutique, la supér. mâle à arête dorsale.
576. *Arrhenatherum*. Glume bivalve à 2 fl., l'infér. mâle à arête dorsale, genouillée, la supér. herm.

*** Glume multi. rar. 2,3.flore.

577. *Avena*. Glume bivalve, à 2 ou plusieurs fl. herm. Glumelle à 2 valves, l'extér. bifide, portant sur le dos une arête tortillée-genouillée.
580. *Danthonia*. Glume 3-5.flore, à 2 valves ventrues-convexes. Glumelle à 2 valves, l'ext. à 3 dents.
581. *Briza*. Epillets à 3 fl. ou plus, distiques. Glume bivalve. Glumelle à 2 valves, l'ext. plus grande, obtuse, ventrue-convexe, en cœur à la base.

582. *Poa*. Epillets à 2 fl. ou plus. Glume à 2 valves plus courtes que les fl. qui la touchent. Glumelle ovale ou lancéolée, à 2 valves, l'ext. comprimée-carénée, mutique.
585. *Glyceria*. Caract. du *Poa*. Valve extér. de la glumelle obtuse, convexe sur le dos.
537. *Dactylis*. Epillets à 2-5 fl. Glume à 2 valves inégales, plus courtes que les fl. Glumelle à 2 valves comprimées-carénées. Fl. en paquets unilatéraux formant une panicule.
587. *Cynosurus*. Caract. du *Festuca*. Epillets munis à la base d'une bractée pectinée.
588. *Festuca*. Epillets multiflores. Glume à 2 valves convexes. Glumelle à 2 valves convexes, l'infér. aiguë, acuminée ou aristée, la supér. finement ciliée.
393. *Brachypodium*. Caract. du *Festuca*. Valve supér. de la glumelle tronquée, bordée de cils raides. Epis courtement pédicellés en épi simple, distique.
593. *Bromus*. Epillets multiflores. Glume à 2 valves plus courtes que les fl. qui la touchent. Glumelle à 2 valves, l'infér. munie au-dessous du sommet d'une arête droite ou recourbée. Fl. en panicule.
571. *Phragmites*. Epillets à 3-7 fl., l'infér. mâle, nue, les autres herm. entourées à la base de longues soies.

b. *Fl. en épi, c.-à-d. épillets sessiles sur un axe commun.*

599. *Gaudinia*. Epillets solitaires, sessiles sur chaque dent de l'axe. Glume bivalve, à 4-6 fl. Glumelle à 2 valves, l'infér. munie d'une arête dorsale tortillée.
571. *Echinaria*. Valve inf. de la glumelle à 5 lobes palmés, inégaux, épineux.
603. *Ægilops*. Glume à valves coriaces terminées par 3,4 dents lancéolées-en alène.
602. *Lolium*. Epillets multiflores, distiques, oppo-

sés à l'axe par un de leurs côtes. Glume 1.valve.

599. *Triticum*. Epillets multiflores, distiques, opposés à l'axe par une de leurs faces. Glume 2.valve.

601. *Hordeum*. Epillets 1.fl., ternés sur chaque dent de l'axe.

600. *Elymus*. Caract. de l'*Hordeum*. Epillets à 2 fl. ou plus.

603. *Lepturus*. Fl. enfoncées dans les cavités de l'axe. Glume à 2 valves contiguës.

562. *Mibora*. Glume 1.fl., à 2 valves obtuses, non carénées, dépassant la glumelle.

562. *Spartina*. Glume 1.fl., à 2 valves comprimées-carénées.

Voyez *Poa loliacea*, p. 582; *Festuca tenuiflora, rigida*, p. 591,2; *Brachypodium*, p. 593.

TRIGYNIE.

194. *Montia*. Sép. 2.
196. *Polycarpon*. Cal. à 5 div. Caps. 3.valve.
198. *Tillæa*. Sép., pét. et carp. 3.
92. *Holosteum*. Sép. 5. Caps. à 6 dents.

TÉTRANDRIE.

MONOGYNIE.

A. *Fleurs complètes.*

a. *Fl. réunies en tête sur un réceptacle commun.*

251. *Dipsacus*. Récept. hérissé de paillettes épineuses.

252. *Scabiosa*. Récept. garni de soies ou de paillettes non épineuses.

b. *Fl. non réunies sur un récept. commun.*

* Corolle 1.pétale, infère.

250. *Globularia*. Fl. bleues en tête.
412. *Plantago*. Fl. en épi ou en tête.

405. *Centunculus*. Fl. axillaires. Etam. oppositives.
329. *Cicendia*. Fl. axillaires. Etam. alternes avec les lobes de la cor. Caps. à 2 loges.

** Cor. 1 pét., supère ; feuil. verticillées.

246. *Crucianella*. Fl. en épis, entourées à la base d'un involucre de 2,3 bractées.
246. *Sherardia*. Cor. en entonnoir. Cal. couronnant le fruit.
239. *Galium*. Cor. en roue. Fruit sec.
245. *Asperula*. Cor. en entonnoir. Fruit sec.
239. *Rubia*. Cor. plane. Fruit charnu.

*** Cor. polypétale, supère.

235. *Cornus*. Pét. 4. Arbrisseau.
188. *Trapa*. Fruit à 4 cornes. Plante nageante.

**** Cor. polypétale, infère.

Ab. *Cardamine hirsuta*, p. 42; silique. *Evonymus europæus*, p. 120; arbrisseau, feuil. opposées.

B. *Fleurs incomplètes*.

173. *Sanguisorba*. Cal. infère, coloré, entouré à la base de petites écailles.
448. *Parietaria*. Fl. polygames. Cal. infère. Etam. repliées avant la fécondation. Fruit 1-sperme.
188. *Isnardia*. Cal. supère, persistant. Herbe aquatique.

DIGYNIE.

25. *Hypecoum*. Sép. 2 caducs.
85. *Buffonia*. Sép. 4 scarieux, persistants.
Ab. *Rubiacées*, p. 238 ; feuil. verticillées. *Cuscuta*, p. 331 ; sans feuil.

TÉTRAGYNIE.

320. *Ilex*. Arbrisseau à feuil. persistantes.
103. *Radiola*. Sép. 4 trifides. Herbe naine.
198. *Bulliarda*. Sép. pét. et carp. 4.
466. *Potamogeton*. Cal. à 4 div. Cor. 0. Herbes nageantes.
85. *Sagina*. Sép. 4. Pét. 4, ou 0. Caps. 1-loc. à 4 valves.

94. *Mœnchia*. Sép. et pét. 4. Caps. 1 loc. 8 fide. Ab. *Cerastium tetrandrum*. p. 97; feuil. opposées. *Sedum andegavense*, p. 199; carp. 4.

PENTANDRIE.

MONOGYNIE.

A. *Fl. complètes, 1 pét., infères.*

a. *Style placé au centre de 4 ovaires.* (*Boraginées.*)

* Gorge de la cor. sans appendices.

334. *Heliotropium*. Cal. 5 part. Cor. en soucoupe à 5 lobes séparés par une petite dent.
335. *Echium*. Cor oblique, en cloche.
336. *Lithospermum*. Cor. en entonnoir, gorge un peu resserrée par 5 plis ou par des poils. Carp. osseux.
337. *Pulmonaria*. Cal. en cloche, à 5 angles. Cor. poilue à la gorge.
338. *Onosma*. Cor. cylindrique-en cloche, nue à la gorge.

** Gorge de la cor. fermée par 5 appendices.

342. *Asperugo*. Carp. cachés à la maturité par le cal. accru à 2 lobes.
338. *Symphytum*. Cor. tubuleuse-en cloche, à 5 dents courtes. Appendices en alène, réunis en cône.
340. *Lycopsis*. Tube de la cor. allongé, courbé.
339. *Anchusa*. Cor. en entonnoir. Appendices obtus, en pinceau.
340. *Borago*. Cal. à la fin fermé. Cor. en roue.
340. *Myosotis*. Cor. en soucoupe. Appendices glabres.
343. *Echinospermum*. Caract. du *Myosotis*. Carp. triquètres, chargés sur le dos d'aiguillons crochus au sommet.
343. *Cynoglossum*. Cor. en entonnoir. Carp. déprimés, hérissés d'aiguillons étoilés au sommet.
344. *Omphalodes*. Carp. en forme de corbeille à bord membraneux, plié en dedans, denté ou cilié.

b. *Style terminant un seul ovaire.*

* Etam. opposées aux lobes de la corolle.

407. *Cyclamen.* Cor. à div. réfléchies.
404. *Anagallis.* Cor. en roue. Caps. s'ouvrant en travers.
403. *Lysimachia.* Cor. en roue. Caps. à 5 ou 2 valv.
405. *Primula.* Cal. à 5 angles. Tube de la cor. cylindrique ou en massue.
405. *Androsace.* Cor. à tube ovale, resserré au sommet.
407. *Hottonia.* Caps. indéhiscente. Feuil. ailées.

** Etam. alternes avec les lobes de la cor. Capsule.

327. *Erythræa.* Anthères tordues après la fleuraison.
324. *Menyanthes.* Cor. barbue en dedans. Feu. à 3 fol.
324. *Limnanthemum.* Cor. jaune, à lobes ciliés. Feuil. flottantes.
346. *Datura.* Cal. à base circulaire persistante. Caps. épineuse.
346. *Hyoscyamus.* Cor. à 5 lobes inégaux. Caps. s'ouvrant en travers.
347. *Verbascum.* Filets des étam. barbus.
330. *Convolvulus.* Cor. en cloche, à 5 angles et 5 plis. Caps. à 2,3 loges 2.spermes.
322. *Vinca.* Lobes de la cor. tronqués obliquement. Carp. 2 polyspermes.

*** Etam. alternes avec les lobes de la cor. Baie.

344. *Solanum.* Anthères s'ouvrant au sommet par 2 pores.
346. *Lycium.* Arbrisseaux.
345. *Physalis.* Baie renfermée dans le cal. en vessie.
345. *Atropa.* Cor. en cloche.

B. *Fl. complètes, 1.pét., supères.*

407. *Samolus.* Etam. stériles 5 dans les sinus de la cor.
310. *Jasione.* Fl. en tête entourée d'un involucre commun. Anthères soudées à la base.
310. *Lobelia.* Anthères soudées en tube. Cor. à 2 lèv.

311. *Phyteuma*. Lobes de la cor. linéaires.
313. *Campanula*. Cor. en cloche. Caps. s'ouvrant par des trous latéraux.
315. *Wahlenbergia*. Cor. en cloche. Caps. s'ouvrant au sommet en 3 valves.
312. *Specularia*. Cor. en roue. Caps. linéaire, prismatique.
238. *Lonicera*. Cor. irrégulière à 2 lèv. Arbrisseau.

C. *Fl. complètes, polypétalés.*

120. *Rhamnus*. Etam. oppositives. Baie. Arbrisseau.
203. *Ribes*. Etam. alternes avec les pét. Baie. Arbrisseau à feuil. alternes.
119. *Evonymus*. Etam. alternes avec les pét. Caps. 4-lobée. Arbrisseau à feuil. opposées.
116. *Impatiens*. Sép. 2. Cor. irrégulière, éperonnée.
63. *Viola*. Sép. 5. Cor. irrégulière, éperonnée.
235. *Hedera*. Fl. supère. Cal. à 5 dents. Arbrisseau à feuil. persistantes.
Ab. *Rubia peregrina*, p. 239 ; feuil. verticillées. *Frankenia*, p. 76 ; herbe maritime.

D. *Fl. incomplètes.*

408. *Glaux*. Cal. infère, en cloche, coloré.
196. *Illecebrum*. Sep. 5 en forme de cornet, très-blancs.
432. *Thesium*. Cal. supère, couronnant le fruit.

DIGYNIE.

a. *Fl. incomplètes.*

195. *Herniaria*. Cal. à 5 div. Feuil. stipulées.
449. *Ulmus*. Arbre fleurissant avant les feuil.
384. *Beta*. Cal. à 5 div. Fruit réniforme, recouvert par le cal. endurci imitant une caps. à 5 côtes.
417. *Salsola*. Cal. enveloppant le fruit, muni à la fin d'un appendice transversal, scarieux.
418. *Suæda*. Caract. du *Chenopodium*. Feuil. cylindriques.
418. *Chenopodium*. Cal. à 5 div., sans appendices, ne s'accroissant pas après la fleuraison.

b. *Fl. complètes, 1.pét. infères.*

323. *Vincetoxicum.* Cor. en roue. Etam. soudées en couronne. Carp. 2. Graines chevelues.
323. *Cynanchum.* Mêmes caract. Etam. soudées en colonne.
331. *Cuscuta.* Herbes parasites, sans feuilles.
326. *Gentiana.* Cor. en cloche. Ovaire 1.

c. *Fl. supères à 5 pét. (Ombellifères.)*

1. Ombelle simple.

206. *Hydrocotyle.* Feuil. orbiculaires, peltées.
206. *Eryngium.* Feuil. épineuses.
207. *Sanicula.* Feuil. palmées.

2. Ombelle composée.

§. Feuilles simples.

208. *Buplevrum.*

§§. Feuilles composées.

* Fruit allongé ou en alène.

209. *Scandix.* Fruit à bec très-long.
210. *Chærophyllum.* Fruit sans bec. Carp. à 5 côtes égales, obtuses.
210. *Anthriscus.* Fruit à bec court et à 5 côtes. Carp. presque cylindriques, sans côtes.

** Fruit hérissé.

213. *Daucus.* Fol. de l'involucre pinnatifides.
Torilis, Caucalis, Turgenia, Orlaya, voir p. 211, 212, 213.
Ab. *Anthriscus vulgaris,* p. 210.

*** Fruit dont le diamètre transversal égale ou dépasse la largeur de la commissure.

218. *Smyrnium.* Fl. jaunes. Carp. gros, noirs, réniformes.
226. *Fœniculum.* Fl. jaunes. Involucre et involucelles 0.
227. *Silaus.* Fl. jaunâtres. Carp. à 5 côtes aiguës, presq. ailées.
228. *Crithmum.* Fruit subéreux. Feuil. charnues.

217. *Bifora*. Carp. globuleux-renflés. Commissure percée de 2 trous.
223. *Œnanthe*. Cal. à 5 dents. Fruit cylindrique, en toupie ou oblong. Styles longs, droits, persistants.
220. *Ammi*. Fol. de l'invol. pinnatifides.
222. *Pimpinella*. Involucre et involucelles 0. Fruit ovale.
221. *Ægopodium*. Involucre et involucelles 0. Fruit oblong.
217. *Conium*. Carp. à 5 côtes ondulées-crénelées.
225. *Æthusa*. Fruit ovale-globuleux. Carp. à 5 côtes élevées, aiguës, les latérales presq. ailées.
215. *Apium*. Fruit presque globuleux. Carp. à 5 côtes filiformes, égales. Stylopode déprimé. Carpophore entier.
215. *Petroselinum*. Fruit et carp. ovales. Stylopode un peu conique.
217. *Cicuta*. Fruit presque globuleux. Carp. à 5 cotes obtuses, égales. Vallécules à 1 canal presq. aussi saillant que les côtes. Involucre 0.
218. *Helosciadium*. Fruit ovale ou oblong. Carp. à 5 côtes égales. Vallécules à 1 canal. Carpophore entier, libre.
216. *Trinia*. Fl. dioïques ou monoïques. Pét. des fl. mâles lancéolés. Fruit ovale. Un canal dans l'intérieur de chaque côte.
219. *Falcaria*. Cal. à 5 dents. Fruit oblong, comprimé par le côté. Carp. à 5 côtes filiformes, égales. Vallécules à un canal filiforme.
220. *Sison*. Fruit ovale. Carp. à 5 côtes filiformes, égales. Canaux courts, en massue renversée.
221. *Carum*. Fruit ovale-oblong. Carp. à 5 côtes filiformes, égales. Commissure plane. Vallécules à 1 canal. Carpophore libre, fourchu au sommet.
221. *Conopodium*. Fruit ovale. Carp. à 5 côtes en forme de stries. Stylopode conique, terminé par le style droit.

222. *Sium*. Fruit presque globuleux. Carp. à 5 côtes filiformes, égales. Styles recourbés.
226. *Seseli*. Dents du cal. épaisses. Fruit oblong. Styles réfléchis. Carp. à 5 côtes, les latérales placées au bord. Involucre 0 ou à 1 fol.

**** Fruit dont le diamètre transversal est beaucoup plus court que la largeur de la commissure.

233. *Pastinaca*. Fl. jaunes. Involucre et involucelles 0. Carp. à 5 côtes, les latérales éloignées des autres et touchant le rebord.
233. *Anethum*. Caract. du *Pastinaca*. Carp. à 5 côtes également distantes.
229. *Selinum*. Carp. à 5 ailes, les latérales beaucoup plus grandes.
234. *Laserpitium*. Carp. à 4 ailes membraneuses.
234. *Tordylium*. Carp. à rebord épais, rude-tuberculeux.
233. *Heracleum*. Canaux rétrécis en massue linéaire.
228. *Angelica*. Fruit bordé de 2 larges ailes.
230. *Peucedanum*. Carp. à 5 côtes très-fines.

TRIGYNIE.

* Fleurs complètes, infères.

192. *Tamarix*. Arbrisseau maritime.
195. *Corrigiola*. Stigm. 3 sessiles. Caps. 1-sperme.
92. *Holosteum*. Caps. polysperme.

** Fleurs complètes, supères.

237. *Sambucus*. Feuil. ailées. Baie 3-sperme.
237. *Viburnum*. Feuil. non ailées. Baie 1-sperme.

*** Fleurs incomplètes.

Ab. *Polygonum*, p. 428, stip. en forme de gaine.

TÉTRAGYNIE.

74. *Parnassia*. Pét. à écaille ciliée.

PENTAGYNIE.

100. *Linum*. Pét. et sép. 5. Caps. à 10 loges 1. spermes.
73. *Drosera*. Feuil. toutes radicales, ciliées-glanduleuses.
408. *Statice*. Cal. plissé, scarieux. Caps. 1.sperme. Hampe rameuse, fl. en épi.
410. *Armeria*. Caract. du *Statice*. Hampe simple, fl. en tête involucrée.
Ab. *Sedum pentandrum, rubens*, p. 199,200; feuil. charnues. *Spergula Morisonii* p. 87; feuil. comme verticillées. *Cerastium*. p. 95; feuil. opposées.

POLYGYNIE.

5. *Myosurus*. Carpelles nombreux, en épi.

HEXANDRIE.

MONOGYNIE.

A. *Pér. à 6 div. glumacées.*

516. *Juncus*. Feuil. cylindriques.
522. *Luzula*. Feuil. graminées.

B. *Pér. à 6 div. pétaloïdes.*

* Fleurs infères.

478. *Acorus*. Fl. membraneuses, en spadice.
501. *Asparagus*. Feuil. très-petites, en faisceaux stipulés.
501. *Convallaria*. Pér. en cloche ou cylindrique. Baie.
504. *Fritillaria*. Pér. en cloche, ayant à la base une fossette nectarifère.
504. *Tulipa*. Pér. en cloche. Stigm. 3.lobé, sessile.
505. *Asphodelus*. Pér. étalé. Filets des étam. dilatés et courbés à la base en voûte couvrant l'ovaire.
505. *Phalangium*. Pér. étalé, resserré à la base en

tube embrassant l'ovaire. Filets des étam. non barbus.

506. *Simethis*. Fl. blanche. Filets des étam. épaissis et barbus.

514. *Narthecium*. Fl. jaune. Filets des étam. barbus.

514. *Muscari*. Pér. ovale-globuleux ou cylindrique, resserré à la gorge, limbe très-court.

509. *Endymion*. Pér. tubuleux-en cloche, étalé au sommet. Etam. droites, 3 filets soudés avec les sép., 3 presque libres.

508. *Scilla*. Pér. à div. profondes. Etam. insérées à la base du pér.

509. *Allium*. Fl. en ombelle sortant d'une spathe 2.valve.

507. *Gagea*. Pér. étalé. Fl. jaunes.

506. *Ornithogalum*. Pér. étalé. Fl. en épi ou en grappe.

** Fleurs supères.

498. *Narcissus*. Pér. muni en dedans d'une couronne en cloche renfermant les étam.

500. *Pancratium*. Div. du pér. étroites. Couronne lobée portant les étam. au sommet.

500. *Galanthus*. 3 div. intér. du pér. échancrées.

C. *Cal. et cor. distincts, dissemblables.*

21. *Berberis*. Arbrisseau épineux.

76. *Frankenia*. Style 3.fide. Plante maritime.

191. *Peplis*. Cal. à 12 dents. Style filiforme.
Ab. *Lythrum Hyssopifolia*, p. 191; cal. à 12 dents; style court.

TRIGYNIE.

465. *Triglochin*. Feuil. linéaires, toutes radic.

515. *Colchicum*. Fl. radicale, paraissant avant les feu.

425. *Rumex*. Cor. 0. Cal. à 6 div. herbacées. Fruit 1.sperme.
Ab. *Elatine hexandra*, p. 99; feuil. opposées.
Polygonum, p. 428; stip. en forme de gaîne.

POLYGYNIE.

464. *Alisma*. Sép. et pét. 3.

OCTANDRIE.

MONOGYNIE.

A. *Fleurs complètes.*

111. *Acer.* Cal. 5.part. Pét. 5. Arbres.
119. *Ruta.* Cal. 4.part. Feuil. 2 f. ailées.
183. *Epilobium.* Pét. 4 supères. Graines chevelues.
187. *Œnothera.* Pét. 4 supères. Graines nues.
325. *Chlora.* Cal. et cor. 8.fides.
318. *Calluna.* Cal. à 4 div. entouré à la base de 4 bractées. Cor. infère.
316. *Erica.* Cal. à 4 div. sans bractées. Cor 4.fide, infère.
316. *Vaccinium.* Cal. à 4 dents. Cor. supère.
Ab. *Monotropa,* p. 318; plante sans feuilles.

B. *Fl. incomplètes.*

431. *Daphne.* Sous-arbrisseau.
431. *Passerina.* Herbe; fl. en épis effilés.

DIGYNIE.

205. *Chrysosplenium.* Cal. adhérent, à 4 div. Cor. 0.
Ab. *Polygonum,* p. 428, stip. en forme de gaîne.

TRIGYNIE.

428. *Polygonum.* Stip. en forme de gaîne. Fruit 1.sperme.

TÉTRAGYNIE.

236. *Adoxa.* Herbe à feuil. composées.
502. *Paris.* Sép. et pét. 4. Feuil. 4 verticillées.
98. *Elatine.* Sép. et pét. 4. Herbes aquatiques.

ENNÉANDRIE.

465. *Butomus.* Styles 6. Herbe aquatique.
432. *Laurus.* Arbre toujours vert.

DÉCANDRIE.

MONOGYNIE.

118. *Tribulus*. Sép. et pét. 5. Feuil. ailées.
318. *Monotropa*. Parasite ; sans feuilles.
318. *Arbutus*. Arbrisseau.
Ab. *Ruta*, p. 119 ; feuil. 2. f. ailées.

DIGYNIE.

196. *Scleranthus*. Cal. à 5 dents. Cor. 0. Fruit 1.sperme.
204. *Saxifraga*. Cal. à 5 div. Pét. 5. Caps. 2.loc., à 2 becs.
77. *Dianthus*. Cal. 5.fide, entouré d'écailles à la base.
77. *Gypsophila*. Cal. 5.fide. Pét. en coin, sans onglet.
79. *Saponaria*. Cal. 5.fide. Pét. à onglet linéaire.
Ab. *Chrysosplenium*, p. 205 ; cal. adhérent; cor. 0.

TRIGYNIE.

* Cal. 1.sépale, à 5 dents. Pét. 5.

80. *Cucubalus*. Baie à 1 loge.
80. *Silene*. Caps. à 3 loges.

** Cal. à 5 sép. Pét. 5.

89. *Arenaria*. Pétales entiers.
93. *Stellaria*. Pétales bifides.

PENTAGYNIE.

117. *Oxalis*. Feuil. à 3 folioles.
203. *Umbilicus*. Cor. 1.pét., tubuleuse. Feuil. peltées.
198. *Sedum*. Pét. 5. Carp. polyspermes.
84. *Lychnis*. Cal. à 5 dents. Pét. 5 onguiculés.
86. *Spergula*. Sép. 5. Pét. 5 entiers. Caps. 5.valve.
95. *Malachium*. Sép. 5. Pét. 5 bifides. Caps. à 5 valves bifides.

95. *Cerastium*. Sép. 5. Pét. 5 bifides. Caps. à 10 dents.
Ab. *Adoxa*. p. 236; feuil. composées.

DODÉCANDRIE.

MONOGYNIE.

194. *Portulaca*. Sép. 2. Pét. 5.
190. *Lythrum*. Cal. à 12 dents. Pét. 6.

DIGYNIE.

172. *Agrimonia*. Feuil. ailées.

3-4. GYNIE.

71. *Reseda*. Pét. laciniés. Caps. ouverte au sommet.
72. *Astrocarpus*. Pét. laciniés. Carp. 4-6 en étoile.

DÉCA—POLYGYNIE.

203. *Sempervivum*. Sép., pét. et carp. 12.
Ab. *Thalictrum*, p. 2. *Ranunculus*, p. 6.

ICOSANDRIE.

MONOGYNIE.

163. *Prunus*. Arbres ou arbrisseaux. Drupe.
Ab. *Cratægus monogyna*, p. 181.

DI-PENTAGYNIE.

* Fleurs supères.

181. *Cratægus*. Fruit peu charnu, à 1,2 graines.
182. *Mespilus*. Fruit charnu, en toupie, très-ouvert au sommet.
182. *Pyrus*. Fruit charnu, à 5 loges cartilagineuses, 2.spermes.

** Fleurs infères.

166. *Spiræa*. Cal. à 5 div. Carp. à 2-5 graines.

POLYGYNIE.

* Cal. à 5 divisions.

174. *Rosa.* Ovaires nombreux, renfermés dans le tube du cal. imitant une baie.
167. *Rubus.* Drupes nombreuses, insérées sur un réceptacle et imitant une baie.
Ab. *Spiræa* p. 166; fl. infères.

** Cal. à 8 ou 10 div., les extér. plus petites.

167. *Geum.* Cal. à 10 div. Carp. terminés en arête.
168. *Fragaria.* Cal. à 10 div. Carp. insérés sur un récept. devenant succulent à la maturité.
168. *Comarum.* Cal. à 10 div. Récept. spongieux.
169. *Potentilla.* Cal. à 10 div. Récept. sec.
171. *Tormentilla.* Cal. à 8 div. Récept. sec.

POLYANDRIE.

MONOGYNIE.

A. *Pétales* 4. Sépales 2.

25. *Chelidonium.* Caps. linéaire. 1.loc. à 2 valves s'ouvrant de la base au sommet.
24. *Rœmeria.* Caps. linéaire, 1.loc. à 3,4 valves s'ouvrant du sommet à la base.
25. *Glaucium.* Caps. linéaire, 2.loc.
22. *Papaver.* Caps. s'ouvrant sous les stigm. par autant de trous.
24. *Meconopsis.* Caps. 1.loc. s'ouvrant au sommet par 4–6 valves.

B. *Pétales* 5.

107. *Tilia.* Arbres.
59. *Cistus.* Caps. à 5 ou 10 valves.
60. *Helianthemum.* Caps. à 3 valves.

C. *Pétales nombreux.*

21. *Nymphæa.* Fl. blanche.
22. *Nuphar.* Fl. jaune.

DI-POLYGYNIE.

* Carpelles polyspermes.

19. *Delphinium*. Cor. irrégulière, éperonnée.
19. *Aquilegia*. Pét. 5 en cornet, éperonnés.
17. *Isopyrum*. Sép. pétaloïdes, très-caducs. Pét. nectariformes, courts, en cornet.
17. *Nigella*. Sép. pétaloïdes, caducs. Pét. nectariformes, à 2 lèvres, l'inf. bifide.
16. *Helleborus*. Sép. persistants. Pét. nectariformes, très-courts.
16. *Caltha*. Sép. 5 jaunes. Cor. 0.

** Carpelles monospermes.

4. *Adonis*. Sép. 5. Pét. rouges sans fossette nectarifère.
6. *Ranunculus*. Sép. et pét. 5.
15. *Ficaria*. Sép. 4. Pét. 8-10.
2. *Clematis*. Cor. 0. Arbrisseau grimpant.
2. *Thalictrum*. Cor. 0. Cal. caduc. Carp. striés en long.
3. *Anemone*. Cor. 0. Involucre à 3 fol. découpées, éloigné de la fleur.

DIDYNAMIE.

GYMNOSPERMIE. — Carp. 4 au fond du calice.

A. *Calice à 2 lèvres.*

396. *Scutellaria*. Lèvres entières.
397. *Brunella*. Lèvre supér. plane, à 3 dents; filets des étam. à 2 pointes au sommet.
385. *Clinopodium*. Bractées linéaires formant un involucre autour du verticille de fleurs.
387. *Melittis*. Cal. grand, en cloche, lèvre supér. à 2,3 dents, l'infér. à 2 dents larges.
385. *Melissa*. Cal. à 13 stries, lèvre supér. plane, à 3 dents.
383. *Calamintha*. Cal. cylindracé ou bossu à la base, à 10 stries. Étam. arquées et rapprochées sous la lèvre supér. de la cor.

383. *Thymus*. Cal. en cloche, lèvre supér. à 3 dents, l'infér. à 2 lobes linéaires ; gorge fermée par des poils.

Ab. *Teucrium Scorodonia*, p. 399.

B. *Calice non à 2 lèvres.*

377. *Mentha*. Cor. presque régulière, à 4 lobes.

382. *Origanum*. Chaque fl. garnie d'une bractée colorée.

399. *Teucrium*. Lèvre supér. de la cor. très-courte, fendue en 2 lobes repliés sur les côtés.

398. *Ajuga*. Lèvre supér. de la cor. presque 0.

394. *Marrubium*. Cal. à 10 dents, dont 5 plus petites.

394. *Sideritis*. Cal. à 5 dents, tubuleux-cylindrique, strié. Cor. à tube garni d'un anneau interrompu de poils. Carp. à sommet plane triangulaire.

385. *Hyssopus*. Cal. tubuleux, strié. Etam. divergentes. Anthères à 2 loges divergentes, soudées au sommet.

386. *Glechoma*. Cal. cylindrique, strié. Anthères rapprochées par paires en forme de croix.

386. *Nepeta*. Cal. cylindrique, strié. Lèvre infér. de la cor. à 3 lobes, l'intermédiaire grand, très-concave.

391. *Stachys*. Cal. en cloche. Lèvre supér. de la cor. voûtée, entière, l'infér. à 3 lobes, les latéraux réfléchis.

393. *Betonica*. Tube de la cor. cylindrique, courbe, saillant ; lèvre supér. ascendante.

389. *Galeobdolon*. Caract. du *Lamium*. Fl. jaune.

387. *Lamium*. Cal. en cloche. Cor. à gorge renflée, lèvre supér. voûtée, entière, l'infér. à 3 lobes, les latéraux en forme de dent.

389. *Galeopsis*. Lèvre infér. de la cor. à 3 lobes, l'intermédiaire garni de chaque côté d'une dent creuse, aiguë.

395. *Leonurus*. Lèvre infér. de la cor. à 3 lobes obtus, roulés en-dessous de manière à imiter un seul lobe aigu.

395. *Chaiturus*. Caract. du *Betonica*. Carp. terminés par une surface plane, triangulaire, velue,

395. *Ballota*. Cal. en entonnoir, à 5 angles et à 10 stries.

ANGIOSPERMIE. — Fruit capsulaire.

A. *Plantes parasites, sans feuilles.*

370. *Orobanche*. Fl. en épi; écailles de la tige scarieuses.
376. *Lathræa*. Ecailles de la souche ou tige charnues.

B. *Tiges feuillées.*

* Calice à 4 divisions.

364. *Melampyrum*. Caps. à 2 loges 1.spermes.
365. *Rhinanthus*. Cal.ventru. Graines aplaties-ailées.
366. *Eufragia*.Graines nombreuses, non striées.
369. *Euphrasia*. Caps. oblongue, comprimée. Graines nombreuses, striées. Fl. axillaires.
367. *Odontites*. Caract. de l'*Euphrasia*. Fl. en épis unilatéraux.
366. *Trixago*. Caps. ovale-globuleuse. Graines striées.

** Calice à 5 divisions.

364. *Pedicularis*. Cal. ventru. Caps. oblique, acuminée.
352. *Antirrhinum*. Cor.personée, bossue à la base.
353. *Linaria*. Cor. personée, éperonnée à la base.
357. *Anarrhinum*. Caract. du *Linaria*. Gorge de la cor. ouverte, sans palais.
350. *Scrofularia*. Cor. globuleuse, limbe court.
352. *Digitalis*. Cor. ventrue, limbe oblique. Feuil. éparses.
363. *Lindernia*. Cor. à 2 lèv. Placenta central, libre.
363. *Limosella*. Cor. très-petite, en entonnoir, à 5 lobes égaux.
369. *Sibthorpia*. Cor. très-petite. Feuil. orbiculaires.
400. *Verbena*. Fruit se séparant en 4 carp. 1.sperm.

TÉTRADYNAMIE.

SILIQUEUSE. — Fruit au moins trois fois plus long que large.

* Graines sur un rang.

29. *Raphanus*. Silique indéhiscente, articulée en travers.
30. *Brassica*. Cal. dressé. Silique presque cylindrique. Graines globuleuses.
31. *Sinapis*. Caract. du *Brassica*. Cal. étalé.
31. *Erucastrum*. Cal. ouvert, bossu à la base. Siliq. linéaire, valves convexes à 1 nervure. Graines ovales ou oblongues.
36. *Erysimum*. Cal. fermé ou dressé. Siliq. tétragone.
34. *Sisymbrium*. Cal. égal à la base. Caps. linéaire. Fl. jaunes, petites.
37. *Hesperis*. Cal. bossu à la base. Siliq. linéaire. Stigm. à 2 lames dressées-conniventes. Graines anguleuses.
37. *Matthiola*. Cal. fermé, bossu à la base. Stigm. à 2 lobes épaissis sur le dos. Graines comprimées.
38. *Malcolmia*. Caract. du *Matthiola*. Style conique-en alène. Graines non bordées.
38. *Cheiranthus*. Cal. fermé, bossu à la base. Stigm. à 2 lobes non bossus. Graines comprimées.
39. *Barbarea*. Cal. dressé, presq. égal à la base. Siliq. linéaire, presque tétragone; valves convexes. Fl. jaunes.
41. *Arabis*. Cal. dressé, bossu à la base. Siliq. linéaire, valves planes. Graines comprimées.
41. *Cardamine*. Cal. étalé. Siliq. s'ouvrant avec élasticité.
43. *Dentaria*. Caract. du *Cardamine*. Cal. dressé. Souche écailleuse, fragile.

** Graines sur deux rangs.

33. *Diplotaxis*. Cal. lâche, égal à la base. Siliq. linéaire, comprimée. Fl. jaunes.

36. *Braya*. Cal. égal à la base. Siliq. linéaire à 1 faible nervure. Fl. blanche.
40. *Turritis*. Silique linéaire, à 1 forte nervure longitudinale. Fl. blanche.
43. *Nasturtium*. Cal. étalé. Silique courte ou silicule.

SILICULEUSE. — Fruit moins de 3 fois plus long que large.

* Silicule indéhiscente.

47. *Bunias*. Silic. à 4 angles dentés en crête.
48. *Isatis*. Silic. plane, 1.sperme.
58. *Biscutella*. Silic. plane à 2 lobes orbiculaires.
46. *Crambe*. Grandes étam. munies d'une dent au sommet. Silic. à 2 articles, l'inf. en forme de pédicelle.
47. *Cakile*. Cal. dressé, bossu à la base. Article inf. de la silic. en cône renversé.
46. *Rapistrum*. Article inf. de la silic. en forme de pédicelle.
56. *Coronopus*. Silic. à 2 lobes tuberculeux ou ridés.
48. *Neslea*. Silic. osseuse, globuleuse, 1.sperme.
47. *Calepina*. Silic. ovale-globuleuse, acuminée, 1.sperme.
48. *Myagrum*. Silic. comprimée, 3.loc.

** Silicule s'ouvrant d'elle-même.

57. *Teesdalea*. Pét. inégaux. Filets des étam. munis à la base d'une petite écaille blanche.
58. *Iberis*. Pét. très-inégaux.
49. *Camelina*. Silic. renflée en poire.
50. *Alyssum*. Silic. orbiculaire, comprimée. Valves convexes au milieu. Graines bordées.
51. *Draba*. Silic. elliptique. Valves presque planes. Graines sur 2 rangs.
49. *Cochlearia*. Silic. presque globuleuse ou elliptique. Valves ventrues. Graines non bordées.
52. *Lepidium*. Silic. ovale, comprimée. Valves en carène qqf. ailée. Loges 1.spermes.
54. *Hutchinsia*. Caract. du *Lepidium*, loges de la silic. à 2 graines ou plus.

56. *Thlaspi*. Silic. ovale, échancrée au sommet. Valves en carène ailée. Loges 3-6.spermes.
55. *Capsella*. Silic. triangulaire-en cœur renversé. Ab. *Nasturtium amphibium, pyrenaicum*, p. 45.

MONADELPHIE.

PENTANDRIE.

114. *Erodium*. Etam. 10 dont 5 sans anthères. Ab. *Lysimachia*, p. 403. *Linum*, p. 100.

DECANDRIE.

112. *Geranium*.
Ab. Sect. 1 de la *diadelphie décandrie*, p. CLXII.

POLYANDRIE.

103. *Malva*. Cal. double, l'extér. à 3 fol.
106. *Lavatera*. Cal. double, l'extér. 3.fide.
104. *Althæa*. Cal. double. l'extér. 6-9.fide.

DIADELPHIE.

HEXANDRIE. — Filets des étam. 2, chacun à 3 anthèr.

27. *Fumaria*. Caps. 1.sperme.
26. *Corydalis*. Caps. polysperme.

OCTANDRIE.

74. *Polygala*. Filets des étam. 2, chacun à 4 anthères.

DÉCANDRIE. — Cor papilionacée.

a. *Etamines monadelphes*.

145. *Lupinus*. Feuil. digitées.
146. *Anthyllis*. Feuil. ailées.
121. *Ulex*. Arbrisseaux épineux, sans feuilles.
124. *Adenocarpus*. Gousse tuberculeuse-glanduleuse
123. *Sarothamnus*. Carène laissant voir les étam. Style très-long, enroulé.

122. *Genista*. Carène laissant voir les étam. Style en alène. Stigm. latéral, oblique.
124. *Cytisus*. Caract. du *Genista*. Carène renfermant les étam. Stigm. en tête, un peu tourné en dehors, entouré de poils.
125. *Ononis*. Cal. à 5 dents linéaires. Etendard grand, rayé.

b. *Etamines diadelphes*, (9 et 1).

* Feuilles à 3 folioles.

143. *Dorycnium*. Stip. semblables aux fol. Ailes renflées de chaque côté en une bosse.
143. *Lotus*. Stip. semblables aux fol. Ailes sans bosse, carène terminée en bec. Gousse non ailée.
144. *Tetragonolobus*. Caract. du *Lotus*. Gousse bordée de 4 ailes foliacées.
127. *Medicago*. Gousse en faucille ou roulée en escargot.
130. *Trigonella*. Carène très-courte. Cor. paraissant à 3 pét. Gousse polysperme.
131. *Melilotus*. Gousse 1,2.sperme. presq. indéhiscente, saillante.
133. *Trifolium*. Gousse incluse, à 1,2, rar. 3,4 graines.

** Feuil. ailées avec impaire.

152. *Onobrychis*. Gousse 1.loc., 1.sperme.
146. *Astragalus*. Gousse polysperme, à 2 loges qqf. incomplètes formées par le repli de la suture infér.
150. *Ornithopus*. Carène obtuse. Gousse linéaire, droite ou arquée, se séparant en articles 1.spermes.
149. *Coronilla*. Caract. de l'*Ornithopus*. Carène acuminée en bec.
151. *Hippocrepis*. Onglet de l'étendard très-saillant. Gousse arquée, sinuée.
148. *Scorpiurus*. Gousse articulée, enroulée.

*** Feuil. ailées sans impaire.

157. *Pisum*. Style plié en dessous en carène, barbu en dessus.
152. *Vicia*. Style filiforme, barbu sous le sommet du côté inf., glabre du reste ou entouré de poils courts.
156. *Ervum*. Caract. du *Vicia*. Style également velu tout autour au sommet.
159. *Lathyrus*. Caract. du *Vicia*. Style plane et velu en dessus au sommet.
162. *Orobus*. Caract. du *Lathyrus*. Feuil. sans vrille.

POLYADELPHIE.

110. *Androsœmum*. Baie. Sans glandes hypogynes.
108. *Hypericum*. Capsule. Sans glandes hypogynes.
110. *Elodes*. 3 glandes hypogynes alternant avec les faisceaux d'étam.

SYNGÉNÉSIE (*Composées*).

SEMI-FLOSCULEUSES. — Fleur composée toute de demi-fleurons.

* Aigrette écailleuse ou 0.

289. *Scolymus*. Invol. épineux. Plante maritime.
290. *Catananche*. Invol. scarieux-argenté.
291. *Cichorium*. Invol. double, l'int. à 8 fol., l'ext. à 5.
290. *Lapsana*. Invol. simple. Ach. à 20 stries.
290. *Arnoseris*. Invol. simple. Ach. à 10 stries.

** Aigrette à poils simples.

291. *Tolpis*. Invol. double, l'ext. plus long.
308. *Andryala*. Récept. alvéolé, poilu. Aigrette sessile, roussâtre.
305. *Hieracium*. Aigrette sessile d'un blanc sale.
300. *Sonchus*. Invol. imbriqué. Aigrette sessile. Ach. striés en long. Demi-fl. sur plusieurs rangs.
297. *Taraxacum*. Invol. double, l'extér. plus court.

Aigrettes toutes longuement pédicellées. Hampe 1-flore.

300. *Crepis*. Fol. de l'invol. sur 2 rangs, l'extér. plus court. Aigrette sessile ou pédicellée. Ach. striés

297. *Chondrilla*. Invol. écailleux à la base. Aigrette pédicellée. Demi-fl. peu nombreux, sur 2 rangs.

298. *Lactuca*. Invol. imbriqué. Aigrette pédicellée. Demi-fl. sur 1 ou plusieurs rangs. Ach. striés.

*** Aigrette à poils plumeux.

296. *Hypochœris*. Récept. garni de paillettes.

291. *Thrincia*. Aigrette des ach. du bord en couronne dentée.

292. *Picris*. Aigrette sessile. Ach. courbés, sillonnés en travers.

296. *Podospermum*. Aigrette sessile. Ach. portés sur un pédic. creux.

295. *Scorzonera*. Aigrette sessile. Fol. de l'invol. scarieuses au bord.

293. *Helminthia*. Invol. double, l'extér. à 5 fol. Ach. ridés en travers. Aigrette pédicellée.

293. *Tragopogon*. Aigrette longuement pédicellée. Invol. simple.

292. *Leontodon*. Aigrette sessile, rousse.

Flosculeuses. — Fl. composée toute de fleurons.

a. *Achènes sans aigrette.*

269. *Diotis*. Récept. à paillettes. Cor. prolongée en deux éperons sur l'ovaire et le faisant paraître ailé.

270. *Santolina*. Récept. à paillettes. Cor. prolongée en éperon sur l'un des côtés de l'ovaire.

258. *Micropus*. Récept. nu. Ach. enveloppés dans les fol. de l'invol.

267. *Artemisia*. Récept. nu ou poilu. Fleurons du rayon femelles.

269. *Tanacetum*. Invol. hémisphérique. Ach. couronnés d'une membrane entière.

Ab. *Centaurea pratensis, serotina, Calcitrapa*, 285, 7.

b. *Achènes aigrettés.*

* Réceptacle nu.

253. *Eupatorium.* Invol. cylindrique. Stylest
262. *Filago.* Invol. anguleux. Fleurons du disque herm., ceux du rayon fem. placés entre les fol. de l'invol.
265. *Gnaphalium.* Invol. ovale, à fol. obtuses, scarieuses. Fleurons du disque herm., ceux du rayon fem. sur plusieurs rangs.
266. *Helichrysum.* Caract. du *Gnaphalium.* Fleurons du rayon sur un seul rang.
254. *Petasites.* Hampe multiflore, non feuillée.

Ab. *Senecio vulgaris*, p. 276.

** Récept. garni de paillettes, de soies ou d'alvéoles.

262. *Bidens.* Invol. double. Ach. à 2-4 arêtes accrochantes.
283. *Carlina.* Fol. int. de l'invol. colorées, luisantes, étalées; les ext. épineuses-ailées.
288. *Xeranthemum.* Fol. de l'invol. scarieuses, entières, les int. colorées, étalées.
284. *Carduncellus.* Fl. bleues. Invol. foliacé.
255. *Linosyris.* Invol. hémisphérique, imbriqué de fol. linéaires.
282. *Onopordum.* Récept. alvéolé. Invol. épineux.
279. *Cirsium.* Invol. épineux. Aigrette plumeuse.
282. *Lappa.* Fol. de l'invol. crochues en hameçon.
281. *Carduus.* Invol. épineux. Aigret. à poils simples.
282. *Silybum.* Caract. du *Carduus*; fol. ext. de l'invol. terminées par un appendice étalé, denté-épineux.
284. *Serratula.* Fol. de l'invol. aiguës. Paillettes du récept. divisées en soies.
284. *Kentrophyllum.* Fol. extér. de l'invol. pinnatifides. Aigrette composée de paillettes sur plusieurs rangs.
285. *Centaurea.* Fleurons du disque herm., ceux du rayon stériles, ord. plus grands. Ach. nus ou à aigrette composée de paillettes inégales. Hile latéral.

288. *Crupina*. Caract. du *Centaurea*. Ach. soyeux. Hile basilaire.

Radiées. — Fleur composée de fleurons au centre et de demi-fleurons à la circonférence.

a. *Réceptacle garni de paillettes.*

274. *Achillea*. Languette des demi-fl. courte, arrondie.
274. *Anthemis*. Languette des demi-fl. oblongue. Ab. *Bidens*, p. 262.

b. *Réceptacle nu.*

* Achènes sans aigrette.

278. *Calendula*. Ach. extér. courbés, tuberculeux.
255. *Bellis*. Réc. conique, creux. Ach. comprimés.
272. *Matricaria*. Récept. conique, creux. Ach. striés d'un côté.
273. *Chrysanthemum*. Récept. plane ou convexe. Ach. nus ou couronnés d'un petit rebord.

** Achènes aigrettés.

253. *Tussilago*. Fl. paraissant avant les feuilles.
256. *Erigeron*. Demi-fl. très-étroits, d'une autre couleur que le disque.
255. *Aster*. Dem.-fl. oblongs, d'une autre couleur que le disque. Récept. plane.
255. *Bellis*. Récept. conique, creux. Demi-fl. blancs.
258. *Pallenis*. Anthères à 2 pointes à la base. Fol. ext. de l'invol. épineuses.
259. *Inula*. Anthères à 2 pointes à la base. Invol. non épineux.
276. *Senecio*. Invol. cylindrique, noirâtre au sommet, écailleux à la base.
276. *Cineraria*. Caract. du *Senecio*. Invol. simple, sans écailles à la base.
275. *Doronicum*. Invol. hémisphérique, à 2,3 rangs de fol. égales. Ach. du bord sans aigrette.
257. *Solidago*. Invol. imbriqué. Ach. tous aigrettés.

GYNANDRIE.

MONANDRIE.

479. *Orchis*. Label éperonné. Tige feuillée.
490. *Limodorum*. Sans feuil. Label éperonné.
493. *Spiranthes*. Epi de fl. tordu en spirale.
488. *Serapias*. Sép. et pét. réunis en casque. Label à 3 lobes.
492. *Neottia*. Sép. et pét. réunis en casque. Label bifide au sommet.
490. *Epipactis*. Label échancré et presque articulé au milieu. Rac. fibreuse.
485. *Ophrys*. Sép. 3 étalés. Pét. supér. petits. Rac. bulbeuse.
474. *Malaxis*. Sép. et pét. étalés. Label placé en haut.

HEXANDRIE.

434. *Aristolochia*. Fleurs en cornet.

MONŒCIE.

MONANDRIE.

478. *Arum*. Spadice entouré d'une spathe en cornet.
474. *Zostera*. Spadice inséré sur la feuil. graminée.
436. *Euphorbia*. Herbes laiteuses. Caps. à 3 loges 1.spermes.
473. *Naïas*. Herbes aquatiques à feuil. dentées-épineuses.
472. *Zannichellia*. Herbes aquatiques à feuil. linéaires. Carp. pédicellés, obliques.
472. *Althenia*. Herbe aquatique à feuil. linéaires. Carp. pédicellés, oblongs, non obliques.
445. *Callitriche*. Herbes aquatiques. Fruit se séparant en 4 carp. sessiles.

TRIANDRIE.

448. *Ficus*. Arbre. Fl. renfermées dans un récept. charnu, en poire.

476. *Typha*. Fl. très-serrées en chatons cylindriques, le supérieur mâle.
477. *Sparganium*. Fl. en chatons globuleux.
536. *Carex*. Fl. en épis. Glume 1-valve.
414. *Amarantus*. Cor. 0. Caps. s'ouvrant en travers, ou indéhiscente.

TÉTRANDRIE.

436. *Buxus*. Arbrisseau à feuil. persistantes.
460. *Alnus*. Arbres fleurissant avant les feuil.
411. *Littorella*. *Mâl*. cal. et cor. à 4 div.; étam. très-saillantes.
447. *Urtica*. Cor. 0. *Mâl*. cal. à 4 div. *Fem*. à 2 div.

PENTANDRIE.

309. *Xanthium*. Fruit épineux, 2-sperme.
422. *Atriplex*. Fl. polygames. *Fem*. à 2 div. couvrant le fruit 1-sperme.
Ab. *Amarantus retroflexus*, p. 415.

POLYANDRIE. — 6 étamines ou plus.

* Arbres.

450. *Fagus*. Chatons mâles globuleux. Stigm. 3.
451. *Quercus*. Chatons mâles linéaires. Stigm. 3.
450. *Castanea*. Chatons mâles linéaires. Stigm. 6-8.
453. *Corylus*. Stigm. 2 rouges. Fl. fem. plusieurs dans un bourgeon écailleux.
453. *Carpinus*. Stigm. 2. Chatons fem. lâches.
460. *Betula*. Styles 2. Chatons fem. très-serrés.

** Herbes.

434. *Cytinus*. Sans feuil. Cal. à 4 div.
464. *Sagittaria*. Sép. et pét. 3.
189. *Myriophyllum*. Feuil. et fl. verticillées. Ovaires 4.
446. *Ceratophyllum*. Feuil. verticillées. Ovaire 1.
173. *Poterium*. Fl. réunies en tête, les fem. au sommet.

MONADELPHIE–POLYADELPHIE.

193. *Ecballium*. Cal. à 5 div. Etam. soudées 2 à 2 la 5ème libre.
Ab. *Xanthium*, p. 309 ; monadelphe.

DIŒCIE.

MONANDRIE.

Ab. *Salix purpurea*, p. 456.

DIANDRIE.

454. *Salix*. Arbrisseaux ou arbres. Fl. en chatons.

TRIANDRIE.

Ab. *Salix triandra, undulata*, p. 455, arbres. *Valeriana dioïca*, p. 247, herbe. *Carex dioïca*, p. 536, fl. glumacées.

TÉTRANDRIE.

461. *Myrica*. Arbrisseau des marais. Fl. en chatons.
433. *Hippophae*. Arbrisseau épineux. Baie jaunâtre.
236. *Viscum*. Parasite sur les branches d'arbre.
Ab. *Urtica dioïca*, p. 447 ; herbe. *Rhamnus catharticus, Alaternus*, p. 120 ; arbrisseaux.

PENTANDRIE.

448. *Humulus*. Herbe grimpante.

HEXANDRIE.

503. *Tamus*. Herbe grimpante. Ovaire adhérent.
503. *Smilax*. Ligneux, grimpant, ovaire infère.
Ab. *Rumex acetosa, Acetosella*, p. 427–8. *Asparagus* ; p. 501.

OCTANDRIE.

459. *Populus*. Arbres. Fl. en chatons.

ENNÉANDRIE.

432. *Laurus*. Arbre toujours vert.

463. *Hydrocharis*. Cal. 3 part. Pét. 3.
444. *Mercurialis*. Cal. 3.part. Cor. 0.

DÉCANDRIE.

119. *Coriaria*. Arbrisseau. Feuil. opposées.
Ab. *Lychnis diurna, vespertina*, p. 84. *Silene Otites*, p. 81.

MONADELPHIE.

503. *Ruscus*. Fl. à 6 div., insérée au milieu de la feuille.
461. *Juniperus*. Arbrisseau à feuil. persistantes.
461. *Ephedra*. Sous-arbrisseau sans feuil.

POLYADELPHIE.

Ab. *Bryonia dioïca*, p. 193; étam. réunies 2 par 2, la 5,e libre.

POLYGAMIE.

Les genres de cette classe ont été répartis dans les autres classes, d'après l'organisation de la fl. mâle, ou bien ils ont été rangés dans la monœcie ou dans la diœcie.

CRYPTOGAMIE.

620. *Characées*. Herbes submergées à rameaux verticillés.
605. *Equisetum*. Tige composée d'articles emboîtés les uns dans les autres.
607. *Marsilia*. Feuil. à 4 fol. entières, en croix.
607. *Pilularia*. Feuil. filiformes, d'abord roulées en crosse.
608. *Salvinia*. Feuil. flottantes, elliptiques, entières.
608. *Isoëtes*. Sporanges cachés par la base dilatée de la feuil. filiforme.
610. *Lycopodium*. Tige couverte de feuil. persistantes.

612. *Ophioglossum.* Sporanges en épi linéaire, terminal. Feuil. entières.

613. *Botrychium.* Tige à 1 feuil. pinnatifide à lobes en éventail. Sporanges en grappe.

613. *Osmunda.* Sporanges en panicule.

613. *Grammitis.* Indusium 0. Sores linéaires ou oblongs.

614. *Polypodium.* Indusium 0. Sores arrondis.

615. *Aspidium.* Sores arrondis. Indusium orbiculaire, pelté.

615. *Polystichum.* Sores arrondis. Indusium arrondi-réniforme, attaché par un point central et par un pli déprimé qui y correspond.

616. *Cystopteris.* Sores arrondis. Indusium allongé, aigu, attaché par sa base arrondie.

617. *Asplenium.* Sores oblongs ou linéaires. Indusium latéral s'ouvrant de dedans en dehors.

618. *Scolopendrium.* Feuil. lancéolées, simples. Sores linéaires.

619. *Blechnum.* Sores linéaires, géminés, s'étendant tout le long de chaque côté de la nervure moyenne.

619. *Pteris.* Sores formant une ligne continue qui borde les lobes de la feuil. Indusium continu avec le bord de ces lobes.

619. *Adiantum.* Sores insérés sur un indusium placé au bord des lobes de la feuil. replié et ouvert en dedans.

620. *Hymenophyllum.* Sores recouverts par un indusium à 2 lobes de même substance que la feuil.

OBSERVATION

SUR LE TABLEAU DES GENRES ET SUR L'ANALYSE DICHOTOMIQUE.

La Tableau des genres précédent et l'Analyse dichotomique qui va suivre sont exposés ici dans le seul but de conduire facilement le commençant au *nom* de chaque genre décrit dans la Flore. Là je me suis arrêté et n'ai pas étendu l'analyse aux espèces, parce que la plupart de nos genres n'en contiennent qu'un petit nombre, et que les caractères en italiques dans les descriptions permettent d'en faire une application rapide à la plante que l'on étudie. Dans le peu de genres à espèces nombreuses, par ex. *Trifolium, Carex,* les divisions fréquentes doivent suffire à l'étudiant ; j'ai compté assez sur son intelligence pour ne pas grossir le livre par des répétitions. Lorsqu'il sera parvenu à ce nom de genre, il doit en étudier la description dans la famille à la page indiquée ; puis, après cet examen, passer au détail des espèces.

J'engage l'élève à commencer par faire usage du Tableau Linnéen, parce que, ainsi que le dit, dans la Flore d'Alsace, un botaniste d'expérience et de grande franchise, M. Kirschléger. « de toutes les méthodes inventées par les botanistes, pour abréger aux commençants la route dans la détermination d'un genre ou d'une espèce de plante, celle de Linné, par son extrême simplicité, offre les avantages les plus réels. La méthode de Lamarck, basée sur une longue succession d'antithèses, devient bientôt fastidieuse à l'élève, quoique, lors des premiers commencements, elle offre des avantages précieux, en forçant le jeune botaniste à examiner, à passer en revue tous les organes de la plante. » S'il n'a pas réussi avec ce Tableau Linnéen, il pourra se servir de l'Analyse dichotomique.

Cette *Analyse dichotomique,* dont j'ai emprunté les détails à la Flore du Centre par M. Boreau, se compose d'une suite de propositions accolées deux à deux, et dont l'une doit s'appliquer à la plante que l'on étudie, tandis que l'autre ne lui convient nullement. On est ainsi renvoyé de numéro en numéro jusqu'à ce qu'on arrive ou au genre à la page indiquée (par ex. n° 4 *Lobelia*, p. 310), ou à la famille (par ex. n° 11 *Crassulacées*, p. 197), ou enfin à une classe du Tableau Linnéen (par ex. n° 1. T. L. p. CLXX, CRYPTOGAMIE). Dans ces deux derniers cas, il faut continuer les recherches, soit dans la famille, soit dans la classe citées.

Si nous voulons analyser une fleur de *Campanula*, la division n° 1 fait reconnaître que c'est une plante avec étamines; — N° 2, que les fleurs ne sont pas réunies dans un involucre commun; — N° 5, que les fleurs sont toutes hermaphrodites; — N° 6, que le périanthe est double, c'est-à-dire avec un calice et une corolle; — N° 7, que la corolle est monopétale; — N° 105, que l'ovaire est adhérent au calice; — N° 106, que les feuilles sont alternes; — N° 107, que la fleur a plus de 4 étamines; — N° 108, que la fleur a 5 étamines; — N° 110, que les feuilles sont alternes; — N° 111, que la corolle a les lobes ovales ou arrondis; — N° 112, que l'ovaire est ovoïde ou arrondi; — N° 113, que les étamines sont insérées au fond de la corolle qui est bleue; — enfin N° 114, que la capsule s'ouvre par des trous latéraux et que la plante appartient au genre *Campanula* p. 313, où il faut chercher son nom spécifique parmi les huit espèces décrites.

ANALYSE DICHOTOMIQUE

DES GENRES D'APRÈS LE SYSTÈME DE LAMARCK.

1 Plantes avec étam. ou pistils........... 2
Plantes sans étam. ni pistils..............
..............T.L. p. CLXX, CRYPTOGAMIE.

2 Fl. réunies dans un involucre commun... 3
Fl. non réunies dans un involucre com. 5

3 Anthères soudées........................ 4
Anthères libres.......................... 5

4 Périanthe simple (*Composées*)...........
..............T.L. p. CLXIV, SYNGÉNÉSIE.
Fl. avec cal. et cor. *Lobelia, Jasione* p. 279.

5 Fl. monoïques. T.L p. CLXVIII, MONOECIE.
Fl. dioïques .... T.L. p. CLXX, DIOECIE.
Fl. toutes hermaphrodites............... 6

6 Périanthe double, calice et corolle...... 7
Périanthe simple, ou nul................. 172

7 Corolle polypétale....................... 8
Corolle monopétale....................... 105

POLYPÉTALES.

8 Ovaire adhérent au cal., ou placé sous la cor. et visible en dessous de la fleur.. 96
Ovaire libre placé dans la corolle ou au fond du calice.................... 9

9 Un seul ovaire.......................... 15
Plusieurs ovaires ou un ovaire profondément divisé et à plusieurs pistils particuliers.................................. 10

10 Etam. à filets non soudés en tube....... 11
Etam. à filets soudés en tube............ 14

11 Feuil. épaisses et charnues, toujours simples............. *Crassulacées*, p. 197
Feuil. non charnues, ord. découpées ou composées........................... 12

12 Etam. et pét. insérés sur le récept. et n'adhérant pas au calice............. 13
Etam. et pét. insérés sur la paroi intér. du calice........................... 103

13 Pétales 3............ *Alismacées*, p. 463
Pét. 4 ou plus, entiers, dentés ou échancrés.............. *Renonculacées*, p. 1
Pét. profondt laciniés ou découpés...... 86

14 Calice double.......... *Malvacées*, p. 103
Calice simple........ *Géraniacées*, p. 112

15 Cor. régulière, c.-à-d. à div. égales...... 16
Cor. irrégulière, à div. inégales........ 85

16 1 à 10 étamines....................... 27
12 étam. ou plus......................... 17

17 Cal. à 2 div............................ 18
Cal. à plus de 2 div.................... 19

18 5 pétales............. *Portulaca*, p. 194
4 pétales............ *Papavéracées*, p. 22

19 Pét. insérés sur le cal. auquel ils adhèrent 20
Pét. libres, insérés sur le réceptacle.... 21

20 Cal. à 5 div. profondes. (*Rosacées*).
.... T.L. p. CLV, ICOSANDRIE.
Cal. à 6 ou 12 dents.... *Lythrum*, p. 190

21 Feuil. alternes ou radicales............ 22
Feuil. opposées........................ 25

22 Etam. à filets libres et distincts........ 23
Etam. à filets soudés..................... 14

23 Arbres ou arbrisseaux..... *Tilia*, p. 107
Sous-arbrisseau.............................
.... *Helianthemum procumbens*, p. 61
Herbes 24

24 Plantes aquatiques.. *Nymphéacées*, p. 21
Plante terrestre........ *Isopyrum*, p. 17

25 Etam. soudées entre elles par la base.
.... *Hypéricinées*, p. 108
Etam. libres........................... 26

26 Arbres à 2 stigm........... *Acer*, p. 111
Herbes ou sous-arbrisseaux, 1 stigm.
.... *Cistinées*, p. 59

27 3 pétales.............................. 28
4 pétales............................... 30
5 pétales............................... 40
6 pétales............................... 83

28 Pét. colorés, cal. herbacé.............. 29
Pét. et cal. à peu près de même couleur. 199

29 Petites plantes à feuil. ovales et opposées.
.... *Elatine*, p. 98
Plantes à feuil. linéaires, alternes ou rad. 205

30 4 étamines............................. 31
6 étam. dont 2 plus courtes (*Crucifères*).
.... T.L. p. CLX, TETRADYNAMIE.
8 ou 10 étamines....................... 36

31 Tige herbacée.......................... 32
Tige ligneuse, feuil. alternes. *Ilex*, p. 320
Tige ligneuse, feuil. opposées.........
.... *Evonymus*, p. 119

32 Feuil. opposées et entières............ 33
Feuil. alternes......................... 39

33 Fl. blanches ou blanchâtres............ 34
Fl. roses................. *Frankenia*, p. 76

34 Tige plusieurs f. dichotôme, feuil. ovales.
.... *Radiola*, p. 103
Tige non dichotome, feuil. linéaires.... 35

35 Caps. à 4 valves........... *Sagina*, p. 85
Caps. à 8 dents au sommet. *Mœnchia*, p. 94
Caps. à 2 valves, à 2 graines. *Buffonia*, p. 85

36 Tige feuillée.......................... 37
Tige écailleuse........ *Monotropa*, p. 318

37 1 style, feuil. composées... *Ruta*, p. 119
3 ou 4 styles, feuil. simples............ 38

38 Tige 1. flore, 4 feuil. en croix. *Paris*, p. 502
Herbes aquatiques......... *Elatine*, p. 98
Herbes terrestres......... *Linum*, p. 100

39 2 sépales.............. *Hypecoum*, p. 25
4 sépales...... *Cardamine hirsuta*, p. 42

40 1 à 5 étamines........................ 41
Plus de 5 étamines...................... 55

41 5 styles............................. 42
Moins de 5 styles....................... 45

42 Feuil. alternes ou toutes radicales...... 43
Feuil. opposées sur la tige.............. 63

43 Feuil. toutes radicales.................. 44
Feuil. alternes sur la tige.. *Linum*, p. 100

44 Feuil. couvertes de poils glanduleux....
.... *Drosera*, p. 73
Feuil. sans poils glanduleux...........
.... *Staticées*, p. 408

45 Arbres ou arbrisseaux 46
Herbes 50

46 Feuil. très-petites. appliquées ....
.... *Tamarix*, p. 192
Feuil. élargies 47

47 Feuil. alternes 48
Feuil. opposées................. 49

48 Fleurs terminales..... *Hedera*, p. 235
Fl. axillaires ou opposées aux feuil.....
.... *Rhamnus*, p. 120

49 2 stigm., feuil. lobées ..... *Acer*, p. 111
1 stigm., feuil. indivisées. *Evonymus*, p. 119

50 Feuil. alternes 51
Feuil. opposées................. 63

51 Tige uniflore............*Parnassia*, p. 74
Tige multiflore........................ 52

52 Feuil. entières ou dentées.............. 54
Feuil. lobées ou pinnatifides............ 53

53 Fleurs jaunes ....*Ruta*, p. 119
Fl. jamais jaunes ....*Géraniacées*, p. 112

54 Cal. tubuleux, caps. polysperme ....
.... *Lythrum*, p. 190
Cal. en cloche, caps. 1.sperme ....
.... *Corrigiola*, p. 195

55 1 style et 1 stigmate.................... 56
Plusieurs styles ou stigm............ 58

56 Herbe à feuil. opposées.*Tribulus*, p. 118
Herbes à feuil. alternes ou nulles....... 57
Arbres à feuil. opposées.....*Acer*, p. 111

57 Plantes avec feuil. vertes.*Lythrum*. p. 190
Ecailles en place de feuil.*Monotropa*, p. 318

58 Arbres...........................*Acer*, p. 111
Tige herbacée ou à peu près........... 59

59 Feuil. alternes ou toutes radicales...... 60
Feuil. opposées sur la tige 63

60 2 styles................*Saxifraga*, p. 204
4 ou 5 styles.......................... 61

61 Feuil. à 3 folioles.........*Oxalis*, p. 117
Feuil. simples ou lobées, ou avec plus de 3 folioles.............................. 62

62 Feuil. entières, sans stip...*Linum*, p. 100
Feuil. découpées, stipulées.............
......................*Géraniacées*, p. 112

63 Feuil. avec petites stipules............. 64
Feuil. sans stipules................... 68

64 Feuil. ovales ou arrondies.............. 65
Feuil. très-étroites et filiformes......... 68

65 Feuil.lobées ou incisées.*Géraniacées*, p.112
Feuil. entières.......................... 66

66 Feuil. de la tige quaternées............
..........................*Polycarpon*, p. 196
Feuil. opposées.......................... 67

67 Fleurs blanches........*Illecebrum*, p. 196
Fl. vertes ou jaunâtres. *Herniaria*, p. 195

68 Cal. divisé jusqu'à la base.............. 74
Div. du cal. n'atteignant pas le milieu
ou le dépassant peu 69

69 10 étamines.............................. 70
Moins de 10 étam. style simple.........
..........................*Lythrum*, p. 190
Moins de 10 étam., style 3-partit.........
..........................*Frankenia*, p. 76

70 2 styles................................. 71
3 styles................................. 73
5 styles...................*Lychnis*, p. 84

71 Cal. en tube à 5 dents 72
Cal. en cloche à 5 div.. *Gypsophila*, p. 77

72 Cal. muni à la base de 2 ou 4 écailles
opposées...............*Dianthus*, p. 77
Cal. sans écailles à la base............
..........................*Saponaria*, p. 79

73 Cal. tubuleux; capsule.......*Silene*, p. 80
Cal. en cloche; baie.....*Cucubalus*, p. 80

74 10 étamines.............................. 75
Moins de 10 étam......................... 78

75 3 styles................................. 76
5 styles................................. 77

76 Pétales entiers ....*Arenaria*, p. 89
Pét. à 2 lobes profonds...*Stellaria*, p. 93

77 Pét. entiers, feuil. linéaires............
..........................*Spergula*, p. 86
Pét. bifides ou échancrés, feuil. ovales
ou oblongues...........................
......*Cerastium*, p. 95, *Malachium*, p. 95

78 2 styles, 4 étamines........................ 35
3 styles.. 79
4 styles.. 81
5 styles.. 82

79 Pétales entiers...........*Arenaria*, p. 89
Pét. dentés, échancrés ou bifides 80

80 Pétales dentés..........*Holosteum*, p. 92
Pétales bifides...........*Stellaria*, p. 93

81 Caps. à 1 loge............................ 35
Caps. à 3 ou 4 loges.......*Elatine*, p. 98

82 Caps. à 10 valves ....*Linum*, p. 100
Caps. à 5 valves ou 10 dents 77

83 Arbrisseau à fl. jaunes....*Berberis*, p. 21
Herbes à fl. rouges ou blanchâtres........ 84

84 Cal. en tube cylindrique.*Lythrum*, p. 190
Cal. court, en cloche.......*Peplis*, p. 191

85 1 ou 2 styles ou stigm.................... 89
Plus de 2 styles ou stigm.................. 86

86 Pét. laciniés ou découpés..................
..............................*Résédacées*, p. 71
Pét. non laciniés 87

87 Feuil. indivises.......................... 88
Feuil. découpées ou lobées..................
..........................*Géraniacées*, p. 112

88 Très-petites fl. blanches..*Montia*, p. 194
Grandes fl. jaunes......*Impatiens*, p. 116

89 Cal. entier ou dont les div. ne vont pas jusqu'à la base (*Légumineuses*).
T. I. p. CLXII DIADELPHIE–DÉCANDRIE.
Div. du cal. prolongées jusqu'à la base... 90

90 Eperon ou bosse à la base de la fl....... 94
Fleur sans éperon ni bosse................. 91

91 Tige herbacée, non épineuse............... 92
Tige ligneuse, épineuse.......*Ulex*, p. 121

92 4 à 6 étam. libres; 4 pét. opposés en croix. 93
8 étam. monadelphes. . . *Polygala*, p. 74

93 Fleurs jaunes. . . . . . *Hypecoum*, p. 25
Fl. jamais jaunes. *Teesdalea, Iberis*, p. 57,8

94 5 sép. verts et persistants. . *Viola*, p. 63
Cal. n'offrant pas 5 sép. verts et persistants. 95

95 Feuilles simples. . . . . *Impatiens*, p. 116
Feuilles composées, éperon très-allongé, très-aigu. . . . . . *Delphinium*, p. 19
Feuil. composées, éperon court, obtus. . . . . *Fumariacées*, p. 26

96 2 à 10 étamines. 97
11 étamines ou plus. 107

97 2 étamines. . . . . *Circæa*, p. 188
3 étamines. . . . . *Iridées*, p. 495
4 étamines 98
5 étamines 100
6 étamines . . . . . *Amaryllidées*, p. 498
8 étam. *Epilobium*, p. 183, *Œnothera*, p. 187
10 étamines. 102

98 Arbrisseaux. . . . . *Cornus*, p. 235
Herbes aquatiques 99

99 Feuil. flottantes, rhomboïdales. . . . . *Trapa*, p. 188
Feuil. ovales, entières. . *Isnardia*, p. 188

100 Tige ligneuse. 101
Tige herbacée, fl. petites en ombelle ou en tête (*Ombellifères*)
T. L. p. CXLVIII, PENTANDRIE-DIGYNIE.

101 Feuil. persistantes. . . . . *Hedera*, p. 235
Feuil. caduques. . . . . . . *Ribes*, p. 203

102 Feuil. opposées. . . . . *Arenaria*, p. 89, *Stellaria*, p. 93
Feuil. alternes. . . . . . *Saxifraga*, p. 204

103 Cal. à 2 divisions. . . . *Portulaca*, p. 194
Cal. à plus de 2 divisions. 104

104 Feuil. opposées ou verticillées sur la tige. . . . . *Lythrum*, p. 190
Feuil. alternes ou 0 au moment de la fleuraison (*Rosacées*). . . . . T. L. p. CLV ICOSANDRIE.

MONOPÉTALES.

105 Ovaire libre, placé dans la cor., ou au fond du cal. 120
Ovaire adhérent au cal., et placé sous la cor., où il forme un renflement visible au-dessous de la fleur. 106

106 Feuil. verticillées, au moins les inférieures . . . . *Rubiacées*, p. 238
Feuil. alternes ou opposées. 107

107 5 étamines ou plus. 108
1 à 4 étamines. 117

108 Plus de 5 étamines 109
5 étamines. 110

109 Feuilles simples. . . . . *Vaccinium*, p. 316
Feuil. 1,2 fois ternées. . *Adoxa*, p. 236

110 Feuilles alternes 111
Feuilles opposées. 115

111 Cor. à lobes linéaires. *Phyteuma*, p. 311
Cor. à lobes ovales ou arrondis 112

112 Ovaire en prisme allongé . . . . *Specularia*, p. 312
Ovaire ovoïde ou arrondi 113

113 Etam. insérées au fond de la cor. souv. bleue. 114
Etam. insérées sur la cor. blanche. . . . . *Samolus*, p. 407

114 Caps. s'ouvrant par des trous latéraux. . . . . *Campanula*, p. 313
Caps. s'ouvrant en 3 valves . . . . *Wahlenbergia*, p. 315

115 Feuilles composées ou pinnatifides. . . . . *Sambucus*, p. 237
Feuilles entières, dentées ou lobées. . . 116

116 3 stigmates. . . . . *Viburnum*, p. 237
1 stigmate. . . . . *Lonicera*, p. 238

117 4 étamines. 118
1 à 3 étamines. 119

118 Fl. en tête serrée entourée d'un involucre . . . . *Dipsacées*, p. 251
Fl. non en tête entourée d'un involucre. . . . . *Sanguisorba*, p. 173

119 Corolle nulle. . . . . . *Alchemilla*, p. 172
Fl. avec cal. et corolle. *Valérianées*, p. 247

120 1 à 5 étamines. 128
6 étamines ou plus 121

121 Corolle régulière. 122
Cor. irrégulière ou éperonnée. 163

122 5 étamines. 123
Moins de 5 étamines. 139

123 Feuil. opposées ou verticillées sur la tige. 127
Feuil. 0, radic., ou alternes. 124

124 Plusieurs ovaires, ou un seul partagé en 4 lobes profonds d'entre desquels sort le style 154
1 seul ovaire indivis 125

125 Une baie, ou tige grimpante. 155
Une caps. tige non grimpante. 126

126 Etam. opposées aux lobes de la corolle. . . . . *Primulacées*, p. 403
Etam. alternes avec les lobes de la cor. 155

127 Etamines oppositives. *Primulacées*, p. 403
Etamines alternes 152

128 1 seul ovaire 129
Plusieurs ovaires 138

129 Corolle régulière. 132
Corolle irrégulière. 130

130 Feuilles simples ou à 3 folioles. 131
Feuil. très-découpées. *Delphinium*, p. 19

131 Feuilles simples . . . . *Polygala*, p. 74
Feuilles à 3 folioles. . . *Trifolium*, p. 133

132 Tige ligneuse . . . . *Ericinées*, p. 315
Tige herbacée 133

133 Tige pourvue de feuilles 134
Tige pourvue d'écailles. *Monotropa*, p. 318

134 Feuilles opposées ou verticillées. 136
Feuilles alternes ou radicales. 135

135 Calice double . . . . . *Malvacées*, p. 103
Calice simple. 61

136 4 styles, tige à 4 feuilles . . . *Paris*, p. 502
1 ou 2 styles 137

137 Etam. indéfinies en faisceaux. . . . . . .
. . . . *Hypéricinées*, p. 108
Etam. définies, non soudées . . . .
. . . . *Gentianées*, p. 324

138 6 étamines 205
Plus de 6 étamines 10

139 2 ou 3 étamines 140
4 étamines 143

140 1 seul ovaire simple. 141
2 ou 4 ovaires au fond du cal. . . . . . .
. . . . *Lycopus*, p. 380

141 1 style. 142
3 styles . . . . *Montia*, p. 194

142 Herbes à cor. en roue. *Veronica*, p. 358
Arbrisseaux . . . . *Oléacées*, p. 320

143 Plantes sans feuilles, parasites . . . . . .
. . . . *Cuscuta*, p. 331
Plantes feuillées 144

144 Corolle scarieuse. . . . . *Plantago*, p. 412
Corolle colorée 145

145 Feuilles opposées le long de la tige. 146
Feuilles radicales ou alternes. 149

146 Un seul ovaire simple 147
4 ovaires au fond du calice . . . .
. . . . *Verbena*, p. 400. *Mentha*, p. 377

147 2 étam. courtes, 2 longues . . . .
. . . . *Verbena*, p. 400
Etam. égales entre elles 148

148 Caps. s'ouvrant circulairement en travers
. . . . *Centunculus*, p. 405
Caps. 2-valve, cor. en tube ou en entonnoir . . . . *Cicendia*, p. 329

149 Fleurs en tête serrée, terminale . . . . .
. . . . *Globularia*, p. 250
Fleurs non en tête terminale 150

150 Arbrisseau à feuil. épineuses. *Ilex*, p. 320
Herbes à feuilles non épineuses 151

151 Caps. s'ouvrant circulairement en travers
. . . . *Centunculus*, p. 405
Caps. ne s'ouvrant pas circulairement
Limosella, p. 363, *Sibthorpia*, p. 369

152 Ovaire à 2 div. sous un seul style, fruit s'ouvrant d'un seul côté. 153
Ovaire simple, fruit 2-valve . . . .
. . . . *Gentianées*, p. 324

153 Graines chevelues, *Asclépiadées*, p. 322
Graines nues. . . . . *Vinca*, p. 322

154 5 styles, feuil. peltées. *Umbilicus*, p. 203
1 style, 4 carp. (*Boraginées*). . . . . . .
. T.L. p. CXLV. PENTANDRIE-MONOGYNIE.

155 Plantes sans feuilles. . . *Cuscuta*, p. 331
Plantes feuillées 156

156 Corolle plane, en roue. 157
Cor. en entonnoir, en cloche ou en tube. 159

157 Baie, cor. à lobes égaux. 158
Caps., cor. à lobes un peu inégaux. . . .
. . . . *Verbascum*, p. 347

158 Fleurs solitaires. . . . . *Physalis*, p. 345
Fl. en petits bouquets. *Solanum*, p. 344

159 Corolle très-régulière 160
Corolle irrégulière . *Hyoscyamus*, p. 346

160 Cor. en tube ou en entonnoir allongé. . 161
Cor. en cloche non rétrécie en tube . . . 162

161 Herbes, capsule épineuse. *Datura*, p. 346
Arbrisseaux à baie . . . . *Lycium* p. 346

162 Cor. en cloche ouverte à 5 angles. . . .
. . . . *Convolvulus*, p. 330
Cor. sans angles, baie . . *Atropa*, p. 345

163 1 à 4 étamines. 166
5 étamines ou plus 164

164 1 seul ovaire simple 165
1 ovaire à 2 ou 4 lobes. *Echium*, p. 335

165 Etam. soudées toutes ou plusieurs ensemble 131
Etam. non soudées entre elles. 166

166 Un seul ovaire simple 167
Ovaire divisé en 4 ou 2 lobes distincts
. . . . au fond du cal. (*Labiées*, p. 377) 166 bis

166 bis 4 étam. avec anthères T. L. p. CLVII. .
DIDYNAMIE-GYMNOSPERMIE. . . . .
2 étam. fertiles *Salvia*, cor. à 2 lèv. p. 380
Lycopus, cor. à 4 lob. presq. égaux p. 380

167 2 étam. avec anthères. 168
3 étam. avec anthères . . *Montia*, p. 194
4 étam. avec anthères. 170

168 Cor. éperonnée à la base. . . . . . .
. . . . *Lentibulariées*, p. 401
Cor. non éperonnée. 169

169 2 étam. avec anthères et 2 filets stériles.
. . . . *Gratiola*, p. 351
2 étam. sans filets stériles. . . . . . .
. . . . *Veronica*, p. 358

170 Fl. en tête terminale entourée d'un involucre. . . . . . . *Globularia*, p. 250
Fl. non en tête. 171

171 Plantes feuillées (*Personées*) } T. I. p. CLIX,
Plantes sans feuil. (*Orobanchées*) }
. . . . DIDYNAMIE–ANGIOSPERMIE.

INCOMPLÈTES.

172 Fleurs avec un périanthe propre. 174
Fleurs nues sans périanthe. 173

173 Plantes en forme de feuil. flottantes.
. . . . *Lemna*, p. 475
Feuil. filiformes, alternes. *Ruppia*, p. 471
Feuil. verticillées. . . . *Hippuris*, p. 190
Arbre à feuil. ailées. . . *Fraxinus*, p. 320

174 Tige herbacée 175
Tige ligneuse. 183

175 1 à 6 étam. ou anthères. 186
Plus de 6 étam. ou anthères. 176

176 Plusieurs ovaires libres ou placés dans le cal. 177
1 seul ovaire parfois partagé en 2,3 lobes. . 178

177 Fl. à 6 div., 9 étam., 6 styles. . . . . .
. . . . *Butomus*, p. 465
Fl. n'ayant pas à la fois 6 div., 9 étam. et 6 styles. . . . *Renonculacées*, p. 1

178 Périanthe à 8 div.. . . . . . *Paris*, p. 502
Pér. nul, ou de 2 à 6 lobes. 179

179 Fl. à 4 div. d'un beau jaune. . . . .
. . . . *Chrysosplenium*, p. 205
Fl. jamais d'un beau jaune. 180

180 1 style. 183
Plusieurs styles ou stigmates. 181

181 Feuilles opposées 182
Feuil. alternes. . . . . *Polygonum*, p. 428

182 Feuil. étroites sans stipules. . . . .
. . . . *Scleranthus*, p. 196
Feuil. ovales ou arrondies, avec des petites stipules. 66

183 1 stigmate . . . . *Thymélées*, p. 431
2 à 6 stigmates. 184

184. Sans feuilles, tige articulée. . . . .
. . . . *Salicornia*, p. 417
Feuil. linéaires, charnues. *Suæda*, p. 418
Arbres ou arbrisseaux. 185

185 Arbrisseau grimpant. . . . *Clematis*, p. 2
Arbrisseau à feuil. persistantes. . . . . .
. . . . *Ilex*, p. 320
Arbres à feuil. opposées. . *Acer*, p. 111
Arbres, fl. paraissant avant les feuilles.
. . . . *Ulmus*, p. 449

186 Périanthe coloré ayant l'apparence d'une corolle. 187
Périanthe foliacé, écailleux, ou membraneux, ayant l'apparence d'un calice. 207

187 1 ou 2 étam. fixées sur le pistil et peu apparentes. (*Orchidées*). . . . .
. . . . T.L. p. CLXVIII, GYNANDRIE.
6 anthères attachées au pistil . . . .
. . . . *Aristolochia*, p. 434
3 étam. ou plus, libres. 188

188 3 étamines. 206
4 ou 5 étamines 189
6 étamines ou plus. 199

189 Feuil. alternes ou opposées. 190
Feuil. verticillées, au moins les inférieures . . . . *Rubiacées*, p. 238

190 Fl. en ombelles (*Ombellifères*). . . . . T.L. p. CXLVIII, PENTANDRIE-DIGYNIE.
Fleurs non en ombelles. 191

191 Périanthe double sur 2 rangs, ou cal. entouré par un involucre. 192
Cal. simple, sans involucre. 194

192 4 étamines. 193
5 étamines, feuil. peltées. . . . . *Hydrocotyle*, p. 206

193 Feuilles ailées. . . . *Sanguisorba*, p. 173
Feuil. simples 195

194 Feuil. ailées. . . . . *Sanguisorba*, p. 173
Feuil. non ailées. 195

195 Entrenœuds des feuil. avec stip. ou gaines membraneuses. 196
Feuil. sans stip. ni gaînes membraneuses 197

196 Feuilles opposées. 66
Feuilles alternes. . . . *Polygonum*, p. 428

197 Feuilles alternes. 198
Feuil. la plupart opposées. *Glaux*, p. 408

198 Fleurs en épis serrés, *Amarantus*, p. 414
Fl. en grappes lâches. *Thesium*, p. 432

199 Ovaire 1, style 1 ou nul. 200
Plusieurs ovaires ou plusieurs styles. . . 201

200 Ovaire libre. . . . . *Asparaginées*, p. 501; *Liliacées*, p. 504
Ovaire adhérent. *Amaryllidées*, p. 498

201 Tige florifère feuillée. 202
Fleur radicale, sans feuil. . . . .
. . . . *Colchicum*, p. 515

202 Entrenœuds de la tige avec gaînes membraneuses en forme de stip. 203
Feuil. sans gaîne en forme de stip. 204

203 Fruit recouvert par les 3 lobes intérieurs du cal. . . . . *Rumex*, p. 425
Fruit recouvert par tous les lobes du calice. . . . . *Polygonum*, p. 428

204 9 étam., calice coloré. *Butomus*, p. 465
6 étam., calice vert. 205

205 Feuil. linéaires étroites. *Triglochin*, p. 465
Feuil. non linéaires étroites. *Alisma*, p. 464

206 Sous-arbrisseau . . . . . . *Osyris*, p. 433
Herbes . . . . *Iridées*, p. 495

207 Plante feuillée 208
Plante articulée, sans feuil. . . . .
. . . . *Salicornia*, p. 417

208 1 à 5 étamines. 212
6 étamines. 209

209 Plusieurs ovaires. 205
1 seul ovaire. 210

210 Fleurs en épi serré placé sur le côté de la tige foliacée. . . . . . . *Acorus*, p. 478
Fleurs non en épi sur le côté de la tige. . 211

211 Caps. polysperme, feuil. très-étroites. .
. . . . *Joncées*, p. 516
Capsule 1-sperme. 203

212 1 à 3 étamines. 224
4,5 étamines 213

213 Style 1 ou nul. 215
Styles 2 ou plus. 214

214 2,3 styles 221
4 styles . . . . *Sagina*, p. 85
5 styles. . . . *Erodium maritimum*, p. 114

215 Plusieurs ovaires, plantes croissant dans l'eau. . . . . *Potamogeton*, p. 466
1 seul ovaire 216

216 Ovaire adhérent 217
Ovaire non adhérent. 218

217 Feuil. opposées. . . . . . *Isnardia*, p. 188
Feuilles alternes . . . . . *Thesium*, p. 432

218 Feuilles avec petites stipules. 66
Feuil. sans stipules 219

219 1 stigmate. . . . . *Parietaria*, p. 448
2–4 stigm. 220

220 Feuilles planes . . . *Chenopodium*, p. 418
Feuil. triquètres . . . . . *Salsola*, p. 417
Feuil. demi-cylindriques. *Suæda* . p. 418

221 Feuil. opposées, stipulées 66
Feuil. alternes, sans stipules. 222

222 Feuil. ou pétioles munis à la base de gaînes membraneuses. . . . . *Polygonum*, p. 428
Feuil. sans gaînes membraneuses 223

223 Base du cal. adhérent. . . . *Beta*, p. 422
Calice tout-à-fait libre. 219

224 Feuil. engaînantes; cal. en forme d'écailles ou de glumes. 228
Feuil. non engaînantes; fl. non glumacées. 225

225 Feuilles opposées. 226
Feuilles alternes 227

226 Feuilles stipulées. 66
Feuilles sans stip. *Stellaria borœana*, p. 93

227 Feuil. stipulées, palmées . . . . *Alchemilla*, p. 172
Feuil. sans stip., entières . . . . *Polycnemum*, p. 416.

228 Périanthe de 1 ou 2 valves ou écailles. . 229
Périanthe à 6 divisions. . *Joncées*, p. 516

229 Périanthe glumacé, composé d'une seule écaille, tige sans nœuds, gaîne des feuil. entière. . . . . *Cypéracées*, p. 523
Périanthe composé de 2 à 4 écailles; tige noueuse, gaîne des feuil. fendue en long *(Graminées)* . . . . T.L. p. CXL, TRIANDRIE-DIGYNIE.

FIN DE L'ANALYSE DICHOTOMIQUE.

SOINS A PRENDRE

POUR FORMER UN HERBIER,

SUIVI DE

QUELQUES CONSEILS AUX COMMENÇANTS.

« Le moyen le plus sûr de devenir promptement botaniste est de former une collection de plantes sèches, ou herbier : on y trouve en toute saison des objets d'étude et de comparaison, et mille souvenirs agréables viennent s'y rattacher.

Les plantes fleuries, et surtout celles qui offrent tout à la fois des fleurs et des fruits, doivent être récoltées en entier, avec leur racine, si leur taille n'est pas trop élevée : ces dernières peuvent être courbées ou séparées en plusieurs morceaux. Pour les végétaux ligneux, il suffit d'un rameau pourvu de feuilles, de fleurs et de fruits ; si ces organes ne se développent que successivement, il faut récolter sur le même individu plusieurs exemplaires à des époques différentes. On doit, en général, choisir les plantes les mieux développées, dont les feuilles n'ont pas été déchirées, ni rongées par les insectes, on doit prendre aussi plusieurs échantillons de la même espèce.

Pour conserver les plantes pendant l'herborisation, on se sert d'une boîte de ferblanc à peu près cylindrique et dont l'usage est bien connu : le diamètre à donner à cette boîte est à peu près indifférent; mais sa longueur ne doit pas dépasser 5 décimètres, parce que cette mesure sert de guide pour le choix des échantillons que l'on destine à l'herbier. Les plantes doivent y être placées dans une position uniforme, de manière que les racines des unes ne froissent pas les fleurs des autres; les racines doivent être préalablement dégagées de la terre qui peut leur être adhérente. Les plantes ainsi disposées dans la boîte fermée peuvent s'y conserver fraîches pendant quelques jours, il n'y faut jamais mettre d'eau.

A mesure que les plantes sont retirées de la boîte, on doit les étudier et joindre à chacune d'elles une étiquette indiquant son nom, et le lieu et la date du jour où elle a été recueillie : ces dernières indications suffiront pour celle dont on ne parviendrait pas à trouver le nom, et qu'il ne faudrait pas rejeter pour cela.

Ayez alors plusieurs mains de papier sans colle, ou papier gris ordinaire, formant in-folio (40 à 45 centimèt. de hauteur), que vous distribuez par cahiers de trois feuilles : au centre et sur l'une des faces de ces trois feuilles ouvertes, on place une plante, ou même plusieurs, si elles sont petites et si elles peuvent y tenir sans se toucher ; on les étale avec soin, de manière qu'aucune partie ne recouvre les autres ou ne fasse de plis, et en ayant soin de conserver le port naturel de la plante, par exemple, de ne pas redresser ce qui est naturellement penché, et de ne pas donner une courbure à ce qui est droit. Lorsque les feuilles résistent et reviennent sur elles-mêmes, on peut les tenir en place à l'aide de quelques petits objets pesants, tels que des pièces de monnaie, que l'on retire ensuite avec dextérité, en renfermant la feuille de papier.

Les plantes étant ainsi disposées, chacune au centre de trois feuilles de papier, on superpose tous ces cahiers pour les soumettre à la presse. Deux petites planches bien unies, entre lesquelles on les place et sur lesquelles on pose un objet quelconque du poids de 15 à 20 kilogram., forment tout l'appareil nécessaire pour opérer cette pression. Cette opération doit être faite dans un lieu sec, chaud et aéré ; un grenier, en été, remplit toutes ces conditions.

Après douze heures de pression, on retire le

poids et l'on trouve les papiers imprégnés de l'humidité qu'ils ont enlevée aux plantes; le meilleur procédé à suivre alors est d'enlever les deux feuilles extérieures sans toucher à la troisième qui contient la plante et de les remplacer par deux nouvelles feuilles de papier : si ce papier a été séché à la chaleur du soleil ou du feu, la dessiccation s'opérera rapidement en renouvelant cette opération une ou deux fois par jour. On peut aussi se contenter d'étaler chacun des cahiers sur le plancher ou sur des meubles sans les ouvrir et sans toucher aux plantes qu'ils renferment; après quelques heures l'humidité est dissipée, et on les soumet de nouveau à la presse. On renouvelle ainsi ces alternatives de pression et d'évaporation jusqu'à ce que les plantes soient entièrement sèches. Mais il en est dont les feuilles se crispent très-facilement par l'évaporation, ce qui doit rendre circonspect dans l'emploi de ce procédé.

Il est des espèces très-aqueuses qui ne se dessèchent pas aussi facilement, et qui continuent de végéter dans le papier, ou qui finissent par y pourrir; on détruit le principe végétatif dans ces plantes, en les immergeant dans l'eau bouillante. L'eau étant en pleine ébullition dans un vase plus profond que large, on y plonge la plante jusqu'à la fleur *exclusivement*, pendant quelques instants. On la laisse ensuite un peu sécher à l'air, ou on l'essuie légèrement, puis on la dispose dans le papier pour la traiter par les moyens ordinaires. Ce procédé est indispensable pour la préparation des plantes grasses ou à feuilles charnues, et de celles dont les racines sont bulbeuses. ». Les plantes grasses se préparent encore fort bien après les avoir fait tremper pendant plusieurs heures dans du vinaigre.

« Lorsque la tige n'est pas très-charnue et très volumineuse, on emploie aussi avec avantage un fer à repasser chauffé convenablement que l'on applique immédiatement sur la plante. Nos Sedum conservent parfaitement leurs formes quand ils sont préparés par ce moyen. » On se servira aussi avec le plus grand succès de l'instrument inventé il y a environ 25 ans par M. Moride, pharmacien à Nantes.

Ce *préparateur botanique* se compose de deux cadres en tringles de fer larges de 15-18 millim. En supposant que le format du papier d'herbier ait 44 cent. sur 28, chaque cadre doit avoir 47 cent. sur 31 ; il est renforcé par 4 fils de fer de 5 millim. d'épaisseur qui, se croisant en angle droit, divisent le cadre en neuf rectangles égaux, soudés à tous les angles. Sur chaque cadre est tendue fortement et cousue une toile métallique, de manière à obtenir, du côté intérieur, une surface entièrement plane. Ces deux surfaces sont posées l'une sur l'autre et serrées au moyen de 4 vis et écrous placés deux par deux vis-à-vis l'un de l'autre sur le *long côté* de chaque cadre à 9 cent. de l'angle.

Après avoir étendu avec soin sur du papier brouillard les plantes que l'on peut dessécher, on les soumet pendant 6 à 8 heures à une pression convenable ; ce temps écoulé, il faut les changer de papier, rectifier les mauvais plis, ne mettre que deux feuilles de papier entre chaque couche d'individus, les presser de nouveau pendant deux heures. On réunit ces feuilles entre les grilles métalliques dont on serre avec soin les écrous, et en exposant l'appareil à une chaleur *modérée*, soit à celle du soleil, soit à celle d'une étuve, d'un four ou d'une cheminée, on obtient très-promptement la dessiccation des plantes qui conservent leur éclat et leurs couleurs.

« Lorsque toutes les plantes sont parfaitement sèches, on les retire du papier gris qui peut servir indéfiniment au même usage, et l'on s'occupe de les disposer dans l'herbier ; mais avant de prendre ce soin, on doit les préserver de l'action destructive des insectes, en les lavant à l'aide d'un pinceau de cheveux, avec une solution alcoolique de deutochlorure de mercure (30 grammes pour un litre d'alcool) ou en les y plongeant.

» On se munit alors de feuilles simples de papier blanc, de même format que le papier gris employé pour la dessiccation; on fixe chaque espèce sur une de ces feuilles, non pas en la collant, comme cela se faisait autrefois, mais à l'aide de petites bandelettes de papier dont les extrémités sont retenues par une petite épingle que l'on fait passer sous la plante. L'étiquette portant le nom de la plante, l'indication du lieu où on l'a recueillie et la date de cette récolte s'attache, avec une épingle, au bas de la feuille de papier. »

Beaucoup de botanistes, trouvant que ces plantes fixées sur le papier ne peuvent être maniées ni examinées à la loupe facilement, placent les échantillons sur une feuille de papier blanc, ainsi qu'il vient d'être recommandé, en les accompagnant d'autant d'étiquettes qu'ils proviennent de localités différentes.

Ces feuilles simples sont ensuite disposées, par espèces, dans une feuille double de papier gris ou gris bleu, puis on les classe d'après l'ordre des familles, et on les enferme dans un carton en forme de portefeuille, fermé avec des liens, ou dans une boîte dont le devant et le dessus s'ouvrent au moyen de charnières. Dans les deux cas, les plantes sèches demandent toujours à être légèrement pressées.

« Les procédés que j'indique paraîtront peut-être minutieux et sembleront devoir exiger beaucoup de temps ; mais vous ne consacrerez à cette occupation que vos instants de loisir, ceux que d'autres consument en plaisirs frivoles ou dangereux, et bientôt vous reconnaîtrez que la préparation d'un herbier est bien moins un travail qu'une agréable récréation. En suivant exactement les avis que je vous donne, vous aurez en peu de temps une collection intéressante et d'une durée indéfinie. Les couleurs, il est vrai, s'altèrent dans quelques plantes, mais elles n'offrent aux botanistes qu'un intérêt secondaire : un herbier est un objet d'étude dont le but n'est pas de flatter l'œil des ignorants. Habituez-vous à préparer les plantes avec élégance ; mais ne compliquez pas votre travail par des enjolivures inutiles. Ce que je recommande au-dessus de tout, c'est de noter scrupuleusement les localités des plantes, » c'est-à-dire le lieu précis où a été recueilli l'individu accompagnant son étiquette ; celle-ci peut être ainsi conçue :

HERBIER DELALANDE.

Carex filiformis L.

Marais de Saint-Gildas.
(Loire-Inf.)

10 juin 1842.

et signifie pour tout le monde que la plante qui y est jointe ou attachée a été cueillie le 10 juin 1842, par M. Delalande, dans les marais de Saint-Gildas (Loire-Inf.).

J'insiste sur ces détails qui ne sont pas puérils, parce que je n'ai eu que trop souvent, dans le cours de mon travail, à déplorer l'absence de pareils renseignements dans des collections souvent volumineuses rendues ainsi sans aucune valeur. « N'imitez jamais le procédé de quelques personnes qui, cueillant des plantes dans un jardin, ou les recevant des contrées voisines, les placent dans leur herbier, en leur assignant une localité de leur pays, sous prétexte que ces plantes y croissent ou y sont indiquées. On ne peut trop blâmer cette manière d'agir, qui donne souvent à l'erreur les apparences de la vérité, et qui, dans tous les cas, est un mensonge indigne d'un homme d'honneur. Les plantes des jardins n'ont pas le même intérêt que celles qui se rencontrent dans la nature ; mais si vous en préparez quelques-unes, ayez le soin d'indiquer leur origine cultivée. Si vous recevez les plantes d'un pays voisin, placez-les dans l'herbier avec l'étiquette de la personne qui vous les envoie, notez sur la vôtre la localité qui vous est indiquée, en joignant à cette indication le nom de la personne qui vous l'a transmise ; en un mot, soyez vrai, scrupuleux, consciencieux jusque dans les moindres détails, et vous posséderez bientôt une collection qui, quelque peu nombreuse qu'elle puisse être, sera riche en documents précieux que les savants eux-mêmes ne dédaigneront pas de consulter. Les faits que recueille le naturaliste lui coûtent souvent tant de peines, de fatigue et de soins, qu'il doit connaître le prix de la vérité, et laisser le mensonge et le charlatanisme à ceux qui ne possèdent que ce triste moyen de masquer leur ignorance impuissante. »

Les pages précédentes sont presque entièrement extraites de la Flore du Centre de M. Boreau, ouvrage consciencieux dont je fais un usage continuel et dans lequel on trouvera la description des espèces nombreuses détachées des anciens types soit par l'auteur, soit par M. Jordan ou d'autres.

Les personnes qui désireraient des conseils plus étendus sur ce sujet ainsi que sur tout ce qui concerne l'étude de notre science, les trouveront dans le *Guide du Botaniste*, par M. E. Germain, l'un des auteurs de la Flore des environs de Paris. Cet ouvrage contient toutes les instructions nécessaires à celui qui veut se livrer à l'étude des plantes, et le 2e volume forme un dictionnaire complet de tous les termes de Botanique. Le commençant pourra aussi consulter avec avantage l'Atlas que le même auteur a joint à la Flore des environs de Paris. Il se compose de belles figures d'un grand nombre de plantes litigieuses, ainsi que du détail des organes des plantes dans toutes les familles difficiles.

Je terminerai en recommandant à celui qui veut devenir botaniste, d'étudier les plantes du pays qu'il habite. Nulle part les matériaux ne sont plus abondants, plus à sa portée, et, d'ailleurs, il est du devoir du naturaliste de bien connaître son pays. Il doit se rappeler qu'il vaut mieux étudier à fond l'organisation, les mœurs de 1,000 à 1,200 plantes, que de posséder une collection de plusieurs milliers d'espèces dont on ne sait que les noms. Suivre une autre marche serait vouloir se réduire au rôle de machine à collecter ou de dictionnaire de noms. Il suit de là que, lorsque l'élève a recueilli une plante, il doit se garder d'en demander de suite le nom, il le cherchera lui-même par l'étude et ne s'adressera aux botanistes expérimentés que lorsqu'il n'aura pu réussir dans ses recherches, ou lorsqu'il voudra faire confirmer sa détermination.

L'herborisation fréquente est toujours utile. Le contact de la nature, sans parler des jouissances qu'il procure, détruit les préjugés qu'engendre une étude trop sédentaire. Je me suis bien trouvé de porter une Flore avec moi à la campagne, et j'engage le commençant à prendre cette habitude. C'est dans ce but qu'une forme portative a été donnée à la Flore de l'Ouest de la France.

PLANTES

LE PLUS COMMUNÉMENT CULTIVÉES DANS L'OUEST DE LA FRANCE.

La plupart des espèces suivantes, introduites par la culture, sont étrangères à la Flore, et leur description se trouvera dans le *Bon Jardinier*, ouvrage spécialement consacré aux plantes cultivées, ou bien dans la *Flore élémentaire des Jardins et des Champs*, par E. Lemaout et J. Decaisne. Toutes les espèces de ma liste sont des plantes d'ornement, lorsque le contraire n'est pas exprimé par les abréviations : Pot. (potager) ; Méd. (plante médicinale); Champs (cultivé en grand dans les champs); Jard. (jardins).

RENONCULACÉES. Clematis Flammula L.; C. Viticella L. — Anemone coronaria L. *Anémone des fleuristes*; A. Hepatica L. *Hépatique*. — Adonis autumnalis L. — Ranunculus aconitifolius L. *Bouton d'argent*; R. acris L., et R. reptans L. *Bouton d'or*; R. asiaticus L. *Renoncule des fleuristes*. — Helleborus niger L. *Rose de Noël*; Eranthis hyemalis Salis. — Nigella damascena L. *Nigelle de Damas*. — Aquilegia vulgaris L. *Ancolie*. — Delphinium Ajacis L. et D. orientale Gay, *Pied d'Alouette*. — Aconitum pyramidale Mil. *Aconit*. — Pæonia officinalis L.

MAGNOLIACÉES. Magnolia grandiflora L., et autres espèces. — Liriodendron tulipifera L. *Tulipier*.

BERBÉRIDÉES. Plusieurs Mahonia.

PAPAVÉRACÉES. Papaver Rhæas L. *Coquelicot*; P. somniferum L., P. officinale Gmel., Méd. fournit l'*opium* et l'*huile d'œillette*; P. hortense Hus. *Pavot*.

FUMARIACÉES. Corydalis lutea DC.

CRUCIFÈRES. Brassica oleracea L. *le chou*, dont les principales races sont : 1° *chou pommé ou cabus*; 2° *chou de Milan* ou *frisé*, comprenant le *chou de Bruxelles*; 3° *chou vert*, *ch. cavalier*, *ch. vache*, non pommé; 4° *ch. rave*, à souche charnue;

3° *chou fleur* et *Brocoli*, Pot. et Champs; B. Rapa L. *Navet Turnep*, Champs; B. campestris L. *Colza*, champs calc. de la Vendée, de la Char.-Inf. et sur la côte nord de la Bretagne; B. Napus L. *Navet*, Pot. et Champs.—Raphanus sativus L., qui varie à rac. allongée (*rave*), ronde (*radis*) et grosse, noire (*radis noir*), Pot. — Hesperis matronalis L. *Julienne*.— Matthiola incana R. Br. *Giroflée*; M. annua R. Br. *Quarantain*; M. grœca DC. *Kiris*. — Cheiranthus Cheiri L. *Giroflée, Violier*. — Barbarea vulgaris L.; B. præcox R. Br. *Roquette*, Pot. — Cochlearia officinalis L. Méd.—Lepidium sativum L. *Cresson alénois*, Pot.—Lunaria biennis Mœnch. — Alyssum saxatile L. *Corbeille d'or*. — Aubrictia deltoidea DC.—Plusieurs Iberis, *Talaspi*.

VIOLARIÉES. Plusieurs *Violettes* et *Pensées*.

RÉSÉDACÉES. Reseda odorata L. *Réséda*.

CARYOPHYLLÉES. Dianthus barbatus L. *Jalousie*; D. sinensis L. *Œillet de Chine*; D. Plumarius L. *Mignardise*. — Silene Armeria L.; S. pendula L. — Lychnis Viscaria L.; L. Chalcedonica L. *Croix de Jérusalem*; L. Flos cuculi L.; L. diurna Sibth; L. Coronaria L. *Coquelourde*. — Spergula maxima Weihe, *Spargoute*, rar. cult. comme fourrage; S. pilifera DC.— Cerastium tomentosum Lam.

MALVACÉES. Malva crispa L. *Mauve frisée*. — Althæa rosea Cav. *Passerose*. — Lavatera trimestris L. — Hibiscus syriacus L. *Althœa en arbre*. — Malope trifida Cav.

HYPÉRICINÉES. Hypericum calycinum L.

ACERINÉES. Acer Pseudo platanus L. *Sycomore*; A. platanoïdes L. *Erable plane*; A. striatum L. *Er. jaspé* et plusieurs autres.

HIPPOCASTANÉES. Æsculus Hippocastanum L. *Maronnier d'Inde*.

AMPÉLIDÉES. Vitis vinifera L. *Vigne*, Jardins, champs; haies et bois. Les vignes s'étendent depuis la Gironde jusqu'aux coteaux de la Loire; il en existe encore quelques-unes à Pouillé, Riaillé, Joué, Nort, Saffré, Blain (Loire-Inf.) et à Redon. De Nantes à la mer les vignes ne donnent plus qu'un vin détestable; elles continuent cependant le long des coteaux de la Loire et de la côte jusqu'à l'Ile-aux-Moines (Morbihan). Au-delà de Lorient, le raisin ne mûrit pas tous les ans, même en espalier. — Ampelopsis quinquefolia Kern. *Vigne vierge.*

Géraniacées. Geranium pratense L. — Pelargonium Willd. *Geranium* des fleuristes, beaucoup d'espèces et de variétés.

Oxalidées. Oxalis crenata Jacq. Pot.

Balsaminées. Impatiens Balsamina L. *Balsamine,* — Tropœolum majus L. *Capucine.*

Rutacées. Ruta graveolens L. *Rue,* Méd. — Dictamnus Fraxinella Pers. *Fraxinelle.*

Célastrinées. Staphylea pinnata L. *Nez coupé.*

Térébinthacées. Rhus Cotynus L. *Fustet;* R. Coriaria L.; R. glabrum L.; R. typhinum L. *Sumac.* — Ailanthus glandulosa Desf. *Vernis du Japon.* — Ptelea trifoliata.

Légumineuses. Cytisus sessilifolius. L. *Trifolium;* C. Laburnum L. *Faux-ébénier;* C. capitatus Jacq. — Trigonella Fœnum græcum L. *Fenugrec, Sénegrain,* fourrage peu cult. — Galega officinalis L. qqf. échappé des jardins.—Robinia Pseudo acacia L. *Acacia;* R. viscosa Vent.; R. hispida L.; R. umbraculifera DC. *Acacia Parasol,* etc. — Colutea arborescens L. *Baguenaudier.* — Coronilla Emerus L. — Hedysarum coronarium L. *Sainfoin d'Espagne.* — Cicer arietinum L. *Pois chiche,* très-rar. cult. comme légume. — Ervum Lens L. *Lentille,* légume peu cult. — Lathyrus odoratus L. *Pois fleur.* — Phaseolus vulgaris L. *Haricot, Pois de Rome,* et plusieurs autres espèces cult. comme légumes;

P. multiflorus Willd. *Haricot d'Espagne*, légume et d'orn. — Lupinus albus L. rar. cult. en grand, pour enfouir comme engrais; L. angustifolius L. *Pois-Café, Café français*, Jardins. — Wisteria sinensis DC. *Glycine*. — Cercis Siliquastrum L. *Arbre de Judée*.

ROSACÉES. Amygdalus communis L. *Amandier*, dans qq. vignes et jardins de la Char.-Inf. et sur les coteaux des env. de St-Loup, Airvault (Deux-Sèv.); A. Persica L. *Pêcher*, vignes au midi de la Loire, jardins; A. lævis DC. *Brugnon*, Espaliers. — Prunus Armeniaca L. *Abricotier*, Jard. fruitier; P. Padus L. *Merisier à grappes*; P. Lauro-cerasus L. *Grand Laurier*, Orn. et pour la cuisine; plusieurs *Pruniers* et *Cerisiers* de Jard. fruitier. — Spiræa hypericifolia L.; S. salicifolia L.; et plusieurs autres. — Kerria japonica DC. *Corchorus*. — Plusieurs Fraisiers. — Un grand nombre d'espèces et de variétés de Rosiers. — Plusieurs Cratægus. — Cydonia vulgaris L. *Coignassier*, Jard. fruitier et souv. dans les haies de la Char.-Inf. — Un grand nombre d'espèces ou de variétés de *Poiriers* et de *Pommiers* de jard. fruitier. — Plusieurs Sorbus.

GRANATÉES. Punica Granatum L. *Grenadier*.

PHILADELPHÉES. Philadelphus coronarius L. *Seringa*.

TAMARISCINÉES. Myricaria germanica Desv.

CUCURBITACÉES. Cucurbita maxima Duch. *Citrouille, Potiron*, Pot.; C. Pepo L. *Giraumon*, Pot.; C. Melopepo L. *Bonnet d'Electeur*, Pot., ainsi que plusieurs autres; C. lagenaria L. *Gourde*. — Cucumis sativus L. *Concombre, Cornichon*, Pot.; C. Melo L. *Melon*, Pot., et en plein champ au bord et au midi de la Loire.

CACTÉES. Opuntia vulgaris Mil., sur les vieux murs.

Grossulariées. Ribes nigrum L. *Cassis*, Jard. fruitier; plusieurs Ribes d'ornement.

Saxifragées. Saxifraga hirsuta L. — Hydrangea Hortensia DC. *Hortensia*.

Ombellifères. Buplevrum fruticosum L. — Levisticum officinale Koch, *Ache*; Méd. Jardins des campagnes. — Archangelica officinalis Hoffm. *Angélique*, cult. surtout à Châteaubriant et à Niort pour les confiseurs. Myrrhis odorata Scop., *Cerfeuil anisé*. — Coriandrum sativum L. *Coriandre*, Jardins.

Caprifoliacées. Sambucus racemosa L. — Viburnum Opulus L. *Boule de neige*; V. Laurus tinus L. *Laurier Tin*, 14 degrés de froid le font périr ou souffrir à Nantes. — Lonicera Caprifolium L. *Chèvrefeuille*; L. tatarica L., et plusieurs autres d'ornement. — Symphoricarpos racemosa Mich.

Dipsacées. Dipsacus fullonum Willd. *Chardon à foulon*, rar. cult. en grand. — Scabiosa atropurpurea L.

Composées. Aster sinensis L. *Reine marguerite*; et beaucoup d'espèces d'ornement dont qq. unes se naturalisent çà et là. — Solidago canadensis L.; S. glabra Desf. et d'autres d'ornement. — Helianthus annuus L. *Soleil*; H. tuberosus L. *Topinambour*, Pot. — Calliopsis tinctoria DC. *Coreopsis*. — Tagætes erecta L. *Rose d'Inde*; T. patula L. *Œillet d'Inde*. — Zinnia multiflora L.; Z. elegans Jacq. — Dahlia variabilis Desf. — Chrysanthemum indicum L. *Chrysanthème*; C. coronarium L. — Pyrethrum Tanacetum DC., *Baume*, Pot. — Artemisia Abrotanum L. *Citronelle*; A. Dracunculus L. *Estragon*, Pot. — Helichrysum orientale DC., *Immortelle*; H. bracteatum Willd. — Gnaphalium margaritaceum L. *Immortelle blanche*. — Cineraria maritima L. qqf. échappé des cultures dans la rég. marit. — Calendula officinalis L. *Souci*. — Xeranthemum annuum L. *Immortelle*. — Centaurea montana L. — Cynara

Scolymus L. *Artichaut* et C. Cardunculus L. *Chardonnette*, Pot. — Cichorium Indivia L. *Chicorée* et *Escarole*, Pot. — Scorzonera hispanica L. *Scorzonère*, Pot. — Lactuca sativa L. *Romaine*, *Chicon*, Pot.; L. capitata DC. *Laitue pommée*, Pot.; L. crispa DC. *Laitue frisée*, Pot. — Hieracium aurantiacum L.

Campanulacées. Campanula medium L.; C. persicifolia L.

Oléacées. Fraxinus Ornus L. *Frêne à fleurs*. — Olea europæa L. *Olivier*, fructifie à l'île d'Oleron (Char.-Inf.). — Syringa vulgaris L. *Lilas*; S. persica L. *Lilas de Perse*.

Jasminées. Jasminum officinale L., et plusieurs autres d'ornement.

Apocynées. Nerium Oleander L. *Laurier Rose*.

Polémoniacées. Polemonium cæruleum L.

Convolvulacées. Convolvulus purpureus L. *Liseron*, *Volubilis*; C. tricolor L. *Belle de jour*.

Boraginées. Heliotropium peruvianum L. *Heliotrope*; H. grandiflorum Desf. — Omphalodes verna Mœnch.

Solanées. Capsicum annuum L. *Piment*, Pot. S. tuberosum L. *Pomme de terre*, Pot. Champs; S. Pseudo-Capsicum L. *Pommier-d'amour*; S. Melongena L. *Aubergine*, Pot.; S. Lycopersicum L. *Tomate*, Pot.; S. ovigerum Dun. *Pondeuse*. — Nicandra Physalodes Gærtn. s'échappe qqf. des cultures. — Nicotiana Tabacum L. *Tabac*, cult. dans les Côtes-du-Nord.

Personées. Linaria bipartita Willd.

Labiées. Lavandula vera DC. *Lavande*.—Ocymum Basilicum L., *Basilic*; O. minimum L. et autres. — Salvia officinalis L. *Sauge*, Pot., Méd. — Thymus vulgaris L. *Thym*, Pot. — Satureia montana L. *Sarriette d'hiver*, Pot. — Rosmarinus officinalis L. *Romarin*.

PRIMULACÉES. Primula Auricula L. *Auricule*, *Oreille d'Ours*; P. variabilis Goup. *Primevère*.

AMARANTACÉES. Amarantus caudatus L. *Queue de Renard*. — Celosia cristata L. *Crête de coq*. — Gomphrena globosa L. *Immortelle violette*.

SALSOLACÉES. Atriplex hortensis L. *Epinards d'été*, Pot. — Spinacia inermis et spinosa Mœnch, *Epinards*, Pot. — Blitum virgatum L. et capitatum L. — Beta vulgaris L. *Bette carde*, Pot., *Bette*, Pot. et Champs.

POLYGONÉES. Rumex Patientia L. *Patience*, Jard. des campagnes.—Polygonum Fagopyrum L. *Blé noir*, champs en Bretagne ; *P. tataricum* L. très-rar. cult en grand ; P. orientale L.

NYCTAGINÉES. Myrabilis Jalappa L. *Belle de nuit*.

THYMÉLÉES. Daphne Mezereum L. *Bois gentil*.

LAURINÉES. Laurus nobilis L. *Laurier sauce*. Jard.; 14 degrés de froid le font périr ou souffrir à Nantes.

ARISTOLOCHIÉES. Aristolochia Sipho L.

EUPHORBIACÉES. Ricinus communis L. *Ricin*.

URTICÉES. Cannabis sativa L. *Chanvre*, Champs. Ficus Carica L. *Figuier*, gèle au nord de Nantes dans les hivers rigoureux. — Morus alba L. Jard.; M. nigra L. *Mûrier*, Jard. fruitier ; Mûrier multicaule, cult. qqf. pour la nourriture des vers à soie. — Celtis australis L. *Micocoulier*. — Plusieurs Ulmus, *Ormeau*, d'ornement.

JUGLANDÉES. Juglans regia L. *Noyer*, cult. en grand dans les calcaires.

AMENTACÉES. Salix babylonica L. *Saule pleureur*. — Platanus occidentalis L. *Platane*. — Plusieurs Quercus d'Amérique ; Q. suber, *liège*, dont il existe çà et là de grands individus.

CONIFÈRES. Taxus baccata L. *If*. — Thuya occidentalis L. ; T. orientalis L. — Cupressus sempervirens L. *Cyprès.* —Pinus sylvestris L. *Pin sylvestre ;* P. maritima Lam. cult. en grand; P. Abies L. *Epicéa ;* P. Picea L. *Sapin argenté ;* P. Larix L. *Melèze ;* P. Pinea L. *Pin pignon ;* P. Strobus L. *Pin du Lord ;* P. Cedrus L. *Cèdre du Liban.*

ASPARAGINÉES. Asparagus officinalis L. *Asperge.* Pot.

LILIACÉES. Tulipa gesneriana L. *Tulipe des fleuristes*, la plus belle fleur de collection, pas cultivée autant ni aussi bien qu'elle le mérite. —Fritillaria imperialis L. *Couronne impériale.* — Lilium Martagon L. *Martagon ;* L. candidum L. *le Lis ;* L. croceum Chaix, *Lis jaune ;* L. bulbiferum L. *Lis bulbeux ;* L. Pomponium L. *Lis Pompon.* — Muscari ambrosiaceum Mœnch ; M. comosum monstruosum, *Lilas terrestre.* — Hyacinthus orientalis L. *Jacinthe* des fleuristes.— Allium Porrum L. *Porreau*, Pot.; A. Cepa L. *Oignon*, Pot.; A. sativum L. *Ail*, Pot.; A. Scorodoprasum L. *Rocambole* Pot.; A. fistulosum L. *Ciboule ;* A. ascalonicum L. *Echalotte*, Pot. ; A. schœnoprasum L. *Petites cives, appétits*, Pot.— Hemerocallis flava L.; H. fulva L.; H. japonica L.

AMARYLLIDÉES. Narcissus major Curt; N. incomparabilis Mil., tous deux ord. à fl. pleines; N. Tazetta L. ; N. Jonquilla L. *Jonquille.* — Amaryllis lutea L. et autres d'ornement.

IRIDÉES. Gladiolus communis L. — Crocus sativus L. *Safran*, non cult. en grand ; C. aureus Sm. — Tigridia Pavonia Red. *Ferraria.*

AROÏDÉES. Arum Dracunculus L.

COMMÉLINÉES. Tradescantia virginica L. *Ephémère de Virginie.*

GRAMINÉES. Zea Mays L. *Maïs , blé de Turquie*, cult. en grand dans la Char.-Inf. et à Belle-Ile. — Sorghum vulgare Pers. cult. dans la vallée de la

Loire et plus bas pour faire des balais. — Panicum miliaceum L, *Mil,* Champs; P. italicum L. *Millet* des oiseaux, Champs. — Phalaris arundinacea L. var. picta. — Arundo Donax L. *Roseau à quenouille*, Jardins; ne fleurit pas. — Triticum vulgare Vil. *Froment;* varie à fl. mutiques (T. hybernum L.) ou aristées (T. æstivum L.), Champs; T. turgidum L. *Gros blé*, Champs, peu cult. Belle-Ile et littoral de la Char.-Inf.; v. compositum, *Blé de Miracle*, t.-rar. cult. — Secale cereale L. *Seigle*, Champs. — Hordeum vulgare L. *Orge*, Champs de la région maritime; H. Zeocriton L. région maritime, très-peu cult.; H. distichum L. *Baillarge, Paumelle*, Champs, très-cult.

CORRECTIONS

A FAIRE AVANT LA LECTURE.

PAG.

XIII ligne 27, ♃, lisez : ✕.
XXIV — 20, tetrangulum, lisez : quadrangulum.
XV — 30, polistichum, lisez : polystichum.
XXXIII — 7, après fusca, ajoutez : ✕.
LI — 19-20 éclaircis desquels, lisez : éclaircies desquelles.
CXII — 17, 393, lisez : 593.
CXLVII — 30, 384, lisez : 422.
CLVI — 3, après styles, ajoutez : très-longs.

7 ligne 3, *Le Longeron* est en Maine-et-Loire.
9 — 30, *circinnatus*, lisez : *circinatus*.
10 — 27 et 328 l. 39, *Ste-Hypolite*, lisez : *Ste-Hippolyte*.
11 — 11 et 12 l. 34, *Bressuire* est en Deux-Sèv.
» — 37, avant R. forêt de *Coëtquen*, ajouter : IL.-ET-V.
17 — 34, *Brutz*, et partout où ce mot est écrit ainsi, lisez : *Bruz*.
18 — 19, reporter DEUX-SÈV. avant *Availles*, lig. 18.
19 — 15, *Beuon*, lisez : *Benon*.
26 — 19-20, *La Meilleraie-Tillay* est en Vendée.
36 — 6, avant *Braya supina*, ajoutez : ✕.
62 — 32, après *S.-Palais*, ajoutez : ;
67 — 5, près de la *Bouvent*, lisez : prés.
94 — 33, — mai-jn, lisez : ①. mai-jn.
97 — 12, ormes, lisez : formes.
» — 37, *Trefffez*, lisez : *Trefflez*.
113 — 14, *Cap.*, lisez : *Carp.*
122 — 5, œstivale, lisez : estivale.
125 — 2, *le Tardière*, lisez : *la Tardière*.
149 — 2, dilatées, lisez : dilatés.
151 — 26, après *Loroux*, ajoutez : ;.
156 — 7, après *S.-Jacut*, ajoutez : (Mabille).— IL.-ET-V.
177 — 34, calc., lisez : cal.

191 — 12, avant L. bibracteatum, ajoutez : ✗.
199 — 2, avant *Telephium*, ajoutez : *Sedum* sect.
200 — 30, avant S. LITTOREUM, ajoutez : ✗.
237 — 15, Cal. 5 à dents, lisez : cal. à 5 dents.
248 — 14, Etam. 5, lisez : 3.
250 — 3, avant V. HAMATA, ajoutez : ✗.
256 — 8, avant B. PAPPULOSA, ajoutez : ✗.
266 — 15, *Plouescat*, lisez : *Plouescat*.
269 — 27, compact, et partout où ce mot est écrit ainsi, lisez : compacte.
287 — 14, *S.-Jacques*, lisez : *Pontpéan*.
321 — 21, jarminées, lisez : jasminées.
332 — 38, et la cor., lisez : de la cor.
333 — 37, orangée, lisez : orangé.
335 — 26, avant E. PLANTAGINEUM, ajoutez : ✗.
339 — 6, la localité de *Lannidy* est dans Finistère.
386 — 7, avant β., ajoutez : ✗.
390 — 8, avant *S.-Etienne*, ajoutez : â.
394 — 31, souffre, lisez : soufre.
402 — 13, proéminant, lisez : proéminent.
415 — 20, qq., lisez qqf.
416 — 5, POLYCHNEMUM, lisez : POLYCNEMUM.
439 — 19, ✗, lisez : ♃.
446 — 4, après 2 pointes, supprimez la virgule.
473 — 4, avant A. FILIFORMIS, ajoutez ✗. — Au lieu de 475, lisez 473.
489 — 39, près, lisez : prés.
503 — 35, levée, lisez : élevée.
511 — 31, le précéd., lisez A. OLERACEUM.
535 — 32, petit, lisez : petits.
551 — 26, *Muchecoul*, lisez : *Machecoul*.
563 — 3, *Trachinotia*, lisez : *Trachynotia*.
584 — 15, le, lisez : la.
601 — 12, ajoutez : forêt de *Chizé*.

ABRÉVIATIONS PRINCIPALES.

CC. Très-commun.
C. Commun.
AC. Assez commun.
PC. Peu commun.
AR. Assez rare.
R. Rare.
RR. Très-rare.

Les sept signes précédents s'appliquent à toute la Flore, ou à tout le département, ou bien à la région notée.

Les petits CC — C — AC — R — RR — s'appliquent, au contraire, aux localités qui les suivent. *Voir l'exemple ci-dessous.*

; Suivant une localité, indique : 1° que les signes C. R. précédant cette localité ne s'appliquent pas à celles qui suivent le ; — 2° que le botaniste cité est responsable seulement des localités qui précèdent son nom, jusqu'à ce qu'elles soient interrompues par le ; Ex. : LOIRE-INF. C. *Ancenis, Derval* ! (Bornigal) ; AC. *Nantes ; Joué, Nort* (Delalande). R. — Signifie que la plante décrite est commune à Ancenis et à Derval, que M. Bornigal l'a découverte à Ancenis et à Derval, que je l'ai vue aussi à Derval, qu'elle est assez commune à Nantes (non à Joué, Nort), que M. Delalande l'a recueillie à Joué, Nort (non à Nantes), enfin qu'elle est rare pour le département de la Loire-Inférieure.

? Signe de doute.

! Signe de certitude. — Placé après une localité, indique qu'elle a aussi été vérifiée par moi.

α. β. γ. δ. Numéros d'ordre des variétés. — Lorsque la série commence par β., la variété α. est comprise dans la description de l'espèce.

Obs. — Observation.

* Précédant une espèce, signifie qu'elle est étrangère à la Flore.

☓. Précédant une espèce, signifie qu'elle ne croît pas au nord de la Loire.

« ». Les caractères entre « » sont empruntés aux auteurs sans avoir été vérifiés par moi. — Les localités de plantes sont renfermées entre « », lorsque je n'ai pas vu d'échantillons provenant de ces localités.

Ab., Aberr. — Aberration
Ach. — Achène.
Cal. — Calice.
Caps. — Capsule.
Carp. — Carpelle.
Cor. — Corolle.
Cult. — Cultivé.
Div., Divis. — Division.
Edit. 1 — de la Flore de l'Ouest.
Etam. — Etamine.
Ext., Extér. — Extérieur.
Fem. — Femelle.
Feu. Feuil. — Feuille.
Fl. — Fleur.
Fol. — Foliole.
Herm. — Hermaphrodite.
Inf., Infér. — Inférieur.
Int., Intér. — Intérieur.
Invol. — Involucre.
Lin. — Linéaire.
L. c. - Loco citato, lieu cité.
Long. — Longuement.
Mâl. — Mâle.
Mar., Marit. — Maritime.
0. — Nul.
Ord. — Ordinairement
Ov. — Ovale.
P. — Page.
Panic. — Panicule.
Part. — En partie.
Pédic. — Pédicelle.
Pédonc. — Pédoncule.
Pér. — Périanthe.
Pét. — Pétale.
Pinnatif. — Pinnatifide.
Profond. - Profondément
Rac. — Racine.
Rad., Radic. — Radical.
Rar. — Rarement.
Récept. — Réceptacle.
Rég. — Région.
Souv. — Souvent.
Stigm. — Stigmate.
Stip. — Stipule.
Ter. calc. — Terrains calcaires.

Ter. schist. — Terrains schisteux.
Var. — Varie.
Vulg. — Vulgairement.
1. — Uni ou mono.
2. — Bi ou di.
3. — Tri.
4. — Quadri, etc.
Exemples.
1., 2.sperme — monosperme, disperme.
1., 2.loc. — Uniloculaire, biloculaire.
1-4. — Un à quatre.
1, 4. — Un ou quatre.
jn-jt. — Juin à juillet.
①. — Annuel.
②. — Bisannuel.
♃. — Vivace.

Les noms des auteurs ordinairement cités en abrégé sont :

Adanson, Allioni, Bartling, Bastard, Bieberstein, Bonamy, Boreau, Cassini, Cosson et Germain, Curtis, De Candolle (DC.), Desfontaines, Desportes, Desvaux, Duby, Ehrhart, Gærtner, Gaudin, Gmelin, Godron, Goodenough, Grenier, Hoffmann, Hoppe, Hudson, Jacquin, Jordan, Jussieu, Kutzing, Lamarck, Linné (L.), Loiseleur, Miller, Morison, Mutel, Palisot de Beauvois, Persneau, Persoon, Reichenbach, Richard, Robert Brown, Rœmer et Schultz, Schleicher, Schrader, Schreber, Scopoli, Seringe, Sibthorp, Soyer Willemet, Sprengel, Swartz, Tenore, Thuillier, Tournefort, Ventenat, Villars, Wahlenberg, Waldstein et Kitaibel, Wallroth, Willdenow.

CLEF DU SYSTÈME

DE

DE CANDOLLE,

SUIVI DANS CET OUVRAGE POUR LA DISTRIBUTION DES FAMILLES NATURELLES.

PLANTES VASCULAIRES ou COTYLÉDONÉES.

FLORE

DE

L'OUEST DE LA FRANCE.

PLANTES VASCULAIRES OU COTYLÉDONÉES.

Plantes à tissu cellulaire entremêlé de vaisseaux lymphatiques, pourvues de stomates et de feuilles véritables.

Classe 1. — DICOTYLÉDONÉES ou EXOGÈNES.

Tige composée d'une moëlle centrale entourée de couches concentriques recouvertes par une écorce distincte. Feuil. à nervures anastomosées. Fleurs distinctes à divisions ord. quinaires. Embryon à deux cotylédons opposés, rarement à plusieurs verticillés.

Sous-Classe I. — THALAMIFLORES.

Calice à plusieurs sépales. Pétales distincts, insérés, ainsi que les étamines, sur le réceptacle et non sur le calice.

RENONCULACÉES.

Sép. 3-6 souv. pétaloïdes. Pét. 4-12, rar. 0, planes ou tubuleux, souv. nectarifères. Étam. hypogynes, libres, indéfinies. Anthères adnées, s'ouvrant par une double fente. Ovaire ord. multiple. Carpelles tantôt nombreux, 1-spermes, indéhiscents *(achènes)*, tantôt polyspermes, déhiscents *(follicules)*, libres ou plus ou moins soudés ensemble. *Herbes ou sous-arbrisseaux sarmenteux. Feuil. alternes, opposées dans* Clematis.

A. Carpelles monospermes, indéhiscents.

CLEMATIS L. Sép. 4,5 pétaloïdes. Cor. 0. Carp. terminés par une longue arête souv. plumeuse.

C. Vitalba L. Tige sarmenteuse, grimpante. Feu. ailées; fol. ov. acuminées, presq. en cœur à la base, entières, fortement dentées ou presq. lobées, opposées. Sép. oblongs, tomenteux. Fl. blanches en panic. trichotome, axillaire. ♃. jt–at. Haies, broussailles, bois. AC. — Plus c. dans le calc.

THALICTRUM L. Sép. 4,5 colorés, caducs. Cor. 0. Carp. oblongs, sillonnés, terminés par une pointe courte.

T. flavum L. Rac. rampante. Tige de 6-10 déc. sillonnée, creuse. Feu. 2 f. ailées, à fol. de largeur très-variable, obov.-en coin, qqf. presque lin., souv. trifides, plus pâles en dessous. *Fl.* blanc-jaunâtre, *dressées ainsi que les étam.* en panic. ord. compacte, tantôt allongée en pyramide, tantôt presque en corymbe. Carp. ovoïdes qqf. presque globuleux, mutiques, qqf. à style persistant. ♃. jt–at. Bord des rivières, prés humides. — Char.-Inf. C. — Deux-Sèv. c. le Marais (A. Guillon), *Rom* (Sauzé), *St-Loup* (Guyon), c. *S.-Jouin* (Brottier), *Pas-de-Jeu* (Lunet), *Tourtenay* (Genuer), env. de *Thouars*, *S.-Martin-de-Sanzay* (Pellier), *Chatillon*, *S.-Hilaire* (Genevier). AC. — Vend. *Tiffauges* (Genevier), ac. Marais méridional. — Loire-Inf. C. — Mor. Pont-Quesneau près *Etel* (Hémont). RR. — Il.-et-V. pc. *Redon* (Moreau), env. de *Rennes* (Degland).

Obs. T. nigricans Jacq., qui a toutes les div. des

feu. lin.-oblong., m'a été donné du marais de *Coulon* (Deux-Sèv.) par M. Guillon, et je l'ai vu vivant cultivé, du Port-Jouet, sur la Sèvre, par M. Sauzé. Son port m'a paru distinct, mais je ne le connais pas assez pour le comparer au précédent, qui est si variable.

X. T. MINUS L. *T. montanum* Wallr. Souche non épaisse, à jets traçants jaunâtres. Tige dure non compressible, un peu anguleuse, un peu flexueuse et un peu sillonnée sous les nœuds, garnie dès la base de feu. décroissantes, triangulaires, 2 f. ailées; stip. arrondies, déchirées, étalées, scarieuses; rachis plan en dessus jusqu'aux pinnules, puis arrondi, un peu anguleux en dessous; fol. plus glauques en dessous, arrondies, en coin ou en cœur à la base, ord. à 3 dents au sommet ou à trois lobes tridentés, les latéraux bidentés, dents aiguës. *Fl.* jaunâtres *pendantes, en panic. lâche, étalée. Anthères apiculées.* Cal. verdâtre-violacé. Carp. ovales, comprimés, ventrus extérieurement à la base, 4-5 f. plus courts que le pédic. ♃. mai-jn. Coteaux et champs secs pierreux calc. — CHAR-INF. *Surgères* (de l'Isle), *le Pin!* (Mme George), *Dœuil* (Dussouchaud), *Aulnay; Beauvais-sur-Matha!* (Savatier), *La Rochelle à Chef-de-Baie* (Hubert). PC. — DEUX-SÈV. *Mauzé* (J. Richard), forêt *de Chizé, Paizay-le-Chapt* (A. Guillon), *Availles* (Bonnin), c! *la Mothe* (Sauzé, Maillard), *Ste-Soline, S. Pompain, Villiers-en-P.* (Guyon). — VEND. *Fontenay* et ça et là Plaine! (Letourneux), c. *Oulmes* et *Aziré* (Ayraud).

Obs. M. Savatier m'a fait cueillir, au bord des haies de *Beauvais-sur-Matha* (Char.-Inf.) un *Thal.* que depuis longtemps il distingue du précéd. Il est plus lâche, moins glauque, et les fol. sont aussi larges ou plus larges que longues à lobes obtus apiculés. Voir *T. expansum* Jord. obs. 5.

ANEMONE L. Sép. 5,6 pétaloïdes. Cor. 0. Carp.

réunis en tête, avec ou sans arête. *Involucre plus ou moins éloigné de la fl., à 3 fol. incisées ; feuil. rad.*

A. NEMOROSA L. *Sylvie.* Souche horizontale. Feu. de l'invol. ternées à fol. incisées, la terminale trilobée, les latérales à 2 lobes inégaux, l'extér. plus petit. Hampe pubescente, unifl. *Sép.* 6 *blancs*, rosés en dehors. Carp. aigus, pubescents, à *style court*, glabre. ♃. mars-av. Bois, taillis. C.

☓. A. PULSATILLA L. Velu-soyeux. Souche ligneuse. Feu. 3 f. pinnatif. à lobes lin. aigus. Invol. multifide. Hampe à 1 *fl. grande*, « bleu-violet, presque droite, en cloche à la base, ouverte-étalée jusqu'au milieu. » Carp. terminés par une *longue arête plumeuse*, ♃. av.-mai. Pelouses découvertes, coteaux calc. — DEUX-SÈV. R. *Thouars* (Lunet, Guyon), *S.-Martin-de-Sanzay* (Janneau, 1862), coteaux de la Mortève près *Argenton-Ch.!* (J. Richard). — *A. montana* Hoppe que j'ai reçu de Champigny près *Saumur*, de M. Revelière, diffère du précéd. par la fl. violet noir, toujours un peu penchée, à sép. étalés complétement.

ADONIS L. Sép. 5. Pét. 3-9 sans fossette nectarifère. Carp. ridés, ovoïdes, en épi ovale ou oblong. *Herbes ; feuil. multifides à lobes linéaires.*

☓. A. AUTUMNALIS L. *Sép.* glabres, *non appliqués*, concaves, ainsi que les pét. rouge foncé, noirâtres à la base. Epi en fruit serré, ovale-oblong, courtement pédonculé. Carp. sans dent du côté supér., à *bec* court, *droit.* ①. mai-j^{n}. Moissons calc. — CHAR.-INF. et DEUX-SÈV. C. — VEND. C. Plaine, îles hautes et calcaire de *Chantonnay.*

☓. A. ÆSTIVALIS L. Coss. et Germ. fl. Paris. T. 3. Sép. glabres, appliqués contre les pét. planes, rouge clair ou jaunes. Epi en fruit oblong. Carp. à insertion sur le récept. *égalant le plus grand diamètre du fruit ;* bord supér. bossu dans le haut et à une dent aiguë à la base, bec long, ascendant, concolore. ① mai-j^n. Moissons calc. — DEUX-SÈV. RR. *Thouars*, C. *Puy-Notre-Dame* en Maine-et-Loire (Revelière).—Entre la *Grimaudière* (Vienne) et *Assais* en Deux-Sèv. (Guyon).

X. A. FLAMMEA Jacq. Sép. velus. Pét. 3-8 rouge vif. *Épi en fruit cylindrique*, lâche, longuement pédonculé. Carp. bossus sous le bec ascendant, noirâtre au sommet. ①. j^n-j^t. Moissons, champs pierreux calc. — CHAR-INF. *Royan*, *Surgères*; AC. *Dœuil!* (Dussouchaud), *Beauvais! Neuvicq* (Savatier). PC. — DEUX-SÈV. Env. de *Niort*, *Melle*, *Paizay* (A. Guillon), C. *Thouars!* (Revelière), *St-Jouin* (Brottier), *Airvault*, *Borcq*, *Noizé*, *Louin*, *les Jumeaux* (Bonnin), RR. *Maisoncelle* (Guyon). —VEND. Çà et là à l'est de *Fontenay*, à *Nieul*, *Sauveré-le-Sec*, *Charzais* (Letourneux), *Xanton*, *Fontaines!* (Ayraud).

MYOSURUS L. Sép. 5 colorés, prolongés en éperon à la base. Pét. 5 à onglet filiforme. Étam. souv. 5. Carp. très-nombreux, triquètres, serrés autour d'un réceptacle filiforme, très-allongé.

M. MINIMUS L. Hampe de 5-8 cent. à une fl. jaune pâle. Feuil. linéaires. ①. av.-mai. Moissons et terres inondées l'hiver. — CHAR.-INF. *Vergeroux*, *Retaud* (Faye), *Rochefort* (A. Guillon), *Dœuil* (Dussouchaud), *Fontenet* (Lemarié), *Aumagne* (Guillaud). —DEUX-SÈV. Entre *Boussais*, *Tessonnière*, *Airvault* et *Borcq* (Bonnin), R. *Pressigny* (Guyon), env. de *Thouars* (Lunet).—VEND. *Château-d'Olonne* (Pontarlier, Marichal), *Ste-Radégonde-des-Noyers* (Girardeau). — LOIRE-INF. *Vallée du bas de la Loire*, C. moissons des bords de la mer de *Pornic à la Vilaine*. — MOR. *Houat*, *Belle-Ile*; *Sarzeau* (Taslé), presqu'île de *Séné* (Pontarlier), presqu'île de *Gavre*, *Etel* (Le Gall.) — FIN. *Tréguennec*, *Plovan* (Crouan). —IL.-ET-V. Env. d'*Antrain* (Champion).

RANUNCULUS L. Sép. 5 caducs. Pét. 5 munis à la base d'une écaille ou fossette nectarifère. Carp. ovoïdes, comprimés, mucronés, réunis en tête.

* *Fl. blanches ; carp. striés-rugueux en travers ; plantes aquatiques.* (Batrachium).

R. HEDERACEUS L. Tige rampante. *Feu. toutes réniformes à 3 ou 5 lobes courts, entiers, obtus.* Stipules longuement adhérentes au pétiole, à oreillettes courtes, arrondies. *Fl. très-petites, dépassant à peine le cal.* Etam. 5-10. Carp. obtus. Réceptacle glabre. ♃. av.-a^t. Fossés, sources. CC. — R. le calc.; CHAR. INF. R. *de Montendre à Montlieu.*

R. LENORMANDI Schultz. Tige rampante. *Feu. toutes réniformes, divisées jusqu'au milieu en 3 lobes,* l'intermed. à 3, les latéraux à 4 crénelures. Stip. courtement adhérentes, à oreillettes grandes, larges. *Fl.* blanches, 1 *fois plus longues que le cal.* Carp. à bec long, d'abord crochu. *Récept. ord. glabre.* ♃. fév.-j^t. — Petites mares, bord des petits ruisseaux dans les lieux boisés. — BRETAGNE C. — VEND. PC. *Evrunes, la Verrie* (Genevier), AC. env. de *Napoléon !* (Pontarlier, Marichal), *Faymoreau* (Letourneux. — DEUX-SÈV. *Chapelle-Largeaud ; Châtillon* (Genevier), *Bressuire; Bretignolles* (J. Richard), forêts de *l'Absie,* de *Secondigny* (A. Guillon). — Feuil. variant de la forme peltée à celle des deux suiv.

R. OLOLEUCOS Lloyd flore Loire-Inf. p. 3, *R. Petiveri* Koch (part.), Cos. et Germain fl. Paris. T. 1, f. 5, 6. Tige nageante, ord. poilue. Feu. submergées capillaires-multifides, les flottantes à 3 lobes profonds, en coin, l'interméd. à 3 crénelures, les latéraux bifides, chaque division à 2 crénelures. Stip. grandes, larges, évasées, très-courtement adhérentes. *Fl. tout-à-fait blanches,* assez grandes. Pét. ovales-oblongs. *Récept.* globuleux, *poilu. Carp.* 25-35 *à bec long,* d'abord crochu. ①. mai-j^n. *Lisière* des étangs et ruisseaux affluents, mares. — CHAR.-

Inf. Marais et fossés des landes de *Montendre* à *Montlieu*. R.—Deux-Sèv. *Thouars* (Lunet).—Vend. *Le Longeron* (Genevier), *Challans* (Gobert), étang *Bruneau* en *S.-Hil.-Levouhis* (Lepeltier), étang de *Rortheau* et env., *la Ferrière*, étang de *Badiole* près *Napoléon*, lande de *Bouaine* (Pontarlier, Marichal). —Loire-Inf. c. nord-est du départ. AC.— Mor. rr. env. de *Vannes*, *Pluherlin*, *Elven* (Taslé), env. d'*Auray* (Toussaints). — Fin. *Quimper* (Bonnemaison). — Se distingue au premier coup d'œil par ses fl. blanches sans onglet jaune. Il diffère de *R. tripartitus* dont il a exactement les feu. par la grandeur de ses fl. et le bec de ses carp. qui sont beaucoup plus nombreux. Ce dernier caractère, sa fl. blanche et ses stip. l'éloignent tout-à-fait de *R. aquatilis*. Enfin il se distingue de *R. Lenormandi*, dont il a qqf. les petites fl., par son récept. poilu, ses feu. de deux sortes et la forme de ses feu. flottantes.

R. tripartitus DC. Tige nageante. Feu. submergées capillaires-multifides, les flottantes à 3 lobes profonds, en coin, l'interméd. à 3 crénelures, les latéraux bifides, chaque division à 2 crénelures. *Stip. courtement adhérentes, à oreillettes grandes, larges. Fl. petites dépassant peu le cal. Carp. obtus, à bec grêle, peu nombreux.* Récept. poilu. ①. mai-jt. Mares, fossés. — Deux-Sèv. ac. Bocage; *S.-Jouin* (Brottier), *la Mothe* (Sauzé, Maillard). — Vend. ac. Bocage (Pontarlier, Marichal). — Loire-Inf. AC. — pc. dans le reste de *la Bretagne*.—Varie à feu. plus petites, à 3 lobes qqf. entiers. *S.-Gildas* dans la Loire-Inf. (Delalande).

R. radians Revel, notice avec fig. est voisin du suiv., dont il diffère surtout par les feu. flottantes formant un cercle presque complet, divisées jusqu'à la côte en plusieurs lobes contigus plus ou moins dentés ou incisés, souvent pédicellés, par la fl. plus petite à pédonc. court.—Deux-Sèv. Fossés du *Thouet* à *Thouars*. — Doit exister ailleurs.

R. AQUATILIS L. Tige nageante. Feu. submergées capillaires-multifides, à divis. divariquées, formant ord. le pinceau lorsqu'on les sort de l'eau, les flottantes à 3 ou 5 lobes plus ou moins profonds, qqf. tachés de brun. *Stip. longuement adhérentes au pétiole,* les supér. à oreillettes larges. *Pét.* à *onglet jaune,* beaucoup plus longs que le cal. *Stigm. large, sessile,* jaunâtre. Carp. à bec très-court. Récept. poilu. ♃. av.-jt. Fossés, mares, étangs, ruisseaux, rivières. CC. — Feu. très-variables; les principales formes sont :

α. *peltatus.* Feu. flottantes sub-orbiculaires ou réniformes-en cœur, à 5 lobes, l'intermédiaire à 3, les latéraux à 2 crénelures. C.

β. *truncatus.* Forme précéd., mais feu. tronquées à la base. AC.

γ. *quinquelobus.* Feu. flottantes à 5 lobes entiers. C.

δ. *acutilobus.* Feu. flottantes tronquées à la base, à trois lobes à crénelures aiguës, l'interméd. souv. entier. *Lac de Grand-Lieu* (Loire-Inf.) R.

ε. *homoiophyllus.* Feu. toutes multifides par l'avortement des feu. flottantes. R.

θ. *succulentus.* Feu. toutes multifides à divis. courtes, raides. C. — Forme gazonnante des lieux desséchés, qui se présente aussi dans *R. Baudotii, tripartitus* et *ololeucos,* lorsque, par qq. accident, ils croissent hors de l'eau.

R. BAUDOTII God. Monog. f. 4, fl. de France 21. Se distingue (qqf. avec peine) du précéd. par les feu. sup. à divis. en coin souv. pétiolulées, disposées en éventail, les feu. inf. ou toutes capillaires-multifides, étalées lorsqu'on les sort de l'eau, par les pédonc. longs, dépassant beaucoup les feu., par les étam. plus courtes que les pistils, par le stigm. étroit, ligulé, enfin par les carp. petits, nombreux, renflés au sommet, insérés sur un *récept. ovoïde-conique,* non globuleux. ♃ —. av.-j^t. — Fl. qqf. moyennes. — Çà et là dans les eaux saumâtres, surtout au midi de la Loire.

R. TRICHOPHYLLUS Chaix, God. fl. de France; *R. capillaceus* Thuil. Lloyd fl. Loire-Inf., *R. paucistamineus* Tausch. Tige nageante. *Feu. toutes submergées, capillaires-multifides,* ne formant pas le pinceau lorsqu'on les sort de l'eau. Stip. sup. à oreillettes larges. Fl. 1/2 plus petites que dans *aquatilis*. Pét. à onglet jaune, caducs. Etam. 10-12. Stigm. large, blanchâtre. Carp. à bec très-court. Récept. hispide. ♃. av.-j^n. Mares, fossés des ter. schisteux, calc. et des bords de la mer. — CHAR.-INF. cc. région maritime. C. — VEND. cc. région maritime et le Marais. — DEUX-SÈV. c. le calc. (A. Guillon). — LOIRE-INF. AC. — Çà et là, mais PC. reste du littoral de *la Bretagne.*

R. DROUETII Schultz. Très-voisin de *R. trichophyllus,* dont il se distingue (selon Godron fl. de France) par les feu. se réunissant en pinceau hors de l'eau, par les fl. plus précoces à pét. moins caducs et à pédonc. plus grêles, par les étam. moins nombreuses, par le style plus court, plus mince, par les carp. plus petits, renflés, largement arrondis au sommet. ♃. Mêmes lieux. — VEND. *La Bretonnière* (Pontarlier), *Ile d'Elle.* — LOIRE-INF. *Ancenis.* — On doit trouver d'autres localités de cette espèce que je ne distingue pas bien de la précédente.

R. DIVARICATUS Schranck, *R. circinnatus* Sibth. Tige nageante. Feu. toutes submergées, capillaires-multifides, petites, presque sessiles, à *div. raides, toujours étalées en cercle plan* de 1-2 cent. de diamètre. Stip. sans oreillettes. Fl. assez grandes. Stigm. long, linéaire. Carp. à bec assez long. ♃. mai-j^t. Rivières, ruisseaux. — CHAR.-INF. AC. dans la Charente, de *Taillebourg* et *Saintes* en remontant; *Cadeuil.* — VEND. La Sèvre à *Danvix*

(Letourneux). — LOIRE-INF. *Thouaré*, *St-Simon*, *Nantes* (G. de l'Isle), *Couëron*, çà et là marais de *Boude*. R.

R. FLUITANS Lam. *Feu. toutes submergées à lanières allongées, parallèles*. Stip. longuement adhérentes au pétiole, oreillettes des feu. sup. larges. Fl. grandes à 5-9 pét. Carp. à bec court. Récept. velu.—Var. rar. à qq. feu. (sup.) flottantes, trifides. ♃. mai-jt. Rivières.—CHAR.-INF. AC. mêlé au précéd. dans la Charente, de *Taillebourg* et *Saintes* en remontant.—DEUX-SÈV. C. marais de *Coulon* (A. Guillon).— LOIRE-INF. Çà et là dans la Loire au-dessus de *Nantes*, où il est souv. déplacé par les inondations; C. *Basse-Goulaine*.

β. *terrestris*. Forme du bord des eaux. Tige courte, très-feuillée aux nœuds; feu. à 3 lobes courts, linéaires, *élargis au sommet*. — Ce dernier caractère distingue l'espèce entre toutes.

** *Fleurs jaunes*.

a. *Feuilles indivises*.

✗. R. GRAMINEUS L. *Souche chevelue à rac. renflées*. Tige 1-4. flore. Feu. lin.-lancéolées, très-entières, nervées. Cal. glabre. Carp. obliquement obov., ridés, un peu carénés, à bec court, en tête ovale. ♃ mai-jn. Pelouses sèches sablonneuses des taillis.—CHAR.-INF. Prés entre *S.-Coux* et *Fontpatour* (herb. de Beaupreau), *Martrou* (Faye), *Ste-Hypolite* (Marc-Arnauld), *Dœuil!* R. forêt de *Chizé* (Dussouchaud), *Surgères* (Hubert). R.

R. FLAMMULA L. Tige creuse, redressée, radicante à la base. Feuil. lancéolées, les inf. obl. ou ov. pétiolées. Pédonc. opposés aux feu. *Fl. petites. Carp. lisses, à bec court*. ♃. mai-at. Lieux marécageux, fossés. CC.

β, *reptans*. Tige couchée, plusieurs fois radicante; feu. linéaires. R.

R. OPHIOGLOSSIFOLIUS Vil. *Annuel*. Tige de 3-6 déc.

creuse, couchée à la base et émettant des rac. aux nœuds inf. *Feu. inf. en cœur*, obtuses, longuement pétiolées, celles du milieu ovales, les sup. lancéolées, presque sessiles. *Fl. petites, jaune soufre. Carp. finement tuberculeux*. mai-jn. Fossés surtout des ter. sabl., calc. et schist. — CHAR.-INF. c. région maritime. AC.—DEUX-SÈV. *Niort, Paizay* (A. Guillon). — VEND. *Champ-S.-Père, S.-Cyr-en-Talm. le Givre, Challans, Château-d'Olonne* (Pontarlier, Marichal), *Commequiers* (Gobert), *Longève, Dànvix* (Letourneux), *Luçon* (Genevier), *Bressuire* (J. Richard.) PC.—LOIRE-INF. c. par localités. D'*Ancenis* à *Varades, Cambon, Bouaye, les Cléons, Frénay, Chéméré, S.-Brevin*. — MOR. *Roh-Haliguen* en *Sarzeau* (Taslé, Pontarlier). RR. — FIN. *Penmarc'h* (Bonnemaison), *Brest* (Hubert), presqu'île de *Plougastel* (Crouan). — IL.-ET-V. *S.-Jacques* (Le Gall), *Redon* (Moreau). RR.

R. LINGUA L. Racine stolonifère. Tige dressée de 8-10 déc. pubescente au sommet. Feu. demi-embrassantes, lancéolées-lin., à dents courtes, obtuses, éloignées, les rad. submergées, en cœur-ovales. *Fl. grandes, larges de plus de 3 cent.* Cal. poilu. *Carp. à bec large* ♃. jt-sept. — CHAR.-INF. *Soubise*, marais de *Berjat, des Mathes, Surgères*; *S.-J.d'Angély* (Pinatel).—DEUX-SÈV. Marais de *Coulon* (A. Guillon), *S.-Loup* (Guyon); marais de la *Dive*, la *Folie*, le *Mai* (Lunet). — VEND. Marais de *Vix!* de *Luçon! Fontaine, Maillezais* (Letourneux), Marais de *Billy, la Bauduère!* (Pontarlier, Marichal). — LOIRE-INF. Marais de l'*Erdre* et tous les grands marais. AC. —MOR. c. étang de *Calion* en *S.-Jacut* (Moreau), Plaisance près *Vannes, Lannenec* (Le Gall), *Lanvaux* (Taslé), *Plouhinec* (Toussaints). R. — FIN. *Plonéour* (Bonnemaison), *Plomeur* (de Créc'hquérault), *Lampaul-Ploud., Kerloc'h, Plovan, Camfrout* (Crouan). —R. forêt de *Coëtquen*, R. tourbières de *Châteauneuf* (Mabille).

R. NODIFLORUS L. *Tige* de 1-2 déc. *dichotome*.

Feu. inf. ov.-oblong., les sup. plus étroites, presque géminées. *Fl.* très-petites, *sessiles à l'aisselle des rameaux.* Carp. tuberculeux, à bec droit. ♃. mai.—LOIRE-INF. Bord des mares des ter. schist. RR. env. d'*Ancenis*, AC. *Grand-Auverné* (de l'Isle). RR.

b. *Feuilles divisées.*

R. SCELERATUS L. Tige de 3-7 déc. très-rameuse, creuse. Feu. inf. à 3 ou 5 lobes incisés-crénelés, obtus, les sup. à 3 lobes lin. *Fl.* petites, nombreuses, *jaune pâle. Carp. très-petits, nombreux, en tête oblongue.* ♃. mai-jn. Fossés, lieux fangeux surtout du littoral. AC. — DEUX-SÈV. AR. *Parthenay* (Janneau); *Thouars, Oyron,* AC. *Tourtenay* (Lunet), *S.-Loup, S.-Pompain* (Guyon), *Bilazay* (Bonnin). R.

R. CHÆROPHYLLOS L. Velu, à poils couchés. Souche émettant qq. rejets souterrains et des rac. composées de *tubercules courts* mêlés à de longues fibres. Tige 1, 2.flore. Feu. presque toutes radic. à 3 fol., la terminale à 3, les latérales à 2 div. incisées-dentées. *Carp.* bordés, ponctués, *à bec long courbé*, en tête oblongue. ♃. mai-jn. Côteaux arides, talus des fossés. — CHAR.-INF. et VEND. AC. — DEUX-SÈV. LOIRE-INF. et MOR. C. — Au-delà PC. région maritime, R. ailleurs.

R. AURICOMUS L. Tige de 15-25 cent. *Feu. radic. réniformes*, crénelées, indivises ou à 3 lobes dentés ou incisés, celles de la tige sessiles, digitées, à 5 ou 7 lobes lin., entiers. Fl. peu nomb. ord. à 1 ou plusieurs pét. avortés ou déformés. *Carp. ventrus, pubescents*, à bec crochu. ♃. av.-mai. Haies, taillis, bois couverts, prés ombragés. — CHAR.-INF. AC.— DEUX-SÈV. AC. par localités. — VEND. AC. *Mortagne* (Genevier); *Bressuire* (Toussaints), AC. *Napoléon*, CC. bois bordant *le Lay* (Pontarlier), Marichal), CC. forêt de *Vouvant, Maillezais* (Letourneux), *Commequiers* (Gobert), *Challans* (V. Grand-Marais). — LOIRE-INF. AC. —MOR. *Vannes, Lanvaux,*

Poncallec, etc. AR. (Le Gall.) — C.-NORD. RR. *Dinan*, *S.-Juvat* (Mabille). — IL.-ET-V. *Bréquigny* (Le Boterf), *Cucé* près *Rennes* (J. M. Sacher), *S.-Grégoire*, *Brutz* (J. Gallée).

R. BORÆANUS Jordan, fragm. 6, *R. acris* fl. Loire-Inf. *Souche compacte, tronquée*, émettant des racines nombreuses, en faisceau, et des tiges rapprochées de 4-6 déc., presque nues, à poils appliqués, multiflores. Feu. radic. couvertes à la base de poils roux plus ou moins étalés, palmées à 5 ou 7 lobes incisés-multifides, les sup. sessiles, à lobes linéaires. *Pédonc. cylindrique*. Carp. obovales-arrondis, un peu bordés, à bec court, terminé en pointe crochue disparaissant à la maturité. *Récept. glabre*. ♃. av.-jt. Prés, pâturages, bord des chemins. CC. — Varie surtout dans les repousses, à lob. des feu. élargis, rhomboïdaux, trifides, incisés-dentés. Varie aussi à poils du bas de la tige et des pétioles étalés (*R. tomophyllus* Jord).

Obs. *R. acris L.* Jord. l. c. Bull. vén. 109, *R. Steveni* Andr. diffère du précéd. par la souche obliquement horizontale, fibreuse en-dessous ; « ses ramifications déprimées, demi-cylindriques, s'allongent jusqu'à 5-10 cent., elles s'étendent et se multiplient successivement et la souche envahit bientôt un assez grand espace. » Jord. l. c. Ses feu. sont moins découpées que dans *R. borœanus* et se rapprochent de la 1re var. notée ; il croît aux mêmes lieux. Je ne l'ai pas rencontré dans l'ouest, où il faudrait le chercher plutôt au N.-E. de la Bretagne. On en cultive dans les parterres sous le nom de *Bouton d'or* une var. à fl. pleines sur laquelle on peut étudier la végétation de la souche.

R. NEMOROSUS DC. *R. sylvaticus* Thuil. Plante couverte de poils étalés. Rac. fibreuse. Feu. d'un vert sombre, les radic. à 3 lobes larges, le terminal trifide, les latéraux bifides, tous incisés-dentés. *Pédonc. sillonné*. Carp. *à bec enroulé*. *Récept. hé-*

rissé. ♃. mai-j^t Coteaux boisés. — CHAR.-INF. *Montlieu* (de Meschinet), *Saintes* (Brunaud), *S.-J.-d'Angély ; Chavagnes, Puycerteau* (Savatier), bois *des Granges* près *Macqueville*, forêts *d'Aulnay*, de *Chizé*, *la Grâce-Dieu* près *Courçon*. — DEUX-SÈV. AC ! forêt de *Chizé*, *Melle* (A. Guillon), bois du granite (Sauzé, Maillard), *S.-Gelais* (Guyon), *Parthenay*. — VEND. AC. (Pontarlier, Marichal). — LOIRE-INF. Bois du *Chaffault* (Pesneau), *Barbéchat, Clermont, Couffé, Arche-Gaubert, les Cléons ; S.-Gildas, Fresnay* près *Plessé* (Delalande); *Sautron*, c. *Grand-jouan* (Guiho). AR. — MOR. *Camors, Le Plessis* près *Auray* (Le Gall). R. — FIN. *Locquirec* (Crouan). — C.-NORD. « AC. forêts de : *Coëtquen, Yvignac, Boquien, la Hunaudais* (Mabille). » — IL-ET-V. Env. de *Rennes*, forêt de *Rennes* (herb. Degland), *Hédé* (Le Gall).

R. REPENS L. *Tige* redressée, *à rejets rampants*. Feu. souv. tachées de noir et de blanc, les radic. à 3 fol. pétiolées, 3. partites, incisées-dentées. Pédonc. sillonné. Carp. à bec assez long, un peu courbé. ♃. mai-sept. Lieux humides, prés, fossés. CC.—Dans les bois il est souv. dressé, sans rejets rampants.

R. BULBOSUS L. *Tige bulbeuse à la base*, à 1 ou plusieurs tiges multiflores, dressées ou étalées. Feu. radic. à 3 fol. pétiolées, trilobées, incisées-dentées. Pédonc. sillonné. Cal. réfléchi. *Carp. bordés, à bec court, crochu*. ♃. av.-j^n. Prés, haies, chemins. CC.

R. PHILONOTIS Retz, Ehrh. *R. Sardous* Crantz. *Vert jaunâtre*. Tige ord. couverte de poils étalés. Feu. rad. à 3 lobes obtus, incisés-dentés. Pédonc. sillonné. *Carp. bordés, tuberculeux près du bord*. ①. mai-a^t. Prés humides, bord des mares, lieux cultivés. ①. CC.—Moins c. au-delà de la *Loire-Inf.*

✕. R. TRILOBUS Desf. Atl. T. 113. Caract. du préced., dont il diffère par la tige et les feu. moins hispides, les carp. jaunâtres et non brunâtres, couverts de tubercules sur tout le disque. Feu. inf. 2 f. ternées à lobes incisés-dentés. ①. jn. — CHAR.-INF. Çà et là ile d'*Oleron*, mêlé à *R. philonotis* dans les fossés bordant la route d'*Ars* au phare *des Baleines* dans l'île de *Ré*.

X. R. MURICATUS L. Morison t. 29. S. 4. f. 24. Plante diffuse, parsemée de qq. poils. Tige creuse. Feu. à 3 fol. incisées-dentées. Pédonc. sillonné. *Carp. grands* 10-15 à bordure verte; *disque* brunâtre, *granuleux entre les aiguillons forts, ord. crochus; bec* vert, robuste, un peu courbé, *égalant au moins la moitié du carp.* ①. mai-jn. — CHAR.-INF. Fossés de la route d'*Ars* au phare *des Baleines*, mêlé aux 2 précéd.; *Chabot* en *Ré* (Maillard), *Sauzelles* en *Oleron* (Savatier). — Cette espèce et la précéd. se retrouveront ailleurs.

R. PARVIFLORUS L. Tiges diffuses, qqf redressées. *Feu. orbiculaires*, en cœur à la base, à 3 ou 5 lobes fortement dentés. Pédonc. opposés aux feu. Fl. petites égalant le cal. *Carp. tuberculeux à bord lisse;* bec crochu. ①. mai-jn. Lieux secs, bord des chemins, des haies. C. — PC. intérieur de la *Bretagne*.

R. ARVENSIS L. Plante vert pâle. Feu. à 3 fol. découpées en lobes linéaires. *Fl. jaune soufre. Carp.* 4-6, *grands, comprimés sur chaque face, hérissés d'aiguillons.* ①. jn-jt. Moissons. CC. le calc. — AR. au-delà de la *Loire-Inf.*

FICARIA Dil. Caract. du *Ranunculus*. Sep. 3; pét. 8-10.

F. RANUNCULOÏDES Roth, *Ran. Ficaria* L. Rac. grumeleuse. Tige rameuse de 1-3 déc. Feu. en cœur, à lobes de la base ord. divergents, anguleuses, obtuses, à pétiole engaînant qq. bulbillifère. Pédonc. à 1 fl. d'un beau jaune vernissé. Carp. oblongs, obtus, lisses. ♃. mars-mai. Bord des fossés, des haies, prés, champs. CC.

B. Carpelles polyspermes, déhiscents.

CALTHA L. Sép. 5 pétaloïdes. Cor. 0. Carp. 6-10 rayonnants.

C. PALUSTRIS L. Tige rameuse de 3-4 déc. Feu. largement en cœur, très-obtuses, crénelées. Fl. jaunes, grandes. ♃. av.-jn. Prés humides, marais, bord des ruisseaux, des petites rivières. — CHAR-INF. AC. — DEUX-SÈV. AC. Marais de *Coulon* (A. Guillon), C. *Lezay* et prés de *la Sèvre* (Sauzé, Maillard), bord du *Thouet*, de la *Dive*. — VEND. R. Marais mérid. (Letourneux). — LOIRE-INF. C. prés humides du *bas de la Loire*; marais de *la Seilleraie*. PC. — MOR. *Guidel* (Le Gall). RR. — FIN. *Port-Launay!* bords de l'*Aulne* (Bonnemaison), *Berrien, Plonévez-du-Faou, Loqueffret* (de Crec'hquérault), *Huelgoat, Poullaouen* (Crouan), l'*Aven* près *Carhaix*; *Quimperlé* (J.-M. Sacher). — C.-NORD. *Lannion* (J.-M. Sacher). — IL.-ET-V. AC. env. de *Redon* dans les trois départ. (Moreau).

HELLEBORUS L. Sép. 5 pétaloïdes, persistants. Pét. très-petits, tubuleux, nectariformes. Carp. comprimés, coriaces. Graines sur 2 rangs.

H. VIRIDIS L. Tige annuelle de 25-30 cent. nue jusqu'aux rameaux. Feu. rad. longuement pétiolées, digitées à 7-9 fol. lancéolées, dentées en scie, à veines saillantes en dessous, celles de la tige divisées, presque sessiles. Fl. verdâtres, 2,3 terminant les rameaux, *sans bractées*. Cal. dépassant les étam. ♃. mars-av. Lieux pierreux, bois secs. — DEUX-SÈV. C. bois de *Boispouvreau* près *Ménigoute* (Sauzé, Maillard), forêt de *Secondigny* (Guyon), *Parthenay* (Janneau), *S.-Generoux* (Brottier), *Châtillon-sur-Sèvre* (Toussaints). — VEND. AC. forêt de *Vouvant!* *la Girarderie* près *Fontenay* (Letourneux). — IL.-ET-V. Buttes de *Coësmes* près *Rennes*, *S.-Germain-sur-Ille* (Letourneux), R. forêt de *Fougères* (V. Sacher). RR. — Çà et là autour des habitations, où il est cult., pour faire des sétons aux animaux.

☓. H. FOETIDUS L. Tige vivace, dépouillée de ses feu. dans le bas, très-feuillée sous les rameaux florifères garnis de *bractées* ovales, entières, les inf. trifides, vert pâle, membraneuses. Feu. digitées à 7-11 fol. lin.-lancéolées, dentées en scie, coriaces. Fl. jaune-verdâtre, bordées de rouge. Cal. égalant les étam. Fév.-mai. Coteaux secs calc. — CHAR.-INF. *Montlieu, Jonzac, (Cognac)*, forêt *d'Aulnay; Beauvais* (Savatier), les *Marçais* près *Saintes* (Brunaud), *Beurlay*. PC. — DEUX-SÈV. *Celles*, sur le schiste (A. Guillon), *la Mothe* (Sauzé, Maillard), *Loubillé* (Jousse), *S.-Generoux* (Bonnin), c. forêt de *Chizé* (Dussouchaud).

ISOPYRUM L. Sép. 5 pétaloïdes, caducs. Pét. 5 en cornet, nectariformes, dépassés par le cal. Carp. 1-3, comprimés, mucronés, presque sessiles.

I. THALICTROÏDES L. Rac. rampante, à fibres épaisses, fasciculées. Tige de 15-20 cent. faible. Feu. 2 f. ternées à fol. trilobées, minces, glauques. Stip. larges, membraneuses. Fl. blanches, peu nombreuses, pédonculées. ♃. av.-mai. Taillis. — DEUX-SÈV. *Châtillon-s.-Sèvre* (Toussaints), *Puy-S.-Bonnet* (Genevier), *Vautebis, Allonne* (Janneau), forêt de *l'Hermitain*, AC. bois des *Fouilloux* (Sauzé, Maillard). — VEND. *Bois-Huguet* près *Mortagne* (Genevier), *la Girarderie*, CC. forêt de *Vouvant* (Letourneux), bords du Lay communes du *Simon* et de *la Réorthe* (Pontarlier, Marichal). — LOIRE-INF. *Le Portereau;* forêt de *Touvois* (Gobert), *la Hautière* en *Maisdon, Pont-Hubert* sur *la Divatte!* (Guiho). RR. — C.-NORD. Vallée de la *Rance* au-dessus de *Dinan* (Mabille). — IL.-ET-V. *Brutz* (Letourneux), *Bourg-des-Comptes* (Desmars), forêt de *Teillé*, bord de *l'Aron* (G. de l'Isle). RR.

NIGELLA L. Sép. 5 pétaloïdes, caducs. Pét. petits, nectariformes à 2 lèv., l'inf. bifide, onglet à fossette nectarifère couverte par la lèv. sup. Carp. 5-10 sessiles, soudés. Styles allongés.

X. N. ARVENSIS L. Rameaux ouverts. Feu. multifides à div. linéaires. Fl. blanc-bleuâtre. Sép. ov.-arrondis, nervés, brusquement contractés en onglet égalant le limbe. Pét. brusquement coudés, à lèv. sup. ovale, acuminée en longue pointe atteignant presque la base des appendices de la lèv. inf. renflés au sommet; lèv. inf. à 2 lobes ovales, convexes et poilus en dehors, onglet et base violacé-sale, le reste marqué de bandes jaunâtres et violacé-sale. Anthères apiculées. *Carp.* 5-7, soudés dans leur moitié inf., *trinervés*. Graines triquètres, granuleuses. ①. jn-jt. Moissons du calc. — CHAR.-INF. *Le Pin* (Mme George), *Gué d'Alleré; Surgères, S.-George-du-Bois, Pons* (Delalande), PC. *S.-J.-d'Angély* (Pinatel), *Availles, Luzay; S.-Jouin, la Trémouille* (Brottier). — DEUX-SÈV. *Thouars!* (Toussaints), *Airvault!* (Bonnin), *la Mothe!* (Sauzé, Maillard), *S.-Rémy* (Gobert), R. *Messé* (Guyon). — VEND. *Benet* (Pontdevie). RR.

X. N. DAMASCENA L. Feu. multifides à div. fines, lin.-en alène. Fl. bleu tendre, foncées à la base, terminales, solitaires dans un *involucre semblable aux feu.* Sép. ov.-lancéolés. Pét. 5 ou nombreux. Anthères mutiques, verdâtres. Carp. 5 lisses, soudés jusqu'au sommet en une caps. globuleuse. Graines triquètres, ridées en travers. ①. jn-jt. Moissons du calc. — CHAR.-INF. *Le Pin* (Mme George), *Montlieu* (de Meschinet), *S.-Georges-du-Bois,* C. *Saintes!* (Delalande), *Chagnolet* (Hubert), *la Rochelle* à *Chef-de-Baie, S.-Romain.* C. par localités. — VEND. Çà et là plaine de *Luçon* (Lepeltier), *Magnils* (Pontarlier, Marichal), *Mouzeuil* (David), *S.-Et.-de-Brillouet* (Ayraud), *Chaillé-les-Marais*. R.

X. N. GALLICA Jord. pugil. *N. hisp. parviflora* Coss. notes 29. Tige de 2-3 déc. cannelée, rude; rameaux dressés. Feu. pinnatif. à lobes oblongs-lin. un peu en gouttière. *Fl. bleu* pâle. Invol. nul. Sép. largement ovales à onglet égalant env. la moitié du limbe. Pét. 5, brusquement coudés, à lèv. sup. lancéolée-en alêne, atteignant la base des appendices de la lèv. inf., celle-ci à 2 lobes arrondis, brusquement rétrécis en un appendice env. de même longueur, arqué, lin.-cylindrique un peu élargi au sommet. Anthères apiculées. Carp. 5, soudés jusqu'au sommet en une caps. un peu rétrécie à la base, un peu rude au sommet et sur le bec étalé des carp., ceux-ci à 3 nervures dont les latérales descendent jusqu'au tiers env. de la caps. *Graines* triquètres, *lisses, marbrées.* ①. j[t]-août. Moissons du calc.—CHAR.-INF. PC. *Dœuil* (Dussouchaud), *Beuon*; C. *Beauvais* (Savatier). C. par localités à *Montlieu* (de Meschinet). — DEUX-SÈV. *Loubillé* (Jousse), *Chizé* (A. Guillon), *Paizay* (Vernial). — Lèvre inf. de la cor. bleuâtre à la base, puis marquée d'une raie transversale pourprée, située un peu au-dessus de la base des lobes; appendices jaunâtres, avec une raie pourprée au-dessous du sommet bleuâtre.

AQUILEGIA L. Sép. 5 colorés, caducs. Pét. 5 en cornet, prolongés à la base en éperon creux, recourbé. Carp. 5 longuement acuminés par le style.

A. VULGARIS L. *Ancolie.* Tige de 5-10 déc. Feu. 2 f. ternées à fol. inégalement crénelées, obtuses, pâles en dessous. Fl. bleues, grandes, penchées, à éperons courbés en crochet. Carp. pubescents. ♃ mai-j[n]. Prés ombragés, lisière des bois. AC. — Moins c. au-delà de la *Loire-Inf.*

DELPHINIUM L. Cal. irrégulier, à 5 sép. pétaloïdes, le sup. prolongé à la base en éperon. Pét. 4, tous soudés en un seul, ou les deux sup. soudés et engaînés à la base dans l'éperon du cal.

D. AJACIS L. *Pied d'alouette.* Tige pubescente, à rameaux redressés en angle aigu. Feu. sessiles, découpées en lobes lin. Fl. monopét. bleues, roses ou blanches, tachées en dedans, 6-10 en grappe allongée. Pédic. ord. moitié plus long que la bractée, qqf. l'égalant. *Carp. unique, pubescent.* ①. jn-jt. Moissons de la région marit. ou calc. — CHAR.-INF. *Montlieu* (de Meschinet). AC. — DEUX-SÈV. AC. plaine de *Chenay* (Sauzé, Maillard), *Airvault, Louin* (Bonnin), *Thouars* (Lunet). — VEND. *La Couture*, C. *Luçon* (Pontarlier, Marichal). *Nalliers* (Ayraud), *Chaillé-les-Marais ! Ile d'Elle* (Letourneux). — LOIRE-INF. AC. moissons de *Brandu* près *Piriac !* (Letourneux), et çà et là échappé des jardins. — MOR. « *Quiberon, S.-Gildas* (Le Gall, flore). » RR. — FIN. *Penmarc'h* (Crouan). — C.-NORD. RR. presqu'île de *S.-Briac* (Mabille). — Cette espèce tend à se répandre hors des jardins, où elle est cult. partout.

Ӿ. D. CONSOLIDA L. Rameaux étalés. Feu. sessiles, multifides à div. lin. Fl. bleues en épis lâches terminaux. Pédic. plus longs que la bractée. *Carp. unique, glabre.* ①. jn-sept. Moissons du calc. — CHAR.-INF. AC. — DEUX-SÈV. *Niort* (A. Guillon), *Loubillé* (Jousse), *Thouars* (Genuer), *Airvault, Repéroux* (Bonnin). — VEND. Ile de *Maillezais, île d'Elle* (Letourneux), *Fontaines.*

Ӿ. D. CARDIOPETALUM DC. Tige de 2-3 déc. finement pubescente, rameuse. Feu. multifides ou trifides, à lobes linéaires, les sup. entières. Fl. bleues en grappe serrée. Sép. pubérulents, le sup. à éperon beaucoup plus long que le limbe. *Pét. tous libres*, les inf. à limbe en cœur, 2 f. plus court que l'onglet. *Trois carp.* toruleux, à la fin glabres, 3 f. plus longs que le style. Graines arrondies, fortement ombiliquées, couvertes d'écailles imbriquées non ondulées. ①. jt-at. Moissons du calc. — CHAR.-INF. *Montlieu* (de Meschinet), *Mornac* (Rouffineau), *Pons, Surgères, S.-Georges-du-Bois* (Delalande), C. *S.-J.-d'Angély, Migré* (Lemarié), R. *Dœuil* (Dussouchaud), *le Pin* (Mme Georges), etc.

C. par localités. — DEUX-SÈV. c. *Loubillé* (Jousse), *Prahecq* (Maillard), *Paizay* (Vernial), près *Frontenay* (Charbonneau), *Niort, Chizé, Mairé, Vaussais* (Guillon). — VEND. *Benet* (Pontdevie). RR.

BERBÉRIDÉES.

BERBERIS L. Sép. 6. Pét. 6 munis de deux glandes à la base. Étam. 6 oppositives. Baie 1-3. sperme.

B. VULGARIS L. *Epine vinette.* Arbrisseau touffu, à rameaux cannelés, grisâtres. Épines 3. part. Feu. obov., ciliées-dentées, fasciculées. Fl. jaunes en épis penchés, axillaires. Baie rougeâtre. Av-mai. Qq. pieds çà et là dans les haies. — Il est possible que cet arbrisseau, cult. partout, ne soit nulle part spontané, mais ait été propagé par les oiseaux, ainsi que d'autres arbres à baies.

NYMPHÉACÉES.

Sép. 4-6. Cor. régulière. Pét. nombreux. Étam. nombreuses, à filets pétaloïdes, insérées ainsi que les pét. sur un disque entourant plus ou moins l'ovaire. Anthères adnées. Ovaire pluri-loculaire, à plusieurs ovules attachés aux parois des loges. Stigm. rayonnant. Fruit indéhiscent, rempli d'une pulpe gélatineuse. *Plantes aquatiques à souche rampante.*

NYMPHÆA L. Sép. 4. Pét. nombreux imbriqués sur plusieurs rangs, sans glande nectarifère. Ovaire à moitié entouré par le disque. Stigm. à rayons libres, ascendants.

N. ALBA L. *N. Milletii* et *permixta* Bor. *Nénuphar.* Feu. flottantes, presq. orbiculaires, profond. en cœur à la base. Sép. ov.-lancéolés, verdâtres en dehors. Fl. blanche flottante. Baie globuleuse. ♃.

jn-at. Eaux stagnantes profondes. C. — Var. qqf., ainsi que la plante suiv., à fl. moitié plus petites.

NUPHAR Smith. Sép. 5 plus longs que les pét. nombreux, sur un seul rang, et ayant sur le dos une glande nectarifère. Ovaire presque libre. Stigm. à rayons nombreux, sessiles, sur un disque couronnant l'ovaire.

N. LUTEUM Smith. *Nymphæa* L. Feu. flottantes presq. orbiculaires, profond. en cœur à la base; pétiole triquètre. Sép. ov.-arrondis. Fl. jaune, odorante, élevée hors de l'eau d'env. 6-8 cent. Stigm. à rayons disparaissant près du bord. Baie conique. ♃. jn-at. Eaux stagnantes profondes. C.

PAPAVÉRACÉES.

Sép. 2 caducs. Cor. régulière à 4 pét. Étam. nombreuses (4 dans *Hypecoum)*, hypogynes. Ovaire libre à plusieurs stigm. sessiles. Caps. ovale, oblongue ou en forme de silique. Placenta latéraux ou en forme de cloisons. *Herbes à suc blanc ou jaunâtre.*

PAPAVER L. Stigm. 4-10 rayonnants, sessiles sur un disque couronnant l'ovaire. Caps. ovale ou allongée, à 1 loge s'ouvrant sous les stigm. par autant de valves qu'il y a de fausses cloisons.

Obs. Les plantes suiv., appelées *Coquelicot*, sont annuelles, ont la tige rameuse, hérissée, et les feu. 1-2 f. pinnatifides à lobes dentés; elles se ressemblent par le port et fleurissent en mai-jt.

* *Caps. hérissées; filets des étam. élargis au sommet.*

P. ARGEMONE L. *Caps. allongée-en massue*, hérissée de soies arquées-dressées. Stigm. 4-6 atteignant ou dépassant le bord du disque sinué. Sép.

à poils épars. Fl. petite, rouge pâle, onglet à grande tache noire. Moissons du calc. et des bords de la mer, plus rar. du schiste. PC. — Plus c. midi de la *Loire*.

Obs. P. micranthum Bor. que j'ai vu sec recueilli dans le calc. à *S.-Pompain* (Deux-Sèv.) par M. Guyon, ressemble beaucoup au précéd., dont on le distingue par la fl. plus petite et par la *caps. oblongue*, non en massue, à soies plus dressées.

P. HYBRIDUM L. *Caps. ovale*, hérissée de soies nombreuses, raides, étalées, arquées. Stigm. 6-8 atteignant les bords du disque sinué. Sép. hérissés. Fl. petite, rouge violacé. Moisson du calc. et des bords de la mer. PC. — Plus c. midi de la *Loire*.

** *Caps. glabres; filets des étam. en alêne.*

P. RHŒAS L. *Caps. courtement obovale*, arrondie à la base. Stigm. 10 sur un disque dont les lobes se recouvrent par les bords. Fl. grande, d'un beau rouge, pédonc. hérissé, très-rar. à poils couchés. Moissons, terres cultivées. C. — Plus c. dans le calc. et aux bords de la mer.

Obs. M. Jordan Diagnoses p. 99 et Icon. considère que les *P. Rhœas* et *dubium* des auteurs correspondent à des groupes très-nombreux d'espèces.

P. DUBIUM L. *Caps. oblongue-en massue.* Stigm. 5-7 n'atteignant pas les bords du disque crénelé-lobé. Fl. plus petite et d'un rouge moins vif que le précéd.; pédonc. à poils couchés, ceux du bas étalés. Champs, murs. C. — Caps. variable, ord. rétrécie graduellement à partir du quart supér., qqf. plus ou moins resserrée à la base.

P. COLLINUM Bog. *Caps.* oblongue-en massue *brusquement rétrécie à la base*, qui est plus étroite que le sommet du pédonc. Stigm. 5-7 n'atteignant pas le bord du disque moins distinctement lobé que dans *P. dubium*; pédonc. à poils couchés.

Plante moins hispide que la précéd., feu. moins lobées. — CHAR.-INF. Vignes de l'île de Ré entre *la Flotte* et le *Fort-la-Prée* (Letourneux). — FIN. *Brest* (Crouan). — C.-NORD. Env. de *S.-Brieuc*.

P. LECOQII Lamotte, diffère de *P. dubium* par la caps. presque cylindrique rétrécie à la base, les stigm. atteignant ou *dépassant le bord du disque* dont les crénelures ont les bords contigus, par les graines brunes et non glauques, plus petites, et enfin par le *suc jaunissant à l'air*. — VEND. La Croix-Bouchère près *Mortagne* (Genevier). — Noté dans les Deux-Sèv. par Sauzé, Cat. il doit exister ailleurs dans le calc. au midi de la Loire.

MECONOPSIS Vig. Style court, 4-6 stigm. rayonnants, libres. Caps. obovale à 1 loge s'ouvrant au sommet par 4-6 valves; placenta allongés en membrane étroite.

M. CAMBRICA Vig. *Papaver* L. Herbe à suc jaunâtre. Tige rameuse. Feu. ailées à fol. ovales, incisées-dentées, un peu décurrentes sur le rachis, glauques en-dessous. Pédonc. très-allongé à 1 fl. jaune. Caps. glabre à 4-6 côtes blanches. ♃. jn-at. Partie rocheuse ombragée des bois montagneux. — FIN. Forêt de *Laz* dans les Montagnes Noires. (Bonnemaison herb.) — Je ne l'y ai pas retrouvé, ni d'autres non plus.

ROEMERIA DC. Style court, stigm. en tête. Caps. en forme de silique à 1 loge, à 3,4 valves s'ouvrant du sommet à la base.

X. R. HYBRIDA DC. *Chelidonium* L. Tige plus ou moins poilue. Feu. bipinnatif. à div. lin. terminées par une soie. Fl. solitaires, violet foncé. Caps. linéaire, longue, hérissée de soies éparses, étalées, un peu arquées. Graines réniformes, cendrées, alvéolées. ①. mai-jn. Moissons et friches du calc. — *Puy-Notre-Dame* (Maine-et-L.) tout près des *Deux-*

Sèv. (Bastard).—*Amberre, Vendeuvre, Couture* dans la Vienne (Guyon).

GLAUCIUM Tourn. Caps. en forme de silique, à 2 loges, à 2 valves s'ouvrant du sommet à la base. Graines logées sur un seul rang dans une cloison spongieuse.

G. LUTEUM Scop. Très-glauque, rameux. Feu. pinnatif. à lobes incisés-dentés, les sup. arrondies-sinuées, embrassantes. Fl. grandes, jaunes. Silique de 2 déc. arquée, rude. ②. jn-at. AC. sables et décombres des bords de la mer.—Plus c. midi de *la Loire*.

CHELIDONIUM L. Caps. en forme de silique 1. loc. à 2 valv. s'ouvrant de la base au sommet. Graines sur deux rangs, couronnées par une crête.

C MAJUS L. *Éclaire*. Herbe à suc jaune fétide. Feu. ailées-pinnatif. à 5 ou 7 fol. ovales, incisées-lobées, glauques en dessous. Fl. petites, jaunes, presq. en ombelle simple. ♃. mai-sept. Décombres, murs, haies, CC.

HYPECOUM L. Pét. 4 inégaux. Étam. 4 oppositives. Caps. en forme de silique se séparant à la maturité en articles 1. spermes.

X. H. PENDULUM L. Tige dressée. Feu. glauques, bipinnatif. à lobes lin., les rad. nombreuses, celles de la tige naissant sous les rameaux. Fl. petites, jaunes, solitaires, axillaires et terminales. Sép. ovales, courts. Pét. ext. non tachés, les int. à 3 lobes, les latéraux tachés de points noirâtres, l'intermed. à limbe spatulé cilié. Caps. pendante, non arquée, noueuse, non articulée. ①. mai-jn. Champs calc. — DEUX-SÈV. *Féaule* près *Thouars* (Genuer 1840), près du parc d'*Oyron* (Toussaints). R. —*Puy-Notre-Dame* en Maine-et-Loire (Bastard). — *Vendeuvre* dans la Vienne (Guyon). *Nanville* en

S.-Laon dans la Vienne, sur la limite des Deux-Sèv. (Richard).

FUMARIACÉES.

Sép. 2 caducs. Cor. irrégulière à 4 pét. imitant une fl. papilionacée. Etam. hypogynes, réunies en 2 faisceaux terminés par 3 anthères dont les latérales sont à 1 loge. Ovaire libre. Style filiforme. Fruit tantôt polysperme, 2-valve, à placenta persistants sur les sutures, tantôt 1-sperme indéhiscent. Graines arillées. *Herbes à suc aqueux; feuilles multifides.*

CORYDALIS DC. Sép. 2 ou 0. Pét. supér. éperonné à la base. Fruit polysperme, 2-valve.

C. SOLIDA Smith, *C. bulbosa* DC. *Fum. bulbosa* γ L. *Rac. bulbeuse,* arrondie, pleine. Tige simple d'env. 2 déc. Feu. 2-4 glauques, 2 f. ternées à fol. obtuses. Bract. digitées. Fl. rougeâtres, en épi terminal. ♃. mars-av. Haies, taillis. — DEUX-SÈV. *Chambrille* près *la Mothe* (Sauzé, Maillard), *la Meilleraie-Tilloy* (Gobert), *Moncoutant, la Peyratte* (Janneau), *Louin, Airvault* (Bonnin), AC. *S.-Loup* (Guyon), RR. *Chambon* près *Thouars* (Lunet), *Bressuire*, *Châtillon-S.-Sèvre* (Toussaints). — VEND. *Bois-Plat,* c. forêt de *Vouvant* (Letourneux), *la Dalle* près *Nap.*, au-dessous de *Chaillé-les-Orm.*, bords du *Lay* en la *Réorthe* (Pontarlier, Marichal), *Challans* (Gobert). PC.—LOIRE-INF. Bords du *Hâvre*, de la *Divatte, Mauves, Pont-du-Cens, Carcouët, le Portereau, Vertou* (Letourneux), *Maisdon* (Bornigal), c. bords de *la Sèvre* entre *Monnières* et *S.-Fiacre* (Guiho), *Château-Thébaud* (Bureau). AR. — IL.-ET-VIL. La Trotinais près *la Molière* (herb. Degland), *Laillé, Bourg-des-Comptes* (Le Gall). RR.

C. CLAVICULATA DC. *Fumaria* L. *Tige* rameuse, *grimpante.* Feu. ailées; pinnules pédicellées, presque digitées, à fol. oblongues, entières. Pétioles terminés en vrille rameuse. *Fl.* petites, 5,6 en épi, *blanc jaunâtre*. Caps. à 2,3 graines. ①. jn-at. Buissons et rochers des coteaux schisteux et granitiques. AC.

Obs. C. lutea DC. sans vrilles et à fl. jaunes plus grandes que celles du précéd., s'échappe des cultures et se naturalise sur les vieux murs à *Dinan*, *S.-Juvat*, *Matignon*, *S.-Brieuc*, *Landerneau*, etc.

FUMARIA L. *Fumeterre*. Sép. 2. Pét. supér. éperonné à la base. Fruit 1-sperme, indéhiscent. *Herbes annuelles des lieux cultivés, fleurissant de mai à sept.; tiges anguleuses, faibles, diffuses, ou grimpantes par les pétioles qui se roulent autour des corps voisins; feu. décomposées; fl. rougeâtres ou blanchâtres, foncées au sommet, en épis opposés aux feuil.*

F. SPECIOSA Jord. cat. Grenoble 1849, *F. capreolata* auct. part. Plante élégante, robuste, vert clair. *Pédic. fructifères*, épais, *toujours recourbés*, dépassant la bractée. Sép. ovales, aigus, prolongés à la base et fortement dentés, égalant la moitié de la cor., qui est plus étroite. *Cor. blanche* ou rosée supérieurement, brun noirâtre au sommet, pét. inf. verdâtre au sommet, éperon gros, arrondi. Fr. orbiculaire, lisse. — CHAR.-INF. *Saintes* (Marc Arnauld), *Marennes* (de l'Isle). — MOR. *Riantec* avec fl. rosée (Taslé). — FIN. c. arrond. de *Brest*. — C.-NORD. Env. de *S.-Brieuc* (Baron). — IL.-ET-V. *S.-Ideuc* près *S.-Malo* (*F. pallidiflora* Mabille cat.).

F. BORÆI Jordan, *F. Bastardi* v. *major* Boreau revue, *F. Bastardi* Jord., *F. muralis* Bor. éd. 2, *F. capreolata* Smith, Lloyd fl. Loire-Inf. Lobes des feu. ovales ou oblongs. Pédic. fructifères étalés, rar. recourbés, plus longs que la bractée. *Sép.* grands. largement ovales, *peltés*, fortement dentés vers la base, dépassant à peine la largeur de la cor. *Fr.* globuleux *un peu plus long que large*, très-obtus. CC. — PC. le calc.

F. confusa Jordan, *F. Bastardi* Bor. revue et flore, édit. 2 et 3, *F. capreolata* Bor. éd. 1. Diffère de *F. Borœi* par les lobes des feu. plus obtus, par la fl. 1/2 plus petite, les sép. 1/2 plus petits, étroitement ovales, très-peu ou point prolongés au-dessous de leur insertion, où ils sont très-peu ou point dentés, et par la base du fr. dilatée, plus large que le sommet du pédic. peu épaissi. — Ça et là. R., moins r. dans le calc.

F. officinalis L. Bull. méd. 189. *F. media* Lois. Lobes des feu. oblongs-lin. Sép. ov. ou ov.-lancéolés, plus étroits que la cor., dont elle égale env. le 1/3. *Fr.* globuleux, *plus large que long, tronqué, presq. échancré*, un peu ridé-granuleux. C. — Plus c. le calc. — ac. *Bretagne* au-delà de la Vilaine.

F. micrantha Lagasca. Lobes des feu. oblongs-lin. Epi serré; pédic. dressé, épais, en coupe au sommet, égalant la bractée ou plus court. *Sép. dentelés tout autour, orbiculaires*, peltés, *beaucoup plus larges* que la cor. et dépassant le tiers de sa longueur. Fr. globuleux, un peu plus large que long, un peu ridé-granuleux. — Char.-Inf. De *Meschers à Royan*, *Angoulin !* (A. Guillon), *Saintes* (M. Arnauld), *Surgères*. — Deux-Sèv. *Niort* (A. Guillon), *Villiers-en-P.*, rr. *S.-Pompain*, *S.-Loup !* (Guyon), *Airvault*, *Thouars* (Lunet), *Louin* (Bernard. — Vend. *Challans*, *Chaillé-les-Marais ! Ste-Gemme* (Pontarlier), *Fontenay* et env. (Letourneux), rr. *Mortagne* (Genevier). — Mor. *Ile-aux-Moines ! S.-Gildas* (Taslé). RR. — Fin. *Kerity-Penmarc'h*, *Plomeur* (Crouan).

F. parviflora Lam. Très-glauque. *Lobes des feu. linéaires, en gouttière*. Sép. petits, de la largeur du pédicelle. Fl. blanchâtres. *Fr. mûr* globuleux, ridé-granuleux, *apiculé*. Champs calc. ou sabl. — Char. Inf. AC. — Deux-Sèv. *Niort* (A. Guillon), *S.-Pompain*, *Villiers-en-P.* (Guyon), *Airvault* (Bonnin), *Soudan* (Portron), *Thouars* (Revelière). —

VEND. *Noirmoutier;* c. *Fontenay!* (Letourneux), *S.-Hilaire-de-Riez, Sables-d'Olonne, Ste-Paixine* (Marichal, Pontarlier). — LOIRE-INF. *Chéméré, Machecoul,* c. dans toutes les vignes sabl. d'*Escoublac* à *S.-Sébastien* et au village de *Cavareau;* autour du *Pouliguen*. R. — MOR. *Quiberon* (Le Gall). RR. — FIN. *Plomeur* (Crouan).

F. VAILLANTII Lois. Glauque. *Lobes des feu.* lin.-lancéolés, *plans*. *Sép.* très-petits, *plus étroits que le pédic.* Fl. rosées. Fr. mûr globuleux, ridé-granuleux, obtus. Champs calc. — CHAR.-INF. AC. — DEUX-SÈV. *Paizay* (A. Guillon), cc. *la Mothe* (Sauzé, Maillard), *S.-Loup* (Guyon), *Airvault* (Bonnin), *Thouars* (Lunet). — VEND. Vignes des dunes entre *S.-Hilaire-de-Riez* et *S.-Jean-de-Mont, Ste-Paixine* (Pontarlier, Marichal), *Chaillé-les-Marais; Sauveré-le-Sec* (Ayraud). — LOIRE-INF. *Machecoul, Arthon*. RR.

CRUCIFÈRES.

Sép. 4. Pét. 4 opposés en croix, onguiculés, alternes avec les sép. Etam. 6 hypogynes, tétradynames c.-à-d. 2 plus courtes solitaires, opposées aux sép. extér. et 4 plus longues géminées, opposées aux sép. intér. Anthères à 2 loges introrses. Ovaire libre. Style 1 à ord. 2 stigm. Fruit allongé (*silique*), ou court (*silicule*), rar. à une loge indéhiscente, ord. à 2 loges, à 2 valves parallèles à la cloison qui porte sur chaque bord plusieurs graines, rar. une seule. *Herbes à feu. alternes; fl. en épis ou en grappes.*

A. Siliqueuses, c.-à-d. dont le fruit est 3 fois plus long que large.

RAPHANUS L. Cal. dressé, bossu à la base. Siliq. linéaire ou conique, cylindrique, indéhiscente, à 2 loges continues ou se séparant en articles transversaux 1.spermes, terminée en long bec conique.

R. RAPHANISTRUM L. *Ravenelle*. Tige de 5-8 dec. rameuse-étalée. Feu. lyrées à lobes ov., sinués-dentés, rudes, le terminal plus grand. Siliq. striée, se séparant à la maturité en articles 1-spermes. Fl. jaunes, veinées ou d'un jaune blanchâtre veiné de violet. ①. j^n–oct. Moissons, prés, champs en friche. CC. — qqf ②. et alors plus robuste avec les lobes des feu. rad. et inf. séparés par d'autres plus petits.

β. *R. maritimus* Smith. Tige de 10-15 déc. à rameaux très-étalés; feu. rad. et inf. à lobes séparés par d'autres plus petits; les rad. en large rosette; fl. jaunes, non veinées; siliq. à articles moins nombreux, à étranglements plus distincts; rac. ②. rar. trisannuelle, mais certainement pas vivace. Rochers maritimes dans les îlots ou dans les lieux exposés à la grande mer. — MOR. *Houat* et îlots voisins, où il est c! (Delalande), R. *Larmor* et *Guidel* près *Lorient*. — FIN. *Iles Glénans*, C. rade de *Brest*, R. *Ile de Bätz*, C. *Ile Verte* près *Roscoff* (Moreau). — C.-NORD. *Ile Bréhat* (Debooz). RR. — IL.-ET-V., RR. îlot v.-à-v. *S.-Briac*, pointe de *La-varde* (Mabille cat.), *île des Rimains* (Debooz). RR. — Distinct de *R. Raphanistrum* selon Mess. Le Gall et Crouan.

Obs. J'ai cueilli dans les sables maritimes avant *Royan* (Char.-Inf.) un Raph. *R. Landra* Moretti? à rac. ②!; tige d'env. 1 mèt.; feu. inf. lyrées à lobes écartés, opposés ou alternes, ov.-lancéolés, dentés, les inf. recourbés, rachis blanchâtre; cal. appliqué; pét. oblongs-obov., jaunes, non veinés.

BRASSICA L. Cal. dressé. Siliq. presque cylindrique, terminée en bec. Graines globuleuses sur un rang.

B. CHEIRANTHUS Vil. Glaucescent. Tige rameuse, couverte dans le bas de poils épars, étalés. *Feu. hispides, ailées*, à fol. oblong., sinuées-dentées, les sup. à fol. lin. Cal. toujours fermé. Fl. jaunes

Siliq. d'env. 4 cent. lin. bosselées, terminées en bec à 1, 2 graines à la base. ②, ♃. jn-at. Coteaux pierreux, bord des haies. C. — Une forme naine est AC. dans les sables maritimes.

B. OLERACEA L. *Chou sauvage. Très-glabre.* Tige de 6-10 déc. rameuse. Feu. lyrées, sinuées-ondulées, glauques, épaisses, les sup. lancéolées, auriculées, dentées ou entières. Fl. jaune pâle en grappes lâches. Cal. dressé, bossu à la base. ②, et trisannuel. mai. — CHAR.-INF. Rochers calc. de la *Gironde*, de *Mortagne* à *Meschers*.

ERUCASTRUM Schimp. Cal. ouvert, bossu à la base. Siliq. linéaire, valves convexes à une nervure. Graines ovales ou oblongues sur un seul rang.

X. E. OBTUSANGULUM Reich. *Sisymbrium* DC. Tige de 3-6 déc. finement pubescente dans le bas à poils dirigés en bas. Feu. profond. pinnatif. à lobes obtus, dentés-sinués, ondulés, un peu glauques. Fl. d'un beau jaune, odorantes, en grappe sans bractée. Cal. ouvert, plus court que le pédic. Siliq. redressées sur un pédic. ouvert, bec portant souv. une graine à la base. ②. jn. — CHAR.-INF. R. rochers calc. de *la Gironde*, de *S.-Seurin* aux *Monnards*. RR.

SINAPIS L. Diffère (à peine) du *Brassica* par le cal. étalé.

S. NIGRA L. *Moutarde.* Tige rameuse d'un mètre et plus. Feu. inf. lyrées, grandes, rudes, à lobe terminal très-grand, les sup. lancéolées, entières, glabres. Fl. jaunes. *Siliq. tétragones* à bec court, serrées contre l'axe. Graines noires. ①. jn-sept. Lieux pierreux, coteaux, bord des rivières, des marais, terres fortes salées. — CHAR.-INF. C. région maritime et vallée de *la Gironde*; *S.-J.-d'Angély* et env. (Pinatel), *S.-Georges-du-Bois* (Dussouchaud). — DEUX-SEV. *Niort*, *S.-Pompain* (Guyon). —

VEND. C. région marit. et le Marais (Pontarlier, Marichal). — LOIRE-INF. AC. oseraies de la *Loire*, C. sur le talus des fossés du *bas de la Loire* où l'on récolte ses graines qui fournissent la moutarde du commerce. — PC. au-delà de la *Loire* jusqu'au *Fin.*; de là AC. surtout dans la région maritime.

S. ARVENSIS L. Tige rameuse de 4-6 déc. hispide. Feu. ov., inégalement dentées, les inf. lyrées ou lobées, hispides. Fl. jaunes. *Siliq. cylindriq. bosselées*, demi-dressées, glabres, plus longues que le bec long conique-en alêne, à 3 nerv. dorsales. Graines noires. ①. j^n-a^t. Moissons, vignes, champs cultivés. CC. — Var. qqf. à siliq. couvertes de poils réfléchis.

Obs. S. Schkuhriana Reich. Boreau. M. de Rochebruné qui le trouve dans les lieux cult. humides, les décombres de la Charente, le distingue de *S. arvensis* « par ses fl. d'un jaune plus pâle, ses siliq. grêles, allongées, un peu flexueuses, toruleuses jusqu'à la maturité, à 5 nerv., les deux latérales plus faibles et interrompues, tandis que *S. arvensis* a une siliq. épaisse et à 3 nerv.; enfin par le pédic. de la siliq. grêle, non épais et court; par ses graines bien plus grosses. » — M. J. Richard l'a recueilli sur les talus du canal de la Dive près *Oyron* (Deux-Sèv.), d'après Sauzé Explor. p. 20.

✕. S. ALBA L. *Moutarde blanche.* Tige hispide. Feu. lyrées-pinnatif. à lobes ov., sinués-dentés. Fl. jaunes en grappes. Pédonc. sillonné, étalé. Siliq. toruleuses, hispides, munies sur le dos de trois nerv. saillantes et terminées par un *bec* long *en sabre*. Graines jaunâtres, 2, 3 dans chaque loge. ①. mai. Coteaux et rochers calc. — CHAR.-INF. *Mortagne*. — Citadelle de *Blaye*.

S. INCANA L. *Erucastrum* Koch, *Hirschfeldia adpressa* Moench. Tige de 5-10 déc. rameuse, couverte de poils dirigés en bas. Feu. lyrées, les sup. lancéolées, entières, pétiolées. Fl. jaunes. *Siliq.*

grêles, cylindriques, un peu toruleuses, *serrées contre l'axe;* valves à 1 nerv. et à veines anastomosées; *bec court, rétréci à la base, à une graine.* ②. jn-sept. Champs, coteaux, lieux pierreux, décombres du calc. — CHAR.-INF. De *S.-Romain-de-Beaumont* jusqu'à *Royan, Terre-Nègre, la Tremblade; Oleron, Fouras* jusqu'à *La Rochelle* et *l'Ile-de-Ré, Saintes.* C. par localités.—C.-NORD. *S.-Jacut, S.-Lunaire* (Mabillé).—IL.-ET-V. Entre *Paramé* et *S.-Servan* (Le Gall). RR.—Qq. pieds de cette plante de décombres apparaissent dans les ports de mer.

DIPLOTAXIS DC. Cal. lâche, égal à la base. Siliq. linéaire, comprimée. Graines sur 2 rangs dans chaque loge. *Fl. jaunes.*

D. TENUIFOLIA DC. *Sisymbrium* L. *Glabre,* fétide par le frottement. Tiges de 4-6 déc. sous-frutescentes à la base. Feu. inf. pinnatif. à lobes lin., entiers. *Fl. jaune soufre,* longuement pédicellées, odorantes. ♃. jn-sept. Sables, décombres, rochers. C. région maritime mais par localités. — A l'intérieur. Château de *Bressuire* (Toussaints, 1840); *Thouars,* en *Deux-Sèv.* (Boreau).

D. MURALIS DC. *Sisymb.* L. *Tiges* d'env. 3 déc. *ascendantes presque nues, un peu poilues* ainsi que les feu. oblong., sinuées-pinnatif. Fl. odorante. Cor. étalée, dépassant 1 f. le cal.; limbe arrondi, brusquement contracté en onglet. ①, ②, ♃. jn. Champs, bords des chemins, lieux pierreux du calc. — CHAR.-INF. C. de *Mortagne à Meschers; Chef-de-Baie, Montlieu, Jonzac,* C. *Ile de Ré; Oléron, Beauvais* (Savatier); de *Siecq* à *Cognac,* etc. — DEUX-SÈV. « *Thouars* (Boreau flore) ».— *Pas-de-Jeu* (Richard). — VEND. *Fontenay, Auzais, Chaillé-les-M.!* (Letourneux), *Gué de Velluire* (Ayraud.)— LOIRE-INF. *Machecoul!* (Le Boterf). RR. — FIN. *Kerfichen* près *Plouescat,* C. anse de *Goulven; le Con-*

quet (Crouan). — C.-Nord. R. *S.-Jacut* (Mabille). — Il.-et-V. C. *S.-Malo* et env.

D. viminea DC. *Sisymb.* L. Glabre. Tiges plus grêles que le précéd. Feu. lyrées-sinuées, presque toutes radic. en rosette. *Pét. dépassant à peine le cal.;* limbe oblong, insensiblement rétréci en onglet. Style contracté à la base. ①. av.-sept. Champs, vignes, lieux cultivés des ter. calc. ou sabl. — Char.-Inf. C. — Deux-Sèv. *Niort, Sanzais* et env. (A. Guillon), *Mauzé, la Mothe* (Sauzé, Maillard), *Airvault* et env. (Bonnin), *Coulonges-sur-l'Autize* (Guyon), *Chizé* (Richard), *Thouars* (Bastard). — Vend. *Noirmoutier, île d'Yeu, la Barre-de-Monts; Challans* (V. Grand-Marais), *la Bauduère!* (Delalande), *Maillezais, Longève, Chaillé les-M.! île d'Elle* (Letourneux), *Mareuil* (Pontarlier)). — Mor. *Etel, Sarzeau* (Toussaints). RR. — Fin. *Camaret* (Crouan).

SISYMBRIUM L. Cal. égal à la base. Siliq. linéaire; valves convexes, à 3 nervures longitudinales. Stigm. entier ou échancré, obtus. Graines sur un rang. *Fl. jaunes, petites.*

S. officinale Scop. *Erysimum* L. Velu; *rameaux divergens.* Feu. inf. roncinées-lyrées. *Siliq.* en alène, *serrées contre l'axe.* ①. jn-at. Décombres, pied des murs. CC.

S. austriacum Jacq. Koch. Tige rameuse de 2-5 déc. Feu. roncinées-pinnatif., un peu épaisses, à côtes blanchâtres, les rad. en rosette; lobes triangulaires à sommet aigu, calleux, souv. garni de 1 ou plusieurs soies, le lobe terminal plus allongé dans les feu. sup. Fl. dépassant les jeunes siliq. Sép. presque glabres, dressés, inégaux à la base. Pét. étalés. *Siliq.* nombreuses, *serrées-entremêlées* autour de l'axe, sur un pédic. arqué-ascendant un peu épaissi au sommet qui est aussi épais que la siliq., celle-ci 4-5 f. plus longue que le pédic. Graines jaunâtres, lisses. ②. mai-jn. — Char.-Inf. Rochers calc. de *la Gironde*, de *S.-Seurin* aux

Monnards. RR. — IL.-ET-V. CC. murs de *Rennes*, où il est pubescent, à poils dressés; aussi dans qq. haies autour de la ville (*S. rhedonense* Le Gall).

S. IRIO L. A la fin glabre ou à peu près, rameux. Feu. pinnatif. à lobes dentés du côté sup., le terminal plus grand, allongé dans les feu. sup. *Siliq.* nombreuses, 4 f. aussi longues que le pédic., ouvertes en angle aigu, *les plus jeunes dépassant les fleurs* jaune pâle. ②. mai-a[t]. Murs, décombres, bord des chemins. — CHAR.-INF. Remparts de *la Rochelle, Pons*. — VEND. RR. port des *Sables* (Marichal), château de *Maillezais* (Gobert). — LOIRE-INF. Quais et rochers de la Loire à *Nantes*, rues d'*Ingrande*. R. — FIN. Moissons de *Quimper* (Bonnemaison); à retrouver là.

X. S. COLUMNÆ L. Koch. Velu. Tige flexueuse de 3-6 déc. Feu. roncinées-pinnatif., *à lobes munis à la base du côté inf. d'une oreillette redressée*, lobe terminal des feu. moyennes hasté-lancéolé, les feuil. sup. lancéolées, entières. Cal. dressé. Cor. jaune. Siliq. peu nombreuses, ouvertes, espacées, 12-15 f. plus longues que le pédic., presque de même épaisseur que lui. ② et ①. mai-j[n]. Murs, coteaux pierreux. — CHAR.-INF. *La Rochelle*, AC. murs de *S.-Martin, la Flotte, la Couarde* dans l'*Ile-de-Ré*. R. — VEND. Rocher de *la Dive!* (Letourneux). RR.

S. SOPHIA L. Pubescent, rameux dans le haut. *Feu. 3 f. ailées à fol. linéaires*. Cor. petite, plus courte que le cal. Siliq. nombreuses, grêles, dressées, 2 f. plus longues que le pédic. étalé. ①. mai-j[n]. Lieux sabl., décombres. — CHAR.-INF. *Oleron; Rivedoux* en île de Ré (Gobert). — DEUX-SÈV. Ville de *Thouars!* (Toussaints), *Chiché* (Guyon), RR. *Marnes*, C. murs de *la Grimaudière* dans la *Vienne* (Brottier). — VEND. C. à *Noirmoutier* autour des villages; de *la Barre* à *S.-Jean-de-Monts* (Gobert),

Sables-d'Olonne, la Tranche (Pontarlier, Marichal). — LOIRE-INF. Sables de *S.-Brevin*. RR. — MOR. RR. dans *Vannes* (Taslé).

BRAYA Sternb. Caract. du *Sisymbrium*. Siliq. à 1 nervure; graines sur 2 rangs.

B. SUPINA Koch, *Sisymb.* L. Couché, couvert de poils raides. Feu. pinnatif. à lobes oblongs, entiers ou sinués, obtus, le terminal plus grand. Fl. petites, blanches, axillaires en épis lâches, feuillés. Siliq. un peu comprimées, dressées, arquées, 5-6 f. plus longues que le pédic. ①. juin-sept. Lieux sablonneux humides. — DEUX-SÈV. Graviers de la Dive à *Rom* (Guyon), vignes des env. d'*Epannes* (J. Richard).

ERYSIMUM L. Cal. dressé ou fermé. Silique tétragone; valves à une forte nervure. Stigm. obtus, entier ou échancré. Graines sur un rang.

E. ALLIARIA L. *Hesperis* Lam. *Sisymb.* Scop. Plante froissée ayant une odeur d'ail, haute d'env. 6 déc. Feuil. en cœur, aiguës, grossièrement et inégalement dentées, les inf. obtuses-arrondies. Cal. dressé. *Fl. blanches*. Siliq. demi-dressées sur un pédic. très-court. Graines presque cylindriques, striées. ②. av.-jn. Haies. C.

E. CHEIRANTHOÏDES L. Tige anguleuse, rude. Feuil. lancéolées, à peine dentées, couvertes de poils 3.furqués. *Fl. d'un beau jaune*. Siliq. un peu pubescente, ascendante, 1 f. plus longue que le pédic. étalé. ①. mai-sept. Bord des eaux, champs humides. — CHAR.-INF. Bords de *la Charente* à *Cognac*; *la Boutonne* à *S.-J.-d'Angély* et env. (Pinatel), *Saintes* (Delalande), *Port-d'Envaux* (Faye) et prob. sur plusieurs points interméd.; *Nancras* (Delalande). — DEUX-SÈV. *Niort*, *Ste-Pezenne*, (A. Guillon), *Epannes* (J. Richard). — VEND. *Fontaines*, *Maillé* (Letourneux). R. — LOIRE-INF. C. Vallée de la *Loire*. — FIN. *S.-Jean-Plougastel*

(Crouan). — IL.-ET-V. *Grosmallon* près *Rennes* (herb. Degland).

✕. E. ORIENTALE R. Br. *Brassica* L. *Erys. perfoliatum* Crantz. Herbe *glauque*, glabre. Tige souv. simple. *Feuil. entières*, obtuses, elliptiq. ou oblong., embrassantes en cœur, les rad. obov. Cal. bossu, appliqué. Fl. blanc sale; pét. ouverts. Siliq. très-longues, étalées. ①. j^n^. Moissons, champs pierreux calc. — CHAR.-INF. Çà et là entre *Dœuil; le Pin!* (Mme George), *Aulnay, Beauvais-sur-Matha, Pérignac, Pons* et *Archiac*. PC. — DEUX-SÈV. *Paizay* (Vernial), *Melle* (A. Guillon).

HESPERIS L. Cal. bossu à la base. Siliq. linéaire. Stigm. à 2 lames dressées-conniventes. Graines oblongues, anguleuses, sur un rang.

H. MATRONALIS L. *Julienne.* Tige de 4-6 déc. hérissée. Feuil. ov.-lancéolées, acuminées, dentées. Fl. lilas, odorantes. Siliq. bosselées, glabres, dressées sur un pédic. étalé. ♃. mai-j^n^. — LOIRE-INF. Bords ombragés de la Moine à *Clisson* (Bornigal) et plus bas sur la Sèvre de *Gorges! à Monnières!* (Guiho). RR. — J'en ai vu qq. pieds dans une semblable station à *Cognac*, au bord de la Charente, sous le Parc du Portal. M. Sauzé l'a trouvé spontané au bois de l'Echassier, à 2 kil. en amont de *Cognac*.

MATTHIOLA R. Br. Cal. fermé, bossu à la base. Siliq. linéaire. Stigm. à 2 lobes connivents, épaissis sur le dos. Graines comprimées.

M. SINUATA R. Br. *Cheiranthus* L. Tomenteux-blanchâtre; rameaux étalés. *Feuil.* lancéolées, les *inf. sinuées*. Fl. rosées, odorantes le soir. Siliq. longue, rude-glanduleuse. Graines ovales, largement bordées. ②. j^n^-sept. Sables maritimes. Graduellement moins C. en s'éloignant du midi. — CHAR.-INF. C. — AC. de la Vendée à *Brest*, moins c. au-delà. — C.-NORD. *S.-Michel-en-Grève;* RR.

Grève S.-Symphorien (Cornillé). R. — IL.-ET-V. *Ile Harbourg* (Debooz), qq. pieds à Lavarde près *S.-Malo* (Mabille).

X. M. INCANA R. Br. *Cheiranthus* L. Tomenteux-blanchâtre. Tige rameuse portant inférieurement les cicatrices des anciennes feu. *Feuil.* lancéolées, arrondies au sommet, rétrécies à la base, *entières*, les inf. ondulées. Fl. blanches ou violacées à odeur suave. Siliq. dressée, tomenteuse, non glanduleuse. Graines orbiculaires, largement bordées. ②. jn-jt. Rochers calc. de la Gironde de *Mortagne à Meschers*. R.

Obs. — Les espèces du genre *Malcolmia* R. Br. se distingueront des *Matthiola* par le style conique-en alêne et par les graines non bordées. — *Malcolmia maritima* R. Br. Cheiranthus L. *Gazon de Mahon*, est cult. partout dans les jardins et même dans les rues des villes du littoral dans la Char.-Inf., par ex. à *Oleron*, *la Tremblade*, où il se ressème en bordures le long des maisons, d'où il peut se répandre ailleurs; je ne l'ai pas rencontré sauvage, pas plus que *Malcolmia littorea* R. Br. Cheiranthus L. Celui-ci a les caract. suivants : Tomenteux-blanchâtre; feu. lancéolées-linéaires, obtuses, entières; fl. violacées à onglet jaune; cal. bossu à la base; siliq. en grappe flexueuse, arquées en dehors sur un pédic. étalé; style en alêne; graines ovales, non bordées. ②.

CHEIRANTHUS L. Cal. fermé, bossu à la base. Siliq. linéaire. Stigm. à 2 lobes non bossus. Graines comprimées, sur un rang.

C. CHEIRI L. *C. fruticulosus* L. *Giroflée*, *Ramoneurs*. Tige presque ligneuse à la base, rameuse. Feu. lancéolées, entières, à poils couchés. Fl. d'un beau jaune, odorantes. Graines bordées surtout au sommet. ♃. mars-av. Rochers calc. — CHAR.-INF. Rochers de la Gironde de *Mortagne* à *Meschers*, *S.-*

Savinien. — VEND. Ile de *la Dive* (Letourneux). — FIN. Talus et coteaux sablonneux du littoral, *Lannevez*, *Audierne*, etc. (Crouan). — C.-NORD. Rochers maritimes de *Dahouet* (Cornillé), de *Hillion* (Baron). — IL.-ET-V. Rochers du littoral (Mabille). — AC. vieux murs des villes.

BARBAREA R. Br. Cal. dressé, presq. égal à la base. Siliq. linéaire presq. tétragone; valves convexes à une seule nervure longitudinale. Stigm. obtus, entier ou échancré. Graines sur un rang. *Herbes à tige simple à la base; feuil. ailées, pinnatifides ou lyrées, à lobe terminal plus grand; fl. jaunes.*

B. VULGARIS R. Br. *Erys. Barbarea* L. Tige cannelée. Feu. rad. lyrées à lobe terminal ovale ou arrondi, les latéraux oblongs, *les sup. indivises*, crénelées-dentées. *Siliq.* dressées ou étalées, *à pointe longue.* ♃. mai. Haies fraîches. PC.

B. STRICTA Bor. an Andrz.? diffère du précéd., surtout par les lobes latéraux des feuil. rad. très-petits, le terminal grand, en cœur, les fl. plus petites, les siliq. serrées contre l'axe. ②. mai. Mêmes lieux. C.

B. INTERMEDIA Boreau. *Tige triquètre.* Feuil. rad. ailées à fol. ovales-oblongues, *les sup. pinnatif. à lobes oblongs-lin.*, entiers ou dentés. Siliq. nombreuses, courtes, à pointe courte, rapprochées de l'axe. ②. av.-mai. Champs en friche. — DEUX-SÈV. Env. de *Bressuire* (J. Richard); *Amailloux* (Guyon). — VEND. AC. *Napoléon* (Marichal), de *Sigournay* à *S.-Prouent*, *Chantonnay*, *Réaumur*, etc. (Pontarlier), *la Châtaigneraie* (Ayraud), *Lorbrie* (Letourneux), c. env. de *Mortagne* (Genevier). — LOIRE-INF. cc. entre *Anceuis* et *S.-Herblon*, à *Copohoux*, *Ligné*, *S.-Mars-la-Jaille*, *la Chapelle-Glain*, *Châteaubriant*, *Noyal*, *Rougé*, et c. de là à *Rennes* et *Fougères* (Il.-et-V.). — MOR. *Lorient*, *Malestroit*, *le Fresne en Néant* (Le Gall flore), » *Ploërmel* (J.-M. Sacher). — C.-NORD. AR. env. de *S.-Brieuc*, *Lamballe* (Baron), R. *Dinan*, C. région maritime adjacente (Mabille). — IL.-ET-V. AC. en *Bains*, R. *Redon* (Moreau). — Varie qqf. à siliq. arquées entremêlées autour de l'axe.

B. PRÆCOX R.Br. *Erys.* Smith. *Roquette.* Saveur du *Cresson de fontaine.* Tige anguleuse. Feuil. inf. ailées, *les sup. pinnatif. à lobes lin.*, *entiers. Siliq. longues*, à pointe très-courte, demi-étalées, *espacées.* ②. mai. Champs en friche, bord des chemins. — CHAR.-INF. *Oleron* (Delalande), *Ile-de-Ré*, *Fontcouverte*; *Vénérand* (Pinatel). — DEUX-SÈV. *Niort*; *Parthenay* (Janneau), *S.-Loup* (Guyon), *Louin* (Bonnin), *la Mothe*, *Bressuire* (J. Richard), *Argenton-Château*; *Thouars* (Revelière). — VEND. AC. Bocage. — LOIRE-INF. C. — MOR. AC. littoral; *Ploërmel* (Arrondeau). — FIN. C. arrond. de *Brest!* (Crouan), *Quimper*, *Penmarc'h* (Bonnemaison). — C.-NORD. *S.-Brieuc*, *Cartravers*, *Moncontour*, *Morieux*; AC. région maritime de l'est (Mabille.) — IL-ET-V. *Ros-sur-Couesnon*, *Rennes*. — Siliq. 2 f. plus longue que dans les précéd.

TURRITIS L. Cal. lâche. Siliq. linéaire; valves planes à une nervure longitudinale. Graines sur 2 rangs.

T. GLABRA L. *Arabis perfoliata* Lam. Glauque. Tige de 4-8 déc. simple, raide, velue à la base. Feuil. rad. sinuées-dentées, velues, pétiolées, les sup. embrassantes en fer de flèche, entières, glabres. Fl. blanchâtres. Siliq. très-longues, serrées contre l'axe. ②. mai-jⁿ. Champs secs, haies. — — DEUX-SÈV. *La Touche Poupart* près *S.-Maixent* (A. Guillon), *Parthenay!* (Janneau), *S.-Pompain* (Guyon.) — LOIRE-INF. Entre *Oudon* et *Couffé*. RR. — C.-NORD. R. *la Courbure* près *Dinan*, communes de *St-Carné*, de *Lehon* (Mabille). — IL.-ET-V. *Bonnemain* près *Dol* (Hodée).

ARABIS L. Cal. dressé, bossu à la base. Siliq. linéaire ; valves planes. Graines planes sur un rang. *Fl. blanches.*

A. SAGITTATA DC. *Tige* de 2-4 déc. *simple, raide,* couverte ainsi que les feu. de poils étoilés. Feu. dentées, les rad. lancéolées-oblongues, rétrécies en pétiole, en rosette, les autres plus ou moins serrées et appliquées contre la tige, embrassantes par 2 oreillettes. Siliq. nombreuses, serrées contre l'axe, à une nervure longitudinale. Graines entourées d'une bordure étroite plus large au sommet, finement ponctuées, (caractère difficile à examiner même à une forte loupe). ②. ; ♃. dans les jardins. j^n. Lieux pierreux des ter. calc. — CHAR.-INF. DEUX-SÈV. VEND. AC. — LOIRE-INF. *Machecoul, Arthon.* R. — MOR. *Belle-Ile.* RR. — FIN. *Guisseny, Santec, Locquirec,* etc. (Crouan). R. — C.-NORD. *Bon-Abri* en *Hillion* (Baron), *S.-Jacut, Ile-des-Ebiens,* mielles de *S.-Cast.* R. — C'est aussi A. *Gerardi* des auteurs de l'Ouest.

A. THALIANA L. *Tige* hispide à la base ; *rameaux lâches.* Feuil. de la tige peu nombreuses, oblongues, couvertes de poils 2, 3.furqués, les rad. pétiolées, en rosette. Pédic. étalés. ①. av.-mai et aut. Jardins, champs, murs. CC.

CARDAMINE L. Cal. étalé, égal à la base ; siliq. linéaire, comprimée, à valves planes sans nervures, s'ouvrant ord. avec élasticité de la base au sommet. Graines sur un rang. *Feuil. ailées à fol. terminale plus grande ; fl. blanches (ord. lilacées dans* C. pratensis).

C. PRATENSIS L. Tige de 2-4 déc. Feuil. rad. à fol. arrondies-anguleuses qqf. bulbillifères à la base, les sup. à fol. lancéolées, entières. *Fl. grandes.* Étam. 1/2 plus courtes que la cor. *Anthères jaunes. Stigm. obtus, en tête.* ♃. av.-mai. Prés et haies humides. CC. — Varie rar. à fl. pleines.

β *C. fragilis* (Dégland herb.), *C. amara* (Pesneau cat.), *C. prat. v. alba* (Le Gall flore). Feu. sup. à fol. très-étroites, linéaires, fl. blanches plus tardives. Marais et prés humides. — LOIRE-INF. j^n-j^t. Marais flottants de l'*Erdre*. — MOR. AC. — C.-NORD. « Le Menez et le littoral de l'est. » (Mabille.) — IL.-ET-VIL. c. prés des env. de *Rennes* (Dégland). — Prob. çà et là en *Bretagne*.

C. AMARA L. Diffère du précéd. par ses *fol. toutes larges, ovales, anguleuses-dentées*, par son stigm. aigu, ses étam. égalant la cor. d'un beau blanc, et *par ses anthères violacées*. ♃. mai. Bord des ruisseaux. — IL.-ET-V. *Fougères* (V. Sacher). R.

C. HIRSUTA L. Tige de 10-15 cent. peu feuillée, velue. *Feuil. rad. à fol. arrondies*, dentées, les sup. à fol. plus étroites. *Fl. petites*. Étam. presque toujours 4. Style moitié plus court que la largeur de la siliq. dressée contre l'axe. Siliq. dépassant beaucoup le corymbe de fl. ①. mars-mai. Talus des fossés, haies, murs. CC.

C. SYLVATICA Link. Diffère du précéd., dont il est très-voisin, par la tige flexueuse, plus feuillée, à fol. plus larges, plus dentées; étam. 6, style plus long que la largeur de la siliq. écartée de l'axe. Siliq. dépassant à peine le corymbe de fl. ②. j^n-a^t. Bords ombragés des ruisseaux et des sources. — DEUX-SÈV. Çà et là bords du Thouet. — VEND. Çà et là lieux humides et couverts, *Napoléon*, *la Dalle*, etc., c. bords du *Lay* en *la Réorthe*, etc. (Pontarlier, Marichal), c. forêt de *Vouvant* (Letourneux), c. vallée de la *Sèvre* (Genevier). — AR. çà et là en *Bretagne*.

C. PARVIFLORA L. Tige grêle, ascendante, dressée dans les lieux secs ou herbeux. *Fol. toutes linéaires, sessiles*. *Fl. très-petites*. Siliq. dressée sur un pédic. étalé. ①. mai. Lieux inondés, bord des fossés. — VEND. Marais de *la Bretonnière* (Pontarlier), *Lorbrie* (Letourneux. R. — LOIRE-INF. Çà et là

Vallée de la Loire, les Cléons; S.-Aignan! (Delamare), bords du canal à *Blain* (Letourneux), c. *S.-Gildas* (Delalande). PC. — IL.-ET-V. Bords du canal en *Redon* et *Bains* (Moreau). — Sujet, comme le suiv., à être déplacé par les inondations.

C. IMPATIENS L. Tige très-feuillée. *Feuil. munies de 2 stipules ou oreillettes* aiguës embrassant la tige. Fol. inégal. à la base, incisées-dentées surtout dans le bas. Pét. linéaires-en coin, blancs, rar. en nombre complet, très-petits, très-caducs, o/d. 0. Siliq. grêles. ②. mai-jn. Lieux ombragés au bord des eaux. — CHAR.-INF. Bois des Bisselières près *S.-J.-d'Angély* (Pinatel), *Rochecourbon, Jonzac, Bonvallon* et *Châteaugaillard* (herb. de Beaupreau); *Sablonceaux* (Delalande). — DEUX-SEV. Bords du *Thouet*. — VEND. Forêt de *Vouvant* (Letourneux), bord des 2 *Lays* aux env. de *Chantonnay* et de *la Réorthe* (Pontarlier, Marichal). R. *la Verrie, Mouchamps* (Genevier). — LOIRE.-INF. Bords de la *Sèvre* et ruisseaux affluents, bords de la *Divatte*, R. forêt d'*Ancenis* (de l'Isle). PC. — IL-ET-V. Bois de *la Molière* près *Rennes* (S.-Marc). RR.

DENTARIA L. Cal. dressé, bossu à la base. Siliq. lancéolée-linéaire, comprimée; valves planes sans nervures, s'ouvrant avec élasticité de la base au sommet. Graines sur un rang. — *Souche horizontale, écailleuse, fragile.*

X. D. BULBIFERA L. Tige de 3-5 déc. simple. Feuil. ailées à 5,7 fol. lancéolées, dentées, les sup. ternées, puis simples, portant à leur aisselle un bulbille arrondi. Pét. lilas clair, étalés, à limbe oblong. ♃. avril. Lieux ombragés des bois. — DEUX-SEV. Bois des *Fouilloux!* près *la Mothe* (Sauzé).

NASTURTIUM R. Br. *Sisymbrii* sp. L. Cal. étalé, égal à la base. Fruit en forme de siliq. ou de silicule. Graines non bordées, sur deux rangs irréguliers.

* *Silique.*

N. OFFICINALE R. Br. *Sis. Nasturtium* L. *Cresson de fontaine.* Tige redressée, radicante à la base. Feuil. ailées, à fol. ov.-arrondies, un peu sinuées, la terminale plus grande, ov.-en cœur, feuil. sup. à fol. ov. *Fl. blanches.* Siliq. courtes, arquées, étalées. ♃. jn-at. Sources, fontaines, ruisseaux. AC. — c. dans le calc. où une forme robuste de 1-2 mèt., à fol. ressemblant à celles de *Sium nodiflorum* L. et croissant dans les eaux, les fossés profonds, a été appelée *N. siifolium* Reich.

☓. N. ASPERUM Coss. Tige de 1-2 déc. rameuse. Feuil. profond. pinnatif. à lobes lancéolés, incisés ou entiers, les rad. en rosette. Cor. jaune. *Siliq.* un peu arquées, étalées ainsi que le péd. court, graduellement rétrécies de la base au sommet, *tuberculeuses-rudes* ainsi que la tige. ①. ou ②. mai-jn. Lieux mouillés l'hiver. — CHAR.-INF. *Chez-Merlet!* (Savatier), *le Sœuil en Fontenet* (Pinatel), *Dœuil.* R. — DEUX-SÈV. Forêt de *Chizé* (Dussouchaud), prés humides de *Paizay* (Vernial), *Lezay, Bougon!* (Sauzé, Maillard), *Messé* (Guyon). R.

N. SYLVESTRE R. Br. *Sis.* L. *Rac. rampante.* Tige diffuse ou tombante, anguleuse. Feuil. ailées à fol. plus ou moins incisées-dentées, celles des feuil. sup. presque lin. et entières. *Cor. jaune, dépassant le cal.* Siliq. linéaire de longueur variable, qq. ancipitée. ♃. jn-sept. Bord des rivières, des fossés. C. — Moins c. au nord de la *Loire.* — La siliq. est tantôt 2-3 f. plus longue que le pédic., tantôt de longueur égale, et enfin 2 f. plus courte.

N. PALUSTRE DC. *Rac. pivotante.* Tige diffuse ou couchée. Feu. inf. lyrées, les sup. pinnatif. à lob. dentés. *Cor. jaune, plus courte que le cal.* Siliq. courte, oblongue, étalée, égalant le pédic. ②. jn-sept. Bord des étangs, des rivières. — DEUX-SÈV. Étang de la *Durbelière* en *St-Aubin-Baubigné*, étang de la *Madoire* près *Bressuire* (Genevier), « étang d'*Oyron* (Delastre) ». *S.-Pompain* (Guyon). —VEND. AC. bords du *Lay* entre *Mareuil* et *Mortevieille* (Pontarlier), *Fontenay* (Letourneux). —LOIRE-INF. AC. *Vallée du haut de la Loire*; C. *S.-Gildas* (Delalande); *S.-Joachim*, *étang de Brandu* près *Piriac*, *Rougé*, etc. PC. — MOR. AC. *Ploërmel!* (J.-M. Sacher), *Vannes* (Taslé). AR. — FIN. Etang du *Huelgoat*; la Villeneuve près *Brest* (Crouan). — C.-NORD. Bord de la Rance à *Lehon*, *S.-Juval*, C. étang de *Jugon* (Mabille). — IL.-ET-V. Env. de *Pontorson*.

*** Silicule.*

N. AMPHIBIUM R.Br. *Tige grosse, creuse*. Feu. lancéolées, demi-embrassantes, plus ou moins dentées, ailées-pectinées ou même à fol. capillaires, lorsqu'elles croissent dans l'eau. Cor. jaune, dépassant le cal. Silicule oblongue, elliptiq. ou presq. globuleuse, 3 f. plus courte que le pédic. étalé. ♃. jn-sept. Bord des rivières, des marais, C.

N. PYRENAICUM R.Br. *Tige* dressée de 2-3 déc. *grêle*. Feu. inf. en spatule ou lyrées, *les sup.* embrassantes, à *fol. linéaires, entières*. Fl. jaunes, en panic. Silicule oblongue, 2 f. plus courte que le pédic. Style filiforme. ♃. mai-jn. Bord des chemins, prés. — CHAR.-INF. *Muron* (Faye), près de *Montendre*; *Meschers* (de l'Isle), lande d'*Enet* (Hubert). —DEUX-SÈV. C. coteaux granitiques et schisteux, *Melle*, *la Mothe* (Sauzé, Maillard), *S.-Loup* (Guyon), env. de *S.-Maixent* (A. Guillon). — VEND. *Pont-Charrault* et au-dessous (Pontarlier, Marichal), forêt de *Vouvant* (Letourneux). — LOIRE-INF. C. prés sablonneux du *haut de la Loire*, bords de la *Chère*, etc. PC. — MOR. *Ploërmel* (J. M. Sacher). RR. — IL.-ET V. *Rennes* au bord du canal (Baron), *S.-Jacques*, C. la Vilaine au *Pont Féart* (J.-M. Sacher).

B. Siliculeuses, c'est-à-dire dont le fruit n'est n'est pas 3 fois plus long que large.

CRAMBE L. Cal. étalé, égal à la base. Grandes étam. munies d'une dent au sommet. Silic. à 2 articles indéhiscents, le sup. arrondi, à une graine pendante, l'inf. avorté, en forme de pédicelle.

C. MARITIMA L. *Chou marin*. Plante glauque, haute d'env. 6 déc. très-touffue, ayant le port du chou cultivé. Feu. oblongues ou ovales, plus ou moins sinuées, dentées, ondulées, grandes, épaisses. Fl. blanches, nombreuses, en panic. Silic. globuleuse; stigm. sessile. ♃. mai-j^{n}. Rochers et sables maritimes, souv. parmi les galets. — MOR. Iles de *Hœdic, Houat*. RR. — FIN. RR. *îles Glénans et Raguénez;* côte de *Benodet*, etc. (Bonnemaison), env. de *Brest* au N. et N.-O. des baies et îles (Crouan), *Camaret, le Conquet*, qq. îlots entre les îles *Beniguet* et *Ouessant* (de la Pylaie), île de *Seigle* en *Lampaul-Plouarzel* et côtes voisines (Crouan), RR. *Ile-de-Batz; Trégustel* [en *Plougasnou* (de Crec'hquérault). PC.

RAPISTRUM. Boerh. Cal. ouvert, bossu à la base, 4 glandes opposées aux pét. Silic. à 2 articles indéhiscents, le sup. arrondi à 1 graine dressée, l'inf. en forme de pédicelle. Style conique-en alène.

Ӿ. R. RUGOSUM All. *Myagrum*. L. Plus ou moins velu. Tige de 4-8 déc.; rameaux nombreux, divariqués. Feuil. rad. et inf. lyrées, pétiolées, celles de la tige lancéolées, dentées. Fl. jaunes en grappes effilées; pét. étalés. Silic. à pédic. appliqué, aussi long et plus étroit que l'article inf. à 1 graine pendante, article sup. plus gros, marqué de crêtes longitudinales, égalé ou dépassé par le style. ①. j^{n}.-sept. Coteaux, lieux pierreux, décombres. — CHAR.-INF. C. depuis *Blaye* jusqu'à *S.-Romain*,

S.-Seurin, S.-Palais, la Tremblade; Oleron, puis la côte jusqu'à *Esnandes.* — *La Mothe-Bourbon* près *Pouancey,* dans la Vienne (Revelière).

CAKILE L. Cal. dressé, bossu à la base. Silic. à 2 articles indéhiscents, le sup. ovale-oblong, à 1 graine dressée, l'inf. (souv. avorté ici) en cône renversé, à une graine pendante.

C. SERAPIONIS Lobel, icon. *C. edentula* Jord. diag. *C. maritima* Scop. part. *Bunias Cakile* L. part. Rameaux nombreux, étalés. Feuil. vert clair, charnues-salées, pinnatif. à lobes obtus. Fl. blanches ou rosées. Silic. subéreuse; artic. sup. oblong, acuminé, comprimé, à base creuse elliptique ou arrondie, (non hastée), l'inf. court ord. avorté en cône renversé tronqué au sommet, à dents très-courtes (non à 4 cornes et à côtés rhomboïdaux). ①. jt-sept. Sables maritimes. C. — Moins c. au nord de *la Vilaine.*

BUNIAS L. Cal. dressé, égal à la base. Silic. tétragone, à angles dentés en crête; loges 1-sperm. disposées 2 par 2 l'une au-dessus de l'autre. Style filiforme.

✕. B. ERUCAGO L. Tige de 2-3 déc. rameuse, couverte de glandes sessiles. Feu. inf. lancéolées, pinnatif.; lobes latéraux triangulaires à base large, le terminal plus grand. Fl. jaunes, en grappe lâche. Angles du fruit largement ailés en crête souv. interrompue en deux lobes. ①. jn. Moissons du calc. — VEND. RR. *Le Molin* (Gobert). — LOIRE-INF. *Chéméré; Fresnay* (Pesneau). RR.

CALEPINA Desv. Cal. égal à la base. 2 pét. ext. plus grands. Silic. ovale-globuleuse, à 1 loge indéhiscente, 1-sperme, ridée, terminée par le style épais, court, conique.

✕. C. CORVINI Desv. *Bunias cochlearioïdes.* Willd. Glabre, un peu glauque. Tiges couchées à la base.

Feu. rad. en rosette, lyrées, pétiolées, celles de la tige oblongues, entières ou sinuées-dentées, embrassantes par deux oreillettes aiguës. Fl. blanches en grappes allongées. Pédic. du fruit arqué, ascendant. ①. mai-j^{n}. Champs calc. — Char.-Inf. AC. — Deux-Sèv. AC. — Vend. cc. Marais méridional (Letourneux, Pontarlier). AC.

NESLEA Desv. Cal. un peu bossu, à peine ouvert. Silic. osseuse, globuleuse, un peu comprimée, indéhiscente, 1-sperme, à 2 loges dont l'une avorte. Style filiforme.

X. N. paniculata Desv. *Myagrum* L. Velu. Tige de 3-6 déc. dressée ; rameaux paniculés. Feuil. un peu rudes, oblongues-lancéolées, embrassantes en fer de flèche, les inf. rétrécies en pétiole. Fl. jaunes. Fruit ridé en réseau. Pédic. filiforme, étalé. ①. mai-j^{t}. Moissons du calc. — Char.-Inf. C. — Deux-Sèv. AC. — Vend. c. Plaine! et îles hautes! (Letourneux), *Bazoges* (Pontarlier).

MYAGRUM L. Cal. dressé, presq. égal à la base. Pét. étalés, linéaires-en coin. Silic. comprimée, à 3 loges, 2 sup. vides collatérales, l'inf. à 1 graine pendante. Style filiforme.

X. M. perfoliatum. L. Herbe glauque de 3-8 déc. ; rameaux divariqués. Feu. inf. sinuées-dentées, pétiolées, les autres sessiles, embrassantes par 2 oreillettes. Fl. jaunes, petites. Péd. du fruit creux. ①. mai-j^{t}. Champs calc. — Char.-Inf. Deux-Sèv. PC.

Obs. Isatis L. Cal. ouvert, égal à la base. Silic. ovale ou oblongue, comprimée par le côté, indéhiscente, monosperme, à 2 valves subéreuses, en carène presque ailée. — *I. tinctoria* L. *Pastel*. Tige de 5-8 déc. Feuil. glauques, peu dentées, les rad. pétiolées, velues, celles de la tige presque glabres, embrassantes par 2 oreillettes aiguës. Fl. jaunes en grappes paniculées. Silic. oblongue, obtuse au sommet, rétrécie à la base, pendante sur un pédic. filiforme, épaissi au sommet. ②. mai-j^{n}. Rochers calc., murs. Cette plante, qui a été vue au fort des *Saumonards* dans l'île d'*Oleron* (Char.-Inf.) et dans qq. sainfoins, paraît étrangère à ce départ^{t}.

* CAMELINA Crantz. Cal. dressé. Silic. obovale-en poire, à valves ventrues fendant le style en deux en s'ouvrant ; loges 2 polyspermes.

C. DENTATA Pers. *Myagrum* Willd. *C. fœtida* Fries, Gren. God. Plante de la hauteur du lin, parmi lequel elle croît, a été introduite et se répand de plus en plus. Feu. lin.-oblongues, ord. rétrécies au-dessus de la base, dentées, sinuées-pinnatif. qqf. entières, à oreillettes embrassantes. Fl. jaunâtres, en grappes. *Caps. molle*, renflée, *tronquée-échancrée* au sommet. ①. mai-j^{n}. — CHAR.-INF. *Le Pin* (Mme George), *Candé* (Hubert), *Taugon-la-Ronde* (Letourneux). — DEUX-SÈV. *Chapelle-Largeau, le Temple, S.-Aubin-B., les Echaubrognes* (Genevier). — VEND. *Lin fou, Grosse tête.* AC. surtout région marit. ! (Pontarlier, Marichal, Letourneux). — Au delà, AC. région marit. RR. à l'intérieur.

Obs. C. sativa Crantz, Myagrum L. a le fruit plus allongé que le précéd., arrondi au sommet, à valves ventrues, *dures ;* les graines sont une fois plus grosses que dans *C. sylvestris* Wallr. qui a la tige et les feuil. velues, le fruit arrondi au sommet, à valves *convexes*, non ventrues, dures.

COCHLEARIA L. Cal. étalé, égal à la base. Silic. presque globuleuse ou elliptique, à valves ventrues ; loges 2 à plusieurs graines non bordées.

C. DANICA L. Tiges faibles ou dressées. *Feuil. toutes pétiolées*, les rad. réniformes-en cœur, entières, les sup. deltoïdes, anguleuses. Fl. blanches ou rosées. ①. fév.-mai. Lieux humides, rochers, murs, talus, pelouses du littoral. C.

C. ANGLICA L. Tiges ascendantes. Feuil. rad. largement ovales, à base tronquée ou décurrente sur le pétiole, presq. entières, les *sup. ovales-oblongues, sessiles*, embrassantes par 2 oreillettes et munies de chaque côté de 1, 2 grosses dents. Caps. obovale-elliptique, *comprimée par les côtés* avec un sillon, veinée en réseau, cloison oblongue. ②. av.-mai. — AC. vases salées des rivières, des anses, de *Vannes* à la baie de *S.-Brieuc*. — CHAR.-INF. *Mornac* (Rouffineau). — Fl. 1 f. plus grandes que dans le précéd., d'un beau blanc, odorantes; caps. plus grosse.

C. OFFICINALIS L. Tiges ascendantes. *Feuil.* rad. et inf. longuement pétiolées, *arrondies-en cœur*, entières ou anguleuses, épaisses, qqf. un peu concaves, les autres sessiles à 1, 2 dents de chaque côté, embrassantes en cœur. Fl. blanches, odorantes. Caps. ovoïde-globuleuse; *cloison largement ovale*. ♃, ②. mars-jn. Rochers battus par les vagues et pelouses maritimes surtout faisant face au nord. — FIN. AC. *Brest* et toute la côte ouest (Guiho, Crouan). — Plus robuste (10-50 cent.) que le précéd., auquel il ressemble beaucoup, mais à feu. plus grandes (limbe jusqu'à 5-6 cent.), plus épaisses ; fl. plus petites, et surtout à caps. 1 f. plus petite, non comprimée.

Obs. C. Armoracia L. *Raifort*, se trouve qqf. autour des habitations.

ALYSSUM L. Cal. égal à la base. Filets des étam. souv. dentés. Silic. orbiculaire, comprimée, à valves convexes au milieu; 2 loges à 1, 2 graines bordées. *Herbes blanchâtres, couvertes de poils étoilés.*

X. A. CAMPESTRE L. Tiges de 4-7 cent. ascendantes. Feu. obov.-lancéolées, les inf. plus larges.

Cal. caduc. Pét. en coin, échancrés, jaunes. Etam. plus courtes munies en dedans à la base d'un appendice élargi. Silic. non échancrée, 4 fois plus longue que le style. ①. 15 av.-15 mai. Sables maritimes.— CHAR.-INF. C.— VEND. C. (Pontarlier).— LOIRE-INF. Le *Collet* près *Bourgneuf*. R.— R. à l'intérieur. Champs de *Beauvais-sur-Matha* (Char.-Inf); *S.-Loup* en Deux-Sèv. (Guyon).

✕. A. CALYCINUM L. Tige d'env. 1 déc. diffuse ou ascendante. Feu. lancéolées, plus rétrécies à la base. *Cal. persistant.* Cor. jaunâtre, blanche en vieillissant. Etam. plus courtes munies de chaque côté à la base d'un appendice filiforme. *Style dépassant à peine l'échancrure de la silic.* ①. mai-jn. Lieux sabl. des ter. calc. — CHAR.-INF. C. sables maritimes; à l'intérieur : *Ste-Même*, la Crochette en *Varaise* (Caillaud). — DEUX-SÈV. *Thouars !* (Bastard), C. *S.-Jouin* (Brottier), *Airvault* (Bonnin), *S.-Loup ! S.-Pompain, Verrines* (Guyon), *la Mothe* (Sauzé, Maillard). — VEND. *Garenne-Augeard*, AC. *Quatrevaulx* (Letourneux). *Chaillé-les-M. ! Sauveré-le-Sec* (Ayraud), *Bazoges* (Pontarlier, C. *S.-Gilles* (Genevier).—LOIRE-INF. AC. *Machecoul, Arthon*, RR. *le Collet.* R.

DRABA L. Cal. égal à la base. Pét. entiers ou bifides. Silic. ovale, elliptiq. ou oblongue, à valves presque planes. Graines sur 2 rangs dans chaque loge, non bordées. *Fl. blanches.*

D. MURALIS L. Tige de 2-3 déc. grêle, presque simple, couverte de poils rameux ou fourchus. Feu. velues, les rad. oblongues, pétiolées, celles de la tige ovales, sessiles, embrassantes. Fl. en longue grappe grêle. *Pét. entiers.* Pédic. de la silic. horizontal. ①. av.-mai. Terrains pierreux au bord des haies. — CHAR.-INF. C. côte *du Chay* (Hubert,) *Royan*; C. *S.-J.-d'Angély* et env. (Pinatel).—DEUX-SÈV. *Niort !* (A. Guillon), *Melle, Celles, S.-Maixent*, CC. *la Mothe* (Sauzé, Maillard), *S.-Pompain, S.-Loup*

(Guyon), cc. *Parthenay* (Janneau), *Bressuire* (Toussaints), *Thouars* (Genuer). — Vend. c. le calc., ac. Bocage voisin de la Plaine (Pontarlier, Marichal, Letourneux), *Mouchamp* (Genevier). — Loire-Inf. c. bord des haies sèches d'*Ancenis à Varades; la Regrippière* (Pesneau), *S.-Sébastien* près *Nantes!* (Genevier). R. — C.-Nord. *Dinan* à la Courbure (Mabille). — Il.-et-V. Moulin de *Boyle* en *Laillé* (Pontallié), ac. env. de la gare de *Bourg-des-Comptes* (J. Gallée). RR.

D. verna L. *Erophila vulgaris* DC. *Tige* de 4-10 cent. *nue*, flexueuse. Feuil. radic., lancéolées-en spatule, entières ou peu dentées, poilues ou presque glabres, en rosette. Fl. en épi d'abord penché. *Pét. bifides*. Pédonc. égalant ou dépassant 1 ou plusieurs fois la caps. ovale-arrondie, oblongue, elliptique ou linéaire-elliptique. ①. fév.-mars. Murs, lieux sablonneux. CC.

Obs. M. Jordan pense que l'on confond sous ce nom un nombre considérable d'espèces; dans ses *Diagnoses*, p. 207 à 247, il décrit 53 *Erophila*, en ajoutant que prob. ce nombre sera plus que doublé en France.

LEPIDIUM L. Cal. étalé, égal à la base. Silic. ovale, comprimée, à valves en carène qqf. ailée; 2 loges à 1 graine. *Fl. blanches*.

✗. L. Draba L. Pubescent. Tige de 3-4 déc. à rameaux florifères en corymbe. Feuil. ov.-oblongues, sinuées-dentées, embrassantes en fer de flèche, les inf. rétrécies en pétiole. Fl. blanches. Pédic. fructifères étalés. *Silic. en cœur*, non bordée, à loges renflées, 1 f. env. plus longues que le style. ♃. Juin. Lieux arides, pied des murs dans les ter. calc. — Char.-Inf. Remparts de *la Rochelle; Marennes*. — Vend. *Sables-d'Olonne*.

L. campestre R. Br. *Thlaspi* L. *Tige dressée* de 3-4 déc. rameuse dans le haut. Feu. rad. sinuées-dentées, pétiolées, celles de la tige sessiles, embrassantes en fer de flèche, dentées. *Silic.* ovale, échancrée, carénée, *couverte sur le dos de petites écailles. Style dépassant à peine l'échancrure.* ②. mai-jn. Lieux incultes et champs calc. — CHAR.-INF. C. — DEUX-SÈV. Env. de *Niort* (A. Guillon), *Bougon* (Sauzé), *S.-Jouin* (Brottier), *Thouars!* (Lunet), R. *Chatillon, Chap.-Largeau, Puy-S.-Bonnet* (Genevier). — VEND. AC. Plaine (Letourneux, Pontarlier), *S.-Hilaire* (Genevier). — LOIRE-INF. Çà et là entre *Ingrande, Ancenis, Couffé, Pouillé, Belligné*; vallée de *la Sanguèse* (Genevier), *la Haie* (de l'Isle), *Arthon.* RR. — MOR. *Sarzeau* (Taslé). — FIN. *Lampaul-Ploud. Locquirec*, etc. (Crouan). — IL.-ET-V. et C.-NORD. Çà et là de *Cancale* à *Erquy*, et *S.-Brieuc*; c. moissons de *la Rance* (Mabille), env. de *Rennes* (Degland).

L. SMITHII Hooker, Lindley, *L. heterophyllum* Guépin, *Thlaspi hirtum* Smith non L. Voisin du précéd. velu, pubescent, qqf. glabre. Rac. dure à *plusieurs tiges* couchées ou ascendantes, *simples ou un peu rameuses au sommet.* Feuil. rad. pétiolées, ov.-oblongues, qqf. sinuées, celles de la tige sessiles, embrassantes en fer de flèche, dentées. *Silic.* ovale, échancrée, carénée, *lisse ou rar. à qq. très-petites écailles. Style dépassant beaucoup l'échancrure.* ♃. mai-jt. Bord des chemins, des haies sèches. C. — R. le calc. — CHAR.-INF. *Oleron* (Delalande), *la Rochelle* (Hubert). — DEUX-SÈV. Prairie des *Moulières* en *S.-Pompain, S.-Loup* (Guyon).

L. RUDERALE L. Tige de 2-3 déc. très-rameuse. Feuil. inf. 1-2 f. pinnatif., les sup. lin., entières. Pét. 0. *Etam.* 2. Silic. largement ovale à *stigm. sessile au fond de l'échancrure.* ②. mai-jt. Chemins, décombres dans la région maritime et surtout bord des marais salants. — C. de *la Gironde* à *la Vilaine.* — MOR. PC. — C.-NORD. Ecluse du *Livet, S.-Juvat* (Mabille).

— L. GRAMINIFOLIUM L. *I. Iberis* DC. Tige de 3-8 déc. à *rameaux nombreux, effilés*. Feuil. rad. oblong.-en spatule, dentées ou pinnatif. à la base, *les sup. linéaires*, entières. Sép. rougeâtres. Étam. 6. *Silic. ov.-en cœur, aiguë, sans échancrure*. 2. jn-sept. Murs, rochers, coteaux pierreux, bord des chemins. — CHAR.-INF. Qq. sables maritimes, C. — DEUX-SÈV. *Niort* (A. Guillon), *Airvault* (Bonnin), c. *S.-Jouin* (Brottier); c. env. de *Thouars* (Toussaints). — VEND. c. *Fontenay* (Letourneux), c. env. de *Luçon*, *Port-la-Claye* (Pontarlier, Marichal), *Chaillé-les-M.* — LOIRE-INF. *Nantes*, C. *Pont de Grée à Ancenis*, *la Cave* près *Anetz* (Guiho), *Ingrande*, *Port-Launay* PC.)

L. LATIFOLIUM L. Plante de 6-10 déc., rameuse, un peu glauque, à saveur piquante. Rac. rampante. *Feuil. rad. grandes, ov. ou ov.-lancéolées*, obtuses, longuement pétiolées, crénelées-dentées, les sup. largement lancéolées. Fl. très-nombreuses en panic. *Silic. ov.-arrondie, pubescente*. Stigm. sessile. 2. jn-jt. Lieux frais et salés de la région maritime. — CHAR.-INF. *S.-Seurin*, *Soubise*, *Oleron*, *Ars* et env. ; dans *l'île-de-Ré* (Delalande). — VEND. *Maillezais*, *la Tranche* (Letourneux), env. *des Sables*, *Talmont*, *S.-Michel-en-Lherm* (Pontarlier, Marichal), *S.-Hil.-de-Riez*, *Noirmoutier* (Gobert), *île d'Yeu*. — LOIRE-INF. AC. *Batz*, *Croisic* (Delalande). R. — MOR. *Billiers* (Arrondeau). — FIN. *Penmarc'h* (Bonnemaison), anse de *la Torche* près *Kervedal* (Grouan). — C.-NORD. Murs de *S.-Michel-en-Grève* (Baron), *Dinan* (herb. Degland). — IL.-ET-V. De *Pontorson à Dol!* et à *S.-Malo* (V. Sacher).

HUTCHINSIA R. Br. Caractères du *Lepidium*, loges de la silic. à 2 graines ou plus.

H. PETRÆA R. Br. *Lepidium* L. Petite plante de 3-6 cent. très-grêle, *pubérulente*, rameuse. Feuil. pinnatif. à lobes ov. ou lancéolés, celles de la tige sessiles. Pét. très-petits, blancs, échancrés. Fruits en grappe ov. ou oblongue, ovales, arrondis à la base et au sommet; *loges à 2 graines*. ① avril. Lieux pierreux, rochers arides du calc. — CHAR.-INF. Vignes, bord des chemins du *Pin* (Mme George), *Beauvais* (Savatier); AC. le *Seuil* en *Fontenet* (Pinatel). R. — DEUX-SÈV. *Loubillé* (Jousse), *la Crignolée* près *Dœuil* (Dussouchaud), *Rom* (Guyon). — AC. dans les sables maritimes, à l'ouest de *Cherbourg* (Manche), il pourrait être recherché sur la côte voisine de la Bretagne.

✕ H. PROCUMBENS Desv. *Lepidium* L. Saveur de *Lepid. sativum*. *Glabre*. Tiges grêles de 5-15 cent. ascendantes ou couchées. Feuil. pinnatif. à 5 ou 3 lobes elliptiq. ou lancéolés, ascendants, les feuil. sup. et qqf. toutes, entières, lancéolées. Pét. blancs, spatulés-en coin, un peu échancrés, ne dépassant pas le cal. Stigm. sessile. Fruits en grappe lâche, allongée, oblongs-ovales, rétrécis à la base; *loges à 6-8 graines* sur 2 rangs. ① av.-mai. Fissures des rochers maritimes, talus pierreux. — CHAR.-INF. Murs de *la Rochelle* (Guyon). — VEND. Ile de *la Dive* (Letourneux), *S.-Gilles* (Genevier), *l'Aiguillon*, pelouses rases des bords du *Lay* (Pontarlier). R.

CAPSELLA Vent. Pét. égaux. Silic. triangulaire-en cœur renversé, à 2 valves en carène non ailée; loges polyspermes.

C. BURSA-PASTORIS Mœnch, *Thlaspi* L. Tige rameuse. Feuil. radic. entières, dentées ou pinnatif. en rosette, celles de la tige à 2 oreillettes embrassantes. Fl. blanches en grappe longue. ① av.-nov. Champs cultivés, décombres, partout. CC.

Obs. Parmi ses formes nombreuses qq. botanistes distinguent *C. rubella* Reut. Cal. rougeâtre à peine plus court que la cor. dressée; silic. plus rétrécie à la base, plus échancrée et arrondie aux angles, à côtés un peu rentrants, non droits comme dans le type; style plus court. — *S. gracilis* Gren. Grappe grêle, allongée; silic. 1 f. plus petite à style dépassant l'échancrure peu profonde; graines ord. avortées. Tous les deux çà et là avec le type. Voir leur analyse comparative par Lacroix Bull. soc. bot., t. 8, p. 259, et un premier groupe de cinq nouvelles espèces décrites par M. Jordan, Diagnoses, p. 339.

CORONOPUS Haller. Cal. étalé, égal à la base. Silic. à 2 lobes ou réniforme, à 2 loges 1.spermes, indéhiscentes. *Fl. blanches en grappes presq. opposées aux feuil.*

C. Ruellii Daléchamp, *Cochlearia Coronopus* L. *Coronopus vulgaris* Desf. Tiges couchées, rameuses. Feuil. profond. pinnatif., à lobes dentés ou incisés du côté sup., qqf. entières. *Silic. réniforme, tuberculeuse en crête*, terminée par le style. ①. mai-oct. Bord des chemins, décombres. C. — Les premières fl. naissent au milieu des feuil. rad. en rosette.

C. didyma Smith, *Lepidium* L. *Senebiera pinnatifida* DC. Tiges couchées, rameuses. Feuil profond. pinnatif. à lobes dentés ou presq. entiers. Pét. 0. Étam. 2 (4 sans anthères). *Silic. à 2 lobes ridés en réseau*, se séparant à la maturité, mais indéhiscents. Stigm. sessile. ①. j^{n}-sept. Chemins, rues, pied des murs, décombres. Çà et là région maritime, d'où il s'avance assez loin dans l'intérieur par les rivières. AC.

THLASPI L. Pét. égaux, entiers. Silic. ovale, échancrée au sommet, à 2 valves en carène ailée; loges à 3–6 graines. *Fl. blanches.*

T. perfoliatum L. Tige de 10–15 cent. rameuse dès la base. *Feuil. glauques,* les inf. oblongues, pétiolées, un peu dentées, les sup. ovales, embrassantes par 2 oreillettes obtuses. Style très-court. Silic. largement *en cœur renversé;* pédic. perpendiculaire à l'axe. *Graines lisses.* ①. av. Champs, vignes du calc. — CHAR.-INF. C. — DEUX-SÈV. *Thouars !* (Genuer), *S.-Jouin* (Brottier), *Airvault* et env. (Bonnin), c. *Niort* (A. Guillon), c. *la Mothe* (Sauzé), *Messé, S.-Loup !* (Guyon). — VEND. AC. Plaine et îles hautes (Pontarlier, Letourneux). — LOIRE-INF. *Copchoux*. RR.

T. ALLIACEUM. L. Odeur d'ail. Tige de 3-6 déc. souv. simple, poilue et rougeâtre près de la base. Feuil. inf. en spatule, dentées ou sinuées, les sup. oblongues, embrassantes par 2 oreillettes aiguës, dentées. Fl. en grappe longue. *Silic. elliptique*, un peu arquée, plus convexe en dehors, un peu échancrée, étroitement bordée; pédic. étalé. *Graines alvéolées-ponctuées*. ②. av. Vignes, champs incultes, haies. — LOIRE-INF. AC. env. d'*Ancenis* et de *S.-Herblon*. R.

T. ARVENSE L. Tige souv. simple, qqf. rameuse au sommet. Feuil. oblongues, sinuées-dentées, embrassantes par 2 oreillettes courtes. *Silic. orbiculaire, largement bordée tout autour ;* pédic. ascendant. Graines à stries arquées. ①. mai-j[n]. Champs cult.— CHAR.-INF. *Aumagne* (Pinatel), *Beauvais* (Savatier), *Siecq, Montlieu, Oleron*; RR. *Ile-de-Ré* (Lemarié). R. — DEUX-SÈV. *Champdeniers* (A. Guillon), *Pers* (Sauzé), AR. *Parthenay* (Janneau), R. *Airvault* (Bonnin), *S.-Varent, Meauzé* près *Thouars* (Lunet). — VEND. *Bourneau* (Ayraud), *S.-Maur.-le-Girard, S.-Maur.-des-Noues* (Gobert).— AC. LOIRE-INF. et région maritime de *la Bretagne*.

TEESDALEA R.Br. Pét. inégaux, les 2 sup. plus grands. Filets des étam. munis à la base d'une petite écaille blanche. Silic. ovale, échancrée, à 2 valv. en carène ailée; loges 2.sperm. *Fl. blanches*.

T. IBERIS DC. *Iberis nudicaulis* L. Pubescent. Tiges simples, de 5-10 cent. presque nues, la centrale dressée. Feuil. rad. en rosette, lyrées-pinnatif., à lobes obtus, celles de la tige dentées ou entières. Pét. ext. plus grands. Etam. 6. Style court. ①. mars-mai. Coteaux secs, talus. C.

X. T. LEPIDIUM DC. *Lepidium nudicaule* L. diffère du précéd. par la tige nue, à peu près glabre, les feuil. aiguës ou à lobes aigus, les pét. presque égaux, 4 étam., style 0. ①. mars-av. — DEUX-SÈV. *Thouars* (Genuer). RR.

IBERIS L. Pét. entiers, les deux ext. très-grands. Silic. ovale ou arrondie, très-comprimée, échancrée au sommet; valves en carène ailée; loges à 1 graine ovale.

X. I. AMARA L. Tige de 2-3 déc.; rameaux nombreux étalés. Feuil. oblong.-lancéolées, munies de chaque côté de 2-4 dents profondes, obtuses, les feuil. inf. rétrécies en pétiole. Fl. blanches ou qqf lavées de violet, en grappe. Pédic. fructifères très étalés, pubescents en dedans. Silic. orbiculaire, rétrécie au sommet à 2 lobes triangulaires un peu divergents dont le côté intér. est arqué en dehors, séparés par un sinus aigu et dépassés par le style. ①. j^n-a^t. Moissons, vignes, lieux pierreux calc. — CHAR.-INF. C. — DEUX-SÈV. *Niort, Villiers-en-Forêt* (A. Guillon), c. *la Mothe!* (Sauzé, Maillard), *Airvault* et env! (Bonnin), *Thouars!* (Lunet). — VEND. c. *Fontenay* (Letourneux), *Luçon!* *Ste-Gemme! Bazoges* (Pontarlier, Marichal), *Benet* (Pontdevie), c. entre *Mouzeuil* et *Pouillé* (Ayraud), *S.-Hil.-de-Riez* (Gobert).

BISCUTELLA L. Sép. rar. bossus à la base. Pét. égaux, entiers. Silic. plane, à 2 lobes orbiculaires se détachant de l'axe par la base, indéhiscents à 1 graine comprimée.

X. B. LÆVIGATA L. Rac. épaisse à plusieurs tiges hispides à la base. Feuil. hispides, les rad. rétrécies en pétiole, pinnatif. à lobes aigus, ou dentées, celles de la tige embrassantes en cœur. Fl. jaunes en grappe lâche paniculée. Cal. non bossu. Silic. glabre, échancrée à la base et au sommet. 2/ jn-jt. Champs pierreux et coteaux calc. — CHAR-INF. CC. Gâte-Bourse (herb. de Beaupreau), AC. champs de Dœuil, de Loulay à St-Jean-d'Angély, Aulnay, Beauvais et Siecq, les Roches près Saintes (Brunaud); Bonnefond près Archiac, coteaux de Meux. — DEUX-SÈV. Beauvoir, Paizay, Chizé, Niort (A. Guillon), Loubillé (Jousse), Tourteron, Ste-Sabine (Guyon), St-Georges-de-Rex (Janneau). — VEND. Sauveré-le-Sec (Letourneux), Benet, Lesson (Pontdevic). RR.

CISTINÉES.

Sép. 5, dont 2 ext. ord. plus petits, qqf. 0. Pét. 5 en rosette, très-caducs, contournés dans le bouton, en sens inverse des sép. Etam. nombreuses, hypogynes. Ovaire libre. Style filiforme à stigm. simple. Caps. polysperme à 3 ou 5 loges, ou 1 loc. à 3, 5 ou 10 valves, portant au milieu les graines, ou des cloisons incomplètes, à l'angle interne desquelles elles sont attachées.

CISTUS L. Sép. 5, les deux ext. inégaux. Pét. 5 très-caducs. Caps. à 5 ou 10 valves portant la cloison au milieu.

X. C. SALVIFOLIUS L. Sous-arbrisseau de 2-5 déc. à rameaux diffus, rougeâtres. Feuil. ov.-elliptiques, obtuses, tomenteuses et ridées surtout en dessous, opposées. *Fl. grandes*, blanches (jaunes par la dessiccation), solitaires, ou 3, 4 au sommet des petits rameaux; *pédic. long, articulé au-dessus du milieu*. Juin. Bois sablonneux de la côte. — CHAR-INF. C. depuis *Meschers* jusqu'à *la Tremblade*, *Oleron*, *Fouras*, *Nancras*, le Douhet près *Saintes*. — VEND. AC. bords du Lay du *Pont-Chauvault* à *l'Assemblée*, C. de là au *Pont de Trizay*, C. côte de *Jard!* (Pontarlier); finit au bois de *la Blanche* à *Noirmoutier*.

Obs. * *C. hirsutus* Lam. Sous-arbrisseau de 4-8 déc. en buisson; rameaux sup. garnis de longs poils simples, mêlés à d'autres petits, crépus, plus nombreux. *Feuil. lancéolées,* opposées, *un peu connées, foncées,* persistant l'hiver, à 3 nervures rameuses, parsemées en dessus de poils simples et garnies en dessous de poils étoilés. Plusieurs fl. blanches à onglet jaune, terminant les rameaux et formant corymbe. Sép. en cœur-acuminés, hérissés de poils blancs, 1/3 plus courts que la cor. jⁿ-jˡ. — Cette plante est échappée des jardins de *la Joyeuse-Garde* près *Landerneau* (Fin.), où l'on m'a assuré qu'elle était encore cultivée en 1853. Bonnemaison, qui l'a trouvée le premier, note dans son herbier que « elle y est naturalisée ». C'est donc une espèce à rayer de la flore de Bretagne et par conséquent de celle de France; elle est, au reste, me dit-on, presque détruite aujourd'hui par les cultures et le chemin de fer.

HELIANTHEMUM Tourn. Sép. 5, dont 2 ext. plus petits, qqf. 0. Caps. à 3 valves portant au milieu les graines ou une cloison incomplète.

H. GUTTATUM Mil. *Cistus* L. Tige de 2-3 déc. dressée, poilue. Feuil. lancéolées, à trois nervures, sans stip., opposées, les inf. obov., les sup. alternes. *Fl. en grappe lâche,* sans bract. *Pét. jaunes,* ord. tachés de brun à la base, entiers, qqf. dentés. ①. jⁿ-aˡ. Coteaux et lieux secs ou sablonn. C. — Manque ou R. dans le calc. — CHAR.-INF. CC. toute la bruyère, dunes herbeuses et bois sur le sable.

β. *maritimum. H. alyssoides !* Pesn. cat. 59, non Vent. Plante de 5-10 cent. rameuse, étalée, hérissée, blanchâtre; rac. épaisse, dure, mais ①. Rochers marit. AC. — Revient graduellement au type, à mesure que l'on s'éloigne de la mer.

H. UMBELLATUM L. Tiges ligneuses, diffuses,

Feuil. lin.-oblongues, roulées par les bords et pubescentes-blanchâtres en dessous, sans stip. *Fl. blanches, 4-8 en verticilles*, le sup. terminal qqf. solitaire. Sép. 3. mai-jn. — LOIRE-INF. CC. landes des coteaux du *Don* de *Guémené* à *Juzet*, R. sur l'autre rive, *Grand-Auverné* (de l'Isle). — MOR. *Le Roho* en *S.-Dolay*, de *Rochefort* à *Malansac* et *S.-Jacut, la Gacilly*. — IL.-ET-V. Rochers de *Bougros* en *Bains*, c. entre *Sixt* et *S.-Just; la Roche-du-Theil*, *S.-Malo-de-Phily*, *Pléchâtel*, *Bourg-des-Comptes*.

ꭗ. H. ALYSSOIDES Vent. Tige ligneuse, rougeâtre; rameaux diffus. Feuil. opposées, ov.-oblong., rétrécies en pétiole, couvertes de poils étoilés, mêlés en dessus à de longs poils simples, blanchâtres en dessous, sans stip. *Fl. jaunes, grandes*, 1-3, terminant les petits rameaux. *Sép. couverts de longs poils blancs*. Mai-jn. — CHAR.-INF. AC. landes sablonneuses de *Montendre* à *Montlieu* et au-delà; *Bédenac* (Delalande).

ꭗ. H. PROCUMBENS Dunal. Tiges ligneuses, couchées; jeunes rameaux, feuil. et pédonc. parsemés de petits poils blancs appliqués et crépus. *Feuil.* sans stip. d'un vert clair, *linéaires, étroites*, planes en dessus, convexes en dessous, mucronulées et un peu ciliées-rudes, un peu épaisses, les inf. serrées et plus courtes que les autres qui sont d'égale longueur. Fl. petites, jaunes, solitaires, presque axillaires, 2-4 sur chaque rameau, la dernière non terminale; pédonc. égalant ou plus courts que la feuil. Sép. ciliés sur les bords et sur les côtes. Juin. Coteaux pierreux calc. — CHAR.-INF. *Meschers*, bois et chaumes au N. de *S.-Savinien*. — DEUX-SÈV. AC. coteaux de *Veluché*, d'*Airvault* à *Availles*, coteaux de *Fretevaux*, de *Viennet* près *Thouars*.

ꭗ. H. SALICIFOLIUM Pers. *Cistus* L. Pubescent. Tige de 6-10 cent. simple ou à rameaux simples, arqués à la base. Feuil. opposées, obov., les sup. lancéolées-oblong.; *stip. lancéolées*. Fl. jaunes en grappe lâche, munie de bract. Pédic. du fruit horizontal, ascendant au sommet. *Annuel*. mai. Champs, coteaux calc. — DEUX-SÈV. RR. *Paluau* et *Veluché* près *S.-Loup* (Guyon); d'*Airvault* à *Availles*, AC. *Thouars*. — Vend. *Chaillé-les-Marais!* (Petit). RR.

H. VULGARE Gært. *Cistus Helianthemum* L. Tiges ligneuses à la base, couchées; rameaux pubescents; *Feuil*. ov.-elliptiq. velues, tomenteuses-blanchâtres en dessous, un peu roulées par les bords, *opposées, stipulées. Fl. jaunes, en épis penchés*. Pédic. des fr. réfléchis, munis de bract. Style 2-3 fois plus long que l'ovaire. ♃. j^n-a^t. Coteaux et pelouses, ord. du calc. — CHAR.-INF. C. — DEUX-SÈV. AC. — VEND. AC. *Fontenay! Luçon! Ste-Gemmet* (Letourneux), bois du *Pont-Charrault* (Pontarlier, Marichal). — LOIRE-INF. C. *Machecoul, Arthon*. R. — C.-NORD. Falaises de *Dahouet!* (Mlle Cornillé). RR.

✕. H. PULVERULENTUM DC. Jord., Boreau. Tiges ligneuses à la base, couchées, pubescentes-blanchâtres. Feuil. oblong.-lin., vertes en dessus et à la fin glabres, tomenteuses-blanchâtres en dessous, un peu roulées par les bords, opposées. Stip. linéaires ord. plus courtes que le pétiole. *Fl. blanches* à onglet jaune, 5-7 *en épi*. Pédic. des fr. réfléchis, contournés. Sép. obtus, scarieux, tout couverts de poils courts, étoilés. Style 1 fois plus long que l'ovaire. ♃. mai-a^t. Coteaux calc. — CHAR-INF. Coteaux de la Gironde de *S.-Seurin* à *S.-Palais*, Chaumes de *Sèche-Bec* près *S.-Savinien* (Rouffineau). — DEUX-SÈV. *Thouars* (Boreau, flore). — *Cognac* (Charente. — C. *Liré* (Maine-et-L.).

VIOLARIÉES.

Sép. 5 prolongés à la base. Pét. 5 inégaux. Etam. 5 hypogynes ; anthères adnées, conniventes. Style et stigm. 1. Caps. 1.loc. polysperme, à 3 valves ; placenta pariétaux. *Feuil stipulées.*

VIOLA L. Sép. 5 prolongés à la base. Pét. 5 inégaux, l'inf. prolongé à la base en éperon creux. Etam. 5 courtes, rapprochées en cône. Anthères appendiculées au sommet, les 2 inf. appendiculées à la base.

* *Stigmate crochu, aigu* (Violettes).

a. *Fl. et feuil. naissant d'une souche, sép. obtus.*

V. PALUSTRIS. L. Souche stolonifère, couverte de stip. ovales, acuminées, et portant à la fleuraison 2, 3 *feuil. réniformes-orbiculaires*, finement crénelées, succulentes, cassantes, un peu concaves. Pédonc. radicaux, solitaires, à 2 bract. non contiguës. Sép. ov., obtus. Fl. bleu-lilas ; pét. sup. courbés en arrière de manière à être à peine vus de face, les latéraux moins courbés, label concave à veines foncées. Caps. trigone ; faces oblong.-elliptiq., à 4 stries. ♃. av.-mai. Marais, prés marécageux, bord des eaux. AC. ou C. par localités en Bretagne dans les *montagnes Noires* et *d'Arès*, et de là jusqu'à *Vannes*. — *Fougères.*

V. HIRTA L. *Souche* épaisse, *rameuse, sans rejets rampants.* Feuil. en cœur allongé, obtuses, crénelées, velues ; *pétioles hérissés.* Fl. violettes, inodores. Pét. échancrés, les latéraux barbus à la base. Caps. grosse, arrondie, velue. ♃. av.-mai. Haies pierreuses, prés élevés. AC. — Plus c. dans le calc. — On trouve çà et là dans les sables de la *Loire*, au pied des arbres, une forme à cor. souv. très-petite ou 0, à pét. non échancrés, les latéraux souvent glabres. — Dans cette espèce et dans les 5 suiv. les fl. tardives sont souv. apétales, mais fructifient mieux, et les feuil. de l'été sont bien plus grandes.

V. ABORTIVA Jord. pug. Ressemble beaucoup au précéd., dont il a les pétioles hérissés; il en diffère par la souche à rameaux nombreux, allongés (qqf. à 3-4 déc.), les feuil. passant souv. l'hiver et par la caps. plus petite avortée ou à 1, 2 graines. ♃. mars-av. Bois secs. — DEUX-SÈV. *Souvigné* près *la Mothe* (Sauzé), *Availles*. — Vu sec, et vivant sans fl.

V. ODORATA L. *La Violette. Souche à rejets rampants*, durs, fleurissant l'année suivante, sans tige. Feuil. largement et profond. en cœur, pubescentes. *Fl.* violettes, qqf. blanches à éperon qqf. violacé, plus rar. lilas ou violet-rougeâtres, *odorantes*. Pét. obtus, l'inf. plus grand échancré. Caps. arrondie, pubescente. ♃. mars-mai. Haies, taillis, prés. AC. — R. dans l'ouest du *Fin*.

V. DUMETORUM Jord. pug. Ressemble beaucoup au précéd., dont il diffère surtout par les feuil. adultes vert cendré, en cœur plus allongé, qq.-unes persistant après l'hiver; par les pédonc. couverts de poils, par la cor. blanche à éperon violacé. Mêmes lieux AC. — Je le confonds avec le précéd.

V. SCOTOPHYLLA Jord. est indiqué à *Exoudun* (Deux-Sèv.), par M. Sauzé. Je note les caract. suiv., d'après la description de l'auteur et la plante sèche. Tiges latérales souv. en forme de stolons la plupart non radicants. *Feuil. adultes d'un vert obscur*, souv. colorées de vert noirâtre surtout sur les nerv., rudes et parsemées sur le limbe et le péd. de poils assez longs, tuberculeux à la base, les rad. persistant longtemps après l'hiver. Fl. à odeur faible ou presque nulle, blanches avec éperon violacé au sommet ou violet pâle avec le fond blanc, ou mêlées de violet et de lilas. Caps. violacée.

V. VIRESCENS Jord. *V. alba* édit. 1. Ressemble au précéd. Souche grêle à stolons florifères. Feuil. adultes vert pâle, à échancrure de la base plus ouverte. Fl. à odeur douce qqf. nulle, blanches et un peu jaunâtres au centre, bleues ou violacées avec le fond blanc. Caps. vert clair. ♃. fév.-av. — DEUX-SÈV. Bois de Féaule près *Thouars* (Lunet), *Gcay* en *Souvigné* (Sauzé). — Je connais imparfaitement les trois plantes précéd., ainsi que *V. abortiva*.

b. *Tige feuillée, florifère, sép. aigus.*

V. RIVINIANA Reich. *Tiges* couchées ou ascendantes, anguleuses, les florifères naissant de l'aisselle des feuil. d'une tige centrale stérile. *Feuil.* largement en cœur, *acuminées*, les inf. réniformes-en cœur, obtuses. Stip. lancéolées, acuminées, ciliées. Fl. bleues, grandes; éperon blanchâtre, en gouttière dans son pourtour. Sép. lancéolés, acuminés. Appendices du cal. grands, anguleux même sur le fruit. *Caps. aiguë.* ♃. av.-mai. Haies, bois. CC.

V. REICHENBACHIANA Jord. *V. sylvatica*, éd. 1. Diffère du précéd. par les feuil. plus minces, les fl. violet-lilas, 1/2 plus petites, les appendices du cal. courts, presque nuls sur le fruit ov.-oblong, acuminé, éperon plus foncé que la cor., à peine en gouttière, droit en dessous ou légèrement rentré, tandis que dans *V. riviniana* la courbure forme un arc régulier; pét. oblongs, l'inf. à stries peu rameuses. ♃. av.-mai. Bois. — CHAR.-INF., DEUX-SÈV., VEND. AC., surtout dans le calc. — LOIRE-INF. *Touvois* (Genevier), les *Cléons*, forêt d'*Ancenis* (de l'Isle). RR.

V. CANINA L. *Tiges* florifères couchées ou ascendantes, naissant de la souche, sans tige centrale. *Feuil. ov.-oblongues, à base en cœur, presque obtu-*

ses, non acuminées, les inf. obtuses. Stip. oblong-lancéolées, ciliées, dentées, arquées. Fl. bleu clair, éperon jaunâtre. Sép. ov.-lancéolés, aigus. *Caps. oblongue presque tronquée, apiculée.* ♃. av.-jn. Lieux secs, landes, bord des bois. — CHAR.-INF. R. landes de *Mortagne.* — DEUX-SÈV. *Puy-S.-Bonnet* (Genévier), *Airvault* (Bonnin), *Bressuire* (J. Richard), *Ménigoute* (Sauzé). — VEND. Çà et là. PC. — LOIRE-INF. Sables de la Loire, rochers d'*Ancenis* PC. — MOR. *Vannes* (Taslé), *Ploërmel* (J.-M. Sacher), *Auray, Hennebont*, etc. (Arrondeau). R. — C.-NORD. « Bois de *Rouget* à *S.-Juvat* (Mabille). » — IL.-ET-V. « *Rennes* (Le Gall). » — Plante peu commune.

V. LANCIFOLIA Thore. Végétation du précéd. Tiges ascendantes. *Feuil. ov. et ov.-lancéolées, aiguës, un peu décurrentes sur le pétiole.* Stip. lancéolées, incisées-dentées. Fl. bleu pâle, longuement pédonculées. Sép. lancéolés, aigus ; appendices anguleux, dépassés par l'éperon gros, ascendant. Caps. aiguë. ♃. mai-jn. Landes. — BRETAGNE, VEND. et DEUX-SÈV. AC. — CHAR.-INF. *Enet ! S.-Pierre-de-Surgères* (Faye), landes de *Mortagne à Montlieu.*

X. V PUMILA Chaix in Vill. *V. pratensis* Koch. Souche ligneuse non stolonifère, à plusieurs tiges de 1-4 décimètres, dressées, anguleuses. Feuil. lancéolées-ovales, obtuses, largement crénelées, arrondies ou tronquées à la base, décurrentes tout le long du pétiole. *Stip. grandes, foliacées,* lancéolées, ayant à la base du côté ext. 1-3 dents profondes ou lobes, les interméd. et sup. plus longues que le pétiole, les inf. dentées-incisées, plus courtes que le pét. des feuil. ovales. Pédonc. à 2 bract. lin.-lancéolées, obtuses, finement ciliées, écartées l'une de l'autre et situées au-dessous de la courbure, les inf. plus long que la feuil., les sup. plus courts. Fl. assez grandes, bleu très-pâle, à stries plus foncées, pét. obov.-oblongs. Sép. ov-lancéolés, à append. assez grands, dépassés par l'éperon arrondi. Caps. trigone, acuminée, à faces elliptiq. Mai-jt. Prés argileux. — CHAR.-INF. R. *Dœuil* (Dussouchaud). — DEUX-SÈV. Bois de la *Tranchée* prés *Niort* (Guillon), prés et lit desséché du ruisseau de *Bougon!* près la *Mothe-S.-Heray* (Sauzé, Maillard), *Lezay* (Rouffineau), près de la *Bouvent* à *Vanzay* (Guyon). — Prés de la *Bouleur* entre *Brux* et *Chaunay* dans la Vienne (Guyon).

** *Stigmate droit, en entonnoir* (Pensées).

V. TRICOLOR L. Tige anguleuse, rameuse, diffuse. Feuil. glabres ou hérissées de poils fins, crénelées, les rad. en cœur ou ovales, graduellement décroissantes, les sup. lancéolées. Stip. grandes, pinnatif. à lobe terminal grand, semblable à la feuil. Pédonc. arqués au sommet et munis de deux petites bractées. Sép. lancéolés, acuminés. Fl. de couleur et grandeur très-variables, violettes, jaunes, blanches ou mélangées de ces trois couleurs. ①. mai-oct. Champs, lieux cultivés. — Très-variable; ses formes nombreuses sont considérées par plusieurs auteurs comme autant d'espèces distinctes; voir Jordan, *Observations, Pugillus* et Boreau *Flore du centre*. Je décris seulement les formes que j'ai vues vivantes.

α. *hortensis*. Sous ce nom on comprend plusieurs plantes à fl. grandes et de couleurs variables que l'on rencontre dans les jardins, et issues en partie de la *Pensée* des amateurs.

β. *V. Lloydii* Jord. *V. variata*? édit. 1. Feuil. inf. ov., crénelées, les interméd. et inf. lancéolées, plus longues que le pétiole, les sup. plus longues que l'entre-nœud. Stip. à fol. latérales arquées en dehors. Pédonc. ouvert à 1/2 angle droit, dépassant la feuil. et l'entre-nœud, bract. situées un peu au-dessous de la courbure. Sép. plus courts que la cor. moyenne. *Pét. sup. beau violet pourpré*, blanchâtres à la base, les latéraux blancs à stries pourpre-violet, horizontaux, dirigés en avant, pétale inf. en carène en-dessous, largement en coin renversé, blanc, jaunâtre et strié de marron à la base. Caps. arrondie-ovale. — CHAR.-INF. Jardins de *Saintes*! (Brunaud). — MOR. Jardins de *Vannes!* (Taslé).

γ. *V. meduanensis* Bor. (Pensée 2, édit. 1) Feuil. inf. ov. et ov. en cœur, obtuses, les sup. ov., lancéolées-oblongues ou lancéolées, plus courtes que les entre-nœuds. Stip. à lobe terminal lin.-oblong, les autres lin. souv. arqués. Pédonc. ouvert en angle aigu, au moins 1 f. plus long que la feuil., à bract. situées bien au-dessous de la courbure. *Sép. plus courts que la cor.* à appendices à peine dépassés par l'éperon de la cor., aplati, un peu courbé. *Cor. grande* à la fin toute violette ou à peu près, pét. sup. violets se recouvrant par leurs bords, oblongs, rétrécis à la base, presque dressés, les latéraux ascendants, recouvrant un peu les sup., plus ou moins lavés de violet (qqf. jaunes), l'inf. en coin renversé, violacé ou jaunâtre, marqué de 5 à 7 stries pourpres. Caps. de *V. confinis*. Jn-jt et aut. Champs des ter. granitiques. — DEUX-SÈV. *Châtillon, les Echaubrognes* (Genevier).—VEND. *S.-Hil.-de-Mortagne* (Genevier), c. *la Châtaigneraie* (Gobert). — LOIRE-INF. c. *Vue, Princey* (Gobert).— c. par localités en *Bretagne; Fougères*, entre *Dinan* et *Jugon*, *S.-Brieuc, Pontivy, Vannes*, etc.

δ. *V. Pesneaui*, *V. rothomagensis* Pesneau cat. part. Rac. grêle. Tiges nombreuses, couvertes d'une pubescence fine. Feuil. inf. ov., les intermed. ov. ou ov.-lancéolées, les sup. lancéolées, toutes crénelées-dentées, plus longues que les entre-nœuds. Stip. à lobes latéraux arqués en-dehors ou en-dedans. Pédonc. bien plus longs que les feuil., ouverts; bract. situées sur la courbure ou peu au-dessous. *Sép.* oblongs-lancéolés, aigus, *plus courts que la cor. à la fin toute violette;* à appendices dépassés par l'éperon droit de la cor. *Pét. sup. violets*, les latéraux violet un peu plus clair, à 1, 2 raies à la base, un peu ascendants, l'inf. d'abord blanchâtre puis violet clair, jaune vif à la base, marquée de 7 raies marron foncé, recouvrant la base inf. des pét. latér ux dont le côté sup. recouvre une petite partie de la base des pét. sup. Caps. ov.-arrondie, très-obtuse, peu dépassée par les sép. ①, qqf. ②. — LOIRE-INF. Délestage de *Couëron*. — C'est peut-être un *Viola* du nord de l'Europe, introduit par les navires hollandais dont le lest a créé la localité notée. — *V. sabulosa* Bor. des sables marit. du nord de la France, en a les caract. généraux, mais en diffère surtout par les feuil. plus étroites, les inf. longuement pétiolées, ov.-oblongues, les sup. oblongues et lancéolées, longuement rétrécies en pétiole. Mai-j^{n}.

ε. *V. confinis* Jord. *V. contempta*? édit. 1. Feuil. inf. ov., les interméd. ov.-lancéolées, les sup. lancéolées, en gouttière, toutes crénelées-dentées, plus longues! que les entre-nœuds. Stip. à lobe terminal, grand, souv. entier, les latéraux arqués, tantôt en dehors, tantôt en dedans. Pédonc. au moins une fois plus long que la feuil., ouvert en angle aigu, bract. situées bien au-dessous de la courbure. *Sép. beaucoup plus courts que la cor.*, à appendices dépassés de 2 mill. par l'éperon de la cor. un peu bleuâtre, aplati, droit. *Pét. sup. blancs*, se recouvrant dans le bas, les latéraux ascendants et recouvrant une partie des pét. sup. blancs, qqf. un peu jaunâtres à la base avec 1, 2 stries marron, l'inf. jaunâtre, plus foncé à la base, marqué de 5,7 stries marron. Caps. ov.-elliptique, obtuse, non-anguleuse, mais un peu plus bombée et verte sur le dos des valves. — VEND. et DEUX-SÈV. *Mortagne!* et communes environnantes (Genevier), *la Châtaigneraie, Réaumur* (Ayraud). — LOIRE-INF. c. Vallée du haut de la *Loire*, et çà et là partie du dép. au S.-E. de *Nantes*. — C.-Nord. *Lannion* (Baron), *Bobital, Brusvily, Beaulieu* (Mabille). — Prob. dans beaucoup d'autres lieux.

Obs. A côté de cette plante se placent plusieurs formes : *V. agrestis, gracilescens, Paillouxii, arvatica* Jord. signalés dans notre flore; je les connais imparfaitement et n'ose les décrire, de crainte d'augmenter les difficultés au milieu d'espèces dont le nombre va toujours croissant.

ς. *V. ruralis* Jord. Feuil. inf. pétiolées, en cœur ou ov. crénelées, les suiv. ov., obtuses, les sup. lancéolées. Stip. à lobes inf. entiers, droits ou arqués, le terminal semblable à la feuil., denté. Pédonc. beaucoup plus long que la feuil., ouvert en demi-angle droit; bract. situées sur la courbure ou en dessous. *Sép.* lancéolés-acuminés, *égalant la cor.* ou *un peu plus courts*, qqf. plus longs, à appendices égalant l'éperon. *Pét. blanc-jaunâtre*, qqf. tachés de bleuâtre, l'inf. plus foncé à la base et marqué de raies noirâtres. Caps. ovoïde. Mai-sept. Champs. C.

η. *V. segetalis* Jord. Caract. du précéd. Tige élancée. Feuil. plus allongées, les sup. longuement rétrécies en pétiole. Stip. à lobes latéraux plus droits, le terminal peu ou point denté. *Sép. plus longs que la cor.* Pét. sup. obov., blancs et un peu bleuâtres au sommet, les latéraux obov., blancs, l'inf. en coin renversé, blanc, taché à la base de jaune et marqué de raies noirâtres. Caps. presq. arrondie, obtuse, à peine anguleuse. Mai-j^t. Champs surtout sablonneux. — Vallée de la *Loire*. Ayant confondu cette forme avec le précéd., je ne puis en détailler les localités.

θ. *nana*, *V. nemausensis* Jord.? *Petite plante* de 5-10 cent. Feuil. ov.-en cœur, crénelées, les sup. oblongues ou lancéolées. Pédonc. dépassant plusieurs fois la feuil., bract. situées sur la courbure. *Sép.* triangulaires-lancéolés, *dépassant la cor.* tronqués ou échancrés à la base. Pét. sup. oblongs, blancs ou un peu bleuâtres, redressés, les latéraux blancs, étalés, recouvrant en partie les sup., l'inf. en coin renversé, blanc, gorge jaune à stries brun foncé, éperon violacé, dépassant un peu les appendices des sép. violacés inférieurement. Caps. ov.-arrondie, très-obtuse, plus courte que les sép. ①. 15 mars-15 mai. Sables maritimes. AC. toute la côte du Sud. — DEUX-SÈV. *Brioux* (Sauzé). — Les individus tardifs (de l'été) sont plus rameux-étalés, à péd. plus courts, à cor. qqf. dépassant un peu le cal., ils ressemblent beaucoup à *V. Olonnensis* Genevier, mém. acad. Angers, vol 8. L'auteur distingue ce dernier surtout par le port plus robuste, les feuil. plus allongées, les péd. dépassant moins les feuil. Il l'a recueilli fin mai et juin, des *Sables d'Olonne* à *Caillola* et à *l'Aiguillon* (Vend.)

RÉSÉDACÉES.

Pét. 4-6 inégaux, alternes avec les lobes du cal. Étam. 10-24 insérées sur une glande nectarifère hypogyne. Fruit tantôt polysperme, à une loge ouverte au sommet, à 3-6 lobes terminés par un style court, à placenta pariétaux, tantôt à 4,5 carpelles 1.spermes, s'ouvrant en dedans et terminés par un style. *Fl. en épis.*

RESEDA L. Pét. inégaux, les sup. laciniés. Caps. 1.loc. ouverte au sommet, anguleuse.

R. LUTEA L. Tige de 3-5 déc. rameuse, diffuse, qqf. chargée d'aspérités crystallines. *Feuil.* inf. entières ou à 3 lobes, les *interméd. pinnatif.* Fl. jaunâtres. Cal. à 6 lobes. Styles 3. Caps. allongée, tronquée au sommet. Graine noire, lisse, luisante. ②. j^t-a^t. Lieux incultes, champs pierreux ou sablonneux du calc. et des bords de la mer.—CHAR.-INF. et *calc. Vendéen.* CC.— DEUX-SÈV. *Thouars !* (Bastard), *Niort*, *S.-Loup* (Guyon), *Airvault* (Bonnin). —LOIRE-INF. *Machecoul*, c. *Arthon*. AC. —MOR. *Quiberon* (Arrondeau). — FIN. Moulin de Kergus en

Plourin (de Crec'hquérault). — IL.-ET-V. *Pontorson*, *Chérueix*, *S.-Malo*.

R. LUTEOLA L. *Gaude*. *Tige* de 6-18 déc. *dressée*, raide. *Feuil. simples*, lancéolées-allongées, obtuses, les rad. ondulées, en rosette. Fl. jaunâtres. Cal. à 4 lobes. Caps. courte, bosselée, à 3 pointes. Graine jaunâtre, lisse, luisante. ②. jn-at. Haies, décombres, pied des murs, champs pierreux. C.

Obs. R. Phyteuma L. a les feuil. interméd. de la tige trifides, le cal. très-grand, à 5, 6 sép. accrescents, la caps. grosse, oblongue-en massue, à 3 dents, les graines grises, rugueuses. ①. — *R. alba* L. échappé des jardins, se trouve qqf. sur les décombres.

ASTROCARPUS Necker. 4,5 carp. 1.spermes, étalés en étoile, s'ouvrant en dedans par une fente dentée.

A. CLUSII Gay, *Reseda canescens et purpurascens* L. *R. Sesamoïdes* DC. ic. Tiges persistantes et couchées à la base. Feuil. lin. rétrécies à la base, entières, obtuses, glauques, les rad. plus larges. Fl. blanches, en épis grêles. Cal. à 5 lobes. Glande nectarifère pubescente. Filets des étam. presque glabres, ceux des étam. sup. géminés. Style latéral dépassé par le sommet du carp. arrondi en casque. ♃. jn-at. Terres arides et surtout coteaux et rochers schisteux. — CHAR.-INF. *Clérac* ! (Millieurenche), bois sablonneux, *Royan* (Lespinasse). RR. — DEUX-SÈV. *Thouars* ! (Genuer), *Argenton-Ch.* ! *Noirlieu*, la Touche-Gom près *Bressuire* (J. Richard). — LOIRE-INF. *Ingrande*, *Varades*, d'*Ancenis* à *Pouillé*, *Grand-Auverné*, cc. d'*Oudon* à *Ancenis* ; *Barbechat*, *Sion*, c. coteaux de *Guémené* à *Juzet*. — MOR. *La Roche-Bernard* ! *Néant*, *Tréhorenteuc* (Le Gall), c. schistes rouges de *Ploërmel* ! (J. M. Sacher). — IL.-ET-V. *Pont Féart* (J. M. Sacher), rochers de la Vilaine de *Poligné* à *Guipry* (Letourneux), AC. rochers de *Bougros* en *Bains* et bois entre *S.-Just* et *Sixt* (Moreau). c. *la Roche du Theil* ! (J. M. Sacher).

DROSÉRACÉES.

Cal. à 5 sép. ou lobes profonds imbriqués dans le bouton. Cor. régulière à 5 pét. Etam. 5 hypogynes. Anthères terminales. Ovaire simple, libre, à 4,5 styles ou à 4 stigm. Caps. 1.-3.loc. polysperme, à 3-5 valves s'ouvrant par le sommet; placenta pariétaux.

DROSERA L. Cal. à 5 lobes profonds. Pét. 5. Styles 3-5 bipartits. Caps. 1.loc. *Herbes* ♃. *à feuil. radic. couvertes de cils rougeâtres, glanduleux, roulées en crosse dans leur jeunesse ; fl. blanches en épis.*

D. ROTUNDIFOLIA L. Hampe dressée. Feuil. appliquées contre terre; pétiole velu en-dessus, non cilié; *limbe orbiculaire.* Cal. dépassé par la caps. cylindrique, lisse. Graines lin. à test lâche, lisse. Jt-at. Marais et prés tourbeux.—CHAR.-INF. Landes de *Montendre* à *Montlieu*. R.—DEUX-SÈV. *Secondigny* (A. Guillon), *Bressuire, la Morpinière* en *Bretignolles* (J. Richard), *le Temple* (Genevier). — BRETAGNE et *Bocage Vendéen*. AC. — Avant de périr, le pied de l'année émet un stolon terminé par un bourgeon reproducteur.

D. INTERMEDIA Hayne, *D. longifolia* DC. Hampe courbée à la base. Feuil. ascendantes; *pétiole* glabre, non cilié, *plus long que le limbe obovale-en coin;* cal. dépassé par la caps. courte, sillonnée, lisse. *Graines* oblongues, *à test appliqué, finement tuberculeux.* Jt-at. Marais, landes et prés tourbeux gras. — CHAR.-INF. Landes de *Montendre* à *Montlieu*. R.— VEND. *Le Bourg-sous-Nap., la Ferrière* (Pontarlier). — BRETAGNE. C.

* D. ANGLICA Huds. *D. longifolia* Hayne. Hampe dressée. Feuil. ascendantes; *pétiole glabre, non cilié, plus court que le limbe linéaire-oblong.* Cal. dépassé par la caps. prismatique-4.gone, non sillonnée.

Graines oblongues-ovoïdes, à test lâche, lisse. Lieux tourbeux. — Je l'ai bien cherché, mais en vain.

PARNASSIA L. Sép. 5. Pét. 5, portant à la base une écaille nectarifère ciliée. Etam. 5. Stigm. 4 sessiles. Caps. 1 loc. à 5 valves.

X. P. PALUSTRIS L. Tige simple, anguleuse, à 1 feuil. en cœur, sessile, embrassante, les rad. longuement pétiolées. Fl. blanche, solitaire, nervée. ♃. j^t-oct. Landes et prés tourbeux du calc. — CHAR.-INF. *S.-Ouen* près *Beauvais* (Savatier), *Saujon*, *Rochecourbon* (herb. Faye), AR. marais de *Prignac* (Pinatel), *Pisany*, *Meursac* (A. Guillon), de *Cadeuil* à *Nanoras* (Delalande), marais de Harzan près *Corme-Royal*; *Montlieu* ! (de Meschinet). — DEUX-SÈV. *Loubillé* (Jousse), *Mauzé* (Sauzé), *Frontenay-R.-Rohan* (Charbonneau), AC. marais de la Dive à *Pas-de-Jeu* (Guyon).

POLYGALÉES.

Cal. à 5 sép. dont 2 latéraux plus grands (ailes), pétaloïdes. Cor. irrégulière à 3 pét. plus ou moins soudés avec le tube des étam. L'inf. (carène) barbu. Etam. 8 réunies inférieurement en deux faisceaux opposés. Anthères à 1 loge s'ouvrant au sommet par un trou. Ovaire et style 1. Caps. comprimée, 2 loges à une graine pendante, arillée; valves 2 opposées à la cloison.

POLYGALA L. Voir la famille. *Fl. en épis.*

P. VULGARIS L. G. et Germ. fl. Par. T. 8. Tiges dressées, à rameaux simples. Feuil. lancéolées, les inf. elliptiques. *Fl. nombreuses*, bleues, roses, ou blanches, en épis terminaux. *Ailes du cal.* (comme dans les 2 suiv.) *à 3 nervures anastomosées* dans la part. sup. avec les latérales divisées extérieurement en ramifications nombreuses anastomosées. Caps. plus courte et plus étroite que les ailes. ♃. mai-j^n. Haies, prés, taillis. C.

β. *oxyptera*. Plante plus basse, à épis plus courts; caps. ord. débordant partout les ailes. Landes, coteaux et sables maritimes. AC.

Obs. P. comosa Schk. diffère de *P. vulgaris* par les feuil. serrées et surtout par les bract. dépassant les boutons de fleurs et rendant ainsi l'épi chevelu au sommet. Je l'ai cueilli à *Avanton* près *Poitiers*.

P. DEPRESSA Wender. C. et Germ. T. 8. Plante grêle, à tiges couchées, souv. très-rameuses. Feuil. lancéolées, les inf. elliptiq., les interméd. presque opposées. *Fl.* 5-8 ord. blanches, qqf. bleues, *en épis devenant par la suite latéraux*. Ailes obov.-elliptiq. plus longues et plus étroites que la caps. fortement échancrée. ♃. mai-jt. Pelouses mousseuses, taillis, landes sèches ou marécageuses. AC. — R. dans le calc.; CHAR.-INF. R. la lande de *Mortagne*. — L'opposition des feuil. se remarque aussi sur les tiges stériles.

✗. P. CALCAREA Schultz, *P. amarella* C. et Germ. T. 7. Tiges couchées, ord. nombreuses, nues à la base, puis munies de feuil. grandes, obov. obtuses, plus ou moins en rosette, émettant de leur aisselle 1 ou plusieurs rameaux florifères. Fl. assez nombreuses en épis. Ailes obov., débordées en tous sens par la caps. grande. *Arille* à lobes aigus *égalant presque la 1/2 de la graine*. ♃. mai-jn. Pelouses, clairières des bois secs et coteaux calc. — CHAR.-INF. AC. de *Dœuil*, *Loulay* à *Aulnay*, *Beauvais* et *Siecq*; *Meux*, c. *Montlieu*; *Montendre*. — DEUX-SÈV. *Réfannes* sur le granite, *Maisontiers* (Guyon), *Ste-Soline* (Sauzé), *Brétignolles* (J. Richard), *Melle, forêt d'Aulnay!* (A. Guillon), *Loubillé* (Jousse).

P. AUSTRIACA Crantz, C. et Germ. T. 7. Très-amer, couché, rameux. Feuil. rad. obov. spatulées, en rosette, celles de la tige allongées, obtuses. *Fl. petites*, blanches (dans mon échantillon) ou bleues, assez nombreuses. *Ailes* obov.-elliptiques, *à nerv. moyenne simple non anastomosée avec les latérales à peine rameuses*. Caps. presq. arrondie-en cœur, plus longue et beaucoup plus large que les ailes. Arille atteignant à peine le 1/4 de la graine. ♃. « Prés humides tourbeux (Cosson et G.) » Je possède un échantillon de cette espèce que je suis sûr d'avoir cueilli aux environs de *Nantes*, mais je ne saurais préciser la localité.—A retrouver.

X. P. MONSPELIACA L. *Rac. annuelle* à 1, qqf. plusieurs tiges dressées, fleuries dans la moitié sup. Feuil. dressées, lin.-lancéolées, très-aiguës. Fl. d'un blanc vert-roussâtre. Ailes ov.-oblong. à 3 *nerv.* vertes, *rameuses, non anastomosées*, aussi larges et plus longues que la caps. obov.-allongée, en cœur au sommet, pendante, oscillante. Juin. Talus herbeux du littoral.—CHAR.-INF. Remparts de *S.-Martin*, et fort *la Prée* dans l'île de *Ré*. R.

FRANKÉNIACÉES.

Cal. à 4,5 sép. persistants, soudés à la base en un tube sillonné. Pét. 4,5 alternes avec les sép. onguiculés. Etam. 4,5 hypogynes. Ovaire 1 libre; style 2,3-fide. Caps. 1-loc. à 2-4 valves portant les placenta sur les bords.

FRANKENIA L. Style à 3 lobes oblongs, portant les stigm. à l'intérieur. Caps. polysperme à 3-4 valves.

F. LÆVIS L. Tiges dures, sous-ligneuses, très-rameuses, couchées, glabres ou pubescentes. Feuil. linéaires, roulées en-dessous par les bords, glabres, ciliées à la base, verticillées. Fl. roses, élégantes, axillaires, solitaires, sessiles. Cal. glabre ou pubescent dans les sinus. ♃. jn-sept. Sables et rochers maritimes, bord des marais salés. C.

Obs. F. hirsuta DC. fl. fr. *F. intermedia* DC. prod.

indiqué sur nos côtes, n'y a pas été trouvé; il diffère du précéd. par ses tiges à pubescence serrée, grisâtre, ses feuil. longuement ciliées à la base et ses cal. hispides.

CARYOPHYLLÉES.

Cal. à 5, rar. 4 sép. ou dents. Pét. 5 rar. 4, ord. onguiculés, alternes avec les sép. Etam. 10 rar. 3–5, hypogynes. Ovaire 1 libre, à 2–5 styles. Caps. à 1, rar. 2-5 loges, à 2-5 valves s'ouvrant au sommet. Graines nombreuses; placenta central. *Feuil. toujours opposées, entières.*

A. *Cal. 1.sépale, tubuleux, à 4,5 dents.* (Silénées.)

GYPSOPHILA L. Cal. en cloche, à 5 dents. Pét. 5 en coin, presque sans onglet. Etam. 10. Styles 2. Caps. 1.loc. à 4 dents au sommet.

G. MURALIS L. Plante grêle de 10-15 cent. à rameaux étalés. Feuil. linéaires. Fl. rosées, axillaires, long. pédonculées. Cal. sans écail. à la base, Pét. échancrés ou crénelés, veinés. ①. jn–sept. Champs arides après la moisson, lieux desséchés, bords des étangs, des rivières. — CHAR.-INF. *S.-Palais-de-Négrignac* (de Meschinet), R. vallon des *Bisselières* (Pinatel). — DEUX-SÈV. *La Mothe, Goux* (Sauzé), *Parthenay!* (Janneau), *S.-Pompain, S.-Loup* (Guyon), *S.-Jouin*, C. *Borcq* (Brottier), *Airvault, Chambon, Thouars* (Lunet). — VEND., LOIRE-INF. C.—Manque ou RR. dans le calc.

DIANTHUS L. Cal. tubuleux, à 5 dents, muni à la base d'écail. opposées. Pét. 5 à onglet lin. Etam. 10. Styles 2. Caps. 1.loc. à 4 valves au sommet.

* *Fl. réunies en tête ou en corymbe.*

D. PROLIFER L. Glabre, raide; rameaux simples. Feuil. linéaires, rudes au bord. *Fl.* paraissant l'une après l'autre, *réunies en tête* entourée d'écail. scarieuses, les inf. plus petites, mucronées, les sup. obtuses, dépassant le cal. Pét. roses, échancrés ou entiers. ①. jn-at. Coteaux arides, champs sabl., surtout dans la région marit. et le calc. AC.

D. Armeria L. Pubescent, raide, rameux dans le haut. Feuil. lin.-lancéolées, les inf. plus larges, obtuses. *Fl. en faisceaux terminaux*, entourées de bract. et d'écail. lancéolées-en alêne, égalant le cal. Pét. rouges, tachés de blanc, dentés en scie. ②. jn-at, Haies, vieux murs. C.—pc. *Mor.* et *Fin.*

D. Carthusianorum L. Tiges simples. *Feuil.* linéaires, *connées-engaînantes*, à 3 nervures. Fl. rouges, réunies 2-6 en tête entourée à la base de 2-4 bractées brunes, semblables aux écailles obtuses, échancrées, mucronées au milieu, plus courtes que le cal. brun au sommet. Pét. dentés, un peu velus en dedans; limbe aussi long que l'onglet. ♃. jn-jt. Prés, bord des haies, coteaux des ter. calc. et schist. — Char.-Inf. *Le Pin* (Mme George), *Pons* (Savatier), *Cognac* (Charente), *S.-Eugène; Breuillet* (Rouffineau), *Oleron* (de Beaupreau). R. — Deux-Sèv. AC. — Vend. Pré près de *Charzais* (Mlle Poey Davant), *le Plessis en la Ferrière* (Pontarlier), AC. *Mortagne, la Verrie, S.-Hilaire* (Genevier). RR. — Loire-Inf. *La Motte* près *Maumusson!* entre *Riaillé* et *Bonnœuvre* (Guiho), *Copchoux* (Pesneau), entre *Vertou* et forêt de *Touffou* (Beuchet). RR.

** *Fl. solitaires.*

D. Caryophyllus L. *Œillet des Fleuristes. Tiges rameuses, de 3-5 déc.* Feuil. linéaires, en gouttière, scarieuses et dentelées à la base, glauques. Fl. 5, 6 en panic., à odeur suave. *Écailles 4* courtes, mucronées, 3-4 *fois plus courtes que le cal.* cylindrique. Pét. rouges, dentés. ♃. jt. Vieux murs, ruines. — Char.-Inf. *Saintes, Oleron*, rochers de *Taillebourg, Mornac.* — Deux-Sèv. *Niort, Parthenay, Bressuire.* — Vend. *Tiffauges, Pouzauges,*

Mortagne, le Boupère, c. château de *Talmont, Palluau, Apremont.* — LOIRE-INF. *Tour d'Oudon*, c. châteaux de *Châteaubriant*; de *Clisson*, c. *Guérande.* — MOR. *Vannes, Auray.* — FIN. *Concarneau*, châteaux de *Brest*, de la *Roche-Maurice*, de *Tremazan.* — C.-NORD. *Dinan, Lamballe, S.-Juvat, Matignon, le Guildo*, et rochers marit. de *Dahouet* avec fl. blanches. — IL.-ET-V. *Hédé.* — Etc.

D. GALLICUS Pers. DC. *Tiges* nombreuses, simples, *de* 15-20 *cent. Feuil.* lin., *courtes, dentelées et scarieuses tout autour*, presq. obtuses, glauques. Fl. 1-3 terminales, à odeur suave. *Écail.* 4 courtes, un peu mucronées, 3 *f. plus courtes que le cal.* cylindriq. Pét. rosés, qqf. blancs, fortement dentés, glabres. ♃. jn-sept. Sables marit. C. jusqu'à *Quimper.*

SAPONARIA L. Cal. à 5 dents, nu à la base. Pét. 5 à onglet linéaire. Etam. 10. Styles 2. Caps. 1.loc. à 4 dents au sommet.

S. OFFICINALIS L. *Saponaire.* Tige rameuse. Feuil. lancéolées-ellipliq., à 3 nerv. Fl. rose tendre, en corymbe terminal. *Cal.* renflé, *cylindriq.* Pét. munis à la base d'appendices lin. ♃. jt-at. — CHAR.-INF. Glacis de *la Rochelle !* tour de *Broue* (Faye), *S.-J.-d'Angély, Garneau* sur *la Boutonne; Dœuil !* (Dussouchaud). — DEUX-SÈV. c. haies et décombres de *la Mothe !* (Sauzé), *Rom* (Guyon), c. bords du *Thouet*, de l'*Argenton.* — VEND. R. *Tiffauges* (Genevier), *Mouzeuil.* — LOIRE-INF. Bords de la *Sèvre* et de la *Maine*, qqf. de la *Loire.* AR. — Et çà et là, à fl. simples ou doubles, sous-spontané dans les décombres, les ruines.

✕. S. VACCARIA L. Tige divisée au sommet en plusieurs rameaux dichotomes formant un corymbe lâche. Feuil. glauques, lancéolées, élargies et connées à la base. *Cal. à cinq angles* verdâtres. Fl. roses. ①. jn-jt. Moissons, champs calc. — CHAR.-INF. *Le Pin* (Mme George), *Dœuil; Surgères*

(Hubert), *Vandré* (Delalande), *Siecq !* c. *Beauvais !* (Savatier), *S.-Savinien, Nancras.* — DEUX-SÈV. *Vanzay, Pliboux* (Guyon).

CUCUBALUS L. Cal. en cloche, à cinq lobes. Pét. bifides, couronnés à la gorge. Etam. 10. Styles 3. Baie 1.loc. polysperme, indéhiscente.

C. BACCIFER L. Tige de 6-10 déc. faible, presque grimpante; rameaux ouverts à angle droit. Feuil. ovales, acuminées. Pét. écartés, blanc-verdâtre. Baie et graines noires, luisantes. ♃. j[t]-a[t]. Haies, buissons. — CHAR.-INF. *Le Pin* (Mme George), *Saintes; Montendre* (de Beaupreau), *Orignolle, Sablonceaux* (Delalande). — DEUX-SÈV. *Rom, Louin*, R. *S.-Loup* (Guyon), *Airvault !* et env. (Bonnin), *S.-Jouin* (Brottier), *Pas-de-Jeu* (Richard), *Thouars !* — VEND. *Luçon* (Lepeltier). — LOIRE-INF. AC.

SILENE L. Cal. à 5 dents, nu à la base, pét. 5 onguiculés. Etam. 10. Styles 3. Caps. 3.loc. à la base, s'ouvrant au sommet en 6 dents.

S. INFLATA Smith, *Cucubalus Behen* L. Glauque. Souche ligneuse non rampante. Tiges de 3-5 déc., rameuses, couchées à la base. Feuil. ovales-lancéolées, plus ou moins ciliées, rar. velues. *Fl.* d'un *blanc pur* en panic., bractées scarieuses. *Cal. renflé en vessie,* à veines en réseau, vertes ou brunâtres. *Pét. sans appendices* à la base, écartés l'un de l'autre, à divis. oblongues; onglet inclus. Caps. ovale-globuleuse. Graines couvertes de *tubercules coniques* saillants. ♃. j[n]-a[t]. Moissons, prés, bord des chemins, des haies, surtout dans les ter. calc. et aux bords de la mer. C. — R. ailleurs. — Moins c. au nord de *la Loire*. — Cette plante a été décomposée en 4 espèces *S. vesicaria, brachiata, puberula, oleracea,* toutes croissant dans nos limites.

S. MARITIMA With. Glauque, gazonnant. Tiges de 1-2 déc. étalées en cercle, redressées. Feuil. lancéolées, ciliées-épineuses au bord. Bractées herbacées. Fl. *d'un blanc pur*, 1-3 au sommet des rameaux. Cal. renflé en vessie veinée de violet. Pét. munis à la base de 2 *appendices bien distincts*, à divis. obovalés-en coin, recouvrant les pét. voisins par les bords; onglet saillant. Caps. globuleuse. Graines triangul.-réniformes, couvertes de nombreux tubercules coniques saillants. ♃. mai-a^t. Rochers et coteaux marit.; s'avance qqf. loin dans l'intérieur le long des rivières.—CHAR.-INF. *S.-Palais* (Rouffineau).—C. en Bretagne de *Cancale* à *la Vilaine* où il remonte jusqu'à *Pontréan* près *Rennes*. —VEND. *Ile d'Yeu, Noirmoutier*, et dans l'intérieur, *Rochers Coquilleau* près *la Châtaigneraie* (Mlle Poey Davant), c. *Mouilleron-en-Pareds* et rochers de *Cheffois* sur une longueur de 2-3 lieues (Pontarlier, Letourneux).—DEUX-SÈV. Rochers de l'Argenton aux env. d'*Argenton-Château!* (Bastard). Cette forme de l'intérieur, qui croît aussi en Bretagne sur le sommet des *Montagnes Noires* et d'*Arès*, a les feuil. plus étroites, lin.-lancéolées, et les appendices de la corolle sont d'autant moins distincts que la plante croît loin de la mer; enfin tout-à-fait à l'intérieur ils sont remplacés par deux bosses.

S. THOREI Léon Duf., *S. crassifolia* Thore, *Cucubalus fabarius* Thore. Très-glauque, non gazonnant, tiges souvent étalées en cercle. Souche longue, blanchâtre, charnue, à divis. rampantes. Feuil. largement obov. ou spatulées, acuminées, charnues, à bord cartilagineux cilié-rongé. *Fl.* plus petites que dans les 2 précéd. *d'un blanc sale*, 1,2 au sommet des rameaux. Bractées foliacées. Cal. renflé en vessie à veines verdâtres peu marquées. Pét. sans appendices, à deux bosses; divis. oblongues; onglet saillant. Caps. ov.-globuleuse. Graines réniformes, chagrinées, c.à.d. marquées de *tubercules plats*. ♃. j^n-j^t. AC. çà et là sables maritimes nus de *la Gironde* à *Noirmoutier*.

S. OTITES Smith, *Cucub.* L. Tiges d'env. 2 déc.

presq. simples, visqueuses. Feuil. de la tige en petit nombre, les rad. en spatule, nombreuses, en touffe. *Fl. dioïques, petites, jaunâtres, verticillées en grappe terminale, étroite, interrompue.* Pét. lin. entiers, nus. ♃. jn–at. AC. sables marit. de *la Gironde* au *Finistère* où PC. côte sud.—R. et de 4–6 déc. à l'intérieur, champs sablonneux; DEUX-SÈV. *Thouars!* (Toussaints), butte de *Montcoué*.—LOIRE-INF. *Machecoul, Arthon.*

β. *umbellata.* Fl. en 1–2 verticilles terminaux. AC.—Forme naine des sables maritimes.

S. CONICA L. Plante pubescente-grisâtre, de 1–2 déc. Feuil. linéaires-lancéolées, molles. Fl. roses, axillaires et terminales. *Cal. en fruit en forme de carafe*, ombiliqué à la base, à 30 stries. Pét. échancrés, couronnés. ①. mai-jn. Sables marit. AC. — Plus c. au midi de la *Loire.* — R. à l'intérieur, lieux secs sabl.—VEND. *Challans* (Gobert). —LOIRE-INF. *Machecoul, Arthon,* qqf. *sables de la Loire.*

S. GALLICA L. *S. anglica* L. Tige dressée ou étalée, rameuse. Feuil. lancéolées, aiguës, plus ou moins velues, les inf. spatulées. Fl. axillaires, alternes, en épis. *Cal. hispide,* d'abord tubuleux, puis *ovale, à 10 nervures vertes* ou brunâtres, pédic. dressé rar. réfléchi. Pét. couleur de chair ou blancs, échancrés ou entiers, saillants ; filets des étam. velus. ①. jn–jt. Moissons, champs et prés sabl., surtout dans les ter. calc., schist. et aux bords de la mer. AC.

✕. S. BRACHYPETALA Rob. et Cast. in DC. fl. fr. 5 p. 607, Jord. obs. fragm. 5. Pubescent, non velu, ni hispide, un peu glanduleux au sommet. Tige dressée, en zigzag, de 2–3 déc. à qq. rameaux espacés. Feuil. rad. et inf. spatulées, ciliées à la base, les sup. linéaires, brunâtres à l'extrémité. Fl. axillaires, peu nombreuses et très-écartées en épi grêle. *Cal. toujours oblong, pubescent,* à 10 nervures verdâtres ou brunâtres, alternativement rameuses. Pédic. dressés. *Pét.* linéaires, échancrés et un peu élargis au sommet, inclus, n'atteignant pas la 1/2 de la caps. Filets des étam. glabres. Pédic. de la caps. pubescent. Graines réniformes, chagrinées, un peu en gouttière sur le dos, excavées sur les côtés, et vues de côté représentant une oreille humaine. ①. jn-jt. Talus des fossés du littoral. — CHAR.-INF. *Fort la Prée dans l'île de Ré.* RR. — Se retrouvera ailleurs dans le midi.

S. NUTANS L. Pubescent-visqueux au sommet, rameux du bas. Feuil. lancéolées, les inf. en spatule aiguë. *Fl. blanc sale, en panic. trichotome, penchée,* à odeur suave le soir. Pét. linéaires, bifides, roulés en dedans pendant le jour. ♃. av.-mai. Côteaux arides, rochers, bord des bois, surtout sur les schistes. AC.

S. PORTENSIS L. sp. 600, *S. bicolor* Thore. *Tige* de 1-3 déc. *à rameaux grêles, couchés.* Feuil. linéaires, en gouttière. Fl. terminales, longt pédonculées, odorantes le soir. Cal. en massue, à 10 stries rosées. Pét. bifides, couronnés, blancs en dessus, rougeâtres en dessous, roulés en dessus pendant le jour. *Caps.* ovale, *plus courte que son pédic. propre.* ①. jt-sept. Sables marit. C. *de la Gironde à la Vilaine.* — MOR. *Billiers* (Hémont). — FIN. *Tréguennec, Plovan* (Crouan). — A l'intérieur, sables d'*Orignolle* dans *Char.-Inf.*

* S. ANNULATA Thore, *S. rubella* DC. Vulg. *Lin fou. Tige grêle* de 2-4 déc. *dressée,* glabre, pubescente à la base, rameuse dans le haut. *Feuil. inf. en spatule, velues,* les sup. linéaires, glabres. Fl. rouges, terminales, longt pédonculées. Cal. à 10 stries. Pét. bifides, dépassant le cal. Caps. presque globuleuse et sessile, égalant le cal., granuleuse. ①. av.-mai. Champs de Lin, avec la graine duquel il a été introduit ; peu fixe dans ses stations.

LYCHNIS L. Cal. à 5 dents. Pét. 5 onguiculés, ord. couronnés. Etam. 10. Styles 5. Caps. 1 loc. à 5 ou 10 dents au sommet.

L. FLOS CUCULI L. Tige presque glabre. Feuil. linéaires-lancéolées, les inf. plus larges. Fl. roses, en panic. terminale. Cal. rougeâtre, à 10 stries. *Pét. découpés en 4 divis. linéaires*. Caps. ovale. ♃. mai-jn. Prés humides, bord des haies. CC.

L. VESPERTINA Sibth. *L. dioïca* DC. *L. dioïca* β. L. Tige rameuse. Feuil. sup. ovales-lancéolées, rétrécies en pointe. Fl. dioïques, blanches, odorantes le soir, en panic. *Caps. ovale-conique, à 5 dents bifides, dressées ou ouvertes, mais non recourbées*. ♃. jn-sept. Haies, décombres, bord des chemins. CC. — C'est à cette espèce qu'appartiennent les var. à fl. carnées, roses et même rouges des rochers de *Mauves* (Loire-Inf.) et de *Mortagne* (Vend.)

L. DIURNA Sibth. *L. sylvestris* Hoppe, *L. dioïca* α. L. Tige rameuse. Feuil. sup. ovales, brusquement acuminées. Fl. dioïques, d'un beau rouge, inodores, en panic. *Caps. ovale-arrondie, à dents recourbées*. ♃. av.-jn. Haies, bord des rivières, des bois. — CHAR.-INF. *Gouffre de la Sèvre* (Hubert). — DEUX-SÈV. *La Touche Poupart* (A. Guillon), *Parthenay!* (Janneau), forêt de *Secondigny* (Maillard), *Fénioux*, *S.-Loup* (Guyon). — VEND. *Forêt de Vouvant*, *Dompierre*, *Chaillé les Orm.*, *l'Herbergement* (Pontarlier, Marichal), *Coëx*, *S.-Sulpice de Verdon* (Gobert), c. *Mortagne* (Genevier). — LOIRE-INF. Bords de *la Divatte*, de *la Sèvre*, du *Cens*, etc. AC. mais pas partout. — C. dans l'intérieur de *la Bretagne!*

L. GITHAGO Lam. *Agrostemma* L. *Nielle*. Plante velue-blanchâtre, de 6-10 déc. presque simple. Feuil. linéaires-lancéolées. Fl. pourpres, long. pédonculées. *Pét.* à peine échancrés, non couronnés, *plus courts que les lobes foliacés du cal.* à 10 côtes. ①. jn-jt. Moissons. C.

B. *Cal. à 4,5 sépales.*(Alsinées.)

BUFFONIA Sauv. L. Sép. 4 scarieux. Pét. 4. Etam. 4 ou 8. Styles 2. Caps. 1. loc. à 2 valves, à 2 graines.

X. B. PANICULATA Delarbre, *B. macrosperma.* Gay. Plante grêle, de 15-30 cent. Feuil. linéaires-en alène, très-étroites, connées. Fl. blanchâtres en petits faisceaux paniculés. Sép. lancéolés-acuminés, à 5 nervures, dont 3 plus saillantes atteignent presque le sommet. Pét. oblongs, 1/3 plus courts que le cal. Graines grosses, obovales-elliptiques, fortement tuberculeuses. Lieux pierreux des ter. calc. ①. j[t]-a[t]. — DEUX-SÈV. *Thouars*, d'après un échantillon donné par M. Genuer à M. Marichal, mêlé à trois autres plantes de cette localité.

SAGINA L. Sép. 4. Pét. 4 entiers ou 0. Etam. 4. Styles 4. Caps. 1. loc. polysperme, à 4 valves. Fl. *verdâtres ; pédonc. axillaire, solitaire.*

S. PROCUMBENS L. *Glabre,* étalé-couché. Tiges de 7-10 cent. radicantes à la base. Feuil. linéaires, un peu mucronées. Sép. obtus. Pét. très-courts, qqf. 0. *Pédonc. du jeune fruit courbé au sommet.* ①. et pérennant. mai-oct. Murs, champs. CC.

S. APETALA L. Plus grêle que le précéd. Tiges dressées ou ascendantes, à poils épars. *Feuil.* linéaires, mucronées; *ciliées surtout à la base. Sép. étalés en croix à la maturité,* plus courts que la caps., les ext. très-peu mucronés, courbés en-dedans. Pét. courts, bifides, souv. 0. Pédonc. grêle, toujours droit, pubescent-glanduleux ainsi que le cal. ①. mai-j[n]. Champs sablonneux, murs. C. — Mêlé qqf. à *S. maritima* dans la région maritime.

S. PATULA Jord. fragm. 1 T. 3. Très-voisin du précéd. Feuil. lin. mucronées, glabres ou un peu ciliées à la base. *Sép. appliqués sur le fruit* qu'ils égalent presq., un peu obtus, les ext. mucronés. Pét. très-petits, verdâtres, ou en forme de glandes. Pédonc. un peu courbé pendant l'anthèse, pubescent-glanduleux ainsi que le cal. ①. mai-jn. Lieux sablonneux. Çà et là. PC.

β. *glabra*, *S. ambigua* Lloyd fl. de l'Ouest. Glabre. Tiges étalées-redressées. Feuil. lin.-en alène, mucronées, en gouttière en-dessus. Pédonc. droit. Sép. égalant env. la caps., ov.-oblongs, obtus ou presq. aigus, ouverts, non étalés à la maturité du fr., à pointe ouverte dans la fleur, recourbée en fr. Pét. très-courts, comme avortés. — ①. mai-jn. Murs, lieux secs, côteaux. Çà et là. surtout région marit. PC. — Plante plus voisine de *S. apetala* que de *S. maritima*, toujours étalée lorsqu'elle croît isolément, et dressée seulement dans les lieux herbeux qui la forcent de monter droit, ou bien lorsque les pieds serrés les uns contre les autres l'empêchent de s'étaler, ce qui a lieu aussi dans *S. apetala* et *maritima*. Une rosette centrale de feuill. existe dans les individus très-développés.

S. FILICAULIS Jord. fragm. 7 est plus grêle que les deux précéd. auxquels il ressemble beaucoup; il se distingue du 1er par les sép. obtus toujours appliqués, et du 2me par les feuil. fortement ciliées. Çà et là lieux sablonneux.

S. MARITIMA Don. Très-glabre, rougeâtre ou brunâtre; tiges ascendantes de 5-8 cent. Feuil. linéaires, obtuses ou à pointe très-courte. Pédonc. droit ou ascendant. Sép. ovales, très-obtus, étalés en fruit. *Pétales nuls*. ①. Avril.-mai. Rochers, côteaux et terres cultivées des bords de la mer surtout celles mouillées l'hiver. C. — Dans les lieux ras, cette plante est plus ou moins couchée, à tiges et pédoncules ascendants et ayant au milieu une rosette de feuil. Dans les lieux herbeux, la tige est dressée ainsi que le pédonc., et la rosette centrale manque.

SPERGULA L. Sép. 5. Pét. 5 entiers. Etam. 5 ou 10. Styles 5. Caps. 1 loc. polysperme, à 5 valves. *Fl. blanches.*

* *Feuil. comme verticillées, stipulées.*

S. vulgaris Boën. Pubescent-visqueux. Tiges de 2-3 déc. étalées. Feuil. linéaires-en alène, marquées en-dessous d'un petit sillon. Fl. en panic. terminale. Pédic. à la fin réfléchis. *Graines orbiculaires, comprimées, noires, chagrinées, couvertes sur le dos de petites papilles jaunâtres, à rebord étroit, blanchâtre.* ①. mai-j[t]. Moissons, champs sablonneux. C.

S. arvensis L. *S. sativa* Boën. Très-voisin du précéd., plus visqueux ; caps. plus saillante ; graines chagrinées, sans papilles. Mêmes lieux. — Vend. *Challans! Sallertaine* et env. (Pontarlier, Gobert). R. — Loire-Inf. Env. d'*Ancenis !* (Guiho), *St-Simon-sur-Loire*, sables du Lac de *Grandlieu ; Cambon* (de l'Isle). — Mor. *Conlo* près *Vannes, Carnac* (Arrondeau). — Fin. *Brest* (Tanguy).

Obs. S. linicola Boreau herborisat. 1865, a la graine réniforme-arrondie, sans papilles et entourée d'une membrane d'un blanc sale égalant le 1/4 du disque ; il est robuste, de la taille du Lin parmi lequel il croît et avec la graine duquel il a prob. été introduit. Je l'ai trouvé à *Guenrouet* en 1841, MM. de l'Isle l'ont vu à *Vallet* (Loire-Inf.) et M. Genevier à *S.-Aubin-Baubigné* (Deux-Sèv.), au *Longeron*, à la *Romagne* (Maine-et-L.) près *Mortagne.*

S. Morisonii Boreau. Presque glabre. Feuil. linéaires, cylindriques, non sillonnées en dessous. *Graines* aplaties, papilleuses au bord et *entourées d'une membrane transparente*, d'un blanc sale, égalant environ la 1/2 du disque. Etam. 5 ou 10. ①. av.-mai. Lieux arides, pierreux, surtout sur le schiste. — Char.-Inf. « *La Rochelle* (Morison hist. 2 p. 551 n° 17.) » *Vergeroux* (Faye), *Montlieu.* — Deux-Sèv. *Thouars* (Revelière), *Parthenay* (Janneau), *Bressuire* (J. Richard), *la Touche Poupart* (Delastre), schistes de la *Mothe* (Sauzé), doit exister sur les schistes des env. d'*Argenton-Château*. — VEND. AC. *Napoléon* et env. (Marichal), CC. côteaux de la *forêt de Vouvant* (Letourneux), C. *Mortagne* (Genevier). — LOIRE-INF. CC. rochers de *la Loire* de *Thouaré* à *Ingrande* ; côteaux schist. des arrond. d'*Ancenis* et de *Châteaubriant*. C. — MOR. Sur quelques schistes. — IL.-ET-V. AC. *la Roche du Theil* (Moreau), *S.-Georges-de-Grehaigne* (Pontaillié).

S. PENTANDRA L. Boreau, diffère du précéd. par les pét. plus étroits, aigus et par les graines lisses à membrane d'un blanc argenté, égalant le diamètre du disque. ①. av.-mai. Lieux sablonneux. — CHAR.-INF. *Le Sœuil* (Guillaud). — DEUX-SÈV. *S.-Maixent* au puits d'Enfer (A. Guillon), *S.-Loup* (Guyon), *Bressuire* (J. Richard), *Airvault* (Bonnin). — VEND. *Challans* (Gobert). — LOIRE-INF. C. *Arthon* (Beuchet), R. sables du Lac de *Grandlieu*, de *S.-Brevin*. — Morison l. c. l'indique aux environs de *la Rochelle* ; on le trouvera prob. dans les sables de *Mortagne* à *Montlieu* (Char-Inf.).

** *Feuil. sans stipules.*

S. NODOSA L. *Sagina* Mey. Tiges de 5-10 cent. presque couchées. *Feuil.* lin.-filiformes, aiguës, les *sup. en faisceau* reproduisant la plante. Fl. 1-2 terminales. *Pét. dépassant le cal.* ♃. jn-jt. Lieux sabl. humides des bords de la mer. — CHAR-INF. *Berjat, la Tremblade*. R. — LOIRE-INF. *Penchâteau, Escoublac* ; *S.-Brevin* (Delalande). RR. — MOR. *Quiberon*, étang de *Kervran*. R. — FIN. *Penmarc'h* ! *Plomeur* ! *île-Tudy* (Bonnemaison), *Anse de Dinan* ; *Lannilis* (Hubert), *Lampaul-Plouarzel* et *Ploud. l'Aber-Vrac'h* (Crouan). — C.-NORD. Pointe de *Trébeurden* ; *Garenne-d'Erquy* (Baron), RR. *Dahouet* (de Ferron). — IL.-ET-V. *S.-Malo* (V. Sacher).

S. SUBULATA Swartz, *Sagina* Wim. Petite touffe pubescente-glanduleuse. Tiges de 4-8 cent. dressécs. Feuil. linéaires, terminées en arête, ciliées à la base. *Fl. solitaires sur de longs pédonc. filiformes. Pét. égalant le cal.* Pédonc. du jeune fruit courbé au sommet. ♃. jn–at. Lieux sablon. humides surtout des bords de la mer. — CHAR.–INF. Landes de *Mortagne* à *Montendre* et *Montlieu*; *la Tremblade*. — DEUX-SÈV. *Maisontiers* (Guyon), parc d'*Oyron* (Lunet). — VEND. et LOIRE-INF. AC. — Moins c. reste de *la Bretagne*.

ARENARIA L. Sép. 5. Pét. 5 entiers. Étam. 10. Styles 3. Caps. 1 loc. polysperme, à 3 valves ou à 6 dents au sommet.

a. *Caps. à 6 dents au sommet.*

* *Graines sans arille* (Arenaria Koch).

A. SERPYLLIFOLIA L. Tige étalée, diffuse, très-rameuse, dichotome, pubescente - grisâtre. Feuil. petites, ovales, acuminées, sessiles. Fl. blanches, axillaires, en panic. courte. Sép. lancéolés à 3 nerv., couverts de poils droits, ascendants, membraneux au bord, dépassant les pét. Pédonc. 1 f. plus long que la caps. globuleuse-ovoïde, un peu dure. ①. mai-jt. Murs, lieux pierreux. — Çà et là calc. de CHAR.–INF., DEUX-SÈV., VEND. — IL-ET-VIL. Murs de Rennes. RR.

β. A. *Lloydii* Jord. pugil. p. 37, A. *serp.* var. *macrocarpa* fl. Loire-Inf. p. 42. Mêmes caract. plus vert, ord. raide de 2–6 cent.; panic. courte, raide; sép. à nerv. plus saillantes, hérissés de poils arqués, non glanduleux; pédonc. égalant ord. la caps. ①. mai-jt. Murs et sables marit. AC.

γ. A. *leptoclados* Gussone, A. *serpyllifolia* fl. Loire-Inf. Caract. du type, mais plus petit dans toutes ses parties, plus diffus, finement pubescent-glanduleux, rar. visqueux; panic. lâche, allongée, grêle; pédonc. 1 fois plus long que la capsule ovoïde-conique, molle. ①. mai-jt. Murs, terres arides. CC.

A. MONTANA L. Pubescent. *Tiges stériles longues, couchées*, les florifères redressées. Feuil. linéaires-lancéolées, acuminées. *Fl.* blanches, *grandes*, terminant les petits rameaux. Sép. ovales-lancéolés, aigus, presq. 1 f. plus courts que les pét. Caps. ovale. ♃. mai-jn. Buissons, haies, taillis, souv. des lieux sablonneux. — CHAR.-INF. c. landes de *Mortagne* à *Montendre* et *Montlieu*; *Arvert* (de Beaupreau), *Breuillet* (Rouffineau), *Cadeuil*, *Oleron*. — DEUX-SÈV. c. parc d'*Oyron* (Lunet). — VEND. c. *Sallertaine*, *Challans*, *la Garnache*, *Palluau* (Pontarlier, Gobert); *Noirmoutier*. — LOIRE-INF. *Sucé*, c. *Nort*, de *Guérande* à *Piriac*; *Croisic*, *la Villemartin*, *S.-Michel*, c. de *Bourgneuf* à *Arthon*, env. de *Nantes*, etc. C. par localités. — MOR. *Port-Navalo!* (Aubry), *le Petit-Mont*; *Broël* sur la Vilaine, *île de Gavrinis*, *Baden* (Taslé). R. — FIN. *Penmarc'h* (Bonnemaison), *Dinan* en *Crozon* (Crouan). RR.

✗. A. CONTROVERSA Boiss. *A. conimbricensis* Delastre. Tiges grisâtres-pubescentes, diffuses; rameaux nombreux, dichotomes, multiflores. *Feuil. oblongues-linéaires*, uninervées, ciliées à la base. Pét. blancs dépassant les sép. ovales-oblongs, membraneux au bord, à 3 nervures peu marquées, et un peu plus courts que la caps. ovoïde. Graines chagrinées. ①; ♃. ex. de Rochebrune. mai-jt. Champs et plateaux pierreux calc. — DEUX-SÈV. Vignes de *Frontenay-Rohan-Rohan* (Charbonneau). — Je l'ai cueilli à *Bapteresse* (Vienne) et à *Angoulême* (Charente) départ. où il est c.

** *Graines arillées* (Moehringia Koch).

A. TRINERVIA L. Tige rameuse, faible, diffuse, pubescente. *Feuil. ovales*, aiguës, à 3 nervures, ciliées, *pétiolées*. Sép. lancéolés, aigus, rudes sur le dos, à 3 nervures rapprochées, membraneux au bord, dépassant les pét. *Pédonc. penchés après la fleuraison*. Graines noires, luisantes, arillées. ①. mai-jt. Haies, bois. C.

b. *Caps. à 3 valves* (Alsine Koch).

*** *Feuil. sans stipules.*

A. TENUIFOLIA L. Tige grêle de 10-15 cent. dichotome, glabre. *Feuil. linéaires-filiformes.* Fl. blanches en panic. assez serrée. Sép. lancéolés, acuminés, à 3 nervures, membraneux au bord, dépassant les pét. Caps. plus longue que le cal. ①. mai-jn. Terres sablonn. ou calc. — CHAR.-INF. et calc. des DEUX-SÈV. et de la VEND. C. — LOIRE-INF. *Arthon, Machecoul;* murs d'*Ingrandes* (Guiho), R. — MOR. *Aucfer* (Taslé). — C.-NORD. la Courbure près *Dinan* (Mabille). — IL.-ET-V. Murs de *Fougères* (V. Sacher), sur un mur à *Redon.*

β. A. *viscidula* Thuil. Plante couverte au sommet de poils glanduleux; panic. courte, plus serrée; cal. égalant la caps. Mêmes lieux. Moins C. — Murs de *Rennes* (Degland). — AC. sables et rochers maritimes. — Espèce distincte selon M. Jordan.

A. LAXA Jord. Très-voisin de *A. tenuifolia,* en diffère surtout par la panic. lâche à pédonc. à la fin étalés ou défléchis; la caps. est lin.-oblongue, dépasse le cal. qui est garni de poils glanduleux. Champs calc. — DEUX-SÈV. *S.-Pompain, S.-Loup* (Guyon). — Doit se trouver ailleurs.

**** *Graines peu nombreuses en poire* (Halianthus Fries).

A. PEPLOÏDES L. Rac. longue, rampante. Tiges couchées à la base. *Feuil.* ovales, aiguës, *connées, charnues, serrées.* Fl. blanches terminales. Cal. égalant la cor. Caps. grosse, arrondie, ord. à 3 valves. Graines grosses, noires, lisses. ♃. jn-jt. Sables maritimes. C. — Forme souv. de larges tapis, fleurit peu et fructifie encore moins.

***** *Feuil. à stipules scarieuses* (Spergularia Pers.).

✕. A. SEGETALIS Lam. *Alsine* L. Koch. Grêle.

Tige de 7-14 cent. dressée, très-rameuse. Feuil. filiformes, souv. dirigées du même côté. Pét. blancs plus courts que les sép. blancs-scarieux à 1 nervure verte. *Pédonc.* droit, filiforme, *déjeté après la fleuraison.* ①. mai-jn. Moissons, champs sablonneux. — CHAR.-INF. *Chatelaillon* (Hubert). — DEUX-SÈV. PC. *La Mothe* (Sauzé, Maillard), *Parthenay* (Janneau), *Pressigny, S.-Loup* (Guyon), *Tessonnière, S.-Jouin* (Bonnin), *S.-Varent*, AC. *Thouars* (Genuer), *Puy-S.-Bonnet* (Genevier). — VEND. *Serigny* en *Foussais* (Letourneux), *la Croix-Bouchère* près *Mortagne* (Genevier).

A. RUBRA Wahl. *A. rubra* α. L. Tiges nombreuses, rameuses, couchées ou ascendantes. Feuil. linéaires-filiformes, mucronées, un peu charnues. Fl. roses, en grappes lâches. Sépal. obtus, ne dépassant pas la caps. *Graines petites, triquêtres en poire, finement muriquées.* ①. mai-sept. Lieux arides, sablonneux. C.

A MARINA Roth, *A. rubra* v. *marina* L. Voisin du précéd. Feuil. plus charnues ; cal. plus court que la caps.; *graines largement obovales-en poire, muriquées, marquées d'un rebord gonflé, les 1, 2, infér. rar. bordées d'une membrane blanche.* ①, ②. jt-at. Rochers maritimes, terres salées. CC. — La forme des rochers à rac. grosse qqf. vivace et à tiges nombreuses en forte touffe est *Spergularia rupestris* Lebel. AC.

A. MEDIA L. *A. marginata* DC. Plus robuste que le précéd. dans toutes ses parties. Rac. grosse, longue, pérennante, si non vivace. Cal. beaucoup plus court que la caps. *Graines* largement obovales-en poire, *lisses, toutes bordées d'une large membrane blanche.* Jn-at. C. — Espèce propre aux terres salées, se distinguant au coup-d'œil par ses grandes fl. rose-pâle ou blanches.

HOLOSTEUM L. Sép. 5. Pét. 5 dentés. Etam. 3-5. Styles 3. Caps. 1 loc. à 6 dents au sommet.

H. UMBELLATUM L. Tige de 9-12 cent. Feuil. ovales-lancéolées, glauques. Fl. blanches en sertule terminal à péd. inégaux, réfléchis après la fleuraison. ①. Mars-av. Murs, champs sablon. — CHAR.-INF. *S.-Georges-d'Oleron* (Savatier), *Le Pin* (Mme Georges), *S.-Xandre* (de Beaupreau), *le Sæuil* (Pinatel). — DEUX-SÈV. R. *la Mothe* (Maillard), R. *Parthenay!* (Janneau), *Pressigny*, *S.-Pompain* (Guyon), *Marnes*, *St-Jouin*, *Airvault*, *Louin* (Bonnin), *Pas de Jeu*, *Oyron* (J. Richard), *Thouars* (Lunet). R. — VEND. *Nieul-sur-Autise*, *Oulmes* (Letourneux).

STELLARIA L. Sép. 5. Pét. 5 bifides. Etam 10 rar. moins. Styles 3. Caps. 1-loc. à 6 valves. *Fl. blanches.*

S. MEDIA With. *Alsine* L. *Mouron des oiseaux.* *Tige* très-rameuse, diffuse ou couchée, *marquée d'une ligne de poils alternant d'un nœud à l'autre.* Feuil. ovales, aiguës, pétiolées, les sup. sessiles. Fl. solitaires, axillaires et terminales. Cal. velu, dépassant la cor., styles égalant presque les étam. 3-5 à anthères violacées. Caps. oblongue. ①. Partout et toujours.

β. *S. neglecta* Weihe. Feuil. plus grandes, les inf. plus long. pétiolées; sép. ainsi que les pédonc., ord. glabres, un peu plus courts que les pét.; étam. 10; styles égalant presq. les 10 étam. ①. av.-mai. Haies fraîches, bois. PC.

γ. *S. Borœana* Jord. pug. *S. apetala* Boreau non Ucria ex Jord. Caract. du type mais vert clair, jaunissant promptement au soleil; sép. ord. appliqués; souv. velus ainsi que les pédonc., pét. 0 ou très-étroits inclus; styles presque 0. ①. av.-sept. Lieux secs, sablonneux, murs. AC.

S. HOLOSTEA L. Tige tétragone, raide, cassante. Feuil. fermes, sessiles, lancéolées, longuement acuminées, dentelées sur les bords et sur la nervure en dessous. *Fl. grandes,* en panic. lâche. *Bractées herbacées.* Sép. sans nervures, une fois plus courts que la cor. ♃. av.-mai. Haies, buissons. CC.

S. GLAUCA With. Tige tétragone, faible. *Feuil.* sessiles, linéaires-lancéolées, aiguës, très-glabres, *glauques*. Fl. assez grandes, en panic. lâche. *Bract. scarieuses, glabres*. Sép. à 3 nerv. plus courts que la cor. ♃. jn-jt. Lieux marécageux. — VEND. *La Bretonnière* (Pontarlier), *Danvix* (Letourneux). R. — LOIRE-INF. *Les Cléons*, *S.-Julien-de-Concelles*, près de *Basse-Goulaine*, *Naye*, *Bergon!* (Delamare). AR. — MOR. *Baud* près l'Evel (Le Gall). — FIN. *Portztolonnec* en *Crozon* (Crouan). — IL.-et-VIL. *Moulin du Comte*, env. de *Rennes* (herb. Degland), marais d'*Apigné* (Le Gall). R.

S. GRAMINEA L. *Tige* tétragone, *grêle*, très-faible. Feuil. sessiles, lancéolées, aiguës, ciliées à la base. *Fl. petites*, en panic. lâche. *Bract. scarieuses, ciliées*. Sép. à 3 nerv. égalant la cor. ♃. mai-at. Champs, buissons. C. — Var. à cor. 1/2 plus longue que le cal.

S. ULIGINOSA Murray, *Larbrea aquatica* S.-Hil. Tige diffuse. *Feuil.* sessiles, ovales-lancéolées, *terminées en pointe calleuse*, légèrement ciliées à la base, glauques. Fl. petites, en panic. latérale. Bractées scarieuses, glabres. Sép. à 3 nervures, dépassant les *pét. à 2 lobes profonds, écartés*. ♃. mai-sept. Bords des ruisseaux, des sources. C.

S. VISCIDA Bieb. *S. dubia* Bast. *Cerastium anomalum* W. et Kit. Tige de 15-25 cent. coudée à la base, rameuse, un peu pubescente-visqueuse au sommet. *Feuil. linéaires*, obtuses, les inf. presque spatulées. Fl. peu nombreuses, en panic. lâche. Pédic. dressés. Sép. à 3 nervures. Pét. bifides, plus longs que le cal. *Caps.* cylindrique *des Cerastium*, dépassant le cal. — mai-jn. Prés gras. — CHAR.-INF. *Vergeroux* (Faye). — VEND. *La Bretonnière* près du *Lay* (Pontarlier), *Nalliers*, *le Langon* (Ayraud. — LOIRE-INF. Prés de la Loire. PC.

MŒNCHIA Ehrh. Caractère du *Sagina*. Caps. du *Cerastium*, s'ouvrant au sommet en 8 dents.

M. ERECTA Ehrh. *Sagina* L. Tige de 6 10 cent. ord. raide, à rameaux 2-3.fl., simple dans les lieux herbeux. Feuil. lancéolées, glauques. Fl. blanches; pédonc. long. Sép. lancéolés, aigus, membraneux au bord. ① av.-mai. Pelouses sèches, chemins, prés. C.

MALACHIUM Fries. Caractère du *Cerastium*. Caps. à 5 valves bifides au sommet.

M. AQUATICUM Fries, *Cerastium* L. Tige de 3-5 déc. tombante ou grimpante. Feuil. ovales, en cœur à la base, acuminées, sessiles, celles des rameaux stériles pétiolées. Fl. blanches, solitaires, en panic. dichotome. Caps. presque globuleuse. ♃. jn-sept. Lieux humides couverts, bord des eaux. — CHAR.-INF. *Jonzac* (Delalande), c. la Boutonne à *Tonnay-Boutonne*, *S.-J.-d'Angély* (Pinatel). — DEUX-SÈV. *Niort* (A. Guillon), *la Mothe* (Maillard), *Parthenay* (Janneau), *S.-Loup* (Guyon), *Availles*, c. *Airvault* (Bonnin), *Thouars* (Lunet), *Puy-S.-Bonnet* (Genevier). — VEND. *Talmont* (Faye), *S.-André*, *le Bourg-sous-Nap.*, *Chantonnay*, *Chauché*, *la Couture* au bord du *Lay* (Pontarlier, Marichal), c. *marais de Vix* et de *Maillezais* (Letourneux, Ayraud). — LOIRE-INF. PC. — MOR. *Ploërmel* (J. M. Sacher). R. — C.-NORD. *S.-Juvat*, *S.-Malo* (Mabille). — IL.-ET-VIL. AC. env. de *Rennes* (Le Gall), AC. env. de *Redon* (Moreau).

CERASTIUM L. Sép. 5. Pét. 5 bifides ou échancrés. Etam. 10. Styles 5. Caps. à 10 dents au sommet. *Fl. blanches, qqf. à 4 divisions.*

C. GLOMERATUM Thuil. *C. vulgatum* L. herb. ! et Smith. *Plante vert jaunâtre*, à poils étalés. Tiges dressées ou ascendantes. Feuil. largement ovales, très-obtuses, les inf. presque spatulées. *Fl. agglomérées en panic. serrée. Pédonc. jamais plus long que le cal.* Bractées toutes herbacées. Sép. herbacés ou à peine scarieux au bord, poilus au sommet. ①. mai-a[t]. Champs, lieux sablonneux. — Qqf. velu-visqueux.

C. BRACHYPETALUM Desp. *Plante couverte de longs poils mous, ascendants.* Tiges dressées ou diffuses genouillées. Feuil. ovales ou oblongues, les inf. rétrécies en pétiole. Pédonc. 2-3 f. plus longs que le cal. *Bractées et sép. tous herbacés et poilus même au sommet.* ①. mai-j[n]. Champs et lieux pierreux calc. — CHAR.-INF. AC. — DEUX-SÈV. *S.-Maixent, Melle,* c. *Niort* (A. Guillon), c. *la Mothe* (Sauzé, Maillard), *Parthenay!* (Janneau), *S.-Pompain, Lamairé, S.-Loup!* (Guyon), *Airvault!* (Bonnin). — VEND. Tous les env. de *Chantonnay,* de *Mareuil, Puybelliard, Puymaufrais* etc., *Pouzauges* (Pontarlier), *Fontenay* (Letourneux), Ste *Gemme* (Genevier). — LOIRE-INF. *Les Cléons; Ancenis* (Pesneau). RR.

C. SEMI-DECANDRUM L. *C. pellucidum* Chaub. Tiges couchées ou ascendantes. Feuil. ovales ou oblongues. Pédonc. 1-2 f. plus longs que le cal. *Bractées et sép. tous longuement et largement scarieux,* glabres au sommet et souv. rongés-dentelés. ①. av.-mai. Lieux sablonneux. — CHAR.-INF. C. — DEUX-SÈV. *Exoudun* (Sauzé). Prob. ailleurs. — VEND. C. la côte et le calc; c. *Mortagne* (Genevier). — LOIRE-INF. AC. sables de la *Loire* et sables maritimes; *Machecoul, Arthon,* sables du *lac de Grandlieu.* — AC. sables maritimes de la *Bretagne.* — Souv. velu-visqueux.

C. GLUTINOSUM Fries, Grenier flore de France, *C. obscurum* Chaub. *C. pumilum* Curt. (nom le plus ancien). Velu-visqueux. Tiges ascendantes, diffuses. Feuil. ov. ou oblongues, les inf. rétrécies en pétiole, presque spatulées. Pédonc. arqués au sommet, 1-3 f. plus longs que les sép. *Bract. inf. herbacées, les sup. seulement très-étroitement scarieuses au bord.* Sép. scarieux au bord, très-aigus, glabres au sommet, qqf. d'abord 1/2 plus courts que la cor. *(litigiosum).* ①. av.-mai.

Champs calc., pelouses sèches, pierreuses. — CHAR.-INF. C. — DEUX-SÈV. *Niort, S.-Maixent* (A. Guillon), *S.-Pompain*, *S.-Loup* (Guyon); C. *la Mothe* (Sauzé). Prob. en beaucoup d'autres loc. calc. — VEND. AC. (Pontarlier). — LOIRE-INF. C. *Machecoul, Arthon*; sables et rochers maritimes, qqf. sables de la Loire. — MOR. Ile de *Groix*, 1838.

C. TETRANDRUM Curt. *C. pumilum* Grenier non Curt. diffère du précéd. par les feuil. sup. ovales, les bractées largement ovales, toutes *herbacées*, et par les pédonc. raides *droits* non arqués au sommet. Av.-mai. Sables maritimes. C. — 2 formes: l'une trapue très-visqueuse, couchée, appartenant aux sables nus; l'autre grêle, moins visqueuse, croissant dans les lieux plus ou moins herbeux. Dans les individus robustes les fl. à 5 parties dominent; dans les plus petits, elles sont presque toutes à 4 parties.

C. TRIVIALE Link, *C. viscosum* L. herb.! et Smith. *Tiges* ascendantes, les *latérales radicantes à la base*. Feuil. ovales ou ovales-oblongues. Pédonc. 1-2 f. plus longs que le cal. *Bractées scarieuses au bord et au sommet*, les 2 inf. ord. herbacées. Sép. tous scarieux au bord et au sommet, glabres au sommet. ①, qqf. perennant. Mai-sept. Champs, bord des haies, chemins, murs, prés. CC. — ① dans les prés de la *Loire*.

C. ARVENSE L. Vivace, pubescent. Tiges stériles couchées, radicantes à la base, les florifères redressées. Feuil. lancéolées-lin. Fl. grandes, 5-4 terminales. *Cor. dépassant 1 f. le cal.* Av.-mai. Champs sablon. — DEUX-SÈV. *Exoudun* (Sauzé, Maillard), bois de *Messé* (Guyon). — LOIRE-INF. *Ile Bord* vis-à-vis *Mauves, butte de Couëron, S.-Brevin près le poste de Grogné; Indret* (Genevier). R. — IL.-ET-V. Presque détruit à *Fougères* (V. Sacher). — FIN. *Lannévez en Treffez* (de Crec'hquérault).

ÉLATINÉES.

Cal. à 3,4 sép. Pét. 3,4. Etam. hypogynes, en nombre égal ou double des pét. Ovaire libre à 3,4 styles. Caps. à 3,4 loges polyspermes; placenta central. *Herbes à feuil. opposées ou verticillées, sans stip.*

ELATINE L. Sép. 3,4. Pét. 3,4. Etam. 6 ou 8. Styles 3,4. Caps. à 3,4 loges. Graines nombreuses, à plusieurs côtes, alvéolées en travers.

E. CAMPYLOSPERMA Seubert, *E. Hydropiper* Pesn. cat. 47 excl. les localités, *E. Hydropiper* β. *pedunculata* Moris fl. sardoa T. 20. Tiges très-rameuses, radicantes à la base, dressées ascendantes ou couchées selon qu'elles croissent dans les lieux plus ou moins desséchés, (ce qui a lieu aussi chez les deux espèces suiv.). Feuil. ovales-oblongues, pétiolées, les sup. sessiles. Fl. d'un blanc un peu rosé, axillaires, solitaires, long. pédonculées. *Sép.* 4 membraneux à la base, verts au sommet, plus longs que les 4 pét. *Etam.* 8. Styles 4. *Graines en fer à cheval.* ①. mai-août. Bord des mares, des marais, des rivières. — VEND. *Luçon* (Marichal), c. marais de *Challans* à *Notre-Dame* et *S.-Urbain* (Pontarlier). — LOIRE-INF. *Thouaré*, *Boire-Livart* près *la Chapelle-Basse-Mer*, *Pierre-Percée*; *la Haute-Ile!* (Pesneau), *la Popinière* sur l'Erdre; *lac de Grandlieu* (Delalande), c. *Marsac* et *Aucard* dans *la Brière*; mares, fossés aux env. de *Guérande* et *la Turballe*. C. par localités. — MOR. Etang *du Duc* près *Vannes* (Taslé), étangs *au Duc!* et *Millet* près *Ploërmel* (J.-M. Sacher). — Le pédonc. dépasse 1-2 f. et plus la feuil. qui qqf. l'égale ou le dépasse un peu. La graine ne forme pas exactement le fer à cheval, l'une des branches étant plus courte et se rapprochant de l'autre.

E. HYDROPIPER L. *E. Schkuhriana* Hayne, a la graine et la fl. du précéd., dont il diffère par le limbe des feuil. plus court que le pétiole et par les fl. sessiles. Je l'ai vu sec recueilli par MM. Crouan au Moulin-Blanc près *Brest* (Fin.).

E. HEXANDRA DC. Plus petit que *E. campylosperma*, ord. couché. Feuil. oblongues, plus longues que le pétiole, opposées. *Sép.* 3 inégaux, plus courts que les pét. blancs et marqués d'une raie rose. *Etam.* 6. Styles 3. *Graines légèrement courbées.* ①. jn-sept. Bord des rivières, des étangs. — DEUX-SÈV. Etangs de *la Meilleraie*, de *la Madoire* (J. Richard), *S.-Aubin-Baubigné* (Genevier). — VEND. *Luçon* (Lepeltier), étangs de *Badiole*, de *Rortheau* (Pontarlier, Marichal), *S.-Laurent* et *Mortagne-sur-Sèvre* (Genevier). — LOIRE-INF. AC. rivière d'Erdre, çà et là marais et bords de *la Loire*, c. *lac de Grandlieu.* — MOR. *Rochefort*, *Vannes* (Taslé), *Tréhuinec* (Arrondeau), *Lorient*, *Pontivy*, *Ploërmel* (Le Gall), etc. — FIN. Env. de *Brest*! *Landerneau* (Crouan). — C.-NORD. Etang *du Rouvre* en *Pleugueneuc* (Mabille). — IL.-ET-V. Bords de *la Seiche*, *du Meu* (herb. Degland), moulin de *Joué* (J.-M. Sacher), étang de *Micé* près *Fougères* (de la Godelinais), étang de *Vial!* près *Redon* (Moreau).

E. MACROPODA Guss. *E. Fabri* Gren. *E. major* fl. Loire-Inf. Feuil. oblongues, pétiolées, les sup. sessiles. Fl. blanc-rosé axillaires, solitaires, pédonculées. Sép. 4 membraneux à la base, herbacés au sommet, étalés, beaucoup plus longs que les 4 pét. et atteignant les styles de la caps. Etam. 8. Graines légèrement courbées. ①. jt-sept. — LOIRE-INF. Bords de *la Loire* et marais voisins, à *Pierre-Percée*. —Cal. de l'*E. campylosperma*, graines de l'*hexandra*.

E. ALSINASTRUM L. Tige de 2-5 déc. *Feuil.* verticillées, les inf. submergées, linéaires, les *supér. ovales, ternées.* Fl. blanches, axillaires, sessiles, Sép. pét. et styles 4. Etam. 8. ♃. jt-sept. Etangs, marais. — CHAR.-INF. Canal de *Candé* (herb. de Beaupreau). — DEUX-SÈV. Etang d'*Oyron* (J. Richard). — VEND. La Patère en *Landeronde* (Pontarlier, Marichal), AC. tout le marais de *Challans* (V. Grand-Marais, Gobert), *Tiffauges* (de l'Isle). — LOIRE-INF. *Pont-S.-Martin* et çà et là bords du *lac de Grandlieu*, en plusieurs endroits des marais de *S.-Julien* et de *la Chapelle-Heulin*, *Boire-Livart*, *Boire-des-Clous*, *S.-Simon*, *Pont de Cahéreau* (Pesneau), *le Montru* (Bornigal), *la Chapelle-des-Marais*, *Camerl*, c. *Marsac*; *la Popinière-sur-l'Erdre*, *S.-Herblain*. AR. — Mon. *Rieux* et env. (Moreau). — IL.-et-V. *S.-Perreux*, étang de *Vial* et env. de *Redon* (Moreau).

LINÉES.

Sép. 5,4 persistants. Pét. 5,4 onguiculés, hypogynes, contournés dans le bouton. Étam. 5,4 monadelphes à la base, alternant avec 5,4 filets sans anthères. Anthères à 2 loges, à deux fentes. Caps. à 10 ou 8 loges, à une graine pendante. Placenta central. *Feuil. entières, sans stipules.*

LINUM L. Sép. pét. et étam 5. Caps. à 10 loges.

* *Feuilles alternes.*

L. GALLICUM L. Tige grêle, rameuse au sommet, qqf. en même temps à la base. Feuil. linéaires-lancéolées, rudes au bord. *Fl. jaunes*, petites, en *corymbe dichotome, très-lâche.* Sép. ovales-lancéolés, ciliés-glanduleux au milieu, égalant la caps. globuleuse, aiguë. ①. jn-at. Vignes, coteaux, champs incultes. — CHAR.-INF. AC. — DEUX-SÈV. *La Mothe* (Sauzé), *la Touche-Poupart* (A. Guillon), *Rom*, *S.Pompain*, *Amailloux*, *S. Loup!* (Guyon), *Thouars*; c. *Puy-S.-Bonnet* (Genevier). — VEND. AC. *Lorbrie*, *Mervent*, *Foussais* (Letourneux), Ste-*Rad.* près *l'Hermeneault*, *Bourneau*, *Rochetrejoux*, *Mouchamp*, *Talmont*, env. de *Luçon* (Pontarlier, Marichal), *S.-Hilaire* (Genevier). — LOIRE-INF. Tout l'arrond de *Nantes*, coteaux de *la Loire* de *Thouaré* à *Ingrande*.

X. L. CORYMBULOSUM Reich. Koch syn. éd. 2. 138, se distingue du précéd. par les feuil. plus rudes, le corymbe moins lâche, les *rameaux pubescents en dedans* à la base, le cal. à divis. long. acuminées, dépassant 1 f. la caps. plus grosse; plus voisin de *L. strictum*, il en diffère par le corymbe lâche, les feuil. moins rudes. ①. juin. Côteaux secs calc. — CHAR.-INF. *Montlieu, Mortagne, Ste-l'Heurine, Surgères, Saintes, Benon; Beauvais* (Savatier), *île de Ré; Fouras*! (A. Guillon) — DEUX-SÈV. R. côteau de *Veluché* (Guyon). — VEND. *Gué de Velluire* (Letourneux), *la Dive, Mouzeuil;* C. forêt de *Ste-Gemme* (Lepeltier).

X. L. STRICTUM L. Tige raide, dressée de 2-3 déc. *Feuil.* dressées, *appliquées*, linéaires-lancéolées, très-rudes au bord. Fl. jaunes en *corymbe compact*. Sép. lancéolés, ciliés-glanduleux, rétrécis en longue pointe dépassant beaucoup la caps. ①. juin. Côteaux secs calc. — CHAR.-INF. *Montlieu*, côteaux de *la Gironde, Fouras, le Chay, Chef-de-Baie, Surgères; Saintes* (Brunaud). — DEUX-SÈV. *Thouars*! (Bastard), *Airvault*! (Bonnin); R. *S.-Loup*! (Guyon). — VEND. *Chaillé-les-Marais*! (Letourneux). R.

X. L. TENUIFOLIUM L. Souche presque ligneuse à plusieurs tiges rameuses dans le haut, couchées ou ascendantes. Feuil. très-nombreuses, éparses, linéaires-en alène, ciliées-rudes au bord. *Cor. d'un blanc rosé* en dedans et en dehors, plus foncé à l'onglet en dehors, 2-3 f. plus longue que les sép. elliptiques, en alène au sommet, ciliés-glanduleux, dépassant un peu la caps. Jn-jt. Côteaux et pelouses des bois du calc. — CHAR.-INF. DEUX-SÈV. AC. — VEND. C. Plaine (Pontarlier, Letourneux).

X. L. SUFFRUTICOSUM L. *L. salsoloïdes* Lam. que l'on confond facilement sur le sec avec le précéd., s'en distingue sur le vivant par la fl. en cloche 4-5 f. plus grande que le cal.; les sép. moins longt acuminés dépassent peu la caps. et la tige est *pubescente jusqu'au sommet*. Jn-jt Rochers calc. — CHAR.-INF. *Surgères, Pont-l'Abbé; Soubise* (J.

Richard), *St-Palais-sur-Gironde* (de l'Isle) et prob. ailleurs. — Je l'ai cueilli aussi sur les rochers calc. de *Lourdines* et au *Bois de Paché* près *Poitiers* (Vienne) et à *Angoulême*.

X. L. Loreyi Jord. Bor. | *L. montanum* Lor. et auct. part. Rac. dure, vivace, à plusieurs tiges raides, dressées, de 12–15 cent. Feuil. de la moitié inf. de la tige serrées, petites, linéaires, acuminées, les autres espacées, étalées. Fl. «bleues,» 4–6, comme en épi lâche terminal. Pédonc. un peu arqué 2 f. plus long que la *caps. globuleuse, 1/2 plus courte que les sép.* à 3–5 nerv. Graines brunes, ov.-oblongues, à bord plus pâle, très-étroit. — Deux-Sèv. RR. côteau très-aride de Viennet près *Thouars*, où je l'ai vu en fruit mûr à la fin de juin.

L. angustifolium Huds. *Tiges nombreuses, ascendantes*. Feuil. linéaires, aiguës, à 3 nervures. *Cor. bleue*, dépassant 1 f. les sép. ovales, acuminés, non glanduleux, les int. un peu ciliés. Stigm. en massue. Caps. acuminée, égalant le cal. ♃. mai-jt. Côteaux arides, bord des chemins, champs secs, prés. — Char.-Inf. Souv. dans les prés. C. — Deux-Sèv. c. le calc. — Vend. c. le calc., ac. Bocage. — Loire-Inf. c. côteaux de *la Loire, Machecoul, Arthon*. AC. — Il.-et-V. Calc. de *Rennes*. — C. toute la région maritime.

Obs. On cultive en grand *L. usitatissimum L. le Lin*, qui se distingue du précéd. par sa *rac. annuelle*, sa *tige* dressée, *solitaire*, ses feuil. plus larges, ses anthères en fer de flèche, sa caps. plus grosse. Semé à l'automne, c'est le *lin d'hiver*; semé au printemps, on l'appelle *lin d'été*; sa cor. est alors plus petite et plus pâle.

** *Feuilles opposées; fl. blanches.*

L. catharticum L. Tige de 10–15 cent. grêle, dichotome au sommet. Feuil. ov.-lancéolées, les inf. obov. Sép. ov., acuminés, ciliés-glanduleux, égalant la caps. obtuse. ① mai-jt. Prés, landes. C.

RADIOLA Gmel. Cal. à 4 sép. 2-3.fides. Pét. et étam. 4. Caps. à 8 loges.

R. LINOÏDES Gmel. *Linum Radiola* L. Petite plante grêle, de 2-4 cent. très-rameuse, dichotome. Feuil. ovales, opposées. Fl. blanches. ①. mai-j^t. Lieux humides sabl., pelouses ombragées, landes. CC. — R. dans le calc. où il préfère les ter. tertiaires.

MALVACÉES.

Cal. double, l'intér. à 5 sép. soudés à la base, l'extér. à 3-9 div. Pét. 5 hypogynes, ord. soudés avec les filets des étam. réunis en colonne. Étam. indéfinies. Anthères à 1 loge s'ouvrant en travers. Plusieurs ovaires et styles. Carp. 1.spermes, s'ouvrant en-dedans, rangés en cercle autour d'un axe central. *Feuil. alternes, stipulées.*

MALVA L. Cal. extér. à 3 fol., l'intér. 5.fide. Carp. nombreux, 1.spermes, rangés en cercle.

Fl. axillaires, solitaires, les supér. agglomérées, terminales.

M. ALCEA L. Plante de 6-10 déc. couverte de poils étoilés. Feuil. palmées à 5 lobes incisés-dentés ou pinnatifides, les rad. orbiculaires à 5 lobes crénelés-dentés. Fl. grandes, roses. *Cal. ext. à fol. ovales.* Carp. lisses, glabres. ♃. j^t-sept. Haies, lieux couverts. — DEUX-SÈV. AC. *S.-Jouin* (Brottier), parc d'*Oyron* (Lunet). — LOIRE-INF. *Vallée du haut de la Loire.* AR. — Var. à carp. rugueux en travers, hispides sur la carène ou seulement à chaque extrémité.

M. MOSCHATA L. Tige de 3-6 déc. à poils la plupart simples. Feuil. à 5 lobes presque rhomboïdaux, trifides, incisés-dentés ou 1-2 f. pinnatifides, les rad. orbiculaires à lobes dentés. Fl. grandes, roses. *Cal. ext. à fol. linéaires.* Carp. à carène hispide. ♃. j^t-sept. Prés, bord des chemins, des haies. C. — AC.

au-delà de la Loire-Inf. — Feuil. des repousses moins découpées, les inf. presque indivises.

*** Fl. axillaires, agglomérées.*

M. SYLVESTRIS L. *Grande mauve.* Tiges dressées ou ascendantes, à poils étalés. Feuil. à 5 ou 7 lobes crénelés, les sup. à lobes aigus. Pétiole et pédic. poilus. *Cor. grande, rose-violacé*, veinée, beaucoup plus longue que le cal. *Sép. ext. oblongs.* Carp. rugueux en travers, rangés autour d'un axe en cône dont les côtés sont concaves. ②. jn-sept. Champs, haies, décombres. CC. — Sur les bords de la mer, les fl. sont qqf. lilas et la pubescence des pédic. très-courte.

M. ROTUNDIFOLIA L. *Petite mauve.* Couché, peu velu. Feuil. orbiculaires-en cœur, à 5 ou 7 lobes peu profonds, crénelés, obtus. *Cor.* petite, *blanche, dépassant 1 f. le cal. Cal. extér. à sép.* linéaires, *insérés près du pédic.* Carp. lisses, pubescents. ①, ②, ♃. jn-oct. Chemins, décombres, champs. CC.

M. NICÆENSIS Cav. Hispide, couché. Feuil. à 5 lobes crénelés, aigus dans les feuil. sup. *Cor. petite, rosée. Cal. ext. à sép.* ovales, *distants de 2 millimètres du pédic.* Carp. glabres, fortement creusés-ridés. ①. jn-at. Lieux arides incultes, décombres, rues. — CHAR-INF. et VEND. où les fruits sont qqf. hérissés. C. — DEUX-SÈV. *Bougon* (Sauzé), *Ste-Néomaye* (Maillard), *Lamairé* (Guyon), *Niort* (Segretain). — LOIRE-INF. AC. surtout dans la région maritime, où il continue jusqu'au *Port-Louis* (Mor.). — FIN. *Iles-Molène, Glénans* (Crouan), baie d'*Audierne* (de la Pylaie), *Le Conquet* (Bonnemaison). — C.-NORD. *S.-Brieuc, Dahouet.*

ALTHÆA L. Cal. double, l'extérieur à 6-9 fol. Carp. du *Malva.*

A. OFFICINALIS L. *Guimauve. Plante* de 4-8 déc. *toute veloutée-blanchâtre.* Feuil. ovales ou en cœur à 5 ou 3 angles, inégalement crénelées. Fl. grandes, blanc-rosé, sessiles; pédonc. multiflores, axillaires. Carp. veloutés. ♃. jn-sept. Bord des eaux, des marais surtout ceux de la région maritime.— CHAR.-INF. et VEND. C.—DEUX-SÈV. *Niort* (A. Guillon), *Cherigné* (Vernial), vallée de *la Sèvre* (Sauzé, Maillard), *S.-Loup* (Guyon), *Thouars* (Lunel). — LOIRE-INF. *S.-Michel, Port-S.-Père*, C. *Marais de Machecoul, de Pénestin, la Brière*; çà et là dans les prés *du bas de la Loire*. AC.—MOR. *Rieux* (Moreau), *Sarzeau* (Taslé). R. — FIN. *Loctudy* (Bonnemaison), presqu'île de *Plougastel*, anse du *Gareau* (Crouan). — C.-NORD. Marais du *Port-à-la-Duc*, baie de *la Fresnaye* (Cornillé), *S.-Jacut, le Guildo* (Mabille). —IL.-ET-V. De *Dol* au *Vivier* et à *Chérueix; Rotheneuf* (Mabille.)

X. A. CANNABINA L. Plante de 1 mètre et plus, à *pubescence étoilée. Feuil. palmées* à 5 lobes inégalement dentés, les sup. trilobées, plus courtes que les pédonc. à 1,2 fl. roses, pourpres à la base. Sép. ovales, acuminés, les ext. linéaires-lancéolés. ♃. jn-sept. Bord des haies, des chemins du calc.—CHAR.-INF. AC.—DEUX-SÈV. Env. de *Niort, Chizé, Paisay* (A. Guillon), *Cherigné* (Vernial), AC. *la Mothe* (Maillard), *Vanzay*, R. *Louin, Bretet* en *S.-Hilaire des Loges* (Guyon), *Airvault* (Huyard), R. *S.-Jouin* (Brottier), *Thouars* (Bastard). — VEND. Çà et là Plaine ! *Bessay* (Pontarlier).

A. HIRSUTA L. *Hispide*. Tiges couchées ou ascendantes. Feuil. interméd. à 5 lobes profonds, incisés-dentés, plus courtes que les pédonc. Fl. roses, axillaires, solitaires. Carp. glabres, ridés en travers. ①. jn-jt. Champs, haies des ter. calc. — CHAR.-INF. C. — DEUX-SÈV. *Thouars* ! (Bastard), R. *S.-Jouin* (Brottier), *Niort, Mazières* (A Guillon), AC. *la Mothe* (Sauzé, Maillard), *Vanzay* (Guyon), *Loubillé* (Jousse).—VEND. AC. *Plaine* et *Iles hautes* (Letourneux, Ayraud); calc. des *Essarts*, de *Chantonnay, Bazoges* (Pontarlier, Marichal), *Comme-*

guiers (Gobert). — LOIRE-INF. *Copchoux, Ancenis, Campbon.* RR.

LAVATERA L. Cal. double, l'extér. à 3 lobes. Carp. du *Malva.*

L. ARBOREA L. *Mauve royale.* Tige de 5-10 déc. *Feuil. tomenteuses,* en cœur à la base, à 5 ou 7 angles aigus, crénelés. Fl. grandes, violacées, agglomérées aux aisselles des feuil. Sép. du *cal. ext.* étalés, *dépassant l'int.* appliqué sur les carp. pubescents, ridés partout. ②. mai-j[n]. Rochers maritimes. — VEND. *Ile du Pilier.* RR. — LOIRE-INF. Ilots de *Lévain*; de *Pierre-Percée!* (Morison). RR. — MOR. Ile *Téviec* (Le Gall), ilot de *Poulpiquet* (Toussaints), R. *Houat,* AC! aux ilots voisins *Malevant, Béniguet, Glazic, la Grande-Ile* (Delalande), RR. *Belle-Ile.* — FIN. RR. îles *Glénans*; *Penmarc'h,* ile *Nona* et côte de *Loctudy* (Bonnemaison), c. île *Laber* près *Douarnenez* (Arist. Letourneux), *Cap-la-Chèvre* (Hubert), îles de *Sein, d'Ouessant,* et ilot de *Kérouzec* (de la Pylaie), près *Camaret,* cap *Sizun,* pointe de *Monérousse* près *Guissény,* île de *Batz,* ilots de la rade de *Morlaix* (Crouan). — IL.-ET-V. Iles *Harbourg* et *Césembre* (Le Gall, Debooz), *S.-Malo* et env. (Mabille). RR.—La plante est aussi cultivée le long de la côte comme à l'intérieur, se répand facilement et disparaît de même.

L. CRETICA L. *M. mamillosa* édit. 1. Voisin de *Malva sylvestris.* Tige à poils couchés. Feuil. sup. à lobes plus aigus. Pétiole et pédic. à poils étoilés, couchés. Cor. lilas clair; pét. plus larges, moins écartés et plus sensiblement rétrécis à la base. Sép. plus acuminés, *les ext. ovales.* Fruit 1 fois plus gros; carp. séparés par un intervalle plus profond, ord. 8, tandis qu'il y en a ord. 11 dans *M. sylvestris*; ces carp. rangés autour d'un axe en forme de mamelon demi-elliptique, lorsque celui de *M. sylvestris* représente un cône aussi large que long, dont les côtés sont concaves et non convexes. ②. j^n-sept. — VEND. Décombres du port des *Sables-d'Olonne* (Marichal), *rocher de la Dive* (Pontarlier). — LOIRE-INF. Dans une cour au *Croisic* (Coquet). — MOR. Port de *Belle-Ile* (Arrondeau). — Plante méridionale qui doit avoir été introduite.

TILIACÉES DC. PROD.

TILIA L. *Tilleul*. Sép. 5. Cor. régulière à 5 pét. Etam. indéfinies, libres (ici). Anthères à 2 loges s'ouvrant en long par 2 fentes. Ovaire 1; loges 5 à 2 ovules. Caps. coriace, à une loge par avortement, à 1,2 graines. Placenta central. *Arbres à feuil. stipulées*.

T. PARVIFOLIA Ehrh. *T. microphylla* Willd. *Feuil.* orbiculaires, acuminées, en cœur oblique à la base, dentées en scie, *glabres, poilues en-dessous aux aisselles des nervures*. Fl. blanchâtres, 7-9 en corymbe sur un pédonc. axillaire, bordé d'une large membrane foliacée, libre dans sa moitié sup. *Lobes du stigm. à la fin étalés*. J^t. — CHAR-INF. *Montendre*. — DEUX-SÈV. c. *la Mothe!* (Sauzé), *Parthenay* (Janneau). — VEND. Forêt de *Vouvant* (Letourneux), n. *Napoléon* aux bords de l'Yon, *Rochetrejoux*, bois du *Pont-Charrault*, *Chantonnay* (Pontarlier, Marichal), *S.-Hilaire* (Genevier). — LOIRE-INF. *Forêt du Cellier; d'Ancenis, S.-Aubin-des-Châteaux* (Guiho), *les Cléons, Haute-Goulaine* (de l'Isle). R. — FIN. R. (Crouan).

Obs. T. grandifolia Ehrh. se distingue du précéd. par les feuil. molles, velues en dessous surtout sur les nervures, les fl. plus odorantes, 2-4 par corymbe et les lobes du stigm. dressés. Il est plus souvent cult. que le précéd. pour former des allées et des promenades. — Voir Gren. God. fl. de France p. 286, pour les autres espèces que l'on rencontre dans les cultures.

HYPÉRICINÉES.

Cal. à 5 pét. ou 5 part. Cor. régulière à 5 pét. hypogynes. Etam. nombreuses, réunies en 3 ou 5 faisceaux. Anthères oscillantes. Ovaire 1 libre. Styles 3-5. Caps. (rar. baie) à 3-5 loges, à 3-5 valves. Graines nombreuses, attachées à un placenta central, entier, ou aux cloisons formées par les bords rentrants des valves.

HYPERICUM L. *Millepertuis*. Cal. à 5 sép. ou 5 part. Pét. 5. Styles 3. Caps. à 3 loges. *Fl. jaunes, feuil. opposées.*

* *Sépales non ciliés-glanduleux.*

H. TETRAPTERUM Fries, *H. quadrangulum* Smith. *Tige à 4 ailes.* Feuil. ovales, très-ponctuées-transparentes. *Fl. petites, pâles, en corymbe serré.* Sép. lancéolés, très-aigus. ♃. j^n-a^t. Bord des eaux, des marais. C.

H. QUADRANGULUM L. *H. dubium* Leers. Vert foncé. Tige à 4 angles peu marqués. *Feuil. elliptiques-oblongues, peu ou point ponctuées-transparentes*, à veines en réseau, transparentes. Fl. grandes, en corymbe. *Sép.* ovales-lancéolés, *obtus*. ♃. j^t-a^t. Prés et haies ombragés. — LOIRE-INF. *S.-Julien-de-Vouvantes* (Pesneau), *Copchoux* (Guiho); derrière *le Plessis-Tison, vallée de la Divatte; Clisson* (Pradal), *la Haie-Fouassière* (de l'Isle). R. — C.-NORD. AR. vallée de la *Rance, S.-Juvat* (Mabille). — IL.-ET-V. Entre *Braye* et *Cesson* (herb. Degland); *Fougères*, env. de *Rennes* et de *S.-Malo* (V. Sacher). — Facile à confondre avec le suiv.

H. PERFORATUM L. Tige à deux tranchants. *Feuil.* oblong. ou lin.-oblong. qqf. petites (*H. microphyllum* Jord.), *très-ponctuées-transparentes.* Fl. grandes, en corymbe, souv. marquées en dessous de taches noirâtres ou qqf. de lignes (*H. lineolatum*

Jord). *Sép*. lancéolés, *très-aigus*. ♃. jt-at. Lieux arides, bord des chemins, des haies. CC.

H. HUMIFUSUM L. *Tiges couchées*, filiformes, comprimées. *Feuil. et sép. elliptiques-oblongs*. Fl. petites, peu nombreuses, terminales. *Sép. obtus*, bordés de points noirs qqf. pédicellés. ♃. qqf. ①. mai-sept. Lieux arides, haies, champs après la moisson. CC.

*** Sépales bordés de cils glanduleux.*

H. LINEARIFOLIUM Vahl. Tiges ascendantes. *Feuil. linéaires*, obtuses, roulées en dessous par les bords. Fl. assez grandes, en corymbe trichotome. *Cor. jaune-rougeâtre, dépassant plus de 2 f. les sép. lancéolés, aigus*. ♃. jn-jt. Côteaux arides surtout schisteux ou de la région maritime. — DEUX-SÈV. *Puy S.-Bonnet* (Boreau flore). — VEND. c. côteaux de la *Sèvre* aux env. de *Mortagne* ! (Revelière), *Noirmoutier*. — BRETAGNE AC.

H. PULCHRUM L. Tige dressée, rougeâtre. *Feuil. ovales, embrass.-en cœur*, ponctuées-transparentes. *Fl. en panic. allongée*. Sép. obtus, 4 f. plus courts que les pét. ♃. jn-at. Buissons, haies, landes. C.

H. MONTANUM L. Tige dressée, simple, cylindrique. *Feuil. ovales-lancéolées, embrassantes*, très-ponctuées-transparentes. *Fl. pâles en corymbe compact*. Sép. et bractées lancéolés, aigus, fortement ciliés-glanduleux. ♃. jn-jt. Côteaux boisés. — CHAR.-INF. *Saintes* (A. Guillon), *St-Savinien*; *Varaise* (Pinatel), *Dœuil* (Dussouchaud), *Surgères, Benon*. — DEUX-SÈV. Forêts de *Chizé, d'Aulnay*; tous les bois de *la Mothe* (Sauzé, Maillard), *Paizay, St-Gelais* (Guyon). — VEND. Bois des bords du Lay près *Chantonnay, Pont Charrault*, bois des env. de *Luçon* (Pontarlier, Marichal), RR. *forêt de Vouvant* (Letourneux). — LOIRE-INF. *Barbechat*; *Clermont*; *Château-Thébaud* (Pradal). RR. — FIN. Entre *Locquirec* et *Guimaëc* (de Guernisac). RR. — C.-Nord. *Dinan* à la Courbure (herb. Degland) et vallée de *la Rance* (Mabille), *Bois Boissel* près *S.-Brieuc*; *Hillion* (Baron). RR.

H. hirsutum L. *Pubescent*. Tige dressée, de 8-10 déc. Feuil. ov.-oblong., presq. pétiolées, ponctuées-transparentes. *Fl. en panic. allongée*, Sép. lancéolés, aigus. ♃. jn-jt. Haies, taillis. — Char.-Inf. AC. — Deux-Sèv. *Niort* (A. Guillon), ar. *S.-Loup* (Guyon), *Thouars* (Lunet), *Loubillé* (Jousse), prob. AC. — Vend. ac. Plaine, pc. Bocage (Pontarlier, Marichal). — Loire-Inf. AC. — Mor. *Ploërmel* (herb. Taslé). RR. — Fin. Entre *Locquirec* et *Guimaëc*, *Port-Salut* (Crouan). — C.-Nord. *S.-Ilan* (Baron), ac. env. de *Dinan* (Mabille). — Il.-et-V. r. *Rennes*.

Obs. Le fétide *H. hircinum* L. sous-arbrisseau, se trouve qqf. échappé des jardins, ainsi que *H. calycinum* L. à tiges rampantes et fl. très-grandes.

ANDROSÆMUM All. Cal. 5 part. Pét. 5. Baie 1 loc.

A. officinale All. *Hyp. Androsæmum* L. Tige à 2 lignes saillantes. Feuil. grandes, ovales, obtuses, très-finement ponctuées-transparentes. Fl. jaunes, peu nombreuses, comme en ombelle. ♃. jn-jt. Haies et bois frais. — Char.-Inf. *Montendre*, *S.Savinien*; *Fenioux* et env. (Pinatel). R. — Vend. *Folie Brunetière* près *Fontenay*, forêt de *Vouvant* (Letourneux), *Pont Charrault* (Gobert). RR. — Loire-Inf. *Mauves*, *la Meilleraie*, *forêt du Gâvre*, *Guémené*, *S.-Gildas*; *Nivillac* (Delamarre), *Orvault*, *Château-Thébaud*, *Château-d'Aux*, *la Sicaudais*, etc. PC. — ac. çà et là dans le reste de *la Bretagne*.

ELODES Spach. Cal. 5 part. Pét. 5 marcescents. Etam. 15 en 3 faisceaux. Glandes hypogynes pétaloïdes, alternant avec les faisceaux d'étam. Caps. 1 loc. à 3 valves à placenta pariétaux.

E. palustris Sp. *Hyp. Elodes* L. *Pubescent-gri-*

sâtre. Tiges faibles, ascendantes, radicantes à la base. *Feuil. arrondies-ovales,* sessiles, finement ponctuées-transparentes. Fl. peu nombreuses, terminales. Sép. ovales, obtus. ♃. jt-sept. Marais, prés et fossés marécageux. — C. *Bretagne, Bocage Vendéen,* RC. dans celui des *Deux-Sèv.* — CHAR.-INF. C. de *Montendre* à *Montlieu.* R.

ACÉRINÉES.

Sép. 5 (ici). Pét. 5 insérés sur un disque hypogyne. Etam. ord. 8. Ovaire à 2 lobes. Style 1; stigm. 2. Fruit formé de 2 carp. soudés, indéhiscents, 1-2-spermes, terminés par une aile. *Arbres à feuil. opposées.*

ACER L. Voir la famille. Fl. polygames. Etam. des fl. mâles plus longues.

A. CAMPESTRE L. Arbre peu élevé, à écorce crevassée. *Feuil.* palmées à 5 *lobes* grossièrement dentés, velues en-dessous sur les nervures et à leur aisselle. Fl. verdâtres, en corymbe dressé. Pédic. et cal. velus. *Carp.* pubescents, qqf. glabres, *divergents en ligne droite.* Mai. Haies, bois. C. — Moins C. au-delà de Loire-Inf.

✕. A. MONSPESSULANUM L. Arbre peu élevé, *Feuil.* à 3 *lobes* ovales, *simples,* luisantes en dessus, glauques en dessous. Ailes des carp. plus ou moins larges, rapprochées l'une de l'autre, tantôt ouvertes en angle aigu, tantôt parallèles et se touchant, ou bien entre-croisées. Av.-mai. Haies, bois, côteaux du calc. — CHAR-INF. AC. nord-est du départ. de *Courçon* à *Cognac; Nancras, Corme Royal.* — DEUX-SÈV. de *Niort* à *Villeneuve-Comtesse;* C. *la Mothe! Exoudun.* (Sauzé, Maillard), *Paizay, S.-Maixent!* et env. (A. Guillon); *Villiers en Plaine* (Guyon), parc d'*Oyron* (Toussaints), *Loubillé* (Jousse). — VEND. Bois *d'Ecoulandre!* et de *la Rivière!* près *Mouzeuil* (David), rochers du *Gué de Velluire*, R. *Chaillé les Marais, Nalliers* (Letourneux), *Xanton* (Ayraud). R.

Obs. A. pseudo-platanus (Sycomore) à fl. vert-jaunâtre en longue grappe pendante est cult. partout. Mess. Crouan et Guiho le trouvent répandu dans les haies, les lieux boisés autour de *Brest* (Fin.).

GÉRANIACÉES.

Sép. 5 persistants, qqf. inégaux. Pét. 5 hypogynes. Etam. 5-10 à filets ord. monadelphes. Ovaires 5 libres. Styles 5 soudés. Carp. 5 indéhiscents, à 1 graine pendante, attachés à la base des styles qui, à la maturité, se détachent de la base vers le sommet, en emportant les carp. *Feuil. stipulées.*

GERANIUM L. Sép. et pét. 5 égaux. Etam. 10, les 5 plus grandes munies à la base d'une glande nectarifère. Arête des carp. glabre en dedans, arquée à la maturité.

* *Pédonc. biflores; pét. échancrés.*

G. MOLLE L. *Tiges* diffuses, *à long poils mous, étalés:* Feuil. orbiculaires à 7 ou 9 lobes trifides. Fl. rosées. Sép. terminés en pointe noirâtre. *Carp. glabres, ridés en travers. Graines lisses.* ①. mai-sept. Terres incultes, bord des champs, des haies, des chemins. CC.

G. PUSILLUM L. *Tiges* faibles, *à pubescence courte.* Feuil. orbiculaires à 7 lobes 3-fides. Cor. rose très-pâle, égalant les sép. brièvement mucronés. Anthères 5. *Carp. carénés, non ridés, à poils couchés.* Graines lisses. ①. mai-j[t]. Lieux sablonneux. — CHAR.-INF. *Siecq.* — DEUX-SÈV. *La Mothe, Salles* (Sauzé, Maillard), *Airvault* (Bonnin), *Thouars* (Revelière). — VEND. *Ste-Gemme; Fontenay* (Letourneux, AC. autour de *Mortagne* (Genevier). — LOIRE-INF. *Ancenis, Nantes, Couëron,* sables maritimes.

PC. — MOR. *Auray*, *Pontivy* (Le Gall). — FIN. *S.-J.-du-Doigt* (de Guernisac), *Tréguennec* (Crouan). — IL.-ET-V. *Fougères* (V. Sacher).

G. COLUMBINUM L. Tiges diffuses ou couchées, à poils appliqués, dirigés en bas. *Feuil. à 5 ou 7 lobes multifides*. Fl. lilas. *Pédonc. plus longs que les feuil*. Sép. presque membraneux, longuement aristés. Carp. glabres. Graines finement réticulées. ①. jn-at. Lieux pierreux, bords des haies, des champs. C. — AC. au-delà de *Loire-Inf*.

G. DISSECTUM L. Tiges diffuses ou couchées, à poils réfléchis. *Feuil à 5 ou 7 lobes profonds, trifides*. Fl. rougeâtres. *Pédonc. plus courts que les feuil*. Sép. aristés. *Cap. poilus*. Graines réticulées. ①. jn-jt. Haies, lieux cultivés. C.

** *Pédonc. biflores; pét. entiers.*

G. ROTUNDIFOLIUM L. Tiges diffuses, poilues. Feuil. à 5 ou 7 lobes trifides, marqués d'un point rougeâtre dans les sinus. Fl. rougeâtres. Sép. aristés. *Carp. à poils non couchés. Graines réticulées*. ①. mai-sept. Décombres, au pied des murs, champs. CC. — AC. au-delà de *Loire-Inf*.

G. LUCIDUM L. Tige ascendante, glabre, rougeâtre. *Feuil*. orbiculaires, à 5 ou 7 lobes crénelés, *luisantes*. Fl. d'un joli rouge. *Cal. anguleux, ridé en travers*. Carp. ridés en long. Graines glabres. ①. mai-jn. Haies, vieux murs. C. par localités. — Moins c. dans le calc.

G. ROBERTIANUM L. Fétide. Tige rougeâtre, en zigzag, renflée aux articulations, couverte de poils étalés. *Feuil*. ovales-pentagones, plus courtes que les pédonc., *quinées ou ternées* à fol. bipinnatif. Sép. appliqués sous la fl. ouverte, planes sur le dos à 3 côtes. Pét. rouges 1 f. plus longs que le cal.; limbe étroitement obov.-en coin, plus long que l'onglet; anthères rouges, styles rosés-pourprés. Carp. glabres, ridés. Graines lisses. ①, ②. mai-sept. Haies, murs, décombres, lieux incultes. C.

G. PURPUREUM Vil. *G. robert.* β fl. Loire-Inf. Caract. du précéd. plus petit, feuil. moins découpées ; cor. d'un rouge plus pâle dépassant moins de la 1/2 du cal., pét. à limbe obovale-oblong, égalant l'onglet ou un peu plus court. Anthères jaunes ou jaune-orangé, égalant presque les stigm. pourprés ou jaunâtres. Carp. glabres ou velus, plus profond. ridés. Mêmes lieux. AC. jusqu'à *la Vilaine*, R. au-delà.

*** *Pédoncules uniflores.*

G. SANGUINEUM L. Tige et pédonc. couverts de longs poils étalés. Feuil. orbiculaires à 5 ou 7 lobes 3-fides, aigus. Fl. pourpre-violacé, grandes, belles. Pédonc. munis vers le milieu de 2 bractées. ♃. jn-jt. Bois secs. — CHAR.-INF. AC. *Surgères* et *Benon*, *Dœuil ; Villiers-Couture* (Savatier) ; *S.-Savinien*, *Martrou*, *Nancras*, *Montendre ;* R. *Mont-Ixile*, AC. *le Gros-Buisson* (de Meschinet), etc. — DEUX-SÈV. *Forêt d'Aulnay !* (Vernial), *Loubillé* (Jousse), *Chizé* (A. Guillon), *Mauzé* (J. Richard), *Couture d'Argenson ; Parc-d'Oyron* (Lunet). — VEND. C. forêt de *Ste-Gemme !* (Mlle Poey Davant). R. — Sables, talus et coteaux herbeux sur les côtes de *la Bretagne*. — MOR. *Belle-Ile*, *Quiberon*, étang de *Kervran*, pointe du *Talu*. RR. — FIN. *Camaret* (de la Pylaie) ; *Porsal* (Moride), *Porsmoguer*, *Trémazan*, *Guisseny* (Crouan). — C.-NORD. et IL.-ET-V. C. par localités jusqu'à *Cancale*.

ERODIUM L'Hér. *Geranii* sp. L. Sép. 5 égaux. Etam. 5 munies à la base d'une glande nectarifère, alternant avec 5 filets sans anthère. Carp. marqués d'une dépression sur chaque côté du sommet ; arête velue en dedans, tortillée en spirale à la maturité.

E. CICUTARIUM L'Hér. Tiges couchées. *Feuil. ailées* ; fol. profond. pinnatifides à lobes incisés-dentés. Fl. roses en ombelle sur un long pédonc. axillaire. Pét. inégaux, souv. tachés à la base. Etam. glabres, les fertiles dilatées à la base. ①. av.-sept. Champs et prés sablonneux, lieux cultivés, lieux arides, murs, chemins, côteaux. CC. — Très-variable, surtout dans les sables maritimes. Vert, poilu-blanchâtre ou plus ou moins visqueux; tige très-allongée, ou presque nulle à feuil. en rosette et à pédonc. 2-4.fl.; fl. rouges, roses, presque ou tout-à-fait (côte du Nord) blanches. Plusieurs auteurs pensent que beaucoup de ces formes sont autant d'espèces distinctes.

E. MOSCHATUM L'hér. Plus robuste que le précéd., s'en distingue par *son odeur de musc,* ses fol. obliques à la base, moins profond. découpées et par les filets de ses étam. dilatées et bidentées à la base. ①. mai-sept. Pied des murs, bord des chemins. AC. — Se répand de plus en plus.

E. MARITIMUM Smith. Couché, velu. *Feuil. ovales-en cœur,* à lobes peu marqués, inégalement incisées-dentées; stip. souv. rougeâtres. *Pédonc. à* 1, 2 *fl.* Sép. à arête courte. Cor. 0. Dépression des carp. demi-circulaire, séparée du sillon concentrique jaunâtre par une crête jaunâtre, tous deux entourés par une collerette de poils plus longs que les autres. ①. mai-jn. Talus pierreux des clôtures, côteaux, rochers de la région maritime. — VEND. *Le Pilier* et vis-à-vis à *Noirmoutier.* RR. — MOR. R. *Belle-Ile; île de Groix, Ile aux Moines ; Crach,* par exception à *Josselin* à 50 kil. de la mer et très-rarement avec des pét. blancs dépassant le cal. (Taslé). — FIN. C. — C.-NORD. AC. mais moins c. en approchant d'*Il.-et-V.*

E. MALACOÏDES Willd. *E. altheoïdes* Jord. pug.! Couché ou ascendant, pubescent-glanduleux. *Feuil. ovales-en cœur,* obtuses, *obscurément lobées,* inégalement dentées. *Pédonc. à* 5, 6 *fl.* Sép. oblongs, apiculés, écartés des pét. et beaucoup plus courts. Pét. oblongs, onglet poilu. Filets des étam. dépassant les styles, les stériles lancéolés, élargis à la base. Carp. munis d'un seul pli concentrique sous la dépression du sommet irrégulièrement arrondie, glanduleuse; arête parsemée de poils très-fins, couchés. ①. mai-jn. Bord des chemins, décombres. — CHAR.-INF. *S.-Martin* et env. dans *l'île de Ré*. — VEND. C. ruines du *château de Talmont* (Pontarlier, Marichal), AC. *Noirmoutier*.

E. BOTRYS Bert. Gren. et God. Plante robuste, couverte dans le bas de poils rubanés, pubescente-glanduleuse au sommet. Tige très-renflée aux nœuds. *Feuil.* ovales ou oblongues, *bipinnatifides* à lobes dentés; stip. ovales-triangulaires. Pédonc. à 2-4 fl. lilas à 3 veines plus foncées, Sép. oblongs, glanduleux, à pointe d'un millim. dressés. Filets des étam. stériles lin. aigus, glabres, 1/2 plus courts que les fertiles qui sont brusquement rétrécis en alêne, à partir du milieu. Carp. couverts de petits poils déjetés sur deux côtés, marqués au sommet de 3,4 plis profonds et glabres; *arête* pubescente, *d'env. 1 déc.* ①. mai-jn. — VEND. Bord des champs, des chemins à la Chaume près les *Sables-d'Olonne*! (David, Pontdevie). RR. — C.-NORD. Côteaux de *la Courbure* près *Dinan*! (Despréaux) et un peu plus bas (Mabille). RR.

BALSAMINÉES.

Sép. 2 caducs, opposés. Cor. irrégulière, à 4 pét. hypogynes, le sup. voûté, l'inf. creux, prolongé en forme d'éperon, les 2 latéraux grands, inégalement bifides (formés de 2 pét. soudés selon qq. auteurs). Etam. 5 hypogynes entourant étroitement l'ovaire. Anthères à 2 loges plus ou moins soudées entre elles, s'ouvrant en long par deux fentes. Caps. à 5 loges polyspermes, à 5 valves s'ouvrant avec élasticité en se roulant en dedans. Placenta central.

IMPATIENS L. Stigm. 5 soudés. Caps. prismatique cylindrique, s'ouvrant avec élasticité de la base au sommet.

I. NOLI TANGERE L. Tige de 4-7 déc. rameuse, succulente, cassante, renflée aux nœuds. Feuil. ovales, dentées, pétiolées. Fl. pendantes, jaunes, à gorge ponctuée de rouge. Pédonc. multiflores, axillaires. ①. jt-at. — LOIRE-INF. Bords ombragés de *la Divatte*, 1842; *Omblepied!* près *Ancenis* (Guiho), *le Cellier* (Siffait). RR.

OXALIDÉES.

Sép. 5 persistants. Cor. régulière, à 5 pét. hypogynes, qqf. adhérents à la base. Étam. 10 souv. monadelphes à la base, 5 plus longues. Anthères à 2 loges. Ovaire 1 libre. Styles 5. Caps. 5 loc. à 5-10 valves s'ouvrant par les angles et à plusieurs graines renfermées dans une arille charnue qui, à la maturité, les lance avec élasticité.

OXALIS L. Voir la famille. *Feuil. à 3 fol. en cœur renversé.*

O. ACETOSELLA L. Souche écailleuse, rampante. *Fl. blanche*, striée, solitaire sur une hampe munie de deux bractées situées au-dessus du milieu. Caps. ovale, à loges 2-spermes. ♃. mai-jn. Lieux ombragés humides. — CHAR.-INF. *Fort de S.-Pierre* (Hubert). — DEUX-SÈV. Forêts de *Réfanne*, de *l'Absie* (A. Guillon); *Bretignolles* (Toussaints), R. *Chambrille* (Maillard). — VEND. *Forêt de Vouvant, Dompierre, Mouilleron-le-Captif, le Bourg-sous-Nap., la Flocelière, Pouzauges* (Pontarlier, Marichal), *la Châtaigneraie* (Letourneux). C. *env. de Mortagne!* (Genevier). — LOIRE-INF. et MOR. AC. — C. par localités reste de la *Bretagne*.

O. STRICTA L. Rac. à stolons charnus. Tige dressée, rameuse. Pédonc. à 3-5 *fl. jaunes*, plus longs que les *feuil. sans stipules*; pédic. dressés. Caps. linéaire. ♃. jn-sept. Lieux cultivés. — CHAR.-INF. La Saudière en *Fenioux* (Pinatel). — DEUX-SÈV. *S.-Vincent de la Châtre, Prailles* (Sauzé, Maillard),

Fénioux (Guyon), *S.-Martin de Sanzay* (Pellier). — VEND. *Montournais* (herb. David). PC. *Mortagne* (Genevier). — LOIRE-INF. CC. *Vallée du haut de la Loire.* — MOR. *Quiberon* (Le Gall). — C.-NORD. *S.-Juvat* (Mabille). — IL.-ET-V. *Antrain* (herb. Degland), AC. *Rennes* (J. M. Sacher), AR. vignes de *Beaumont* (Moreau), Parc Anger près *Redon* (L. Guibaire.)

O. CORNICULATA L. Rac. fibreuse. Tiges couchées, radicantes à la base. Pédonc. à 2,3 *fl. jaunes*, plus courts que les *feuil. stipulées*; pédic. du fruit réfractés. Caps. linéaire. ①. jn-sept. Lieux cultivés; vieux murs où il vit plusieurs années. — CHAR-INF. *Oleron* (Delalande), AC. *Montguyon.* R. *Orignolles* (de Meschinet), *Chez-Merlet* (Savatier). — VEND. *Noirmoutier* à la Blanche (Piet, Gobert). — BRETAGNE. AC.

ZYGOPHYLLÉES R. BROWN.

TRIBULUS L. Sép. 5 caducs. Cor. régulière, à 5 pét. insérés sur le récept. Etam. 10 libres, hypogynes. Stigm. sessile, à 5 rayons. Carp. 5 ligneux, épineux, se séparant à la maturité; 2,3 loges à cloison verticale, 1-spermes, indéhiscentes. *Feuil. opposées, stipulées.*

T. TERRESTRIS L. Velu, appliqué contre terre. Feuil. ailées à 6 paires de fol. un peu obliques. Fl. jaunes, axillaires, solitaires; pédonc. plus courts que les feuil. Carp. 5 pubescents et hispides, à 4 cornes dont 2 en dessous plus petites, disposés en étoile imitant une croix de S.-Louis. ①. jn-sept. Sables marit. — CHAR-INF. CC. *Oleron* autour des aires à battre. AC. — VEND. Des *Sables d'Olonne à Noirmoutier, île d'Yeu.* — LOIRE-INF. *Pouliguen.* RR.

RUTACÉES Jussieu.

RUTA L. Sép. 4, 5 persistants. Cor. régulière à 4, 5 pét. concaves, onguiculés, insérés devant un disque glanduleux, portant 8, 10 étam. 1 style. Caps. à 4, 5 lobes s'ouvrant par le bord intér.

R. GRAVEOLENS L. *Rue*. Odeur très-forte. Buisson de 6-8 déc. ligneux à la base, très-rameux. Feuil. glauques, 2 f. ailées à fol. obov.-oblong., épaisses. Fl. jaune pâle en corymbe, la terminale à 5 divis. les autres à 4. Caps. à lobes arrondis, obtus. Jn-jt. — CHAR.-INF. Rochers, Chaumes de *S.-Savinien*, *Taillebourg*, du Doubet près *Saintes*. R. — La culture a dû réduire l'aire de cette plante.

Obs. Coriaria myrtifolia L. (Coriariées DC.) occupe, selon M. J. Richard, une longueur d'env. 15 mèt. sur un coteau entre *Martrou* et *Soubise* (Char.-Inf.). C'est un arbrisseau à rameaux tétragones, feuil. ov.-lancéolées, un peu coriaces, opposées, entières, à 3 nerv., presq. sessiles; fl. polygames, verdâtres, en petits épis; sép. ovales, plus courts que les pét.; étam. 10 hypogynes; styles 5 rougeâtres, saillants; carp. 5, 1-sperm. en étoile, enveloppés par le cal. et la cor. accrus et imitant une baie; jn-jt.

Sous-Classe II. — CALICIFLORES.

Sépales plus ou moins soudés entr'eux. Pét. et étam. insérés sur un disque adhérent à la base du cal., ou bien cal. soudé avec l'ovaire et portant la cor. et les étam.

CÉLASTRINÉES R. BROWN.

EVONYMUS L. Cal. à 4, 5 lobes. Pét. 4, 5 insérés sur le bord d'un disque hypogyne. Etam. 4, 5 insérés sur le milieu du disque, alternes avec les pét. Anthères à 2 loges. Ovaire 1 libre. Style 1. Caps. à 3-5 loges, à 3-5 angles, à 3-5 valves portant les cloisons au milieu. Graines solitaires, arillées.

E. EUROPÆUS L. *Fusain*. Arbrisseau de 3-4 mèt. à jeunes rameaux tétragones. Feuil. ov.-lancéolées, acuminées, dentelées en scie, glabres, pétiolées, opposées. Fl. jaune-verdâtre, 4-7 comme en ombelle sur un pédonc. axillaire. Pét. ord. 4 oblongs. Caps. à 4 lobes roses, arille orangée, graine blanche. Mai-jn. Haies, taillis. C.

RHAMNÉES R. BROWN.

RHAMNUS L. Cal. à 4, 5 lobes caducs. Cor. régulière à 4,5 pét. Etam. 4,5 opposées aux pét. Ovaire adhérent au tube du cal. Style 1 à 1-4 stigm. Baie à 1-4 loges 1-sperm. s'ouvrant en dedans.

R. CATHARTICUS L. Arbrisseau de 3-4 mèt. épineux sur les vieux rameaux. *Feuil.* elliptiques ou largement ovales, *dentées en scie*. Fl. jaune-verdâtre, fasciculées, dioïques. Pét. et étam. 4. Baie noire, à 4 loges. Mai-jn. Haies. — CHAR.-INF. AC. — DEUX-SÈV. *Niort* (A. Guillon), R. *S.-Loup* (Guyon), RR. *Thouars* (Lunet). — VEND. R. *Longève* (Letourneux), *Pont Charrault, Mareuil, Bernard, forêt de Ste-Gemme* (Pontarlier, Marichal), *Jard* (David), env. de *S.-Hilaire* (Genevier). — LOIRE-INF. AC. — MOR. *Lorient, Ploërmel* (Le Gall), *Guer* (Arrondeau). — C.-NORD. C. *Caulnes* (Mabille.)

R. FRANGULA L. *Bourdaine*. Arbrisseau de 3-4 mèt. *Feuil.* largement ovales, *entières*, à nervures parallèles et rousses en dessous. Fl. hermaph. blanchâtres, axillaires, agglomérées. Pét. et étam. 5. Baie rougeâtre, puis noire, à 2 graines. Mai-jt. Haies, bois, C.

* R. ALATERNUS L. Arbrisseau. *Feuil.* ovales ou elliptiques, *persistantes*, coriaces, pétiolées, à

dents écartées. Fl. jaunâtres, dioïques, en petites grappes axillaires. Pét. et étam. 5. Baie noirâtre à 3 loges. Avril. Fréquemment cult.; il se reproduit au bois de la Blanche à *Noirmoutier* (Vend.), sur les remparts de *Brouage* et de *S.-Martin* dans l'île de *Ré*, à *Chaniers* (Char.-Inf.), à *Thouars* (Deux-Sèv.), et ailleurs.

LÉGUMINEUSES.

Cal. à 5 dents ou lobes, ou à 2 lèvres. Cor. irrégulière, papilionacée (ici). Pét. 5 libres, rar. soudés entre eux et avec les étam., le sup. nommé *étendard*, les latéraux *ailes*, et les 2 inf. ord. soudés en un seul appelé *carène*. Etam. 10 insérées avec la cor. à la base du cal., qqf. monadelphes, ord. 9 soudées en colonne fendue en dessus, la 10me libre, placée vis-à-vis la fissure. Ovaire 1 libre. Style et stigm. 1. Fruit nommé *gousse*, tantôt 1 loc. 2-valve, à une ou plusieurs graines, tantôt à plusiers articles transversaux. Graines attachées alternativement à la suture sup. des valves. *Feuil. alternes, stipulées.*

a. *Feuilles simples.*

ULEX L. Cal. à 2 lobes profonds, lèv. sup. à 2 petites dents, l'inf. à 3. Etam. monadelphes. Gousse courte, renflée, 1 loc. 2-valve, à peu de graines. *Fl. jaunes.*

U. EUROPÆUS L. *Lande, ajonc.* Arbrisseau de 1-3 mèt.; rameaux sillonnés, hérissés d'épines. Feuil. linéaires-lancéolées, placées sous les épines et s'en distinguant parce qu'elles sont planes en dessus. Fl. axillaires. *Cal. velu, muni à la base de 2 bractées largement ovales, plus larges que le pédonc.* Ailes de la cor. arquées, (ainsi que dans les suiv. et c'est en cet état qu'il faut faire la comparaison), plus longues que la carène. Déc.-jn. Landes, bois, haies. CC. — PC. dans le calc.

β. *biferus* Taslé in Arrondeau cat. 24, Le Gall flore 816, *U. armoricanus* Mabille cat. p. 50. M. Taslé m'a fait cueillir cette forme en août 1849, près *Vannes*, et plus tard il m'a démontré, que c'était une fleuraison æstivale du type, par un fort bel échantillon, offrant dans sa partie infér. les fl. normales desséchées et ses larges bractées à la base du cal., avec qq. fruits, et terminé par une dizaine de nouvelles pousses garnies de fl. portant, vers le milieu du pédonc. et non à la base du cal., deux *bractées* longues, *lancéolées-en alène*, carénées. Cette variation accidentelle est rare à *Vannes*; M. Mabille l'a vue abondante en jn-jt au *Cap Fréhel* et à *Dahouet* (C.-Nord), à Lavarde près *S.-Malo*, et l'on doit la rencontrer sur plusieurs points intermédiaires dans les années favorables à cette seconde végétation.

U. NANUS Smith. Moins élevé que le précéd. dont il diffère surtout par les feuil. linéaires et par les *bractées du cal.* pubescent *petites, plus étroites que le pédonc.* Carène évidemment plus longue que les ailes. Fl. jaune citron. Jt.-oct. Mêmes lieux, aussi C.

U. GALLII Planch. *U. provincialis* Le Gall flore. Intermédiaire des précéd. pour la taille. Feuil. linéaires-lancéolées. Bractées du cal. pubescent largement ovales, aiguës, égalant la largeur du pédonc. *Cor. d'un beau jaune*, étendard largement ovale, carène égalant env. les ailes. At-déc. Mêmes lieux. — c. landes du littoral de : *Mor.*, *Fin.* et prob. *C.-Nord.* — M. Le Jolis le trouve c. à *Cherbourg* (Manche).

GENISTA L. Cal. à 2 lèv., la sup. 2-fide, l'inf. 3-fide. Carène laissant voir les étam. monadelph. Style ascendant; stigm. latéral, oblique, intérieur.

G. ANGLICA L. Sous-arbrisseau de 3-6 déc. à *rameaux* étalés, *épineux*. Feuil. obovales-lancéolées. Fl. jaunes axillaires, en épis grêles. Gousse renflée, glabre. Mai-jn. Landes humides. AC.

G. TINCTORIA L. Sous-arbrisseau de 4-6 déc. à *rameaux* striés, *non épineux*. Feuil. lancéolées, pubescentes au bord. Fl. jaunes, axillaires, en grappes. Gousse comprimée, un peu bosselée. Jn-jt. Pâturages secs, bord des bois. C.

✕. G. PILOSA L. Sous-arbrisseau de 3-8 déc. à rameaux nombreux, couchés ou ascendants, cannelés-striés. Feuil. ovales-oblongues, pubescentes-soyeuses en dessous. Fl. jaunes, 1, 2 naissant au milieu d'un faisceau de feuil., en grappe ou en panic.; carène et étendard *pubescents-soyeux en-dehors*. Gousse velue. Mai-jt. Landes et bois du calc. — CHAR.-INF. AR. de *Montendre* à *Montlieu*; *Clérac* (Millieurenche). R. — DEUX-SÈV. *Souvigné*, *Mairé*, *Clussais* (Sauzé, Maillard).

✕. G. SAGITTALIS L. Tiges de 1-3 déc. couchées, en touffe; *rameaux* redressés, herbacés, *bordés de 3 ailes foliacées*, interrompues à l'insertion des feuil. ovales-oblongues, peu nombreuses. Fl. jaunes en épis courts, terminaux. ♃. jn- sept. Landes, lieux secs boisés. — DEUX-SÈV. AR. *Parthenay* (Janneau), c. *Pressigny*, *Lamairé*, *St-Loup*! *les Jumeaux* (Guyon), c. *Airvault* (Bonnin).

Obs. Spartium junceum L. Genêt d'Espagne, sorti des cultures, se trouve sur qq. côteaux surtout du littoral.

b. *Feuilles à 3 folioles.*

SAROTHAMNUS Koch. Cal. court, à 2 lèv. la sup. à 2 dents, l'inf. à 3. Carène laissant voir les étam. monadelp. Style très-long, roulé sur lui-même, épaissi au sommet. Stigm. petit, horizontal, en tête.

S. SCOPARIUS Koch, *Spartium* L. *Genista Lam. Genêt à balai*. Arbrisseau à rameaux anguleux, Feuil. à 3 fol. ovales-allongées, d'abord pubescentes-soyeuses, les sup. simples. Fl. jaunes, grandes, en épis lâches. Gousse comprimée, hérissée sur les bords. Av.-jn. Haies, bois, terres incultes. CC. — PC. *Char.-Inf.* (terr. tertiaires).

CYTISUS L. Caract. du *Genista*; carène renfermant les étam., stigm. en tête, un peu tourné en dehors, entouré de poils.

♓. C. SUPINUS L. Velu. Tiges couchées, rampantes; rameaux étalés; les floraux redressés. 3 fol. obovales ou obovales-lancéolées. Fl. jaunes 2-6 en tête terminale. ♃. jn at. Bord des bois secs et des landes du calc. — CHAR.-INF. PC. çà et là dans le n.-est; forêts de *Benon* et de *Surgères*; *Loulay*, *le Pin* (Mme George); forêt d'*Aulnay*; env. de *Beauvais*, d'*Archiac*. — DEUX-SÈV. *Chizé* (A. Guillon), bois du *Deffand* près *Availles*; *Bougon* (Maillard), *Prahecq* (Bonneau), *Loubillé* (Jousse). — VEND. *Forêt de Ste-Gemme*! (Mlle Pocy Davant), *Quatre-Vaulx* près *Fontenay* (Ayraud). RR. — M. Chaboisseau, bul. soc. bot. t. 10 p. 291, a reconnu que *C. prostratus* Bor. flore, à fl. solitaires ou réunies 2,3 à la partie sup. des rameaux, est une forme due à ce que le sommet de la tige a été tronqué par l'hiver ou le premier printemps. MM. Sauzé et Maillard l'indiquent à *Prahecq* (Deux-Sèv.) et l'on doit le retrouver ailleurs.

ADENOCARPUS DC. Cal. à 2 lèv., la sup. bifide, l'inf. plus longue à 3 dents. Carène obtuse, renfermant les étam. monadelphes. Gousse linéaire-oblongue, comprimée, couverte de tubercules glanduleux.

A. COMPLICATUS Gay, *Cytisus* DC. Sous-arbrisseau de 10-15 déc. rameaux diffus, étalés, blanchâtres, d'abord pubescents. 3 fol. obovales-oblongues, souv. pliées en long, pubescentes en dessous. Fl. jaunes, en longue grappe terminale; étendard pubescent en dehors. Bractées caduques, tuberculeuses-glanduleuses ainsi que le cal. et le fruit. jn-jt et sept. Landes, bois, haies. — DEUX-SÈV. Près la forêt de *Chantemerle* (herb. Savatier).

VEND. Vulg. *genêt bâtard*, *Bournezeau* (Pontarlier), *le Tardière*, *Faymoreau*, *Cheffois* (Letourneux), *S.-Pierre-du-Chêmin* (Revelière), *Evrunes! la Verrie*, *S.-Martin-l'Ars* (Genevier). — C.-NORD. Lande Mazurié près *Quintin* (Fraval). — MOR. *Augan* (Le Gall), *Guer* (J.-M. Sacher), *Monteneuf* (Taslé).

ONONIS L. Cal. à 5 lobes linéaires. Etendard grand, rayé. Etam. monadelp. Gousse renflée.

O. REPENS L. *O. procurrens* Wall. Velu-visqueux, souv. fétide. Souche longuement rampante. Tiges ascendantes ou couchées. Feuil. à 3, les sup. à 1 fol. ovales, oblongues ou arrondies, dentées, entières à la base. *Fl. roses*, rar. blanches, axillaires, solitaires. *Cal.* très-velu, *dépassant toujours la gousse*. Graines chagrinées. ♃. jn–at. Plante variable et présentant ici les 3 formes principales suivantes :

α. *O. arvensis* Smith, Pesn. Très-épineux, ord. ascendant, qqf. buissonneux; fol. elliptiq. Bord des chemins, des champs, de *la Loire*. C. en *Bretagne*.

β. *O. repens* L. Très-épineux, couché; fol. plus petites, obov.-elliptiques. Sables maritimes. C.

γ. Tiges allongées, ord. couchées, peu ou point épineuses. C. le calcaire; çà et là région maritime.

O. SPINOSA L. C. et Germ. flore Par. T. 11 B. *O. campestris* Wall. Se distinguera de la var. α du précéd. surtout par la gousse égalant ou dépassant le cal. Souche verticale, profonde. Tiges dressées ou ascendantes, en buisson, poilues sur deux lignes. Fol. lin.-oblongues. ♃. jt–at. Champs arides, pâturages. M. Dussouchaud me l'a fait cueilir à *Dœuil* (Char.-Inf.), où il est très-rare.

X. O. STRIATA Gouan. Tiges d'env. 1 déc. couchées, diffuses. 3 *fol. obovales-en coin*, fortement nervées, dentées ainsi que les stip. lancéolées, acuminées. *Fl. jaunes* en tête feuillée. Cal. à lobes lancéolés-en alène, beaucoup plus courts que la cor., plus longs que le fruit ovale. Graines lisses. ♃. jn–jt. Côteaux secs calc. — CHAR.-INF. *Surgères* (Hubert). R.

✕. O. COLUMNÆ All. Tiges de 10–16 cent. diffuses. 3 *fol. oblongues*, nervées, dentées ainsi que les stip. lancéolées-acuminées. *Fl. jaunes* en épi feuillé. Cal. à lobes lancéolés-en alène, égalant env. la cor. et le fruit ovale. Graines finement chagrinées. ♃. jn–jt. Côteaux secs calc. — CHAR.-INF., DEUX-SÈV. PC. mais répandu. — VEND. RR. *France* près *Mouzeuil* ! (David), *Garenne-Augeard*, *Quatre-Vaulx* (Letourneux). RR.

✕. O. NATRIX Lam. Velu-glanduleux. Tiges de 3–5 déc. ascendantes. Fol. oblongues, dentées en scie, obtuses. Stip. entières, acuminées. *Fl. jaunes*, dressées avant l'anthèse, en grappe feuillée. Pédonc. plus long que la feuil. et muni au sommet d'une arête en alène. Etendard rayé de rouge. *Gousse* linéaire, *pendante*. Graines finement tuberculeuses. ♃. jt–at. Champs arides, côteaux, du calc., sables maritimes. — CHAR.-INF. CC. sables de *Meschers* à *Royan*. AC. — DEUX-SÈV. AC. — VEND. Calc. méridional. — LOIRE-INF. *Chéméré*, *Arthon*. RR.

O. RECLINATA L. *O. Cherleri* DC. Velu, glanduleux. Tiges de 8–15 cent. ascendantes. 3 fol. obovales-en coin, dentées au sommet ainsi que les stip. ovales. Fl. peu apparentes, en épi feuillé, *étendard rosé*. Pédonc. égalant env. la feuil. Cal. à lobes linéaires-lancéolés, égalant env. la cor. et plus courts que la *gousse* cylindrique, *pendante*, à graines couvertes de tubercules transparents. ① ou ②. jn. — CHAR.-INF. Lèdes de *la Tremblade* à *la Gironde*; entre *Angoulin* et *la Rochelle* (Gouget), *la Repentie* (Letourneux); pelouses salées du *Fief* en *Ré* (Lemarié). — MOR. Dunes de *S.-Adrien* en *Plœmeur* (Le Gall). RR. — FIN. Côteaux maritimes arides, un peu sablonneux, Le Minou près *Brest* (Crouan), *anse de Dinan*. R.

MEDICAGO L. Cal. à 5 dents. Carène obtuse, écartée de l'étendard. Etam. diadelp. Ovaire arqué, à style glabre. Gousse courbée en faucille ou roulée en spirale, à 1 ou plusieurs graines. *Fl. ord. jaunes.*

* *Gousse sans épines.*

M. LUPULINA L. *Lupuline.* Tige couchée. Fol. obovales, en coin à la base, dentées au sommet. Stip. ovales-lancéolées, dentelées ou entières. Fl. petites, 8-12 en tête sur un long pédonc. *Gousse réniforme, 1-sperme,* striée-rugueuse, pubescente ou glabre. ① ou ②. j^{n}-sept. Lieux arides, bord des chemins et sables maritimes, où il est pubescent-blanchâtre. C. — et cult. comme fourrage dans le calc. de la *Char.-Inf.* et de la *Vend.*

M. MEDIA Pers. *M. falcata* éd. 1. Tiges anguleuses, couchées ou ascendantes, presque glabres. Fol. des feuil. sup. linéaires, en coin à la base, dentées et échancrées-mucronées au sommet. Stip. lancéolées, acuminées. Fl. nombreuses en épi court, ord. jaunes, qqf. noir-violacé ou passant du jaune au vert et au violacé ; pédic. plus longs que leur bractée. *Gousse en faucille, à un seul tour de spire,* veinée en réseau, pubescente. ♃. j^{n}-sept. Moissons, bord des rivières, lieux incultes. — CHAR-INF. *Groin-de-Loix* en *Ré* (Lemarié). — DEUX-SÈV. Env. de *Messé* (Guyon). — VEND. *Fontenay* (Letourneux), *Challans* (Gobert). — LOIRE-INF. Surtout bords sablonneux de *la Loire.* C. — IL.-ET-V. *S.-Malo.* — Cette espèce, considérée par qq. auteurs comme un hybride de *M. sativa* et *falcata* ne peut avoir cette origine, au moins dans la vallée de la Loire où le premier est rare et *M. falcata* manque tout-à-fait. Celui-ci diffère surtout de *M. media* par la fl. toujours jaune et la gousse en faux ou un peu tordue.

* M. SATIVA L. *Luzerne.* Rac. très-longue. Tiges anguleuses, dressées. Fol. des feuil. inf. obovales-

oblongues, dentées et échancrées-mucronées au sommet, celles des feuil. sup. plus étroites. Stip. ovales-lancéolées, acuminées. Fl. nombreuses, en épi oblong, violacées; pédic. plus courts que leur bractée. *Gousse à 2-3 tours* de spire, veinée en réseau, pubescente. ♃. jn-sept. Très-cult. dans les ter. calc. où il se reproduit au bord des champs.— R. en *Bretagne* dans le calc. et la région maritime.

M. MARGINATA Willd. *M. ambigua* Jord. A la fin glabre, couché. Fol. obovales-en coin, dentelées. Stip. découpées en lanières fines. Pédonc. à 1-4 fl. écartées. *Gousse orbiculaire, aplatie,* à 4-5 tours de spire lâches. ①. jn-jt. Champs et côteaux calc. — CHAR.-INF., DEUX-SÈV., VEND. C. — LOIRE-INF. Côteaux schisteux de *Juigné* près *Ancenis*; *Couëron*! (Desvaux). RR. — Dans plusieurs localités les fruits ont jusqu'à 7 millim. d'épaisseur, les tours de spire étant écartés l'un de l'autre de plus d'un millim.

M. STRIATA Bast. Tige couchée, anguleuse, velue. Fol. obovales-rhomboïdales, entières et en coin à la base, velues en dessous. Stip. à dents sétacées. Pédonc. 2-4 fl.; étendard replié. *Gousse cylindrique, tronquée à chaque extrémité, glabre, à 3-4 tours de spire épais, un peu veinés sur les bords, carénés sur le dos, nus ou bordés de chaque côté de petits points tuberculeux.* Graines jaunâtres, en croissant obtus. ①. mai-jt. Moissons, côteaux et sables des bords de la mer. AC. de *la Gironde* à *Brest*.

***Gousse épineuse.*

M. LITTORALIS Rohde. Velu. Stip. incisées-dentées. Fol. triangulaires-en cœur renversé, dentées dans le haut, plus courtes que le pédonc. à 2-4 fl. jaunes; faisceau des étam. dégagé de la carène et appliqué contre l'étendard plane dépassant la carène qui est plus longue que les ailes. *Gousse cylindrique, tronquée à chaque extrémité,* subéreuse, *non veinée, à 4 tours de spire épais*, serrés, en gouttière à la maturité entre les 2 rangs *d'épines* fortes, à base conique, *en alène, plus ou moins courbées en dehors*. Graine jaune terne, oblongue, arquée, un peu échancrée à l'ombilic. ①. jn–jt. Sables maritimes. AC. de *la Gironde* à *Noirmoutier*. — LOIRE-INF. RR. *Ste-Marie* près *Pornic* (Gadeceau).

M. MARINA L. *Tout cotonneux-blanchâtre*, couché. Rac. longue, épaisse. Fol. obovales-en coin, dentelées au sommet. Stip. ovales-lancéolées, peu dentées. Pédonc. 6–9.fl. Gousse cotonneuse, à 3 tours de spire épais, veinés, bordés de deux rangs d'épines courtes, droites. ♃. mai–jn. Sables maritimes. AC. de *la Gironde* à *Brest*.

M. GERARDI Willd. *M. villosa* DC. fl. fr. *M. cinerascens* Jord. *Pubescent*, couché. Fol. en cœur renversé, en coin à la base, dentées au sommet. Stip. à dents sétacées. Pédonc. à 1, 2 fl. jaune clair. *Gousse pubescente*, ovale, à 5 *tours de spire épais*, non veinés, bordés de 2 rangs d'épines écartées, coniques-en alène, qqf. très-courtes, un peu crochues au sommet. ①. jn–jt. Côteaux calc. — DEUX-SÈV. *Thouars* ! (Bastard), *Airvault* ! (Bonnin), *S.-Loup* ! (Guyon). — VEND. *Chaillé-les-Marais* ! (Letourneux). RR. — LOIRE-INF. Côteaux schisteux de *Juigné* à *Ancenis, Butte de Couëron*. RR. — Se trouvera ailleurs au midi de la Loire.

M. MINIMA Lam. Pubescent. Fol. obovales, un peu dentées au sommet. Stip. ovales, presq. entières. Pédonc. 3–6.fl. *Gousse ovale, petite*, à 5 tours de spire, *hérissée d'épines longues, crochues au sommet, élargies et en gouttière de chaque côté à la base*. ①. mai–jn. Lieux sablonneux et surtout sables marit. où il est souv. blanchâtre et qqf. à fol. linéaires. AC.

M. MACULATA Willd. Couché ou diffus, à poils épars, articulés. Fol. en cœur renversé, sinuées-dentelées au sommet, souv. marquées au milieu d'une tache noire. Stip. larges, profond. dentées.

Pédonc. 2-5.fl. *Gousse ovoïde*, plane et veinée à chaque extrémité, *à 3-4 tours de spire marqués sur le dos de 4 côtes et de 2 rangs d'épines réfléchies, en alène.* ①. mai.-jt. Prés, bord des champs, des chemins. C.

M. DENTICULATA Willd. Glabre, couché. Fol. presq. en cœur renversé, sinuées-dentelées au sommet. Stip. ciliées-dentées. Pédonc. 4-7.fl. *Gousse comprimée, fortement ridée en réseau, à 2-3 tours de spire bordés d'épines distiques, en alène, crochues au sommet*, égalant le diamètre transversal du fruit. ①. mai-jt. Moissons, champs en friche, surtout des bords de la mer. AC.

M. APICULATA Willd. Cultivé à côté du précéd., se maintient distinct par ses fruits plus nombreux, plus petits, noircissant davantage, à tours de spire plus épais, plus serrés, et garnis d'épines dont la longueur n'égale pas la 1/2 du diamètre transversal du fruit. Graines plus grosses, un peu plus courbées et échancrées. Mêmes lieux et aussi C.

TRIGONELLA L. Cal. en cloche, à 5 dents. Carène très-courte, obtuse ; ailes et étendard écartés, imitant une cor. à 3 pét. Ovaire droit, à style glabre. Gousse allongée, peu courbée, polysperme.

T. ORNITHOPODIOÏDES DC. *Trif. Melilotus* L. Tiges couchées en rosette. 3 fol. en cœur renversé, dentées au sommet. Stip. ovales-lancéolées, membraneuses. Pédonc. axillaires, courts ou allongés surtout dans le haut, à 1-3 fl. blanchâtres. *Gousse* à peine courbée, *dépassant peu le cal.*, très-obtuse, mucronée obliquement par le style persistant. Graines brunes, lavées de noir, lisses. ①. juin. Prés salés, pelouses rases des bords de la mer. C. de *la Gironde* à *Brest* ; puis çà et là jusqu'à la baie de *S.-Brieuc.* — R. à l'intérieur sur les pelouses sèches des ter. schisteux ou sablonneux. — DEUX-SÈV. Voir *Thouars* et *Argenton-Ch.* — VEND. *Evrunes* ! (Genevier). — LOIRE-INF. Vallée de la Loire. — Dans les prés du *bas de la Loire* la plante est dressée et haute de 20 à 25 cent.

✗. T. MONSPELIACA L. Pubescent. Tiges de 6-15 cent., couchées. 3 fol. obovales-en coin, dentées dans le haut. Stip. lancéolées. *Fl.* jaunes, petites, *en tête* sur un pédonc. axillaire, très-court, aristé. Gousse pubescente, arquée, veinée obliquement, 3-4 f. plus longue que le cal. Graines cylindriques, tuberculeuses. ①. mai-jn. Côteaux calc., champs sablonneux. — CHAR.-INF. *Fouras* ! (Faye). RR. — VEND. *Chaillé-les-Marais* (David).

✗. T. GLADIATA Stev. *T. prostrata* DC. Velu. Tiges de 5-15 cent., les latérales couchées. 3 fol. obovales-en coin, dentées dans le haut. Fl. jaune pâle, solitaires, axillaires, presque sessiles. Gousse velue, un peu courbée en forme de *sabre*, longue de 4-5 cent. dont *presque la moitié pour le bec*, marquée en long de veines anastomosées. Graines 4-7 tuberculeuses. ①. mai. — CHAR.-INF. Champ pierreux au bord de la mer; *Pointe du Chay*. RR.

MELILOTUS Tourn. *Trif. Melilotus* L. Cal. en cloche. Carène obtuse. Etam. diadelphes. Ovaire droit, à style glabre. Gousse courte, dépassant le cal. presq. indéhiscente, 1-3-sperme. *Feuil. à 3 fol. l'impaire pétiolée; fl. nombreuses, en épis axillaires, longuement pédonculés.*

M. OFFICINALIS L. Willd. *M. altissima* Thuil. *Tige robuste, dressée*, de 6-10 déc. Feuil. sup. à fol. linéaires-oblongues, en coin à la base, dentées en scie, tronquées au sommet. Fl. d'un beau jaune. *Gousse* ovale, brièvement mucronée, ridée, *pubescente, à suture sup. comprimée en carène aiguë.* ②. jt-at. Bois frais, bord des eaux. — CHAR.-INF. *Surgères* (Delalande), AC. *Dœuil* (Dussouchaud), C. *S.-J.-d'Angély* et env. (Pinatel), bords de *la Charente*.

AC. ex Faye. — DEUX-SÈV. *Niort* (A. Guillon), *Rom* (J. Richard), *la Mothe* (Sauzé), *S.-Pompain*, *S.-Loup* (Guyon). — VEND. Bois humides, AC. env. de *Luçon* (Pontarlier), c. entre *le Gué* et le bois de *Velluire* (Letourneux), c. marais de la *Bauduère* (David), *S.-Gervais* (Gobert). — LOIRE-INF. *Les Cléons*, c. *le bas de la Loire*; *Croisic* ! (Delalande). Une var. à fl. blanches a été autrefois trouvée à *Couëron* par M. Hectot. — FIN. Anse de *Goulven* (J. M. Sacher). — C.-NORD. *Lanvallay* près *Dinan* (Mabille). — IL.-ET-V. Env. de *Dol*, d'*Antrain* (Champion), *S.-Malo* (herb. Degland),

M. ARVENSIS Wall. *Tige ascendante; rameaux diffus.* Feuil. sup. à fol. ovales-lancéolées, obtuses, dentées en scie. Fl. jaune pâle; ailes dépassant la carène. *Gousse* ovale, obtuse, mucronée, *très-ridée en travers, glabre, à suture supér. en carène obtuse.* ②. jn-jt. Décombres, bord des chemins, champs des ter. calc. — CHAR.-INF., DEUX-SÈV. C. — VEND. AC. — LOIRE-INF. Lieux sablonneux; *Ancenis*, çà et là dans le *bas de la Loire*, *Croisic*, *Batz*, *Pouliguen*. R. — Apparaît çà et là en *Bretagne* dans les champs de Trèfle et les ports.

M. ALBA Desr. *M. leucantha* Koch, *M. officinalis* β. L. *Tige robuste, dressée*, de 10-16 déc. Feuil. sup. à fol. ovales-lancéolées, obtuses, dentées en scie. Etendard plus long que les ailes et la carène égales. *Fl. blanche. Gousse* ovale, obtuse, mucronée, ridée-rugueuse, *glabre, à suture sup. en carène obtuse*, 1,2. sperme. ②. jn-at. Décombres, sables. — CHAR.-INF. *La Tremblade*! (de Beaupreau), *Marennes, Royan* (Toussaints), *Ile-de-Ré* (Lemarié). — DEUX-SÈV. *S.-Loup* (Guyon), *Borcq* (Boyer), *Thouars* (Boreau). — VEND. Port des *Sables-d'Olonne* (Marichal), *Noirmoutier*. RR. — LOIRE-INF. *le Cormier* (Gobert), c. *Pouliguen* et env.; *Croisic*. R. — C.-NORD. *Caulnes* (Mabille). — IL.-ET-V. *S.-Malo* (de la Godelinais). — Tend à se répandre en suivant les routes et dans les ports.

✕. M. SULCATA Desf. Tiges dressées ou ascendantes. Fol. oblongues-lancéolées, aiguës, dentées en scie. Stip. incisées-dentées, longuement acuminées. Fl. petites d'un beau jaune, carène égalant l'étendard et dépassant les ailes. *Gousse* obovale, petite, pendante, *marquée de nervures* saillantes *concentriques*, à une semence granuleuse. ①. jn. Coteaux maritimes. — CHAR.-INF. AC. coteaux de *la Gironde*; *pointe des Minimes*, *Ile-de-Ré*. — VEND. *Gué-de-Velluire* (Letourneux). RR.

M. PARVIFLORA Desf. *Trif. M. indica* L. Tige couchée ou ascendante. Feuil. sup. à fol. allongées, en coin à la base, obtuses, dentées en scie. *Fl. très-petites, jaune pâle;* carène et ailes égales, plus courtes que l'étendard. *Gousse* petite, presque globuleuse, très-obtuse, *ridée*, glabre, à suture sup. très-obtuse, à *une semence granuleuse*. ①. jn-jt. Champs et rochers maritimes. — CHAR.-INF. AC. — VEND. C. *Sables-d'Olonne*! (Delalande), château de *Talmont* (Pontarlier, Marichal), *la Dive, Ile-d'Yeu; Notre-D.-de-Monts, Noirmoutier* (Gobert), *Bouin*. — LOIRE-INF. *Bourgneuf, Croisic, Pouliguen*. R. — MOR. Pointe de *Quiberon*, R. *Houat, Belle-Ile; Plouharnel* (Taslé), *Broël* en *Arzal* (Pontarlier). — FIN. *Penmarc'h, île Tudy* (Crouan). — C.-NORD. AC. *île Bréhat* (Debooz), *Port à la Duc* (Mabille). — IL.-ET-V. *S.-Malo* (V. Sacher).

TRIFOLIUM L. *Trèfle*. Cal. à 5 dents, persistant. Cor. marcescente. Carène obtuse, plus courte que l'étendard et les ailes. Etam. diadelp. plus ou moins soudées aux pét. Style glabre. Gousse ovale, renfermée dans le cal., presq. indéhiscente, à 1, 2 rar. 3, 4 graines. *Feuil. ternées, fl. en tête ou en épi.*

1. *Fl. jaunes*. T. campestre, procumbens, filiforme, patens.

2. *Cal. renflé en vessie*. T. resupinatum, fragiferum.

3. *Fl. en épi.* T. augustifolium, incarnatum, arvense, rubens.

4. *Cal. glabre.* T. strictum, glomeratum, repens, Michelianum.

5. *Cal. plus ou moins velu, fl. en tête.* T. suffocatum, subterraneum, arvense, ochroleucum, pratense, medium, scabrum, maritimum, stellatum, lappaceum, striatum, Bocconii.

* *Cal. glabre.*

T. STRICTUM Waldst. *Lisse;* rameaux ouverts. *Feuil. sup. à fol. linéaires-lancéolées,* dentelées en scie, les inf. à fol. oblongues. *Stip. larges,* scarieuses, dentelées au sommet. Fl. blanc-rosé, en tête globuleuse longuement pédonculée. Cal. sillonné. Gousse 2.sperme, presque saillante. ①. jn-jt. Pelouses et coteaux secs, champs en friche. — CHAR.-INF. Landes d'*Arvert* (de l'Isle). — DEUX-SÈV. *la Touche Poupart, S.-Maixent* ! (A. Guillon), *S.-Loup, Airvault, Luzay,* AC. env. de *Thouars, d'Argenton-Ch.* — VEND. *Challans, Sallertaine, Pont-Charrault, Luçon,* C. *S.-J.-d'Orbetiers* (Pontarlier, Marichal), *Mervent* (Letourneux), *Noirmoutier.* — LOIRE-INF. *Bellevue; le Loroux* (Letourneux), AC. *d'Oudon à Couffé, Ancenis, Varades, Chéméré* et bords de la mer. — MOR. *Houat, Hœdic;* AC. *Coëtsurho* en *Arzal* (Taslé). — FIN. *Raguénez* près *Pontaven;* près *Loc'h-Vic* en *Plomeur, Plovan* Crouan). — IL.-ET-V. RR. entre *St-Malo* et *Cancale.*

T. GLOMERATUM L. Glabre, couché. Fol. obovales, en coin à la base, dentelées. Stip. ovales-lancéolées. *Fl.* blanc-rosé, *en tête sessile, axillaire.* Cal. strié, à dents recourbées, plus court que la cor. Gousse 1-2.sperme. ①. mai-jn. Coteaux arides, talus des fossés, friches. AC. surtout dans le calc. et la région maritime.

T. REPENS L. *Tige rampante.* Fol. obovales-en cœur, dentelées en scie. Stip. scarieuses, acuminées. *Fl. blanches, en tête* globuleuse, *serrée,* longuement pédonculée. Dents du cal. inégales, tachées de brun sous les sinus. Gousse à 4 graines. ♃. mai–sept. Prés, chemins. CC.

T. MICHELIANUM Savi. *Tige* faible, *ascendante, creuse,* striée. Fol. obovales, échancrées au sommet, sinuées-dentelées. Stip. ovales–triangulaires, foliacées. *Fl. blanc sale, en tête lâche.* Dents du cal. inégales, beaucoup plus courtes que la cor. Pédic. longs, réfléchis à la maturité. Gousse obovale, oblique, pédicellée, à 2 graines. ①. mai–jn. Prés salés et bords de la mer. — CHAR.-INF. *Cadeuil, Moëze* et prob. ailleurs. — VEND. *Champ-S.-Père, Moricq, Layroux, Challans, Sallertaine, Chaillé,* marais de *Luçon*! (Pontarlier, Marichal), *Gué de Velluire, Fontenay* (Letourneux). — LOIRE-INF. C. prés de *la Loire* (où il se répand de plus en plus), surtout ceux de *Paimbœuf à S.-Brevin;* çà et là prés des bords de la mer. — MOR. Marais de *Pénestin;* C. autour de *Redon* (Moreau), *Muzillac,* RR. *Belle-Ile*! (Taslé). — FIN. *Lampaul-Ploud.* (Crouan).

Obs. T. elegans Savi, a été trouvé par M. Taslé sur les coteaux schist. de *S.-Jacut* (Mor.), où il le croit spontané; on le distinguera des deux précéd. par la tige ni creuse, ni radicante; par les fol. obov., très-nervées, finement dentelées, les stip. ov.-lancéolées, acuminées, les *fl. roses* pédicellées, en tête serrée sur un pédonc. beaucoup plus long que la feuil. ♃.

** *Cal. plus ou moins velu.*

T. SUFFOCATUM L. Plante ramassée en petite touffe. Feuil. longuement pétiolées; fol. en cœur renversé, dentelées au sommet. *Fl. très-petites,* blanches, *en têtes globuleuses,* serrées, axillaires, *rapprochées près de la rac. sur la tige et la cachant presque.* Cal. lâchement velu sur le tube, à dents recourbées plus longues que la cor. Gousse à 2 graines ①. mai–jn. Pelouses rases des coteaux maritimes. C. de *S.-J.-d'Orbetiers* (Vend.) à *Brest*; çà et là, mais moins c. sur la côte nord de la *Bretagne*, où je l'ai vu en plusieurs endroits avec *Trigonella ornithopodioides*. — R. à l'intérieur. — CHAR.-INF. Sables de *Cadeuil*. — DEUX-SÈV. *Thouars* (Revelière), voir *Argenton-Ch.* — VEND. *La Couture* (Pontarlier), *Evrunes*! (Genevier). — LOIRE-INF. AC. pelouses et coteaux arides, de *Nantes à Ingrandes*, *Candé*. — Difficile à apercevoir, surtout dans les années sèches.

T. SUBTERRANEUM L. Couché, velu. Fol. en cœur large, renversé. Stip. larges, scarieuses. *Fl.* blanches, 2-4 en tête, réfléchies après la fécondation et *recouvertes par de nouvelles fl. stériles formant une boule presq. épineuse qui finit par s'enfoncer dans la terre*. Cal. renflé à la maturité, à 1 grosse graine noire. ①. mai-jn. Pelouses, chemins, prés sablonn. CC.

T. ANGUSTIFOLIUM L. Dressé, raide, velu surtout sur les stip. et les cal. *Fol. et stip. linéaires, étroites*. Fl. roses, en épi cylindrique, terminal. Cal. à dents inégales, l'inf. égalant à peu près la cor. ①. jn-jt. Coteaux, lieux arides. — CHAR.-INF. AC. — DEUX-SÈV. *S.-Martin-de-Sanzay* (Brottier), *Thouars*! (Bastard), *Airvault* et env.! (Bonnin), *Louin* (Guyon), *S.-Maixent*! *la Mothe* (Sauzé, Maillard), *Niort* (A. Guillon). — VEND. Plaine et région maritime. AC. — LOIRE-INF. Vignes, coteaux arides des bords de la mer. *Pornic*, *S.-Michel*, AC. sur les hauteurs depuis *Cavareau*, *S.-Sébastien* jusqu'à *Escoublac et Careil*; *Mesquer*, *pointe de Pennebé*; RR. à l'intérieur, *la Tremblaie près la Limouzinière*; *Clisson* (Delalande). — MOR. AC. *de Pénestin à Vieille-Roche*, *Belle-Ile*; *Sarzeau* (Taslé), *Coëtsurho* (Pontarlier). — FIN. Coteaux de *Morgat*! (Bonnemaison), baie d'Audierne, près *Loc'h-Vic* en *Plomeur* (de Crec'hquérault). RR. — C.-NORD. *Binic*, *Plérin*, *S.-Jacut* (Baron). — IL.-ET-V. *Paramé* (Mabille). RR.

✕. T. RUBENS L. Glabre. Tiges de 3-5 déc. dressées, presque simples. *Fol. oblongues-lancéolées, coriaces, à nervures et dentelures nombreuses.* Stip. moyennes lancéolées, acuminées. Fl. rouges en épi cylindrique-oblong, terminal. Cal. à dents longuement ciliées, très-inégales; l'inf. plus longue que le tube glabre, à 20 stries. ♃. j^n–j^t. Champs, friches des terr. calc.—CHAR.-INF. AC., R. dans le midi.—DEUX-SÈV. AC. —Schistes d'*Argenton-Ch.*—VEND. C. plaine et bois de *Mareuil*, de *Luçon* et env. *Champ-S.-Père*, *Bazoges* (Pontarlier, Marichal), *Fontenay* (Letourneux), *Benet* (Pontdevic), R. *Noirmoutier* (Gobert).

T. INCARNATUM L. Dressé, velu. *Fol. obovales ou arrondies*, très-obtuses. Stip. ovales, un peu aiguës. *Fl.* rouge foncé, *en épi cylindrique*, pédonculé. Cal. strié, très-velu, à dents égales, ouvertes, plus courtes que la cor. ①. Cult. en prairies artificielles, surtout dans le calc. sous le nom de *trèfle incarnat* ou *far-ouch*.

β. *T. Molinerii* Balbis. Fl. blanchâtres, roses en vieillissant. ①. mai-j^n. Prés.—CHAR.-INF. C. terrain de lande de *Mortagne* à *Montlieu*; C. *Mornac* (Rouffineau), *Rochefort* (Letourneux).—DEUX-SÈV. *Niort* (A. Guillon), *S.-Loup* ! (Guyon), CC. *Thouars* ! (Genuer). —VEND. *Challans* (Gobert), AC. *Mortagne* ! *Evrunes*, *S.-Hilaire* (Genevier). —LOIRE-INF. C. surtout *Vallée de Loire*. — MOR. *Redon*, *Vannes*, *Auray*, *Belle-Ile*, région maritime. R.

T. ARVENSE L. Dressé ou diffus, velu. Fol. linéaires-oblongues, à qq. dents au sommet. Stip. infér. longuement acuminées. *Fl.* blanchâtres, *en épi très-velu, mou, presque cylindrique. Cal. à dents* égales, linéaires-en alène, *plumeuses*, dépassant la cor. dont l'étendard dépasse les ailes plus longues que la carène. ①. j^n–a^t. Champs cult. friches. C.

β. *T. gracile* Thuil. Mêmes caract. mais plus grêle, moins velu, *qqf. tout-à-fait glabre;* fol. plus étroites; cal. moins velu à dents rougeâtres, pédonc. filiforme. Champs sablonneux. — CHAR.-INF. *Montlieu*, etc. — DEUX-SÈV. *Thouars* (Devielbanc). — VEND. *Ile-d'Yeu*. — LOIRE-INF. *Ste-Marie* près *Pornic* (Ledantec).

γ. *T. arenivagum* Jord, *v. gracile* flore Loire-Inf. Caract. du type, mais grêle, rameaux étalés ; cal. moins velu, plus coloré ; pédonc. filiforme ; cal. à dents égalant env. le tube ainsi que la cor. Sables maritimes. AC. jusqu'à *la Vilaine*, puis R. çà et là jusqu'à *Brest*.—qqf. sables de *la Loire*.

δ. *v. perpusillum* DC., *v. littorale* Bréb. Ray syn. 14 f. 2. Caract. du type ; très-velu ; rameaux nombreux, courts, étalés ; fl. en têtes nombreuses, ovales ; cal. égalant env. la cor. Rochers maritimes élevés. AC. de *l'Ile-d'Yeu* à *Brest*.

T. OCHROLEUCUM L. Ascendant, velu. Fol. elliptiques-oblongues. Partie libre des stip. lancéolée-en alêne, striée, ciliée. *Fl. jaunâtres*, en tête arrondie, puis allongée, plus ou moins éloignée des 2 feuil. sup. opposées. Cal. strié, à dents ciliées, l'inf. une fois plus longue. ♃. jn-jt. Prés secs, bord des bois.—CHAR.-INF. C.—DEUX-SÈV., VEND., LOIRE-INF. AC.—MOR. Embouchure de *la Vilaine* ! (Taslé, Pontarlier). R.—IL.-ET-V. *Rennes*.

T. PRATENSE L. Tige ascendante. Fol. ovales, celles des feuil. inf. échancrées. *Stip. ovales*, velues, *terminées par une arête poilue au sommet*. Fl. rouges, en tête d'abord globuleuse, puis ovale, entourée à la base ou près de la base de 2 feuil. opposées. Cal. strié à dents filiformes, ciliées, l'inf. plus longue, mais beaucoup plus courte que la cor. ♃. mai-sept. Prés, bord des chemins. C. et cult. en prairies artificielles, sous le nom de *trèfle*.

T. MEDIUM L. Tige ascendante, flexueuse. Feuil. oblongues, veinées, velues en-dessous, ciliées, à peine dentelées. *Stip. linéaires-lancéolées, long. acuminées, non aristées*. Fl. rouges, en grosse tête globuleuse, pédonculée. Cal. strié, à dents filiformes, ciliées, l'inf. plus longue mais beaucoup plus courte que la cor. ♃ jn-jt. Bois, prés secs. — Char.-Inf. *Le Pin* (Mme George), rc. *Dœuil* (Dussouchaud), *forêt de Benon*; *Beauvais* (Savatier), *le Colombier* près *Nancras*. RR.—Forêt de *Jarnac-Charente*.—Deux-Sèv. *La Mothe*! (Sauzé, Maillard), *Lezay* (Roufflneau). — Vend. *Pont-Charrault* (Marichal). RR. — Loire-Inf. Prés *des Mottais* à *Chéméré*! (Le Boterf), *Boischaudeau* sur la Sanguèze, *les Cléons*, forêt d'*Ancenis* (de l'Isle). RR.—C.-Nord. c. Bois de *la Rouvrage* et à la Chesnaye dans la forêt de *Coëtquen* (Mabille).

T. maritimum Huds. *T. irregulare* DC. Dressé ou étalé, velu. Fol. ovales-oblongues. Stip. lancéolées-linéaires, velues. Fl. d'un blanc de chair, en tête ovale, assez longuement pédonculée à la maturité. *Cal.* sillonné, *à dents foliacées, étalées à la maturité, l'infér. plus grande à 3 nervures.* ①. mai-jn. Prés, surtout ceux des bords de la mer. — Char.-Inf., Vend. et Loire-Inf. C.—Deux-Sèv. *Niort* (A. Guillon), env. de *Dœuil*; *Bougon* (Sauzé), *Thouars*! et embouchure de l'*Argenton* (Revelière).—Graduellement moins c. de *la Vilaine* à *Brest*. — Ar. sur la côte du Nord.—Il.-et-V. *Rennes* et env. R.

✕. T. stellatum L. Tout couvert de poils mous étalés. Ascendant. Fol. en cœur renversé, à base en coin. Stip. grandes, ovales, obtuses, dentées, veinées. Fl. d'un blanc de chair rosé, en tête globuleuse long. pédonculée. Cal. à 10 stries, tube fermé à la gorge par des poils cotonneux, *dents* lancéolées-acuminées, égales, glabres en dedans, à 3 nerv. et veinées en réseau, *à la fin étalées en grande étoile.* ①. jn. M. Lemarié a découvert cette espèce méridionale sur un talus herbeux, au *Groin de Loix* dans *l'île de Ré* (Char.-Inf.).

✕. T. lappaceum L. Tiges couchées. Fol. obovales-en coin. Stip. lancéolées-acuminées, ciliées. Fl. blanc rosé en tête *globuleuse* ord. pédonculée. Cal. à 20 stries, glabre en dehors; *dents* presque égales, ciliées, à 5 *stries*. ①. jn. Champs cult., bord des champs, des chemins. — CHAR.-INF. *Montlieu* (de Meschinet), entre *Royan* et *S.-Palais*, *Fouras*, *Angoulin*, *Benon*. —DEUX-SÈV. *La Crignolée* ! près *Dœuil* (Dussouchaud).—VEND. Château de *Tiffauges* (Hubert). RR.

T. SCABRUM L. Couché, couvert de poils couchés. Fol. obovales, dentelées. Stip. ovales, acuminées. Fl. blanc-rosé, en têtes latérales et terminales, feuillées. *Cal.* strié, *à dents lancéolées, recourbées-raides à la maturité*, plus longues que la cor. ①. jn-jt. Coteaux arides, friches, surtout des bords de la mer. AC.

T. STRIATUM L. Plus ou moins velu. Fol. obovales ou obovales-en coin, dentelées, celles des feuil. inf. souv. échancrées. *Stip. ovales, acuminées, membraneuses, veinées*. Fl. blanc-rosé, en têtes feuillées à la base, terminant les tiges et les petits rameaux. *Cal. ovale-ventru*, strié, très-velu, *resserré au-dessous des dents courtes*, en alène, droites. *Graine brune*. ①. mai-jt. Pelouses, coteaux arides, bord des chemins. C. — Qqf. les têtes de fl. sont géminées; craignez alors de le confondre avec le suiv.

T. BOCCONII Savi, *T. collinum* Bast. Tige de 8-12 cent. mollement pubescente, simple ou à rameaux simples partant de la rac. *Fol. oblongues-en coin*, très-obtuses et dentelées au sommet. *Stip. en alène*. Fl. blanches, serrées, en têtes oblongues, géminées, terminales, feuillées, panachées par les dents brunes, inégales, en alène du cal. strié. *Graine jaune pâle*, 3-4 *f. plus petite que dans le précéd*. ①. jn-jt. Coteaux arides, champs en friche. — CHAR.-INF. *Fouras*. — DEUX-SÈV. *Thouars* ! (Bastard), Pont-Février près *Argenton-Ch*. —VEND. *Pont-Charrault*, *S.-Jean-d'Orbetiers* (Marichal, Pontarlier), *Mervent* au moulin Gourdin (Letourneux). R. — LOIRE-INF. *Pornic*, *Chéméré*, *Arthon*. RR. — MOR. *Coëtsurho* en *Arzal* (Taslé). RR.

T. resupinatum L. Tige ascendante, striée, glabre. Fol ovales, dentées en scie. Fl. roses, en tête hémisphérique, axillaire. Dents du cal. en fl. lancéolées, les 2 supér. plus longues, linéaires, en alêne. *Cal. fructifère* ovale, *renflé en vessie* membraneuse, veinée en réseau, terminée par les 2 dents sup. du cal., les 3 autres ne prenant pas d'accroissement. *Cor. renversée.* ①. mai-jn. Prés salés ; pelouses des bords de la mer, où il est couché et gazonnant. — Char.-Inf., Vend., Loire-Inf. C. — Env. de *Niort* (Bonneau), *Melle* (A. Guillon), *Mauzé* (Sauzé), env. de *Dœuil* ! — pc. en *Mor.*, puis graduellement R. en *Fin.* — Çà et là dans l'intérieur au midi de la Loire, sur le bord des routes et dans qq. prés.

T. fragiferum L. *Tiges rampantes*, gazonnantes. Feuil. ovales, dentelées. Fl. d'un rose clair, en tête ovale. Cal. en fl. glabre en dessous, à dents presq. égales. *Cal. fructifères renflés en vessie membraneuse*, ridée en réseau, très-velue, colorée, *formant une tête globuleuse qui imite une fraise.* ♃. jn-sept. Bord des chemins, pelouses, prés secs, C. — AC. au nord de la *Loire-Inf.*

Obs. On pourrait trouver dans le midi de la *Char.-Inf.* *T. Perreymondii* Grenier, T. minutum Coss. qui croît dans les lieux herbeux à la *Teste de Buch.* Voici ses caractères : glabre ; fol. obovales, marquées de veines et de dents cuspidées nombreuses ; partie libre des stip. en alêne ; *fl. très-petites,* nombreuses, *en tête globuleuse* presque sessile ou à pédonc. bien plus court que le pétiole, à la fin réfléchies ; pédic. égalant le tube du cal. obconique à 10 stries, garni de poils épars ; dents sup. un peu plus longues, arquées en dehors ; étendard strié, échancré au sommet. — « Port de *T. procumbens*, fl. rosées (Grenier). » — Vu sec.

*** *Fleurs jaunes.*

T. campestre Schreb., *T. procumbens* majus

Koch, *T. proc.* β. fl. Loire-Inf. *T. agrarium* S. Wil. Tige dressée à rameaux nombreux, diffus, pubescents. Fol. obovales, en coin à la base, dentelées et échancrées au sommet, la terminale pétiolulée. Stip. ovales, aiguës. Fl. jaune pâle 30-40 en tête ovale, serrée, sur un pédonc. égalant souv. la feuil. *Etendard étalé*, courbé en cuiller au sommet, *fortement strié*. ①. mai-sept. Lieux incultes, bord des chemins. AC,

β. *T. pseudo-procumbens* Gmel., *T. procumbens* α. fl. Loire-Inf., *T. procumbens* minus Koch. Tiges souvent couchées, fl. d'un jaune plus pâle 15-20 en tête plus petite, sur un pédonc. souv. 1 f. plus long que la feuil. C.

T. FILIFORME L. sp. Smith, S. Willem. *T. micranthum* Viv., Ray syn. T. 14 f. 4. Tige grêle, ord. couchée. Fol. ovales, en coin à la base, dentelées et échancrées au sommet, toutes sessiles. Stip. ovales, aiguës, non dilatées à la base. *Pédonc.* capillaire, *flexueux*, plus long que la feuil. à 2-6 fl. lâches. *Etendard plié, non strié*, à la fin blanchâtre. ①. mai-sept. Prés, pelouses rases. C.

T. MINUS Smith, *T. procumbens* L., S. Wil., *T. filiforme* Koch, *T. filiforme* majus fl. Loire-Inf. Moins grêle que le précéd. dont il diffère par la fol terminale *pétiolulée*, les stip. élargies à la base en dehors, les *pédonc. raides, droits*, à 15-25 fl. imbriquées, jaunes, à la fin brun clair, étendard plié, presque lisse. ①. mai-sept. Mêmes lieux que le précéd., auquel il est souv. mêlé. C.

T. PATENS Schreb. *T. parisiense* DC. Tige ascendante, faible, peu rameuse. Fol. ovales-oblongues, la sup. pétiolulée. Stip. larges, les sup. à oreillettes embrassantes. Pédonc. à 10-18 *fl. jaune d'or*, en tête lâche. Etendard étalé, strié. *Style égalant la gousse*. ①. mai-jn. Prés. — CHAR.-INF. C — DEUX-SÈV., VEND., LOIRE-INF. AC. — MOR. *Plouharnel, Etel* (Le Gall), *Arradon, Bonervaux* en *Theix*

(Taslé). RR. — Fin. *Plomeur, Locquirec* (Crouan). — C.-Nord. *Cesson*, vallée de l'Urne en *Plédran* (Baron), *S.-Cast; Dahouet*, vallées aux Moines et du S.-Esprit près *Dinan*, c. à *S.-Juvat* (Mabille). — Il.-et-V. Env. de *Pontorson*; qq. prés des env. de *Rennes* ! (Le Gall).

DORYCNIUM Tourn. Cal. presq. à 2 lèv. à 5 lobes, les 2 sup. un peu plus larges. Ailes soudées au sommet et renflées de chaque côté en une bosse. Carène obtuse. Etam. diadelph. Style glabre. Gousse dépassant le cal., renflée; graines peu nombreuses. *Stip. semblables aux fol.*

Ӿ. D. suffruticosum Vil. Tiges sous-ligneuses, en buisson de 3-5 déc., jeunes rameaux glauques et couverts ainsi que les feuil. de poils soyeux, couchés en haut. Fol. linéaires-lancéolées, rétrécies à la base, un peu en gouttière. Fl. blanches en têtes longuement pédonculées terminant les rameaux. Carène courbée en angle droit, pourpre foncé, étendard redressé. Gousse ovoïde, ord. à une graine jaune-verdâtre marbrée de pourpre. Jn. Coteaux calc. — Char.-Inf. c. coteaux de *la Gironde, Meux, Bonnefond* près *Archiac; Ste-l'Heurine*; env. de *Pons* ! (Delalande); *Sonnac, Siecq* (Savatier). — Deux-Sèv. *Loubillé* (Jousse).

LOTUS L. Cal. à 5 dents ou lobes presque égaux. Ailes conniventes en dessus; carène ascendante, terminée en bec. Etam. diadelp. Style en alêne. Gousse polysperme, à 2 valves se roulant en spirale, linéaire, droite, acuminée. *Feuil. ternées à stip. semblables aux fol.*

L. corniculatus L. Glabre ou à poils étalés, épars. Tiges anguleuses, couchées ou tombantes. Fol. obovales ou oblongues (épaisses au bord de la mer). Pédonc. longs, à 4-6 fl. jaunes, en tête. *Dents du cal. droites avant l'anthèse. Etendard arrondi. Carène courbée presque en angle droit*, saillante en dessous ; ailes obovales. ♃. j^n–sept. Prés, pâturages, bord des chemins, des champs.

L. TENUIFOLIUS Pol. Caract. du précéd. ; fol. linéaires-lancéolées; ailes de la cor. obovales-oblongues. ♃. j^n–sept. Lieux humides de la région maritime. AC. — PC. en *Bretagne*. — R. à l'intérieur.

L. ULIGINOSUS Schk. *L. major* Smith. Tiges faibles, dressées, allongées, creuses, ord. velues. Fol. obovales. Pédonc. longs, à 10–12 fl. jaunes, en tête. *Dents du cal. étalées-recourbées avant l'anthèse. Etendard à limbe ovale. Carène courbée en angle très-obtus*, étroite, atténuée en bec au sommet, ord. cachée par les ailes. Gousse plus grêle que dans le précéd. ♃. j^t.–sept. Fossés, haies fraîches, prés marécageux. C.

L. ANGUSTISSIMUS L. *L. diffusus* Smith. Plante hérissée de poils mous ; rameaux nombreux, couchés. Fol. ovales-lancéolées. Pédonc. à 1,2 fl. jaune foncé, égalant les feuil. ou 1–2 f. plus longs. *Etendard à limbe plus large que long, ne dépassant pas les ailes. Carène courbée en angle droit, saillante au sommet et par l'angle.* Gousse grêle, linéaire, comprimée, 4–5 f. plus longue que le cal. ①. mai-j^t. Coteaux arides, pelouses, chemins C.

β. *glaber*. Tout-à-fait glabre. Mêmes lieux. AC.

L. HISPIDUS Lois. Plante hérissée de poils blancs, mous, étalés ; rameaux nombreux, couchés. Fol. ovales-oblongues. Pédonc. à 2,3 fl. jaune foncé, 2-3 f. plus long que les feuil. *Etendard à limbe ovale, dépassant les ailes et la carène. Carène courbée en angle très-obtus, entièrement dégagée des ailes.* Gousse cylindrique, 1 fois seulement plus longue que le cal. ①. j^n–j^t. Coteaux arides, bords des chemins, terres en friche, surtout du littoral. AC.

TETRAGONOLOBUS Scop. Caract. du *Lotus*. Gousse bordée de 4 ailes foliacées.

X. T. SILIQUOSUS Roth, *Lotus* L. Velu, couché. Souche épaisse. 3 fol. obovales-en coin; stip. ovales. Fl. jaune pâle. Pédonc. 1-2 f. plus long que la feuil. Ailes 4 f. plus étroites que le diamètre de la gousse. ♃. mai-j^t. Prés et lieux humides des ter. calc. — CHAR.-INF. *S.-Georges-de-Didonne*, c. Lèdes de la *Gironde* à la *Tremblade*; *Fouras*, *le Chay*, *Surgères*, *Macqueville*; Pays-bas de *Matha*, *S.-Georges-d'Oleron* (Savatier), AC. *Dœuil* ! (Dussouchaud), env. de *S.-J.-d'Angély*, c. *Fontenet*, *Ebéon*, *les Eglises-d'Argenteuil* (Pinatel). — DEUX-SÈV. *Brioux* (Vernial), *Prahecq* (Maillard), *Chizé* (A. Guillon). c. *Mauzé* (J. Richard), *Thouars* (Lebrun), AR. *S.-Jouin* (Brottier).

c. *Feuil digitées ou ailées avec impaire.*

LUPINUS L. Cal. à 2 lèv. Etam. monadelp. Anthères alternativement arrondies et allongées. Style ascendant, en alène. Stigm. en tête. Gousse oblongue, comprimée, coriace, bosselée obliquement, polysperme. *Feuil. digitées.*

L. RETICULATUS Desv. *L. linifolius* Boreau, fl. Loire-Inf. *L. angustifolius* Pesn. Guépin. Rac. pivotante. Tige de 3-4 déc. rameuse, pubescente. Feuil. à 5 ou 7 fol. linéaires, en gouttière et glabres en dessus, couvertes en dessous de poils couchés. Fl. bleu pâle en épi long, terminal. Cal. à lèv. sup. bifide, l'inf. 1 f. plus longue, à 2,3 dents ou cils à peine distincts, muni de trois bractées, dont 2 latérales, et la 3e placée à la base, caduque, égalant la lèv. inf. Gousse droite, velue, à 5,6 graines longues d'env. 5 millim. occupant 2/3 de la largeur de la gousse, orbiculaires, aplaties, grises, marbrées de noir (à la loupe, blanches, tachées de veines et de points noirs). ①. mai. Champs calc. sablonneux en friche. — CHAR.-INF. R. *Montendre*; *Montlieu* ! (de Meschinet), *la Tremblade*; *Oleron* (Delalande), R. *Ré* (de la Pylaie). — DEUX-SÈV. *Les Aubiers* (Gabard). — VEND. Pointe du *Perray* (Pontarlier), RR. *Noirmoutier*. RR. — LOIRE-INF. *Chéméré*, *Fresnay*, *Machecoul*, dans qq. champs seulement, où il est rare ou commun, selon qu'ils sont cultivés ou en friche, pointe de *Chemoulin*. R. — MOR. RR. *Hœdic*; RR. *Houat* ! (Delalande). RR.

ANTHYLLIS L. Cal. ventru, à 5 dents. Pét. presq. égaux. Etam. monad. Gousse renfermée dans le cal.

A. VULNERARIA L. Couché, pubescent. Feuil. ailées, les rad. à fol. impaire très-grande. Fl. jaune pâle ou jaunes passant quelquefois au rouge, en têtes géminées, terminales, entourées de bractées digitées. Cal. oblique à la gorge, à dents très-inégales, les 2 sup. ovales. Gousse 1-sperme, pédicellée dans le cal. ♃. j^n–j^t. Champs pierreux, coteaux, taillis du calc. — CHAR.-INF. C. — DEUX-SÈV., VEND. AC. — LOIRE-INF. *Arthon*, *Machecoul*. R. — Rochers, coteaux et sables marit. MOR. *Erdeven* (Le Gall), *Belle-Ile*, *Pointe du Talu*. RR. — FIN. Près de *Raguénez* ; *Plovan*, *Crozon*, *Kelern*, env. de *Brest* ! *le Conquet* ! *Guisseny*, etc. (Crouan). PC. — C.-NORD. et IL.-ET-V. AC. et C. par localités jusqu'à *Cancale*.

β. *rubriflora*, *A. Dillenii* Schultes, Boreau. Fl. toujours rouges. — CHAR.-INF., DEUX-SÈV. Mêmes lieux. R.

ASTRAGALUS L. Cal. à 5 dents. Carène obtuse, mutique. Gousse polysperme à 2 loges qqf. incomplètes, formées par le repli de la suture infér.

X. A. PURPUREUS Lam. dict. 1, 314. Vert-grisâtre. Souche épaisse, profonde, à rameaux nombreux garnis de racines. Tiges couchées, couvertes de poils blancs ainsi que les feuil. à 19-29 fol. elliptiques, échancrées au sommet. Stip. opposées aux feuil., soudées jusqu'à la moitié. *Fl.* d'un *beau pourpre* en épi court, ovale, serré, sur un pédonc. plus court ou plus long que la feuil. Cal. couvert de poils noirs ainsi que les bractées et le haut des pédonc., à dents linéaires, les 2 stip. plus courtes. Etendard à limbe oblong, dépassant les ailes de la moitié de la longueur de celles-ci. Gousse ovale-triquètre, marquée sur le dos d'un sillon profond, couverte de longs poils blancs. Graines rougeâtres. ♃. mai-jn. Lieux pierreux calc., surtout au bord des bois. — CHAR.-INF. *Le Pin* ! (Mme George), AC. *Dœuil* ! (Dussouchaud), *Courçon*, *la Rochelle* (de Beaupreau), bord des forêts d'*Aulnay* et de *Benon*; *Beauvais* (Savatier), *S.-J.-d'Angély*, *Siecq*, *Macqueville*, *Archiac*. R. — DEUX-SÈV. *Loubillé* (Jousse), *Prahecq* (Maillard), *Paizay* (Vernial), forêt de *Chizé* ! (A. Guillon), *Mauzé* (J. Richard), *Niort* (Segretain). — VEND. RR. *Ile d'Elle* (Letourneux). RR.

A. BAYONENSIS Lois. Tomenteux-*blanchâtre*. Souche rampante. Tiges couchées à la base. 11-17 fol. oblongues, un peu en gouttière. Stip. longuement soudées, opposées aux feuil. Fl. 4-6 sur un pédonc. égalant env. la feuil. Cal. tubuleux, couvert de poils noirs, à dents courtes, triangulaires. Ailes et milieu de l'étendard blancs, carène et étendard bleu pâle. *Gousse oblongue-trigone*, en gouttière sur le côte extér., 1 fois plus longue que le cal. Graines jaunâtres. ♃. jn-jt. Sables maritimes. — CHAR.-INF. De *S.-Palais* à *la Tremblade*; *Oleron* ! (Bonpland), c. là, du canal de *S.-Georges* à *Fort-Boyard*. — FIN. RR. dunes d'*Audierne* (de Guernisac), *Beuzec*, *Tréguennec*, *Plomeur*, jetée de *Plovan* (Crouan). R.

✗. A. HAMOSUS L. Plante couverte de poils couchés, blanchâtres. 15-21 fol. oblongues, échancrées, glabres en dessus. Fl. 5-10 jaune pâle en tête ovale sur un long pédonc. plus court que la feuil. *Gousse* cylindracée, en alêne au sommet, pendante, *recourbée en hameçon*, marquée sur le dos d'un sillon peu profond, d'abord pubescente. Graines comprimées, inégalement carrées, lisses, olivâtres. ①. mai-jn. Lieux sablonneux, coteaux calc. exposés au midi. — CHAR.-INF. *Fouras* ! (Faye). RR. — VEND. RR. *Chaillé-les-Marais* ! (Genevier), *Gué-de-Velluire* (Letourneux). RR.

A. GLYCYPHYLLOS L. Tiges de 6-10 déc. faibles, couchées ou ascendantes. 11-13 fol. ovales. *Fl. jaune-verdâtre* en épi court ; pédonc. axillaire beaucoup plus court que la feuil. Gousse glabre, linéaire, aiguë, triquètre, marquée sur le dos d'un sillon profond, arquée, dressée. ♃. jt-at. Bois et haies des ter. calc. — CHAR.-INF. *Beauvais* (Savatier), *Loulay*, *Dœuil* ! (Dussouchaud), env. de *S.-J.-d'Angély* (Pinatel), *Virson* (Faye), *Siecq*, *la Grâce-Dieu* près *Courçon* ; *Surgères* (Delalande), *Saintes* (Brunaud). — DEUX-SÈV. *Forêt d'Aulnay* (A. Guillon), R. *Loubillé* (Jousse), *Thouars* (Genuer), *Brion* (Pellier), R. *S.-Jouin*, plus C. *Airvault* ! (Brottier), *S.-Loup* ; *Luzay* (J. Richard). — VEND. C. Forêt de *Ste-Gemme*! (Mlle Poey Davant), env. de *Chavagnes* (Gourraud), bois de *Barbetorte*, *Bessay* (Pontarlier), *S.-Pierre-le-Vieux* (Letourneux). — LOIRE-INF. *Rougé* (Desaintdo), *Couffé* (Moreau). — IL.-ET-V. *La Chaussairie* et *Matival* près *Rennes*. RR.

✕. A. MONSPESSULANUS L. *Tige sous-ligneuse* à rameaux couchés, couverts du débris des anciennes feuil. 21-31 fol. ovales, un peu glauques. Stip. soudées au pétiole. *Fl. purpurines* en épi court sur un pédonc. plus long que la feuil. Gousse cylindracée, linéaire, arquée, ascendante, d'abord pubescente. ♃. mai-jn. Pelouses des coteaux calc. — CHAR.-INF. AC. — DEUX-SÈV. *Chizé* (A. Guillon), *Thouars* (Toussaints), RR. *S.-Jouin* (Brottier), *Marnes*, *Availles* ! (Bonnin), RR. *Maisoncelle*, *Thorigné* en *Avon* (Guyon), *Niort*, *Oyron* (J. Richard). — VEND. *France* près *Mouzeuil* ! (Mlle Poey Davant), *Ile-d'Elle* ! (Letourneux), *Chaillé-les-Marais*. RR.

Obs. Scorpiurus subvillosa L. Annuel, à feuil. lancéolées-spatulées plus courtes que le pédonc à 2-4 fl. jaunes ; cal. court, en cloche, à 5 dents dont les 2 sup. soudées au-dessus du milieu ; carène atténuée en bec ; filets des plus longues étam. dilatées au sommet ; gousse cylindrique, articulée, diversement enroulée, à env. 12 côtes hérissées en dehors de longues épines souv. crochues au sommet. — En août 1848, M. Delalande avait vu deux pieds de cette plante méridionale sur la grande route de *S.-Denis* (Oleron) ; elle a été revue, fin juin 1855, au Labeur en *S.-Georges-d'Oleron*, sur des carrières et friches avec *Trixago bicolor*, par M. Savatier qui l'y croit bien spontanée ; déjà elle avait été signalée depuis longtemps dans l'île par Bonpland.

CORONILLA L. Cal. court en cloche, presq. à deux lèv., à 5 dents, les 2 sup. soudées au-dessus du milieu. Carène acuminée en bec. Gousse allongée, droite ou arquée, cylindrique ou anguleuse, contractée transversalement en articles 1-spermes.

♁. C. MINIMA L. *Tige sous-ligneuse*, rameaux nombreux, couchés. 7-9 fol. petites, ovales, glauques, épaisses, glabres. Stip. scarieuses, soudées en une opposée à la feuil. *Fl.* 7-10 *jaunes* en tête sur un pédonc. très-long. Cal. à lèv. sup. plus longue, plus court que l'onglet des pét. et égalant le pédic. un peu rude. Gousse tétragone. Mai-j[t]. Pelouses sèches, bord des bois et coteaux calc. — CHAR.-INF., DEUX-SÈV. C. par localités.

♁. C. SCORPIOÏDES Koch, *Ornithopus* L. Tige de 15-30 cent. rameaux divariqués. *Trois folioles* glauques, épaisses, les latérales obliques, en forme d'oreillettes, la terminale ovale, très-grande. Stip. petites, scarieuses, soudées en une bifide opposée à la feuil. Pédonc. axillaire à 2-4 fl. jaunes. Gousse tétragone, arquée, striée. ①. mai-j[n]. Champs, moissons du calc. — CHAR.-INF., DEUX-SÈV. AC. — VEND. AC. *Fontenay* (Letourneux), *Bessay, Chaillé*! *Ste-Gemme* (Pontarlier, *Corps* (Genevier).

♁. C. VARIA L. Rac. rampante. Tiges de 4-6 déc. tombantes, diffuses. 17-21 *folioles* oblongues. Stip.

petites, lancéolées, libres. Fl. 10-15 en tête sur un pédonc. axillaire, plus long que la feuil.; étendard rose, ailes blanches, carène blanche, violette au sommet. Gousse tétragone. ♃. jn-jt. Champs calc. —Char.-Inf., Deux-Sèv., Vend. C.

ORNITHOPUS L. Cal. tubuleux, à 5 dents presque égales. Etam. diadelp. Carène obtuse. Gousse linéaire, acuminée, se séparant en articles 1-spermes, indéhiscents. *Feuil. ailées avec impaire; fl. en tête sur un pédonc. axillaire.*

* *Fl. entourées d'une bractée semblable aux feuil.*

O. perpusillus L. *Pied d'oiseau.* Pubescent, couché. Pédonc. à 3-4 fl. très-petites. *Cal. à dents env. 3 f. plus courtes que le tube.* Etendard blanc, strié de rose, ailes blanches, carène jaunâtre. *Gousse arquée,* pubescente, rar. glabre, striée-ridée, à bec droit; articles rétrécis aux deux bouts. ①. mai-sept. Pelouses, terres arides. CC.

O. roseus Dufour. Pubescent, couché ou redressé. Pédonc. à 3,4 *fl. roses* (ailes qqf. blanches); beaucoup plus grandes que dans le précéd. *Cal. à dents égalant le tube. Gousse droite,* glabre, très-striée-ridée, *à bec droit;* articles rétrécis aux deux bouts. ①. mai-jt. Lieux sablonneux. — Char.-Inf. r. *Montendre, Montlieu.*—Deux-Sèv. *Châtillon*! près *Parthenay* (Janneau).— Vend. c. *Challans*! et env. (Pontarlier, Marichal), *le Tanchet* près *Château-d'Olonne* (Bonnaud). — Loire-Inf. c. *Chéméré, Arthon,* de *Fresnay à Machecoul,* env. de *S.-Nazaire.*— Mor. *Le Val* en *S.-Perreux* (Taslé).

O. compressus L. Velu-blanchâtre, couché ou redressé. Pédonc. à 3, 4 *fl. jaunes.* Cal. à dents égalant la 1/2 du tube. *Gousse arquée,* pubescente, rar. glabre, très-striée-ridée, à *bec robuste, crochu;* articles non rétrécis aux deux bouts. ①. jn-jt. Champs sablonneux ou graveleux surtout des terr. calc.— Char.-Inf. c. de *Montendre* à *Montlieu,* bois sur les sables depuis *Berjat* sur la Gironde jusqu'à *la Tremblade, Oleron, Fouras, Cadeuil.* — DEUX-SÈV. *Chiché, Naides* près *S.-Loup* (Guyon), R. *S.-Jouin* (Brottier), *Biard* en *Glenay* (Bonnin), *Thouars* (Bastard), *Sanzay, Brion* (Lunet), *Nueil sous les Aubiers, Bressuire* (Genevier). — VEND. *Girouard, S.-Gilles, Château d'Olonne, Challans*! et env. (Pontarlier, Marichal), *île d'Yeu*.—LOIRE-INF. *Bellevue, le Breuil* (de l'Isle), C. *Chémeré, Arthon, de Machecoul à Frésnay, de S.-Brevin à la rivière de Boivre.* — MOR. *Houat.* RR.

** *Fl. sans bractées foliacées.*

O. EBRACTEATUS DC. *Arthrolobium* Desv. Tiges grêles, couchées ou redressées, presque glabres. 4 paires de fol., la paire inf. éloignée de la tige. Bractées et stip. petites, membraneuses. Pédonc. à 1-3 fl. jaunes. Cal. à dents env. 4 f. plus courtes que le tube cylindrique. Gousse arquée, glabre, non striée; articles non rétrécis aux deux bouts. ①. jn-jt. Moissons et terres en friche surtout dans les lieux sablonneux. — CHAR.-INF. R. *Montendre; la Tremblade*, bois d'*Avail à Oléron*. R. — DEUX-SÈV. *Brion* (Lunet).—AC. région maritime de la *Vendée* à *la Vilaine*, puis graduellement moins C. jusqu'à *Brest*.—R. sur la côte du Nord. *Iles Bréhat* (Debooz). —R. à l'intérieur: LOIRE-INF. *Le Loroux, le Breuil* (de l'Isle), côtés N. et E. du lac de *Grand-Lieu, Machecoul, S.-Et.-de-Mont-Luc.*

HIPPOCREPIS L. Cal. court, en cloche, à 5 dents inégales. Etendard à onglet saillant; carène atténuée en bec. Gousse comprimée, arquée, sinuée, à échancrures en forme de fer à cheval.

X. H. COMOSA L. Tiges nombreuses, couchées. Feuil. ailées à 6-8 paires de fol. lancéolées-linéaires. Fl. jaunes, 6-8 en ombelle, sur un pédonc. axillaire, plus long que la feuille. ♃. mai-jn. Lieux arides des ter. calc.—CHAR.-INF., DEUX-SÈV., VEND. C. — LOIRE-INF. C. *Machecoul, Arthon.* R.

ONOBRYCHIS L. Cal. à 5 div. presq. égales. Carène tronquée obliquement, dépassant les ailes. Etam. diadelp. Gousse comprimée, 1.loc. 1.sperme, indéhiscente, ridée en fossettes, à suture sup. droite, l'inf. courbée, souv. épineuse ou dentée.

✕. O. sativa L. Tiges ascendantes. Fol. nombreuses, pubescentes ou glabres. Stip. soudées en une seule bifide opposée à la feuil. Fl. rosées, striées, en épis longuement pédonculés ; carène courbée en angle arrondi. Dents du cal. en alêne, les deux latérales appliquées, les 3 inf. étalées. Gousse pubescente, épineuse ; épines de la crête plus courtes qu'elle. ♃. mai-jn.—Çà et là coteaux et bord des chemins du calc. dans *Char.-Inf.*, *Deux-Sèv.*, *Vend.* où il est très-cult. sous le nom de *sainfoin*.

d. *Feuil. ailées sans impaire.*

VICIA L. Cal. à 5 dents ou à 5 lobes. Etam. diadelp. filets en alêne. Style filiforme, barbu sous le sommet du côté infér. glabre du reste ou entouré de poils courts. Gousse comprimée, polysperme. *Feuil. ailées sans impaire, terminées en vrille simple ou rameuse.*

* *Fl. longuement pédonculées.*

V. Cracca L. Tige grimpante, faible, anguleuse. Env. 10 paires de fol. lancéolées-linéaires ou linéaires, obtuses ou aiguës, mucronées, pubescentes à poils couchés. Vrille rameuse. Stip. en demi fer de flèche. *Fl.* bleues, *nombreuses*, serrées, en épi. Pédonc. axillaire, ord. plus long que la feuil. Cal. à dents sup. courtes, triangulaires. *Lame de l'étendard égalant l'onglet. Gousse longue* de 20-23 *mil., large de* 4-5, sur un support non saillant hors du cal. Hile 4 f. plus court que le contour de la graine. ♃. jn-at. Haies et prés frais. C.

V. tenuifolia Roth. Port de *V. Cracca*, mais distinct par la lame de l'étendard 1 fois plus longue que l'onglet, par la gousse un peu plus large, plus rétrécie à la base surtout dans sa jeunesse. ♃. j^n–j^t. Haies, buissons, bois, champs, dans le calc. — CHAR.-INF., DEUX-SÈV., VEND. AC.

V. VARIA Host, *V. villosa* var. *glabrescens* Koch. Tige grimpante, faible, anguleuse, 6–7 paires de fol. lancéolées, mucronées, veinées, parsemées de poils couchés. Vrille rameuse. Stip. en demi-fer de flèche. *Fl. nombreuses,* en épi, violettes; ailes plus pâles ou blanches. Pédonc. axillaire, ord. plus long que la feuil. *Cal. bossu à la base,* à dents sup. courtes. *Lame de l'étendard une fois plus courte que l'onglet. Gousse* oblongue-rhomboïdale, *longue de 24–26 mil., large de* 8–9. Hile 8 f. plus court que le contour de la graine. ①. j^t–a^t. Champs, moissons du calc. — CHAR.-INF., DEUX-SÈV., VEND. C. — LOIRE-INF. Apparaît accident. autour de Nantes. — Fl. 1/2 plus longues que dans les précéd., en épi moins serré.

** *Fl. courtement pédonculées.*

✠. V. SERRATIFOLIA Jacq. Tige robuste de 3-8 déc. tétragone, striée. Feuil. moyennes et sup. à 6 fol. ovales, tronquées, dentées, entières à la base. Stip. réniformes, incisées-dentées. Pédonc. presque sessile à 1–4 fl. pourpre foncé terne, plus foncé au sommet des ailes. *Gousse* oblongue-lancéolée, glabre et veinée sur les faces, *couverte sur les sutures de tubercules* en forme de dents, terminés par un poil. Graines noirâtres, arrondies, légèrement chagrinées; hile oblong. ①. j^n–j^t. Bois du calc. — *Garenne d'Estrade* dans la Charente sur la limite de *Char.-Inf.* — DEUX-SÈV. *S.-Jouin* (Brottier), *Montreuil-Bellay, Puy-Notre-Dame* en M.-et-Loire (Chédeau). — VEND. *Forêt de Ste-Gemme!* (Mlle Poey Davant), bois de *Bessay* (Pontarlier), *Passy en Dissay* (Lepeltier). RR. — *V. Narbonensis* a les fol. entières ou à peu près et le fruit couvert sur les faces de poils bulbeux à la base.

Obs. V. Faba L. *Fève* est cult. en grand, surtout dans les terres salées au midi de la Loire.

✕. V. BITHYNICA L. *Port d'un Lathyrus.* Tige anguleuse de 6-10 déc., à qq. poils. 2-4 fol. oblongues ou lancéolées, mucronées. Vrille rameuse. Stip. en demi-fer de flèche, larges, à grosses dents inégales. Pédonc. à 1, 2 fl., étendard violacé, ailes blanches. Cal. à dents presq. égales, de la longueur du tube. Gousse velue. Graines arrondies, noirâtres, marbrées, lisses. ① ou ②? mai-jn. Moissons, bord des champs calc. — CHAR.-INF. De *S.-Romain* à *S.-Seurin, Royan; Mornac* (Rouffineau), *Oleron* (de l'Isle). PC. — VEND. R. *Champ-S.-Père*, C. tout *le Marais de Luçon* (Pontarlier, Marichal), *Vix* (Ayraud), *Chaillé-les-M.* (Letourneux). R. — MOR. RR. *Belle-Ile* (Arrondeau).

V. SEPIUM L. Tige grimpante, anguleuse. 5, 6 paires de fol. ovales, tronquées ou échancrées, mucronées. Stip. souv. tachées, à oreillettes dentées. *Pédonc. très-court, à 3-5 fl. violet sale*, rar. blanches ou jaunâtres. Cal. à dents inégales, brusquement en alêne, les deux sup. conniventes. Gousse en sabre, glabre. ♃. mai-jn. Haies, buissons. C.

V. LUTEA L. Tige couchée, anguleuse. 5, 6 paires de folioles lancéolées-linéaires, mucronées, velues. Stip. tachées, à qq. dents. Fl. jaune pâle ou blanches, solitaires, presque sessiles. Etendard glabre. Dents sup. du cal. plus courtes, conniventes. *Gousse hérissée de poils bulbeux à la base.* ①. mai-jt. Bord des chemins, buissons, moissons. C.

V. ANGUSTIFOLIA Roth. *Grand Jerżeau.* Tige faible, couchée ou redressée, anguleuse. 6-8 paires de fol. obovales ou obovales-oblongues, échancrées et mucronées au sommet, les sup. qqf. lancéolées ou lancéolées-linéaires, aiguës, mucronées. Stip. fortement dentées, (avec ou sans tache.) *Pédonc.* très-courts à 1-3 *fl.* violacées, rouges ou rosées. Dents du cal. égalant environ le tube. *Gousse linéaire*, pubescente, à la fin glabre, ord. noire à la maturité. Graines gobuleuses. ①. mai-jt. Moissons, coteaux, buissons, haies. CC. — Cette plante variable offre les formes principales suiv.

α. *V. segetalis* Thuil. Fol. des feuil. sup. oblongues, tronquées avec un mucron; gousse linéaire, comprimée, dressée, fendant le cal.

β. *V. Bobartii* Forst. Fol. des feuil. sup. linéaires, entières et aiguës ; fl. rouges ; gousse ascendante ou étalée ne fendant pas le cal.

γ. *V. uncinata* Desv. Grêle ; fol. des feuil. sup. très-étroites, tronquées avec un mucron ; stip. en trapèze à dents fortes et crochues ; fl. rouges ; gousse grêle, cylindracée.

V. SATIVA L. Très-cult. comme fourrage sous les noms de *Garrobe*, *Jarosse*, *Charance* ; a les fol. toutes larges, échancrées-rétuses, l'étendard violet, les ailes rougeâtres, et diffère surtout du précéd. par la gousse bosselée, pubescente, roussâtre, à graines gobuleuses, un peu comprimées. ①.

✕. V. PEREGRINA L. Pubescent. Tiges grêles, anguleuses. 8-12 paires de fol. linéaires, tronquées, mucronées. Stip. à 2 lobes linéaires, entiers. Vrille rameuse. Pédonc. très-court à 1 fl. violet terne foncé. Cal. en cloche, à dents sup. courbées en dehors. *Gousse oblongue*, pubescente, à la fin pendante. ①. juin. — CHAR.-INF. *Talmont*, *Meschers*, *Veaux* près *Royan* (de l'Isle). — DEUX-SÈV. *Prahecq* (Maillard). — VEND. RR. *Grange* près *Fontenay* (Letourneux).

V. LATHYROÏDES L. Petite plante grêle, couchée. Feuil. infér. à 2 ou 4 fol. en cœur renversé, les supér. à 4 ou 6 fol. lancéolées. Vrille simple. *Fl. petites, bleuâtres, solitaires, sessiles.* Gousse linéaire.

Graines cubiques, ponctuées-tuberculeuses. ①. av.-mai. Pelouses sablonneuses. AC. région maritime de *la Gironde à la Vilaine.* — Mor. *Groix* (Le Gall), *Séné, Arradon, île de Boët,* anse de *Pénerf* (Taslé). R. — Fin. *Ile Penfret Glénans ; Argenton* (Crouan). — Côt.-Nord. r. coteaux de *Gouédic* (Baron), *Dahouet, S.-Jacut, Dinard, Paramé* près *S.-Malo* (Mabille). — A l'intérieur : Deux-Sèv. *Thouars* (Lunet).

ERVUM L. Caractères du *Vicia.* Style également velu tout autour au sommet.

E. hirsutum L. Tige grêle, grimpante. 12-16 fol. linéaires, tronquées ou échancrées-mucronées. Vrille rameuse. Stip. découpées. Pédonc. plus court que la feuil. ou l'égalant, à 2-5 fl. blanc-bleuâtre. *Dents du cal. égales,* de la longueur du tube. *Gousse* oblongue, bosselée, *velue, à 2 graines* arrondies, olivâtres, tachées de pourpre ; hile linéaire. ①. mai-jt. Prés, moissons, champs cultivés. CC. — Vulg. *Jerzeau,* ainsi que les 3 suiv.

E. Terronii Ten. *E. Loiseleurii* Hohenack. unio itin. 1036 ! non Bieb. *V. hirsuta* var. ? Lloyd, notes p. 12. Voisin du précéd., fol. plus grandes, les premières très-rapprochées de la tige. Stip., excepté les inf., linéaires, entières, horizontales. Gousse glabre, plus grosse, bosselée, à 2 graines plus grosses, brunâtres, tachées de noir ; hile occupant presque toute la longueur du long côté de la graine, tandis que dans le précéd. il en égale seulement 2/3. — Char.-Inf. Bois de *la Grâce-Dieu* près *Courçon.*

E. tetraspermum L. Tige grêle, grimpante, glabre. Ord. 8 fol. linéaires, mucronées. Vrille simple ou rameuse. Stip. en demi-fer de flèche. Pédonc. capillaire plus court que la feuil. à 1-3 fl. blanc-bleuâtre ; étendard rayé de violet. Dents du cal. inégales, plus courtes que le tube. *Gousse oblongue, glabre,* ord. à 4 graines arrondies, brunâtres, tachées de noir ; *hile linéaire,* égalant le 1/5 du contour de la graine. ①. j^n-j^t. Prés, moissons, haies. C.

E. GRACILE DC. *Vicia* Lois. Tige grêle, grimpante, anguleuse. Ord. 8 fol. linéaires, mucronées. Vrille ord. simple. *Pédonc.* filiforme *plus long que la feuil.* à 1-4 fl. bleuâtres, plus grandes que dans le préc. Dents du cal. inégales, plus courtes que le tube. *Gousse linéaire*, glabre, à env. 6 graines arrondies, brunâtres, tachées de noir; *hile ovale.* ①. jn-jt. Moissons, prés du calc. — CHAR.-INF. AC. — DEUX-SÈV. *Chizé* (A. Guillon), *Niort* (Segretain), *Pamproux*, PC. *Bougon* (Sauzé), *Thouars* (Bastard), *S.-Jouin* (Brottier), etc. — VEND. AC. le calc. (Pontarlier, Marichal). — LOIRE-INF. *Machecoul*; *Chéméré* (de l'Isle), *les Cléons* (Pesneau). R. — FIN. R. (Crouan).

✕. E. ERVILIA L. *Vicia* Willd. *Tige dressée*, anguleuse, 20-26 fol. linéaires-oblongues, échancrées, mucronées. Vrille presque nulle. Pédonc. aristé, plus court que la feuil. à 2-4 fl. blanches, veinées de violet. Cal. à dents égales. *Gousse bosselée-noueuse*, glabre, à 3-4 graines arrondies-anguleuses; hile ovale. ①. jn-jt. Moissons du calc. — DEUX-SÈV. *Thouars* (Bastard), C. *S.-Jouin* (Brottier), *Bougon* (Sauzé).

✕. E. CASSUBICUM Peterm. *Vicia* L. Un peu velu. *Rac. rampante.* Tige de 4-8 déc. anguleuse. *Feuil. distiques, fol.* nombreuses, oblongues, obtuses, mucronées, *veinées*; vrille courte, 2-3-fide. Stip. en demi-fer de flèche, entières. Fl. nombreuses, en épi sur un pédonc. plus court que la feuil.; étendard violacé, ailes plus pâles, carène blanchâtre. Gousse presque rhomboïdale, à 2 grosses graines. ♃. jn-jt. Bois, haies du calc. — VEND. C. forêt de *Ste-Gemme!* (Mlle Poev. Davant), *Bessay* (Pontarlier). R. — *Lusignan* (Vienne), *Brézé* en Maine-et-L. (Revelière).

PISUM L. *Pois*. Cal. à 5 lobes foliacés, les 2 sup.

plus courts. Style plié en dessous en carène, barbu en dessus. *Stip. foliacées, plus grandes que les fol.*

P. ARVENSE L. Tige grêle, flexueuse. 2 ou 4 fol. ovales, crénelées. Pédonc. ord. court, à 1 ou 2 fl. blanc-bleuâtre, ailes rouge-noirâtre. *Graines lisses, gris-verdâtre, marbrées de brun-clair, fortement comprimées de chaque côté, anguleuses.* Hile ovale, env. 10 f. plus court que le contour de la graine. ①. jn-jt. Moissons du calc. — CHAR.-INF. Çà et là. PC. — DEUX-SÈV. C. *la Mothe* (Sauzé, Maillard), *Lezay* (Rouffineau), *Exoudun, Rom* (Guyon), *la Crignolée* près *Dœuil*. — VEND. Çà et là, AC. (Letourneux, Pontarlier). — FIN. *Camfrout* (Crouan).

P. TUFFETII Lesson flore Rochefortine, p. 170. *P. granulatum* Lloyd fl. Loire-Inf. Port du suiv. Tige robuste, grimpante, flexueuse, striée. 4 ou 6 fol. ovales, peu ou point crénelées-dentées, mucronées. Pédonc. 1-2 f. plus long que les stip., à 1 plus rar. 2 fl. grandes, roses, ailes rouge-noirâtre. *Graines globuleuses, brunes (à la loupe, grises, marbrées de brun foncé), finement granuleuses*, séparées par une cloison de poils. Hile oblong, 6 f. plus court que le contour de la graine. ①. av.-mai. — CHAR.-INF. Bois de *Chartres* (Lépine). RR. — DEUX-SÈV. Bois du château de *S.-Pompain* (Guyon). — VEND. *Château-Guibert*, R. *forêt de Ste-Gemme* (Lepeltier). — LOIRE-INF. Buissons des rochers de *Mauves*. RR.

Obs. P. sativum L. *Petits pois.* Tige robuste, grimpante. 6 fol. Pédonc. court, à 1 ou plusieurs fl. blanches. *Graines globuleuses, lisses, de couleur uniforme*, jaune-pâle ou gris-verdâtre. *Hile oblong* env. 10 f. plus court que le contour de la graine. ①. Cult. partout. — *P. elatius* Boreau flore, an Bieb? *P. elatum* DC. prod., port de *P. sativum*, fl. rougeâtres, graines brun-noirâtre, lisses, est cultivé dans la région maritime, surtout dans le nord de la *Bretagne*, où on le rencontre aussi dans les moissons; il ne faut pas le confondre avec *P. Tuffetii*, plante de buissons, de bois.

LATHYRUS L. Caractères du *Vicia*. Style plane et velu en dessus au sommet.

* *Pédoncules à 1-3 fleurs.*

L. Aphaca L. Glauque. Tige faible. Pétioles filiformes, terminés en vrille, sans feuille. *Stip. très-grandes, foliacées, à 2 oreillettes à la base.* Pédonc. long, à 1 fl. jaune. Gousse brune, en sabre. Graines noires, luisantes. ①. jn-jt. Moissons. AC. — Plus c. dans le calc. — Varie rar. à vrille terminée par une foliole linéaire-lancéolée. — Deux-Sèv. *Bougon* (Sauzé). — Mor. *Port-Louis* (Thépault).

L. Nissolia L. Tige élancée, de 4-6 déc. *Pétiole lancéolé-linéaire, imitant une feuille.* Stip. très-petites. Pédonc. à 1,2 fl. rouges. Gousse linéaire, veinée en long. Graines ponctuées-rudes. ①. jn-jt. Moissons, bord des haies, buissons. PC. — Plus c. en *Bretagne.*

L. sphæricus Retz. Tige anguleuse, triquètre au sommet. 2 fol. lancéolées-linéaires, à 5 nervures; vrille simple. Stip. linéaires, en demi-fer de flèche. Pédonc. aristé, ord. plus long que le pétiole, à 1, 2 *fl. rouge vif.* Ovaire glabre. *Gousse linéaire, presque bosselée, très-veinée en long.* Graines globuleuses, tronquées à chaque extrémité, lisses. ①. jn-jt. Moissons maritimes et des ter. calc. — Char.-Inf. PC. — Deux-Sèv. *S.-Maixent, Melle, Niort* (A. Guillon), *Ste-Sabine, S.-Pompain* (Guyon), *Thouars* ! (Lunet), *Puy-N.-Dame* en Maine-et-L. (Revelière). — Vend. AC. *Plaine* (Pontarlier, Marichal). — Loire-Inf. *Machecoul, Arthon*, AC. sur la côte du Nord, R. sur l'autre. — Mor. *Sarzeau* ! *Vannes* (Taslé), *Plouhineo* (Toussaints), *Hœdic, Houat, Belle-Ile.* R. — Fin. *Tréguennec, Plovan* (Crouan).

Obs. L. Cicera L. Tige anguleuse à 2 ailes. 2 fol. linéaires-lancéolées. Stip. en demi-fer de flèche. *Fl. rouge* solitaire sur un pédonc. plus court que la feuil. Gousse oblongue, comprimée, à suture sup. droite, en gouttière. Graines anguleuses, lisses, sans tache, rougeâtres. ①. mai-jn. Cult. en grand, ainsi que le suiv., et çà et là sous-spontané dans les calc. de la *Char.-Inf.*, des *Deux-Sèv.* et de la *Vend.* — *L. sativus* L. Voisin du précéd. Tige à 2 angles, à 2 ailes. 2 fol. linéaires-lancéolées; Stip. en demi-fer de flèche. Fl. blanche, qqf. bleuâtre ou rosée, solitaire, sur un pédonc. plus court que la feuil. Gousse elliptiq.-oblongue comprimée, à *suture sup. courbée, à 2 ailes*. Graines anguleuses, lisses, tachées, grisâtres. ①.

L. ANGULATUS L. Tige grêle, triquètre. 2 fol. linéaires; vrille simple. Pétioles plus courts que les stip. lancéolées, en fer de flèche, à une dent dans le sinus. *Fl. bleuâtre, solitaire*. Pédonc. ord. plus long que le pétiole, terminé en arête assez longue. *Gousse linéaire*, glabre, *non veinée*. *Graines cubiques, ponctuées-rudes*. ①. mai-jn. Moissons et terres sablonneuses. — AC. région maritime jusqu'à *la Vilaine*. — R. à l'intérieur : — CHAR.-INF. *Montendre* et env. — DEUX-SÈV. *Parthenay* (Janneau), *Chiché* (Guyon), *St-Loup, Thouars*. — MOR. *Vannes*, *Arradon* (Taslé). RR.

L. HIRSUTUS L. *Tige* tombante, *hérissée, à 2 ailes foliacées*. 2 fol. linéaires-oblongues, obtuses, mucronées; vrille rameuse. Pédonc. plus long que la feuil. à 1 qqf. 2 fl. bleuâtres. Gousse allongée, couverte de poils bulbeux à la base. Graines ponctuées-rudes. ②. jn-jt. Moissons. AC. jusqu'à *la Vilaine*; plus c. dans le calc. — MOR. *Vannes, Sarzeau* ! (Taslé), « *Séné, Arradon, Baden, Quiberon* (Arrondeau cat.) » *Houat, Belle-Ile*. — IL.-ET-VIL. *S.-Grégoire* près *Rennes* (Letourneux). RR.

* *Pédoncules à 4-10 fleurs.*

X. L. TUBEROSUS L. *Rac. garnies de tubercules* aplatis. Tige anguleuse, faible, grimpante. 2 fol. oblongues, mucronées; vrille rameuse. Stip. en demi-fer de flèche. Fl. 2-5 rose vif, sur un long pédonc. dépassant la feuil. Gousse renflée, bosselée, rétrécie à la base, marquée sur les faces de veines obliques anastomosées, et sur le dos de 3 côtes peu saillantes. Graines lisses. ♃. jn-jt. Champs calc. — CHAR.-INF. *S.-Laurent-de-la-Prée*! (Hubert), *la Rochelle*. — DEUX-SÈV. Env. de *S.-Maixent* (A. Guillon). — VEND. Marais de *Vix* (Letourneux); *Dissay* près *Mainclay* (Lepeltier). RR.

L. PRATENSIS L. Tiges tombantes, anguleuses ainsi que les pétioles et les pédonc. 2 fol. lancéolées; vrille rameuse. Stip. lancéolées, en fer de flèche, foliacées. Pédonc. plus long que la feuil. à 8–10 *fl. jaunes*. Gousse en sabre, obliquement veinée, pubescente. Graines globuleuses, marbrées, lisses. ♃. jn-jt. Prés, haies. C.

L. SYLVESTRIS L. Tiges grimpantes, de 1–3 mèt., à 2 ailes foliacées. 2 fol. lancéolées; vrille rameuse. Stip. lancéolées, en demi-fer de flèche. Pédonc. plus long que la feuil. à 4–6 *fl. rose sale mêlé de vert*. Gousse allongée, veinée en réseau, glabre. Graines marbrées, à panachures en relief. Hile entourant presque la moitié de la graine. ♃. jn-jt. Buissons, haies. — CHAR.-INF. *Semussac* (Toussaints), *S.-Pierre-d'Oleron* (Savatier), R. *Saintes* (Brunaud), *Benon*. — DEUX-SÈV. *S.-Maixent* (A. Guillon), *la Mothe* (Maillard), *Parthenay* (Janneau), *S.-Loup*, AC. env. d'*Airvault*! (Bonnin), *Thouars*! (Genuer). — VEND. AC. (Pontarlier, Marichal). — LOIRE-INF. Vignes et buissons de *Mauves à Oudon* et à *Couffé*, *Languin*, *la Morinière*, les *Cléons* (Bornigal). PC. — MOR. *Sarzeau*! *Plœren* (Arrondeau). PC. — FIN. *Locquirec*, *Goulven* (Crouan). — C.-NORD. *S.-Michel-en-Grève*, coteaux de *Tréveneuc* (Baron), *S.-Juvat* (Mabille).

✕. L. LATIFOLIUS L. Belle plante plus robuste que la précéd. dont elle diffère par les fl. grandes, d'un beau rose pur et par le hile égalant à peine 1/3 de la graine dont les rugosités sont plus en relief. ♃. jn-jt. Taillis, buissons, souv. vignes. —

CHAR.-INF. AC. — DEUX-SÈV. *Niort*, *Paizay* (A. Guillon), *S.-Eanne* (Guyon), *la Mothe* (Sauzé), *Airvault* (Bonnin). — VEND. AC. le calc. (Pontarlier, Marichal, Letourneux).

L. PALUSTRIS L. Glabre, grimpant. Rac. profonde. Tiges à 2 ailes foliacées. 2-3 paires de fol. ovales-lancéolées ou lancéolées, mucronées; vrille rameuse. Pédonc. plus long que la feuil. à 3-4 *fl. bleuâtres*. Gousse allongée, glabre. Graines lisses. ♃. mai-jn. Prés marécageux. — CHAR.-INF. *Les Gonds* près *Saintes* (A. Guillon). R. — DEUX-SÈV. Marais de *Coulon* (A. Guillon), de *Bessines* près *Niort* (Sauzé). R. — VEND. *Fontaines*; *Luçon* (Lepeltier). RR. — LOIRE-INF. *Les Cléons*, *Haute-Goulaine*; marais de *Quiheix*! (Letourneux) et répandu v.-à-v. dans la plaine de *Mazerolles*; marais de *Vue* (Gobert).

OROBUS L. Caract. du *Lathyrus*. *Feuil. ailées sans impaire; pétiole terminé en pointe courte.*

O. TUBEROSUS L. *Rac.* rampante, renflée aux nœuds en *tubercules arrondis*. Tige ailée ainsi que les pétioles. 2, 3 paires de fol. ovales-lancéolées, qqf. ovales. Stip. en demi-fer de flèche. Pédonc. plus long que la feuil. à 3, 4 *fl. rouge-violacé*. Gousse mûre noire, allongée. ♃. av.-mai. Bois. C. — Une var. *O. tenuifolius* Roth, à fol. linéaires, très-étroites, croît à la forêt de l'*Hermitain* dans les *Deux-Sèv.* (Sauzé, Maillard).

O. ALBUS L. *Rac. à tubercules linéaires-en fuseau, fasciculés*. Tige anguleuse, d'env. 4 déc. 2-3 paires de fol. linéaires, un peu glanduleuses; pétiole ailé. Stip. en demi-fer de flèche. Pédonc. 2 f. plus long que la feuil. à 5-8 *fl. blanc-jaunâtre*. Gousse linéaire. Graines ovales, tronquées à chaque extrémité, lisses. ♃. mai-jn. Prés. — CHAR.-INF. *Surgères*, *Benon*, *Loulay*, c. *Dœuil*; bords de *la Boutonne*, de *Siecq* à *Cognac*, *Saintes*, *Nancras*, etc. — DEUX-SÈV. *Niort* et env.! *Chizé*! (A. Guillon), c. *la Mothe* (Maillard); *Messé* (Guyon), *S.-Jouin* (Janneau), bord de la *Dive* (Brottier). — VEND. *S.-Pierre-le-Vieux*, *Ste-Christine* (Letourneux), *Pierre-Levée* près *les Sables* (Pontdevie), *Commequiers* (Gobert). PC. — LOIRE-INF. c. entre *Ancenis*, *Ligné*, *S.-Mars-la-Jaille* et *Ingrande*.

X. O. NIGER L. Tige rameuse, anguleuse, de 4-6 déc. 6-10 fol. ovales ou elliptiques, glauques en-dessous. Stip. lancéolées-en alène, en demi-fer de flèche. Pédonc. à 4-10 fl. violacées, plus long que la feuil. *Style* linéaire, *barbu dans sa moitié sup.* Gousse allongée. ♃. jn-jt. Bois du calc. — CHAR-INF. AC. — DEUX-SÈV. Forêt de *Chizé*! (A. Guillon), tous les bois des env. de *la Mothe*! (Sauzé, Maillard), *S.-Loup* (Bonnin), *S.-Gelais* (Guyon), *Ste-Soline*, *Féaule* près *Thouars* (Lunet). — VEND. c. forêt de *Ste-Gemme*! Letourneux), et autres bois des env. de *Luçon*, *Pont-Charrault*, *Château-d'Olonne* (Pontarlier, Marichal), *Mervent* (Letourneux). — Noircit par la dessiccation.

ROSACÉES.

Cal. à 5 qqf. 4-10 lobes, libre ou adhérent à l'ovaire. Cor. à 5 rar. 4 pét. Etam. nombreuses, insérées sur le cal. avec la cor. Ovaires 1-loc. à styles simples, souv. latéraux. Carp. 1 2-spermes, tantôt solitaires par avortement, tantôt soudés entre eux ou renfermés dans le tube du cal. imitant un seul ovaire. Fruit en forme de caps., de baie, de drupe ou de pomme. *Feuil. alternes, stipulées.*

A. *AMYGDALÉES. Ovaire 1 libre, à 2 ovules, style 1; fruit charnu, à noyau 1-2-sperme.*

PRUNUS L. Cal. en cloche, à 5 dents. Pét. 5. Etam. 20-30. Drupe charnue, à noyau lisse ou sillonné, 1-sperme.

* *Fruit couvert d'une poussière glauque, jeunes feuil. enroulées par les bords.* (Pruniers.)

P. SPINOSA L. Arbrisseau à rameaux plus ou moins divariqués et épineux, les plus jeunes pubescents. *Feuil.* très-variables ovales-ou obovales-lancéolées, oblongues, qqf. lancéolées ou ovales-arrondies, plus ou moins dentées en scie, *à la fin glabres. Pédonc. glabres*, solitaires, à 1 fl. blanche naissant ord. avant les feuil. Fruit bleuâtre, globuleux, ord. dressé. Av. Haies, bois. CC.

β. *pubescens*. Mêmes formes de feuil. à pubescence plus abondante surtout en-dessous, persistante, pédonc. pubescent ou pubérulent. PC.

P. FRUTICANS Reich. Arbrisseau élevé à rameaux peu épineux, les plus jeunes pubescents. *Feuil.* obovales-oblongues, dentées en scie, *velues en dessous, surtout sur les nervures. Pédonc.* géminés ou solitaires, *glabres*, à une fl. blanche, naissant ord. en même temps que les feuil. *Fruit* globuleux, dressé, *moitié plus gros que dans le précéd.* Av. Haies. Çà et là. PC. — Les deux espèces précéd. portent les noms de *Prunellier*, *Epine noire*, *Ebaupin noir*.

Obs. Un arbrisseau *(P. ligerina)* voisin du précéd. est répandu dans la vallée de la Loire, du *Pellerin* à *Paimbœuf*; il est plus robuste, à rameaux moins nombreux, bois gris, brun sur qq. jeunes pousses; feuil. ovales, grandes (du *P. domestica)* crénelées-dentées, à nervures saillantes; pédonc. glabre, dirigé en tous sens; fl. grande, fruit gros du suiv.

P. INSITITIA L. Arbrisseau élevé à *rameaux* tortueux, peu épineux, *les plus jeunes veloutés-grisâtres*. Feuil. ovales-elliptiques, dentées en scie, *velues en dessous, surtout sur les nervures. Pédonc.* ord. géminés, *finement pubescents*, à 1 fl. blanche. *Fruit* (vulg. Belosses) *globuleux*, penché, gros. Av. Haies. Çà et là. PC.

P. DOMESTICA L. Arbrisseau élevé ou arbre à rameaux non épineux, les plus jeunes glabres. Feuil. elliptiques, dentées en scie, un peu velues en dessous. *Pédonc.* solitaires ou géminés, *pubescents. Fruit oblong.* Av. Cult. et çà et là sous-spontané dans les haies.

Obs. Les espèces précéd., surtout les deux premières, sont moins des plantes distinctes que des réunions de formes qu'il est fort difficile de bien circonscrire en les séparant. Dans ce but, j'ai fait qq. essais trop incomplets pour être publiés et pour me permettre d'utiliser aujourd'hui ceux qui m'ont été communiqués.

** *Fruit sans poussière glauque; jeunes feuil. pliées dans leur longueur.* (Cerisiers.)

P. AVIUM L. *Cerasus* DC. *Guignier, Merisier.* Arbre élevé, a écorce grisâtre, lisse. *Feuil.* elliptiques, acuminées, *un peu pubescentes en dessous.* Pétiole muni au sommet de 2 glandes. Fl. blanches en faisceaux sessiles, sortant de bourgeons à *écailles non foliacées.* Fruit petit, à la fin noir. Av. Bois, haies. AC.

P. CERASUS L. Arbre à rac. traçante. *Feuil.* elliptiques, acuminées, à 1, 2 glandes à la base et non sur le pétiole, *glabres, luisantes.* Fl. blanches, en faisceaux sessiles, sortant de bourgeons *à écailles intérieures foliacées.* Fruit rouge, acide. Av. Bois, haies. Çà et là. PC.

✗. P. MAHALEB L. *Cerasus* Mil. Arbrisseau qqf. assez élevé à bois odorant. Feuil. ovales-arrondies, un peu en cœur à la base, acuminées, obtuses, à dents arquées et calleuses-glanduleuses au sommet. *Fl. odorantes en petits corymbes simples, dressés.* Fruits petits, ovoïdes, noirs. Av.-mai. Haies du calc. — CHAR.-INF. AC. *Beauvais-sur-Matha* ! et communes environnantes ! (Savatier); et de là jusqu'à *Cognac; Surgères* (de l'Isle), R. *Montlieu* (Dussouchaud).

B. *SPIRÉACÉES. Plusieurs ovaires libres; plusieurs carp. polyspermes.*

SPIRÆA L. Cal. à 5 dents. Pét. 5. Etam. nombreuses. Styles 3-12. Carp. 2-4. spermes s'ouvrant en dedans.

S. ULMARIA L. *Reine des prés.* Feuil. ailées *à 3 ou 5 fol. ovales, entremêlées d'autres plus petites, la terminale à 3 lobes,* tomenteuses en dessous, rar. vertes. Fl. blanches, en panic. très-rameuse. *Carp.* arqués, *glabres.* ♃. jn-jt. Bord des eaux. C. — AC. au midi de la *Loire-Inf.*

S. FILIPENDULA L. *Filipendule.* Rac. à tubercules comme suspendus à des fils. Tige simple. *Feuil.* ailées *à fol. nombreuses, incisées-pinnatifides.* Fl. blanches, en panic. *Carp.* droits, *velus.* ♃. mai-jn. Prés, bois, coteaux herbeux. — CHAR.-INF. C. surtout dans le N.-Est. — DEUX-SÈV. AC. dans le Sud; *S.-Loup* (Guyon), C. *Airvault!* (Bonnin), *Argenton-Ch.*; *Thouars!* (Bastard). — VEND. C.! forêt de *Ste-Gemme* (Mlle Poey Davant), de *Chantonnay à Pouzauges, Bazoges, S.-Prouent, Vairé* (Pontarlier), *Château-d'Olonne* (David), *S.-Hil.-de-Mortagne* (Genevier). — LOIRE-INF. C. autour d'*Anetz*; *Ancenis*; *Maumusson*, C. *le Bignon près Quilly.* R. — MOR. Rochers maritimes: *Belle-Ile, Groix, Lorient*; *Coëtsurho, Sarzeau* (Taslé). — FIN. C.! côte de *Pouldreuzic* (Bonnemaison), *Plovan, le Ménez, Pont-Men* (Crouan).

✕. S. OBOVATA Willd. *S. hypericifolia* DC. Petit *arbrisseau* touffu, traçant. Feuil. obovales-spatulées entières ou à qq. crénelures au sommet, pâles en dessous. Fl. blanches en petits bouquets axillaires formant une longue grappe terminale. Mai. Plateaux calc. très-pierreux. — CHAR.-INF. Chaumes de *Sèche-Bec* près *S.-Savinien* (Pinatel). RR.

C. *DRYADÉES. Carp. 2 ou plus, secs ou charnus,*

indéhiscents, 1.spermes, insérés sur un récept. sec ou charnu.

GEUM L. Cal. à 10 div. dont 5 extér. plus petites. Carp. secs, terminés en arête, réunis en tête globuleuse. Récept. sec, cylindrique.

G. URBANUM L. *Benoite.* Tige simple, velue. Feuil. de la tige à 3 fol. obovales, dentées, la terminale plus grande. Fl. jaunes, terminales. Cal. réfléchi. Carp. poilus, à bec glabre, rouge, crochu. ♃. mai-jn. Bois, haies. AC.

RUBUS L. Cal. à 5 div. Pét. 5. Etam. nombreuses. Style presque latéral. Carp. formant de petites drupes charnues, 1.spermes, réunies en tête globuleuse, creuse en dessous. Récept. hémisphérique ou conique.

R. FRUTICOSUS L. *Ronce. Tiges* frutescentes, *couchées ou recourbées-arquées,* couvertes, ainsi que les pétioles, d'aiguillons crochus. Feuil. à 5 ou 3 fol. ovales, grossièrement dentées. Fl. blanches ou rosées, en grappes terminales. Pét. ovales, ouverts. *Fruits* (mûres) *noirs, luisants.* Jt-at. Haies, buissons. CC. — Pour les nombreuses formes de cette plante considérées par plusieurs botanistes comme des espèces distinctes, consultez la *Flore du Centre* et les Notices de M. G. Genevier, qui étudie ce genre avec persévérance. Déjà, dans nos limites, il reconnaît env. cent espèces, qui seront décrites dans une Monographie prochaine.

R. CÆSIUS L. Caractères du précéd. Fl. blanches. *Fruits noir-bleuâtre, à carp. peu nombreux, couverts d'une poussière glauque.* Jt-at. Haies, bord des eaux. — C. jusqu'à *la Vilaine*; RR. ou R. au-delà.

R. IDÆUS L. *Framboisier.* Tiges dressées. *Feuil. ailées,* les sup. ternées. Fl. blanches. *Pét. obovales-en coin, dressés. Fruits rouges, parfumés.* ♃. mai-jn. — IL.-ET-V. C. forêt de *Fougères!* (V. Sacher), AC. dans un bois près la *Roche-du-Theil* (Moreau).

FRAGARIA L. *Fraisier*. Cal. à 10 div., dont 5 extér. plus petites. Pét. 5. Étam. nombreuses. Style latéral. Carp. secs, insérés sur un récept. arrondi, accrescent, charnu et succulent à la maturité.

F. VESCA L. *Fraisier des bois*. Stolonifère. Feuil. à 3 fol. fortement dentées, soyeuses en dessous. Poils des pétioles étalés, ceux des pédonc. ord. couchés. Fl. 2,3 blanches, terminales. *Cal. du fruit étalé ou réfléchi*. ♃. mai-jn. Bois, haies. C.

F. COLLINA Ehrh. se distingue du précéd. par les feuil. plus soyeuses, les pédonc. plus grêles, le cal. appliqué sur le fruit dépourvu de carp. à la base et par la saveur différente du fruit. ♃. mai-jn. Bois secs. — CHAR.-INF. *Essouvert* près *le Pin*, et prob. dans d'autres bois. — DEUX-SÈV. *La Mothe-S.-Heray*! (Sauzé), *Paluau*, coteau de *Veluché*! (Guyon), bois du *Deffand* près *Availles*. — VEND. Forêt de *Bessay* (Pontarlier).

COMARUM L. Caract. du *Fragaria*. Récept. accrescent, spongieux-charnu à la maturité.

C. PALUSTRE L. Tige couchée à la base, pubescente, rougeâtre. Feuil. ailées à 5 ou 7 fol. lancéolées, dentées, glauques en dessous. Fl. rouge vineux, terminales. Pét. petits, plus courts que le cal. ♃. jn-jt. Marais tourbeux. — VEND. Étang de *la Tesserie* près *Pouzauges* (A. Rossignol). RR. — LOIRE-INF. Rivière d'*Erdre* et tous les grands marais. AC. — MOR. *Lannenec*, *Camors* (Le Gall), vallée de l'Arz à *Molac*, *Plaisance* près *Vannes* (Taslé), AC. *Ploërmel* (J.-M. Sacher); AC. étang de *Gui* en *Allaire*, CC. étang de *Calion* en *S.-Jacut* (Moreau), etc. — FIN. C. à Bodonoux, Plouzané, Lanan-Trimm, aux env. de *Brest* (Guiho), *Kerloc'h*, etc. (Crouan), *Lesneven*. AC. — CÔT.-NORD. *Quintin* (G. Praval), forêt de *Coëtquen*, oseraies de *Lehon*, *Tréverien*, le *Ménez* (Mabille). — IL.-ET-V. Env. de *Rennes* (Letourneux), étang de *Landemurelle*; *Rénac* (herb. Redon).

POTENTILLA L. Caract. du *Fragaria*. Récept. sec, non charnu.

* *Fleurs jaunes.*

P. ANSERINA L. *Argentine*. Tige rampante. *Feuil. ailées-interrompues*, à fol. ovales, incisées-dentées, soyeuses-argentées en dessous. Pédonc. long, solitaire, 1-flore. ♃. mai-j^{t}. et sept. Bord des eaux, lieux humides. C.

X. P. SUPINA L. Delastre fl. de la Vienne, p. 153. Tiges grêles, allongées, couchées. *Feuil. vertes sur les 2 faces*, ailées à 3,5,7 fol. obovales-oblongues, incisées-dentées. Stip. entières. Pédonc. axillaires, solitaires, penchés après la fleuraison. Fl. petites, jaune pâle, pét. obtus ne dépassant pas le cal. ①. j^{n}-sept. — DEUX-SÈV. Bord de l'étang d'*Oyron* (Delastre), étang de la *Madoire* près *Bressuire* (Richard). RR.

P. ARGENTEA L. Tige ascendante, tomenteuse, rougeâtre. *Feuil.* digitées à 5 fol. allongées, élargies et profond. dentées au sommet, en coin et entières à la base, *cotonneuses en dessous et roulées par les bords. Fl. petites en corymbe terminal.* ♃. j^{n}-j^{t}. Lieux arides, rochers, vieux murs. C. — PC. au nord de la Loire-Inf. — M. Jordan a divisé cette plante en plusieurs espèces : *P. argentata, confinis, tenuiloba, decumbens, demissa*, etc.

P. REPTANS L. *Quintefeuille. Tiges simples, longuement rampantes.* Feuil. digitées à 5 fol. oblongues-obovales, dentées, peu velues. *Pédonc. solitaires*, plus longs que les feuil. Carp. garnis de tubercules mêlés à qq. rides. ♃. j^{n}-sept. Lieux pierreux, bord des chemins, des champs. CC.

P. VERNA L. *Tiges couchées-étalées en touffe*, à poils dressés ainsi que ceux des pétioles. Feuil. digitées à 5 fol. obovales-en coin, poilues sur les bords et sur les nervures en dessous, ayant au sommet 5 dents profondes dont la terminale est plus courte.

Stip. entières, aiguës. *Panicule pauciflore.* Pét. échancrés, dépassant le cal. ♃. mai. Pelouses, coteaux et bois secs du calc. — Char.-Inf., Deux-Sèv. AC. — Vend. *Quatre-Vaulx, France! Garenne-Augeard,* c. *Vigneronde* (Letourneux), *Mouzeuil* (David). ac. env. de *Luçon* (Pontarlier). R. — Loire-Inf. Coteaux schisteux: *Oudon*, env. d'*Ancenis*, de *Varades*. R. — Côt.-Nord. *S.-Briac, S.-Lunaire* (Mabille). — Il-et-V. c. Mielles de *S.-Malo* à *Cancale.*

Obs. P. Chaubardiana T. Lagrave, *P. rubens* S.-Amans non Vil. est ord. réuni au précéd.; il est plus robuste, plus lâche, moins velu et les fl. sont plus grandes d'un beau jaune. M. Letourneux l'a trouvé, en mai, à la *Pointe-du-Chai* (Char.-Inf.) et sur les rochers de *Maillezais* (Vend.).

** *Fleurs blanches.*

P. Vaillantii Nestler, *P. splendens* Ram. *P. nivea.* Bon. 41. Tiges couchées, couvertes ainsi que les pétioles de poils mous, étalés. Feuil. à 3 *fol. ovales-oblongues,* vertes et poilues en dessus, soyeuses-argentées en dessous, *bordées au sommet de qq. dents conniventes,* la dent terminale plus petite. Fl. 2,3 terminales. *Pét.* en cœur renversé, *dépassant beaucoup le cal.* Carp. lisses ou rar. ridés, poilus vers l'ombilic. ♃. mai-jn. Pelouses, buissons, bord des chemins, bois. — Char.-Inf., Deux-Sèv. C. — Vend. c. Bocage (Pontarlier, Marichal), *forêt de Ste-Gemme.* — Loire-Inf. Env. de *Nantes, le Pellerin, bords de la mer.* c. landes *du Pin; Monnières,* etc. AC. — Mor. c. *Arzal* (Taslé), r. *Belle-Ile.* RR.

P. fragariastrum Ehrh. *Fragaria sterilis* L. Tiges faibles, couchées. Feuil. à 3 *fol.* ovales-arrondies, *fortement dentées,* plus velues en dessous. Pétioles hérissés. Fl. 1-3 terminales. *Pét. échancrés, dépassant peu le cal.* ♃. ms-mai. Haies, bord des chemins. CC. — Port d'un fraisier.

TORMENTILLA L. Caract. du *Potentilla*. Fl. à 4 parties.

T. ERECTA L. Tiges couchées. *Feuil. sessiles*, à 3 fol. ovales-oblongues, dentées. *Stip. incisées-digitées*. Pédonc. solitaires, plus longs que les feuil. Cor. jaune, toujours à 4 pét. dépassant le cal. Carp. striés-ridés et qqf. un peu tuberculeux. ♃. jn-sept. Prés, pelouses, bois, landes. CC. — Dans les bois les feuil. sont qqf. soyeuses-blanchâtres en dessous.

T. REPTANS L. flore Loire-Inf. *Pot. mixta* Reich. Boreau, *P. nemoralis* Bor. herbor. 1862. Tiges longues, rameuses, couchées. *Feuil. pétiolées*, à 3 fol. obovales-oblongues, dentées, les radic. à 5. *Stip.* lancéolées, *entières ou* 2-3 *fides*. Pédonc. solitaires, plus longs que les feuilles. Cor. jaune, à 4 et 5 pét. dépassant le cal., plus grands que dans le précédent. Carp. striés-ridés et qqf. un peu tuberculeux. ♃. jn-at. Bord des marais. — DEUX-SÈV. *Secondigny* (A. Guillon), *S.-Aubin-Baubigné* (Genevier). — VEND. C. *Mortagne* (Genevier), AC. *Napoléon* (Pontarlier). — LOIRE-INF. AC. bord des marais de l'*Erdre, la Seilleraie, les Cléons*, C. lande de *Kerfeuil, la Chapelle-des-Marais*, bord du lac de *Grand-Lieu*, etc. — MOR. *Pontivy* (Taslé). — IL.-ET-V. *Corps-Nuds* (herb. Degland). — Espèce très-distincte, conservant tous ses caractères par la culture. Elle diffère du précéd. par ses feuil. pétiolées, ses stip. plus petites, ord. entières, et par sa cor. plus grande, à 4 et 5 pét. sur le même pied ; de *Potentilla reptans* par les dents de ses fol. plus aiguës, par le nombre de ses pét., par ses carp. moins tuberculeux mais plus ridés, et enfin par ses tiges rameuses, ne commençant à émettre de racines aux nœuds qu'à l'automne, ce qui explique pourquoi les auteurs décrivent les tiges comme non radicantes.

Obs. Cette plante, que sa ressemblance avec *Potentilla reptans* et *Tormentilla erecta* empêche de reconnaître, est prob. répandue; elle a deux stations : l'une au bord des marais dans les localités citées et prob. dans beaucoup d'autres; la 2e, dans les landes élevées, sur les coteaux, les pelouses, et M. Letourneux soupçonne que cette plante des lieux secs est différente de celle des lieux humides. Il l'a recueillie à *S.-Père-en-Retz* (Loire-Inf.), à *la Châtaigneraie, Faymoreau, Vouvant*, et M. Gobert à *Challans, Cezais* (Vend.), et je l'ai vue AC. dans les *Montagnes Noires* et d'*Arès* en *Bretagne*.

AGRIMONIA L. Cal. à 5 dents courbées en dedans après la fécondation, hérissé sous le limbe d'épines crochues. Pét. 5. Etam. 9-15 insérées avec les pét. à la gorge du cal. Styles 2. Carp. 1,2 renfermés dans le cal. endurci, imitant une caps.

A. EUPATORIA L. *Aigremoine*. Poilu. Tige simple. Feuil. ailées-interrompues, à fol. ovales-lancéolées, dentées. Fl. jaunes, écartées, en épi effilé, terminal, entourées à la base de 3 bractées. Fruit en cône renversé, sillonné presque jusqu'à la base, à épines extér. très-étalées. ♃. jn-sept. Lieux pierreux, chemins. AC. — Moins c. au-delà de la *Loire-Inf.*

A. ODORATA Mil. Koch. Très-ressemblant au précéd., dont on le distingue par le fruit plus court, plus arrondi à la base, sillonné peu profondément jusqu'au milieu, à épines extér. recourbées; plante plus robuste. ♃. jn-sept. Bord des haies fraîches. — VEND. *Champ-S.-Père*, env. de *Napoléon* ! (Pontarlier, Marichal). — LOIRE-INF. *Macigné* ! près la *Chapelle-s.-Erdre* (Beuchet), les *Cléons* (de l'Isle).

D. *SANGUISORBÉES. Fl. souv. unisexuelles; cal. à 3-5 divis.; cor. 0; style 1-2, à stigm. en pinceau; carp. 1,2 libres, renfermés dans le tube du cal. resserré au sommet et imitant une capsule.*

ALCHEMILLA L. Cal. à 8 div., dont 4 très-petites. Cor. 0. Etam. 1-4 insérées à la gorge du cal. Styles 1,2 latéraux. Carp. 1,2 recouverts par le cal.

A. ARVENSIS Scop. *Aphanes* L. Petite plante étalée ou couchée, velue. Feuil. en coin à la base, palmées à 3 lobes 3 ou 5-fides. Fl. verdâtres, agglomérées dans les stip. larges, dentées. Etam. ord. 1. ①. mai-sept. Champs. CC.

SANGUISORBA L. Cal. à limbe 4-lobé; tube quadrangulaire, entouré à la base de 3 petites écailles. Cor. 0. Etam. 4 oppositives. Style 1, stigm. en pinceau capité. Carp. 1,2 renfermés dans le cal. endurci.

S. OFFICINALIS L. *S. serotina* Jord. Glabre. Feuil. ailées avec impaire; fol. oblongues-en cœur, obtuses, crénelées, glauques en dessous. Fl. rouge-noirâtre, serrées en tête ovale-oblongue, terminale. ♃. at-sept. Prés inondés l'hiver. — CHAR.-INF. *Balanzac* (Delalande), *Montendre, Oleron, Surgères; S.-Ouen*, pays-bas de *Matha* (Savatier), AC. *Dœuil* ! (Dussouchaud), *Mauzé* (J. Richard). — DEUX-SÈV. *Marais de Coulon* (A. Guillon), *Loubillé* (Jousse). — VEND. C. par localités aux env. de *Challans* (Gobert). R. — LOIRE-INF. *Les Prés bas de S.-Julien-de-Concelles* ! (Bornigal), *Ste-Luce; Ingrandes* (Guiho); *S.-Herblon* ! *Anetz*, c. bords du *Don* et de ses affluents de *Treffieuc* à la *Vilaine*, *Crevry* près *S.-Liphard* (Le Boterf et moi). PC.

POTERIUM L. *Pimprenelle*. Fl. monoïques ou polygames. Cal. à limbe 4-lobé; tube resserré au sommet, entouré à la base de 2,3 écailles. Cor. 0. *Mâl.* 20-30 étam. *Fem.* à 2 styles; stigm. coloré, en pinceau. Carp. 2 renfermés dans le cal. endurci.

P. DICTYOCARPUM Spach, *P. Sanguisorba* L. part. Glabre ou velu sur le bas de la tige et sur les pétioles. Tige anguleuse, rougeâtre. Feuil. ailées à fol. arrondies, dentées, qqf. (*P. Guestphalicum* Bœnng), glauques surtout en dessous. Fl. verdâtres en têtes globuleuses, terminales, les fem. au sommet. Etam. dépassant le cal. Fruit à 4 angles bordés, ridé en réseau, à 2 graines. ♃. mai-jt. Vieux murs, coteaux, terres sablonneuses, surtout sables maritimes. C. — Moins c. intérieur de la Bretagne.

P. MURICATUM Spach, var. *platylophum* et *stenolophum*. Diffère du précéd. par le fruit bordé de 4 ailes entières ou dentées, à faces muriquées par des fossettes irrégulières dont les bords sont élevés et dentés. ♃. mai-jt. Mêmes lieux. — CHAR.-INF. C. — DEUX-SÈV. AC. le calc. — VEND. La côte et le calc. (Pontarlier, Marichal). — LOIRE-INF. *Nantes; Ste-Marie* près *Pornic* (Gadeceau), *Buzay*.

E. *ROSÉES. Cal. urcéolé, limbe à 5 div. dont 3 souv. pinnatifides; pét. 5; étam. nombreuses; plusieurs styles; carp. nombreux, osseux, velus, pariétaux, renfermés dans le cal. devenant charnu à la maturité et imitant une baie.*

ROSA L. *Rosier*. Caract. des *Rosées*. *Arbrisseaux munis d'aiguillons; feuil. ailées avec impaire, stipulées.*

* *Styles courts, distincts, non soudés en colonne.*

R. PIMPINELLIFOLIA L. Tige de 1-8 déc. très-rameuse, couverte d'aiguillons nombreux, droits, inégaux. *Feuil. à 5, 7 ou 9 fol. ovales-arrondies, dentées, ressemblant à celles de la Pimprenelle.* Pédonc. glabre, à une fl. blanche ou un peu rosée, qqf. rouge, odorante. Lobes du cal. lancéolés, entiers, à la fin dressés. Fruit globuleux, noir. Mai-jn. Coteaux, haies et sables maritimes. — CHAR.-INF. *La Tremblade; Oleron* (Delalande). — VEND. AC. — RR. à l'intérieur, forêt de *Ste-Gemme*! (Mlle Poey Davant). — LOIRE-INF. *Le Cormier, Ste-Marie, Escoublac, Pouliguen, Pont-Mahé*. PC. — A l'intérieur, seulement depuis *la Grée* (et vis-à-vis près du *Clérat*) jusqu'à *la Roche* près *Ancenis*. — AC. ou C. par localités au-delà de *la Vilaine*.

β. R. *spinosissima* L. Pédonc. et fruits plus ou moins hérissés d'aiguillons. — LOIRE-INF. *Anse du*

Porteau près Ste-Marie. R. — Mor. Dunes de la presqu'île de *Quiberon* à *Etel* et *Port-Louis*, où ses rac. traçantes et ses tiges couchées forment de larges gazons fleurissant sur la terre. — Çà et là dans le reste de *la Bretagne*.

γ. *R. Ripartii* Déség. différent du type par les fol. surdentées à surdents glanduleuses ainsi que la côte des fol. et les stip. se trouve çà et là dans la région marit.

Obs. Les arbrisseaux suiv. appelés *Églantiers*, habitent les haies, les buissons, les bois; leurs fl. terminales 1 à 5, qqf. plus nombreuses et réunies en corymbe, paraissent fin mai-juin. J'ai noté seulement les principales formes de ce genre intéressant, mais où il est impossible de dire ce qui constitue l'Espèce. Il n'y a pas deux auteurs d'accord sur ce point. La nature n'en a peut-être pas fixé les limites, a dit Linné, et cette opinion est bien prouvée aujourd'hui par les travaux abondants des monographes, et mieux par les jardiniers qui créent tous les jours des formes nouvelles différant bien plus entre elles que ne le font nos rosiers sauvages. — Pour d'autres détails, consultez la Flore du Centre de Boreau, l'*Essai monographique* de 105 (nombre porté à 148 dans un catalogue postérieur) espèces de rosiers français par Déséglise.

R. CANINA L. Aiguillons courbés, uniformes. *Fol.* elliptiq. ou ovales, *dentées en scie, sans glandes odorantes*. Fl. rosées ou blanches. Lobes du cal. pinnatifides, caducs à la maturité. Fruit ovale, qqf. arrondi ou oblong.

A. *Glabra*. Fol. et pédonc. glabres.

a. *R. canina* L. Fol. simplement dentées, pétiole lisse ou avec qq. glandes et poils; fruit ovale, qqf. oblong ou arrondi. AC. — Varie à fol. plus ou moins luisantes, plus ou moins glauques, qqf. pliées en gouttière.

b. *R. dumalis* Bechst. Fol. surdentées à surdents glanduleuses ainsi que les pétioles et les stip.; fruit aussi variable. — Forme très-commune, très-variable à fol. tantôt régulièrement, tantôt irrégulièrement ou obscurément surdentées, se reliant insensiblement au type.

B. *Hispida*. Pédonc. hispides ou velus.

c. *R. andegavensis* Bast. Fol. glabres, ovalés, largement dentées en scie, pétiole glanduleux avec qq. poils; pédonc. hispide; fl. rose; fruit ovoïde ou globuleux plus ou moins hispide. AC.

d. *R. collina* Jacq. Robuste; fol. ov.-arrondies, un peu velues en dessous, pétioles pubescents et glanduleux, cal. glabre; fl. rose, grande; fr. gros, ovoïde. — Deux-Sèv. *Parthenay*. — Loire-Inf. *Pornic, S.-Sébastien, Lesnérac, Oudon; Vallet* (de l'Isle). R.

e. *R. corymbifera* Borkh. Fol. ovales, aigües aux deux bouts, velues en dessous, à dents simples calleuses-mucronées, pétioles velus et glanduleux; pédonc. poilus à la base, non glanduleux, courts, cachés par les bract., en corymbe, les latéraux qqf. rameux; fl. rose. R.

C. *Pubescens*. Pétioles et fol. pubescents, pédonc. non hispides.

f. *R. obtusifolia* Desv. Fol. simplement dentées, ov.-arrondies, presq. obtuses, velues des deux côtés ou seul. en dessous; fl. blanche, styles qqf. agglutinés; fruit ovale-arrondi. AC. — Jeunes pousses qqf. rougeâtres.

g. *R. dumetorum* Thuil. Fol. ovales-arrondies, qqf. aiguës, simplement dentées, ciliées, velues des deux côtés ou seul. en dessous, pétioles velus peu ou point aiguillonnés; fl. rose clair; fruit oval-arrondi. C. — La pubescence est très-variable, qqf., surtout dans le calc. du Midi, aussi cendrée que dans *R. Sherardi*.

h. *R. urbica* Lem. Difficile à distinguer du précéd., dont il diffère surtout par les fol. aiguës, velues seul. en dessous sur les nervures, les pétioles plus aiguillonnés et le fruit ovoïde ou oblong. PC.

i. *R. platyphylla* Rau. Très-voisin des trois précéd., plus robuste; fol. grandes, oval.-arrondies, aiguës, à dents de scie calleuses au sommet, glabres et vertes en dessus, plus pâles en dessous et velues sur les nervures; pétioles velus et glanduleux fortement aiguillonnés; fl. grande, rose clair. — CHAR.-INF. *Mortagne, Oleron.* — LOIRE-INF. *Ancenis.* R. — Prob. ailleurs.

R. TOMENTELLA Lem. Ressemble beaucoup à *R. obtusifolia*; s'en distingue par ses pétioles velus et glanduleux, ses fol. surdentées à dents glanduleuses, portant en dessous qq. glandes sur les nervures, par ses pédonc. parfois hispides et par ses styles poilus un peu en colonne à la base. Fl. blanchâtre assez petite. Aiguillons forts, courbés. — LOIRE-INF. *La Haie-Fouassière* (de l'Isle). — C.-NORD. *Pleugueneuc* (Mabille). — *Angers.*

R. JUNDZILLIANA « Besser », Boreau. Aiguillons longs, *presq. droits*. Fol. arrondies-ovales, aiguës, surdentées à surdents glanduleuses ainsi que les nervures en dessous, le bord des stip. et les pétioles. Pédonc. hispide ainsi que la base du fruit. Style à qq. longs poils. — Vu en jeune fruit au bois du Deffand près *Availles* (Deux-Sèv.).

R. SEPIUM Thuil. Buisson très-rameux. Aiguillons courbés. *Fol.* elliptiq. *rétrécies aux deux bouts*, surdentées, *glanduleuses-odorantes* en dessous ainsi que les pétioles. Pédonc. glabre. Fl. blanche ou lavée de rose. Lobes du calc. caducs à la maturité. Styles glabres. Fruit ovale-oblong. — CHAR-INF. C. — DEUX-SÈV. et VEND. C. calcaire, R. Bocage. — *Loire-Inf.* AC. arrond. d'*Ancenis*, R. ailleurs. — R. dans le reste de *la Bretagne*; AC.

env. de *Dinan* et littoral d'*Il.-et-V.* et *C.-Nord* voisin. — Sur les coteaux très-arides, plus petit, fol. et fruit plus allongés (*R. agrestis* Savi).

R. RUBIGINOSA L. et Anglor. Buisson touffu. Aiguillons inégaux, les uns robustes courbés, les autres grêles presq. droits. *Fol. oval.-arrondies*, surdentées, *glanduleuses-odorantes en dessous* ainsi que les pétioles. Pédonc. hispide. Sép. se redressant après l'anthèse, marcescents. Fl. rose vif, petite. Styles velus ou pubescents. Fruit ovoïde ou globuleux. R.-Moins R. dans le calc.

R. MICRANTHA Sm. *R. nemorosa* Libert. Caract. du précéd.; moins odorant, lâche; aiguillons égaux, tous courbés; sép. caducs avant la maturité; fl. rose, petite; styles ord. glabres; fruit petit. AC.

R. TOMENTOSA Smith? *R. Sherardi* et *subglobosa* Smith. *Aiguillons droits*. *Fol.* ovales, surdentées, velues, *vert-cendré sur les deux faces*. Pédonc. hispide. Pét. roses, non ciliés-glanduleux. Styles velus. Fruit ovale-globuleux, hispide, qqf. un peu glanduleux. — CHAR.-INF. C. *Les Mathes*; *La Tremblade*. — DEUX-SÈV. *La Mothe* (Sauzé), *Prahecq* (Maillard), *S.-Loup* (Guyon), *Airvault* et env. (Bonnin), env. d'*Argenton*; *S.-Aubin-Baubigné* (Genevier), etc. — VEND. Çà et là. — LOIRE-INF. *Les Cléons*, *la Meilleraie* (de l'Isle), *Bois-Halin* près *Mauves*, *Petit-Mars*, *Forêt du Gavre*. R. — MOR. *Ploërmel* (J. M. Sacher). — C.-NORD. Littoral des env. de *Dinan* (Mahille).

R. MOLLISSIMA Fries ex Déség. Caract. du précéd. Odeur ord. un peu résineuse, fol. ovales-oblongues, plus finement surdentées du suiv.; pétal. rose vif qqf. ciliés à la base; fruit gros, hispide, variable, globuleux ou ovoïde plus ou moins urcéolé, couronné par les sép. marcescents, dressés. — Çà et là au-delà de la Vilaine: *Vannes*, *Ile-aux-Moines*, *Ploërmel*, *Ste-Brigitte*, *Penmarc'h*, env. de *Brest*, *S.-Brieuc* et région marit. jusqu'à *S.-Malo, Rennes.* — Varie à fol. presq. vertes, à fruit et pédonc glabres.

R. FOETIDA Bast. Très-voisin du précéd. Odeur un peu résineuse. *Aiguillons presq. droits.* Fol. oval.-elliptiq. ou oval-oblong. à dents surchargées en dessus de 3,4 dents fines glanduleuses, parsemées de poils mais *vertes en dessus*, velues-cendrées en dessous et un peu glanduleuses; pétioles velus et glanduleux. Pédonc. hispides. Tube du cal. un peu hispide qqf. glabre. Sép. très-glanduleux. Pét. roses. Fruit ovale-globuleux. — CHAR.-INF. *Royan* (de l'Isle). — VEND. *Badiole* près *Napoléon* (Pontarlier). R. — LOIRE-INF. Çà et là Forêt d'*Ancenis* (de l'Isle). — MOR. *Ploërmel* — C.-NORD. *Dinan*; forêt de *Coëtquen* (Mabille). — IL.-ET-V. *Rennes*.

** *Styles soudés en colonne.*

R. LEUCOCHROA Desv. Aiguillons courbés. Pétioles pubescents. Fol. elliptiq., dentées en scie, pubescentes en dessous surtout sur les nervures ou à la fin glabres, nervures saillantes. Pédonc. glabre ou hispide. *Fl. blanche à onglet jaunâtre*, odorante; disque saillant. *Lobes du cal. pinnatifid.* Styles glabres soudés en colonne tantôt saillante, tantôt presq. incluse. Fruit glabre. PC. — Plus C. au midi de la *Loire*. — Dans qq. lieux, la colonne des styles est aussi longuement saillante que dans *R. arvensis*, avec pédonc. glabre; dans d'autres, elle est courte, avec pédonc. hispide.

R. SYSTYLA Bast. Voisin du précéd.; fol. luisantes, velues en dessous sur les nervures, restant vertes; pédonc. hispide; fl. rose sans onglet jaune; colonne des styles saillante. PC. — Plus C. au midi de la *Loire*.

R. STYLOSA Desv. Voisin des deux précéd.; fol. ovales restant vertes, légèrement pubescentes en dessus, couvertes en dessous d'une pubescence glaucescente appliquée; pédonc. hispide; fl. blanclie à anthères très-jaunes. Indiqué dans les *Deux-Sèv.*; je ne l'ai vu que cultivé.

R. ARVENSIS L. Tige faible, à aiguillons courbés. Fol. ovales-elliptiq. largement dentées, glaucescentes en dessous. Pédonc. glanduleux, rar. glabre. Fl. blanche, inodore. *Lobes du cal. peu divisés.* Styles glabres, en longue colonne égalant les étam. Fr. globuleux, ovale ou obov. glabre. C.

R. BIBRACTEATA Bast. Se distingue qqf. avec peine du précéd. et surtout du suiv. *Dressé* et plus robuste que tous deux, il diffère en outre du premier, par les fol. vertes sur les deux faces, un peu plus pâles en dessous, luisantes, à dents plus serrées, par les fl. 3-18 en corymbe à pédonc. violacés, munis de 2,3 bractées opposées; son port et ses styles en colonne glabre ou rar. parsemée de qq. poils, le séparent de *R. sempervirens*. — CHAR.-INF. Dans le Nord. PC. — DEUX-SÈV. PC. — VEND. Styles souv. hérissés; PC. Bocage, C. Plaine et env. (Pontarlier, Letourneux). — LOIRE-INF. *Pointe de Chemoulin*, AC. de *S.-Brevin* à *Bourgneuf*, *Ancenis*; env. de *Vertou* (de l'Isle), où les rameaux sont très-chargés de soies glanduleuses sur une longueur de 4-5 déc. etc. PC. — RR. au-delà de *la Loire*. — R. env. de *Dinan*, de *S.-Malo* (Mabille).

R. SEMPERVIRENS L. Tige à *longs rameaux flagelliformes, tombants,* aiguillons courbés. *Fol.* elliptiques, acuminées, finement dentées en scie, luisantes et vertes sur les deux faces, *persistantes.* Pédonc. et cal. glanduleux. Fl. blanche. Sép. presque toujours entiers. *Styles hérissés,* en longue colonne plus courte que les étam. — CHAR.-INF. AC. surtout région maritime. — VEND. *Chasnais, la Couture, Talmont* (Pontarlier, Marichal), *Ile d'Elle, Lorbrie, Gué-de-Velluire* (Letourneux). R.

R. ARVINA « Krocker », Déség. *Sous-arbrisseau faible,* à rameaux grêles, les uns nus ou à qq. aiguillons grêles, un peu courbés, les autres à *ai-*

guillons nombreux grêles, droits, entremêlés de soies glanduleuses nombreuses. Pétioles couverts de glandes. Fol. 5 elliptiq., la plupart obtuses, plus pâles en dessous (non blanchâtres ni tomenteuses) à dents grandes chargées de glandes stipitées, fortement nervées à côte chargée de qq. poils. Stip. étroites, ouvertes. Sép. courts à appendices étroits. Fl. grandes d'un rose qui pâlit, pâles à l'onglet, filets des étam. jaunes, disque convexe, tronqué. Styles hérissés en colonne, agglutinés infér. Tube du cal. globuleux, couvert de soies glanduleuses ainsi que le pédonc. — RR. bord des haies près du Mortier, situé sur la hauteur entre *Couëron* et *Sautron* (Loire-Inf.).

Obs. On rencontre qqf. dans les haies, autour des habitations *R. gallica L.*, *R. de Provins*, à fl. pourpre-noir, simples ou demi-doubles.

F. *POMACÉES. Cal. à tube adhérent à l'ovaire, limbe à 5 lobes ; pét.* 5 ; *étam.* 20 ; *style* 1-5 ; *fruit charnu, à* 1-5 *loges.*

CRATÆGUS L. Styles 1-5. Fruit fermé par les dents du cal., à 1-5 loges osseuses.

C. MONOGYNA Jacq. *Ebaupin, Aubépine, Epine blanche.* Arbrisseau très-rameux, épineux, *Feuil. largement ovales; en coin à la base, à 5 lobes profonds,* dentés au sommet et dont les *nervures* sont *divergentes.* Fl. blanches, qqf. rosées, en corymbes terminant les petits rameaux. Pédic. glabres ou velus. Lobes du cal. lancéolés. *Style* 1. Fruit rouge, presque globuleux, à 1 graine. Mai. Haies, bois. CC.

C. OXYACANTHA L. *Mesp. oxyacanthoïdes* Thuil. Port du précéd. dont il se distingue par les *feuil. obovales,* d'un vert foncé, luisant, *à 3 ou 5 lobes peu profonds,* dont les *nervures* sont *convergentes,* par les lobes du cal. plus courts et par le fruit ovale, plus gros, ord. à 2 styles, à 2 graines. Av.-

mai. Haies, bois. — Char.-Inf. AC. — Deux-Sèv. *La Mothe!* (Maillard), c. *Airvault* (Bonniu). — Vend. Çà et là près *Fontenay*, *S.-Sigismond* (Letourneux), ac. *Mortagne* (Genevier). R. — Loire-Inf. D'*Ancenis à Varades et à la Chapelle-S.-Sauveur*; *Erbray*, ailleurs qq. pieds çà et là. AR.

MESPILUS L. Lobes du cal. foliacés. Styles 4,5 glabres. Fruit (*nèfle, mêle*) en toupie, très-ouvert, à 5 loges à 1,2 graines osseuses.

M. germanica L. *Néflier*. Arbrisseau épineux. Feuil. oval.-lancéolées, velues-molles en dessous. Fl. blanches, solitaires, sessiles. Mai. Haies, bois. AC.

PYRUS L. Styles 5 rar. 2,3. Fruit charnu, arrondi ou ovale, ombiliqué au sommet; 5 rar. 2-3 loges 2-spermes, à cloisons cartilagineuses.

P. communis L. *Poirier sauvage, Poirasse*. Arbre à rameaux épineux. Feuil. ovales, acuminées ou en cœur-arrondies (*cordata* Desv.), dentelées, de la longueur du pétiole, à la fin glabres. Fl. blanches, en corymbes terminant les petits rameaux. *Styles libres. Fruit* de grosseur variable, arrondi ou rétréci à la base, *ombiliqué au sommet*, à sép. caducs ou marcescents. Av.-mai. Haies, bois. C. — Souche, dit-on, des poiriers cultivés.

P. Malus L. *Pommier sauvage, Egrasseau*. Arbre à rameaux épineux. Feuil. ovales-acuminées, à dents obtuses, dépassant le pétiole, les plus jeunes pubescentes en dessous surtout sur les nervures. Fl. blanches, rosées en dehors, en corymbes terminant les petits rameaux. *Styles soudés à la base. Fruit ombiliqué aux deux bouts*. Av.-mai. Haies, bois. C. — Souche, dit-on, des pommiers cultivés.

β. *tomentosa*. Feuil. plus ou moins tomenteuses surtout étant jeunes. Moins C.

P. torminalis Ehrh. *Cratægus* L. *Alisier*. Arbre. *Feuil.* ovales, tronquées ou en cœur à la base, *à*

7 lobes dentés, les deux inf. étalés, pubescentes dans leur jeunesse. Fl. blanches, en corymbe rameux. Styles 2,3. Ovaire et pédic. velus. Fruit obovale, brunâtre. Av.-mai. Haies, bois. AC.

P. DOMESTICA Smith, *Sorbus* L. *Cormier*. Arbre assez élevé. *Feuil. ailées* à 13,15 fol. ovales-oblongues, velues-blanchâtres en dessous. Fl. blanches, nombreuses, en corymbe. *Fruit verdâtre ou roussâtre, en forme de poire*. Mai. Haies, bois. AC. jusqu'à la *Loire-Inf.* inclus. — MOR. PC.

P. AUCUPARIA Gœrt. *Sorbus* L. Arbre à écorce grisâtre. Feuil. ailées à 13,15 fol. oblongues, dentées en scie, surtout au sommet, pubescentes-tomenteuses en dessous. Bourgeons pubescents. Fl. blanches, nombreuses, en corymbe. *Fruit petit, ovoïde, rouge vif*. Mai-jn. AC. dans presque toutes les forêts de la Bretagne au nord et à l'ouest de *Rennes* et de *Vannes*.

ONAGRARIÉES.

Cal. plus ou moins adhérent à l'ovaire ; limbe à 4 rar. 2-5 lobes. Pét. 4, rar. 2-5. Etam. 1-8 insérées avec la cor. à la gorge du cal. Style filiforme à 1 ou 4 stigm. Ovaire à 2-4 loges. Placenta centraux.

EPILOBIUM L. Cal. caduc, à 4 lobes. Pét. 4. Etam. 8. Caps. linéaire, à 4 loges polyspermes, à 4 valves. Graines chevelues.

* *Pét. entiers ; étam. penchées.*

E. ANGUSTIFOLIUM L. *E. spicatum* Lam. Tige de 6-14 déc. rougeâtre. Feuil. éparses, lancéolées, veinées. Fl. grandes, rouge-violacé, en bel épi terminal. Pédonc. ayant à la base une bractée étroite. ♃. jt-at. Bois. — VEND. RR. forêt *d'Aizenay* (Marichal, Pontarlier). RR. — LOIRE-INF. *Bois du Parc* ! et *de la Garenne à Châteaubriant ; les Dervalières* ! (Moride), forêts de *Juigné,* d'*Ancenis* (Guibo), *la*

Bretêche (Thomas); souv. sur les charbonnières. R. — Mor. *Pont-Sal* près *Auray* (Le Gall); *Plescop*, forêt de *Camors*, *tour d'Elven* (Taslé), forêt de *Brambien* (Arrondeau). RR. — Fin. Forêt de *Laz* (Bonnemaison), *Plounéour-Ménez*, *Plourin* (de Crec'h-quérault). RR. — C.-Nord. rr. forêt de *Lorge* (Cornillé); « de *la Hunaudaie*, de *Loudéac* (Mabille). » — Il.-et-V. C. par localités.

** *Pét. échancrés; étam. dressées.*

E. hirsutum L. *Rac. stolonifère.* Tige de 6-15 déc. très-rameuse, poilue. Feuil. lancéolées-oblong. irrég. dentelées, demi-embrassantes, un peu décurrentes, velues surtout sur les nervures. *Fl. grandes*, rosées. Stigm. 4 étalés. ♃. j^t^-a^t^. Bord des eaux. — Char.-Inf., Deux-Sèv. AC. — Vend. c. rég. marit., pc. à l'intérieur (Pontarlier.) — Loire-Inf. *Châteaubriant; Joué* (Bornigal), *la Piéranne* (Letourneux), *les Cléons, forêt de Touvois, Machecoul, Fresnay, étier du Vert; S.-Herblon! Saffré!* (Guiho), c. *Guérande* (Genevier), c. la Digue en *S.-Nicolas-de-Redon* (Moreau), etc. PC. — Mor. *Hennebont, Ploërmel* (Le Gall). — Fin. *Plomeur, Penmarc'h; Audierne, Trefflez, Plounévez-Lochrist, Plouescat* (Crouan fl.) — C.-Nord. *Bon-Abri* et env. de *Tréveneuc* (Baron), *Val André* près *Dahouet* et *Pléneuf! Plévenon* (Cornillé), et çà et là jusqu'à *Lavarde* près *S.-Malo* (Mabille). — Il.-et-V. La Vilaine à *Rennes* (Letourneux), *S.-Grégoire*, la *Chaussairie* (J. M. Sacher), *Redon* (Delalande), *Lohéac* (Moreau). — Ainsi que dans les suiv. les feuil. sont opposées et les sup. alternes.

E. parviflorum With. *E. molle* Lam. *Rac. fibreuse.* Tige de 3-7 déc. ord. simple, velue. Feuil. lancéolées, sessiles, molles, velues-blanchâtres (surtout région marit.), bordées de petites dents rougeâtres-glanduleuses. *Fl. petites*, rosées. Stigm. 4 étalés. ♃. j^n^-sept. Lieux humides, bord des eaux, surtout près de la mer et dans le calc. — C. au midi de *la Loire*. — LOIRE-INF. et MOR. AC. — Moins c. au delà. — Qqf. fois rameux et haut de 10-16 déc. dans les fossés ombragés.

E. PALUSTRE L. Rac. à stolons filiformes. Tige simple ou peu rameuse, couverte d'un duvet court, plus prononcé sur 2 ou 4 lignes. *Feuil. lancéolées-linéaires,* presq. entières, à bords roulés, pubescentes, sessiles. Fl. petites, rosées. Stigm. ovale, entier. Graines lisses, linéaires-en coin, prolongées au sommet en un *appendice* portant l'aigrette. ♃. j[t]-a[t]. Marais. — CHAR.-INF. Marais de *Berjat*. — DEUX-SÈV. *Secondigny* (A. Guillon), *Bressuire* (J. Richard). — VEND. *Aubigny, les Clouzeaux,* abbaye de *Jard* (Pontarlier, Marichal), *la Bauduère, Bourneau, Vigneronde* (Letourneux), RR. *la Verrie* (Genevier). R. — LOIRE-INF. *Machecoul,* tous les grands marais de l'*Erdre, Châteaubriant ; S.-Nic.-de-Redon* (Moreau). — MOR. AC.— Çà et là *Montagnes Noires* et d'*Arès*. — FIN. *Lambézellec, Gouesnou* (Crouan).— C.-NORD. *Plédran* (Baron). —IL.-ET-V. *Fougères, Parigné !* (V. Sacher).

E. MONTANUM L. Mut. fig. 98. Tige cylindrique, pubescente. *Feuil. ovales-lancéolées,* glabres, irrég[t]. dentées en scie, courtement pétiolées. Fl. petites, *lilas,* plus foncées en vieillissant. Stigm. 4 étalés. ♃. j[n]-j[t]. Lieux boisés. — CHAR.-INF. *S.-Savinien,* prob. ailleurs. — DEUX-SÈV. *Mazières* (A. Guillon), *Bourgneuf* (Gobert), *S.-Pompain,* RR. *S.-Loup* (Guyon), PC. *la Mothe* (Sauzé). — VEND. Forêt de *Vouvant !* (Letourneux), *Pont-Charrault, Pouzauges, S.-Laurent-sur-Sèvre* (Pontarlier, Marichal), C. *Mortagne* (Genevier), *S.-Hil.-des-Loges* (Pontdevie). — LOIRE-INF. AC. — C. au-delà.

E. LANCEOLATUM Sebast. Tige pubérulente. souv. rougeâtre, garnie aux aisselles des feuil. de petits rameaux feuillés. *Feuil. lancéolées, obtuses,* à dents écartées, *pétiolées. Fleurs* d'abord penchées et *blanches, à la fin d'un rose vif. Stigm. 4 étalés.* ♃. j[n]-j[t] et sept. Bord des chemins, des haies, lieux arides pierreux et aussi bois, haies fraîches. C. — Très-distinct du précéd. qui n'a jamais les fl. blanches et qui ne croît que dans les lieux boisés. Les feuil. des jeunes plants s'étalent en naissant et forment une rosette semblable à celles des *Valerianella*, tandis que dans *E. montanum*, elles sont dressées et imbriquées en colonne dont la coupe transversale donne un carré parfait.

* E. ROSEUM Schreb. Mut. fig. 101. Tige rameuse, pubescente au sommet, marquée de 2 lignes saillantes. *Feuil. oblongues-lancéolées, à dents nombreuses, inégales, toutes pétiolées. Fl. blanchâtres, striées de rose, rosées à la base. Stigm. ovale, entier.* ♃. — La localité la plus rapprochée est *Angers*.

E. TETRAGONUM L. Mut. fig. 103, pour le type. Rac. stolonifère au bord des eaux. Tige raide, rameuse, souv. rougeâtre, pubescente au sommet. *Feuil. lancéolées-linéaires*, glabres, luisantes, rétrécies graduellement de la base au sommet, à dents inégales et écartées, sessiles, décurrentes en 4 ou 2 lignes saillantes. *Fl. lilas foncé. Stigm. linéaire, entier*. Graines obovales-oblongues, très-finement ponctuées. ♃. ②, ①. J[n]-J[t]. AC. bord des eaux, C. fossés desséchés, jardins, moissons. — Dans ces deux dernières stations, la plante est moins élevée, ses feuil. sont plus rétrécies à la base, sessiles ou courtement pétiolées, et les 2 ou 4 lignes sur la tige sont moins ou très-peu saillantes ; c'est alors *E. Lamyi* Schultz, lequel, après la floraison, produit à la base une ou plusieurs rosettes de feuil. destinées à fleurir l'année suivante. Mais lorsque la même espèce est plantée ou croît au bord des eaux, en place de rosettes de feuil., il se développe des stolons filiformes à feuil. distantes par paires. En cet état, c'est *E. obscurum* Schreb., *E. virgatum* auct. an Fries? cependant, ces stolons ne paraîtront pas si la localité vient à se dessécher. On remarque aussi que les feuil. sont d'autant plus allongées et sessiles que la plante croît dans un lieu humide et ombragé. Je ne crois pas que nous ayons ici deux ou trois espèces, mais bien une seule qui dans les lieux secs est le plus souvent annuelle, et pouvant vivre plusieurs années, surtout au bord des eaux.

ŒNOTHERA L. Caract. de l'*Epilobium*. Graines non chevelues.

Œ. BIENNIS L. Tige de 6-10 déc. rameuse, rude, poilue. Feuil. ovales-lancéolées, retrécies en pétiole, un peu velues, dentelées. Fl. grandes, jaunes, légèrement odorantes, en épi, s'ouvrant vers les 5-6 heures du soir; pét. en cœur renversé, dépassant les étam. et env. 1/2 plus courts que le tube du cal. ②. jn-jt. Lieux sablon. — CHAR.-INF. *Royan*, *la Tremblade*, *Oleron*; *Mornac*, *S.-Palais* (Rouffineau). PC. — DEUX-SÈV. C. *Airvault*, bords du Thouet (Bonnin). — VEND. Entre l'*Aiguillon* et *la Tranche* (Letourneux), *Réaumur* (Pontarlier), vignes de *S.-Hil.-de-Riez* (Gobert). — LOIRE-INF. C. vallée de *la Loire*, C. entrée du chemin de *S.-Nazaire à Pornichet*. PC. — FIN. Forêt de *Landerneau* (Crouan). — C.-NORD. Chemin de fer à *Caulnes* (Mabille).

Œ. SUAVEOLENS Desf. diffère du précéd. surtout par les fl. 1 f. plus grandes, à odeur de fleurs d'oranger, à pét. échancrés, égalant presque le tube du cal. ②. jn-jt. —VEND. Vignes de *S.-Hilaire-de-Riez* (Gobert). — C. vignes de *S.-Michel-en-Retz*, Loire-Inf. (Gadeceau). — M. Boreau, fl. du centre, l'indique avec *Œ. muricata* L. dans la vallée de la Loire, en Anjou, d'où tous deux descendront un jour jusqu'à nous. Ce dernier se distingue d'*Œ. biennis* par les feuil. plus étroites, par les fl. petites, à pét. ne dépassant pas les étam. et 3 f. plus courts que le tube du cal. — *Œ. stricta* Ledeb. a paru dans qq. ports de mer (*Brest*, *Pouliguen*); il a le port de *Lactuca saligna* avec feuil.

de la tige lin.-lancéolées, larges d'env. 7 mil. demi-embrassantes. — Les *Œnothera* sont des plantes américaines cult. partout et tendant à se répandre dans les lieux sablon., les décombres.

ISNARDIA L. Cal. à 4 lobes persistants. Cor. 0. Etam. 4. Style caduc; stigm. en tête. Caps. tétragone à 4 loges polyspermes, à 4 valves, s'ouvrant par le milieu.

I. PALUSTRIS L. Glabre, tige couchée, radicante, rougeâtre. Feuil. ovales, aiguës, rétrécies en pétiole. Fl. petites, verdâtres, solitaires, axillaires, opposées, sessiles. ♃. jn-sept. Marais, lieux inondés. C. — AC. au-delà de la *Loire-Inf.*

CIRCÆA L. Cal. à 2 lobes caducs. Pétal. 2. Etam. 2. Style 1; stigm. échancré. Caps. en forme de poire, couverte de poils crochus, bivalve, à 2 loges à une graine dressée.

C. LUTETIANA L. Souche traçante. Tige pubescente, renflée aux nœuds. Feuil. ovales, aiguës, sinuées-dentelées, presque glabres, opposées, pétiolées. Fl. en grappe terminale. Pédonc. velus, sans bractées. Pét. bifides, blanc légèrement rosé. ♃. jn-sept. Bois et lieux frais couverts. C.

TRAPA L. Cal. à 4 lobes. Pét. et étam. 4. Style 1; stigm. en tête. Ovaire adhérent jusqu'au milieu, à 2 loges dont l'une avorte. Fruit dur, 1-sperme, à 4 épines formées par les lobes accrus du cal.

T. NATANS L. *Macre.* Tige submergée. Feuil. submergées opposées, ailées à fol. capillaires, les flottantes étalées en rosette, rhomboïdales, dentées sur les deux côtés sup., velues en dessous et sur les pétioles qqf. renflés. Fl. blanches, axillaires; pédonc. court. Fruit à 4 épines. ①. jn-jt. Etangs, eaux stagnantes des rivières. — DEUX-SÈV. C. Bocage (A. Guillon). — VEND. AC. *Napoléon, Port la*

Claye (Pontarlier), presque tout le Bocage où il est ord. semé (Letourneux). — LOIRE-INF. C. — MOR. *Penmur* (Taslé). — FIN. *Quimper* (Bonnemaison. — C.-NORD. *Taden* près *Dinan* (Mabille). — IL.-ET-V. C. par localités. — Les fruits cuits sont mangeables et se vendent sur les marchés.

HALORAGÉES.

Cal. adhérent à l'ovaire ; limbe divisé ou presque 0. Pét. insérés au sommet du tube du cal. en nombre égal aux lobes du cal. ou 0. Etam. 1-8, insérées comme la cor. Style 0. Stigm. 1-4. Caps. composée de 1-4 carp. indéhiscents, monospermes, plus ou moins soudés dans le cal., graine suspendue.

MYRIOPHYLLUM L. Fl. monoïques. Cal. à 4 lobes presque nuls dans les fl. fem. Pét. très-caducs. Etam. 8. Stigm. 4 pubescents. Fruit composé de 4 carp. indéhiscents, se séparant à la maturité. *Plantes aquatiques à feuil. verticillées ; fl. en épi ou verticillées ; les mâl. au sommet.*

M. SPICATUM L. Tiges submergées, rameuses. Feuil. ailées en dents de peigne, à fol. capillaires. *Fl. rosées, verticillées,* en épi droit. *Bract. sup. entières, plus courtes que les fl.* ♃. j^n–a^t. Eaux stagnantes. C.

M. ALTERNIFLORUM DC. Plus grêle que le précéd. Fol. capillaires, molles. *Fl. jaunâtres, alternes,* en épi qqf. unisexuel, d'abord penché. Bract. plus courtes que les fl. Fl. inf. fem. solitaires ou réunies 2,3 et souv. à l'aisselle du verticille de feuil. sup. ♃. j^n–j^t. Eaux stagnantes. C.

M. VERTICILLATUM L. Tige presque simple, raide. Feuil. ailées en dents de peigne. *Fl. toutes* verticillées, axillaires, *dépassées par les feuil. florales pinnatifides en dents de peigne.* ♃. j^n–a^t. Lieux fangeux, étangs, fossés. AC.

β. *M. pectinatum* DC. Feuil. florales courtes ; fl. presq. en épi distinct. AC.

HIPPURIS L. Cal. adhérent à l'ovaire, limbe très-court. Cor. 0. Etam. 1, insérée sur le bord du cal. Anthère à 2 fentes. Style filiforme, appliqué dans le sillon de l'anthère. Fruit 1.loc. 1.sperme, couronné par le bord du cal.

H. VULGARIS L. Tige simple, raide, comme articulée. Feuil. linéaires, verticillées. Fl. sessiles, axillaires. ♃. jn-sept. Marais, étangs. — CHAR-INF. C. *la Boutonne* ; *la Seugne* ; *Saintes*, *Courcoury* (A. Guillon), *Taillebourg* ; *Candé* (Hubert), etc. — DEUX-SEV. *Lezay*, *Mauzé* (Sauzé), *Pas-de-Jeu* (Brottier), *Tourtenay* (Lunet), etc. — VEND. *Longeville*, *S.-Hil.-de-Riez* (Pontarlier), *Challans*, *Soulans* (Gobert), marais de *la Sèvre* dans les trois départements. — LOIRE-INF. Marais de *S.-Julien-de-Concelles*, *de Mazerolles*, *lac de Grand-Lieu*, *S.-Joachim et env.*; *Cambon*, etc. AC. — MOR. *Sarzeau* (Taslé), *Erdeven* (Hémont), étang de *Linès* (Toussaints), *S.-Perreux* (Moreau). — FIN. *Plomeur*, *Plovan*, *Plounévez-Lochrist* (Crouan fl.). — IL.-ET-V. Tourbières de *Châteauneuf* (Mabille), marais de *Dol* ; de *Redon* (J.-M. Sacher).

LYTHRARIÉES.

Cal. tubuleux ou en cloche, à 6-12 lobes sur 2 rangs. Pét. 4-6 insérés au sommet du tube du cal. qqf. nuls. Etam. insérées dans le tube du cal. au-dessous des pét. Ovaire libre. Style 1 ; stigm. en tête. Caps. entourée par le cal. à 2-4 loges polyspermes. Placenta centraux.

LYTHRUM L. Cal. tubuleux, cylindrique, à 6-12 dents, les extér. étalées. Pét. 6. Style filiforme, à stigm. en tête. Caps. à 2 loges polyspermes.

L. SALICARIA L. *Salicaire*. Tige de 6-10 déc. tétragone, pubescente au sommet. Feuil. lancéolées, en cœur à la base, sessiles, opposées, qqf. verticillées. *Fl.* rouge-violacé, *en paquets axillaires, formant un bel et long épi terminal.* Cal. velu, sans bractées à la base. Étam. ord. 12 dont 6 plus courtes. ♃. j^{n}-sept. Bord des eaux. C.

L. Hyssopifolia L. Glabre. Tige de 15-25 cent. plus ou moins étalée. Feuil. oblongues et linéaires, obtuses. *Fl.* petites, rougeâtres, *solitaires* à l'aisselle de presq. toutes les feuil. Cal. muni à la base de 2 petites bractées. Étam. ord. 6. ①. j^{n}-sept. Lieux mouillés l'hiver. C.

L. bibracteatum et *tribracteatum* Salzm. *L. Salzmanni* Jord. fragm. 5. Tab. 2 f. B. Voisin du précéd., est plus grêle, rameux, diffus, feuillé, la tige est plus anguleuse, le cal. a les dents ext. courtes et non lancéolées, les graines 3 f. plus petites, aplaties d'un côté, en outre l'aisselle des feuil. est garnie de deux bourgeons situés l'un au-dessus de l'autre et se développant l'un en une fleur, l'autre en rameau plus ou moins long, qqf. avorté. M. Letourneux l'a découvert en juil.-août 1856 dans un marécage desséché à *S.-Michel-en-Lherm* (Vendée). — 2 formes : maigre, à peu près simple, dressé, à feuil. dressées ; — robuste, très-rameux, à feuil. déjetées par le développement des deux bourgeons.

PEPLIS L. Cal. en cloche, à 12 dents, les 6 extér. réfléchies. Pét. 6 très-petits, caducs, qqf. 0. Étam. 6. Style très-court. Stigm. orbiculaire. Caps. à 2 loges polyspermes.

P. Portula L. Glabre. Tiges couchées, radicantes, rougeâtres, cylindriques, marquées de chaque côté d'une glande entre les feuil. toutes spatulées, rétrécies en pétiole, opposées. Fl. solitaires, axillaires. *Pét. lilas clair.* Caps. dépassant le cal.; style très-court. ①. j^{n}-sept. Bord des eaux, fossés. C.

P. Boræi Jord. fragm. 3, T. 5, *Ammannia* Guépin. Tige de 5-10 cent., ascendante, puis couchée et souv. radicante, couverte de poils courts surtout sur les angles formés par la décurrence des *feuil. obovales-oblongues*, rétrécies à la base, sessiles, un peu ondulées, contournées, alternes, les inf. seulement opposées. Fl. solitaires (rar. 2), axillaires; pédonc. très-court garni de 2 bractées linéaires n'atteignant pas le milieu du cal. fructifère. *Pét.* petits, très-caducs, orbiculaires, *rouge vineux*. Caps. globuleuse, ne dépassant pas le cal. *Style long de 1-2 millim*. Graines obov. planes d'un côté avec un petit rebord, convexes de l'autre. ①. J^t^-sept. — Loire-Inf. Bords sablonneux de la Loire inondés l'hiver, *S.-Simon* près *Mauves*! (Moride) et prob. ailleurs au-dessus de *Nantes*. R.

TAMARISCINÉES.

Cal. à 4,5 lobes persistants. Pét. 4,5 insérés à la base du cal. Etam. 4-10 ord. libres. Ovaire libre. Style 1; 6 stigm. Caps. trigone, 1 loc. polysperme, à 3 valves. Graines chevelues, attachées à la base de la caps. ou en ligne au milieu des valves.

TAMARIX L. Voir la famille. Stigm. 3 étalés, dilatés au sommet. Graines à poils simples, fixées à la base de la caps.

T. anglica Webb. Arbrisseau de 2-3 mèt. à rameaux grêles, effilés, rougeâtres. Feuil. petites, longuement acuminées, rétrécies sous la base ovale, embrassantes, appliquées, imbriquées. Fl. petites, rosées ou blanches, en épis linéaires, serrés, latéraux. Disque à 5 angles confondus avec la base élargie des filets des étam. Anthères ovales. Ovaire en forme de bouteille. Caps. trigone-lancéolée, élargie à la base, acuminée. J^n^-sept. Buissons bordant les sables maritimes, et cult. sur les bords de la mer. — C. jusqu'à *la Vilaine*, puis graduellement moins c. et ord. cultivé. — R. côte nord de *la Bretagne*. — Fleurit plusieurs fois, mais fructifie peu. D'après M. Webb, *T. gallica* L. serait un arbrisseau méditerranéen.

CUCURBITACÉES.

Fl. monoïques ou dioïques. Cal. supère, à 5 dents. Cor. à 5 lobes plus ou moins soudés entre eux et avec le cal. Etam. triadelphes, rar. libres. Anthères linéaires, flexueuses, à 2 loges. Style presque nul, à 3-5 stigm. bilobés. Ovaire à 3-5 loges, à placenta pariétaux. Fruit charnu, polysperme, à loges disparaissant souv. à la maturité.

BRYONIA L. Fl. dioïques (ici.) Cal. à 5 dents. Cor. en cloche. Etam. 5 soudées 2 à 2, la 5e libre. Stigm. 3 bilobés. Baie globuleuse, à 3 loges ord. dispermes.

B. DIOÏCA Jacq. *Bryone, Gros navet.* Rac. très-grosse, charnue. Tige longue, grimpante. Feuil. à 5 lobes, en cœur à la base, calleux-rudes, opposées aux vrilles en spirale. Fl. blanc-jaunâtre, en grappe axill. pédonculée. Fr. rouges, luisants, en corymbe presq. sessile. ♃. jn-jt. Haies. C.

ECBALLIUM Rich. Fl. monoïques. Cal. à 5 div.; tube court. Etam. soudées 2 à 2, la 5e libre; 3 filets stériles très-courts dans les fl. fem. Style 3-fide à stigm. bifides. Fruit à 3 loges polyspermes, se détachant du pétiole à la maturité et lançant avec élasticité par la base les graines mêlées de mucilage.

E. ELATERIUM Rich. *Momordica* L. Hérissé de poils raides, un peu glauque. Tiges tombantes. Feuil. en cœur, obtuses, crénelées, dentées, ondulées, longt. pétiolées, épaisses. Fl. jaune pâle en petits corymbes axillaires, les fem. solitaires. Fruit oblong, penché. ♃. jn-at. Décombres, lieux pierreux, sables. — CHAR.-INF. *Fouras*! (Faye), çà et là vallée de *la Gironde; Oleron*! (Delalande). — DEUX-SÈV. Ville de *Thouars*! (Woods). — VEND.

Ile-d'Elle, *Jard*, *Talmont* (Pontarlier, Marichal), *Triaize* (Ayraud), entre *Beauvoir* et *la Barre*, *Noirmoutier* (Gobert).

PORTULACÉES.

Cal. à 2 sép. ou à 3-5 div. Pét. 3-6 insérés à la base du cal. libres ou un peu soudés à la base. Etam. 3-12 opposées et adhérentes aux pét. ou indéfinies et libres. Ovaire libre ou adhérent à la base du cal. Style 1 ou 0; plusieurs stigm. Caps. 1 loc. s'ouvrant circulairement ou à 3 valves. Plusieurs graines attachées à un placenta central libre.

PORTULACA L. Cal. à 2 div. caduques. Pét. 4-6 insérés sur le cal., libres ou soudés à la base. Etam. 8-15 libres ou adhérentes aux pét. Style à 3-6 stigm. Caps. à 1 loge polysperme, s'ouvrant en travers.

P. OLERACEA L. *Pourpier*. Herbe couchée, succulente. Feuil. en coin allongé. Fl. jaunes, sessiles à l'aisselle des rameaux. Sép. à carène obtuse. ①. j^{n}-a^{t}. jardins, champs cult., sables des rivières. C. — Moins c. au delà de la *Loire-Inf.* — *P. sativa* Haw. *(Pourpier doré)* est cult. pour la cuisine.

MONTIA L. Sép. 2 persistants. Cor. en entonnoir, fendue d'un seul côté jusqu'à la base; limbe à 5 div. dont 3 plus petites. Etam. 3 qqf. 4,5 opposées aux div. de la cor. Style très-court, à 3 stigm. Caps. entourée par le cal. à 3 valves, à 3 graines ponctuées.

M. FONTANA L. Tige rampante ou flottante. Feuil. spatulées, obtuses, opposées. Pédonc. axillaires d'abord penchés, à 1 ou plusieurs petites fl. blanches. ①. mai-j^{t}. Bord des sources, des fontaines. C.

β. *minor*. Plante jaunâtre, dressée; graines

moins finement tuberculeuses, moins luisantes. Moissons, champs sablonneux. C.

PARONYCHIÉES.

Cal. persistant, à 5 div. Pét. 5 petits, en forme d'écailles ou d'étam. avortées, insérés entre les div. du cal. Etam. 3–10 placées devant les div. du cal. Ovaire libre. Styles 2,3 distincts ou plus ou moins soudés. Caps. 1-sperme, indéhiscente ou polysperme, à 3 valves.

CORRIGIOLA L. Cal. à 5 div. égalant la cor. Pét. 5 insérés à la base du cal. Etam. 5. Stigm. 3 sessiles. Caps. trigone, indéhiscente, à une graine suspendue à un funicule capillaire.

C. LITTORALIS L. Rameaux nombreux, filiformes, couchés. Feuil. ovales-lancéolées ou linéaires, glauques; stip. petites, blanchâtres. Fl. petites, blanches, en corymbes feuillés, serrés, terminaux, les latéraux allongés. ①. jt–sept. Champs humides ou sablonneux, vignes, sables marit. C. — AR. et R. au-delà du *Mor*.

HERNIARIA L. Cal. à 5 div. un peu concaves en dedans. Pét. ou écailles 5. Etam. 5 avortant qqf. Style très-court ou 0. Stigm. 2 obtus. Caps. indéhiscente, à une graine, recouverte par le cal.

H. GLABRA L. *Turquette. Glabre à l'œil nu.* Rac. devenant très-épaisse; rameaux nombreux, couchés. Feuil. elliptiques ou oblongues, sessiles. Fl. verdâtres, ramassées en petits paquets axillaires. Graine brune, luisante. ♃. mai–at. Lieux arides et sablonneux. C. — Une forme AC. sur les coteaux et les rocher marit. de la *Bretagne* et qui a les feuil. ovales, charnues, rougeâtres et ciliées, me paraît difficile à distinguer de *H. ciliata* Babington.

H. HIRSUTA L. Diffère du précéd. par les poils raides dont il est couvert et qui lui donnent une teinte jaunâtre. Terres sablonneuses, moissons. Moins C. et souv. ①.

ILLECEBRUM L. Cal. à 5 div. en cornet, cartilagineuses, blanc de neige, terminées en soie. Ecailles ou pét. 5 linéaires. Etam. 2-5. Style très-court. Stigm. 2 en tête. Caps. à 5 valves, à 1 graine luisante, cachée dans le cal.

I. VERTICILLATUM L. Tige couchée, très-rameuse, rougeâtre. Feuil. arrondies, opposées; stip. blanches, scarieuses. Fl. blanches, axillaires, verticillées, sessiles. ①. jt-sept. Lieux humides et sablonneux. C. — RR. dans le calc.

POLYCARPON L. Cal. à 5 div. concaves, carénées, membraneuses au bord. Pét. 5. Etam. 3-5. Styles 3 très-courts. Caps. 1 loc. polysperme, à 3 valves.

P. TETRAPHYLLUM L. Très-rameux, couché. Feuil. obovales, quaternées, celles des rameaux opposées. Stip. scarieuses. Fl. verdâtres, en panic. dichotome, terminale. Etamines 3,4. Pét. blancs. Graines pâles, très-finement ponctuées. ①. mai-at. Vieux murs, haies sèches ou humides, pelouses, coteaux maritimes. AC. — Au-delà de la *Loire-Inf.*, AC. région maritime, R. à l'intérieur.

SCLERANTHUS L. Cal. en cloche, resserré sous le limbe à 5 div. Pét. 0 ou rudimentaires. Etam. ord. 10. Styles 2, à 2 stigm. Caps. très-petite, membraneuse, indéhiscente, cachée dans le cal. qui tombe avec elle à la maturité, à 1 graine suspendue à 1 funicule capillaire naissant de la base.

S. ANNUUS L. Tige pubescente; rameaux dichotomes. Feuil. linéaires, membraneuses et ciliées à la base. *Fl. verdâtres*, en petits corymbes terminaux. *Div. du cal. aiguës, très-étroitement bordées de blanc, ouvertes à la maturité.* ①, qqf. ②. av.-sept. Champs surtout sablon., pelouses, coteaux, talus. CC. — *S. biennis* Reuter ex Sauzé, cat. 29, ne me paraît pas distinct de la forme naine resserrée des pelouses et coteaux secs (var. *collinus* Bréb. fl. norm.)

S. Delorti Gren. *S. verticillatus* Tausch ? *S. pseudopolycarpos* Lacroix ! Bul. soc. bot. 6, p. 558. Port et inflorescence de *S. annuus*, mais plus petit, plus grêle; feuil. divergentes; div. du cal. dressées après l'anthèse, égalant env. le tube; partie saillante de la caps. égalant celle incluse et non pas plus courte. ①. av.-mai. Pelouses sablon. arides du *calcaire*, qqf. avec *S. annuus* parmi lequel on le reconnaît à sa précocité, et à sa couleur vert-jaunâtre. — Deux-Sèv. *Exoudun* (Sauzé, Maillard), *Coulonges-sur-l'Autize*, *S.-Pompain* (Guyon). — A chercher *Char.-Inf.* et *Vend.*

S. perennis L. Tige pubérulente; rameaux dichotomes. Feuil. linéaires, un peu glauques. *Fl. blanches* en petits corymbes terminaux. *Div. du cal. très-obtuses à large bord blanc, fermées à la maturité.* Etam. 10. ♃. mai. Coteaux schist. arides. — Deux-Sèv. Le Puits d'Enfer près *S.-Maixent* ! (A. Guillon), *la Mothe* (Sauzé), *Thouars* ! (Woods), *Argenton-Ch.* R. — Loire-Inf. Env. d'*Ancenis*, c. *Grand-Auverné*; de *Candé* ! à *la Barre-David* (Guiho). RR. — Mor. *Tréhorenteuc*, *Néant* (Le Gall). RR. — Il.-et-V. Ouest de la forêt de *Paimpont* (Le Gall), entre *Amanlis* et *Châteaugiron* (de la Pylaie), *Vitré* (V. Sacher). R.

CRASSULACÉES.

Cal. à 3-20 div. Pét. 3-20, libres ou soudés en cor. 1-pét. insérés à la base du cal. Etam. insérées avec les pét., en nombre égal ou double. Ovaires en nombre égal aux pét., munis à la base d'une écaille nectarifère. Carp. à une loge s'ouvrant longitudinalement en dedans. Graines attachées à la suture. *Herbes à feuil. charnues, sans stip.*

TILLÆA L. Cal. à 3 div. Pét. 3. Etam. 3. Carp. 3, à 2 graines, resserrés entre les graines.

T. MUSCOSA L. Petite plante de 2-4 cent. rameuse, rougeâtre. Feuil. connées. Fl blanchâtres, axillaires, sessiles. ①. mai-jn. Lieux sablonneux battus, coteaux pierreux et surtout sables marit. — CHAR-INF. *Fouras* (Faye), çà et là de *Montendre* à *Montlieu*. — DEUX-SÈV. *Parc-d'Oyron* (Lunel), *Ménigoute* (J. Richard), *Argenton-Ch.* — VEND., LOIRE-INF. et MOR. AC. — FIN. *Quimper*; C. env. de *Brest* (Guiho). — C.-NORD. AC. env. de *S.-Brieuc* (Baron), R. env. de *Dinan* à *Taden*! *Lehon*, l'*Echapt* (Mabille). — IL.-ET-V. *Mont-Dol*, env. de *Cancale* (Gallée), *Poligné* (Letourneux), *Hédé*, tertre de *S.-Germain*, *Bourg-des-Comptes* (herb. Degland), *Ste-Marie* près *Bains* (Moreau), forêt de *Villecartié*.

BULLIARDA DC. Cal. à 4 div. Pét. 4. Etam. 4. Carp. 4 polyspermes s'ouvrant en dedans.

B. VAILLANTII DC. Tige de 3-5 cent. dichotome, radicante aux nœuds infér., rougeâtre. Feuil. linéaires, opposées, plus courtes que les pédonc. axillaires, solitaires. Fl. rosées. ①. mai-jt. Rochers plats où l'eau a séjourné l'hiver. — LOIRE-INF. Entre *Clis* et *Lauvergnac* ! (Letourneux), landes de *la Ménardais*, de *Pierreplate*, env. d'*Ancenis*, de *Candé*, *Grand-Auverné*; *S.-Aubin* (Guiho). R

SEDUM L. Div. du cal. et pét. 5, rar. 4-7. Etam. 10, rar. 4,5. Styles, ovaires et écailles 5, rar. 4. Carp. 1-loc. polyspermes.

* *Fleurs blanches ou rouges.*

S. FABARIA Koch. *Orpin.* Tige simple, de 3-6 déc. *Feuil. planes, ov.-lancéolées*, qqf. obov.-oblong., dentées, entières et en coin à la base, les inf. rétrécies en pétiole. Fl. rouges, en corymbe compact terminal; pét. étalés-recourbés, un peu en gouttière vers le sommet, soudés dans leur tiers inf. avec le filet des étam. Ovaires convexes sur le dos. ♃. j^t–a^t. Bord des haies. AC. — Consultez Boreau, Notes sur *Telephium* 1866 et Jord. icon.

S. CEPÆA L. Tige faible, pubescente. *Feuil.* planes, *spatulées*, obtuses, ord. quaternées. Fl. en panic. allongée, terminale. Pét. blancs, à carène rosée, aristés. ① et ②. j^n–a^t. Haies, vieux murs. C. — R. ou o. au-delà de la *Loire-Inf.* — MOR. R.

S. PENTANDRUM Boreau, *S. villosum pentandrum* Auct. *Plante pubescente-glanduleuse,* de 5–12 cent. Feuil. linéaires-oblongues, planes en-dessus, obtuses. Fl. peu nombreuses, solitaires, pédonculées, en panic. terminale. *Pét.* aigus, 1 f. plus longs que le cal., *rosés*, à carène plus foncée. ①. mai. — CHAR.-INF. Champs sablonneux. *Arvert*! (Lesson), *Montendre*. R.—DEUX-SÈV. *Parthenay* (Janneau), env. d'*Airvault* (Bonnin), env. de *Bressuire*, d'*Argenton-Ch*! *Taizé*! (J. Richard), *Parc d'Oyron* (Lunet), *Thouars* (Toussaints).—VEND. RR. forêt de *Vouvant* (Letourneux.) — LOIRE-INF. Coteaux et rochers schist. d'*Ancenis* à *la Censerie* et *Pouillé* ; *Pont-Enault* (Guiho). R. — 5 étam. dans les lieux secs, 10 sur le bord des ruisseaux.

S. ANDEGAVENSE Desv. *Crassula* DC. Tige dressée, de 1–4 cent., simple à la base, trichotome au sommet. *Feuil.* grosses, *ovoïdes-arrondies*, obtuses, glabres, prolongées à la base. *Fl. à 4 div.* disposées le long des rameaux. *Pét.* aigus, *blanc sale.* ①. 15 av.–15 mai. Coteaux et rochers schisteux. — DEUX-SÈV. *Thouars, Argenton-Ch.* RR. — LOIRE-INF. *La Série* près *Ancenis*, *de la Censerie à Pouillé* R.

S. ALBUM L. *Tige* redressée, couchée à la base ; *rejets stériles rampants* à feuilles lâches. Feuil. linéaires, cylindriques, obtuses, étalées. *Fl. blanches*, en corymbe serré, terminal. Pét. un peu obtus, 3 f. plus longs que le cal. à div. elliptiques, obtuses. Anthères noirâtres. ♃. j^n–j^t. Murs, rochers, lieux pierreux. CC. — Au-delà de LOIRE-INF. MOR. PC. — FIN. O. — Redevient c. env. de *Dinan* et rég.

marit. voisine. — Qqf. le corymbe est contracté par une piqûre d'insecte sur la tige.

S. MICRANTHUM Bast. Très-voisin du précéd., dont il est qqf. difficile de le distinguer, mais ord. 1/2 plus petit; feuil. des rejets stériles rapprochées, celles des tiges fleuries dressées ou étalées, jamais réfléchies, plus courtes, plus renflées. Çà et là, mêmes lieux et moins C. — Au-delà de *Loire-Inf.* MOR. *Coëtsurho*, introduit à *Vannes*! (Taslé).— Reparaît rég. marit. de *S.-Brieuc* à *S.-Malo*.

S. ANGLICUM L. *Tiges nombreuses*, rameuses, *gazonnantes*. Feuil. ovales, obtuses, alternes, glabres, prolongées à la base. Fl. en cyme lâche. Pét. aigus, ouverts en étoile. ♃. jn–jt. Lieux arides, rochers. C. terrains granitiques ou schisteux, surtout dans la région maritime, où, mêlé à *S. acre*, il fait l'ornement des toits de chaume qu'il couvre de ses jolies fl. blanches ou rosées.

S. RUBENS L. *Crassula* L. Pubescent-glanduleux. Feuil. d'abord en tête glauque, linéaires, cylindriq., obtuses, glabres, étalées. *Fl. unilatérales*, sessiles, en cyme. *Pét.* aigus, aristés, *blanc sale*, à carène rougeâtre. *Etam.* 5. *Carp.* *tuberculeux-granuleux*, ovales-lancéolés, long. mucronés, ouverts en coupe; graines striées en long. ①. jn–jt. Terres arides, vignes, vieux talus, murs. C. — MOR. AC. rég. marit. — FIN. R. — AC. env. de *Dinan* et rég. marit. voisine.

* *Fleurs jaunes.*

S. LITTOREUM Gussone; *S. Marichalii* Lloyd. Très-glabre, ord. rougeâtre. Tige de 2–10 cent. pleine, grêle à la base, puis s'élargissant sensiblement jusqu'aux rameaux. Feuil. oblongues, obtuses, rétrécies à la base, épaisses, un peu aplaties en dessus, moins en dessous, prolongées à la base, décroissantes, les premières spatulées, 1, 2 f. quaternées, rapprochées en rosette assez éloignée du bas de la tige. Fl. unilatérales, sessiles le long des rameaux de la cyme recourbés, puis convergents. *Pét.* ovales-lancéolés, aigus, terminés en petite pointe, *jaune-pâle puis blancs*, égalant les sép. dans les fl. inf., 1 f. plus grands dans les autres. Sép. demi-cylindriques, obtus, inégaux, l'un souv. beaucoup plus grand. Etam. 5-10, souv. 5. Anthères violet foncé. Carp. 5 aigus, un peu divergents, lisses. *Annuel*! fin avril. Vieux murs. — VEND. *Sables-d'Olonne*! (Bastard 1809, Marichal). RR. — A retrouver le long de la côte. — Dans les individus nains, la cyme est courte à épis épais, d'abord presq. en paquet, et réduits à 2, 3 fl.

S. ACRE L. *Plante très-piquante au goût*, croissant en gazons serrés. *Feuil. ovoïdes*, bossues, formant 6 rangs serrés sur les tiges stériles. Fl. en cyme courte. Div. du cal. ovales, obtuses, 1 f. plus courtes que les pét. aigus. ♃. jn-jt. Murs, rochers, lieux pierreux, surtout dans la région maritime. C.

S. SEXANGULARE L. *S. boloniense* Lois. Tige redressée. *Feuil. linéaires*, cylindriques, obtuses, prolongées à la base, formant 6 rangs sur les tiges stériles. *Fl. en cyme trifurquée.* Div. du cal. oblongues-linéaires, obtuses. ♃. jn-jt. Lieux pierreux. — LOIRE-INF. Murs du château de *Thouaré*! (Letourneux), *Chantenay*, *Folies-Siffait*, *Oudon*; AC. env. d'*Ancenis*! (Guiho). R.

✕. S. ANOPETALUM DC. Tiges ascendantes de 1-2 déc. Feuil. glauques, cylindracées, un peu comprimées en dessus et en dessous, mucronées, dressées, prolongées à la base, serrées sur les tiges stériles. *Fl.* sessiles *en cyme compacte*, toujours droite, *d'un jaune presque blanc*. Div. du cal. triangul.-lancéolées, 1 f. plus courtes que les pét. lancéolés, dressés. Cyme fructifiée ouverte à rameaux lâches. ♃. jn-jt. Coteaux pierreux calc. — CHAR.-INF. *Chaniers* près *Saintes*! (A. Guillon), de *S.-Savinien*! à *Taillebourg* (Savatier). R. — *Cognac*.

✕. S. ELEGANS Lej. *S. Forsterianum* Smith ex

Chabois. Tiges grêles, rougeâtres à la base, ascendantes, à rejets stériles obconiques, obtus, couverts de *feuil. petites*, serrées, ponctuées, mucronées, celles de la tige très-prolongées à la base, charnues, planes en dessus et en dessous, obtuses avec un petit mucron, *verdâtres*. *Fl. petites, d'un beau jaune*, en cyme serrée. Sép. planes, non épaissis au sommet et sur les bords. Pét. oblongs. Cyme fructifiée oblongue à rameaux droits resserrés. ♃. jn-jt. Rochers schist. — DEUX-SÈV. Château de *Thouars* (Toussaints 1841), et coteaux de *Crevant, Pommier, la Cascade, Butte de Montcoué, Argenton-Ch.*

S. REFLEXUM L. *Tige* dressée, couchée et rampante à la base; *rejets stériles rampants*. Feuil. linéaires, en alène, cylindracées-comprimées, mucronées, prolongées à la base, les inf. qqf. recourbées, vertes. *Fl. en cyme d'abord penchée, à rameaux recourbés, se redressant ensuite*. Sép. qqf. 6,7 lancéolés, aigus, excavés au milieu en dehors. Pét. étalés. ♃. jt. Coteaux, lieux pierreux, murs. — CHAR.-INF. c. dans le N.-E. — DEUX-SÈV. Dans le Sud, env. de *Thouars*, d'*Argenton-Ch.* — LOIRE-INF. D'*Oudon* à *S.-Herblon*, coteaux de la *Divatte*. — C.-NORD. c. *Dinan* et rég. marit. voisine (Mabille).

β. *S. rupestre* L. *S. albescens* Bor. Plus robuste, feuil. glauques. C. — R. au-delà de *Loire-Inf.* — Peut-être distinct de *S. reflexum*, qui pendant 10 ans s'est ressemé dans notre jardin sans changer de forme. — Je ne puis faire une distribution complète des localités de ces deux plantes.

Obs. Etudier et comparer avec *S. rupestre* une plante glauque, moins robuste, croissant dans les sables marit. des *Sables-d'Olonne* et de l'anse du *Perray* (Vend.), avec les caract. suiv. Rejets stériles obtus; feuil. de la tige dressées, cylindracées brusquement mucronées, ponctuées; cyme compacte à rameaux arqués, non scorpioïdes; sép. oblongs, aigus, excavés en dehors au milieu, non renflés, à partie libre 2 f. plus longue que la base; pét. lin.-oblongs, étalés. Ovaires rétrécis en bec assez long égalant les étam.

SEMPERVIVUM L. Div. du cal., pét., carp. et écailles nectarifères 12-18. Etam. en nombre double.

* S. TECTORUM L. *Joubarbe.* Tige pubescente. Feuil. lancéolées, éparses, celles des pousses stériles en rosette, ciliées. Fl. rougeâtres, unilatérales, sessiles sur les rameaux en corymbe. ♃. j[t]. Toits, vieux murs. PC. — DEUX-SÈV. AC. coteau au-delà du moulin de *Crevant* près *Thouars* (Lunet). — VEND. C. rochers du moulin *Martin* près *Château-Guibert* (Lepeltier).

UMBILICUS DC. Cal. à 5 div. Cor. tubuleuse, monopétale. Etam. 10 insérées sur la cor. Ecailles 5. Carp. 5, 1.loc. polyspermes.

U. PENDULINUS DC. *Cotyledon Umbilicus* β. L. *Gobelets.* Rac. tubéreuse. Tige simple. Feuil. inf. orbiculaires, peltées, ombiliquées, crénelées, celles de la tige en coin. Fl. blanc-jaunâtre, pendantes, en long épi terminal qqf. rameux à la base. ♃. mai-j[n]. Vieux murs, rochers, haies. CC.—RR. dans le calc. — CHAR.-INF. *Moëze!* (Hubert), *Varzay* (Brunaud), *Pont-l'Abbé, île de Ré!* — DEUX-SÈV. C. *la Mothe* (Sauzé), CC. *S.-Jouin, Airvault, S.-Generoux, Marnes* (Brottier), *Thouars!* (Guettard).

GROSSULARIÉES.

Cal. adhérent à 4,5 div. Pét. et étam. 4,5 insérés à la gorge du cal. Style 2-4 fide. Baie 1.loc. polysperme, couronnée par le cal. marcescent. *Arbrisseaux à feuil. alternes.*

RIBES L. Voir la famille. Pét. très-petits.

R. RUBRUM L. *Castillier.* Feuil. en cœur à la base, à 3 ou 5 lobes obtus, crénelés-dentés, pubescentes en dessous. Fl. vert-jaunâtre, ord. rougeâtres au milieu, en épis pendants. Bractée tronquée, bien plus courte que le pédic. Baie rouge. Av. Haies fraîches, bords boisés des ruisseaux. — DEUX-SÈV. *Thouars* au bord du Thouet (Lunet), *S.-Loup* au bord du Cébron et du Thouet (Guyon). — LOIRE-INF. Çà et là d'*Oudon* à *Ingrande*! bords de *la Divatte*! (Guiho), près le bois *de la Pipe à Châteaubriant* (Moride). — C.-NORD. *Léhon*, forêt de *Coëtquen* (Mabille).

Obs. On rencontre qqf. dans les haies, autour des habitations, *R. Uva crispa* L. *Groseillier*, échappé des jardins; il a les rameaux nombreux, à épines ternées, les feuil. arrondies à 3,5 lobes incisés-dentés, les pédonc. à 1,2 fl., les baies glabres. M. Guiho assure l'avoir vu dans la *forêt du Gâvre* et dans la futaie de *Bruc* (Loire-Inf.).

SAXIFRAGÉES.

Cal. à 4,5 div. persistant, adhérent ou libre. Pét. 4,5 insérés sur le cal. rar. 0. Etam. 8,10 libres, insérées sur le cal. Styles 2, rar. 4,5 persistants; stigm. dilatés au sommet. Caps. polysperme, terminée par 2 pointes, à 1,2 loges s'ouvrant par un trou entre les pointes ou de la base au sommet.

SAXIFRAGA L. Cal. à 5 div. Pét. 5. Etam. 10. Styles 2. Caps. à 2 loges polyspermes, s'ouvrant par un trou entre les styles.

S. GRANULATA L. Rac. garnie de petits tubercules. Tige pubescente-visqueuse au sommet. *Feuil. inf. réniformes*, crénelées-lobées, à pétiole en gouttière. Fl. blanches, assez grandes, en panic. peu garnie. ♃. mai. Coteaux secs, prés, bord des fossés. — DEUX-SÈV. c. coteaux, bois, prés, pelouses de l'arrondt de *Melle* (Sauzé, Maillard), *Thouars*! (Bastard), c. *Airvault* et env. (Bonnin), cc. *S.-Jouin* (Brottier), *S.-Loup* (Guyon), *Châtillon-sur-Sèvre* (Letourneux), cc. *Parthenay*! (Janneau). — VEND. AC. *Fontenay* (Letourneux); *Cheffois*, *Mervent* (Gobert), *Treize-Vents* (Soulard), *Ste-Hermine* (Grammont), c. env. de *Mortagne* (Genevier). — Loire-Inf. *Getté* (Pesneau), *de Gétigné* à *Tiffauges* (Le Boterf), *Clisson*. R. — Mor. Rochers de l'île de *Groix* ! (Thépault). RR.

S. tridactylites L. Tige pubescente-visqueuse, de 5-10 cent. *Feuil. en coin, à 3 lobes*, les rad. spatulées, entières ou trifides. Fl. blanches, petites, axillaires et terminales. ①. av.-mai. Murs, sables, surtout maritimes.

CHRYSOSPLENIUM L. Cal. adhérent, à 4 div. coloré. Cor. 0. Etam. 8 insérées autour d'un disque glanduleux. Styles 2. Caps. 1 loc. polysperme, à 2 becs, à 2 valves s'ouvrant au sommet.

C. oppositifolium L. Plante délicate, gazonnante. Tiges radicantes à la base. Feuil. presque orbiculaires, en coin ou tronquées à la base, un peu crénelées, opposées, pétiolées. Fl. jaunâtres, en corymbe terminal, feuillé. ♃. av.-mai. Bords couverts des ruisseaux d'eau vive. — Deux-Sèv. *L'Absie* (A. Guillon), *Château-Tison*, *Chambrille* et env. (Maillard). — Vend. AC. env. de *Napoléon* ! ; *Chantonnay*, aux bords du Lay, *Puymaufrais* (Pontarlier, Marichal), AC. forêt de *Vouvant* (Letourneux), *Bourneau* (Ayraud), AC. env. de *Mortagne* (Genevier). — Bretagne. AC.

OMBELLIFÈRES.

Cal. adhérent à l'ovaire; limbe à 5 dents ou à peu près nul. Pét. et étam. 5 insérés sur le bord du cal. Ovaire à 2 loges. Styles 2 dilatés en un disque *(stylopode)* épigyne. Fruit à 2 carpelles ou *méricarpes* soudés avec la moitié du cal., d'abord réunis par leur face interne *(commissure)*, puis se séparant de bas en haut et restant suspendus à un axe central *(carpophore)* filiforme, ord. bipartit. Chaque carp. est muni sur le dos de 5 côtes principales et qqf. de 4 autres secondaires. Intervalles *(vallécules)* entre les côtes garnis d'un ou plusieurs *canaux résineux* (bandelettes). *Plantes herbacées* (ici); *feuil. ord. divisées, à pétiole engaînant; fl. en ombelle ord. composée, souv. munie* d'involucre et d'involucelle.

Obs. Pour l'étude de cette famille difficile, les fruits murs sont indispensables. — Dans tous les genres où le bord du cal. est peu apparent, j'ai omis l'énonciation de ce caractère.

I. *Ombelles simples.*

HYDROCOTYLE L. Pét. ovales, entiers, aigus, droits. Fruit comprimé, à 2 lobes. Carp. à 5 côtes filiformes, les 2 intermédiaires plus saillantes, arquées. *Ombelle imparfaite.*

H. VULGARIS L. Plante délicate ; tiges rampantes. Feuil. orbiculaires, peltées, nervées, largement crénelées ; pétiole poilu. Fl. petites, blanches ou un peu rosées, en 1, 2 paquets sur un pédonc. axillaire. ♃. jⁿ-sept. Marais, bord des étangs. CC.

ERYNGIUM L. Cal. à 5 fol. épineuses. Pét. dressés, connivents, échancrés, à longue pointe courbée en dedans. Fruit ovale, sans côtes, hérissé d'écailles. Fl. en tête sur un récept. garni de paillettes, entouré d'un involucre épineux. *Feuil. épineuses.*

E. CAMPESTRE L. *Chardon Roland.* Feuil. coriaces, veinées en réseau, 1-2 f. ailées, décurrentes sur le pétiole, celles de la tige embrassantes à oreillettes larges. Fl. blanchâtres, en tête plus courte que les *fol. linéaires, entières de l'invol. Paillettes simples.* ♃. j^t-sept. Terrains arides ou sablonneux, sables maritimes. C. — PC. Bocage des *Deux-Sèv.*, de *la Vend.* et intérieur de *la Bretagne.*

E. MARITIMUM L. Glauque-blanchâtre. Feuil. coriaces, veinées en réseau, les rad. entières ou plissées-lobées, celles de la tige sinuées-lobées, embrassantes. Fl. bleuâtres, en tête plus courte que les *fol. sinuées-dentées de l'invol. Paillettes trifides.* ♃. j^n^-sept. Sables maritimes. C.

E. VIVIPARUM Gay an. sc. nat. 1848 p. 28. t. 11, *E. pusillum* Le Gall flore. *Petite plante couchée*, de 3-6 cent. Souche courte, tronquée, à rac. nombreuses. Plusieurs tiges couchées, naissant autour d'une ombelle radic., dichotomes, portant une ombelle à l'aisselle de chaque bifurcation, rameaux divergents. Feuil. rad. en rosette, lancéolées, incisées-épineuses ou pinnatifides-épineuses, les ext. plus étroites, dentées, rétrécies en pétiole entier. Feuil. de la tige pinnatif. à 3-5 lobes incisés-épineux, le terminal très-grand. Fol. de l'invol. 5 lancéolées, dentées-épineuses. Paillettes entières ou à une seule épine, dépassant les fl. peu nombreuses, bleu clair, à anthères jaune-blanchâtre. Fruit muni, surtout vers le sommet, de petites écailles non ponctuées. ♃. j^t^-a^t^. Pâtures planes, stériles, à terre compacte très-mouillée l'hiver. — Mor. Entre *Ploémel* et *Erdeven* (Hémont 1832, Toussaints), *Séné près Vannes* ! (Pontarlier), c. dans qq. localités. R. — Vers l'automne, au collet de la plante, en dedans des feuil. il se développe une ou plusieurs rosettes de feuil., qui font paraître latérales les tiges fructifères. Ces rosettes jettent plusieurs rac., tandis que celles qui ont porté les tiges se dessèchent et meurent avec elles. A la même époque, et dans les années humides, une rosette semblable naît à l'aisselle des feuil. supér.

SANICULA L. Cal. à 5 dents. Pét. dressés, connivents, échancrés, à pointe longue pliée en dedans. Fruit ovale-globuleux. Carp. sans côtes, hérissés d'aiguillons crochus, ne se séparant qu'à la parfaite maturité.

S. EUROPÆA L. *Sanicle*. Tige simple. Feuil. palmées à 5 lobes trifides, dentés, vert foncé, luisant. Fl. blanches, en ombellules globuleuses. Etam. longues. ♃. mai-j^n^. Bois. AC.

II. *Ombelles composées.*

A. *Feuilles simples.*

BUPLEVRUM L. Pét. presque arrondis, entiers, courbés. Fruit ovale ou arrondi, comprimé. Carp. à 5 côtes égales, ailées, filiformes ou presque 0. *Fl. jaunes.*

B. TENUISSIMUM L. *Rameaux* couchés, *filiformes.* Feuil. linéaires-lancéolées, acuminées. Ombelles petites, nombreuses, les terminales à 3 rayons inégaux, les latérales incomplètes. *Carp. granuleux-jaunâtres,* à côtes sinuées-plissées. ①. jt-sept. Terres arides, bord des chemins. C. région maritim. et calc. jusq. à la *Vilaine.* — MOR. PC. rég. marit. — C.-NORD. *S.-Jacut, S.-Sulliac* (Mabille).

X. B. AFFINE Sad. *Plante* de 3-4 déc. *grêle,* raide, *dressée;* rameaux effilés. Feuil. linéaires-lancéolées, acuminées, à 3 ou 5 nervures. Ombelles lâches, les terminales à 5-7 rayons très-inégaux, les latérales moins nombreuses à 1,2 rayons. Fol. de l'involucelle acuminées-en alêne, dépassant l'ombellule à 3-5 *fruits lisses,* plus longs que leur pédicelle. Fol. de l'involucre à env. 5 fol. ①. jt. — DEUX-SÈV. Coteaux arides, *Thouars* (Revelière), forêt de *Chizé* (Dussouchaud). RR. — VEND. Buissons dans les sables marit. aux env. des *Sables-d'Olonne* (Pontdevie, Rossignol). RR. — LOIRE-INF. Dunes herbeuses du moulin de Tarron en *S.-Michel-en-Retz* (Ledantec). RR. — Les individus maigres ont les rameaux courts, appliqués (*B. affine* Jord. pug.); les pieds plus robustes ont les rameaux allongés, étalés-ascendants (*B. Jacquinianum* Jord.); ces deux formes croissent aux *Sables-d'Olonne.*

B. ARISTATUM Bart. *B. Odontites* fl. fr. Tige dichotome, de 2-10 cent. à rameaux étalés. *Feuil. linéaires-lancéolées,* à 3 nervures. Fol. de l'involucelle 5 opaques, dépassant les fl., ovales-lancéolées, *en arête*, à 3 nervures ramifiées latéralement. Pédic. surtout celui du milieu, plus court que la fl. ①. jn-jt. Sables, pelouses et coteaux maritimes. — AC. surtout au midi de *la Loire*. — A l'intérieur : coteaux, lieux pierreux. — CHAR.-INF. PC. — DEUX-SÈV. Env. de *Dœuil, S.-Loup, Airvault, Thouars*.

✗. B. FALCATUM L. Tige de 3-9 déc. dressée, flexueuse, rameuse, surtout dans le haut. *Feuil. inf. un peu arquées, lancéolées*, rétrécies en pétiole, les sup. linéaires-lancéolées à 5,7 nervures. Fol. de l'involucre inégales, celles de l'involucelle cuspidées plus courtes que les fl. Fruit ridé-strié. ♃. at-sept. Champs, vignes, coteaux, bord des bois, dans le calc. — CHAR.-INF. N.-est du départ. — DEUX-SÈV. *Mauzé* (A. Guillon), *Paizay* (Sauzé), bord de la forêt de *Chizé* (Lemarié), *Airvault* (Bonnin), AC. *S.-Loup* ! (Guyon), *S.-Martin-de-Sanzay* (Pellier), *Tourtenay* (Lebrun).

✗. B. PROTRACTUM Link. Un peu glauque ; rameaux divariqués. *Feuil.* sup. ovales, mucronées, *connées*. Ombelle sans invol. à 2,3 rayons. Fol. de l'involucelle ovales, mucronées, jaunes, toujours très-étalées. *Fruit granuleux*. ①. jn. Champs et moissons du calc. — CHAR-INF. C. — DEUX-SÈV., VEND. AC.

✗. B. ROTUNDIFOLIUM L. Diffère du précéd. par les feuil. plus arrondies, l'ombelle à 5-8 rayons, les fol. de l'involucelle vertes, redressées sur les fruits lisses, plus petits. ①. jn. Mêmes lieux. — CHAR-INF. Moins C. — DEUX-SÈV. AC. — VEND. *Chaillé-les-Marais* ! (Letourneux). RR.

B. *Feuilles composées.*

a. *Fruit allongé ou en alène.*

SCANDIX L. Pét. inégaux, obovales, tronqués, à pointe courbée. Fruit comprimé latéralement, à bec très-long. Carp. à 5 côtes égales, obtuses, les latérales placées au bord.

S. PECTEN VENERIS L. Tige pubescente. Feuil. 2-3.f.ailées à fol. linéaires, aiguës. Involucre 0 ou à 1 fol. pinnatifide. Ombelle à 2,3 rayons. Fol. de l'involucelle 2-3.fides ou entières. Bec des carp. comprimé par le dos, hérissé d'aiguillons sur chaque côté. ①. mai-jn. Moissons. CC.

CHÆROPHYLLUM L. Pét. obovales, échancrés, à pointe courbée. Fruit comprimé latéralement, sans bec. Carp. à 5 côtes égales, obtuses, les latérales placées au bord. Vallécules à 1 canal.

C. TEMULUM L. Tige de 6-10 déc. sillonnée, hérissée et tachée de brun, surtout dans le bas, pubescente dans le haut, renflée sous les nœuds. Feuil. d'un vert sombre, 2 f. ailées; fol. incisées-lobées, à lobes obtus, mucronulés. Involucre 0 ou à 1 fol. Fol. de l'involucelle ovales-lancéolées, acuminées, ciliées. Fl. blanches, ombelle pédonculée d'abord penchée. ②. mai-jt. Haies. CC.

ANTHRISCUS Pers. Pét. obovales, échancrés, à pointe courbée ou 0. Fruit contracté latéralement, terminé en bec court à 5 côtes. Carp. presque cylindriques, sans côtes. *Fl. blanches.*

A. SYLVESTRIS Hoffm. *Chærophyllum* L. Tige de 6-10 déc. sillonnée, velue à la base, glabre dans le haut, un peu renflée sous les nœuds pubescents. Feuil. 2-3 f.ailées à fol. allongées, incisées-dentées. Involucre 0. Fol. de l'involucelle ovales, acuminées, ciliées, réfléchies. *Carp. linéaires, lisses, à bec peu sensible.* ♃. mai-jt. Haies. Moins C. que *Chærophyllum temulum* auquel il ressemble.

Obs. A. Cerefolium Hoffm. *Scandix* L. *Cerfeuil*, se trouve qqf. dans les haies autour des habitations. Ses feuil. sont aromatiques, 2-3 f. ailées à fol. ovales, incisées-pinnatifides; l'ombelle est latérale, sessile ou pédonculée, le *fruit linéaire, lisse, 1 fois plus long que le bec sillonné.* ①. Cult.

A. VULGARIS Pers. *Scandix Anthriscus* L. *Caucalis*

scandicina Roth. Tige très-rameuse, glabre. Feuil. molles, 3 f. ailées à fol. pinnatifides; pétiole poilu; gaîne ciliée. Involucre 0. Fol. de l'involucelle ovales-lancéolées, acuminées, ciliées, unilatérales. *Fruit ovale-oblong, hérissé d'aiguillons crochus, blanchâtres*. Style droit, très-court. ①. mai-jn. Décombres. AC. — Plus c. en approchant de la mer et dans le calc.

b. *Fruit hérissé.*

TORILIS Gært. Cal. à 5 dents. Pét. obovales, échancrés, à pointe courbée. Fruit contracté latéralement. Carp. à 5 côtes principales garnies d'aiguillons, les secondaires cachées par les aiguillons des vallécules. *Fl. blanches*.

T. ANTHRISCUS Gmel. *Tordylium* L. *Tige* rameuse, *élancée*, à poils couchés, dirigés en bas. Feuil. 2 f. ailées à fol. incisées-dentées, la terminale lancéolée. Ombelle longuement pédonculée. *Involucre à 4,5 fol. linéaires. Aiguillons du fruit courbés, aigus*. ②. jn-at. Haies, buissons, bois, champs incultes. C.

T. HELVETICA Gmel. *Caucalis arvensis* Huds. *Rameaux étalés*, à poils couchés, dirigés en bas. Feuil. 1-2 f. ailées à fol. incisées-dentées, la terminale qqf. plus allongée. Ombelle long. pédonculée, dressée avant l'anthèse. *Involucre 0 ou à 1 fol. membraneuse. Aiguillons du fruit terminés en tête hérissée*. ①. jt-at. Champs incultes, bord des haies. C.

T. HETEROPHYLLA Guss. Tige de 4-8 déc. à poils couchés, dirigés en bas. Feuil. inf. 2 f. ailées à fol. incisées-dentées, les moyennes à 3 fol. lancéolées, incisées-dentées, les sup. simples, entières ou dentées. Ombelle longuement pédonculée, penchée avant l'anthèse, à 3, rar. 4 rayons. Involucre 0 ou à 1 fol. Fl. petites. *Carp. extérieur à aiguillons terminés en tête hérissée, ceux du carp. int. courts, tuberculeux*. ①. mai jn. Haies, buissons, décombres. — CHAR.-INF. *Fouras, Broue, le*

Douhet. — DEUX-SÈV. *Thouars* ! (Revelière), la *Couarde* en *Goux*, *la Mothe* (Sauzé), *S.-Maixent*, *Luzay*. — VEND. *Fontenay* ; *Napoléon*, çà et là de *Luçon* à *Talmont* (Pontarlier), *Mouilleron en Pareds* (Gobert).—LOIRE-INF. *Ancenis* ! (Letourneux), *Paimbœuf*. —MOR. *Vannes* ! et env. ! *Sarzeau* (Taslé).

T. NODOSA Gært. *Tordylium* L. *Caucalis nodiflora* Lam. Tige faible, étalée. Feuil. 2 f. ailées à fol. étroites. *Ombelle* simple, *presque sessile, opposée à la feuil*. Fruits du centre de l'ombelle tuberculeux, ceux de la circonférence hérissés partout d'aiguillons crochus ou seulement sur le carp. ext. ①. jn-at. Murs, rochers, décombres, surtout au bord de la mer. AC. — R. à l'intérieur au delà de *Loire-Inf*.

CAUCALIS Hoffm. Cal. à 5 dents. Pét. obovales, échancrés, à pointe courbée, les ext. rayonnants, bifides. Fruit un peu comprimé latéralement. Carp. à 5 côtes principales garnies de soies ou de petits aiguillons, les 4 secondaires plus élevées, garnies de longs aiguillons et couvrant chacune un canal.

✗. C. DAUCOÏDES L. Tige striée-cannelée, hispide à la base ; rameaux divariqués. Feuil. 2-3 f. ailées à lobes linéaires, aigus. Ombelle à 3 rayons, ombellules à 3 fl. fertiles. Involucre 0 ou à 1 fol. Fl. rosées. Aiguillons du fruit lisses, crochus au sommet, sur un rang. ①. jn. Moissons du calc. — CHAR-INF., DEUX-SÈV. C. — VEND. *Chantonnay*, *Bazoges*, AC. Plaine par localités (Pontarlier, Letourneux), la *Grande Rhé* près *Vouvant* (Gobert). — LOIRE-INF. RR. *Machecoul*.

TURGENIA Hoffm. Caract. du *Caucalis*. Fruit contracté latéralement, à 9 côtes chargées de 2-3 rangs d'aiguillons, les 2 latérales muriquées, placées dans le plan de la commissure. *Invol. et involucelles polyphylles*.

✗. T. LATIFOLIA Hoffm. *Caucalis* L. hispide. Tige raide. Feuil. ailées, fol. oblongues-lancéolées, incisées-dentées en scie, décurrentes. Fl. blanches, rosées ou rouges en ombelle à 3 rayons. Aiguillons du fruit rougeâtres. ①. j^n. Champs et moissons du calc. — CHAR.-INF., Deux-SÈV. C. —VEND. AC. Plaine et Iles (Pontarlier et Marichal), la *Grande Rhé* (Gobert).

ORLAYA Hoffm. Caract. du *Daucus*, les 4 côtes secondaires armées de 2-3 rangs d'aiguillons et couvrant chacune un canal.

X. O. GRANDIFLORA Hoffm. *Caucalis* L. Tige de 1-3 déc. rameuse dès la base; rameaux ouverts. Feuil. inf. 2,3 f. ailées à lobes linéaires, aigus, un peu rudes au bord. Invol. et involucelles à fol. lancéolées, à 3 nervures, membraneuses au bord, mucronées. Fl. blanches à pét. ext. très-grands. Aiguillons du fruit crochus. ①. j^n-a^t. Moissons du calc. — CHAR.-INF. *Jonzac* (de Beaupreau), *Surgères* et env., *l'Houmée* (Faye), *Saintes* (A. Guillon), *Laleu* (Hubert), *Beauvais*! (Savatier), *Archiac*, *Montlieu* (de Meschinet). — DEUX-SÈV. *Thouars*! et env.! (Bastard), *S.-Martin-de-Sanzay* (Pellier), *Airvault*! *S. Jouin* (Bonnin). — VEND. c. l'*Abbé* près *Nalliers* (Mlle Poey Davant, Ayraud), *Fontenay* (Letourneux), *le Mureau* près *Luçon* (Lepeltier), la *Grande Rhé* (Gobert).

DAUCUS L. Cal. à 5 dents. Pét. obovales, échancrés, à pointe courbée, les extér. rayonnants, bipartits. Fruit comprimé par le dos, à 5 côtes principales filiformes, hérissées de soies divergentes, les 2 latérales placées à la commissure, les 4 secondaires plus grandes, à une rangée d'aiguillons soudés à la base. *Fol. de l'involucre pinnatifides.*

D. CAROTA L. *Carotte.* Rac. en fuseau. Tige hispide ou rude, rameaux ouverts à angle de 45 degrés. Feuil. 2-3 fois ailées à lobes lancéolés, acuminés. Fl. blanches, la centrale pourpre foncé et stérile. Ombelle à rayons nombreux, redressés à la maturité et la rendant concave. Aiguillons du fruit ovale-elliptique égalant presque son diamètre transversal. ②. jn-oct. Champs, talus, prés, pâturages. CC.

D. GUMMIFER Lam. *D. maritimus* With. et anglor. *D. hispidus* Le Gall flore ! *D. Carota v. hispidus* fl. Loire-Inf. Rac. pivotante. Tige courte, épaisse, très-hispide, en zig-zag ; *rameaux étalés*, très-hispides surtout à la base ainsi que les pédonc. Feuil rad. et inf. ovales-triangulaires, ailées ; fol. pinnatif. lobes ovales, à dents obtuses, mucronées, velues sur les nervures et le rachis, glabres du reste et même *luisantes*, épaisses. Fl. blanches. Ombelle à rayons nombreux plus longs que l'involucre à la fin réfléchi, redressés à la maturité et la rendant plus ou moins concave. Aiguillons du fruit ascendants, confluents à la base, plus courts que son diamètre transversal. ②. jn-jt. Grands rochers maritimes. AC. par localités depuis *la Vilaine* jusqu'à *Cancale*. — LOIRE-INF. *Pointe de Chemoulin* ; rochers du *Pouliguen* (Ledantec), *Ile Leven* (Bureau). R. — La longueur des aiguillons du fruit est très-variable ; ils sont qqf. réduits à de simples tubercules, et les côtes forment alors une crête dentée. Le pourtour des carp., en y comprenant les aiguillons, est presq. elliptique, tandis qu'il est presq. arrondi dans *D. Carota*.

Obs. M. Le Gall, flore du Mor. p. 224 décrit une autre espèce sous le nom de *D. maritimus* Lam. *D. parviflorus* Lois ? avec les caract. suiv. « Tige rameuse dès la base à rameaux rapprochés plus ou moins ouverts, un peu scabres. Feuil. glabres ou presq. glabres, assez luisantes, les inf. et rad. bipinnées, fol. à lobes oblongs ou linéaires-oblongs, faiblement mucronés, les autres feuil. pinnées à fol. souv. allongées-spatulées. Ombelle très-longuement pédonculée, légèrement convexe, à rayons assez nombreux, rapprochés après la fleuraison, sans être serrés, les ext. un peu plus longs que les autres, mais ne dépassant pas l'involucre. Fl. très-petites, blanches ou rougeâtres. Fruits ovoïdes à aiguillons ord. assez courts, rapprochés, ascendants. Eté. Ne croît pas comme *D. hispidus* (Le Gall) dans les fissures des rochers maritimes ou sur les pelouses entre ces rochers, mais dans les sables maritimes ou sur les terrains rocailleux-sablonneux très-voisins de la mer et produisant qq. petits arbrisseaux. » Je l'ai cueilli à *Belle-Ile*, *S.-Gildas-de-Ruiz*, au-dessus des grottes de *Morgat*, etc., sur la côte de *la Bretagne*.

Aberr. Anthriscus vulgaris.

c. *Fruit dont le diamètre transversal égale ou dépasse la largeur de la commissure.*

APIUM L. Pét. ovales-arrondis, entiers, à pointe courbée. Stylopode déprimé. Fruit presque globuleux, comprimé latéralement, à 5 côtes filiformes, égales, les latérales placées au bord, vallécules à 1 canal. Carpophore entier. *Invol. et involucelles* 0.

A. GRAVEOLENS L. *Ache*. Tige de 3-8 déc. cannelée. Feuil. inf. ailées à fol. presque rhomboïdales, dentées-lobées, les sup. ternées à fol. trifides, incisées, en coin à la base. Fl. blanchâtres, en ombelle à l'aisselle des rameaux et des feuil. Fruit petit. ②. j^n^-sept. Bord des étiers, des marais salants, des ruisseaux, des sources et dans les rochers humides aux bords de la mer. C. — Cult. au pied des chaumières pour ses feuil. que l'on mange vertes ou que l'on applique sur les meurtrissures. Une var. à rac. épaisse (*céléri*) est cult. pour la table.

PETROSELINUM Hoffm. Pét. arrondis, entiers, à pointe courbée. Stylopode convexe, un peu conique. Fruit ovale, contracté latéralement. Carp. à 5 côtes filiformes, égales, les latérales placées au bord. Vallécules à 1 canal. Carpophore bipartit.

P. SEGETUM Koch, *Sison* L. *Sium* Lam. Rameaux filiformes, grêles, presque nus. Feuil. inf. ailées à fol. ovales, incisées-dentées en scie, les sup. presq. simples. Ombelle et ombellule à rayons très-inégaux. Involucre à 3 fol. linéaires. *Fl. blanches.* ①. j^t–a^t. Champs incultes, lieux pierreux ou argileux, bords des chemins. — CHAR.-INF. C. — DEUX-SÈV. *Niort* (A. Guillon), c. *la Mothe* (Sauzé), *Frontenay, S.-Pompain* (Guyon), *Parc d'Oyron* (Lunet). — VEND. c. toute la côte et le calc., R. ailleurs (Pontarlier, Marichal, Letourneux). — LOIRE-INF. *Copchoux* (Pesneau), *Ancenis, Varades*, bord des fossés de *Buzay à S.-Brevin, Pornic, Pouliguen, les Régats en Clis, Bergon.* PC. — MOR. *Belle-Ile ;* » *Quiberon, Lorient* (Le Gall) » *S.-Gildas* (Pontarlier). R. — FIN. *S.-J.-Plougastel, Trézien, Plonivel, Plovan* etc. AR. (Crouan). — C.-NORD. Côteaux du *Goüessant*; bords de la Rance de *Taden* à l'Écluse (Mabille). — IL.-ET-VIL. Bords de *la Rance* à *S.-Malo* (Guinard), et à *S.-Ideuc* (Mabille), calc. de *Rennes* (Herb. Dégland).

* P. SATIVUM Hoffm. *Apium Petroselinum* L. *Persil.* Tige striée. Feuil. luisantes, les inf. 2 f. ailées à fol. rhomboïdales, trifides et dentées, les sup. ternées à fol. lancéolées, entières ou 3-fides. *Fl. jaunâtres*, en ombelle pédonculée. ②. j^n–a^t. Çà et là rochers, murs, surtout aux bords de la mer, et cult. pour la cuisine. — Varie à fol. toutes linéaires, allongées.

TRINIA Hoffm. Fl. dioïques ou monoïques. *Mâl.* pét. lancéolés, contractés en lanière roulée en dedans; *fem.* ou *herm.* pét. ovales, à pointe courte, fléchie en dedans. Fruit ovale, comprimé latéralement. Carp. à 5 côtes filiformes, un peu saillantes, égales, les latérales placées au bord. Un canal dans l'intérieur de chaque côte. *Invol. et involucelles 0 ou à 1 fol.*

X. T. VULGARIS DC. prod. *Pimpinella dioica* L. Rac. pivotante, épaisse, chevelue au collet par les nervures des feuil. détruites. Tige de 1–3 déc. à rameaux étalés. Feuil. 2 f. ailées, fol. à lobes linéaires. Fl. blanches en ombelles nombreuses pédonculées. Pédic. des fruits très-inégaux. ②. mai-jn. Coteaux et lieux pierreux du calc. — CHAR.-INF. De *Meschers* à *Royan;* pointe du *Chay; la Repentie, Dœuil,* c. bois de *Surgères* et de *Benon; île de Ré.* — DEUX-SÈV. R. Bois du Mai à *S.-Jouin* (Brottier); AC. *S.-Loup*! (Guyon), *Airvault*! (Bonnin). R.

CICUTA L. Cal. à 5 dents. Pét. en cœur renversé, à pointe courbée. Fruit presque globuleux, comprimé latéralement. Carp. à 5 côtes obtuses, égales, les latérales placées au bord. Vallécules à 1 canal presq. aussi saillant que les côtes. *Involucre* 0.

C. VIROSA L. Tige de 5-8 déc. rameuse, robuste, cannelée, creuse. Feuil. 2-3 f. ailées à fol. linéaires-lancéolées, dentées en scie. Ombelle opposée à la feuil. Involucelle à fol. linéaires. Fl. blanches. ♃. jt-at. — LOIRE-INF. C. marais de l'*Erdre*.

CONIUM L. Pét. en cœur renversé, à pointe courbée. Fruit ovale, comprimé latéralement. Carp. à 5 côtes ondulées-crénelées, les latérales placées au bord. Canaux 0.

C. MACULATUM L. *Ciguë.* Fétide. Tige de 6-15 déc. marquée, surtout dans le bas, de taches brunes. Feuil. inf. 3 f. ailées; fol. pinnatifides à lobes dentés, mucronés. Rayons de l'ombelle inégaux. Fol. de l'involucelle à 3 fol. unilatérales. Fl. blanches. ②. jn jt. Haies, lieux pierreux. C.

BIFORA Hoffm. Pét. obovales, échancrés, à pointe courbée. Fruit didyme. Carp. globuleux-renflés, rugueux. Canaux 0. Commissure percée de 2 trous. *Invol. et involucelles à 1 fol.*

X. B. TESTICULATA Spr. *Coriandrum* L. Fétide. Tige à angles aigus. Feuil. 1-2 f. ailées; fol. pinnatifides à lobes linéaires, divariqués, apiculés. Ombelle à 1-3 rayons; ombellule à 2,3 fl. blanches, anthères brun foncé; pét. presq. égaux. Fruit échancré à la base, terminé au sommet par un mamelon conique. ①. fin mai et jn. Moissons du calc. — CHAR.-INF. AC. — DEUX-SÈV. *Niort*! *Chizé* (A. Guillon); env. de *Dœuil; la Mothe* (Maillard), *Vanzay, Rom, Ste-Soline* (Guyon), *Thouars*! (Lunet). — VEND. AC. S.-est de la Plaine et Iles hautes (Pontarlier, Letourneux).

SMYRNIUM L. Pét. ovales, entiers, acuminés, à pointe courbée. Fruit globuleux, comprimé latéralement. Carp. réniformes, à 3 côtes.

S. OLUSATRUM L. Tige de 6-12 déc. robuste, sillonnée. Feuil. grandes, 2-3 f. ailées, les sup. ternées à fol. grandes, ovales, dentées; gaîne du pétiole large, membraneuse. Involucre 0. Fol de l'involucelle courtes. Fl. jaune pâle. Fruit gros, noir à la maturité. ②. jn-jt. Haies, décombres, surtout en approchant de la mer. — CHAR.-INF. *Mortagne* (A. Guillon), *Brouage* jusqu'à *la Rochelle; Ile-de-Ré; Dolus* (Delalande), *Saintes; Taillebourg* (Pinatel). — DEUX-SÈV. *Tourteron, Prahecq* (Guyon), *Thouars* (Lunet). — VEND. *Chaillé les M., Mareuil, Talmont, Sables-d'Olonne*! dunes de *S.-J.-de-Monts, Challans* (Marichal, Pontarlier), *Commequiers, Apremont* (Gobert), *Mouzeuil* (Lepeltier), *Ile-d'Yeu*. — LOIRE-INF. *Donges, S.-Joachim, Croisic, S.-Viaud, Pornic, S.-Léger, Arthon, Fresnay, S.-Aignan* et *Pont-S.-Martin*, etc. PC. — MOR. *Houat, Hœdic, Belle-Ile*, AC. tous les env. de *Vannes*. — FIN. *Pont-l'abbé, îles Glénans*, env. de *Brest*! (Bonnemaison), *Ploudalmézeau, Landéda* (Crouan), île de *Batz*.

HELOSCIADIUM Koch. Bord du cal. à 5 dents ou peu apparent. Pét. ovales, entiers, à pointe courbée ou droite. Fruit ovale ou oblong, comprimé latéralement. Carp. à 5 côtes égales, les latérales placées au bord. Vallécules à un canal. Carpophore entier, libre. *Fl. blanches*.

H. NODIFLORUM Koch, *Sium* L. Tiges de taille

très-variable, faibles, couchées et radicantes dans le bas. Feuil. ailées; *fol. ovales-lancéolées,* à dents égales presq. obtuses, la fol. terminale qqf. trilobée. Ombelle opposée à la feuille, sessile ou à pédonc. plus court que les rayons. *Involucre* 0 *ou à 1 fol. Fl. blanc un peu verdâtre.* Fruit ovale. ♃. jn-sept. Ruisseaux, fossés. CC.

β. *ochreatum* DC. Tiges couchées, radicantes, à fol. ovales-arrondies, gaîne des pétioles dilatée, membraneuse. Sources des bords de la mer. AC.

H. REPENS DC. *Sium* L. fil. Voisin de la var. du précéd., s'en distingue facilement sur le vivant. Tiges couchées, radicantes à tous les nœuds. Feuil. long. pétiolées à fol. petites, sessiles, inégalement dentées ou lobées. Pédonc. de l'ombelle plus long que les rayons. *Involucre à* 4,5 *fol. lancéolées. Fl. blanches.* Fruit plus arrondi. ♃. jn-at. Lieux tourbeux. — DEUX-SÈV. Bords de *la Dive* entre *Oyron* et *Pas-de-Jeu* (Guyon), la Davière près *Thouars* (Lunet). — VEND. *Fontaines* ! au bord du Marais (Ayraud).

H. INUNDATUM Koch, *Sium* L. Tige rampante ou submergée. *Feuil. submergées à lanières capillaires*, les sup. flottantes ou émergées, ailées à fol. en coin, trifides au sommet. *Ombelle* opposée à la feuil., *à 2 rayons,* chacun à 3,4 fl. Involucre 0. Fruit oblong. ♃. jn-jt. Marais, étangs, mares, fossés, qqf. ruisseaux où le courant allonge toutes ses fol. (var. *torrentium* Mabille cat. 68). C.—Moins c. *Char.-Inf.*

FALCARIA Host. Cal. à 5 dents. Pét. obovales, échancrés à pointe courbée. Fruit oblong, comprimé par le côté. Carp. à 5 côtes filiformes, égales, les latérales placées au bord. Carpophore libre, bifide. Vallécules à un canal filiforme. *Invol. et involucelles polyphylles.*

※. F. RIVINI Host, *Sium Falcaria* L. Rac. en fuseau. Tige striée; rameaux nombreux divariqués. Feuil. pinnatifides, un peu coriaces et glauques, à lanières linéaires-lancéolées à dents de scie serrées et bordées de blanc, les rad. simples ou à 3 fol. Fl. blanches. Ombelle à 12-20 rayons. Fruit allongé, un peu courbé. ②.(♃ ex Clos). j^t-sept. Champs calc. — CHAR.-INF., DEUX-SÈV., VEND. C.

SISON L. Pét. arrondis, profondément échancrés, à pointe courbée. Fruit ovale, comprimé latéralement. Carp. à 5 côtes filiformes, égales, les latérales placées au bord. Canaux courts, en massue renversée. Carpophore bipartit. *Fl. blanches.*

S. AMOMUM L. Odeur désagréable. Tige de 5-8 déc. Feuil. inf. ailées à fol. ovales-lancéolées, incisées-dentées, les sup. 1-2 f. pinnatifides à lobes linéaires. Ombelle à 3-5 rayons inégaux. Involucre et involucelles à 3 fol. ②. j^t-a^t. Bord des chemins, des haies. AC.

AMMI L. Pét. obovales, échancrés en 2 lobes inégaux, à pointe courbée. Fruit ovale, comprimé latéralement. Carp. à 5 côtes filiformes, égales, les latérales placées au bord. Vallécules à un canal. Carpophore libre, bipartit. *Fol. de l'involucre pinnatifides ; fl. blanches.*

A. MAJUS L. Glaucescent ; rameaux étalés. Feuil. inf. ailées ; fol. lancéolées, à dents de scie blanches-cartilagineuses au sommet, les sup. 2 f. ailées à fol. linéaires. Rayons de l'ombelle nombreux. ①. a^t-sept. Champs cultivés. — C. jusqu'à *la Vilaine*; PC. au-delà.

β. *A. glaucifolium* L. Feuil. excepté les plus infér. 2 f. ailées à fol. linéaires. — Mêlé souv. au type, plus c. littoral de la *Char.-Inf.*

✗. A. VISNAGA Lam. *Daucus* L. Tige dressée. Feuil. 2-3 f. ailées à lanières très-étroites, entières, en gouttière. Rayons de l'ombelle très-nombreux, très-connivents à la maturité, sur un *récept. alors dilaté en un large disque.* ①. a^t-sept. Moissons. — CHAR.-INF. *Royan* (herb. Lesson). — Env. de *Blaye* dans la Gironde (Marichal).

ÆGOPODIUM L. Pét. obovales, échancrés, à pointe courbée. Fruit oblong, comprimé latéralement. Carp. à 5 côtes filiformes, les latérales placées au bord. Canaux 0. Carpophore fourchu au sommet. *Involucre et involucelles* 0.

Æ. PODAGRARIA L. Rac. rampante. Tige de 3-6 déc. sillonnée, creuse. Feuil. 2 f. ternées à fol. ovales-lancéolées, aiguës, dentées, les sup. ternées. Ombelle à rayons nombreux. Fl. blanches. ♃. j^n-j^t. Haies, décombres, contre les clôtures de jardins. DEUX-SÈV. *Azais* sur le Thouet (herb. Guillon), *Bressuire* (Toussaints), *Airvault* (Bonnin), *Parthenay* (Janneau), *Secondigny* (Guyon). — VEND. *Vigneronde* (Letourneux. — LOIRE.-INF. *La Contrie*! (Toussaints), *Vue*! (Gobert), çà et là arrond. de *Châteaubriant*! moulin de *Barbechat*! (Guiho), *S.-Gildas*. — FIN. *Lesneven* (J.-M. Sacher), *Keraran* près *Pont-l'Abbé* (Bonnemaison), *Quimper; Plougastel* (Crouan). — C.-NORD. *Cartravers*. — IL.-ET-V. AG. env. de *Rennes* (Letourneux), *Fougères*! (V. Sacher).

CARUM L. Pét. obovales, échancrés, à pointe courbée. Fruit ovale-oblong, comprimé latéralement. Carp. à 5 côtes filiformes, égales, les latérales placées au bord. Commissure plane. Vallécules à 1 canal. Carpophore libre, fourchu au sommet.

C. VERTICILLATUM Koch, *Sison* L. *Sium* Lam. Rac. à fibres renflées. Tige grêle, rameuse dans le haut. Feuil. peu nombreuses; fol. opposées, découpées en lanières fines imitant des fol. verticillées. Fl. blanches. Fruit oblong. ♃. j^n-j^t. Landes et prés marécageux. C. — R. le calcaire.-CHAR.-INF. Çà et là env. de *Montendre* et de *Montlieu*. R.

CONOPODIUM Koch. Pét. échancrés à pointe

courbée. Fruit ovale-oblong, comprimé latéralement. Carp. à 5 côtes en forme de stries. Stylopode conique, terminé par le style droit. Carpophore bifide au sommet.

C. DENUDATUM Koch, *Bunium* DC. *B. flexuosum* Smith. *Janottes.* Rac. trigone-globuleuse. Tige flexueuse, presque nue, rameuse dans le haut. Feuil. 2-3 f. ailées à fol. linéaires, aiguës. Involucre nul ou à 1 fol. Involucelle à 3 fol. Fl. blanches. ♃. mai-jn. Bord des champs, des bois, haies. CC. — n. le calc. c. Ste-*Geinme* (Vend.)

PIMPINELLA L. Pét. obovales, échancrés, à pointe courbée. Fruit ovale, comprimé latéralement. Stylopode arrondi, couronné par les styles recourbés. Carp. à 5 côtes filiformes, en forme de stries, égales, les latérales placées au bord. Carpophore libre, bifide. *Fleurs blanches, involucre et involucelles 0.*

P. MAGNA L. *Tige sillonnée-anguleuse*, de 5-8 déc. Feuil. inf. ailées à fol. grandes, ovales-arrondies, grossièrement dentées, lobées, les sup. plus étroites, en coin. Fruit ovale-oblong. ♃. jn-at. Bord des haies humides, des bois. AC. ter. primitifs.

P. SAXIFRAGA L. *Tige striée*, ord. pubescente, *peu feuillée dans le haut.* Feuil. inf. ailées à fol. petites, ovales-arrondies, plus ou moins dentées, les sup. découpées en lobes linéaires. Fruit ovale. ♃. jt-sept. Coteaux, prés, landes. AC. — c. vallée de *la Loire* et le calc.

β. *dissectifolia.* Toutes les feuil. à fol. découpées. Çà et là avec le type.

SIUM L. Cal. à 5 dents caduques. Pét. obovales, échancrés, à pointe courbée. Fruit presque globuleux, comprimé latéralement. Carp. à 5 côtes filiformes, égales. Styles recourbés. Vallécules à 3 canaux. Carpophore bipartit, adhérent aux carp. *Fl. blanches.*

S. ANGUSTIFOLIUM L. Tige de 5-7 déc. Feuil ailées, les inf. à fol. ovales ou ovales-lancéolées, incisées-dentées à dents aiguës, les sup. plus étroites. Fol. de l'involucre nombreuses, souv. incisées-dentées, qqf. pinnatifides, réfléchies. *Fruit petit, presque globuleux, à côtes latérales placées avant le bord.* Canaux cachés par le péricarpe. 2/. jt-sept. Prob. çà et là région maritime de *la Gironde* à *la Loire* et mêlé à *Helosciadium nodiflorum*, auquel il ressemble beaucoup.—CHAR.-INF. Marais de *Berjat*; *S.-Palais* (herb. Boreau), *la Rochelle* (Hubert), *Saintes* (Brunaud), marais de *Mons*, pays-bas de *Matha* (Savatier).—DEUX-SÈV. AC. *la Mothe*, *Lezay* (Sauzé, Maillard), *Frontenay* (Charbonneau), *Machepaille* (Bonnin), *S.-Loup* (Guyon), la Dive à *Oyron* (J. Richard), *Thouars* (Lunel). — VEND. Tout le Marais méridional (Letourneux, Marichal, Pontarlier); R. le Bocage; marais de *Billy*, *S.-Gilles* (Pontarlier), *S.-H.-de-Riez* (Gobert), *la Bauduère* (J. Rossignol), *S.-J.-de-Monts*.—LOIRE.-INF. Marais d'*Escoublac*; *S.-Michel* (Desvaux). R.—MOR. *Plouhinec*, *Lannenec* en *Plœmeur* (Le Gall.) R.—FIN. *Beuzec* en *Plomeur* (Bonnemaison), *Kerloc'h* en *Crozon* (Crouan).

S. LATIFOLIUM L. Tige de 6-10 déc. robuste, sillonnée, creuse. Feuil. ailées à fol. ovales-lancéolées, dentées en scie, inégales à la base, les inf. 2-3 f. pinnatifides. Fol. de l'involucre et des involucelles nombreuses, inégales. *Fruit elliptique à côtes obtuses, blanchâtres*, les latérales placées au bord. 2/. jt-sept. Marais, prés marécageux, rivières.—CHAR.-INF. *S.J.-d'Angély* (Pinatel). — DEUX-SÈV. *Niort* (A. Guillon).—VEND. CC. Marais méridional et occidental (Pontarlier). — LOIRE-INF. CC. — MOR. AC. (Le Gall).

ŒNANTHE L. Cal. à 5 dents. Pét. obovales, échancrés, à pointe courbée. Fruit cylindrique, en toupie ou oblong. Styles longs, dressés, persistants. Carp. à 5 côtes, les latérales un peu plus larges, placées au bord. Carpophore peu apparent. *Fl. blanches.*

Œ. FISTULOSA L. Rac. fibreuse, fasciculée. *Tige stolonifère*, faible, creuse. Feuil. de la tige ailées; *fol. linéaires, peu nombreuses, placées à la partie sup. du pétiole creux*, les inf. 1-2 fois pinnatifides. Ombelle à 2-3 rayons. Ombellule globuleuse. Fl. qqf. un peu rosées. Involucre 0 ou à 1 fol. Fruit en toupie, anguleux. Style long. ♃. jn-at. Marais, fossés. C.

Œ. PEUCEDANIFOLIA Pollich. *Tubercules de la rac.* ovales ou oblongs, *sessiles*. Tige sillonnée. Feuil. inf. 2 f. les sup. 1 f. ailées; *fol. toutes linéaires*, celles des feuil. inf. plus courtes. Involucre 0, rar. à 1 fol. Fruit oblong-cylindrique, rétréci à la base, resserré sous le cal. ♃. avril-mai. Prés humides. — CHAR.-INF. AC. — DEUX-SÈV. et VEND. C. — LOIRE-INF. et MOR. CC. — PC. reste de *la Bretagne*, et plutôt vallées du littoral qu'à l'intérieur.

Œ. PIMPINELLOÏDES L. *Tubercules de la rac.* ovales ou globuleux, *suspendus au bout des fibres*. Tige très-sillonnée. *Feuil. rad.* 2 f. ailées à fol. ovales, *en coin à la base*, pinnatifides, les sup. à 1,3,5 fol. linéaires, très-allongées. Involucre à plusieurs fol. très-caduques, qqf. 0. *Fruit cylindrique, calleux à la base.* ♃. mai. Bords secs des champs, des haies, prés secs. — CHAR.-INF. AC. — DEUX-SÈV. *S.-Maixent! Melle, Mazières* (A. Guillon), *Parthenay;* AC. *La Mothe* (Maillard), *S.-Pompain, S.-Loup!* (Guyon), *Thouars!* (Lunet). — VEND. C. *Napoléon*, çà et là env. de *Luçon* (Pontarlier), AR. *Maillezais* près la *Porte de l'Ile* (Letourneux). — LOIRE-INF. *Nantes* et env., AC. de là jusqu'à *Ingrande*. — MOR. RR. *Arradon! Séné* (Taslé). RR. — FIN. *Penmarc'h* (Crouan). — Fleurit plus tard que *Œ. peucedanifolia*, dont il se distingue au premier coup d'œil, par ses fl. d'un blanc tirant sur le jaune et par ses ombelles compactes, à rayons plus nombreux (7-12) se touchant, ou à peu près, en fleur et en fruit. *Œ. peucedanifolia* a les fl. d'un blanc pur, les rayons de l'ombelle (5-7) écartés, ne se touchant ni en fleur ni en fruit. Celui-ci habite les prés humides, l'autre les lieux plus secs.

Œ. LACHENALII Gmel. *Œ. rhenana* DC. *Rac. à fibres* charnues, allongées, *filiformes* ou *renflées à leur extrémité en massue allongée*. Tige peu sillonnée. Feuil. inf. 2 f. les sup. 1 f. ailées à fol. toutes linéaires, les rad. à fol. ovales, en coin ou incisées-crénelées. Involucre à 6-8 fol. souv. caduques, qqf. 0. *Fl. extérieures à pét. extér. arrondis*. Fruit oblong, rétréci à la base, resserré sous le cal. ♃. a^t-sept. Pâtures et prés marécageux de la région maritime et du calc. AC. — Cor. petite, d'un blanc pur, fruit et style un tiers plus courts que dans *Œ. peucedanifolia*, auquel il ressemble.

Œ. CROCATA L. *Pensacre, Pimpin. Tubercules de la rac. gros, en fuseau, sessiles*. Tige robuste de 10-12 déc. sillonnée. Feuil. grandes, 2-3 f. ailées ; *fol. rhomboïdales-en coin*, incisées-dentées. Involucre et involucelles à plusieurs fol. Fruit cylindrique. ①. j^n-j^t. Bord des ruisseaux. C. — R. dans le calc. Cette plante très-vénéneuse n'a de suc jaune que dans les tubercules et qqf. dans le bas de la tige. Varie qq. à fol. découpées en lobes lin.-lancéolées.

Œ. PHELLANDRIUM Lam. *Phellandrium aquaticum* L. *Rac. en fuseau à fibres verticillées*. Tige de 6-10 déc. creuse ; rameaux divariqués. Feuil. 2-3 f. ailées à fol. ovales, incisées-pinnatifides, les feuil. submergées découpées en lanières capillaires. *Ombelle opposée à la feuil.* Involucre 0. Fl. toutes égales. Fruit ovale-cylindrique. ♃. j^t-sept. Marais, étangs, fossés, petites rivières. C. jusqu'à la *Vilaine*. — MOR. PC. — C.-NORD., IL.-ET-V. prob. AC. — Les bestiaux le mangent.

ÆTHUSA L. Pét. obovales, échancrés, à pointe courbée. Fruit ovale-globuleux, à 5 côtes élevées, aiguës, les latérales presq. ailées, placées au bord. *Fl. blanches*.

Æ. CYNAPIUM L. *Petite ciguë*. Tige de 2-6 déc. Feuil. vert sombre, triangulaires, 2-3 f. ailées; fol. rhomboïdales, incisées-pinnatifides. Ombelle opposée à la feuil. Involucre 0. Involucelle à 3 fol. unilatérales, réfléchies, plus longues que l'ombellule. ①. j^l-sept. Champs cult., jardins. CC. — Vénéneux.

FŒNICULUM Hoffm. Bord du cal. renflé sans dents. Pét. ovales, entiers, roulés en dedans à pointe presque carrée, tronquée. Fruit allongé, cylindrique. Carp. à 5 côtes. Stylopode conique. Carpophore bipartit. *Involucre et involucelles* 0.

F. OFFICINALE All. *Anethum fœniculum* L. *Fenouil*. Glaucescent. Tige de 1-2 mèt. striée. Feuil décomposées à lanières nombreuses, capillaires. Ombelle à 15-20 rayons. Fl. jaunes. Fruits anisés. ♃. j^n-sept. Côteaux et lieux pierreux. C. — Au delà de Loire-Inf. AC. rég. marit., R. à l'intérieur.

SESELI L. Cal. à 5 dents courtes, un peu épaisses ou allongées en alène. Pét. obovales à pointe courbée. Fruit ovale ou oblong, couronné par les styles réfléchis. Carp. à 5 côtes, les latérales placées au bord, souv. un peu plus larges. *Fl. blanches.*

S. MONTANUM L. Glauque. Souche épaisse, rameuse, à plusieurs tiges un peu rameuses au sommet. Feuil. oblongues, 2 fois ailées; fol. linéaires, cuspidées, planes, à nervures saillantes en dessous. Rachis et pétioles en gouttière, ceux-ci engaînants, embrassants, entiers, les sup. à fol. peu nombreuses. Ombelle à 6-12 rayons pubérulents en dedans. Involucre 0 ou à 1 fol. *Dents du cal. courtes et persistantes*. Fruit jeune pubescent. ♃. j^l-sept. Coteaux secs, lieux rocailleux calc. ou qqf. schisteux.—CHAR.-INF. CC.—DEUX-SÈV. et VEND. C. —LOIRE-INF. Coteaux schisteux : *La Série* et *Juigné* près *Ancenis*, de *la Censerie* à *Pouillé*. R.

S. COLORATUM Ehrh. *S. bienne* Crantz, *S. annuum* L.

Rac. épaisse, *pivotante*, surmontée de fibrilles, à *une seule tige* de 3–6 déc. striée, pubescente, souv. rougeâtre. Feuil. rad. vert foncé, ovales, 2 f. ailées, fol. pinnatifides à lobes lancéolés-linéaires, apiculés, celles de la tige à pétiole très-dilaté. Ombelle à rayons nombreux, anguleux, pubescents. Involucre 0. Involucelles à *fol.* lancéolées, acuminées, *largement membraneuses au bord*, dépassant les fl. Fruit glabre. ♃ ou ②. j[t]-sept. — VEND. C. landes calc. autour du *Molin* (Gobert). — IL.-ET-V. AC. Mielles de *S.-Malo*! (Le Gall), où il est nain (1–2 déc.).

✕. S. LIBANOTIS Koch, *Athamantha* L. *Libanotis montana* All. Rac. dure, chevelue au collet. Tige de 4–10 déc. cannelée. Feuil. rad. pétiolées, 2 f. ailées à fol. incisées-pinnatifides, ovales, les inf. se croisant autour du pétiole principal, les feuil. sup. presque réduites au pétiole engainant. Ombelle à rayons nombreux, dressés à la maturité. Fl. blanches. *Dents du cal.* en alène, *allongés, caducs*. Fruits velus-hérissés. ♃. j[t]-sept. Coteaux et bois pierreux du calc. — CHAR.-INF. AC. au N.-E.; *la Rochelle*. — DEUX-SÈV. *S.-Georges de Reix* (Segretain), *Villeneuve-Comtesse*; *S.-Loup* (Guyon). — VEND. C. de *Fontenay* à *Luçon*! (Letourneux), dunes de la *Tranche*! *Angles, Longeville* (Pontarlier, Marichal), *Sigournais, Bazoges en Pareds* (Gobert).

SILAUS Besser. Pét. obovales, à pointe courbée. Fruit ovale, à 5 côtes aiguës, presq. ailées, égales, les latérales placées au bord. Carpophore bipartit.

S. PRATENSIS Bess. *Peucedanum Silaus* L. Tige anguleuse, peu rameuse. Feuil. inf. 2–3 f. ailées à fol. latérales entières ou bipartites, les terminales tripartites, lobes lancéolés-linéaires, mucronés. Involucre à 1–3 fol. Fol. de l'involucelle blanchâtres au bord. Fl. jaune pâle. Styles souv. rougeâtres. ♃. mai-j[n]. Prés humides. C. surtout dans le calc.; PC. au-delà de la *Loire-Inf*.

CRITHMUM L. Pét. arrondis, entiers, à pointe courbée. Fruit ovale, à 5 côtes filiformes, aiguës, saillantes. Canaux nombreux. Carpophore bipartit.

C. MARITIMUM L. *Percepierre, Cassepierre, Cristemarine.* Tige de 2-3 déc. rameuse. Feuil. glaucescentes, 2 f. ailées; fol. linéaires, aiguës, charnues. Involucre et involucelle à fol. nombreuses. Fl. blanchâtres. Fruit subéreux. ♃. j^t-a^t. Rochers marit. C. — Moins c. CHAR.-INF. et qqf. dans les galets. — En petits buissons dans les dunes des *Sables-d'Olonne.*

d. *Fruit dont le diamètre transversal est beaucoup plus court que la largeur de la commissure.*

ANGELICA L. Pét. lancéolés, entiers, droits ou courbés au sommet. Fruit comprimé par le dos, bordé de 2 larges ailes. Carp. à 3 côtes dorsales filiformes, rapprochées, les 2 latérales en forme d'aile large, membraneuse. Carpophore bipartit.

A. SYLVESTRIS L. Tige de 10-15 déc. glauque ou rougeâtre, creuse, striée. Feuil. très-grandes, 2-3 f. ailées; fol. ovales, dentées, les latérales inégales à la base; pétiole largement dilaté à la base. Ombelle à rayons nombreux, pubescents. Involucre ord. 0. Fol. de l'involucelle linéaires. Fl. blanches ou rosées. ♃. j^t-a^t. Bord des bois, des ruisseaux, des rivières, prés humides. C.

A. HETEROCARPA Lloyd. Tige de 1 à 2 mèt. très-creuse, lisse, excepté dans le haut où elle est cannelée et rude-pubescente. Feuil. très-grandes, 2-3 f. ailées, les rad. pétiolées avec rachis en gouttière ainsi que les pétioles largement dilatés à la base en gaîne qqf. rougeâtre, fol. ov.-lancéolées, plus foncées et luisantes en dessus, à dents de scie terminées en pointe blanchâtre-scarieuse. Ombelle à rayons nombreux, striés, pubescents-rudes. Involucre nul ou à 1-3 fol. plus ou moins caduques; fol. de l'involucelle linéaires-en alène. Fl. blanches, pét. ovales à pointe infléchie. Carp. ovales ou elliptiques-oblongs à côtes latérales un peu plus grandes, qqf. dilatées en forme d'aile plus étroite que le corps du carp. ♃. j^{t}.août. Bords vaseux des rivières baignés par la marée. — CHAR.-INF. De *Saintes* à *Rochefort*.—LOIRE-INF. C. de *Nantes* à *Paimbœuf*.

Obs. Cette espèce se distingue de *A. sylvestris* dont elle a le port, par la fleuraison plus précoce, les fol. plus étroites et surtout par le fruit. Dans *A. sylvestris* le fruit est uniforme, comprimé par le dos, à carp. elliptiq.-arrondis, bordés d'une large aile membraneuse, ondulée, plus large que le corps du carp. Dans *A. heterocarpa* le fruit est variable ; mûr, mais non sec, il est un peu plus large sur le côté que sur le dos, chaque carp. elliptiq.-oblong à 5 côtes obtuses, les latérales un peu plus fortes; plus rarement, et cela dans les ombelles des individus robustes, le fruit est comprimé par le dos, parce que les côtes latérales sont développées en aile épaisse de largeur variable. Cette plante, qui paraît être submaritime, habite aussi les bords de la Garonne et de la Gironde, et il faudrait la rechercher à la Vilaine, etc.

SELINUM L. Pét. obovales, échancrés. Fruit comprimé par le dos. Carp. à 5 ailes, les latérales beaucoup plus grandes. Vallécules à 1 canal, les ext. qqf. à 2. Carpophore bipartit.

S. CARVIFOLIA L. Rac. à fibres épaisses. Tige de 3-6 déc. marquée d'angles saillants. Feuil. rad. 2 f. ailées, fol. pinnatifides ou incisées à lobes linéaires, mucronés. Involucre 0 ou à 1,2 fol. ; involucelles polyphylles. Fl. blanches. ♃. a^{t}-sept. Prés et bois humides. — LOIRE-INF. *Charrières de la Tournerie* dans la forêt de *Touvois* (Auvynet). RR. — FIN. *Huelgoat*, bords du ruisseau du *Vallon* (Crouan. — C.-NORD. Côteau boisé entre la *Butte S.-Michel* et le *Grand Pont* sur l'*Oust*; vallée de *Bobital*, forêt de *Coëtquen* à la Rouvraye, bois de *la Garaye* (Mabille). — IL.-ET-V. Env. de *Bain* (Bastard), env. d'*Orgères* (Dégland).—*Combrée* en Maine-et-L. (Lelièvre).

PEUCEDANUM L. Dents du cal. 5 ou 0. Pét. obovales, échancrés ou entiers, à pointe courbée. Fruit comprimé par le dos, entouré d'un rebord dilaté. Carp. à 5 côtes presq. également distantes, les 3 intermédiaires filiformes, les latérales moins distinctes, rapprochées du rebord ou confondues avec lui. Carpophore bipartit.

P. OFFICINALE L. Tige de 6-10 déc. striée. Feuil. rad. 5 f. ternées; fol. linéaires, rétrécies aux 2 bouts. Ombelle à *rayons glabres*. Involucre à 2,3 fol. caduques. *Fl. jaunes. Pédic. capillaires,* inégaux, 2-3 *f. plus longs que le fruit.* ♃. jt-at. Champs incultes, prés, bord des haies.—CHAR.-INF. *Le Chay* près *Saujon* (Savatier). R.—VEND. *Givrand, le Molin* (Gobert).—LOIRE-INF. AC. route de *Bourgneuf à Ste-Pazanne* ! (Le Boterf), rochers du *Pouliguen, S.-Joachim, Montoire, pont de Nyon, Donges,* de *Guérande* à *Saillé*! (Genevier); *Dreux près Quilly* (Delalande). PC. — MOR. c. embouchure de *la Vilaine,* rive droite, pointe *S.-Jacques* près *Sarzeau* (Taslé).

P. PARISIENSE DC. *P. gallicum* Pers. Tige de 6-10 déc. striée. Feuil. rad. 3 f. ailées; fol. linéaires-lancéolées. Ombelle à *rayons pubescents-rudes du côté intér. Fl. blanches. Pédic. env. de la longueur du fruit.* ♃. at-sept. Prés secs, bord des haies, bois. — CHAR.-INF. *Fouras, Beaugeay* (Faye), R. de *Macqueville* à la forêt de *Jarnac-Charente.* —DEUX-SÈV. *Gourgé,* c. *la Chauvière* (Guyon), *Amailloux; Parthenay* ! (Janneau), *Tessonnière* (Bonnin), *Parc d'Oyron* (J. Richard), *Bretignolles,* c. env. de *Bressuire* (Toussaints), *Puy-S.-Bonnet, les Echaubrognes* (Genevier), *Taizon* près *Thouars* (Lunet). — VEND. *S.-Hil. de Mortagne* (Genevier), *Rortheau* (Pontarlier).—LOIRE-INF. *Quilly, Ste-Anne en Cambon, Sévérac* (Delalande), *forêt du Cellier.* R. — MOR. *Plaisance* près *Vannes* (Pontarlier), *Auray*

(Arrondeau), *S.-Perreux* (Le Gall). — FIN. *Bois de Rosières* (herb. Bonnemaison), lieux marécageux entre *Plougastel* et *Landerneau* ! *Plouguerneau, Châteaulin* (Crouan). — C.-NORD. Sources de *la Rance*, prés de *Collinée* (Mabille).

P. CHABRÆI Gaud. Tige de 4-6 déc. peu rameuse, sillonnée. Feuil. luisantes, ailées ; fol. pinnatifides, *les inf. se croisant sur le pétiole ;* lobes linéaires, à pointe blanche-cartilagineuse. Involucre 0 ou à 1 fol. *Fl. d'un blanc presque verdâtre ou jaunâtre.* Vallécules du fruit ovale à 3 bandelettes, ♃. mai-jn.—LOIRE-INF. Prés humides de *la Loire : Boire-Courant* ! (Desvaux), c. *île Haut-Bois* vis-à-vis *Thouaré.* — Refleurit à l'automne. Il faut se garder de le confondre avec *Silaus pratensis* croissant aux mêmes lieux et qui a les fl. jaunes et le fruit ovale-arrondi, non aplati. *Selinum Carvifolia* L. s'en distinguera par la tige à angles très-saillants, par les fl. d'un blanc pur et par les carp. à 5 ailes, les latérales 2 f. plus larges.

✕. P. CERVARIA Lap. *Athamantha* L. *Rac. chevelue* au sommet. Tige de 7-10 déc. striée, glauque. Feuil. triangulaires dans leur pourtour, 2 f. ailées, *fol. glauques en dessous, ovales,* obliques, lobées à la base, à dents cuspidées ; feuil. sup. réduites à la gaine. Involucre à plusieurs fol. réfléchies. Fl. blanches. Fruit ovale-elliptique. Canaux de la commissure légèrement arqués. ♃. jt-sept. Coteaux, bois secs pierreux dans le calc. — CHAR.-INF. cc. bois de *Surgères* ! et de *Benon* ! (Hubert) ; *Dœuil ;* env. de *Mauzé* (J. Richard) ; *Beauvais* ! *Siecq* ! (Savatier), (cc. forêt de *Jarnac-Charente ; Cognac), Montendre, Nancras.* — DEUX-SÈV. Forêt d'*Aulnay* à *Paizay* (Vernial), *Pers* (Sauzé), *Loubillé* (Jousse).

✕. P. OREOSELINUM Mœnch, *Athamantha* L. Rac. épaisse, tige d'env. 8 déc. striée. Feuil. 2-3 f. ailées à gaine renflée, les rad. très-grandes à pétioles longs flexueux dont les ramifications sont divariquées-réfractées, fol. incisées-pinnatifides ou trifides, étalées, à pointe calleuse, blanchâtre. Ombelle grande; invol. et involucelle polyphylles. Fl. blanches. Fruit ovale-orbiculaire, *canaux de la commissure fortement arqués*. ♃. jt-oct. Bois sablonn., vignes. — DEUX-SEV. *Argenton-Château* ! (Toussaints); *Taizon* (Lunel) et coteau de *Pommiers* près *Thouars* (J. Richard). RR.

P. ALSATICUM L. Tige de 7-15 déc. vert-rougeâtre, creuse inférieurement, un peu anguleuse dans le haut. Rameaux nombreux, effilés, en panic. Feuil. 2-3 f. ailées, *fol.* ovales, pinnatifides à lobes lancéolés, nervés, *rudes au bord*, mucronés. Ombelle long. pédonculée. Involucre étalé et involucelle à 5,6 fol. en alêne, scarieuses au bord. *Fl. jaune-verdâtre*, rougeâtres en dehors; dents du cal. ovales. Fruit ovale-elliptique. Styles réfléchis, dépassant un peu le stylopode. ♃. jt-sept. Haies pierreuses des ter. schist. — DEUX-SEV. Haies et bord des vignes près de *Chizé* et de la forêt (Sauzé, Maillard). — LOIRE-INF. *Ancenis* ! (Guiho). RR.

P. PALUSTRE Hoffm. *Selinum* L. *Rac. épaisse.* Tige de 10-12 déc. sillonnée. Feuilles 2-3 f. ailées; *fol. pinnatifides à lobes linéaires-lancéolés, à pointe calleuse, rudes au bord, veinés.* Fol. de l'involucre et des involucelles nombreuses, lancéolées-linéaires, acuminées, membraneuses au bord, réfléchies. *Fl. blanches.* Fruit elliptique. *Canaux de la commissure recouverts par le péricarpe.* ②. jt-at. Marais. — DEUX-SEV. Marais du *Vanneau* (A. Guillon), d'où il doit descendre dans la *Char.-Inf.* et la *Vend.* — LOIRE-INF. C. dans tous les grands marais. — MOR. *Languidic, Baud, Plouay* (Le Gall), *Poulandré* (Tanguy), *Rochefort*, forêt de *Camors* (Arrondeau). *Ac. Rieux* (Moreau). — FIN. *Quimper* (Bonnemaison), tourbière du *Yunélez*; *Scrignac, Brennilis* (Crouan). R. — C.-NORD. R. forêt de *Lorge, Garatoie* près *Quintin*; *Port-à-la-Duc*, forêt de *la Hunaudaie, Loudéac* (Mabille). R. — IL.-ET-V. *La Roche du Theil, Redon* (J.-M. Sacher). R.

ANETHUM L. Pét. arrondis, entiers à pointe presque carrée roulée en dedans. Fruit aplati par le dos, entouré d'un rebord dilaté. Carp. à 3 côtes filiformes, aiguës, les 2 latérales peu apparentes, confondues avec le rebord. Vallécules remplies chacune par un canal.

* A. GRAVEOLENS L. Tige finement striée. Feuil. un peu glauques, décomposées en lanières fines, les sup. sessiles sur une gaine plus courte qu'elles. Ombelle à rayons nombreux. Fl. jaunes. Fruit ovale-elliptique muni d'un rebord aussi large que les vallécules. ①. j[t]-a[t]. — Plante étrangère apparaissant çà et là et RR. dans les moissons.

PASTINACA L. Pét. arrondis, entiers, roulés en dedans. Fruit aplati par le dos, entouré d'un rebord dilaté. Carp. à 5 côtes très-fines, les latérales éloignées des autres et touchant le rebord. Vallécules à 1 canal linéaire. Carpophore bipartit. *Fl. jaunes.*

P. SYLVESTRIS Mill. *P. opaca* Bernh. *Panais*. Tige de 8-10 déc. sillonnée-anguleuse, pubescente. Feuil. ailées; fol. ovales ou ovales-oblongues, ord. à 2 lobes à la base, les terminales 3.lobées, grossièrement dentées, plus pubescentes en dessous. Involucre et involucelles 0. Fruit ovale. ②. j[t]-a[t]. Bord des chemins, des haies. C. jusqu'à *la Loire*.— Au-delà de la Vilaine : R. çà et là littoral.

P. SATIVA Mil. diffère du précéd. par les fol. plus rétrécies à la base et luisantes en dessus. Sa rac. plus épaisse est peu cult. pour la cuisine, mais davantage pour les bestiaux, dans le *Fin.* où on le rencontre souv. sous-spontané.

HERACLEUM L. Cal. à 5 dents. Pét. obovales, échancrés, à pointe courbée, les ext. rayonnants, bifides. Fruit du *Pastinaca*; côtes peu apparentes. Canaux raccourcis, en massue.

H. SPHONDYLIUM L. Tige de 8-12 déc. creuse, sillonnée, hispide. Feuil. ailées ou profond. pinnatifides; fol. larges, obliquement en cœur, à 3 ou 5 lobes crénelés-dentés, rudes en dessus, velues-molles en dessous. Ombelle à rayons nombreux, pubescents en dedans. Fl. blanches. Fruit ovale-elliptique ou ovale-arrondi, échancré au sommet, un peu rétréci vers le 1/3 infér., d'abord velu. ♃. ex Jordan. jn-jt. Haies, prés humides. CC. — A été divisé en 4 espèces: *H. pratense* et *æstivum* Jord., *H. occidentale* et *armoricum* Bor.

β. *dissectum* Le Gall flore p. 249. Fol. lancéolées-linéaires (de *H. stenophyllum* Jord.) moins scabres en dessous, presque glabres en dessus. — MOR. Prés, *Néant*, *Mauron* (Le Gall). — VEND. *Fontenay* (Letourneux).

TORDYLIUM L. Cal. à 5 dents. Pét. obovales, échancrés, à pointe courbée, les ext. rayonnants. Fruit aplati par le dos, entouré d'un rebord épais rude-tuberculeux. Carp. à côtes peu apparentes. *Fl. blanches.*

T. MAXIMUM L. Hispide. Tige de 3-8 déc. sillonnée, à poils dirigés en bas. Feuil. ailées; fol. crénelées-pinnatifides, celles des feuil. sup. lancéolées, la terminale plus allongée. Involucre et involucelles à plusieurs fol. linéaires-en alène, les int. des involucelles courtes. Fruit presq. orbiculaire, grisâtre et hérissé dans le milieu. ①. jt-at. Lieux pierreux, bord des chemins, des haies. — AC. surtout dans le calc. — Au-delà de la *Loire-Inf.* — MOR. *Billiers*, *Coëtsurho* (Taslé). R. — C.-NORD. De *Dahouet* à *Lamballe*; *S.-Alban*, *Dinan* (Mabille). — IL.-ET-V. Env. de *Rennes* (Degland).

LASERPITIUM L. Cal. à 5 dents. Pét. obovales, à pointe courbée. Fruit aplati par le dos. Carp. à 5 côtes principales filiformes, les 4 secondaires ailées; ailes entières, largement membraneuses, couvrant chacune 1 canal.

✕. L. LATIFOLIUM L. Collet de la rac. chevelu.

Tige de 8-10 déc. Feuil. inf. 2 f. ailées à fol. grandes, ovales, en cœur à la base, à dents de scie mucronées, un peu poilues en dessous et sur les pétioles. Ombelle très-ample, rude sur le côté intér. des rayons. Fl. blanches. ♃. jt-at. Bois montueux. — DEUX-SÈV. Bois de *Melle* en l'*Enclave* (Perrain), garenne de *Veluché* (Boyer), bois de *la Mare* en *Gourgé* (Janneau). RR.

ARALIACÉES.

Tube du cal. adhérent à l'ovaire; limbe à 4-5 dents. Pét. et étam. 5-10 insérés devant un disque épigyne. Style 1 ou plusieurs; stigm. simple. Baie ou drupe à 2-5 loges à 1 graine pendante. *Arbrisseaux à feuil. sans stipules.*

HEDERA L. Cal. à 5 dents. Pét. 5. Etam. 5 à anthères bifurquées à la base. Style et stigm. 1. Baie à 5 loges 1.spermes.

H. HELIX L. *Lierre.* Arbrisseau grimpant à l'aide de crampons ou radicules. Feuil. persistantes, luisantes, à 3-5 lobes, celles des rameaux florifères ovales-rhomboïdales, entières. Fl. verdâtres, en ombelle globuleuse. Fruit noir, ord. à 2 graines par avortement. Sept.-oct. Forets, le long des arbres, des vieux murs. CC.

CORNUS L. Cal à 4 dents. Pét. et étam. 4. Style 1. Drupe contenant un noyau à 2 loges 1.spermes.

C. SANGUINEA L. Arbrisseau à rameaux rougeâtres. Feuil. ovales, pubescentes en dessous, nervées. *Fl. blanches* en cyme plane, sans involucre. Fruit petit, globuleux, noir. Jn. Haies, bois. C.

✠. C. MAS L. Arbre peu élevé à rameaux grisâtres. *Fl. jaunes* en petite ombelle simple, dépassant à peine l'involucre à 4 fol. ovales, concaves, et paraissant avant les feuil. ovales, acuminées, nervées, plus pâles en dessous. Fruit rouge. Mars-av. Haies et bois du calc. — CHAR.-INF. AC. au N.-

est; bois de *Surgères* et de *Benon*, *Bourgneuf*, *Aulnay* et dans la forêt, *Beauvais*, *(Cognac)*, *Saintes*. — DEUX-SÈV. *Niort*, *forêt de Chizé*! (A Guillon), *la Mothe*! (Sauzé), *Thouars* (Lunet).

LORANTHACÉES.

Tube du cal. adhérent à l'ovaire; limbe court, entier ou lobé. Cor. 4-partit ou à 4 pét. Etam. 4 opposées aux div. de la cor. et insérées sur elles. Style 1 ou 0; stigm. 1. Baie à 1 loge 1-sperme.

VISCUM L. Fl. dioïques. Cal. à bord entier, à peine visible. Pét. 4 portant chacun une anthère sessile. Stigm. sessile, obtus. Baie 1-sperme.

V. ALBUM L. *Gui*. Sous-arbrisseau à rameaux dichotomes. Feuil. lancéolées, obtuses, persistantes, coriaces, opposées. Fl. jaunâtres, agglomérées, sessiles, axillaires et terminales. Baie globuleuse, blanche, remplie d'une pulpe gluante. Fév.-mars. Parasite sur les pommiers, les peupliers, les tilleuls, etc., et sur lui-même.

CAPRIFOLIACÉES.

Cal. adhérent à l'ovaire; limbe à 3-5 div. ou presq. entier. Corol. 1-pét. insérée sur l'ovaire, à 4,5 div. Etam. 5 rar. 10 insérées sur la cor. Style 1 ou 0, stigm. 3. Ovaire à 3-5 loges. Baie souv. 1-loc. qqf. formée de 2 ovaires connés, couronnés chacun par le cal. *Feuil. opposées*.

ADOXA L. Cal. à 3 div. Cor. en roue, à 5-4 div. planes; tube très-court. Etam. 10 ou 8 insérées 2 à 2 entre les div. de la cor., anthères à 1 loge. Styles 5,4 en alène; stigm. obtus. Caps. charnue, couronnée par les dents du cal. et par le style persistants, à 5 loges dont plusieurs avortent. Graines solitaires.

A. MOSCHATELLINA L. Souche écailleuse, horizontalc. Tige grêle, à 2 feuil. opposées, ternées, les rad. 2 f. ternées. Fl. verdâtres, un peu musquées, réunies ord. en tête terminale, la fl. terminale ayant le cal. à 2 div., la cor. à 4,8 étam. et 4 styles. ♃. mars-av. Lieux frais ombragés. — DEUX-SÈV. *La Mothe* (Sauzé, Maillard), RR. *Airvault* (Bonnin), RR. *S.-Loup* (Lacroix), R. *Parthenay* (Janneau). — VEND. *La Girarderie*, C. forêt de *Vouvant* (Letourneux), env. de *Napoléon, le Bourg sous Nap., les Clouzeaux*, bois des bords du *Lay* en *la Réorthe* (Pontarlier, Marichal), *la Verrie* (Genevier). — LOIRE-INF. AC. — IL-ET-V. *Antrain* (herb. Degland), AC. *Fougères* (V. Sacher). — Prob. sur d'autres points de *la Bretagne*.

SAMBUCUS L. Cal. 5 à dents. Cor. en roue, à 5 lobes à la fin réfléchis. Etam. 5. Style 0; stigm. 3. Baie globuleuse, à 3 graines.

S. EBULUS L. *Yèble*. *Tige herbacée* de 9-12 déc. Feuil. ailées avec impaire; fol. lancéolées, dentées. *Stip. foliacées*, dentées. Fl. blanches, rosées en dehors, en corymbe à 3 branches principales. Baie noire. ♃. jt-at. Terres incultes, bord des chemins. C. — CC. dans le calc.

S. NIGRA L. *Sureau*. *Arbrisseau* à rameaux remplis de moelle blanche. Feuil. ailées avec impaire; fol. ovales, dentées. *Stip. linéaires, très-courtes*. Fl. blanches, en corymbe à 5 branches principales. Baie noire. Jn. Haies, bois. C.

VIBURNUM L. Cal. à 5 dents. Cor. presque en cloche, à 5 lobes. Etam. 5. Stigm. 3 sessiles. Baie à une graine osseuse. *Fl. blanches*.

V. LANTANA L. Arbrisseau couvert de poils étoilés sur les jeunes rameaux et surtout sur le dessous des feuil. *Feuil. ovales*, presq. en cœur à la base, dentées, *veinées-ridées*. Corymbe terminal. Baie comprimée, rouge, puis noire. Av.-mai. Haies du calc. — CHAR.-INF., DEUX-SÈV., VEND,

AC. — LOIRE-INF. AC. terrain schisteux entre *Oudon*, *Ligné*, *Belligné* et *Ingrande* (vulg. Mersaule); PC. coteaux de *la Divatte*.

V. OPULUS L. Arbrisseau. *Feuil. à 3 lobes* inégalement dentés; pétioles glanduleux au sommet; stip. sétacées. Fl. en corymbe pédonculé, les ext. beaucoup plus grandes, stériles. Baie ovale, rouge, luisante. Mai-jn. Haies et bois frais. AC.

LONICERA L. Cal. à 5 petites dents. Cor. tubuleuse ou presq. en cloche, irrégulière, à 5 lobes. Etam. 5. Stigm. en tête. Baie à 3 loges à plusieurs graines presque osseuses.

L. PERICLYMENUM L. *Chèvrefeuille*. Arbrisseau grimpant. Feuil. ovales, qqf. sinuées (*quercifolium*), pétiolées, ciliées, non connées. *Fl.* odorantes, *en tête* pédonculée. Cor. blanc-jaunâtre en dedans, rosée en dehors, à 2 lèv., la sup. à 4 lobes, l'inf. simple, roulée en dehors. Baie rouge vif, couronnée par le cal. Jn-at. Haies, bois. C.

X. L. XYLOSTEUM L. Arbrisseau à rameaux divariqués, grisâtres, pubescents. Feuil. ovales, mucronées, opposées, pétiolées, molles, pubescentes, pâles en-dessous. *Fl.* blanches, puis jaunâtres, inodores, *géminées* sur un pédonc. axillaire, garni au sommet de 2 bractées. Lèv. sup. de la cor. à 4 lobes égaux, l'inf. entière, recourbée. Baie rouge, non couronnée par le cal. Jn. Haies et bois du calc. — CHAR-INF. *Aulnay* et dans la forêt; forêt de *Chef-Boutonne* (Pinatel). R. — DEUX-SÈV. *Airvault* ! et env ! (Bonnin), *S.-Loup* (Guyon).

RUBIACÉES (Sect. *Stellatæ*).

Cal. adhérent à l'ovaire; limbe à 4-6 div. ou presque 0. Cor. 1-pét. à 4-6 lobes, insérée sur l'ovaire. Etam. 4-6 insérées sur la cor. Styles 2 ou 1 seul à 2 stigm. Fruit à 2 loges ou méricarpes 1-spermes, indéhiscents, se séparant souv. à la maturité. *Herbes à feuil. ord. verticillées, sans stip.*

RUBIA L. Caract. du *Galium*. Fruit composé de 2 baies arrondies, noires, charnues, dont 1 avorté ord.

R. PEREGRINA L. Tige de 10-15 déc. grimpante, accrochante. *Feuil.* 4-6 par verticille, ovales-lancéolées, plus rar. ovales ou linéaires, non veinées, luisantes, *persistantes*, hérissées d'aiguillons crochus sur les bords et la carène. Pédonc. axillaires, trichotomes. Cor. jaune pâle, souv. à 5 lobes terminés en pointe très-aiguë. ♃. jn-jt. Haies, bois. C. — PC. au-delà de la Loire, ord. dans les buissons de la région maritime.

Obs. R. tinctorum L. *La Garance*, diffère du précéd. par les feuil. non persistantes, veinées, et les lobes de la cor. acuminés en pointe calleuse. Cult. dans *Char.-Inf.* à *Saintes* et qqf. naturalisé, à *Meschers*, *île de Ré*, *S.-J.-d'Angély*, etc. — *S.-Loup*, *Oyron* (Deux-Sèv.); *Maillezais*, *les Sables* (Vend.).

GALIUM L. Limbe du cal. 0 ou très-petit. Cor. en roue ou plane, à 4 rar. 3 lobes. Étam. 4. Fruit sec à 2 carpelles globuleux, indéhiscents.

Obs. M. Jordan Obs. fragm. 3, a fait sur ce genre difficile un travail important dans lequel les anciens *G. Mollugo*, *palustre*, *anglicum*, *sylvestre*, etc., sont divisés en plusieurs espèces. J'engage à consulter cet ouvrage ainsi que la flore de France de M. Grenier, où tous ces changements sont adoptés.

* *Fleurs jaunes.*

G. CRUCIATA Scop. *Vaillantia* L. Herbe vert jaunâtre. Tige simple, hispide. *Feuil. oblongues*, 3-nervées, quaternées. Fl. polygames, sur des pédonc. axillaires, recourbés après la fleur et cachés par les feuil. réfléchies. ♃ av.-mai. Haies, buissons. C.

G. VERUM L. *Caille-lait.* Tige ascendante ou diffuse, pubescente surtout dans le haut. *Feuil. li-*

néaires, mucronées, roulées en dessous par les bords, 6-10 par verticille. Rameaux florifères formant une grappe allongée. Fruit lisse. ♃. jn-jt. Prés, bords des chemins, sables maritimes, où, ainsi que dans les lieux très-secs, la tige est qqf. couchée et la panic. courte, peu fournie. C. surtout dans le calc. Noircit en herbier.

Obs. Dans les prés secs calc. de *Vix* (Vendée) à côté de *G. verum,* on trouve les deux plantes suiv. que M. Grenier considère comme hybrides des *G. verum* et *erectum* : 1° *G. approximatum* Grenier, fl. de France. Port de *G. verum,* mais panic. plus allongée; feuil. plus courtes, oblongues-linéaires; fl. blanc-jaunâtre, plus grandes; cor. plus apiculée; anthères ovales-oblongues. Ne noircit pas par la dessiccation. — 2° *G.* . Pubérulent, plus robuste que les 2 précéd.; feuil. linéaires-lancéolées, luisantes, à nervure large luisante non saillante; fl. blanc-jaunâtre en panic. ample de *G. Mollugo,* mais plus serrée; anthères ovales-oblongues. Ne noircit pas par la dessiccation.

G. ARENARIUM DC. Glabre. Racine long. rampante. *Tiges couchées*, très-rameuses. *Feuil.* linéaires-oblongues, *longues de* 2-5 *mil.* mucronées, roulées en dessous par les bords, planes sur le vivant, rudes au bord, *épaisses*, 6-10 par chacun des verticilles rapprochés. Fl. peu nombreuses, en grappe courte, terminale. Fruit lisse, 1 f. plus gros que dans le précéd. (qqf. très-gros par la piqûre d'un insecte). ♃. jn-sept. Sables maritimes. —CC. jusqu'à *Lorient.*—FIN. C.—C.-NORD. *Bon Abri* en *Hillion* (Baron).

Obs. M. Letourneux a recueilli au *Platin d'Angoulin* (Char.-Inf.) un *Galium* (hybride?) ayant le port et les caractères de *G. arenarium* au milieu duquel il croît, mais dont il diffère par les feuil. linéaires-lancéolées à nervure saillante, terminées en pointe longue et par les fl. blanc-jaunâtre. Il noircit peu par la dessiccation.

G. NEGLECTUM Le Gall, *G. Mollugo* var. fl. Loire-Inf. Rac. rougeâtre, longuement rampante. Tiges ascendantes, tétragones, pubescentes surtout dans le bas, à nœuds un peu renflés. Feuil. oblongues ou lancéolées-linéaires, mucronées, ord. glabres, qqf. velues dans le bas de la tige, à bords très-rudes se roulant en dessous, 6-10 par verticille. Fl. jaune pâle en panic. oblongue, étroite, dressée. Lobes de la cor. ovales-oblongs avec une petite pointe infléchie. ♃. jn-jt. Çà et là sables maritimes surtout au bord des talus.

Obs. Entre *G. arenarium, neglectum* et *Mollugo*, il y a, dans les sables maritimes, plusieurs plantes à fl. passant du jaune au blanc qu'on ne peut rapporter rigoureusement à aucun de ces trois types et qui doivent rappeler que les *Galium* se prêtent à l'hybridité.

** *Fl. blanches*, (roussâtres dans *G. anglicum*).

G. MOLLUGO L? Tige faible s'élevant à 10-15 déc. au milieu des buissons, couchée quand elle est sans appui, tétragone, lisse ou velue surtout dans le bas, à nœuds renflés. Feuil. 6-8 par verticille, obovales-lancéolées, obtuses, mucronées, rudes au bord, à nervure dorsale saillante, non veinées ni transparentes. Fl. nombreuses, en panic. à rameaux principaux ouverts en angle de 45°, les secondaires étalés. Lobes de la cor. mucronés. Fruit glabre, chagriné. ♃. jn-jt. Bord des haies, des chemins, buissons. CC. — Nain et couché dans les sables maritimes.

β. *G. erectum* Huds. Feuil. plus allongées, à nervure plus saillante; fl. plus blanches, plus grandes, moins nombreuses, en panic. étroite à rameaux étalés-dressés. Mêmes lieux et prés. — CHAR.-INF. AC.

✕. G. BOREALE L. Rac. rougeâtre. Tige de 3-4 déc. raide, dressée, tétragone. *Feuil.* nombreuses, quaternées, lancéolées, *à 3 nervures*, obtuses, rudes au bord. Fl. d'un blanc pur en panic. serrée. Fruits glabres ou à poils crochus. ♃. jt-at. Prés du calc. — Char.-Inf. *Surgères* ! *S.-Georges* (Delalande), ac. *Dœuil* ! (Dussouchaud), bois de *Benon*; *Maison-Nouvelle* (Savatier), *Fontenet*, *Migré* (Pinatel), *Montendre*. — Deux-Sèv. c. *Mauzé* (J. Richard), *Brioux* (Vernial), *Paizay*, *Ste-Soline* (Sauzé), *Prahecq* (Bonneau), *Lezay* (Rouffineau), *Vanzay* (Guyon).

G. uliginosum L. *Tige* faible, très-rude de bas en haut, *très-accrochante*. *Feuil.* lancéolées-linéaires, *mucronées*, garnies sur les bords et la carène d'aiguillons crochus, ord. 6 par verticille. Pédonc. latéraux, à fl. peu nombreuses. Anthères jaunes. Fruit tuberculeux. ♃. mai-jn. Prés marécageux. — Deux-Sèv. c. *la Mothe* (Sauzé), *Bretignolles* (J. Richard). — Vend. *Chasnais*, c. *Napoléon* ! et env. (Pontarlier, Marichal), *Faymoreau* (Letourneux), *Ste-Radegonde-des-Marais* (Ayraud). PC. — Loire-Inf. *Grillaud* (Pesneau), *la Seilleraie*; *S.-Gildas* (Delalande); marais de *Renard*, *Orvault* (Guiho), *la Popinière* sur l'Erdre. PC. — Mor. « *Lorient*, *Baud*, *Ploërmel* ! etc. » (Le Gall flore), *Arradon*, *Pluéret* (Taslé). — C.-Nord. *Plouguenouel* (H. de Ferron), marais de *Languenan* (Mabille). — Il.-et-V. Etang de *Rosbise*, *Chartres* près *Rennes* (V. Sacher).

G. palustre L. Tige faible, diffuse, plus ou moins rude, qqf. tout-à-fait lisse. *Feuil.* linéaires-oblongues, rétrécies à la base, *obtuses*, rudes au bord, 4,5 par verticille. Panic. diffuse, à pédicelles fructifères divariqués, rendant ainsi les petits corymbes tronqués. Fruit chagriné. ♃. jn-jt. Marais, fossés et prés humides. C. — Noircit en herbier. — Souv. très-grêle dans ces deux dernières stations et dans les marais herbeux, et alors difficile à distinguer de *G. constrictum*. — Les individus robustes constituent le *G. elongatum* Presl.

β. *rupicola* DesM. Tiges nombreuses, grêles, couchées, formant un gazon serré sur le gravier ou pendantes des rochers; feuil. par 4 en verticilles serrés, inégales, obov. ou obov.-oblongues, obtuses. Lieux inondés. Çà et là.

G. CONSTRICTUM Chaub. *G. debile* Desv. Tige un peu ferme, peu rude. Feuil. linéaires, presque aiguës mais mutiques, un peu rudes sur les bords et roulées en dessous, 4-6 par verticille. Pédic. fructifères dressés, resserrés. Fruit très-finement granuleux. ♃. jn-jt. Prés tourbeux. Port de *Asperula cynanchica*. — DEUX-SÈV. *Puy-S.-Bonnet* (Genevier), *Moutiers* (J. Richard.) — VEND. *S.-Laurent* et *S.-Hilaire-sur-Sèvre* (Genevier), AC. env. de *Napoléon* (Pontarlier). — LOIRE-INF. PC. — Çà et là reste de *la Bretagne*. — Noircit en herbier.

G. SAXATILE L. *G. harcynicum* Weig. *Petite plante* couchée, *gazonnante*, glabre; tiges florifères redressées. Feuil. 4-6 par verticille, les inf. obovales, mucronées, les sup. obovales-lancéolées. Panic. assez grêle. Lobes de la cor. souv. 5, aigus. Anthères jaunes. Fruit finement granuleux. ♃. jn-jt. Landes, coteaux et bois parmi la mousse. C. ter. granitiques ou schisteux. — Noircit en herbier.

G. ANGLICUM Huds. *G. ruricolum* Jord. *Tige très-grêle*, qqf. très-rameuse, *rude de bas en haut*. Feuil. linéaires-lancéolées, rudes, mucronées, 6 par verticille, étalées, puis réfléchies. *Pédonc.* axillaires, *filiformes*, formant une *panic. générale oblongue*. Fl. roussâtre s'ouvrant à peine. Fruit petit, granuleux. ①. jn-jt. Coteaux et champs pierreux, sables. — Çà et là toute la région maritime. — CHAR.-INF. *Montlieu*, *Surgères*, *Dœuil*, *île de Ré*, etc. AC. — DEUX-SÈV. *Niort* (A. Guillon), *la Mothe* (Sauzé), *Coulonges-s-l'Autize, S.-Pompain, S.-Loup* (Guyon), *Airvault*! les *Jumeaux* (Bonnin), *Thouars*! (Bastard). — VEND. AC. *Napoléon* et env., *le Boupère*, *la Bretonnière* (Pontarlier, Marichal), C. *Fontenay* (Letourneux), *France*! *Garenne-Augeard* (Ayraud). — LOIRE-INF. *Du Cellier à Ancenis*, C. *d'Oudon à Couffé*, forêts du *Cellier* et du N. du départ. dans les charbonnières. PC. — C.-NORD. *Dinan* à *la Courbure*

(Mabille). — IL.-ET-V. *Hédé* (Le Gall), *Tinténiac* (Mabille), *Bout-de-Lande* (Degland).

Obs. G. tenuicaule Jord. se distingue du précéd. par la panic. ovale, très-ample; rameaux rudes moins étalés, mais beaucoup plus allongés et capillaires à pédic. courts, en sorte que les fl. sont disposées en petits fascicules épars, très-écartés. J'y rapporte des échantillons de : CHAR.-INF. *Montlieu*.—DEUX-SÈV. *Chambrille* (Sauzé), *S.-Pompain*, *Amailloux*, *S.-Loup* (Guyon), *Bressuire* (Genevier). —VEND. *S.-Hilaire* (Genevier), *Lorbrie* (Letourneux), *Noirmoutier*. — LOIRE.-INF. *S.-Michel-en-Retz*, pointe de *Pennebé*.—FIN. *S.-Marc*, *Ste-Barbe*, près *Brest* (Crouan).

X. G. SYLVESTRE Poll. Jordan. obs. Souche grêle à tiges nombreuses de 1-3 déc. diffuses, couchées, ascendantes au sommet, lisses. *Feul. linéaires-lancéolées*, acuminées, *mucronées*, ord. rudes de haut en bas sur les bords et sur la face sup., à 1 nervure saillante en dessous, 7,8 par verticille, étalées ou recourbées surtout dans le bas. Panic. irrégulière à rameaux ouverts, les inf. alternes, les autres opposés, inégaux. Cor. blanche à lobes aigus. Fruit finement granuleux, à pédic. ouvert. ♃. jn-jt. Pelouses, coteaux et bois secs du calc. — CHAR.-INF., DEUX-SÈV. C. — VEND. Plaine (Letourneux, Ayraud.)—Il est possible que dans les calc. de la *Char.-Inf.* et des *Deux-Sèv.* il existe plusieurs plantes voisines de la précéd. par ex. *G. læve*, *commutatum*, *Timeroyi* Jordan.

G. APARINE L. *Gratteron*. *Tige* de 5-10 déc. très-rude de bas en haut, *accrochante*, renflée et hérissée aux nœuds. Feuil lancéolées, élargies au sommet, très-rudes au bord et sur la carène, mucronées, 6-8 par verticille. Pédonc. des panic. axillaires, dépassant les feuil. *Fruit gros, hérissé de poils crochus et tuberculeux à la base*. ①. jn-jt. Haies, lieux cultivés. C.

G. SPURIUM L. Distinct du précéd. Tige grêle, non renflée ni hérissée aux nœuds. Feuil. étroitement linéaires-lancéolées. Fruit 3-4 f. plus petit, noirâtre, chagriné, non tuberculeux, glabre. ①. jn-jt. Moissons du calc.—LOIRE-INF. *Machecoul* (Letourneux et moi), *Guenrouet.* RR. — MOR. *Vannes, Carentoir* (Taslé), *Ploërmel* (J.-M. Sacher).

β. *G. Vaillantii* DC. Fruit hérissé de poils crochus non tuberculeux à la base.—MOR. *Vannes* (Taslé).

G. TRICORNE With. Tige de 15-30 cent. simple, très-rude de bas en haut, accrochante. Feuil. linéaires-lancéolées, très-rudes au bord et sur la carène, mucronées, 6-8 par verticille. *Pédonc.* à 3 fl., axillaire, *plus court que les feuil., recourbé après la fleuraison.* Fl. petites, blanchâtres. *Fruit gros, verruqueux.* ①. jn-jt. Moissons des ter. calc.—CHAR.-INF. et DEUX-SÈV. C.—VEND. C. Plaine (Pontarlier, Marichal).—LOIRE-INF. RR. *Cambon*; AR. *Bergon.* R. — FIN. *Port-Salut* en *Crozon* (Crouan).— C.-NORD. *Cesson*, C. *Le Rosaire* près *S.-Brieuc* (Baron).

ASPERULA L. Caractères du *Galium.* Cor. en entonnoir ou en cloche.

X. A. GALIOÏDES Bieb. *Galium glaucum* L. Tiges de 3-5 déc. dressées ou ascendantes, presque cylindriques et lisses. *Feuil.* linéaires, mucronées, rudes et roulées par les bords, *glauques*, 8 par verticille. Fl. blanches paniculées en corymbe. *Fruit lisse.* ♃. jn-jt. Pelouses, clairières des bois secs dans le calc.—DEUX-SÈV. *S.-Jouin de Marnes* au *Bois du Maï* (Brottier). RR.

A. CYNANCHICA L. Tiges nombreuses, grêles, couchées. *Feuil.* 4 par verticille, *linéaires*, très-inégales dans le haut, mucronées ainsi que les bractées lancéolées. Fl. en petits faisceaux terminaux. Div. de la cor. blanches et un peu rudes en dehors, à 3 *stries roses en dedans.* Fruit ridé-granuleux. ♃. jn-sept. Pelouses arides ou sablonneuses du calc. et de la région maritime où les tiges sont plus courtes, plus ramassées ainsi que les fl. C. — PC. côte nord de la *Bretagne*.

A. ODORATA L. Racine rampante. *Feuil. lancéolées*, rudes au bord et sur la carène, les sup. 8 par verticille, les inf. 6. Fl. blanches, en corymbe terminal. *Fruit hérissé de soies crochues*. ♃. mai-jn. Bois frais. — CHAR.-INF. *Saintes*, forêt d'*Aulnay*! *Paizay* (A. Guillon), *Fenioux* (Pinatel). — DEUX-SÈV. Forêt d'*Aulnay*! de *Chizé* (A. Guillon), *S.-Gelais* (Guyon). — LOIRE-INF. Forêt de *la Bretêche*! (Bonamy), forêt de *Juigné* près l'étang de la *Primaudière*. R. — FIN. *Huelgoat*; forêt de *Men-Gwenn* (Crouan fl.). R. — C.-NORD. C. forêt de *la Hunaudaie* (Cornillé), forêt de *Lorge*; forêt de *Boquien* (Mabille). — IL.-ET-V. Forêt de *Fougères*! (de la Pylaie).

✕. A. ARVENSIS L. Tige rameuse. Feuil. linéaires, rétrécies à la base, obtuses, 6-8 par verticille, les inf. à 4, rudes au bord. *Fl. bleues* en têtes terminales entourées de bractées bordées de longs cils blancs. Fruit glabre ①. mai-jt. Moissons du calc. — CHAR.-INF., DEUX-SÈV. AC. — VEND. AC. *Fontenay*! (Letourneux).

SHERARDIA L. Cal. à 6 dents. Cor. en entonnoir, à 4 lobes. Etam. 4. Fruit à 2 graines, couronné par le limbe accru du cal.

S. ARVENSIS L. Couché-étalé, hispide. Feuil. ovales-lancéolées, 6-8 par verticille, les sup. formant un involucre autour des fl. sessiles. Cor. lilas ou rosée. ①. mai-sept. Champs, lieux cultivés, pelouses sèches, dunes. C.

CRUCIANELLA L. Caract. de l'*Asperula*. Lobes de la cor. courbés-connivents. Fruit à 2 graines oblongues ou demi-ovales. Fl. en épis, entourées à la base d'un involucre de 2,3 bractées.

✕. C. ANGUSTIFOLIA L. Tige de 2-3 déc., grêle, tétragone. Feuil. linéaires en alène, rudes, dressées, 6 par verticille. Epi tétragone. 3 bractées libres, à carène aiguë, blanches-membraneuses, vertes sur le dos. ①. jn-jt. Champs secs calc. — CHAR.-INF. *Marcilly, Terre-Nouvelle* (de Beaupreau), *la Repentie* (Letourneux), *Beauvais* ! (Savatier), R. *Dœuil*. — DEUX-SÈV. *Paizay* (Vernial), C. *Loubillé* (Jousse), coteau de *Veluché* ! (Guyon), *Thouars* ! (Baslard).

VALÉRIANÉES.

Cal. adhérent à l'ovaire; limbe denté ou se déroulant enfin en aigrette. Cor. tubuleuse-en entonnoir, insérée sur l'ovaire, régulière ou irrégulière, qqf. bossue ou éperonnée à la base. Etam. 1–4. Style 1 à 1–3 stigm. Caps. à 3 loges dont 2 avortent. Graine solitaire, pendante. *Feuil. opposées.*

VALERIANA L. Limbe du cal. roulé en dedans pendant la fleuraison, se déroulant enfin en aigrette plumeuse couronnant le fruit. Cor. en entonnoir, bossue ou éperonnée à la base; limbe à 5 div. Etam. 1 ou 3. Caps. à 1 graine.

V. OFFICINALIS L. *Rac. fasciculée*, entremêlée de stolons, *fétide*. Tige de 6–10 déc., sillonnée, creuse, pubescente. *Feuil. ailées* avec impaire à fol. lancéolées, dentées ou entières. Fl. blanc-rosé, en corymbe terminal. Etam. 3. ♃. jn-jt. Bord des eaux, lieux frais. C.

✕. V. DIOÏCA L. Souche oblique. Tige cannelée, rude. Feuil. ailées-pinnatifides avec impaire plus grande, fol. oblongues ou lancéolées, entières; feuil. inf. et celles des rejets stériles longuement pétiolées, ovales-en cœur. *Fl. dioïques*, blanc-rosé, en corymbe terminal. Etam. 3. ♃. mai-jn. Prés marécageux du calc. — CHAR.-INF. *Courcoury*, *Rochecourbon* (A. Guillon), *Montlieu* (de Meschinet), R. *Mortagne*; *Montendre* et env. *Pons*, *Beurlay*, *la Boutonne*, *Surgères*, *Dœuil*, *S.-Jean-d'Angély*; marais de *Mons* (Savatier), etc. PC. — DEUX-SÈV.

Lezay (Sauzé, Maillard), *Mauzé*, *Pas-de-Jeu* (J. Richard), env. d'*Airvault*! (Bonnin), de *Thouars* (Lunet).

* V. RUBRA α L. *Centranthus ruber* DC. Glauque, lisse. Tige creuse. *Feuil. ovales et lancéolées, entières*. Fl. rouges en corymbe terminal. Cor. à éperon 1 f. plus long que l'ovaire. *Etam.* 1. ♃. j^t–sept. Vieux murs et châteaux, falaises calc., chemins de fer. AC. et cult. sous le nom de *Valériane*.

Obs. V. Phu L. *Guérit-tout* est cult. dans les campagnes, pour cicatriser les plaies.

VALERIANELLA Tourn. Limbe du cal. denté. Cor. régulière, en entonnoir, sans éperon, à 5 lobes. Étam. 5. Caps. à 3 loges, 2 stériles restant vides.

Obs. Toutes nos espèces appelées *Mâche, Boursette*, sont des herbes annuelles, à tige dichotome; les fl. petites, blanc-rosé ou lilas sont réunies en têtes terminales, entourées de bractées ciliées. Pour les distinguer, il est indispensable d'avoir les fruits ; ceux-ci mûrissent en juin.

V. OLITORIA Mœnch, Mut. fig. 206. Rameaux étalés. Fl. en tête globuleuse. *Caps.* glabre, *ovale-arrondie, comprimée ;* loges stériles séparées par une cloison incomplète, perpendiculaire sur la loge fertile, qui est épaisse-subéreuse sur le dos. Lieux cultivés, murs. C.

V. CARINATA Lois. Mut. fig. 208. Port du précéd. *Caps.* glabre, *oblongue, presque tétragone, profondément creusée en long d'un côté ;* les deux loges stériles courbées, à cloison perpendiculaire sur la loge fertile. Lieux cultivés, murs. CC.

V. ERIOCARPA Desv. Mut. fig. 214. *Mâche de Hollande*. Rameaux raides, divariqués, ceux des corymbes renflés, anguleux. Limbe du cal. évasé, veiné en réseau, de la largeur de la caps. à 6 dents, celles de devant plus courtes. Caps. ovale à 5 côtes, *les 2 de devant* formées par les loges stériles filiformes et *séparées par un intervalle creux, ovale*. Moissons des ter. calc. et des bords de la mer. C. jusqu'à *la Loire*, moins c. au-delà. — Le fruit est ord. luisant, veiné, poilu sur les côtes, qqf. il est poilu partout, et souv. tout-à-fait glabre. Cette dernière var. est AC. région maritime jusqu'à *Brest*, moins c. au-delà.

V. MORISONII DC. Tige dressée, bifurquée au sommet. Fruit glabre ou plus ou moins couvert de poils courbés. Limbe du cal. obliquement tronqué, à dents de devant peu distinctes, couronnant la *caps. conique, aiguë*, à 5 côtes peu saillantes, *les 2 de devant* formées par les loges stériles filiformes et *séparées par un intervalle oblong*. Moissons du calc. et du littoral. — AC. région maritime et son voisinage de *Pontorson* (Manche) à *Brest* et *Quimper*. — MOR. *Quiberon* (Le Gall). — A l'intérieur : calc. de *Rennes* (Degland) ; *Erbray*, *Machecoul*, *Arthon* (Loire-Inf.).

V. AURICULA DC. Mut. fig. 212. Tige dressée, bifurquée au sommet. *Caps. ovale-arrondie*, glabre, couronnée par le limbe du cal. tronqué obliquement en forme d'oreille, les dents de devant peu distinctes ou (Mut. fig. 215) courbées l'une vers l'autre. *Loges stériles placées en avant, plus grandes que la loge fertile et séparées par un sillon*. Moissons. AC. — C. dans le calc.

β. *dasycarpa*. Fruit velu. DEUX-SÈV. *La Mothe* (Sauzé). — VEND. *Mareuil* (Pontarlier). — LOIRE-INF. *Piriac* (Letourneux). — MOR. *Vannes* (Taslé).

X. V. PUMILA DC. S. Will. *V. membranacea* Lois. Mut. fig. 216. *Caps.* largement ovale, *comprimée sur le devant* et marquée d'un sillon profond entre les 2 loges stériles, convexe sur le *dos à 3 côtes presque égales*, l'intermédiaire plus saillante formée par la loge fertile. Limbe du cal. à 3 petites dents triangulaires, celle de derrière un peu plus grande. Bractées largement scarieuses au bord. — CHAR.-INF. Moissons, env. de *la Tremblade*. R.

V. HAMATA Bast. *V. coronata* DC. fl. fr. non prodr. Koch syn. Tige droite, bifurquée au sommet. Fl. en têtes serrées. Caps. ovale, velue, marquée d'un sillon sur le devant, entre les deux loges stériles, couronnée par le *limbe du cal. évasé en cloche* membraneuse, veinée, *glabre en dedans et en dehors, à* 6 *dents crochues*. ①. jn–jt. Moissons sablonneuses du calc. — DEUX-SÈV. *Thouars* ! (Bastard, butte de *Montcoué* (J. Richard), de *Borcq* à *S.-Jouin* (Bonnin), *la Crignolée* près *Dœuil*. — *V. discoidea* Lois. *V. coronata* DC. prod. diffère du précéd. par les feuil. plus découpées. et par le *vase du cal.* plus grand, plus ouvert, *velu en dedans*.

GLOBULARIÉES.

Fl. agrégées en capitule globuleux, entourées à la base d'un involucre polyphylle, insérées sur un réceptacle garni de paillettes. Cal. à 5 div. persistant. Cor. 1.pét. irrégulière à 5 lobes. Etam. 4 insérées au haut du tube de la cor. et alternes avec ses lobes. Ovaire 1, à 1 ovule pendant. Style 1, stig. bifide. Fruit indéhiscent. *Feuil. alternes*.

GLOBULARIA L. Voir la famille.

X. G. VULGARIS L. Souche presque ligneuse, ord. à 1 tige de 1–3 déc. Feuil. rad. ovales-spatulées, longuement pétiolées, mucronées dans l'échancrure, celles de la tige lancéolées, aiguës. Fl. bleues en tête globuleuse terminale. Cal. cilié. Cor. à 2 lèv., la sup. à 3 div. linéaires, l'inf. à 2 lobes plus courts. ♃. jn. Coteaux et plateaux secs calc. — CHAR.-INF. AC. — DEUX-SÈV. Forêts d'*Aulnay*, de *Chizé*; *S.-Loup* ! (Guyon), *Airvault* ! (Bonnin), *Thouars* ! (Bastard).

DIPSACÉES.

Fl. agrégées en capitule, entourées à la base d'un involucre polyphylle, insérées sur un réceptacle garni de paillettes. Cal. propre double, persistant, l'extér. (involucelle DC.) à tube entourant étroitement le fruit, l'intér. adhérent, à lobes souv. en forme d'aigrette. Cor. 1.pét. insérée sur le sommet du cal. intér., à 4,5 lobes souv. inégaux. Etam. 4 libres, insérées sur le tube de la cor. ; filets non articulés. Style et stigm. 1. Caps. indéhiscente, à 1 graine pendante. *Herbes à feuil. opposées.*

DIPSACUS L. Cal. intér. en forme de coupe, l'extér. tétragone. Cor. à 4 lobes. Etam. 4. Fol. de l'involucre ord. plus longues que les paillettes épineuses du réceptacle.

D. SYLVESTRIS L. Tige d'env. 1 mètre, robuste, sillonnée, hérissée d'aiguillons. Feuil. inf. rétrécies à la base, les sup. largement connées en vase, ovales-lancéolées, garnies d'aiguillons sur la carène. Fol. de l'invol. arquées, dépassant le *capitule, gros, ovale.* Paillettes flexibles, à pointe droite, dépassant les fl. lilas clair. ②. jt-at. Bord des haies, des champs. C.—Varie très-rar. à feuil. interméd. de la tige pinnatifides.

D. PILOSUS L. Tige de 8-10 déc. cannelée, garnie au sommet d'aiguillons. Feuil. ovales, acuminées, dentées, munies au sommet du pétiole de 2 oreillettes foliacées. Fol. de l'invol. herbacées, réfléchies, égalant env. le *capitule petit*, presque globuleux. Paillettes obovales, ciliées, garnies de soies au sommet, à pointe longue, droite, égalant les fl. blanchâtres. ②. jt-sept. Haies, lieux ombragés, humides. — DEUX-SÈV. La Touche-Poupart près *S.-Maixent* (Sauzé).—VEND. Moulin de *Pilorge* près *Fontenay* (Letourneux). RR.—IL.-ET-V. Le Verger-au-Coq en *Melesse* (Letourneux), près *la Gavouyère* (herb. Degland). RR.

SCABIOSA L. Involucre polyphylle. Réceptacle garni de soies ou de paillettes. Cor. à 4,5 lobes. Étam. 4. Fruit couronné par le double cal., l'intér. ord. à soies raides, rar. entier, l'extér. membraneux.

S. ARVENSIS L. *Knautia* Coult. Tige de 2-4 déc. couverte de poils raides. *Feuil. pinnatifides* à lobes lancéolés, entiers ou dentés-lobés du côté inf. Cor. bleuâtres, les ext. plus grandes. *Récept. garni de soies.* Fruit velu. Cal. int. à env. 8 soies, l'ext. entier. ♃. jn-at. Champs, prés, coteaux des ter. calc. et des bords de la mer. — CHAR.-INF., DEUX-SÈV. et calc. Vendéen. C. — LOIRE-INF. *Machecoul, Arthon, pointe de Pennebé*, depuis *Penestin* jusqu'à *Vieille-Roche, Cambon; Erbray* (Moride). PC. — AC. côte de *la Bretagne* et son voisinage; plus C. en approchant de l'*Il.-et-Vil.* — Varie qqf. à feuil. entières.

S. SUCCISA L. *Succisa pratensis* Mœnch. Rac. tronquée. Tige presque simple. *Feuil. rad. ovales ou ovales-lancéolées*, les sup. plus étroites, dentées ou entières. Cor. bleu ciel, toutes égales à 4 lobes; capitule longuement pédonculé. Fol. de l'involucre et paillettes lancéolées. Fruit velu. Cal. int. à 5 soies noirâtres, l'ext. à 4 dents. ♃. at-oct. Landes et prés frais, bord des champs, des chemins. CC.

S. COLUMBARIA L. *S. permixta* Jord. Tige rameuse. Feuil. rad. qqf. épaisses, obovales, dentées, crénelées ou lyrées, les inf. pinnatifides à div. dentées ou lobées, velues, les sup. à lobes linéaires, entiers. Cor. bleu clair, les ext. plus grandes, toutes à 5 lobes inégaux. Fol. de l'invol. linéaires-lancéolées. *Récept. garni de paillettes membraneuses, velues.* Cal. int. à 5 soies noirâtres, 3-4 f. plus longues que le cal. ext. évasé en coupe membraneuse, crénelée, plus courte que la moitié du fruit sillonné, velu. ♃. jt-sept. Ter. calc. secs ou sablonneux, qqf. schistes. — CHAR.-INF. et DEUX-SÈV. C. — VEND. C. calc. méridional (Pontarlier). — LOIRE-INF. C. *Machecoul, Chéméré*, R. *Oudon*; RR. *Ancenis* (Moreau). —Il-et-V. *S.-Ideuc* (Le Gall), et isthme de *Lavarde* près *S.-Malo* (Mabille). RR.

COMPOSÉES.

Fleurs petites, nombreuses, réunies en *capitule* (*fleur composée*), entourées d'un involucre commun, insérées sur un réceptacle commun, nu ou garni de soies ou de paillettes. Calice propre adhérent à l'ovaire; limbe non distinct ou se changeant en paillettes ou en aigrette couronnant le fruit. Corolle 1-pétale, insérée sur le tube du cal., tantôt régulière à 5 dents (*fleuron*), tantôt irrégulière en forme de languette (*demi-fleuron*). Etam. 5 insérées sur le tube de la cor., distinctes à la base; anthères soudées en tube. Ovaire 1. Style 1, à 2 stigm. Fruit (*achène*) sec, indéhiscent, à une graine.

Capitules appelés ici fleurs, formés tantôt de fleurons (*fleurs flosculeuses*), tantôt de demi-fleurons (*fleurs semi-flosculeuses*), ou bien de fleurons au centre et de demi-fleurons à la circonférence (*fleurs radiées*).

A. *CORYMBIFÈRES. Style non articulé au sommet; fleurs flosculeuses ou radiées.*

EUPATORIUM L. Involucre cylindrique, imbriqué. Fl. flosculeuses; fleurons peu nombreux, tous herm. tubuleux. Styles très-longs. Réceptacle nu. Achènes à 5 angles. Aigrette à poils simples.

E. cannabinum L. *Eupatoire.* Tige de 9-12 déc. pubescente, rougeâtre. Feuil. opposées, pétiolées, à 3 fol. lancéolées, dentées, la terminale plus grande. Fl. rosées, nombreuses, en corymbe serré, terminal. ♃. jn-sept. Bord des eaux, des fossés, des marais. C.

TUSSILAGO L. Invol. simple à fol. membraneuses au bord. Fl. radiées; demi-fl. sur plusieurs rangs, fertiles; fleurons herm. stériles. Récept. nu. Aigrette à poils simples, très-blancs.

T. FARFARA L. *Pas-d'âne*. Rac. rampante. Hampe de 1-2 déc. garnie d'écailles, à 1 fl. jaune, terminale, paraissant avant les feuil. en cœur, anguleuses, dentées, cotonneuses en dessous. ♃. fév.-mars. Vignes, qqf. rochers maritimes humides, surtout ter. argileux. — CHAR.-INF. C.—DEUX-SÈV. *Niort* ! *Melle* (A. Guillon). R. *Airvault* ! (Bonnin), AR. *Parthenay* ! (Janneau).—VEND. *Mareuil, Luçon, Champ-S.-Père, Rosnay, Bessay, les Essarts*, AC. *Sables-d'Olonne* (Pontarlier, Marichal), AR. *Fontenay* (Letourneux), *Challans*, *Commequiers* (Gobert), *Noirmoutier*. — LOIRE-INF. AC. — MOR. *Coëtsurho* (Taslé), « *Plœmeur, Hennebont* (Le Gall). » —FIN. *Pouldreuzic, Crozon, Plougasnou, Guisseny, Goulven, Treffiez*, etc. (Crouan).—C.NORD. *S.-Quay*, c. littoral du *Rosaire* (Baron), *S.-Cast* et littoral jusqu'à la *Rance*, d'où il remonte jusqu'à *Dinan*. —IL.-ET-V. c. de *Pontorson* à *Dol*; *S.-Coulomb*; *S.-Jacques*, *Hédé* (Le Gall), *Redon*. — ETC.

Obs. Nardosmia fragrans Reich. *Héliotrope d'hiver*, se voit qqf. au bord des haies, des murs, échappé des jardins où on le cultive.

PETASITES Tourn. Invol. simple avec quelques écailles accessoires à la base. Fl. flosculeuses; fleurons tantôt presque tous femelles, tantôt presque tous mâles, ceux-ci placés au centre. Récept. nu. Aigrette à poils simples très-blancs.

P. VULGARIS Desf. *P. riparia* Jord. *Tuss. Petasites* L. Souche épaisse. Hampe multiflore, garnie d'écailles. Feuil. très-grandes, en cœur, doublement dentées, pubescentes en dessous; lobes de la base arrondis. Fl. presque dioïques, rougeâtres, en grappe ovale ou oblongue. ♃. mars-av. Lieux humides, bord des eaux. — DEUX-SÈV. C. *Mazières* (A. Guillon), env. de *Bressuire* (J. Richard), *Ste-Néomaye* (Sauzé), le *Deffand* ! près *Airvault* (Bonnin). —C.-NORD. Ruisseau de *Moncontour* ! (A. Bichemin), ruisseau de *S.-Alban* (Baron), de *Dinan* à l'*Ecluse*. — IL.-ET-V. BR. env. de *Fougères*

(V. Sacher), RR. env. de *Rennes* (Letourneux), de *Montaudevert* en *Fougeray* jusque dans la *Loire-Inf.* — LOIRE-INF. Connu sous le nom de *cru, contrecru,* autour des habitations dans les villages de *Venourais, du Hil, de la Grande-Place* près *Derval,* château de *Sion,* où il était prob. cult. autrefois comme médicinal. — FIN. *Le Rélec* (de Crec'hquérault).

LINOSYRIS Lob. Invol. hémisphérique, imbriqué, à fol. linéaires. Fleurons tous herm. tubuleux. Styles courts. Récept. couvert d'alvéoles à bords dentés. Ach. comprimés ; aigrette sessile à poils ciliés.

L. VULGARIS Cass., *Chrysocoma Linosyris* L. Tige simple, effilée, de 2-5 déc. Feuil. linéaires, aiguës, ponctuées. Fl. jaunes en corymbe à pédonc. feuillés. ♃. sept.-oct. Coteaux, taillis pierreux. — CHAR.-INF. *Siecq* (Savatier), *Surgères* et *Benon, Dœuil, Saintes, Beauvais, Montendre,* coteaux de *la Gironde* et région marit., etc. AC. — DEUX-SÈV. *Brioux, Paizay, Chizé* (Vernial), *Mauzé* (J. Richard), *Niort* (A. Guillon), *Bressuire* (Toussaints). — VEND. Rochers du *Gué-de-Velluire, Ile-d'Elle* ! (Letourneux), bois de *Barbetorte* (Lepeltier). — LOIRE-INF. Coteaux schisteux, *Ancenis* ! (Guiho). RR. — MOR. Rochers maritimes de *Belle-Ile* ! au port *Borderie* et à *Donant* ! (de la Pylaie), avec tige de 5-10 cent. à 2-5 fl.

ASTER L. Invol. imbriqué. Fl. radiées, de 2 couleurs ; fleurons herm. tubuleux, jaunes ; demi-fl. fem. Récept. nu. Aigrette sessile, à poils simples.

A. TRIPOLIUM L. Tige de 3-6 déc. Feuil. lancéolées, à 3 nervures, charnues. Demi-fl. variant du blanc au blanc-lilas. Ach. comprimés, poilus, surtout à la base. ♃. jt-sept. Lieux marécageux des bords de la mer. C. — Les rayons des fleurs tardives avortent qqf.

BELLIS L. Invol. à fol. égales, sur 2 rangs. Fl. radiées ; demi-fl. fem. ; fleurons herm. tubuleux.

Récept. nu, conique, creux. Ach. comprimés, bordés, sans ou avec aigrette très-courte.

B. PERENNIS L. *Marguerite*. Rac. rampante. Feuil. radic., *obovales*-spatulées, en rosette. Hampe 1.fl. Demi-fl. blancs, souv. rosés en dehors. Fleurons jaunes. *Ach. sans aigrette*. ♃. mars-mai et un peu toute l'année. Prés, pelouses. CC.

B. PAPPULOSA Boissier! cl. nº 106. Rac. tronquée. Feuil. radic., *lancéolées*-spatulées, obtuses, poilues, un peu rudes, un peu ondulées, bordées de qq. dents calleuses. Hampe 1.fl. de 20-25 cent. sillonnée, à poils couchés dirigés en haut. Demi-fl. étroits, blancs, rosés en dehors; fleurons jaunes. Récept. conique-hémisphérique, alvéolé. Ach. oblong-obovales, parsemés de poils couchés, entourés d'une bordure blanchâtre et terminés par une petite *couronne* de soies écailleuses env. 4,5 f. plus courtes qu'eux. ♃. fin mai-juin. — CHAR.-INF. Cette espèce méridionale a été découverte par M. Lemarié sur les coteaux calc. de *Pont-l'Abbé*, et Mess. de l'Isle la trouvaient en même temps à *Pontaillac* près *Royan*. Je l'ai revue dans les taillis secs entre *Beurlay* et la première localité. Son abondance dans ces stations, et sa *grande ressemblance* avec *B. perennis* me font croire que j'ai dû, ainsi que d'autres, la fouler aux pieds dans le midi du départ., et qu'on la retrouvera ailleurs dans le midi de la France. On le distinguera du précéd. par la taille plus élevée, les feuil. insensiblement rétrécies en pétiole, non planes, le récept. non en cône allongé très-aigu, et surtout par la couronne de l'achène.

ERIGERON L. Invol. imbriqué. Fl. radiées, de 2 couleurs; demi-fl. fem. linéaires, sur plusieurs rangs; fleurons herm. tubuleux. Récept. nu. Aigrette à poils simples.

E. CANADENSIS L. *Tige élancée*, hispide. Feuil. linéaires-lancéolées, ciliées, les rad. en rosette défruites lors de la fleur., à qq. dents écartées. *Fl. petites, nombreuses, en panic. resserrée, oblongue.* Demi-fl. blancs. Aigrette blanchâtre. ①. j^n^-oct. Lieux cultivés, sables. — CHAR.-INF. C. — DEUX-SÈV. R. *Niort* (A. Guillon), PC. *la Mothe*! (Sauzé), CC. *S.-Jouin, Marnes, Borcq, Airvault,* etc. (Brottier), *Oyron, la Dive* (J. Richard), *S.-Gelais, Coulonges* (Guyon). — VEND. C. la côte ! (Pontarlier). — LOIRE-INF. AC. surtout sables de *la Loire*. — MOR. qq. gares du chemin de fer. — FIN. *Quimper* (Bonnemaison). — C.-NORD. Vallée de *Bobital, S.-Malo* (Mabille). — IL.-ET-V. Charbonnières de la forêt de *Rennes* (herb. Degland).

E. ACRIS L. Tige velue, rougeâtre. Feuil. lancéolées-linéaires, velues, étalées, les inf. plus larges, rétrécies en pétiole. 1 rar. 2,3 fleurs sur chaque rameau. *Demi-fl. bleu-rougeâtre.* Ach. velus. *Aigrette rousse* ou blanc sale. ②. j^n^-sept. Lieux sablonneux ou calc. — CHAR.-INF. *Bonnefond, Surgères, S.-J.-d'Angely; Pessines* (Brunaud), çà et là région maritime. — DEUX-SÈV. *Niort, S.-Maixent, Paizay* (A. Guillon), C. *la Mothe*! (Sauzé), *Airvault* (Bonnin), *S.-Loup* (Guyon). — VEND. *Pouzauges*, env. de *Fontenay, Mareuil, les Sables* (Pontarlier), C. *la Tranche*! (Letourneux), *Challans* et env. (Gobert). — LOIRE-INF. AC. *Machecoul, Arthon, Cambon, S.-Gildas,* etc., et surtout sables maritimes. PC. — Çà et là côte du reste de *la Bretagne*. — IL.-ET-V. *La Chaussairie* (J.-M. Sacher); *S.-Jacques, Hédé* (Degland).

SOLIDAGO L. Invol. imbriqué. Fl. radiées, d'une seule couleur ; demi-fl. fem. sur un seul rang ; fleurons herm. tubuleux. Récept. nu. Ach. cylindracés. Aigrette à poils simples.

S. VIRGA AUREA L. Tige dressée, simple, pubescente. Feuil. ovales-lancéolées, dentées en scie, les sup. lancéolées, entières. Fl. jaunes, en grappe étroite, dressée, terminale. Ach. striés, pubérulents. ♃. jt-sept. Taillis, buissons, landes, bord des haies. C. — Tige de 3-10 déc., qqf. naine, 7-10 cent. sur les coteaux, les landes très-arides.

MICROPUS L. Invol. à 5-9 fol. lâches. Fl. flosculeuses; fleurons du disque herm. stériles à 5 dents, style simple; ceux du rayon fem. fertiles à style bifide. Récept. nu. Ach. obovales-comprimés, sans aigrette, enveloppés dans les fol. de l'invol.

X. M. ERECTUS L. Cotonneux-blanchâtre. Tige simple et dressée, ou rameuse et étalée. Feuil. lancéolées. Fl. sessiles en glomérules entourés d'un coton épais, axillaires et terminaux au milieu des feuil. florales. ①. jn-at. Champs et coteaux calc. arides. — CHAR.-INF. AC. et C. dans toute la partie bordant les départ. des Deux-Sèv. et de la Charente. — DEUX-SÈV. *Paizay* (Vernial), C. *Loubillé* (Jousse); *Marnes*, *Airvault* ! (Bonnin), RR. *Veluché* (Guyon), *Thouars* ! (Bastard). — VEND. *Chaillé-les-Marais* ! RR. *Garenne-Augcard*, *Maillezais* (Letourneux), *Gué-de-Velluire* (Pontarlier). R.

PALLENIS Cass. Invol. imbriqué. Fl. radiées d'une seule couleur; demi-fl. fem. sur 2 rangs; fleurons herm. tubuleux, ailés en long du côté int., un peu renflés à la base. Anthères à 2 pointes à la base. Récept. nu. Ach. du bord aplatis, à 2 ailes, terminés sur un côté seulement par une aigrette courte, membraneuse; ach. du disque un peu comprimés, à une seule petite aile et à aigrette en couronne.

X. P. SPINOSA Cass. *Bupthalmum* L. Plante couverte de longs poils mous. Tige de 2-4 déc. raide, rougeâtre. Feuil. rad. et inf. lancéolées-spatulées, apiculées, bordées de dents écartées en forme de points, celles de la tige oblongues, rétrécies vers la base élargie de nouveau en 2 oreillettes, les florales épineuses. Fol. ext. de l'invol. épineuses au sommet, dépassant beaucoup les fl. jaunes, solitaires au sommet des rameaux. ②. jn-jt. Coteaux calc. — CHAR-INF. De *Blaye* à *Meschers*; *Ars* en *Ré* (Lemarié); *Chaniers!* près *Saintes* (Guillon).

INULA L. Invol. imbriqué. Fl. radiées, d'une seule couleur; demi-fl. fem., fleurons herm. tubuleux. Anthères à 2 pointes à la base. Récept. nu. Aigrette simple ou double, l'ext. très-courte, membraneuse. *Fl. jaunes.*

* *Aigrette simple.*

I. HELENIUM L. *Aunée.* Tige grosse, d'un mètre et plus. Feuil. rad. ovales-oblongues, pétiolées, inégalement dentées, tomenteuses en dessous; celles de la tige ovales-en cœur, embrassantes. Fl. grandes, en panic. *Fol. ext. de l'invol. ovales, tomenteuses*, les int. en spatule. Ach. glabres. ♃. j^{t}-a^{t}. Haies et prés frais. — CHAR.-INF. Bords de la Charente, de *Charente* à *Rochefort* et *S.-Laurent-de-la-Prée*; Carillon près *Bords* (Rouffineau), *S.-Pierre de l'Ile*, *Migré* (Lemarié), *Surgères* (Hubert). — VEND. *Chaillé-les-Orm.*, *Chasnais*, *R. Ile-d'Elle* (Pontarlier, Marichal), *Aizenay* (Pontdevie), *Sallertaine* (Gobert). — LOIRE-INF. *Le bas de la Loire*, *la Villemartin*, *Arthon*; *la Limouzinière* (Bornigal), *Cambon*, *S.-Gildas*, *Blain*, *Amézé-sur-le-Chère* (Delalande). PC. — Haut de 3 déc. dans les prés de *Buzay*. — MOR. *S.-Gildas*, *la Trinité-Surzur* (Taslé), *Vannes* (Arrondeau). — FIN. *Penmarc'h*, *Kerloc'h*, *Dinan* en *Crozon*, *Rostelec*, *S.-Mathieu*, près du pont de *Kerolzec*, *Plougasnou*, *Ste-Sève*, *Taulé* (Crouan fl.). — C.-NORD. Prés de la Rance à *S.-André-des-Eaux*, au moulin de *Kameroch* (Mabille). — IL.-ET-VIL. *Houlbert* (Letourneux), *Coësme*, *Acigné* (herb. Degland), *Redon*, *Langon* (Desmars).

I. SALICINA L. Tige de 3-4 déc. striée, qqf. poilue. Feuil. lancéolées, acuminées, à dents courtes, écartées, ciliées-rudes sur les bords et les nervures, recourbées, les sup. embrassantes en cœur. Fl. terminales, en corymbe, qqf. solitaires. *Fol. de l'invol. glabres, ciliées. Ach. glabres.* ♃. j^{t}-a^{t}. Prés, coteaux, taillis, plus souv. des ter. calc. — CHAR.-INF. AC. — DEUX-SÈV. *Niort, Chizé, forêt d'Aulnay* (A. Guillon), *la Mothe* ! (Sauzé), *Paisay* (Vernial), *Lezay* (Rouffineau), *Airvault* (Bonnin), *Thouars, S.-Martin de Sanzay* (Lunet). — VEND. C. forêt de *Ste-Gemme* ! (Mlle Poey Davant); bois de *Barbetorte*, bois de *Chasnais* à *S.-Denis du Payré, Bazoges-en-Pareds* (Pontarlier, Marichal), *S.-Pierre-le-Vieux, Mervent* (Letourneux). — LOIRE-INF. *S.-Herblon; Maumusson* ! *la Sinandière en Mésanger* (Guiho), *Chéméré* ! (Le Boterf). R.

✕. I. SQUARROSA L. Facile à distinguer sur place du précéd., mais non à signaler sur le papier autrement que par les *feuil. plus serrées*, plus fermes, *presque coriaces*, les sup. sessiles à base arrondie, par les fol. de l'invol. recourbées au sommet et par les demi-fl. plus courts. ♃. jt-at. Coteaux, buissons, bois secs du calc. — CHAR.-INF. AC. coteaux de la *Gironde* et région maritime; *Surgères* (Delalande), *Dœuil; S.-Georges-d'Oleron* (Savatier). —VEND. Rochers du *Gué-de-Velluire, Ile-d'Elle* ! *Quatre-Vaulx* (Letourneux), *Chaillé-les-Marais* ! bois de *Barbetorte* (Marichal, Pontarlier), *Vix* (Ayraud). PC.

I. CONYZA DC. prod. *Conyza squarrosa* L. Tige de 6-8 déc. raide, velue, rougeâtre, à rameaux en corymbe. Feuil. ovales-lancéolées, dentées, tomenteuses, surtout en dessous, les inf. pétiolées. Fl. jaunâtres, *demi-fl. trifides ne dépassant pas les fleurons*. Fol. de l'invol. verdâtres au sommet. Ach. striés, velus au sommet. ②. jt-at. Coteaux pierreux, bord des haies, des bois. C. — AC. au-delà de *Loire-Inf.*

I. BRITANNICA L. Tige de 3-6 déc. velue-cotonneuse, rameuse dans le haut. Feuil. lancéolées, embrassantes, dentelées, velues en dessous. *Fol. de l'invol. linéaires. Ach. hispides.* ♃. jt-sept. Bord des eaux. — CHAR.-INF. Bord de la Charente à *Saintes* ! (A. Guillon). — DEUX-SÈV. *Rom* (Sauzé), *S.-Varent* (Bonnin), R. *Thouars* (Lunet). — VEND. *Angles*

(Letourneux), marais de *Luçon*, *Port la Claye* et env. (Pontarlier, Marichal), *Langon* (Ayraud), *Challans, Soulans, Sallertaine* (Gobert). — LOIRE-INF. AC. *vallée de la Loire; S.-Joachim*. — FIN. *Quimper* (Bonnemaison). — IL.-ET-V. *Redon* (Le Gall).

X. I. MONTANA L. *Plante couverte de longs poils blancs, soyeux*. Tige de 15-25 cent. simple. Feuil. lancéolées-spatulées, les sup. lancéolées, sessiles. Fl. d'un beau jaune, solitaire, terminale. Fol. ext. de l'invol. oblongues, tomenteuses, beaucoup plus courtes. Ach. hérissés. ♃. j^{t}-a^{t}. Lieux secs pierreux, coteaux, bord des bois dans le calc. — CHAR.-INF. C. N.-E. du départ. de *Benon, Surgères* jusqu'à *Siecq; Pons; Saintes*! (A. Guillon), *Meschers, S.-Palais, Pont-l'Abbé, Beurlay; le Chay, Chef de Baie; Sablonceaux* (Delalande). — DEUX-SÈV. *Paizay, Chizé, forêt d'Aulnay* (A. Guillon), *Loubillé* (Jousse), *Dœuil*. — VEND. *Maillezais* (Mlle Poey Davant).

I. CRITHMOÏDES L. Tige ferme, lisse, à rameaux simples, 1-flores. *Feuil. linéaires, charnues, élargies et trifides au sommet*. Ach. poilus. ♃. j^{t}-sept. Marais salants, rochers marit. — C. jusqu'à la *Vilaine*. — MOR. AC. — Puis PC. jusqu'à *Brest*, R. au-delà.

I. GRAVEOLENS Desf. *Erigeron* L. *Solidago* Lam. *Fétide; rameux en pyramide*. Feuil. lancéolées-linéaires, entières. Fl. jaunes, axillaires le long des rameaux, courtement pédonculées. Demi-fl. petits, courts. Ach. velus. ①. a^{t}-oct. Champs en friche, bord des chemins. — CHAR.-INF. et DEUX-SÈV. AC. — VEND. C. — LOIRE-INF. CC. — MOR. AC. région maritime. — FIN. Rég. marit. C. de *Penmarch*! à *Pouldreuzic*; PC. ailleurs (Crouan). — C.-NORD. C. *S.-Laurent en Plérin* (Baron), baie de *S.-Cast*; sables de *S.-Lunaire* (Mabille), *Dinan*. — IL.-ET-V. Écluse de *Macquer* (S.-Marc), *Redon* (Le Gall), *Fougères, S.-Malo* (V. Sacher).

** *Aigrette double.* (Pulicaria Gært.).

I. DYSENTERICA L. Tige de 3-6 déc. cotonneuse. Feuil. lancéolées-oblongues, embrassantes en cœur, ondulées sur les bords, velues en dessous. *Rayons de la fl. dépassant beaucoup le disque.* Fol. de l'invol. sétacées. Ach. velus, à aigrette ext. en forme de coupe dentée. ♃. jt-at. Bord des chemins, des haies. C.

I. PULICARIA L. Tige de 15-30 cent. très-rameuse, souv. rougeâtre. Feuil. petites, oblongues-lancéolées, embrassantes, ondulées, velues. *Fl. petites, globuleuses, à rayons courts.* Ach. velus, à aigrette ext. en forme de coupe laciniée. ①. jt-sept. Lieux inondés l'hiver, bord des chemins, fossés. CC.

BIDENS L. Invol. à fol. sur 2 rangs, l'ext. plus grand, à fol. étalées. Fl. flosculeuses à fleurons tous herm. tubuleux, rar. radiées à demi-fl. stériles. Récept. plane, garni de paillettes. Ach. terminés par 2-4 arêtes hérissées d'aiguillons recourbés. *Feuil. et rameaux opposés ; fl. jaunes.*

B. TRIPARTITA L. *Feuil. à 3 fol. lancéolées,* dentées, la terminale plus grande. *Fl.* flosculeuses, *droites.* Ach. ord. à 2 arêtes. ①. jt-sept. Marais, bord des eaux. C.

B. CERNUA L. *Feuil. lancéolées,* dentées, *connées. Fl.* ord. radiées, *penchées.* Ach. en coin plus allongé, ord. à 4 arêtes. ①. jt-sept. Marais, bord des eaux. C. — PC. au midi de *la Loire-Inf.* — Var. à tige 1 fl. (*B. minima L.*). Marais de l'*Erdre.*

FILAGO L. Invol. anguleux. Fl. flosculeuses ; fleurons du disque herm. à 4 dents, ceux du rayon fem. sur plusieurs rangs, placés entre les fol. de l'invol. Récept. nu. Aigrette capillaire, nulle dans les ach. du rayon. *Herbes cotonneuses ; fl. roussâtres en glomérules.*

* *Glomérules globuleux, terminaux ou situés aux bifurcations.*

F. GERMANICA L. *F. canescens* Jord. Plante blanchâtre. Tige dichotome à rameaux ouverts. *Feuil.* lancéolées, aiguës, *élargies à la base, appliquées*, à bords ondulés, recourbés. *Glomérules à peu près nus ou munis à la base d'une feuille plus courte que les fl.* Invol. plongé dans un coton épais jusqu'au milieu de sa hauteur, à fol. terminées en pointe glabre, luisante, jaune paille, les int. obtuses, mucronées. ①. jⁿ-sept. Champs. C. — La feuil. qui se trouve à la base de chaque rameau de la dichotomie et qui dépasse qqf. le glomérule ne doit pas être confondue avec celle qui est à la base du glomérule même.

F. APICULATA G.-E. Smith, in Phyt. II 575, *F. lutescens* Jord! fragm. 3. Port du précéd., dont il diffère surtout par les feuil. sup. obtuses, mucronulées, les fol. de l'invol. terminées en pointe souv. rougeâtre et par sa couleur blanc-jaunâtre. ①. Mêmes lieux. — DEUX-SÈV. *S.-Marc-la-Lande* (A. Guillon), *les Jumeaux, S.-Loup*, entre *S.-Pompain* et *S.-Hilaire-des-Loges* en Vend. (Guyon), *Airvault, Assais* (Bonnin), *S.-Maixent, Bressuire* (J. Richard), *Thouars* (Cosson). — VEND. *Challans* (Gobert). — LOIRE-INF. *S.-Etienne-de-Mont-Luc, Brandu* près *Piriac*. — MOR. Autour du golfe du Morbihan. — C.-NORD. AR. carrières de *Dinan* (Mabille). — IL.-ET-V. La Gauteraie près *Rennes* (J.-M. Sacher). — Plus facile à confondre avec le suiv. qu'avec *F. germanica*. — D'après M. Revelière, cette espèce, mouillée par l'alcool, prend une teinte jaune qui permet de déterminer les échantillons les plus douteux.

F. SPATHULATA Presl. Jord. *F. Jussiæi* Coss. et Germ. Plante blanchâtre. Tige dichotome à rameaux étalés. *Feuil.* lancéolées, *élargies dans le haut, étalées*, à bords un peu roulés. *Glomérules entourés à la base de 3-4 feuil. dépassant les fl.* Invol. reposant sur un coton épais qui ne s'élève pas au-dessus de sa base, 2 f. plus gros que dans le précéd., plus distinctement pentagone, à fol. plus nombreuses, cuspidées, les int. ord. obtuses. ①. j[t]-sept. Champs pierreux ou sablonneux surtout calc. — Char.-Inf. C. — Deux-Sèv. ac. le calc. — Vend. c. le calc. (Pontarlier, Marichal), ac. de *Bouin* à la *Barre* et à *Notre-Dame-de-Monts*. — Loire-Inf. Vignes et champs sablonneux des bords de la mer, *Pornic*, *Préfaille*, vignes des hauteurs de *Pornichet* à *Escoublac*, *Brandu*; *Arthon*; *Machecoul*! *Fresnay* (Delalande). — Fin. *Brest*, *Kélern*, *Penmarc'h*; *Pouldreuzic*, *Plovan*, etc. (Crouan). — C.-Nord. *S.-Brieuc*! (Le Gall), *Plérin* (Baron). — Il.-et-V. *S.-Lunaire*, *S.-Malo* (Mabille), *S.-Jacques* (Le Gall.)

** *Glomérules non globuleux, axillaires et terminaux.*

F. arvensis L. sp. 1312. *Herbe couverte d'un coton blanc épais. Tige paniculée à rameaux presque simples, dressés.* Feuil. lancéolées. Fleurs blanchâtres. Fol. de l'invol. tout-à-fait cotonneuses, un peu obtuses. ①. j[t]-a[t]. Champs sablonneux. — Deux-Sèv. Puits d'Enfer près *St-Maixent* (Sauzé), *Airvault*! (Bonnin), *S.-Pompain*, c. *S.-Loup*! (Guyon), ac. *Thouars*! (Lunet). — Vend. *Sallertaine* et env., *Challans* (Gobert), rr. *S.-Hil.-de-Mortagne* (Genevier). — Loire-Inf. *Pornic* (Pesneau), ac. *Machecoul*! (Letourneux), qqf. sables de *la Loire*. R. — Sables de la Loire à *la Varenne* (Maine-et-L.) et qq. pieds çà et là plus bas dans *Loire-Inf.*

F. montana L. *F. minima* Fries. Tige simple, dichotome au sommet ou rameuse dès la base. *Feuil.* linéaires-lancéolées, *appliquées, plus courtes que les fl.* Invol. conique à *fol. terminées en pointe glabre, luisante.* ①. j[t]-a[t]. Coteaux schisteux, landes, champs incultes, sablonneux. C.

F. gallica L. Moins cotonneux que les précéd., rameaux grêles, dichotomes. *Feuil. linéaires en alène, dépassant les fl.* Ach. du rayon courbés, renfermés dans les fol. endurcies de l'invol. (*Logfia* Cass.) conique, pentagone. ①. jn-sept. Champs. C.

GNAPHALIUM L. Invol. ovale, imbriqué de fol. obtuses, scarieuses. Fl. flosculeuses; fleurons du disque herm. tubuleux, à 5 dents fertiles, ceux du rayon filiformes, à 5 petites dents disposées sur plusieurs rangs. Récept. nu. Aigrette sessile, à poils simples ou dentelés. *Plantes cotonneuses.*

G. SYLVATICUM. L. Tige simple, ascendante. Feuil. linéaires-lancéolées, glabres en dessus, cotonneuses en dessous, les inf. linéaires-spatulées. *Fl.* roussâtres, *en longue grappe étroite,* feuillée. Invol. glabre, marqué de taches brunes. Aigrette roussâtre à poils soudés en anneau à la base (genre *Gamochæta* Weddell). ♃. jt.-sept. Bois élevés et leur lisière, friches, vignes. — CHAR.-INF. Dunes de *S.-Trojan* (Hubert). — DEUX-SÈV. Çà et là Bocage (A. Guillon). — VEND. AR. *Napoléon, les Clouzeaux, Pouzauges, Chauché* Pontarlier, Marichal), *Chapelle-aux-Lys* (Letourneux), *Mervent* (Ayraud), *la Châtaigneraie* (Gobert), *la Verrie, S.-Laurent, S.-Aubin-des-Orm.* (Genevier). PC. — LOIRE-INF. *La Verrière, Pannecé* (Letourneux), *Pouillé* (Guiho), *Châteaubriant, Nozay, Derval* (Genevier), *Château-Thébaud* (Pesneau), *Maisdon* (Bornigal), etc. PC. — MOR. Forêt de *Camors, Vannes* (Taslé). — FIN. *Quimper* (Bonnemaison), *Châteauneuf-du-Faou*; c. landes et coteaux de *Brest* (Tanguy), *Plouarzel, Landerneau*, etc. (Crouan). — C.-NORD. Communes de *S.-Carné*, de *Léhon*, bois de *la Garaye, Jugon, Plénée-Jugon.* — IL.-ET-V. AC. *Rennes* (Degland), c. *Fougères* (V. Sacher). — ETC.

G. ULIGINOSUM L. Tige de 1-2 déc. rameuse dès la base, diffuse, cotonneuse surtout au sommet. Feuil. linéaires-lancéolées, rétrécies à la base, cotonneuses. *Fl.* roussâtres, *réunies en têtes terminales plus courtes que les feuil.* ①. jn-oct. Lieux inondés l'hiver. CC. — Paraît aussitôt après le dessèchement d'un étang.

G. LUTEO-ALBUM L. Tige simple, dressée. Feuil. linéaires, demi-embrassantes, cotonneuses sur les 2 faces, les rad. ovales. *Fl.* serrées *en têtes* terminales *non feuillées. Fol. de l'invol.* obtuses, *transparentes, jaune paille.* ①. jt-at. Lieux sablonneux humides. AC. —Moins c. intérieur de la *Bretagne.* — Très-variable dans sa taille et n'ayant souv. dans les sables maritimes que 5-10 cent.

Obs. G. undulatum L. God. Fl. de France, voisin du précéd., à odeur forte, a les *feuil.* de la tige lancéolées-linéaires, aiguës, *vertes* et un peu rudes *en dessus*, blanches-cotonneuses en dessous, *décurrentes,* les fl. en têtes terminales feuillées. Je l'ai vu c. au bord et sur le talus des champs entre *Kerfichen* et *Ptouescat ; Lannevez* (Fin.). C'est, dit-on, une plante du cap de Bonne-Espérance, naturalisée aussi aux env. de *Cherbourg.*— *G. fœtidum* L. Helichrysum Mœnch, est naturalisé sur la côte de *Brest* (de la Pylaie 1815); il a une forte odeur de bouc et son invol. est rayonnant d'un beau jaune.

✕. G. DIOÏCUM L. *Antennaria* Gœrt. Dioïque. Souche émettant des *stolons couchés radicants,* terminés par des rosettes de feuil. obovales-spatulées, obtuses, vertes en dessus, blanches-tomenteuses en dessous, ainsi que celles de la tige linéaires, dressées. Fl. 4,5 en petit corymbe terminant la tige simple. Fol. de l'invol. blanches ou rosées dans le haut. ♃. mai-jn. pelouses arides montueuses, bruyères, bord des bois.—CHAR.-INF. Forêt de *Benon* (Bonpland in herb. de Beaupreau). — A retrouver.

HELICHRYSUM DC. Caractères du *Gnaphalium.* Fleurons du rayon sur un seul rang.

H. STŒCHAS DC. *Gnaphalium* L. *Immortelle.* Grisâtre, blanchâtre ou très-blanc. Tige sous-frutiqueuse de 10-25 cent. diffuse ou couchée, à rameaux simples, cotonneuse. Feuil. linéaires, roulées en dessous par les bords, cotonneuses surtout en dessous. Fl. jaune citron, en corymbes terminaux. Invol. ovale-globuleux à fol. obtuses, scarieuses, d'un jaune luisant, non glanduleuses. Jn-sept. Sables et qqf. rochers maritimes.—CHAR.-INF. CC.; à l'intérieur, çà et là lieux rocailleux et coteaux.—DEUX-SÈV. *Loubillé* (Jousse), coteaux entre *Mauzé*, *Frontenay* et *Niort* (Lunet, Delalande). R.—VEND. et LOIRE-INF. C.—MOR. AC. — puis moins c. jusqu'à *Brest*; au-delà dans le Fin. à *Lampaul-Plouarzel, Lamp-Ploud. S.-Pabu,* presqu'île *Ste-Marguerite* (Crouan), RR. *Lannevez* (de Guernisac). — Quelques formes à feuil. très-étroites ne doivent pas être prises pour *H. angustifolium* DC. qui a l'invol. oblong, 1 f. plus petit, à fol. int. glanduleuses sur le dos.

ARTEMISIA L. Invol. imbriqué, ovoïde ou globuleux. Fl. flosculeuses; fleurons du disque herm. à 5 dents, ceux du rayon fem. filiformes. Récept. nu ou poilu. Ach. obovales, nus.

A. CAMPESTRIS L. *Tiges grêles, couchées à la base.* Jeunes tiges et feuil. soyeuses. Feuil. inf. 2 f. pinnatifides, auriculées à la base, les sup. pinnatifides, à lobes linéaires. Fl. petites, ovales, droites ou penchées, en panic. grêle. Fol. de l'invol. scarieuses-luisantes au bord, les ext. plus courtes. ♃. at-sept. Lieux sablonneux. — LOIRE-INF. *Ile d'Oudon* v.-à-v. *la Patache*; *Nantes* v.-à-v. *Bellevue* (de l'Isle). RR.

β. *maritima* Pesn. *Abrotanum maritimum humisparsum* Bon. *A. crithmifolia* DC. Ascendant ou couché; jeunes pousses plus soyeuses; *feuil. courtes, épaisses*; récept. nu. — N'offre d'autre différence avec le type que les caractères cités qui doivent être attribués à l'influence de l'air salé et des vents de mer. Sables maritimes. — CHAR.-INF. CC. Robuste et ascendant, puis graduellement moins c. jusqu'à *la Vilaine*, quoique c., moins robuste et couché.—MOR. PC.—FIN. Baie d'*Audierne* (Crouan).

A. VULGARIS L. *Armoise*. Tige de 5-10 déc. rougeâtre. *Feuil.* auriculées à la base, pinnatifides *à lobes lancéolés, entiers ou dentés*, tomenteuses-blanchâtres en dessous, *vert foncé en dessus*, les florales entières. Fl. rousses, oblongues, en épis ou grappes formant une panic. allongée. Invol. cotonneux. Récept. nu. ♃. jn-sept. Bord des haies, des chemins. C.

A. MARITIMA L. *Sanguenite. Tomenteux-blanchâtre.* Tige dressée. Feuil. 2 f. pinnatifides à lobes linéaires, les florales entières. *Fl.* jaunâtres, *oblongues*, en panic. Fol. de l'invol. scarieuses, les ext. courtes, herbacées, tomenteuses. *Récept. nu.* ♃. sept.-oct. Bord des marais salants, qqf. bord des coteaux.

α. *A. maritima* Willd. Rameaux de la panic. et fl. penchés. — CHAR.-INF., VEND. C. — LOIRE-INF. R. *Bourgneuf;* RR. *Pouliguen*! (Desvaux). — C.-NORD. Entre *Dahouet* et *Cap Fréhel* (Bichemin).

β. *A. gallica* Willd. Rameaux de la panicule et fl. dressés. — CHAR.-INF. et VEND. C. — LOIRE-INF. RR. *Bourgneuf*! (Letourneux). — MOR. Ile de *Boëde* près *Vannes*, *Séné* (Taslé), *Broël* en *Arzal* (Moriceau). — C.-NORD. Rochers d'*Erquy;* de *Dahouet* (Bichemin), du *Cap Fréhel* (Mabille), de l'écluse de *Livet* près *Dinan* (Mabille).

A. ABSINTHIUM L. *Absinthe*. Soyeux-blanchâtre. Feuil. ovales-arrondies dans leur contour, 2 f. pinnatifides à lobes linéaires-lancéolés, pétiolées, les sup. pinnatifides; *pétiole sans oreillettes. Fl. globuleuses,* penchées, en panic. terminale. Fol. de l'invol. blanchâtres, les int. arrondies, très-obtuses, les ext. linéaires, herbacées. *Récept. velu.* ♃. jt-at. Vignes, talus des fossés, bord des chemins et lieux pierreux dans la région maritime. — CHAR.-INF. AC. — VEND. Rochers de *la Dive*! *Chaillé les Marais*! c. *Champagné,* AC. sous-spontané autour des habitations (Pontarlier, Marichal), c. *S.-Vincent-sur-Jard.* — LOIRE-INF. *Bourgneuf, Escoublac, Clis,* etc. PC. et cult. — MOR. *Coëtsurho, Baden* (Taslé), *Loc-*

mariaquer (Arrondeau). — C.-NORD. *Plérin* (Baron). — FIN. *Iles Glénans*, *Penmarc'h*, c. de *Plouescat* à *Kerfichen*, etc. C. par localités. R. sur la côte Sud. — IL.-ET-V. *Chérueix*.

X. A. CAMPHORATA Vil. *A. corymbosa* Lam. Plante sous-frutiqueuse à la base, en buisson, d'une odeur aromatique agréable. Tiges florifères ascendantes. Feuil. un peu glauques, tomenteuses; limbe ovale-arrondi 2 f. pinnatifide à lobes linéaires, raides, divariqués, les florales entières; pétiole long, trigone, plane en dessus, muni à la base de 2 *petites oreillettes linéaires, caduques*. Fl. jaunâtres, globuleuses, penchées, en petites grappes formant une longue *panicule étroite*. Fol. de l'invol. ovales, concaves, tomenteuses, scarieuses au bord. Récept. convexe, à poils crépus. At-sept. Coteaux calc. — CHAR.-INF. c. carrières et rochers de *S.-Vaize* à *Taillebourg*. — CC. à *Angoulême* et à *Cognac* (Charente).

TANACETUM L. Invol. imbriqué, hémisphérique. Fl. flosculeuses; fleurons du disque herm. tubuleux, à 5 dents, ceux du rayon fem. filiformes, à 3 dents. Récept. glabre. Ach. anguleux, couronnés d'une membrane entière.

T. VULGARE L. *Tanaisie*. Tige de 6-10 déc. Feuil. 2 f. pinnatifides à lobes dentés. Fl. jaunes, en corymbe compact, terminal. ♃. jt-sept. Lieux incultes, bord des chemins, des eaux. — CHAR.-INF. *Marennes* (de Beaupreau), *Cram-Chaban* (Lemarié). —DEUX-SÈV. R. *Chey* près *la Mothe* (Sauzé), *Bilazais* (Mauberger fils), *Thouars* (Lunet). — VEND. Çà et là (Pontarlier, Letourneux). R. — LOIRE-INF. *Vallée de la Loire*. AC. — MOR. *Vannes* (Taslé), *Lorient*, *Pontivy* (Le Gall). — FIN. *Brest*, *Ploudalmézeau*, *Plougasnou* (Crouan). — C.-NORD. *Kertugal*, au bord de la route (Baron).

DIOTIS Desf. Invol. imbriqué, hémisphérique. Fl. flosculeuses; fleurons herm. tubuleux, à 5 dents.

Cor. dilatée-comprimée inférieurement et terminée par 2 éperons prolongés sur l'ovaire. Récept. garni de paillettes. Ach. nus.

D. CANDIDISSIMA Desf. *Athanasia maritima* L. *Otanthus* Link. Tout blanc-cotonneux. Tiges de 12-25 cent. nombreuses. Feuil. oblongues, dentées. Fl. jaunes, peu nombreuses, en corymbe terminal. Paillettes larges, cotonneuses au sommet. ♃. sept. Sables maritimes. — CHAR.-INF. *Oleron* (Bonpland), *Ile de Ré, Fouras, Chatelaillon* (de Beaupreau). R. — VEND. c. des *Sables-d'Olonne* à *S.-Gilles* (Pontarlier, Delalande), cc. pointe nord de l'île d'*Yeu; Noirmoutier.* — LOIRE-INF. AC. *Chaussée de Pembron, Piriac, Mesquer, Penestin,* qq. pieds seulement ailleurs. PC. — MOR. AC. par localités. — FIN. AC. côte Sud! *Porsmoguer, Guisséný* (Crouan). — La partie infér. du tube de la cor. s'accroît, devient spongieuse, recouvre presque entièrement la graine et la fait paraître ailée.

Obs. Santolina Chamæ-Cyparissus L. *S. incana* Lam. planté en haies sur les bords de la mer, surtout aux env. de *Pornichet,* de *Guérande* et du *Croisic* (Loire-Inf.), n'y est point indigène. Il porte qqf. le nom de *Sanguenite* et est employé comme vermifuge. Voici ses caract. : Sous-arbrisseau de 3-5 déc. tomenteux-blanchâtre, formant buisson. Feuil. linéaires, couvertes de très-petites dents obovales, obtuses, étalées, disposées sur 4 rangs. Pédonc. long, terminaux, à 1 fl. jaune. Invol. pubescent, à fol. légèrement carénées. Invol. imbriqué, hémisphérique. Fl. flosculeuses; fleurons herm. tubuleux, à 5 dents. Tube de la cor. comprimé et prolongé à la base en membrane sur un seul côté de l'ovaire. Récept garni de paillettes. Ach. nus, ne murissant pas. Les feuil. des jeunes rameaux sont tout-à-fait blanches-tomenteuses, celles des rameaux florifères le sont moins; mais sur le même pied on trouve qqf. des jeunes rameaux et même des portions de la plante entièrement glabres et vertes.

ACHILLEA L. Invol. imbriqué, ovale ou oblong. Fl. radiées ; demi-fl. fem. à languette courte; fleurons herm. tubuleux, à 5 dents, à tube comprimé-ailé. Récept. garni de paillettes. Ach. nus ou couronnés d'un petit rebord.

A. PTARMICA L. Rac. rampante. Tige presque simple. *Feuil. linéaires-lancéolées*, à dents nombreuses, régulières, mucronées, finement surdentées. Fl. blanches, peu nombreuses, en corymbe terminal. ♃. j^n^-sept. Prés humides. C. région granitique. — CHAR.-INF. *Saintes* (A. Guillon). — DEUX-SÈV. *Airvault*, *S.-Jouin* (Brottier), AC. *S.-Loup* (Guyon), *Parc-Chalon* près *Thouars* (Lunet). — VEND. PC. env. de *Fontenay* (Letourneux). — MOR. AC. — FIN. RR. — AC. Il.-ET-V. et dans Est des *C. Nord*.

A. MILLEFOLIUM L. *Herbe aux Charpentiers*. Rac. rampante. Tige sillonnée, pubescente. *Feuil. lancéolées, ailées*; fol. nombreuses, découpées en lobes linéaires, mucronés. Fl. blanches ou rosées, petites, nombreuses, en corymbe serré, terminal. ♃. j^n^-sept. Bords des chemins, des haies, lieux incultés. CC. — Varie (*v. candicans* Le Gall flore), sur les coteaux maritimes arides, à tige naine, cotonneuse-blanchâtre, feuil. petites, moins divisées, tomenteuses ainsi que l'invol. *Belle-Ile* (Le Gall), littoral de la *Char.-Inf.*

ANTHEMIS L. Invol. hémisphérique, imbriqué de fol. presq. égales, scarieuses au bord. Fl. radiées; demi-fl. fem.; fleurons herm. tubuleux-comprimés, à 5 dents. Récept. garni de paillettes. Ach. nus ou couronnés d'un rebord membraneux. *Fl. à rayons blancs* (ici); *pédonc. solitaire, terminal*.

A. NOBILIS L. *Camomille*. Aromatique. Tige ord. couchées. Feuil. ailées; fol. pinnatifides à lobes linéaires, mucronés, velues-blanchâtres. Invol. scarieux-luisant. *Paillettes* membraneuses, *obtuses, déchirées au sommet*. Ach. nus. ♃. j^t^-sept. Pelouses, chemins. CC.

A. Cotula L. *Maroute. Fétide.* Feuil. 2 f. pinnatifides à lobes linéaires. *Paillettes linéaires-sétacées. Ach.* nus, *à 10 petites côtes tuberculeuses.* ①. jn-at. Moissons, champs cultivés. CC.

A. mixta L. Tige diffuse. Feuil. pinnatifides à fol. incisées-dentées, velues-blanchâtres. *Demi-fleurons* blancs, *jaunes à la base.* Récept. conique. *Paillettes* carénées, *enveloppant les achènes et s'enlevant avec eux.* ①. jn-at. Moissons, bord des chemins. — Char.-Inf. c. sables tertiaires du Midi. — Deux-Sèv. c. Bocage (A. Guillon). — Vend. C. — Loire-Inf. Un peu partout, c. région maritime. — Puis graduellement r. sur la côte Sud jusqu'à *Audierne (Fin.)*.

A. arvensis L. Tige diffuse, souvent rougeâtre à la base. Feuil. pubescentes-blanchâtres, 2 f. pinnatifides à lobes entiers ou peu dentés. *Paillettes lancéolées,* carénées, *terminées en pointe raide.* Ach. tétragones, les intér. couronnés d'un rebord aigu, membraneux, les extér. d'un bourrelet. ①. jn-at. Champs sablon. cultivés. — Char.-Inf. *Vergeroux* (Faye), *Matha,* c. *Dœuil, Fontenet, Nouillé* (Pinatel), c. *Nancras.* — Deux-Sèv. *L'Absie* (A. Guillon), *S.-Maixent,* c. *la Mothe* (Sauzé), *Airvault* (Bonnin), *Châtillon* ! (Janneau), *Bressuire* (J. Richard). — Vend. *La Châtaigneraie* (Letourneux), *Cheffois, Challans* (Gobert), *S.-Michel-M.-Mercure, la Verrie* (Genevier). — Loire-Inf. PC. — Mor. AC. (Taslé). — Fin. *Douarnenez, Châteaulin,* etc. (Crouan). — Il.-et-V. *Fougères, Rennes* (V. Sacher).

MATRICARIA L. A peine distinct du *Chrysanthemum* par son récept. en cône allongé, *creux.*

M. Chamomilla L. Herbe glabre, à odeur assez agréable. Tige dressée, rameuse en corymbe. Feuil. 2-3 f. pinnatifides à lobes capillaires. Fl. blanches à disque jaune. Ach. très-petits, striés d'un côté. ①. jn-jt. — Char.-Inf. *Ile de Ré.* — Deux-Sèv. *Vanzais, S.-Gelais* (Guyon). — Vend. *S.-Michel-*

M.-Mercure (Genevier). — LOIRE-INF. C. talus des fossés dans les prés salés, les moissons maritimes et dans celles *du bas de la Loire* et de la *Grande-Brière*, AR. champs de l'intérieur : *le Loroux, Nantes, Ancenis, Varades, Ingrande*. — MOR. AC. région maritime. — AC. ou AR. par localités dans toute la région maritime. — *Rennes*. — Qqf. simple à 1 ou plusieurs fl. plus petites. Les ach. sont très-petits, pâles, un peu courbés, à 2 côtés inégaux, le plus court marqué de 3,4 stries blanchâtres, rapprochées, le plus long convexe, sans stries ; leur sommet est oblique, ord. nu, qqf. terminé par une couronne membraneuse, blanchâtre, déchirée-dentée, 3 f. plus courte que l'ach.

CHRYSANTHEMUM L. Inv. plane ou hémisphérique, imbriqué de fol. scarieuses au bord. Fl. radiées ; demi-fl. fem. ; fleurons herm. tubuleux à 5 dents. Récept. nu, plane ou convexe. Ach. nus ou couronnés d'un rebord court.

* *Fl. à disque jaune et à rayons blancs.*

C. INODORUM L. *Pyrethrum* Smith. Glabre, *sans odeur*. Tige diffuse. Feuil. 2-3 f. pinnatifides à lobes filiformes. *Ach.* 4.gones ou 3.gones à 3 côtes blanchâtres séparées par 3 intervalles rugueux, 2 intérieurs oblongs, le 3e extérieur large, *muni au sommet de 2 glandes* arrondies ; rebord membraneux, entier, à 4 lobes ou nul (dans le même capitule). Récept. conique, plein. ①. jt-oct. Champs cultivés. CC. — Le caractère des glandes qui se voit toujours si facilement sur les ovaires de la plante sèche ou vivante doit empêcher de la confondre avec aucune espèce des genres voisins.

β. *maritimum*, (Bab. man. éd. 5. p. 179), *Matricaria* L. *Pyrethrum*. Smith et auct. anglorum, Ray syn. T. 7. fig. 1. Tige rougeâtre, ord. couchée ; feuil. à lobes courts, charnus ; glandes oblongues, intervalles réduits à de simples lignes. ①. jt-oct. Sables et rochers maritimes. AC. — Lorsque les graines de cette var. remarquable tombent dans des fentes de rochers remplies de terre végétale, elles produisent le type, mais à feuil. plus charnues. De plus j'ai semé ces deux formes, et dès la première année, j'ai obtenu le *C. inodorum* de l'intérieur.

C. PARTHENIUM Pers. *Matricaria* L. *Pyrethrum* Smith. *Matricaire.* Odeur forte. Tige de 4–7 déc., rameuse en corymbe, pubescente. Feuil. ailées; *fol. oblongues, pinnatifides, obtuses, à lobes dentés, les sup. confluentes.* Demi-fl. égalant la moitié de la largeur du disque. Ach. glanduleux entre les côtes blanches, à rebord très-court, denté. ♃. jn-jt. Lieux pierreux autour des habitations. PC. — On trouve à *Vaux-Bressy* près *Oudon* et à la *Fressigaudière* en *S.-Herblon* (Loire-Inf.) une plante très-voisine, se distinguant de *C. Parthenium*, surtout par les fleurs plus grandes, en corymbe lâche, les demi-fl. dépassant la largeur du disque.

X. C. CORYMBOSUM L. *Pyrethrum* Willd. Rac. oblique. Tige de 3–5 déc., cannelée, un peu velue ainsi que les feuil. ailées; fol. pinnatifides à lobes incisés, mucronés, les inf. petites, rapprochées et embrassant la tige. Fl. grandes en corymbe lâche; fol. de l'invol. largement scarieuses et brunâtres au bord. Ach. allongés, à 5 côtes, surmontés d'une couronne membraneuse déchirée-dentée égalant env. le tiers du fruit, celle du bord plus longue. ♃. jn-jt. Coteaux et bois secs du calc. — CHAR.-INF. Coteaux de *Mortagne* à *S.-Palais*, bois de *Surgères* et de *Benon*; *S.-Georges du Bois* (Delalande), *Dœuil* (Dussouchaud), entre *Dampierre* et *la Villedieu* (Pinatel), bois du Four en *Chives* (Savatier). RR. *Oleron.* — DEUX-SEV. *Forêt d'Aulnay, Paizay* (A. Guillon). — VEND. c. forêt de *Ste-Gemme*! (Mlle Poey Davant), rochers du *Gué de Velluire* (Letourneux). R.

C. LEUCANTHEMUM L. *Leucanthemum vulgare* Lam. *Grande marguerite.* Tige dressée, souv. simple. *Feuil. inf. obovales-spatulées, crénelées,* long. pétiolées, les sup. oblongues, embrassantes, rétrécies et plus profond. dentées à la base. Pédonc. longs, terminaux. Fl. grandes. Ach. nus, à 10 petites côtes blanches. ♃. jn–sept. Prés, champs incultes. CC.

✗. C. GRAMINIFOLIUM L. *Leucanthemum* Lam. Souche oblique, à plusieurs tiges de 15–25 cent. simples, striées, à 1 seule grande fleur. Feuil. épaisses, un peu en gouttière, les rad. obovales ou oblongues-spatulées, longuement dépassées par les suiv. linéaires, un peu élargies et dentées au sommet, celles de la tige plus courtes, *linéaires*, entières ou à qq. dents peu apparentes. Fol. ext. de l'invol. lancéolées ou oblongues, obtuses, largement scarieuses et bordées de noir. Ach. à 10 stries, nus, les ext. à couronne membraneuse. ♃. mai. Rochers crayeux. — CHAR.-INF. Pointe de *Meschers* (de l'Isle). — *Angoulême*.

** *Fl. à disque et rayons jaunes.*

C. SEGETUM L. Rameux. Feuil. oblongues, élargies et plus profond. dentées dans le haut, embrassantes à la base, glauques. Fl. d'un beau jaune, grandes, terminales. Ach. cannelés, nus, ceux du rayon à 2 ailes latérales. ①. jn–at. Moissons. C. — PC. dans le calc. non sablonneux.

DORONICUM L. Invol. hémisphérique ou presque plane, à 2,3 rangs de fol. égales, lancéolées. Fl. radiées; fleurons herm. tubuleux à stigm. en tête; demi-fl. fem. Ach. sillonnés, ceux du disque à aigrette simple, ceux du rayon nus.

D. PLANTAGINEUM L. sp. Souche noueuse, velue. Tige de 4–6 déc. ord. 1-flore, presque glabre. Feuil. rad. ovales ou un peu en cœur, pétiolées, celles de la tige sessiles, les sup. embrassantes. Fl. jaune, grande, terminale. Ach. velus, ceux du rayon glabres. ♃. av.–mai. Coteaux boisés. — DEUX-SEV. *La Touche Poupart* (Delastre), *Moutiers sous Chantemerle* (herb. Savatier), *Bressuire* (J. Richard). — VEND. AC. forêt de *Vouvant* (Mlle Poey Davant), *la Meilleraie Tillay* (Gobert), R. *la Verrie* (Genevier). — LOIRE-

Inf. *Le Loroux, Mauves*, c. du *Cellier* aux *Folies-Siffait; la Chapelle-sur-Erdre, Carcouet, le Portereau*, entre le *Pellerin* et *Bouguenais; Maisdon* (Bornigal), *Châteauthébaud; Portillon* (Genevier). PC. — C.-Nord *Bois Boissel* près *S.-Brieuc* (Ferrary). — Il.-et-V. Entre *Melesse* et *S.-Grégoire*, de *la Rétarde* à *Montigné, Laillé* (herb. Degland), *S.-Germain* près *Bauce* (Pontallié), *Plancoët*, c. tous les coteaux de *la Rance* (Mabille), coteaux de la Vilaine du *Pont-Féart* à *Pléchatel* (Gallée).

CINERARIA L. Caractères du *Senecio*, invol. simple, sans calicule.

C. spathulæfolia Gmel. Rac. tronquée, garnie de fibres nombreuses. Tige de 5-10 déc. cannelée. creuse, couverte ainsi que toute la plante d'un duvet cotonneux. Feuil. vertes en dessus, blanchâtres en dessous, les rad. ovales, entières ou dentées, longuement pétiolées, celles de la tige oblongues, rétrécies à la base élargie de nouveau et embrassante, les sup. plus étroites, sessiles. Fl. jaunes presq. en ombelle. Invol. tomenteux. Ach. hispides. ♃. mai-jn. Coteaux sablonneux humides des bords de la mer, bois humides. — Fin. *Plougasnou, S.-Jean-du-Doigt, Guimaëc, Locquirec* (de Guernisac, de Crec'hquérault). R. — C.-Nord. *St-Michel-en-Grève* (Baron), région marit. de *Lannion* (J.-M. Sacher), bois de *Coron* près *Lamballe; forêt de Coëtquen* et bois de *la Rouvraye* (Mabille). R.

SENECIO L. Invol. cylindrique à fol. sur 2 rangs, les int. égales, ord. tachées de noir au sommet, les ext. (calicule) plus petites, peu nombreuses, placées à la base de l'invol. Fl. radiées, rarement flosculeuses; demi-fl. fem., fleurons herm. à 5 dents, à 1 stigm. en tête. Récept. nu. Ach. cannelés. Aigrette à poils simples. *Fl. jaunes* (ici).

* *Rayons nuls ou courts et roulés en dehors.*

S. vulgaris L. *Seneçon*. Tige rameuse. Feuil. pinnatifides, les sup. sessiles, à oreillettes embrassantes; lobes, oreillettes et rachis dentés. *Fol. du calicule longuement noirâtres au sommet.* Fl. flosculeuses. Ach. pubérulents. ①. Partout et toujours. — Pauciflore et radié dans les sables maritimes.

S. VISCOSUS L. *Tige* rameuse *couverte ainsi que les feuil. et les invol. de poils visqueux, fétides.* Feuil. pinnatifides à lobes sinués-dentés. Fl. en corymbe lâche, terminal. Calicule à fol. longues, lâches. *Ach. bruns, glabres.* ①. jt-at. Lieux sablonneux ou pierreux. — DEUX-SÈV. *Chatillon sur Thouet* (Janneau), R. *Airvault* (Bonnin), *Thenezay, S.-Varent* (Guyon), *Thouars* (Bastard). — LOIRE-INF. qq. pieds çà et là dans les sables du *haut de la Loire.*

S. SYLVATICUS L. Pubescent, moins fétide que le précéd. Tige dressée. Feuil. pinnatifides à lobes sinués-dentés. Fl. en corymbe très-garni. Calicule très-court, appliqué contre l'invol. *Ach. gris, velus.* ①. jn-at. Bord des bois, champs, lieux sablonneux ou pierreux. AC.

** *Rayons grands, planes.*

X. S. ERUCIFOLIUS L. *Rac. rampante.* Tige élevée, plus ou moins velue-floconneuse et *grisâtre* ainsi que les feuil. Feuil. pinnatifides, les inf. pétiolées, les sup. à lobes lancéolés, dentés, aigus, ceux du bas embrassants en forme d'oreillettes. Calicule à plusieurs fol. lâches. Fl. en corymbe, comme dans les 2 suiv. *Tous les ach.* velus, *aigrettés.* ♃. at-oct. Haies, bord des bois, des chemins, des champs dans le calc. — CHAR.-INF. AC. — DEUX-SÈV. *Chizé,* C. *Niort* (A. Guillon), C. *la Mothe*! (Sauzé). — VEND. *Maillezais, Velluire* (Letourneux), *Luçon, Mareuil, Ste-Cécile, Chantonnay, Bazoges* (Pontarlier, Marichal).

S. JACOBÆA L. Rac. tronquée, fibreuse. Feuil. inf. lyrées-pinnatifides, pétiolées, les autres pinnatifides à lobes bifides, sinués ou dentés, embrassantes par une oreillette multifide. Calicule à 2,3 fol. courtes, appliquées. *Ach.* velus-rudes, ceux du *rayon glabres ou à peu près*, à aigrette caduque, souv. presque nulle. ②. fin mai-sept. Bord des chemins, des haies, prés. CC. — Corymbe serré, ou (*S. nemorosus* Jord), lâche ; demi fl. larges ou étroits, d'un jaune plus ou moins foncé.

S. AQUATICUS L. Rac. tronquée, fibreuse. Feuil. radic. et inf. ovales-allongées, entières, dentées ou lyrées, pétiolées, *les autres* pinnatifides *à lobe terminal très-grand, ovale*, denté, embrassantes par une oreillette plus découpée à mesure qu'elles approchent du haut de la tige. Fl. plus grandes que dans le précéd. Cal. à 2,3 fol. courtes, appliquées. *Ach. à peu près glabres*. ②. jn-at. Prés humides, surtout ceux de *la Loire*. C.

β. *S. erraticus* Bert. Plus élevé, rameaux plus nombreux, plus grêles, divariqués ; feuil. d'un vert foncé, plus minces, plus profondément découpées, à lobe terminal très-grand, ovale-en coin ; fl. plus petites ; ach. glabres. Lieux ombragés au bord des eaux. Fin jt-sept. PC.

♃. S. RUTHENICUS Mazuc et T. Lagrave note avec figure, *S. Doronicum?* édit. I. Souche oblique. Tige de 3-4 déc. simple, striée, garnie ainsi que les feuil. et les invol. de poils laineux, articulés, épars, à 1-5 fl. jaunes. *Feuil.* molles, les *inf. oblongues-lancéolées*, rétrécies en pétiole, à dents cartilagineuses-glanduleuses, les sup. élargies à la base, sessiles, embrassantes par 2 oreillettes. Calicule à fol. linéaires, 1/3 env. plus courtes que l'invol. à fol. linéaires-lancéolées. Ach. glabres, aigrette très-blanche. Fl. à 12,13 rayons oblongs. ♃. fin jn-jt. Taillis secs des ter. calc — CHAR.-INF. Çà et là bois de *Surgères* et de *Benon* ; RR. *Dœuil*.

CALENDULA L. Invol. hémisphérique à fol. égales, sur 2 rangs. Fl. radiées ; demi-fl. fertiles ; style à 2 stigm. Fleurons herm. stériles à stigm. en tête. Récept. nu. Ach. difformes, courbés, muriqués ou dentés, sans aigrette.

C. ARVENSIS L. *Souci sauvage*. Odeur forte; rameaux ouverts. Feuil. lancéolées, dentées, demi-embrassantes, les inf. plus larges, rétrécies à la base. Fl. jaunes terminales. Ach. int. en anneau, qq.-uns en nacelle, ceux du bord terminés en bec linéaire. ①. mai-sept. Vignes, champs cultivés.— CHAR.-INF. C. — DEUX-SÈV. et VEND. C. calc., PC. Bocage. — LOIRE-INF. C. — MOR. AC. région maritime. — FIN. *Quimper* (Bonnemaison), env. de *Brest* (Crouan). — C.-NORD. *S.-Brieuc* (Baron), RR. *Dahouet* (Mabille). — IL.-ET-V. R. vignes de Beaumont près *Redon* (J.-M. Sacher). R.

B. *CYNAROCÉPHALES. Style articulé au sommet, fleurs flosculeuses.*

CIRSIUM Tourn. Invol. ovoïde, imbriqué de fol. épineuses. Récept. garni de soies. Aigrette caduque à poils plumeux, soudés en anneau à la base.

C. LANCEOLATUM Scop. *Carduus* L. Tige de 5-10 déc. *Feuil. décurrentes en aile épineuse*, velues-cotonneuses en dessous, hispides en dessus, lancéolées, pinnatifides à lobes bifides terminés par une forte épine. *Fl.* rouges, *solitaires, terminales*. Invol. ovale, à fils laineux; fol. lancéolées, lâches, terminées en épine. ②. jn-sept. Bord des chemins, champs pierreux. CC.

C. ERIOPHORUM Scop. *Carduus* L. Tige robuste de 6-10 déc. *Feuil. embrassantes*, hispides en dessus, tomenteuses-blanchâtres en dessous, pinnatifides à lobes partagés en 2 divis. lancéolées, entières, épineuses au sommet. Fl. rouges, grosses. *Fol.* de l'invol. dilatées et ciliées sous l'épine terminale, *entremêlées d'un coton aranéeux, très-abondant*. ②. Bord des chemins, lieux pierreux du calc. — CHAR.-INF. AC. — DEUX-SÈV. *Forêt d'Aulnay* (Vernial), *S.-Maixent*, *Mazières* (A. Guillon), *la Mothe* (Sauzé, Maillard), *Parthenay*! (Janneau), *S.-Loup*, *Airvault* (Bonnin), env. d'*Availles*, AC. *Argenton-Ch.* — VEND. Çà et là, AC. dans qq. localités (Pontarlier, Letourneux). — LOIRE-INF. *Erbray*. RR. — IL.-ET-V. *Bruz* (Dégland), *S.-Jacques* (Le Gall). RR.

C. PALUSTRE Scop. *Carduus* L. Tige de 6-15 déc. rameuse au sommet. *Feuil. décurrentes en aile épineuse*, pinnatifides à lobes dentés, très-épineux. *Fl.* rougeâtres, qqf. blanches, assez petites, *agglomérées au sommet des rameaux*. Fol. de l'invol. ovoïde appliquées, épineuses. ②. jn-at. Bord des ruisseaux, des marais. C.

C. ACAULE All. *Carduus* L. *Tige 0 ou très-courte*. Feuil. lancéolées, sinuées-pinnatifides à lobes sinués-triangulaires, très-épineux. Fl. rougeâtre, solitaire, presque sessile au milieu des feuil. en rosette. Fol. de l'invol. lisses, à pointe courte. ♃. jt-sept. Pelouses sèches, bord des chemins du calc. — CHAR.-INF., DEUX-SÈV., VEND. C. — LOIRE-INF. *Erbray*, *Cambon*, RR. *Chéméré*; *S.-Gildas* ! *S.-Omer* en *Blain*, *Dreux* en *Guenrouet* (Delalande), *Saffré*, *moulin de Boischaudeau* (Genevier). RR. — C.-NORD et IL.-ET-V. Coteaux maritimes sablonneux de *Dahouet* à *S.-Malo*. R. — Varie qqf. à tige de 7-10 cent., à 1-3 fl.

C. ANGLICUM Lobel, *Carduus pratensis* Huds. Souche oblique, garnie de fibres longues, épaisses, rétrécies aux 2 bouts. *Tige* de 2-6 déc. *cotonneuse, simple, à 1 rar. 2 fleurs*. Feuil. lancéolées, épineuses, peu velues en dessus, molles et tomenteuses en dessous, ord. entières ou dentées, qqf. toutes sinuées-pinnatifides à lobes dentés, les radic. pétiolées, celles de la tige peu nombreuses, resserrées au-dessus de la base embrassante. Fl. rougeâtres. Fol. de l'invol. lancéolées, non piquantes, appliquées. ♃. mai-jt. Prés marécageux, marais tourbeux. C.

C. BULBOSUM DC. Diffère du précéd. et bien caractérisé par ses feuil. plus profond. pinnatifides *à lobes divisés en 2-3 segments lancéolés, divergents*. Tige 1-3 fl. plus élevée, plus grêle. Rac. plus traçante. ♃. jn-jt. Prés et bois marécageux, surtout du calc. — CHAR.-INF. et DEUX-SÈV. AC. — VEND. *Quatre-Vaulx*, c. *S.-Pierre-le-Vieux* (Letourneux), *Ste-Cécile*, *Bazoges en Pareds*, *Bessay*, R. forêt de *Ste-Gemme* (Pontarlier, Marichal), *la Bauduère* (David). — LOIRE-INF. c. env. d'*Ancenis*; çà et là de *Couffé* à *Ingrande*. R. — Au-delà : çà et là landes et coteaux secs de la région maritime et des *Montagnes Noires* et d'*Arès*.

C. ARVENSE Scop. *Serratula* L. Rac. rampante. Tige glabre. Feuil. sessiles, qqf. décurrentes, sinuées-pinnatifides, ciliées-épineuses. *Fl.* rougeâtres, *en panicule*. Invol. ovale; fol. appliquées, à pointe courte, étalée ♃. jn-sept. Champs, lieux incultes, chemins. CC.

CARDUUS L. Caractères du *Cirsium*. Aigrette à poils dentelés, non plumeux.

C. TENUIFLORUS Curt. Tige de 4-8 déc. Feuil. décurrentes en aile non-interrompue, peu velues en dessus, blanches-cotonneuses en dessous, sinuées-pinnatifides à lobés anguleux. Épines des ailes, des feuil. et des invol. jaunâtres. *Fl.* rosées, *assez nombreuses, agglomérées au sommet des rameaux*, sessiles ou courtement pédonculées. Invol. presque cylindrique à fol. lancéolées, acuminées en épine, arquées en dehors. ① et ②. jn-jt. Bord des chemins, pied des murs. C. — cc. le calc.

C. PYCNOCEPHALUS Jacq. Très-voisin du précéd. mais distinct par ses feuil. plus blanches-cotonneuses en dessous et par ses *fl. oblongues*, caduques, *plus grosses, agglomérées* 2-4 *au sommet des rameaux*. Fol. de l'invol. plus ouvertes. ① et ②. jn-jt. Mêmes lieux. — CHAR.-INF. *Royan* (de l'Isle), *Martrou*, *Rochefort*! (J. Richard). — DEUX-SÈV. AC. *Niort*! (A. Guillon). — VEND. *Napoléon* (Pontarlier). — LOIRE-INF. *Nantes* à *S.-Donatien*, et prairie de *la Madeleine*, *Thouaré*. R. — IL.-ET-V. Ville de *Rennes*! (Le Gall). RR. — Plante de décombres qui ne peut manquer de se répandre.

C. NUTANS L. Tige de 4-8 déc. ailée-épineuse. Feuil. décurrentes, lancéolées, pinnatifides à lobes profonds, sinués-dentés, épineux, velues surtout sur les nervures. Pédonc. cotonneux. *Fl.* rougeâtres, *grosses*, presque globuleuses, *solitaires*, *penchées*. Fol. de l'invol. lancéolées, piquantes, les ext. ord. recourbées. ②. jn-sept. Bord des chemins, décombres. CC.

* C. CRISPUS L. *Port de Cirsium palustre.* Feuil. décurrentes en aile épineuse, lancéolées à lobes dentés, très-épineux. Fl. rougeâtres agglomérées au sommet des rameaux. Fol. de l'invol. en alène, molles, épineuses au sommet. Ach. finement ridés en travers entre les stries nombreuses. Bord des chemins, lieux incultes.

SILYBUM Gært. Caract. du *Carduus*. Fol. ext. de l'invol. terminées par un appendice étalé, denté-épineux; filets des étam. soudés.

S. MARIANUM Gært. *Carduus* L. *Chardon-Marie.* Tige robuste de 6-12 déc. Feuil. embrassantes, sinuées-pinnatifides, épineuses, ord. tachées de blanc. Fl. très-grosses, rougeâtres. Épine terminale des fol. de l'invol. robuste, très-longue. ②. jn-jt. Bord des haies, décombres. PC. — Ac. le calcaire.

ONOPORDUM L. Caract. du *Carduus*. Récept. alvéolé, sans paillettes.

O. ACANTHIUM L. Cotonneux-blanchâtre. Tige robuste de 6-12 décim. Feuil. décurrentes, ovales-oblongues, sinuées, dentées-épineuses. Fl. rouges, très-grosses, terminales. Invol. presque globuleux, cotonneux, à fol. lancéolées terminées en épine raide, piquante, les ext. étalées. Ach. comprimés-tétragones, ridés en travers. ②. jn-sept. Lieux pierreux, décombres, surtout dans le calc. et la région maritime. C. — PC. Bocage des *Deux-Sèv.*, de la *Vend.*, et en *Bretagne* au-delà de *Loire-Inf.*

LAPPA Tourn. Invol. globuleux, imbriqué de

fol. crochues en hameçon, au sommet. Récept. garni de paillettes. Aigrette courte, à poils simples sur plusieurs rangs.

L. MINOR DC. *Arctium Lappa* L. *Bardane*. Tige de 6-10 déc. Feuil. ovales-en cœur, pubescentes-blanchâtres en dessous, les rad. en cœur, très-grandes. Fl. rougeâtres, petites, pédonc. en épis. Invol. glabre ou à peu près, à fol. en alène, toutes crochues au sommet; les int. un peu colorées. ②. jn-at. Bord des chemins, décombres. C.

L. MAJOR Gært. *Arctium Lappa* Willd. Plus robuste que le précéd. dont il diffère par les fl. 1 f. plus grosses; pédonc. solitaires en corymbe; fol. de l'invol. toutes vertes; feuil. sup. courtement pétiolées. — DEUX-SÈV. *Vançais* (Sauzé), marais de la Dive à *Sazé* (Genuer), c. à *Pas-de-Jeu* (J. Richard), *S.-Martin-de-Sanzay* (Pellier). — VEND. c. tout le Marais mouillé (Letourneux). — LOIRE-INF. *Vallée de la Loire; S.-Gildas, Machecoul, Ste-Pazanne* (Delalande). R. — MOR. *Théhillac* (Delalande), « *Gavre, Guidel* (Le Gall flore) ». — FIN. Vallée de *Beaurepos, Lampaul-Ploud.* (Crouan). — C.-NORD. *Pleudihen, le Gareau* sur la *Rance* (Mabille).

* L. TOMENTOSA Lam. à les fol. de l'invol. entremêlées d'un coton blanc aranéeux abondant, les int. lancéolées, colorées, obtuses, terminées par une petite pointe droite, les fl. plus grosses que dans *L. minor*, en corymbe. — Pourrait se trouver tout au plus dans les calc. de la *Char.-Inf.* et des *Deux-Sèv.* M. Des Moulins l'indique c. à *Périgueux* et à *Bergerac*, localités un peu éloignées de nous.

CARLINA L. Invol. imbriqué; fol. ext. épineuses-ailées, les int. simples, colorées, luisantes, rayonnantes. Récept. à paillettes laciniées. Aigrette double, l'ext. très-courte, persistante, l'int. caduque, à poils plumeux.

C. VULGARIS L. Tige de 3-6 déc. tomenteuse, raide, simple ou rameuse en corymbe. Feuil. oblongues, embrassantes, sinuées, dentées-épineuses, tomenteuses en dessous. Fol. int. de l'invol. jaune pâle. Fleurons violacés. Ach. soyeux. ②. jt-sept. Coteaux arides, bord des chemins. C.

SERRATULA L. Invol. imbriqué de fol. aiguës, à peine épineuses. Paillettes du récept. divisées en soies. Poils de l'aigrette simples, libres à la base, sur plusieurs rangs, les int. plus longs.

S. TINCTORIA L. Tige de 4-9 déc. Feuil. pinnatifides à lobes lancéolés, dentés en scie, le terminal qqf. plus grand, les inf. qqf. indivises ou lyrées. Fl. rougeâtres, dioïques, en corymbe lâche, terminal. Invol. oblong. ♃. at-sept. Bois, landes. AC.

KENTROPHYLLUM Necker. Invol. imbriqué; fol. ext. pinnatifides-épineuses, les int. lancéolées, entières. Paillettes du récept. divisées en soies. Paillettes de l'aigrette inégales, sur plusieurs rangs. Ach. du bord nus.

K. LANATUM DC. *Carthamus* L. *Centaurea* DC. Plante à odeur de girofle. Tige simple ou rameuse en corymbe, cotonneuse au sommet. Feuil. coriaces, pinnatifides à lobes dentés-épineux, les sup. embrassantes. Fl. jaunes, terminales. ①. jt-sept. Coteaux secs, lieux pierreux, bord des chemins. C. calc. et région maritime; PC. ailleurs.

CARDUNCELLUS DC. Invol. imbriqué, folioles vertes, molles, un peu épineuses, les int. plus étroites, terminées par un appendice scarieux, denté. Paillettes du récept. courtes, sétacées. Ach. tétragone, lisse. Aigrette sessile, à poils courtement plumeux.

✕. C. MITISSIMUS DC. *Carthamus* L. Tige uniflore, courte, souv. nulle, rar. de 10 à 15 cent. Feuil. inf. lancéolées, dentées, les autres pinnatifides; lobes lancéolés, à dents terminées par une épine molle. Fl. bleue grande, odorante; fol. de l'invol. nervées, appliquées. ♃. jn-jt. Coteaux et pelouses sèches calc. — CHAR.-INF. Coteaux de *la Gironde*, région maritime et çà et là dans l'Est de *Courçon* à *Montlieu*. AC. — DEUX-SÈV. *Chizé, Paizay* (A. Guillon), *Dœuil*, c. *la Mothe* ! (Sauzé, Maillard). — VEND. c. rochers de *Maillezais* au *Port-Raiteau* (Mlle Poey Davant, Letourneux). RR.

CENTAUREA L. Invol. imbriqué de fol. entières, laciniées ou épineuses. Fleurons du disque herm. ceux du bord stériles, ord. plus grands, en entonnoir. Récept. garni de soies. Ach. nus ou à aigrette composée de soies ou de paillettes inégales, sur plusieurs rangs. Hile latéral.

Obs. C. Jacea L. diffère de *C. pratensis* par les pédonc. moins renflés et anguleux et par les fol. de l'invol. entières, les inf. qqf. déchirées, mais non régulièrement ciliées. Il paraît étranger à la région de l'ouest.

C. PRATENSIS Thuil. Tige anguleuse. Feuil. lancéolées, entières, les inf. sinuées-pinnatifides. *Fl. grandes*, rougeâtres, terminales, à fleurons du bord plus grands, stériles; pédonc. fortement anguleux et renflés au sommet. *Fol. de l'invol.* imbriquées, *cachées par leurs appendices* ovales, concaves, déchirés-dentés, les ext. ciliées en dents de peigne. *Ach. nus.* ♃. jn-sept. Prés, bois, bord des chemins, des champs, pelouses. CC. — Dans les lieux plus secs, au bord des chemins, sur les talus, les fol. de l'invol. sont qqf. entières ou déchirées, les inf. seulement déchirées-ciliées.

C. SEROTINA Bor. *C. amara* Thuil. Caract. du précéd. Tige élancée, moins anguleuse. Feuil. étroites. Fl. plus petites. Pédonc. moins renflés au sommet. Fol. de l'invol. plus régulièrement pectinées. Saveur très-amère. ♃. at-oct. Bord des champs, des bois. C. — Moins c. nord de *la Bretagne*.

C. DECIPIENS Thuil. *C. microptilon* Godron. Tige dressée, anguleuse, velue; rameaux étalés. Feuil. rad. et inf. sinuées-pinnatifides, ovales-lancéolées, les autres lancéolées, souv. entières. Fleurons du bord ord. plus grands et stériles. Invol. globuleux-ovoïde; *appendices* des fol. de la moitié infér. triangulaires-lancéolés ou un peu plus larges, *étalés* ou arqués en dehors, *ne cachant pas les fol.* et garnis de cils flexueux, ascendants, égalant 3-4 f. la largeur de l'appendice. Ach. tous aigrettés. Hile oblong-rhomboïdal. ♃. a¹-sept. Bord des champs. C. par localités, peu c. au-delà de la Loire-Inf. — *C. Debeauxii* qui croît à *Montlieu* (Char.-Inf.) a les capit. un peu plus petits et les appendices des fol. plus étroits que dans *C. decipiens* dont il pourrait bien n'être qu'une forme.

C. NIGRA L. *C. nemoralis* Jord. Port du précéd. Tige dressée, rameaux en panicule. Feuil. lancéolées, un peu rudes, les infér. pétiolées, dentées ou sinuées. Fl. rougeâtres à fleurons tous égaux herm. *Fol. de l'invol.* imbriquées, *cachées par leurs appendices* appliqués, noirâtres ou fauves, lancéolés, bordés de longs cils 1 f. plus longs que la largeur de l'appendice. *Aigrette courte*. ♃. j¹-sept. Bords des chemins, des haies, des buissons, des bois. CC. — Varie à appendices des fol. inf. ne cachant pas ces fol. et qqf. divergentes à la fin; une autre forme, *C. nigra* Jord. qui croît çà et là dans la partie montagneuse de la Bretagne, a l'invol. plus arrondi, les fol. noires, garnies d'appendices ovales. — *C. consimilis* Bor. qui croît çà et là dans nos limites, à l'aspect de *C. pratensis*, avec la fl. non rayonnante, l'invol. plus petit de *C. nigra* mais plus pâle, l'aigrette très-courte.

Obs. Les plantes précéd. varient à tige naine, à feuil. blanchâtres, à involucre pâle; elles offrent des intermédiaires d'une détermination embarrassante et justifient l'opinion des auteurs qui les réunissent comme variétés d'une même espèce.

C. CYANUS L. *Bleuet*. Tige tomenteuse. *Feuil. linéaires-lancéolées*, tomenteuses-blanchâtres, les inf. dentées à la base. Fl. bleues, qqf. rosées ou blanches. Invol. oblong à fol. ciliées-dentées et noirâtres au sommet. Ach. pubescents, aigrettés. ①. jn-jt. Moissons. C. surtout dans le calc.

C. SCABIOSA L. Tige sillonnée. *Feuil.* pinnatifides *à lobes linéaires, terminés par un point calleux.* Fl. rouge foncé, grosses, en corymbe terminal. Invol. ovale-globuleux; appendices des fol. noirâtres, triangulaires, bordés de cils flexueux. Aigrette égalant presque l'ach. ♃. jt-at. Champs calc. — CHAR.-INF., DEUX-SÈV. et VEND. C. — LOIRE-INF. AC. *Arthon,* de *Machecoul à Fresnay; Cambon.* R. — FIN. *Le Fret, Locqueret* (Crouan). — IL.-ET-VIL. De *S.-Briac* à *S.-Coulomb; Dinan* (Mabille), *S.-Jacques* (Letourneux).

* ✕. C. SOLSTITIALIS L. Tomenteux-blanchâtre. *Feuil.* linéaires-lancéolées, *décurrentes*, entières, les rad. lyrées. *Fl. jaunes* solitaires, longuement pédonculées. Invol. ovale à fol. terminées par 5 épines palmées, la terminale robuste, longue, dépassant l'invol. ②. jt-sept. Bords des champs, des chemins. — Qq. pieds ont paru çà et là dans les Luzernières : *Pouliguen* (Loire-Inf.), *S.-Brieuc, S.-Lunaire,* sur la côte du Nord, *Rennes, Bains* (Il.-et-V.), etc.

C. CALCITRAPA L. Rameaux nombreux, divariqués. Feuil. sup. indivises, les rad. en rosette, velues, pinnatifides à lobes linéaires, dentés. Fl. roses, solitaires, axillaires, presque sessiles. *Invol.* ovale *à fol. terminées par une épine palmée à lobes terminal très-long.* Ach. nus. ②. jt.-at. Bord des chemins. CC. — Au-delà de *la Loire* : AC. région maritime, R. à l'intérieur.

✕. C. ASPERA L. Tige anguleuse, rude; rameaux nombreux, divariqués, couchés ou étalés. Feuil. rudes, les radic. lyrées, celles de la tige pinnatifides à lobes mucronés, les supér. dentées ou entières. Fl. rosées. Pédonc. solitaires, terminaux, renflés, feuillés jusqu'au sommet. Invol. ovale;

appendices des fol. recourbés, palmés *à 5 épines presq. égales*. Ach. aigrettés. ♃. jn-sept. Sables et lieux pierreux de la région maritime. — CHAR.-INF. CC. — VEND. AC. — LOIRE-INF. RR. *la Bernerie*. — IL.-ET-V. Qq. pieds à *S.-Lunaire*, c. à *Dinard* au-dessus de la plage des bains (Mabille) où cette plante méridionale a dû être introduite. — Apparaît dans qq. ports de *la Bretagne*.

CRUPINA Cass. Caract. du *Centaurea*. Ach. ovales-cylindriques, hile basilaire. Fol. de l'invol. entières sans appendice.

X. C. VULGARIS Cass. *Centaurea Crupina* L. Tige de 3-5 déc. grêle, sillonnée. Feuil. rad. spatulées, entières ou lyrées, les autres pinnatifides à lobes linéaires, couverts en dessous et vers les bords de poils courts, raides. Fl. rosées en panic. très-lâche. Invol. oblong, à fol. lancéolées. Ach. gros, soyeux-jaunâtre dans le haut. Aigrette noire sur 3 rangs, l'ext. à écailles très-courtes inégales, l'intermédiaire à longs poils dentelés, l'int. composé de 10 écailles lancéolées, courtes. ①. jn-jt. Coteaux arides calc. — CHAR.-INF. Coteau du Cluseau près *S.-J.-d'Angely* (Bérard). — DEUX-SÈV. Fretevaux! près *Thouars* (Genuer, Toussaints).

XERANTHEMUM L. Invol. imbriqué de fol. scarieuses, les int. plus longues, colorées, rayonnantes. Fleurons du disque herm. fertiles, à 5 dents; ceux du bord peu nombreux, fem., stériles, à 2 lèv. Récept. garni de paillettes. Ach. à aigrette composée de 5-10 paillettes lancéolées à la base, ceux du bord nus.

X. X. CYLINDRACEUM Smith, Koch. Tomenteux-grisâtre. Tige de 2-4 déc., anguleuse; rameaux étalés, longuement nus au sommet, 1-flores. Feuil. lancéolées-linéaires, entières. Fl. purpurines. Invol. cylindracé à *fol. tomenteuses sur le dos, mutiques*, les int. aiguës, conniventes. Aigrette à 8-10 paillettes égalant à peine le fruit. ①. jt-at. Coteaux, champs arides calc. — CHAR.-INF. *Breuil-Magné, Moëse, Beaugeay;* pays-bas de *Matha, Beauvais, Oleron* (Savatier), *Pons, Saintes, Fenioux, Aumagne, Nantillé, Surgères,* cc. de *S.-Sever* à *Cognac* et le long de la route de *Cognac* à *Pérignac.* — DEUX-SÈV. AC. calc. du nord ; *S.-Maixent, Bougon* (Sauzé, Maillard). — VEND. *La Bauduère* (Pontdevie), *abbaye de Jard, le Bernard, Triaize* (Pontarlier), *S.-Michel-en-Lherm* (Letourneux). R.

X. X. INAPERTUM Willd. Koch, non DC. Tomenteux-blanchâtre. Diffère du précéd. par l'invol. ovoïde à *fol. glabres* et brunâtres *sur le dos,* mucronées ; aigrette à 5 paillettes dépassant le fruit. ①. jn-jt. Champs secs calc. — CHAR.-INF. *Surgères ; Nantilly* en *Marsilly* (de Beaupréau). — DEUX-SÈV. *Thouars* ! (Lebrun). RR.

C. *CHICORACÉES. Style non articulé ; fleurs semiflosculeuses.*

SCOLYMUS L. Invol. imbriqué de fol. épineuses. Paillettes du récept. enveloppant les ach. soudés avec elles, de manière à les faire paraître ailés. Aigrette 0 ou à 2,3 soies.

S. HISPANICUS L. Tige robuste, de 5-7 déc. rameuse, pubescente. Feuil. coriaces, sinuées-pinnatifides, dentées-épineuses, décurrentes en aile épineuse ne se prolongeant pas d'une feuil. à l'autre ; épines, nervures des feuil. et des ailes jaunâtres. Bractées épineuses, semblables aux feuil. Fl. jaunes, axillaires, sessiles, solitaires ou réunies 2-4. Fol. de l'invol. lancéolées. Aigrette à 2,3 qqf. 4,5 soies courtes, presque cachées par les paillettes. ②. jt-sept. Sables, décombres, lieux pierreux des bords de la mer. — CHAR.-INF. *La Rochelle* (Faye), *Pizany* (A. Guillon), AC. de *S.-Romain-de-Beaumont* à *Royan, la Tremblade, Oleron ; Haimps* (Savatier). — VEND. *Le Veillon* (Genevier), *Ile-d'Yeu* ! (David), *Noirmoutier*. R. — LOIRE-INF. AC. — MOR. *Belle-Ile, Houat ; Sarzeau* (Taslé).

LAPSANA L. Invol. simple, muni à la base de qq. petites écailles accessoires. Récept. nu. Ach. comprimés, nus, à stries nombreuses égales.

L. COMMUNIS L. Tige rameuse. Feuil. infér. lyrées, les sup. oval.-lancéolées, dentées. Fl. jaunes, en panic. Invol. glabre. ①. j^{n}-sept. Terres cultivées, haies. CC.

ARNOSERIS Gært. Caract. du *Lapsana*. Invol. connivent et presque globuleux à la maturité. Ach. obovales à 10 stries alternativement inégales, couronnés d'un très-petit rebord pentagone.

A. PUSILLA Gært. *Hyoseris minima* L., *Lapsana* Lam. Feuil. rad., en rosette, lancéolées-obovales, dentées. Hampe à 2,3 fl. jaune citron. Pédonc. très-renflé et creux au sommet, d'abord penché. Invol. pubescent. ①. j^{n}-a^{t}. Champs secs et sablonneux, côteaux et landes arides. C. — R. dans le calc. non sablonneux.

CATANANCHE L. Invol. à fol. nombreuses, scarieuses-argentées, imbriquées sur plusieurs rangs. Récept. hérissé de longues soies. Ach. un peu pentagones, égalant l'aigrette composée de 5 écailles ovales, acuminées en longue soie.

✕. C. CÆRULEA L. Plante de 4-8 déc. rameuse, couverte de poils couchés, étalés dans le bas de la tige et des pétioles. Feuil. linéaires à 3 nervures, ou pinnatifides à 2-4 lobes écartés, linéaires. Fl. bleues, solitaires sur les pédonc. très-longs garnis au sommet de qq. écailles semblables aux fol. de l'invol. qui sont argentées à nervure dorsale rousse, terminée en pointe. Ach. soyeux. ♃. j^{n}-j^{t}. Pelouses, bois et côteaux secs du calc. — CHAR.-INF. *Saujon* (A. Guillon), *Semussac* (Toussaints), côteaux de *la Gironde* ; *Pointe du Chay*, *Esnandes*, *Saintes*, *Pons*, c. bois de *Surgères* et de *Benon*, *Dœuil*, etc. AC. — DEUX-SÈV. Env. de *Villeneuve-Comtesse* ; *Pizé* près *Arçais* (Delastre), *Mauzé*, *Paizay* (A. Guillon).

CICHORIUM L. Invol. double, l'int. à 8 fol. soudées à la base, l'ext. à 5 fol. étalées. Récept. nu. Ach. terminés par une très-petite couronne d'écailles nombreuses.

C. INTYBUS L. *Chicorée sauvage.* Tige rameuse, poilue. Feuil. roncinées, les florales entières, embrassantes en cœur. Fl. bleues, grandes, solitaires ou 2-4 agglomérées, sessiles ou l'une d'elles pédonculée. ♃. j^t-sept. Lieux arides, bords des chemins. C. — Plus c. dans le calc. — *Bretagne* : à l'intérieur RR. ; rég. marit. AC. *Mor.* puis R.

TOLPIS Gært. Invol. double, l'int. à fol. droites, l'ext. plus long à fol. linéaires-sétacées. Récept. nu, alvéolé. Ach. striés. Aigrette sessile, formée de quelq. soies, séparées par d'autres plus nombreuses et beaucoup plus courtes.

T. UMBELLATA Pers. Plante d'un vert légèrement cendré. Tige de 2-3 déc. raide, effilée, peu rameuse. Feuil. lancéolées, sinuées-dentées. Fl. jaune clair, unicolores ou brunes au milieu. Pédonc. latéraux, solitaires, plus épais que les pédonc. subséquents qui les dépassent et naissent sur leurs côtés, solitaires ou presq. opposés. Invol. pulvérulent-farineux. Ach. à 4 soies manquant souv. dans les ach. du bord. ①. j^n-j^t. Côteaux arides, souv. schist. — CHAR.-INF. Fl. bicolore, *Montlieu, Orignolle, Clérac* (de Meschinet), *Pessines* (Brunaud). — VEND. Fl. bicolore, AC. *Roc S.-Luc* et *Moulin Gourdin* près *Fontenay* (Mlle Poey Davant), AC. bords du Lay de *l'Assemblée* à *Puymaufrais*, R. *S.-André sur Mareuil, Talmont* (Pontarlier, Marichal). — LOIRE-INF. RR. entre *Pornic* et *la Bernerie* (abbé Plessis). — MOR. Fl. unicolore, côteaux schist. de *Belle-Ile* ! (Le Gall). R.

THRINCIA Roth. Invol. simple, muni à la base de qq. petites écailles accessoires. Récept. nu. Ach. rétrécis au sommet. Aigrettes du disque plumeuses, celles du bord en forme de couronne dentée.

T. HIRTA Roth. Rac. tronquée à fibres fasciculées. Feuil. lancéolées, sinuées-dentées, plus ou moins couvertes de poils simples ou fourchus. Hampe 1 fl. peu velue. Fl. jaune. Invol. ord. glabre. Ach. int. striés, rudes, rétrécis au sommet. ♃. jn-sept. Lieux arides ou sablonneux. CC. — Une forme c. dans les sables maritimes, (var. *arenaria* DC. prod., *T. hispida* Pesn.) n'offre point de différence essentielle avec le type. Les fibres rad. de la plante jeune sont fasciculées, la principale souv. en fuseau.

LEONTODON L. *Apargia* Willd. Caractères du *Thrincia*. Aigrettes toutes plumeuses.

L. AUTUMNALIS L. Rac. tronquée à fibres nombreuses. *Tige rameuse*. Feuil. rad. lancéolées, plus ou moins sinuées-pinnatifides, celles de la tige peu nombreuses ou 0. Fl. jaunes, terminales. Pédonc. garni de petites écailles, renflé au sommet. Invol. pubescent. Ach. rugueux en travers. *Aigrette rousse*. ♃. jl-sept. Prés, pelouses, lieux incultes. CC.

✕. L. HISPIDUS L. Plante de 2-5 déc. hérissée de poils 2-3.furqués. Rac. tronquée à fibres nombreuses. Feuil. lancéolées, dentées-sinuées ou pinnatifides. *Fl.* grande, jaune, *penchée avant l'anthèse, solitaire* sur une *hampe* nue ou garnie de qq. écailles. Ach. rugueux en travers. Aigrette à poils int. plumeux, les ext. très-courts, écailleux. ♃. jn-sept. Prés, coteaux, lieux incultes du calc. — CHAR.-INF. AC. — DEUX-SÈV. *Paizay* (Vernial), *la Mothe* ! (Sauzé, Maillard); env. de *Villeneuve-Comtesse*; *S.-Loup*, *Airvault*, *Thouars* et env. jusqu'à *Taizé*.

Obs. M. Boreau distingue du précéd. *L. Hastile* L. par les feuil. plus minces, glabres ou parsemées de qq. poils simples; hampe et invol. glabres ou à peu près; ach. plus courts, moins atténués au sommet. — A chercher aux mêmes lieux.

PICRIS L. Invol. imbriqué, entouré à la base d'un rang de fol. plus courtes, étalées. Récept. nu.

Ach. sillonnés, striés en travers. Aigrette sessile, plumeuse.

P. HIERACIOÏDES L. Tige à rameaux divergents couverte de poils raides, à 2 crochets. Feuil. hispides, allongées, sinuées-dentées, les sup. embrassantes en cœur. Fl. jaunes, en corymbe. Ach. contractés sous l'aigrette. ②. jt-at. Lieux pierreux, bord des champs. AC. — c. calc.; PC. au-delà de *Loire-Inf.*

HELMINTHIA Juss. Invol. double, l'ext. à 5 fol. l'int. à 8. Récept. nu. Ach. ridés en travers. Aigrette pédicellée, plumeuse.

H. ECHIOÏDES Gært. *Picris* L. Tige rameuse, hérissée de poils raides, à 2 crochets. Feuil. ovales-oblongues, sinuées-dentées, embrassantes. Fl. jaunes, en corymbe terminal. Fol. de l'invol. ext. ovales-en cœur, acuminées, plus grandes que celles de l'invol. int. à arête poilue, placée au dessous du sommet. ①. jt-at. Bord des chemins, des haies, alluvions, dans le calc. et la région marit. — CHAR.-INF. Souv. vignes, champs incultes secs. C. — DEUX-SÈV. *Niort*, *Paizay* (A. Guillon), forêt de *Chizé*; *la Mothe* (J. Richard), *Ste-Soline*, *S.-Pompain* (Guyon), *Pas-de-Jeu*, *Thouars*! (Lunet). — VEND. Vignes de *Ste-Cécile*, AC. de *Mareuil* à *Ste-Hermine*, CC. toute la région marit. (Pontarlier, Marichal). — LOIRE-INF. *Ancenis*, *Machecoul*, *Arthon*, *Croisic*, CC. prés et bord de leurs fossés du *Pellerin* et de *Couëron* à la mer. — Çà et là et PC. région marit. du reste de *la Bretagne*. — *Rennes* (J.-M. Sacher).

TRAGOPOGON L. Invol. simple, à 8-12 fol. égales, soudées à la base. Récept. nu. Aigrette plumeuse, longuement pédicellée.

T. PORRIFOLIUS L. *Salsifis*. Rac. en fuseau. Tige robuste, rameuse. Feuil. lancéolées-linéaires, un peu glauques. *Pédonc.* long, *très-renflé-creux au sommet. Fl. rouge vineux*. Invol. à 8 fol. dépassant les demi-fl. Ach. ext. tuberculeux-écailleux. ②. j^{n}-j^{t}. Prés, surtout de la région marit. — Char.-Inf. c. prés de *la Gironde* avec une var. à fl. gris de lin; alluvion de *Brouage, Saintes,* prés de *la Charente,* pays-bas de *Matha,* de *Siecq* à *Cognac,* etc. AC. — Vend. c. tout le Marais méridional et de *Talmont* (Pontarlier, Marichal), Marais occidental. — Loire-Inf. De *Buzay* à *S.-Brevin,* de *Bourgneuf* à *Beauvoir; Careil* ! (Genevier). R. — Mor. *Sarzeau* (Taslé). — C.-Nord. « r. vallée de *la Rance* (Mabille) ». — Et cult. dans les potagers d'où il se répand sur les murs et les lieux pierreux voisins.

X. T. major Jacq. se distingue du précéd. par ses fl. *jaune citron,* concaves à la fleuraison et par ses ach. à angles aigus, fortement tuberculeux-écailleux. Son *pédonc. très-renflé-creux au sommet* et son invol. à 8-12 fol. dépassant toujours les demi-fl. le feront reconnaître du suiv. — Char.-Inf. Champs et coteaux de la Gironde jusqu'à *Royan, Oleron, Ré, Angoulin, Montlieu, Jonzac, Beauvais, Dœuil,* etc. AC. — Deux-Sèv. *Niort, S.-Maixent* ! (A. Guillon), *Loubillé* (Jousse), *Dœuil, S.-Loup, Airvault, Thouars.* — Vend. Çà et là dunes, de l'*Aiguillon* ! à *la Gachère* ! (Pontarlier, Marichal); *Serigné* (Letourneux).

T. pratensis L. Tige souv. simple. Feuil. lancéolées-linéaires, qqf. ondulées-tortillées *(tortilis).* Invol. à 8 fol. égalant ou dépassant plus ou moins les demi-fl. jaunes. *Pédonc. peu renflé au sommet.* Ach. ext. tuberculeux-écailleux. ②. j^{n}-j^{t}. Prés. AC. jusqu'à *Loire-Inf.* — Mor. « *Erdeven* (Le Gall flore). » — C.-Nord. *S.-Jacut; Lancieux, S.-Briac* (Mabille). — Il.-et-V. *S.-Jacques, Cucé* (Degland).

T. orientalis L. ressemble beaucoup au précéd. dont qq. auteurs le distinguent par les feuil. plus élargies à la base, la fl. plus grande, d'un beau jaune, les demi-fl. dépassant l'invol., les ach. ext. à écailles plus fortes. Mêmes lieux. AC.

SCORZONERA L. Invol. imbriqué de fol. inégales, scarieuses au bord. Récept. nu. Aigrette plumeuse, sessile.

S. HUMILIS L. *S. plantaginea* Schleicher. Racine épaisse, écailleuse *non chevelue au sommet. Tige 1-fl.* velue-floconneuse, à 2, 3 feuil. linéaires. Feuil. rad. lancéolées, lancéolées-linéaires ou même linéaires, à 5 nervures. Fl. jaune. Fol. ext. de l'invol. acuminées mais obtuses. Ach. rétrécis au sommet, striés, lisses. ♃. mai-jn. Prés et lieux marécageux. CC.

* ✕. S. AUSTRIACA Willd. Se distinguera du précéd. à la racine chevelue au sommet par les débris des anciennes feuil. Il croît sur les pelouses sèches des ter. sablonneux-calcaires.

✕. S. HISPANICA L. *S. glastifolia* Willd. *S. montana* Mut. Rac. noire, épaisse. *Tige à 1-5 fl.* jaunes. Feuil. un peu laineuses, linéaires-lancéolées, entières, longuement rétrécies à la base et au sommet, celles de la tige demi-embrassantes, les sup. très-étroites. Invol. glabre, à fol. ext. triangulaires-ovales, acuminées, les int. ovales-lancéolées, aiguës. Ach. ext. fertiles et muriqués-écailleux sur les stries. ♃. jn-jt. Bois secs calc. — CHAR.-INF. AC. bois de *Surgères* et de *Benon*; *Fouras* (Hubert), R. *Dœuil* (Dussouchaud).

✕. S. HIRSUTA L. Souche épaisse à plusieurs tiges arquées à la base, ascendantes, striées. *Feuil.* en gouttière, laineuses au bord, à 5 nervures, *très-étroites*, rétrécies graduellement de la base sessile jusqu'au sommet tronqué, calleux. Pédonc. long, presque nu, à 1 fl. jaune. Fol. ext. de l'invol. ovales, acuminées, les int. linéaires-oblongues, acuminées. *Ach. couverts d'une longue soie blanche*, 3 f. plus courts que l'aigrette jaunâtre. ♃. jn-jt. Pelouses et taillis pierreux. — CHAR.-INF. *Meschers* (de l'Isle), pointe du *Chay*! de *Chef de Baie*! *la Repentie*, côte d'*Esnandes* (de Beaupreau); C. bois de *Surgères* et de *Benon*; R. *Dœuil* (Dussouchaud).

PODOSPERMUM DC. Caract du *Scorzonera*. Ach. portés sur un pédic. épais, creux.

P. LACINIATUM DC. *Scorzonera* L. Rac. en fuseau, épaisse. Tige rameuse. Feuil. pinnatifides à lobes linéaires, aigus, le terminal linéaire-lancéolé, très-long. Pédonc. renflés, puis resserrés sous l'invol. à fol. ext. lâches, carénées, souv. garnies sous le sommet d'une petite corne. Fl. petites, jaune pâle, terminales. Ach. striés, lisses. ②. mai-jn. Bord des champs, des chemins, coteaux dans le calc. — CHAR.-INF. C. — DEUX-SÈV. AC. — VEND. AC. calc. méridional jusqu'à *Talmont* (Pontarlier), *Sables-d'Olonne* (Pontdevie), AC. *Noirmoutier*. — LOIRE-INF. *Pointe de Penchâteau* ! (Desvaux). RR. — Varie à feuil. entières, linéaires, à fol. de l'invol. chargées, entre le sommet et la petite corne, d'un petit flocon de laine blanche.

HYPOCHŒRIS L. Invol. imbriqué. Récept. garni de paillettes caduques. Aigrettes plumeuses, toutes longuement pédicellées ou celles du bord seulement sessiles.

H. GLABRA L. *Annuel*. Tige rameuse ou simple. Feuil. toutes radicales, en rosette, roncinées ou pinnatifides, glabres, qqf. hispides. *Fl.* jaunes, *petites*, terminales. Aigrettes du disque longuement pédicellées, celles du bord sessiles. Mai-at. Champs après la moisson, coteaux et landes arides, lieux sablonneux. — CHAR.-INF. CC. pays de lande et sables maritimes cultivés. — DEUX-SÈV. et VEND. C. — LOIRE-INF. CC. — Au delà : AC. schistes et région maritime, PC. ailleurs.

β. *H. Balbisii* Lois. Aigrettes toutes pédicellées. Çà et là sables et pelouses maritimes. PC. — Le caractère cité est le seul qui distingue cette plante du type ; je l'ai semée, et dès la première année toutes les aigrettes du bord étaient sessiles. — Dans les sables maritimes très-arides, j'ai recueilli des individus tous à capitules 4,5-flores et à aigrettes toutes sessiles.

H. RADICATA L. *Rac. longue, tenace*. Tige rameuse. Feuil. toutes radic. en rosette, roncinées à lobes obtus, hispides. *Fl.* jaunes, *plus grandes que dans le précéd.* Pédonc. un peu écailleux. Fol. de l'invol. glabres ou hérissées sur la nervure dorsale. Aigrettes toutes longuement pédicellées. ♃. mai-oct. Bord des chemins, des haies, prés. CC.

✕. H. MACULATA L. Hispide. Tige robuste de 3-8 déc. à 1, qqf. 2 grandes fleurs jaunes, et à 1 *feuil. embrassante* située près de la base. Feuil. rad. oblongues, à dents écartées, ord. tachées de brun. Fol. de l'invol. entières, les int. tomenteuses sur les bords au sommet. Aigrettes toutes pédicellées. ♃. j^n. Clairières des bois, landes élevées. — CHAR.-INF. RR. *Dœuil* (Dussouchaud), çà et là forêts de *Surgères* ! (de Beaupréau) et de *Benon*, R. bois du *Colombier* près *Nancras*. R. — DEUX-SÈV. *S.-Martin-de-Sanzay* (Pellier).

TARAXACUM Juss. Invol. double, l'ext. à fol. plus courtes, appliquées, ou plus ou moins étalées. Récept. nu. Aigrette longuement pédicellée, à poils simples.

T. OFFICINALE Wigg. *Leontodon Taraxacum* L. *Pissenlit*. Plante très-variable. Feuil. toutes radic. lancéolées, roncinées, ou profond. roncinées-pinnatifides. Hampe à 1 fl. jaune. Inv. ext. ord. réfléchi ou étalé, souv. appliqué dans les lieux marécageux (*T. palustre* DC.). Ach. olive, jaunâtres, bruns ou rougeâtres (*T. erythrospermum*), striés, muriqués au sommet. ♃. mars-mai et un peu toute l'année. Partout. CC.

Obs. M. Jordan pug. p. 113 et suiv. décrit ou mentionne 11 espèces confondues, mal à propos selon lui, sous le nom ci-dessus.

CHONDRILLA L. Invol. cylindrique, muni à la base d'écailles accessoires plus petites. Demi-fl. peu nombreux sur 2 rangs. Récept. nu. Aigrette pédicellée, à poils simples.

C. JUNCEA L. Tige hérissée à la base de poils raides, recourbés ; rameaux nombreux, effilés. Feuil. rad. roncinées, ord. détruites à la fleuraison, celles de la tige linéaires. Fl. jaunes, petites, solitaires ou agglomérées 2,3 le long des rameaux. Ach. striés, fortement dentés au sommet et terminés par une petite couronne de 5 dents lancéolées du milieu desquelles sort l'aigrette longuement pédicellée. ②. jn-jt. Lieux sablonneux surtout des ter. calc., sables maritimes. — CHAR.-INF. et VEND. C. — DEUX-SÈV. *Niort, Paizay* (A. Guillon), *la Mothe* (Sauzé), *S.-Pompain, Tourteron* (Guyon), *S.-Loup; Bressuire, Thouars!* (Toussaints), etc. — LOIRE-INF. De *Pierre-Percée* à *la Varenne, Vaux-Bressy*, sables du *lac de Grand-Lieu, Machecoul, Arthon, S.-Gildas*, c. sables maritimes. PC. — MOR. PC. sables maritimes. — FIN. De l'anse de *la Torche* à *Plonéis* (Crouan).

LACTUCA L. Invol. oblong, imbriqué. Récept. nu. Ach. comprimés, striés. Aigrette pédicellée, à poils simples.

L. VIROSA L. *Laitue vireuse*. Tige élevée, hérissée d'aiguillons ainsi que les nervures du dessous des feuil. Feuil. horizontales, ovales-oblongues, dentelées-épineuses, entières ou qqf. pinnatifides-roncinées, à oreillettes embrassantes. *Fl.* jaunes, petites, *en panicule* oblongue, *étalée*, à rameaux droits. *Ach.* oblongs-obovales, striés, *noirs*, à rebord un peu large, glabres au sommet. ②. jn-at. Lieux pierreux, murs, chemins, haies. C.

L. SCARIOLA L. Caract. du précéd. Feuil. verticales, pinnatif.-roncinées ou (*L. dubia* Jord.) entières ; panic. largement ovale à rameaux les plus jeunes penchés ; *ach. gris*, oblongs, rétrécis à la base, à rebord plus étroit, un peu hispides au sommet. ②. jn-at. Mêmes lieux. Moins C.

L. SALIGNA L. Tige blanchâtre, effilée. Feuil. infér. roncinées-pinnatifides, un peu hispides sur la carène; lobes linéaires, le terminal très-long; *feuil. supér. linéaires, entières*, à oreillettes aiguës, embrassantes. *Fl.* jaunâtres, petites, *en grappe effilée* presq. en épi. Pédic. de l'aigrette blanc, 1 fois plus long que l'ach. ②. j^{t}-sept. Lieux pierreux, chemins, vignes. — CHAR.-INF. et calc. des DEUX-SÈV. et de la VEND. C. — LOIRE-INF. C. vallée de *la Loire; Pouliguen*. PC. — MOR. *Auray, Larmor* en *Plœmeur* (Le Gall). — IL.-ET-V. *S.-Jacques, S.-Malo* ! (herb. Degland), *Laillé* (Le Gall).

L. MURALIS Fres. *Prenanthes* L. *Chondrilla* Lam. Tige simple à la base. Feuil. embrassantes, lyrées-roncinées à lobes anguleux, *le terminal très-grand, en cœur, à 5 angles*. Fol. de l'invol. 5 sur un rang. Fl. jaunes, petites, en panic. terminale; pédonc. filiformes; demi-fl. 5 sur un seul rang. Ach. noirâtres, striés, lisses, 2-3 f. plus longs que le pédic. de l'aigrette. ②. j^{n}-a^{t}. Lieux pierreux et ombragés des bois, vieux murs. — CHAR.-INF. *Beauvais* ! (Savatier), *S.-J.-d'Angély* et env. (Pinatel), *Pessines* (Brunaud), *le Douhet, S.-Savinien; Montlieu* (de Meschinet), etc. — DEUX-SÈV. *Paizay* (Vernial), *la Mothe* (Sauzé), *Secondigny* (Guillon), *Cerizay* (J. Richard). — VEND. R. *Les Fontenelles près Nap.* (Marichal), *Roc S-Luc, Lorbrie, Ardenne, Serigné* (Letourneux), forêt de *Vouvant, Cheffois* (Gobert). — LOIRE-INF. *Ancenis, Châteaubriant*, forêt de *Teillé* et *la Roche-Giffard, la Meilleraie, Orvault, Bouguenais, forêt de Touvois*. PC. — MOR. Bois de *la Roche* en *Loyat* (Le Gall), *Hennebont*, forge des *Salles, Le Faouet*, etc. (Arrondeau), *Tour d'Elven* (Taslé). — FIN. Forêt de *Quimperlé, Châteaulin, Huelgoat*, etc. — C.-NORD. *La Harmoy, forêt de Lorge*, etc. — IL.-ET-V. Bois de *la Molière, Corps-Nuds* (herb. Degland), *Fougères, Parigné*; « bois de la *Hunaudaie* (Mabille). »

* ✕. L. CHONDRILLÆFLORA Bor. Rameaux nombreux, effilés, blanchâtres. *Feuil.* glauques, les rad. roncinées-pinnatifides à lobes dentés, celles

de la tige *décurrentes*, presque d'un nœud à l'autre, en aile libre de chaque côté et persistant après la chute de la feuil., les feuil. sup. entières, linéaires-lancéolées. Fl. d'un beau jaune, agglomérées, presque en grappe; demi-fl. 5 sur un rang. Ach. noirs, muriqués sur les stries nombreuses, 4 f. plus longs que le bec portant l'aigrette très-blanche. ②. a^t-oct. Vignes calc. d'*Angoulême;* à chercher dans *Char.-Inf.*

✕. L. PERENNIS L. Glauque. Feuil. pinnatifides à lobes recourbés, lancéolés, entiers ou dentés du côté sup., les sup. presq. entières, embrassantes par 2 oreillettes arrondies. *Fl. bleues*, grandes, en corymbe lâche. Ach. à 1 strie de chaque côté, égalant le pédic. de l'aigrette. ♃. j^n-j^t. Champs et lieux pierreux calc. — CHAR.-INF., DEUX-SÈV., VEND. C.

SONCHUS L. Invol. imbriqué. Demi-fl. sur plusieurs rangs. Récept. nu. Ach. comprimés, striés. Aigrette sessile, à poils simples.

S. OLERACEUS L. *S. lævis* Vil. Tige creuse, rameuse. Feuil. variables, roncinées-pinnatifides à lobe terminal ord. triangulaire, dentées ou qqf. entières, embrassantes par 2 *oreillettes acuminées.* Fl. jaunes, en corymbe; pédonc. souv. velus-floconneux. *Ach. muriqués en travers*, à 3 stries sur chaque face. ①. j^n-oct. Terres cultivées. CC.

β. *S. lacerus* Willd. Feuil. profond. pinnatifides à lobes sinués-dentés, tous égaux. C.

S. ASPER Vil. *S. fallax* Wallr. Diffère du précéd. par ses feuil. plus fermes, luisantes, à dents raides, épineuses, embrassantes par 2 *oreillettes obtuses ou contournées* et par ses *ach. lisses*, bordés. ①. j^n-oct. Mêmes lieux. C.

S. ARVENSIS L. *Rac. rampante.* Tige de 5-8 déc. simple, creuse, hérissée au sommet de poils glanduleux, surtout sur les pédonc. et les invol. Feuil.

lancéolées, roncinées, bordées de petites dents épineuses, celles de la tige embrassantes par 2 *oreillettes obtuses*. Fl. grandes, d'un beau jaune, en corymbe. Ach. brun foncé, striés, muriqués en travers, plusieurs fois plus courts que leur aigrette. ♃. jn-sept. Champs argileux. — CHAR.-INF. C. — DEUX-SÈV. AC. — VEND. AC. littoral, calcaire et Marais méridional (Letourneux, Pontarlier, Marichal). — AC. *Bretagne* surtout région maritime. — Qqf. haut de 10-15 déc. sur le bord des eaux ; en cet état, il ne faut pas le confondre avec *S. palustris* L. qui en diffère surtout par les feuil. embrassantes par 2 *oreillettes longues, acuminées* et par les ach. à 4 côtes principales qui les rendent presque tétragones ; aigrette 1 f. plus longue que l'ach. ; rac. non rampante.

S. MARITIMUS L. Rac. rampante. Tige simple, dressée ou ascendante. *Feuil.* un peu glauques, *long. lancéolées, entières ou peu sinuées*, à dents presque toutes dirigées en bas, les sup. embrassantes. Fl. jaunes, 2-4 terminales ; pédonc. souv. floconneux. Ach. striés, finement muriqués en travers. ♃. jn-at. Marais maritimes, et çà et là auprès des sources des rochers marit. ou parmi les galets. — CHAR.-INF., VEND., LOIRE-INF. PC. — MOR. *Arradon, Séné, Sarzeau* (Pontarlier), *Quiberon* (Taslé), *Hœdic* (Delalande). PC. — FIN. *Bertheaume, Argenton* (Crouan). RR. — A l'intérieur : CHAR.-INF. Marais des Sœurs et pays-bas de *Mathà* (Savatier). — Remonte la Sèvre jusqu'à *S.-Sigismond* (Vend.) (Letourneux), au marais du *Vanneau* (Guillon) et à *Mauzé* (Sauzé). — CC. marais de la Dive depuis *la Mothe-Bourbon* jusqu'à 1 lieue au-dessus (Revelière), *Pas-de-Jeu* (J. Richard).

CREPIS L. Invol. imbriqué de fol. sur 2 rangs, l'ext. plus court. Récept. nu. Ach. striés. Aigrette sessile ou pédicellée. *Fl. jaunes* (ici).

* *Ach. du disque rétrécis en bec portant l'aigrette.* (Barkhausia Mœnch.)

C. FŒTIDA L. Poilu-grisâtre ; odeur de l'amande amère. Tige de 2-4 déc. dressée ou diffuse. Feuil. rad. pinnatifides-roncinées à lobes anguleux, dentés, les sup. lancéolées, embrassantes, profond. divisées à la base. *Fl.* rougeâtres en dehors, *penchées avant l'anthèse,* en corymbe irrégulier. Invol. velu-blanchâtre, à fol. ext. lancéolées. *Péd. des aigrettes ext. très-court.* ①. jn-at. Champs incultes pierreux ou sablonneux, bord des chemins. AC. — PC. au-delà de *Loire-Inf.* et ord. dans la région maritime. — Varie qqf. à feuil. indivises, dentées.

C. TARAXACIFOLIA Thuil. Tige dressée de 4-8 déc. sillonnée, rougeâtre, hispide ainsi que les feuil. Feuil. pinnatifides-roncinées à lobes anguleux, dentés, les sup. embrassantes, profond. divisées à la base. *Fl. dressée avant l'anthèse,* en corymbe terminal. Invol. rude, velu-cendré, à fol. ext. ovales-lancéolées. *Pédic. des aigrettes presque égaux.* ②. mai-jt. Prés, coteaux, chemins, vignes, surtout du calc. — CHAR-INF., DEUX-SÈV., VEND. CC. — LOIRE-INF. *Varades, Ancenis, Lépine* près *la Chap.-Basse-Mer, Copchoux, Saffré, Château-d'Aux,* etc. PC. — MOR. AC. *Belle-Ile,* AR. *Houat, Groix;* C. *Hœdic* (Delalande). — FIN. Murs de *S.-Marc* près *Brest* (Hubert). — C.-NORD. AC. région maritime et son voisinage. — IL.-ET-V. C. mêmes lieux ; murs de *Rennes.*

C. SETOSA Hall. *Bark.* DC. Tige de 3-6 déc. rameuse. Feuil. rad. sinuées-dentées ou roncinées-lyrées, celles de la tige sessiles, entières ou incisées à la base embrassante en fer de flèche. Fl. en corymbe. Invol. à *fol.* linéaires, en carène, *hérissées de soies raides jaunâtres,* ainsi que les *fol. ext.* de l'invol. *étalées* et les bractées. Stigm. livides. Aigrette dépassant à peine l'invol. ①. jn-jt. Champs, vignes, prés, bords des champs. — CHAR.-INF. et. calc. des DEUX-SÈV. C. par localités. —

VEND. *Fontenay* ! *Maillezais*, *Ste-Gemme* (Letourneux), *Nalliers* (Ayraud), *le Plessis* en *la Ferrière* (Pontarlier, Marichal). c. autour de *Luçon* surtout la première année des luzernes (Lepeltier). — LOIRE-INF. Champs près du pont du *Pouliguen*. — MOR. *Ploërmel* (J.-M. Sacher), *Groix* (Thépault), *Vannes* ! (Taslé). — IL.-ET-V. *Redon*. — Plante introduite qui se répand de plus en plus, surtout dans les luzernes.

C. SUFFRENIANA (*Barkhausia*) DC. Fl. franç. 5.449 ! Rac. pivotante à 1 qqf. 2 tiges de 5-10 cent. dressées, très-hérissées jusqu'au tiers de leur longueur de poils raides qui deviennent plus rares ou qui manquent vers le sommet. Feuil. rad. spatulées-oblongues, pinnatifides, sinuées ou presq. entières, celles de la tige entières, se rétrécissant de la base au sommet, embrassantes par 2 oreillettes entières, feuil. inf. pinnatifides ou dentées. Fl. 2,3 terminant les *rameaux penchés avant l'anthèse*. Invol. fructifère conique, hérissé, un peu dépassé par l'aigrette ; fol. ext. linéaires, ouvertes. *Ach.* brun foncé, striés, *rétrécis* au sommet *en bec* 3 *f. plus court qu'eux*. ①. fin mai au 15 juin. Sables maritimes herbeux. — CHAR.-INF. *Oleron* ! (de Beaupreau), *Fouras*, *Angoulin*, etc. AC. par localités. — VEND. *Cailloia* (Letourneux), *S.-Jean-de-Monts* (Gobert, V. Grand-Marais). — LOIRE-INF. c. entre *Mindin* et *S.-Brevin* et au-delà ; *S.-Michel* près le moulin de *Tarron*, en plusieurs endroits entre *Pornichet* et *Pouliguen*. AC. par localités. — MOR. *Penestin* ; « Belle-Ile (Le Gall flore). » RR. — Varie dans les lieux plus secs à tige 1-3.fl. et à feuil. entières. — Le caractère des petits rameaux penchés avant l'anthèse servira à distinguer cette obscure petite plante de *C. virens*, qui croît souvent avec elle, et les fruits mûrs rendront toute erreur impossible.

** *Ach. sans bec ; aigrette sessile.* (Crepis DC.)

C. VIRENS Vil. *C. polymorpha* Wallr. Rac. en fuseau. Tige sillonnée, dressée. *Feuil.* rad. pétiolées, lancéolées, dentées ou sinuées-pinnatifides, celles *de la tige* embrassantes en fer de flèche, *planes*. Fl. en corymbe. *Stigm. jaunes*. *Invol.* plus ou moins velu-blanchâtre, *à fol. int. glabres en dedans*, les ext. appliquées. *Ach.* légèrement courbés, un peu rétrécis à chaque extrémité, striés, *lisses*. ① jn-oct. Prés, champs, chemins, haies. CC. — Plante variable offrant en outre les formes suiv.

β. *C. agrestis* W. et Kit. Tige raide, élevée, plus ou moins rude surtout à la base; feuil. sinuées-pinnatifides; pédonc. et invol. hérissés de poils noirâtres. c. prés de *la Loire*.

γ. *C. diffusa* DC. Couché ou diffus, très-rameux; pédonc. longs, grêles, filiformes; fl. très-petites. Pied des murs, le long des chemins. CC. — Cette forme semée m'a produit le type avec tige dressée de 6-9 déc.

C. NICÆENSIS Balb. *C. scabra* DC. Bast. Tige dressée, de 3-5 déc. sillonnée, hérissée surtout à la base. Feuil. rad. roncinées-pinnatifides, celles de la tige sessiles, embrassantes par deux oreillettes acuminées, divergentes, les sup. indivises. Fl. en corymbe; stigm. livides. Fol. de *l'invol. ventru à la maturité* lancéolées, glabres en dedans, *les ext.* plus étroites *étalées*. Ach. jaunâtres, striés, lisses. ② jn-jt. — CHAR.-INF. Prés, AC. par localités sur la route de *Siecq* à *Cognac* depuis *les Granges* jusqu'au delà de la forêt de *Jarnac*; *Dœuil*. — DEUX-SÈV. Forêt de *Chizé* (Guillon); *S.-Loup*.

Obs. C. biennis L. se distinguera du précéd. par le sstigm. jaunes et l'invol. non ventru à la maturité, à fol. int. garnies en dedans de *poils fins, couchés, brillants*; ces deux derniers caractères, ainsi que les ach. plus pâles, 1 f. plus longs, empêcheront de le confondre avec *C. agrestis* var. de *C. virens*. — *C. tectorum* L. a les feuil. de la tige roulées en dessous par les bords, les stigm. gris livide et les ach. de couleur marron, muriqués. — Ces deux plantes sont étrangères à la Bretagne et prob. à l'ouest de la France, où cependant qq. pieds du premier apparaissent dans les prés artificiels et au bord des routes.

X. C. PULCHRA L. Koch. Tige de 3–9 déc. raide, sillonnée, glabre dans le haut, velue-glanduleuse dans le bas ainsi que les feuil. triangulaires-oblongues, dentées, demi-embrassantes, les rad. roncinées ou obovales-oblongues, pétiolées. Fl. en corymbe paniculé, nu. *Invol. glabre, à fol.* linéaires-lancéolées, les *ext. courtes, ovales,* appliquées. Stigm. fauves. Ach. striés, les ext. rudes. ①. Jn-jt. Champs pierreux, vignes du calc. — CHAR.-INF. C. — DEUX-SÈV. AC., moins c. dans le Nord. — VEND. AC. calc. méridional et de *Chantonnay* (Pontarlier, Letourneux).

C. BULBOSA Tausch, *Leontodon* L. Souche composée de fibres longues, nombreuses, rampantes, garnies de tubercules ovales, blanchâtres, luisants. *Hampe* de 1–2 déc. *uniflore,* hérissée au sommet ainsi qu'à la base de l'invol. de poils noirs glanduleux. Feuil un peu glauques, toutes radicales (ou bien une seule au bas de la hampe), pétiolées ; ovales-lancéolées, entières ou à qq. dents écartées, glabres. Fol. ext. de l'invol. blanchâtres. Ach. un peu ridés en travers, à 4 côtes très-obtuses, rétrécis au sommet, 1 fois plus courts que l'aigrette blanche. ♃. fin mai. Sables et rochers maritimes humides nus, ou parmi les pierres, les buissons. — CHAR.-INF. *Meschers, Royan, S.-Palais* (de l'Isle), c ! *île d'Oleron* (Gouget), *île de Ré* (Lemarié.) — VEND. *Noirmoutier, île d'Yeu ;* des *Sables-d'Olonne* (Letourneux) à *S.-Jean-d'Orbetiers* (Prou). — MOR. *Houat ; Hœdic* (Delalande). — FIN. *Iles Glénans* ! (Bonnemaison). RR.

HIERACIUM L. Invol. imbriqué. Récept nu. Ach. non rétrécis au sommet. Aigrette sessile, à poils simples, d'un blanc sale. *Fl. jaunes* (ici).

* *Tige à rejets rampants feuillés.*

H. PILOSELLA L. *Hampe* nue, 1*-flore*. Feuil. obovales-lancéolées, tomenteuses-blanchâtres en dessous, glauques et couvertes de longs poils en dessus. Fl. jaune citron, rougeâtres en dessous. Invol. velu, couvert de poils noirâtres. ♃. mai-sept. Lieux pierreux, murs, pelouses, talus des fossés. CC.

β. *H. pelleterianum* Lois. Plus robuste, à rejets courts, et formant des touffes épaisses; invol. grand, hérissé de longs poils blancs soyeux. — DEUX-SÈV. Coteaux schist. *Thouars*! (Cosson), *Argenton-Ch.* — VEND. R. *Mortagne* (Genevier). — FIN. *Brest* (Hubert).

H. AURICULA L. Hampe nue ou à 1 seule feuil. Feuil. lancéolées-spatulées, un peu glauques, minces, munies de qq. longs poils épars. *Fl.* jaunes, 2-5 *en corymbe* compacte, terminal. Invol. noirâtre plus ou moins hérissé, ainsi que la tige, de poils noirâtres. ♃. jn-sept. Bord des haies, des champs, prés. AC. — R. *Fin.*, *Mor.* et dans la partie des *C. Nord* voisine.

** *Tige feuillée; feuil. rad. non desséchées pendant la fleuraison.*

Obs. Les plantes suiv. si variables, représentent, selon MM. Jordan et Boreau, des groupes entiers d'espèces qqf. très-nombreuses. Dans un département qui nous touche, celui de Maine-et-Loire, M. Boreau énumère 43 espèces, en avertissant qu'il en reste sans doute encore beaucoup à distinguer. Incapable de reconnaître ces nouvelles espèces, je renvoie aux livres de ces auteurs, avec lesquels j'ai renoncé à accorder ma synonymie. Je rappellerai que l'étude de ces plantes doit être faite dans les champs, où il est plus facile de les comprendre que dans les herbiers remplis d'échantillons imparfaits. — Au commençant seulement, je dirai que la même plante a un aspect différent selon qu'elle est : naine ou robuste; broutée ou coupée avec rejets, ou bien naturelle; née dans un lieu nu ou ombragé; dans une terre aride, pierreuse ou meuble, toutes formes souv. très-embarrassantes en herbier.

H. MURORUM L. Tige presque nue. *Feuil. radic.* ovales ou ovales-oblongues, souv. *à base en cœur*, à dents inf. plus profondes, dirigées en bas, celle de la tige solitaire, sessile ou pétiolée. Fl. en corymbe à *rameaux arqués-ascendants*, couverts ainsi que les invol. d'une pubescence étoilée mêlée à des poils noirâtres, glanduleux. ♃. mai-j[t]. Vieux murs, haies, bois. — CHAR.-INF. *Fouras, Taillebourg, Saintes, Jonzac, Siecq,* forêt d'*Aulnay,* et çà et là. AC. — DEUX-SÈV. c. env. de *la Mothe, Parthenay,* forêt de *Chizé,* etc. — VEND. *Dompierre,* la *Roche-sur-Eau* (Pontarlier), *forêt de Vouvant* (Ayraud), *la Châtaigneraie* (Gobert), *Pouzauges* (J. Rossignol), *les Chatelliers, Luçon* (Genevier). — LOIRE-INF. c. *Châteaubriant; Soudan* et env. (Guiho). R. — C.-NORD. Murs de *Dinan; de Lehon,* la *Rance* et vallées secondaires (Mabille). — IL.-ET.-V. Murs de *Fougères.* — Varie comme les suiv. à feuil. plus ou moins velues ainsi que les tiges, peu ou fortement dentées, même incisées ou laciniées, et qqf. tachées de brun.

H. SYLVATICUM Sm. DC. prod. *H. vulgatum* Koch, syn. Tige garnie de 3 à 5 (qqf. 6,7) feuil. *Feuil.* ovales-lancéolées ou ovales, *rétrécies à la base,* à dents inf. plus profondes, dirigées en haut, les radic. pétiolées, les sup. presque sessiles. Fl. en corymbe à *rameaux droits*, couverts ainsi que les invol. d'une pubescence étoilée mêlée à des poils noirâtres, glanduleux. ♃. mai-j[t]. Bois, haies, vieux murs. C.

*** *Tige feuillée; feuil. radic. nulles, les infér. desséchées avant la fleuraison.*

H. TRIDENTATUM Fries ex Grenier fl. de France, *H. rigidum* Hart. *H. affine* Ll. Loire-Inf. Tige raide de 6-12 déc. très-feuillée. *Feuil.* ovales-lancéolées ou lancéolées, *rétrécies à chaque extrémité*, ord. *munies au milieu de plusieurs grosses dents*; les inf. rétrécies en pétiole. Fl. grandes, en corymbe. Stigm. jaunâtres. Fol. de l'invol. appliquées, *sans poils glanduleux*. Ach. noirâtres ou brunâtres. ♃. jt-at. Bois. AC.

H. UMBELLATUM L. Tige de 4-12 déc. raide. Feuil. uniformes, qqf. contournées, lancéolées ou linéaires, entières ou dentées, les sup. sessiles. *Fl.* en corymbe *à rameaux terminaux réunis en ombelle*. Stigm. jaunes. *Invol.* glabre *à fol. recourbées au sommet*, surtout dans le bouton. ♃. jt-15 sept. Haies, bois, rochers, lieux pierreux. C.

H. BOREALE Fries, Koch, Grenier; *H. sylvestre* Tausch, *H. sabaudum* Smith, DC. Tige raide, très-feuillée. *Feuil.* nombreuses, rapprochées, ovales ou ovales-lancéolées, dentées, sessiles, les *sup. ovales, acuminées, demi-embrassantes*. Fl. en corymbe paniculé. *Stigm. grisâtre-livide*. Fol. de l'invol. lâches, mais non recourbées au sommet. ♃. at-sept. Bord des bois, des buissons. AC.

Obs. H. eriophorum S.-Am., couvert de longs poils blancs, laineux, à les feuil. lancéolées, sessiles, non embrassantes, très-nombreuses, serrées, imbriquées, dentées, les fl. presq. en ombelle; les stigm. jaunes et les ach. gris-blanchâtre. On m'a assuré qu'il croissait à l'*île d'Oleron*; je l'ai reçu de la *Teste de Buch* (Gironde).

ANDRYALA L. Invol. à fol. presque sur un seul rang. Récept. couvert d'alvéoles dont les bords sont divisés en soies dépassant les ach. anguleux, striés. Aigrette sessile, à poils simples.

A. INTEGRIFOLIA L. Plante couverte d'un duvet mou, blanc-jaunâtre. Tige simple. Feuil. lancéolées, sinuées, les supér. entières, sessiles. Fl. jaune citron, en corymbe terminal. Invol. un peu glanduleux. ①. jt-sept. Vignes, coteaux pierreux. AC. par localités jusqu'à la vallée de *la Loire*.

AMBROSIACÉES.

Fl. monoïques. *Mâl.* en capitule garni de paillettes ou nu, entourées d'un invol. polyphylle à fol. sur un seul rang ou monophylle; cal. propre à 5 div. cor. 0; étam. 5 à anthères libres. *Fem.* 2 entourées d'un invol. 1.phylle, persistant; cal. et cor. 0; style 1, à 2 stigm. allongés. Fruit renfermé dans l'invol. endurci, indéhiscent.

XANTHIUM L. Fl. monoïques. *Mâl.* invol. à fol. sur un rang; récept. garni de paillettes; cal. en massue, à 5 dents. *Fem.* placées au-dessous des mâles; invol. 1.phylle à 2 fl. séparées par une cloison; cal. et cor. 0. Stigm. 2. Fruit à 2 graines renfermées dans l'invol. épineux.

X. STRUMARIUM L. Tige rameuse, pubescente. *Feuil.* dentées-anguleuses, *en cœur à la base,* un peu rudes. *Fruits* agglomérés, axillaires, ovales, hérissés d'aiguillons crochus et *terminés par 2 pointes droites.* ①. a^t-sept. Bord des chemins, des fossés. — CHAR.-INF. AC. région maritime. — VEND. AC. région maritime! (Pontarlier, Marichal), C. Marais mouillé! (Letourneux). — LOIRE-INF. *Méans*! *Montoire*! (Letourneux), *S.-Joachim* et *Rozay*; *Machecoul* (Pesneau), *les Marilais* (Guiho). R.

X. MACROCARPUM DC. Tige simple ou rameuse, rude. *Feuil.* rhomboïdales, *en coin à la base,* dentées-lobées, très-rudes. *Fruits* oblongs, axillaires, réunis 2,3 ou plus ensemble, 1 fois plus gros que dans le précéd. *terminés par 2 pointes courbées en dedans.* ①. j^t-sept. — LOIRE-INF. AC. sables du *haut de la Loire,* où il se répand de plus en plus.

* X. SPINOSUM L. *Tige à épines tripartites.* Feuil. entières et à 3 lobes, tomenteuses-blanchâtres en dessous. ①. sept.-oct. A paru qq. années sur les délestages du *Croisic* (Loire-Inf.); et sur ceux des *Sables-d'Olonne* (Marichal); *Royan* dans Char.-

Inf. (Toussaints); a été vu aussi au *Légué* (Baron), à *Dinan* (Mabille) dans *C.-Nord;* etc. C'est une plante de décombres prob. introduite avec le lest des navires et qui disparaît au bout de qq. années.

LOBÉLIACÉES.

Cal. adhérent à l'ovaire, à 5 div. ou entier. Cor. 1-pét. insérée sur le cal., irrégulière, à 5 lobes. Etam. 5 insérées sur l'ovaire. Anthères soudées aux filets. Ovaire à 2-4 loges, ovules nombreux; placenta centraux. Style 1; stigm. urcéolé, membraneux, ou couronné par des cils. Fruit capsulaire, rar. drupacé. *Feuil. alternes.*

LOBELIA L. Cal. à 5 div. Cor. à 2 lèv. la sup. plus petite, bifide, l'inf. à 3 lobes. Etam. 5, anthères soudées en tube. Stigm. cilié, à 2 lobes. Caps. à 2,3 loges s'ouvrant au sommet.

L. urens L. Herbe à suc très-piquant. Tige simple, anguleuse. Feuil. inf. obovales-spatulées, crénelées-dentées, les sup. lancéolées. Fl. bleues en épi allongé, terminal. ②. jn-at. Landes, bord des champs. C. — R. le calc. — Char.-Inf. Ter. tertiaires, *S.-Seurin*, *Nancras*, *Montlieu*; c. la Brousse en *Brisambourg* (Pinatel).

CAMPANULACÉES.

Cal. adhérent à l'ovaire, 5-fide. Cor. 1-pét., ord. régulière, insérée sur le cal. Etam. 5 insérées sur l'ovaire; anthères qqf. soudées à la base, à 2 loges. Ovaire à 3-5 loges, ovules nombreux; placenta centraux. Style 1; stigm. 2-5-fide. Fruit capsulaire. *Feuil. alternes.*

JASIONE L. Cal. à 5 div. Cor. régulière, à 5 lobes linéaires, d'abord soudés. Anthères soudées à la base. Caps. à 2 loges s'ouvrant au sommet par un trou. *Fl. agrégées en capitule entouré d'un involucre polyphylle.*

J. MONTANA L. Hispide. Rac. simple. Tiges rameuses, diffuses. Feuil. linéaires, rétrécies à la base, ondulées. Fl. bleues, en tête terminale, longuement pédonculée. ① et ②. jn-jt. Moissons, bord des haies, lieux sablonneux. CC.

β. *maritima.* Hérissé-grisâtre; tiges nombreuses, couchées, fl. ord. plus pâles. Jn-sept. Sables maritimes. C.

PHYTEUMA L. Cal. à 5 div. Cor. en roue, à 5 lobes linéaires, allongés; tube très-court. Étam. 5, filets dilatés à la base, anthères libres. Stigm. à 2,3 lobes. Caps. à 2,3 loges s'ouvrant par des trous latéraux. *Fl. en épi ou en tête garni de bractées.*

P. SPICATUM L. Rac. en fuseau. Tige simple. Feuil. inf. ovales-en cœur, crénelées en scie, pétiolées, les sup. linéaires, sessiles. Fl. blanc-jaunâtre, en tête-ovale, s'allongeant ensuite en épi cylindrique. ♃. mai-jn. Bord des bois. — CHAR.-INF. *La Brassière* près *Dampierre* (Pinatel), AC, *Montlieu* et qqf. à fl. bleues (de Meschinet). — DEUX-SÈV. *Melle* (Guillon), *la Mothe* (Sauzé), R. *Parthenay* (Janneau), *S.-Loup* (Boyer), *les Jumeaux* (Bonnin), *Bretignolles, Bressuire* (Toussaints), RR. parc *Chalon* près *Thouars* (Lunet). — VEND. AC. Bocage (Pontarlier, Marichal), RR. à fl. bleues, forêt de *Vouvant* (Letourneux). — LOIRE-INF. AC. — MOR. Forêt de *Lanvaux* (Taslé), écluse du *Divet* sur *le Blavet* (Bonnemaison), « *Pont-Kalleck, Camors, Josselin* (Le Gall flore) », *Lanvaux, Surzur* (Taslé), *Molac* (Arrondeau). R. — IL.-ET-V. *Rennes* (Letourneux); fl. bleues, forêt de *Rennes* et *Châteaubourg* (herb. Dégland), R. forêt de *Fougères* ! (V. Sacher).

✗. P. ORBICULARE L. Rac. rampante à plusieurs tiges simples. Feuil. rad. ovales ou oblongues-en cœur, crénelées-dentées, longuement pétiolées, celles de la tige linéaires, sessiles. Fl. d'un beau bleu en *tête arrondie,* puis un peu ovale. Bractées élargies à la base. ♃. jn-jt. Pâturages secs des coteaux, ou prés même marécageux. — CHAR.-INF. *Jonzac* (de Beaupreau), *Terre-Nouvelle* (Hubert), *Surgères* ! (Delalande), c. *Dœuil* (Dussouchaud), *Dampierre* (Pinatel), *Pérignac* (Savatier), *Mauzé* (J. Richard). — DEUX-SÈV. *Chizé* (A. Guillon), landes de *Chevé* près *Pers, Mauzé* (Maillard), *Loubillé* (Jousse).

SPECULARIA Heist. Caract. du *Campanula*. Cor. en roue, à limbe plane. Etam. non dilatées à la base. Caps. prismatique, linéaire.

S. SPECULUM Alph. DC., *Prismatocarpus* L'hér. *Campanula* L. Tige dressée, à rameaux étalés. Feuil. oblongues, les inf. obovales, ondulées. Fl. axillaires, solitaires, formant la panicule. *Lobes du cal.* linéaires, *égalant la cor.* et l'ovaire. Cor. violette à gorge blanche. ①. jn-jt. Moissons sablonneuses. — CHAR.-INF. *Le Pin* (Mme George), R. *Dœuil* (Dussouchaud), *Virson* (Faye), c. *Nancras* et env., *Royan* (de l'Isle). — DEUX-SÈV. *Chizé*, AC. *Niort* (A. Guillon), PC. *la Mothe*, *Lezay* (Sauzé), R. *Airvault*; c. *S.-Jouin*, *Oyron* (Brottier); *la Dive* et *S.-Martin-de-Sanzay* (J. Richard), *Thouars* ! (Toussaints). — VEND. R. *Fontenay* (Ayraud). — LOIRE-INF. c. de la *Chébuette à la Varenne,* qqf. pieds çà et là dans les sables de *la Loire*. R.

S. HYBRIDA Alph. DC., *Prismat.* L'hér. *Campanula* L. Tige de 1-2 déc. simple ou rameuse dès la base. Feuil. oblongues, ondulées, les inf. obovales. Fl. axillaires, solitaires ou réunies 3,4 au sommet de la tige. *Lobes du cal.* lancéolés, *plus longs que la cor.* et 1 f. plus courts que l'ovaire. Cor. violette à gorge verdâtre, petite, qqf. peu apparente. ①. mai-jn. Moissons du calc., qqf. du littoral. — CHAR.-INF. et DEUX-SÈV. C. — VEND. c. calc. méridional (Pontarlier, Letourneux), *S.-Hil. de Riez* (Pontarlier), *Noirmoutier*. — LOIRE-INF. *Les Cléons* ! *Machecoul* (Pesneau), *Chéméré* (de l'Isle), *Croisic* (Genevier),

Pouliguen. RR. — MOR. *Houat*, *Hœdic* (Delalande), *Sarzeau*, *Séné*, *Erdeven* (Taslé), *Quiberon* (Aubry), env. d'*Etel* et du *Port-Louis*; *Larmor en Plœmeur* (Le Gall), etc. PC. — FIN. *Penmarc'h*, *Beuzec en Ploméur* (Crouan). — C.-NORD. *Le Légué* (Baron).

CAMPANULA L. Cal. en toupie, à 5 div. Cor. en cloche ou en roue, à 5 lobes. Etam. 5; filets dilatés à la base et couvrant l'ovaire. Stigm. 3 ou 5. Caps. à 2,3 loges s'ouvrant par des trous latéraux.

C. PATULA L. Tige rude sur les angles; *rameaux* grêles, *divisés au sommet*. Feuil. crénelées-dentées, les inf. obovales-lancéolées, celles de la tige lancéolées. *Fl.* bleues, *peu nombreuses, en panic. lâche*. Lobes du cal. linéaires, longuement acuminés, dentelés à la base. Cor. à lobes étalés. ②. jn-at. Bord des bois, haies. — DEUX-SÈV. Bord de l'*Argenton* près *le Breuil*. — VEND. Forêt de *Vouvant* ! (Letourneux). — LOIRE-INF. *Bouguenais* ! (Pesneau), *Omblepied* près *Ancenis* (Guiho). RR. — *Champtoceaux* en Maine-et-L. — FIN. *Henvic*, *Carentec*, surtout entre *Kerjean* et *Taulé* (de Crec'hquérault).

C. RAPUNCULUS L. *Raiponce*. Rac. en fuseau, blanchâtre. Tige ord. simple. Feuil. rad. ovales-lancéolées, pétiolées, les sup. linéaires-lancéolées, souv. ondulées. *Fl.* bleues, *nombreuses, en grappe allongée*. Lobes du cal. linéaires, un peu dentelés à la base. Cor. à lobes ouverts. ②. mai-sept. Prés, bord des haies. C.

C. RAPUNCULOÏDES L. Rac. rampante. Tige simple. Feuil. un peu rudes, les rad. presque en cœur, pétiolées, inégalement dentées en scie, les sup. lancéolées. *Fl.* bleues, *penchées, en grappe unilatérale*, terminale. Lobes du cal. lancéolés, réfléchis après la fleuraison. ♃. En 1835 j'en ai recueilli un individu sur le bord d'une haie au *Pont du Cens* (Loire-Inf.); M. Pesneau m'en a aussi montré un échantillon de ces env. A retrouver.

C. TRACHELIUM L. Hispide. Tige anguleuse. *Feuil.*

en cœur, doublement et grossièrement dentées, pétiolées, les sup. ovales-lancéolées, sessiles. Fl. bleues, en grappe terminale. Pédonc. axillaires, à 1-3 fl. Lobes du cal. ovales-lancéolés, hispides. ♃. j^n^-a^t^. Bord des haies, des bois. C. — PC. au-delà de *Loire-Inf.*

C. GLOMERATA L. Tige simple de 2-3 déc. poilue. Feuil. rad. ovales-lancéolées, arrondies à la base, finement crénelées, les sup. lancéolées, embrassantes en cœur. *Fl.* d'un beau bleu foncé, *agglomérées en tête terminale* et à l'aisselle des feuil. sup. ♃. mai-j^n^. Prés, côteaux secs, taillis. — CHAR.-INF. et calc. des DEUX-SÈV. AC. — VEND. Bois des env. de *Luçon,* bords de l'*Yon* au-dessous de *Chaillé, Château-d'Olonne* (Pontarlier, Marichal), prés humides de *Challans* (Gobert), forêt de *Vouvant, Quatre-Vaulx* (Letourneux), C. *Mortagne* (Genevier). — LOIRE-INF. Prés de *la Loire* et des environs de *Nantes,* coteaux de *Monnières*. PC. — FIN. Forêt de *Laz* (Bonnemaison). R.

✕. C. PERSICIFOLIA L. Tige de 5-8 déc. simple. *Feuil.* inf. lancéolées, les autres *linéaires-lancéolées,* à qq. faibles crénelures écartées, rétrécies en pétiole, les sup. linéaires, sessiles. Fl. bleues, larges, peu nombreuses, en épi. Lobes du cal. lancéolés. ♃. j^n^-j^t^. Coteaux boisés calc. — DEUX-SÈV. R. *Airvault* (Bonnin), RR. *forêt de la Chauvière* (Guyon). RR. — VEND. C. bords du *Lay* au-dessous du *Pont-Charrault* (Pontarlier, Marichal). R.

✕. C. ROTUNDIFOLIA L. Rac. dure à rameaux nombreux garnis de radicelles et portant plusieurs tiges de 1-3 déc., grêles, ascendantes. Feuil. rad. et des rejets stériles arrondies ou *ovales-en cœur,* à qq. fortes dents inégales, 3-5 f. plus courtes que le pétiole, les inf. lancéolées, dentées, toutes les autres linéaires, entières, sessiles. Fl. grandes, bleues, peu nombreuses, en grappe lâche. Div. du cal. étalées, linéaires-en alène, 4 f. plus courtes que la cor. Etam. beaucoup plus courtes que le style. Caps. penchée. ♃. j^t–sept. Coteaux, bord des bois, des chemins, des champs pierreux. — Char.-Inf. rr. *Saintes* (Guillon). — c. à *Angoulême*.

✕. C. Erinus L. Plante velue de 10–25 cent. Tige dressée ou tombante. Feuil. inf. obovales-oblongues rétrécies en pétiole court, les autres oblongues-en coin, à qq. dents, sessiles. *Fl. bleu pâle*, petites, solitaires, axillaires, à pédic. court. Lobes du cal. triangulaires, *étalés en étoile à la maturité*. Cor. tubuleuse-en cloche. ①. j^n–j^t. Coteaux arides, champs pierreux calc. — Char.-Inf. AC. — Deux-Sèv. c. *Niort* (A. Guillon), c. *la Mothe* (Maillard), *S.-Pompain*, *S.-Loup* ! (Guyon), *Airvault* ! (Bonnin), cc. *Thouars* ! (Bastard). — Vend. *Fontenay* (Letourneux), *Mouzeuil* ; *Benet*, la *Bauduère* (Pontdevie). PC.

WAHLENBERGIA Schrad. Caract. du *Campanula*. Cor. en cloche. Etam. non dilatées à la base. Caps. demi-adhérente, à 3 loges s'ouvrant au-dessus du tube du cal.

W. hederacea Reich. *Campanula* L. Herbe délicate. Tige filiforme, grêle, couchée. Feuil. arrondies, à 5 ou 7 angles, en cœur à la base, pétiolées. Fl. bleu pâle, axillaires, solitaires. Pédonc. long, filiforme. ♃. j^t–a^t. Marais herbeux, bords humides des haies, pelouses humides. — Deux-Sèv. Bocage (A. Guillon). — Vend. *Dompierre*, *S.-Malo du Bois* (Pontarlier). PC. — Bretagne. C.

ÉRICINÉES.

Cal. libre ou adhérent à l'ovaire, à 4, 5 div. ou entier. Cor. 1 pét. régulière, à 4, 5 lobes. Etam. 8 ou 10 insérées à la base de la cor. ou sur le récept. Anthères à 2 loges souv. prolongées à la base en 2 petites cornes. Style et stigm. 1. Caps. ou baie à plusieurs loges polyspermes. Placenta centraux.

* *Ovaire adhérent.* (Vacciniées DC.)

VACCINIUM L. Cal. entier ou à 4,5 dents. Cor. à 4,5 div. Etam. 8 ou 10. Baie globuleuse.

V. MYRTILLUS L. Sous-arbrisseau de 3-6 déc. à rameaux anguleux-ailés. Feuil. ovales, dentelées en scie, distiques. Fl. penchées, axillaires, solitaires. *Cor.* rosée, *en grelot*. Anthères à 2 cornes dirigées en haut. Baie bleu noirâtre. Mai. Bois. — LOIRE-INF. Forêt d'*Ancenis* (de l'Isle), de *Juigné* (Guibo), du *Gâvre* (Pesneau). RR. — BRETAGNE. C. au-delà de *Rennes*, de *Vannes* et de *Lorient*. — Ses fruits appelés *Lucets* se vendent au marché.

V. OXYCOCCOS L. Tiges filiformes, couchées, radicantes. Feuil. ovales, petites, persistantes, blanchatres en dessous et roulées par les bords. Pédonc. longs, munis de 2 bractées. Fl. roses penchées. *Cor. en roue à 4 div.* profondes, oblongues, *s'enroulant en dessous*. Baie rouge, puis noire. ♃. mai-j^{n}. Marais spongieux parmi les *Sphagnum*. — LOIRE-INF. C. marais de *Loigné* près *Sucé*; R. marais de *Naye*. R. — IL.-ET-V. Marais de *Landemarelle*! près *Parigné* (de la Pylaie). R.

** *Ovaire libre.* (Ericées DC.)

ERICA L. *Bruyère*. Cal. à 4 div. Cor. à 4 lobes. Etam. 8. Anthères à 2 pointes à la base. Caps. à 4 loges, à 4 valves portant la cloison au milieu.

Obs. Les 4 espèces suiv. sont de jolis sous-arbrisseaux de 3-6 déc. qui habitent les landes et les bois; ils fleurissent depuis juin jusqu'en oct. Je les ai tous recueillis à fl. blanches.

E. TETRALIX L. Grisâtre. Feuil. quaternées, linéaires, à bord arrondi et couvert de poils glanduleux. *Fl. rose tendre, en tête* terminale, *penchée*. Cor. ovale. Anthères aristées, incluses. Style à peine saillant; stigm. en tête. Lieux humides. — CHAR.-INF. La lande humide de *Montendre* à *Montlieu*. —

DEUX-SÈV. *Niort* et Bocage (A. Guillon). — VEND. PC. Bocage (Pontarlier). — BRETAGNE. C.

E. CILIARIS L. Feuil. ternées, ovales, roulées en dessous par les bords, ciliées, blanchâtres en dessous. *Fl. rouges, en épi* terminal, *unilatéral*. Cor. en grelot allongé, renflée au milieu. Anthères mutiques, incluses. Style saillant; stigm. en massue. — CHAR-INF. De *Montendre* à *Montlieu*. — C. *Bretagne*, Bocage de *la Vend.*, plus R. celui des *Deux-Sèv*.

E. CINEREA L. Rameaux pubescents-cendrés. Feuil. ternées, linéaires, glabres. *Fl.* rouge violacé, *comme verticillées et formant une grappe allongée*, terminale. Cor. en grelot ovale. Anthères aristées, incluses. Style peu saillant. CC.

E. VAGANS L. Mut. 2 p. 277, *E. multiflora* DC. fl. fr. 5. 430 non L. Rameaux touffus. Feuil. verticillées par 4,5, linéaires, marquées d'un sillon en dessous. Fl. rosées, axillaires, en épi feuillé terminal. *Pédic.* brunâtres, *capillaires, munis de 3 bractées* membraneuses, frangées, les 2 sup. opposées. Lobes du cal. colorés, courts, concaves, finement frangés. Cor. en cloche. Anthères noirâtres, mutiques, saillantes, à 2 lobes ovales, écartés, longs d'un millim., plus courtes que le style. — CHAR.-INF. *Montlieu* (de Meschinet), bois de *Mille-Ecus* près *Benon* (Ayraud). R. — DEUX-SÈV. Bois de *Melle* (Sauzé, Maillard). R. — VEND. *L'Ajonc* près le *Bourg-s.-Nap*. (Pontarlier). — LOIRE-INF. Entre *Vigneux* et *Fay* (Letourneux); AC. entre *Guenrouet, Quilly, Drefféac* et *Sévérac*! (Delalande). R. — MOR. C. *Belle-Ile; Groix*, env. du *Port-Louis* (Thépault), *Merlévenez* (Toussaints), *Lorient* (Tanguy). R.

E. SCOPARIA L. *Bruyère à balai*. Arbrisseau de 6-12 déc. à rameaux dressés. Feuil. verticillées par 3,4, linéaires. *Fl. verdâtres, petites*, axillaires, en grappes feuillées. Cor. en cloche, à lobes profonds. Anthères mutiques, incluses. Stigm. en bouclier, à peine saillant. Mai-jt. Bord des bois, haies. AC. — RR. au delà de la *Loire-Inf.* — MOR. *Arzal* (Ed. Lorois), *Ambon* (Taslé). RR.

CALLUNA Salisb. Caract. de l'*Erica*. Cal. entouré à la base de 4 bractées foliacées, en forme de calicule. Cloisons de la caps. opposées aux sutures des valves et adhérentes à l'axe central.

C. VULGARIS Salisb. *Erica* L. Sous-arbrisseau. Feuil. comme sagittées à la base, petites, appliquées, serrées, imbriquées, sur 4 rangs. Fl. rose tendre luisant, en longue grappe terminale. Bractées frangées. Sépales 4 colorés, dépassant la cor. Etam. incluses. Jn-sept. Landes, bois. CC.

β *pubescens*. Rameaux et feuil. velus-grisâtres. R.

ARBUTUS L. Cal. à 5 div. Cor. en grelot à 5 dents. Etam. 10. Anthères s'ouvrant au sommet par 2 pores. Baie à 5 loges 4,5-spermes.

✕. A. UNEDO L. *Fraisier en arbre*. Arbrisseau de 2-3 mèt. Feuil. obovales-ou oblongues-lancéolées, dentées en scie, coriaces, persistantes. Fl. verdâtres en panic. terminale, penchée. Baie globuleuse, tuberculeuse, rouge vif. — CHAR.-INF. Bois du littoral près *S.-Palais*; rare mais bien spontané.

MONOTROPÉES.

Cal. à 4-5 sép. colorés, persistants. Cor. à 4,5 pét. hypogynes, bossus et nectarifères à la base. Etam. 8 ou 10, dont moitié sortant de glandes hypogynes et moitié alternant avec ces glandes. Anthères 1-loc. Ovaire 1. Style 1 ; stigm. en entonnoir. Caps. à 4,5 loges, à 4,5 valves portant au milieu la moitié de la cloison. Graines très-nombreuses. Placenta central.

MONOTROPA L. Voir la famille. La fl. terminale est à 5 div. les latérales à 4.

M. Hypopitys L. Parasite, jaunâtre. Tige simple de 15-25 cent. succulente, garnie d'écailles dentelées, appliquées. Fl. jaunâtres, en épi terminal, d'abord penché. Intérieur de la cor., étam. et pistil poilus. ♃. j^n-j^t. Bois. — Char.-Inf. *Meschers, S.-Palais*, forêt d'*Arvert* (fl. glabre), forêt d'*Aulnay* (Pinatel). — Deux-Sèv. Forêt de *Chizé* (A. Guillon), *la Mothe* (Sauzé), *Bretignolles* (Toussaints). — Vend. r. *Rortheau* en *Dompierre* (Humbert). R. — Loire-Inf. *La Garde* près *Nantes*, parc de *Châteaubriant* (Pesneau), *la Houssinière, la Collinière* (Pradal), *la Madeleine* près *Nantes* (Moriceau), *Carheil* près *Guenrouet* (Delalande), *Derval* (Genevier), ac. *bois de la Meilleraie* (E. Bureau), forêt d'*Ancenis* (Guiho), forêt de *la Bretêche* (Thomas), *Avessac* (Moreau). R. — Mor. *Lorient* (Gand), *Molac*, c. *Beauregard* près *Vannes* (Taslé), *Rochefort* (Toussaints), « *Auray, Lorient, Ploërmel*, etc. (Le Gall flore). » — Fin. Forêt de *Quimperlé*; *Quimper* (Bonnemaison), la Joyeuse Garde près *Landerneau* (Hubert), *Pontanézen*, *Morlaix* (Crouan). C.-Nord. Bois de *la Moglais* (Droguet), *Trégueux, S.-Brieuc, Coëllan* (Baron), forêt de *Coëtquen* (Mabille). — Il-et-V. *Parc de Cucé* (Letourneux), *Hédé*, *Chapelle-Bouëxic* (herb. Degland), landes *Gimbert* en *Plesder* (Mabille), ac. forêt de *Rennes* (Poulain), env. de *Redon* et de *Bains* (Moreau). — etc.

Sous-Classe III. — COROLLIFLORES.

Cal. libre, monosépale. Cor. 1.pét. hypogyne. Etam. insérées sur la cor. Ovaire libre.

ILICINÉES.

Cal. à 4,5 dents. Cor. régulière, 4,5 partite. Etam. 4,5 insérées sur la cor. Ovaire à 4,5 stigm. sessiles. Baie à 4,5 noyaux indéhiscents, 1.sperm.

ILEX L. Voir la famille.

I. Aquifolium L. *Houx*. Arbrisseau toujours vert. Feuil. ovales, ondulées, coriaces, luisantes, dentées-épineuses, entières sur les vieux pieds. Fl. blanches, presq. en ombelle axillaire, sessile. Baie rouge. Mai. Bois, haies. C.

OLÉACÉES.

Cal. à 4 div. rar. 0. Cor. 1 pét. régulière, à 4 lobes, rar. 0. Etam. 2 à filets courts, insérées sur la cor. Ovaire 1, à 2 loges contenant 2 ovules pendants. Style 1; stigm. à 2 lobes. Caps. ou baie à 1, 2 loges 1, 2 spermes.

FRAXINUS L. Fl. souvent polygames. Cal. et cor. 0 ou à 4 div. Etam. 2. Caps. plane, ailée-membraneuse, indéhiscente, 1 sperme par avortement.

F. excelsior L. *Frêne*. Arbre élevé. Feuil. ailées avec impaire; fol. ovales-lancéolées, dentées en scie. Fl. brunâtres en grappes paraissant avant les feuil. Cal et cor. 0. Anthères sessiles. Caps. en grappes pendantes. Mars-av. Bois, haies. C. — Ses fruits sont très-variables, oblongs, oblongs-lancéolés, lancéolés, échancrés au sommet, qqf. obliquement, obtus, aigus et plus ou moins longuement acuminés, planes ou contournés; il varie aussi dans son aspect général et dans la couleur du feuillage. Au milieu de ces variations, on trouve *F. oxyphylla* Bieb. et *F. rostrata* Guss.

LIGUSTRUM L. Cal. très-petit, à 4 dents. Cor. en entonnoir; tube court; limbe étalé, à 4 lobes. Etam. 2. Baie à 2 loges 2 spermes.

L. vulgare L. *Troëne*. Arbrisseau. Feuil. lancéolées, lisses, presque persistantes. Fl. blanches, odorantes, en grappe courte, terminale. Baie noire. Mai-jn. Haies, buissons. C.

PHILLYREA L. Cal. petit à 4 dents. Cor. à 4 div. Drupe globuleux à noyau fragile.

♅. P. MEDIA L. Arbrisseau de 10-15 déc., buissonneux. Feuil. ovales ou ovales-lancéolées, dentées en scie ou entières, coriaces, persistantes, opposées. Fl. jaunâtres en petites grappes axillaires. Fruit globuleux, apiculé. Mai. — CHAR.-INF. Bois du littoral, *Meschers, S.-Palais,* où je l'ai vu seulement en feuil. qui étaient ovales-en cœur, ovales, ovales-lancéolées et lancéolées; la *Roche-Courbon* (A. Guillon), *Rasour* près *Champagne* (J. Richard). — VEND. *Rocher de la Dive*! (Letourneux).

♅. P. ANGUSTIFOLIA L. Distinct du précéd. par les feuil. lancéolées-linéaires, entières. — CHAR.-INF. Des échantillons de cette plante existent dans les herbiers de Beaupreau et Faye, avec les localités : Garenne de *Châtelaillon, île d'Aix.* M. J. Richard vient de la revoir dans cette île, où elle n'est pas rare.

Obs. Jasminum fruticans L. Jasmin jaune, de la famille des jarminées, arbrisseau cultivé partout et se naturalisant facilement, a les caractères qui suivent : rameaux anguleux, verts; feuil. simples ou à 3 fol. d'un vert luisant; div. du cal. 5 linéaires; cor. jaune en entonnoir à 5 div., étam. 2; style 1, stigm. bilobé. Baie à 2 loges à 1 graine dressée. — DEUX-SÈV. AC. coteau de Crevant près *Thouars* (Revelière qui le croit bien spontané), haies de *Loubillé* (Jousse).

APOCYNÉES.

Cal. à 5 div. persistantes. Cor. régulière à 5 lobes obliquement contournés dans le bouton. Etam. 5 insérées sur la cor.; filets libres; anthères à 2 loges appliquées sur le stigm.; pollen granuleux. 2 ovaires. Styles 2 ou 1 sous un seul stigm. Follicules 1,2 allongés, polyspermes à 1 loge s'ouvrant en long d'un seul côté.

VINCA L. *Pervenche.* Cal. à 5 div. Cor. en soucoupe, à 5 lobes tronqués obliquement; tube allongé. Etam. 5. Style 1. Stigm. en anneau, surmonté d'une couronne de poils. Follicules 2; graines ridées, non chevelues.

V. MINOR L. *Petite Perv.* Tiges presque ligneuses, couchées, les florifères redressées. Feuil. ovales-elliptiques et lancéolées, persistantes, opposées, courtement pétiolées. Fl. bleues, axillaires, solitaires. Pédonc. plus long que la feuil. *Lobes du cal. lancéolés, courts, glabres.* ♃. av.-mai. Bois. — CHAR.-INF. AC. — DEUX-SÈV. *Niort* (A. Guillon), *Exoudun, la Mothe* (Sauzé), c. *Parthenay* (Janneau), *Airvault, Louin* (Bonnin), etc. — VEND. *Maillezais*, c. çà et là, forêt de *Vouvant* (Letourneux), AC. *Napoléon, le Bourg*, bois de la Roche en *S.-Vincent-sur-Lay*, forêt de *St-Prouent* (Pontarlier, Marichal), *Chasnais* (Ayraud), *St-Etienne-du-Bois, la Chataigneraie, Challans* (Gobert), AC. *Mortagne* (Genevier). — LOIRE-INF. Rochers de *Barbe-Bleue*, forêts du *Cellier*, de *Juigné*, bois de *Psiguaye* près le *Pin*; *la Meilleraie* (Ed. Bureau), c. *forêt d'Ancenis* (Guibo), *Guenrouet, Sévérac* (Delalande), forêt de *Princey*, etc. AC. — MOR. AC. — FIN. *Plougastel-S.-Germain, Morlaix*, env. de *Locronan, Penhars* près *Quimper*. R. (Crouan flor.). — C.-NORD. *Dinan*! et presque toute la vallée de *la Rance*, forêt de *Coëtquen*, bois de *Coëllan*, etc. (Mabille). — IL.-ET-V. Forêt de *Fougères*, AC. *Redon* et env. (Moreau). — ETC.

* V. MAJOR L. *Grande Perv.* Tiges couchées, les florifères redressées. *Feuil.* ovales-en cœur, *finement ciliées. Lobes du cal.* linéaires-en alène, *longs, ciliés.* ♃. av.-mai. Naturalisé dans les haies autour des habitations.

ASCLÉPIADÉES.

Diffèrent des *Apocynées* surtout par la cor. ord. garnie à la gorge d'appendices soudés avec le tube des étam.; les étam. insérées à la base de la cor. à filets soudés en un tube renfermant le pistil, rar. libres; par le pollen aggloméré en masses qui se fixent aux glandes du stigm. Styles 2 soudés sous un seul stigm. à 5 angles glanduleux. Graines chevelues autour du hile.

VINCETOXICUM Mœnch. Cal. à 5 div. Cor. en roue, à 5 lobes. Etam. 5, à appendices soudés en une couronne charnue à lobes arrondis ou apiculés. Masses de pollen renflées, pendantes. Follicules lisses; graines chevelues.

V. OFFICINALE Mœnch, *Asclepias Vincetoxicum* L. *Dompte venin.* Tige pubescente, (qqf. élevée et un peu grimpante dans les buissons). Feuil. ovales-en cœur ou ovales-lancéolées, acuminées, opposées, courtement pétiolées. Fl. blanchâtres en petites grappes axillaires. Follicules renflés dans le bas. ♃. jn-jt. Lieux pierreux incultes, bois secs, sables maritimes. — CHAR.-INF. et calc. des DEUX-SÈV. AC. — VEND. Çà et là Plaine (Letourneux, Pontarlier), c. sables maritimes. — LOIRE-INF. *Doulon, le Loroux, Barbechat, Clermont,* bords du *Hâvre d'Oudon à Couffé, Ancenis, S.-Aignan,* c. sables maritimes. — MOR. PC. sables maritimes.

CYNANCHUM L. Caract. du *Vincetoxicum*. Appendices des étam. soudés en une colonne enveloppant les étam., à 10 dents opposées en double série.

✗ C. ACUTUM L. Clus. hist. p. 125 f. 2. Rac. rampante. Tige grimpante. Feuil. en cœur, acuminées, légèrement rentrées sur les côtés, à oreillettes grandes, arrondies et à sinus coupé presque carrément, glanduleuses près du pétiole en gouttière. Fl. blanches en petites ombelles axillaires et terminales. Lobes de la cor. lancéolés-oblongs, obtus, 3-4 f. plus longs que le cal. ♃. at. Lieux pierreux du littoral. — CHAR.-INF. c. dunes de la Grande-Conche à *Royan* (Toussaints), *Oleron! île de Ré!*

(Delalande), *Fouras*; *île d'Aix* (A. Guillon). — N'y fructifie pas.

Obs. On rencontre rarement dans le haut de la Loire *Asclepias Cornuti* Decaisne, A. syriaca L. plante de la Virginie.

GENTIANÉES.

Cal. lobé ou divisé, persistant. Cor. régulière à 4-8 div. Étam. 4-8 insérées sur la cor. Ovaire 1. Styles 1,2; stigm. 1,2. Caps. polysperme, à 2 valves portant les graines sur leurs bords, ou à 2 loges formées par le bord rentrant des valves et à placenta central. *Feuil. ord. opposées.*

MENYANTHES L. Cal. à 5 div. Cor. en entonnoir, à 5 lobes barbus en dedans. Étam. 5. Style 1; stigm. à 2 lobes. Caps. posée sur un anneau cilié, à 1 loge, à 2 valves. Graines nombreuses, attachées au milieu des valves.

M. TRIFOLIATA L. *Trèfle d'eau.* Souche épaisse, articulée, rampante. Feuil. pétiolées, à 3 fol. ovales-elliptiques. Fl. blanches, un peu rosées, en épi terminant la hampe. Graines jaunes, luisantes. ♃. av. Marais, étangs, bord des eaux. AC.

LIMNANTHEMUM Gmel. Cal. à 5 div. Cor. en roue, à 5 lobes ciliés. Étam. 5 alternant avec 5 glandes placées à la base de l'ovaire. Style 1; stigm. à 2 lobes. Caps. 1 loc. Graines plates, ciliées, attachées à la suture des 2 valves.

L. NYMPHOÏDES Link; *Menyanthes* L. *Villarsia* Vent. Aquatique. Feuil. orbiculaires en cœur, flottantes, pétiolées. Fl. jaunes, comme en ombelle axillaire, sessile. ♃. j-sept. Étangs, eaux stagnantes des rivières. — CHAR.-INF. *Martrou* (Faye), marais de *la Sèvre.* — DEUX-SÈV. AC. Bocage et dans le N. — VEND. C. Marais méridional et dans *la Vendée* (Pontarlier, Letourneux). — LOIRE-INF. CC.

— Mor. Dans l'*Oust* du *Roc-S.-André* à *S.-Perreux* (Le Gall), rivière d'*Arz* (Taslé), ac. en *Rieux* (Moreau), *Ploërmel*! (J.-M. Sacher), *Coëtsurho* (Taslé). PC. — C.-Nord. c. la Rance, étangs de l'arrond. de *Dinan*. — Il.-et-V. Dans l'*Ille* au-dessus de *S.-Germain* (Letourneux), étang du *Rouvre, Hédé* (Mabille), étang de *Combourg*, env. de *Rennes* (Degland), c. env. de *Redon*! (Le Gall).

CHLORA L. Cal. à 8 div. profondes. Cor. en soucoupe, à 8 lobes. Etam. 8 insérées à la gorge de la cor. Style 1; stigm. 2 échancrés. Caps. 1 loc. Graines nombreuses, attachées à des placenta fixés sur les bords rentrants des valves. *Fl. jaunes.*

C. perfoliata L. Glauque. Tige raide, rameuse au sommet. *Feuil. ovales-triangulaires,* soudées à la base dans toute leur largeur. Fl. en bouquets terminaux. *Cal. fendu jusqu'à la base;* div. linéaires-en alêne, à 1 nervure, beaucoup plus courtes que la cor. ①. j^{t}-a^{t}. Lieux pierreux, lieux humides sablonneux ou calc. et coteaux secs calc. — Char-Inf. C. — Deux-Sèv. *Niort* (A. Guillon), *Loubillé* (Jousse), env. de *Dœuil* et forêt de *Chizé*; *Airvault*! (Bonnin), r. *S.-Jouin* (Brottier), *S.-Loup*! (Guyon), *Thouars*! (Bastard), *S.-Martin-de-Sanzay* (Pellier). — Vend. Çà et là le calc., ac. vallées humides des sables maritimes (Pontarlier, Letourneux). — Loire-Inf. *Cambon*; *Saffré* (Guiho), vallées des sables maritimes de *Pornichet* au poste de *la Bole*. R. — Mor. *Belle-Ile*; *Groix* (Thépault). RR. — Fin. *S.-Pol-de-Léon* (de la Pylaie). — C.-Nord, Il.-et-V. Çà et là sur la côte de *Dahouet* à *Pontorson*; la Courbure près *Dinan*; calc. de *S.-Jacques* (Letourneux).

C. imperfoliata L. *C. sessilifolia* Desv. Glauque. Tige raide. *Feuil. ovales-lancéolées,* connées à la base ou seulement sessiles. Fl. axillaires et terminales, solitaires. *Cal. fendu jusqu'aux 3/4 de sa longueur;* div. lancéolées, à 3 nervures, égalant la cor. ①. j^{t}-a^{t}. Sables maritimes humides. — Char.-Inf.,

VEND. AC. — A l'intérieur : CHAR.-INF. Marais de *Surgères*, *Dœuil* (Dussouchaud). — DEUX-SÈV. *Frontenay* (Charbonneau), « *Pezé* près *Arçais* (Delastre) », marais de *Mauzé* (J. Richard).

GENTIANA L. Cal. à 4-9 div. Cor. en cloche ou en entonnoir. Etam. 4-9 insérées sur le tube de la cor. Styles 2, ou 1 seul à 2 stigm. Caps. 1 loc. à 2 valves. Placenta attachés aux bords rentrant des valves.

G. PNEUMONANTHE L. Souche tronquée à fibres épaisses. Tige simple ou peu rameuse. Feuil. linéaires-lancéolées, obtuses, roulées en dessous par les bords, opposées, les inf. très-petites, en forme d'écailles. Fl. grandes, peu nombreuses, axillaires et terminales. *Cor.* en cloche, bleue, ponctuée de jaune obscur, *non barbue à la gorge.* Anthères soudées. Stigm. linéaires, allongés. Graines allongées, alvéolées. ♃. at-sept. Landes humides l'hiver. — CHAR.-INF. C. *Montlieu* (de Meschinet), *Pisany*, *Saintes* (A. Guillon), *Beauvais*, *S.-Ouen* (Savatier), R. *Dœuil* (Dussouchaud). — DEUX-SÈV. *Chizé*, *Périgné* (A. Guillon), *Lezay* (Sauzé), *Loubillé* (Jousse), *Tourtenay*, *Ste-Soline* (Guyon), « env. de *Mauzé* (Ayraud) », *Pas-de-Jeu* (Brottier). — VEND. AC. *Challans* (Gobert). — AC. au nord de la Loire; R. en avançant dans le *Fin.*

Obs. La présence des deux plantes suiv. dans le nord de la Bretagne peut faire espérer d'y trouver aussi *G. germanica*, Willd. qui croît en Normandie. Il ressemble beaucoup à *G. amarella*, dont il diffère par les feuil. plus larges, par les fl. 1 f. plus grandes, bleu-violet, et par la caps. plus longuement pédicellée.

G. AMARELLA L. Bréb. Gren. et God. Rac. pivotante. Tige de 5-10 cent. Feuil. lancéolées, élargies vers la base, sessiles, aigües, plus pâles en dessous, opposées, les rad. lancéolées, en rosette. Fl. petites, peu nombreuses, axillaires et terminales. Cal. à lobes aigus, inégaux, un peu roulés en dehors par les bords, égalant env. le tube cylindrique de la cor. Cor. lilas-rosé en dehors, blanchâtre en dedans, tubuleuse-en cloche, à 5 lobes ovales, *barbus à la base*. Anthères non adhérentes. Caps. courtement pédicellée. Graines globuleuses, lisses. ①. sept.–oct. Pelouses des landes. — C.-NORD. Cap *Fréhel*, entre *Plurien* et les *Hôpitaux-d'Erquy*, garenne et sémaphore d'*Erquy* (Pontallié, Bichemin).

G. CAMPESTRIS L. Bréb. Gren. et God. diffère du précéd. par la cor. plus grande à 4 div., et surtout par le cal. à 4 lobes profonds très-inégaux, *les 2 ext. ovales*, acuminés, recouvrant presque les 2 int. beaucoup plus étroits. ①. Landes. — FIN. *Plouigneau*, *Lan ar Foasse* en *Garlan* (de Guernisac). R.

ERYTHRÆA Rén. Cal. tubuleux, pentagone, à 5 div. Cor. en entonnoir; tube très-long. Etam. 5, anthères contournées en spirale après l'anthèse. Style 1, à 2 stigm. parallèles, en lame. Caps. linéaire, allongée, à 2 fausses loges formées par les bords rentrants des valves.

E. PULCHELLA Fries, *E. Centaurium* β. L. *E. ramosissima* Pers. Tige à 4 angles aigus; rameaux nombreux partant souv. de la base, dichotomes, ouverts. Feuil. ovales, les rad. plus larges, non en rosette, à 5 nervures. Fl. rose foncé, axillaires dans les dichotomies. *Cal. sans bractées*. Lobes de la cor. oblongs. ②. j^n–a^t. Lieux mouillés l'hiver. AC. — C. dans qq. localités maritimes, où il est souv. nain, ramassé et qqf. à tige uniflore.

β. *scoparia*, *E. latifolia* Grouan non Sm. Tige ord. simple, dressée, à rameaux dressés-resserrés. Çà et là région maritime. — Port de *E. tenuiflora* Link, auquel il est rapporté par MM. Lebel et Le Jolis, pl. Cherbourg.

E. CENTAURIUM Pers. *Gentiana* L. *Petite centaurée*. Tige tétragone, simple ou dichotome à rameaux fastigiés. Feuil. ovales-oblongues, à 3 nervures, opposées, les rad. plus larges, en rosette. Fl. roses, en *corymbe resserré. Cal. garni de bractées à la base.* Lobes de la cor. ovales. ②. jn-at. Bord des haies, des buissons, pâturages humides. C.

β. *E. capitata* Rœm. Plante courte, ramassée, à corymbe toujours compact; feuil. rad. nombreuses, grandes, arrondies, obtuses, à 5–7 nervures. Rochers, pelouses sablonneuses, graviers de la région maritime, surtout de la côte du Nord.

* E. LITTORALIS Fries, Bab. Puel et Mail. herb. local, No 212. Tige de 12–15 cent. tétragone, raide, dressée, solitaire ou plusieurs du collet de la rac. *Feuil. oblongues-linéaires,* rétrécies à la base, les rad. assez nombreuses, oblongues-en spatule. Fl. roses, sessiles entre les feuil. florales, en petit corymbe court. Lobes de la cor. ovales. Août. Croît dans les sables maritimes de *S.-Quentin* (Somme) et sur les côtes d'Angleterre. — Réuni par plusieurs auteurs au suiv., qui a un port bien différent.

E. CHLOODES Gren. God. fl. de France, 2 p. 484, *Gentiana* Brot. *Tiges* nombreuses (plus rar. 1,2), de 4–10 cent., naissant ensemble du collet de la rac. *étalées*-redressées, plus épaisses vers le haut, portant 2,4 côtes fines plus saillantes que dans les espèces voisines, à plusieurs rameaux simples ou divisés inférieurement en 2,3 branches à 1–3 fl. roses. Feuil. *linéaires-oblongues, obtuses,* rétrécies à la base, sessiles, les inf. en rosette souv. détruite au moment de la fleur, *les sup. oblongues-linéaires.* Pét. ovales, obtus. — Lèdes, depuis *la Tremblade* (Char.-Inf.) jusqu'à *Bayonne* (Basses-Pyrénées.)

✕. E. SPICATA L. Tige tétragone de 2–3 déc. Feuil. elliptiques-oblongues, opposées. Fl. roses axillaires, *en épi lâche* le long des rameaux d'abord dichotomes. Lobes de la cor. oblongs-lancéolés, obtus. Stigm. arrondis, obscurément bilobés. ①. jl-at. Lieux humides de la région maritime. — CHAR.-INF. *S.-Hypolite* (Faye), prés salés de *Tal-*

mont (Lafont, Savatier).—Vend. Moissons, champs du marais de *Triaize, S.-Michel-en-Lherm, Longeville, Champagné* (Pontarlier, Marichal).

E. diffusa Woods, Le Jolis an. sc. nat. 3e série, T. 7. pl. 13. *Tiges couchées*, diffuses, *en gazon*; rameaux nombreux, à feuil. obovales-spatulées, les florifères dressés, à feuil. oblongues ou elliptiques, espacées, portant au sommet 1-3 fl. élégantes d'un rose vif, plus grandes que dans les précéd. Cal. à div. linéaires-en alêne, plus courtes que le tube de la cor. à lobes ovales. Stigm. réniformes. ♃. ex Le Jolis l.c. jt-at. Landes. — Fin. *Morlaix* (Woods), c. *Plouigneau, Plouézoc'h, Plouégat-Moisan*, etc. (de Guernisac), *Carhaix*? *la Roche-Maurice, le Faou, Lanhouarneau*, entre *Loqueffret* et *Huelgoat* (Crouan).—C.-Nord. c. sommet des montagnes d'*Arès* à la *Porte-au-Moine*.

E. maritima Pers. *Gentiana* L. Tige de 6-15 cent. raide, tétragone, simple ou rameuse-dichotome. Feuil. ovales, qqf. lancéolées. *Fl. jaunes*, peu nombreuses, terminales et axillaires. Cal. sans bractées. Lobes de la cor. ovales. Stigm. linéaires-oblongs. ①. jn. Landes et coteaux maritimes.— Char.-Inf. *Arvert* (de Beaupreau), *Martrou, Fouras* (Faye), *Trizay* (Marc-Arnauld).—Vend. *Noirmoutier, Ile-d'Yeu*; *Givrand* près *S.-Gilles*, *Vairé* et env. (Pontarlier, Marichal), *S.-Jean-d'Orbetiers*, bois du *Château-d'Olonne* (Pontdevie, Rossignol). PC.—Loire-Inf. *Ste-Marie* près *Pornic*! (Bastard), entre *Pornic* et *la Bernerie*. RR. — Ac. de *la Vilaine* à *Brest*.

CICENDIA Adans. Cal. à 4 div. Cor. à 4 lobes; tube renflé au milieu. Etam. 4; anthères non contournées après l'anthèse. Style 1. Caps. à 2 valves; placenta suturaux.

C. filiformis Delarbre, *Exacum* Willd. *Gentiana* L. *Tige* grêle de 4-12 cent., *simple* ou peu rameuse. Feuil. de la tige lancéolées-en alêne, opposées. *Fl.*

jaunes, très-petites, solitaires, longuement pédonculées. Calice en cloche, à dents courtes. Stigmate en tête. Caps. ovale, s'ouvrant jusqu'au milieu en 2 valves. ①. jn–at. Bord des étangs, des fossés, landes et chemins humides. — BRETAGNE. C. AC. Bocage de *Vend.*, *Deux-Sèv.*; R. dans le calc. non sablonn. — CHAR.-INF. *Montlieu*, *Cadeuil*.

C. PUSILLA Griseb. *Exacum* DC. Tige de 4–10 déc. à *rameaux nombreux, divariqués*. Feuil. linéaires-lancéolées. Fl. lilas (*E. Candollii* Bast.) rar. blanchâtres (*E. pusillum*). Cal. à lobes profonds, lâches. Stigm. à 2 lobes aplatis. Caps. allongée, à 2 fausses loges formées par le bord rentrant des valves. ①. jt–at. Mêmes lieux. AC. — R. le calc.

CONVOLVULACÉES.

Cal. à 5 div. persistantes. Cor. régulière, caduque, à 5 lobes. Étam. 5 insérées à la base de la cor. Style 1, qqf. partagé jusqu'à la base. Caps. à 1–4 loges; cloisons correspondant avec les sutures des valves et portant à la base les graines peu nombreuses. *Plantes souv. grimpantes.*

CONVOLVULUS L. Cal. à 5 div. Cor. en cloche, à 5 angles, à 5 plis. Style 1; stigm. 2. Caps. à 2-4 loges 2-spermes.

C. SEPIUM L. Tige élevée, grimpante, anguleuse. Feuil triangulaires-en flèche, à *oreillettes tronquées*. Fl. blanches (qqf. roses en Bretagne), axillaires, solitaires; pédonc. tétragone, plus long que le pétiole. Cal. recouvert par 2 bractées en cœur. Stigm. ovales. ♃. jn-sept. Haies des lieux frais. C.

C. SOLDANELLA L. Couché. Rac. rampante. *Feuil.* petites, *réniformes*-arrondies, succulentes. Fl. rose foncé, à 5 raies blanches, grandes, axillaires, solitaires. Pédonc. anguleux, beaucoup plus long que la feuil. Cal. entouré de 2 bractées ovales. ♃. jn-jt. Sables maritimes. — C. jusqu'à *la Vilaine*; AC. au-delà.

C. ARVENSIS L. *Vrillée*. Rac. en spirale. Tige faible, grimpante ou couchée. Feuil. en flèche, de largeur variable, qqf. presque linéaires; *oreillettes aiguës*, divergentes. Fl. blanches ou rosées, axillaires, ord. solitaires; pédonc. plus long que la feuil., garni de 2 petites bractées éloignées de la fl. Stigm. linéaires. ♃. mai-sept. Champs, lieux incultes. Trop C.

ꭗ. C. LINEATUS L. Velu-*soyeux*. Rac. presque ligneuse. Tiges ascendantes. Feuil. lancéolées, les rad. et inf. rétrécies en pétiole, à *nervures latérales nombreuses et parallèles*. Fl. roses ord. solitaires sur des pédonc. plus courts que les feuil. Lobes du cal. ovales-lancéolés, blanchâtres dans leur moitié inf. ♃. jn-jt. — CHAR.-INF. AC. çà et là rochers de la région maritime depuis *Mortagne* à *S.-Palais*, *Oleron* pointe du Nord, jusqu'à *la Rochelle* et *Ré*. — VEND. *Chaillé-les-Marais*! (Letourneux). RR.

ꭗ. C. CANTABRICA L. Plante couverte de poils blanchâtres, étalés excepté dans le haut et sur les feuil. Tiges de 3-5 déc. nombreuses, couchées. Feuil. linéaires-lancéolées, aiguës, les inf. lancéolées-spatulées. Fl. roses entourées de bractées opposées, 1-3 sur des *pédonc.* axillaires *dépassant beaucoup les feuil.* et formant une panic. lâche. Div. du cal. ovales-lancéolées, acuminées, hérissées. Cor. soyeuse sur les angles. ♃. jn. Coteaux calc. très-chauds. — CHAR.-INF. *Royan* (Marc Arnauld. — *Cognac* (Charente).

CUSCUTA L. Cal. à 4,5 div. Cor. globuleuse-en cloche, à 4,5 lobes. Etam. 4,5 insérées vers la base de la cor. au-dessus d'une petite écaille dentelée. Style 1,2. Caps. globuleuse, à 2 loges 2-spermes, s'ouvrant circulairement en travers à la base. *Plantes filiformes, sans feuil., parasites par le moyen de suçoirs; fl. réunies en paquets axillaires.*

C. MAJOR DC. *C. europæa* L. Plus robuste que

le suivant. *Ecailles* de la cor. palmées, *appliquées contre le tube,* ce qui, au premier coup d'œil, les fait paraître nulles. Styles plus courts que l'ovaire, jaunes, qqf. rouges au sommet. ①. jn–at. Sur *l'ortie,* le *houblon, Convolvulus sepium,* etc.—CHAR.-INF. Pays-bas de *Matha* (Savatier). — Çà et là marais de *la Sèvre* en *Char-Inf., Deux-Sèv., Vend.* —VEND. Bords de la *Sèvre Nantaise.* — LOIRE-INF. Çà et là vallée de *la Loire,* plus R. celle de *la Sèvre.*

C. MINOR DC. *C. epithymum* Smith. *Teigne, fil à perdrix,* ainsi que les suiv. et le précéd. Tige très-grêle, rougeâtre. Div. du cal. ovales, plus longues que le tube. Cor. blanche ou un peu rosée, à 5 lobes ovales, étalés, égalant le *tube* cylindrique, *fermé par les écailles* arrondies, frangées et *conniventes au sommet,* séparées à la base par un *intervalle étroit, aigu,* à partie infér. appliquée contre la cor. Styles plus longs que l'ovaire, filiformes, rouges et à la fin divergents au sommet. ①. jt-sept. Landes, terres incultes. Sur l'*ajonc,* le *genêt à balai,* les *bruyères, Eryngium campestre,* etc. C.

Obs. M. Des Moulins Cusc. p. 56, décrit sous le nom de *C. Kotskyi* un *Cuscuta* nouveau trouvé sur *Eryngium campestre,* à la pointe de *la Valtière,* près *Royan* (Char.-Inf.), par M. G. Lespinasse. Il diffère du précéd. surtout par les fl. en paquets de 2-6 seulement, par la cor. en grelot, très-ouverte à la gorge, fendue jusqu'au delà de la moitié et par les écailles linéaires, larges et tronquées au bout.

C. TRIFOLII Bab. Tige grêle, jaunâtre, qqf. rougeâtre. Fl. petites, blanches, à odeur de miel. Cal. charnu, à tube égalant env. les sép. triangulaires-lancéolés. Tube de la cor. cylindrique, presque fermé par les écailles spatulées-arrondies, frangées, convergentes, séparées à la base par un *espace arrondi.* Lobes et la cor. triangulaires-ovales, étalés. Anthères jaunes non ou à peine apiculées. Styles blancs, stigm. rouges à la fin étalés, égalant env. les étam. et la cor. Ovaire obovale, excavé au sommet. ①. jt-at. Champ de trèfle (*Tr. pratense*). — DEUX-SÈV. *Melle* (Maillard). — VEND. AC. autour de *Luçon* (Lepeltier), *Mortagne* (Genevier); çà et là (Pontarlier). — LOIRE-INF. *Les Couëts*! (V. Grand-Marais), *la Haie* (de l'Isle), depuis *S.-Michel* jusqu'à *Frossay*, *Vue*, *Donges* (Gobert), env. de *Mouzeil* (E. Bureau), *Jans* (Guibo), etc. — MOR. RR. *Vannes* (Arrondeau), *Ploërmel*. — FIN. C. à l'ouest de *Morlaix* (de Crec'hquérault). — IL.-ET-V. C. *Ste-Melène* près *Vitré* (Le Gall), *Liffré* (de la Godelinais), *S.-Aubin d'Aubigné* (Tetrel), env. de *Rennes* (J.-M. Sacher). — Cette plante, qui se répand de plus en plus, s'étend en cercles réguliers et étreint si fortement le trèfle qu'elle le fait périr.

C. EPILINUM Weihe, *C. densiflora* S. Willem. Tige jaune-rougeâtre, simple. Paquets de fl. sans bractées. *Fl. globuleuses*, blanc-jaunâtre. Sép. charnus, concaves, égalant la cor. à lobes plus courts que le tube. Pét. blancs, incurvés au sommet. Écailles carrées, élargies et frangées au sommet, qui s'écarte un peu du tube de la cor. Style plus court que l'ovaire. ①. jn. Sur le lin d'été. — CHAR.-INF. *Taugon la Ronde* (Letourneux). — DEUX-SÈV. *S.-Loup*, *Béceleuf* (Guyon), *S.-Aubin-Baubigné*, *les Echaubrognes*, *Bressuire* (Genevier). — VEND. C. calc. de *Fontenay*! *Chaillé-les-Marais*! (Letourneux), *Bellevue des Glouzeaux* (Pontarlier), *la Bauduère* (Rossignol), *S.-Aubin-des-Orm.*, *Bazoges* (Genevier). — LOIRE-INF. *Cambon*; *Tréveneuc* près *Donges* (Leroux). RR. — MOR. *Coëtsurho* (Taslé), *Vannes* (Arrondeau), *Ploërmel*. RR. — FIN. *Looquirec*, *Lampaul-Ploud*. etc. (Crouan). RR. — IL.-ET-V. C. *Châteauneuf*, 1863 (Mabille), *S.-Aubin-d'Aubigné* (Tetrel).

C. SUAVEOLENS Ser. *C. Hassiaca* Pfief. Tige rameuse, orangée-pâle, portant à l'aisselle de chaque écaille plusieurs *fascicules pauciflores pédicellés*, munis d'une bractée, mêlés à 1 ou 2 fl. solitaires, toutes les fl. à pédic. 2-4 f. plus long que le cal. Cor. blanche, odorante, en cloche, à 5 lobes étalés et dont le sommet est incurvé, un peu plus courts que le tube fermé par les écailles fimbriées, conniventes au sommet. Anthères d'un beau jaune. Styles blancs, souv. inégaux, droits (écartés sur le fruit), *stigm. en tête,* jaunes. ①. j^{t}-sept. sur *Medicago sativa.* — LOIRE-INF. *Préfailles* ! (Matignon). — CHAR.-INF. *S.-Georges-d'Oleron* (Savatier). — DEUX-SÈV. Marais du *Vanneau* sur *Conv. sepium, Thalictrum flavum* (A. Guillon); *Souvigné* (Sauzé), *Azay* (J. Richard). — VEND. *La Tranche,* marais de *Maillezais* sur *Phragmites communis, Convolvulus sepium,* les *Bidens,* etc. (Letourneux), *la Bretonnière* (Pontarlier). — Dans les localités de la Sèvre les fl. sont bien moins longuement pédicellées et il est facile de confondre la plante sèche avec *C. major.*

BORAGINÉES.

Cal. à 5 div. persistant. Cor. ord. régulière, à 5 lobes. Étam. 5. Ovaire divisé en 4 lobes du milieu desquels sort le style ; stigm. entier ou bifide. Fruit composé de 2 carp. dispermes imitant 4 carp. indéhiscents, 1-spermes. *Plantes à feuil. alternes, ord. hérissées de poils rudes ; fl. en épis unilatéraux, courbés en crosse avant leur parfait développement.*

a. *Gorge de la cor. sans appendices.*

HELIOTROPIUM L. Cal. 5-part. Cor. en soucoupe, à 5 lobes séparés par une petite dent. Carp. 4 soudés étant jeunes.

H. EUROPÆUM L. Pubescent ; rameaux diffus. Feuil. ovales, obtuses, entières, nervées, pétiolées. Fl. blanches, en épis axillaires et terminaux. Cal. fructifère ouvert-étalé. Carp. rugueux. ①. j^{n}-a^{t}. Terres en friche. C. le calc. — VEND., LOIRE-INF. AC. région maritime, R. à l'intérieur. — MOR. PC.

région maritime. — Fin. Archipel d'*Ouessant* (de la Pylaie).

ECHIUM L. Cor. oblique; tube court, limbe en cloche, à 5 lobes inégaux. Carp. tuberculeux.

E. vulgare L. *Vipérine*. Tige couverte de poils rudes, tuberculeux-violacés à la base. Feuil. lancéolées, hispides, sessiles. Fl. bleues, en petits épis axillaires formant une *longue grappe linéaire*, terminale. Filets des étam. roses, saillants. Stigm. bifide. ②. mai-a[t]. Lieux pierreux, murs. CC. — Varie, surtout dans les sables maritimes et le calc. à fl. 1/3 plus petites comme en panicule (var. *subpaniculatum* Le Gall flore, *E. Wierzbickii* Reich.)

✕. E. pyramidale Lapeyr. *E. pyrenaicum* Desf. DC. Tout hérissé de poils blancs, *très-rameux en buisson*. Tige ponctuée de rouge. Feuil. rad. en rosette, lancéolées, celles de la tige plus larges à la base. Cor. petite, en cloche à 5 lobes presq. égaux, rosée surtout à la gorge. Etam. et style rouges saillants, anthères bleuâtres. ②. j[n]-j[t]. Coteaux secs. — Char.-Inf. ac. région maritime. — A l'intérieur : *le Pin* (Mme George), *Surgères* (Delalande). — Vend. Rochers de *la Dune* !, de *la Dive* ! (Pontarlier), chemin de *Talmont* à *Jard* (Letourneux). R.

E. plantagineum L. Mant., Gren. God. flore de France 2 p. 524. Plusieurs tiges ascendantes, couvertes de poils de deux sortes, les uns raides, étalés, tuberculeux à la base, les autres fins, couchés, plus nombreux. Feuil. rad. en rosette disparaissant au printemps, lancéolées, rétrécies en pétiole, obtuses, celles de la tige oblongues, rétrécies à la base, sessiles, celles des rameaux floraux graduellement plus élargies à la base jusqu'à ce que les supér. soient en cœur à la base; toutes couvertes de poils tuberculeux de différente grandeur. *Fl. à la fin écartées en épis formant une panicule lâche*. Cal. à div. linéaires-lancéolées, inégales, dressées, 1 1/2 à 2 f. plus court que la cor. Cor. ventrue au-dessus du cal., d'abord rosée, puis violacée; lèv. sup. marquée de 5 bandes plus foncées dont les 2 intermédiaires doubles, lèv. inf. d'un violet-bleuâtre uniforme à lobes triangulaires, aussi larges que longs. Etam. et style saillants. ②. août. Sables maritimes pierreux. RR. du *Fort-Larron* au *Sableau* à *Noirmoutier* (Vendée). — La fleur est qqf. petite sur les pieds levés tardivement au printemps et fleurissant la même année. — Cette espèce connue dans l'île par Piet et notée dès 1807 dans sa correspondance, a été retrouvée en 1851 par M. E. Revelière et en 1861-3 par M. Gobert. Je lui rapporte la plante décrite édit. 1 p. 303 recueillie dans les champs bordant la rive gauche de la Charente près et en aval de *S.-Jean-d'Angély* (Char.-Inf.) où, apparue peut-être accidentellement, elle n'a pas été retrouvée.

LITHOSPERMUM L. Cal. 5 part. Cor. en entonnoir, à 5 lobes; gorge un peu resserrée par 5 plis ou par des poils. Stigm. obtus, bifide. Carp. osseux.

L. OFFICINALE L. Rameux. Tige et feuil. couvertes de poils raides, appliqués. Feuil. lancéolées. *Fl. blanc jaunâtre*, axillaires, en épis. *Carp.* ovales, *blancs, luisants*, très-durs. ♃. mai-jn. Bord des haies, lieux incultes surtout des ter. calc. — CHAR.-INF., DEUX-SÈV., VEND. AC. — LOIRE-INF. De *Machecoul* à *Fresnay*, *S.-Michel*; *les Cléons* (Pesneau), *Louisfert* (Moride), *Rougé* (Desaintdo). R. — MOR. *Houat*, *Hœdic*; « *Guidel*, *Erdeven*, *Quiberon* (Le Gall flore), » *Rochefort* (Taslé). RR. — FIN. *Pontaven*, *Tréogat* (Bonnemaison), *Beuzec en Plomeur*, baie d'*Audierne* à *S.-Vélen*, *Penfeld*, *Locquirec*, *île Blanche*, *Plouézoc'h*, *Plougasnou* (Crouan fl.). — C.-NORD. *S.-Michel-en-Grève*, *Bon-Abri* en *Hillion*, *S.-Cast* (Baron); *îles des Ebiens*, *S.-Jacut*, *Dinan*. — IL.-ET-V. Calc. de *Rennes*. — Çà et là mais R. sur la côte de *la Bretagne*.

L. ARVENSE L. Tige simple ou peu rameuse

dressée, couverte ainsi que les feuil. de poils raides, appliqués. Feuil. lancéolées, à 1 nervure, les inf. oblongues, rétrécies en pétiole. Fl. blanchâtres, qqf. rosées ou bleuâtres, axillaires, en épis terminaux; pédic. à peine renflés. *Carp. rugueux-tuberculeux.* ①. mai-jn. Moissons. CC. le calc.; AC. région maritime, PC. ailleurs.

Obs. L. permixtum Jord. se distinguera du préced. surtout par les pédic. courts, à la fin fortement renflés, et par les carp. tuberculeux-alvéolés.

✗. L. APULUM Vahl, *Myosotis* L. Hispide. Une ou plusieurs tiges simples, dressées, de 5-10 cent. Feuil. dressées, linéaires, rétrécies au sommet, les inf. linéaires-spatulées. *Cor. jaune*, tube plus long que le cal., velu en dedans et en dehors, et fermé à la gorge par des poils, lobes ovales-oblongs. Carp. fauves, tuberculeux. ①. 15 mai-15 jn. Plateaux pierreux du littoral. — CHAR.-INF. R. *Fouras*! (Faye) C. pointe du *Chay*; C. *la Repentie* (Letourneux), R. *Oleron* au bois d'*Avail*.

L. PROSTRATUM Lois. fl. gal. T. 4. *Tiges presque ligneuses*, couchées lorsqu'elles sont sans appui. Feuil. lancéolées-linéaires, recourbées par les bords. Fl. bleues peu nombreuses, 3 f. plus longues que les lobes linéaires du cal. Cor. velue en dehors, bleue, tube rougeâtre, gorge fermée par des poils. Carp. blancs, lisses. Mai-jn. — FIN. C. landes de la presqu'île de *Crozon*.

✗. L. PURPUREO-CŒRULEUM L. *Tiges* stériles allongées, rampantes, les *fertiles dressées* de 3-5 déc. Feuil. lancéolées, rudes, les sup. demi-embrassantes. Fl. bleues bien plus longues que les lobes linéaires du cal. Carp. blancs, luisants. ♃. jn-jt. Bord des haies, des bois du calc. — CHAR.-INF., DEUX-SEV. et midi de la VEND. AC.

PULMONARIA L. Cal. 5-fide, en cloche, à 5 angles. Cor. en entonnoir, à 5 lobes; gorge poilue. Stigm. obtus, échancré.

P. ANGUSTIFOLIA L. Tige hispide, de 15-25 cent. Feuil. lancéolées ou ovales-lancéolées, longues, qqf. plus que la tige, souv. tachées de blanc, à pétiole ailé, celles de la tige courtes, un peu embrassantes ou légèrement décurrentes. Fl. bleues ou rougeâtres, à tube poilu à la gorge, glabre du reste, en grappe terminale. Carp. noirs, luisants. ♃. av.-mai. Bord des haies, des bois. C. — MOR. Région marit. R. — IL.-ET-V. PC. ainsi que dans la partie des *C.-Nord* voisine.

ONOSMA L. Cor. cylindrique-en cloche. Anthères en fer de flèche, adhérentes à la base. Carp. libres, à base triangulaire. *Fl. blanches, puis jaunâtres.*

X. O. ECHIOIDES L. Hispide. Tige simple, raide, d'env. 3 déc. Feuil. lancéolées-linéaires, les inf. rétrécies en pétiole, les florales ovales-lancéolées, toutes couvertes de poils raides partant d'un tubercule glabre. Fl. en panic. Anthère glabre, 2 f. plus longue que le filet. Carp. lisses, marbrés. ♃? Lieux pierreux calc. — CHAR-INF. *Surgères*! (de Beaupreau), R. *Fouras* (Lesson). R.

b. *Gorge de la cor. couronnée par 5 écailles ou appendices.*

SYMPHYTUM L. Cor. tubuleuse-en cloche, à 5 dents courtes; gorge fermée par 5 appendices en alène, dentés-glanduleux, réunis en cône. Carp. lisses.

S. OFFICINALE L. *Consoude.* Hispide, rameux. Rac. rameuse, épaisse, noirâtre. *Feuil. lancéolées, longuement décurrentes.* Fl. blanches, qqf. rougeâtres, en grappes terminales. ♃. mai-jn et automne. Prés humides, bord des eaux. C.

S. TUBEROSUM L. Rac. oblique, noueuse, non interrompue, charnue, blanchâtre, garnie de fibres. Tige de 3-4 déc. poilue-rude, simple ou bifide au sommet. *Feuil.* lancéolées-elliptiques, *courtement décurrentes,* les florales opposées, les inf. rétrécies en pétiole. Fl. jaunâtres en grappe courte terminale. Lobes de la cor. recourbés. ♃. av.-mai. Lieux ombragés. — CHAR.-INF. *Montlieu*, c. bord du *Lary* et de ses affluents (de Meschinet). R. — DEUX-SÈV. Vallons du Puits d'Enfer près *S.-Maixent* (Sauzé, Maillard). R. — C.-NORD. Rivière de *Morlaix* sous *Lannidy* (Hewet), coteau humide un peu boisé dans la baie de *S.-Michel-en-Grève* (de Guernisac), *Coëtfred* et environ de *Lannion* (J.-M. Sacher). RR.

ANCHUSA L. Cor. en entonnoir, à 5 lobes; gorge fermée par 5 écailles obtuses, en pinceau. Carp. ridés, creux à la base et entourés d'un anneau strié-plissé.

A. ITALICA Retz. *Buglose*. Plante couverte de poils blancs, raides. Tige rameuse, de 6–10 déc. *Feuil. lancéolées*, sessiles. Fl. d'un beau bleu, en épis géminés, garnis de bractées linéaires-lancéolées et formant une panic. terminale. Div. du cal. profondes, égalant le tube de la cor. à lobes arrondis. Ecailles de la cor. blanches. ♃. jn-at. Champs et décombres des ter. calc. — CHAR.-INF., DEUX-SÈV. et VEND. C. — LOIRE-INF. *Machecoul*, RR. *Croisic*. RR. — FIN. C. champs sablonneux marit. des env. de *Plomeur* ! *Beuzec*, *S.-Jean-Trolimon* (Bonnemaison), C. baie d'*Audierne* à *Traon-Houarn*, *Port-Salut* (Crouan).

* A. OFFICINALIS L. *A. angustifolia* DC. Tige de 6–10 déc. rameuse, hispide. *Feuil. lancéolées-linéaires*, sessiles. Fl. bleues, en épis axillaires, formant une panic. terminale. Bractées ovales-lancéolées. *Cal. fendu jusqu'au milieu*, à lobes presq. obtus. Ecailles de la cor. ovales, papilleuses au bord. Poils des rameaux de la panic. et du cal. étalés. ②, rar. ♃. jn-jt. Décombres de la région maritime, où il a sans doute été apporté avec le lest des navires. — CHAR.-INF. *Oleron* à *Boyarville* (Delalande). — VEND. Autour du cimetière des *Sables-d'Olonne* (Delalande). — LOIRE-INF. Délestages de *Couëron*. — RR.

A. SEMPERVIRENS L. *Caryolopha* Fisch. Tige de 3-4 déc. rameuse, hispide. *Feuil. largement ovales*, un peu sinuées-dentelées, hispides, caduques, les rad. et inf. pétiolées. Fl. d'un beau bleu, en petits bouquets géminés, accompagnés de 2 bractées foliacées et situés au sommet d'un pédonc. axillaire, solitaire, plus court que la feuil. Cor. presq. en roue à lobes égaux, obtus; tube blanc, ovoïde, court, presque fermé par les écailles blanches, obtuses, papilleuses. Carp. munis à la base int. d'un appendice en oreille courbé vers l'ombilic. ♃. mai-jn. — LOIRE-INF. *Le Four au Diable* ! (Bonamy). RR. — BRETAGNE. AC. haies fraîches et pierreuses au delà de *Vannes*, *Ploërmel* et *Rennes*.

LYCOPSIS L. Caract. de l'*Anchusa*. Cor. irrégulière; tube allongé, courbé.

L. ARVENSIS L. Plante rameuse, toute hérissée de poils blancs. Feuil. lancéolées, sinuées-dentées, ondulées. Fl. bleu clair, à gorge blanche, en grappe terminale. ①. jn-sept. Lieux incultes sablonneux. C. — Au delà de *Loire-Inf*. AC. région maritime.

BORAGO L. Cal. fermé après la fleuraison. Cor. en roue, à 5 lobes étalés; gorge fermée par 5 écailles obtuses, échancrées. Anthères insérées sur le lobe intér. des filets bifides. Carp. ridés, creusés à la base.

B. OFFICINALIS L. *Bourrache*. Rameux, hispide. Feuil. ovales, les inf. pétiolées. Fl. bleu ciel, en panic. ouverte. Anthères noirâtres. ①. jn-sept. Terres cultivées, autour des habitations. AC.

MYOSOTIS L. Cal. en cloche. Cor. en entonnoir ou en soucoupe; gorge fermée par 5 appendices glabres. Carp. lisses. *Fl. en épis grêles, ord. géminés.*

* *Cal. à poils tous appliqués.*

M. PALUSTRIS With. *Souche* oblique *un peu rampante*. *Tige anguleuse* à poils étalés. Feuil. de la tige oblongues-lancéolées. Cal. fructifère en cloche.

Cor. grande, bleu ciel à gorge jaune, limbe plane. Style égalant presque le cal. à dents plus courtes que le tube. ♃. mai–sept. Prés humides, fossés, marais, bord des eaux. C.

β. *M. strigulosa* Reich. Tige plus grêle à poils appliqués ou ceux du bas étalés.

M. REPENS Don. Rac. non rampante. Tige arrondie, *hérissée de poils étalés. Cor.* grande, plane, *bleu très-pâle.* Style plus court que le cal. à dents égalant le tube. ②? mai–jt. Lieux spongieux, tourbeux. AC.

M. CÆSPITOSA Schultz, *M. lingulata* Lehm. *Rac. fibreuse. Tige arrondie* à *poils appliqués.* Cor. bleue, petite, limbe un peu concave. Style très-court égalant env. le tube du cal. ②. jn–jt. Fossés, marais, bord des eaux. AC.

M. SICULA Guss. Petite plante de 3–12 cent. en touffe. Rac. fibreuse. Tige arrondie à poils appliqués, peu nombreux, presque rameuse dès la base, *rameaux* nombreux, *divariqués. Cor. très-petite*, bleu clair, limbe un peu concave. Style très-court. ① ou ②. mai–jt. Bord des mares, des étangs, des vieilles carrières surtout dans les ter. schist. — LOIRE-INF. AC. — Çà et là ailleurs.

Obs. Quelques auteurs réunissent sous le nom de *M. palustris*, ces 4 plantes qu'il n'est pas toujours facile de distinguer entre elles.

** *Cal. à poils étalés, ceux du bas crochus ; tige poilue, à feuil. oblongues-lancéolées.*

M. SYLVATICA Hoffm. Rac. fibreuse. Feuil. rad. spatulées ou obovales, pétiolées. Cal. fructifère à div. profondes, dressées, plus court que le pédic. étalé. *Cor. grande,* bleue, inodore, tube plus court que le *limbe plane* et un peu plus long que le cal. ②! mai–jn. Lieux ombragés. — DEUX-SÈV. *Parthenay* (Janneau). — VEND. D'*Evrunes* à *la Sèvre, la Verrie*

(Genevier). — LOIRE-INF. *Clisson* ! (Le Boteri), c. de là jusqu'à *Gorges*. R. — Plante très-élégante.

M. INTERMEDIA Link. *Cal.* fructifère fermé, *plus court que le pédic. étalé. Cor. petite,* bleue; tube égalant le limbe concave. ②. mai-jt. Lieux cultivés, taillis. C. — CC. le calcaire.

M. HISPIDA Schlect. *Cal. fructifère ouvert, plus long que le pédic.* ou l'égalant. Cor. petite, bleue; limbe concave; tube inclus. ①. av.-mai. Murs, lieux cultivés, talus des fossés. CC. — Moins C. que le précéd. au nord de la *Loire-Inf*.

M. VERSICOLOR Pers. Cal. fructifère fermé, plus long que le pédic. ascendant. *Cor. passant du jaune au bleu et enfin au violet*; limbe concave; tube saillant. ①. av.-jn. Lieux cultivés, bord des chemins. C. — *M. dubia* Arrondeau cat. plant. du Morbihan 70, me paraît très-voisin (var. *pallida* Bréb. ?); il diffère par la cor. blanche passant au bleu, à tube inclus, le style beaucoup plus court; les dents du cal. égalent son tube. AC. prés, bord des champs aux env. de *Vannes* (cat. cité). — Babington Man. dit que lorsque *M. versicolor* croît dans les lieux humides, la fl. est d'abord blanche et les lobes du cal. plus courts.

* M. STRICTA Link. *Fl.* petites, bleues, *en épis raides*, effilés, *feuilles à la base. Cal. fructifère fermé*, plus long que le pédic. Cor. à tube inclus. ①. Lieux sablonneux. M. Bastard l'a recueilli à *Chalonnes*, dans les sables de *la Loire*.

ASPERUGO L. Carp. ovales, comprimés, verruqueux, cachés à la maturité par le cal. accru à 2 lobes parallèles, sinués-dentés.

✗. A. PROCUMBENS L. Hispide, couché. Feuil. oblongues ou lancéolées, alternes, rétrécies en pétiole, les florales opposées. Fl. bleues, petites, axillaires, solitaires. Pédonc. court, à la fin recourbé. ①. mai-jn. Lieux incultes, bord des champs. — DEUX-SÈV. *Thouars* (Revelière). RR.

ECHINOSPERMUM Swartz. Cal. 5 part. Cor. en soucoupe, gorge fermée par 5 écailles convexes. Carp. triquètres, chargés sur le dos d'aiguillons crochus au sommet, fixés par le côté int. au style persistant.

✗. E. LAPPULA Lehm. *Myosotis* L. Herbe de 3-5 déc. couverte de poils blancs couchés. Tige dressée, rameuse au sommet à rameaux très-ouverts. Feuil. linéaires-lancéolées, ciliées, sessiles. Fl. bleu clair, petites, en grappes feuillées. Carp. muriqués, bordés de chaque côté d'un double rang d'aiguillons crochus. ①. ou ②. j^{t}-a^{t}. Champs, vignes du calc. — CHAR.-INF., DEUX-SÈV. AC. — VEND. R. *Corps*, c. vignes de *Bourneau* (Pontarlier, Marichal), *la Bauduère* (Bonneau), *Bretignolles* (Gobert), vignes de *Barbetorte* (Lepeltier). PC.

CYNOGLOSSUM L. Cor. en entonnoir; gorge fermée par 5 appendices convexes. Carp. déprimés, hérissés d'aiguillons étoilés au sommet, fixés par le côté int. au style persistant.

C. OFFICINALE L. *Cynoglosse.* Rameux. Feuil de la tige lancéolées, demi-embrassantes, molles-tomenteuses. *Fl. rouge vineux*, en épis axillaires et terminaux. *Carp.* planes sur le devant et *entourés d'un rebord saillant.* ②. mai-j^{t}. Lieux pierreux incultes, décombres. — AC. dans le calc. et par localités dans la région maritime; PC. ailleurs.

C. PICTUM Ait. Rameux. Feuil. linéaires-lancéolées, embrassantes en cœur, molles-tomenteuses, les inf. oblongues, rétrécies en pétiole. *Fl. veinées* de rose changeant en bleu clair. *Carp. convexes sans rebord.* ②. j^{n}-j^{t}. Bord des chemins, des haies, lieux pierreux du calc. — CHAR-INF. AC. — VEND. *France* près *Mouzeuil* (Letourneux), *Talmont*, env. de *Mareuil*, tous les env. de *Luçon* (Pontarlier, Marichal), *Chaillé-les-M.* (David), *île d'Elle*, *Gué de Velluire* (Ayraud). — IL-ET-V. RR. calc. de *Rennes* (Letourneux).

OMPHALODES Tourn. Caract. du *Cynoglossum*. Carp. en forme de corbeille, à bord membraneux, plié en dedans.

O. LITTORALIS Mut. *Cynoglossum* Spreng. *Cyn. linifolium* Bon. 87, *Cyn. lateriflorum* Aubry. Glauque. Tige de 5-15 cent. Feuil. rad. en spatule, celles de la tige oblongues, sessiles. *Fl.* blanches, peu nombreuses, *en grappe terminale garnie de bractées* ovales-lancéolées, semblables aux feuil. et bordées de qq. cils. Carp. bordés de qq. cils. ①. mai-j^{n}. Sables maritimes. — CHAR-INF. *Oleron; Fouras! Angoulin* (Hubert), *île de Ré* (Lemarié). — VEND. *Noirmoutier, la Baudùère.* — MOR. C. *Houat, Hœdic; Quiberon!* (Aubry), *Belle-Ile.* — FIN. *Iles Glénans.*

Obs. O. linifolia Mut. *Cyn.* L. cultivé sous le nom de *Gazon blanc* diffère du précéd. par les *grappes* allongées, *sans feuil. florales* et par le bord des carp. crénelé-plissé.

SOLANÉES.

Cal. à 5 div. ord. persistant. Cor. à 5 lobes égaux ou inégaux, plissée ou imbriquée dans le bouton. Etam. 5, insérées à la base de la cor. Ovaire 1. Style à stigm. simple ou bifide. Fruit à 2 loges polyspermes, tantôt caps. à cloison parallèle aux valves, tantôt baie à placenta attaché au milieu de la cloison. *Feuil. alternes.*

SOLANUM L. Cor. en roue. Anthères conniventes, s'ouvrant au sommet par 2 pores. Baie.

S. NIGRUM L. *Morelle.* Tige rameuse, souv. anguleuse et tuberculeuse. *Feuil. ovales,* plus ou moins sinuées-dentées. Fl. blanches, en petits bouquets pédonculés, latéraux. Pédic. des fruits épaissis au sommet, réfléchis. Baie globuleuse, noire. ①. j^{n}-sept. Bord des chemins, décombres, lieux cultivés. C.

β. *S. ochroleucum* Bast. Baie jaune pâle, jaune-verdâtre ou verte. (Forme naine : *S.-humile* Bernh.) AC. *Vallée de la Loire*. PC.

γ. *S. miniatum* Bernh. Odeur musquée, qui existe qqf. chez les autres var.; rameaux rudes-tuberculeux ; baie rouge. AC.

δ. *S. villosum* Lam. Velu-grisâtre ; baie jaune-orange. LOIRE-INF. *S.-Nazaire* (Pesneau). RR. — Prob. étranger ; à retrouver.

S. DULCAMARA L. *Douce-amère*. Tige de 1-2 mèt. frutescente, flexueuse. *Feuilles* ovales-en cœur, qqf. pubescentes, pétiolées, les *sup. à 2 lobes à la base*. Fl. violettes, à 10 taches vertes à la base, en grappes latérales. Baie ovale, rouge. ♃. jn-at. Haies humides, bord des eaux. C.

PHYSALIS L. Cor. en roue. Anthères s'ouvrant en long. Baie globuleuse, renfermée dans le cal. renflé en vessie.

✕. P. ALKEKENGI L. Rac. rampante. Feuil. géminées, ovales, entières ou sinuées, aiguës, pétiolées. Fl. blanc-jaunâtre, axillaires, solitaires, pendantes. Baie et son cal. rouge vif. ♃. jn-jt. Champs, haies, vignes du calc. — CHAR-INF. et DEUX-SÈV. C. surtout dans les vignes. — VEND. AC. vignes.

ATROPA L. Cal. en cloche, persistant. Cor. en cloche à tube court. Etam. 5 inégales, rapprochées à la base, ensuite écartées ainsi que le style, puis courbées en dedans au sommet. Baie.

A. BELLADONNA L. *Belladonne*. Tige de 8-10 déc. pubescente. Feuil. ovales, acuminées, très-entières, pétiolées, souv. géminées. Fl. axillaires, brun-livide sale. Baie globuleuse, noire, luisante. ♃. jn-jt. Bois couverts — CHAR-INF. *Forêt d'Aulnay* (Vernial). RR. — DEUX-SÈV. Forêts *d'Aulnay, de Chizé* (A Guillon). RR. — BRETAGNE. Lieux pierreux, bord des chemins, haies, décombres, où il est trop c. dans qq. localités, selon les botanistes cités. — MOR. R. et naturalisé (Arrondeau). — FIN. *Quimper, Audierne, Pont-Croix*, côtes N. de *Plougastel, Brest! Porspoder, l'Aber-Vrac'h*, env. de *Morlaix*, de *S.-Pol, Plouézoc'h, Plougoulm* (Crouan fl.). PC. — C.-NORD. *Coëtfred* près *Lannion* (J.-M. Sacher), env. de *Lamballe* (Ad. Bichemin), forêt de la *Hunaudaie, Plévenon* (Cornillé), *S.-Cast* (Droguet), vallée et coteaux de la Rance à *Lehon, Grilmont, Landboulon* (Mabille).

Obs. On rencontre qqf. dans les murs, à leur pied, autour des habitations et planté en haies, surtout dans la région maritime, *Lycium barbarum L.* part. (*L. vulgare* Dunal) et *L. sinense* Lam. (*L. ovatum* Dun.), arbrisseaux à rameaux grêles, faibles, épineux, cal. court, cor. violet-rosé, veinée, en entonnoir à tube court, baie rouge; le 1er a les feuil. lancéolées et le cal. à 2 lèv. l'une qqf. bidentée; le 2e les feuil. ovales et le cal. à 5 dents.

HYOSCYAMUS L. Cal. en cloche. Cor. en cloche à 5 lobes inégaux. Caps. ventrue, à 2 sillons, s'ouvrant circulairement en travers.

H. NIGER L. *Jusquiame*. Fétide. Tige rameuse, couverte de longs poils. Feuil. sinuées-pinnatifides à lobes aigus, les supér. embrassantes. Fl. jaune livide, à veines noirâtres, en épi unilatéral. ②. jn-sept. Décombres, bord des chemins. AC. calc. et région maritime; PC. ailleurs

DATURA L. Cal. caduc, à base circulaire persistante. Cor. grande, en entonnoir, plissée. Stigm. à 2 lames. Caps. à 4 valves à 2 loges séparées en 2 autres incomplètes.

D. STRAMONIUM L. *Pomme épineuse*. Fétide. Tige rameuse. Feuil. ovales, sinuées-dentées. Fl. blanches, axillaires, solitaires, odorantes. Caps. dressée, épineuse. ①. jt-sept. Décombres, autour des villages, sables maritimes. — *Vallée de la Loire* et région maritime. AC. — Moins C. au-delà du *Mor.*

β. *D. Tatula* L. Plus robuste; tiges, pétioles, nerv. des feuil. et cor. violacés. Mêmes lieux. R.

VERBASCÉES.

Caract. des Solanées. Cor. inégale ou irrégulière. Anthères 1.loc. soudées en travers ou obliquement au sommet dilaté des filaments.

VERBASCUM L. Cor. en roue, à 5 lobes inégaux. Étam. 5 inégales, à filets souv. barbus. Caps. à 2 valves au sommet. *Plantes bisannuelles, à fl. jaunes.*

a. *Feuil. décurrentes d'une feuil. à l'autre.*

V. SCHRADERI Mey. *V. Thapsus* Schrader. *Bouillon blanc, Molène,* ainsi que les 2 suiv. Tout cotonneux-blanchâtre. Tige simple. Feuil. ovales-oblongues, finement crénelées, les inf. rétrécies à la base. Fl. en petits faisceaux, formant une grappe linéaire, serrée, terminale. *Cor. moyenne, presq. en entonnoir.* Filets des 2 étam. inf. glabres ou à peu près. *Anthères toutes réniformes.* Jn-sept. Haies, décombres, lieux pierreux. C.

V. THAPSIFORME Schrad. Tout cotonneux-jaunâtre. Tige simple. Feuil. ovales-oblongues, crénelées, acuminées, les inf. rétrécies en pétiole. Fl. en petits faisceaux formant une grappe linéaire, serrée, terminale. *Cor. grande, en roue. Les 2 étam. inf.* à filets glabres ou à peu près et *à anthères linéaires.* Jn-sept. Coteaux pierreux, décombres. — LOIRE-INF. De *Mauves* à *Ingrande*, sables maritimes, etc. C. — MOR. AC. — Prob. dans toute la région maritime et dans le calc. — Varie rar. à feuil. non décurrentes d'une feuil. à l'autre. (*V. phlomoïdes* L.?)

b. *Feuil. non décurrentes.*

* *Filets des étam. à poils blanchâtres.*

V. FLOCCOSUM Waldst. *V. pulverulentum* Villars. *Plante couverte d'un duvet blanc, floconneux, caduc.*

Tige rameuse, brunâtre sous le duvet qui la couvre. Feuil. ovales, sessiles, les rad. ovales-oblongues, pétiolées, finement crénelées, les sup. ovales-en cœur, demi-embrassantes, acuminées. Fl. petites, en panic. très-rameuse. Jn-at. Coteaux pierreux, décombres, sables maritimes. AC. — Varie rar. à fl. 1 f. plus grandes.

V. LYCHNITIS L. Tige à angles aigus. *Feuil.* crénelées, *vertes et presq. glabres en-dessus*, tomenteuses-blanchâtres en dessous, les rad. et les plus inf. oblongues, pétiolées, celles de la tige ovales, les sup. longuement acuminées ainsi que les bractées. Fl. petites, qqf. blanches, en panic. pyramidale. Cal. et pédic. pulvérulents. Jt-at. Lieux pierreux, bord des haies, des chemins surtout dans le calc. — CHAR.-INF. AC. — DEUX-SÈV. *Niort* (A. Guillon), PC. *S.-Loup* (Guyon), *Airvault* (Bonnin), probablement ailleurs. — VEND. *Baguenard, Fontenay* (Letourneux), *Puyrensens* près *Vouvant* (Gobert), *Loge-Fougereuse* (A. et J. Rossignol), *Sauveré-le-Sec* (Ayraud). RR. — LOIRE-INF. Carrières, taillis, bruyères près de *Dreux* en *Guenrouet* (Delalande). RR. — FIN. *Quimper* (Bonnemaison.)

*** Filets des étam. à poils violacés.*

X. V. SINUATUM L. Tige de 6-10 déc. d'abord floconneuse, à la fin glabre, très-rameuse. *Feuil. oblongues, sinuées* et dentées, sessiles, *embrassantes*, tomenteuses, vertes en dessus, blanchâtres en dessous, les sup. très-peu décurrentes, celles de la panic. en cœur, acuminées, dentées. *Fl. petites, courtement pédicellées, agglomérées* 3-8 *en faisceaux écartés, formant une panic. lâche, très-ample, à rameaux grêles, effilés*. Cal. tomenteux-blanchâtre. Anthères égales. At-sept. — CHAR.-INF. Bord des chemins de *S.-Romain-de-Beaumont* à *S.-Palais*.

V. NIGRUM L. Tige simple ou rameuse, anguleuse, brun noirâtre. Feuil. ovales-oblongues, souv.

en cœur à la base, crénelées, vert foncé et presque glabres en dessus, plus ou moins tomenteuses en dessous, les sup. ovales, presque sessiles. *Fl. en petits faisceaux formant une grappe linéaire, serrée,* terminale, souvent rameuse à la base. Jt-at. Bord des haies, des chemins, champs en friche. CHAR-INF. R. *Loulay* (Mme George), AC. *S.-J.-d'Angély* et env. (Pinatel), *Beauvais, Oleron* (Savatier), *Vouhé* près *Surgères* (Delalande). R. — DEUX-SÈV. *Niort,* C. *la Mothe* avec une var. à fl. blanc sale (Sauzé, Maillard), *Ste-Soline,* R. *S.-Loup, Louin* (Guyon), *Bourgneuf* (Gobert), *Argenton-Ch.* (Toussaints). — VEND. *Chaillé-les-Orm., Nesmy* (Marichal, Pontarlier), *d'Oulmes* à *Benet* (Letourneux), *Luçon* (Lepeltier), *Rocheservière.* R. — LOIRE-INF. et BRETAGNE. AC. — Varie qqf. à feuil. allongées, longuement rétrécies à la base (*V. alopecurus* Thuil.) et à fl. en panicule (*V. parisiense* Thuil.)

Obs. On rencontre rar. des individus, plus souv. isolés, des deux plantes suiv., dont les caps. avortent ord. et qui sont considérées comme hybrides de *V. Blattaria : V. pseudo-Blattaria* Schleich. Boreau, *V. ramosissimum* édit. 1. non Bast. Vert, pubescent-glanduleux. Tige cylindrique, simple ou très-rameuse. Feuil. rad. crénelées-sinuées, les inf. ovales-oblongues, en cœur à la base, aiguës, *sessiles,* les sup. en cœur, acuminées, toutes à crénelures mucronées. *Fl.* petites, *agglomérées 2,3 et formant une panic. lâche, à rameaux grêles, effilés. Pédic. plus longs que la bractée.* Jt-at. — *V. Bastardii* R. et Sch. *V. ramosissimum* Bast. non Poir. Mêmes caract., feuil. plus ou moins décurrentes.

V. VIRGATUM With. *V. blattarioïdes* Lam. Caract. du précéd. Pubescent-glanduleux. *Fl.* plus grandes, *moins écartées,* agglomérées 2-5, rar. solitaires. *Pédic. plus courts que la bractée.* Jt-sept. Mêmes lieux. C. région maritime; ord. moins c. à l'intérieur.

PERSONÉES.

Cal. à 4,5 div. Cor. irrégulière, ord. à 2 lèvres. Etam. 4 didynames rar. 2. Style 1; stigm. simple ou bilobé. Ovaire 1. Caps. à 2 loges polyspermes, rar. à 1 loge. Graines situées tantôt sur les bords rentrants des valves, tantôt sur la cloison épaissie au milieu en forme de placenta, tantôt sur un placenta central, libre. *Feuil. souv. opposées.*

SCROFULARIA L. Cor. globuleuse; limbe petit, à 2 lèv., la sup. à 2 lobes, ord. munie en dedans d'une petite écaille, l'inf. à 3 dents recourbées. Etam. 4. Caps. ovale-globuleuse, acuminée. *Plantes fétides; feuil. opposées.*

S. NODOSA L. *Scrofulaire noire.* Racine noueuse. Tige à 4 angles aigus. *Feuil.* ovales-oblongues, en cœur à la base, *aiguës, dentées en scie* à dents inf. plus grandes. Fl. brun-olivâtre, en panic. terminale. Lobes du cal. obtus, un peu scarieux au bord. Ecaille de la cor. à peine échancrée. ♃. mai.-j^t. Bord des haies, des taillis. C.

S. AQUATICA L. *S. Balbisii* Hornem. Rac. fibreuse. Tige à 4 angles ailés. *Feuil.* oblongues, *obtuses, crénelées,* souv. munies à la base de 1,2 oreillettes; pétiole ailé. Fl. rouge-brunâtre, en panic. terminale. Lobes du cal. arrondis, très-obtus, largement scarieux au bord. Ecaille de la cor. entière. ♃. j^n-a^t. Fossés. C.

S. SCORODONIA L. sp. 864. Tige de 6-10 déc. carrée, pubescente. *Feuil. triangulaires,* en cœur à la base, aiguës, *grossièrement et doublement dentées en scie,* pubescentes surtout en dessous. Fl. rouge-brun, panic. feuillée, terminale. Lobes du cal. très-obtus, largement scarieux au bord. Ecaille de la cor. entière. ♃. mai-sept. Haies, bord des chemins, décombres. — CHAR.-INF. *Oleron* (Savatier). RR. — VEND. *Noirmoutier.* R. — LOIRE-INF. *Pornic.* — C. région maritime au-delà de *la Loire.*

* S. PEREGRINA L. Tige simple de 3–5 déc. *Feuil. en cœur*, doublement crénelées-dentées, luisantes, pétiolées, les florales alternes. Fl. rouge-brunâtre en grappe terminale. Lobes du cal. ovales-lancéolés, non bordés. Ecaille arrondie. ①. ou ②. jn–jt. Bord des haies, des champs, talus pierreux. — MOR. *Vannes*. — FIN. *Quimper* (herb. Bonnemaison), château de la *Roche-Maurice* (Crouan). — C.-NORD. *Dinan* (Mabille). — IL.-ET-V. R. ville de *Fougères*! (V. Sacher). — Prob. naturalisé.

* S. CANINA L. *Feuil. ailées* à fol. inégalement incisées-dentées. Fl. noirâtres, petites, presque sessiles, en panic. terminale, à rameaux ord. bifides. Lobes du cal. blancs-scarieux au bord. RR. carrières calc. de *Liré* en Maine-et-L.

* S. VERNALIS L. Feuil. en cœur, larges. *Fl. jaune-verdâtre*, en corymbes axillaires. Echappé autrefois du jardin de Bonamy, à la *Morinière* près *Nantes*, où il est presque détruit. — L'herbier de Bonnemaison renferme un échantillon étiqueté : *Ile Beniguet* près *Ouessant* (de la Pylaie).

GRATIOLA L. Cal. à 5 div. muni à la base de 2 bractées. Cor. tubuleuse, à 2 lèv. peu distinctes, la sup. échancrée, l'inf. à 3 lobes. Etam. 4 dont 2 sans anthères. Anthères pendantes, à 2 fentes. Stigm. à 2 lames.

G. OFFICINALIS L. *Gratiole*. Tige simple. Feuil. lancéolées, à 3 nervures, dentées en scie dans le haut, opposées, sessiles. Pédonc. filiforme, axillaire, solitaire. Cor. blanc-lilas, à tube jaunâtre, strié et poilu en dedans. ♃. jn–sept. Bord des marais, des étangs, des rivières. — CHAR.-INF. AC. — DEUX-SÈV. *Niort* (A. Guillon), C. *la Mothe, Lezay* (Sauzé, Maillard), *Airvault* (Bonnin), *Rom, Ste-Soline, Vanzais*, AC. *S.-Loup* (Guyon), *Argenton-Ch.* (Toussaints). — VEND. AC. *Fontenay* (Letourneux), *Napoléon* et au-dessous vers *Chaillé* (Marichal), *la Châtaigneraie, Challans* (Gobert). — LOIRE-

Inf. CC. — Mor. R. et à l'intérieur. — C.-Nord. c. la haute *Rance*, descend jusqu'à *Dinan*, étangs de *Beaulieu*, de *Jugon*, etc. (Mabille). — Il.-et-V. Env. de *Rennes*, *Châteaubourg* (J.-M. Sacher), c. en *Redon* et *Bains* (Moreau), et plus haut sur *la Vilaine*.

DIGITALIS L. Cal. à 5 div. inégales. Cor. en cloche; limbe oblique, à 4 lobes inégaux, le sup. échancré. Etam. 4; anthères à 2 loges divariquées. Caps. à 2 loges formées par les bords rentrants des valves.

D. purpurea L. *Digitale*. *Pubescent*. Feuil. ovales-oblongues, crénelées, les inf. pétiolées. Fl. pourprées, pendantes, en long épi unilatéral, terminal. *Cor. grande*, ventrue, glabre en dehors, velue et marquée en dedans de *taches pourpres* bordées de blanc. ♃. jn-at. Bord des haies, coteaux, champs en friche. CC. — rr. dans le calc.

✗. D. lutea L. Tige de 5-8 déc. glabre. Feuil. oblongues-lancéolées, demi-embrassantes, dentées en scie, glabres ou ciliées à la base, les rad. rétrécies en pétiole. *Fl. jaune pâle*, serrées en épi unilatéral. Cor. petite, tubuleuse. ②. jt-at. Coteaux calc. — Char.-Inf. ac. *Chez-d'Aigre* en *Villers-Couture*, *Chives* et env. (Savatier), forêt d'*Aulnay* (Dussouchaud). RR.—Deux-Sèv. *Loubillé* (Jousse), *Sauzai* (Boreau). RR.

ANTIRRHINUM L. Cal. à 5 div. Cor. personée, bossue à la base, lèv. sup. bifide, l'inf. 3-fide à palais proéminent et fermant la gorge. Etam. 4. Caps. s'ouvrant au sommet par 3 trous.

*A. majus L. *Muflier*. Glabre, rameux. Feuil. lancéolées. Fl. en épi pubescent-glanduleux, terminal. *Lobes du cal.* ovales, obtus, *beaucoup plus courts que la cor.* grande, rouge clair à palais jaune, ou bien de couleurs variées. ♃. jt-at. Cult. pour ornement et naturalisé sur les vieux murs. PC.

A. ORONTIUM L. Velu, rameux. Feuil. lancéolées ou linéaires-lancéolées. Fl. rosées, axillaires, solitaires. *Lobes du cal.* lancéolés, *égalant la cor.* petite. ①. j^n^-sept. Champs cultivés. C.

LINARIA Tourn. *Antirrhini* sp. L. Caractères de l'*Antirrhinum*. Cor. éperonnée à la base. Caps. s'ouvrant au sommet par 2 valves entières ou trifides.

* *Feuil. longuement pétiolées ; pédonc. longs, axillaires, solitaires.*

L. CYMBALARIA Mil. Rameux. *Feuil. réniformes en cœur*, à 5 ou 7 lobes. Cor. bleu clair, à palais blanc taché de jaune. ♃. mai-a^t^. Elégamment pendant le long des vieux murs humides. — DEUX-SÈV. CC. *Parthenay*! (Janneau), c. *S.-Maixent*! (Sauzé, Maillard). AC. *S.-Généroux, Airvault* (Brottier), *François* (Guillon), *S.-Loup* (Guyon), *Thouars* (Lunet). — VEND. C. *Fontenay*! et env. (Letourneux), *Loge-Fougereuse, la Châtaigneraie* (Gobert), *Luçon* (Genevier). — LOIRE-INF. AC. *Vallée de la Loire*. PC. — MOR. RR. Murs de *Vannes*, RR. *Auray* (Toussaints). — FIN. RR. *Brest* (Hubert), *Quimper, Lannilis* (Crouan). — C.-NORD. *Le Légué* près *S.-Brieuc* (Taslé); c. *Dinan*, *Lehon*. — IL.-ET-VIL. *Rennes* (Le Gall). RR.

L. ELATINE Mil. Velu, couché, rameux. Feuil. hastées, les inf. ovales. *Pédonc. glabre.* Cor. jaune, à lèvre sup. pourpre-violacé; éperon droit. ①. j^n^-sept. Lieux cultivés. CC.

L. COMMUTATA Bernh. *L. caulirrhiza* Delille, *Lin. radicans* Le Gall. Tiges velues, couchées, rameuses, souv. radicantes à la base. Feuil. ovales-hastées, les inf. ovales. Pédonc. glabre. Cor. 1 f. plus grande que dans *L. Elatine*; lèv. sup. violet clair, l'inf. jaune-blanchâtre à palais ponctué; éperon violacé, gros, courbé en avant en hameçon. *Graines tuberculeuses*, non alvéolées comme dans *L. Elatine* et *spuria*. J^n^-sept. Lieux sablonneux et coteaux maritimes. — CHAR.-INF. *Fouras.* — MOR. Çà et là coteaux maritimes de *Belle-Ile.* — En automne les tiges périssent après avoir pris racine à l'extrémité et formé des rosettes qui passent l'hiver et produisent autant de plants pour l'année suiv.

L. SPURIA Mil. Velu, couché, rameux. Feuil. ovales-arrondies, obtuses. *Pédonc. velu.* Cor. jaune; lèvre supér. brun-noirâtre, veloutée; éperon courbé. ①. jn-at. Champs sablonneux et calc. — CHAR.-INF., DEUX-SÈV. et VEND. C. calc. et région maritime. — LOIRE-INF. C. *Vallée du haut de la Loire; la Meilleraie, Châteaubriant; Bergon* (Delalande), C. *Machecoul; de la Bernerie à Bourgneuf*, RR. de *Nantes* à la mer; *Savenay; Batz, Mesquer* (Genevier). — MOR. *Groix, Gavre* (Thépault), *Larmor* en *Plœmeur, Belle-Ile* (Le Gall), *Quiberon* (Taslé). R. — FIN. C. de *Penmarc'h!* au *Conquet* (Crouan). — C.-NORD. *Portrieux, Binic, S.-Brieuc*, etc. *S.-Cast* (Baron), de *S.-Jacut* à *S.-Briac* (Mabille). — IL.-ET-V. *S.-Malo* et env. *S.-Juvat* (Mabille), calc. de *Rennes* (Le Gall).

** *Feuil. sessiles, étroites (ovales dans* L. thymifolia).

L. MINOR Desf. Pubescent-glanduleux, qqf. (*L. prætermissa* Delastre), glabre. Feuil. lancéolées ou linéaires-lancéolées, obtuses, rétrécies en pétiole, les inf. plus larges, opposées. Fl. violet clair, petites, en épi feuillé. Pédonc. solitaire, beaucoup plus long que le cal. *Graines oblongues, à sillons aigus.* ①. jn-sept. Lieux sablonneux, décombres, carrières schist., sables maritimes. — CHAR.-INF. C. — DEUX-SÈV. *Mairé, Niort* (A. Guillon), *la Mothe, le Gai, S.-Maixent* (Sauzé), *S.-Loup* (Guyon), *Thouars; Puy S.-Bonnet* (Genevier. — VEND. Çà et là dans le calc.; *S.-Hil.-de-Mortagne* (Genevier). — LOIRE-INF. PC. — IL.-ET-V. Calc. de *Rennes* (Le Gall), forges de *Paimpont* (Dégland).

* L. ARVENSIS Desf. Tiges souv. plusieurs, glabres. Feuil. linéaires, rétrécies aux deux bouts, glauques, alternes, les inf. quaternées. *Fl. bleu pâle,*

très-petites, en tête s'allongeant ensuite en épi grêle, velu-glanduleux. Lobes du cal. linéaires, obtus, plus courts que le cal. *Graines* planes, *orbiculaires*, cendrées, entourées d'une *aile membraneuse*. ①. jn-jt. Champs et lieux sablonneux. — *S.-Georges-des-Sept-Voies* en Maine-et-L. (Bastard).

X. L. SPARTEA Hoffm. *L. juncea* Desf. *Tige effilée*, très-rameuse. *Feuil. linéaires, très-étroites*, alternes, épaisses, un peu en gouttière en dessus, les inf. et celles des rejets stériles linéaires-lancéolées, verticillées. Fl. grandes, jaunes, palais plus foncé. Lobes du cal. linéaires-lancéolés à pointe noirâtre, égalant presq. la caps. beaucoup plus courte que le pédic. *Graines* petites, ridées en travers, plombées, *en pyramide irrégulière* et tronquée. ①, ②. jn-jt. — CHAR.-INF. Champs sablonneux de *Montendre* à *Montlieu*; CC. *Orignolle*, *Clérac* (de Meschinet).

X. L. THYMIFOLIA DC. Glabre, *glauque*. Tiges couchées. *Feuil. ovales, opposées ou ternées*. Fl. jaunes odorantes, en têtes terminales. Cal. étalé. Cor. à palais orangé; lèv. inf. à 3 lobes, l'intermédiaire un peu plus petit. Graines noires, orbiculaires, minces, convexes d'un côté, concaves de l'autre, bordées d'une aile membraneuse. ①. jn-jt. — CHAR.-INF. Sables maritimes en pente, çà et là de la *Tremblade* au phare de *Bonne-Anse*; R. *Royan*.

L. PELISSERIANA Mil. Glabre. Tige grêle de 2-4 déc. *Feuil. inf. ternées*, lancéolées, celles des tiges stériles ovales, les sup. linéaires, alternes. Fl. en tête s'allongeant ensuite en épi grêle, peu fourni. Lobes du cal. linéaires, dépassant la caps. didyme dont chaque lobe s'ouvre en 7 dents, les 3 ext. longues, lancéolées, les 4 int. courtes, obtuses. Cor. violet foncé, de la longueur de son éperon; lèvre supér. longue. *Graines* membraneuses, *orbiculaires, plates, ciliées*. ①. mai-jt. Coteaux arides. — CHAR.-INF. *Vergeroux*, *Fouras* (Faye), *Trizay* (Marc Arnauld), *Berjat*, *les Mathes*; *Rétaud* près *Cozes* (Savatier), *Montendre*; *Clérac* (Millieurenche). PC. —

DEUX-SÈV. *Chambrille* (Sauzé), *Parthenay* (Janneau), RR. *Borcq* (Brottier), AC. *Gourgé, S.-Loup* (Guyon), *Thouars* ! (Lunet), *Argenton-Ch.* (J. Richard). — VEND. *Challans, Mouilleron-en-Pareds*, c. coteaux bordant le Lay au-dessous du *Pont-Charrault* et de *S.-André-sur-Mareuil* à *la Couture* (Pontarlier, Marichal), *Garenne-Augeard, Cheffois*, c. *Roc-S.-Luc* (Letourneux), RR. *Mortagne* (Genevier), *Noirmoutier* (Gobert).—LOIRE-INF. *Croisic, Guérande, Trescalan* ! *S.-Sébastien* ! *Pornic* (Letourneux); *Clisson* (Le Boterf); *le Breuil* en *la Haye*, l'*Ebeaupin* en *Maisdon*, AC. env. de l'*Ecorcheuvrière* près *Torfou, Grand-Auverné* (de l'Isle), env. d'*Ancenis*. R.—MOR. *Séné*, *Ile-aux-Moines, Sarzeau, Plouharnel* (Taslé), *Quiberon*, *Lorient, Port-Louis* (Le Gall), *Houat, Belle-Ile*. — FIN. Coteaux de *Brest* (Bonnemaison). RR.—IL.-ET-V. *S.-Just* (Moreau).

L. STRIATA DC. Glaucescent. Feuil. linéaires-lancéolées, verticillées, les sup. éparses. Fl. bleu-blanchâtre, rayées de violet, odorantes, en épis allongés. Eperon court. *Graines trigones, ridées en réseau entre les angles*. ♃. jn-sept. Bord des haies, lieux pierreux. CC.

β. *ochroleuca*. Fl. beaucoup plus grandes, jaunes à palais orangé, lèv. sup. striée de violet, éperon égalant le tube de la cor.—VEND. *Napoléon* (Pontarlier, Marichal), *Pouzauges* (Gobert), *Evrunes* ! (Genevier).—LOIRE-INF. *Blain* (Beuchet).—C.-NORD, *S.-Brieuc* (Baron).—qq. auteurs le considèrent comme un hybride des *L. striata* et *vulgaris*, entre lesquels on trouve encore d'autres passages.

L. VULGARIS Mil. Glabre, glaucescent. Rac. rampante. *Feuil.* lancéolées-linéaires, *éparses, rapprochées*. *Fl. jaunes* à palais orangé, en épis serrés, qqf. pubescents-glanduleux. Lobes du cal. aigus, plus courts que la caps. Palais velu au bord, en dedans; lèv. inf. à lobe intermédiaire plus petit dirigé en avant. Graines plates, finement tuberculeuses, bordées d'une aile membraneuse. ♃. jn-sept. Lieux incultes, bord des chemins. CC.

L. supina Desf. *L. maritima* DC. Glauque, couché ; rameaux redressés, un peu pubescents-glanduleux au sommet. *Feuil.* linéaires, *presque toutes quaternées,* rapprochées. *Fl. jaune pâle* à palais plus foncé, odorantes, *en têtes terminales.* Lobes du cal. obtus, rétrécis à la base, dépassés par la caps. Eperon qqf. violacé. Graines orbiculaires, convexes d'un côté, concaves de l'autre, noires, bordées d'une aile membraneuse. ①. jn-sept. Sables maritimes, champs calc.—Char.-Inf., Deux-Sèv., Vend. C. — Loire-Inf. *Machecoul, Arthon* ; c. sables maritimes. — Mor. *Belle-Ile.* R. — Fin. « *Plomeur,* le *Fret* (Crouan). »

L. arenaria DC. Vert-jaunâtre, pubescent-visqueux. Tige dressée, rameuse, de 5-15 cent. Feuil. lancéolées, rétrécies à la base, éparses, les inf. plus courtes et plus larges, verticillées. *Fl. jaunes, petites,* courtement pédonculées, *en épis raides.* Lobes du cal. lancéolés, dépassant à peine la caps. Lèvre sup. de la cor. jaune pâle, étroite, l'inf. à 3 lobes égaux. Graines ovales, obliques, noires, membraneuses, concaves d'un côté, convexes de l'autre. ①. mai-at. C. sables maritimes de *la Gironde* à la côte de *Lannion* (C.-Nord). — *L. arenaria* DC. fl. fr. 5 p. 409 et icon. gal. rar. T. 14, convient aux individus robustes, des sables maritimes où il y a un peu de fond. *L. saxatilis* DC. l.c. et ic. T. 13 représente au contraire les individus rabougris des sables arides et des rochers. Ces deux formes ne sont que les extrêmes d'une même plante. — Qqf. dans la plante jeune, la cor. a l'éperon et la gorge violets ou celle-ci marquée de deux points fauves.

ANARRHINUM Desf. Caract. du *Linaria*. Tube de la cor. cylindrique; gorge ouverte sans palais.

* ✕. A. bellidifolium Desf. Tige de 3-5 déc. Feuil. rad. en rosette, lancéolées-spatulées, dentées, celles de la tige divisées dès la base en lobes linéaires aigus, entiers. Fl. violacées, serrées en épi

grêle formant souv. la panic. Eperon grêle, recourbé. J^t-a^t. Lieux secs et sablonneux.

VERONICA L. Cal. à 4 rar. 5 div. Cor. en roue, à 4 lobes, le supér. plus grand. Etam. 2. Caps. ovale ou en cœur renversé, à 2 loges; placenta distincts, opposés aux valves.

* *Fl. en épis axillaires.*

V. SCUTELLATA L. Glabre, rar. pubescent. Tige grêle, tombante. *Feuil. lancéolées-linéaires, dentelées-ponctuées*, sessiles. Fl. en épis lâches. Pédic. de la caps. divariqués. Cor. blanche à raies roses ou bleuâtres. Caps. profond. échancrée, plus large que longue. ♃. mai-sept. Marais, prés marécageux. — CHAR.-INF. AC. env. de *Montlieu* (Frouin). — DEUX-SÈV. Bocage (A. Guillon). — VEND. et LOIRE-INF. C. — MOR. AC. (Le Gall). — PC. reste de *la Bretagne*.

V. ANAGALLIS L. Tige creuse, souv. radicante à la base. *Feuil. lancéolées, aiguës, dentées en scie, demi-embrassantes*. Fl. rosées ou bleuâtres à veines plus foncées, en épis opposés, rar. (var. *anagalliformis* Bor.) pubescent-glanduleux. Caps. ovale-arrondie. ①, qqf. ②, ♃. j^n-sept. Marais, fossés, bord des rivières surtout des régions calc. et maritime. C. — AC. au delà de la *Loire-Inf.* — On trouve çà et là aux mêmes lieux *V. anagalloides* Guss., God., qui diffère du précéd. par l'épi pubescent-glanduleux et la caps. elliptique.

V. BECCABUNGA L. Tige pleine, couchée et radicante à la base. *Feuil. elliptiques, obtuses, crénelées-dentelées, courtement pétiolées*. Fl. bleu foncé, en épis opposés. Caps. presque orbiculaire, renflée. ♃. mai-a^t. Fossés, sources, ruisseaux. C.

V. CHAMÆDRYS L. *Tige* ascendante, *poilue sur 2 lignes*. Feuil. ovales-en cœur, incisées-dentées, presque sessiles. Fl. bleu ciel, élégantes, en épis allongés. Lobes du cal. lancéolés, dépassant la caps. échancrée, plus large que longue. ♃. av.-mai. Haies, bois. CC.

V. MONTANA L. Tige rampante à la base. *Feuil.* ovales-en cœur, incisées-dentées, *longuement pétiolées*. Fl. bleu pâle, en épis lâches. *Caps.* échancrée aux 2 bouts, *très-large*, ciliée-dentée, dépassant largement en tous sens les lobes du cal. ♃. mai-jn. Bois frais. — CHAR.-INF. *Montendre; la Saudière, les Bisselières* en *Fenioux* (Pinatel). R. — DEUX-SÈV. *Melle* (A. Guillon), *Chambrille* (Sauzé, Maillard). — VEND. AC. forêt de *Vouvant* (Letourneux), *Challans*, la Sèvre au-dessous de *Mortagne* (Pontarlier). — LOIRE-INF. *Bouguenais* (Pesneau), *Touvois* (D. Bourgault), les *Dervalières*, le *Plessis-Tison* (Desvaux), forêts du *Gâvre*, de *Juigné* (Guiho), *la Meilleraie*, *Juzet* près *Guémené*. AR. — MOR. Forêt de *Lanvaux* (Taslé), « *Pont-Kallech, Tréhorenteuc*, env. *d'Auray* (Le Gall flore). » R. — FIN. Forêt de *Quimperlé*, *Pontaven*; *Coataudon* près *Brest*, le *Perennou* (Bonnemaison), *Beaurepos, Poular-Vilin, Squiriou, Huelgoat* (Crouan), etc. — C.-NORD. *Coëtfred* près *Lannion* (J.-M. Sacher), forêt de *Lorge*; bois de *Coron* près *Lamballe* (Droguet), bois de *Coïlan* en *Caulnes* (Baron).—IL.-ET-V. Parc de *Cucé*, forêt de *Rennes* (Letourneux), *la Molière* (J.-M. Sacher), Garenne de *Carcé*, forêt de *Fougères* (Degland), forêt de *Villecartié*.

V. OFFICINALIS L. *Véronique*. Velu. Tige dure, couchée. *Feuil.* obovales-elliptiques ou oblongues, dentées, *rétrécies en pétiole*, entières à la base. Fl. bleu clair, en épi serré. *Caps. triangulaire-en cœur renversé* à pédic. dressé. ♃. mai-jt. Pelouses, landes, bord des haies, des bois. C. — 2 formes : l'une à feuil. arrondies-obovales, fl. bleu très-clair; l'autre à feuil. elliptiques, rétrécies en pétiole, fl. plus foncées.

V. TEUCRIUM L. Tige dure, pubescente, ascendante. *Feuil. oblongues, profond. incisées-dentées*, presque sessiles. Fl. bleues, en épi serré. Lobes du cal. 5, le sup. très-petit. Caps. en cœur renversé, peu échancrée. ♃. mai-jn. Prés, pelouses sèches. — CHAR.-INF. AC. — DEUX-SÈV. Forêt de *Chizé* (A. Guillon), *S.-Loup; Airvault* (Bonnin). — VEND. C. bois d'*Ecoulandre* près *Mouzeuil* (Mlle Poey Davant); *Ile-d'Elle*, RR. pointe du *Grouin* (Letourneux), AR. dunes entre *la Chaume* et *Olonne* (Pontarlier, Marichal), *S.-Gilles* (Gobert). R. — LOIRE-INF. Prés de *la Loire*, où il forme de jolies corbeilles. AR.

β. *canescens*. Velu-grisâtre. — LOIRE-INF. *Le Buron* (Desvaux). RR. — *Bouzillé* (Maine-et-L.).

✗. V. PROSTRATA L. Diffère de *V. Teucrium* par les tiges plus grêles, presque ligneuses à la base, les feuil. linéaires-lancéolées, crénelées-dentées ou entières, presque sessiles; fl. plus pâles, bleu-souv. rougeâtre; caps. à lobes plus écartés. Mai-jn. Coteaux calc. — CHAR.-INF. *Fouras, le Chay; Saintes* (M. Arnauld), *Surgères*. — DEUX-SÈV. Coteau de *Veluché* (Guyon).

** *Fl. axillaires en épi terminal.*

* ✗. V. SPICATA L. Pubescent. Tige ascendante, raide. Feuil. oblongues-lancéolées, crénelées-dentées en scie, entières au sommet, les inf. obtuses. *Fl.* bleues *serrées en épi terminal solitaire*, chevelu par les bractées. Lobes du cal. oblongs, hérissés. Lobes de la cor. aigus. Caps. arrondie, à peine échancrée. Style très-long. ♃. jt-at. Bois secs.

V. SERPYLLIFOLIA L. *Glabre*. Tige couchée et radicante à la base, redressée. Feuil. ovales, entières ou obscurément crénelées, obtuses, courtement pétiolées. Fl. bleu pâle, en épi feuillé. Caps. plus large que longue, échancrée. *Style long*. ♃. mai-sept. Bord des chemins, des fossés, champs en friche. CC.

V. ACINIFOLIA L. *Tige* rameuse, *couverte de petits poils glanduleux*. Feuil. ovales, à qq. crénelu-

-res, les florales ovales-lancéolées, entières, alternes. *Fl. bleu foncé*, petites, solitaires, en épi. *Caps. plus large que longue*; style dépassant à peine l'échancrure profonde. ①. av.-mai. Champs en friche, moissons, vignes. CC. jusqu'à *Loire-Inf.* inclus. — MOR. *Quiberon*, *Gavre* (Le Gall), *Vannes* (Taslé). RR. — FIN. *Plovan*, anse de *Dinan*, *Lampaul-Ploud*. (Crouan). RR.

V. ARVENSIS L. Velu, diffus. Feuil. ovales-en cœur, crénelées, presque sessiles. Fl. bleues, solitaires, en épi terminal, plus courtes que les feuil. florales lancéolées, entières, obtuses. *Pédic. dressés, plus courts que la caps.* en cœur renversé, ciliée; style plus court que l'échancrure. *Graines presque planes.* ①. av.-j[n]. Prés, lieux cultivés. C. — Les individus robustes, fleuris dès la base, forment le *V. polyanthos* Thuil.

✕. V. VERNA L. Tige de 5-15 cent. pubescentes. *Feuil.* inf. ovales, celles de la tige sessiles, *pinnatifides* à 5,7 lobes, le terminal plus grand, les florales lancéolées, entières. Fl. bleu pâle en épi velu-glanduleux. Lobes du cal. très-inégaux, plus longs que le pédic. Caps. largement en cœur renversé, comprimée. Graines convexes d'un côté. ①. av.-mai. Lieux sablonneux calc. — CHAR.-INF. *Surgères* (Hubert). RR.

✕. V. TRIPHYLLOS L. Tige de 5-15 cent. à rameaux lâches. *Feuil. digitées* à 3,5 lobes obtus, les inf. entières, les florales supér. lancéolées. Fl. bleu foncé en épi velu-glanduleux. Cal. en fruit à lobes obtus, plus court que le pédic. Caps. arrondie, renflée, échancrée, ciliée-glanduleuse. Graines en bassin. ①. mars-mai. Champs sablonneux ou pierreux. — DEUX-SÈV. *Availles*, *Repéroux*, *les Jumeaux*, c. *Airvault* (Bonnin), *Thouars* (Lunet), *Pas-de-Jeu* (J. Richard). — Cette plante et la suiv. sont indiquées dans *Char.-Inf.* d'où je n'ai pas vu d'échantillons.

✕ V. præcox All. Tige de 5-15 cent. pubescente, un peu glanduleuse, rameaux ascendants. *Feuil.* inf. opposées, en cœur, *fortement dentées*, obtuses, pétiolées, rougeâtres en dessous, les florales oblongues. Fl. bleues veinées, en épis lâches. Cal. à lobes oblongs, égalant à peu près la *caps. plus longue que large*, arrondie-elliptique, renflée, à style dépassant beaucoup l'échancrure. Graines en bassin. ①. mars-mai. Champs cult. et vignes du calc. — Deux-Sèv. *S.-Jouin*, *Noizé*, c. *Marnes* (Bonnin). *Doué*, *Distré* en Maine-et-L. (Revelière). — Vend. *Benet* (Letourneux). RR.

V. agrestis L. *V. pulchella* Bast. Vert-jaunâtre. Tige couchée. Feuil. ovales-presq. en cœur, crénelées-dentées, pétiolées. Fl. blanches, légèrement rosées, axillaires. *Lobes du cal. oblongs, obtus*. Pédic. recourbés, beaucoup plus longs que la *caps. à poils* glanduleux, *épars*, profond. échancrée, à lobes renflés, un peu comprimés sur la suture ; loges à 4,5 graines en forme de bassin. ①. mars-j[t]. Terres cultivées. PC.

V. polita Fries. Voisin du précéd., mais distinct. Plus petit, vert foncé ou un peu glauque. Feuil. plus larges. Fl. bleues. *Lobes du cal. ovales, aigus. Caps. à poils* glanduleux *courts et serrés* ; loges globuleuses, à 8-10 graines. ①. mars-sept. Champs cultivés, murs. CC.

V. Buxbaumii Ten. *V. persica* Poir. *V. filiformis* DC. Tiges couchées. Feuil. ovales-en cœur, incisées-dentées. Fl. bleues assez grandes, axillaires. Lobes du cal. ovalés-lancéolés, aigus, veinés, divariqués. *Pédic.* du fruit *filiformes*, arqués au sommet, *plus longs que la feuil. Caps. veinée en réseau*, obtusément échancrée, beaucoup plus large que longue. ①. mars-mai. Terres cult., pied des murs. — Char.-Inf. Ville de *la Rochelle* (de Beaupréau), *Saintes* (Brunaud), *Montlieu* (de Meschinet). — Deux-Sèv. ac. *Niort* (A. Guillon), *S.-Gelais*, *Villiers-en-P.* (Guyon), forêt de l'*Hermitain* (J. Richard). —

VEND. *Montaigu* (Hubert), qq. jardins de *Napoléon* (Pontarlier), *Luçon* (Lepeltier. — LOIRE-INF. *Nantes* et env. — MOR. *Vannes*, *Auray* (Toussaints). — FIN. *Brest* (Crouan). — C.-NORD. C. env. de *S.-Brieuc* (Baron). — IL.-ET-V. *Fougères* (V. Sacher), *Redon* (Moreau). — Plante naturalisée qui tend à se répandre.

V. HEDERIFOLIA L. Velu, couché. *Feuil.* arrondies-en cœur, *à* 3 *ou* 5 *lobes*, alternes, pétiolées. Fl. bleu très-pâle. Lobes du cal. en cœur, ciliés. Caps. grosse, 4-gone, à 4 grosses graines noires. ①. mars-mai. Moissons, terres cultivées. CC.

LINDERNIA L. Cal. à 5 div. Cor. à 2 lèv., la sup. courte, échancrée, l'inf. à 3 lobes inégaux. Etam. 4; loges des anthères non réunies. Stigm. en tête. Placenta central, cylindrique, libre.

L. PYXIDARIA L. Bon. 69. Couché ou étalé. Feuil. ovales-oblongues, à 3 nervures, opposées, sessiles. Fl. rosées, axillaires, solitaires. ①. jt-at. — LOIRE-INF. Vases de *la Loire* et de *la Sèvre*. CC. *Trentemoult*, *les Couëts*, *la Haute-Ile*; *Beautour*, *Vertou* et çà et là dans le *Haut de la Loire*. PC.

LIMOSELLA L. Cal. à 5 div. Cor. en entonnoir, à 5 lobes égaux. Etam. 4. Stigm. en tête. Caps. 1-loc. Placenta central, adhérent par la base à la cloison incomplète.

L. AQUATICA L. Plante très-petite, gazonnante, stolonifère. Feuil. toutes radicales, lancéolées, longuement pétiolées. Hampe plus courte que les feuil., à 1 fl. blanche, très-petite. ①. jt-sept. Bord des rivières, des étangs. — CHAR.-INF. *Saintes* (A. Guillon). — DEUX-SÈV. *Niort* (Sauzé), *Parc-d'Oyron* (Toussaints). — VEND. AC. (Pontarlier, Marichal), RR. le calc. (Ayraud). — LOIRE-INF. C. — MOR. *S.-Pierre* près *Quiberon* (Le Gall), étang du Duc à *Vannes*, *Ploërmel*. RR. — FIN. *Huelgoat* (Crouan). — C.-NORD. Petit étang de *Jugon* (Mabille.) — IL.-ET-V.

Etang du *Rouvre* (Mabille), *la Jossinaie, Hédé*, env. de *Rennes* (Degland), AC. en *Redon* ! (Moreau). R.

MELAMPYRUM L. Cal. à 4 div. Cor. à 2 lèvres, la sup. comprimée, en casque, à bords repliés, l'inf. à 3 dents. Etam. 4. Caps. acuminée, oblique, à 2 loges 1-spermes. *Feuil. opposées.*

M. PRATENSE L. Mut. fig. 315. Rameaux étalés. Feuil. lancéolées, les sup. ayant à la base 2-4 dents profondes. *Fl.* jaunâtres à tube blanc, axillaires, *en épi lâche, unilatéral.* Cal. 3 fois plus court que la cor. allongée, presque fermée. ①. jn-at. Bois. CC.

✕. M. CRISTATUM L. Rameaux étalés. Feuil. linéaires-lancéolées, les sup. dentées-ciliées à la base ainsi que les bractées recourbées, pliées en long. *Fl. en épi serré, quadrangulaire.* Cor. jaune pâle, à palais plus foncé ; tube de couleur rose gagnant toute la cor. en vieillissant. ①. jn. Bord et clairières des bois ord. dans le calc. — CHAR.-INF. c. dans le Nord-est. — DEUX-SÈV. *Forêt de Chizé, S.-Laurs, Beauvoir* (A. Guillon), *Parthenay* (Janneau), *Amailloux ; Pamproux* (Sauzé), *S.-Jouin* (Brottier), *Airvault* ! (Bonnin) ; *Thouars* ! (Bastard), *Oyron* (J. Richard), *Puy-S.-Bonnet* (Genevier). — VEND. AC. *S.-Hilaire-de-M.* (Genevier) ; c. bois des env. de *Luçon* ! (Pontarlier). — LOIRE-INF. *Les Cléons* ! (Bornigal). RR.

✕. M. ARVENSE L. Tige de 3-5 déc. pubescente, rameuse. Feuil. linéaires-lancéolées, les sup. incisées à la base. *Fl. rougeâtres* à gorge jaune, en long épi garni de bractées nombreuses, rougeâtres bordées de longues dents en alène, ponctuées, sur 2 rangs en dessous. Cal. à 5 dents longuement en alène, dépassant la caps. ①. jn-jt. Champs calc. — CHAR.-INF., DEUX-SÈV. C. — VEND. D'*Oulmes* à *Benet* (Ayraud), *Chaillé-les-Marais* (Pontarlier). RR.

PEDICULARIS L. Cal. ventru, à 5 dents, la sup. très-petite. Cor. tubuleuse, à 2 lèv. la sup. en casque, l'inf. étalée, à 3 lobes. Caps. comprimée, oblique, acuminée, à 2 loges polyspermes; cloison opposée aux valves. *Fl. axillaires, en épi terminal.*

P. SYLVATICA L. Tige principale de 1–2 déc. dressée, *les latérales couchées*. Feuil. ailées à fol. incisées-dentées. Lobes du cal. inégaux, foliacés et dentés au sommet, le sup. entier. Cor. rose; casque tronqué, terminé par 2 dents triangulaires. Caps. incluse, arrondie au sommet et mucronée sur le côté. ②. av.–jn. Bois, landes et prés humides. CC.

P. PALUSTRIS L. *Tige* 3–5 déc. *dressée*, rameuse. Feuil. ailées; fol. oblongues, à lobes obtus, crénelés. Cal. à 2 lèv. dentées en crête. Cor. rose; casque tronqué, terminé par 2 petites dents en alène et muni de deux autres vers le milieu. Caps. saillante, rétrécie en pointe. Graines striées. ♃. mai–jn. Marais et prés tourbeux. — AC. BRETAGNE, Bocage de la VEND. et des DEUX-SÈV. — CHAR.-INF. Bords du *Lary* (de Beauprean).

RHINANTHUS L. Cal. ventru, comprimé, resserré à la gorge, à 4 dents. Cor. à 2 lèv., la sup. en casque, comprimée, échancrée, l'inf. à 3 lobes. Anthères velues. Caps. comprimée, à 2 loges. Graines nombreuses, ailées-membraneuses.

R. GLABER Lam. *R. minor* Ehrh., *R. major* édit. 1. Tige rameuse et glabre dans le haut. Feuil. lancéolées, dentées en scie, rudes, vert pâle. Fl. jaunes, axillaires, en épi lâche, garni de bractées incisées-dentées, jaunâtres. Cal. glabre. Cor. à tube droit, casque muni au-dessous du sommet de deux *dents* courtes, *aussi larges ou plus larges que longues*, obtuses, souv. violacées. Caps. elliptique-arrondie. Graines env. 1 1/2 f. plus larges que leur rebord. ①. mai–jn. Prés. CC. — Plus rar. toute la plante est vert foncé (*R. minor* Ehrh.).

R. HIRSUTUS Lam. *R. major* Ehrh. *R. Alectorolophus* Pol. Diffère du précéd. par le cal. velu ainsi que le haut de la plante, la *cor. grande* à tube un peu courbé, saillant, les *dents* du casque oblongues, *plus longues que larges,* le style saillant et les graines 3 f. plus larges que leur rebord. ①. mai-jn. Bord des champs, bruyères. — DEUX-SÈV. *Secondigny* (Guillon), çà et là d'*Amailloux* à *Thouars*, *Argenton-Château* et *Mortagne*. — VEND. *Mortagne* et communes voisines (Genevier), *Tiffauges* (Bastard). — LOIRE-INF. *Thouaré, Copchoux* (Pesneau), *Grand-Auverné*. — FIN. *Ste-Barbe* près *Brest* (Crouan).

EUFRAGIA Benth. Cal. tubuleux, à 4 div. Cor. à casque concave, entier ou échancré, à lobes non repliés, lèv. inf. plus longuement étalée, trilobée, palais convexe. Style à stigm. en tête. Caps. oblongue ou lancéolée, un peu comprimée. Graines petites, nombreuses, non striées.

E. VISCOSA Gris. *Bartsia* L. Vert-jaunâtre, velu, visqueux, simple ou peu rameux. Feuil. et bractées lancéolées, dentées en scie. Fl. jaunes, axillaires, en épi lâche. *Lobes du cal. linéaires-lancéolés, égalant env. le tube.* Anthères velues. Caps. oblongue-lancéolée. ①. jn-sept. Champs en friche, bord des chemins, lieux secs, lieux inondés et même marais. — CHAR.-INF. PC. — VEND., LOIRE-INF. C. — AC. ailleurs.

E. LATIFOLIA Gris. *Euphrasia* L. Pubescent et glanduleux. Tige de 7-12 cent. Feuil. ovales, palmées-dentées. *Fl. pourpres*, petites, en épi serré dans le haut. Lobes du cal. beaucoup plus courts que le tube. Anthères glabres. Caps. lancéolée. ①. mai. — MOR. RR. dunes de la pointe de *Quiberon*! (Le Gall). RR. — FIN. *Tréguennec* (Crouan). — COT.-NORD. *Plérin*! (Ferrary), rochers des *Pontneufs* près *Morieux* jusqu'à la mer! (Ad. Bichemin), *la Cotentin* près *Dahouet* (de Ferron, Mabille). R.

TRIXAGO Stev. Cal. enflé en cloche à 4 lobes courts. Palais à 2 bosses. Caps. ovale-globuleuse, à placenta épais, bifides. Graines striées.

T. APULA Stev. *Bartsia Trixago* L. DC. Fl. fr. 3, p. 476. Tige de 2-3 déc. simple, raide, couverte de poils recourbés. Feuil. linéaires-lancéolées, garnies de dents obtuses, espacées, presq. opposées. Fl. blanc-jaunâtre, en épi tétragone, serré, terminal, muni de bractées très-velues, glanduleuses, les sup. ovales, entières. *Dents du cal. obtuses, 3 f. plus courtes que le tube.* Caps. ovale-arrondie. Graines striées. — Mor. Ile de *Groix* ! (Thépault).

Obs. Je ne puis distinguer de cette espèce : 1o *Bartsia bicolor* DC. fl. fr. 5 p. 391, qui a la lèv. inf. blanche, à 3 lobes, l'intermed. un peu plus petit et plus long, 2 élévations parallèles fermant le palais, lèv. sup. lavée de rosé-purpurin surtout vers le haut. ①. jn. Coteaux schisteux et sables maritimes. — CHAR.-INF. RR. *Ile de Ré* ! (de la Pylaie), *Oleron* (Savatier), *Meschers* (de l'Isle). — MOR. *Belle-Ile.* — 2o *Bartsia versicolor* Desf. — DEUX-SÈV. Coteaux de *Thouars* ! (de la Pylaie).

ODONTITES Hal. Caract. de l'*Euphrasia*. Lèv. sup. de la cor. concave, entière ou échancrée à bords non repliés, lèv. inf. presq. égale, dressée-étalée, à 3 lobes oblongs ou ovales, obtus, entiers. *Herbes dressées, rameuses, à feuil. opposées ; fl. en épis unilatéraux.*

O. VERNA Reich. Voisin du suiv., dont on ne peut toujours le distinguer et formant avec lui *Euphrasia Odontites* de beaucoup d'auteurs. Feuil. larges à la base, lancéolées-acuminées. Bractées plus longues que les fl. Mai-jt. Champs. Moins C.

O. SEROTINA Reich. Tige carrée, pubescente ; rameaux ascendants. Feuil. lancéolées-linéaires, acuminées, dentées. Bractées oblongues-lancéolées, dentées, plus courtes que les fl. rougeâtres. Cor. pubescente, à lèv. très-inégales, la sup. droite, tronquée, l'inf. plus petite, très-ouverte, à lobes étroits, oblongs. Anthères barbues en dessous et adhérentes entre elles. *Style dépassant la cor.* ①. at-oct. Champs, prés élevés, bois, pâturages. C.

β. *O. divergens* Jord. Rameaux allongés, étalés, les inf. divariqués ou réfléchis.

✕. O. JAUBERTIANA Bor. Plante de 1-5 déc. couverte de poils courts, blanchâtres, appliqués. Rameaux ouverts-ascendants. Feuil. linéaires, acuminées, ponctuées, épaisses, rudes sur les bords, les inf. peu dentées, les sup. entières. Fl. en épis terminaux unilatéraux, d'un jaune pâle ochreux passant rar. au jaune doré, parfois lavées à l'extérieur d'une légère teinte rosée. Cor. à lobes presq. égaux. *Etam.* et style *ne dépassant pas la cor.* Anthères libres, ovoïdes, un peu barbues en dessous. ①. sept.-oct. Pâturages élevés, champs des coteaux calc. — CHAR.-INF. C. — DEUX-SÈV. *Sauzais, Clussai, Thouars* (Boreau), *Niort* (A. Guillon), *la Mothe*! (Sauzé), *S.-Pompain*, *Nueil-sur-l'Autize, Coulonges*! (Guyon), c. *Airvault* et env. (Bonnin), etc. — VEND. *Fontenay* (Letourneux), *S.-Hil.-des-Loges* (Guyon).

✕. O. CHRYSANTHA Bor. « Voisin du précéd., il en diffère par sa couleur vert tendre et non rougeâtre, par ses rameaux redressés, moins ouverts, par ses feuil. lancéolées, dentées ainsi que les bractées, par les lobes du cal. plus longs, plus aigus, par les cor. d'un beau jaune doré, un peu odorantes, par ses anthères glabres ou à poils caducs, un peu plus saillantes, enfin par une station différente ne se trouvant jamais dans les moissons. ①. a[t]-sept. Pelouses sèches du bord des bois sur les coteaux calc., bois taillis, surtout dans l'été qui suit la coupe (Boreau fl. du centre). » — M. de Rochebrune cat. Char. l'indique dans les vignes de *Challais* (Charente) près de nos limites.

✕. O. LUTEA L. Plante finement pubérulente, rameaux ouverts. Feuil. lancéolées-linéaires à dents écartées, les sup. linéaires, entières. *Fl.* en épis terminaux unilatéraux, *jaunes* à anthères orangées. Cal. en cloche à lobes courts, triangulaires. Cor.

barbue-ciliée, à lèv. écartées. *Etam. saillantes.* Anthères oblongues, très-glabres. ①. sept-oct. Lieux secs calc. — CHAR.-INF. *Le Pin* (Mme George), c. *Dœuil* (Dussouchaud), *Surgères, Vandré* (Delalande), c. *Beauvais* et env. (Savatier). — DEUX-SÈV. *Paizay* (Vernial), *Loubillé* (Jousse), forêt de *Chizé*.

EUPHRASIA L. Cal. tubuleux ou en cloche à 4 div. Lèv. sup. de la cor. concave à 2 lobes larges, ouverts, l'inf. étalée, à 3 lobes obtus ou échancrés, palais sans plis. Anthères mucronées. Stigm. obtus, épaissi. Caps. oblongue, comprimée. Graines nombreuses, striées. *Herbes à feuil. opposées, dentées; fl. axillaires.*

E. OFFICINALIS L. S. Will. *Euphraise*. Tige rameuse, pubescente à *poils glanduleux*, étalés. Feuil. ovales, dentées; dents des feuil. sup. et des bractées plus aiguës. Fl. axillaires, blanches à stries violettes; gorge jaune. Caps. un peu tronquée-échancrée, mucronulée au sommet. ①. mai-at. Prés, pelouses, bois. C.

E. NEMOROSA Pers. S. Will. Ord. réuni au précéd.; en diffère par les *poils* de la tige crépus, *appliqués, non glanduleux*, les feuil. vert-noirâtre, raides, épaisses, un peu en gouttière, à dents plus aiguës ou mucronées, la caps. plus étroite. Cor. petite, blanche ou plus ou moins lavée de violet, à stries violettes; gorge jaune; lèv. sup. en voûte à bords réfléchis, l'inf. à 3 lobes échancrés, les latéraux obliquement, plus courts, tous dirigés en avant. ①. mai-at. Pelouses, coteaux, landes, bois. AC. — CC. dans le calc. — Varie: (var. *gracilis* Bréb.), plante effilée, grêle; AC. landes arides de *la Bretagne*, et (var. *tetraquetra* Bréb.), plante ramassée, à tige de 2-4 cent., épi épais, serré, à 4 angles; çà et là sables maritimes de *la Bretagne*.

SIBTHORPIA L. Cal. à 5 div. Cor. en roue, à 5 lobes dont 2 un peu plus petits. Etam. 4. Caps. ovale, à 2 loges.

S. EUROPÆA L. Plante très-petite, grêle, poilue. Tige filiforme, rampante. Feuil. orbiculaires, en cœur à la base, à 5 ou 7 larges crénelures. Pédonc. axillaires, solitaires, beaucoup plus courts que le pétiole. Cor. très-petite, blanche, légèrement teinte de rose à la base. ♃. av.-jn. Bord des ruisseaux d'eau vive, des sources, parmi la mousse qui le cache souv., talus frais et ombragés où il forme souv. des gazons étendus.— LOIRE-INF. Vallées du *Cens*, de la *Verrière, Châteaubriant, Nozay; Bergon; Sévérac* (Delalande), etc. PC. — c. reste de *la Bretagne.*

OROBANCHÉES.

Caract. des *Personées*. Etam. 4 didynames; caps. 1 loc. à 2 valves, placenta pariétaux. *Plantes parasites sur les rac. d'autres plantes, garnies d'écailles au lieu de feuil.*

♀ OROBANCHE L. Cal. à 4,5 lobes ou à 2 sép. souv. bifides, muni à la base de 1 ou 3 bractées. Cor. tubuleuse, à 2 lèv. glanduleuse-charnue dans le bas, marcescente, laissant, lorsqu'elle se détache, une base circulaire persistante. Placenta pariétaux, opposés. *Fl. en épis.*

* *Cal. latéral à 2 sép.; bractée solitaire.*

X. O. CRUENTA Bert. Tiges ord. renflées à la base, violacée-rougeâtre ou jaunâtres, couvertes de poils glanduleux. Ecailles lancéolées, acuminées. *Fl.* inodores, jaunâtres, *rouge sang-violacé à l'intérieur* et au sommet en dehors, qqf. rouge sang noir partout. Sép. à 2 lobes égalant le tube de la cor. Cor. ventrue trigone, arquée, à 2 creux en dessous, comprimée en carène en dessus, à lobes ondulés, dentelés-glanduleux; lèv. sup. à bords un peu rejetés en arrière sur les côtés et séparés par le pli arrondi de la carène, l'inf. à 3 lobes obtus arrondis, l'interm. plus grand. Etam.

insérées à la base de la cor., élargies et velues à la base, puis pubescentes-glanduleuses jusqu'au sommet ainsi que le style rougeâtre. Stigm. à 2 lobes arrondis, d'un beau jaune, saillants. ♃. jⁿ-j^t. Pâturages, coteaux, bois secs du calc., sur *Lotus corniculatus* et *Hippocrepis comosa*. — Char.-Inf. AC. — Deux-Sèv. *Forêt d'Aulnay; la Mothe* (Maillard), rr. *S.-Loup* ! (Guyon), *Airvault* ! (Bonnin), *Chiché* (J. Richard), *Parc-d'Oyron* (Lunet). — Vend. *Vigneronde* en *Serigné* (Letourneux).

O. Ulicis Des M. ne me paraît pas distinct du précédent; je l'ai cueilli et étudié vivant à *S.-Seurin, Meschers, Montendre, S.-Fort, Nancras*, à la butte de *Ste-Eugène* (Char.-Inf.); ses tiges ord. sociétaires croissent sur les *Ulex* ! et les étam. sont insérées au même point à la base de la cor. qui est qqf. toute jaune. — Deux-Sèv. c. landes d'*Amailloux*. — Vend. *Nueil sous les Aubiers* (Genevier).

O. Rapum Thuil. *O. major*. DC. Plante d'un roux fauve. Tiges robustes, souv. réunies, renflées à la base en forme de bulbe garni d'écailles nombreuses. Fl. fauves, nombreuses, en épi serré, peu odorantes. Sép. nervés, bifides. Cor. grande, en cloche; lèv. sup. voûtée, échancrée, l'inf. à 3 lobes aigus, ondulés-crépus, lobe intermédiaire plus grand. *Etam. insérées à la base de la cor.* dilatées et *glabres à la base*, velues-glanduleuses au sommet ainsi que les styles; anthères blanchâtres. Stigm. jaunes, sans rebord. ♃. mai-jⁿ. Sur *Sarothamnus scoparius*. C. — Qqf. la plante est toute jaune. Vulg. *Pain de lièvre*, ainsi que les suiv.

✕. O. epithymum DC. Tige jaune terne ou rougeâtre, renflée à la base. Fl. blanc-jaunâtre ou rougeâtre, à odeur de girofle. Sép. nervés, lancéolés-en alène, acuminés, plus longs que le tube de la cor., entiers ou à 1 dent divariquée. *Cor. en cloche, un peu arquée*, de manière à former en dessus 2 angles très-obtus, *couverte en dehors de poils glanduleux, tuberculeux à la base;* lèvres inégalement dentées et crépues au bord, la sup. courbée en avant au sommet, à 2 lobes ouverts, *lobe intermédiaire de la lèv. inf. 1 f. plus long que les latéraux.* Etam. insérées près de la base de la cor., garnies dans le bas de poils épars, poilues-glanduleuses au sommet ainsi que le style. Stigm. veloutés, sans rebord. ♃. Sur *Thymus Serpyllum,* dans le calc. — Char.-Inf. AC. — Deux-Sev. R. *la Mothe* (Sauzé), *Bagneau,* env. d'*Exoudun* (J. Richard.) — Vend. *Sauveré le Sec* (Letourneux), *Mouzeuil* (David). R.

O. Galii Duby, *O. caryophyllacea* Smith, *O. vulgaris* DC. Plante jaunâtre ou rougeâtre, couverte de poils glanduleux. Fl. ord. à odeur de girofle. Sép. nervés, souv. soudés en avant, ord. à 2 lobes un peu inégaux, égalant la moitié du tube de la cor. *Cor. en cloche élargie dès la base ;* lèv. sup. voûtée, échancrée, l'inf. à 3 lobes égaux, un peu crépus. *Etam.* insérées au dessus de la base, *poilues* à la base, velues-glanduleuses dans le haut ainsi que le style ; anthères brunes. Stigm. brun-noirâtre, veloutés, sans rebord. ♃. mai-jn. Coteaux secs, haies, sur *Galium Mollugo* et *verum,* dans les sables maritimes sur *G. arenarium.* C. — AC. au-delà de *Loire-Inf.* dans la région maritime, RR. ailleurs.

✕. O. Teucrii Holl. Mut. atlas sup. fig. 6. Plante jaune-rougeâtre, couverte de poils visqueux roussâtres. Ecailles ovales-lancéolées, nervées. Fl. « rouge-brun livide ou jaunâtre ». Sép. nervés à 2 lobes inégaux, atteignant environ le milieu du tube de la cor. Cor. en cloche-tubuleuse, un peu courbée, à bords ondulés-ridés, lèv. sup. entière, en casque, l'infér. à 3 lobes égaux, étalés, arrondis, obtus. *Etam. insérées au-dessus de la base de la cor.*, élargies et poilues de la base jusqu'au milieu, pubescentes-glanduleuses au sommet, ainsi que le style. Stigm. à 2 lobes veloutés, granuleux, « rouge-brun foncé ». ♃. jn-jt. Lieux pierreux calc. sur *Teucrium Chamœdrys*. — CHAR.-INF. ENV. de *Massac* (Savatier), *Mortagne* (de l'Isle). Doit se trouver ailleurs dans un pays où *T. Chamœdrys* est si abondant. — DEUX-SÈV. *Thouars; Paluau*, coteau de *Veluché* ! (Guyon), *Airvault*.

O. PICRIDIS Schultz. Tige rougeâtre, bulbeuse à la base, couverte de poils glanduleux. Fl. blanchâtres à veines violacées, inodores, en épi. Sép. nervés, entiers ou bifides, à base ovale, dépassant le tube de la cor. tubuleuse-en cloche, à dos droit, puis courbée en avant au sommet, lèvres de *O. minor*, la sup. à bords ouverts. Etam. insérées un peu au-dessous du milieu, filets parallèles, rapprochés, garnis jusqu'au milieu de poils, et au sommet de qq. papilles. Anthères noirâtres. Style glabre, stigm. violet-pourpre à 2 lobes. ①. jn-jt. Sur *Picris hieracioïdes*. — CHAR.-INF. *Nancras, Mortagne, Montlieu; S.-Jean-d'Angély* (Pinatel). — DEUX-SÈV. RR. *la Mothe* (Sauzé), *S.-Loup* (Guyon), *Thouars* ! (Revelière). — VEND. Coteaux de la *Prévoté* en *Layroux*, vignes de *Barbetorte* (Pontarlier). R. — Décrit sur des échantillons nombreux croissant à *Nancras* (Char.-Inf.) sur *Picris hieracioïdes*, au milieu d'un vaste champ de *Trifolium pratense*. Cette préférence doit faire penser que la plante est différente de *O. minor* qui vient souv. sur *Trif. pratense*, quoique à *Mortagne* et à *Montlieu* (Char.-Inf.), j'aie cueilli sur le *Picris* un *Orobanche* que je ne puis distinguer du *minor*.

O. MINOR Sutton, Koch syn. Tige de 15-20 cent. bulbeuse à la base. Fl. blanchâtres à veines violacées, inodores, en épi ord. lâche. Sép. nervés, lancéolés, à base ovale, bifides, égalant la *cor*. tubuleuse, *peu ouverte, arquée*; lèvres obtuses, ondulées, dentelées, la sup. échancrée, à lobes dirigés en avant et en dedans, l'inf. à 3 lobes presq. égaux. *Etam. insérées un peu au-dessous du milieu; filets parallèles, rapprochés*, glabres, garnis à la base de poils épars; anthères noirâtres. Style glabre; *stigm. brun-pourpre.* ①. jn. Sur beaucoup d'espèces de plantes, par ex. *Trifolium pratense, arvense* et autres, *Dipsacus sylvestris, Picris hieracioïdes, Crepis virens*, et dans la région maritime sur *Plantago Coronopus, Artemisia campestris, Medicago striata, Eryngium maritimum*, etc. AC. coteaux de la Loire, le calc. et région maritime; R. ailleurs.

O. HEDERÆ Vauch. Tige rouge-violacé, poilue-glanduleuse, renflée à la base en bulbe ovale. Bractées violacées, égalant la cor. Fl. d'un blanc sale jaunâtre, à veines violacées, inodores. Sép. bifides ou entiers. Cor. arquée à lobes ondulés-crépus; lèv. sup. bifide à lobes rentrant en dedans, l'inf. à 3 lobes. *Etam. insérées vers le tiers infér. de la cor.*, garnies à la base de poils épars; *filets postérieurs très-écartés à la base.* Style glabre; *stigm. à 2 lobes jaunes.* ♃. jn-jt. Sur le *Lierre.* — CHAR.-INF. AC. — DEUX-SÈV. *Thouars!* (Toussaints), *Beauvoir* (Vernial), *Niort.* — VEND. *Noirmoutier; Challans, Champ-S.-Père* (Pontarlier), *Pont-Charrault*, sur *Daucus Carota* (Ayraud), AC. forêt de *Vouvant, Auzay* (Letourneux), *Pouzauges, Mortagne* (Genevier). — LOIRE-INF. *Blain* (Delalande), AC. coteaux de la *Loire* de *Mauves* à *Varades; Monnières, S.-Fiacre, le Pallet, Châteauthébaud* (Guiho). PC. — Et çà et là rochers maritimes de la presqu'île de *Crozon* (Fin.) jusqu'aux env. de *S.-Malo* (Il.-et-V.), où il est plus c. — Qqf. les lèvres de la cor. et leurs lobes sont très-profonds. Dans *O. minor* les filets postérieurs sont rapprochés et parallèles, et les lobes du stigm. sont d'un pourpre-brun et 1 f. plus petits.

O. AMETHYSTEA Thuil. *O. Eryngii* Duby. Tige rouge-violacé, poilue-glanduleuse, courbée à la base. Bractées égalant presque la cor. Fl. blanc-jaunâtre ou rosé, à veines pourpres, inodores. Sép. à 2 lobes. *Cor. courbée subitement un peu au-dessus de la base*, puis droite, à lobes ondulés, échancrés, dentés; lèvre supér. à 2 lobes échancrés ou comme à 4 lobes, l'infér. à 3 lobes, l'intermédiaire plus grand. Etam. insérées sur la courbure de la cor., garnies dans le bas de poils épars. Style glabre; stigm. à 2 lobes brun foncé. ♃. jn. Sur l'extrémité des rac. de *Eryngium campestre* et *maritimum*. — AC. région maritime et calc. jusqu'à *la Vilaine*, coteaux de la Loire. — MOR. *Houat, Belle-Ile; Quiberon, Gavre* (Le Gall). — FIN. AC. région maritime.

** *Cal. à 4,5 lobes; bractées* 3. (Phelipœa Mey.)

O. CÆRULEA Vil. *Tige simple*, violacée. Bractées appliquées. Lobe postérieur du cal. beaucoup plus court. *Cal.* beaucoup plus court que la cor., *à 5 lobes*. Cor. violette, veinée, à palais blanc, arquée, lèvre sup. à 2 lobes obscurément 3.dentés, l'inf. à 3 lobes aigus ou presq. obtus, planes; tube resserré vers le milieu. Etam. et *anthères glabres*. Style pubescent; stigm. à 2 lobes blancs. ♃. jn-jt. Sur *Achillea Millefolium* — CHAR.-INF. *S.-Jean-d'Angély* (Delalande). — VEND. *Puybelliard, Pouzauges, Pont-Charrault* (Pontarlier). — LOIRE-INF. *Oudon* (Pesneau), *Ancenis*! (Pradal), *Rougé* (Desaintdo). R. — FIN. et C.-NORD. AC. par localités dans la région maritime depuis *Brest*. — IL.-ET-V. C. région maritime; *Hédé, S.-Jacques, la Prévalais* (Degland).

Obs. MM. Guéranger et Boreau herbor. 1862 distinguent deux formes : 1° *O. cœrulea* Vil. Cos. et Germ. fl. paris, T. 19 K. Robuste; cor. grande à lobes acuminés aigus. 2° *O. millefolii* Reich. Plus grêle, lobes de la cor. obtus et roulés, div. du cal. moins en alène, bract. moins longues.

O. RAMOSA L. *Tige rameuse*. Fl. en épi lâche. *Cal.* pédicellé, *à 4 lobes* ovales-triangulaires, acuminés. Cor. petite, lilas pâle à tube jaunâtre, grêle, rétréci au-dessus de la base. Anthères glabres. Stigm. pelté. ①. jt-at. Ord. sur *le Chanvre*. — CHAR.-INF. *Le Pin* (Mme George), *Beauvais* (Savatier), *Saintes* (Brunaud), *S.-Savinien; S.-J.-d'Angély, la Clisse* (Delalande), *Laleu* (Hubert), *Fouras* (A. Guillon). — DEUX-SÈV. C. *Loubillé* (Jousse), *la Mothe*, sur *Æthusa*, *Prahecq* (Maillard), *S.-Pompain, S.-Loup* (Guyon), C. *Airvault* (Bonnin), de *S.-Jouin* à *Irais* (Brottier), *Thouars* (Lunet). — VEND. Le Marais aux env. de *Fontenay* jusqu'à la Sèvre et prob. sur l'autre rive (Ayraud). — LOIRE-INF. *Ancenis* (Pesneau). RR. — Il est connu des cultivateurs du *haut de la Loire*, surtout sur la rive gauche. — MOR. « Env. du *Port-Louis, Larmor* (Le Gall flore) » *Vannes, Arradon* (Taslé), C. *Ploërmel* (J.-M. Sacher). — FIN. *Primelin* près *Audierne* (Bonnemaison), *Tromeur* en *Penmarc'h* (Crouan). — IL.-ET-V. AC. *Fougères* (V. Sacher).

LATHRÆA L. Cal. en cloche à 4 lobes. Cor. tubuleuse, se détachant en entier, à 2 lév., la sup. en casque, l'inf. à 3 lobes. Anthères velues. Ovaire muni en avant à la base d'une glande libre. Stigm. bilobé. *Souches souterraines, écailleuses.*

L. CLANDESTINA L. *Cland. rectiflora* Lam. Souche rameuse, couverte d'écailles blanches, charnues, arrondies, en cœur à la base. Pédonc. axillaires, solitaires. *Fl.* pourpre-violacé, dressées, *en paquets à fleur de terre.* Caps. ord. à 4 graines lancées avec élasticité à la maturité, à 2 placenta. ♃. mars-mai. Bords des ruisseaux, lieux ombragés. CHAR.-INF. *Candé, la Rochelle* au canal de *Niort* (de Beaupreau), *Beauvais* (Savatier), C. *S.-J.-d'Angély* (Pinatel), *Montlieu* (de Meschinet), *Bussac* (A. Guillon). — DEUX-SÈV. *La Mothe* (Sauzé, Maillard), Bocage (A. Guillon), C. *S.-Loup* (Guyon), *Airvault* (Bonnin), AC. *S.-Generoux* (Brottier), AC. *Parthenay* (Janneau), *Thouars* (Revelière). — VEND. AC. Bocage. — LOIRE-INF. C. — MOR. *Malestroit* (Taslé), *Ploërmel* (J.-M. Sacher), *Néant* (Arrondeau), *Pontivy, S.-Congard* (Le Gall). R. — C.-NORD. Vallée de *Caulnes* et de *S.-Jouan-de-l'Isle* (Mabille). — IL.-ET-V. AC. env. de *Redon* (Desmars), env. de

Bains et de *Brains* (Moreau), env. de *Rennes* (Le Gall), forêt de *Rennes* (J.-M. Sacher), c. forêt de *Fougères* (de la Pylaie). — Reste 3 mois en fleurs.

X. L. SQUAMARIA L. Souche rameuse, couverte d'écailles blanches, charnues, arrondies. Tige de 1-2 déc. terminée par *un épi de fl.* blanchâtres ou rosées, *penchées, unilatérales*. Caps. 1.loc. à 2 valves, placenta géminés, larges, confluents. Graines nombreuses, petites. ♃. mars-av. Bois montueux et couverts. Parasite sur *le Lierre*. — DEUX-SÈV. *La Mothe*, sur *Acer campestre*, le frêne, le noyer, etc. (Sauzé, Maillard), *Bretignolles* (Toussaints.) R.

LABIÉES.

Cal. tubuleux ou en cloche, à 5 ou 10 dents, persistant. Cor. irrégulière, à 2 lèvres. Etam. 4 didynames, insérées sur la cor., rar. 2. Ovaire ord. divisé en 4 lobes du milieu desquels sort le style. Fruit composé de 2 carp. dispermes imitant 4 carp. indéhiscents, 1.spermes. *Tiges et rameaux tétragones; feuil. opposées; fl. axillaires, souv. verticillées-en épi.*

MENTHA L. *Menthe, Baume.* Cal. à 5 dents. Cor. en entonnoir; tube inclus; limbe à 4 lobes presq. égaux, le sup. échancré. Etam. 4 droites, écartées; anthères à loges parallèles.

Obs. Dans ce genre, l'espèce est insaisissable; ces plantes varient à : odeur forte ou agréable, feuil. glabres ou plus ou moins velues à dents plus ou moins profondes, inflorescence passant insensiblement des verticilles axillaires à l'épi, étam. incluses ou saillantes.

* *Tige florifère terminée par des fleurs.*

M. ROTUNDIFOLIA L. Vert-grisâtre; odeur forte. *Feuil. elliptiques-arrondies*, obtuses, crénelées-dentées, ridées, cotonneuses en dessous, sessiles. Fl.

blanches ou rosées, en épi linéaire-cylindrique, aigu. Bractées lancéolées. ♃. jt-sept. Fossés, lieux humides AC. — C. région maritime et calc.

* M. SYLVESTRIS L. Velu-grisâtre; odeur agréable. *Feuil. ovales-lancéolées,* aiguës, à dents aiguës, tomenteuses-blanchâtres en dessous, sessiles. Fl. rosées, en épi linéaire-cylindrique, aigu. Bractées linéaires-en alène. ♃. jt-sept. Bord des fossés, des chemins, autour des villages. — CHAR.-INF. *Ile de Ré* (Lemarié), *Mons, Beauvais* (Savatier), *Dœuil* (Dussouchaud). — DEUX-SÈV. *Loubillé* (Jousse); *Prahecq, Chizé* (Sauzé, Maillard), *Parthenay* (Janneau), *Tessonnière* (Bonnin). — VEND. RR. *Napoléon*! (Marichal), *Pouzauges* (Rossignol), *Commequiers, la Tardière* (Gobert), *Sables-d'Olonne* (Letourneux), *Evrunes* (Genevier). — LOIRE-INF. *Monnières*, le *Lion-d'Or; Carcouet* (Pesneau), *Châteaubriant* (Moride), *Ancenis, Couëron, Cordemais, Batz.* R. — FIN. *Penmarc'h; Douarnenez, Bertheaume, Lochrist* près *le Conquet, Porsmoguer, Lampaul-Ploud., île de Batz* (Crouan). — C.-NORD. *Collinée, Moncontour, la Ville-Pichard, S.-Brieuc, Dinan.* — Feuil. variant en largeur, dans la profondeur des dents, la blancheur du *tomentum* et dans leur odeur. — C'est probablement une plante naturalisée.

* M. VIRIDIS L. Caract. du précéd. Glabre, odeur suave, feuil. plus étroites, vert foncé, presque sessiles; cal. glabre ou peu velu. Cult. et qqf. autour des habitations.

M. PUBESCENS Willd. Boreau éd. 3. Velu-grisâtre; odeur agréable. *Feuil.* ovales, aiguës, dentées en scie, *pétiolées.* Fl. rosées en épi assez serré, cylindrique, à verticilles inf. écartés. Bractées linéaires-en alène, hérissées ainsi que le cal. à dents triangulaires-lancéolées, en alène. ♃. Haies et fossé d'un champ du Lion-d'Or! près *Nantes* (Genevier). — Hybride de *M. rotundifolia* et *hirsuta,* d'après T. Lagrave, qui le trouve au milieu de ces plantes, dont il ne rappelle pas l'odeur.

M. AQUATICA L. Velu; odeur forte. Feuil. ovales, dentées en scie, pétiolées. *Fl.* en verticilles solitaires ou rapprochés, *formant une tête obtuse, terminale.* Dents du cal. triangulaires-lancéolées, en alène; tube sillonné. ♃. jt-sept. Bord des eaux, fossés. CC.

β. *M. hirsuta* L. Velu-grisâtre. C.

Obs. M. hirta Willd. Bor. *M. pyramidalis* Delastre a les caract. de *M. hirsuta et sativa,* dont il diffère par les verticilles 6-11 écartés dans le bas, puis graduellement rapprochés en épi obtus. — LOIRE-INF. Vallée de *la Loire* et *lac de Grand-Lieu.* — Prob. en beaucoup d'autres lieux, ainsi que le suiv. — *M. subspicata* Weihe, Bor., très-voisin, en diffère par l'épi moins obtus, les feuil. plus vertes; il est intermédiaire à *M. aquatica et sativa.* Mêmes lieux. — *M. Lloydii* Boreau, *M. pyramidalis* édit. 1, Cosson, non Tenore. Velu. Feuil. ovales, dentées en scie. *Fl.* rosées, *en épi court, oblong, obtus, formé de 3-5 verticilles.* Dents du cal. triangulaires-lancéolées, en alène. ♃. at-sept. — LOIRE-INF. Les grands marais, surtout ceux de l'*Erdre.* PC. — Autre intermédiaire à *M. aquatica* et *sativa,* au milieu desquels il croît, dont il a le port, les feuil. et l'odeur, et auxquels on aurait presque droit de le rapporter, selon que les verticilles sont plus ou moins nombreux ou écartés. Il ne peut appartenir à *M. piperita* L. *M. poivrée,* qui a les feuil. plus allongées, les fl. en épi serré, aigu et dont l'odeur forte mais agréable est bien connue. Celui-ci est cultivé, et une var. velue-grisâtre, fort rare, est très-distincte de *M. Lloydii.*

** *Tige florifère terminée par des feuil.*

* M. RUBRA Smith. *M. sativa* v. *glabra* Koch. Caract. du suiv., dont il est bien distinct. *Glabre;* odeur suave; feuil. vert foncé, luisantes; dents du cal. velues. Cult. qqf. autour des habitations.

M. SATIVA L. Velu; odeur forte. Feuil. ovales,

dentées en scie, pétiolées. *Fl.* rosées, *en verticilles écartés. Dents du cal. triangulaires-lancéolées, en alène.* ♃. jt-sept. Marais, bord des eaux. PC. et par localités. — Varie qqf. ainsi que *M. aquatica* et ses formes, à feuil. rougissant ou plissées.

Obs. Entre *M. sativa* et *arvensis*, il y a une foule d'intermédiaires qui justifient leur réunion par plusieurs auteurs; d'autres, au contraire, en ont fait autant d'espèces distinctes. (Consultez Bor. fl. édit. 3.).

M. ARVENSIS L. Odeur très-forte. Feuil. ovales, ou ovales-lancéolées, dentées en scie, pétiolées. Fl. rosées, en verticilles écartés. *Cal. court, en cloche, à dents* courtes, triangulaires, *presq. aussi larges que longues.* ♃. jt-sept. Bord des eaux, lieux cultivés humides. CC.

M. PULEGIUM L. *Pouliot.* Odeur extrêmement forte. Tige couchée et rampante à la base. Feuil. petites, ovales, obtuses, obscurément dentées, pétiolées. Fl. lilas-rosé, en verticilles écartés. *Gorge du cal. fructifère fermé par un anneau de poils;* dents sup. recourbées. ♃. jt-oct. Bord des eaux, fossés, lieux inondés l'hiver. CC.

LYCOPUS L. Cal. en cloche, à 5 dents. Cor. à 4 lobes presq. égaux, le sup. échancré; tube court. Etam. fertiles 2, écartées.

L. EUROPÆUS L. Feuil. ovales-lancéolées, profond. dentées ou pinnatifides, surtout à la base, pétiolées. Fl. petites, blanches, ponctuées de rose, en verticilles axillaires, écartés. Point d'étam. stériles. ♃. jt-sept. Bord des eaux, fossés. CC.

SALVIA L. *Sauge.* Cal. à 2 lèv. la sup. entière ou à 3 dents, l'inf. à 2 div. Cor. à 2 lèv., la sup. courbée en casque, l'inf. étalée, à 3 lobes. Etam. 2. Anthères à loges placées aux 2 extrémités d'un long pédic. filiforme (*connectif*) posé en travers sur le filet, la sup. fertile, à une loge, l'inf. stérile.

S. SCLAREA L. *Fétide*, velu, glanduleux au sommet. Tige de 3-6 déc. Feuil. ovales-en cœur, doublement crénelées, rugueuses, les inf. pétiolées. Fl. en épi. *Bractées* des verticilles *blanc-rosé*, grandes, ovales, mucronées, *dépassant le cal.* à lobes ovales, longuement aristés. Cor. à lèv. sup. lilacée, l'inf. blanche. ②. jt-at. Bord des chemins, pied des murs. — CHAR.-INF. *Surgères* (Hubert), *Migré* (Vinet), *S.-Georges-d'Oleron* (Savatier). — DEUX-SÈV. *Surimeau* près *Niort* (Guillon), *Louin* (Guyon), *Parthenay*, *Freteveau* ! et *Maranzais* ! près *Thouars* (Toussaints). — VEND. *La Couture*, AC. château de *Talmont* (Marichal, Pontarlier). — LOIRE-INF. Abbaye de *la Chaume* à *Machecoul*. RR. — C.-NORD. *La Ville-Pichard* ! (Cornillé).

S. PRATENSIS L. Tige ascendante, velue, glanduleuse au sommet. Feuil. ovales ou oblongues, doublement crénelées, rugueuses, les rad. en cœur, pétiolées, celles de la tige peu nombreuses, les sup. larges, sessiles, embrassantes. *Fl. d'un beau bleu*, grandes, en épi. Bractées ovales, acuminées, plus courtes que le cal. à lèv. sup. à 3 dents courtes. Lèv. sup. de la cor. dépassant l'inf. *Style très-long, arqué*. ♃. mai-jn. Prés et lieux secs calc. — CHAR.-INF., DEUX-SÈV. C. — VEND. AC. (Pontarlier, Letourneux). — LOIRE-INF. Côteau de *Juigné* près *Ancenis*, cimetière de *Saffré*; *Maumusson* ! (Guiho), *Plessé* (Delalande), château de *Blain* ! (Letourneux), *le Chaffault* (Genevier). R. — Varie rar. à fl. 1/2 plus petites.

S. VERBENACA L. et anglor. *S. clandestina* Mut. fl. fr. Tige ascendante, de 3-6 déc. *Feuil.* ovales, *sinuées* ou *pinnatifides*, inégalement crénelées, ridées-veinées en réseau, les inf. en cœur à la base, obtuses, pétiolées, les sup. larges, aiguës, sessiles. Fl. violettes, promptement fanées, 6 par verticille, en épi. Bractées réniformes-en cœur, acuminées, plus courtes que le cal. Lèv. sup. du cal. obovale, arrondie au sommet, à 3 dents courtes, à 2 concavités séparées par une carène, l'inf. à 2 divis. ovales, mucronées. *Cor. petite,* étroite, 1/2 plus longue que le cal., tube et partie du casque inclus, lèv. inf. très-concave, dirigée en avant, lobes latéraux étalés-arqués. ♃. mai-j[t]. Prés, bord des haies de la région maritime. C. — R. à l'intérieur : CHAR.-INF. *Montlieu, Saintes.* — DEUX-SÈV. *Niort.* — VEND. *Puybelliard,* c. la Vaire près *Mareuil* (Pontarlier), c. *Fontenay* et calc. voisin (Letourneux). — LOIRE-INF. *Le Loroux, Blain, Bergon ; la Bretèche* (Genevier). — MOR. c. château de *Rieux* (Moreau). — IL.-ET-V. *Fougères* (V. Sacher). = Refleurit toujours en automne.

✕. S. PALLIDIFLORA Chaub. fl. agen. Port du précéd., dont il diffère par la tige plus hérissée, les feuil. plus allongées, vert plus pâle, les bractées largement en cœur, acuminées, 1 f. plus grandes, égalant le cal.; verticilles plus espacés ; cor. bleu pâle 1 f. plus longue que le cal., tube saillant, lèv. inf. très-concave, déjetée ; fl. restant plus longtemps ouvertes. ♃. mai-j[n]. — CHAR.-INF. Côteaux de la Gironde à *Mesohers.*

ORIGANUM L. Cal. à 5 dents ou à 2 lobes. Cor. à lèv. sup. droite, échancrée, l'inf. 3-fide. Etam. écartées, divergentes dans le haut. Une bractée colorée à la base de chaque fl.

O. VULGARE L. *Marjolaine.* Tige dressée. Feuil. ovales, velues, pétiolées. Fl. rosées, en épis agglomérés au sommet des rameaux et formant une panic. Bractée plus longue que le cal. à 5 dents égales, velu en dedans. ♃. j[t]-sept. Lieux secs, coteaux, bord des haies, des champs, surtout régions calc., schisteuse et maritime. C. — PC. ailleurs.

β. *prismaticum* Gaud. *O. heracleoticum* Pesn. Epis prismatiques, longs de 15-20 mil. *La Bouvardière* près *Nantes, Mauves,* AC. autour d'*Oudon* (L.-Inf.).

THYMUS L. Cal. en cloche, à 2 lèv., la sup. à 3 dents, l'infér. à lobes linéaires; gorge fermée par un anneau de poils. Cor. courte, à 4 lobes planes, presq. égaux, le sup. échancré. Etam. écartées.

T. SERPYLLUM L. *Serpolet*. Odeur aromatique ou nulle. Tiges en gazon épais, dures, couchées, rampantes, rougeâtres, pubescentes tout autour. Feuil. ovales ou oblongues, rétrécies à la base, obtuses, ponctuées-glanduleuses, à nervures saillantes, ciliées dans le bas. Fl. rougeâtres, en tête. ♃. mai-sept. Pelouses, prés, lieux incultes, surtout du calc. et de la région maritime. CC.

β. *T. citriodorus*. Odeur de citron. Çà et là région maritime.

γ. *T. angustifolius*. Inodore; feuil. petites, linéaires-oblongues. — LOIRE-INF. *Machecoul, Arthon*.

T. CHAMÆDRYS Fries. Souv. réuni au précéd., s'en distingue par les tiges en gazon lâche, couchées seulement à la base, poilues sur 2 ou 4 lignes, les feuil. plus grandes, plus larges, contractées en pétiole, plus ponctuées, à nervures peu saillantes, par les verticilles de fl. en épis ord. interrompus à la base. Mêmes lieux. C. — Varie sur les schistes à feuil. vert-noirâtre.

Obs. Satureia hortensis, *Sarriette*, cult. pour la cuisine, se reproduit dans les potagers.

CALAMINTHA Tourn. Cal. sillonné, à 2 lèv., la sup. 3-fide, l'inf. à 2 lobes. Lèv. sup. de la cor. droite, plane, échancrée, l'inf. à 3 lobes. Etam. écartées, arquées et rapprochées par les anthères sous la lèv. sup. de la cor.

⊙. C. ACINOS Gaud. *Thymus* L. Plante de 1-2 déc. poilue; rameaux simples, ascendants, partant de la base. Feuil. ovales, obscurément dentées, pétiolées. *Fl.* lilas, tachées de blanc sur la lèv. inf., 6 *par verticille*. Cal. bossu à la base, fermé après la fleuraison. ①. jn–at. Champs calc. — CHAR.-INF., DEUX-SÈV. et VEND. C. — LOIRE-INF. AC. *Machecoul, Arthon*. R.

C. SYLVATICA Bromfield, Benth. *C. officinalis* Jord. Odeur plus forte que dans le suiv.; tige plus élevée. Feuil. vertes, ovales, crénelées-dentées, aiguës, à limbe plus long que large. Cal. à poils de la gorge presq. inclus, lèv. inf. à dents linéaires-en alène, beaucoup plus longues, infléchies. *Cor. lilas foncé*, tachée à la gorge, *longue d'env.* 1 1/2 cent., lobe intermédiaire de la lèv. inf. 2 f. plus large que long, touchant ou couvrant en partie les latéraux. ♃. jt–sept. Bois, bord des haies, coteaux.— CHAR.-INF. *Le Pin* (Mme George), *Dœuil* (Dussouchaud); *Saintes* (Brunaud), *Sablonceaux* (Delalande), prob. AC.— DEUX-SÈV. *Niort* (A. Guillon, *S.-Pompain* (Guyon), *la Mothe*. — VEND. Env. de *Luçon* (Pontarlier), c. forêt de *Vouvant* (Letourneux). — LOIRE-INF. Coteaux de *Mauves; la Turmelière*! près *Châteauthébaud* (Renou). — FIN. Chemin de *Plomeur* à l'anse de *la Torche* (Crouan). R.

C. ASCENDENS Jord. *C. officinalis* Mœnch, *C. menthæfolia* Host, *Melissa Calamintha* L. *Thymus* Scop. *Calament*. Tige rameuse, pubescente. *Feuil.* largement ovales, obtuses, obscurément dentées ou crénelées, pétiolées, vert-grisâtre, à limbe aussi large que long. *Fl. lilas clair*, à taches plus foncées à la gorge, *en petits corymbes axillaires*, dont le pédonc. très-court égale à peine le pétiole. Cal. à poils de la gorge presq. inclus; lèv. inf. à dents beaucoup plus longues, garnies de *longs cils étalés*. Cor. ne dépassant pas 1 cent; lobe intermédiaire de la lèv. inf. dégagée des latéraux, aussi large que long, rétréci à la base. Carp. arrondis, ponctués. ♃. jn–sept. Bord des haies, pied des murs. AC. — PC. au-delà de *Loire-Inf.* — Les individus nains à petites feuil. se distingueront du suiv. par le pédonc. court du corymbe et par les longs cils étalés du cal.

C. NEPETA Clairville, Jord. frag. 4, T. 2, *Melissa* L. *Thymus* Smith. Plante mollement pubescente, grisâtre; ayant un peu l'odeur de *Mentha Pulegium*. *Feuil.* bien plus *petites* que dans les précéd., ovales, dentées, pétiolées, à pétiole bien plus court que le pédonc. des corymbes. Fl. lilas-pâle à lèv. inf. plus pâle. Cal. à *poils* de la gorge *abondants*, *saillants*, *dents courtes*, les inf. un peu plus longues, garnies de *cils courts ascendants*. Carp. ovales, bruns. ♃. jt-sept. Coteaux et rochers calc. exposés au soleil. — DEUX-SÈV. » *Thouars* (Boreau flore). » — IL.-ET-V. *Antrain* (V. Sacher). — Je l'ai cueilli à *Poitiers* (Vienne).

CLINOPODIUM L. Caract. du *Calamintha*. Bractées sétacées, ciliées, formant un involucre autour de tout le verticille de fleurs.

C. VULGARE L. Mollement velu. Feuil. ovales, obscurément dentelées, obtuses, pétiolées. Fl. rosées, en verticilles axillaires et terminaux. ♃. jt-at. Landes, buissons, bord des haies. C.

MELISSA L. Cal. à 13 stries; lèv. sup. plane, à 3 dents courtes, l'inf. bifide. Lèv. sup. de la cor. concave, l'inf. 3-fide; gorge nue. Etam. écartées, arquées, rapprochées par les anthères sous la lèv. sup. de la cor.

M. OFFICINALIS L. *Mélisse, Citronelle*. Odeur légère de citron. Tige rameuse, poilue. Feuil. ovales, crénelées-dentées, entières à la base, pétiolées. Fl. blanches ou rosées, en petits corymbes axillaires, unilatéraux, presque sessiles. ♃. jt-at. Bord des chemins et des haies près des maisons. R.

HYSSOPUS L. Cal. tubuleux à 15 stries, à 5 dents presq. égales. Lèv. sup. de la cor. droite, plane, bifide, l'inf. à 3 lobes, dont l'intermed. plus grand en cœur renversé. Etam. divergentes; anthères à 2 loges divergentes, soudées au sommet.

H. OFFICINALIS L. *Hysope*. Aromatique. Tiges de

2-5 déc. en touffe, ligneuses à la base, à rameaux redressés, effilés, finement pubescents. Feuil. linéaires-ou oblongues-lancéolées, entières, vertes, à peu près glabres. Fl. bleues en verticilles rapprochés en épi terminal, unilatéral. A[t].-sept.; cult. et qqf. naturalisé sur les vieux édifices.

β. *canescens* DC. fl. fr. sup. 396, *Sideritis scordioïdes*? fl. de l'Ouest éd. 1, 357. Plante toute couverte de poils fins serrés, qui lui donnent un aspect blanchâtre bien différent du type. — Char.-Inf. ac. côteaux de *la Gironde*, de *S.-Romain de Beaumont* à *S.-Seurin*; rr. coteaux de *Chaniers* près *Saintes*.

NEPETA L. Cal. cylindrique, strié. Cor. à tube long; lèv. sup. droite, plane, bifide, l'inf. à 3 lobes, l'intermédiaire grand, très-concave, les latéraux petits, réfléchis. Etam. rapprochées, parallèles sous la lèv. sup. de la cor., à la fin déjetées de côté.

N. Cataria L. *Chataire.* Fétide; pubescent-grisâtre. Feuil. en cœur, profond. crénelées-dentées, tomenteuses-blanchâtres en dessous, pétiolées. Fl. blanches, ponctuées de rouge, en petits corymbes rapprochés en grappe terminale. Carp. glabres. ♃. j[t]-a[t]. Bord des chemins, des haies. — Char.-Inf. *Le Pin* (Mme George), *Beauvais* (Savatier), *Sablonceaux* (Delalande), *S.-G. de Didonne* (M. Arnauld). — Deux-Sèv. r. *Airvault* (Bonnin), *Féaule* (Lunet), *Maranzais.* — Vend. *Jard* (Pontarlier), *Payré sur Vendée* (Ayraud). R. — Loire-Inf. *Savenay*, *S.-Nazaire*, *Escoublac*; *Bergon* (Delalande); *Teillé* (Guiho), forges de la *Provotière* près *Riaillé* (Ed. Bureau). R. — Mor. *Fort Penthièvre* (Lucas), pointe *S.-Jacques* en *Sarzeau* (Taslé). RR. — Fin. *Ile d'Ouessant* (de la Pylaie), *Porsmoguer* (Crouan). — C.-Nord. *Erquy* (Baron). — Il.-et-V. *Rennes* (Letourneux), *Fougères* (V. Sacher); env. des 4 *Salines*.

GLECHOMA L. Cal. cylindrique, strié, à 5 dents.

Lèv. sup. de la cor. droite, plane, bifide, l'inf. à 3 lobes, l'intermédiaire plus grand, échancré. Etam. parallèles sous la lèv. sup. de la cor.; anthères rapprochées par paires en forme de croix.

G. HEDERACEA L. *Herbe Saint-Jean.* Tiges rampantes, les florifères redressées. Feuil. réniformes, les sup. en cœur, crénelées, pétiolées. Fleurs 2-4 axillaires. Cor. violette, tachée de pourpre à la lèv. inf. ♃. mars-av. Bord des haies. CC. — Qqf. velu ou à fl. plus petites.

MELITTIS L. Cal. grand, en cloche. à 2 lèv. Lèv. sup. de la cor. presque plane, droite, l'inf. à 3 lobes, l'intermédiaire plus grand, obovale. Etam. parallèles sous la lèv. sup. de la cor.; anthères rapprochées par paires en forme de croix.

M. MELISSOPHYLLUM L. *M. grandiflora* Smith. Odeur forte. Tige d'env. 3 déc. simple, hispide. Feuil. ovales, crénelées, pétiolées. Cor. grande, blanche, à lobe intermédiaire de la lèv. infér. rougeâtre. ♃. mai. Haies ombragées, taillis. AC. — AR. au-delà de *Loire-Inf.*

LAMIUM L. Cal. tubuleux-en cloche, à 5 dents presq. égales. Cor. à gorge renflée; lèv. sup. en casque, entière, voûtée, l'inf. à 3 lobes, les latéraux très-petits, en forme de dent, l'intermédiaire échancré. Anthères rapprochées par paires, barbues (ici). *Fl. en verticilles axillaires.*

L. AMPLEXICAULE L. Tige ascendante. *Feuil.* inf. réniformes-orbiculaires, obtuses, incisées-crénelées, pétiolées, les *sup. presque lobées, embrassantes,* sessiles. Cal. velu, à dents conniventes. *Cor.* rouge vif, *à tube grêle, allongé,* droit. ①. av.-j^t^. Lieux cultivés, sables maritimes où la plante est naine et la fl. grande. AC.

L. PURPUREUM L. Couché à la base. *Feuil.* d'abord vert-rougeâtre, ovales-en cœur, inégalement crénelées, pétiolées, les *sup. plus grandes ramassées au sommet de la tige*. Cor. rose, à tube droit, garni intérieurement dans le bas d'un anneau de poils. ①. mars-mai. Champs, lieux cultivés. CC.

L. INCISUM Willd. *L. hybridum* DC. Port du précéd. *Feuil.* d'abord vert-noirâtre, en cœur, pétiolées, les *supér. triangulaires-rhomboïdales, profond. incisées-dentées, ramassées au sommet de la tige*. Cor. rose, à tube droit, glabre en dedans. ①. mars-mai. Mêmes lieux. — CHAR.-INF. *Le Pin* (Mme George), *Pessines* (Brunaud), *S.-Xandre* (de Beaupreau). — DEUX-SÈV. *La Mothe* (Maillard), *Airvault* (Bonnin), *Montigny* près *Bressuire* (Revelière). — VEND. AC. *Fontenay*; *Sables-d'Olonne*, AR. *Napoléon* (Pontarlier), AC. *Mortagne* (Genevier). — LOIRE-INF. PC. — MOR. *Etel*, *Larmor* en *Plœmeur* (Le Gall), *Auray* (Toussaints), *Séné*, *Arradon*, *Sarzeau* (Taslé). RR. — FIN. *Quimper* (Bonnemaison), presqu'île de *Plougastel*, *Brest* (Crouan), *Morlaix* (de Guernisac). — C.-NORD. *S.-Brieuc* (Baron). — IL.-ET-V. R. *Fougères* (V. Sacher), *Dinard* (de la Godelinais), env. de *Dol* (J. Gallée). AC. env. de *Redon* (Moreau).

L. MACULATUM L. var. *lœvigatum* Mut. fig. 360, *L. Orvala* Bon. 63. Feuil. largement triangulaires-en cœur, doublement dentées, pétiolées, non tachées. *Fl. grandes, roses, en verticilles écartés*. Tube de la cor. courbé sur le dos et sur le devant. ♃. mars-sept. Haies fraîches. — DEUX-SÈV. *Thouars*! (Toussaints), bord de l'Argenton près *le Breuil*. — LOIRE-INF. C. rive gauche de *la Vallée du haut de la Loire*.

L. ALBUM L. *Ortie blanche*. Feuil. ovales-en cœur, acuminées, fortement dentées en scie, pétiolées. *Fl. blanches*, en verticilles écartés. Cor. très-poilue, à tube *droit sur le dos*, courbé sur le devant. ♃. av.-mai. Haies. — CHAR.-INF. *Ardillières* (Faye), *Lafond* (Hubert), *Saintes* (Brunaud). — DEUX-SÈV. *La Crèche* (Bonneau), *Chizé* (A. Guillon), *S.-Pompain*, *Celles*, *Seillé* (Guyon), *Parthenay* (Janneau),

Thouars (Lunet). — VEND. *Fontenay* (Letourneux), R. *Napoléon! la Forgerie en Aubigny, Féole* (Marichal, Pontarlier), *Challans, Palluau* (Gobert), *S.-Sornin* (Trappier), *Evrunes* (Genevier). — LOIRE-INF. De *Vertou* à *Gorges*, C. de là à *Monnières* ; *la Mazure* près *la Chapelle-Basse-Mer*, *Ancenis*. PC. — MOR. *La Roche-Bernard*, « *Lorient, Hennebont*. RR. (Le Gall flore), » *Vannes, Arradon* (Taslé), *Kerango* en *Plescop* (Arrondeau). — FIN. *Port-Launay, Daoulas* (Crouan). — C.-NORD. *S.-Brieuc* (Taslé), *Dinan* (Mabille). — IL.-ET-V. *S.-Malo* (Mabille), R. *Fougères* (V. Sacher).

GALEOBDOLON Huds. Caract. du *Lamium*. Lèvre infér. de la cor. à 3 lobes aigus.

G. LUTEUM Huds. *Galeopsis Galeobdolon* L. *Lamium* Crantz. Tige peu rameuse, à rejets stériles rampants. Feuil. ovales-en cœur, inégalement crénelées-dentées, pétiolées. Fl. jaunes, en verticilles axillaires. Bractées linéaires, ciliées. Anthères glabres. ♃. av.-mai. Taillis, buissons ombragés. — CHAR.-INF. Forêt d'*Aulnay*. — DEUX-SÈV. *Celles* (A. Guillon), *S.-Jouin, Louin* (Brottier), *Lamairé, S.-Pompain* (Guyon), *Chatillon-sur-Sèvre* (Toussaints). — VEND., LOIRE-INF., MOR. AC. — PC. reste de *la Bretagne*.

GALEOPSIS L. Cal. en cloche, à 5 dents mucronées, presq. égales. Cor. à tube renflé ; lèv. sup. voûtée, l'inf. munie de chaque côté d'une dent creuse, aiguë ; à 3 lobes, l'intermédiaire obtus ou échancré. Anthères s'ouvrant par 2 valves transversales. *Fl. en verticilles terminaux ou axillaires.*

G. DUBIA Leers, *G. ochroleuca* Lam. Mollement pubescent. *Tige* rameuse, *non renflée sous les nœuds*. Feuil. lancéolées ou ovales-lancéolées, dentées en scie. Cor. 4 f. plus longue que le cal., jaune pâle ou rose ; lèv. sup. incisée-dentée, l'inf. tachée de jaune foncé. ①. at.-oct. Moissons. C. — RR. le calc.

— Il ne m'est pas toujours possible de distinguer du suiv. la var. à fl. roses.

G. Ladanum L. *G. angustifolia* Ehrh. Rameux en pyramide, mollement pubescent. Feuil. lancéolées-linéaires, entières ou dentées. Cor. 3 f. plus longue que le cal., rouge, à lèvre infér. tachée de jaune. ①. C. champs calc. — Loire-Inf. c. de *Legé* à *S.-Etienne-de-Corcoué*. PC. — Mor. *Plœmeur* (Le Gall). — Il.-et-V. Calc. de *Rennes* (J.-M. Sacher). — Varie rar. à fl. 1/2 plus petite.

G. Tetrahit L. *Tige* rameuse, hispide, *renflée sous les nœuds*. Feuil. ovales-oblongues, acuminées, crénelées-dentées. Fl. roses, en verticilles rapprochés. Cal. à dents longues épineuses. Cor. rose, ponctuée de jaune et de rouge, à lobe intermédiaire de la lèv. inf. presque carré, entier ou échancré, marqué à la base d'une tache jaune veinée de rouge. ①. a[t].-oct. Décombres frais, taillis, moissons. C. — La longueur du tube de la cor. est variable par rapport au cal.; varie aussi à fl. plus petite, blanche ou bordée de rose, et à cal. noirâtre.

Obs. Je ne distingue pas du précéd. : 1° *G. bifida* Bœnning. qui en différerait surtout par le cal. égalant ou dépassant le tube de la cor. petite, rose pâle, lèv. inf. à lobe interméd. carré, un peu échancré, pourpre foncé avec un liseré blanc, à la fin replié par les bords, les latéraux rosés avec une petite tache au milieu, très-peu dentelés ainsi que la lèv. sup. Mêmes lieux. Indiqué en plusieurs localités de *la Bretagne*. 2° *G. pubescens* Bess. Caract. généraux de *G. Tetrahit*, dont il diffère par la pubescence molle réfléchie du haut de la plante et par la cor. hérissée, à tube 2 f. plus long que le cal., blanchâtre, taché de brun jaunâtre au sommet. Mêmes lieux. — Vend. *Napoléon* (Marichal). — Mor. *Pontivy* (Arrondeau). — C.-Nord. ac. autour de *Dinan* (Mabille).

G. VERSICOLOR Curt. Caract. de *G. Tetrahit*. Fl. grande, élégante, tube 1 f. plus long que le cal., blanc à la base, puis jaune du *Galeobdolon* ainsi que la lèv. sup.; lèv. inf. veinée à la gorge, à lobes latéraux jaunes dans le bas, l'autre moitié blanche, le lobe intermédiaire arrondi, violet avec un liseré blanc. ①. j^t-sept. Champs cultivés. — FIN. *Scaër*, c. château de *Mûr* en *Plouigneau*, (de Guernisac), *S.-J.-Plougastel* (Crouan).

STACHYS L. Cal en cloche, à 5 dents. Cor. a tube garni en dedans d'un anneau de poils; lèv. sup. voûtée, l'infér. à 3 lobes, l'intermédiaire plus grand, échancré, les latéraux réfléchis. Etam. inf. à la fin déjetées en dehors sur les côtés. Carp. arrondis, obtus.

S. GERMANICA L. *Plante couverte d'un coton blanc, épais, soyeux*. Feuil. ovales-oblongues, crénelées, épaisses, les inf. en cœur à la base, les florales lancéolées, sessiles. Fl. rosées, en verticilles rapprochés en épi. Dents du cal. ovales, acuminées, piquantes. ♃, ②. j^t-a^t. Coteaux, lieux pierreux du calc. — CHAR.-INF. AC. — DEUX-SÈV. *Paizay* (Vernial), *Augé*, *Rom*, *Lezay* (Richard), *Villiers en P.* (Guyon), *la Touche-Poupart* (Segretain), *Loubillé* (Jousse), *Tessonnière*, *Lamairé* (Bonnin), *Thouars* (Lebrun), *S.-Martin-de-Sanzay* (Janneau), etc.. — VEND. *Vix*, AC. d'*Angles* au *Pont-Rouge* (Letourneux), c. de là à *S.-Cyr* (Pontarlier), *S.-Vincent-sur-Jard*; *la Bretonnière*, *S.-Denis du Payré*, *S.-Hilaire la Forêt*, *Bazoges-en-Pareds* (Pontarlier, Marichal), *La Bauduère* (Pontdevie), *Commequiers*, *Chavagne les Redoux*, sur schiste (Gobert), *Garenne Ste-Christine* (Mlle Pocy Davant). — LOIRE-INF. *Oudon*, *la Série* et coteau de *Juigné* près *Ancenis*; *S.-Herblon* (Pesneau), *Cambon*. R.

✗. S. HERACLEA All. Bentham. Plante verte, couverte de longs poils blancs, étalés. Souche à plusieurs tiges simples. Feuil. rad. et inf. pétiolées, ovales ou oblongues, obliquement en cœur à la base, crénelées; feuil. florales rhomboïdales, entières, les inf. ayant les côtés sup. dentés. Verticilles écartés à 6-8 fl. *Dents du cal.* ouvertes, triangulaires-ovales, *aiguës, presque épineuses*. Cor. soyeuse en dehors, rouge pâle vineux en dedans, gorge tachée de jaunâtre, lèvre sup. entière. ♃. jn-jt. Terrains pierreux. — CHAR.-INF. *le Chay*! *la Repentie* (de Beaupreau), bois d'*Essouvert* près le *Pin* (Mme George), forêt de *Benon* près *Courçon*; *Migré* (Lemarié), *Dœuil* (Dussouchaud). R. — DEUX-SÈV. Bois d'*Avail* près *Chizé* (A. Guillon).

X. S. ALPINA L. Tige couverte de poils mous, les sup. glanduleux. Feuil. ovales-en cœur, crénelées, pétiolées, mollement velues, les sup. plus étroites, sessiles. Fl. rouge-brun terne, tachées de blanc, en verticilles écartés. *Dents du cal. ovales, obtuses, mucronées*. ♃. jn-jt. Bord des haies et bois du calc. — CHAR.-INF. Forêt d'*Aulnay*! (Vernial). R. — DEUX-SÈV. *Melle* (A. Guillon), bois de *la Drouille* (Guyon), *Chambrille* (J. Richard), *Sansay, Menigoute* (Genevier).

S. SYLVATICA L. Fétide; hispide. *Feuil. ovales-en cœur, acuminées*, crénelées-dentées. Verticilles écartés, à 6 fl. rouge vineux, panachées de blanc. Dents du cal. triangulaires-lancéolées. ♃. mai-at. Lieux frais ombragés, buissons, haies, pied des murs. C.

S. PALUSTRIS L. Tige simple à poils dirigés en bas. *Feuil. ovales-lancéolées*, à base en cœur, *aiguës*, crénelées-dentées en scie, à peine pétiolées, les sup. sessiles. Verticilles à 6-12 fl. roses, panachées de blanc, les supérieurs rapprochés en épi. Dents du cal. triangulaires, mucronées. ♃. jn-sept. Marais, fossés. C. — AC. au-delà de *Loire-Inf.* et qqf. dans les moissons fraîches. — *S. ambigua* Sm. *S. palustri-sylvatica*, a le port de *S. palustris*, dont il diffère par les feuil. toutes pétiolées, ovales-lancéolées, en cœur à la base, fortement dentées en scie; il croît dans la vallée de la Loire en Maine-et-L.

S. ARVENSIS L. *Hispide*, rameux de la base. *Feuil.* ovales-en cœur, *obtuses*, crénelées, pétiolées, les florales oblongues. Verticilles à 6 fl. petites, roses, ponctuées de rouge, rapprochés en épi. *Cal. à dents* lancéolées, *égalant presque la cor.* ①. jn-sept. Champs, moissons. C. — Un peu moins c. dans le calc.

S. ANNUA L. Tige pubescente dans le haut. Feuil. ovales-oblongues, obtuses, crénelées, vert pâle, glabres, pétiolées, les florales lancéolées, entières, sessiles. Verticilles à 4-6 fl., rapprochés en épi. *Cal.* velu *à dents* lancéolées, *terminées en arête pubescente*, 1 *f. plus courtes que la cor. blanche à lèv. inf. jaune.* ①. jn-sept. Champs calc. — CHAR.-INF., DEUX-SÈV. C. — VEND. c. calc. méridional, par localités (Letourneux), *Bazoges-en-Pareds* (Pontarlier). — LOIRE-INF. *Chéméré*! (Pesneau). RR. — MOR. *Ile aux Moines*! *Vannes, Séné* (Taslé), RR. *Auray* (Toussaints). R.

S. RECTA L. *S. Sideritis* Vil. *Sideritis hirsuta* Bon. 111. Tige couchée, poilue. Feuil. oblongues-lancéolées, crénelées-dentées, presque sessiles, les florales ovales, entières, mucronées. Verticilles à env. 6 fl., écartés, en épi. *Dents du cal.* triangulaires, *terminées en arête glabre. Cor. jaune-blanchâtre*, ponctuée et rayée de rouge. ♃. jn-at. Terrains pierreux calc. — CHAR.-INF., DEUX-SÈV. C. — VEND. Calc. méridional et de *Chantonnay*. C. — LOIRE-INF. AC. coteaux schisteux de la *Loire*, d'*Oudon* à *Ingrande*; *Machecoul, Arthon*. R.

BETONICA L. Cal. tubuleux-conique, à 5 dents égales, mucronées. Cor. à tube cylindrique, courbé; gorge nue; lèv. sup. concave, ascendante, l'inf. recourbée, à 3 lobes, l'intermédiaire obtus ou échancré. Etam. rapprochées, parallèles sous la lèv. sup. de la cor. Carp. arrondis-obtus.

B. OFFICINALIS L. *Bétoine*. Tige ord. simple, raide, plus ou moins poilue. Feuil. ovales ou oblongues, en cœur à la base, crénelées, pétiolées, écartées, les sup. plus étroites, sessiles. Fl. roses, rar. rouges ou blanches; verticilles rapprochés en épi serré, interrompu à la base. Cal. glabre, rar. poilu au sommet, très-rar. tout poilu. Cor. pubescente en dehors, à lèvres divergentes, l'inf. à lobe intermédiaire entier ou profond. échancré et crénelé-denté. Etam. n'atteignant pas la moitié de la lèv. sup. de la cor. ♃. jⁿ-sept. Taillis, buissons, bord des champs, landes. CC.

MARRUBIUM L. Cal. tubuleux-cylindrique, à 10 stries. Cor. à tube garni d'un anneau interrompu de poils; lèv. sup. étroite, bifide, l'inf. à 3 lobes, l'intermédiaire plus large, échancré. Etam. et style inclus. Carp. trigone, à sommet plane triangulaire.

M. VULGARE L. *Marrube blanc.* Tige rameuse, cotonneuse-blanchâtre. Feuil. orbiculaires-en cœur, inégalement crenelées, tomenteuses-grisâtres surtout en dessous, rugueuses-ridées en réseau, pétiolées, les sup. ovales, rétrécies en pétiole. Fl. blanches, en verticilles compacts, écartés. Dents du cal. 10 dont 5 plus courtes, glabres et crochues au sommet. ♃. jⁿ-a^t. Lieux pierreux, bord des chemins. AC.

SIDERITIS L. Caract. du *Marrubium*. Cal. strié, à 5 dents. Carp. arrondis-obtus au sommet.

X. S. HYSSOPIFOLIA L. Tiges allongées de 5-9 déc., couvertes de poils couchés, diffuses en buisson. Feuil. linéaires-lancéolées, rétrécies à la base, à 3 nervures, à dents écartées ou entières, les supér. linéaires, entières. Fl. jaune-souffre, en épi à la fin très-allongé, composé de verticilles écartés, entourés de deux feuil. florales arrondies, acuminées, dentées-épineuses. Cal. en cloche allongée, hérissé, poilu à l'intérieur entre les 5 *dents* épineuses *à peu près égales*, égalant les 2/5 du tube à 10 stries. Cor. à 2 lèv., la sup. redressée, linéaire, obtuse, entière ou échancrée, l'inf. à 3 lobes, dont l'intermédiaire plus grand, échancré. ♃. at-sept. Coteaux arides calc. — CHAR.-INF. *Meschers* (de l'Isle), AC. *Chaniers* près *Saintes* ! (A. Guillon). R. — C. rochers d'*Angoulême* (Charente).

✕. S. ROMANA L. Tige hérissée, rameuse à la base. Feuil. oblongues, dentées, sessiles, mucronées. Fl. blanches, env. 6 par verticille; ceux-ci commençant presque dès la base des rameaux flexueux, diffus. Cor. égalant le *cal. à 2 lèv., la sup. ovale, entière, l'inf. à 4 lobes,* tous mucronés. ①. sept. Bord des chemins. — CHAR.-INF. *Sablonceaux* (Delalande).

BALLOTA L. Cal. en entonnoir, à 5 angles, 5 dents et 10 stries. Cor. à lèv. sup. concave, l'inf. à 3 lobes, l'intermédiaire en cœur renversé; tube garni d'un anneau de poils. Etam. rapprochées, parallèles sous la lèv. sup. de la cor.

B. NIGRA L. *Marrube noir.* Fétide, rameux. Feuil. ovales, presq. en cœur, inégalement crénelées-dentées, pétiolées. Fl. rougeâtres, en petits corymbes axillaires. Bractées linéaires. Dents du cal. largement ovales, mucronées. ♃. jn-at. Bord des haies, des chemins, pied des murs. CC.

LEONURUS L. Cal. en cloche, à 5 dents. Cor. à lèv. sup. concave, l'inf. à 3 lobes obtus, roulés en dessous de manière à imiter un seul lobe aigu; tube garni d'un anneau de poils. Etam. à la fin déjetées sur les côtés. Carp. trigones, planes et poilus au sommet.

L. CARDIACA L. *Cardiaque.* Rameux, vert sombre. Feuil. inf. palmées à 5 lobes incisés-dentés, les sup. en coin à la base, à 3 lobes, qqf. entières. Fl. rosées, en verticilles axillaires, écartés. Cor. très-poilue, à lèv. inf. tachée de brun. ♃. jn-at. Bord des haies, des chemins, villages. R. — C'est prob. un reste de culture médicinale.

CHAITURUS Ehrh. Caract. du *Betonica.* Lèvre

sup. de la cor. concave, dirigée en avant, non ascendante. Carp. trigones, planes et velus au sommet.

C. Marrubiastrum Ehrhart, *Leonurus* L. Tige de 5-15 déc. rameuse. Feuil. primordiales en cœur-arrondies, crénelées, les inf. ovales, fortement et inégalement dentées, pubescentes en dessous, les sup. lancéolées, en coin et entières à la base. Fl. petites, dépassant à peine le cal., blanc-rosé, en verticilles compacts, nombreux, écartés. Dents du cal. longuement mucronées. ②. a^t. Bord des eaux, souv. près des buissons. — Deux-Sèv. *Bougon* ! (Sauzé, Maillard). R. — Vend. Marais de *S.-Vincent-sur-Jard* ! (David). RR. — Loire-Inf. Bord d'un champ entre *S.-Michel* et *Paimbœuf* (Desvaux) ; çà et là bords du marais de *Grée* à *Ancenis* ! (Guiho), *Anetz*. RR. Se retrouvera ailleurs dans la Vallée.

SCUTELLARIA L. Cal. court, fermé à la maturité, à 2 lèv. entières, la sup. chargée sur le dos d'une écaille concave. *Fl. axillaires, opposées, tournées du même côté.*

S. galericulata L. Tige faible. *Feuil. oblongues, en cœur à la base,* dentées, un peu pétiolées. Cor. bleu clair ; tube courbé à la base. ♃. jⁿ-sept. Bord des eaux. C. — Moins c. dans le calc.

S. hastifolia L. Tige faible. *Feuil.* oblongues, *hastées,* à 1,2 dents de chaque côté à la base, obtuses, un peu pétiolées, les supér. plus étroites. Cor. violette ; tube courbé à la base presq. en angle droit. Carp. plus tuberculeux que dans les autres espèces. ♃. jⁿ-sept. Haies et buissons du bord des eaux. — Char.-Inf. *Saintes* (Brunaud), *Taillebourg*. — Vend. *S.-Vincent-sur-Jard* (Pontarlier). R. — Loire-Inf. AC. *Vallées de la Loire* et des confluents. PC. — Fin. Coteaux cult. de *Port-Salut* et env. (Crouan).

S. minor L. Tige dressée. Feuil. oblongues-lancéolées, à 1,2 dents de chaque côté à la base, les infér. ovales, les supér. lancéolées. *Cor. rose ; tube droit,* un peu ventru à la base. ♃. jn–sept. Marais, prés humides. C. — Moins c. dans le calc.

BRUNELLA L. Cal. à 2 lèv., la sup. plane, tronquée, à 3 dents, l'inf. à 2 lobes lancéolés. Cor. à lèv. sup. concave, l'inf. à 3 lobes. Filets des étam. divisés au sommet en 2 pointes dont une sans anthère.

B. VULGARIS L. *Brunelle.* Tige couchée à la base, à poils appliqués. Feuil. ovales-oblongues, entières, les sup. rar. pinnatifides. Fl. violacées ou rougeâtres, en épi compact. *Lèv. sup. du calice tronquée, à dents très-courtes,* mucronées. Pointe des 2 longues étam. ascendante sur le côté et en avant. ♃. mai-jt. Prés, pelouses, chemins. CC.

β. *B. pinnatifida* Pers. Feuil. pinnatifides à lobes arqués-ascendants ; fl. souv. plus pâles. Mêmes lieux. PC. et plutôt au midi de *la Loire.* — Espèce distincte selon Sauzé et Maillard, cat., p. 42.

* ✕. B. GRANDIFLORA L. Tige couchée à la base, velue. Feuil. pétiolées, ovales, entières, sinuées ou pinnatifides. *Fl.* bleues, *grandes* en épi compact. Dents de la lèv. sup. du cal. largement ovales, mucronées, celle de la lèv. inf. lancéolées. *Etam. mutiques, les plus longues munies au sommet d'une dent courte en bosse.* ♃. jt–at. — Coteaux arides calc. *de la Vienne.*

B. ALBA Pal. Mutel, fig. 385, *P. laciniata* L. Tige couchée à la base, hérissée de poils blancs. Feuil. pinnatifides, les inf. oblongues, entières ou dentées. *Fl. blanches,* en épi compact. *Dents de la lèv. sup. du cal. largement ovales,* mucronées. Pointe des 2 longues étam. courbée en avant. ♃. jn–at. Coteaux et pelouses arides. AC. — Au delà de *Loire-Inf. : S.-Jacut, île des Ebiens* (Mabille), *Dinan* (de Ferron), dans *C.-Nord.*

✕. B. HYSSOPIFOLIA L. Tige hérissée ainsi que les

feuil. linéaires-lancéolées, rétrécies à la base, très-entières, sessiles. *Fl. lilas clair*. Lèv. sup. du cal. à dents très-larges, mucronées, l'inf. à dents lancéolées. Lèv. inf. de la cor. frangée, la sup. pliée au milieu en carène hérissée. Pointe des 2 longues étam. courbée en avant mais de côté. ♃. j^t-a^t. Pelouses, clairières des bois. — CHAR.-INF. c. *S.-Georges-du-Bois* (Delalande), *Benon*, env. de *Mauzé* (J. Richard). — DEUX-SÈV. *Peux* près *Prahecq* (Maillard).

AJUGA L. Cal. à 5 dents presq. égales. Cor. tubuleuse, à lèv. sup. presque 0, l'inf. à 3 lobes, celui du milieu grand, en cœur renversé. Carp. ridés en réseau.

A. REPTANS L. *Bugle*. Tige simple, velue sur 2 faces ; *rejets stériles rampants*. Feuil. oblongues, un peu sinuées, sessiles, les inf. spatulées. Fl. bleues, qqf. rosées ou blanches, en verticilles axillaires, rapprochés en épi. ♃. mai-j^n. Prés humides, bord des fossés. CC.

X. A. GENEVENSIS L. *Sans rejets stériles*. Tige couverte de poils mous, simple ou rameuse de la base. Feuil. oblongues ou obovales, sinuées ou irrégulièrement crénelées, les inf. rétrécies en pétiole. Fl. d'un beau bleu en verticilles rapprochés en épi serré. Bractées entières ou dentées, les sup. ord. plus courtes que les fl. ♃. mai-j^n. Bord des chemins, des champs calc. — CHAR.-INF. RR. près du *Sœuil* (Pinatel). — DEUX-SÈV. *Réfannes* (A. Guillon), *la Mothe* (Sauzé, Maillard), c. *S.-Jouin* (Brottier); *Airvault*, *Veluché* (Bonnin), *Pressigny* (Guyon).

A. CHAMÆPITYS Schreb. *Teucrium* L. Très-poilu, étalé-couché. *Feuil. à 3 lobes linéaires*, roulés en dessous, les inf. entières. Fl. jaunes, ponctuées, axillaires, solitaires, opposées, sessiles. ①. mai-j^n. Champs calc. en friche. — CHAR.-INF. et DEUX-SÈV. C. — VEND. c. calc. méridional (Letourneux), *Bazoges* (Pontarlier), *Commequiers* (Gobert). —

Loire-Inf. *Machecoul, Arthon.* R. — Champs sablonneux du littoral : — C.-Nord. Baie de *S.-Cast* (Baron). — Il.-et-Vil. *S.-Malo.*

TEUCRIUM L. Cor. à tube court ; lèv. sup. courte, à 2 lobes déjetés sur les côtés et faisant paraître la lèv. inf. à 5 lobes. Etam. saillantes entre les lobes de la lèv. sup.

T. Scorodonia L. *Germandrée.* Tige velue. Feuil. ovales ou oblongues, en cœur à la base, crénelées-dentées, ridées, pétiolées. Fl. jaunâtres, opposées, en épis effilés, opposés, 1.latéraux, axillaires et terminaux. *Lèv. sup. du cal. entière, l'inf. à 4 dents* mucronées. ♃. j^n^-sept. Bord des haies, des buissons, des bois. CC.

✗. T. Botrys L. Tige velue, ord. rameuse de la base. *Feuil.* pétiolées, *bipinnatifides* à lobes linéaires-oblongs. Fl. rosées demi-verticillées par 4-6. Cal. bossu à la base, à 5 dents triangulaires, acuminées. ①. j^n^-j^t^. Champs pierreux et coteaux calc. — Char.-Inf., Deux-Sèv. AC. — Vend. AC. *Fontenay* (Letourneux), *Mouzeuil* (Ayraud), *Bazoges* (Pontarlier).

T. Scordium L. *Scordium.* Odeur alliacée ; tout velu-grisâtre. *Feuil. molles,* oblongues-lancéolées, grossièrement dentées, *sessiles. Fl. rosées, géminées,* axillaires, unilatérales. Cal. à 5 dents égales. Carp. ridés. ♃. j^t^-oct. Bord des ruisseaux, des marais, surtout dans la région maritime. — Char.-Inf. PC. *Dœuil* (Dussouchaud), *Beauvais*, pays-bas de *Matha* (Savatier), *Saintes*(Brunaud). — Deux-Sèv. Marais de *Coulon* (A. Guillon), *Paizay* (Vernial), *La Mothe* ! (Sauzé), c. *S.-Jouin* (Brottier), *Tourtenay* (Genner), *Thouars* (Toussaints). — Vend. *Fontaines.* — Loire-Inf. *Cambon.* — Région maritime : Char.-Inf. et Vend. AC. — Loire-Inf. De *Pornichet* à la caserne de la *Bole ; S.-Michel* (Desvaux). R. — Mor. *Quiberon.* RR. — Fin. Çà et là côte de *Pen-*

marc'h (Bonnemaison) à *Plovan* (Crouan). — Cot.-Nord. *Garenne d'Erquy, Plurien* (Baron).

X. T. Chamædrys L. *Petit chêne*. Tiges presque ligneuses, couchées; rameaux ascendants, velus ou pubescents. *Feuil. ovales*, en coin à la base, *incisées-crénelées*, pétiolées, pâles en dessous. Fl. rosées en verticilles rapprochés en épi terminal. ♃. jn-jt. Lieux pierreux calc. — Char.-Inf. et Deux-Sèv. C. — Vend. c. Plaine et îles hautes; *Chantonnay, Bazoges* (Pontarlier). — C.-Nord. *S.-Cast* près de la colonne (Baron).

X. T. montanum L. Tiges de 1-3 déc. un peu ligneuses, couchées, pubescentes. *Feuil. linéaires-lancéolées*, entières, *tomenteuses-blanchâtres* et roulées *en dessous* par les bords. Fl. blanc-jaunâtre en tête aplatie, terminale. ♃. jn-jt. Coteaux calc. — Char.-Inf. C. — Deux-Sèv. AC. — Vend. rr. *France*! près *Mouzeuil, Maillezais* (Mlle Poey Davant); rr. *Vigneronde* en *Serigné* (Gobert), bois *de Bessay* (Pontarlier), rr. *la Dive*. R.

VERBÉNACÉES.

Cal. tubuleux, persistant. Cor. tubuleuse, à limbe irrégulier, caduque. Etam. 4 didynames ou 2 insérées sur la cor. Style 1 naissant du sommet de l'ovaire à 2 ou 4 lobes; stigm. simple ou bifide. Fruit un peu charnu, à 2,4 carp. 1.spermes. *Feuil. opposées*.

VERBENA L. Cal. à 5 div. Cor. à tube courbé; limbe presque plane, à 2 lèv., la sup. échancrée, l'inf. à 3 lobes. Etam. 4. Fruit se séparant en 4 carp. 1.spermes.

V. officinalis L. *Vervcine*. Tige tétragone. Feuil. oblongues, incisées-dentées et pinnatifides, en coin à la base. Fl. petites, lilas, à gorge blanche, sessiles, en longs épis filiformes, paniculés. ① ou ♃. jt-sept. Champs, bords des chemins. CC.

LENTIBULARIÉES.

Cal. divisé, persistant. Cor. irrégulière, à 2 lèv. éperonnée. Étam. 2 insérées à la base de la cor. Ovaire 1. Style 1; stigm. à 2 lèv. Caps. 1.loc., polysperme. Placenta central.

PINGUICULA L. Cal. à 5 div. Cor. à 2 lèv., la sup. bifide, l'inf. à 3 lobes. Caps. bivalve.

P. LUSITANICA L. Feuil. radicales, en rosette, oblongues, obtuses, roulées en dedans par les bords, luisantes, vert jaunâtre. Hampe de 10–15 cent. pubescente, à 1 fl. blanchâtre; tube roussâtre, rayé de pourpre; *éperon* court, *obtus*. Caps. globuleuse. ♃. mai-jt. Landes et prés marécageux. C. *Bretagne* et Bocage vendéen. — CHAR.-INF. La lande, de *Montendre* à *Montlieu* et env., marais de *Corme-Royal*. R.

P. VULGARIS L. Feuil. radicales, en rosette, ovales-oblongues, obtuses, vert-jaunâtre, couvertes en dessus de poils papilleux. Hampe à *1 fl. violette* tachée de blanc à la base de la gorge; *éperon* violacé, cylindrique, *en alène*. Lobes du cal. oblongs, obtus (3 plus larges), glanduleux-pubescents ainsi que la hampe. Caps. ovale. ♃. — CHAR.-INF. Entre *Soubise* et *Martrou* (Rejou); je l'ai cueilli en jeune fruit, le 4 juin, dans le marais de *Harzan* près *Corme-Royal*, et cultivé de là.

UTRICULARIA L. Cal. à 2 lobes. Cor. personée, éperonnée. Caps. s'ouvrant circulairement. *Herbes aquatiques, garnies de vésicules; feuil. à div. capillaires; hampe pluriflore.*

U. VULGARIS L. Feuil. grandes, ailées à div. nombreuses, capillaires, finement dentées-épineuses, garnies de vésicules. Hampe à 3–7 fl., d'un rouge brun luisant ainsi que le cal. Cal. sous la fl. ouverte à lobe sup. ovale-lancéolé, presq. acuminé, à base large, l'inf. largement ovale, échancré,

Cor. jaune *à lèv. inf. recourbée par les bords*, la sup. entière, égalant le *palais étroit* et marqué de stries orangées peu nombreuses. Eperon conique, dirigé en avant. Pédonc. fructifères recourbés. ♃. jn-jt. Marais. AC. — VEND., LOIRE-INF. C. — La cor. vue de côté forme un carré et le palais est en coin très-étroit.

U. NEGLECTA Lehm. Feuil. moins grandes, à div. plus fines. Hampe rouge pâle ainsi que le cal. Cal. sous la fl. ouverte strié, à lob. sup. oblong-ovale, l'inf. largement ovale. Cor. jaune à *lèv. inf.* large, *étalée-plane*, la sup. dépassant 1/2 fois le palais large, proéminant, à 2 bosses parallèles, marqué de stries orangées nombreuses. Eperon conique, dirigé en avant. Pédonc. de la caps. dressé? ♃. jt-at. Marais. Avec le précéd. PC. — Plus grêle, s'en distinguant facilement sur le frais par la forme de la cor., par le palais vu de côté court, obovale-en coin et par les lobes du cal. moins inégaux entre eux.

U. INTERMEDIA Dreves et Hayne. Feuil. courtes, distiques, 3-part. à div. dichotomes, sétacées, dentées-épineuses. Hampe à 2,3 fl. Cor. jaune, lèv. sup. entière, striée d'orangé ainsi que le palais, 1 f. plus longue et plus large que le palais, l'inf. étalée, plane; éperon conique. ♃. jn-jt. — LOIRE-INF. C. dans les petites flaques de tous les grands marais de l'*Erdre;* fleurit peu. — CHAR.-INF. R. étang du *Grand-Moulin* près *Montendre*. — Diffère des 3 autres espèces par les *vésicules naissant sur des rac. rameuses* et non sur les feuil.

U. MINOR L. Feuil. tripartites à div. dichotomes, glabres, garnies de vésicules. Hampe à 2,3 fl. *Cor. jaune pâle; éperon très-court,* non visible sur le sec; lèv. sup. échancrée, égalant le palais, l'inf. recourbée par les côtés; gorge entr'ouverte. ♃. mai-jt. Landes et marais tourbeux — CHAR.-INF. Marais de *Harzan* près *Corme-Royal*. RR. — DEUX-SÈV. *Puysec* près *Bressuire* (J. Richard), *Port-Jouet* près *Mauzé* (Sauzé). — LOIRE-INF. *Geneston, S.-*

Mars-la-Jaille, grands marais de l'*Erdre*; étangs de *Villeneuve*, de la *Bove* en *Grand-Auverné* (Guiho), *S.-Gildas*, *Sévérac*; *Missillac*, *Drefféac* (Delalande). PC. — MOR. *Vannes* (Taslé), *S.-Dolay*! *Théhillac*! (Delalande), *Ploërmel* (J.-M. Sacher). — FIN. Env. de *Quimper* (Bonnemaison); *le Tromeur*, *Gouesnou*, *Kergontés*, *Plougastel* (Crouan), tourbière du *Yunélez*. — C.-NORD. *Garatoie* près *Quintin*; forêt de *Loudéac* (de Ferron). — IL.-ET-V. Etang de *Landemarelle*. — Plus grêle; fl. plus petites que dans les précéd.

PRIMULACÉES.

Cal. à 5, rar. 4 div. persistant. Cor. régulière, à 5,4 lobes. Etam. 5,4 insérées sur la cor. et opposées à ses lobes. Ovaire 1. Style et stigm. 1. Caps. 1 loc. à plusieurs graines peltées. Placenta central.

LYSIMACHIA L. Cal. à 5 div. Cor. à 5 lobes, en roue; tube court ou presque 0. Etam. 5 souv. soudées à la base. Caps. globuleuse, à 5 ou 2 valves.

L. VULGARIS L. Tige dressée, de 6-10 déc. pubescente. Feuil. ovales-lancéolées, presque sessiles; opposées, ternées ou quaternées. *Fl.* jaunes, *en panic. terminale*. Filets des étam. dilatés et réunis à la base. Caps. à 5 valves. ♃. jn-at. Bord des eaux, des marais. CC.

L. NUMMULARIA L. Tige couchée, rampante. Feuil. ovales-orbiculaires, opposées, pétiolées. Fl. jaunes, grandes, axillaires, solitaires. *Lobes du cal. en cœur*. Filets des étam. réunis à la base. Caps. à 5 valves. ♃. jn-at. Prés et haies humides, bord des fossés. C. — R. au-delà de *Loire-Inf*. — Fructifie très-rarement.

L. NEMORUM L. Tige couchée. Feuil. ovales, aiguës, opposées, pétiolées. Fl. jaunes, assez petites, axillaires, solitaires; pédonc. filiforme, dépassant la feuil. *Lobes du cal. lancéolés-linéaires*, acuminés.

Caps. à 2 valves. ♃. j^{n}-j^{t}. Bois humides. — DEUX-SÈV. Forêt de l'*Absie* (A. Guillon), de *Chantemerle* (Brottier), *Chambrille* (Maillard). — VEND. *Bourneau* (Letourneux), *Pouzauges* (J. Rossignol). — LOIRE-INF. *Orvault* (Vaudouer), *la Bretêche*, forêt du *Gâvre*; de *Juigné* (Guiho); *Châteaubriant*! (Moride), *Touvois* (Auvynet). R. — BRETAGNE. C. au-delà de *Rennes* et de *Vannes*.

L. LINUM STELLATUM L. *Asterolinum* Link. *Plante de 2-7 cent.* Feuil. lancéolées, un peu rudes au bord, opposées, sessiles. Fl. blanches axillaires, solitaires. *Cor.* 3 *f. plus courte que les lobes* lancéolés-en alène *du cal.* Caps. à 5 valves, à 2,3 graines ridées-rugueuses, creusées en forme de godet. ①. 15 av.-15 mai. Sables maritimes. — CHAR.-INF. *Fouras*! (de Beaupreau), *Oleron* à la Seuillaie. R. — VEND. AC. *Noirmoutier*; *S.-Jean-d'Orbetiers*(Pontdevie), *la Bauduère*. R. — MOR. *Quiberon*! (Aubry), *Gavre*! (Le Gall), *Houat*, *Hœdic*, *Belle-Ile*. — FIN. *Ile Penfret aux Glénans* (Le Men). — C.-NORD. Baie du *Rosaire* à *Plérin* (Baron).

ANAGALLIS L. Caract. du *Lysimachia*. Etam. libres à la base. Caps. s'ouvrant circulairement en travers. *Feuil. opposées.*

A. ARVENSIS L. Tige diffuse, anguleuse. *Feuil.* ovales, *sessiles*. Fl. rouges, roses ou bleues, axillaires, solitaires, pédonculées. Lobes de la cor. finement crénelés et plus finement ciliés-glanduleux. ①. j^{n}-sept. Terres cultivées. CC.

β. A. *cœrulea* Schreb. Fl. bleues. C. dans le calc. BR. au-delà de la Loire.

A. TENELLA L. Petite plante à *tige* couchée, *rampante*. Feuil. ovales-arrondies, pétiolées. Cor. rose tendre, à stries plus foncées, dépassant 3 f. le cal. Pédonc. filiforme, beaucoup plus long que la feuil. Etam. barbues. ♃. j^{n}-a^{t}. Marais et prés tourbeux, landes. C. — R. dans le calc. non sablonneux.

CENTUNCULUS L. Cal. à 4 div. Cor. à 4 lobes; tube renflé-globuleux. Etam. 4. Caps. globuleuse, s'ouvrant circulairement en travers.

C. MINIMUS L. Plante de 3-8 cent. Feuil. ovales, alternes, presque sessiles. Fl. blanchâtres, très-petites, axillaires, solitaires, presque sessiles. ①. mai-jt. Lieux mouillés l'hiver, chemins, moissons, bord des eaux. — DEUX-SÈV. *La Mothe* (Sauzé), *Parc d'Oyron* (Lunet), *Thouars* (Genuer), *Noirterre*, la Garnerie près *Moutiers* (J. Richard), *Puy-S.-Bonnet* (Genevier). — VEND. *Fontenay*, forêt de *Vouvant*, c. *Foussais* (Letourneux, Ayraud), *Chauché* (Pontarlier), AC. *S.-Hilaire* (Genevier). — LOIRE-INF. AC. — MOR. *S.-Perreux*, *Vannes*, *Auray*, *Lorient*, *Ploërmel*! etc. AR. (Le Gall flore). — FIN. *Quimper* (Bonnemaison), *Bodonoux*, *Plouarzel*, *Ste-Sève* (Crouan fl.). — IL.-ET-V. *S.-Grégoire*, *S.-Jacques* (Degland), étang de *Rosbise*, RR. *Fougères* (V. Sacher).

ANDROSACE L. Cal. à 5 div. Cor. à 5 lobes en soucoupe, tube ovale, resserré au sommet, muni à la gorge de 5 appendices. Caps. ovoïde, s'ouvrant au sommet en 5 valves.

X. A. MAXIMA L. Rac. simple. Hampes de 8-12 cent. souv. nombreuses, pubescentes, rougeâtres. Feuil. radicales, en rosette, ovales-ou elliptiques-lancéolées, dentées. Fl. blanches ou rosées en ombelle terminale entourée d'un invol. de fol. lancéolées. Cal. velu, plus grand que la cor., accrescent. ①. mars-mai. Champs calc. — DEUX-SÈV. *Thouars* (Genuer), moulin de *Rivière* en *Oyron* (J. Richard), *S.-Jouin* (Brottier), *Marnes*, *Airvault* (Bonnin). R. — *Puy-Notre-Dame* en Maine-et-L. (Revelière).

PRIMULA L. *Primevère*. Cal. à 5 angles, à 5 dents. Cor. en soucoupe; tube cylindrique, dilaté à l'insertion des 5 étam. Caps. à 5 valves.

P. VULGARIS Huds. et angl. *P. veris* γ. L. *P. acaulis* Jacq. *P. grandiflora* Lam. *Feuil. oblongues*, rétrécies à la base. Hampe uniflore, laineuse. *Cal.* étroit, *à 5 lobes profonds, lancéolés*, acuminés. Cor. grande, jaune pâle, t.-rar. rosée; limbe plane, à 5 larges taches à la base. Fl. à odeur douce, légère. Caps. oblongue. ♃. mars-mai. Bord des haies, des bois. CC. — PC. dans le calc.

Obs. P. variabilis Goupil. *Feuil. oblongues*, rétrécies à la base, plus pâles en dessous. Hampes multiflores et uniflores souv. sur le même individu, velues. *Cal.* verdâtre sur les angles, blanchâtre dans les sinus; *lobes lancéolés*, acuminés. *Cor. à limbe plane* à 5 taches à la base. Fl. ord. inodore, plus petite et plus foncée que dans *P. vulgaris*, plus grande et plus claire que dans *P. officinalis*. Caps. ovale-arrondie, cachée au fond du cal. évasé. ♃. av.-mai. Coteaux boisés, bois. — Çà et là, et souv. par pieds isolés, toujours mêlé à *P. vulgaris* et *officinalis*. — M. Guibo, après avoir vu et revu cette plante, me l'a toujours signalée comme un hybride des *P. vulgaris* et *officinalis*. Cette opinion a été confirmée depuis : 1° par M. Godron, qui assure, bul. soc. bot. 10 p. 182, l'avoir obtenue par la fécondation artificielle de *P. vulgaris* avec le pollen de *P. officinalis*; 2° par MM. Boreau, herbor. 1862, et Naudin, bul. soc. bot. 7 p. 307, qui, avec les graines de *P. variabilis*, ont reproduit les deux autres espèces.

P. OFFICINALIS Jacq. *P. veris* α. L. *Feuil. ovales*, obtuses, ridées, ondulées-dentées, décurrentes sur le pétiole. Hampe multiflore, pubescente. *Cal. renflé*, tomenteux-blanchâtre, *à lobes courts, presque obtus*. Cor. d'un beau jaune, *limbe concave*, marqué à la base de 5 taches orangées. Fl. odorante. Caps. ovale, cachée au fond du cal. en cloche. ♃. mars-mai. Prés, bord des haies, coteaux boisés. — CHAR.-INF., DEUX-SÈV. C. — VEND. C. le calc. PC. (Pontarlier). — LOIRE-INF. RR. à *Nantes*, manque dans la région maritime. C. — IL.-ET-V. C. par localités. — MOR. *S.-Jean-la-Poterie* (Arrondeau). RR. — C.-NORD. La Courbure près *Dinan* (Mabille). RR.

P. ELATIOR Jacq. *P. veris* β. L. *Feuil. ovales*, décurrentes sur le pétiole. Hampe multiflore. *Cal.* verdâtre sur les angles, blanchâtre dans les sinus; *lobes ovales*, acuminés, assez courts. *Cor. à limbe plane, sans taches à la base*. Fl. inodore, plus pâle que celle de *P. variabilis*. Caps. oblongue, dépassant le cal. appliqué sur elle. ♃. av.-mai. Coteaux boisés, haies des prés. — Je l'ai cueilli à *Mezeaux* près *Poitiers* (Vienne).

Obs. Ces 4 plantes cultivées ensemble produisent des hybrides à l'infini.

HOTTONIA L. Caract. du *Primula*. Cal. à 5 div. profondes. Caps. indéhiscente.

H. PALUSTRIS L. Plante croissant dans l'eau. Feuil. ailées en dents de peigne, verticillées. Fl. en verticilles écartés, sur une hampe s'élevant au-dessus de l'eau. Cor. blanche, à gorge orangée. Pédonc. du fruit réfléchi. ♃. mai-j^{n}. Fossés, marais, eaux stagnantes. C. jusqu'à *Loire-Inf.*, *Il.-et-V.* et N.-est des *C.-Nord*. — MOR. Dans le S.-est. PC.

CYCLAMEN L. Cal. 5 part. Cor. à 5 div. allongées, réfléchies; tube court, en cloche. Caps. à 5 valves réfléchies.

✕. C. NEAPOLITANUM Ten. DC. prod., Des Moulins Cycl. Souche grosse. Feuil. radicales, largement en cœur, à 5 angles, entières ou dentées, oreillettes arrondies, écartées. Pédonc. radicaux à 1 fl. rose plus foncée à la base, inodore, paraissant avant les feuil. Div. du cal. ovales-triangulaires, acuminées, dentées, dépassant un peu le milieu du tube de la cor. Cor. à lobes oblongs-ovales, gorge large à 10 dents. Caps. cachée par le pédonc. roulé en spirale. ♃. a^{t}-sept. Coteaux boisés, haies. — DEUX-SEV. *S.-Maixent* (Babinet), *la Fragnée* en *l'Enclave*, env. de *Melle* (Sauzé, Maillard).

SAMOLUS L. Cal. demi-adhérent, à 5 lobes. Cor. en soucoupe, à 5 div. Etam. 5. Etam. stériles ou écailles 5 placées dans les sinus de la cor. Caps. à 5 valves au sommet.

S. Valerandi L. Tige peu rameuse. Feuil. obovales, entières, alternes, vert foncé, les sup. oblongues. Fl. blanches, en épis lâches, terminaux. Pédic. courbés et garnis d'une petite bractée située au-dessus du milieu. ♃. jn-sept. Bord des ruisseaux, des sources, lieux humides, rochers maritimes d'où l'eau suinte. C. région maritime, RR. à l'intérieur et alors ord. dans le calc.

GLAUX L. Cal. en cloche, coloré, à 5 div. Cor. 0. Etam. 5 insérées à la base du cal. Caps. 1.loc. à 5 valves. Graines env. 5, trigones.

G. maritima L. Stolonifère. Tige ord. couchée, radicante à la base. Feuil. oblongues, un peu épaisses, serrées, opposées, sessiles. Fl. blanc-rosé, axillaires, solitaires, sessiles. ♃. jn-jt. Lieux humides salés des bords de la mer. C.

PLUMBAGINÉES.

Cal. en entonnoir, plissé, persistant. Cor. régulière, à 5 lobes ou à 5 pét. Etam. 5 hypogynes dans les espèces 1.pét., insérées sur les pét. dans les espèces polypét. Ovaire 1. Style 5. Caps. indéhiscente, à 1 graine pendante.

STATICE L. Cal. scarieux dans le haut, à 5 div. Pét. 5. Styles 5. *Fl. bleues* (ici) *en épis unilatéraux, sur une hampe rameuse; épillets à 1-4 fl. entourées de 3 bractées dont l'int. plus grande; feuil. en rosette.*

S. Limonium L. Tige robuste de 3-6 déc. *Feuil. oblongues*, rétrécies en pétiole, obtuses et mucronées sous le sommet, ou aiguës à pointe terminale, à *une nervure* rameuse. Fl. nombreuses, épillets serrés, en corymbe ample, à rameaux arqués en dehors. Bractée intér. 3 f. plus longue que les extér. *Lobes du cal. aigus. Pét. concaves,* arrondis au sommet, entiers ou échancrés. ♃. aᵗ-sept. Vases maritimes. C. — Moins c. côte nord de *la Bretagne.* — *S. serotina* Reich. appartient à l'espèce. — Dans les lieux desséchés on trouve qqf. des individus rabougris de 7-10 cent. qu'il faut se garder de confondre avec les deux suiv.

S. RARIFLORA Drej., *S. Bahusiensis* Fries. Très-voisin du précéd. Tige grêle, de 2-3 déc. Feuil. oblongues-lancéolées, aiguës à pointe ord. terminale, qqf. obtuses ou échancrées et mucronées sous le sommet, longuement rétrécies en pétiole, à une nervure. Fl. 1-3 en *épillets* solitaires ou géminés, *écartés,* formant une panicule à rameaux droits, ou arqués-ascendants. Bract. obtuses ou aiguës. Lobes du cal. aigus. Pét. obtus, oblongs-en coin. Anthères ovales, orangées. Styles blancs. Mêmes lieux. — MOR. *Séné*! (Taslé); *Ile-aux-Moines*. PC. — FIN. *Loperhet* et *Sᵗᵉ-Claude* près *Brest* (Crouan). — Port distinct.

S. OVALIFOLIA Poir. *S. hybrida* Montagne! Mut. fig. 408. Tige de 12-16 cent. *Feuil. obovales-spatulées, acuminées,* terminées en pointe fine, *à 3 ou 5 nervures. Rameaux* en panicule *occupant plus de la moitié de la tige.* Fl. nombreuses; *épis courts, très-serrés, dressés,* en petits corymbes terminaux. Bractée intér. 4 f. plus longue que l'extér. Lobes du cal. obtus. Pét. planes, en coin, échancrés. ♃. jᵗ. Rochers maritimes. — CHAR.-INF. *Terre Nègre* près *Royan* (Lespinasse), *Oleron* (Delalande), *Marennes* (Personnat), *île d'Aix* (A. Guillon), *île de Ré* (Hubert). — LOIRE-INF. AC. pointes de *Chemoulin, Penchâteau, Croisic,* RR. côte du Sud. PC. — MOR. *Gavre*! (Montagne), *Belle-Ile.* — IL.-ET-V. *S.-Malo* et env., *la Rance* jusqu'à écluse de *Livet.*

S. LYCHNIDIFOLIA De Girard. Feuil. du précéd. Rameaux distiques, lâches, en corymbe occupant le tiers supér. de la tige ou qqf. en panicule commençant vers la moitié. *Fl.* serrées, *en épis arqués-*

étalés. Bractée intér. 3 f. plus longue que l'extér. Lobes du cal. obtus. ♃. août. Bord des marais salants. — CHAR.-INF. *La Tremblade, Oleron; la Rochelle* (Letourneux), *île de Ré* (Leblanc). — VEND. c. *Talmont*, des *Sables* à *la Gachère* (Pontarlier), *la Dive* (Ayraud), *S.-Gilles* (Gobert). — LOIRE-INF. c. du *Pouliguen* à *Careil*. PC. — MOR. *Gâvre*. — IL.-ET-V. *S.-Malo*; et jusqu'à *Pleudihen* sur la *Rance* (Mabille). — Epillets plus grands que dans le précéd.

S. DODARTII De Girard! ann. sc. nat. T. 17, pl. 4 A. Tige de 2-3 déc. lisse, assez robuste, dichotome, en panicule oblongue très-lâche; rameaux ouverts à angle de 45 degrés, les 1,2 inf. courts, stériles, les autres portant dans la partie supér. 2,3 épis allongés, droits, de fl. serrées; les épis terminaux de la panicule sessiles, agglomérés. *Feuil. spatulées, très-obtuses*, assez souv. terminées en pointe courte. Lobes du cal. très-obtus. ♃. j^t-août. Rochers maritimes, bord des marais salés. C. — Moins c. côte nord de *la Bretagne*.

S. OCCIDENTALIS Lloyd, *S. Bubanii* De Girard. Port du précéd., mais grêle, rameaux moins lâches, épis plus courts; fl. moins serrées. *Feuil. lancéolées-spatulées*, ord. terminées en pointe longue naissant sous le sommet. ♃. j^t-août. Rochers maritimes. — CHAR-INF. *Ile de Ré* (Delalande), *Chef-de-Baie* (Hubert), *pointe des Minimes*. — VEND. *Ile-d'Yeu*! (David), à la pointe du Corbeau! et au Vieux Château! — AC. de *Bourgneuf* (Loire-Inf.) à la pointe du *Fin*. — C.-NORD. *Dahouet, Erquy*; puis tout le littoral jusqu'à *S.-Malo*! (*Il.-et-V.*) et env.; *la Basse-Rance* (Mabille). — Fleurit un peu plus tard que *S. Dodartii*, et comme les 3 précéd. couvre ord. de larges espaces sur les rochers ou sur le bord des marais.

ARMERIA Willd. Caract du *Statice*. *Fl. en capitule entouré d'un involucre commun dont les fol. ext. se prolongent en forme de gaine sur la hampe simple; chaque fl. munie d'une écaille scarieuse; feuil. radic. en touffe.*

A. MARITIMA Willd. *A. pubescens* Link, *Statice Armeria* L. *Jonc marin. Feuil. linéaires,* presq. obtuses, à 1 nervure. Hampe pubescente. Fl. rosées, rar. blanches. Fol. int. de l'invol. très-obtuses, tronquées, scarieuses, les 2,3 ext. ord. acuminées ou mucronées. *Cal. à lobes très-courts,* mucronés, 3-4 f. plus courts que le tube velu sur les stries ou sur toute la surface. ♃. mai-15 j^n. et qq. fl. çà et là jusqu'en automne. Rochers maritimes, prés salés. C. — La forme des prés s'élève ord. à 2-3 déc. et ses feuil. sont qqf. glabres.

A. PLANTAGINEA Willd. *Statice* All., *S. arenaria* Pers. *A. sabulosa* Jord! Glabre. *Feuil. linéaires-lancéolées,* cartilagineuses au bord, à 3 nervures. Hampe de 3-5 déc. un peu rude. Fl. rosées. Fol. int. de l'invol. obtuses, tronquées, les 3 ext. inégales, acuminées, souv. réfléchies, dépassant ou égalant le capitule. *Cal. à lobes lancéolés,* longuement mucronés, égalant presque le tube velu sur les stries. ♃. j^t-a^t. Lieux sablonneux surtout calc. CHAR.-INF., VEND. Çà et là sables maritimes. — LOIRE-INF. *Arthon,* c. *Machecoul; S.-Michel.* R.

PLANTAGINÉES.

Fl. herm. rar. monoïques. Cal. à 4 div. persistant. Cor. régulière, scarieuse, à 4 lobes. Étam. 4 insérées sur la cor. ou sur le récept. Ovaire 1. Style et stigm. 1. Caps. s'ouvrant circulairement en travers à 2 ou 4 loges formées par un placenta central à 2 ou 4 ailes portant les graines, rar. 1.loc. 1.sperme, indéhiscente.

LITTORELLA L. Fl. monoïques. *Mâl.* solitaires, longuement pédonculées; cal. à 4 div.; cor. en entonnoir, à 4 lobes; étam. 4 longuement saillantes, insérées sur le récept. *Fem.* sessiles à la base du pédonc. des fl. mâles ; cal. à 3 fol.; style très-long, en alène. Caps 4.sperme.

L. LACUSTRIS L. Plante de 6-12 cent. Feuil. linéaires, demi-cylindriques, un peu charnues, dépassant peu la hampe des fl. mâles, qui porte une petite bractée vers son milieu. Cor. blanchâtre. ♃. jn-at. Bords sablonneux ou pierreux des étangs, des eaux stagnantes. — DEUX-SÈV. Etang de Gygny près *Thouars* (Lebrun), étang de la Meilleraie en *Beaulieu* (Sauzé). — VEND. Env. de *Napoléon, S.-Michel-M.-Mercure* (Pontarlier, Marichal), *S.-Laurent-sur-Sèvre* (Genevier). — LOIRE-INF. CC. bords de l'*Erdre*, du lac de *Grand-Lieu*, où il forme des gazons très-étendus. C. — AC. reste de *la Bretagne*.

PLANTAGO L. Fl. herm. Cal. à 4 div. profondes. Cor. en soucoupe. Etam. 4 insérées à la base du tube de la cor. Caps. s'ouvrant en travers. *Fl. en épis ou en têtes munis de bractées.*

P. MAJOR L. *Plantain*. Feuil. ovales, obtuses, peu dentées, à 7 nervures, pétiolées, égalant la hampe ascendante, qqf. (*P. intermedia* Gil.), arquée vers la terre puis arquée-ascendante. Epi linéaire-cylindrique. *Caps. à 8 graines.* ♃. mai-sept. Bord des chemins, des champs, pelouses. CC.

X. P. MEDIA L. *Feuil.* en rosette, appliquées contre terre, *elliptiques*, entières ou dentées, à 5 ou 7 nervures, pubescentes des deux côtés, rétrécies en pétiole court, large, beaucoup plus courtes que la hampe striée. Epi oblong-cylindrique. Etam. lilas. *Caps. à 2 graines.* ♃. Mêmes lieux dans le calc. — CHAR.-INF. C. mais pas partout. — DEUX-SÈV. C. *Niort, la Mothe ; Airvault* (Bonnin). — — VEND. *Maillé-Longève, France* ! *S.-Martin-sous-Mouzeuil, Maillezais, Sauveré-le-Sec* (Letourneux, Ayraud) ; *la Bauduère* (Bonnaud). R. — FIN. qq. pieds à *Camaret* et *Kerloc'h* (Crouan).

P. LANCEOLATA L. *Herbe à 5 côtes. Feuilles lancéolées*, qqf. plus étroites, à 5 ou 7 nervures, beaucoup plus courtes que la hampe sillonnée. Epi ovale ou oblong. Caps. à 2 graines. ♃. av. sept. Prés, pelouses, chemins. CC.

β. *lanuginosa, P. eriophora* Hoffm. Feuil. couvertes de longs poils blancs, soyeux. Sables maritimes. AC. — qqf. sables de la Loire; côteaux schist. de *Thouars* et *Argenton-Ch.* (Deux-Sèv.).

P. MARITIMA L. *Feuil. linéaires*, en gouttière, entières ou à dents écartées, *charnues*, à 3 nervures, cotonneuses à la base, plus courtes que la hampe cylindrique, à poils appliqués. Epi linéaire-cylindrique. Bractées oblongues, acuminées, en nacelle. Lobes intér. du cal. à carène verte, aiguë, ciliée, touchant le côté plus grand des lobes extér. n'ayant qu'une côte verte. Tube de la cor. velu. Caps. à 2 graines. ♃. mai-j^{n}. Marais maritimes, prés salés. CC. — Les individus à feuil. plus larges forment *P. graminea* Pesn. cat.

P. CARINATA Schrad. Godron fl. de France p. 725! *P. subulata* fl. Loire-Inf., *P. Serpentina* Koch non Vil. Gazonnant. Rac. grosse, ligneuse, produisant des tiges épaisses à rameaux courts, étalés, terminés par une touffe de *feuil.* nombreuses, *linéaires*, en gouttière, *pubescentes, bordées de cils raides*, recourbées, cotonneuses à la base, plus courtes que les pédonc. nombreux, cylindriques, à poils appliqués. Epi cylindrique, allongé, d'abord penché. Bractée égalant le cal. Tube de la cor. velu. Anthères jaunes. Caps. à 2 graines. ♃. mai-j^{n}. Côteaux schisteux. — DEUX-SÈV. *Thouars, Argenton-Ch.* — VEND. C. côteaux granitiques de l'*île d'Yeu*. — LOIRE-INF. *la Série* près *Ancenis*, C. de la *Censerie* et de *Grée* jusqu'à *Pouillé*, de *Candé* à *Vritz*; de là à *la Barre David* (Guibo) et au *Grand-Auverné*. R. — MOR. C. coteaux maritimes de *Belle-Ile*, de *l'île de Groix*, où il forme (ainsi qu'à l'île d'*Yeu*) des coussins serrés, durs, avec les feuil. plus courtes, raides, presque piquantes.

P. CORONOPUS L. *Feuil.* en rosette, appliquées contre terre, *pinnatifides* à lobes écartés, plus ou moins poilues. Hampe à poils appliqués. Épi cylindrique-oblong. Bractée ovale, en alène. Tube de la cor. velu. Caps. à 4 graines. ①. j^{n}-a^{t}. Pelouses, chemins. CC. — Très-variable; sur les rochers maritimes arides la plante est toute velue-blanchâtre et les feuil. sont courtes, épaisses, qqf. entières.

P. ARENARIA W. et Kit. *P. Psyllium* Bon. Velu, un peu visqueux. *Tige* dressée, rameuse, *feuillée*. Feuil. linéaires, opposées. Fl. en têtes ovales, axillaires et terminales, longuement pédonculées, entourées à la base de bractées foliacées formant involucre, les supér. membraneuses, en spatule. Tube de la cor. velu. Caps. à 2 graines. ①. j^{n}-a^{t}. Lieux sablonneux. — CHAR.-INF., VEND. c. sables maritimes. — DEUX-SÈV. *S.-Martin de Sanzay* (Pellier), *Brion* près *Thouars* (Lunet), *S.-Jouin de Marnes* (Guyon). — LOIRE-INF. *Vallée de la Loire, Machecoul*, c. de la *Bernerie* à *Bourgneuf*. PC.

Sous-Classe IV. — MONOCHLAMYDÉES.

Fl. à périanthe simple, c.-à-d. n'ayant qu'un calice.

AMARANTACÉES.

Cal. à 3 ou 5 div. scarieuses. Étam. 3 ou 5 libres ou monadelphes, oppositives. Ovaire 1 libre. 1-3 styles ou stigm. Caps. 1 loc. 1 sperme, s'ouvrant circulairement en travers ou indéhiscente. Embryon recourbé autour d'un périsperme farineux. *Feuil. non stipulées.*

AMARANTUS L. Fl. monoïques. Cal. à 3 ou 5 div. *Mâl.* à 3 ou 5 étam. *Fem.* à 2,3 styles. Caps. 1 sperme s'ouvrant en travers, ou indéhiscente (*Euxolus*).

A. SYLVESTRIS Desf. *A. Blitum* L. ex Moq. in DC. Prod. Tige principale dressée, les latérales ascendantes. *Feuil.* ovales-rhomboïdales, *presq. aiguës. Fl.* verdâtres, *en paquets tous axillaires.* Etam. 3. ①. août-sept. Décombres, jardins, pied de murs. C. — R. au-delà de *Loire-Inf.*

A. ASCENDENS Lois., Mut. fig. 420 bis, *A. viridis* L. ex-Moq. l. c., *Euxolus* Raf. Tiges couchées ou ascendantes. *Feuil.* ovales, presque rhomboïdales, *très-obtuses ou échancrées,* qqf tachées de blanc ou de noir. *Fl.* verdâtres, *en paquets* axillaires, *les supér. en épi terminal, non feuillé.* Bractées plus courtes que le cal. Etam. 3. Caps. indéhiscente. ①. août-sept. Mêmes lieux. C. — PC. au-delà de *Loire-Inf.*

A. PROSTRATUS Balb. Mut. fig. 421 bis, *A. deflexus* L. Mant. *Euxolus* Raf. Plante d'un vert un peu jaunâtre. *Tiges* couchées, *velues au sommet.* Feuil. ovales-rhomboïdales, rétrécies en pointe obtuse qq. mucronée. *Fl. en paquets* axillaires, les *supér. réunies en grappe serrée, non feuillée.* Etam. 3. ①, ♃. at-oct. Pied des murs. — CHAR.-INF. AC. région maritime. — VEND. *Sables-d'Olonne*, *Napoléon* (Marichal), *Challans* (Gobert), *île d'Yeu*, *Noirmoutier.* — LOIRE-INF. C. *Nantes* et env., *le bas de la Loire*, *Pornic*, *Bourgneuf*, etc. AC. — MOR. *Hennebont* (Le Gall), *Aucfer* (Moreau), *Lorient* (Tanguy). — C.-NORD. Quai de *Binic* (Baron). — IL.-ET-V. RR. *Rennes* (Le Gall); *Redon* (Moreau). — Tend à se répandre sur le littoral.

A. RETROFLEXUS L. Mut. fig. 423. Tige dressée, poilue. Feuil. ovales, rétrécies en pointe obtuse qqf. mucronée. Fl. verdâtres, en grosse grappe terminale. *Bractées en alène, dépassant 1 f. le cal.* Etam. 5. ①. at-sept. Décombres, pied des murs. — CHAR.-INF. AC. — DEUX-SÈV. *Coulon*, env. de *Niort* (A. Guillon), *la Crèche*, *S.-Maixent*, *Exoudun*, (Sauzé, Maillard), *Villiers en P.*, *S.-Gelais* (Guyon). — VEND. *La Tranche* (Letourneux), *Napoléon*, *Nes-*

my, Chaillé-les-Orm., Sables-d'Olonne, Longeville, S.-Benoist (Marichal, Pontarlier). — Loire-Inf. *Nantes* îles de la *Loire; Ancenis* (Moreau), *Clisson* (Delalande). RR. — Tend à se répandre.

POLYCHNEMUM L. Cal. scarieux, à 5 div., muni de 2 bractées. Etam. 3. Stigm. 2. Caps. comprimée, fermée au sommet par un opercule.

✗. P. arvense L. *P. majus* Koch. Tige étalée, rameuse. Feuil. triquètres-en alène, raides, serrées, imbriquées. Fleurs axillaires, solitaires, sessiles. Bractées blanchâtres, dépassant le cal. ①. jn-jt. Champs calc. — Char.-Inf. *Ste-Gemme* près *Nancras* (Delalande).—Deux-Sèv. c. *La Mothe* (Sauzé), *S.-Pompain, Villiers en P., Coulonges-s.-l'Autize, S.-Hil.-des-Loges, S.-Loup* (Guyon), *Airvault, Borcq* (Bonnin), env. de *Pas-de-Jeu* (Lunet), de *Thouars* (Toussaints), *S.-Martin de Sanzay* (Peltier).—Vend. *Les Sables* (Letourneux), *S.-Hilaire de Mortagne* (Genevier). — Loire-Inf. *Chéméré*! *Pornic* (Pesneau). RR.

✗. P. minus Jord. *P. verrucosum* Lang? Moins robuste que le préd., rameaux anguleux, plus verruqueux. Feuil plus courtes, moins serrées. Bractées ne dépassant par le cal. ①. jn-jt. Mêmes lieux. — Deux-Sèv. *Amailloux, S.-Pompain, S.-Loup* (Guyon), « *Faye-l'Abesse* (Bor. flore) ». — Vend. *Château d'Olonne, Talmont* (Pontarlier, Marichal.)

SALSOLACÉES.

Cal. persistant, à 5 div. Etam. 5 ou moins insérées à la base du cal. et opposées à ses lobes. Ovaire 1 libre ou rar. adhérent à la base. Style simple ou à 2-4 div., stigm. simple. Fruit sec, indéhiscent, 1 loc. 1 sperme. Embryon recourbé, ou en anneau autour d'un périsperme farineux, ou en spirale, sans périsperme. *Feuil alternes, sans stip.*

SALICORNIA L. Cal. charnu, très-obscurément lobé. Etam. 1,2 saillantes. Style court; stigm. 2 papilleux, saillants. Graine recouverte par le cal. *Plantes charnues-salées, articulées, sans feuil.; fl. ternées, en épi, enfoncées dans les concavités de l'axe.*

S. HERBACEA L. Plante vert clair, qqf. rougeâtre. *Rac. annuelle.* Tige dressée, raide, rameuse en pyramide. Articulations un peu comprimées, élargies et échancrées au sommet. *Epis* cylindriques, un peu *rétrécis au sommet.* Graine pubescente. ①. j^{t}-sept. Marais salants. CC.

β. *procumbens.* Plus petit, ord. rougeâtre, couché ou étalé; articulations plus comprimées, plus élargies et plus échancrées au sommet; épis aigus. Forme des lieux plus secs; bord des marais, embouchure des rivières. CC. — c. au-delà de *la Vilaine.*

S. FRUTICOSA L. *Plante* glauque-grisâtre, *ligneuse,* très-rameuse, haute de 3-6 déc. Articulations cylindriques, échancrées au sommet. *Epis obtus.* Ovaire glabre, granuleux.

β. *S. radicans* Smith et anglor. Tige ligneuse à la base, couchée, radicante; rameaux stériles allongés, en alène; styles très-saillants. ♃. a^{t}-sept. Marais salants, souv. suspendu aux bords des étiers. C. — P.C. au-delà de *la Vilaine.* — Cette plante devrait être considérée ici comme le type de l'espèce, *S. fruticosa,* assez rare, n'en étant qu'une forme des lieux plus secs et moins fréquemment baignés par la marée. Chaque articulation de l'épi contient 2 triangles de fl. opposés; les fl. sont placées l'une à la suite de l'autre, l'intermédiaire plus grande, séparant complétement les latérales. Dans *S. herbacea* le triangle est plus distinct, les 2 fl. latérales se touchant par la base, l'intermédiaire étant placée au-dessus.

SALSOLA L. *Soude.* Cal. à 5 div. munies sur le dos, après la fleuraison, d'un appendice scarieux.

Etam. 5. Stigm. 2,3. Utricule déprimé; graine à test membraneux; embryon en spirale. *Plantes charnues-salées; fl. verdâtres, axillaires, solitaires, munies de 2 bractées.*

S. Kali L. Tige très-rameuse, étalée-diffuse, striée de rouge, pubescente. *Feuil.* triquètres, en alène, *épineuses au sommet*, étalées. *Appendice scarieux*, déchiré-sinué, étalé, *égalant les div.* aiguës *du cal.* ①. jt-at. Sables maritimes. C. — Ac. côte nord de *la Bretagne.*

S. Soda L. Glabre, lisse, plus robuste que le précéd. Tige dressée ou étalée, rameuse. *Feuil.* linéaires, *presq. obtuses*, courtement mucronées, triquètres à angles obtus, fortement dilatées à la base, marquées sur les angles et au milieu de la face supér. d'une ligne verdâtre ou qqf. rougeâtre. *Appendice très-court, en carène.* ①. jt-at. Bord des marais salants. C. jusqu'à *la Vilaine.* — Mor. *Sucinio* en *Sarzeau.*

SUÆDA Forsk. *Chenopodii* sp. L. Caract. du *Chenopodium.* Embryon en spirale. *Feuil. cylindriques.*

S. fruticosa Forsk. *Arbrisseau* toujours vert, de 6-10 déc. dressé, très-rameux. Feuil. petites, nombreuses, linéaires, demi-cylindriques, obtuses, charnues. Fl. verdâtres, 1-3 axillaires, sessiles. Cal. à carène circulaire. *Graine verticale.* Jt-sept. Vases salées, lieux pierreux maritimes. C. jusqu'à la *Vilaine.* — Mor. PC. — Fin. *Le Conquet, îlot du Vieux-Château* (de la Pylaie), *le Fret* (Crouan).

S. maritima Moq. *Chen. macrocarpum* Desv. *Plante annuelle* vert pâle ou rougeâtre, haute de 3-4 déc.; rameaux diffus surtout les infér. Feuil. linéaires, demi-cylindriques, aiguës. Fl. verdâtres, 1-3 axillaires, sessiles. *Graine horizontale*, noire, luisante, très-finement ponctuée. Jt-sept. Vases salées. CC.

CHENOPODIUM L. Cal. à 5 div. ne s'accroissant

pas après la fleuraison. Etam. 5 rar. 3-1. Stigm. 2. Utricule déprimé, entouré par le cal. Graine lenticulaire, horizontale, rar. verticale, à test crustacé; embryon circulaire. *Fl. ord. verdâtres, réunies en paquets formant grappe ou panicule.*

C. HYBRIDUM L. *Fétide.* Tige cannelée. *Feuil.* pétiolées, triangulaires, tronquées en cœur à la base, *terminées en pointe longue, garnies de chaque côté de 3,4 très-fortes dents.* Fl. en grappes nues, rameuses, divariquées, formant une panic. terminale. ①. j^{t}-a^{t}. Lieux cultivés. — CHAR.-INF. AC. — DEUX-SÈV. *La Mothe* et env. (Sauzé), *Bressuire* (Toussaints), *S.-Pompain, Prahecq* (Guyon), *Oyron* (P. Richard), *S.-Jouin, Airvault* (Bonnin). — VEND. *S.-Vincent-Sterlange, Nesmy, Chaillé-les-Orm.* (Pontarlier, Marichal), *Mervent* (Letourneux), *les Sables* (Bonnaud), *la grande Rhée* près *Vouvant, Commequiers* (Gobert). *Mortagne, Evrunes* (Genevier). — LOIRE-INF. *Thouaré, S.-Fiacre,* C. *Chéméré; S.-Joachim, Bergon,* etc. PC. — MOR. « *Auray, Lorient* (Le Gall flore) » *La Roche-Bernard.* R. — FIN. *Quimper* (Bonnemaison).

C. URBICUM var. *intermedium* Koch. Tige striée-cannelée, de 2-4 déc. *Feuil. triangulaires,* en coin à la base, fortement dentées, farineuses en dessous. *Fl. en grappes* raides, un peu feuillées, *dressées.* Graines lisses, luisantes. ①. j^{t}-a^{t}. Bord des chemins, lieux cultivés. — CHAR-INF. *Mons,* pays-bas de *Matha* (Savatier). — DEUX-SÈV. *Bressuire* (Toussaints), *Menigoutte* (Genevier). — VEND. *Napoléon, Nesmy, Chaillé-les-Orm. le Boupère, Pouzauges* (Pontarlier, Marichal), *Chaillé-les-M.* (Genevier), *Fontaines* (Letourneux), *La Chataigneraie* (Gobert). — LOIRE-INF. R. *La Jonnelière,* rues de *Sucé; Cambon, Plessé* (Delalande), *S.-Nic.-de-Redon* (Moreau), *S.-André-des-Eaux* (Le Boterf et moi), *de Bourgneuf* à *Bouin.* R. — MOR. *Aucfer* en *Rieux* (Le Gall). — FIN. *Quimper* (Bonnemaison), *S.-Renan* (Crouan). — IL.-ET-V. *La Roche du Theil* près *Redon* (J.-M. Sacher).

C. MURALE L. Tige rameuse. Feuil. ovales-rhomboïdales, inégalement dentées, luisantes. *Fl. en grappes* non feuillées, rameuses, *divariquées. Graines opaques, à carène circulaire.* ①. j[t]-sept. Bord des chemins, pied des murs, décombres. CC. — Dans la région maritime, la tige et les feuil. sont souv. rougeâtres; en cet état il ne faut pas le confondre avec le suiv. qui a les grappes dressées, feuillées et la graine verticale, 1 f. plus petite.

C. RUBRUM L. Tiges couchées, souv. rougeâtres. Feuil. rhomboïdales-triangulaires, sinuées-dentées, presque hastées par les dents infér. plus fortes. *Fl.* rougeâtres, agglomérées, *en grappe feuillée. Graines très-petites*, lisses, la plupart *verticales.* ①. j[t]-a[t]. Bord des rivières, des étangs, des marais. — VEND. AC. région maritime (Pontarlier, Marichal.) — LOIRE-INF. Bords de l'*Erdre*, de la *Loire*, C. dans la *Brière*; *Piriac*, etc. PC. — AR. çà et là reste de *la Bretagne.*

C. ALBUM L. *C. leiospermum* DC. Tige striée de vert ou de rouge. *Feuil. ovales-rhomboïdales, sinuées-dentées,* qqf. entières, les supér. oblongues ou lancéolées, entières. Fl. en paquets formant des grappes axillaires et terminales. Graines lisses, luisantes. ①. j[t]-sept. Lieux cultivés, bords des rivières, décombres. CC. — Très-variable; les principales formes sont :

α. *C. album* L. Tige souv. simple; feuil. ovales-rhomboïdales, rongées-dentées, farineuses-blanchâtres en dessous, les sup. entières; grappes petites, compactes, dressées, nues.—Au bord de la mer, qqf. couché à feuil. petites, ovales-lancéolées ou lancéolées, presque toutes entières.

β. *C. paganum* Reich. *C. album* v. *viridescens* Moq. Feuil. vertes, grappes feuillées, lâches.

γ. *C. concatenatum* Thuil. *C. viride* L. Feuil. vertes, ovales ou lancéolées, la plupart entières; grappes allongées, étalées, souv. nues; à paquets de fl. écartés.

C. OPULIFOLIUM Schrad. Caract. du précéd. dont il diffère par les *feuill. toutes arrondies-rhomboïdales*, inégalement rongées-dentées, *très-obtuses*. ①. at-sept. Mêmes lieux. — CHAR.-INF. *La Rochelle, Nancras* (Delalande). — DEUX-SÈV. *Thouars*. —VEND. *Jard, la Bretonnière* (Pontarlier). R.—LOIRE-INF. *Nantes* îles de *la Loire, Ingrande, Pouliguen, Batz; Copchoux* (E. Bureau). R.

* C. FICIFOLIUM Smith. Caract. des deux précéd. dont il diffère par les *feuil. inf. trilobées-hastées*, dentées à la base; *lobe terminal allongé, oblong-lancéolé, obtus*. Graines très-finement ponctuées, 1 fois plus petites que dans les précéd. ①. *Loire-Inférieure* (Pesneau). A retrouver.

C. GLAUCUM L. Tiges couchées, rougeâtres. *Feuil.* toutes ovales-oblongues, obtuses, *sinuées, glauques en dessous*. Fl. en épis non feuillés. Graines lisses, verticales et horizontales. ①. jt-sept. Décombres, pied des murs, sables, bord des rivières. C. — Moins c. au delà de *Loire-Inf.*

C. BONUS HENRICUS L. Souche épaisse, vivace. Tige ascendante, épaisse. *Feuil. grandes, triangulaires-hastées, entières*, les plus jeunes pulvérulentes en dessous. Fl. en petites grappes formant une panic. serrée, non feuillée, terminale. Graines verticales. Jn-at. Bord des chemins, des murs près des villages.—VEND. *Pouzauges* (Rossignol), *Mortagne*! et communes voisines! (Genevier). — LOIRE-INF. *Les Couëts; S.-Julien-de-Concelles*! (Bornigal), c. entre *Gétigné* et *Clisson* (Le Boterf). R. — MOR-BR. *Ploërmel* (J.-M. Sacher), *S.-Dolay* (Delalande). — FIN. *Quimper* (Bonnemaison). — C.-NORD. Village de *Lehon* près *Dinan* (Mabille). — FIN. *Keroriou* près *Brest* (Crouan). — IL.-ET-V. Cimetière de *Pleurtuit* (Mabille), *Apigné* près *Rennes* (Letourneux), *Corps-Nuds* (Degland).

C. POLYSPERMUM L. Tige rameuse, couchée. *Feuil. ovales*, obtuses, *très-entières*. Fl. en cymes axillaires, non feuillées. Graines luisantes. ①. a[t]-sept. Champs, décombres, sables humides. PC.

β. *C. acutifolium* Smith. Tige dressée, très-rameuse; feuil. aiguës; fl. en grappes feuillées. CC.

C. VULVARIA L. *Très-fétide*, couvert d'écailles farineuses-blanchâtres. Tige couchée. Feuil. ovales-rhomboïdales, entières. Fl. en grappes serrées, non feuillées. Graines luisantes. ①. j[t]-sept. Lieux cultivés, chemins, décombres. CC.

Obs. C. ambrosioïdes L. est cult. sur le littoral de la *Char.-Inf.* sous le nom de *Thé vert.* — *C. scoparium* L. Kochia Schrad. est cult. autour des habitations dans les îles de *Ré* et d'*Oleron* (Char.-Inf.), pour faire des balais.

BETA L. Cal. à 5 div. Etam. 5 insérées sur un anneau charnu entourant la base de l'ovaire. Styles 3. Fruit réniforme, recouvert par le cal. imitant une caps. à 5 côtes.

B. MARITIMA L. Rac. à plusieurs tiges couchées à la base. Feuil charnues, ovales-rhomboïdales, décurrentes sur le pétiole, ondulées, les rad. presq. en cœur. Fl. ord. 2,3 axillaires, soudées à la base, en longs épis grêles, nus ou feuillés. ②. j[n]-sept. Rochers maritimes, bord des marais salants. C.

ATRIPLEX L. Fl. polygames ord. monoïques. *Mâl.* ou *herm.* cal. 5 part.; étam. 5; pistil rar. parfait. *Fem.* cal. à 2 lobes parallèles, croissant après la fécondation et couvrant l'utricule comprimé; stigm. 2. Graine verticale.

Obs. A. Halimus L. *Fessecul*, est un arbrisseau méditerranéen de 12-16 déc., planté en haies dans la région maritime, où il est d'autant plus précieux pour former un abri, qu'il réussit dans tous les terrains. Rameaux effilés, blanchâtres; *feuil.* ovales-rhomboïdales, glauques-argentées, rar. dentées, *persistantes, alternes,* fl. jaunâtres, en grappe terminale; fructifie rarement. A[t]-sept.

c. entre *la Sèvre* et *la Vilaine ;* çà et là seulement sur la côte de *la Bretagne* jusqu'à *S.-Malo.*

* A. PEDUNCULATA L. *Obione* Moq. *Tige herbacée,* flexueuse. Feuil. oblongues, rétrécies à la base, obtuses, entières. *Fruit longuement pédonculé,* à valves triangulaires ayant une petite dent entre les 2 lobes obtus du sommet. A[t]-sept. Marais salés. Croît au *Tréport* (Seine-Inf.) et sur les côtes d'Angleterre.

A. PORTULACOÏDES L. *Obione* Moq. Sous-arbrisseau de 3-5 déc. à rameaux étalés ou couchés, blanchâtres. *Feuil. opposées, oblongues-lancéolées,* rétrécies à la base ; obtuses, glauques-argentées. Fl. jaunâtres, en grappe terminale. Lobes du cal. fructifère triangulaires, rétrécis à la base, fortement muriqués sur le dos, rar. tout-à-fait lisses, à 3 lobes au sommet, les latéraux arrondis, celui du milieu ord. plus petit. J[t]-sept. Bord des marais salants, vases salées, rochers maritimes. C.

A. ANGUSTIFOLIA Smith, *A. patula* L. ex Moq. Tige dressée ; *rameaux inf. divariqués* à angle droit. *Feuil. lancéolées,* les inf. qqf. hastées, les sup. linéaires. Fl. verdâtres, en épis raides, axillaires et terminaux. Lobes du cal. fructifère rhomboïdaux-hastés. ①. a[t]-sept. Champs, bord des chemins. CC.

β. *angustissima. A. salina* Desv. Plante couverte d'écailles blanchâtres ; feuil. très-étroites, linéaires, entières. Bord des marais salants, région maritime. PC.

A. LATIFOLIA Wahl., *A. patula* Smith, *A. hastata* L. ex Moq. DC. Tige dressée ; *rameaux inf. divariqués* à angle droit. *Feuil. inf. triangulaires-hastées,* dentées, les sup. hastées-lancéolées, les florales lancéolées, entières. Fl. verdâtres, en épis axillaires et terminaux. Lobes du cal. fructifère triangulaires, dentelés ou entiers. ①. a[t]-sept. Champs, bord des chemins, fossés. CC. — Varie comme le précéd. à tige couchée, à lobes du cal. petits ou grands, qqf. très-grands dans les marais salants, muriqués ou lisses.

β. *salina*. *A. oppositifolia* DC. Plante couverte d'écailles blanchâtres ; feuil. charnues-salées, qqf. presque toutes opposées, plus dentées, plus obtuses. Marais salants. AC. — Moins c. au-delà de *la Vilaine*.

A. LITTORALIS L. Tige dressée de 5-10 déc. à *rameaux dressés. Feuil. linéaires, les inf. lancéolées, sinuées-dentées.* Fl. verdâtres, en longs épis grêles, raides, dressés. Lobes du cal. fructifère petits, dentés, muriqués. ①. j^t-a^t. Bord des marais salants, terreaux des pointes et îlots exposés à la grande mer. — CHAR.-INF. et VEND. C. — LOIRE-INF. AC. de *Bourgneuf* à *Bouin*; îles *Leven* et *Pierre-Percée* (Ed. Bureau), *Croisic*, île *Dumet* (Delalande). PC. — MOR. *Houat*, *Hœdic* et îlots voisins, *île Logoden*. — FIN. *Ile-aux-Moutons*, *île Penfret* (Bonnemaison). — Les feuil. inf. sont caractéristiques.

A. CRASSIFOLIA Mey. *A. rosea* édit. 1. Tige rameuse, ord. couchée, jaunâtre ou rougeâtre, farineuse dans le haut. *Feuil.* rhomboïdales-ovales, entières à la base, sinuées-dentées dans le haut, *argentées-farineuses* surtout en dessous, pétiolées, les sup. oblongues-hastées. Fruits agglomérés 2-4 à l'aisselle des feuil. sup., lobes du cal. fructifère tuberculeux sur le dos, rhomboïdaux, à angles latéraux tronqués et à 3,4 dents. ①. j^t-a^t. Sables maritimes. C. jusqu'à *la Vilaine*; moins c. *Mor.*, PC. au-delà.

POLYGONÉES.

Cal. à 3,5 ou 6 lobes. Etam. définies, insérées à la base du cal. Ovaire 1 libre. Styles 2,3. Fruit indéhiscent, 1-sperme, nu ou recouvert par le cal. imitant une caps. *Feuil. alternes ; stip. engaînantes.*

RUMEX L. Cal. à 6 lobes profonds, les 3 intér. plus grands, connivents. Etam. 6. Styles 3. Fruit trigone, recouvert par les lobes intér. du cal. *Fl. ord. verdâtres, verticillées, en épis.*

* *Fl. herm. ou polygames; saveur non acide.*

R. PALUSTRIS Smith, Mut. fig. 437. Feuil. allongées, rétrécies en pétiole, les inf. lancéolées-linéaires, ondulées, les sup. linéaires. Verticilles jaunâtres à la maturité, rapprochés, munis d'une feuil. *Lobes int. du cal.* fructifère ovales-triangulaires, tous granifères, *garnis de chaque côté de 2 dents très-fines, plus courtes que son diamètre longitudinal.* ②. jn-at. Bord des marais. — CHAR.-INF. *Oleron* (Delalande), *Fouras* (Deloynes), *S.-Martin-en-Ré*, bords de *la Sèvre*. — DEUX-SÈV. *Parc d'Oyron* (Delastre). — VEND. AC. Marais méridional! et occidental! (Pontarlier, Marichal). — LOIRE-INF. De *S.-Julien-de-Concelles* à *Queue de Vallée; Vue* (Gobert), *Machecoul* dans le *Marais*, AC. région maritime, PC. — MOR. *Rieux* (J.-M. Sacher), *Sucinio; Gavre* (Taslé). — FIN. *Penmarc'h*, le *Guilvinec*; celui-ci ou le suiv. à *l'île de Batz; Kerhuon, Porsmoguer, Lampaul-Ploud. Plouhinec* (Crouan). — IL.-ET-V. *S.-Briac, Châteauneuf* (Mabille), AC. env. de *Redon* (Moreau). — Ne pas confondre avec *R. maritimus*, comme on le fait souvent.

R. MARITIMUS L. Voisin du précéd. dont il diffère par les verticilles très-serrés, plus jaunes à la maturité, par les fruits plus petits, par les *lobes du cal.* oblongs-triangulaires, *garnis de chaque côté de 2 dents très-fines égalant son diamètre longitudinal.* ②. jn-at. Mêmes lieux. — DEUX-SÈV. *S.-Aubin Baubigné* (Genevier). — VEND. *S.-Gilles, Bretignolles, Sables-d'Olonne*, la *Bretonnière* (Marichal, Pontarlier). — LOIRE-INF. De *S.-Julien-de-Concelles* à *Queue de Vallée; Guenrouet* (Delalande). — MOR. Bords de l'*Oust* à *S.-Perreux* (Le Gall), *Rieux* (Moreau), la *Vilaine* à la *Roche-Bernard*! (Delalande).

— FIN. Etang de *S.-Paul* en *Kerlouan* (Crouan). — C.-NORD. *S.-Jacut.* — IL.-ET-V. *S.-Briac, Châteauneuf* (Mabille), AC. env. de *Redon* (Moreau).

R. CONGLOMERATUS Schreb. Mut. fig. 430. Tige cannelée, rameaux nombreux, effilés, ascendants ou étalés. Feuil. oblongues-lancéolées. Verticilles écartés, munis d'une feuil., les sup. seulement nus. *Lobes du cal. linéaires-oblongs,* obtus, *entiers, tous granifères.* ♃. jt-at. Bord des haies, des bois, des chemins. CC.

R. RUPESTRIS Le Gall flore du Mor. *R. conglomeratus* var. Lloyd fl. Loire-Inf. Caractères de *R. conglomeratus,* dont il se distingue surtout par la tige rameuse dans le haut, à rameaux courts resserrés en panicule, et par les fruits plus gros. — Çà et là au bas des rochers maritimes de la *Vendée* aux *C. Nord* incl.

R. NEMOROSUS Schrad. Se distingue de *R. conglomeratus* par les rameaux redressés, les verticilles nus ou les inf. seulement munis d'une feuil. et par les *lobes du cal. dont un seul est granifère.* ♃. jt-at. Bords ombragés des haies, des bois. PC.

β. *R. sanguineus* L. *Sang-dragon.* Tige et nervures des feuil. rougeâtres. AC. dans les jardins et autour des habitations.

R. PULCHER L. *Rameaux divariqués. Feuil. inf. en forme de violon,* les sup. lancéolées, ondulées, aiguës. Verticilles écartés, munis d'une feuil. Lobes du cal. triangulaires-oblongs, veinés en réseau, dentés-épineux, l'ext. surtout granifère. ②. jn-jt. Bord des chemins, pied des murs. CC.

R. OBTUSIFOLIUS L. *R. Friesii* G. God. Feuil. oblongues-en cœur, aiguës, les inf. ovales-en cœur, les sup. lancéolées. Verticilles peu écartés, sans feuille. *Lobes du cal. ovales-triangulaires,* obtus, veinés en réseau, *dentés* au bord, tous granifères, l'ext. surtout. ♃. jn-at. Bord des haies, des chemins;

prés et îles de la *Loire*, où il refleurit en automne. C. — Dans ces dernières localités, les premières feuil. seulement sont obtuses; dans la plante des chemins, des haies, toutes les feuilles sont aiguës, c'est alors *R. acutus* DC., *R. pratensis* Koch.

R. CRISPUS L. Feuil. lancéolées, ondulées-crépues au bord. Verticilles rapprochés, sans feuille. *Lobes du cal. en cœur-arrondis*, obtus, entiers, l'ext. ou plus rar. tous granifères. ♃. j^n^-a^t^. Prés, champs. CC. — Vulg. *Parelle, Patience,* ainsi que le précéd et le suiv.

R. HYDROLAPATHUM Huds. Mut. fig. 429, *R. aquaticus* DC. Tige robuste de 1-2 mètres. Feuil. lancéolées, rétrécies aux 2 bouts, un peu ondulées-dentées; pétiole plane en dessus. Verticilles rapprochés, peu feuillés, en panicule. *Lobes du cal. ovales-triangulaires*, obtus, *entiers* ou un peu dentelés à la base, tous granifères. ♃. j^n^.-sept. Marais, bord des fossés marécageux. C. — AC. au-delà de *Loire-Inf.*

✗. R. BUCEPHALOPHORUS L. Tige de 1-2 déc. Feuil. rad. obovales-spatulées, les inf. spatulées, acuminées, les autres lancéolées-spatulées puis lancéolées, rétrécies à la base. Stip. blanches, scarieuses, rougeâtres à la base. *Fl. pendantes*, géminées ou ternées, *en épi grêle*, feuillé inférieurement. Sép. ext. du fruit réfléchis, les int. triangulaires-oblongs, ayant à la base une glande obtuse, garnis de chaque côté de *longs aiguillons arqués*, recourbés, *crochus en hameçon au sommet.* ①. et ②. a^t^-sept. Sables maritimes. — VEND. C. *île d'Yeu.* — *Blaye* dans la Gironde (Marichal).

** *Fl. dioïques, saveur acide.*

R. ACETOSA L. *Oseille, Vinette.* Souche épaisse. Feuil. oblongues, sagittées, les sup. aiguës, sessiles. Fl. en panic. non feuillée. *Lobes du cal. en cœur-arrondis,* obtus, membraneux, munis à la base d'une petite écaille réfléchie, les ext. réfléchis. ♃. Prés, vignes, champs. CC. — Varie qqf. dans la *Vallée de la Loire* à feuil. lancéolées ou linéaires, ondulées-crépues, à oreillettes divariquées à 2 lobes inégaux.

R. ACETOSELLA L. *Petite vinette*. Rac. rampante. *Feuil.* hastées *à oreillettes divergentes*. Fl. en panic. nue. Lobes du cal. ovales, veinés en réseau, entiers, sans écaille, les ext. appliqués. ♃. mai-j[n]. Champs en friche, chemins, etc. CC.

POLYGONUM L. Cal. à 4,5 lobes ord. colorés. Etam. 5-8. Style à 2,3 stigm. Fruit ovoïde, comprimé et à 2 stigm., ou trigone et à 3 stigm., recouvert par le cal. *Stip. en forme de gaines.*

* *Fl. en épis ; feuil. non sagittées.*

P. BISTORTA L. *Souche épaisse, noirâtre, noueuse*. Tige simple, renflée aux nœuds. Feuil. un peu glauques en dessous, en cœur à la base, aiguës ; décroissantes, sessiles au sommet d'une longue gaîne, les rad. et celles des tiges stériles oblongues, obtuses, en cœur à la base et *décurrentes sur un long pétiole*. Fl. rose-chair, serrées, en épi unique, terminal. ♃. mai-j[n]. Prés humides. — LOIRE-INF. *Rougé* (Desaintdo). — C.-NORD. *Bois Boissel* ! près *S.-Brieuc* (Ferrary), c. au *Pont-Houée* ! et au *Pont Gand* (Droguet) sur *le Lié* et prob. ailleurs sur cette rivière et sur d'autres.

P. AMPHIBIUM L. Tige nageante. Feuil. ovales-lancéolées, finement ciliées-dentées, les sup. flottantes. Gaînes entières. *Fl.* roses, *en épis solitaires, cylindriques, serrés*. Etam. 5. ♃. j[n]-a[t]. Eaux stagnantes. C.

β. *terrestre*. Tige droite ; feuil. plus allongées, pubescentes-rudes. AC. — Forme des lieux desséchés.

P. LAPATHIFOLIUM L. Tige dressée, rameuse. Feuil. ovales-elliptiques ou lancéolées, marquées en dessous de points jaunâtres glanduleux. Gaînes tronquées, entières ou finement ciliées. *Pédonc. et cal. glanduleux-rudes.* Fl. blanc-verdâtre ou rosés en épis oblongs-cylindriques, serrés. Etam. 6. Stigm. 2. ①. j^t-sept. Bord des rivières, des étangs, lieux inondés l'hiver, moissons. C.

P. NODOSUM Pers. Souv. réuni au précéd., en diffère surtout par la tige à nœuds très-renflés, les gaines lâches, les fl. roses ou blanches en épis linéaires formant une panic. souv. inclinée. Mêmes lieux ; non dans les moissons. C.

P. PERSICARIA L. Tige dressée, rameuse. Feuil. ovales ou lancéolées. *Gaines* poilues, *longuement ciliées. Fl.* roses, qqf. blanches, *en épis ovales-oblongs, serrés. Pédonc. et cal. non glanduleux.* Etam. 6. Stigm. 2,3. ①. j^t-sept. Fossés, bord des eaux, lieux humides. CC.

Obs. Les 3 précéd. varient à tige couchée, à feuil. cotonneuses-blanchâtres en dessous et marquées en dessus d'une tache noire.

P. DUBIUM *Stein. P. mite* Schranck? *P. laxiflorum* Weihe. Tige grêle, ascendante. *Feuil. lancéolées.* Gaines en entonnoir, poilues, longuement ciliées. *Fl.* rosées. qqf. blanches, *en épis grêles, interrompus,* presque dressés. Cal. non glanduleux. Etam. 6. Stigm. 3,2. ①. j^t-sept. Fossés, bord des eaux. — VEND. *Napoléon* (Marichal). — LOIRE-INF. AC. *Vallée de la Loire.* PC. — Port du suiv., saveur 0.

P. HYDROPIPER L. *Curage. Saveur brûlante.* Tige redressée. Feuil. lancéolées. Gaines lâches, à poils rares, ciliées. *Fl.* blanchâtres ou rosées, *en longs épis grêles, interrompus, lâchement penchés.* Cal. glanduleux. Etam. 6. Stigm. 3,2. ①. j^t-sept. Fossés, lieux humides. CC.

P. MINUS Huds. *P. pusillum* Lam. Tige couchée, rampante, puis redressée. *Feuil. lancéolées-linéaires, rétrécies au sommet. Gaines longuement ciliées. Fl.* roses *en épis grêles, interrompus, dressés.* Cal.

non glanduleux. Etam. 5. Stigm. 2. ②. j^{t}-sept. Bord des marais. AC. — R. le calc.

Obs. Pour les hybrides des 6 plantes précéd. voir Gr. God. fl. de France 3, p. 49.

** *Fl. blanches, 2,3 axillaires; étam. 8; fruit trigone.*

P. AVICULARE L. *Renouée.* Tiges couchées ou ascendantes, ou la principale dressée, feuillées jusqu'au sommet. Feuil. lancéolées ou elliptiques, qqf. plus étroites, veinées, planes. Gaînes ciliées-déchirées. *Fruit* strié-ponctué, *d'un brun terne.* ①. j^{t}-sept. Champs, chemins, presque partout. CC. — Dans cette plante très-variable quelques auteurs reconnaissent plusieurs espèces; voir Boreau l. c.

P. MARITIMUM L. Tiges couchées, striées. Feuil. ovales-oblongues, roulées en dessous par les bords, coriaces, glauques, un peu plus longues que les entre-nœuds. Gaînes larges, brunes à la base, blanches au sommet enfin déchiré, fortement nervées. *Fruit gros, très-luisant,* non ponctué, dépassant le cal. ① et ②. j^{t}-a^{t}. Sables maritimes. AC. — RR. côte nord de *la Bretagne.*

β. *P. Raii* Bab. *P. littorale* Gr. God. (non Link nec Meisner, qui est une var. du précéd.) a le fruit du type et le port du *P. aviculare* couché; feuil. planes, stip. plus courtes, moins scarieuses, à nervures moins nombreuses. Même lieu. R.

✕. P. BELLARDI All. Caract. de *P. aviculare.* Tige dressée. Fl. en épi grêle, très-lâche, non feuillé au sommet. ①. j^{t}. Champs calc. — CHAR.-INF. *Montlieu* (de Meschinet), *Fontenet* (Pinatel), *Surgères;* le *Pin*! (Mme George). *Dœuil* (Dussouchaud). — DEUX-SÈV. *Clussai, Ste-Soline, Thouars*! (Boreau), env. de *la Mothe, Avon* (Maillard), *S.-Pompain* (Guyon), *Airvault* (Bonnin).

*** *Tige grimpante; fl. blanches, en épis lâches, axillaires; style 1 court, à 1 stigm. 3-lobé.*

P. CONVOLVULUS L. Tige anguleuse. Feuil. en

cœur-sagittées. Anthères violacées. *Angles du cal. fructifère non ailés.* Fruit d'un brun terne, strié-granuleux. ①. jt-at. Haies, lieux cultivés. C.

P. DUMETORUM L. Tige cylindrique. Feuil en cœur-sagittées. Anthères blanches. *Angles du cal. fructifère ailés.* Fruit lisse, luisant. ①. jt-at. Mêmes lieux. C. — Moins c. au-delà de *Loire-Inf.*

THYMÉLÉES.

Cal. tubuleux, à 4 rar. 5 div. colorées. Etam. ord. 8 insérées à la gorge ou sur le tube du cal. Anthères à 2 loges s'ouvrant en long par 2 fentes. Ovaire libre. Style et stigm. 1. Fruit 1.sperme, sec ou en forme de baie. *Arbrisseaux sans stip.*

PASSERINA L. Cal. persistant à 4 lobes. 8 étam. incluses. Fruit sec terminé par un bec, renfermé dans le cal.

✕. P. ANNUA Wicks. *Stellera Passerina* L. Tige de 2-4 déc. à rameaux grêles. Feuil linéaires-lancéolées, aiguës. Fl. jaune-verdâtre, sessiles 1-5 à chaque aisselle, formant des épis lâches, effilés. Cal. pubescent à lobes connivents après l'anthèse. ①. jn-jt. Champs calc. — CHAR.-INF. AC. — DEUX SÈV. CC. *Paizay* (Vernial), cc. *Niort* (A. Guillon), *Vauzais*, *S.-Loup* (Guyon), *Airvault* (Bonnin), *Thouars* (Bastard), *Puy-S.-Bonnet* (Genevier). — VEND. AC. Plaine (Letourneux), c. la *Croix-Bouchère* près *Mortagne* (Genevier).

DAPHNE L. Cal. à 4 lobes. Etam. 8. Style très-court. Baie 1.loc. 1.sperme.

D. LAUREOLA L. *Lauréole.* Sous-arbrisseau. *Feuil.* lancéolées, rétrécies à la base, *persistantes*, coriaces, vert foncé, en rosette au sommet des rameaux. Pédonc courts, axillaires, à 4,5 fl. vert-jaunâtre. Baie noire. Fév. Haies, bois. PC.

✕. D. GNIDIUM L. *Sainbois.* Sous-arbrisseau de

5-8 déc. à *rameaux effilés.* Feuil. linéaires-lancéolées, acuminées-mucronées, sessiles, serrées, caduques. Fl. à odeur suave, en panic. courte terminale. Cal. tomenteux-blanchâtre. *Cor. blanche,* tube verdâtre, anthères orangées. Baie rouge. Jt-at. Sables maritimes nus ou boisés. — CHAR.-INF. c. de *Meschers* à *la Tremblade, Oleron.* — VEND. c.! de *Jard* à l'anse du *Perray* et au *Veillon* (Pontarlier, Marichal), presque détruit à *Noirmoutier.*

X.D. CNEORUM L. Sous-arbrisseau de 1-2 déc. *diffus à rameaux pubescents.* Feuil. lancéolées-oblongues, rétrécies à la base, glabres, obtuses ou échancrées, mucronées. Fl. « roses de *Erythræa Centaurium* (Delalande) » en tête terminale, à div. elliptiques, égalant le tiers du tube tomenteux. Août. — CHAR.-INF. R. landes de *Montlieu!* (de Meschinet).

Obs. Laurus nobilis L. (Laurinées), *Laurier sauce,* cult. partout, est un arbre de 2-5 mèt. dioïque, toujours vert, aromatique, à feuil. ovales-lancéolées, ondulées au bord, coriaces; fl. jaunâtres, en ombelles axillaires courtement pédonculées, involucrées; cal. à 4,5 div. obovales; fl. mâl. à 9-12 étam., anthères à 2 loges s'ouvrant de la base au sommet par une valve; les fem. à drupe noire, 1.sperme. Mars-av. — FIN. Coteaux et taillis exposés au sud, au *Goulet* et à *Landevennec,* où MM. Crouan et Ar. Letourneux le croient naturel.

SANTALACÉES.

Cal. supère, à 3-5 div. colorées en dedans. Etam. 3-5 oppositives, insérées à la base des lobes du cal. Ovaire 1.loc. à 2-4 ovules pendants, attachés près du sommet d'un placenta central. Style 1. Fruit 1.sperme. *Feuil. alternes, entières, sans stip.*

THESIUM L. Cal. à 4,5 div. Etam. 4,5. Stigm. simple. Fruit couronné par le cal. persistant.

T. HUMIFUSUM DC. *T. linophyllum* Bon. Rac. épaisse,

pivotante. Tige très-rameuse, tout-à-fait couchée. Feuil. linéaires, très-étroites, à 1 nervure, vert pâle. Fl. blanches, en grappes terminales; pédic. du fruit divariqués, terminés par 3 bractées inégales. Lobes du cal. bidentés à la base et garnis d'un faisceau de poils au-dessus de l'insertion des étam. Fruit ovale, strié, 3 f. plus long que le cal. ♃. j^n-j^t. Pelouses sèches, sables, coteaux de la région maritime et du calc. — CHAR.-INF., DEUX-SÈV. et VEND. C. — AC. côte sud de *la Bretagne,* moins c. sur celle du nord.

OSYRIS L. Cal. à 3 div. Etam. 3. Stigm. 3. Baie sèche.

♅. O. ALBA L. Sous-arbrisseau de 3-8 déc. à rameaux nombreux, striés. Feuil. linéaires-lancéolées à 1 nervure, dressées. Fl. jaunes! 5,6 en petits bouquets garnis de bractées, le long des rameaux de l'année précédente dépourvus de leurs feuil. Sép. largement triangulaires, charnus. Baie rouge. J^n. — CHAR.-INF. Coteaux et bois du littoral, de *S.-Seurin* à la *Tremblade, Oleron;* entre *Soubise* et *Martrou* (Lesson).— Cette plante n'est blanche dans aucune de ses parties.

Obs. Hippophae rhamnoïdes, famille des Eléagnées, est un arbrisseau très-rameux, épineux, à écorce grisâtre, feuil. lancéolées-linéaires, vert-grisâtre en dessus, argentées en-dessous et couvertes d'écailles rousses; fl. dioïques, verdâtres, paraissant en avril, les mâl. en chatons à 4 étam., les fem. à cal. tubuleux, limbe bifide; baie 1.sperme, jaunâtre. M. Baron le croit spontané à *S.-Cast* (C.-Nord), « où il couvre un grand espace dans les sables et sur les rochers de la grève la plus isolée dans la baie. » Il habite aussi les sables maritimes du Calvados, de la Somme, du Pas-de-Calais et de la Belgique.

CYTINÉES.

« Fl. unisexuelles. Cal. supère à 4,5 div. imbriquées dans le bouton. Étam. 8,16 ou plus, adhérentes à une colonne centrale. Ovaire 1 loc., placenta pariétaux, ovules nombreux.

CYTINUS L. Fl. monoïques. Cal. tubuleux-en cloche, limbe 4 fide. *Mal.* 2 bractées à la base du cal.; anthères 8 sessiles autour du sommet d'une colonne centrale. *Fem.* ovaire infère, portant au milieu 2 bractées, 1 loc., 8 placenta pariétaux. » Koch. syn.

X. C. Hypocistis L. Plante jaune. Tige s'élargissant jusqu'au sommet qui paraît seulement hors du sable, garnie en place de feuil. d'écailles oblongues, frangées. Fl. 8-10 papilleuses-pubescentes, en tête terminale, chacune ayant à la base une bractée, et sur l'ovaire 2 autres bractées opposées. Div. du cal. en croix, frangées comme les bractées. Anthères 8,9, à 2 loges, sessiles sous autant de stigm. sessiles en cercle. Ovaire infère, en forme de bouteille. Mai-15 juin. — Char.Inf. Sur les racines de *Cistus salvifolius*. *Oleron* (Savatier); *Meschers*; *S.-Palais* (de l'Isle). R.

ARISTOLOCHIÉES.

Cal. supér. à limbe en languette oblique ou à 3 lobes. Étam. 6-12 libres et insérées sur le sommet de l'ovaire, ou adhérentes au style et aux stigm. Ovaire à 3-6 loges. Style simple; stigm. rayonnant. Caps. ou baie; graines nombreuses, attachées à des placenta centraux.

ARISTOLOCHIA L. Cal. coloré, ventru à la base, élargi en cornet au sommet. Anthères 6 presque sessiles, adhérentes sous le stigm. à 6 div. Caps. à 6 loges.

A. CLEMATITIS L. Fétide. Rac. rampante. Tige simple, cannelée. Feuil. profond. en cœur, obtuses, pétiolées. *Fl. jaunes*, 4-6, axillaires, sessiles. Caps. grosse, en forme de poire, pendante. Graine triangulaire, aplatie, lisse, subéreuse, jaunâtre. ♃. mai-sept. Lieux pierreux ou sablonneux, vignes, haies, surtout *Vallée de la Loire*.—C. jusqu'à *la Vilaine*. — MOR. AC. côte entre *Sucinio* et *S.-Gildas* ! (Taslé), « *Kerpape* en *Plœmeur*. R. (Le Gall flore). » — FIN. *Iles Glénans, île Tudy* (Bonnemaison), *Port-Salut, Trélennec* (Crouan). R.

✗. A. ROTUNDA L. Clus. hist 2 p. 70 f. 1. *Rac. presque globuleuse*. Tige simple de 2-3 déc. anguleuse. Feuil. en cœur-arrondies, obtuses et échancrées au sommet, pétiole beaucoup plus court que le pédonc. Fl. axillaires, solitaires, à limbe elliptique, échancré au sommet, d'abord droit, puis courbé ou tourné en dedans. Tube jaunâtre, égalant le limbe à 5 nervures et pourpre noirâtre en dehors, olivâtre en dedans dans la moitié supér., jaunâtre et à 5 stries pourpre-noirâtre dans la partie inf. Fruit arrondi. Graine brunâtre, triangulaire, chagrinée par des lignes sur le côté convexe et sur les bords arrondis, subéreuse de l'autre. ♃. mai-jn. Prés pierreux, bord des haies. — CHAR.-INF. *Angoulin* (Bastard), *Arce* près *Cozes* (Savatier), bord des prés de la Gironde à *Mortagne*. R.

✗. A. LONGA L. Clus. l.c. fig. 2. *Rac. oblongue-en fuseau* à plusieurs tiges ord. simples, d'env. 2 déc. tétragones. Feuil. odorantes non fétides, en cœur, obtuses, échancrées, à pétiole entourant la tige par un petit rebord. Fl. axillaires, solitaires, tube vert-jaunâtre en dehors, plus long que le limbe oblong, jaunâtre en dehors, en dedans velu, marron olive, couleur qui est plus foncée à la base d'où elle se prolonge en raies dans le tube. Fruit en poire. Graine marron, triangulaire en cœur, ponctuée-chagrinée sur le côté convexe et sur les bords arrondis, subéreuse de l'autre. ♃. fin mai-jn. Champs calc.—CHAR.-INF. AC. *Puycerteau, Beauvais*! *Chez-Merlet*! *Siecq*! (Savatier), env. du *Sœuil* (Pinatel), *Dœuil* (Dussouchaud), AC. dans la Champagne entre *Pérignac, Archiac* et *Pons*.—DEUX-SÈV. *Paizay* (A. Guillon), *Chérigné* (Sauzé, Maillard).

EUPHORBIACÉES.

Fl monoïques ou dioïques. Cal. infère, divisé ou 0. *Mâl*. étam. insérées au centre de la fl. ou sous le rudiment du pistil, libres ou monadelphes. *Fém*. ovaire libre, sessile ou stipité ; stigm. divisés ; caps. à 2,3 loges 1,2.spermes, se détachant souv. avec élasticité de leur axe commun. *Plantes à suc ord. laiteux*.

BUXUS L. Fl. monoïques. *Mâl*. cal. à 3 div. ; pét. 2; étam. 4 et un rudiment d'ovaire. *Fem*. cal. à 4 div. ; pét. 3; caps. à 3 becs, à 3 loges 2.spermes.

B. SEMPERVIRENS L. *Buis*. Arbrisseau à jeunes rameaux tétragones. Feuil. ovales-oblongues, opposées, pétiolées, persistantes, coriaces, luisantes. Fl. jaunâtres, en paquets axillaires. AV. — CHAR.-INF. *Le Douhet*; la Brassière et *le Chatellier* en *Dampierre* (Pinatel). — DEUX-SÈV. C. Bois Vinet près *Melle* (A. Guillon), bois de *Pressigny* (Janneau). — LOIRE-INF. C. coteaux pierreux de *Mauves*, de *Varades*; *Rougé*. PC. — MOR. *Monteneuf, Réminiac* (Le Gall), *S.-J.-la-Poterie* (Taslé). — FIN. *Daoulas, Hopital-Camfrout, Pont-de-Buis, le Faou*, etc. (Crouan). — C.-NORD. *La Boissière* en *Allineuc*, *la Boissière* en *Plérin* (Trobert). — Ailleurs, çà et là sous-spontané dans les haies autour des habitations.

EUPHORBIA L. Fl. monoïques renfermées dans un involucre commun à 5 div. séparées par un appendice glanduleux (*glandes*). *Mâl*. 10 ou plus, insérées à la base de l'involucre, consistant en 1 étam. à filet articulé garni à la base d'une écaille diversement fendue. *Fem.* solitaire, pédonculée au centre de l'invol. ; cal. propre peu apparent; style trifide à stigm. bifides. Caps. à 3 loges 1.spermes. *Herbes* (ici), *à suc laiteux.*

* *Glandes entières, non échancrées en croissant.*

E. Peplis L. Tiges rougeâtres, couchées. Feuil. obtuses, prolongées à la base en une seule oreillette obtuse, opposées, pétiolées, stipulées. *Fl. axillaires, solitaires.* Caps. lisses, cachées sous les feuil. ①. jn.-jt. Sables maritimes où il forme d'élégantes rosettes. C. jusqu'à *la Vilaine ;* AR. au-delà.

Obs. M. Letard, des Sables-d'Olonne, a trouvé répandu dans les sables maritimes mouvants de l'anse du *Tanchet* (Vend.) mêlé au précéd. *E. polygonifolia* L. Bois. in DC. Prod. plante du littoral de de l'Amérique du Nord. Tiges blanc-jaunâtre, couchées; feuil. linéaires-oblongues, obtuses, apiculées, en cœur très-peu oblique à la base, en gouttière, un peu glauques, opposées, pétiolées, stipulées; fl. solitaires dans l'aisselle des rameaux dichotomes renflés à la base; caps. lisse, graine ovoïde, comprimée, grisâtre. ①. oct.

E. Helioscopia L. Plante vert clair. Tige ord. simple. *Feuilles obovales-en coin, obtuses, dentelées en scie dans le haut.* Ombelles à 5 rayons 3.fides. Caps. lisses. Graines rougeâtres, ridées en réseau. ①. av.- oct. Terres cultivées. CC.

E. platyphyllos L. Tige dressée, simple à la base. Feuil. lancéolées, élargies et dentées dans le haut, aiguës. Ombelle à 3-5 rayons trifides puis dichotomes. Fol. des involucelles largement ovales-triangulaires, mucronées, garnies en dessous sur la nervure, ainsi que les feuilles de qq. longs poils épars. *Caps. tuberculeuse. Graines d'un gris plombé,* luisantes. ①. jn-jt. Lieux pierreux. — Char.-Inf. *Macqueville, Siecq; Saintes, le Sœuil* (Guillaud), *Fouras* et prob. ailleurs. — Deux-Sèv. c. *Niort* (A. Guillon), *la Mothe* (Sauzé). — Vend.

Ile d'Yeu, entre *Triaize* et *la Dune*; de *Vix* à *l'Ile-d'Elle* (Ayraud), *Commequiers* (Gobert). — LOIRE-INF. *Vallée de la Loire*. PC. — IL.-ET-V. *Rennes* (Letourneux), *Dol*; *Châteauneuf* (Mabille).

E. STRICTA L. *E. serrulata* Thuil. *E. micrantha* Mut. Rac. à plusieurs tiges dressées. Feuil. lancéolées, aiguës, dentelées dans le haut, vert clair. Ombelle à 3-5 rayons trifides puis dichotomes. Fol. des involucelles largement ovales-triangulaires, mucronées. *Caps. à tubercules saillants, cylindriques. Graines brun-rougeâtre*, lisses, 3 fois plus petites que dans le précéd. ① ou ②. j^n-j^t. Haies, friches. — DEUX-SÈV. c. *St-Loup*! (Guyon), *Bressuire* (Toussaints), *Airvault* (Bonnin), *Thouars*; — VEND. *Mareuil*, c. bord des 2 *Lays* vers *Chantonnay* (Pontarlier, Marichal), fossés de la route de *Vix* à *Marans* (Letourneux). — LOIRE-INF. AC. — IL.-ET-V. Env. de *Rennes* (J. M. Sacher, Moreau).

E. DULCIS L. *Rac. noueuse*, rampante. Tige simple, velue. Feuil. lancéolées-oblongues, rétrécies à la base, obtuses, velues. Ombelle à 5 rayons 1 f. bifides. Fol. de l'involucre lancéolées, celles de l'involucelle rhomboïdales, aussi longues que larges. *Glandes rougeâtres*. Caps. glabre, à gros tubercules inégaux. Graines lisses, jaune-rosé. ♃. mai-j^n. Lieux boisés. — DEUX-SÈV. *Bois Pastureaux*, de *Réfannes* (A. Guillon), *Bressuire* (J. Richard), *Airvault* (Bonnin), *la Mothe* (Maillard). — VEND. AC. bords de la Sèvre à *Mortagne*, et partie des *Deux-Sèvres* voisine (Genevier), c. forêt de *Vouvant* (Letourneux), bords du *Lay* près *la Réorthe* (Pontarlier). — LOIRE-INF. *Pont-du-Cens, Orvault, la Chapelle-sur-Erdre, Carcouët*, les *Renardières, S.-J.-de-Boiseau*; *Clisson* (Bornigal), bord de *la Sanguèse*, de *la Divatte*, etc. PC. — MOR. *Baud* (Legall). — FIN. *Le Squiriou* près *Morlaix* (de Guernisac). — C.-NORD. *Coëtfred* près *Lannion* (J. M. Sacher). — IL.-ET-V. R. forêt de *Rennes* (Letourneux).

✕. E. ANGULATA Jacq. Voisin du précéd. *Rac.*

renflée çà et là en tubercules et non à souche noueuse-continue. *Tige* grêle de 2-4 déc. *anguleuse* dans la moitié sup. Feuil. obovales ou oblongues, rétrécies à la base, finement dentées au sommet. Ombelle à 3 ou 5 rayons bifides. Fol. de l'involucre rhomboïdales-ovales, celles de l'involucelle plus larges que longues, triangulaires-en cœur. Glandes réniformes, entières, jaunes puis rougeâtres. Caps. à verrues obtuses. Graines lisses. ♃. mai-j^{n}. — CHAR.-INF. C. pays de lande depuis *Mortagne* jusqu'à *Montlieu* et au delà. — DEUX-SÈV. Bois de *Soudan* (Sauzé, Maillard).

X. E. VERRUCOSA L. Souche dure à plusieurs tiges étalées puis ascendantes. Feuil. ovales-oblongues, dentelées en scie, d'abord pubescentes. Ombelle en fleurs d'un beau jaune, à 5 rayons trifides. Fol. de l'involucre ovales, dentelées ainsi que celles de l'involucelle obovales. Glandes entières. Caps. couverte de *verrues cylindriques*. Graines lisses. X. j^{n}. Bord des champs, des prés, des chemins, taillis clairs dans le calc. — CHAR.-INF. AC. çà et là N.-E. du départ. de *Courçon* à *Loulay*, *Aulnay*, *Siecq*, *Cognac* et *Archiac* ; *Montlieu*. — DEUX-SÈV. Forêts d'*Aulnay* ! de *Chizé* ! de *Réfannes* (A. Guillon), *Loubillé* (Jousse), *la Mothe* (Sauzé, Maillard), *Prahecq* (Bonneau). — *Puy-Notre-Dame* en Maine-et-L. (Revelière).

X. E. HIBERNA L. Souche épaisse, dure, à plusieurs tiges en touffe. *Feuil. lancéolées-oblongues, minces*, entières, à poils épars. Ombelle en fl. d'un beau jaune, à 5 rayons bifides. Fol. des involucelles ovales. Glandes entières. *Caps. hérissée-tuberculeuse*. Graines lisses. ♃. av.-mai. Bois. — CHAR.-INF. R. la lande de *Mortagne*. R. — DEUX-SÈV. Bois *Pastureaux*, de *Réfannes* (A. Guillon), AC. arrond. de *Parthenay*, *Secondigny* (Janneau), forêt de *Chantemerle* (Pellier), env. de *S.-Maixent*, c. forêt de l'*Hermitain* (Sauzé, Maillard), *Bretignolles* (Toussaints), *Puy-S.-Bonnet*, *Chatillon* (Genevier). — VEND. *La Verrie, S.-Hilaire, S.-Laurent* (Genevier). AC. env. de *Napoléon*! *Chantonnay*, forêt de *S.-Prouent, Pouzauges*, etc. (Marichal, Pontarlier), c. forêt de *Vouvant*! (Letourneux).

✕. E. PALUSTRIS L. *Tige* épaisse, *robuste de* 8-12 *déc.* cylindrique, rougeâtre, garnie de rameaux latéraux, ceux sous l'ombelle florifères. *Feuil.* lancéolées, *glabres*. Ombelle à 5 rayons ou plus. Fol. de l'involucelle elliptiques, obtuses, rétrécies à la base. Glandes entières, jaune fauve. Caps. tuberculeuse. Graines lisses, brun plombé. ♃. mai-jn. Marais, bord des rivières. — CHAR.-INF. AC. bords de *la Charente; la Boutonne*, c. du moulin de *Roussigné* à *Vervant; Vouhé*, etc. — VEND. *Marans, Chaillé, Maillezais, Vix*, c. *Ile-d'Elle* (Letourneux), *Luçon* (Genevier), RR. île d'*Yeu*. — DEUX-SÈV. *Mauzé* (Letourneux), *Sansais* (A. Guillon), *Séligné* (Guyon).

E. PILOSA L. Plante de 4-5 déc. formant buisson. *Feuil.* lancéolées, obtuses, sessiles, *velues surtout en dessous*. Ombelle à 5-6 rayons 2 f. trifides. Fol. de l'involucelle obovales, obtuses. *Caps. lisse*, glabre ou à qq. longs poils épars. Graines lisses. ♃. mai-jn. Bord des haies, des bois. — CHAR.-INF. AC. — *Cognac, Jarnac*. — DEUX-SÈV. *Niort, Paizay* (A. Guillon), *la Mothe* (Sauzé, Maillard), « *Bretignolles* (Toussaints) », RR. *S.-Hilaire sur Sèvre* (Genevier). — LOIRE-INF. *La Berrière, Thouaré, la Collinière ; la Houssaye* (Letourneux), *le Chaffault, les Renardières, les Cléons*, etc. PC.

✕. E. SERRATA L. Tiges de 3-5 déc. *Feuil. dentées en scie*, linéaires-oblongues, puis ovales-lancéolées, les supér. ainsi que les fol. de l'involucre largement ovales-en cœur, dentées en scie dans la moitié sup. Ombelle fleurie d'un beau jaune, à 4 rayons dichotomes. Fol. de l'involucelle largement ovales ou réniformes, acuminées, grossièrement ou irrégulièrement dentées. Glandes ovales-elliptiques, entières. Caps. lisse. Graines lisses.

♃. jn-jt. Champs et bord des chemins. — CHAR-INF. *La Rochelle!* (Hubert), *le Rocher* (Letourneux). R.

E. GERARDIANA Jacq. Rac. dure, perpendiculaire, à tiges nombreuses. *Feuil.* linéaires-lancéolées, mucronées, *glauques*, celles des tiges stériles plus étroites. Ombelle à rayons nombreux, plusieurs f. dichotomes. Fol. de l'invol. triangulaires-réniformes, mucronées. Caps. un peu rude sur les angles. Graines blanchâtres, lisses. ♃. jn-jt. Lieux sablonneux ou pierreux calcaires. — CHAR.-INF. RR. env. de *Meschers*, AC. bords du marais de *Harzan* près *Corme-Royal*; env. de *Neuvicq* (Pinatel). — DEUX-SÈV. *Marne* (Bonnin), *S.-Jouin* (Pellier), RR. en *Laire* et *Pas de Jeu* (Lunet), « *Thouars* (Boreau flore). » c. plaine de *Montreuil-Bellay*, en Maine-et-L. (Revelière). — LOIRE-INF. c. *Machecoul*. Localité unique.

** *Glandes en formes de croissant ou à 2 cornes.*

E. ESULA L. Glabre, un peu glauque. *Rac. rampante.* Tige garnie de rameaux stériles. *Feuil. lancéolées ou linéaires-lancéolées*, rétrécies à la base, obtuses, apiculées, un peu dentelées au sommet. Ombelle à rayons nombreux, 1 ou plusieurs fois dichotomes. Fol. de l'involucelle largement triangulaires. Glandes en croissant à 2 petites cornes. Caps. un peu rude sur les angles arrondis. Graines lisses. ♃. jn-sept. Bord des haies, champs incultes pierreux, sables, graviers. — CHAR.-INF. Forêt de *Benon*. — VEND. R. entre l'*Aiguillon* et *les Sables*; R. *Noirmoutier* (Gobert). RR. — LOIRE-INF. c. vallées de la *Loire* et de ses affluents. — MOR. *Coëtsurho*, *Gavre* (Taslé). RR. — Dans les prés de la *Loire* les feuil. sont souv. plus étroites; c'est alors *E. salicifolia* Desv. non Host, *E. mosana* Boreau l. c.

E. CYPARISSIAS L. Rac. rampante. *Rameaux stériles nombreux. Feuil. linéaires, étroites.* Ombelle à rayons nombreux, dichotomes. Fol. de l'involucelle triangulaires-arrondies. Glandes à 2 petites cornes. Caps. un peu rude sur les angles. Graines lisses. ♃. mai-j^t. Champs sablonneux, bord des chemins. — DEUX-SÈV. C. dans le N. — LOIRE-INF. *Vallée de la Loire,* sables maritimes. AC.

E. PARALIAS L. *Glauque.* Tige garnie de rameaux stériles. *Feuil.* oblongues-linéaires, *coriaces,* serrées. Ombelle à 4-6 rayons bifides. Fol. de l'involucelle réniformes. Glandes à 2 cornes qqf. dentées. Caps. un peu rugueuse, marquée d'un sillon sur les angles. Graines lisses. ♃. j^n-sept. Sables maritimes. C. jusqu'à *la Vilaine,* AC. côté sud de *la Bretagne,* PC. au-delà.

E. PORTLANDICA L. Tige ord. rougeâtre, à rameaux stériles assez nombreux. Feuil. lancéolées, élargies au sommet, obtuses, mucronées. Ombelle à 5 rayons dichotomes, allongés. Fol. de l'involucelle très-larges, rhomboïdales, mucronées. Glandes à 2 longues pointes. Caps. un peu rude sur les angles. *Graines obovales, tronquées, à rides blanchâtres, en réseau.* ② et ①. mais pas ♃. mai-j^t. Sables, talus des clôtures, vieux murs, de la rég. marit. C. jusqu'à *la Vilaine,* AC. au-delà.— Deux formes : — l'une, *E. segetalis L?* fleurissant l'été ou l'automne de l'année où elle s'est semée, glauque, tige rougeâtre à la base, *dressée* à rameaux stériles peu nombreux, feuil. linéaires-lancéolées, acuminées ; ombelle à 4,5 rayons dichotomes, garnis en dessous de plusieurs pédoncules florifères axillaires. — L'autre forme est donnée, soit par les pieds de la précédente qui ont survécu à l'hiver, soit par ceux qui n'ont pas fleuri la 1re année. Sa tige, au lieu d'être dressée, est garnie de rameaux plus ou moins nombreux, *diffus,* à dichotomies plus fréquentes, offrant comme la forme annuelle des pédonc. florifères sous l'ombelle.

E. PEPLUS L. Rameux, diffus. Feuil. obovales, obtuses, pétiolées. Ombelle à 3 rayons dichotomes. Fol. de l'involucelle ovales. Glandes à 2 cornes. *Caps. à 2 carènes sur les angles.* Graines hexagones, marquées sur 2 côtés contigus d'un sillon longitudinal, et sur les quatre autres d'une rangée de petites fossettes. ①. jn-sept. Lieux cultivés. CC.

X. E. FALCATA L. Tige simple ou très-rameuse. Feuil. toutes mucronées, lancéolées, acuminées, ainsi que les fol. de l'involucre, les inf. obtuses ou échancrées Ombelle à 3 ou 5 rayons dichotomes. Fol. de l'involucelle ovales, obliques, acuminées. Glandes en croissant à cornes courtes. Caps lisse. *Graines* ovales, comprimées, blanchâtres, *marquées de chaque côté en travers de deux rangs de fossettes linéaires.* ①. jn-jt. Champs pierreux calc. — CHAR.-INF. *Dœuil, Surgères, Gué-d'Alleré,* de *Loulay* à *Siecq* et *Macqueville.* — DEUX-SÈV. *Thouars!* (Bastard). *Airvault* et env. (Bonnin), *Paizay* (Vernial), *Frontenay* (Charbonneau). — VEND. *Benet* et *Oulmes* (Letourneux). RR.

E. EXIGUA L. Tige grêle. Feuil. linéaires, aiguës, obtuses ou tronquées *(E. retusa),* les inf. spatulées. Ombelle à 3 rayons dichotomes. Fol de l'involucelle lancéolées, à base en cœur. Glandes à 2 pointes. Caps. lisse. *Graines* presque tétragones, *tuberculeuses-rugueuses.* ①. jn-sept. Champs cultivés, coteaux arides. C. — N'a souv. que 3-5 cent. dans les lieux très-secs.

E. LATHYRIS L. *Epurge.* Glauque, robuste. *Feuil. opposées,* les inf. linéaires, disposées sur 4 rangs, les sup. lancéolées, en cœur à la base. Ombelle à 4 rayons dichotomes. Fol. de l'involucelle ovales-lancéolées, aiguës. Glandes à 2 cornes élargies au sommet. Caps. lisse. Graines rugueuses. ②. mai-jn. Coteaux et lieux pierreux. — CHAR.-INF. *Saintes* (A. Guillon). — DEUX-SÈV. AR. *S.-Loup* (Guyon), *Thouars* (Toussaints). — VEND. Env. de *Luçon,* AR. *Napoléon* (Pontarlier, Marichal), *Roc-S.-Luc* (Letourneux). — LOIRE-INF. Coteaux de *Mauves,* du *Cellier* aux *Folies-Siffait,* de *Varades, la Haute-*

Indre; *le Pallet* (Le Boterf), *la Gilarderie* (Bornigal), *Nort*; *Treillières* (Guiho), etc. PC. — Mor. naturalisé, AR. (Arrondeau cat.) — Fin. Env. de *Brest* (Bonnemaison). — C.-Nord. pc. coteaux de la Rance à *Grilmont*, *Landboulou*, etc. (Mabille). — Il.-et-V. Coteaux près *la Molière* (J. Gallée). — Et çà et là sous-spontané non loin des habitations.

E. amygdaloïdes L. *E. sylvatica* Jacq. Tige pubescente, ord. rougeâtre. Feuil. inf. lancéolées, persistantes, les sup. obovales-oblongues, pubescentes. Ombelle à plusieurs rayons bifides. *Fol. de l'involucre ovales*, celles *de l'involucelle connées*. Glandes à 2 cornes. Caps. finement ponctuée. Graines lisses. ♃. av.-mai. Bord des chemins, des haies, des bois. CC. — Varie t.-rar. à fol. de l'involucelle libres, non connées (*E. ligulata* Chaubard ?).

MERCURIALIS L. Fl. dioïques. Cal. à 3 div. *Mâl.* étam. 9-12. *Fem.* style court à 2 stigm. allongés; caps. didyme, à 2 loges 1-spermes. *Feuil. opposées.*

M. perennis L. Velu. Rac. rampante. *Tige simple.* Feuil. ovales-lancéolées, aiguës, dentées, pétiolées. Fl. verdâtres, axillaires, les mâles en épis grêles, les fem. solitaires, longuement pédonculées. Caps. hispide. ♃. av.-mai. Bois. — Char.-Inf. *Essouvert* près *le Pin*, forêt d'*Aulnay*, *Jonzac*; *Saintes*, *Bussac* (A. Guillon). — Deux-Sèv. *Niort*, *la Touche-Poupart* (A. Guillon), *la Mothe* (Maillard), *Loubillé* (Jousse), *S.-Pompain* (Guyon), *Bressuire* (J. Richard), *Argenton-Ch.*, forêt de *Chizé*. — Vend. AC. — Loire-Inf. C. par localités. — Mor. « *Pont-Scorff*, *Baud* (Le Gall flore), » c. *Lanvaux* (Taslé), forêt de *Brambien* (Arrondeau). — Fin. *Quimperlé* (J.-M. Sacher), *le Pérennou* près *Quimper* (Bonnemaison), entre *Loperhet* et *Daoulas* (Crouan). — C.-Nord. forêts de *Coëtquen*, d'*Yvignac*, de la *Hunaudaie*, c. vallée de *la Rance*, *Bobital*, etc. (Mabille). — Il.-et-V. *S.-Jacques*, *S.-Grégoire* (Moreau).

M. ANNUA L. *Ramberge.* Glabre. Rac. fibreuse. *Tige rameuse,* renflée aux nœuds. Feuil. ovales, dentées, pétiolées. Fl. verdâtres, axillaires, les mâles en épis grêles, les fem. solitaires, courtement pédonculées. Caps. hispide. ①. mai-oct. Lieux cultivés. CC.

CALLITRICHINÉES.

Fl. ord. unisexuelles, sans cal., munies à la base de deux bractées opposées, transparentes, pétaloïdes. Etam. 1, filet long, anthère réniforme à 1 loge s'ouvrant par une fente demi-circulaire. Styles 2 en alène. Fruit à 4 angles, se séparant à la fin en 4 carp. 1-spermes, indéhiscents.—*Herbes aquatiques, vivaces, habitant les fossés, les fontaines, les ruisseaux ; feuil. opposées, les sup. ord. flottantes en rosette ; fl. petites paraissant depuis le printemps jusqu'à l'automne.*

CALLITRICHE L. Caract. de la famille.

C. OBTUSANGULA Le Gall. Feuil. toutes obovales-spatulées, ou les inf. linéaires, les sup. flottantes, obovales. Bractées lancéolées, en faux, rapprochées par le sommet, persistantes. Styles très-longs, divariqués, persistants. *Angles du fruit* rapprochés par paire, *très-obtus,* qqf. si arrondis, qu'il y a à peine une séparation entre les deux. Surtout région maritime. PC.

C. STAGNALIS Scop. Kütz. *Feuil. toutes obovales-spatulées.* Bractées en faux, rapprochées par leur sommet. *Styles* persistants, *recourbés.* Angles du fruit à carène ailée. CC.

β. *C. platycarpa* Kütz. Feuil. inf. des rameaux linéaires. PC.

C. VERNALIS Kütz. *Feuil. infér. des rameaux linéaires,* les supér. obovales. Bractées lancéolées, un peu arquées. *Styles dressés, caducs.* Fruits sessiles ou pédonculés (*C. pedunculata* DC.), surtout les inf.; angles à carène aiguë. C.

C. HAMULATA Kütz. Feuil. inf. (ou toutes) des rameaux linéaires, échancrées ou à 2 pointes, qqf. courbées en pince, rétrécies à la base, les sup. obovales. Bractées « courbées en crosse » souv. 0. Styles caducs à partie inf. *recourbée dans la rainure du fruit*. Angles du fruit à carène ailée. C.

C. TRUNCATA Guss. *C. autumnalis* édit. 1, an L? Feuil. toutes submergées, linéaires, plus larges et presque connées à la base, graduellement rétrécies jusqu'au sommet à 2 pointes, les sup. ne formant pas la rosette. Bractées 0. Styles très-longs, recourbés, très-caducs. Fruits sessiles, les inf. un peu pédonculés, à *angles* obtus, divergents, *formant la croix*. PC.

CÉRATOPHYLLÉES.

Fl. monoïques. *Mâl.* 12 div. linéaires; anthères 12-20 sessiles, tricuspidées. *Fem.* pér. 0; ovaire 1 libre; style 1 en alène. Fruit dur, 1-sperme, indéhiscent, terminé par le style persistant. Cotylédons 4 verticillés. *Plantes submergées, à fl. axillaires, sessiles*.

CERATOPHYLLUM L. Voir la famille.

C. DEMERSUM L. Feuil. vert obscur, en verticilles rapprochés, 1-2 fois dichotomes, à div. filiformes, raides, dentées. Fruit ovale, comprimé, un peu tuberculeux, non ailé, à 3 épines, *l'une terminale égalant ou dépassant le fruit*, les 2 autres placées à sa base, recourbées. ♃. jt-at. Marais, eaux stagnantes. CC.

C. SUBMERSUM L. se distingue du précéd. par les feuil. vert clair, en verticilles moins serrés, 3-4 f. dichotomes, à div. capillaires, peu dentées. Fruit elliptique, tuberculeux surtout au bord ou lisse, non ailé, à 1 *épine terminale*, courbée, *beaucoup plus courte que lui*. Mêmes lieux. — CHAR.-INF. *S.-Séverin* sur la Boutonne (Lemarié). — VEND. Fossés vaseux du marais de *Luçon, Ile-d'Elle* et *Gué-de-Velluire* (Pontarlier, Marichal), *les Sorbets à Noirmoutier* (V. Grand-Marais). — LOIRE-INF. Sans localité précise (Pesneau). RR. — MOR. *Vannes* (Taslé).

URTICÉES.

Fl. monoïques, dioïques ou polygames. Cal. infère à 4, rar. 3-6 lobes. Etam. définies, oppositives, insérées à la base du cal. Ovaire 1 libre, à 1,2 loges 1-spermes. Styles 2 ou 1. Fruit indéhiscent.

A. *Herbes à fruit non charnu.* (Urticées).

URTICA L. *Ortie.* Fl. monoïques ou dioïques. *Mâl.* cal. à 4 div.; étam. repliées avant la fécondation, puis s'allongeant avec élasticité. *Fem.* cal. à 2 div.; stigm. sessile, plumeux. Fruit 1-sperme, recouvert par le cal. *Herbes hérissées de poils sécrétant une liqueur caustique; fl. herbacées, en grappes axillaires.*

U. PILULIFERA L. Feuil. ovales, acuminées, profond. dentées, opposées, pétiolées. *Fl.* monoïques, les *fem. en boules pédonculées.* ①. jn.-sept. Pied des murs.—DEUX-SÈV. Rues *de Thouars* et de *S.-Jacques, Marnes, Airvault*! (Bonnin). — LOIRE-INF. AC. du *Pouliguen à Batz* et au *Croisic*. R. — FIN. *Le Conquet, Ile Molène, Lampaul-Ploud.* (Crouan).

U. URENS L. Feuil. ovales, profond. dentées, opposées. *Fl.* monoïques, les *fem. en grappes* géminées, *plus courtes que le pétiole.* ①. jn-sept. Champs, chemins, pied des murs. C.

U. DIOÏCA L. Feuil. ovales-en cœur, acuminées, dentées, opposées. *Fl.* dioïques, *en grappes plus longues que le pétiole.* ♃. jn-sept. Pied des murs, chemins, talus. CC.

U. MEMBRANACEA Poir. enc. 4. 638. Feuil. ovales, profond. dentées, espacées, opposées, à pétiole égalant le limbe ou 1/4 plus court. Fl. monoïques. Epis mâles pédonculés, longs, filiformes, géminés à l'aisselle des feuil. sup. qu'ils dépassent; *fl. unilatérales sur un axe dilaté-membraneux*, large de plus de 2 mil. Epis fém. inférieurs, oblongs, pédonculés. Fruit ovale, comprimé, lisse. ①. jn.-at. Pied des murs. — FIN. AC ! *Le Guilvinec* (Bonnemaison) et villages voisins entre *Penmarc'h* et *Treffiagat*.

PARIETARIA L. Fl. polygames. Cal. en cloche, à 4 div.; celui des fl. herm. s'allongeant après la fleuraison. Etam. 4 repliées, puis se redressant avec élasticité. Style filiforme; stigm. plumeux. *Fem.* cal. ne s'allongeant pas, recouvrant le fruit. *Fl. axillaires, entourées d'un involucre commun.*

P. OFFICINALIS Smith, *P. diffusa* Koch. *Pariétaire, Aumure*. Tige rameuse, diffuse. Feuil. lancéolées, rétrécies aux 2 bouts, à 3 nervures, les latérales naissant au-dessus de la base. Fl. en paquets axillaires. ♃. jt-sept. Vieux murs, décombres. CC. — Sur les murs humides et dans les puits, les rameaux sont redressés et les feuil. sont grandes, plus allongées.

HUMULUS L. Fl. dioïques. *Mâl.* en grappes; cal. à 5 div. *Fem.* en chatons ou cônes; cal. formé par une écaille accrescente; styles 2. Fruit 1-sperme, à l'aisselle des écailles.

H. LUPULUS L. *Houblon*. Tige élevée, grimpante. Feuil. rudes, opposées, pétiolées, en cœur à la base, dentées, simples ou à 3 ou 5 lobes. Fl. jaunâtres. ♃. jt-at. Haies. AC.—PC. au-delà de *Loire-Inf.*

B. *Arbres à fruits agrégés, charnus*. (Artocarpées).

Obs. Ficus carica L. *Figuier*, cult. partout, est un arbre ou arbrisseau à suc laiteux; feuil. en cœur, palmées à 3 ou 5 lobes obtus, rudes en-dessus, pubescentes en-dessous; fl. monoïques nombreuses, pédicellées, renfermées dans un récept. charnu, en poire, creux, ombiliqué et presque fermé au sommet, les sup. mâles; *mâl.* cal. à 3 div., étam. 3-5; *fem.* ovaire 1.loc. style latéral, stigm. 2; fruits petits, nombreux, entourés de la pulpe du récept. celui-ci (*figue*) en poire glabre. Jt.-at. Rochers. — CHAR.-INF. Bords du *Lary*, de la *Gironde*, de la *Charente* et sables maritimes.—DEUX-SÈV. *La Mothe* (Sauzé).—FIN. Baie d'*Audierne* (Crouan).

C. *Arbres à fruit sec.* (Ulmacées).

ULMUS L. Fl. herm. Cal. en cloche, à 4,5 div. Etam. 4-8. Styles 2. Fruit 1.sperme, comprimé, bordé d'une aile membraneuse.

U. CAMPESTRIS L. *Ormeau, Orme.* Arbre élevé à rameaux ascendants, lisses ou (*U. suberosa*) crevassés-boursoufflés. Feuil. ovales, doublement dentées, inégales à la base. *Fl.* rougeâtres, agglomérées, *presque sessiles*, paraissant avant les feuil. Fruit glabre à *graine située au sommet* sous l'échancrure. Mars. Haies, bois.CC. — R. forêts au-delà de *Loire-Inf.*

β. *U. glabra* Sm. Petits rameaux très-nombreux, feuil. petites, presque glabres, lisses, luisantes, vert foncé. Haies. Çà et là.

* U. MONTANA Smith. Plus c. dans les plantations, les avenues que le précéd., en diffère surtout par les rameaux lâches, un peu étalés, par les feuil. plus rudes, plus grandes ainsi que le fruit arrondi, dont la *graine* est *située vers le milieu*, bien au-dessous de l'échancrure.— Une var. *U. major* Sm. à feuil. encore plus grandes, à fruit ovale, rétréci à la base, est cult. mêmes lieux.

U. EFFUSA Willd. Arbre élevé. Feuil. ovales, acuminées, doublement dentées en scie, inégales à la base, pubescentes en-dessous. *Fl. longuement pédonculées*, pendantes. Caps. ciliée. Mars-av. — LOIRE-INF. Forêt d'*Ancenis*, bord de la route aux

Cléons, Nantes route de Paris (de l'Isle), parc de l'*Ebeaupin*. — Il est encore cult. ailleurs dans les parcs, les allées, ainsi que plusieurs autres variétés des précéd.

AMENTACÉES.

Fl. unisexuelles, rar. herm., en chatons garnis d'écailles, rar. solitaires ou géminées. Cal. écailleux ou 0. *Mâl.* étam. définies ou indéfinies, insérées sur l'écaille ou sur le cal., libres, rar. soudées. *Fem.* ovaire simple, libre; style simple ou à plusieurs stigm. Fruit indéhiscent ou à 2 valves. *Arbres ou arbrisseaux à feuil. simples, alternes.*

A. *CUPULIFÈRES. Chatons monoïques; fl. fem. solitaires, réunies, ou en chatons; fruit 1-sperme, recouvert ou entouré d'un involucre.*

FAGUS L. *Mâl.* chatons presque globuleux; cal. en cloche, à 5,6 div.; étam. 10-15. *Fem.* 2 dans un involucre épineux à 4 lobes; cal. adhérent, à 4 div.; stigm. 3. Fruit trigone, mollement épineux, 1-loc. par avortement, à 1,2 graines (*faînes*).

F. SYLVATICA L. *Hêtre, fouteau.* Arbre élevé, à écorce lisse, blanchâtre. Feuil. ovales, un peu sinuées-dentées, ciliées, lisses, pétiolées. Fl. verdâtres, les mâles en chatons nombreux, pendants. Av.-mai. Forêts, haies. — CHAR.-INF. R. forêt de *Benon*; forêt d'*Aulnay*; *Puycerteau* (Savatier), R. forêt de *Corme Royal*. PC. — DEUX-SEV. Forêt de *Chizé* (A. Guillon), RR. *la Mothe* (Sauzé), RR. *S.-Loup* (Guyon). — VEND. PC. Bocage (Pontarlier). — LOIRE-INF. C. haies, forêts au nord du départ., R. autour de *Nantes*. — C. reste de *la Bretagne*, où il domine dans toutes les forêts.

CASTANEA L. *Mâl.* en faisceaux garnis de bractées, formant des chatons longs, grêles, cylindriques; cal. à 6 lobes; étam. 8-20. *Fem.* 3 dans un invol. hérissé d'épines; cal. à 5,6 lobes; ovaire à 6-8 loges à 2 ovules; stigm. 6-8. Fruit 1-loc.

C. VULGARIS Lam. *Fagus Castanea* L. *Châtaignier*. Arbre à rameaux étalés. Feuil. oblongues-lancéolées, luisantes, coriaces, à dents mucronées. Fl. jaunâtres. Fin juin-jt. Bois. PC. — cc. cult.; R. dans le calc. — Varie qqf. à fl. fem. en chatons linéaires.

QUERCUS L. *Chêne*. *Mâl.* chatons filiformes, à fl. écartées, sessiles; cal. à 5-10 div.; étam. 5-10. *Fem.* situées à l'aisselle d'une écaille caduque; invol. formé de fol. très-petites qui se transforment en une cupule coriace; cal. adhérent, à 6 lobes; ovaire à 3 loges 2-spermes, stigm. 3. Fruit mûr (*gland*) 1-loc. 1-sperme. *Fl. jaunâtres.*

Q. PEDUNCULATA Ehrh. *Q. Robur* α. L. fl. suecica. Arbre élevé. Feuil. (très-variables ainsi que dans les suiv.) obovales-oblongues, sinuées, presque sessiles, à lobes inégaux, arrondis, mutiques. *Fruits longuement pédonculés*. Av.-mai. Haies, forêts. CC.

Q. SESSILIFLORA Smith, *Q. Robur* L. Arbre élevé. Feuil. obovales, d'un vert plus foncé en dessus, sinuées, à lobes plus réguliers que dans le précéd., arrondis, mutiques, pétiolées, glabres. *Fruits presque sessiles*. Av.-mai. Haies, forêts. AC. jusqu'à *la Loire*; c. au delà.

Q. PUBESCENS Willd. Arbre moins élevé. Feuil. obovales, sinuées, à lobes arrondis, mutiques, pétiolées. Feuil. pubescentes en dessous, tomenteuses étant jeunes. Fruits sessiles ou pédonculés. Haies, bois, ord. dans le calc. — CHAR.-INF. AC. — DEUX-SÈV. *Niort*, *la Mothe*, et prob. tout le calc. — VEND. Env. de *Talmont*, *Vairé*, c. bois des env. de *Luçon*! (Pontarlier, Marichal), *Noirmoutier*. — LOIRE-INF. *Les Renardières*! (Desvaux), *Orvault* (herb. Hectot). RR.

Q. TOZA Bosc, DC. *Chêne doux*, *Chêne roux*, *Ch. blanc*, *Ch. noir*. *Rac. traçante*. Jeunes pousses blanchâtre-rosé. Feuil. pétiolées, ovales-oblongues, sinuées-lobées ou pinnatifides, à lobes arrondis, qqf. dentés, rar. mucronés-calleux, couvertes surtout en dessous de poils roussâtres, étoilés. Fruits sessiles ou pédonculés. Plus tardif que les précéd., n'est feuillé qu'en juin. — CHAR.-INF. Ter. tertiaires, cc. pays de lande, depuis *Mortagne*, entre *S.-Genis* et *Mirambeau*, jusqu'à *Montlieu* et au delà ; forêt de *Corme-Royal*; *Nancras* et *Cadeuil*, *Pont-l'Abbé*, *Beurlay*, *S.-Savinien*, *Saintes* jusqu'à *Burie* ; *Loulay*, etc. — DEUX-SÈV. *Thouars* (Lunet). — VEND. c. par localités entre *Napoléon*, *S.-Julien-des-Landes*, *les Sables*, *Talmont* et *la Boissière-des-Landes* (Pontarlier, Marichal). — LOIRE-INF. c. haies, landes au nord de *Nantes* ; *S.-Aignan*, *Princey*, de *Vue* à *S.-Père-en-Retz*. Cette espèce forme rar. un arbre élevé ; dans les landes arides entre *S.-Sulpice-des-Landes*, *Derval*, *Nozay*, *Sucé* et *Guenrouet*, il croît en petits buissons hauts de 3-12 déc. ; en cet état c'est le *Quercus pedem vix superans* Bon. 101. — MOR. entre *Theix* et *la Trinité*, env. d'*Elven* (Taslé). RR. — IL.-ET-V. *Rennes* (Letourneux).

Q. CERRIS L. *Quercus Ægilops* Bon. 102 ! Arbre élevé. Feuil. oblongues ou obovales, sinuées ou pinnatifides à lobes aigus, mucronés-calleux, plus ou moins tomenteuses en dessous. *Cupule* grosse, *hérissée d'écailles longues, linéaires, recourbées, tortillées*. Av.-mai. Haies, taillis. — DEUX-SÈV. *S.-Martin-de-Sanzay* (Pellier). — VEND. *Bois-de-Céné* (Gobert, V. Grand-Marais). — LOIRE-INF. *Pont-du-Cens*, *le Plessis-Tison*, *Orvault* ; *S.-Herblain* (herb. Hectot), et qq. pieds çà et là. RR. — Env. de *Montreuil-Bellay* en Maine-et-Loire (Revelière). — On le voit ailleurs dans qq. parcs et plantations.

Q. ILEX L. *Chêne vert*. Arbre peu élevé, à écorce non crevassée. *Feuil.* ovales, ou ovales-lancéolées, mucronées, dentées-épineuses, coriaces, *persistantes*, tomenteuses-blanchâtres en dessous. Jn. Bois et coteaux des bords de la mer. — CHAR-INF. *Pont-l'Abbé*, *Beurlay*, coteaux de *la Charente*, *Tail-*

lant, le Douhet, jusqu'à *Burie;* bois du littoral depuis *Meschers* jusqu'à *Noirmoutier* (Vend)., où sont les derniers bois; çà et là qq. pieds à l'intérieur.— LOIRE-INF. Qq. individus au *Collet*, à *Prinquiau*, à *Clis, Guérande, Mesquer.* — Plus R. encore sur le littoral du reste de *la Bretagne*, où il est plutôt introduit par la culture que naturel. —En voyant qq. buissons à très-petites feuil. que l'on serait tenté de rapporter à *Q. coccifera* L., se rappeler que celui-ci a les feuil. glabres sur les deux faces.

CORYLUS L. *Mâl.* en chatons cylindriqnes, pendants, écailles à 3 lobes ciliés, celui du milieu recouvrant les latéraux; étam.8 insérées sur l'écaille. *Fem.* plusieurs renfermées dans un bourgeon écailleux; style 2. Fruit 1.sperme, entouré par un invol. foliacé, à 2 lobes incisés.

C. AVELLANA L. *Noisetier*. Arbrisseau. Feuil. ovales-en cœur, acuminées, doublement dentées. Stip. oblongues, obtuses. Fl. paraissant avant les feuil. Styles rouges. Jr-fév. Haies, bois. C.

CARPINUS L. *Mâl.* en chatons cylindriques; étam. 6-12 insérées sur les écailles ovales. *Fem.* chatons lâches; écailles ternées à 3 fl., l'extér. caduque, les 2 int. persistantes, à la fin à 3 lobes; stigm. 2. Fruit ovale, 1.loc., 1.sperme par avortement, couronné par le cal. à 6 dents.

C. BETULUS L. *Charme, Charmille.* Arbre assez élevé. Feuil. ovales-allongées, acuminées, doublement dentées en scie, poilues à l'aisselle des nervures nombreuses. Ecailles des fruits à 3 lobes, l'intermédiaire beaucoup plus long. Av.-mai. Haies, bois.— CHAR.-INF. Forêt d'*Aulnay*. PC.—DEUX-SÈV. *La Mothe* (Sauzé), *Parthenay* (Janneau). — VEND. R. forêt de *Vouvant* (Letourneux), C. forêt du *Parc*, à *Vendrenne, Mouchamp* et tous les env. (Pontarlier, Marichal). —*Loire-Inf.* AC. dans le nord du départ. PC. — PC. au-delà.

B. *SALICINÉES. Chatons dioïques; caps. 1 loc. bivalve; graines nombreuses, chevelues.*

SALIX L. *Saule.* Chatons à écailles imbriquées, unifl., garnies à la base de 1 ou 2 glandes, l'une intér., l'autre extér. entourant l'ovaire ou les étam. *Mâl.* ord. à 2 étam. *Fem.* style à 2 stigm.

Les Saules sont d'une étude difficile, ils varient beaucoup dans la proportion de leurs feuil.; consultez T. 27-31, Atlas fl. paris où toutes nos espèces sont figurées.

* *Capsules glabres.*

S. ALBA L. Arbre élevé. *Feuil.* lancéolées, acuminées, dentelées en scie, *soyeuses-blanchâtres surtout en dessous.* Stip. lancéolées. Chatons à pédonc. feuillé. Etam. 2. *Caps.* ovale-conique, presque sessile, *à pédic. égalant la glande.* Ecailles ciliées, caduques. *Style court*; stigm. échancrés ou bifides. Av.-mai. Bord des eaux. CC. jusqu'à *la Vilaine*, C. au-delà.

β. *cærulea.* Feuil. presque glabres, glauques en dessous.

γ. *vitellina. Osier jaune.* Jeunes rameaux jaunes. Cult. dans les vignes, les jardins.

S. FRAGILIS L. Feuil. de couleur uniforme, du reste caract. du suiv. qui en est considéré ord. comme une variété. Bord des eaux, haies fraîches. — *Bretagne.* Çà et là. R.

S. RUSSELLIANA Smith. Arbre élevé; rameaux luisants, très-fragiles à leur articulation. *Feuil.* lancéolées, longuement acuminées, *glabres,* bordées d'assez fortes dents glanduleuses et courbées, toujours glauques en dessous, les plus jeunes un peu soyeuses en dessous. Stip. en demi-cœur. Chatons à pédonc. feuillé. Etam. 2. *Caps.* conique-lancéolée, *à pédic. 2-3 f. plus long que la glande.* Ecailles poilues, caduques. Style médiocre; stigm. bifides. Av.-mai. — VEND. *Mortagne.* — LOIRE-INF.

Bords de *la Loire*, etc. PC.—FIN. *Brest*.—C.-NORD. *Morieux* (Mabille). — Prob. çà et là en *Bretagne*.

S. TRIANDRA L. Arbrisseau à rameaux brun-noirâtre. Feuil. ovales-lancéolées ou oblongues, à dents glanduleuses et courbées, très-glabres. Stip. en demi-cœur, dentées, grandes. Chatons à pédonc. feuillé. *Etam*. 3. *Ecailles glabres au sommet*, persistantes. Caps. ovale-conique, à pédic. 2-3 f. plus long que la glande. Style court; stigm. échancrés, divergents. Av.-mai. Bord des eaux. — CHAR.-INF. Bords du *Lary* (Delalande).—DEUX-SÈV. *La Mothe, Sèvret* (Sauzé), *S.-Pompain, Amailloux* (Guyon).— VEND. R. *Mareuil, la Bretonnière* (Pontarlier). — LOIRE-INF. C.—R. reste de *la Bretagne*.

β. *S. amygdalina* L. Feuil. glauques en dessous. N'a pas été trouvé.

S. UNDULATA Ehrh. Arbrisseau à rameaux brun-jaunâtre. Feuil. lancéolées, acuminées, dentelées en scie, qqf. un peu ondulées au bord, les plus jeunes soyeuses. Stip. en demi-cœur. Chatons à pédonc. feuillé. Etam. 2. *Ecailles très-poilues partout, persistantes*. Caps. ovale-conique, glabre ou un peu pubescente, à pédic. 1 f. plus long que la glande. Style long, égalant les stigm. bifides. Av.-mai. — VEND. C. bords du *Lay* (Pontarlier); *Porte-de-l'Ile, le Poiré*, bords de *la Vendée* (Ayraud), *Challans* (Gobert). — LOIRE-INF. C. *Vallée de la Loire*.—MOR. *Ploërmel* ! (J.-M. Sacher).—FIN. *Brest*. — C.-NORD. Env. de *Collinée*, route de *Caulnes* (Mabille). — Prob. çà et là, mais R. en *Bretagne*.— Nous n'avons que la plante femelle, qui ne mûrit pas ses graines. Selon Wichura, c'est un hybride des *S. alba* et *viminalis*.

S. SERINGEANA Gaud. Bor., éd. 3; *S. smithiana* var. *obscura* Gren. *S. salviaefolia* édit. 1. Arbrisseau de 4-5 mètres, à jeunes rameaux pubescents-grisâtres. *Feuil. oblongues-lancéolées*, acuminées, un peu ondulées et crénelées, vertes et à peine pubescentes en dessus, pubescentes-grisâtres, grisâtres ou seulement un peu plus pâles en dessous, nervées. *Stip. réniformes-en demi-cœur*. Chatons presque sessiles, feuillés à la base. « Etam. 2. » Caps. conique-lancéolée, à pédic. 1 f. plus long que la glande. Style allongé, plus long que les stigm. linéaires, entiers ou bifides. Av.-mai. Bords de la Loire, *Iles Neuve* et *des Mazères* vis-à-vis le *Cellier*, où il n'y a que des pieds femelles. R.

S. RUGOSA Sm. Bor. éd. 3, *S. smithiana* var. Gren. *S. seringeana* fl. ouest, éd. 1. Très-voisin du précéd., auquel il est réuni par Grenier fl. fr. sous le nom de *S. smithiana* Willd.; en diffère par les feuil. lancéolées-oblongues à base moins rétrécie, un peu arrondie, à tomentum serré, plus blanc en dessous et à nervures plus fortes. Stigm. bifides. — DEUX-SÈV. Vignes de *Thouars* (Lunet). — VEND. — Cult. comme osier, dans les vignes de *Noirmoutier;* bois de la *Grande-Lande* (Gobert). — LOIRE-INF. Vignes de *Vallet;* qq. pieds plantés en haie aux env. de la caserne de la *Bole* près *Escoublac*. — MOR. *Pont-Trublet*! près *Rennes* (Le Gall).

** *Capsules poilues.*

S. PURPUREA L. *S. monandra* Hoff. Arbrisseau ou sous-arbrisseau à rameaux grisâtres ou jaunâtres, les jeunes pousses rougeâtres. *Feuil.* lancéolées, *élargies vers le haut,* finement dentelées en scie, glauques-bleuâtres en dessous, glabres, souv. opposées. Chatons sessiles, feuillés à la base. *Etam.* 1; *anthère à 4 loges.* Caps. ovale, obtuse, sessile, tomenteuse. Style court; stigm. ovales. Av.-mai. Bord des eaux et des rivières. — CHAR.-INF. *Bonnefond*, bords de *la Charente*. — VEND. Tout le Marais (Letourneux). AC. cult. — LOIRE-INF. R. — Cult. çà et là dans les vignes et dans les jardins, surtout dans la région maritime. — FIN. Cult. à *Roscoff;* à *Plouguerneau,* etc. (Crouan). — IL.-ET-V. Cult. à *S.-Malo.*

* S. RUBRA Huds. *S. fissa* Ehrh. Arbrisseau à *feuil. lancéolées-allongées,* acuminées, dentelées, un peu roulées en dessous par les bords, *pubescentes-soyeuses en dessous, à la fin presque glabres.* Stip. linéaires. Chatons fem. presque sessiles, feuillés à la base. 2 *étam. soudées* inférieurement. Caps. ovale, sessile, tomenteuse. Style allongé. Mars-av. — M. Boreau en a vu des individus mâles sur la Loire *au Pont-de-Cé* (Maine-et-L.).

S. VIMINALIS L. Arbrisseau à rameaux jaunâtres ou brunâtres. *Feuil.* longues, lancéolées-linéaires, acuminées, ondulées, *soyeuses-luisantes en dessous. Stip. lancéolées-linéaires.* Chatons presque sessiles, feuillés à la base. Style allongé; stigm. linéaires, entiers, dépassant les poils des écailles. Caps. conique-lancéolée, sessile. Av.-mai. Bord des eaux. — VEND. Etang du *Plessis* en *la Ferrière* (Pontarlier) et cult. dans les vignes. — LOIRE-INF. CC. — PC. reste de *la Bretagne.*

Obs. Les 3 arbrisseaux suiv. ont les stip. réniformes, les chatons précoces, presque sessiles, un peu feuillés à la base, les écailles noirâtres, 2 étam., le style très-court et la caps. allongée-lancéolée, ovale à la base, à pédic. dépassant plusieurs f. la glande.

S. CINEREA L. *Saule noir.* Jeunes rameaux tomenteux-blanchâtres. Feuil. elliptiques ou lancéolées-obovales, qqf. obovales, courtement acuminées, planes, ondulées-dentées en scie, vert cendré, pubescentes en-dessus, tomenteuses-hérissées en-dessous. Bourgeons blanchâtres-pubescents. Stigm. ovales, bifides. Mars-av. Haies, bois, bord des eaux. CC. — Varie à feuil. à nervures rousses (*S. rufinervis* DC.).—Moins rameux que le suiv., rameaux gris. Feuil. très-variables, plus grandes, lisses et un peu luisantes en-dessus, couvertes en-dessous d'un tomentum court, grisâtre.

S. AURITA L. Très-rameux, rameaux grêles, divariqués. *Feuil.* ord. *petites*, obovales ou oblongues-obovales, à pointe recourbée, ondulées-dentées en scie, *rugueuses*, pubescentes et non luisantes en-dessus, glauques et tomenteuses-hérissées en-dessous, *molles au toucher sur les 2 faces*. Bourgeons glabres, rar. pubescents. Stigm. ovales, échancrés. AV. Lieux marécageux des landes, des forêts.—CHAR.-INF. *Chevanceaux* (Savatier).—DEUX-SÈV. Forêt de l'*Hermitain* (Sauzé), çà et là Bocage. —VEND. AC. forêt de *Vouvant* (Letourneux), çà et là Bocage (Pontarlier), et jusqu'à *la Loire*.—AC. au-delà.

S. CAPRÆA L. Rameaux épais, glabres, luisants. *Feuil. grandes*, ovales ou elliptiques, planes, à pointe recourbée, obscurément ondulées-crénelées, glabres, *lisses* et luisantes *en-dessus*, glauques, tomenteuses et *molles au toucher* en-dessous. Bourgeons glabres. Stigm. ovales, bifides. Lieux boisés. — DEUX-SÈV. Env. de *S.-Maixent*; *Chambrille*, forêt de l'*Hermitain* (Sauzé, Maillard), *S.-Loup* (Guyon). — LOIRE-INF. Planté dans les haies de qq. pépinières.—VEND. *Pouzauges* (Genevier).—C.-NORD. *Bois Boissel* près *S.-Brieuc*; RR. bois de *Coron* près *Lamballe*, forêt de *Boquien*, forêt de *Coëtquen*, la *Courbure* près *Dinan* (Mabille). — IL.-ET-V. *Gevezé* (Lapierre 1821), *S.-Aubin-d'Aubigné* (Tétrel), c. forêt de *Villecartié*. — Très-rare.

S. REPENS L. *S. argentea* Sm. Sous-arbrisseau de 2-6 déc. à rameaux couchés, rampants, ou dressés en buisson. *Feuil.* ovales, oblongues, elliptiques ou lancéolées, à pointe recourbée, presque sessiles, *luisantes et veinées en-dessus*, soyeuses en-dessous et roulées par les bords, qqf. glauques-bleuâtres, presque glabres. Chatons sessiles. Caps. conique-lancéolée, glabre ou pubescente, pédicellée. Style médiocre; stigm. ovales, bifides. AV.-mai. Lieux humides, marécageux, c. sables maritimes au midi de *la Vilaine*. AC.

Obs. La Vallée de la Loire est le pays des *Saules*, dont on fait un grand usage comme Osiers, vulg. *Plons*. Parmi ceux-ci, la *Lusse* (*S. viminalis*) est l'espèce la plus recherchée, surtout pour la tonnellerie, à cause de la longueur de ses rameaux ; le *Quettier* (*S. undulata*) est aussi tenace, mais il se ramifie davantage. L'espèce appelée *Brune* (*S. triandra*) est la moins estimée, et quoiqu'on ne la plante plus, elle se propage abondamment de graines. *S. purpurea* nommé qqf. *Sardine*, est le plus flexible de tous, enfin le *Sausse* (*S. alba*) cult. ord. en arbre que l'on étête, donne aussi un très-bon osier. Ce dernier est confondu par les cultivateurs avec *S. russelliana*.

POPULUS L. *Peuplier*. Chatons à écailles imbriquées, déchirées au sommet. Cal. en forme de coupe. Etam. 8-20. Style court ; stigm. 2 bilobés. *Arbres à pétiole comprimé ; fl. paraissant avant les feuil.*

P. TREMULA L. *Tremble*. Arbre peu élevé, à écorce lisse. *Feuil. presq. orbiculaires*, grossièrement et inégalement dentées, glabres ; pétiole à 2 glandes au sommet. Ecailles incisées-digitées, longuement poilues. Mars. Bois, haies. C. jusqu'à *la Vilaine*, AC. au-delà. — Jeunes feuil. soyeuses ; jeunes rejetons velus ainsi que leurs feuil. qui sont en cœur et aiguës.

P. NIGRA L. *Léard*. Arbre élevé à rameaux ouverts. *Feuil. deltoïdes*, acuminées, plus longues que larges, tronquées à la base, dentées en scie tout autour. Ecailles glabres. Anthères rougeâtres. Caps. en longs chatons pendants. Mars. Bord des eaux, haies. CC. jusqu'à *la Vilaine*, C. au-delà.

Obs. P. alba L. (Peuplier de Hollande) est AC. dans les sables maritimes au midi de la Loire, il a les feuil. palmées à 5 lobes ou angles, vert foncé en dessus, très blanches-cotonneuses en dessous. On cultive encore *P. canescens* Smith (Grisaille),

P. fastigiata Poir. (P. d'Italie), *P. virginiana* Desf. (P. Suisse), *P. angulata* Mich. (P. de la Caroline).

C. *BÉTULINÉES. Chatons monoïques ; écailles à plusieurs fl.; fruit comprimé, 1.sperme.*

BETULA L. Chatons cylindriques. *Mâl.* écailles pédicellées, à 3 lobes ; cal. 3.part. assis sur le pédic. ; étam. 6 à filets bifides, portant chacun une des loges de l'anthère. *Fem.* écailles 2,3. flores, à la fin 3. lobées et caduques ; cal. 0 ; styles et stigm. 2. Caps. 1.loc. entourée d'un rebord membraneux.

B. ALBA L. *B. verrucosa* Ehrh. *Bouleau*. Arbre à écorce blanchâtre ; rameaux grêles, lisses ou verruqueux, dressés, ou pendants (*pendula*). Feuil. deltoïdes ou rhomboïdales, acuminées, doublement dentées en scie, paraissant après les fl. Ecailles des chatons fem. à lobes latéraux plus grands, recourbés. Aile 2 f. plus large que le fruit, dont elle dépasse le sommet et les styles. Mars-av. Bois, haies des ter. argilo-siliceux. AC. — CHAR.-INF. *Montendre* et *Montlieu*. PC.

β. *B. pubescens* Ehrh. Jeunes rameaux pubescents, feuil. ovales, en cœur ou rhomboïdales, pubescentes, à la fin presque glabres, poilues en dessous sur les nervures et à leur aisselle. Aile plus large que le fruit, qu'il ne dépasse pas ord., plus courte que les styles. Lieux humides. Moins c.

ALNUS L. Chatons mâl. cylindriques, à écailles pédicellées, munies en dessous de 3 petites écailles arrondies, 1.flores ; cal. à 4 div. ; étam. 4. Chatons fem. à écailles biflores ; style et stigm. 2. Fruit dur, comprimé, 1.sperme.

A. GLUTINOSA L. *Aune, Vergne*. Arbre élevé. Feuil. ovales-orbiculaires, tronquées au sommet, sinuées, dentées, visqueuses dans leur jeunesse, paraissant après les fl. Chatons mâl. et fem. brunâtres, sur un même pédonc. rameux. Mars. Bord des eaux. C.

D. *MYRICÉES. Chatons dioïques ; fruit drupacé, 1.sperme.*

MYRICA L. Chatons à écailles 1.flores. *Mâl.* étam. 4-6 insérées à la base de l'écaille, anthère à 4 valves. *Fem.* cal. à 4 div. ; stigm. 2. Fruit 1.loc. 1.sperme, adhérent.

M. GALE L. Arbrisseau aromatique de 4-20 déc. Feuil. lancéolées, élargies et dentées au sommet. Chatons dressés. AV. Marais, landes et prés marécageux.—CHAR.-INF. Vulg. *Lorette.* c. de *Montendre* à *Montlieu.* R. — VEND. *Challans* (Gobert). RR. — LOIRE-INF. C. — PC. reste de *la Bretagne.*

CONIFÈRES.

Fl. monoïques ou dioïques. *Mâl.* en chatons formés d'écailles ; cal. 0 ; étam. inserées sur les écailles, filets 0 ou monadelphes. *Fem.* réunies en tête ou en cône formé d'écailles imbriquées, accrescentes ; stigm. sessile, ne formant qu'un point, ou style filiforme. Fruit indéhiscent, 1.sperme, entouré par le cal. urcéolé, ouvert au sommet. *Arbres ou arbrisseaux ord. résineux ; feuil. ord. persistantes.*

EPHEDRA L. Fl. dioïques. *Mâl.* en chatons imbriqués d'écailles opposées en croix ; cal. à 2 lobes ; étam. 6-8 à filets soudés en colonne ; anthères s'ouvrant au sommet par 2 trous. *Fem.* géminées, composées d'écailles connées, les supér. plus grandes, renfermant 2 ovaires à 1 style filiforme. Baie 2. sperme, formée par les écailles devenues charnues.

E. DISTACHYA L. *Raisin de mer.* Sous-arbrisseau de 1-4 déc. sans feuil. ; rameaux couchés ou ascendants, opposés ou verticillés, munis à chaque articulation d'une gaîne rougeâtre. Pédonc. opposés. Fl. jaunes. Fruits rouges. Jn. Sables maritimes. — C. jusqu'à *la Vilaine.* — MOR. AC. — FIN. R.

JUNIPERUS L. Fl. dioïques. *Mâl.* en chatons formés d'écailles peltées, portant à la base 4-7 anthères 1-loc. *Fem.* réunies par 3 dans un invol. trifide, accrescent, formant une baie à 3 graines osseuses.

J. COMMUNIS L. *Genévrier*. Arbrisseau à rameaux diffus. Feuil. linéaires, en alène, piquantes, glauques, persistantes, ternées. Fruits bleu foncé, 2-3 f. plus courts que les feuil. Mai. Landes, haies, bois. — CHAR.-INF. Çà et là. PC. — DEUX-SÈV. *Secondigny* (A. Guillon.), RR. *la Mothe, Pers* (Sauzé), env. de *Parthenay, S.-Loup* (Janneau), AC. forêt de *Chantemerle* (Gobert), R. env. de *Thouars* (Burgevin), *Argenton-Ch.; Puy-St-Bonnet* (Genevier). — VEND. Forêt de *Château-Fromage*, AC. landes des env. de *Bortheau, Beaupuy* (Marichal), *la Pommeraie* (Pontarlier), C. *Pouzauges* (Rossignol), *la Verrie, S.-Hilaire* (Genevier), R. *Vouvant* (Ayraud).— LOIRE-INF. Env. de *Savenay* (Posneau), la *Chapelle-sur-Erdre, Remouillé, Vieillevigne* (Bornigal), *Bois-chaudeau* et forêt de *S.-Mars* (de l'Isle), *Saffré, S.-Mars-la-Jaille; Ligné* (Moride), forêts du *Gâvre* et d'*Ancenis* (Guiho). R. — MOR. « *Camors* (Le Gall flore) », *Ploërmel* (J.-M. Sacher), *Grand-Champ* (Taslé). R. — IL.-ET-V. *S.-Jacques* (Letourneux), *Laillé* (Le Gall). R.

Obs. Pinus maritima Lam. (Pin maritime) est com cultivé, surtout dans les sables de *Montendre* à *Montlieu* et dans les sables maritimes de la *Char.-Inf.*, de la *Vend.*, de la *Loire-Inf.* ainsi que dans les landes de la *Bretagne*, surtout dans le littoral. — *Taxus baccata* (If) est cult. et on le trouve çà et là autour des habitations en *Bretagne*, surtout dans le *Fin.*, où Mess. Crouan le croient naturel.

Classe II. — MONOCOTYLÉDONÉES ou ENDOGÈNES PHANÉROGAMES.

Tige composée de faisceaux de fibres longitudinales entremêlées de tissu cellulaire, dépourvue de moelle, d'écorce véritable et de rayons médullaires, croissant par le sommet et du dedans en dehors. Feuil. souvent engainantes, entières, simples, à nervures parallèles, rarement lobées à nervures rameuses, jamais composées. Fl. distinctes, à divisions ord. ternaires. Embryon à un seul cotylédon ou mieux à cotylédons alternes.

HYDROCHARIDÉES.

Fl. dioïques rar. herm. Cal. à 3 div. Pét. 3 égaux. Étam. 1-13. Ovaire infère, à 1 ou plusieurs loges à plusieurs ovules. Styles 3-6 ord. bifides. Fruit indéhiscent, charnu, pulpeux à l'intérieur.

HYDROCHARIS L. Fl. dioïques. Sép. et pét. 3. *Mâl.* étam. 9 ; 3 styles avortés. *Fem.* styles 6 en coin ; stigm. bipartits, séparés par autant d'appendices filiformes. Caps. à 6 loges polyspermes.

H. MORSUS RANÆ L. Tige submergée. Feuil. flottantes, orbiculaires, en cœur à la base. Pédonc. axillaires. Fl. blanches à onglet jaune, renfermées dans une spathe bivalve, les fem. solitaires, les mâl. ternées. ♃. jt-at. Eaux stagnantes. C.—Moins c. au-delà de *Loire-Inf.* et par localités.

ALISMACÉES.

Sép. 3. Pét. 3, hypogynes. Etam. 6-9, qqf. plus. Plusieurs ovaires, chacun à un style. Carp. 3-6 ou plus, libres ou soudés, indéhiscents et 1,2-spermes ou polyspermes bivalves. *Herbes aquatiques ; feuilles engaînantes.*

ALISMA L. Fleurs herm. Sép. et pét. 3. Etam. 6. Carp. 6 ou plus, indéhiscents et 1,2.spermes.

A. PLANTAGO L. *Rameaux verticillés en panicule,* garnis à la base de bractées scarieuses. Feuil. toutes radic., ovales, en cœur, ou (*A. lanceolatum* With.) lancéolées, à 5 ou sept nervures. Fl. rosées, verticillées. Style latéral. Carp. nombreux, mutiques, arrondis au sommet, sillonnés sur le dos, disposés en cercle. ♃. jn-sept. Mares, fossés. CC.

A. NATANS L. Tige grêle, feuillée, flottante. Feuil. nageantes ovales ou elliptiques, obtuses, à 3 nervures, les submergées linéaires. Fl. blanches, axillaires. *Carp. striés, obtus, mucronés, disposés en cercle.* ♃. mai-sept. Mares, fossés. C.

A. RANUNCULOÏDES L. Feuil. toutes radic. lancéolées-linéaires, à 3 nervures, pétiolées. Fl. rosées, en 1 ou 2 verticilles, sur une hampe dressée ou étalée. *Carp.* nombreux, à 5 angles, *réunis en tête.* ♃. jn-sept. Marais, fossés, bord des eaux. C.

β. *A. repens* DC. Plus petit, hampes les unes dressées, les autres couchées, radicantes aux nœuds qui produisent des feuil. et des fl.; fl. plus grandes; carp. en tête 1/2 plus petite. Mêmes lieux. CC.

A. DAMASONIUM L. *Dam. stellatum* Juss. Feuil. toutes radic., oblongues, en cœur à la base. Fl. blanches, en sertule terminal souv. prolifère. *Carp.* 6, comprimés, en alène, *dispermes, soudés en étoile.* ①. mai-jt. Lieux vaseux inondés l'hiver. AR. dans le calc.; c. Bocage des DEUX-SÈV., de la VEND., LOIRE-INF. — AC. au-delà.

SAGITTARIA L. Fl. monoïques. Sép. et pét. 3. Etam. nombreuses. Carp. nombreux, comprimés, bordés, 1.spermes.

S. SAGITTIFOLIA L. Rac. accompagnées de rhizomes filiformes terminés par un tubercule ovoïde reproducteur. Feuil. toutes radic., longuement pétiolées, en fer de flèche, à lobes aigus. Fl. blanches, ternées, les inf. fem. ♃. j^n-sept. Marais, fossés et aussi rivières où le courant allonge les feuil. en rubans longs d'un mètre et plus. C.

BUTOMUS L. Sép. 3 colorés. Pét. 3. Etam. 9. Styles 6 persistants et terminant les carp. 1.loc. polyspermes, s'ouvrant en dedans, soudés à la base.

B. UMBELLATUS L. Feuil. toutes radic. linéaires, triquêtres-en gouttière. Fl. nombreuses, rosées, élégantes, en sertule terminal garni de bractées. ♃. j^n-a^t. Marais, bord des eaux stagnantes. AC. — C. marais de la Sèvre, — R. au-delà de *Loire-Inf.* — MOR. *Rieux, S.-Jean-la-Poterie, S.-Perreux* (Moreau), *Sarzeau* ! *Coëtsurho* (Taslé). — FIN. Etangs de la côte sud. R. — C.-NORD. *Taden*, R. *Dinan*, C. toute la haute *Rance* (Mabille). — IL.-ET-V. AC. *Rennes* (Le Gall), C. prés voisins de l'*Oust* en *Redon*, AC. en *Bains* (Moreau).

TRIGLOCHIN L. Sép. 3 verdâtres. Pét. 3. Etam. 6. Stigm. 3 ou 6 sessiles, plumeux. Fruit à 3 ou 6 carp. 1.sperm. s'ouvrant en dedans, se séparant par la base à la maturité. *Feuil. linéaires ; fl. verdâtres, en épi allongé terminant la hampe.*

T. MARITIMUM L. *Fruit* ovale, à 6 *carp*. Pédonc. ouvert. ♃. j^n-a^t. Lieux humides et marais des bords de la mer. C.

T. BARRELIERI Lois. *T. palustre* β. L. Rac. bulbeuse, chevelue. *Fruit* linéaire, *un peu élargi à la base; carp*. 3. Pédonc. ouvert. ♃. mai-j^n. Mêmes lieux. — MOR. C. presqu'île de *Gavre* (Le Gall). — FIN. *Combrit, Loctudy, Penmarc'h* (Bonnemaison).

T. PALUSTRE L. Rac. stolonifère. Hampe grêle. *Fruit linéaire, rétréci à la base*, dressé contre l'axe; carp. 3. ♃. j^n-sept. Bord des marais ord. sablonneux. — CHAR.-INF. *Berjat*. — AC. çà et là toute la région maritime de *la Sèvre* jusqu'à *la Rance*. — R. à l'intérieur : — CHAR.-INF. R. *Ternant, Voissay* (Lemarié). — DEUX-SÈV. Marais de la Dive à *Pas-de-Jeu* et env. (Lunet), « *Thouars* (Bor. flore.) » *Ste-*

Soline (Sauzé). — LOIRE-INF. *Bouaye* au bord du *Lac*, *S.-Gildas*, *la Pépinière sur l'Erdre*. — IL.-ET-V. calc. de *Rennes* (Letourneux).

POTAMÉES.

Fl. herm. ou monoïques. Cal. infère, à 2-4 div. ou 0. Etam. 1,2 ou 4. Un ou plusieurs ovaires terminés par 1 style ou 1 stigm. simple. Carp. 1 ou 2-6 indéhiscents, à 1 graine pendante. *Herbes aquatiques.*

POTAMOGETON L. Cal. à 4 div. Anthères 4 sessiles à la base des lobes du cal. Carp. 4, 1-spermes. Stigm. sessile. *Fl. verdâtres, en épis axillaires.*

P. NATANS L. *Feuilles toutes longuement pétiolées*, les submergées lancéolées, les flottantes ovales, oblongues ou elliptiques, presq. en cœur à la base, coriaces; pétiole légèrement concave en dessus, s'unissant au pétiole par 2 plis saillants. *Carp. gros, en épi peu garni ou interrompu*, ovales, comprimés, à bord obtus, terminés en bec courbé. Pédonc. non renflé. ♃. jn-at. Eaux tranquilles. C. — Tige naine dans les lieux herbeux des marais.

P. FLUITANS Roth. Très-voisin du précéd.; s'en distingue par les feuil. plus allongées, rétrécies aux 2 bouts, ne s'unissant pas par 2 plis au pétiole, qui est convexe en dessus; fruit moins gros. ♃. Eaux courantes ou tranquilles. Çà et là dans la *Loire* et marais voisins. — Prob. çà et là ailleurs.

P. POLYGONIFOLIUS Pour. *P. oblongus* Viv. *Feuil. toutes longuement pétiolées*, les flottantes oblongues ou ovales-lancéolées. *Carp. petits, en épi serré*, ovales, comprimés, à bord obtus; bec court ou 0. Pédonc. non renflé. ♃. jn-at. Etangs et mares des landes. — CHAR.-INF. De *Montendre* à *Montlieu* et au-delà, c. ruisseau d'écoulement de *Cadeuil* à *Broue*. — DEUX-SEV. *Trayé*, forêt de l'*Absie* (A. Guillon), *Bretignolles* (J. Richard), *le Temple* (Genevier). —

VEND. C. *Napoléon* et env. (Pontarlier, Marichal), *la Châtaigneraie* (Letourneux), *Treizevents* (Genevier). — LOIRE-INF. *La Popinière, Carquefou; la Haie-Fouassière, Cambon* (de l'Isle); étang de *Morquelufou* près *Derval, Guémené*, etc. R. — AC. au-delà.

P. PLANTAGINEUS Ducros, *P. Hornemanni* Meyer. Toutes les feuil. pétiolées, membraneuses, transparentes, lisses au bord, les inf. lancéolées, les supér. qqf. flottantes, ovales-elliptiques ou presq. en cœur, obtuses, souv. opposées, à *pétiole ne dépassant pas la moitié du limbe.* Pédonc. non renflé. Carp. petits, très-nombreux, ovales-comprimés, à bord obtus. ♃. jn–at. Eaux limpides des marais calc. — CHAR.-INF. *Mortagne, les Mathes*, marais de *Harzan* près *Corme-Royal*; la *Gère* à *Surgères* (Delalande), *Dœuil*, marais de *la Boutonne*, etc. — DEUX-SÈV. Marais de *Meull* près *Thouars* (Lunet), *Ste-Soline* (Sauzé), env. de *Dœuil*. — VEND. La *Bauduère*! (Rossignol), *marais de Liez* (Letourneux), *Luçon* (Lepeltier). R. — LOIRE-INF. C. entre *Arthon* et *Chéméré*. — MOR. *Vannes* (Taslé). — FIN. *Camfrout* en *Plounévez-Lochrist* (de Guernisac). — IL.-ET-V. Calc. de *Rennes* (Buret, Debooz). RR.

P. HETEROPHYLLUS Schreb. Tige très-rameuse. *Feuil.* très-variables dans leur proportion, lancéolées ou linéaires-lancéolées, acuminées ou mucronées, qqf. ondulées ou contournées, un peu rudes au bord, les *supér. qqf. flottantes*, ovales ou oblongues, coriaces, pétiolées. *Pédonc. épaissi au sommet.* Carp. comprimés, à bord obtus. ♃. jn–at. Rivières, étangs. — CHAR.-INF. *Merpins*. — DEUX-SÈV. Etang de *la Madoire* (J. Richard). — VEND. *Port-la-Claye* (Pontarlier). — LOIRE-INF. *Lac de Grand-Lieu*, R. *S.-Julien-de-Concelles*; Etier de *Mauves*, C. rivière du *Don*; rivière de la *Chère* en aval de *Pierric*; C. lac *Murin* près *Masserac*; *S.-Gildas* (Delalande), *Fégréac* (Moreau). — MOR. Etangs entre *Etel* et *Port-Louis*! (Le Gall), *Ploërmel*! (J.-M.

Sachier), c. dans l'*Aff* à *Guer* (Debooz), *Carentoir* (Taslé). — FIN. *Quimper*, rivière de *Châteaulin*, *Daoulas*, *Kerloc'h* (Crouan). — C.-NORD. *S.-André-des-Eaux*, *Trévérien*, c. *la Rance*, étangs de *Jugon*, du *Rouvre*, etc. (Mabille). — IL.-ET-V. *Mordelles*, *S.-Martin*, *la Seiche* (herb. Degland).

α. *heterophyllus*. Feuil. supér. flottantes, les submergées qqf. tantôt allongées par le courant, tantôt courtes, au bord des eaux peu profondes.

β. *gramineus*. Feuil. flottantes 0.

γ. *P. rufescens* Pesn. cat. Feuil. grandes, lancéolées, rétrécies à la base et au sommet, mucronées, sessiles. — LOIRE-INF. *Baie de la Verrière*; *la Maine* ! à *Châteauthébaud* (Renou), bas de *la Boulogne*, à côté de la forme à feuil. submergées, petites, contournées, avec les feuil. flottantes, ovales, coriaces. R. — Forme curieuse, à feuilles réticulées et mucronées presque comme celles de *P. lucens*, mais s'en éloignant tout-à-fait par le port, c.-à-d. par les feuil. plus lâches et non décroissantes. Vers l'arrière-saison paraissent qq. feuil. flottantes oblongues, aiguës, coriaces. On l'a confondue, tantôt avec *P. rufescens* Schrad, qui a les feuil. rougissant par la dessiccation ainsi que les carp., obtuses, lisses au bord, les pédonc. non renflés et les carp. comprimés, à carène aiguë, bec court, obtus; — tantôt avec *P. prælongus* Wulf. qui a les feuil. toutes submergées, oblongues-lancéolées, allongées, obtuses, *embrassantes* à la base, les fruits à carène aiguë.

P. LUCENS L. Robuste. *Feuil. grandes, toutes submergées*, ovales-lancéolées, dentelées-rudes, mucronées ou cuspidées, qqf. longuement, veinées-transparentes, un peu pétiolées. Pédonc. épaissi dans le haut. Carp. comprimés, obtus et un peu en carène au bord. ♃. jt-at. Eaux tranquilles, rivières. AC. — Au-delà de *Loire-Inf.* : — MOR. *Baud* (Taslé). « l'*Oust* près *S.-Perreux* (Le Gall flore). »

R. — C.-NORD. C. *la Rance* au-dessus de *Dinan* (Mabille). — IL.-ET-V. *Rennes,* dans *la Seiche*, *S.-Grégoire* (Degland). R.

P. PERFOLIATUS L. *Feuil.* ovales ou arrondies, *embrassantes en cœur,* obtuses, nervées, transparentes. Pédonc. non renflé. Carp. comprimés, à bord obtus. ♃. jn-at. Rivières, étangs. — DEUX-SÈV. *La Sèvre* (A. Guillon). — LOIRE-INF. C. — MOR. *Roc-S.-André* (Le Gall), *Ploërmel* (J.-M. Sacher). R. — FIN. *Landerneau, Port-Salut, Châteaulin,* etc. (Crouan). — C.-NORD. Tous les cours d'eau à qq. lieues de *Dinan* (Mabille). — IL.-ET-V. C. Rivière et canaux à *Rennes,* C. dans l'Aff en *Glénac* (Moreau).

P. CRISPUS L. Tige comprimée. Feuil. linéaires-oblongues, ondulées-crépues, dentées, sessiles. Epi oblong. *Carp.* ovales, comprimés, *à long bec aigu.* ♃. jn-sept. Fossés, étangs, marais, rivières. C.

P. DENSUS L. *Feuil.* ovales-lancéolées, élargies et embrassantes à la base, serrées, *toutes opposées.* Pédonc. à la fin recourbé, à 3-5 fl. Carp. comprimés, mucronés, à carène aiguë. ♃. jn-jt. Mares, fossés, C. région maritime et calc. PC. — Varie à feuil. plus grandes, écartées (*P. oppositifolius* DC.). C ; moins C. dans le calc. — Tous deux R. au-delà du *Mor.*

P. ACUTIFOLIUS Link, Germain fl. par. T. 34. *P. compressus* Pesn. *Tige* très-rameuse, *aplatie-ailée. Feuil.* linéaires, à nervures nombreuses, dont 3 plus saillantes, sessiles, *terminées en pointe très-fine.* Epi à 4-6 fl., à peine plus long que le pédonc. Carp. transversalement réniformes, à carène obtuse, munis d'une dent à la base du côté infér. ♃. mai-jn. Fossés, marais. — VEND. C. *S.-Urbain* (Pontarlier). — LOIRE-INF. *La Seilleraie, Pierre-Percée, S.-Julien-de-Concelles; Ancenis* ! (Letourneux); *Châteaubriant,* bord du *lac de Grand-Lieu* et affluents, etc. PC. — MOR. Rivière au Duc à *Ploërmel* (J.-M. Sacher). RR. — IL.-ET-V. *S.-Grégoire,* moulin de *Joué* (herb. Degland). — Le Thouet à *Montreuil-Bellay* en Maine-et-L. (Revelière).

Obs. P. compressus L. Koch, *P. zosterifolius* Schum. que j'ai reçu vivant des env. de Lille (Nord), de M. Cussac, est une plante du nord qui diffère du précéd. par son fruit non réniforme; et du suiv. par la tige aplatie-ailée, par les feuil. à nervures nombreuses; elle est plus robuste que tous deux et ses feuil. sont plus larges, brusquement acuminées.

P. OBTUSIFOLIUS Koch. *Tige* très-rameuse, *comprimée à 2 angles obtus. Feuil.* linéaires, à 3 nervures et manquant des nombreuses nervures intermédiaires des deux précéd., *obtuses avec une courte pointe au sommet.* Fl. 10-30 en épi serré, égalant le pédonc. ou qqf. plus court. Carp. ovales, à bord obtus. ♃. j^n-j^t. — LOIRE-INF. Etang de la *Jarretière* près *Châteaubriant*; *Guenrouet* au bord de l'*Isac*, *Bouguenais* (Delalande), bas de la *Boulogne* et prob. ailleurs autour du lac; *S.-Nicolas-de-Redon* (Moreau). RR. — MOR. Etang *S.-Laurent* en *Séné* (Taslé). — IL.-ET-V. *Regorre de Tournebride* (herb. Degland).

P. PUSILLUS L. Germ. l. c. T. 33. Tige très-rameuse, filiforme, un peu comprimée à angles obtus. *Feuil. filiformes*, larges d'un millim., non engaînantes, à 1 ou 3 nervures. *Epi* grêle, souv. interrompu, *beaucoup plus court que le pédonc.* *Carp. ovales*, un peu obliques, *à bord obtus*, entiers. ♃. mai-j^t. Fossés, étangs. Çà et là. PC.

β. *major*, *P. Berchtoldi* Bor. Feuil. larges de 2 millim., à 3 ou 5 nervures, obtuses avec une petite pointe. — LOIRE-INF. *La Seilleraie*, AC. dans les ruisseaux et les eaux saumâtres de *Pembron* à *Penestin*, où il fructifie peu. — Cette var. se distinguera de *P. obtusifolius*, dont elle a les feuil., par le fruit, par le pédonc. plusieurs f. plus long que l'épi et par la tige peu comprimée.

P. MONOGYNUS Gay. Germ. l. c. t. 33, *P. trichoides*

Cham. Tige très-rameuse, cylindrique. *Feuil. filiformes*, aiguës, larges d'un demi-millim., non engaînantes. Epi à 3,4 fl., plusieurs f. plus court que le pédonc. Ovaires solitaires. *Carp. secs transversalement réniformes, le bord sup. à 3 carènes, celle du milieu tuberculeuse, le bord inf. lisse, à une dent près de la base.* ♃. jⁿ-aᵗ. Fossés, étangs, mares. — DEUX-SEV. Etang de *la Madoire* (J. Richard). — VEND. *Vouillé-les-Marais, Nieul-le-Dolent*, c. Marais occidental (Pontarlier). — LOIRE-INF. AC. — MOR. CC. marais de *Penestin*. — IL.-ET-V. Entre *Mordelles* et *Moulin-du-Comte* (Degland), *S.-Jacques* (J.-M. Sacher).

P. PECTINATUS L. Rhizome filiforme, renflé çà et là en tubercules ovoïdes reproducteurs. Tige très-rameuse, filiforme. *Feuil.* filiformes, *longuement engaînantes à la base*, distiques. Epis allongés, interrompus. Carp. obliquement et largement obovales, ou presque demi-orbiculaires, ridés étant secs, très-obtus au bord. ♃. jⁿ-jᵗ. Fossés, marais, rivières. CC. eaux saumâtres jusqu'à *la Vilaine*. — MOR. Etang de *Kervran* près *Port-Louis*! *Larmor* en *Plœmeur* (Le Gall). — AC. reste de *la Bretagne*. R. à l'intérieur : — CHAR.-INF. C. *Saintes*. — DEUX-SEV. *Niort* (A. Guillon), *Thouars* (Revelière) et près de là à *Missé* (Lunet), la Sèvre à *Cerizay* (J. Richard). — LOIRE-INF. PC. la Loire à *la Varenne, la Chapelle-Basse-Mer*.

RUPPIA L. Fleurs herm. 2 disposées de chaque côté d'un spadice solitaire. Cal. 0. Etam. 2 à filets très-courts en forme d'écailles ; anthères à 2 loges parallèles, distinctes, écartées dans le bas. Stigm. 4 sessiles. Carp. 1-spermes, à la fin longuement pédicellés.

R. MARITIMA L. Mut. fig. 466, *R. spiralis* Dum. Tige nageante, rameuse, filiforme. Feuil. filiformes, largement engaînantes à la base en forme de spathe renfermant le spadice. Pédonc. long, en spirale. *Loges des anthères oblongues. Carp.*

ovales, aigus, *obliques.* ♃. mai-sept. Eaux saumâtres, marais salants. C. jusqu'au *Fin.* excl. R. au-delà.

R. ROSTELLATA Koch, Mut. fig. 467. Voisin du précéd. Plus grêle, gaînes étroites, pédonc. court. *Loges des anthères presque globuleuses. Carp.* très-obliques, *posés en travers sur le pédic.,* à bec plus allongé. ♃. mai-sept. Mêmes lieux. C. jusqu'à *la Vilaine,* PC. au-delà sur la côte du sud ; plus C. sur celle du nord.

ZANNICHELLIA L. Fl. monoïques. *Mâl.* étam. 1 dans une spathe ovale, en vessie, fendue longitudinalement en dedans, située à côté de la fl. fem. ou solitaire. *Fem.* pér. en cloche, appliqué contre les ovaires ; style persistant ; stigm. oblique, pelté. Carp. 3-6 arqués, comprimés, 1-spermes.

Z. PALUSTRIS Willd. Steinh. Micheli T. 34 f. 1. Tige nageante, rameuse, filiforme. Feuil. filiformes, obtuses, les sup. opposées. *Anthères toujours à 4 loges. Stigm. ovales,* aigus, entiers ou un peu sinués-dentés, *non papilleux.* Style égalant le fruit mûr ou en dépassant la moitié. Carp. ord. 2, plus rar. 3,4, entiers ou dentés, sessiles ou pédicellés. ♃. mai-jt. Eaux stagnantes douces ou saumâtres de la région maritime. CC. jusqu'à *la Vilaine,* AC. au-delà. — DEUX-SÈV. *La Sèvre* près *Niort* (A. Guillon.)

Z. DENTATA Willd. Steinh. *Z. repens* Boreau, Micheli T. 34 f. 2. Voisin du précéd. Anthères à 2 rar. 3,4 loges. *Stigm.* plus grands, *presque orbiculaires, crénelés, papilleux.* Style égalant la moitié du fruit mûr. ♃. mai-jt. Mares, fossés. — AC.

ALTHENIA Petit. Fl. monoïques, à l'aisselle des feuil. « *Mâl.* solitaire longuement pédicellée, située entre les fem. ; pér. en coupe à 3 dents, anthère sessile, dressée, à 1 loge s'ouvrant en long. » *Fem.* pér. 0 ; ovaires ternés au sommet du pédonc., pédicellés, situés chacun à l'aisselle d'une bractée membraneuse; style persistant, stigm. pelté; carp. oblongs, un peu comprimés, bordés, « 1.loc. à 2 valves indéhiscentes. »

A. FILIFORMIS Petit, Mut. fig. 475. Port des *Zannichellia*. Souche filiforme, rampante. Tige de 5-10 cent. filiforme, rameuse. Feuil. capillaires, alternes; stip. membraneuses, longuement soudées à la feuil. excepté au sommet. Style plus long que le fruit pédicellé. — CHAR.-INF. Cette plante curieuse a été découverte par Mess. G. et L. de l'Isle, fin mai 1867, dans les marais salants de l'*Ile d'Oleron*, à côté de *Chara alopecuroïdes*.

NAIAS L. Fl. monoïques ou dioïques. Une spathe 2,3.dentée au sommet. *Mâl.* anthère 1 renfermée dans la spathe. *Fem.* spathe 0; style à 2,3 stigm. Caps. indéhiscente, 1.sperme. *Herbes* annuelles, *submergées*.

N. MAJOR All. Roth, *N. marina* α. L. Tige dichotome, qqf. épineuse et dentée sur la nervure des feuil. (*N. muricata* Desn.). Feuil. opposées ou verticillées, transparentes, linéaires, sinuées-dentées, à dents épineuses; *gaine entière*. Fl. verdâtres axillaires, les mâl. pédicellées, les fem. sessiles. Anthère grosse, à 4 valves s'enroulant en dehors. Caps. oblongue. Jt-at. Rivières, étangs. — DEUX-SÈV. *La Sèvre* à *Niort* (A. Guillon), *le Thouet* à *Thouars* (Toussaints). — VEND. D'*Angles* à *la Tranche, le Lay* au-dessous de *Mareuil* (Pontarlier, Marichal), *la Sèvre* à *Maillé* (Ayraud). — LOIRE-INF. *La Loire, la Sèvre, l'Erdre, lac de Grand-Lieu* et affluents; étang de la *Provotière* près *Riaillé* (Ed. Bureau). PC. — FIN. Jetée de *Plovan, Loc'h-Kergalan, Loc'h-Nigelet, Loc'h-Trunvel* (Crouan). RR. — IL.-ET-VIL. *La Seiche* de *Pontpéan* à la route de *Nantes* (Letourneux), *le Meu* (Degland).

N. MINOR All. Roth, *Caulinia fragilis* Willd. Tige grêle, diffuse, dichotome. *Feuil.* linéaires, *étroites, dentées-épineuses, recourbées*, opposées ou ternées, les supér. ramassées en gerbe, *gaine ciliée-dentée*. Fl. axillaires, sessiles, petites. Anthère à 1 loge. Caps. linéaire. Jt-a'. Mêmes lieux. — DEUX-SÈV. *Le Thouet* à *Thouars* (Toussaints), étang de la *Madoire* près *Bressuire* (Richard). — LOIRE-INF. Avec le précéd. PC. — IL.-ET-V. *La Vilaine* près *Cesson*, *Moulin de Joué* (Dégland), *la Seiche* de *Pontpéan* à la route de *Nantes* (Letourneux).

ZOSTERA L. Fl. monoïques ou dioïques. Spadice linéaire, portant les anthères et les pistils sur 2 rangs.

Z. MARINA L. Souche noueuse, rampante. Feuil. linéaires, graminées, obtuses, engainantes, à 3, 5, 1 nervures, les fertiles s'ouvrant en long par une fente d'où sort un spadice linéaire, comprimé, adhérent par la base. Fl. disposées d'un seul côté, sur 2 rangs, composées alternativement de 2 anthères contiguës, et d'1 ovaire à 2 stigm. filiformes. Fruit oblong, strié, 1-sperme. ♃. Fleurit en jt. Sur les côtes surtout vaseuses, où il forme des prairies sous-marines. C. — Une forme grêle, à feuil. plus étroites (*Z. angustifolia* auct.) est qqf. très c. dans les golfes; elle fructifie peu, c'est cependant son fruit strié, non lisse, qui le fera reconnaître sûrement du suiv.

Z. NANA Roth, Le Gall. Plus petit que le précéd., dont il diffère surtout par les feuil. étroites, tronquées-échancrées, le spadice presque plane, acuminé, muni vers le bord de quelques petites bandelettes courbées sur les pistils et par le fruit lisse. ♃. jn-jt. — LOIRE-INF. c. Trait de *Mesquer* (Ed. Bureau). — MOR. A côté de *Z. marina*, mais moins profondément, sur les côtes de *S.-Gildas*, de *Locmariaker*, et dans le golfe du *Morbihan*; rivière d'*Auray* (Toussaints). — Voir Le Gall flore 573, pour de longs détails sur cette plante. — Prob. sur d'autres points de la côte; par ex. à *Port à la Duc* (C.-Nord) et à *la Richardais* dans la Rance (Il.-et-V.) d'après Mabille, Cat. p. 107.

LEMNACÉES.

Fl. ord. herm. renfermées dans une spathe 1-phylle, comprimée. Etam. 2 hypogynes, paraissant successivement. Anthères didymes, à 2 loges, extrorses. Ovaire libre, à 2-6 ovules dressés. Style court, stigm. obtus. Fruit utriculaire, transparent. *Très-petites plantes annuelles, flottantes ord. à la surface des eaux stagnantes, constituées par des frondes en forme de feuil. naissant latéralement les unes des autres, munies ord. de racines pendantes. Fl. naissant sur le bord de la fronde, en* j^{n}-j^{t}.

LEMNA L. *Lentille d'eau.* Voir la famille.

L. TRISULCA L. Rac. solitaire. *Frondes elliptiques-lancéolées*, pétiolées, croissant à angle droit les unes sur les autres. Submergé. C. — Je n'ai pas vu ses fleurs!

L. POLYRRHIZA L. *Rac. en faisceau.* Frondes obovales-orbiculaires, planes, rougeâtres en dessous. C. — Fl. très-rares.

L. MINOR L. Rac. solitaire. *Frondes obovales, planes des 2 côtés.* CC. — Fleurit abondamment en été.

L. GIBBA L. Rac. solitaire. *Frondes* obovales, un peu convexes en dessus, *hémisphériques-celluleuses* en dessous. C. — Fleurit et fructifie abondamment en été.

L. ARRHIZA L. Willd. *Wolffia* Schleid. Micheli, T. 11. fig. 4. *Rac. nulle.* Frondes à face sup. elliptique-globuleuse, plane, l'inf. hémisphérique-celluleuse, plus pâle, transparente, ayant à l'extrémité de son diamètre longitudinal et près de la face sup. un bourrelet circulaire d'où doit naître une nouvelle fronde. Mêlé aux 3 précéd. Jn-nov. — LOIRE-INF. AC. surtout *vallée de la Loire.* — Ailleurs, çà et là par localités éloignées. — Cette plante, que l'on a tour à tour considérée comme une des 3 espèces précéd. à l'état naissant, s'en distingue, outre les caratères notés, par un mode de végétation particulier. Tantôt sa fronde, longue d'env. 1 millim., est solitaire, et alors elle offre le bourrelet déjà décrit, d'où, en la pressant entre les doigts, on peut faire sortir une nouvelle fronde; tantôt elle est augmentée de cette seconde fronde placée en long au bout de la première et qui s'en détache avant d'en avoir égalé le volume. En dessous du bourrelet se trouve un petit point noirâtre. — La fleur trouvée sur la côte d'Angola, en Afrique, par Welwitsch n'a pas été vue en Europe.

TYPHACÉES.

Fl. monoïques, en chatons très-serrés, cylindriques ou globuleux, les sup. mâles. Cal. à 3 écailles ou plus, ou formé par des soies. *Mâl.* étam. 3. *Fem.* ovaire 1 libre; style et stigm. 1. Fruit sec, indéhiscent, 1.sperme. *Herbes aquatiques, sans nœuds; feuil. en glaive.*

TYPHA L. Chatons cylindriques, sortant d'une spathe caduque, les mâles caduques, placées au bout des fem. *Mâl.* anthères 3 sur un seul filet entouré de soies ou d'écailles. *Fem.* fruit longuement pédicellé, entouré de soies à la base. Vulg. *Quenouilles.*

T. LATIFOLIA L. Chaume robuste de 1-2 mèt. Feuil. linéaires, planes, glaucescentes. *Chatons mâl. et fem. contigus.* Stigm. élargi. ♃. mai. Etangs, marais. AC.

T. ANGUSTIFOLIA L. Chaume moins robuste, dépassé par les feuil. linéaires, un peu en gouttière dans le bas, vertes. *Chatons séparés par un intervalle.* Stigm. linéaire. ♃. mai-j^n^. Mêmes Lieux. C. — Moins c. au-delà de *Loire-Inf.*

Obs. T. elata Bor. est intermédiaire des précéd. « Chaume de 2-3 mèt. grêle, feuil. très-longues, étroites (1 cent.), vertes non glauques, planes ou un peu en gouttière à la base ; chatons contigus ou un peu écartés ; stigm. linéaire-lancéolé. » Indiqué *Char.-Inf.*, *Deux-Sèv.* et ailleurs.

SPARGANIUM L. Chatons globuleux. Cal. à 3 écailles caduques. *Mâl.* étam. 3. *Fem.* style et stigm. 1. Fruit sec, indéhiscent, 1 loc. 1 sperme.

S. RAMOSUM Huds. *S. erectum* α. L. *Tige rameuse.* Feuil. radic. triquêtres à faces latérales concaves. Chatons paniculés. Stigm. linéaires. Fruit anguleux, en toupie, souvent à 2 loges 1 spermes. ♃. jⁿ-a^t. Marais, étangs, fossés. C. — Plante envahissante.

S. SIMPLEX Huds. *S. erectum* β. L. *Tige simple.* Feuil. radic. triquêtres à faces latérales planes. *Stigm. linéaire.* Fruit oblong-en fuseau. ♃. jⁿ-a^t. Mêmes lieux. C. — Moins c. au-delà de *Loire-Inf.* — Une forme flottante se distingue du suiv. par les styles et stigm. allongés, par le fruit oblong-en fuseau, un peu plus long que le bec grêle.

S. MINIMUM Bauhin, Fries, *S. natans* édit. 1. Tige simple, flottante, dressée dans les lieux desséchés. Feuil. planes, flottantes ou couchées, transparentes. Chatons 3,4, le sup. mâle, ord. solitaire. *Stigm. ovale-oblong, très-court.* Fruit sec obovale-oblong, très-rétréci à la base, moins au sommet, à bec court. ♃. j^t-a^t. Marais, fossés marécageux. — CHAR.-INF. *Surgères* ! *la Clisse* (Delalande), marais de *Corme-Royal* ? — DEUX-SÈV. *Mauzé* (J. Richard). — LOIRE-INF. Marais de *Mazerolles*, *S.-Brevin* ? village de *Lartreté* près la rivière de *Boivre* ; *S.-Gildas* ! (Delalande). R. — FIN. *Gouesnou*, *Bodonoux*, *Bourg-Blanc*, *Leuhan* (Crouan). R.

AROIDÉES.

Fl. monoïques, rar. herm. disposées sur un spadice charnu, souvent entouré d'une spathe. Cal. 0. *Mâl.* étam. définies ou indéfinies. *Fem.* ovaires à 1-3 loges, mêlées avec les étam. ou placées en dessous ; style et stigm. 1. Fruit sec ou charnu, à 1-3 loges, à 1 ou plusieurs graines.

ARUM L. Spathe en cornet. Spadice nu au sommet. Cal. 0. *Mâl.* à 1 anthère, serrées autour du milieu du spadice. *Fem.* à 1 pistil, situées à la base du spadice. Baie 1.loc à 1-4 graines. Vulg. *Girons.*

A. ITALICUM Mil. Rac. tubéreuse. *Feuil.* toutes radic. hastées-sagittées, souv. veinées de blanc, *paraissant avant l'hiver.* Spadice jaunâtre, à partie supér. en massue égalant son pédic. ♃. av.-mai. Haies. CC. — c. au-delà de *la Vilaine.*

A. MACULATUM L. Caract. du précéd. *Feuil. ne paraissant qu'après l'hiver,* souv. tachées de noir. Spadice rouge-noirâtre, à partie supér. en massue ord. 2-3 f. plus courte que son pédic. ♃. av.-mai. Haies. — DEUX-SÈV. *Mazières* (A. Guillon). — VEND. et BRETAGNE. PC.

ACORUS L. Spathe 0. Spadice couvert de fl. herm. à 6 div. membraneuses, persistantes. Etam. 6 courtes, oppositives, hypogynes. Stigm. obtus, sessile. Caps. indéhiscente, à 3 loges.

A. CALAMUS L. Odeur forte, agréable. Souche oblique. Feuil. linéaires-en glaive, marquées d'une carène de chaque côté. Spadice jaunâtre, cylindrique, un peu arqué, sessile sur le milieu de la tige comprimée, très-aiguë d'un côté, en gouttière de l'autre, la partie au-dessus du spadice semblable aux feuil. Filet des étam. un peu ponctué-rosé au sommet. ♃. jn-jt. — IL.-ET-V. Prés humides et bord de *la Vilaine* à *Rennes* ! (Bonamy). — c. prés et marais de la Vilaine autour de *Redon*, dans les trois départ. (Moreau); prob. sur d'autres points intermédiaires.

ORCHIDÉES.

Cal. et cor. formant un périanthe supère à 6 div. pétaloïdes. Sép. 3 souv. dressés en forme de *casque.*

Pét. 3, l'inf. souv. pendant ou éperonné, appelé *label*, de forme variée, mais toujours différent des pét. latéraux. Etam. 3 insérées sur l'ovaire; filets étroitement soudés avec le style et formant ainsi le *gynostème*, les 2 latéraux ord. stériles, l'intermédiaire fertile; anthère à 2, 4 ou 8 loges; pollen poudreux ou aggloméré en masses cireuses. Ovaire à 3 placenta pariétaux. Stigm. placé sous l'anthère, en forme de tache visqueuse, terminé supérieurement par une petite pointe ou une lame. Caps. polysperme, s'ouvrant par 2 fentes longitudinales. *Herbes à rac. composée de fibres fasciculées ou de 2 tubercules dont l'un se renouvelle chaque année; feuil. engaînantes ou embrassantes; fl. en épis terminaux, munis de bractées.*

ORCHIS L. Sép. 3 connivents en casque. Pét. 3 dont 2 sup. ord. plus petits, dressés ou étalés, l'inf. (*label*) grand, prolongé à la base en éperon. Masses de pollen pédicellées. Ovaire tordu.

* *Racine à tubercules palmés.*

O. VIRIDIS Sw. *Satyrium* L. Feuil. inf. ovales, les sup. lancéolées. *Fl. vert-jaunâtre,* en épi lâche, ord. plus courtes que les bractées; sép. et pét. tous réunis en casque; label pendant, linéaire, à 3 lobes, l'intermédiaire très-court, en forme de dent; *éperon très-court.* ♃. mai-jn. Prés humides, AC. — R. au-delà de *Loire-Inf.*

O. CONOPEA L. Feuil. lancéolées-linéaires. Fl. rosées, non tachées, très-odorantes, en épi cylindrique, allongé, aigu; sép. latéraux très-étalés; label à 3 lobes, l'intermédiaire plus grand ou égal; *éperon* grêle, *en alène, moitié plus long que l'ovaire.* ♃. mai-jn. Prés humides. AC.

✕. O. ODORATISSIMA L. Caract. du précéd., dont il diffère par les feuil. plus étroites, les fl. plus petites en épi grêle, serré, l'éperon ne dépassant pas la longueur de l'ovaire. Les sép. latéraux sont étalés en ligne droite, tandis qu'ils sont descendants dans *O. conopea*. ♃. mai-j^n. Prés humides calc. — CHAR.-INF. *Chevrel* près *Saujon* (A. Guillon), marais de *Surgères*; BR. *Dœuil* (Dussouchaud), *S.-Ouen*, pays-bas de *Matha* (Savatier). R.

O. MACULATA L. Feuil. lancéolées, ord. tachées de noir. Fl. roses, lilas ou blanches, tachées, en épi conique; *sép. latéraux étalés; label large, plane, à 3 lobes*, les latéraux crénelés, l'intermédiaire plus petit, entier. ♃. mai-j^n. Landes et prés marécageux. CC.

O. LATIFOLIA L. *Tige creuse*. Feuil. lancéolées. Fl. roses, tachées, en épi très-serré. Bractées inf. plus longues que les fl. *Sép. latéraux redressés, label* à 3 lobes, *les latéraux un peu recourbés sur les côtés*, l'intermédiaire plus étroit, plus long. Eperon plus court que l'ovaire. ♃. j^n. Prés marécageux. AC. — Moins c. au-delà du *Mor*.

O. INCARNATA L. *O. divaricata* Rich. Mut. Tubercules à 2 lobes terminés par une fibre longue et divariquée. Tige à peine creuse. Feuil. étroites, appliquées, en gouttière. Fl. pourprées en épi assez court. Bractées inf. égalant la fl. Sép. latéraux redressés, le sup. connivent en casque avec les pét.; label taché, à 3 lobes, les latéraux ord. à peine repliés, l'interméd. petit, triangulaire. Éperon conique, gros, courbé, égalant l'ovaire. ♃. mai-j^n. Mêmes lieux. AR. — Se distingue de *O. latifolia* par la tige élancée, les feuil. étroites, les fl. plus grandes, en épi moins serré, paraissant un peu plus tard.

** *Racine à tubercules entiers.*

O. BIFOLIA L. Germ. fl. par. T. 32 G. 1, 2. *Feuil. radic.* 2, *ovales-lancéolées*, celles de la tige linéaires, sessiles. Fl. blanches, odorantes; sép. latéraux étalés, le sup. connivent avec les pét.; label linéaire, entier; éperon linéaire, grêle, beaucoup plus long que l'ovaire. Loges de l'anthère parallèles. Bractées dépassant l'ovaire. ♃. j^n. Prés et bois frais. AC.

O. MONTANA Schmidt, *O. chlorantha* Cust. Germ. fl. par. T. 32. Plus robuste que le précéd., dont il diffère en outre par les fl. plus grandes, blanc-verdâtre, ord. inodores, à éperon presq. en massue au sommet et par les loges de l'anthère écartées à la base en fer à cheval. ♃. mai-jn. Bois secs ord. dans le calc. — CHAR.-INF. AC. — DEUX-SÈV. *Chizé, S.-Laurs* (A. Guillon), *Loubillé* (Jousse), *la Mothe* (Maillard), *Mauzé* (J. Richard), *Airvault* (Bonnin), *Missé* près *Thouars* (Toussaints). — VEND. *Champ-S.-Père*, bois des env. de *Luçon*, *Vigneronde* (Pontarlier, Letourneux), R. *S.-Hilaire* (Genevier). — LOIRE-INF. *Boischaudeau* sur la *Sanguèse*, avec fl. odorantes (Guiho), *Châteauthébaud* (Renou). RR. — MOR. « *Mauron* (Le Gall), *Josselin*, *les Salles* en *Ste-Brigitte* (Arrondeau). » — FIN. « *Mont-Barré*, *le Conquet*, presq.'île de *Kermorvan*, *l'Abervrac'h*, *le Fret*, *Crozon*, etc. (Crouan flor.). » — C.-NORD. *S.-Michel-en-Grève* (Baron).

O. PYRAMIDALIS L. Feuil. lancéolées. Fl. rose vif, en épi ovale, serré; sép. latéraux étalés, le sup. connivent avec les pét.; *label muni à la base de 2 lames verticales*, à 3 lobes entiers, l'intermédiaire plus petit; éperon grêle, long, égalant ou dépassant l'ovaire. ♃. jn. Prés humides ou coteaux très-secs, ord. dans le calc. — CHAR.-INF. *Montlieu*! (de Meschinet), *Meschers*, *Fouras*, *Dœuil* et env. — DEUX-SÈV. Forêt de *Chizé*! (A. Guillon), *Sauzé-Vaussais* (Sauzé), *Veluché* (Bonnin). — VEND. *S.-Cyr-en-Talm.* (Faye), *Corps*, *Chantonnay*, *Bessay*! *le Bernard*, *Mareuil*, *Luçon*, *S.-Michel-en-Lherm* (Pontarlier, Marichal), *Mouzeuil*! *Maillé* (Letourneux), *Commequiers*, dunes de *S.-Jean-de-Monts* (Gobert). — LOIRE-INF. *Les Prises à Machecoul*; *Fresnay* (Guiho). RR. — Çà et la côte nord de *la Bretagne*; C. *île Blanche* en *Locquirec* dans le *Fin. Roch Hellas* dans la baie de *S.-Michel-en-Grève* (de Guernisac), *île des Ebiens*, *S.-Jacut*, *Dahouet*; *la Courbure* près *Dinan* (Mabille) dans les *C.-Nord*. — IL.-ET-V. Calc. de *Rennes* (Le Gall), *Carcé* (Degland).

O. CORIOPHORA L. Feuil. linéaires-lancéolées, en gouttière. *Fl.* à odeur de punaise, *rouge terne,* en épi oblong; *sép. et pét. aigus, soudés en casque* jusqu'au sommet, qqf. libres à l'extrémité; label rose à la base et taché de rouge, pendant, recourbé, à 3 lobes brun-verdâtre, les latéraux tronqués, dentés, l'intermédiaire plus long, aigu, entier; éperon 1/2 plus court que l'ovaire. ♃. mai. Prés. AC. — Au-delà de *Loire-Inf.*: FIN. *Penmarc'h* (Bonnemaison). R. — C.-NORD. C. landes du marais de *Briantais* jusqu'à *Lancieux* avec var. à odeur douce ou 0 (Mabille). — IL.-ET-V. C. calc. de *Rennes* (Dégland).

β. *O. fragrans* Pollini. Sép. latéraux qqf. libres à partir du milieu; label à 3 lobes, les latéraux tronqués à 3,4 crénelures, l'intermédiaire oblong, aigu, entier; éperon 1/2 ou 1/3 plus court que l'ovaire égalant la bractée. Fl. à odeur agréable ou 0, rouge vineux; label taché de rouge à la base, lobes brun-verdâtre. ♃. jn. — CHAR.-INF. *Marennes, la Tremblade* (V. Personnat). — LOIRE-INF. *Chéméré, Bergon, Cambon,* région maritime. R. — Prob. sur qq. points intermédiaires.

O. USTULATA L. Feuil. oblongues. Fl. petites, en épi serré, allongé, obtus; *sép. et pét. rouge-brunâtre,* tous réunis en casque; *label blanc taché de rouge,* à 3 lobes linéaires, l'intermédiaire plus grand, bifide; éperon 3 f. plus court que l'ovaire. ♃. mai. Prés. C. — Au-delà de *la Vilaine* PC., puis graduellement RR. et 0; RR. *C.-Nord;* AC. intérieur d'*Il.-et-Vil.*

✗. O. PURPUREA Huds. *O. fusca* Jacq. Germ. fl. par. T. 32, *O. militaris* DC. Feuil. ovales-oblongues, les sup. engaînantes. Fl. en épi gros, ovale. Bractées membraneuses, beaucoup plus courtes que l'ovaire. Sép. et pét. soudés-connivents en casque, libres au sommet, aigus; label à 3 lobes, les latéraux *linéaires-oblongs,* courbés en avant, l'intermédiaire grand, *dilaté dès la base* et divisé au sommet en 2 lobes crénelés, avec une petite pointe entre les lobes; éperon échancré, courbé, beaucoup plus court que l'ovaire. Fl. brun-vineux taché, à label d'un blanc d'émail taché de petites houppes pourprées. ♃. mai-jn. Bord des bois, des buissons dans le calc. — CHAR.-INF. *Surgères* (Hubert), *Beauvais!* (Savatier), *Loulay; Dampierre* (Pinatel), R. *Dœuil* (Dussouchaud), env. de *la Rochelle.* — DEUX-SÈV. *Bois-Chamaillard* près *Niort* (A. Guillon), *la Mothe* (Sauzé, Maillard), *Séligné* (Guyon), *Moiré* (Bonnin).

☓. O. MILITARIS α. L. *O. galeata* Lam., Germ. fl. par. T. 32. Feuil. oblongues, les sup. engaînantes. Fl. en épi gros, ovale. Bractées membraneuses, beaucoup plus courtes que l'ovaire. Sép. et pét. ovales, acuminés, soudés-connivents en casque aigu; label à 3 lobes, *les latéraux linéaires*, l'intermédiaire grand, élargi au sommet à 2 *lobes divergents*, tronqués obliquement, avec une petite pointe dans l'échancrure; éperon courbé, beaucoup plus court que l'ovaire. Fl. rose cendré en dessus, purpurines-striées en dedans, label veiné et marqué de points glanduleux purpurins. ♃. mai-jn. Bois, pâturages du calc. — CHAR.-INF. *Surgères* ! (Hubert), AC. *Dœuil* (Dussouchaud), *Fontenet* (Pinatel), pays-bas de *Matha* (Savatier). — DEUX-SÈV. *Le Bourdet* (Janneau).

☓. O. SIMIA Lam. Germ. fl. par. T. 32. Feuil. lancéolées-oblongues, les sup. engaînantes. Bractées membraneuses, plus courtes que l'ovaire. Pét. linéaires, soudés à la base avec les sép. en casque acuminé; label à 3 lobes principaux, *les latéraux linéaires*, courbés en dedans, l'intermédiaire plus long, divisé en *deux lanières* courbées en dedans, *aussi longues* que les lobes latéraux et séparées par une petite pointe; éperon renflé au sommet, plus court que l'ovaire. Fl. blanc rosé piqueté, label marqué à la base de petites houppes rosées, extrémité des lobes rosée. ♃. mai. Clairières des bois calc. — CHAR.-INF. *La Grâce-Dieu* près *Courçon; la*

Brassière en *Dampierre* (Pinatel), *Tonnay-Boutonne* (A. Guillon). — DEUX-SÈV. Prés de *Cherigné* (Vernial), R. *Airvault, Soulièvre* (Bonnin). — VEND. Bois d'*Ecoulandre* (Mlle Poey Davant), *Mouzeuil* (Letourneux). R.

O. MASCULA L. Feuil. lancéolées, ord. tachées de noir, les rad. plus larges. *Fl.* rouge-pourpre, *en épi lâche,* allongé; sép. latéraux étalés ou redressés, le sup. connivent en casque avec les pét.; label taché à la base, à 3 lobes, l'intermédiaire profond. échancré. *Bractées à 1 nervure.* ♃. av.-mai. Prés, pelouses. CC. — Vulg. *Pentecôtes*, ainsi que plusieurs autres espèces.

O. LAXIFLORA Lam. Feuil. lancéolées-linéaires, en gouttière. *Fl.* pourpre foncé, *en épi très-lâche;* sép. latéraux redressés au-dessus de l'intermédiaire, qui est arqué sur les pét. supér.; label à 3 lobes, les latéraux plus grands, arrondis, crénelés, réfléchis, l'intermédiaire ord. échancré. *Bractées à 3 ou 5 nervures.* ♃. mai. Prés humides.

O. PALUSTRIS Jacq. Mut. fig. 494. Distinct du précéd. par la tige plus grêle, plus élancée, lisse au sommet, par les feuil. plus étroites et par le lobe intermédiaire du label distinct, profond.t échancré, égalant ou dépassant les latéraux. ♃. jn. Prés et marais ord. dans le calc. — CHAR.-INF. et VEND. AC. région maritime. — DEUX-SÈV. Marais de *Coulon* (A. Guillon), *Mauzé, Lezay* (Sauzé, Maillard), *Thouars* (Toussaints). — LOIRE-INF. *S.-Joachim* (Thomas), *Fresnay*. R. — FIN. *Penmarc'h* (Bonnemaison). RR.

O. ALATA Fleury orchid. des env. de Rennes, p. 17, que je considérais avec Pesneau cat. comme une var. de *O. laxiflora*, en diffère par l'épi plus serré à fl. violacées et non rouge-pourpre, les bractées égalant ou dépassant un peu l'ovaire, moins striées, label replié à 3 lobes, les latéraux plus grands, l'intermed. échancré, les sép. tous étalés horizontalement sur un même plan, oblongs, arqués, pét. sup. connivents et couvrant le gynostème. De *O. Morio* il se distingue clairement par les div. de la fl. non réunies en casque ni rayées de vert. ♃. mai-jⁿ. Prés humides. c. dans la *Loire-Inf.*; je l'ai reçu de tous les départ. de la Flore, où il est prob. répandu.

O. MORIO L. Feuil. lancéolées, les rad. plus larges. Fl. rougeâtres, rosées, violacées ou blanches, en épi court, peu garni ; *sép. et pét. tous réunis en casque, rayés de vert* ; label à 3 lobes dentés, l'intermédiaire tronqué-échancré, les latéraux réfléchis. ♃. av.-mai. Pelouses et prés secs. CC.

O. HIRCINA Sw. *Satyrium* L. Feuil. ovales-lancéolées. Sép. et pét. réunis en casque blanc-grisâtre, strié de brun en dedans; label blanc et ponctué de rouge à la base, à 3 lobes grisâtres, les latéraux ondulés-crépus, *le terminal très-long, linéaire, tordu* ; éperon gros, très-court. ♃. jⁿ-jᵗ. Coteaux secs, bord des haies, des buissons, sables maritimes dans le calc. — CHAR.-INF. AC. — DEUX-SÈV., VEND. AC. le calc. — LOIRE-INF. AC. coteaux schist. de *Mauves* à *Varades* ; *Saffré* (Pesneau), *Copchoux* (Guiho), *les Cléons*. R. — C.-NORD. C. *le Quiou, S.-Juvat* (Mabille). — IL.-ET-V. Calc. de *Rennes* (Degland). RR.

OPHRYS L. Sép. 3 étalés. Pét. sup. petits ; label sans éperon. Masses de pollen distinctes, pédicellées. Ovaire non tordu. *Tubercules de la rac. arrondis.*

O. ARANIFERA Huds. Germain fl. par. T. 32 B. Tige de 15-20 cent. Feuil. inf. ovales-lancéolées. Epi lâche, à peu de fl.; *sép. verdâtres*, pét. sup. vert-jaunâtre, glabres ; label en forme de violon, convexe, échancré au sommet, recourbé au bord, velu, brun, marqué de 2 raies parallèles, glabres, livides, luisantes. Bec du gynostème court, droit. ♃. mai-jⁿ. Coteaux secs calc. et qqf. maritimes. —

CHAR.-INF. C. — DEUX-SÈV. AC. calc. — VEND. AC. calc. méridional et la côte (Pontarlier, Marichal). — LOIRE-INF. *Ancenis, Varades, Arthon ; Machecoul* (Pesneau), *Careil, Pornichet, la Villemartin* (de l'Isle), *Saffré* (Guiho). R. — MOR. *Houat, Quiberon* ! (Aubry). RR. — FIN. *S.-Vio* près *Loc'h-Vian* en *Plomeur* (Crouan). — C.-NORD et IL.-ET-V. n. de *S.-Jacut* à *S.-Malo* ! (Mabille). RR.

✕. O. ARACHNITES Hoff. Germain fl. par. T. 32 D. Tige de 1–2 déc. Fl. en épi lâche ; *sép.* blancs dans le bouton, à 1 nervure verte, puis *rosés*, oblongs, obtus ; pét. sup. petits, oblongs-triangulaires, élargis à la base, obtus, pubescents ; label à 3 lobes, les latéraux verticaux, en forme de corne, convexes, triangulaires, obtus, hérissés, brunâtres, l'intermédiaire plus grand, entier, convexe, à bords repliés, brun velouté, verdâtre à la base, puis marqué de 2 taches livides parallèles, terminé au sommet par un petit *appendice* glabre, verdâtre, triangulaire à 3 lobes, *courbé en dessus*. Bec du gynostème court, droit. ♃. mai-jn. Pelouses sèches surtout dans les bois du calc. — CHAR.-INF. Coteaux de *la Gironde, Bonnefond* près *Archiac ; Chez-Merlet* près *Beauvais* ! (Savatier), *Dœuil, le Pin* (Mme George), *Benon, Surgères, la Rochelle* (de l'Isle). — DEUX-SÈV. *Niort, Mairé*, forêt de *Chizé* (A. Guillon), n. *la Mothe* (Maillard). — Fl. rose du suiv., dont on le distingue par le lobe intermédiaire du label entier à appendice courbé en dessus, non à 3 lobes et à appendice replié en dessous, et par le bec du gynostème court, droit, et non long, flexueux.

O. APIFERA Huds. Germain l. c. T. 32 C. Tige de 2–3 déc. Feuil. oblongues. Fl. en épi lâche ; *sép.* ovales-oblongs, concaves, obtus, *rosés* ; pét. sup. petits, verdâtres, velus ; label convexe, velu, brun ferrugineux velouté, rayé de jaune livide, à 3 lobes, les latéraux situés près de la base, verticaux, bossus, triangulaires, hérissés, le terminal grand à 3 div. recourbées sous le limbe, div. intermédiaire terminée en appendice glabre. Bec du gynostème long, flexueux. ♃. mai-jn. Prés secs ou marécageux, pelouses sèches, clairières des taillis, coteaux, dans le calc. — CHAR.-INF. AC. — DEUX-SÈV. *Chizé, Paizay* (A. Guillon), *Loubillé* (Jousse), C. *la Mothe* (Sauzé), R. *S.-Jouin* (Brottier). — VEND. AC. le calc. et la côte (Pontarlier, Letourneux). — LOIRE-INF. *Machecoul, Arthon*, RR. angle N.-E. du *lac de Grand-Lieu, les Cléons, Copchoux, S.-Gildas ; Saffré* (Guiho). R. — MOR., R. *Belle-Ile* ! (Taslé). RR. — FIN. Dunes de *Locquirec* (de Guernisac), île du *Loc'h* aux *Glénans* (Crouan). R. — C.-NORD. RR. pointe de l'Armorique en *Plestin* (de Guernisac), RR. grève du *Rosaire* à *Plérin* (Baron), *Cap Fréhel, Dahouet* ! (Cornillé). R. — IL.-ET-V. Tout le calc. de *Rennes* (Degland). R.

✕. O. MUSCIFERA Huds. *O. Myodes* Jacq. Germ. fl. par. T. 32 A. Tige de 2-4 déc. élancée. Feuil. lancéolées. Fl. écartées. Sép. étalés, oblongs, obtus, verdâtres ; *pét. sup. très-étroits, linéaires*, étalés, brun-marron ; label obovale-oblong, à 3 lobes, les latéraux oblongs, l'intermédiaire beaucoup plus grand, échancré au sommet, brun-marron, à pubescence séparée au milieu par une tache glabre. Gynostème obtus, sans bec. ♃ mai-jn. Taillis et coteaux calc. — DEUX-SÈV. Forêt de *Chizé* (A. Guillon), *Missé* près *Thouars* (Toussaints). — *Cognac*.

✕. O. FUSCA « Link » Mut. fig. 508. Tige de 1-2 déc. à 2-5 fl. écartées. Feuil. oblongues. *Sép.* étalés, ovales-oblongs, obtus, verdâtres, le *sup. en voûte* ; pét. sup. oblongs-linéaires, « verdâtres » étalés, plus courts que les sép. ; label obovale-oblong, rétréci en coin à la base, à 3 lobes, les latéraux courts, obtus, l'interméd. beaucoup plus grand, échancré au sommet, brunâtre, à *pubescence veloutée* séparée au milieu par une grande tache glabre, bilobée en avant. Gynostème court, obtus. ♃. av. Lieux secs calc.—Char.-Inf. rr. *Montlieu* (de Meschinet), (dans la Charente voisine à *Cognac, Jarnac*, ex Gren. fl. fr.); *Pessines* près *Saintes* (Brunaud), d'où je l'ai reçu presque frais.

✕. O. anthropophora L. Tige de 2–3 déc. Feuil. oblongues–lancéolées. Fl. en épi assez serré, vert-jaunâtre, bordées de brun. Bractées plus courtes que l'ovaire. Pét. et sép. soudés en casque; *label* plus long que l'ovaire, *à 3 lobes linéaires*, presque parallèles, l'intermédiaire plus long, bifide. ♃. mai-jn. Coteaux arides et bord des bois dans le calc. — Char.-Inf. AC. — Deux-Sèv. *Chizé, Chef-Boutonne* (A. Guillon), *la Mothe* (Richard). — Vend. rr. *Auzais, Port-Raiteau, Chaillé-les-Marais* ! (Letourneux).

SERAPIAS L. Sép. et pét. réunis en casque; pét. supér. petits; label sans éperon, à 3 lobes. Masses de pollen pédicellées. Ovaire non tordu.

S. cordigera L. Rac. à tubercules sessiles. Tige de 2–3 déc. Feuil. lancéolées à gaîne tachée de rouge. Fl. rouge vineux, 3–5 en épi lâche; pét. ovales, très-longuement acuminés, *label* rouge vineux, *poilu*, marqué à la base de 2 callosités, à lobes latéraux redressés, rapprochés au sommet et presque recouverts par le casque, l'intermédiaire ovale-en cœur, acuminé, pendant; casque et bractées gris-brunâtre, striés. Bec du gynostème long, brun. Bractée égalant la fl. et dépassant plus de 2 f. l'ovaire. ♃. jn. Prés marécageux. — Char.-Inf. *Montlieu* (de Meschinet), *Orignolle* (Millieurenche). RR. — Deux-Sèv. *S.-Pierre-des-Champs* (Bastard). R. — Vend. c. par localités dans le Bocage de l'Ouest (Pontarlier, Marichal). — Loire-Inf. C. par localités. — Mor. *Le Plessis* en *Theix, Surzur, Berric* (Taslé). R. — Fin. *Kerguiridic* en *Telgruc* (Ar. Letourneux); prés v.-à-v. vallée de *Port-Salut* et au *Poulmic* (Crouan).

Obs. S. triloba Viviani! fragm. T. 12, fig. 1. Rac.

à tubercules ovales, sessiles. Tige de 2–3 déc. Feuil. lancéolées à gaîne qqf. tachée. Fl. 6–8 en épi lâche; sép. et bractées gris-rosé, striés; pét. ovales, acuminés, libres, pourpres ainsi que le *label glabre*, marqué à la base de deux callosités, *à 3 lobes dentés*, les latéraux grands, ouverts, saillants hors du casque, celui du milieu plus long, recourbé, qqf. contourné. Bec du gynostème court, vert. ♃. jn. Mêmes lieux. — Loire-Inf. La *Matinaie* près *Herbignac*! (Thomas), *S.-Gildas* (Delalande), *la Limousinière* (Bornigal), *Geneston; Touvois* (D.-Bourgault). env. de *Nantes*. RR.—Vend. *Challans* (herb. Hectot, Gobert), *Vairé* (Jousse), *Venansault, la Genetouse, Belleville, Grosbreuil* (Pontarlier, Marichal). RR.— Mor. *Le Plessis* en *Theix* (Taslé). RR. — Cette belle et rare plante est considérée par qq. auteurs comme un hybride des *S. cordigera* et *Orchis laxiflora*, au milieu desquels elle vit toujours et par pieds isolés. Quoiqu'elle n'ait point de ressemblance avec les parents présumés, sa présence constante au milieu de ceux-ci, sa rareté et son pollen atrophié peuvent justifier le soupçon d'hybridité.

X. S. Lingua L. Tige de 2–3 déc. munie à la base de 2 tubercules globuleux, l'un inf. portant la tige, *l'autre* (accompagné qqf. d'un troisième qui lui est opposé) *à pédonc. long* de 1–4 cent. Feuil. linéaires-lancéolées, en gouttière. Fl. 2–4 en épi lâche. Bractées plus longues que l'ovaire. Pét. très-longuement acuminés en pointe 2 f. plus longue que la base ovale, soudés avec les sép. en casque cendré-rosé et strié ainsi que les bractées; *label* glabre, *marqué* à la base *d'une callosité* oblongue, brun-pourpre luisant ainsi que les 2 lobes latéraux du label rapprochés au sommet, à moitié recouverts par le casque; lobe intermédiaire presq. à 3 lobes, *ovale-lancéolé, rose terne*, blanc à la base entre la callosité et les 2 lobes latéraux. Bec du gynostème long, aigu, peu coloré. ♃. fin mai-jn. — Char.-Inf. AC. près de *Montendre* à *Montlieu* et au-delà.

LIMODORUM Tourn. Sép. et pét. connivents-ouverts. Label comme articulé à 2 lobes, éperonné à la base. Anthère terminale, libre. Pollen pulvérulent. Ovaire non tordu.

X. L. ABORTIVUM Sw. Plante robuste de 4-8 déc. d'un beau violet plus ou moins foncé. Rac. formée de fibres épaisses, fasciculées. Tige garnie, en place de feuil., d'écailles engaînantes. Fl. dressées, en épi lâche, violettes à raies plus foncées. Sép. oblongs, dirigés en avant et couvrant les pét. sup. plus foncés, lancéolés, élargis à la base, lobe sup. du label ovale, à bords redressés, rayé de violet, l'inf. muni à la base d'un long éperon en alène, recourbé vers la tige. ♃. j^{n}. Bois secs du calc. — CHAR.-INF. *Le Pin* (Mme George), *Benon* (de Beaupreau), *Surgères* (Hubert), *Dœuil* et env. ! (Dussouchaud) où la fl., tout en étant fertile, est plus précoce, avec le label lancéolé non articulé et l'éperon remplacé par une bursicule; *Bigné*, *Rochecourbon* (A. Guillon), *Puycerteau*, *Chez-Merlet* ! (Savatier), forêt d'*Aulnay*, qq. pieds de *Lonzac* à *Archiac*, *S.-Palais-de-Négrignac* (de Meschinet), *Meschers* (de l'Isle), etc. — DEUX-SÈV. Forêt de *Chizé* ! (A. Guillon); *Chemereau* près *Vanzay* (Guyon), *Airvault* (Huyard), *Parc-d'Oyron* (Toussaints).

EPIPACTIS Sw. Sép. 3 dressés ou ouverts. Label sans éperon, entier au sommet, échancré des 2 côtés au milieu et presq. articulé, la partie infér. concave. Anthère terminale, libre. Pollen pulvérulent. *Rac. à fibres fasciculées*.

* *Ovaire sessile.*

X. E. ENSIFOLIA Sw. Tige de 3-6 déc. Feuil. linéaires-lancéolées, aiguës, distiques. *Fl. d'un blanc pur*, en épi lâche. Bractées beaucoup plus courtes (les inf. qqf. aussi longues) que *l'ovaire glabre*. Div. de la fl. dirigées en avant, peu ouvertes, aiguës, plus longues que le label à lame plus large que longue, obtuse, à côtés relevés, marquée en dedans de 5 plis et au sommet d'une tache jaune. ♃. mai. Bois calc. — CHAR.-INF. *La Tremblade* (de Beaupreau), *Oleron* (Delalande), *Puycerteau* (Savatier), forêt *d'Aulnay*! (Vernial), *Dœuil*. — DEUX-SÈV. *Forêts de Chizé, d'Aulnay; bois de Vernay* près *Airvault, Veluché* (Bonnin), *Missé* près *Thouars* (Toussaints).

✕. E. RUBRA All. Tige de 3-5 déc. pubescente dans le haut. Feuil. lancéolées, pliées, presque distiques. *Fl. roses* en épi lâche. Bractées plus longues que *l'ovaire pubescent*. Div. de la fl. à peu près égales, ovales-lancéolées, acuminées; label marqué de lignes saillantes, ondulées, jaunâtres. ♃. jn. Bois secs calc. — CHAR.-INF. AC. — DEUX-SÈV. Forêt de *Chizé*! (A. Guillon), *la Mothe, Ste-Eanne, Melle* (Sauzé, Maillard), *Loubillé* (Jousse), *Missé* près *Thouars* (Toussaints).

*** Ovaire pédicellé.*

E. LATIFOLIA All. *Serapias longifolia* L. Tige pubescente au sommet. Feuil. inf. elliptiques ou ovales, les sup. lancéolées, très-aiguës. Fl. courtement pédicellées, en épi lâche, les inf. beaucoup plus courtes que la bractée; *label* très-creux à lame largement en cœur, acuminée, recourbée au sommet, *plus court que le cal.* gris verdâtre. Pét. rosé-purpurin. Ovaire pubescent. ♃. jt. Bois secs. — CHAR.-INF. *La Tremblade* (de Beaupreau), *Jonzac*, AC. de *Benon, Surgères* à *Loulay, Aulnay, Beauvais; Siecq*, jusqu'à *Cognac*. — DEUX-SÈV. Forêt *d'Aulnay* (Vernial), *Airvault, Moiré* (Bonnin), *Parc-d'Oyron* (Lunet). — VEND. Dunes d'*Olonne* (Pontarlier), » *Roc-S.-Luc* (Letourneux). » — LOIRE-INF. *Taradineue* sur le *Don; Rosabonet, Châteauthébaud*! (Guiho), embouchure de *la Maine* (Letourneux). R. — MOR. « *Kerdrain* près *Auray* (Le Gall flore). » — C.-NORD. *Lamballe* (Cornillé), bois de *Coïlan* en *Caulnes* (Baron), AC. env. d'*Evran*, de *Dinan* (Mabille). — IL.-ET-V. *Bellevue, Bout-de-Lande, Joué, Cesson*, env. de *Rennes* (herb. Degland). PC.

E. VIRIDIFLORA Reich. Bor. Souche garnie d'un faisceau de fibres. Tige glabre, garnie infér. de gaînes larges, foliacées, puis de feuil. ovales-lancéolées, dont les moyennes dépassent l'entrenœud, les sup. plus étroites. Fl. courtement pédicellées, en épi assez serré, les inf. plus courtes que la bractée; label inclus. Ovaire glabre. — CHAR.-INF. MM. de l'Isle l'ont trouvé fin mai, dans les bois sablonneux de Pins, à *la Tremblade*, et le considèrent comme distinct du précéd., surtout par la fl. jaune-verdâtre à lobe sup. du label blanc.

Obs. E. atrorubens Reich. indiqué AC. sur les coteaux crayeux du départ. de la Charente, diffère de *E. latifolia* par les bract. ne dépassant pas les fl. petites, rouge brun.

E. PALUSTRIS Crantz. Tige d'env. 3 déc. Feuil. ovales-lancéolées, embrassantes. Fl. pédicellées, pendantes, en épi lâche. Pét. blanc-rosé, strié de rose; *label* arrondi, crénelé, obtus, *égalant les sép.* roussâtres. Ovaire pubescent, rétréci à la base, dépassant la bractée. ♃. j^n-j^t. Prés marécageux. — CHAR.-INF. AC. vallées humides des sables maritimes; *S.-Julien-de-l'Escarpe* (Pinatel), *Thorigny* (Dussouchand), *la Rochecourbon* (Brunaud). — DEUX-SÈV. *S.-Genard, Melle* (Sauzé, Maillard), *S.-Jouin* (Brottier), *Tourtenay* (Lunet). — VEND. AC. même rég. mar.; *le Bourg-sous-Nap.*, marais de *Billy* (Pontarlier), *Ste-Radegonde, Marsais* (Ayraud), *S.-Pierre-du-Chemin* (Gobert). — LOIRE-INF. De *Pornichet* à la caserne de la *Bole, Erbray, la Seilleraie, les Cléons, Machecoul; Cambon* (Delalande), *Saffré*, « *Grand-Auverné* » (Guiho). PC. — MOR. *Marais* près *Quiberon* (Taslé). RR. — FIN. *Plovan, Port-Salut*, baie de *Bertheaume, Trezhir, Lampaul-Ploud., Goulven, Santec*, etc. (Crouan). — C.-NORD. *Erquy* (Ad. Bichemin), forêt de *Coëtquen* (Mabille). — IL.-ET-V. C. *S.-Briac* (Mabille), calc. de *Rennes* (Degland).

NEOTTIA Rich. Sép. et pét. connivents en casque. Label bifide au sommet. Anthère libre, persistante. Masses de pollen sessiles. Ovaire non tordu.

N. NIDUS AVIS Rich. Plante fauve clair, ayant l'aspect d'un *Orobanche*. Rac. composée d'un paquet de fibres entrelacées, dont qq.-unes avec bourgeon terminal reproducteur. Tige de 3-4 déc. *sans feuil.*, garnie d'écailles membraneuses engaînantes. Bractées petites, lancéolées. Fl. en épi serré, à div. obovales; label concave à la base, à 2 lobes divariqués. ♃. mai-jn. Bois couverts. — CHAR.-INF. Forêt d'*Aulnay*! (Vernial). — DEUX-SÈV. Forêt de *Chizé*! (A. Guillon), *Chambrille* (Sauzé, Maillard). — LOIRE-INF. Forêt de *Juigné* près l'étang de *la Blisière* (de l'Isle). — C.-NORD. Forêt de *Coëtquen* (H. de Ferron, Mabille). — IL.-ET-V. Forêt de *Rennes* (Moreau).

N. OVATA Rich. *Ophrys* L. *Epipactis* All. Rac. à fibres fasciculées. Tige pubescente au-dessus des 2 *feuil. ovales*, opposées. Fl. vert-jaunâtre, en long épi grêle; label linéaire, bifide. Bractée plus courte que le pédic. ♃. mai-jn. Prés couverts. — CHAR.-INF. AC. — DEUX-SÈV. *Champdeniers* (A. Guillon), AC. *la Mothe* (Sauzé), *Loubillé* (Jousse). — VEND. R. *Dompierre* (Pontarlier, Marichal), *la Tardière*, forêt de *Vouvant* (Letourneux). — LOIRE-INF., Mor. PC. — FIN. *Quimper* (Bonnemaison), env. de *Brest* (Hubert), *Loperhet, Daoulas* (Crouan). — C.-NORD. Forêt de *Lorge*, bois de *Coron*; AC. vallées des env. de *S.-Brieuc* (Baron), C. tous les grands bois à qq. lieues de *Dinan* (Mabille). — IL.-ET-V. AC. *Rennes* (Letourneux), AC. en *Redon*, *la Roche-du-Theil* (Moreau).

SPIRANTHES Rich. Sép. et pét. connivents en tube, libres au sommet. Label inclus, sans éperon, en gouttière à la base, recourbé au sommet. Anthère libre, sessile, persistante. Pollen granuleux. Ovaire non tordu. *Rac. tuberculeuse; fl. blanches, en épi tordu en spirale.*

14 *

S. ÆSTIVALIS Rich. *Neottia* DC. *Tubercules de la rac. allongés, cylindriques.* Feuil. linéaires-lancéolées. Fl. odorantes le soir; label arrondi, entier. ♃. jn-at. Marais, prés marécageux. — CHAR.-INF. B. *Joyeuse* (de Meschinet), *Ternant, Voissay* (Pinatel). — DEUX-SÈV. *L'Absie, Chizé* (A. Guillon), *Frontenay* (Charbonneau), *Bretignolles* (Toussaints), *Ste-Soline* (Guyon), marais de la Dive à *Pas-de-Jeu* (Lunet). — VEND. *Napoléon, Aubigny, Marais de Billy,* dunes mouillées de toute la côte (Pontarlier, Marichal), *Challans* (Gobert), *Vouvant* (Ayraud), etc. — LOIRE-INF. *La Scilleraie, Mazerolles, la Popinière, S.-Gildas,* la *Brière, Herbignac, Pont-Mahé,* de *Pornichet* au *Pouliguen,* les *Renardières,* etc. PC. — MOR. AR. (Le Gall). — FIN. Env. de *Quimper* (Bonnemaison), env. de *Brest* (Tanguy), *Kerloc'h, Plougastel, S.-Renan, Plouarzel, Goulven,* etc. (Crouan). — C.-NORD. Etang de *Jugon,* marais de *Languenan, Planguenouel* (Mabille). — IL.-ET-V. *Rennes* (Degland).

S. AUTUMNALIS Rich. *Neottia* Sw. *Tubercules de la rac. oblongs.* Feuil. appliquées, engaînantes, les radic. oblongues, en rosette latérale. Fl. à odeur de vanille; label obovale, crénelé, échancré. ♃. at-sept. Pelouses sèches. AC.

MALAXIS Sw. Sép. et pét. très-étalés. Label sans éperon, placé en haut, pét. latéraux réfléchis, plus courts que les sép.

M. PALUDOSA Sw. *Ophrys* L. Vert-jaunâtre. Tige de 7-12 cent., délicate, pentagone, munie à la base de 2,3 feuil. ovales-spatulées, papilleuses au sommet. Fl. très-petites, nombreuses, en épi grêle, allongé, les 2 sép. sup. dressés; pét. latéraux recourbés; label concave, aigu. ♃. jt. Marais parmi les *Sphagnum,* où sa couleur et sa petitesse l'empêchent d'être aperçue. — LOIRE-INF. *La Verrière!* (Hectot 1800), *Naye, Logné;* lac *Murin* près *Massérac* (Desmars). RR. — MOR. Marais de *Valory* en *S.-Dolay,* marais du *Petit-Rocher* en *Théhillac* (Delalande). RR. — Pendant la floraison, il se développe sur la tige, à la base de la gaîne de la feuil. supér., un bulbe qui sert à reproduire la plante pour l'année suivante, tandis que celui qui a donné naissance à la tige et qui est placé beaucoup au-dessous du nouveau, se dessèche et périt. Je n'ai pu apercevoir que la plante fût parasite, comme on le prétend; elle croît parmi les *Sphagnum* comme les autres plantes qui l'accompagnent.

IRIDÉES.

Cal. et cor. formant un périanthe à 6 div. pétaloïdes. Cal. supère, à 3 div. Pét. 3. Étam. 3 insérées sur les sép. Anthères extrorses. Ovaire 1. Style à 3 stigm. simples, laciniés ou pétaloïdes. Caps. à 3 loges polyspermes, à 3 valves portant les graines au milieu. *Herbes à rac. tubéreuses ou bulbeuses; feuil. en glaive ou linéaires; spathe 1.flore.*

ROMULEA Maratti. Pér. régulier, en cloche, à 6 div.; tube court. Étam. 3. Stigm. 3 bipartits, à div. très-étroites, recourbées.

R. Columnæ Sebast. et Maur. *Trichonema* Reich. *T. Bulbocodium* Kér. *Ixia* Mut. fig. 536. Rac. bulbeuse. Hampe de 3-5 cent., ord. 1.flore, recourbée après la fleuraison et alors plane en-dessus. Feuil. linéaires, comprimées, sillonnées, arquées. Spathe à 2 valves, l'int. plus courte, membraneuse, beaucoup plus courte que la fl. Fl. à gorge jaune, limbe lilas clair, avec une raie plus foncée au milieu de chaque div. Style plus court que les étam. ♃. av. Coteaux maritimes exposés au midi. — Char.-Inf. *Arvert* (de l'Isle). — Vend. RR. *Noirmoutier; île d'Yeu; Vairé* (Marichal), *S.-Jean-d'Orbetiers* (Bonnaud). R. — Loire-Inf. De *Préfaille* à *Pornic*, la *Villemartin; Guérande*! *Clis*! (Letourneux), *Piriac*, RR. *Croisic*. R. — Mor., Fin. et C.-Nord. C. — Il.-et-V. Çà et là jusqu'au *Grouin de Cancale* (Mabille, J. Gallée), *Ile Cesembre* (Hodée).

Obs. *Crocus vernus* All., qui appartient à la région des montagnes, se reproduit régulièrement de graines, et est c. prés, pâtures boisées entre le village de *la Vrillère* et la *Chapelle-sur-Erdre* ! (Loire-Inf.). — Pér. à 6 div. pétaloïdes, régulier, en cloche ; tube très-long. Stigm. à 3 lobes élargis au sommet, enroulés, dentelés ou incisés. Tunique des bulbes à fibres en réseau. Hampe garnie à la base de gaînes membraneuses. Feuil. linéaires, en gouttière, à nervure blanche, formant en dessous une carène à 2 angles. Spathe simple, membraneuse, blanchâtre. Fl. violettes, variant du violet au lilas, paraissant avec les feuil. ; gorge légèrement barbue. Étam. glabres à la base. Lobes du stigm. orangés, triangulaires-en cornet, laciniés, égaux ou inégaux, dépassant ord. les anthères égalant leurs filets. ♃. fév.-mars.

IRIS L. Cal. à 3 div. réfléchies, pétaloïdes. Pét. 3 dressés. Style court, à 3 lobes grands, pétaloïdes, souvent échancrés, portant les stigm. en dessous et couvrant les étam.

I. PSEUD-ACORUS L. Tige de 6-10 déc., à plusieurs fl. Feuil. en glaive, très-longues. *Fl. jaunes*; sép. ovales, non barbus, tachés de brun à l'onglet. Pét. linéaires, beaucoup plus étroits que les stigm. ♃. av.-mai. Marais, fossés, prés marécageux. C.

I. FOETIDISSIMA L. Fétide. Tige à plusieurs fl., comprimée à un seul angle. Feuil. en glaive. *Fl. gris-bleu sale.* Stigm. jaune livide. Graines rouge vif, luisantes, charnues. ♃. j^{n}. Haies sèches, lieux pierreux. AC. — c. au-delà de *Loire-Inf.*

X. I. SPURIA L. Souche oblique. *Tige* simple *de 2-3 déc. cylindrique*, plus longue que les feuil. en glaive, à 1-3 fl. Sép. à limbe ovale, bleu à raies blanches, onglet rayé de blanc et de violet, un peu jaune au bord et au sommet ; pét. et stigm. violet foncé. Caps. conique-hexagone, acuminée. ♃. j^{n}.

Coteaux, prés, marais. — CHAR.-INF. AC. çà et là région maritime depuis les *Monnards* sur la Gironde jusqu'à *la Rochelle;* forêt de *Benon.* — VEND. *S.-Michel-en-Lherm, Longeville,* CC. *S.-Denis-de-Payré,* marais de *Luçon* (Pontarlier, Marichal); *la Baudière* (Delalande), rochers du *Gué-de-Velluire* (Letourneux).

Obs. I. Germanica L. cult. partout, est presque naturalisé sur les vieux murs, les toits de chaume et autour des haies, des clôtures, surtout dans la région maritime; il a les feuil. larges, en glaive, la tige de 5-8 déc. à plusieurs fl. grandes, d'un beau bleu violet et les sép. barbus. Il est c. sur les coteaux de la Cascade à *Thouars* (Deux-Sèv.).

GLADIOLUS L. *Glaieul.* Pér. irrégulier, presq. à 2 lèvres, à 6 div. pétaloïdes. Stigm. 3 pliés en long, dilatés au sommet. Graines presq. ailées.

G. ILLYRICUS Koch. Bulbe petit; tuniques à fibres parallèles, s'anastomosant au sommet. Tige grêle de 2-3 déc. Feuil. en glaive, larges de moins d'un cent. Fl. 3-5 violacé-rougeâtre, unilatérales; div. à limbe obovale. *Filet moitié plus long que l'anthère* à oreillettes parallèles. Stigm. linéaires jusqu'au milieu, puis dilatés et papilleux. Ovaire égalant le tiers du tube de la fl. Bractées scarieuses au bord à la base, 1 f. plus courtes que la fl. Graines comprimées, largement ailées. ♃. jn. Landes arides. — DEUX-SÈV. *Thouars* (Genuer) et au *Parc-Chalon* (Toussaints). — VEND. Forêt de *Vouvant* (Mlle Poey Davant), c. prés de *la Vergne* en *Gros-Breuil* (Pontarlier). — LOIRE-INF. Env. d'*Ancenis.* RR. — MOR. R. landes de *Belle-Ile.* RR.

G. SEGETUM Gawl. Tige de 4-8 déc. Feuil. en glaive, larges de 14-18 cent. Fl. 5-10 arquées, unilatérales, sur 2 rangs, en épi flexueux. Sép. lancéolés, rosés; pét. inf. violacés-rosés avec une raie blanche, le sup. un peu plus foncé. *Filet aussi long ou un peu plus court que l'anthère* à oreillettes un peu écartées. Stigm. papilleux dans la partie élargie. Caps. oblongue-obovale à 3 angles obtus; graines presque globuleuses, non ailées. ♃. 15 mai-15 juin. Moissons. — CHAR.-INF. *Mortagne*, c. *la Rochelle*, *Beauvais*, *Siecq*, *Macqueville*; cc. de *Merpins* à *Pérignac* (vulg. Couteaux de Loup); de *Pérignac* à *Archiac*; *S.-Jean-d'Angély*, *Asnières* (Pinatel), etc. C. par localités. — VEND. c. partie N.-O. de *Noirmoutier* (Gobert).

AMARYLLIDÉES.

Caract. des *Iridées*. Etam. 6; anthères introrses. *Spathe à 1 ou plusieurs fl.*

NARCISSUS L. Pér. à 6 div., garni à la gorge d'une couronne colorée, en forme de godet ou de cloche, renfermant les étam. *Rac. bulbeuse*; *spathe entière*.

N. PSEUDO-NARCISSUS L. *Godets*, *Diots*. Hampe comprimée, 1-flore. Feuil. linéaires, obtuses, planes, glauques. *Fl. jaune*, terminale, inodore; couronne d'un jaune plus foncé, en cloche, ondulée-crénelée, égalant le pér. ♃. av. Prés, bois. — CHAR.-INF. R. *Dœuil*, *Migré* (Dussouchaud), *les Gonds* près *Saintes* (M. Arnauld), *Varzay* (Brunaud). — DEUX-SÈV. *Viennet*, *Parthenay*, cc. *Chatillon-sur-Thouet* (Janneau), *Brieul* (J. Richard). — VEND. *Ste-Gemme* (Letourneux), *Champ-S.-Père* et env., *Mareuil* (Pontarlier), c. *S.-Julien-des-Landes* (Genevier), *Coex*, *Aiguillon-sur-Vie*, *Loge Fougereuse* (Gobert). — LOIRE-INF. Vallée de la *Chésine*, c. vallée du *Pont-du-Cens* à *Sautron*; *Bougon* (Bornigal), *Varades* (Letourneux), *Savenay*; c. *Chauvé* (Delalande), *Sévérac*. — MOR. *Luscanen* près *Vannes* (Richard), *Ploërmel* (J.-M. Sacher), c. en *Rieux* et *S.-Jean-la-Poterie*, avec couronne concolore (Moreau). — FIN. Vallée de *Penfeld*, *Quilien*, presq'île de *Plougastel*, *Kergroades*, etc. (Crouan). — C.-NORD. Bois Boissel près *S.-Brieuc* (Taslé), vallée de *Dahouet* à *Plé-*

neuf (Cornillé), forêt de *Coëtquen*, coteaux de la *Rance*, c. *Bobital*, *Plancoët* (Mabille). — Il.-et-V. *Rennes* (Letourneux), *Mont-Dol*, *Cancale*, c. de *Dol* à *Combourg* (J. Gallée), *Redon*, c. *Javené* près *Fougères* (Moreau).

N. reflexus Lois fl. gal. p. 237. Hampe de 15-20 cent. cylindrique, à 1, rar. 2 fl., plus courte que les feuil. vertes, faibles, souvent tortillées ou retournées, linéaires, étroites, un peu en gouttière, marquées en dessous de 2 nervures formant une carène en gouttière. *Fl. penchées*, blanches avec une légère teinte jaunâtre, inodores, *à div.* oblongues-lancéolées, *réfléchies*, les 3 extér. plus larges, toutes égalant le godet irrégulièrement à 6 crénelures. 3 étam. au fond du godet, 3 longues près du stigm. ♃. 1-15 avril. — Fin. *Iles Glénans* ! (Bonnemaison). — C'est aussi *N. calathinus* de ce botaniste.

N. biflorus Curt. Feuil. un peu glauques. Hampe à 2 angles, à 2, qqf. 3,1 fl. odorantes, blanc terne, avec une couronne très-courte, jaune, scarieuse au bord rongé-denté. ♃. Prés. — Loire-Inf. Bien spontané et c. dans les prés de *Rougé*, où on ne peut le détruire (Desaintdo). — Fin. Côte nord de *Plougastel*, moulin de *Kérérault*, vallée de *Loperhet* (Crouan). — Il.-et-V. Spontané et c. lande (en défrichement en 1863) et champs entre *Lavarde* et *Rotheneuf* près *S.-Malo* (Mabille), spontané à *la Prévalais* (Sorre). — Et çà et là échappé des cultures.

Obs. Les plantes suiv. se trouvent çà et là sorties des cultures; il serait bon de chercher des localités où elles sont réellement sauvages. — *N. poeticus* L. Feuil. un peu glauques, tige à 2 angles, à 1 fl. odorante, d'un beau blanc avec une couronne très-courte, jaunâtre, à bord rouge vif, rongé-denté. — Deux-Sèv. *S.-Géraud* près *S.-Maixent* (A. Guillon). — Fin. *Brest* à la Villeneuve, côte nord de *Plougastel*, moulin de *Kérérault*, *le*

Faou, etc. (Crouan), *S.-Pol-de-Léon* (Bonnemaison). — *N. odorus* L. DC. fl. fr. Grande Jonquille. Feuil. vertes, demi cylindriques, en gouttière, hampe presque cylindrique, à 1,2 fl. jaunes ord. inodores, couronne en cloche à 6 lobes égaux dépassant un peu la 1/2 des div. de la fl. — Qq. prés aux env. de *Nantes*, évidemment échappé des jardins.

PANCRATIUM L. Pér. à 6 div. étroites, étalées, garni d'une couronne en entonnoir, lobée, portant les étam. au sommet. *Rac. bulbeuse.*

P. MARITIMUM L. Hampe d'env. 3 déc. comprimée, contournée. Feuil. linéaires, contournées, glauques. Fl. blanches, odorantes, 4-12 en sertule terminal; couronne à 12 dents placées 2 à 2 entre chaque étam. Spathe à 2 lobes. ♃. at-sept. Sables maritimes. — CHAR.-INF. R. *Puyravéau sur Gironde; Oleron; Ré*! (Morison). — VEND. AC. de *la Barre*! à *S.-Jean de Monts* (de la Pylaie), *S.-Gilles* (Beaud). — LOIRE-INF. RR. *le Cormier* (Gobert), RR. *Chapelle-S.-Marc* (Chéreau), RR. *Pembron* (Dufour). — MOR. *Houat*! *Hœdic*! (Aubry).

GALANTHUS L. Cal. à 3 div. étalées, plus longues que les pét. droits, échancrés. Étam. en alène.

G. NIVALIS L. *Perce-neige.* Hampe comprimée, garnie à la base de 2 feuil., à 1 fl. pendante. Sép. blancs. Pét. tachés de vert au sommet en dehors, rayés de vert en dedans. ♃. fév.-mars. Bois, bord des haies. — VEND. *Montournais* (Audé, Gobert). — LOIRE-INF. *Chapelle-sur-Erdre*; çà et là *Vallée de la Loire*, *S.-Herblain*, *Thouaré*, *Ancenis*, *Montrelais*, etc. PC. — MOR. *Luscanen* près *Vannes* (Taslé), *Questembert* (Moreau). RR. — C.-NORD. Autrefois C. au rocher de *Dinan* (Mabille). — IL.-ET-V. *Rennes* (Letourneux), *Blossac*, *Brutz* (herb. Dégland), AC. *Martigné-Ferchaud*, *Noyal* près *Rennes*, *Javené* près *Fougères* (Moreau).

ASPARAGINÉES.

Fl. herm. ou dioïques. Cal. et cor. formant un pér. à 6 rar. 4 ou 8 div. Etam. 6 rar. 4 ou 8 insérées à la base des lobes du pér. Anthères introrses. Ovaire 1 libre. Style 1–3. Baie indéhiscente, à 3 loges, qqf. 1-sperme par avortement.

ASPARAGUS L. Fl. dioïques par avortement. Pér. en cloche, à 6 div. pétaloïdes, les 3 int. recourbées au sommet. Etam. 6. Style 1, à 3 stigm. réfléchis. Baie à 3 loges 2-spermes. *Feuil. en faisceaux stipulés.*

A. OFFICINALIS L. *Asperge.* Tige herbacée de 6-10 déc. dressée, rameuse en pyramide, glabre ainsi que les feuil. filiformes. Fl. jaune-verdâtre, géminées, axillaires, penchées ; tube filiforme, imitant un pédic. et égalant la moitié de la fl. Anthères égalant les filets. Baie rouge. ♃. jn–at. — LOIRE-INF. Prés sablonneux de la *Loire*. PC.

β. *maritimus*. Tige souv. de 1–2 déc., couchée-coudée. Sables maritimes. AC. jusqu'au FIN. — Cette forme est loin d'être constante, je l'ai souv. rencontrée à tige demi-couchée, dressée et haute de 3–10 déc.

CONVALLARIA L. Pér. en cloche ou cylindrique, à 6 div. pétaloïdes. Style simple. Baie globuleuse, à 3 loges 1-spermes.

C. MULTIFLORA L. *Sceau de Salomon. Tige cylindrique.* Feuil. ovales-lancéolées ou oblongues, alternes. Pédonc. axillaire, à 3–5 fl. cylindriques, étroites, blanches, vertes au sommet, inodores. *Filets des étam. poilus.* Baie bleu noirâtre. ♃. av.–mai. Bois. C. — AC. au-delà du *Mor.*

C. POLYGONATUM L. *Tige anguleuse.* Feuil. ovales, ou ovales-lancéolées, alternes, embrassantes. Pédonc. axillaire à 1,2 fl. cylindriques, blanches à gorge verdâtre, odorantes, pendantes. *Filets des étam. glabres*. Baie bleu noirâtre. ♃. mai. Bois sablonneux. — CHAR.-INF. *le Gros-Buisson* et env. (Barbreau), env. de *Royan* (Lespinasse), *Montendre, la Tremblade, Essouvert*, forêt d'*Aulnay, Siecq; Beauvais, Breliéreau* (Savatier), *la Brassière* (Pinatel). — DEUX-SÈV. *Airvault* (Bonnin), forêt de *Chantemerle* (Brottier), de *Chizé*. — VEND. Bois de *la Chaise* à *Noirmoutier; Challans* (Gobert), *Mouzeuil*! (David), *Nalliers* (Mlle Poey Davant), *la Bauduère* (Pontdevic). — FIN. Dunes de *Beuzec-Cap* (Bonnemaison).

C. MAIALIS L. *Muguet*. Rac. longuement rampante. Fenil. 2 radicales, ovales-lancéolées. Hampe terminée par un épi de *fl*. blanches, *en grelot*, penchées, unilatérales, odorantes. Baie rouge. ♃. av.-mai. Bois. — CHAR.-INF. *Le Gros-Buisson* (Asline), *S.-J.-d'Angély* (Pinatel), forêt d'*Aulnay; Varzay*, c. *Pessines* (Brunaud). — DEUX-SÈV. Bois *Pastureaux* et de *Réfannes*, env. de *S.-Maixent* (A. Guillon), c. *la Mothe*! (Sauzé, Maillard), AC. forêt de *Chantemerle* (Gobert), *Parc-d'Oyron* (Lunet), *Châtillon-sur-Sèvre* (Genevier). — VEND. R. forêt de *Vouvant*! *Bourneau* (Letourneux), *la Flocelière, Pouzauges* (Rossignol). — LOIRE-INF. Forêt du *Gâvre* (Pesneau), de *Saffré, Guémené*, forêt *Pavée*; de *Juigné*! de *Domnèche* (Guiho), d'*Ancenis* (de l'Isle), *le Saz* (Grolleau), *la Bretêche* (Ferrand). R. — MOR. *Tour d'Elven* (Taslé), forêt de *Lanvaux* (Le Gall), forêt de *Lanouée, Molac* (Arrondeau). — C.-NORD. Forêt de *la Hunaudaie* (Cornillé), vieille forêt de *Maroué* (A. Bichemin). — IL.-ET-V. Forêt de *Rennes, Bois Geoffroi* (herb. Degland), forêt de *Teillé* (Moreau).

PARIS L. Sép. et pét. 4 horizontaux. Etam. 8, filets portant les anthères au milieu. Styles 4. Baie à 4 loges, à 8 graines.

P. QUADRIFOLIA L. Souche horizontale, rampante. Tige cylindrique, 1-flore, portant au sommet un verticille de 4 feuil. en croix, largement ovales, acuminées, nervées. Fl. verdâtre, terminale. Sép. ovales-lancéolés, plus grands que les pét. linéaires-en alène. Baie noirâtre. ♃. mai. Bois humides couverts. — C.-Nord. *Bois de Coron*! (A. Bichemin). — Il.-et-V. *Bois de Chansœuvre* près *S.-Aubin-d'Aubigné*! (Champion), landes d'*Izé* (V. Sacher).

RUSCUS L. Fl. dioïques. Pét. et sép. 3. *Mâl.* étam. 3 (faciles à compter avant l'émission du pollen) à filets soudés en tube ovale, portant les anthères au sommet. *Fem.* tube des étam. sans anthères, entourant l'ovaire; stigm. sessile, en tête. Baie à 3 loges 2.spermes.

R. aculeatus L. *Petit houx*. Sous-arbrisseau à feuil. *(phyllodes)* ovales, acuminées, piquantes, coriaces, persistantes, alternes, sessiles. Fl. verdâtres, brièvement pédonculées, sortant d'une spathe membraneuse, placée au milieu de la surface de la feuil. Baie globuleuse, rouge vif. ♃. déc.-mars. Haies, bois. C.

Obs. Smilax aspera L. Tige ligneuse, grimpante, flexueuse, épineuse; feuil. ovales-en cœur ou hastées, acuminées, persistantes, coriaces, luisantes, pétiole à 1,2 vrilles accrochantes; fl. verdâtres, dioïques, en petites grappes axillaires; flexueuses, *mâl.* à 6 div. profondes étalées; *fem.* style très-court à 3 stigm., baie rouge, globuleuse, 1-2.sperme. Je l'ai vu sur les ruines de *S.-Laurent*; M. Lemarié, aux Noues près *Ste-Marie*, île de *Ré*. Il croît aussi à *Bayonne* (Landes).

DIOSCORÉES.

Caract. des *Asparaginées*. Ovaire adhérent.

TAMUS L. Fl. dioïques. Pér. à 6 div. *Mâl.* étam. 6. *Fem.* style 3.fide. Baie à 3 loges dispermes.

T. communis L. Souche épaisse, tubéreuse. Tige levée, grêle, grimpante. Feuil. en cœur, acuminées, alternes, pétiolées. Fl. vert-jaunâtre, en grappes axillaires. Baie rouge, luisante. ♃. mai-jn. Haies, bois. C.

LILIACÉES.

Cal. et cor. formant un pér. à 6 div. pétaloïdes. Etam. 6 insérées sur le pér. ou sur le récept. Anthères introrses. Ovaire 1 libre, à 3 loges ; ovules fixés à l'angle intér. des loges. Style 1 ; stigm. 3, ou 1 seul triquètre. Caps. à 3 loges, à 3 valves portant la cloison au milieu.

TULIPA L. Pér. en cloche, à div. sans fossette nectarifère à la base. Style 0; stigm. 3-lobé. Graines planes, nombreuses. *Rac. bulbeuse.*

T. SYLVESTRIS L. *Avant-Pâques.* Tige d'env. 3 déc., 1-flore, à 2,3 feuil. linéaires-lancéolées, en gouttière. Fl. jaune, penchée avant de s'ouvrir, à div. intér. et étam. poilues à la base. ♃. avril. — CHAR.-INF. *S.-Maurice* (de Beaupreau). — LOIRE-INF. Vignes entre *Mouzillon*, *Monnières*! et *Maisdon* (Bornigal), *Corsept* (Pesneau). PC.

T. CELSIANA Vent. in. Red. lil. T. 38, ressemble beaucoup au précéd. mais est 1/2 plus petit dans toutes ses parties et sa fl. est rougeâtre en dehors. ♃. av. Coteaux secs. — DEUX-SÈV. Puits d'Enfer près *S.-Maixent* (Sauzé).

FRITILLARIA L. Caract. du *Tulipa*. Div. du pér. ayant à la base une fossette nectarifère. Stigm. 3.

F. MELEAGRIS L. Tige 1-flore, à 3,4 feuil. linéaires, en gouttière, recourbées, écartées. Fl. pendante, panachée en damier de carreaux pourpres et blanchâtres. ♃. av. Prés. — CHAR.-INF. c. *Dœuil* et env. (Dussouchaud), c. *S.-J.-d'Angély* et env. (Pinatel); c. *Beauvais* (Savatier, *Pons* (de Beaupreau), *Courcoury*, *Saintes* (A. Guillon), etc. — DEUX-SÈV., VEND. C. par localités. — LOIRE-INF. c. *Vallée de la Loire*; *Vertou*, *Châteaubriant*, *Rougé*; vallée du *Don* (Guiho). — IL.-ET-V. *Forges* (herb. Degland).

ASPHODELUS L. Pér. étalé. Etam. dilatées et courbées à la base en voûte couvrant l'ovaire. Style simple. Caps. presque globuleuse, à 3 loges 1. spermes.

A. ALBUS Willd. *A. occidentalis* Jord. icon. fig. 26. Rac. composée de tubercules allongés, en faisceau. Tige simple de 6-12 déc. Feuil. linéaires, longues, carénées, en gouttière. Fl. nombreuses, entremêlées de bractées, en long épi simple, rameux de la base dans les individus robustes ; div. du pér. linéaires-oblongues, blanches à 1 nervure brunâtre. Filets des étam. ciliés à la base. Caps. ovale, prismatique-hexagone. ♃. av.-mai. Landes, coteaux, bois., — CHAR-INF., surtout ter. tertiaires, VEND. et LOIRE-INF. CC. — DEUX-SÈV. et MOR. C. — FIN. Côte méridionale, arrond. de *Morlaix*. — C.-NORD. c. le *Chêne-Vert* en *Plouer* (Mabille. — IL.-ET-V. *Butte de Poligné* (Letourneux), lisière de la forêt de *Paimpont* (Le Gall), c. *la Roche-du-Theil* (J.-M. Sacher), AC. en *Redon* et *Bains* (Moreau). R.

Obs. M. Arrondeau, bul. soc. polym. Vannes 1867, jugeant nos *Asphodelus* d'après le fruit, pense que nous avons deux espèces : — le précéd. à fruit ovale, long d'env. 10 mil. sur 7, à pédic. de 15-17 mil.; c'est la plante commune de la *Loire-Inf.* et du midi de la Loire ; — l'autre, à fruit sphérique, gros, de 12-13 mil. égalant à peu près le pédic. ; je l'ai cueilli à la *Roche-du-Theil* (Il.-et-V.), reçu de *Gourin*, du *Faouet*, et il est indiqué à *Vannes* et dans la partie marit. du *Morb*. — Il resterait à répartir les localités de ces deux plantes et surtout à leur trouver d'autres caractères différentiels que celui du fruit.

PHALANGIUM Tourn. Pér. étalé, resserré à la base en tube embrassant l'ovaire. Etam. insérées sur le récept., filets filiformes. Style simple. Caps. coriace, sub-globuleuse, à 3 sillons, à 3 angles obscurs; graines anguleuses, noirâtres, rugueuses.

✕. P. RAMOSUM Lam. *Anthericum* L. Tige de 4-6 déc. rameuse au sommet. Feuil. toutes rad., linéaires, acuminées, en gouttière. Fl. blanches en panic. lâche. Bractées très-courtes, en alène. *Style droit.* Ovaire jaunâtre. ♃. jn-jt. Coteaux arides calcaires. — CHAR.-INF. C. bois du Four en *Chives* (Savatier 1853), C. garenne de la Brassière près *Dampierre* (Pinatel), R. *Orignolles* (Barbreau). — Garenne de *Villejésus* (Charente), tout près des Deux-Sèv. (Jousse).

✕. *Obs.* On doit chercher dans le midi de la *Char.-Inf. P. Liliago* Schreb., qui diffère du précéd. par la tige simple, les fl. plus grandes et le style arqué-ascendant. ♃. jn-jt. Landes et bois secs.

SIMETHIS Kunth. Per. étalé, resserré en tube à la base, divis. à 5 nerv. Etam. insérées à la base des div. à filets barbus. Style simple. Caps. subglobuleuse à graines arillées.

S. PLANIFOLIA (L. sub *Anth.*), *Phalangium bicolor* DC. Rac. à fibres épaisses. Tige de 2-3 déc., rameuse au sommet. Feuil. linéaires, un peu en gouttière, tortillées. Fl. blanches, rose-violacé en dehors, en panicule lâche. Filets des étam. épaissis et barbus. Caps. globuleuse, à 3 graines arrondies, noires, luisantes. ♃. mai-jn. Landes, taillis clairs. — CHAR.-INF. CC. pays de lande depuis *Mortagne* jusqu'à *Montlieu* et au-delà; entre *Nancras* et *Cadeuil*. — DEUX-SÈV. Forêt de l'*Hermitain* (Sauzé), *Parc d'Oyron* (Toussaints). — VEND. AC. Bocage; *Noirmoutier*. — LOIRE-INF. C. — MOR. AC. région maritime. — FIN. *Bénodet, Combrit, Landévennec* (Crouan). — C.-NORD. Forêt de *Coëtquen, cap Fréhel* (Mabille). — IL.-ET-V. *S.-Germain-sur-Ille* (Letourneux), *la Molière* (Sacher), AC. en *Redon* (Moreau).

ORNITHOGALUM L. Pér. très-étalé au-dessus de la base. Etam. insérées sur le récept., à filets dilatés à la base; anthères insérées sur le filet par leur milieu. Style simple; stigm. obtus. *Rac. bulbeuse.*

O. SULFUREUM Rœmer, *O. pyrenaicum* Pesn. Hampe élancée, de 5-8 déc. Feuil. linéaires-en gouttière, desséchées avant la fleuraison. *Fl. jaune pâle*, à nervure dorsale verdâtre, nombreuses, *en long épi* terminal. Div. du pér. linéaires-oblongues. Pédic. d'abord étalé, dépassant la bractée. ♃. mai-j^n. Prés, bois. — CHAR.-INF. C. — DEUX-SÈV. et VEND. C. calc., AC. ailleurs.—LOIRE-INF. C. arrond. d'*Ancenis* et de *Châteaubriant*. AC. — MOR. Embouchure de *la Vilaine*. — FIN. *Aod-Trière* (Crouan). — IL.-ET-V. *Bout-de-Lande, Poligné* (Letourneux), « *Laillé* (Le Gall), » *la Molière* (Sacher), AC. env. de *Bain* (Desmars). R.

O. UMBELLATUM L. *O. angustifolium* Bor. *Belle-d'onze-heures*. Plante en touffes. Bulbe multiple à cayeux allongés produisant des tiges et des feuil. Feuil. linéaires, étroites, en gouttière avec une bande blanche au fond, 1 f. plus longue que la hampe. *Fl. blanches* à bande verte en dehors, *en corymbe* terminal. Div. du pér. oblongues, obtuses. Pédic. ascendant. Bractées grandes, membraneuses. Filet des étam. blancs, anthères oblongues-en flèche. Ovaire vert à 6 côtes, jaune au sommet, style blanc. ♃. mai. Vignes, champs cultivés, bord des haies. AC. — Au-delà de *Loire-Inf.*: MOR. AR. — IL.-ET-V. env. de *Rennes* (Dégland).

O. DIVERGENS, Boreau, Jord. icon. fig. 125. Plante croissant par pieds isolés. Bulbe blanchâtre, ovale-arrondi, portant à la base de nombreux bulbilles pédicellés, ovoïdes, sans feuil. tant qu'ils adhèrent à la plante. Fl. du précéd. *Pédic. longs*, inégaux, d'abord dressés, promptement *réfractés*, plus longs que les bractées membraneuses. Caps. redressée, obovale-arrondie, à 6 angles peu prononcés, graines obovales-en poire, ridées en réseau. ♃. av. Mêmes lieux. PC. jusqu'au *Mor.* incl.

GAGEA Salisb. Pér. étalé. Etam. insérées à la base du pér., filets non dilatés; anthères dressées, insérées par la base. Stigm. trigone. *Fl. jaunes*.

G. BOHEMICA Schultes. Bulbe très-petit, entouré d'autres plus petits et souv. nombreux graniformes dans une même tunique. 2 feuil. rad. filiformes, cylindriques ou un peu en gouttière, recourbées, tortillées, dépassant la tige, celles de la tige 3, 4 lancéolées, allongées ou qqf. filiformes au sommet. Tige de 3-6 cent. velue, ainsi que le bas des div. du pér. et le bord des feuil. Div. du pér. oblongues, élargies dans le haut et arrondies au sommet. *Fl.* ord. *solitaire*, rar. 2. Ovaire en cœur renversé ; fruit avorté. ♃. 1-15 fév. Coteaux schisteux exposés au midi. — DEUX-SÈV. *Thouars* ! avec div. de la fl. et ovaires ord. plus allongés (*G. saxatilis* Bor.), *Airvault* (Bonnin). — LOIRE-INF. Env. d'*Ancenis* ! *Varades* ! (Guiho), de *la Censerie* à *Pouillé*, et vers *la Rouxière*.

✕. G. ARVENSIS Schultes, *G. villosa* Duby. 2 bulbes renfermés dans une même tunique, l'un gros florifère avec racine et 1 feuil. rad., l'autre petit sans rac., avec 1 feuil. linéaire, en gouttière, à carène obtuse, plus longue que la hampe portant au sommet un *corymbe de fl.* garni à la base de 2 bractées foliacées, lancéolées. Pédonc. velus. Div. de la fl. lancéolées, jaunes en dedans, verdâtres en dehors. Ovaire en coin échancré, plus court que le style. ♃. mars-av. Champs sablonneux. — CHAR.-INF. *S.-Xandre* (de Beaupreau), RR. *Chagnon en Aumagne* (Guillaud). — DEUX-SÈV. *Thouars* (Toussaints), R. *Airvault*, *S.-Jouin* (Bonnin), RR. *Thénezay* (Janneau), *Lezay* (Rouffineau).

SCILLA L. Pér. à div. profondes, étalées ou en cloche. Etam. insérées à la base des div. du pér. Anthères incombantes. Style simple ; stigm. obtus. Graines arrondies. *Rac. bulbeuse.*

S. AUTUMNALIS L. Hampe de 10-15 cent. Feuil. linéaires, paraissant après ou avec les fl. bleu-violet, en épi terminal. Pédic. ascendant, *sans bractées*. ♃. 15 jt-sept. Coteaux, prés secs, surtout dans la région maritime. C.

S. VERNA Huds. *S. umbellata* Ram. Bulbe portant plusieurs feuil. linéaires, un peu en gouttière, épaisses. Hampe de 4–20 cent. terminée par un épi court, arrondi de fl. bleu-violet clair avec une ligne plus foncée en dehors. Filets des étam. rétrécis au sommet et blancs. *Bractée membraneuse* égalant env. le pédic. ♃. av.–15 mai. — CHAR.-INF. R. landes env. de *Montlieu* (de Meschinet). — — DEUX-SÈV. Bois, prés, coteaux, partout, CC. arrond. de *Melle* (Sauzé, Maillard), bois de *Vasles* (Janneau). — MOR. Embouchure de riv. de *Quimperlé* (Le Gall). — FIN. Coteaux maritimes arides, hampe souv. de 4–5 cent. à 1–3 fl. Pointe du *Raz* (Bonnemaison), C. côte de *Kerguélen*, et *Kerloc'h*; C. côte de *Brest* à *Plouguerneau* (Guiho).

ENDYMION Dumort. Pér. tubuleux-en cloche, étalé au sommet. Etam. droites, 3 filets soudés avec les sép. dans toute leur longueur, 3 presque libres. Caps. à 3 sillons. Graines nombreuses. *Rac. bulbeuse.*

E. NUTANS Dum. *Scilla* Smith, *Hyacinthus non scriptus* L. Feuil. linéaires, en gouttière. Fl. bleues, à odeur de *Jacinthe*, en épi unilatéral, penché, terminal. Div. du pér. recourbées au sommet. Pédic. à 2 bract. colorées. ♃. av–mai. Bois, coteaux. CC.

ALLIUM L. Pér. en cloche ou étalé. Style simple; stigm. obtus. Caps. à 3 sillons, à 3 loges bipartites, se détachant à la fin d'un axe filiforme, persistant. Graines peu nombreuses. *Fl. en ombelle* (sertule) *terminale, sortant d'une spathe bivalve; rac. bulbeuse.*

* *Filets des étam. tous simples.*

A. URSINUM L. Bulbe oblong. *Feuil.* 2,3 radicales, *ovales-lancéolées,* pétiolées. Hampe triquètre. Fl. blanches, élégantes, à odeur alliacée. ♃. mai. Haies et bois humides. — AC. par localités. — Au-delà de *Loire-Inf.* : — FIN. *Huelgoat, Quimper, S.-Martin-des-Champs, le Faou, Landerneau, Daou-*

las, Loperhet, S.-Thégonnec, Plouigneau, etc. (Crouan. — C.-Nord. *Coëtfred* près *Lannion* (J.-M. Sacher), env. de *Lamballe* (Cornillé), *S.-Brieuc*; cc. *Grilmon* près *Dinan* (Mabille). — Il.-et-V. *S.-Grégoire* (Letourneux). RR.

✕. A. roseum L. Odeur forte alliacée. Vieille tunique des bulbes élégamment alvéolée; ceux-ci entourés de bulbilles nombreux, pédicellés, blancs. Tige cylindrique garnie à la base de 3,4 feuil. linéaires, acuminées, un peu en gouttière, à cils fins perpendiculaires. Spathe à 4 valves, plus courte que les pédic. *Fl. d'un joli rose*, grandes, en tête; sép. elliptiques, pét. oblongs. Etam. incluses. ♃. mai. Coteaux crayeux, vignes. — Char.-Inf. De *S.-Romain-de-Beaumont* à *Meschers*, *le Chay*, *Fouras*, *Chef-de-Baie*, *Esnandes*, *Ré*, *Surgères*, *Aulnay*, env. de *S.-J.-d'Angély*. C. par localités. — Vend. r. *Chaillé-les-Marais*! (Genevier). RR. — Fin. rr. (accidentellement?) à *Brest* au Moulin-Blanc, avec tête bulbifère.

✕. A. Schœnoprasum L. *Appétits*. Bulbes composés, allongés, en touffe. *Feuil.* linéaires-en alène, *cylindriques, creuses*. Spathe à 2 valves égales, ovales, membraneuses. Fl. rosées en tête, à div. lancéolées, aiguës, plus longues que le pédic. Etam. incluses. ♃. juin. — Deux-Sèv. rr. coteaux, pelouses des rochers de gneiss dans la vallée de *Nanteuil* près *S.-Maixent* (Sauzé).

A. ericetorum Thore! *A. ochroleucum* Koch syn. *A. ambiguum* DC.! *A. appendiculatum* Ram.! Bulbe allongé, à tunique très-filamenteuse. Tige cylindrique d'env. 3 déc. Feuil. linéaires, un peu en gouttière en dessus, striées et arrondies en dessous, un peu glauques. Spathe à deux valves ovales, égales, plus courtes que les pédic. *Fl. blanches*, à odeur douce légère, *en tête serrée globuleuse*. Div. du pér. ovales, 1 f. plus courtes que les étam. Style en alène, de longueur variable. Ovaire ovale, blanc sur le dos des valves et ayant à la base une petite fossette, vert sur leur suture. Caps. à 6 graines. ♃. at-sept. Landes, prés et taillis humides. — Char.-Inf. *Montlieu* ! (de Meschinet), *Chevanceaux* (Savatier), cc. *Clérac* (Millieurenche), *Broue* (Hubert). — Loire.-Inf. ac. *Herbignac* et env. (Le Boterf et moi), *Langâtre* (Thomas), *Mesquer*, *Pont-d'Armes*, c. *Crevry*.! près *S.-Liphard* (Genevier). R.

A. oleraceum L. Odeur alliacée. Tige cylindrique, garnie jusqu'au milieu de feuil. un peu glauques, linéaires, demi-cylindriques, creuses, un peu en gouttière en dessus, marquées en dessous de stries rudes, dont 3 plus saillantes. *Spathe à 2 valves très-longues, inégales*. Fl. d'un rose brun sale, en ombelle entremêlée de bulbilles nombreux. *Ovaire obovale-oblong, tronqué au sommet*, rétréci à la base. ♃. jt-at. Sables, rochers, coteaux, vignes. — Char.-Inf. *S.-J.-d'Angély* (Pinatel). — Deux-Sèv. c. *Niort* (A. Guillon), c. *la Mothe* (Sauzé), *Loubillé* (Jousse), *Thouars* (Toussaints). — Vend. ac. Plaine, pc. Bocage (Pontarlier, Letourneux). — Loire-Inf. ac. *Vallée de la Loire*. — Il.-et.-V. Entre *Boyle* et *Pontréan*, *Cesson* (herb. Dégland).

Obs. M. Boreau distingue du précéd. *A. complanatum* par les feuil. vert clair, presque planes, non creusés, et par l'ovaire longuement rétréci à la base; il le signale aux Branges en *Exoudun* (Deux-Sèv). Doit être étudié vivant.

A. paniculatum L. Caractères de *A. oleraceum*. Odeur non alliacée. Feuil. vertes, à peine rudes en dessous, à 3 stries plus saillantes que dans le précéd. Fl. nombreuses, en *ombelle* très-rar. *bulbifère*. *Ovaire oblong*, hexagone, *également rétréci aux 2 bouts*. ♃. jt-at. Vignes, jardins. — Char-Inf. c. *Montlieu* (de Meschinet), *Pons* (Delalande), *Saintes* (Brunaud), *la Flotte* en *Ré* (Lemarié). — Deux-Sèv. ac. *Niort* (A. Guillon), *la Mothe*, *S.-Maixent* (Maillard), *S.-Pompain* (Guyon). — Vend. *Olonne*, *Talmont*, *Luçon*, *Mareuil*, *la Couture* (Pontarlier, Marichal). — LOIRE-INF. C. par localités. — Prob. ailleurs au midi de la *Loire*. — MOR. *Vannes* et env. (Taslé). RR. — FIN. *Brest* (Crouan), *Crozon*, *Morlaix* (Gay). RR. — IL.-ET-V. Mail de *Rennes* (Degland), R. *Redon* (J.-M. Sacher). — Le caractère de l'ovaire peut très-bien s'observer sur le sec.

** *Filets des étam. alternativement à 3 pointes.*

A. SPHÆROCEPHALUM L. *Tige garnie de plusieurs bulbilles pendants, placés au-dessus du bulbe principal.* Feuil. demi-cylindriques, en gouttière en dessus, glauques. Fl. d'un beau rouge, en tête globuleuse; pédic. graduellement épaissi sous la fl. Spathe courte. Ovaire ovale, vert; sommet des loges appliqué sur le style. ♃. j^{n}-j^{t}. AC. sables et coteaux maritimes. — R. à l'intérieur, lieux pierreux du calc. ou du schiste. CHAR-INF. *Montlieu*, *le Pin*, C. *Dœuil*, *S.-J.-d'Angély*, AC. *Beauvais* et env. — DEUX-SÈV. *Niort*, *Paizay* (A. Guillon), *la Mothe* (Sauzé), *S.-Generoux* (Brottier), *S.-Loup*, *Airvault*, *Thouars*, RR. *Argenton-Ch.* — VEND. C. *S.-Vincent-Sterlange* (Pontarlier), AC. Plaine et îles hautes (Letourneux). — LOIRE-INF. *Varades*, *Ancenis*, *Chéméré*; *Pé-de-Sèvre* (Bornigal).

β. *A. Deseglisei* Bor. Diffère du type par les bulbilles placés ord. non sur la tige, mais autour du sommet du bulbe principal, par les pédic. des fl. inégaux, les int. à la fin beaucoup plus longs et rendant la tête ovoïde. Mêmes lieux. — DEUX-SÈV. *Exoudun*, *Prahecq* (Sauzé, Maillard), *S.-Pompain*, *S.-Loup* (Guyon), *Thouars*. — Se retrouvera ailleurs au midi de *la Loire*.

A. VINEALE L. *Odeur alliacée très-forte. Bulbe composé.* Feuil. cylindriques, étroitement en gouttière en dessus, cannelées-striées, creuses, glauques, souv. tortillées au sommet. Ombelle composée de 1-3 têtes de bulbilles ovoïdes, arrondis, oblongs ou lancéolés, serrés, souv. en végétation, parfois mêlés de fl., très-rar. toute composée de fl. Fl.

lilas, qqf. blanches; pédic. brusquement renflé-globuleux sous la fl. Ovaire à 3 côtés violet foncé, offrant entre eux une séparation transversale aiguë; sommet des loges écarté du style. ♃. jn–jt. Murs, prés, vignes, lieux sablonneux. CC.

Obs. A. nitens Sauzé, Maillard cat. p. 51 est selon les auteurs distinct du précéd. surtout par l'ombelle hérissée de bulbilles en fuseau, anguleux, blanc-jaunâtre, luisants, et par les fl. blanches plus petites. Après l'avoir cultivé pendant plusieurs années, cueilli à *Airvault, Thouars, Argenton-Château,* reçu vivant de *Noirmoutier,* et vu des murs de *Vannes,* je trouve que les caractères indiqués ne sont ni constants ni concomitants et suis disposé à le rattacher à *A. vineale.*

ӿ. A. POLYANTHUM Rœm. et Sch., Boreau, *A. multiflorum* DC. Odeur alliacée. Bulbe composé de 2 gros bulbilles principaux. Tige de 5-7 déc. garnie de feuil. jusqu'au 1/3 de sa hauteur, les premières courbées vers la terre. *Feuil. glauques, linéaires,* aiguës, *en gouttière.* Fl. en tête assez grosse, blanc-rosé à div. recourbées au sommet; sép. plus étroits, concaves, à carène verdâtre couverte d'aspérités; pét. presque planes. Etam. dépassant peu le pér., anthères jaunes, filets ciliés; les 3 filets simples graduellement rétrécis jusqu'au sommet, les 3 autres à appendices tortillés, pointe anthérifère 3 f. plus courte que le filet. Style dépassant les étam. Ovaire verdâtre à faces marquées d'une ligne en travers et d'un sillon au-dessus, à 2 lobes au sommet. ♃. jn. Coteaux, champs, vignes, bord des haies dans le calc. — CHAR.-INF. *Montlieu, Oleron, la Rochelle, Ré, Surgères ; Saintes, S.-J.-d'Angély, Beauvais, Dœuil,* etc. — DEUX-SÈV. R. *Surimeau* près *Niort* (A. Guillon), *S.-Maixent.* — VEND. C. *Fontenay* et îles hautes (Letourneux), c. vignes de *Bessay* (Pontarlier), dunes de *S.-Gilles* (Gobert).

Obs. A. magicum L. est c. à *Loix* et *Ars* en *Ré*

(Lemarié) ; bulbe gros ; 3-5 feuil. grandes, épaisses, larges de 3-5 cent. ; tige faible, terminée par une tête de bulbilles, sans fleurs.

MUSCARI Tourn. *Hyacinthi* sp. L. Pér. ovale-globuleux ou cylindrique, resserré à la gorge ; limbe très-court, à 6 dents. *Rac. bulbeuse.*

M. COMOSUM Mil. Tige feuillée à la base. Feuil. linéaires, en gouttière, longues. *Fl.* en long épi lâche, les inf. horizontales, brun sale, les *sup.* bleu clair vif ainsi que leur pédic., stériles, *ramassées en houppe au sommet de la tige.* ♃. mai-jn. Ter. sablonneux ou pierreux. C. région maritime et calc. jusqu'à *la Vilaine.* — LOIRE-INF. AC. — MOR. *Belle-Ile.* — FIN. *Trefflez* (de Crec'hquerault).

M. RACEMOSUM Mil. Feuil. linéaires, très-étroites, en gouttière, recourbées, traînantes. *Fl.* à odeur d'empois, ovales, *serrées,* penchées, *en épi ovale,* terminant la hampe, les supér. stériles, droites, presque sessiles. Pér. bleu foncé vif, à dents blanches. ♃. mars.-av. Vignes, champs. — CHAR.-INF. et calc. des DEUX-SÈV. C. — VEND. Çà et là (Pontarlier, Letourneux). PC. — LOIRE-INF. *Le Cellier, Oudon, le Loroux, S.-Sébastien, les Cléons, Bouguenais,* etc. PC. — IL.-ET-V. *la Hautière* (Degland). R.

Obs. On n'a pas rencontré les suiv. *M. neglectum* Guss., plus robuste que le précéd., fl. oval.-oblongues ; — *M. botryoides* DC. et *M. Lelievrei* Bor., feuil. plus larges (4-7 mil.) que dans tous deux, lâchement dressées, le 1er à épi aigu, cylindracé, à pédic. courts, recourbés après l'anthère ; le 2me à épi oblong, très-court, fl. 1/2 plus grosses à pédic. grêles, horizontaux après l'anthèse.

NARTHECIUM Mœhring. Pér. étalé. Étam. à filets poilus. Caps. hexagone ; loges à 3 valves s'ouvrant jusqu'au milieu, portant les cloisons au milieu. Placenta épais, spongieux, situés à la base des valves. Graines nombreuses, terminées aux 2 bouts par un long appendice filiforme.

N. OSSIFRAGUM Huds. *Anthericum* L. *Abama* DC. Souche rampante. Hampe de 2–3 déc. garnie de bractées écartées. Feuil. linéaires, en glaive. Fl. jaunes, en épi terminal. Pédic. à 2 bractées, l'une au milieu, l'autre à la base. ♃. j[t]. Prés et lieux tourbeux. — CHAR.-INF. *Cercoux* (de Beaupreau), de *Montendre* à *Montlieu* et au-delà; *Cadeuil?* — VEND. *Le Bourg-sous-Nap.*, *la Ferrière* (Pontarlier, Marichal). R. — LOIRE-INF. *S.-Aignan, S.-Père-en-Retz*, AC. par localités sur la rive droite de la *Loire*, surtout dans le nord du départ. et à l'intérieur de *la Bretagne*.

COLCHICACÉES.

Pér. à 6 div. Etam. 6 insérées sur le pér. ou sur le récept. Anthères extrorses. Ovaire libre, unique et à 1 style, ou 3 ovaires, chacun terminé par 1 style ou 1 stigm. Fruit s'ouvrant intérieurement en long, composé tantôt de 3 follicules distincts, 1.loc., tantôt de follicules soudés et imitant une caps. à 3 loges se séparant à la maturité, à 3 valves formant les cloisons par leurs bords rentrants. Graines nombreuses, attachées au bord intér. des valves.

COLCHICUM L. Pér. en entonnoir, à div. pétaloïdes; tube très-long, radical. Etam. insérées au sommet du tube. Ovaire 1. Styles 3. Caps. renflée, à 3 loges se séparant à la fin et s'ouvrant en dedans au sommet.

C. AUTUMNALE L. *Tue-chien*. Bulbe à 1-3 fl. lilas-rosé; div. du pér. lancéolées, les extér. plus larges; tube triquètre. Feuil. lancéolées, aiguës, dressées, entourant la caps. et ne paraissant avec elle qu'au printemps. ♃. a[t]–sept. Prés humides. — CHAR.-INF. C. — DEUX-SÈV. *Niort* (A. Guillon), *Airvault* (Bonnin), R. *Borcq* (Brottier). — VEND. *Mareuil*, R. *Faymoreau*, *Fontenay* (Letourneux), *Luçon* (Pontarlier), env. de *Challans* (Gobert), *Rocheservière, Sauton* (Pontdevie). — LOIRE-INF. C. —

Mor. *Vannes* (Taslé). RR. — Fin. *Brest* (Hubert), côte Nord de *Plougastel* (Crouan). — Il.-et-V. *S.-Jacques* (Le Gall), *la Prévalais, Bains* (Moreau). R.

JONCÉES.

Sép. et pét. formant un pér. infère, à 6 div. glumacées. Étam. 6, plus rar. 3, oppositives. Anthères à 2 loges. Ovaire 1. Style 1; stigm. 3 filiformes. Caps. polysperme, à 3 loges, à 3 valves portant les cloisons au milieu, ou 1-loc. à 3 valves portant une graine à la base. *Feuil. engaînantes; fl. en panicule ou en cyme garnie de bractées scarieuses.*

JUNCUS L. *Jonc.* Etam. 6, plus rar. 3. Caps. polysperme, à 3 loges, à 3 valves. *Feuil. cylindriques ou un peu comprimées.*

* *Feuilles nulles ou radicales.*

J. maritimus Lam. *J. acutus* β. L. Feuil. piquantes. *Fl. en panic. lâche, décomposée,* terminale, *chaque faisceau de fl. dépassant les bractéoles* ovales, acuminées *qui l'entourent;* div. du pér. lancéolées, aiguës, égalant la caps. elliptique, mucronée. ♃. jn–jt. Sables et lieux marécageux maritimes. CC. — Deux-Sèv. *Port Jouet* près *Mauzé* (J. Richard).

J. acutus L. Chaume robuste d'env. 1 mètre. Feuil. raides, très-piquantes. *Fl. en panic. compacte,* terminale, luisante, panachée de brun; *chaque faisceau de fl. plus court que les bractéoles* ovales, longuement acuminées, *qui l'entourent;* div. du pér. carénées, les inf. largement membraneuses au sommet, obtuses, échancrées, plus courtes que la caps. grosse, ovale-arrondie, mucronée, luisante. ♃. mai-jn. Sables et lieux humides maritimes. — Char.-Inf. et Vend. C. — Mor. *Hœdic* (Delalande), *Houat, Belle-Ile; Kerpape,* presqu'île de *Gavre* (Le Gall). R. — Fin. *Iles Glénans;* entre *Telgruc* et *Crozon;* c! anse de *Dinan* (Bonnemaison),

Ouessant et île *Molène* (de la Pylaie), *Guissény Goulven* (Crouan). — C.-NORD. *Trébeurden*, RR. *Pléneuf*.

J. CONGLOMERATUS L. Chaume finement strié, rempli de moelle non interrompue. Fl. en *panicule* latérale, ord. compacte, sessile, qqf. lâche, à *gaine renflée*. Div. du pér. lancéolées, très-aiguës. *Caps. obovale, tronquée, terminée par un petit mamelon saillant* d'où naît le style. ♃. jn-jt. Fossés, lieux humides ou marécageux. C.

J. EFFUSUS L. Chaume très-finement strié, rempli de moelle non interrompue. Fl. en *panicule* latérale, lâche, qqf. compacte, *à gaine non renflée*. Div. du pér. lancéolées, très-aiguës. *Caps. obovale, tronquée, terminée par une petite fossette d'où naît le style*. ♃. jn-jt. Fossés, lieux humides, bord des chemins. CC.

J. GLAUCUS Ehrh. *Chaume* profond. strié, *glauque*, non cassant, rempli de moelle interrompue, *garni à la base de gaines d'un brun noir luisant*. Fl. en panic. lâche, latérale. Div. du pér. lancéolées, très-aiguës. Caps. elliptique-oblongue, mucronée. ♃. jn-jt. Lieux humides, bord des fossés. C.

J. SQUARROSUS L. Chaume de 2-4 déc. presq. anguleux, engaîné à la base par les feuil. *Feuil.* linéaires, en gouttière, raides, arquées à la base, *en touffe compacte*, concave. Panic. terminale. Div. du pér. lancéolées, scarieuses au bord, égalant env. la caps. obovale, obtuse, mucronée. Filet des étam. plusieurs f. plus court que l'anthère. ♃. jn-at. Bord des marais. — CHAR.-INF. RR. marais élevé près *Montendre*. — LOIRE-INF. Marais de *la Popinière* (Delalande et moi). RR. — FIN. C! tourbière du *Yunélez* (Bonnemaison), *Brenniis* (de Crec'hquérault), *le Ménez-C'hom* (Ar. Letourneux). — C.-NORD. RR. *le Menez* à *Collinée* (Mabille).

J. CAPITATUS Weigel, *J. ericetorum* Pol. Chaume grêle de 3-7 cent. cylindrique, très-peu anguleux.

Feuil. sétacées, courtes, en gouttière à la base. *Fl.* peu nombreuses, *en tête terminale*, dépassée par une des bractées. *Div. ext. du pér. lancéolées, acuminées en arête,* plus longues que les int. qui dépassent la caps. obtuse. Etam. 3. ①. j^{n}. Lieux sablonneux, humides. — CHAR.-INF. la Lande de *Mortagne* à *Montlieu*; *Fouras, île* d'*Aix* (Faye), AC. *le Sœuil, Fenioux* (Pinatel). — DEUX-SÈV. *la Mothe* (Maillard), *Montcoué*; *Parc-d'Oyron* (Lunet), *Argenton-Ch.* AR. *Puy-S.-Bonnet* (Genevier),— VEND. AC. hors du calc. (Pontarlier, Marichal). — LOIRE-INF. *Le Cellier*, bord du lac de *Grand-Lieu*, du *Pellerin* à *Arthon, Machecoul*; *S.-Gildas* et env. (Delalande), etc. AC. moissons et coteaux des bords de la mer, vallées humides des sables maritimes. PC.—MOR. AC.— FIN. et C.-NORD. Çà et là coteaux de la région maritime. — IL-ET-V. *Bout-de-Lande*, env. de *Rennes* (Degland), *Bains* (Moreau).

** *Chaume feuillé; feuil. noueuses-articulées.*

J. ACUTIFLORUS Ehrh. *J. sylvaticus* Reichard. *Chaume dressé.* Feuil. cylindriques, un peu comprimées. Faisceaux de fl. en panic. décomposée, divariquée. Div. du pér. lancéolées, acuminées, les int. plus longues, dépassées par la *caps. ovale-lancéolée, acuminée en bec aigu.* ♃. mai-a^{t}. Marais, prés humides. CC. — Varie : à panic très-raide, dressée et à fl. brun-noirâtre; à faisceaux de fl. plus grands avec chaume et rameaux de la panic. striés, rudes. (*J. asper* Sauzé cat. 52).; à faisceaux de fl. plus grands avec caps. égalant env. le pér. (*v. macrocephalus* Koch, *J. brevirostris* Nees).

J. ANCEPS La Harpe, Mutel, fig. 565. Voisin du précéd. Chaume dressé, comprimé-presque à 2 tranchants à la base. Feuil. comprimées-presq. à 2 tranchants. *Panic. dressée.* Div. du pér. presque égales, les ext. aiguës, mucronées, les int. obtuses, plus courtes que la caps. ovoïde-elliptique, mucronée. Prés marécageux, marais, lieux humides des sables maritimes. — CHAR.-INF. Doit exister. — VEND. Dunes de *Longeville* à *la Tranche* (Pontarlier 1848), c. *la Bauduère* (Letourneux), le Marais blanc en *Sallertaine*, *le Molin* (Gobert). — Plus remarquable par la panic. dressée à petites fl. que par le chaume comprimé.

Obs. *J. lagenarius* Gay, *J. striatus* Schousb., que je connais imparfaitement et sec, a les chaumes et feuil. striés, le port du suiv. et la caps. de *J. acutiflorus*, duquel il se distingue par la rac. longuement rampante, *grêle*, produisant des touffes espacées de chaumes, et non dure, épaisse, *tortueuse*, à chaumes rapprochés.

J. LAMPOCARPUS Ehrh. *Chaume couché à la base, puis ascendant*. Feuil. cylindriques, un peu comprimées. Faisceaux de fl. en panic. décomposée. Div. du pér. lancéolées, égales, droites, mucronulées, les int. un peu obtuses, scarieuses au bord, plus courtes que la *caps. ovale-oblongue, mucronée*, d'un brun noir luisant. ♃. mai-jn. Marais, dunes et lieux humides. C. — Varie à fruits pâles et à chaume flottant.

J. HETEROPHYLLUS Léon Dufour. Chaume ord. flottant, flexueux, épais. *Feuil. de deux sortes*, les unes grosses, fortement articulées, qq. autres très-menues, à peine articulées. Faisceaux de fl. en panic. Div. du pér. dépassant la caps. ovale-aiguë, longuement mucronée, terminée par un style presque aussi long qu'elle. ♃. mai-jt. Mares, étangs des landes. — DEUX-SÈV. Çà et là Bocage. PC. — VEND. c. Bocage (Pontarlier). — LOIRE-INF. AC. — Rac. renflées çà et là en bulbes.

J. OBTUSIFLORUS Ehrh. Chaume dressé. Feuil. cylindracées. Faisceaux de fl. en panic. divariquée, *à rameaux latéraux réfléchis. Div. du pér. égales, obtuses et arrondies au sommet*, égalant la caps. ovale, aiguë. ♃. jn-jt. Lieux marécageux, fossés du calc. — CHAR.-INF. Vallée de *la Gironde*, Lèdes et marais des dunes ; *Surgères*. C. — DEUX-SÈV. Marais de *Coulon* (A. Guillon), *la Mothe*, *Lezay* (Sauzé, Maillard) ; *Thouars* ; marais de la Dive à *Pouancey* dans la Vienne (Revelière). — VEND. AC. région maritime. — LOIRE-INF. *Machecoul*, *Chéméré*. — MOR. RR. *S.-Pierre-Quiberon* (Taslé). — FIN. *Beuzec* en *Plomeur*, çà et là *baie d'Audierne* (Crouan). — c. tourbières de *Châteauneuf* en *Il.-et-V.* et *C.-Nord* (Mabille), qui l'a reçu des env. de *Dol*.

J. SUPINUS Mœnch, *J. uliginosus* Mey. *Chaume renflé-bulbeux à la base*. Feuil. sétacées, en gouttière, peu noueuses. Faisceaux de fl. écartés, latéraux et terminaux, qqf. remplacés par de petites feuil. Div. du pér. égales, aiguës, les int. obtuses, un peu plus courtes que la *caps. obtuse*, mucronée. Etam. 3. ♃. jn-at. Bord des marais, des étangs, lieux humides. C.—Varie à chaume et feuil. toutes submergées capillaires (*v. confervaceus*), à chaume longuement flottant (*fluitans*), qui devient couché et radicant (*repens*) lorsque les eaux se retirent.

*** *Chaume feuillé ; feuil. très-peu ou point noueuses.*

J. PYGMÆUS Lam. Chaume filiforme de 3-10 cent. souv. rougeâtre. Feuil. sétacées, en gouttière, très-peu noueuses. Fl. presque linéaires, en faisceaux latéraux et terminaux. *Div. du pér. linéaires, aiguës, cachant la caps. étroite, allongée, aiguë*. Etam. 3. ①. mai-jn. Lieux sablonneux mouillés l'hiver. — CHAR.-INF. *La Tremblade* (de Beaupreau), *Oleron* (Hubert). — DEUX-SÈV. *Amailloux* (Guyon), *Clessé*, *la Madoire* (Richard), *Parc Chalon* (Genuer), *S.-Aubin-Baubigné* (Genevier).—VEND., LOIRE-INF., MOR. AC.—FIN. *Quimper* (Bonnemaison), *Bodonoux*, *Pontanézen* (Tanguy). — C.-NORD. Etang de *Jugon* (Mabille). — IL.-ET-V. Lande de *Taylé* (Degland), *Rennes* (H. de Ferron), étang du *Rouvre* (Mabille).

J. COMPRESSUS Jacq. *J. bulbosus* Pesn. *Chaume comprimé*. Feuil. linéaires, en gouttière. Fl. en panic. à rameaux en corymbe. *Div. du pér. très-obtuses, plus courtes que la caps. ovale-arrondie, très-*

obtuse. ♃. jn-at. Paturages humides, bord des rivières. — CHAR.-INF., VEND. AC.—DEUX-SÈV. *Ste-Eanne* (Guillon), *Borcq*, *Airvault* ! (Bonnin), *Thouars* ! (Revelière). — LOIRE-INF. C.—FIN. *Landerneau*, *Brélès* (Crouan).

J. GERARDI Lois. *J. cœnosus* Bicheno. Caract. du précéd. Tige plus élevée, plus grêle ainsi que la panicule ; caps. ovale-oblongue, dépassant peu ou point les div. moins obtuses du pér. Prés, lieux humides ou marécageux des bords de la mer. ♃. jn-at. AC.— Remonte assez loin le long des cours d'eau.

J. TENUIS Willd. Hooker, *J. Gesneri* et *gracilis* Smith, *J. bicornis* Michaux ! Pluk. phyt. T. 92 fig. 9. (bonne). Chaume cylindrique d'env. 3 déc., garni dans le quart de sa longueur de feuil. linéaires, en gouttière. Fl. en panic. à rameaux en cyme, longuement dépassée par les bractées foliacées. *Div. du pér. lancéolées, très-acuminées, à 3 nervures, dépassant la caps. ovale-arrondie, obtuse.* Etam. 6. ♃. jt-at. Bord des chemins. — LOIRE-INF. AC. par localités entre route de *Vannes* et *Orvault* où il a été découvert par feu Moriceau, *la Dénerie* ; *Port-Durand* sur l'Erdre ! (Delalande), *la Caillerie* près les *Cléons* (de l'Isle).—FIN. *Brest*.

J. TENAGEIA Ehrh. Chaume dressé, grêle. Feuil. sétacées, en gouttière. *Fl. solitaires*, sessiles, *écartées, en panic. grêle, à rameaux étalés, presque dichotomes.* Div. du pér. ovales-lancéolées, mucronées, dépassant à peine la caps. arrondie, très-obtuse. ①. jn-at. Lieux sablonneux, mouillés l'hiver. AC.

J. BUFONIUS L. Feuil. sétacées, en gouttière. *Fl. solitaires*, sessiles, écartées, *unilatérales* le long des rameaux dressés de la panic. grêle. *Div. du pér.* inégales, lancéolées, *dépassant la caps. oblongue*, obtuse. ①. jn-at. Lieux mouillés l'hiver, partout. CC.

β. *J. hybridus* Brot. *J. fasciculatus* Bert. Fl. réunies 2-5 en éventail. AC. région maritime ; R. à l'intérieur.

LUZULA DC. Caps. 1.loc. à 3 graines. *Feuil. graminées, planes, couvertes de poils épars.*

L. FORSTERI DC. *Juncus* Smith. Rac. fibreuse. Feuil. linéaires, étroites. Fl. brunâtres, en *panicule* lâche, *à rameaux dressés ;* pédic. 1.flores. inégaux. Graine terminée par un appendice droit. ♃. av.-mai. Taillis, lieux boisés. C.

L. PILOSA Willd. *L. vernalis* DC. *Junc. pilosus* α. L. Racine fibreuse. Feuil. linéaires-lancéolées, poilues au bord. Fl. brunâtres, en *panic.* lâche *à rameaux divariqués, les inf. réfléchis ; pédic.* 1.*flores.* Graine terminée par un appendice courbé en faux. ♃. av.-mai. Lieux boisés. — DEUX-SÈV. *La Mothe* (Sauzé), *Melle, Réfannes, l'Absie* (A. Guillon), *S.-Pompain, S.-Gelais* (Guyon), *Bretignolles* (J. Richard), etc. — VEND. *Laudonnière* près *les Sables,* forêt d'*Aizenay,* AR. *Mouilleron le C.* (Pontarlier), *la Châtaigneraie* (Gobert), AC. env. de *Mortagne* (Genevier). — LOIRE-INF. *Orvault,* forêts du Nord. R. — MOR. *Pontscorff,* forêt de *Camors* (Le Gall), *Vannes* (Taslé). — FIN. *Quimper* (Bonnemaison).—C.-NORD. C. tous les bois à plusieurs lieues de *Dinan* (Mabille). — IL.-ET-V. *Brutz,* env. de *Rennes,* forêt de *Rennes* (Degland, Pontallié), *Fougères* ! (V. Sacher), forêt de *Villecartié.* AR.

L. MAXIMA DC. *Junc. pilosus* δ. L. Rac. ligneuse. Chaume de 4-10 déc. Feuil. lancéolées-linéaires, larges, poilues au bord. *Fl.* brunes, *en panicule* à rameaux divariqués ; *pédic. à* 2,3 *fl.* Appendice de la graine en forme de pointe obtuse. ♃. mai. Bois. C. dans ses localités. — CHAR.-INF. *Les Bisselières* (Pinatel), *Lormont.* — DEUX-SÈV. *S.-Georges-de-Noiné* (Maillard), *Parthenay* ! (Janneau). — VEND. Bords du Lay du *Pont Charrault* à *Puymaufrais,* C. forêt de *Vouvant* ! (Pontarlier, Marichal), *la Châtaigneraie* (Gobert), *S.-Aubin-des-Orm.* (Genevier). — LOIRE-INF. *Château-d'Aux* ; *S.-Jean-de-Boiseau* ! *Portillon*, coteaux de *la Divatte* ! de *la Sèvre* près *S.-Fiacre*, *Joué* (Guiho), R. *Oudon* (de l'Isle), *Guémené* ; *Pontchâteau* (Delalande). R. — MOR. Forêt de *Pont-Kallec*, *Roc S.-André* (Le Gall), *Ploërmel*, *Tréhorenteuc* (J.-M. Sacher). R. — FIN. Forêt de *Quimperlé*, env. de *Carhaix*, *Huelgoat*, *Cascade de S.-Herbot*, forêt de *Laz*, *Quimper*, *Plougastel*, env. de *Brest*, etc. — C.-NORD. C. *Bois-Boissel* près *S.-Brieuc* ! (Ferrary), *Lannion* au bord du *Guer* (Baron), *Quintin*, *Allineuc* (Fraval), C. tous les coteaux de la Rance d'*Evran* à *S.-Malo*, falaise du *Guildo*, coteaux de l'*Arguenon*, bois de *Coëllan*, vallées de *Bobital*, de *Dombriant*, de *Beaulieu*, etc. (Mabille). — IL.-ET-V. Coteaux de *la Vilaine*, de *Bourg-des-Comptes* à *Châteaubourg* (Degland).—ETC.

L. CAMPESTRIS DC. *Juncus* α. L. *Rac. rampante*. Chaume de 1-2 déc. Feuil. linéaires, à la fin glabres. Fl. brunes, en ombelle formée de 3-6 épis ovales, pédonculés et sessiles, rar. tous agglomérés et sessiles (*congesta*). *Anthères beaucoup plus longues que leurs filets*. Graine appendiculée à la base. ♃. av. Pelouses, coteaux et lieux couverts. C.

L. MULTIFLORA Lejeune. *Rac. fibreuse*. Chaume grêle de 3-6 déc. Feuil. linéaires, à la fin glabres. Fl. brunes, en ombelle formée de 4-8 épis ovales, pédonculés et sessiles, qqf. tous agglomérés et sessiles (*congesta*). *Anthères égalant leurs filets*. Graine appendiculée à la base. ♃. mai. Bois, landes, marais. AC. — Varie qqf. à fl. blanchâtres, et à pédonc. portant plusieurs épis.

CYPÉRACÉES.

Fl. glumacées, herm. ou diclines, disposées en épis. Pér. formé par une *glume* 1-valve. Étam. 3 ; anthères entières au sommet, attachées au filet par leur base échancrée. Ovaire libre, simple. Style 1; stigm. 2,3. Achène triangulaire ou comprimé, souv. entouré à la base de soies ou d'écailles, ou recouvert d'un utricule. *Herbes à chaume cylindrique ou triquètre, ord. sans nœuds ; feuil. graminées, à gaîne entière.*

CYPERUS L. Fl. herm. nombreuses, en épis comprimés. Glumes 1-flores, carénées, distiques, celles du bas qqf. vides. Style à 3,2 stigm. Ach. sans soies ni écailles à la base. *Epis en ombelle irrégulière.*

C. FLAVESCENS L. Rac. fibreuse. Chaume triquètre de 4-10 cent. Feuil. linéaires. Epis lancéolés, presque sessiles, en ombelle dépassée par les 3 fol. inégales de l'invol. Glumes rapprochées, jaune-brunâtre, à carène verte. *Stigm.* 2. *Ach. obovale-arrondi, comprimé.* ①. j[t]-a[t]. Bords des étangs, des marais, des rivières. AC. — PC. *Char.-Inf.*; R. région maritime de *Fin.* et *C.-Nord.*

C. FUSCUS L. Rac. fibreuse. Chaume triquètre de 5-15 cent. Feuil. linéaires. Epis linéaires-oblongs, réunis en têtes sessiles et pédonculées formant une ombelle irrégulière, dépassée par les 3 fol. inégales de l'invol. Glumes noir-brun, à carène verte prolongée jusqu'au sommet. *Stigm.* 3. *Ach. rétréci aux deux bouts,* trigone, blanc. ①. j[t]-a[t]. Mêmes lieux. AC. — AR. région marit. de *Fin.* et *C.-Nord.*

C. LONGUS L. *Rac.* épaisse, *rampante,* aromatique. Chaume triquètre de 6-10 déc. Feuil. linéaires, rudes. *Epis* longs, linéaires, portés sur de longs pédoncules rameux, inégaux, formant une *ombelle décomposée,* lâche, élégante, dépassée par les 3 fol. inégales de l'invol. Glumes brun-rougeâtre, pâles au bord, à carène verte. *Stigm.* 3. *Ach. oblong, trigone.* ♃. j[t]-a[t]. Bord des rivières, des fossés. AC.

X. C. MONTI L. fils. Rac. rampante. Chaume triquètre de 4-6 déc. Feuil. linéaires. *Epis* lancéolés, *presq. horizontaux,* en ombelle décomposée compacte, longuement dépassée par les 3 fol. inégales de l'invol. Glumes ovales, obtuses, brunâtres, pâles au bord, à carène verdâtre, striées sur le dos. *Stigm.* 2. *Ach.* obovale, comprimé, *à 2 angles obtus.* — Un *Cyperus* peu avancé que j'ai cueilli à *Mortagne*, prés de la Gironde, me paraît appartenir à cette espèce qui croît à *Blaye*, au bord de la Gironde et à *Bayonne*.

SCHOENUS L. Fl. herm. en épis à glumes 1-valves, distiques, les infér. plus petites, vides. Ach. entouré de soies à la base ou nu.

S. NIGRICANS L. Chaumes de 2-4 déc. en touffe, nus, garnis à la base de gaînes noires. Epis 5-10 réunis en tête ovale, noire, munie à la base de 2 bractées, l'ext. à pointe longue dépassant les fl. Ach. très-blanc. Soies 0. ♃. mai-jn. Marais et prés tourbeux. — CHAR.-INF. CC. de *Montendre* à *Montlieu* et région maritime. C. — DEUX-SÈV. *Pliboux*, c. *la Mothe* (Sauzé). — VEND. c. région maritime! n. à l'intérieur, entre *Challans* et *S.-Christ.-du-Ligneron* (Pontarlier, Marichal). — LOIRE-INF. *Arthon, Machecoul, S.-Père-en-Retz, la Brière, S.-Gildas*, landes du Nord, *Mazerolles, la Pépinière*, etc. C. par localités. — AC. région maritime, de *la Vilaine* à *Brest*; *Guissény, Goulven* (Crouan). — C.-NORD. *Planguenouel* (H. de Ferron). — IL.-ET-V. c. tourbières de *Châteauneuf* (Mabille), étang de la Forêt de *Rennes* (Moreau.

CLADIUM P. Br. Fl. herm. Glumes imbriquées en tous sens, les inf. vides. Style filiforme, caduc. Ach. sans soies à la base, muni d'une enveloppe crustacée, fragile.

C. MARISCUS R. Br. *Schœnus* L. Chaume cylindrique de 10-16 déc. Feuil. et bractées dentelées-coupantes sur les bords et la carène. Epis 2-flores, en corymbes jaunâtres, nombreux, axillaires et terminaux. ♃. jt-at. Marais. — CHAR.-INF. AC. — DEUX-SÈV. *Sansais* (A. Guillon), *Mauzé*! la Dive près *Oyron* (J. Richard). — VEND. *Olonne*, étang de Merly en *Ste-Flaive* (Pontarlier), *Maillezais* (Letourneux), AC. *le Molin* (Gobert). —LOIRE-INF. *Arthon, Briord, Mazerolles, la Popinière*, CC. *Herbignac, Chapelle-des-Marais, Bergon, Crossac, S.-Gildas* où ses feuil. servent à faire les toits de chaume. — MOR. Etang de *Lannenec* (Le Gall), *Quiberon*! entre *Etel* et *Gavre*! (Taslé). — FIN. *Quimper* (Bonnemaison), C. *Kerloc'h*; vallée de *S.-Nic*, vallée de *Trunvel, Pont-Men* près *Plovan* (Crouan). — C.-NORD. C. étang de *la Garaye* et tourbières de *Châteauneuf* (Mabille).

RHYNCHOSPORA Vahl. Fl. herm. Glumes imbriquées en tous sens. Ach. entouré à la base de 3-12 soies plus courtes que la glume, et terminé par la base persistante du style conique et endurci.

R. ALBA Vahl, *Scirp.* L. *Rac. fibreuse*. Chaume d'env. 3 déc. triquètre, grêle. Feuil. linéaires, carénées. *Epis blanchâtres*, en corymbe serré, terminal, égalant les bractées. Soies nombreuses, égalant l'ach. trigone. ♃. jt-at. Marais tourbeux. — CHAR.-INF. La Lande entre *Montendre* et *Montlieu* et au-delà. — VEND. *La Ferrière, Dompierre, le Bourg-sous-N.* (Pontarlier, Marichal), *S.-Michel-M.-Mercure* (Letourneux). — LOIRE-INF. C. — MOR. AC. — Marais des Montagnes Noires et d'*Arès*. — FIN. Env. de *Brest*. — C.-NORD. C. le Menez autour de *Collinée* et à *Boquien* (Mabille), le *Pontgant* près *Loudéac* (H. de Ferron). — IL.-ET-V. *Vitré* (herb. Degland), étang de *Landemarelle, Bains* (Moreau).

R. FUSCA Rœm. et Sch. *Scirp.* L. *Rac. rampante, tenace*. Chaume de 15-25 cent. Feuil. filiformes, en gouttière. *Epis en tête* ovale, *rousse*, dépassée par les longues bractées. Soies 3, 4 fois plus longues que l'ach. trigone. ♃. mai-jn. Landes marécageuses, marais.—CHAR.-INF. La Lande entre *Montendre* et *Montlieu* et au-delà; *Surgères* (Hubert). AR. — LOIRE-INF. *Curet*! (Bornigal), *Mazerolles, la Popinière*, AC. tout le Nord de *Nozay* et *Derval* à

Sévérac et *S.-Gildas* ; C. *Geneston*. PC. — Mor. CC. marais du *Petit-Rocher* en *Tréhillac*, de *Valory* en *S.-Dolay* ; de *Coëpian* en *Théhillac* et *Sévérac* (Moreau), étang du *Roho* (Delalande), *Plaudren* près *Vannes* (Taslé). — Il.-et-V. Étang *Houée* en *Goiné* (Mabille).

ELEOCHARIS R. Br. Caract. du *Scirpus*. Ach. couronné par la base dilatée-persistante du style, ord. entouré de soies à la base. *Epi solitaire, terminal.*

E. palustris R. Br. *Scirp.* L. *Rac. rampante, stolonifère.* Chaume un peu comprimé, nu, garni à la base d'une gaîne brunâtre, tronquée. Epi oblong. Glumes un peu aiguës, scarieuses au bord, l'inf. embrassant la moitié de la base de l'épi. Stigm. 2. *Ach. jaunâtre*, obovale, *comprimé à angles obtus*. ♃. jn-at. Marais, lieux humides. CC. — Hauteur très-variable, qqf. d'un mèt. dans l'eau.

E. uniglumis Link. Se distingue du précéd. par la glume infér. embrassant tout-à-fait la base de l'épi, c.-à-d. que les deux bords de la glume se rencontrent obliquement, tandis que dans *Sc. palustris*, il y a entre les bords de la glume inf. un intervalle qql. d'une demi-circonférence du chaume ; il est, en outre, d'un vert plus clair et occupe des cercles plus ou moins étendus, lorsque *Sc. palustris* est plus ferme, d'un vert sombre et croît lâchement, non par masses. — Char.-Inf. r. *Dœuil* (Dussouchaud). — Deux-Sèv. Marais de *Coulon* (Guillon). — Loire-Inf. Prés marécageux de la partie sablonneuse du lac de *Grand-Lieu* où il est mêlé au précéd. et au suiv.

E. multicaulis Diet. *Scirp.* Smith. Mut. fig. 569. Port des précéd. ; *en touffe*. Rac. fibreuse. Glume inf. embrassant tout-à-fait la base de l'épi souv. vivipare. Stigm. 3. *Ach. brunâtre ou verdâtre*, non jaunâtre, obovale-oblong, *trigone à angles aigus*. ♃. mai-jn. Landes et prés tourbeux, marais. C. — Char.-Inf. De *Montendre* à *Montlieu*.

E. OVATA R. Br. *Scirpus* Roth. *Annuel*. Rac. fibreuse. *Chaumes* de 8-15 cent. cylindriques, *très-nombreux-en touffe*, engaînés à la base. Epi ovale. Glumes nombreuses, ovales, obtuses, brunes, scarieuses au bord, marquées sur le dos d'une raie verte, l'inf. n'étant pas plus grande et n'embrassant qu'une partie de la base de l'épi. Stigm. 2. Ach. lisse, jaunâtre, obovale, un peu comprimé à bords aigus, plus court que les soies, couronné par la base du style triangulaire aussi large que longue. Jt-at. Bords desséchés des étangs. — DEUX-SÈV. Etang de *Gigny* près *Thouars* (Lebrun 1844). — VEND. Etang de la *Fresnais* près la *Verrie* (Genevier), étang de *Badiole* près *Napoléon* (Pontarlier, Marichal). RR.

E. ACICULARIS R. Br. *Scirpus* L. Rac. rampante. *Chaumes* de 6-10 cent. sillonnés, anguleux, *capillaires*, engaînés à la base, formant souvent des gazons longs et épais. Epi oblong. Glumes obtuses, brunâtres ou noirâtres, à carène verte. Stigm. 3. *Ach. oblong-obovale, finement sillonné*. Soies 0. ♃. jn-at. Bord des eaux. CC.

SCIRPUS L. Glumes imbriquées en tous sens, à 1 valve 1-flore, les 1,2 infér. qqf. vides. Style filiforme, à base non dilatée-persistante, stigm. 2,3. Ach. entouré de 6 soies rudes, plus courtes que la glume, ou qqf. nu.

a. *Épi solitaire*.

S. CÆSPITOSUS L. *Rac*. fibreuse, *très-tenace*. Chaumes en touffe serrée, de 1-2 déc. garnis à la base de gaînes dont la sup. est terminée en feuil. courte. Epi ovale, terminal. *Glumes obtuses, l'inf.* plus grande, embrassant et égalant l'épi, *terminée en pointe calleuse*. Stigm. 3. Ach. trigone, lisse. ♃. mai. Landes et marais tourbeux. — CHAR.-INF. De *Montendre* à *Montlieu* et au-delà. R. — VEND. *La Grande-Rhé*, *Challans* (Gobert). — LOIRE-INF. C. *Geneston*! (Bornigal); marais de *Lainerie* près *S.*-

Père-en-Retz, marais du *Petit-Moulin* et lande touchant le bois d'*Anguerdel* près *Derval*; *Treffieuc* jusqu'à la forêt du *Gâvre* et sur toute la rive gauche du *Don* (Guiho), *Nort* (Genevier). PC. — Mor. Bord de l'étang du *Petit-Rocher* en *Théhillac*; de *Molac* à *S.-Gravé* (Taslé). RR. — Fin. c. *le Ménez-C'hom*, autour du *Mont S.-Michel* et de la tourbière du *Yunélez*; *Botmeur*, *Botcador*, *Eneztavel*, *Scrignac*, *Bodilis* (Crouan). — C.-Nord. *Lannion* (herb. Bonnemaison).

S. pauciflorus Lightf. *S. Bœothryon* Ehrh. Rac. fibreuse. *Chaume à gaîne tronquée*. Epi ovale, terminal. Glumes obtuses, les 2 inf. plus grandes, embrassant l'épi. Stigm. 3. *Ach. pâle, trigone*, lisse, *très-finement strié*. ♃. mai-jn. Lieux tourbeux, bord des marais, des étangs, surtout dans les sables maritimes. — Char-Inf. *Dœuil* (Dussouchaud). — Vend. Dunes de *S.-Hil.-de-Riez*, *la Bauduère* (Pontarlier), *le Tanchet* près *les Sables* (Humbert). — Loire-Inf. *Sautron*, bords sablonneux du lac de *Grand-Lieu*; c. de *Chéméré* à *Arthon* (Letourneux et moi), *S.-Michel*, c. vallées humides des sables maritimes. PC. — Mor. *Quiberon*, *Gavre*, *Guidel* (Le Gall), *Arradon*, *Vannes* (Taslé). — Fin. *Le Guilvinec*, *Penmarc'h*, *anse de Dinan*; *Trezhir*, *Bertheaume* (Crouan), tourbière du *Yunélez*. — C.-Nord. c. Marais de *Briantais* près *Lancieux*. — Prob. çà et là dans toute la région maritime.

S. parvulus Rœmer et Sch. *S. translucens* Le Gall in fl. Loire-Inf. *Chaumes* de 4-7 cent. *filiformes*, gazonnants, cylindriques, marqués en dedans de cloisons transversales. Gaînes et feuil. 0. Epi ovale-oblong, terminal. Glumes obtuses, pâles, roussâtres. *Stigm*. 3. *Ach. trigone, lisse*, entouré à la base de soies qui le dépassent. ♃. jt-at. Pâtures salées marécageuses, plages couvertes à chaque marée. — Loire-Inf. c. *la Brière* autour du village du *Pin* et du pont de *Rozay* (où, mêlé à *Juncus maritimus*, il est ord. brouté et fleurit peu). R. — Mor.

AC. — FIN. *Quimper, Plovan, Elisunan*, baie d'*Audierne, Landerneau* (Crouan). — La racine rampe au moyen de stolons filiformes, irréguliers, non horizontaux comme dans *S. acicularis*, terminés par des bourgeons crochus qui sont le commencement des nouveaux chaumes. La forme du fruit, outre les caract. précéd., ne permet pas de confondre cette espèce avec *S. acicularis*, dont elle a le port.

S. FLUITANS L. Chaumes flottants ou couchés, radicants à la base, garnis de feuil. linéaires. Epi ovale. *Pédonc.* comprimé, *long*, *axillaire*, solitaire. Glumes obtuses. Stigm. 2. Ach. obovale, comprimé. Soies 0. ♃. jn-at. Fossés, mares, marais. CC. hors du calc. — CHAR.-INF. De *Montendre* à *Montlieu, Cadeuil*.

Aberr. Chaumes filiformes : *S. setaceus*, *Savii*. Chaumes feuillés : *S. Rothii*.

b. *Epis 2 ou plus.*

1. *Chaumes cylindriques, non feuillés.* S. setaceus, Savii, lacustris, Tabernæmontani, Holoschœnus.

2. *Chaumes triquètres, non feuillés.* S. Duvalii, triqueter.

3. *Chaumes triquètres, feuillés.* S. Rothii, maritimus, sylvaticus, michelianus.

S. SETACEUS L. Rac. fibreuse. Chaumes de 7-12 cent. filiformes, striés, gazonnants. *Epis* ovales, *solitaires ou réunis* 2,3 au sommet du chaume et dépassés par la bractée qui les fait paraître latéraux. Glumes obtuses, mucronées. Stigm. 3. *Ach.* trigone, *strié en long.* Soies 0. ①. jn-jt. Bord des eaux, lieux marécageux. AC.

* S. SUPINUS L. Rac. fibreuse. Chaumes cylindriques de 6-10 cent. munis à la base d'une gaîne terminée en feuil. courte. Epis 3-5 ovales, sessiles, agglomérés un peu au-dessus du milieu du chaume. Stigm. 3. *Ach.* trigone, largement obovale, régulièrement *ridé en travers*. ①. jt-sept. Bord des eaux.

S. SAVII Sebast. Mut. fig. 568 (très-bonne). Port de *S. setaceus*. Rac. fibreuse. Chaumes gazonnants, de 6–12 cent. cylindriques, munis à la base d'une gaine ord. rougeâtre, terminée par une feuil très-courte, qqf. assez longue. *Epis solitaires, qqf. géminés,* terminaux, dépassant ord. la bractée. Stigm. 3. *Ach. trigone-globuleux, lisse,* très-finement ponctuée à une forte loupe. Soies 0. ①. mai-j^t. Rochers humides, bord des marais, des sources et des fontaines dans la région maritime. AC.

S. LACUSTRIS L. *Jonc des chaisiers. Chaume* de 1–2 mèt. *cylindrique,* muni à la base de qq. gaines dont la sup. se prolonge en feuil. courte. Epis ovales, en faisceaux inégalement pédonculés et sessiles, formant une ombelle. Bractées 2; l'inf. qqf. dépassant l'ombelle. Glumes obtuses, échancrées-mucronées, frangées. Anthères un peu barbues au sommet. *Stigm.* 3. Ach. trigone, 1 fois plus gros que dans le suiv. Soies 6. ♃. j^n–j^t. Marais, étangs, bord des eaux. C. — Dans les eaux courantes des rivières sur fond calcaire de la *Char.-Inf.* et des *Deux-Sèv.* les gaines s'allongent en lanières flottantes.

S. TABERNÆMONTANI Gmel. *S. glaucus* Smith. Caract. du précéd. *Chaumes* ord. moins élevés, *glauques.* Glumes ord. ponctuées-rudes, échancrées-mucronées, frangées, *Stigm.* 2. Ach. obovale, convexe d'un côté. ♃. j^n.a^t. Mêmes lieux. AC. région maritime, d'où il remonte assez loin le long des cours d'eau. — DEUX-SÈV. *Mauzé, Ste-Soline,* la Dive près *Oyron* (J. Richard).

S. DUVALII Hoppe, *S. carinatus* Smith. Port des 2 précéd. *Chaumes verts,* cylindriques dans le bas, *triquètres dans le haut, à angles très-obtus,* une des faces plane, les 2 autres convexes. Glumes souv. ponctuées-rudes, frangées, échancrées-mucronées. *Stigmates* 2. Ach. obovale, convexe d'un côté, brun luisant. ♃. j^t–sept. — LOIRE-INF. *Le Migron*! (Bastard 1819), AC. vases de la *Loire* du

Pellerin à la mer. — Dans des localités, les angles du chaume sont qqf. à peine marqués, et alors il reste peu de caractères pour le distinguer du précéd. ; dans d'autres, au contraire, les 2 plantes sont mêlées sans forme intermédiaire. La culture ne l'a pas changé. — *S. littoralis* Schrad. a la panic. des 3 précéd. avec le chaume à 3 angles très-aigus, 2 stigm. et l'ach. convexe d'un côté, entouré de soies comme plumeuses par des poils dressés, articulés. Pourrait tout au plus se trouver dans le midi de la *Char.-Inf.*

S. TRIQUETER L. Rac. rampante. *Chaume* de 7-13 déc. triquètre, *à angles très-aigus*, garni de 2-3 gaînes dont *la super. se prolonge en feuil. courte.* Epis ovales, en faisceaux inégalement pédonculés et sessiles ; réunis en ombelle longuement dépassée par la bractée foliacée, triquètre, dressée, formant le prolongement du chaume. Glumes échancrées-mucronées, frangées, ciliées. *Sommet des anthères glabres.* Stigm. 2. Ach. convexe d'un côté, lisse, entouré de soies garnies de très-petits aiguillons réfléchis. ♃. a-sept. Vases des rivières marines. — CHAR.-INF. *La Gironde, la Charente.* — LOIRE-INF. La *Loire* de *Nantes* à la mer. CC. — MOR. *S.-Perreux, la Vilaine* de *Redon* à *Rieux*, et plus bas. R. — Les petits individus à épis agglomérés, sessiles, forment *S. mucronatus* Pesn. cat. non L. Celui-ci a les épis agglomérés, sessiles, la bractée à la fin horizontale-réfléchie, et l'ach. trigone, ridé en travers; M. Toussaints l'a cueilli à *Bayonne.*

S. ROTHII Hoppe, *S. pungens* Vahl, *S. tenuifolius* DC. Rac. rampante. *Chaume* de 3-10 déc. triquètre à angles aigus, *garni à la base de 2,3 feuil.* en carène, engaînantes, piquantes au sommet. Epis 2-5 ovales, agglomérés, sessiles, longuement dépassés par la bractée foliacée triquètre, dressée, formant le prolongement du chaume. Glumes échancrées-mucronées à 2 lobes aigus, frangées-ciliées au bord. *Anthères terminées par un appendice grêle, cilié-dentelé à la loupe.* Stigm. 2. Ach. obovale, convexe d'un côté, lisse. Soies courtes, difficiles à apercevoir. ♃. jn-jt. Lieux marécageux de la région maritime, d'où il remonte assez loin le long des cours d'eau, par ex. jusqu'au *Lac de Grand-Lieu* où c. partie sablonneuse, *Nantes, Redon.* — AC. jusqu'à *la Vilaine.* — Mor. Moins C. — Fin. *Plovan* (Bonnemaison), *Kerloc'h* en *Crozon.* (Crouan). — Varie dans les lieux plus secs à épi solitaire.

S. Holoschœnus L. Chaume de 6–10 déc. cylindrique. *Epis* gros, *globuleux, compactes,* l'un sessile, les autres inégalement pédonculés, longuement dépassés par l'une des bractées, l'autre étalée. Pédonc. ord. simple, comprimé. Glumes échancrées, mucronées. Stigm. 3. Ach. lisse. Soies 0. ♃. jt-at. Lieux sablonneux humides. — Char.-Inf., Vend. C. région maritime, surtout sables. — A l'intérieur : c. *Dœuil ; Surgères, Montendre, Cadeuil, Corme-Royal,* dans *Char.-Inf.* — *Niort*, marais de *Mauzé* en *Deux-Sèv.* (Sauzé. — La Dive à *Sazé* (Vienne) tout près des Deux-Sèv. (Genuer 1842). — Loire-Inf. Forme qq. îlots dans les sables maritimes entre *Pembron* et la *Turballe.* RR. — Mor. R. *Belle-Ile* à *Sauzon* et anse du *Vieux-Château.* RR. — La gaine, qui est rar. terminée par une feuil., se déchire en formant comme une arête plumeuse.

S. maritimus L. Rac. rampante, à tubercules arrondis. Chaume triquètre, de 4–8 déc. garni de feuil. presque planes, rudes au bord et sur la carène. *Epis* ovales ou oblongs, *en faisceaux* sessiles et pédonculés, *entourés de 2–4 bractées longues, semblables aux feuil.* Glumes terminées par 3 dents, l'intermédiaire en alène. Stigm. 3. Ach. trigone, entouré de soies. ♃. jn-at. Bord des fossés, des marais, des rivières. — cc. région maritime jusqu'à *la Vilaine*, c. au-delà. S'avance loin dans l'intérieur. — Varie à épis cylindriques, longs de 3–5 cent.

S. sylvaticus L. Rac. rampante. Chaume triquètre, lisse, de 5-10 déc. garni de feuil. larges, rudes au bord et sur la nervure. *Epis* oblongs, *petits*, vert-olivâtre, très-nombreux, en paquets sessiles et pédonculés, et solitaires pédonculés, *formant un corymbe décomposé*, entouré de larges bractées foliacées. Glumes obtuses. Stigm. 3. Ach. trigone, entouré de soies. ♃. mai-jn. Bord des ruisseaux ombragés, prés humides. AC.

S. michelianus L. Rac. fibreuse. Chaumes triquètres, munis d'une feuil. plane, formant une touffe étalée, haute de 4-15 cent. *Epis* verdâtres, *agglomérés en tête ovale, très-compacte*, lobée, chaque lobe (rameau) garni à la base d'une bractée foliacée. Glumes mucronées. Stigm. 2. Ach. très-petit, comprimé. Soies 0. ①. at-sept. — Vend. Etang de *Badiole* (Pontarlier, Marichal). RR. — Loire-Inf. Bords humides de la *Loire*. AC. mais sujet à être déplacé par les inondations.

C. *Epi terminal, comprimé, formé de plusieurs épillets rapprochés, distiques.* (Blysmus Panz.)

S. compressus Pers. *Schœnus* L. Port des *Carex* androgyns. Rac. rampante. Chaume triquètre au sommet. Feuil. un peu carénées. Epillets nombreux, roussâtres, chacun garni d'une bractée. Glume striée, pliée en carène. Stigm. 2. Ach. entouré à la base de longues soies garnies de très-petits aiguillons réfléchis. ♃. jn-at. Marais, prés humides.

ERIOPHORUM L. Caract. du *Scirpus*. Ach. entouré à la base de soies blanches qui s'accroissent après la fleuraison et forment une houppe cotonneuse.

E. vaginatum L. Rac. fibreuse, tenace. Chaumes touffus, de 3-6 déc. garnis de plusieurs gaînes lâches, renflées. Feuil. rad. nombreuses, triquetres, rudes au bord. *Epi* ovale-oblong, *solitaire*, terminal. ♃. av.-mai. Marais tourbeux. — Loire-Inf. *Blain* (Desvaux, Pesneau), AC. marais de

Logné près *Sucé*. R. — Mor. *Tour d'Elven* (Taslé). RR. — Fin. *Botmeur*, *Botcador*, *Eneztavel*, *Bodilis* (Crouan), *Scrignac*, *Brennilis* (de Crec'hquérault), tourbière du *Yunélez*. R. — Il.-et-V. Etang de *Landemarelle* ! (de la Pylaie), la Ferrière en *Bains* (Viaud). RR.

E. latifolium Hop. *E. polystachium* β. L. Rac. fibreuse. Chaume obscurément triquètre, garni de *feuil.* lancéolées-linéaires, *courtes*, *planes*, triquètres vers la pointe, rudes. Epis 4-6 penchés. *Pédonc. rudes*. ♃. mai-jn. Landes et prés marécageux. — Char.-Inf. *Rochecourbon* (A. Guillon). R. — Deux-Sèv. S.-Genard près *Melle* (Maillard). — Vend. *la Forgerie* en *Aubigny*, marais de *Billy*, *le Bourg-sous-Nap*. (Pontarlier, Marichal), *Mouilleron-en-Pareds* (Letourneux), *Réaumur* (Gobert). R. — Loire-Inf. *Chéméré*, *la Seilleraie*, bord de la forêt de *Domnèche*, *Derval*, *S.-Aubin*, *Riaillé* et env. *Saffré*, *Nozay* (Guibo), *Quilly* (Delalande), *Cambon* (de l'Isle). R. — Fin. *Pont-Men* près *Tréguennec* (Crouan).

E. angustifolium Roth. Rac. rampante. Chaume presque cylindrique. *Feuil. longues*, *linéaires*, en gouttière, triquètres au sommet. Epis 4-6 penchés. *Pédonc. lisses*. ♃. av.-mai. Marais et prés tourbeux. C. hors du calc. — Char.-Inf. De *Montendre* à *Montlieu*, *Berjat* et marais des dunes, *Cadeuil*, *Rochecourbon*. PC.

E. gracile Koch. Rac. rampante, articulée. *Chaume légèrement triquètre*, *grêle*. Feuil. linéaires, triquètres, en gouttière à la base. Epis 2-4 dressés et penchés, plus petit que dans les précéd. *Pédonc. pubescents*. ♃. av.-mai. Marais spongieux. — Deux-Sèv. *Secondigny* (A. Guillon). — Vend. *La Baudière*, *marais de Billy* (Pontarlier, Marichal), *S.-Cyr-des-Gâts* (Ayraud), *la Verrie* (Genevier). — Loire-Inf. *Naye*, *la Verrière*, marais du *Petit-Rocher* en *Théhillac*. R. — Fin. *Loperhet* (Crouan). — C.-du-Nord. Forêt de *Coëtquen* près *S.-Solin* (Mabille). — Il.-et-V. Etang de *Landemarelle*.

CAREX L. Fl. monoïques, rar. dioïques, en épis androgyns ou unisexuels. Glume à 1 valve, 1 flore. Style 1, à 2-3 stigm. Fruit composé d'un utricule (formé par une écaille bicarénée, à bords soudés), accrescente, renfermant l'achène. Vulg. *Rouche.*

Sect. I. *Épi unique, simple.*

C. dioïca L. *Dioïque.* Rac. rampante. Chaume de 1-2 déc. très-grêle, lisse, strié. Feuil. filiformes, lisses, dentelées au sommet. Epi fem. solitaire, terminal, ovale-oblong. Glumes obtuses, blanchâtres-scarieuses au bord. Stigm. 2. Fruit ovale, acuminé, nervé, dentelé au sommet, à la fin étalé. ♃. mai. — Vend. Marais de *Billy* en *Château-Guibert* (Pontarlier, Marichal), d'où j'ai reçu seulement des pieds femelles et sans fruit mûr. RR. — Fin. *Quilien* en *Plabennec*, localité détruite (Crouan).

C. pulicaris L. Rac. fibreuse. Chaume grêle, anguleux. Feuil. sétacées. *Epi* solitaire, terminal, linéaire, *androgyn*, mâle au sommet. Stigm. 2. Fruit rétréci aux 2 bouts, à la fin pendant. ♃. mai-jn. Landes et prés tourbeux. C. — R. dans le calc. — Char.-Inf. De *Montendre* à *Montlieu.*

Sect. II. *Épi (panicule) formé de plusieurs épillets multiflores.*

* *Plusieurs épillets androgyns, mâles au sommet.*

C. divisa Good. *Rac.* rampante, *dure, tortueuse.* Chaume de 2-4 déc. rude au sommet. Feuil. d'un vert gai, linéaires, en gouttière à dos arrondi jusqu'à la moitié, puis en carène, à sommet triquètre, rude. Epillets 3-6 ovales, agglomérés en épi ovoïde qqf. dépassé par la bractée foliacée. Stigm. 2. Fruit ovale, convexe d'un côté, plane de l'autre, strié, à bec bifide, dentelé, égalant la glume mucronée. ♃. mai-jn. Prés et lieux humides des bords de la mer. C. jusqu'à *la Vilaine*, R. à l'intérieur. — Mor. AC. — Fin. *Penmarc'h* (Bonnemaison), *Port-Salut* (Crouan). — C.-Nord. AR. région maritime des env. de *St-Malo* (Mabille).

C. PANICULATA L. Rac. fibreuse, très-gazonnante. *Chaume* de 6-9 déc. triquètre *à faces planes*, très-rude au sommet. *Epillets nombreux, en panicule*. Stigm. 2. Fruit ovale, convexe d'un côté, un peu strié surtout à la base, acuminé en bec membraneux au bord et cilié-dentelé, égalant la glume brune, scarieuse-blanchâtre au bord. ♃. mai-jn. Marais. — CHAR.-INF. De *Montendre* à *Montlieu*, *Corme-Royal*, et çà et là. — DEUX-SÈV., VENDÉE. c. Bocage. — LOIRE-INF. C. — AC. au-delà. — Dans la tourbière du *Yunélez* (Fin.), je l'ai vu peu gazonnant, avec le chaume à angles arrondis, rudes seulement au sommet.

Obs. Une forme du précéd. à épis grêles, peu rameux, ne doit pas être confondue avec *C. teretiuscula* et *C. paradoxa* Willd. Ce dernier a la rac. fibreuse, gazonnante, garnie au collet de fibres brunâtres, les faces du chaume convexes, l'épi allongé, étroit, et le *fruit régulièrement strié*. Marais tourbeux ou spongieux. — *C. Bœnninghauseniana* Weihe, Reich. fig. 568, que qq. auteurs considèrent comme une forme stérile de *C. paniculata* et d'autres comme un hybride de celui-ci et de *C. remota*, a été trouvé à Napoléon-Vendée par M. Pontarlier. Il diffère du premier par la panic. linéaire, grêle, composée d'épillets petits, les sup. rapprochés, simples, les inf. écartés, peu rameux. Je ne le connais que sec et sans fruit.

C. TERETIUSCULA Good. *Souche* garnie de fibres, *non gazonnante*. Tige grêle, striée, cylindrique et lisse à la base, le sommet à 3 angles rudes et à faces presque convexes. Feuil. étroites, en gouttière, rudes. Epi oblong, composé d'épillets serrés. Fruit ovale, convexe d'un côté, luisant, lisse sur le frais, marqué sur le sec du côté convexe de 2-4 nervures, atténué en bec bidenté, serrulé, dépassant peu la glume fauve, scarieuse au bord, ovale, aiguë. ♃. mai-jn. Marais herbeux des dunes. — CHAR.-INF. Marais de *Berjat* entre la forêt d'*Arvert* et le phare de *Bonne-Anse.* — VEND. *La Bauduère* (Pont-devie, J. Rossignol). RR. — MOR. *Lannenec* en *Plœmeur* (Le Gall), *Vannes* à Cliscoet (Taslé). RR. — IL-ET-V. Etang de *Landemarelle.* RR. — Les individus robustes ont la tige triquètre à angles obtus à la base, puis le milieu à faces convexes et le sommet très-rude à angles aigus.

C. VULPINA L. Rac. fibreuse. *Chaume robuste* de 3-5 déc. *à angles très-rudes-coupants.* Feuil. larges, rudes au bord. *Epillets nombreux, en épi serré, allongé.* Stigm. 2. Fruit ovale, convexe d'un côté, strié, étalé, acuminé en bec rude, bidenté, dépassant la glume mucronée. ♃. av.-mai. Bord des fossés, prés humides. C.

C. MURICATA L. Racine fibreuse. *Chaume assez grêle,* rude au sommet. Epillets 4-7 en *épi oblong, qqf. interrompu à la base.* Stigm. 2. *Fruit* ovale, convexe d'un côté, *lisse, étalé,* rétréci en bec rude, bidenté, dépassant la glume mucronée. ♃. av.-mai. Pied des murs, prés, lieux pierreux. C. — AC. au-delà de *Loire-Inf.*

C. DIVULSA Good. Rac. fibreuse. Chaume faible, grêle, rude au sommet. Epi allongé; *épillets écartés,* les sup. rapprochés. Stigm. 2. *Fruit dressé,* ovale, convexe d'un côté, lisse, à qq. nervures à la base; bec un peu rude, bidenté, dépassant la glume blanche, à nervure dorsale verte. ♃. av.-mai. Lieux ombragés frais. C. — AC. au-delà de *Loire-Inf.*

** *Plusieurs épillets androgyns, femelles au sommet.*

C. STELLULATA Good. *C. echinata* Murr. Rac. fibreuse, gazonnante. Chaume de 15-30 cent., un peu rude au sommet. Epillets 3,4 globuleux, un peu écartés. Stigm. 2. *Fruits* ovales, convexes d'un côté, striés, acuminés en bec rude, dépassant la glume, *étalés en étoile à la maturité.* ♃. av.-mai. Prés et marais tourbeux. C. — AC. le calc.

C. CANESCENS L. *C. curta* Willd. Rac. fibreuse, gazonnante. Chaume lisse, d'env. 3 déc. *Epillets* 5-6 *ovales-oblongs*, un peu écartés, *pâles*. Stigm. 2. *Fruit* presque elliptique, un peu convexe d'un côté, finement strié, *à bec très-court*, entier, dépassant la glume pâle. ♃. av.-mai. Marais. — CHAR-INF. *Rochefort* (Marc Arnauld). — LOIRE-INF. c. grands marais de l'Erdre. PC. — MOR. *Vannes*, *S.-Avé* (Taslé). RR. — FIN. *Loperhet*, *Quilien* (Crouan). RR. — IL-ET-V. Marais de *Bazouges* (Le Gall), env. de *Rennes* (Letourneux), canal d'*Ille-et-Rance* près *Bouessay* (herb. Degland), forêt de *Coëtquen* près *S.-Solin* (Mabille), étang de *Landemarélle*.

C. ELONGATA L. Rac. gazonnante. *Chaume* de 4-6 déc. *grêle*, à 3 angles très-rudes. Feuil. rudes. *Epillets oblongs*, 6-10 *alternes*, *en épi allongé*. Stigm. 2. *Fruit* étalé, *ovale-lancéolé*, un peu convexe d'un côté, fortement strié, à la fin un peu courbé, à bec un peu rude, entier, dépassant beaucoup la glume obtuse, brune, à bord blanc-scarieux et à carène rude. ♃. av.-10 mai. Marais. — LOIRE-INF. RR. marais de la *Verrière* 1836 ; de *Carquefou*. R. — IL-ET-V. Bords de l'*Ille* à *Rennes* (Letourneux).

C. REMOTA L. Rac. fibreuse, gazonnante. Chaume de 4-7 déc. grêle, faible, lisse. *Feuil. longues*, *molles*. *Epillets* oblongs, alternes, *les 3, 4 inf. très-écartés, à l'aisselle d'une bractée foliacée très-longue*, dépassant le chaume. Stigm. 2. Fruit ovale, convexe d'un côté, un peu strié, à bec un peu rude, bidenté, dépassant un peu la glume ovale, aiguë, pâle, à carène verte. ♃. av.-mai. Fossés et ruisseaux couverts, lieux frais ombragés. — CHAR.-INF., DEUX-SÈV., VEND. AC. — c. au-delà.

* C. BRIZOIDES L. Rac. long. rampante. Chaume grêle, faible, triquètre, rude dans le haut. *Feuil.* étroites, molles, *très-allongées*, rudes au bord. *Epillets* 5-8 *blanchâtres*, distiques, *rapprochés*, *courbés*, en fuseau. Stigm. 2. Fruit dressé, ovale-lancéolé, insensiblement rétréci en bec bifide, con-

vexe d'un côté, lisse, bordé d'une membrane étroite, dentelée, dépassant la glume. ♃. mai-jn. Bois humides.

C. SCHREBERI Willd. *Rac. articulée, longuement rampante*. Chaume 1-2 déc. grêle, triquètre, peu feuillé. Feuil. larges de moins de 2 mill. vert clair. Epillets 3-6 rapprochés. Stigm. 2. *Fruit ovale-oblong, non bordé*, convexe d'un côté, peu strié, à bord aigu, dentelé au sommet, égalant la glume. ♃. av.-mai. — CHAR.-INF. *Fouras* (Faye). — LOIRE-INF. Bords sablonneux de la *Loire*. Prairie de *Mauves* mêlé au suiv., dont on le distingue sur place au premier coup-d'œil, *Ancenis*, coteaux de *Varades*. R.

C. LIGERINA Boreau fl. du centre, 493, *C. arenaria* Bastard! *C. Schreberi* Pesn. cat. Rac. articulée, longuement rampante. Chaume de 2-4 déc. triquètre, rude au sommet. Feuil. en gouttière, rudes au bord, vert foncé. Epillets 6-13 sessiles, oblongs-cylindriques, aigus, ramassés en épi plus ou moins serré. Stigm. 2. *Fruit* ovale, convexe d'un côté, plane de l'autre, strié, *muni à la maturité, à partir d'un peu au-dessous du milieu, d'une aile membraneuse*, étroite, dentée-ciliée, se prolongeant jusqu'au sommet du bec à deux dents égalant la glume. ♃. av.-mai. — LOIRE-INF. Bords sablonneux de la *Loire*. C. — Cette espèce, qui rampe à une longueur de 10-14 déc., a la rac. horizontale, articulée, filamenteuse de *C. arenaria* et *Schreberi*. Elle se distingue du dernier parce qu'elle est plus grande dans toutes ses parties et parce qu'elle a le fruit bordé ; de *C. arenaria*, plante des sables maritimes, par ses fruits bien moins largement bordés et par ses épis tous androgyns. Ce dernier caractère l'éloigne de *C. disticha*, qui a les fruits semblables, mais dont la rac. est tortueuse.

C. LEPORINA L. *C. ovalis* Good. Rac. fibreuse, gazonnante. Chaume de 3-5 déc. rude au sommet. Feuil. un peu rudes. *Epillets* 5,6 *ovales-globuleux, alternes, rapprochés*. Stigm. 2. Fruit ovale, convexe d'un côté, strié, bordé d'une membrane dentelée, acuminé en bec à 2 dents, égalant la glume ovale-lancéolée, aiguë. ♃. mai-jn. Prés, pâturages et bord des chemins humides. C. — AC. au-delà de *Loire-Inf.*

*** *Plusieurs épillets unisexuels mêlés à des épillets androgyns.*

C. DISTICHA Huds. *C. intermedia* Good. *Rac.* dure, *tortueuse, rampante, tenace.* Chaume de 3-7 déc. triquètre et rude dans le haut. Feuil. rudes. *Epillets* nombreux, ovales, *les inf. et les sup. femelles, les intermédiaires mâles,* formant un épi allongé, qqf. interrompu à la base. Stigm. 2. Fruit ovale, convexe d'un côté, strié, entouré, un peu au-dessus de la base, d'un rebord dentelé; bec à 2 dents, dépassant la glume aiguë. ♃. mai-jn. Prés marécageux, bord vaseux des rivières. — CHAR.-INF., VEND. AC. région maritime, PC. à l'intérieur. — DEUX-SÈV. Vallée de *la Sèvre* (A. Guillon). — LOIRE-INF. C. — MOR. *Plouhinec, Guidel.* R. (Le Gall). — FIN. *Quimper* (Bonnemaison), *Plovan* (Crouan). — C.-NORD. Oseraies de *Lehon,* vallée du *S.-Esprit* (Mabille). — IL.-ET-V. *Rennes* (Degland). — Il faut se garder de le confondre avec *C. ligerina,* près duquel on le trouve qqf. Celui-ci croît dans le sable et a la rac. horizontale, droite, peu profonde, tandis que celle de *C. disticha* est tortueuse et s'enfonce profondément dans la terre. Ce dernier caractère le distinguera de *C. divisa* dont la rac. tortueuse est horizontale.

C. ARENARIA L. Rac. articulée, longuement rampante. Chaume de 1-2 déc. à angles rudes au sommet. Feuil. rudes. *Epillets inf. fem., les sup. mâles, les intermédiaires androgyns, mâles au sommet,* formant un épi oblong ou ovale, qqf. un peu interrompu à la base. Stigm. 2. Fruit gros, ovale, convexe d'un côté, bordé à partir du milieu d'une large aile dentelée-rude, plus court que la glume ovale, acuminée. ♃. av.-mai. Sables maritimes. C. — Moins c. sur la côte du Nord. — Avec sa racine on fait les *balais de Chiendent* du commerce.

SECT. III. *Plusieurs épis distincts, unisexuels, les supér. mâles, les infér. femelles.*

a. *Stigmates* 2.

C. VULGARIS Fries, *C. cæspitosa* Goodenough, *C. Goodenoughii* Gay. *Rac. rampante.* Chaume de 3-5 déc. triquètre, rude au sommet. Feuil. glauques, en gouttière, rudes. Epi mâle ord. solitaire, *les fem.* 2,3 cylindriques, *dressés*, l'inf. courtement pédicellé. Bractées foliacées, sans gaîne, munies à la base de 2 petites oreillettes noirâtres. *Fruits* sur 6 rangs, *persistants*, elliptiques, comprimés, obtus, à bec très court, cylindrique, entier, dépassant l'écaille obtuse, noire, à nervure dorsale verte. ♃. av.-mai. Marais, prés marécageux. — VEND. AC. *Napoléon, les Clouzeaux, la Ferrière, le Bourg, la Pommeraie, la Bauduère* ! etc. (Pontarlier, Marichal). — LOIRE-INF. *Sautron* ! (Letourneux); *Ancenis.* PC. Dans les prés bordant les sables maritimes de *S.-Brevin* à *Pornic*, la plante est assez commune et n'a souv. que 1-2 déc. de hauteur ; il ne faut pas en cet état la confondre avec le suiv. — MOR. *Ploërmel* (J. M. Sacher), « *Lorient, Plouhinec, Baud.* AR. (Le Gall flore). » — FIN. Tourbière du *Yunélez; Trezhir, Bertheaume* (Crouan). — C. NORD. Prés de la *Rance* à *Lehon*, c. prés du *Menez* (Mabille). — IL-ET-V. Marais de *S.-Briac* (Mabille), env. de *Rennes* (Degland), étang de *Landémarcllé.*

C. TRINERVIS Degl. Rac. rampante, tenace. *Chaume* de 2-3 déc. triquètre, *lisse*, dépassé par les *feuil.* glauques, *étroites*, en gouttière, triquètres et rudes dans le haut. Epis mâles 2,3, les fem. ord. 3. Bractées foliacées, embrassantes, auriculées. Fruits sur 8 rangs, elliptiques, comprimés, à 3-6 nervures, obtus, à bec très-court, cylindrique, entier, égalant env. la glume ovale-lancéolée, brunâtre, à nervure dorsale verte ou pâle. ♃. mai-j^n^. — CHAR.-INF. AC. et C. par localités dans les Lèdes depuis *Puyraveau* sur la Gironde jusqu'à *Bonne-Anse* et la *Tremblade;* R. *Oleron* entre canal de *S.-Georges* et *Fort-Boyard*.

C. STRICTA Goodenough, *C. cæspitosa* Gay. *Rac.* fibreuse, *très-gazonnante*. Chaume de 4-7 déc. triquètre, rude. *Feuil.* rudes, *à gaîne se séparant en réseau filamenteux*. Epi mâle solitaire, les fem. ord. 3 cylindriques, qqf. mâles au sommet, sessiles. Bractées sans gaîne, munies à la base de deux petites oreillettes noirâtres. *Fruits* sur 8 rangs, elliptiques, comprimés, *très-caducs*, dépassant en tous sens la glume obtuse, noire, à nervure dorsale pâle. ♃. mars-av. Marais. — CHAR.-INF., VEND. AC. — DEUX-SÈV. Marais de *la Sèvre; Lezay* (Sauzé). — LOIRE-INF. CC. Forme des touffes épaisses dans la plupart des grands marais. — MOR. *Plœmeur* (Le Gall), *Elven* (Taslé), *Muzillac* (Arrondeau). — FIN. Env. de *Plovan*, Anse de *Bertheaume* (Crouan). — IL.-ET-V. Forêt de *Coëtquen* près *S.-Solin*, étang du *Rouvre*, c. tourbières de *Châteauneuf* (Mabille).

C. ACUTA L. *C. gracilis* Curt. *Racine rampante*. Chaume de 6-10 déc. triquètre, rude. Feuil. rudes, vert clair. *Epis* mâles 2,3, les *fem.* 3,4 cylindriques, allongés, *d'abord penchés*, redressés en fruit, ou plus longs toujours arqués-penchés. Bractées foliacées longues, à 2 petites oreillettes à la base. Fruit ovale, comprimé, plus court ou plus long que la glume noirâtre ou brune, à nervure dorsale pâle. ♃. av.-mai. Bord des fossés, des rivières, lieux marécageux, prés humides. — DEUX-SÈV. Marais de *Coulon* (A. Guillon). — VEND. *Les Vivaies des Clouzeaux* (Marichal). R. — LOIRE-INF. C. — MOR. AC. — FIN. *Quimper* (Bonnemaison), baie d'*Audierne, Brest* (Crouan). — C. NORD. Env. de *Dinan* (Mabille). — IL.-ET-V. Env. de *Rennes* (Degland). — Une forme, *C. touranginiana* Bor. à longs épis penchés et à glume lancéolée-en alêne, dépassant longuement le fruit, croît dans les marais de *S.-Julien-de-Concelles* (Loire-Inf).

b. *Stigmates* 3.

* *Épi mâle solitaire; fruit glabre.*

C. PALLESCENS L. Rac. fibreuse, gazonnante. Chaume de 3-5 déc. à angles rudes. Feuil. un peu poilues. *Epis fem.* 2,3 oblongs-cylindriques, *vert pâle,* pédicellés. Bractées foliacées à peine engaînantes. *Fruit elliptique-oblong,* convexe des 2 côtés, *obtus,* strié. ♃. av.-mai. Bois, lieux frais ombragés. — CHAR.-INF. *Montendre.* — DEUX-SÈV. Prob. AC. — LOIRE-INF. C. — PC. au-delà.

C. FLAVA L. *C. lepidocarpa* Tausch. Rac. fibreuse, gazonnante. Chaume de 3-4 déc. lisse. *Epis fem.* 2-4 *ovales-globuleux, rapprochés. Bractées* foliacées engaînantes, *à la fin réfléchies.* Fruits serrés, étalés, ovales-globuleux, renflés, à la fin jaunes, fortement striés, à *bec* long bidenté, *recourbé,* dépassant la glume lancéolée. ♃. mai-j^n^. Prés et lieux marécageux dans le calc. — CHAR.-INF. PC. —DEUX-SÈV. AR. — VEND. RR. *Fontaines,* AC. *Serigné* (Letourneux), C. *la Bauduère* (Pontarlier). —FIN. *Lampaul-Ploudalmézeau* (Crouan).

C. ŒDERI Ehrh. Moins robuste que le préc., dont il diffère par les épis plus rapprochés de l'épi mâle et par le fruit ord. plus petit, à *bec droit.* Chaumes de 4-30 cent. de taille très-variable. ♃. mai-a^t^. Prés et lieux marécageux, marais surtout des landes, bord des étangs. C.

C. EXTENSA Good. Rac. fibreuse, gazonnante. Chaume lisse, d'env. 3 déc. *Feuil.* linéaires, *étroites, en gouttière. Epis fem.* 2-4 oblongs ou ovales-arrondis, sessiles, *rapprochés de l'épi mâle,* l'inf. écarté. *Bractées foliacées très-longues, à la fin très-étalées ou recourbées,* l'inf. engaînante. Fruits serrés, ovales, convexes, striés, à bec court dépassant les glumes mucronées. ♃. mai. Lieux marécageux maritimes. — CHAR.-INF. *La Tremblade; Oleron* (Delalande). — VEND. *Pointe de l'Aiguillon;* c. *la Tranche*! (Letourneux); *Sables d'Olonne* et env. (Pontarlier, Marichal), *île d'Yeu* — LOIRE-INF. PC. — MOR. AC. — PC. au-delà. — Varie au bas des rochers maritimes, à chaumes et feuil. arqués-tombants.

C. PUNCTATA Gaudin, *C. pallidior* Degland in Lois. 299. Rac. fibreuse. Chaume de 3-5 déc. lisse. Feuil. rudes au bord, presque 1 f. plus courtes que le chaume; gaîne membraneuse au sommet. Epis fem. 3 très-écartés, pédicellés, oblongs-cylindriques, vert pâle, de la couleur et de la forme de ceux de *C. pallescens*. Bractées foliacées longues, engaînantes. *Fruit* 1 f. plus petit que dans *C. distans* et *lævigata*, ovale, convexe des 2 côtés, *à stries peu prononcées, vert pâle* luisant, très-finement ponctué à une forte loupe, à bec bidenté, dépassant la *glume pâle, roussâtre, à carène verte*, terminée en pointe rude. ♃. mai. Sources des rochers maritimes. — CHAR.-INF. *Oleron* (Savatier), RR. partie marécageuse du bois du *Colombier* près *Nancras*. R. — VEND. AC! de l'étang de *la Mine* à *S.-Jean-d'Orbetiers* et au-delà vers *les Sables* (Pontarlier). — LOIRE-INF. *Ste-Marie* près *Pornic*! (Bastard 1827), *Pornic*, bord d'un fossé de lande marécageuse à *Machecoul*. RR. — FIN. AC. *Brest*! (Crouan). — IL.-ET-V. *S.-Briac*, bord de la *Rance* à *la Richardais* et v.-à-v. à *S.-Servan* (Mabille).

C. MAIRII Coss. et Germ. Rac. fibreuse. Chaume de 3-5 déc. lisse. Feuil. rudes au bord, 1 f. plus courtes que le chaume. Epi mâle solitaire, oblong-linéaire à glumes obtuses. Epis fem. ovales, 2-3 rapprochés, pédicellés, l'inf. engaîné par la bractée foliacée. *Fruit* ovale, convexe, *à stries peu prononcées, un peu glauque, rétréci en bec* bifide *bordé de cils raides*, dépassant la glume jaunâtre, ovale, mucronulée. ♃. mai-j^n^. — CHAR.-INF. R. marais de *Harzan* près *Corme-Royal*.

C. HORNSCHUCHIANA Hop. *C. fulva* DC. Pésn. sup. Rac. dure, presque rampante. Chaume d'env. 3-4 déc. rude au sommet, à 3 angles obtus. Feuil. presque 1 f. plus courtes que le chaume, rudes, ord. glauques. Ligule opposée à la feuil. Epi mâle lancéolé. *Epis fem.* ord. 2 qqf. 3 *ovales-oblongs*, très-écartés, pédicellés, le sup. sessile. Bractées foliacées longuement engaînantes. Fruit ovale, convexe-renflé, strié, qqf. jaunâtre, à bec bifide, rude, dépassant la glume aiguë, brune, verte au milieu, membraneuse-blanchâtre au bord. ♃. mai. Landes et prés marécageux. — CHAR.-INF., VEND., LOIRE-INF. C. — DEUX-SEV. *Melle* (A. Guillon), R. forêt de *l'Hermitain* (Maillard). — MOR. *Tréhorenteuc, Néant, Rieux* (Le Gall), *le Plessis en Theix* (Taslé), *Gourin* (Arrondeau). — C.-NORD. Bords de la forêt de *Lorge*, landes du *Menez*, forêt de *Coëtquen*, etc. (Mabille). — IL.-ET-V. Calc. de *Rennes* (J.-M. Sacher), landes de *Plélan* (Mabille). — Prob. sur beaucoup d'autres points en Bretagne.

β. *C. xanthocarpa* Degl. *C. fulva* Good. Feuil. vert clair, non glauques; bractées foliacées 1/3 plus larges; épi mâle linéaire-lancéolé, 1/3 plus long; fruits jaunâtres, avortés. Mêmes lieux. — VEND. *La Forgerie* en *Aubigny* (Pontarlier). — LOIRE-INF. *Sautron!* (Letourneux), la *Seilleraie*. PC. — C.-NORD. *Ivygnac, Coëtquen, le Menez* (Mabille). — Déformation du type ou hybride; voir Duval Jouve, Bul. soc. bot. T. 11, p. 24.

C. DISTANS L. Rac. dure, fibreuse. Chaume de 3-6 déc. lisse. Ligule opposée à la feuil. oblongue. *Epis fem.* 3 *oblongs-cylindriques*, très-écartés, pédicellés, le sup. sessile. Bractées foliacées longuement engaînantes. *Fruit* ovale, convexe, *marqué de nervures régulières dont 2 plus saillantes et situées près du bord*; bec à 2 dents, dépassant la *glume mucronée*. ♃. av.-mai. Lieux marécageux. AC. — Au-delà de *Loire-Inf.* AC. région maritime.

C. BINERVIS Smith. Plus robuste que le précéd.,

feuil. glauques, fermes, fruit plus ou moins taché ou ponctué de rouge, marqué près du bord de 2 nervures saillantes, toujours vertes, du reste obscurément nervé. Landes et leurs marais, taillis coupés humides. — c. *Bocage Vendéen* et *Bretagne*.

C. LÆVIGATA Smith, *C. biligularis* DC. Rac. épaisse, rampante. Chaume lisse de 6–9 déc. Feuil. linéaires-lancéolées, larges, courtes, à ligule opposée à la feuil. oblongue. *Epis fem.* 2,3 *cylindriques*, écartés, l'inf. à pédic. saillant, incliné. Bractées foliacées très-longuement engaînantes. *Fruit* ponctué de brun à la maturité, ovale, convexe, nervé, à nervures latérales un peu plus saillantes, *acuminé en bec rude, à 2 pointes ouvertes*. Glume lancéolée, acuminée. ♃. av.–mai. Prés et lieux boisés marécageux. AC. — C. au-delà de *Loire-Inf.* — R. le calc.

Obs. Les 6 espèces précéd. sont très-voisines par le port, les épis fem. très-écartés et par la double ligule qui couronne les gaînes. Cette ligule est entière et ne se fend en deux qu'en vieillissant ou par accident, elle est plus prononcée dans *C. lævigata* et *distans*.

C. NITIDA Host, *C. obesa* All. ex Gren. God. Rac. stolonifère. Chaume d'env. 1 déc. strié, presque lisse. *Feuil.* linéaires, fermes, *arquées*, rudes. Epis fem. 2 ovales, à 8–12 fl., l'inf. écarté, pédicellé, qqf. radical. Bractées engaînantes; l'inf. foliacée. *Fruit gros, ovale-globuleux, brun, luisant*, fortement strié, à bec court, scarieux-blanchâtre au sommet, dépassant la glume brune, blanchâtre au bord. ♃. mai. Pelouses sèches des ter. calc., sables herbeux, talus, coteaux de la région maritime. — CHAR.-INF. AC. de *Meschers* à *Royan, Oleron*, de *Fouras* à *la Rochelle*. — VEND. Dunes de *Notre-Dame* à *S.-Jean de-Monts*; *S.-Gilles* (V. Grand-Marais). — LOIRE-INF. *Machecoul*, c. de *Chéméré* à *Arthon* (Letourneux et moi); RR. îlot à la pointe de *Penchâteau* (Delalande). R. — MOR. *Quiberon* (Le Gall). RR.

C. DEPAUPERATA Good. Racine épaisse, gazonnante. Chaume élancé, de 6–9 déc. lisse. Epi mâle grêle, linéaire, *les fem.* 3,4 écartés, pédicellés, *à 4–7 fl. écartées.* Bractées foliacées longuement engaînantes. Fruits gros, écartés, régulièrement striés, ovales, longuement acuminés en bec blanchâtre et oblique au sommet, dépassant beaucoup la glume scarieuse au bord. ♃. mai. Buissons, taillis. — CHAR.-INF. Bois de *Chartres* (Lépine). — DEUX-SÈV. *Chambrille,* Puits d'Enfer près *S.-Maixent* (Sauzé, Maillard), *la Touche-Poupart* (A. Guillon), bois du Chaillou près *Lezay* (Mussat). — VEND. Forêt de *Vouvant* (Letourneux). — LOIRE-INF. Coteaux de *Mauves* ! (Le Boterf), *S.-Fiacre* (Guiho), *la Haie-Fouassière* (de l'Isle). R. — MOR. Forêt de *Brambien* (Arrondeau). — C. NORD. *La Courbure* près *Dinan* (Mabille).

C. LIMOSA L. Rac. rampante à fibres velues. Chaume grêle de 3–4 déc. triquètre, un peu rude au sommet. Feuil. glauques, en gouttière, carénées, très-étroites, rudes au bord. Epi mâle linéaire, fauve, dressé. *Epis fem.* 1,2 oblongs, *pendants à pédic. capillaire.* Bractées courtes, linéaires, un peu engaînantes, rudes, ayant à la base 2 oreillettes courtes, fauves. Fruits glauque-bleuâtre, ovales, un peu comprimés, à bec très-court, cylindrique, tronqué, dépassé par la glume fauve à côte verdâtre, cuspidée. ♃. j^{n}. — MOR. Etang de Poulandré en *Plœmeur* (Tanguy). — IL.-ET-V. c! étang de *Landemarelle* (Puiseux). R.

C. PANICEA L. Rac. stolonifère. Chaume de 2–3 déc. lisse, feuillé à la base. *Feuil. glauques,* rudes. Epis fem. ord. 2 oblongs-cylindriques, écartés. l'inf. pédicellé. Bractées foliacées engaînantes. *Fruits ovales, renflés, lâches, à bec court, cylindrique,* dépassant la glume obtuse, brun foncé ou noirâtre, blanchâtre au bord, à carène pâle. ♃. av.-mai. Landes et prés marécageux. CC.

C. SYLVATICA Huds. *C. patula* Scop. Chaume de

3-8 déc. lisse, ascendant. Feuil. larges, rudes. *Epis fem.* 4 *grêles, linéaires*, écartés, penchés, *à pédic. long, filiforme*. Bractées foliacées longuement engaînantes. *Fruits* ovales-trigones, lâches, *terminés en long bec linéaire*, lisse, dépassant la glume acuminée, blanchâtre, à carène verte. ♃. av.-mai. Bois. C.

C. STRIGOSA Huds. Rac. rampante. Chaumes presque couchés, lisses. Feuil. plus larges que dans le précéd., rudes. *Epis fem.* 4-7 *très-grêles, filiformes*, écartés, à la fin penchés, à pédic. presq. inclus dans les bractées foliacées longuement engaînantes. *Fruits lancéolés-trigones*, un peu courbés, lâches, *insensiblement rétrécis en bec court*, dépassant la glume blanche, à carène verte. ♃. mai. Bois humides. — LOIRE-INF. Trouvé une seule fois entre *Bouguenais* et le *Château-d'Aux* par M. Pesneau ; forêt de *Touvois* (D. Bourgault). — C.-NORD. *Le Chêne* à *Dinan*, toutes les oseraies de *Lehon, S.-Juvat* et env. (Mabille). — IL.-ET-V. *S.-Sulliac* (Mabille), *S.-Grégoire* près *Rennes* (Letourneux), landes *d'Izé* (V. Sacher); forêt de *Villecartié*.

C. PENDULA Huds. *C. maxima* Scop. Rac. fibreuse, gazonnante. Tige de 10-15 déc. triquètre, lisse. Feuil. rudes. *Epis très-longs*, linéaires, cylindriques, *les fem.* 4-6 *à la fin pendants*. Bractées foliacées engaînantes. *Fruits petits, serrés*, oblongs, triquètres, à bec court, dépassant la glume brune, à carène verte, terminée en arête. ♃. mai. Lieux humides ombragés. — CHAR.-INF. Abbaye de la *Grâce-Dieu* jusqu'à *Gué-d'Allere* et prob. plus loin, çà et là bords de *la Boutonne* entre *Dompierre* et *S.-J.-d'Angély* ; *Seigné*, c. *Fenioux*; *la Frédière* (Pinatel), *Dœuil, le Douhet* ; *Rochefort* (Marc Arnauld). — DEUX-SÈV. *La Mothe* ! (Sauzé). — VEND. R. forêt de *Vouvant, la Girarderie* (Letourneux), *la Réorthe* (Pontarlier). — LOIRE-INF. *La Valinière* près *Ingrande* ; forêt d'*Ancenis* (de l'Isle), *S.-Herblon, la Mothe* près *Maumusson* ; *le Pé* ! en *S.-J.-de-Boiseau* (Guiho) ; env. de *Vertou* (Beuchet), bois de *Juzet* près *Guemené*. RR. — FIN. *Brest* (Crouan). — C.-NORD. *S.-Brieuc* (Taslé), c. de *Lannion* à la mer; le *Meurtel* près *Port-à-la-Duc*, c. *le Chêne* près *Dinan* (Mabille). — IL-ET-V. AC. *Rennes* (Letourneux), *Bretigny* (Debooz).

C. PSEUDO-CYPERUS L. Rac. fibreuse. Chaume triquètre, très-rude. Feuil. larges, longues, rudes, vert clair. *Epis fem.* 3-5 longuement pédicellés, *à la fin pendants*. Bractées foliacées sans gaîne. *Fruits* ovales-lancéolés, serrés, un peu arqués, *recourbés*, nervés, à long bec bifide, égalant la glume linéaire-en alêne, rude. ♃. av.-mai. Marais. AC.

** *Plusieurs épis mâles; fruit glabre.*

C. AMPULLACEA Good. Rac. rampante. Chaume lisse d'env. 3 déc. plus court que les *feuil. glauques*, en gouttière. Epis mâles 2, les fem. 2,3 écartés, cylindriques, pédicellés. Bractées foliacées sans gaîne. *Fruits jaunâtres en vessie ovale-globuleuse*, serrés, striés, horizontaux, à bec linéaire, bifide. ♃. av.-mai. Marais. — CHAR.-INF. Marais de *Berjat*. — DEUX-SÈV. *Secondigny* (A. Guillon), *Pougnes-Hérisson* (Maillard). — VEND. *La Châtaigneraie* (Gobert), *la Pommeraie*, la *Forgerie* en *Aubigny*, R. *les Vivaies des Clouzeaux*, *Jard* (Pontarlier, Marichal), *la Bauduère* (Letourneux). — LOIRE-INF. c. grands marais de l'*Erdre*; *Sautron*! *Lartreté* près la rivière de *Boivre*! (Letourneux). R. — AC. au delà par localités.

C. VESICARIA L. Se distingue du précédent par le chaume rude, dépassant les feuil. vertes, et par les *fruits roussâtres 1 f. plus gros, en vessie ovale-conique*, étalés, rétrécis en bec bifide. ♃. av.-mai. Prés humides, marais. C. — PC. *Char.-Inf.* et au delà du *Mor.* — c. *Dinan* et communes voisines.

C. RIPARIA Curt. Rac. rampante. Chaume robuste de 6-12 déc. rude sur les angles. *Feuil. glauques*, rudes. Epis mâles 2-5 à glumes brunes, en alêne, les fem. 3,4 cylindriques, dressés, les inf. pédicellés. Bractées foliacées sans gaîne. *Fruit ovale-conique, convexe-renflé,* finement strié, à bec court, bidenté; *glumes lancéolées-en arête* longue. ♃. av.-mai. Fossés, bord des ruisseaux, des rivières, et qqf. dans les prés marécageux où il est bien moins robuste. C.

C. NUTANS Host. Voisin du précéd., dont il diffère par le chaume grêle de 2-4 déc., lisse ou peu rude au sommet, par les feuil. vertes, en gouttière, les épis mâles 2, les fem. 1,2, et par le fruit marqué de côtes fines au lieu de stries, à bec à 2 pointes plus longues. ♃. mai-jn. — LOIRE-INF. Bords desséchés de la *Loire*. PC.

C. PALUDOSA Good. Rac. rampante. Chaume de 6-10 déc. rude sur les angles. *Epis mâles 2,3 à glumes inf. obtuses.* Epis fem. 3,4 cylindriques, dressés, les inf. pédicellés; glumes en arête. Bractées foliacées sans gaîne. *Fruit* ovale-elliptique, *comprimé,* finement strié, à bec court, bidenté. ♃. av.-mai. Bord des ruisseaux, des fossés marécageux, ord. dans le calc. — CHAR.-INF. C. — DEUX-SÈV. *Coulon* (A. Guillon), *la Mothe* (Sauzé), *Airvault* (Bonnin). — VEND. *Chasnais,* de *Moreilles* à *Chaillé-les-M.* (Pontarlier, Marichal), *Château-d'Olonne* (Pontdevie), *Bois de Bourneau, Auzais* (Letourneux). — LOIRE-INF. *La Chevrolière,* c. les *Prises* à *Machecoul, Arthon; les Cléons* (de l'Isle), *Sévérac.* R. — FIN. *Brest* (Crouan). — C.-NORD. Vallée de *Quatre-Vaux,* oseraies de *Lehon, S.-Juvat* (Mabille). — IL.-ET-V. Calc. de *Rennes* (Letourneux).

*** *Fruit velu, pubescent ou rude.*

C. PRÆCOX Jacq. Rac. stolonifère. Chaume de 1-3 déc. grêle, lisse. Feuil. courtes, rudes, arquées. Epi mâle solitaire, *les fem.* 2,3 *ovales-oblongs,* rapprochés, l'inf. souv. pédicellé. Bractées membraneuses, l'inf. engaînante. Stigm. 3. *Fruit* obovale-trigone, *pubescent,* à bec court, bidenté, égalant la glume mucronée. ♃. mars.-av. Pelouses et coteaux secs, landes, bois. C. — Varie rar. à fruit étranglé en gourde (*C. sicyocarpa* Lebel).

C. POLYRRHIZA Wallr., *C. longifolia* Host. Diffère du précéd. par la rac. sans stolons, produisant des touffes épaisses garnies à la base de nombreuses fibres roussâtres, par les feuil. rad. égalant env. les chaumes et par le fruit plus long ainsi que le bec. ♃. mars-av. Bois montagneux. — CHAR.-INF. *Joyeuse* près *Montlieu* (Arm. Delaage). — Vu sec.

C. TOMENTOSA L. *Rac. stolonifère. Chaume dressé*, de 2-3 déc. Gaines inf. des feuil. brun-rougeâtre. Epi mâle solitaire, *les fem. 1,2 cylindriques*, obtus, *écartés*. Bractée inf. foliacée, horizontale, très-courtement embrassante. *Fruit* obovale-globuleux, trigone, *tomenteux-hérissé*, à bec très-court. ♃. av.-mai. Prés, pâturages, bois des ter. calc. — CHAR.-INF. Çà et là. PC. — DEUX-SÈV. *Niort, Melle, Paizay* (A. Guillon), *la Mothe* (Sauzé, Maillard), *forêt de Chizé*. — VEND. AC. *S.-Cyr-en-Talm.*, *Bazoges-en-Pareds* (Pontarlier), garenne de *Ste-Christine*, *Maillezais* (Letourneux).

C. MONTANA L. *Souche épaisse*, oblique, *à rameaux à fleur de terre*, couverte de gaines rougeâtres. Tige grêle à 3 angles arrondis peu prononcés, un peu rudes. Feuil. longues, égalant la tige, molles, un peu rudes, un peu velues. Epi mâle solitaire, noirâtre, court, les fem. 1,2 rapprochés, agglomérés, sessiles. Bractées membraneuses, embrassantes, aristées ou terminées en feuil. courte. *Fruit obovale-oblong*, trigone, *hérissé-pubescent* à bec très-court, échancré. Glumes noirâtres. ♃. mai. Bois. — CHAR.-INF. *Forêt d'Aulnay*, *Dœuil* (Dussouchaud), *Surgères* (de l'Isle). R. — DEUX-SÈV. *La Mothe* ! (Maillard), *forêts d'Aulnay*, de *Chizé*. R.

C. PILULIFERA L. *Rac. fibreuse*, gazonnante. *Chaume* de 1-3 déc. lisse, *à la fin courbé*. *Epis fem.* 2,3 *presque globuleux*, rapprochés de l'épi mâle solitaire. Bractée inf. foliacée, en alêne, sans gaine.

Fruit obovale-globuleux, *pubescent*, à bec court. Glume mucronée. ♃. av.-mai. Coteaux boisés secs, bois. C.

✗. C. GYNOBASIS Vil., *C. halleriana* Asso ex God. Rac. fibreuse, gazonnante. Chaumes de 1-3 déc. faibles, un peu rudes. Feuil. rudes. Epi mâle solitaire, épis fem. 2,3 presque sessiles, les sup. rapprochés de l'épi mâle, *l'inf. sur un long pédonc. filiforme, radical.* Fruits peu nombreux, assez gros, oblongs-trigones, nervés, très-finement pubescents, à bec obliquement tronqué, égalant les glumes jaune-fauve à nervure verte, scarieuses au bord. ♃. mai-jn. Pelouses sèches du calc. surtout dans les bois. — CHAR.-INF. AC. — DEUX-SÈV. *Paizay* (A. Guillon), coteau de *Veluché*! (Guyon). — VEND. *Maillezais* (Letourneux). R.

✗. C. HUMILIS Leys. Plante de 5-10 cent. *en petites touffes épaisses.* Chaume presque caché par les feuil. plus longues, en gouttière, rudes. Epi mâle solitaire, les fem. à 3-4 fl., écartés, renfermés chacun dans une bractée membraneuse. Fruit gros, obovale-trigone, pubescent, à bec court, dépassé par la glume largement blanche au bord. ♃. jn. Coteaux secs calc. — CHAR.-INF. Env. de *Meschers*, *S.-Savinien*. R.

C. GLAUCA Scop. Rac. stolonifère. Chaume lisse de taille très-variable. *Feuil. glauques*, rudes. Epis mâles 1,2, les fem. 2-3 cylindriques, longuement pédicellés. *Stigm.* 3. *Fruits* serrés, obovales-globuleux, comprimés, *un peu rugueux, ou tout-à-fait glabres*, dépassant les glumes obtuses, noirâtres, à carène pâle. ♃. av.-mai. Landes et prés marécageux, coteaux et bois secs, coteaux maritimes. C.

C. HIRTA L. Rac. rampante. Chaumes de 2-4 déc. *Feuil. et gaînes couvertes de longs poils.* Epis mâles 2,3, les fem. 2,3 écartés, linéaires, cylindriques, pédicellés. Bractées foliacées engaînantes. Stigm.

3. *Fruit hérissé,* ovale, acuminé en bec bifide, dépassant la glume longuement aristée. ♃. mai-jn. Lieux sablonneux humides. C. — AC. au-delà de *Loire-Inf.*

β. *C. hirtæformis* Pers. Feuil. et gaînes glabres. R. — Forme des lieux asséchés.

C. FILIFORMIS L. Rac. rampante. Chaume élancé, de 3-6 déc. un peu rude au sommet. *Feuil. très-étroites, en gouttière,* rudes. Epi mâle solitaire, les fem. 2,3 oblongs ou cylindriques, dressés, sessiles ou l'inf. pédicellé. Bractées foliacées. Stigm. 3. *Fruit* ovale-oblong, *velu,* à bec court, bifide, dépassant la glume ovale, aiguë, blanchâtre au bord. ♃. av.-mai. Marais. — VEND. Marais de *Barbonde* près le *Bourg-Sous-Nap.* (Pontarlier). R. —LOIRE-INF. *Geneston*, autour du *Lac de Grand-Lieu,* marais de la *Popinière*; c. marais de *Mazerolles,* mais fleurissant seulement au bord de l'eau ou dans les lieux herbeux; marais de *Carquefou*, de *Far*, de *Logné;* étang du Loch en *Grand-Auverné* (Guiho), *Bergon*, de *la Chapelle-des-Marais* à *Camert* et *Mayun* et de là à *Herbignac*; *S.-Gildas*! étang du *Roho* en *S.-Dolay* (Delalande). AR. — IL.-ET-V. cc. tourbières de *Châteauneuf* (Mabille).

GRAMINÉES.

Fl. glumacées, herm., qqf. unisexuelles ou polygames, disposées en épillets unifl. ou multiflores. Pér. formé de 1,2 qqf. 3 enveloppes florales; l'extér. appelée *glume* (calice L.) à 1 ou 2 valves opposées; la 2e intér. nommée *glumelle* (corolle L.). à 2 valves opposées, l'extér. plus grande embrassant l'intér.; la 3e (*glumellule*) à 1-3 très-petites écailles transparentes, difficiles à apercevoir (j'en ai omis la description). Etam. 3, rar. 2 ou 1 hypogynes; filets longs; anthères bifurquées à chaque extrémité. Ovaire 1 libre; styles 2, ou 1 seul à 2 stigm. très-longs plumeux ou en pinceau. Fruit *(caryopse)* nu ou recouvert par la glumelle. *Chaume ord. cylindrique, creux et muni de nœuds pleins et fermés ; feuil. alternes, graminées, à gaîne fendue en long sur le devant, couronnée à la gorge d'une petite membrane appelée* ligule.

ANDROPOGON L. Epillets géminés, les terminaux ternés, le sup. mâle pédicellé, l'inf. sessile, herm. Glume à 2 valves. Glumelle à 2 valves, la sup. très-courte, à longue arête tortillée. Stigm. allongés, en pinceau, latéraux.

A. Ischæmum L. Chaume simple, d'env. 4-5 déc. à nœuds violacés. Feuil. linéaires, en gouttière, velues. Epis 4-6 digités. Glumes à valves obtuses, striées, l'inf. poilue à la base ainsi que le pédic. ♃. sept-oct. Coteaux arides. — Char.-Inf. AC. — Deux-Sèv. *S.-Maixent* (A. Guillon), *S.-Eanne*, AC. *la Mothe* (Sauzé, Maillard). — Loire-Inf. Côteau de *Vaux-Bressy* ! près *Oudon* (Richard). RR.

TRAGUS Hal. Epillets planes d'un côté, convexes de l'autre, 1 fl. Glume à 2 valves, l'inf. très-petite, membraneuse, lisse, appliquée sur le côté plane de l'épillet, la sup. coriace, hérissée d'épines crochues, renfermant la glumelle à 2 valves membraneuses.

✕. T. racemosus Desf. *Cenchrus* L. *Lappago* Schreb. Rac. fibreuse. Tiges de 1-2 déc. couchées et qqf. radicantes, puis ascendantes. Feuil. courtes, bordées de cils raides ; gaînes ventrues. Panic. resserrée en épi lâche, pédic. à 3,4 fl. la terminale stérile. ①. j^t-a^t. Lieux sablonneux ou pierreux. — Char.-Inf. *Royan* ! (Laterrade), *S.-Georges de Did.* (M. Arnauld), *Fouras* (Faye), fort du Martrais en *Ré* (Lemarié). R. — Vend. *Notre-Dame-de-Monts* (Gobert). RR.

PANICUM L. Epillets planes d'un côté, convexes de l'autre, à 1 fl. fertile accompagnée d'une fl. inf. stérile formée de 1,2 valves dont l'ext. imite une

3me valve de la glume. Glume à 2 valves inégales, l'inf. souv. très-petite. Glumelle à 2 valv., la sup. plane, l'inf. convexe, coriace, recouvrant le fruit.

* *Épis digités; épillets géminés, unilatéraux, l'un sessile, l'autre pédicellé.* (Digitaria.)

P. SANGUINALE L. Chaumes couchés, puis ascendants. *Feuil. et gaînes poilues.* Ligule courte, frangée. Epis 3-5 linéaires, longs, verdâtres ou un peu violacés. Epillets ovales-lancéolés; *valves de la glume très-inégales, la sup. 1/2 plus courte que la fl. stérile* qui enveloppe la fl. herm. ①. jt-sept. Lieux incultes, pierreux ou sablonneux. C.

β. *P. ciliare* Retz. Valve unique de la fl. stérile à nervures extér. garnies de longs cils. — Découvert par M. Ledantec à *Murs* (Maine-et-L.), dans la vallée de la Loire, il se retrouvera plus bas dans nos limites.

P. FILIFORME Kœler. Voisin du précéd. Chaumes grêles, couchés. *Feuil. et gaînes glabres* ou ayant qq. poils au sommet de la gaîne. Ligule courte, déchirée. Epis ord. 3. Epillets elliptiques; *valve sup. de la glume égalant la fl. stérile,* l'inf. 0. ①. jt-sept. Lieux sablonneux ou pierreux, schistes. PC.

* ☓. P. VAGINATUM Sw. *P. Digitaria* Poir. Laterrade, Des Moulins, *Digitaria paspalodes* Mich. *Chaumes rampants.* Feuil. presque glabres, poilues à l'entrée des gaînes. Ligule courte, obtuse. Epis 2 unilatéraux, l'un courtement pédonculé. Epillets elliptiques, solitaires, disposés alternativement sur deux rangs dans les concavités de l'axe. Valve de la glume très-inégales, l'inf. très-petite appliquée, souv. à peine visible ou 0, la sup. égalant à peu près la valve inf. de la fl. stérile. Anthères et stigm. violet-noirâtre. ♃. jt-nov. — CHAR.-INF. Naturalisé dans les lieux humides, les prés, les pâturages non salés de la Gironde à *Pauillac* et *Blaye,* d'où il a peut-être gagné le département.

** *Épis en panicule.* (Panicum.)

P. CRUS GALLI L. Tige ascendante. Feuil. rudes et ondulées au bord; ligule remplacée par une tache brune ou blanche. Axe de la panic. anguleux. Épis unilatéraux; valves de la glume hérissées; valve inf. de la fl. stérile longuement aristée. ①. j^{t}-sept. Bord des eaux. C.

SETARIA P. Beauv. *Panici* sp. L. Caract. du *Panicum*. Pédic. garni à la base de soies raides. *Panicule resserrée en épi cylindrique.*

S. VERTICILLATA P. B. Chaume rude au sommet. Feuil. rudes. Ligule poilue ainsi que dans les suiv. *Panicule* interrompue à la base, *accrochante*. Soies rudes de bas en haut. ①. j^{t}-a^{t}. Lieux cultivés. C.

S. VIRIDIS P. B. Chaume rude de haut en bas au sommet. Panic. non interrompue. *Soies* rudes de haut en bas, *non accrochantes*. ①. j^{t}-a^{t}. Mêmes lieux. C.

S. GLAUCA P. B. Glaucescent. Feuil. à longs poils épars; gaînes glabres. *Soies jaunâtres ou roussâtres*, rudes de haut en bas, non accrochantes. *Glumelle ridée en travers*. ①. j^{t}-a^{t}. Champs cultivés, après la moisson.— CHAR.-INF. *Le Pin* (Mme George), *Montlieu* (de Meschinet).—DEUX-SÈV. *La Mothe* (Sauzé), *Epannes* (J. Richard). — VEND. CC. env. de *Napoléon* (Marichal), *Challans, Thouarsais* (Gobert). — LOIRE-INF. C. — MOR. PC. *Ploërmel* ! (J. M. Sacher). — FIN. *Brest* (Crouan). — IL.-ET-V. *Fougères* (V. Sacher), *Noyal-s.-Vil.* (Gallée), *Redon*, C. *la Roche-du-Theil* (Moreau).

PHALARIS L. Epillets 1-flores, avec 1,2 écailles (rudiments de fl. avortées). Glume à 2 valves comprimées latéralement en carène aiguë, presq. égales. Glumelle à 2 valves plus courtes que la glume. Stigm. filiformes, terminaux.

P. MINOR Retz, *P. aquatica* Mut. fig. 570 (Très-bonne). Chaume de 4-6 déc. Feuil. rudes; ligule longue, obtuse. *Panic. resserrée en épi* oblong. Valves de la glume acuminées, à *carène* ailée au sommet et *rongée-dentelée*, blanchâtres, marquées de chaque côté d'une raie et d'une nervure vertes. Glumelle couverte de poils soyeux, appliqués. ①. j^t-sept. Champs cultivés, surtout jardins dans la région maritime.—VEND. *La Tranche* (Letourneux. —LOIRE-INF. *Corsept, S.-Sébastien, Escoublac, Pouliguen, Batz; Clis* ! (Letourneux), *Piriac* (Le Boterf), *Pont-d'Armes* (Genevier).—MOR. *Hœdic, Belle-Ile, Sarzeau, Vannes, Gâvre, Plœmeur* (Taslé.) — FIN. Çà et là. PC.—IL.-ET-V. Presqu'île *Besnard* près *S.-Malo* (Gallée).

Obs. P. canariensis L. *Alpiste* cult. pour la nourriture des oiseaux, diffère du précéd. par l'aile de la glume très-entière et par les 2 fleurs stériles égalant la moitié de la fl. fertile.

X. P. PARADOXA L. Panic. resserrée en épi cylindrique, plus étroit à la base engaînée par la feuil. rude; rameaux à 5-6 épillets, les latéraux stériles (déformés dans les rameaux infér.), beaucoup plus petits que l'intermédiaire *herm.* à valves de la glume longuement acuminées en arête, marquées sur le bord de 3 nervures et *portant sur le milieu du dos une membrane lancéolée*. ①. j^n-sept. Champs sablonneux.— VEND. Entre *S.Denis* et *Triaize* (Lepeltier).—*Blaye* dans la Gironde (Marichal).

P. ARUNDINACEA L. *P. aspera* Bon. 49, *Calamagrostis colorata* DC. Rac. rampante. Chaume de 9-12 déc. Feuil. rudes au bord; ligule grande, obtuse. *Panic. allongée*, très-rameuse, étalée, resserrée avant et après la fleur, mêlée de blanc et de violet. Glume *à carène non ailée*, ayant à la base 2 rudiments opposés, poilus. ♃. j^n-j^t. Prés humides, bord des eaux. C.

ANTHOXANTHUM L. Glume 3-flore, à 2 valves inégales; fl. latérales avortées, à une seule valve munie sur le dos d'une arête, l'intermédiaire fertile, plus petite, à 2 valves mutiques. Etam. 2. Stigm. longs, filiformes, plumeux, terminaux.

A. ODORATUM L. Plante odorante étant sèche. Feuil. et gaines poilues. Panic. resserrée en épi oblong, lâche, qqf. poilu. Valve ext. de la glume 1 fois plus courte que l'int. Fl. stériles poilues-soyeuses, à arête insérée près de la base dans l'une, et près du sommet dans l'autre. ♃. av.-j^{n}. Prés secs, bois. CC.

A. PUELII Lecoq, *A. aristatum*, éd. 1, diffère du précéd. par la rac. annuelle, la tige rameuse dans le bas, les épillets plus petits à arête dépassant la glume d'un tiers et non d'un quart et par son goût et son odeur moins forts. Mai-j^{n}. Champs surtout sablonneux. AC.

β. *nanum*, *A. Lloydii* Jord. Plante de 2-4 cent. Rochers maritimes, *Ile-d'Yeu* ; *Croisic*, *Houat*, *Quiberon*, *Belle-Ile*, *Groix*; *îles Glénans* et pointes du *Finistère*.

ALOPECURUS L. Glume 1-flore, à 2 valves comprimées-carénées. Glumelle à 1 valve munie d'une arête insérée sur le dos ou à la base. Style long ; stigm. allongés, filiformes, poilus, terminaux. *Panic. resserrée en épi*.

A. PRATENSIS L. Chaume dressé de 4-6 déc. Feuil. souv. glauques, à gaine sup. dilatée ; ligule courte, tronquée. *Panic.* cylindrique, épaisse, *obtuse*, *soyeuse*. Glume velue-ciliée, à valves aiguës, soudées au-dessous du milieu. ♃. av.-mai. Prés. C.

A. AGRESTIS L. Chaume dressé de 4-6 déc. *Panic.* cylindrique, *rétrécie aux 2 bouts*, *gris plombé* ; pédic. 1,2-flores. Valves de la glume soudées jusqu'au milieu, à carène légèrement ciliée. ①. mai-j^{n}. Champs, bord des chemins. CC. le calc., puis c.—PC. au-delà de *Loire-Inf*. et plutôt rég. maritime.

A. BULBOSUS L. En touffe arrondie quand isolé. *Chaume* de 10-40 cent. dressé, ascendant ou couché, *bulbeux à la base.* Ligule oblongue. *Panic.* cylindrique, *aiguë*, grisâtre; pédic. ord. 1-flore. *Valves de la glume aiguës*, soudées à la base, à carène ciliée. ♃. mai. Prés. c. région maritime jusqu'à *la Vilaine.* — Mor. AC. — pc. au-delà. S'avance assez loin dans l'intérieur le long des cours d'eau; il est alors plus grêle. — Le chaume est ord. couché et genouillé, mais non dressé comme l'indiquent les auteurs. Sans le bulbe, il est qqf. difficile de le distinguer du suiv.

A. geniculatus L. *Chaume genouillé*, couché, puis ascendant. Panic. cylindrique; pédic. à 1-4 fl. *Glume* velue, *à valves obtuses*, ciliées, soudées à la base. *Arête* insérée au-dessous du milieu, 1 *f. plus longue que la glumelle. Anthères blanchâtres.* ♃. mai-jt. Prés humides, fossés desséchés. C.

A. fulvus Smith. Diffère du précéd. par sa couleur plus glauque, par l'arête dépassant à peine la glume et par ses *anthères orangées.* ♃. mai-jt. Mêmes lieux. AC. — Souvent flottant.

CRYPSIS Ait. Glume 1-flore, à 2 valves comprimées-carénées, l'inf. plus courte. Glumelle dépassant la glume, à 2 valves inégales, lancéolées. Etam. 2,3. Stigm. terminaux.

C. aculeata Ait. Chaumes nombreux, rameux, couchés en cercle, comprimés. Feuil. piquantes, poilues, à gaînes ventrues, les 2 sup. continuës sans étranglement et entourant les *fl. en tête hémisphérique.* Etam. 2. ①. jt-at. Bords desséchés des marais salés, des mares de la région maritime. — Char.-Inf. *Fouras, Oleron* (Delalande). — Vend. *S.-M.-en-Lherm, les Sables, la Tranche, l'Aiguillon-sur-Mer* (Pontarlier), *Noirmoutier* (V. Grand-Marais). — Loire-Inf. c. autour de *Montoir; Pouliguen* (de l'Isle), *Croisic* (E. Bureau). R. — Fin. c. *Kerity-Penmarc'h* (de Guernisac), c. Loc'h Kervardès en *Plovan* (Crouan).

C. schœnoïdes Lam. Chaumes nombreux, rameux, couchés, un peu comprimés. Feuil. glauques, aiguës, à gaînes larges, la sup. étranglée comme les autres à la naissance du limbe, entourant et dépassant la panic. resserrée en *epi ovale-oblong*. Etam. 3. ①. j^{t}-a^{t}. Mêmes lieux. — CHAR.-INF. *Oleron* (Delalande). — VEND. *Les Sables* (Marichal), bord du *Lay* à *Curzon, S.-Denis-du-Payré, Layroux* (Pontarlier). — FIN. *Penmarc'h* (Bonnemaison).

C. ALOPÉCUROÏDES Schrad. Chaumes simples, cylindriques, couchés en cercle. Feuil. à gaîne longue, la sup. éloignée de la panic. resserrée en *épi cylindrique*, grisâtre. Etam. 3. ①. a^{t}-sept. Bords sablonneux humides ou vaseux des rivières, chemins humides. — DEUX-SÈV. *La Mothe* ! (Maillard). — VEND. Env. de *Fontenay* (Letourneux), *les Essarts, Ste-Cécile, S.-Hilaire-la-Forêt,* de *la Couture* à *Port-la-Claye* et *S.-Benoist* (Pontarlier, Marichal), *Challans* (V. Grand-Marais). — LOIRE-INF. AC. bords de la *Loire*.

PHLEUM L. Glume 1-flore, dépassant la glumelle, à 2 valves égales, carénées-comprimées, aiguës ou tronquées au sommet. Glumelle à 2 valves membraneuses, aristées ou mutiques. Stigm. très-longs, poilus, terminaux. *Panicule resserrée en épi.*

P. ARENARIUM L. *Phalaris* Willd. Chaume raide de 6-15 cent., rameux de la base. *Ligule oblongue*. Panic. oblongue-cylindrique, vert pâle. Valves de la glume lancéolées, aiguës, ciliées sur la carène. ①. mai-j^{n}. Sables maritimes. C. — AC. côte du Nord. — Aussi à *Machecoul, Arthon* (Loire-Inf.).

X. P. BOEHMERI Wibel, *Phalaris phleoïdes* L. Rac. gazonnante. Chaume simple de 12-30 cent. peu feuillé. Feuil. rudes, la sup. courte, à gaîne très longue. *Ligule tronquée*. Panic. cylindrique. *Valves de la glume* linéaires-lancéolées, *acuminées, obliquement tronquées*, ciliées sur la carène. ♃. j^{n}. Coteaux, pelouses sèches du calc. — CHAR.-INF.,

DEUX-SÈV. AC. — VEND. *Forêt de Ste-Gemme* ! *Bazoges* (Pontarlier, Marichal), *Fontenay* (Letourneux), *France* (Ayraud). PC. — LOIRE-INF. *Arthon* ! (Le Boterf), *Machecoul* ; rochers maritimes de *Pornic*. RR.

P. PRATENSE L. Chaumes de 3-8 déc. Feuil. rudes ; ligule tronquée. Panic. cylindrique, obtuse. *Valves de la glume tronquées en travers, fortement mucronées, ciliées-hispides* sur la carène. ♃. jn-jt. Prés, bord des chemins. C.

β. *P. nodosum* L. Rac. bulbeuse ; chaume et panic. plus courts. Lieux plus secs. c. rochers maritimes. AC. — M. Jordan a divisé cette espèce en *Ph. pratense, intermedium, serotinum, præcox*.

MIBORA Ad. Glume 1-flore, à 2 valves obtuses, non carénées, dépassant la glumelle à 2 valves non carénées, poilues. Stigm. très-longs, plumeux.

M. MINIMA Ad. *Chamagrostis* Bork. *Agrostis* L. Chaumes de 4-7 cent. gazonnants, sans nœuds. Feuil. linéaires, en gouttière. Fl. rougeâtres, luisantes, alternes, distiques, en épi grêle unilatéral. ①. fév.-av. Vignes, murs, champs. CC. — Au-delà de *Loire-Inf.* : moins c. région maritime, RR. ou 0 à l'intérieur.

CYNODON Pers. Glume 1-flore, à 2 valves carénées, ouvertes, plus courte que la glumelle à 2 valves, l'inf. comprimée en nacelle, renfermant la sup. linéaire et accompagnée à la base d'un pédic. (rudiment de fl. avortée). Stigm. latéraux.

C. DACTYLON Pers. *Panicum* L. Rac. longuement rampante, stolonifère. Chaume couché, puis ascendant. Feuil. distiques, glauques, un peu poilues en dessous. Ligule poilue. Fl. violacées, unilatérales, disposées en 3-5 épis linéaires, digités. ♃. jn-at. Lieux arides sablonneux. C.

SPARTINA Schreb. Glume 1-flore, à 2 valves comprimées en carène, l'inf. plus courte. Glumelle à 2 valves membraneuses, la sup. plus longue. Styles soudés dans le bas ; stigm. terminaux.

S. STRICTA Roth, *Trachinotia* DC. Chaume raide de 2-3 déc. Rac. longuement rampante. Feuil. enroulées au sommet ; ligule très-courte, ciliée. Fl. alternes, sur deux rangs, pubescentes, en 2 épis unilatéraux collés l'un contre l'autre et paraissant de loin n'en faire qu'un seul. Valve sup. de la glume bifide et mucronée au sommet, env. 1/4 plus longue que l'inf. ♃. a^t-oct. Vases baignées par chaque marée. — CHAR.-INF. *Fouras, Oleron, Ré*, etc. AC. — VEND. C. embouchure du *Lay* ! *Sables-d'Olonne* (Pontarlier, Marichal). — LOIRE-INF. R. *Bourgneuf, Pouliguen*, AC. *Pembron* et autour du *Trait*, marais de *Mesquer*. PC. — MOR. C. — FIN. *Ile Tudy* (Bonnemaison), *Port-Salut*, rivière de *Landerneau* (Crouan). — C.-NORD. Sans localité précise (herb. Degland). — IL.-ET-V. La Rance à la *Richardais* et à la *Ville-ès-Nonais* (Mabille).

Obs. S. alterniflora Lois. diffère du précéd. par les épis 3-7 à épillets plus écartés, valve sup. de la glume glabre, aiguë, entière, 1/2 f. plus longue que l'inf. ; il croît à *Bayonne* au bord de l'Adour.

LEERSIA L. Glume 0, glumelle 1-flore, à 2 valves comprimées en carène, égales, l'infér. beaucoup plus large. Stigm. latéraux.

L. ORIZOÏDES L. Rac. rampante. Chaume de 6-10 déc. velu sur les nœuds. Feuil. vert jaunâtre, très-rudes ; ligule courte. Panic. très-lâche, à rameaux étalés, d'abord engaînée par la feuil. sup. Glume oblongue, membraneuse, vert-blanchâtre, ciliée. ♃. a^t-sept. Bords marécageux des rivières. — CHAR.-INF. *Le Lary, la Charente, la Boutonne*. — DEUX-SÈV. *L'Autize, la Sèvre* nantaise, *l'Argenton, le Thouet, la Vonne*. — VEND. *La Vendée, le Lay, la Châtaigneraie, Commequiers*. — LOIRE-INF. *La Loire* et ses affluents, *la Vilaine, l'Isac*. — MOR. *Vannes, Auray, le Blavet, l'Oust, S.-Dolay, Théhillac*. — FIN. *Quim-*

per, Port-Salut, Plougastel, Pont-Christ, Gouesnou, Tromeur, Morlaix. — C.-Nord. Etangs de *Jugon, la Rance* de Dinan à Treverien. — Il.-et-V. *La Vilaine, la Seiche, l'Ille, le Meu,* etc. — etc.

COLEANTHUS Seidel. Glume 0, glumelle 1-flore, à 2 valves membraneuses, l'infér. à 1 nervure carénée, acuminée en arête, la supér. 1/2 plus courte à 2 lobes profonds, écartés au sommet en arête. Etam. 2. Style court à 2 stigm. longs, dentés. Fruit oblong, égalant la valve inf. de la glumelle, recouvert à la base par la glumelle.

C. subtilis *Seid.* Reich. ic. 1, T. 48. Koch syn. 900, Bul. soc. bot. fr. 1864 p. 261, *Schmidtia utriculosa* Sternb. Petite plante annuelle, étalée en cercle sur la terre. Chaumes de 2-3 cent. à 2,3 feuil. linéaires, en gouttière, arquées en dehors, à *gaîne fortement renflée,* membraneuse au bord, ligule large, entière. Panic. souv. simple, composée de fl. agglomérées en assez grand nombre alternativement à chaque nœud; pédic. simples, poilus. Fruit fort gros (pour la plante). ①. sept-oct. Bords vaseux desséchés et peu herbeux des étangs sur schiste. — La brillante découverte de cette plante, connue seulement en Bohême, a été faite par M. Georges de l'Isle en oct. 1863 au *Grand-Auverné* (Loire-Inf.), et guidé par l'analogie du terrain, je l'ai revue en immense abondance dans une étendue de 5-6 kilom. sur chaque rive de l'Etang au Duc près *Ploërmel* (Mor.) Déjà en nov. 1865, elle avait été retrouvée à l'étang de la Gravoyère près *Combrée* (Maine-et-L.) par M. l'abbé *Ravain,* et il est probable qu'elle existe au bord d'autres grands étangs schisteux, où sa petitesse, sa fleuraison tardive, l'ont fait méconnaître.

POLYPOGON Desf. Glume uniflore, dépassant la glumelle, à 2 valves égales, comprimées, échancrées, terminées en arête. Glumelle à 2 valves, l'inf. avec ou sans arête. Stigm. latéraux. *Panic. resserrée en épi.*

P. MONSPELIENSIS Desf. *Alopecurus* L. Chaume de 2-3 déc. coudé à la base, rude au sommet. Feuil. rudes; ligule oblongue. *Panic.* très-rameuse, *resserrée en épi* soyeux, vert-jaunâtre. *Valves de la glume* velues, oblongues-lancéolées, *à 2 lobes obtus*, ciliés, courts. Arête 3 f. plus longue que la glume, insérée dans l'échancrure. ①. jn-jt. Lieux marécageux des bords de la mer. C. jusqu'à *la Loire*, AC. de là au *Port-Louis*. — FIN. *Causker, Guilvinec* (Crouan). — C.-NORD. C. *S.-Jacut, Lancieux* (Mabille). — IL-ET-V. *S.-Malo, écluse de Livet* (Mabille), marais de *Dol* (herb. Degland).

P. MARITIMUS Willd. Mut. fig. 574 (très-bonne). *Alop. paniceus* L. Plus grêle que le précéd., dont il diffère surtout par les *valves de la glume* à 2 *lobes aigus, égalant le 1/3 de leur longueur*. Panic. à la fin vert-roussâtre; arête souv. violacée. ①. jn-jt. Mêmes lieux. — CHAR.-INF. *Oleron, Rochefort, la Rochelle, Ré*, etc. — VEND. *Pointe d'Aiguillon; la Tranche! Triaize, Olonne, S.-Urbain* (Pontarlier, Marichal). — LOIRE-INF. *Bourgneuf*, marais de *Haute-Perche, S.-Brevin, Croisic*, C. *la Brière, Pennebé*; aussi à *Arthon* (Le Boterf). — MOR. *Pénestin* et bords de *la Vilaine, Séné*, presqu'île de *Gavre, Kerpape*. — FIN. *Penmarc'h* (de Crec'hquérault, *Causker, Plonivel* (Crouan). — IL.-ET-V. *Cancale* (herb. Degland). — Les valves de la glume sont blanchâtres, vertes seulement sur la carène à la base de l'arête. En dessous de cette ligne verte se trouvent plusieurs rangées de petits aiguillons qui sont beaucoup moins prononcés dans *P. monspeliensis*.

P. LITTORALIS Smith, Mut. fig. 575 (très-bonne). Rac. rampante, stolonifère. Chaume genouillé, radicant, lisse. Feuil. rudes; ligule longue, obtuse. *Panic.* oblongue-linéaire, *lâche, grisâtre*. Glume à valves linéaires-lancéolées, un peu rudes sur la surface, ciliées sur la carène; *arête* presque terminale, *égalant la glume*. Valve inf. de la glumelle aristée sous le sommet; arête plus longue qu'elle. ♃. jn-jt. Mêmes lieux. — CHAR.-INF. De *Brouage* à *Moëze*, et prob. dans toute cette alluvion, *Rochefort*. — VEND. *La Faute*, RR. *la Bauduère* (Letourneux), de l'*Aiguillon* à *la Dive; Jard, Talmont*, (Pontarlier), alluvion de *Bouin*. — LOIRE-INF. Poste de *Liarne* près le *Collet, Pouliguen*. RR. — MOR. Env. de *Vannes*! (Richard, Taslé), *Auray* (Toussaints), *la Roche-Bernard* (Hubert). — FIN. *Landerneau* (Crouan). — C.-NORD. De *S.-Jacut* à *Lancieux* (Mabille). — Port de *Agrostis alba*.

AGROSTIS L. Glume 1-flore, dépassant la glumelle, à 2 valves inégales, comprimées-convexes. Glumelle à 2 valves membraneuses, ayant 1,2 faisceaux de poils à la base, la sup. qqf. 0, l'inf. mutique ou munie d'une arête dorsale. Style court; stigm. latéraux. *Fl. en panicule*.

Obs. Toutes nos espèces varient à panicule rougeâtre ou vert pâle.

A. ALBA L. Rac. fibreuse. Chaumes rampants, ascendants. Feuil. toutes linéaires, planes. *Ligule oblongue, obtuse. Panic.* oblongue-conique, *resserrée après la fleuraison;* rameaux et pédic. rudes. ♃. jn-jt. Prés, champs, bord des chemins. C.

β. *A. stolonifera* auct. non L. *Cernue*. Rac. à rejets nombreux rampants; panic. plus resserrée. Mêmes lieux. CC. vignes. C.

γ. *A. maritima* Lam. Feuil. raides, glauques. Région maritime. AC.

A. VULGARIS With. *Rac. rampante*. Chaumes dressés ou ascendants. Feuil. toutes linéaires, planes. *Ligule courte, tronquée. Panic.* oblongue-ovale, *très-étalée après la fleuraison;* rameaux grêles, rudes. ♃. jn-jt. Prés, bord des champs, des chemins. CC. — Varie AC. dans les moissons à glumelle longuement aristée et à ligule un peu plus longue (*A. dubia* DC.); et dans les chemins et les landes arides à chaumes de 3-15 cent. et à graines souv. attaquées par un Uredo (*A. pumila* Auct.)

A. CANINA L. Rac. rampante. Chaumes ascendants, qqf. couchés, radicants. *Feuil. rad. enroulées-sétacées, celles du chaume linéaires, planes,* à gaîne sup. un peu rude au sommet. *Ligule longue,* déchirée. Panic. ovale, ord. rougeâtre, resserrée après la fleuraison; rameaux et pédic. rudes. Glumelle à 1 seule valve crénelée au sommet et munie au-dessous du milieu d'une arête ord. saillante. ♃. jn-jt. Prés, pâtures et landes humides, marais. CC.

A. SETACEA Curt. Racine fibreuse, gazonnante. Chaumes de 3-4 déc. raides, dressés. *Feuil. sétacées très-fines,* glauques. Ligule longue, aiguë, déchirée. Panic. grêle, linéaire avant et après la fleuraison. Valve ext. de la glumelle munie à la base d'une arête genouillée dépassant la glume; valve int. très-petite, difficile à apercevoir. ♃. jn-jt. Landes et terres à bruyères, haies, buissons. — CHAR.-INF. C. la lande de *Mortagne* à *Montlieu*; *Nancras*. — C. *Bretagne* et Nord de la *Vend.*

A. SPICA VENTI L. *Apera* P.B. Racine fibreuse. Chaume de 4-10 déc. Feuil. rudes; ligule longue, déchirée. Panic. très-grande. *Valve ext. de la glumelle munie* près du sommet *d'une arête* 3-5 *f. plus longue qu'elle,* l'int. ayant à la base un pédic. (rudiment de fl.). *Anthères linéaires.* ①. jn-jt. Moissons. — CHAR.-INF. RR. *Beauvais* (Savatier), C. (Faye). — DEUX-SÈV. C. dans le Nord par localités. — LOIRE-INF. *La Seilleraie* (Delamare et moi), *la Garde* près Nantes, *Thouaré*. RR.

A. INTERRUPTA L. *Apera* P.B. diffère du précéd. surtout par sa panic. étroite, resserrée, et par ses *anthères ovales-arrondies.* ①. jn-jt. Champs sablonneux. — CHAR.-INF. *Charras* près *le Vergeroux* (Faye), R. *le Fief* en *Ré* (Lemarié). — *Puy-Notre-Dame* en Maine-et-L. (Revelière). — C.-NORD. C. *S.-Jacut* (Mabille).

LAGURUS L. Glume 1.flore, à 2 valves linéaires-en arête plumeuse. Glumelle à 2 valves, l'ext. à 3 arêtes, 2 terminales et 1 dorsale très-longue. *Fl. en panic. resserrée en épi ovale.*

L. OVATUS L. Plante mollement velue de 12-20 cent. Feuil. larges, la sup. à gaîne renflée. Epi soyeux. ①. j^n^-j^t^. Sables maritimes. — CHAR.-INF. RR. *Royan* (de l'Isle), *Oleron* (de Beaupréau). RR. — MOR. *Hœdic*, C. *Houat*. — FIN. *Camaret* (de la Pylaie), *Anse de Dinan, côte de Cléder* et de *S.-Pol-de-Léon ;* C. *l'Aber-Vrac'h* (Crouan). — C.-NORD. Pointe de *Trébeurden*.

CALAMAGROSTIS Roth. Glume 1.flore, à 2 valves dépassant la glumelle longuement poilue à la base, à 2 valves.

C. LANCEOLATA Roth, *Arundo Calamagrostis* L. Mut. fig. 578. Rac. gazonnante. Chaume de 6-10 déc. *Feuil. étroites,* rudes; ligule courte, tronquée. Panic. lâche, rougeâtre. Valves de la glume lancéolées-linéaires, presq. égales. Valve inf. de la glumelle plus longue, à *arête très-courte, naissant entre les 2 dents du sommet qu'elle dépasse un peu.* Poils plus longs que la glumelle, plus courts que la glume. ♃. mai. Marais herbeux. — DEUX-SÈV. Marais de *Sansais* (A. Guillon). — LOIRE-INF. R. *La Verrière*! (Desvaux), RR. marais de *Carquefou ;* de *Far*, de *Naye*, CC. dans le Nord du marais de *Mazerolles ;* marais de *Quiheix ;* « *Villauchef* en *Nozay* (Guiho) », *Buzay*. R.

C. EPIGEIOS Roth, *Arundo* L. Mut. fig. 576. Chaume de 7-10 déc. *Feuil. larges,* rudes; ligule longue. Panic. resserrée, lancéolée, panachée de vert et de violet. Valves de la glume lancéolées-linéaires, acuminées. Valve inf. de la glumelle bifide à *arête dorsale très-fine,* dépassée par les poils. ♃. j^t^-a^t^. Haies, lieux boisés. — CHAR.-INF., DEUX-SÈV., VEND. AC. — LOIRE-INF. *La Piéranne* (Letourneux), *Vertou, la Haie, Haute-Goulaine,* AC. *le Montru, la*

Meilleraie (de l'Isle), *S.-Herblon, Riaillé, Ancenis, Couffé* (Guiho), *S.-Aignan, Pont-S.-Martin, S.-Philbert*, AC. forêt de *Princey*; forêt de *Touvois*! *Sévérac* (Delalande); *Saffré*; *S.-Michel-en-Retz* (Gobert), etc. R. — Mor. *Sucinio*! *Salarun-en-Theix* (Taslé). R. — IL.-ET-V. C. coteaux de la Rance v. à v. *S.-Servan* (Mabille), *Rennes* (Le Gall), forêt de *Rennes, S.-Jacques* (Degland), *S.-Aubin-du-Cormier* (V. Sacher.).

* C. SYLVATICA DC. *Agrostis arundinacea* L. Rac. rampante. Chaume de 5-8 déc. Feuil. étroites, rudes, ligule tronquée. Panic. resserrée, linéaire-lancéolée, roussâtre. Valves de la glume lancéolées, acuminées, égales. Glumelle à valve int. plus courte, obtuse, échancrée, l'ext. à *arête insérée près de la base et dépassant plus de la moitié de la glume*. Rudiment de fl. presque caché dans le sillon dorsal de la valve intér. de la glumelle, nu à la base, terminé par des poils dépassant ceux de la fl. fertile qui sont très-courts. ♃. jn. — CHAR.-INF. A chercher dans les landes de *Montlieu*; je l'ai cueilli dans les *Brandes des Forêts* près *Moulismes* (Vienne).

C. ARENARIA Roth, *Arundo* L. *Psamma* Rœm. Rac. longuement rampante. Chaume de 5-9 déc. Feuil. linéaires-enroulées, piquantes, glauques. *Panic.* jaunâtre, *resserrée en épi cylindrique*. Valves de la glume lancéolées, coriaces. Valve inf. de la glumelle entière, à arête insérée sous le sommet et ne le dépassant pas. Poils 3 f. plus courts que la glumelle. ♃. jn-jt. Sables maritimes. CC. — Moins c. sur la côte du Nord.

GASTRIDIUM P. Beauv. Glume 1-flore, à 2 valves lancéolées, acuminées, ventrues à la base. Glumelle très-courte, à 2 valves, logée dans le renflement de la glume.

G. LENDIGERUM Gaud. *Milium* L. Rac. fibreuse. Chaume de 2-3 déc. Panic. resserrée en épi lancéolé, vert-blanchâtre, très-luisant. ①. jn.-sept. Champs, moissons, friches, aussi taillis très-secs calc. C.—Moins c. au-delà du Morb.

MILIUM L. Glume 1-flore, à 2 valves convexes, dépassant la glumelle à 2 valves cartilagineuses, luisantes, renfermant le fruit. Stigm. latéraux.

M. EFFUSUM L. *Chaume* de 7-10 déc. *lisse ainsi que les gaines*. Feuil. linéaires-lancéolées, molles. Ligule oblongue, obtuse, dentée. Panic. ample, très-lâche; rameaux étalés, à peu de fl. ♃. jn-at. Bois frais couverts. AC.—AR. au-delà de *Loire-Inf.*

M. SCABRUM Rich. in Merlet herbor. *Annuel*. Rac. fibreuse. *Chaume* de 2-3 déc. *rude de bas en haut, ainsi que les gaines* striées. Feuil. courtes, larges, rudes au bord, la sup. 4-5 f. plus courte que la gaîne, ligule oblongue, obtuse. Panic. de 4-6 cent. étroite, resserrée, à rameaux rudes. Epillets petits, verdâtres ou violacés, valves de la glume ovales, obtuses, un peu scarieuses au bord, un peu rudes, à 3 nervures, plus grandes que la glumelle. Av. Lieux sablonneux. — DEUX-SÈV. *Thouars*! (Du Petit-Thouars ex Boreau), coteaux d'*Availles* (Bonnin 1865), bois de *Missé*! c. bois de Fondelle en *Pas-de-Jeu* (J. Richard). — VEND. Dunes des *Sables-d'Olonne* (Letourneux 1858).

STIPA L. Glume 1-flore, à 2 valves aiguës ou aristées au sommet, plus longues que la glumelle à 2 valves, l'inf. cylindrique-enroulée, terminée par un arête tordue et articulée à la base. Fruit enveloppé par la glumelle cartilagineuse.

✕. S. PENNATA L. Rac. fibreuse. Tige de 4-5 déc. Feuil. en touffe, filiformes, enroulées, raides, rudes en dedans. Panic. étroite à qq. fl. écartées. Arête longue d'au moins 2 déc., élégamment plumeuse, genouillée vers le 1/3 infér. qui est glabre. Glumelle couverte à la base de poils soyeux serrés. ♃. jn. Coteaux arides. — CHAR.-INF. Env. de *Meschers*; Echebrune près *Pons* (M. Arnauld). R.

PHRAGMITES Trin. Glume bivalve, à 3-7 fl., l'inf. mâle, nue, les autres herm. entourées à la base de longues soies. Glumelle dépassant les fl., à 2 valves, l'ext. longuement acuminée en arête. Style long, stigm. en pinceau.

P. COMMUNIS Trin. *Arundo Phragmites* L. *Roseau*. Chaume de 3-4 mèt. Feuil. coupantes ; ligule très-courte, poilue. Panic. ample, noirâtre, à la fin toute soyeuse. ♃. jt-at. Marais, bord des eaux. CC. — Son chaume sert à faire les nattes du pays. — Varie à tige rampante, (qqf. jusqu'à 7 mèt.) et stérile, et sur les rochers maritimes à panic. rousse.

β. *variegatus*. Feuil. rubanées de vert et de jaune. Nord du marais de *Mazerolles* (Loire-Inf.). RR. — IL.-ET-V. qq. pieds marais de *S.-Briac* (Mabille).

ECHINARIA Desf. Glume 2-4-flore, à 2 valves membraneuses. Glumelle à 2 valves, l'inf. à 5 lobes palmés, inégaux, épineux, la sup. bifide. Stigm. filiformes, dentés, terminaux.

✕. E. CAPITATA Desf. Rac. fibreuse. Chaume de 1-2 déc. ferme, lisse, strié. Fl. en tête arrondie. ①. mai-jn. Champs et coteaux pierreux calc. — CHAR.-INF. AC. — DEUX-SÈV. *La Mothe, S.-Martin-de-Bernejoux*, c. *Paizay* (Sauzé, Maillard), env. de *Dœuil* ; *S.-Loup* ! (Guyon), *les Jumeaux* (Bonnin). — c. plaine de Montreuil-Bellay en Maine-et-L. (Revelière). — VEND. *Chaillé-les-Marais* (Genevier). R.

SESLERIA Scop. Glume 2,3-flore, à 2 valves. Glumelle à 2 valves, l'inf. à 3 dents au sommet, la sup. bifide. Stigm. filiformes, pubescents, terminaux.

* S. COERULEA Ard. *Cynosurus* L. Chaumes grêles de 15-30 cent. garnis dans le bas de qq. feuil. très-courtes, arrondies au sommet, un peu rudes au bord. Fl. en épi oblong, presq. unilatéral, à épillets comprimés, luisants, bleuâtres mêlés de blanc. ♃. av.-mai. Coteaux et plateaux calc. — Chaumes d'*Angoulême* dans la Charente (A. Guillon).

KOELERIA Pers. Epillets à 2-4 fl. Valves de la glume comprimées-carénées. Glumelle à 2 valves, l'ext. acuminée ou mucronée. Stigm. latéraux.

K. CRISTATA Pers. *Poa* L. *K. gracilis* Pers. *Chaumes* de 15-30 cent. gazonnants, *pubescents*. Feuil. glauques, pubescentes, étroites, en gouttière, celles du chaume planes; gaîne poilue à l'orifice; ligule très-courte. Panic. vert-blanchâtre ou panachée de vert et de violet, luisante, resserrée en épi souv. interrompu à la base, éloigné de la feuil. sup. Glume ord. à 2 fl. lisses ou plus ou moins rudes et aiguës. ♃. mai-j^n. Coteaux calc., sables. — CHAR.-INF. C. — DEUX-SÈV. AC. coteaux calc. et schist. du Nord. — Sables maritimes (*K. albescens* DC.): C. jusqu'à *la Loire*, AC. au-delà.

✗. K. VALESIACA Gaud. *K. setacea* DC., *K. tuberosa* Pers. Chaumes renflés à la base, en forme de *bulbe entouré de filaments entrecroisés* formés par les gaînes desséchées des anciennes feuil. Feuil. rad. enroulées, sétacées, glabres, les autres planes, peu nombreuses. Panic. resserrée en épi oblong, luisant, vert, mêlé de blanc. Glumes à 2-3 fl. velues. ♃. mai-j^n. Coteaux, rochers, Chaumes calc. — CHAR.-INF. AC. — DEUX-SÈV. Env. de *Dœuil* et de *Villeneuve-Comtesse*. — VEND. R. *Chaillé-les-Marais*; *S.-Cyr en Talmondais* (Pontarlier). R.

K. PHLEOÏDES Pers. *Fest. cristata* L. *Chaumes* nombreux de 10-15 cent. *glabres*. Feuil. velues; ligule courte. Panic. verte, resserrée en épi cylindracé. Glume à 4-6 fl. glabres, *l'inf. à valve ext. poilue*. Valve ext. des glumelles aristée sous le sommet, l'int. terminée par 2 arêtes fines. ①. j^n-15 j^t. — CHAR.-INF. Çà et là, coteaux, lieux sablonneux de de la région maritime. — LOIRE-INF. R. *Croisic*. — Apparaît dans qq. ports.

AIRA L. Glume 2-flore, à 2 valves comprimées. Glumelle à 2 valves, l'ext. munie d'une arête insérée vers le milieu du dos ou au-dessous. Stigm. latéraux. *Fl. en panicule*.

A. CANESCENS L. *Corynephorus* P.B. Rac. fibreuse. Chaumes de 10-25 cent. nombreux, gazonnants. Feuil. sétacées, glauques; ligule oblongue, obtuse. Panic. resserrée en épi panaché de blanc et de rosé, luisant. *Arête noire jusqu'au milieu articulé-barbu, en massue au sommet.* ♃. mai-jn. Sables maritimes : C. jusqu'à *la Vilaine*, puis graduellement R. jusqu'à *Brest*. — R. à l'intérieur, lieux sablonneux : — CHAR.-INF. C. landes de *Mortagne* à *Montlieu*. — DEUX-SÈV. *S.-Loup* ! (Guyon), *Butte de Montcoué*. — LOIRE-INF. Bord du lac de *Grand-Lieu*, R. ile *Bord* v.-à-v. *Mauves* ; R. *Oudon* (de l'Isle).

A. CÆSPITOSA L. *Rac. très-gazonnante*. Chaume de 6-10 déc. Feuil. planes, très-rudes et sillonnées en dessus; ligule longue, bifide. *Panic. ample, très-lâche*, à rameaux rudes. Fl. luisantes, panachées de blanc et de violacé, qqf. vivipares, l'une sessile, l'autre pédicellée et poilue à la base, dépassant la glume; arête droite égalant la glumelle. ♃. jn-jt. Fossés, lieux frais, bois. C. — Dans les landes et dans les chemins secs la plante est moins élevée et les feuil. sont enroulées; en cet état il ne faut pas le confondre avec le suivant.

✕. A. MEDIA Gouan. Rac. gazonnante. Chaumes de 2-6 déc. rudes de haut en bas ainsi que les feuil., celles-ci glauques, *raides, filiformes*, comprimées par les côtés et pliées de manière à paraître presque cylindriques, celles de la tige peu nombreuses à ligule allongée, déchirée, aiguë. Panic. lâche à rameaux géminés ou ternés, étalés à angle droit, rudes. *Fl. roussâtres et violacées*. Glume à 2 fl., l'une sessile, l'autre pédicellée, à pédic. dépassant la 1/2 de la fl., poilues à la base, rudes sur le dos; valve sup. de la glumelle bifide, l'inf. échancrée, déchirée-dentée avec une petite arête insérée presque sous le sommet et égalant env. les deux dents latérales (qui forment l'échancrure) ou souv. sans arête; arête dorsale de la fl. pédicellée droite, insérée au-dessus ou au-dessous du milieu, égalant env. l'épillet. ♃. jn-jt. Pâtures desséchées des taillis. — CHAR.-INF. *Milescu* près *Benon* et 2 autres localités que je ne puis préciser; *Dœuil* (Dussouchaud), *S.-Georges du Bois*, route de *Surgères* à *Mauzé* (Delalande). — DEUX-SÈV. Landes de *Pers, Rom, Ste-Soline* (Sauzé). — VEND. (*A. subaristata* Faye Notes, p. 13). Entre *S.-Cyr* en *Talmondais* et *Champ S.-Père* (Faye), env. de *S.-Cyr* (Pontarlier, Marichal).

A. ULIGINOSA Weihe. Gazonnant. Chaume de 3-5 déc. grêle, presque nu. *Feuil.* sétacées, *très-étroites*, planes, glauques; ligule oblongue, aiguë, bipartite. Panicule lâche, à rameaux flexueux. Fl. luisantes, violacées, bordées de blanc sale. *Pédic. de la fl. supér.* 1 *f. plus court qu'elle.* Valve extér. de la glumelle dentée; arête longue, genouillée, insérée au-dessus de la base. ♃. mai-jn. Marais, landes et prés tourbeux. — DEUX-SÈV. La Charnière près *Parthenay*. — VEND. C. lande de *Bouaine; Mouilleron le Captif, Rortheau* en *Dompierre* (Pontarlier). — LOIRE-INF. AC. de *Châteaubriant* à *S.-Joachim*, par *Derval, Guémené, Guenrouet, S.-Gildas, Besné*, CC. de *Nozay* à la *Gommeraie; les Renardières*, CC. prés du lac de Grand-Lieu de *S.-Aignan* à *la Boulogne; marais de S.-Lumine* et çà et là sur d'autres points du lac, *Princey*. — MOR. AC. (Le Gall, Taslé). — FIN. C. *Lan an Trimm* en *Guipavas* (Tanguy), *Gouesnou, Kerloc'h* (Crouan). — C.-NORD. BR. *Garatoie* près *Quintin, Cap Fréhel;* C. landes de *S.-Solin*, de l'étang de la *Ville-Neuve* près *Yvignac*, landes de *Plélin* (Mabille). — IL.-ET-V. *Etang S.-Sulpice, Paimpont* (herb. Degland), étang de *Rosbise* (J.-M. Sacher), étang de *Landemarelle* (V. Sacher).

A. FLEXUOSA L. diffère du précéd. par la ligule obtuse, tronquée, les épillets 1 f. plus grands, panachés de violacé et de blanc-argenté et par le pédic. de la fl.-sup. 4 f. plus court qu'elle. ♃. jn. Bois montueux, landes. — CHAR.-INF. De *Montendre* à *Montlieu*. — DEUX-SÈV. *La Mothe, Goux* (Sauzé), *Parthenay* (Jaunеau), *Amailloux; S.-Loup, Tessonnière* (Bonnin), *l'Absie* (A. Guillon), c. forêt de *Chantemerle* (Gobert), *Argenton-Ch.* — VEND. *La Châtaigneraie, la Mocquetière, Faymoreau*, bois de *Bourneau* (Letourneux. — FIN. *Pouldreuzic, Châteaulin* (Crouan). —IL.-ET-V. Forêt de *Paimpont*, lande de *Tayle* (herb. Degland), forêt de *Fougères* ! (V. Sacher), cc. canton du *Pont de Terre* dans la forêt de *Villecartié*.

A. CARYOPHYLLEA L. Rac. fibreuse. Chaume de 1–3 déc. Feuil. sétacées, rudes. *Panic. étalée, à rameaux trichotomes*. Fl. scarieuses, situées au sommet des rameaux. Glume dépassant les glumelles sessiles, à valve extér. bifide. Arête saillante insérée au-dessous du milieu, ①. mai-jn. Bord des haies, des bois, lieux sablonneux. C. — Sont compris dans cette espèce : *A. patulipes* et *plesiantha* Jord., *aggregata* Tim., *multiculmis* Dum. — Voir Duval-Jouve bul. soc. bot. fr. 1865, p. 83.

A. PRÆCOX L. Rac. fibreuse. Chaumes gazonnants de 6–15 cent. Feuil. sétacées. *Panic. resserrée en épi*. Glume dépassant les glumelles, sessiles, à valve extér. bifide. Arête saillante insérée au-desssous du milieu. ①. av.–mai. Landes, pelouses et côteaux secs. C.

AIROPSIS Desv. Caract. de l'*Aira*. Valves de la glume et de la glumelle obtuses, sans arête.

A. AGROSTIDEA DC. Glauque. Rac. rampante. Chaumes genouillés et radicants à la base. Feuil. courtes; ligule allongée. *Panic. étalée*, à rameaux capillaires. Fl. violacées; glumelle très-courte. ♃. mai-at. Bords herbeux des étangs, des rivières, marais. — VEND. Etangs de *Rortheau*, du *Parc*, de *S.-Laurent-sur-Sèvre* (Pontarlier). — LOIRE-INF. C. — MOR. Etang du *Roho* en *S.-Dolay* (Delalande), *S.-Perreux, Josselin* (Le Gall), *Questembert, Nivillac* (Taslé). — FIN. Presqu'île de *Plougastel* (Crouan). — IL.-ET-V. Etangs de *S.-Sulpice*, de *la Rigaudière*, de *Liffré*, forêt de *Paimpont* (herb. Degland), étang de *Rosbise* (J.-M. Sacher), *Fougères* (Delise), cc.

étang du *Rouvre* (Mabille), c. étang de *Vial*! près *Redon* (Moreau).

X. A. GLOBOSA Desv. *Aira* Thore. *Rac. fibreuse.* Chaumes de 7-12 cent. grêles, en petites touffes. Feuil. linéaires, la sup. à gaine un peu renflée, ligule allongée. *Panic. oblongue, resserrée,* à rameaux capillaires, épaissis sous les *épillets* luisants, *globuleux,* valve extér. des glumelles ciliée. ①. av.-mai. Bord des champs, des prés, landes du littoral. — CHAR.-INF. Dunes de *l'Ile-de-Ré* (Hubert). — A retrouver; il croît sur la côte, au sud de la Gironde.

HOLCUS L. Glume bivalve, à 2 fl., l'inf. herm. mutique, la sup. mâle, munie d'une arête dorsale à la fin réfléchie. Glumelle à 2 valves, l'ext. entière. Stigm. latéraux. *Fl. en panicule.*

H. LANATUS L. Plante toute mollement pubescente. Rac. fibreuse. Panic. blanche, panachée de rose ou de violacé. *Arête de la glumelle* recourbée, *incluse.* ♃. jn-at. Prés, champs. CC.

H. MOLLIS L. Plante pubescente, velue sur les nœuds. Rac. rampante. Panic. blanc-roussâtre. *Arête de la glumelle* genouillée, *saillante.* ♃. jn-at. Bois, lieux ombragés. AC.

ARRHENATHERUM P. Beauv. Glume bivalve, à 2 fl., l'infér. mâle à arête dorsale, genouillée, la sup. herm. mutique ou courtement aristée sous le sommet. Glumelle à 2 valves. Stigm. latéraux.

A. ELATIUS Gaud. *Avena* L. *Rac. fibreuse,* un peu rampante. Chaume de 6-10 déc. glabre. Feuil. rudes; ligule courte, tronquée. Panic. à la fin lancéolée. Fl. vert pâle. ♃. jn-jt. Prés, haies, bois, moissons. — CHAR.-INF. et calc. de : *Deux-Sèv., Vend.* AC. — LOIRE-INF. R. vallée de *la Loire.* — MOR. *Arradon* (Taslé); *Kernevel* (Le Gall). — FIN. *Lanninon* et *S.-Marc* près *Brest* (Guiho). — IL.-ET-V. Calc. de *Rennes* (Degland). R.

A. BULBOSUM Presl. *Avena* Willd. *Av. precatoria* Thuil. Diffère du précéd. par le chaume à nœuds inf. pubescents et garni à la base de 3-6 bulbes superposés. Mêmes lieux. CC.

AVENA L. Glume bivalve, à 2 ou plusieurs fl. herm. Glumelle à 2 valves, l'ext. bifide, munie sur le dos d'une arête tortillée, genouillée. Stigm. latéraux. *Fl. en panicule.*

* *Épillets pendants à la maturité.*

* A. SATIVA L. *Avoine.* Chaume de 6-9 déc. Feuil. rudes; ligule courte. Panic. pyramidale, à rameaux étalés. Glume nervée. Fl. non articulées avec le rachis de l'épillet, ne se détachant que par la fracture du rachis lui-même, à peine poilues à la base, *l'infér. aristée, la sup. mutique.* ①. jn. Cult. — A. *orientalis* Schreb. qui diffère par la panic. droite, resserrée, unilatérale, est très-rar. cult.

A. STRIGOSA L. Voisin de *A. sativa*. Panic. presque unilatérale. *Valve ext. de la glumelle terminée par 2 arêtes noirâtres, accompagnées d'une troisième* dorsale, noirâtre, blanche au sommet, 1 *f. plus longue que l'épillet.* Axe un peu poilu sous les fl. glabres. ①. jn. Çà et là avec les espèces cultivées. AC. — Qqf. cult.

A. LUDOVICIANA Durieu. Glume à 2 fl., *l'inf. seulement articulée* avec le rachis, à cicatrice ovale-elliptique. Valve ext. de la glumelle à 2 dents, plus courte que la glume, poilue jusqu'au milieu. *Axe de l'épillet glabre.* ①. jn. Moissons. AC. *Char.-Inf.* et calc. des *Deux-Sèv.*

A. FATUA L. Voisin des précéd. Panic. étalée, pyramidale. Glume à 2,3 *fl. toutes articulées* avec le rachis dont elles se détachent en conservant une cicatrice arrondie. Valve ext. de la glumelle à deux dents, plus courte que la glume, poilue jusqu'au milieu. *Axe de l'épillet très-poilu.* ①. jn. Moissons. C.

A. BARBATA Brot. *A. hirsuta* Roth. Panic. unilatérale; (étalée dans les individus robustes). Glume à 2,3 fl. toutes articulées. Se distingue, en outre de *A. fatua*, par la cicatrice des fl. ovale-oblongue, par la valve ext. de la glumelle égalant la glume ou à peu près, terminée par deux arêtes et chargée de poils plus longs, plus abondants, enfin par sa station. ①. jn-at. c. coteaux, rochers, bord des chemins, des champs dans la région maritime jusqu'à *Brest*, moins c. sur la côte du Nord.—A l'intérieur: *Pont-l'Abbé*, coteaux de la *Charente* (Char.-Inf.). — *Thouars*, *S.-Maixent* (Deux-Sèv.)

** *Epillets dressés.*

A. PUBESCENS L. Rac. rampante. Chaumes de 5-8 déc. *Feuil.* planes, les *inf. velues ainsi que les gaînes* ; ligule oblongue. Panic. égale, droite, presque simple. Pédic. ord. à 1 épillet panaché de *blanc luisant et de violacé*. Glume à 2,3 fl. poilues à la base ainsi que leur axe; valve ext. de la glumelle dentée ou bifide. ♃. mai-15 jn. Prés, clairières des bois, ord. dans le calc. — CHAR.-INF. C. — DEUX-SÈV. AC.—VEND. Forêt de *Ste-Gemme*, *Xanton*, prés de *Charzais*, *Fontenay* (Letourneux), bois de *Barbetorte* (Pontarlier), de *la Bauduère* à *la Chaume* (Pontdevie).—LOIRE-INF. *Maumusson*, *Gorges* (Guiho et moi).—FIN. c. landes sèches des env. de *Morlaix* (de Guernisac).—C.-NORD. *Roch Hellas* dans la baie de *S.-Michel en Grève* (de Guernisac), coteaux de *Hillion* (Baron), *Dahouet* (Mabille), *S.-Jacut*, *île des Ebiens* et prob. dans qq. localités intermédiaires de la côte.—IL.-ET-V. c. coteaux et sables de la côte jusqu'à *S.-Coulomb*.

X. A. PRATENSIS L. Rac. oblique, fibreuse. Chaume lisse, presque nu dans le haut. *Feuil.* inf. pliées, les sup. planes courtes, *très-rudes ainsi que les gaînes*. Panic. simple, resserrée comme en épi ; pédic. ord. simples, épaissis et rudes au sommet. Epillets de 4,5 fl. courtement poilues à la base ; valve inf. de la glumelle bidentée au sommet, munie d'une longue arête genouillée et tordue. ♃. jn-j^t. Coteaux et bois secs du calc. — CHAR.-INF. *S.-Palais, Meschers*, bois de *Surgères* et de *Benon*, forêt d'*Aulnay*, etc. PC.—DEUX-SÈV. AC. de *S.-Loup* à *Airvault* et *Availles, Thouars*.

A. SULCATA Gay. Rac. fibreuse. Chaumes de 5-10 déc. comprimés à la base, en touffe. Feuil. rad. pliées, distiques, celles du chaume presque nu très-courtes, *toutes glabres*, à bords rudes blanchâtres ; ligule oblongue, aiguë. Panic. égale, peu étalée ; axe de l'épillet à plusieurs faisceaux de poils, portant 3-5 fleurs glabres, luisantes, blanchâtres et violacées ; valve ext. des glumelles striée, largement membraneuse au bord, bifide et terminée par 2 pointes fines. Arête longue, genouillée, tordue. ♃. mai-jn. Landes et bois sablonneux.—CHAR.-INF. CC. pays de Lande de *Mortagne* à *Montlieu* et au-delà ; R. *Nancras*.—C. *Puy-Notre-Dame* en Maine-et-L. (Revelière).

A. LONGIFOLIA Thore, *A. Thorei* Duby. Racine à fibres épaisses. Chaumes de 8-12 déc. en touffe, velues surtout aux nœuds ainsi que les gaînes, rudes au sommet ainsi que les feuil. et les gaînes. Feuil. longues, nervées en dessus, à la fin enroulées, ligule courte. Panic. droite, resserrée, *épillets* à 2 *fl.* herm. égalant la valve int. de la glume ; valves ext. des glumelles à poils couchés, celle de la glumelle inf. à arête tordue, genouillée, insérée au-dessus du milieu, *l'autre fl. mutique*. ♃. mai-jn. Mêmes lieux. — CHAR.-INF. CC. pays de Lande de *Mortagne* à *Montlieu* et au-delà. — FIN. *Argol* (Crouan), *Ste-Sève, Taulé, Plouigneau, Garlan* (de Guernisac, de Crec'hquérault).

A. FLAVESCENS L. *Trisetum* P.B. Chaume de 2-4 déc. Feuil. poilues ; ligule courte. Panic. à rameaux étalés ; *épillets petits*. Glume à 2,3 fl., valve inf. 1 f. plus petite. *Valve ext. de la glumelle jaunâtre terminée par 2 soies* et munie d'une longue arête dorsale, l'int. blanche. Axe poilu. ♃. jn-j. Prés, haies et coteaux secs. C. surtout région calc. et maritime.

A. TENUIS Mœnch, *Ventenata avenacea* Kœler. Rac. fibreuse. Chaume grêle, de 3-5 déc. à nœuds noirâtres, rude dans le haut. Feuil. glabres; ligule longue, aiguë. Panic. lâche, étalée, à rameaux inf. demi-verticillés par 3-5, capillaires, portant dans le haut 2-4 épillets vert pâle. Glume à valves inégales à 7,9 nervures; épillets à 2,3 fl., l'*inf.* à valve inf. *aristée au sommet seulement*, les autres entourées à la base de poils courts blanchâtres, à valve inf. terminée par 2 arêtes droites et portant sur le dos une longue arête tordue, genouillée. ①. j^n^. Lieux sablonneux, bord des routes. — DEUX-SÈV. *S.-Loup*! (Guyon), près *Availles* sur la route de *Parthenay* à *Thouars*, *Pont-Février* près *Argenton-Ch.* La plante abonde dans ces localités, et il est probable qu'elle se retrouvera ailleurs dans le départ., ainsi que dans les ter. tertiaires de la *Char.-Inf.* et peut-être sur les schistes d'*Ancenis*. A distance, elle peut se confondre avec *Bromus arvensis*, parmi lequel elle croît qqf.

DANTHONIA DC. Epillets à 3-5 fl. Glume à 2 valves ventrues-convexes, embrassant les fl. Glumelle à 2 valves, l'extér. à 3 dents.

D. DECUMBENS DC. *Festuca* L. *Triodia* P.B. Chaume ascendant de 2-3 déc. Feuil. poilues sur les gaînes et surtout à leur orifice. Panic. simple, à épillets peu nombreux, ord. solitaires. Glume pâle, coriace, à 2 valves presq. égales. ♃. j^n^-j^t^. Landes, bois clairs. C. granite et schistes.

MELICA L. Epillets à 1,2 fl. avec le rudiment d'une 3me. Glume et glumelle à 2 valves convexes. Stigm. latéraux.

M. NEBRODENSIS Parlat. *M. Magnolii* God. *M. ciliata* édit. 1. Chaume de 6-8 déc. Feuil. rudes, enroulées, pubescentes, glauques; ligule oblongue, obtuse. *Panic. resserrée en épi allongé*, blanchâtre, luisant. Valve ext. de la glumelle bordée de longs cils blancs, soyeux. ♃. mai-j^n^. Coteaux secs, rochers, murs. — CHAR.-INF. *Oleron*, *la Rochelle* (de Beaupreau), *Saintes* (M. Arnauld). — DEUX-SÈV. *Niort*; *Bressuire* (Toussaints), *S.-Loup* (Guyon), *Airvault*, *Thouars*, *Argenton-Ch.*—VEND. *Gué de Velluire* (Letourneux). — LOIRE-INF. AC. de *Mauves* à *Ingrande*; le *Loroux* (Bornigal). R. — *M. ciliata* L., plante du Nord, diffère par la rac. long. rampante, la panic. étroite, grisâtre.

M. UNIFLORA Retz. Rac. rampante. Chaume de 3-4 déc. Feuil. poilues; ligule linéaire, verdâtre, opposée à la feuil. *Panic.* grêle, *lâche*, unilatérale, *penchée*, à rameaux filiformes, pauciflores. Epillets ovales, violacés, ne contenant qu'une fl. fertile et un rudiment. ♃. av.-mai. Bois, coteaux ombragés. C. — AC. au-delà de *Loire-Inf.*

M. CÆRULEA L. *Festuca* DC. *Guinche*, *Ganne*. Rac. tenace à fibres épaisses. *Chaume* de 4-8 déc. presque nu, *à un seul nœud situé près de la base*. Feuil. raides; ligule courte, poilue. Panic. linéaire, resserrée, interrompue, panachée de vert et de violacé, plus rar. verdâtre. Epillets ord. à 2 fl. fertiles et 1 stérile. Valves de la glume lancéolées, presq. égales, plus courtes que les fl. *Anthères et stigm. noirâtres*. ♃. at. Bois, landes, prés des marais. C. — R. le calc.

BRIZA L. Epillets à 3 fleurs ou plus, distiques. Glume à 2 valves. Glumelle à 2 valves, l'ext. plus grande, obtuse, ventrue-convexe, en cœur à la base. Stigm. latéraux.

B. MEDIA L. Chaume de 3-4 déc. Feuil. courtes. *Ligule courte*, *tronquée*. Panic. à rameaux filiformes, étalés. Epillets pendants, largement ovales, à 5-8 fl., panachés de vert et de violacé. Glume plus courte que les fl. qui la touchent. ♃. mai-jn. Prés. C. — Varie à épillets panachés de vert pâle et de blanc.

B. MINOR L. Voisin du précéd. Feuil. assez longues, rudes. *Ligule oblongue*, aiguë. Epillets triangulaires, à 5-7 fl., panachés de vert pâle et de blanc. Glume dépassant les fl. qui la touchent. ①. jn-jt. Champs en friche, moissons. — CHAR.-INF. AC. région marit. et ter. tertiaires. — DEUX-SÈV. *Puy-S.-Bonnet* (Genevier). — VEND., LOIRE-INF. C. — AC. au-delà, surtout région maritime.

POA L. Epillets à 2 fl. ou plus. Glume à 2 valves plus courtes que les fl. qui la touchent. Glumelle ovale ou lancéolée, à 2 valves, l'ext. comprimée-carénée. Stigm. latéraux.

P. LOLIACEA Huds. *Triticum* Smith, *Trit. Rottbolla* DC. Rac. fibreuse. Chaume de 5-13 cent. ascendant, raide. Feuil. planes ; ligule large, déchirée. Fl. en *épi unilatéral,* très-raide, qqf. rameux de la base ; axe flexueux. Epillets distiques, comprimés, ovales-lancéolés, brièvement pédicellés, à 5-9 fl. un peu obtuses, coriaces, luisantes. ①. mai-jn. Sables, murs, rochers des bords de la mer. AC.

✕. P. MEGASTACHYA Kœl. *Briza Eragrostis* L. Rac. fibreuse. Chaumes genouillés à la base. Feuil. glanduleuses-rudes au bord, gaîne barbue à l'orifice. Panic. oblongue à rameaux alternes, flexueux; épillets oblongs-linéaires *à 15-20 fl. Valve ext. de la glumelle* obtuse, à mucron très-court situé dans l'échancrure et *à nervure latérale saillante.* ①. jt-sept. Lieux cult. sablonneux. — CHAR.-INF. *Orignolle* (Delalande), *Montlieu* (Dussouchaud), *Cozes* (Toussaints), *la Tremblade* (de Beaupreau), c. *Fouras* (Faye), *Oleron* (Savatier), *Brisambourg* (Caillaud).—DEUX-SÈV. *S.-Loup* (Guyon), *Thouars* (Lunet), *S.-Martin de Sanzay* (Pellier).— VEND. *Château d'Olonne* (Marichal), *Sables-d'Olonne* (Delalande), *Challans* (V. Grand-Marais), *Noirmoutier* ! (Piet). R.

P. PILOSA L. Rac. fibreuse. Chaume de 2-3 déc. genouillé à la base. *Feuil. munies d'une collerette de poils à l'entrée de la gaine. Panic. grêle,* d'abord resserrée, puis étalée, à rameaux capillaires, demi-verticillés. Epillets linéaires, petits, à 6-10 fl. distiques, violacées sous le sommet. ①. jt-sept. —DEUX-SÈV. RR. *Thouars* (Lunet). —LOIRE-INF. AC. sables humides de la *Loire*.

P. ANNUA L. Rac. fibreuse, gazonnante. Chaume oblique, comprimé à la base ainsi que les gaînes. Feuil. courtes, carénées; ligule obtuse. *Panic. unilatérale, à rameaux* solitaires ou géminés, lisses, *étalés à angle droit*. Epillets ovales-oblongs, à 3-5 fl. presque glabres. ①. Partout et toujours.

P. BULBOSA L. Rac. fibreuse. *Chaumes* de 15-30 cent. gazonnants, *renflés bulbeux à la base*. Feuil. sup. courtes; ligule allongée, aiguë. Panic. ovale, dressée, rameaux courts un peu rudes, géminés ou ternés. Epillets ovales, ramassés au haut des rameaux, à 4-6 fl. pubescentes au bord et sur la carène, réunies à la base par de longs poils laineux. ♃. mai-jn. Murs, lieux secs, sables maritimes. PC.—Plus c. le calc.

β. *vivipara*. Fl. changées en bulbilles foliacés. C.

P. NEMORALIS L. Rac. stolonifère. Chaume grêle de 6-8 déc. Feuil. vertes ou glauques, étroites, horizontales, à gaînes plus courtes que les entre-nœuds, la supér. plus courte que la feuil. *Ligule très-courte, presq.* 0. *Panic. lâche, peu garnie*, ord. penchée, à rameaux rudes, les inf. souv. quinés. Epillets ovales-lancéolés, à 2-5 fl. pubescentes sur les bords et la carène. ♃. jn-at. Bois, lieux couverts ou secs, murs. C.

β. *firmula*. Chaumes raides en touffe; panic. resserrée. AC.

P. PALUSTRIS L. ex Duval-Jouve bul. soc. bot. franc. vol. 9, p. 453, Roth, Vil. cat. strasb. 52. *P. serotina* Ehrh., *P. fertilis* Host. Rac. fibreuse. *Chaume* de 6-8 déc. grêle, faible, *lisse ainsi que les gaînes*. Feuil. un peu rudes; *ligule ovale ou oblongue*, obtuse. Panic. oblongue-ovale, étalée, à rameaux rudes, demi-verticillés par 5. Epillets ovales-lancéolés, à 2,3 fl. pubescentes au bord et sur la carène. ♃. 15 jn-15 jt et automne.—LOIRE-INF. Cette espèce a été découverte en 1865 par M. Ed. Bureau à *Couffé* et nous l'avons vue abondante dans toute la vallée du Havre, où elle habite les talus boisés de la rivière ou le bord des haies, des buissons, ord. à la limite de l'inondation. Elle a été aussi trouvée récemment aux env. d'Angers (Bor. herb. 1864), et il est probable qu'on la reverra au bord de la Loire et de ses affluents. Il a la plus grande ressemblance avec *P. nemoralis*, à côté duquel il croît qqf. et dont on le distingue par les feuil. d'un vert plus clair, plus longues et surtout par le ligule ovale ou oblongue et *non presque nulle*, enfin par la panic. d'un vert jaunâtre, plus fournie, à rameaux secondaires divariqués. Cette ressemblance est plus grande encore dans les repousses (*P. serotina* Ehrh.) à panic. allongées et maigres, produites après la coupe ou sortant des nœuds inf. des chaumes défleuris.

P. TRIVIALIS L. *P. scabra* Ehrh. Racine fibreuse. *Chaume* de 4-9 déc. *rude ainsi que la gaîne des feuil. Ligule des feuil. sup. allongée, aiguë.* Panic. pyramidale, à rameaux rudes, étalés, demi-verticillés par 5. Epillets ovales, à 2,3 fl. à 5 nervures, glabres, réunies à la base par des poils laineux. ♃. jn-jt. Prés et lieux humides. CC.

P. PRATENSIS L. *Racine longuement rampante.* Chaume de 3-6 déc. un peu comprimé à la base. Gaînes lisses, la sup. beaucoup plus longue que la feuil. *Ligule courte, tronquée.* Panic. étalée, à rameaux rudes, les inf. demi-verticillés par 5. Epillets ovales, à 3-5 fl. pubescentes sur les bords et la carène, réunies à la base par de longs poils laineux. ♃. mai-jn. Prés, lieux sablonneux. C. — Nain dans les sables maritimes humides.

β. *latifolia* Koch. Glauque; chaume comprimé; feuil. radic. larges. c. prés sablonneux humides de la *Loire*.

γ. *angustifolia* Smith, Pesn. Feuil radic. étroites, enroulées. Lieux secs, murs. AC.

P. COMPRESSA L. Rac. stolonifère. *Chaume* couché à la base, *comprimé à 2 tranchants*. Feuil. un peu glauques, carénées. Ligule courte, tronquée. *Panic.* étalée, *presque unilatérale*, à rameaux rudes, les inf. géminés, rar. quinés. Épillets ovales-oblongs, à 5-8 fl. pubescentes à la base. ♃. jn-jt. Lieux secs, murs. C. le calc.—LOIRE-INF. PC.—MOR. *Port-Louis* (Legall).—FIN. *Brest*. R. (Crouan).

GLYCERIA R. Br. Caract. du *Poa*. Valve extér. de la glumelle obtuse, convexe sur le dos.

G. SPECTABILIS M. et K. *Poa aquatica* L. Chaume de 15-20 déc. Feuil. larges, rudes; ligule courte, tronquée. *Panic. très-ample, étalée*, à rameaux rudes. Épillets linéaires, à 5-9 fl. jaunâtres. Valve ext. de la glumelle à 7 fortes nervures. ♃. jn-at. Marais, étangs. C. — R. au-delà de *Loire-Inf.*—MOR. Lannenec en *Plœmeur* (Le Gall).—FIN. *Le Loc'h* en *Primelin* (Bonnemaison). — C. env. de *Dinan* (Mabille).—Prob. c. en *Il.-et-V.*

G. FLUITANS R. Br. *Festuca* L. Rac. rampante. Chaume couché, radicant, puis redressé. Feuil. inf. flottantes; ligule tronquée. *Panic. unilatérale, très-allongée, à rameaux inégaux*, les inf. ord. géminés, l'un à 2,3 épillets, *écartés, appliqués contre l'axe, ouverts à angle droit pendant la fleuraison.* Épillets linéaires, allongés, à 5-11 fl. verdâtres. Valve ext. de la glumelle à 7 nervures. ♃. jn-jt. Fossés, mares. CC.

G. PLICATA Fries. Très-voisin du précéd: en diffère par les feuil. plus glauques, la panic. plus serrée comme verticillée, à rameaux inf. par 3 à 5 dont plusieurs à 3-5 épillets, par les fl. plus nombreuses, plus petites, plus serrées, à valve ext. de la glumelle plus obtuse, plus fortement nervée; valve ext. de la glume très-courte. Mêmes lieux.

— DEUX-SÈV. *Amailloux*, où M. Guyon me l'a fait distinguer de *G. fluitans* croissant au même lieu.— Se retrouvera ailleurs.

G. MARITIMA M. et K. *Poa* Huds. Racine fibreuse; *chaumes stériles stoloniformes* ord. couchés, souv. radicants. Chaume de 2-3 déc. genouillé à la base, puis redressé. *Feuil. étroites*, en gouttière, puis *enroulées*; ligule courte, obtuse. Panic. ord. unilatérale, peu fournie, raide, à rameaux lisses, étalés ou recourbés pendant la floraison, puis souv. dressés-resserrés. Epillets linéaires à 4-7 fl. oblongues-linéaires, obscurément nervées, verdâtres ou violacées. ♃. j^{n}. Lieux marécageux maritimes. CC. —Une forme (*G. convoluta* Billot cent. 21, an Fries?) élevée, d'env. 6 déc. à panic. non unilatérale, grande, grêle, fournie, est cc. au bord des fossés d'eau salée dans les terres cultivées des alluvions, au midi de la Loire, où elle s'éloigne d'autant plus du type qu'elle croît en terre meuble.— La rac. fibreuse ne paraît rampante que parce que les rameaux stériles s'enracinant sont qqf. recouverts par la vase, et, continuant d'être reliés sous terre à la plante mère, ont l'apparence de stolons.—Voir de longs détails sur les *Glyceria* maritimes, par Duval-Jouve bul. soc. bot. fr. p. 151, et par Crépin, notes fasc. 5.

G. DISTANS Wahl. *Poa* L. Rac. fibreuse. *Point de tiges stériles stoloniformes*. Chaume d'env. 3 déc. *Feuil. planes*; ligule courte, tronquée. Panic. étalée, à rameaux étalés ou recourbés après la fleuraison. Epillets à 4-5 fl. oblongues, *petites*, obtuses, obscurément nervées. ♃. fin mai-j^{n}. Vases salées, chemins et fossés des pâtures et des prés salés, bord des marais salants. AC. — Deux autres formes peuvent être notées : l'une à panic. grêle avec rameaux longuement nus à la base et réfléchis à la maturité; elle se rencontre çà et là à quelque distance de la mer et ressemble au *G. distans* des salines de l'intérieur; l'autre (*G. conferta*

God. an Fries?) a la panic. raide, avec rameaux garnis d'épillets presque jusqu'à la base, étalés-dressés et non réfléchis, elle est AC. dans les lieux plus secs nus, avec *G. procumbens*.

G. PROCUMBENS Smith, *Poa* Curt. Glauque, gazonnant. Rac. fibreuse. Chaume raide de 12-20 cent. couché, puis ascendant. Feuil. courtes, larges, presque aiguës; ligule courte, obtuse. *Panic. raide* pyramidale, *unilatérale, distique*. Epillets linéaires à 4,5 fl. à 5 nervures. ①. fin mai-jn. Chemins des pâtures et des prés salés, lieux humides des bords de la mer. C. — Moins c. au-delà du *Mor*.

G. AIROÏDES Reich. *Aira aquatica* L. Rac. rampante. Chaume couché et radicant à la base, puis ascendant. Feuil. courtes, larges, obtuses; ligule courte, obtuse. Panic. étalée à rameaux demi-verticillés. *Epillets* oblongs, *ord. à 2 fl.* Glume violet-rougeâtre; valve ext. à 3 fortes nervures. ♃. mai-jt. Çà et là vases des mares, des fossés, des eaux stagnantes. AC.

DACTYLIS L. Epillets à 2-5 fl. Glume à 2 valves inégales, plus courtes que les fl. Glumelle à 2 valves comprimées-carénées, l'ext. entière ou bifide, avec une arête. *Fl. en paquets unilatéraux formant une panicule.*

D. GLOMERATA L. Rac. fibreuse. Chaume de 4-9 déc. Feuil. rudes ainsi que les gaînes comprimées. Ligule aiguë, déchirée. Fl. plus ou moins ciliées sur la carène, a 5 nervures. ♃. jn-jt. Haies, lieux pierreux, prés. CC. — *D. hispanica* DC. fl. fr. 5 p. 278 n'est qu'une forme naine (1-2 déc.) de l'espèce, à fl. plus fortement ciliées et à panic. courte, souv. resserrée en épi; elle est AC. sur les rochers et les côteaux maritimes.

CYNOSURUS L. Caract. du *Festuca*. Epillets munis à la base d'une bractée pectinée.

C. CRISTATUS. L. Rac. fibreuse. Chaume grêle de

5-8 déc. Feuil. étroites; ligule courte, tronquée. Panic. resserrée en *épi linéaire,* unilatéral, distique; div. de la bractée mucronées. Epillets à 3-5 fl. pubescentes. Valve ext. de la glumelle terminée en arête beaucoup plus courte qu'elle. ♃. jn-jt. Prés secs, pelouses. C.

C. ECHINATUS L. Rac. fibreuse. Chaume de 3-5 déc. Feuil. rudes; ligule tronquée. Panic. resserrée en *épi ovale,* unilatéral; div. de la bractée longuement aristées. Epillets ord. à 2 fl.; valve ext. de la glumelle terminée en arête beaucoup plus longue qu'elle. ①. jn-jt. Landes, coteaux, bord des champs, surtout dans la région maritime. — CHAR.-INF. *Montlieu; Marennes, Echillais,* c. rive gauche de l'embouchure de *la Charente* (de Beaupreau), *Trizay* (M. Arnauld), *Nancras* (Delalande), *Moëze.* — MOR. *Groix* (Montagne), *Arzon, Ile-aux-Moines* (Pontarlier)! R. — FIN. *Morgat, Daoulas,* presqu'île de *Kélern*! *Brest*! *le Conquet* (Crouan), c. terres marécageuses des env. de *Morlaix* (de Guernisac). — C.-NORD. *S.-Laurent* en *Plérin* (Baron). — Puis par localités de *Dahouet* (C.-Nord) à *Cancale* (Il.-et-V.).

FESTUCA L. Epillets multiflores. Glume à 2 valves convexes. Glumelle à 2 valves convexes l'inf. aiguë, acuminée ou aristée, la sup. finement ciliée. Stigm. latéraux.

* *Valve ext. de la glumelle à arête plus longue qu'elle* (Vulpia).

F. UNIGLUMIS Ait. Rac. fibreuse. Chaume de 1-2 déc. Panic. unilatérale, resserrée en épi. Fl. rudes; pédic. des épillets dilatés-comprimés dans le haut. Valve inf. de la glume très-courte ou 0, *la sup. aristée.* Etam. 3. ①. mai-jn. Sables maritimes. CC. — R. à l'intérieur : sables de *Montendre* (Char.-Inf.), d'*Arthon* (Loire-Inf.). — Dans cette espèce et dans la suiv. la longueur de la valve inf. de la glume est très-variable; je l'ai qqf. vue longue de 5-6 millim.

F. CILIATA DC. *F. Myuros* L. Rac. fibreuse. Chaume de 15-25 cent. Panic. unilatérale, resserrée en épi allongé. Valve inf. de la glume ord. très-courte ou 0, la sup. obtuse, tronquée, ou aiguë. *Fl. velues, longuement ciliées.* Etam. 1. ①. mai-jn. Lieux sablonneux, friches et murs. — AC. calc. et région maritime jusqu'au *Port-Louis* (Mor.). — FIN. *Plovan, Plomeur* (Crouan). — C.-NORD. *S.-Jacut* (Mabille). — IL.-ET-V. *S.-Lunaire* (Mabille).

F. PSEUDO-MYUROS Soyer, *F. Myuros* DC. Racine fibreuse. *Chaume engaîné jusque sous la panic.* resserrée en épi allongé, incliné. Valve inf. de la glume 2-3 f. plus courte que la sup. aiguë. Fl. rudes. Etam. 1. ①. mai-jn. Lieux secs, murs. CC. — Varie à valve inf. de la glume très-courte et sur les bords de la mer à valve supér. obtuse (*F. ambigua* Le Gall).

F. SCIUROÏDES Roth, *F. bromoïdes* Smith. diffère du précéd. par la panic. dressée, éloignée de la feuil. sup. ①. mai-jn. Prés, champs. C.

** *Valve supér. de la glumelle à arête 0, ou plus courte qu'elle.*

1. *Epillets en épi ou en panic. raide.* F. Poa, tenuicula, tenuiflora, rigida.

2. *Toutes les feuil. planes.* F. arundinacea, pratensis.

3. *Feuil. de la tige planes, les rad. enroulées ou pliées.* F. heterophylla, rubra.

4. *Feuil. toutes enroulées ou pliées.* F. tenuifolia, duriuscula, arenaria.

F. TENUIFOLIA Sibth. Rac. fibreuse. Chaumes en touffe, anguleux dans le haut, peu feuillés. *Feuil. sétacées-pliées, très-fines,* vert pâle ou un peu glauques, un peu rudes. Ligule courte à 2 oreillettes, ainsi que dans les 4 suivants. Panic. unilatérale, à rameaux étalés pendant la fleuraison. Epillets petits, ovales, à 3-5 fl. glabres, sans arête, rar. à arête très-courte. ♃. mai-jn. Coteaux, landes, lieux arides, pelouses mousseuses ombragées. C. — *F. ovina* L. a les feuil. moins fines et la valve inf. de la glumelle acuminée en arête courte.

F. DURIUSCULA L. Très-variable. Rac. fibreuse, noirâtre. Chaumes en touffe, anguleux. *Feuil. enroulées, raides,* plus ou moins glauques. Panic. du précéd.; épillets plus gros, oblongs, à 4-6 fl. à arête variable, ne dépassant pas la moitié de leur longueur, glabres ou pubescentes (*hirsuta* Host). ♃. mai-jn. Coteaux arides des terrains schisteux, calc. et des bords de la mer (où qqf. très-glauque, *F. glauca* Lamk.), Mielles de la côte du Nord. C.

F. HETEROPHYLLA Lam. *Rac. fibreuse.* Chaumes de 6-8 déc. grêles, en touffe. *Feuil.* rad. nombreuses, pliées-sétacées, molles, celles *du chaume plus larges, planes.* Panic. lâche, allongée, étalée pendant la fleuraison. Epillets à 4,5 fl. lancéolées, aristées. ♃. mai-jn. Bois montueux couverts. — CHAR.-INF. AC. — DEUX-SÈV. *La Mothe*! (Maillard), *Melle, Niort*, forêt de *Chizé*! (Guillon), c. *Parthenay*! (Janneau). — VEND. c! forêt de *Vouvant* (Letourneux), *S.-Prouent*, *Pont-Charrault*, *Pouzauges* (Pontarlier, Marichal), R. *S.-Hilaire* (Genevier), *Chaillé-les-Marais*. — LOIRE-INF. Forêt de *Teillé*, de *Domnèche*; d'*Ancenis* (Guiho). R. — MOR. AC. — FIN. Forêt de *Quimperlé*; *Châteaulin* (Crouan). — IL.-ET-V. *Fougères*.

F. RUBRA L. *Rac. rampante*, qqf. noire. Chaume de 3-8 déc. *Feuil.* rad. pliées-sétacées, celles *du chaume planes*. Panic. étalée pendant la fleuraison. Epis à 4,5 fl. lancéolées, aristées, glabres ou pubescentes. ♃. mai-jn. Prés, pâturages, bord des bois. C.

β. *F. arenaria* Osbeck, *F. dumetorum* L. Mut. fig. 615. *F. sabulicola* Léon Duf. *Rac.* noire longuement *rampante.* Chaume de 3-4 déc. *Feuil.* glauques, *toutes enroulées-sétacées*. Panic. unilatérale, lâche, à rameaux inf. géminés. Epillets allongés, à 5,6 fl. aristées, velues-pubescentes, rar. tout-à-fait glabres. ♃. mai-j^n. Sables maritimes. C. — *F. Halmyris* Mabille cat. p. 127, est une forme (v. γ. *cœsia* Andersson gram. lund. p. 21 : culmo, foliisque radicalibus et stolonum brevibus arcuatis, rigidis, intense cœsiis; paniculæ ramis brevissimis strictis; spiculis hirsutulis cœsio-irroratis; et herb. norm. V. 98;) courte, ramassée, due à sa station atteinte par la marée.

F. ARUNDINACEA Schreb. Très-voisin du suiv. Rac. à stolons courts. Chaume de 6-10 déc. *Feuil. planes*, rudes, dilatées à la base en forme d'oreillettes courtes; ligule courte. *Panic.* allongée, lâche, penchée, *à rameaux géminés*, rudes, rameux, *portant des épillets nombreux*, ovales-lancéolés, à 4,5 fl. Valve ext. de la glumelle munie près du sommet d'une arête rude, très-courte. ♃. j^n. Prés calc. — Prob. çà et là dans *Char.-Inf.*, *Deux-Sèv.*, *Vend.* — LOIRE-INF. Les *Prises* à *Machecoul*, *les Cléons* (de l'Isle). — MOR. Prob. R. — FIN. *Pouldreuzic*, *Plovan*, *Ploudalmézeau*, *Goulven*, *Locquirec* (Crouan). — C.-NORD. Bord du *Guer* à *Lannion* (Baron), *S.-Jacut*, *la Courbure* près *Dinan*, bord de la *Rance* à *Lehon* (Mabille). — IL.-ET-V. *Châteauneuf*, *Rotheneuf* (Mabille).

F. PRATENSIS Huds. Mut. fig. 652, *F. elatior* DC. Rac. fibreuse. Chaume de 6-10 déc. Feuil. planes, rudes, dilatées à la base en forme d'oreillettes courtes; ligule courte. *Panic.* allongée, lâche, *à rameaux géminés*, rudes, *inégaux, l'un très-court portant 1 ou 2 épillets linéaires à 5-10 fl. obtuses*, ord. mutiques, l'autre portant 3-5 épillets. ♃. mai-j^n. Prés, bord des champs. — C. calc. et région maritime, PC. ailleurs. — Varie rar. (Mut. fig. 623) à épillets solitaires, alternes, presque sessiles en épi.

F. RIGIDA Kunth, *Poa* L. Rac. fibreuse. Chaume de 6-15 cent. raide. *Panic.* unilatérale, *raide, à rameaux courts, triquêtres, rapprochés; pédic. très-*

courts. Epillets lancéolés, à 6-10 fl. obtuses, à peine mucronées, verdâtres ou rougeâtres. ①. j^n^.-j^t^. Vieux murs, lieux secs pierreux ou sablonneux, sables maritimes. C.

F. TENUIFLORA Schrad. *Triticum Nardus* DC. Rac. fibreuse. Chaume de 1-2 déc. très-grêle, raide. Feuil. sétacées, en gouttière; ligule presque 0. *Epi grêle*, raide, *unilatéral*. Epillets distiques, à 4,5 fl. rapprochées. Valve inf. de la glume 1/2 plus étroite. Valve ext. de la glumelle munie d'une arête égalant ord. sa longueur. ①. mai-15 j^n^. Champs sablonneux du calc., murs. — CHAR.-INF., DEUX-SÈV. AC. — VEND. *Chaillé-les-M.* (Pontarlier), *Fontenay* ! *Gué-de Velluire* (Letourneux), *Chaix* (Ayraud). — LOIRE-INF. AC. *Machecoul*. R. — MOR. *Ploërmel* (J. M. Sacher). R. — C.-NORD. Coteaux de la *Rance* à la *Courbure*, à *Taden* (Mabille). — IL.-ET-V. Murs de *Rennes* (Degland).

F. POA Kunth, *Triticum* DC. Chaume de 1-2 déc. raide, à nœuds noirâtres. Feuil. sétacées, enroulées, à deux oreillettes latérales; ligule courte. *Epi filiforme*, allongé, raide; épillets oblongs-lancéolés, *alternes, très-courtement pédicellés*, à 3,4 fl. un peu obtuses. Glume à 2 valves trinervées, l'inf. un peu plus courte. ①. mai-j^n^. Coteaux pierreux, carrières, lieux sablonneux. — CHAR.-INF. Forêt d'*Arvert* (de Beaupréau), *Montendre*. — DEUX-SÈV. *Boussais* (Bonnin), *Parthenay*. — VEND. AC. *Napoléon*, *Mareuil*, *S.-Prouent* (Pontarlier, Marichal), coteaux de la *Vendée*, *Cheffois*, *la Châtaigneraie*, *Mouilleron-en-Pareds* (Letourneux), *S.-Laurent-s.-Sèvre* (Genevier). — LOIRE-INF. *Nantes*, *Nozay*, *Saffré*, *Derval*, *Auverné*, etc. AC. — MOR. AC. (Le Gall). — C.-NORD. *Caulnes*, *Bobital*, AC. vallée de la *Rance* de Dinan à la mer (Mabille). — IL.-ET-V. Env. de *Rennes* (Degland), *Vitré* (V. Sacher), *la Roche-du-Theil*, *le Plessis* et *Bougro* en *Bains*, *Beaumont* près *Redon* (Moreau).

F. TENUICULA Kunth, *Triticum* Lois. Caract. du

précéd., valve inf. de la glumelle terminée en arête égalant le 1/3 ou la 1/2 de sa longueur. Mêmes lieux surtout sur les schistes. — DEUX-SÈV. AC. schistes. — VEND. Coteaux du *Lay* du *Pont-Charrault* à *Puymaufrais* (Pontarlier), *Evrunes*! *Mortagne*! (Genevier). — LOIRE-INF. C. de *Thouaré* à *Ingrande*, arrond. d'*Ancenis* et de *Châteaubriant*. AC. — Mor. AC. (Le Gall). — C.-NORD. Env. de *Dinan*.

BRACHYPODIUM P. Beauv. Caract. du *Festuca*. Valve sup. de la glumelle tronquée, bordée de cils raides. Epillets courtement pédicellés, en épi simple distique.

B. SYLVATICUM P. B. *Triticum* Mœnch, *Bromus pinnatus* β. L. Rac. fibreuse. Chaume de 6–9 déc. grêle. Feuil. flasques, velues ainsi que les gaînes. Epi penché; épillets cylindriques, pubescents. *Fl. sup. plus courtes que leur arête.* ♃. jn–at. Lieux boisés. C.

B. PINNATUM P. B. *Bromus* L. *Triticum* Mœnch. Rac. rampante. Feuil. raides. Epi glabre ou pubescent, dressé ou incliné. Epillets droits ou arqués. *Fl. sup. plus longues que leur arête.* ♃. jn–jt. Bord des haies, buissons, landes. CC.

BROMUS L. Epillets multiflores. Glume à 2 valves plus courtes que les fl. qui la touchent. Glumelle à 2 valves, l'inf. munie au-dessous du sommet d'une arête droite ou recourbée. Ovaire ord. poilu au sommet, portant les styles courts, insérés latéralement sur le devant et au-dessus du milieu. Stigm. plumeux sortant de la base de la fl. *Fl. en panicule.*

1. *Arête de la glumelle à la fin tortillée-divariquée.* B. molliformis, squarrosus.

2. *Panic. penchée.* B. secalinus, commutatus, arvensis, asper, giganteus, sterilis, tectorum.

3. *Epillets élargis au sommet.* B. rigidus, diandrus.

4. *Panic. dressée.* B. racemosus, mollis, erectus.

B. SECALINUS L. Chaume de 6-10 déc. Feuil. poilues en dessus; gaînes sup. glabres. Panic. étalée, penchée après la fleuraison. Epillets oblongs, à fl. elliptiques, *cylindriques et écartées à la maturité*. Valves de la glumelle d'égale longueur. Arête courte. ①. jn-jt. Moissons. C. — CHAR.-INF., DEUX-SÈV., VEND. PC. — LOIRE-INF. C. — AC. au-delà.

β. ? *B. velutinus* Schrad. Epillets ovales 1 f. plus gros, veloutés-grisâtres; nervures latérales de la valve ext. des glumelles plus saillantes. — FIN. *Brest*. — C.-NORD. « Une fois à *S.-Jacut* (Mabille). »

B. COMMUTATUS Schrad. Chaume de 6-10 déc. ascendant. Feuil. et gaînes inf. velues. *Panic. à la fin penchée*, à pédonc. lâches, filiformes, presque toujours simples. Epillets oblongs-lancéolés, glabres, à fl. elliptiques-oblongues toujours imbriquées. *Valve inf. de la glumelle dépassant la sup.*, les bords formant au-dessus du milieu un angle très-obtus. Arète égalant la glumelle. ②. jn-jt. Prés calc. — CHAR.-INF. C. — DEUX-SÈV. Prob. AC. — VEND. Çà et là le Marais! (Letourneux); prob. ailleurs, surtout dans le calc. — LOIRE-INF. AC. les *Prises* à *Machecoul*, prés de *la Loire*; *Cambon* (Desvaux), etc. PC. — C.-NORD. Env. de *Dinan*, AC. prés du littoral (Mabille). — IL.-ET-V. De *Pontorson* à *Chérueix*. — Rougit souv. en vieillissant.

B. RACEMOSUS L. Chaume de 4-8 déc. un peu rude dans le haut. Feuil. et gaînes inf. velues. *Panic.* assez lâche, droite, *resserrée après la fleuraison*; pédonc. ord. simples. *Epillets* ovales-oblongs, *glabres, luisants*. Fl. elliptiques, toujours imbriquées. *Valve inf. de la glumelle à bords arrondis*, dépassant la sup. Arête égalant la glumelle. ②. mai-jn. Prés. C. — Très-voisin du précéd. et du suiv.; il se distingue cependant du 1er par le chaume 1/2 plus gros sous la panic. à rameaux droits; du 2e par la panic. lâche, et de tous deux par la valve inf. de la glumelle ne formant pas au-dessus du milieu un angle distinct, mais ayant les bords arrondis.

Ceux-ci ne font pas, comme dans *B. secalinus*, un arc régulier dont la partie la plus large est au milieu de la valve. Dans *B. racemosus*, la partie la plus large est située au-dessus du milieu où qqf. elle forme presque un angle, mais jamais aussi distinct que dans *Br. mollis* et *commutatus*. Cette courbure se voit mieux dans la plante fraîche, en fleurs; il en est de même du port de ces trois plantes, qui est moins facile à analyser qu'à saisir sur place, surtout lorsqu'elles croissent ensemble.

B. MOLLIS L. *Chaume* de 3-5 déc. *mollement poilu ainsi que les gaines et les feuil.* Panic. oblongue, droite, étalée, resserrée après la fleuraison; *pédonc. courts. Epillets* oblongs-ovales, *pubescents*, qqf. presque glabres. Fl. elliptiques, toujours imbriquées. *Valve inf. de la glumelle* dépassant la sup., les bords formant *au-dessus du milieu un angle obtus*. Arête égalant la glumelle. ②. mai-jn. Prés, champs, vignes. CC. — Varie AC. dans les sables maritimes à chaume de 3-10 cent., panic. compacte à épillets peu nombreux, souv. glabres (*B. hordeaceus* Gr. God., *B. arenarius* Thomine), ou qqf. à panic. compacte, trapue, très-velue (*B. Ferronii* Mabille Cat. 129).

B. MOLLIFORMIS Lloyd fl. Loire-Inf. 315. Rac. fibreuse. Chaume de 2-4 déc. Feuil. et gaines inf. mollement poilues. *Panic.* oblongue, droite, étalée, *resserrée après la fleuraison;* pédonc. courts, simples. *Epillets* oblongs-lancéolés, *velus*. Fl. elliptiques, toujours imbriquées. Valve inf. de la glumelle dépassant la sup., les bords formant un peu au-dessus du milieu un angle obtus. *Arête* égalant la glumelle, d'abord droite, *à la fin tortillée-divariquée.* ②! 15 mai-jn. Sables, friches, talus des fossés dans la région maritime. C. jusqu'à *Belle-Ile*. — Au midi de *la Loire*, on le retrouve dans l'intérieur, à *Nancras, Pons, la Charente* jusqu'à *Saintes, Pont-l'Abbé, Surgères, Cognac, Fontenay-Vendée*, etc. — Plus velu que *B. mollis*, dont on le distingue difficilement avant la contorsion des arêtes ; il diffère davantage de *B. divaricatus* Rohde, qui a les pédonc. allongés, les épillets longs, lancéolés, arqués en dedans par les côtés vers la maturité et l'arête insérée à 3-4 mil. du sommet, tandis que dans notre plante elle est insérée à 1 1/2 mil. du sommet obtus, échancré.—*B. intermedius* Guss. est plus grêle, la panic est assez lâche, plus étroite, les épillets sont plus petits, plus allongés, les pédic. bien plus fins et plus longs, les arêtes plus tôt et plus divariquées.

* B. SQUARROSUS L. Feuil. et gaînes poilues. *Panic. étalée, lâche, penchée, à pédonc. filiformes, grêles,* simples. Épillets grands, oblongs-lancéolés, glabres, luisants. Fl. elliptiques, toujours imbriquées. Valve inf. de la glumelle dépassant la sup., les bords formant au-dessus du milieu un angle obtus. *Arête* égalant la glumelle, *à la fin tortillée-divariquée.* ②. mai-jn. J'ai reçu de MM. Hectot et Desvaux des échantillons recueillis dans *la Loire-Inf.* mais sans localité précise. — A retrouver.

B. ARVENSIS L. Chaume de 4–9 déc. Feuil. et gaînes velues. *Panic. grande, pyramidale,* étalée, lâche, à la fin penchée, panachée de vert et de violacé; pédonc. grêles, allongés. Épillets linéaires-lancéolés, fl. elliptiques-lancéolées, glabres, luisantes. Bords de la valve inf. de la glumelle formant au-dessus du milieu un angle obtus. Arête noirâtre, égalant la glumelle. ①. jn-jt. Champs, moissons surtout du calc. — CHAR.-INF. et calc. Vendéen. C. — DEUX-SÈV. AC. au moins dans le Nord. — LOIRE-INF. AC. *Ancenis.* R. — MOR. La Chênaie en *Arradon* (Taslé). — FIN. *Penmarc'h* (Bonnemaison), *Lannevez* (de Crec'hquérault). — C.-NORD. *Dinan*; c. *S.-Juvat*, le *Quiou* (Mabille). — IL.-ET-V. *S.-Malo* (Mabille), calc. de *Rennes* (Degland).

B. ASPER L. Chaume de 8–12 déc. Feuil. larges, très-rudes ; *gaînes hérissées de longs poils. Panic. très-ample,* penchée, *à longs pédonc. rameux, gémi-*

nés. Epillets linéaires, aigus. Valve inf. de la glumelle à 2 courtes dents, plus longue que l'arête insérée près du sommet. ♃. j^t^–a^t^. Haies et lieux boisés frais. PC.

B. GIGANTEUS L. Chaume de 6–10 déc. Feuil. larges, rudes, glabres ainsi que les gaînes, auriculées à la base ; ligule courte. Panic. étalée, penchée, lâche. Epillets lancéolés, petits. *Valve inf. de la glumelle à 2 dents, 1 f. plus courte que l'arête blanche, flexueuse*. ♃. j^n^–j^t^. Lieux boisés couverts. CHAR.-INF. *Le Pin* (Mme George), forêt d'*Aulnay*. — DEUX-SÈV. *Niort* (A. Guillon), *la Mothe* (Sauzé), *Airvault* (Bonnin), *Thouars* (Revelière). — VEND. *Charzais* (Ayraud), *Roc-S.-Luc* (Letourneux), *S.-Gervais* (Gobert). — LOIRE-INF. *Boire-Courant*, *la Seilleraie*, vallée de la *Divatte*, *Châteaubriant* et env., *Erbray; Rosabonet, S.-Herblon* (Guiho), *la Bretèche* (Genevier), etc. PC. — MOR. *Baud* (Le Gall). — FIN. *Plestin* (de Crec'hquérault). — C.-NORD. *S.-Jacut*, forêt de *Boquien*, bois du *Chêne* et la *Courbure* près *Dinan* (Mabille). — IL.-ET-V. Env. de *Rennes* (Degland).

B. ERECTUS L. Chaume de 6–9 déc. *Feuil. rad. étroites*, poilues au bord, *celles de la tige plus larges*. Panic. dressée, pédonc. demi-verticillés. Epillets linéaires-lancéolés, un peu comprimés. Fl. lancéolées, glabres ou pubescentes. Valve inf. de la glumelle à 2 très-courtes dents, plus longue que l'arête presque terminale. ♃. mai-j^n^. Prés secs, coteaux, bord des champs dans le calc. — CHAR.-INF. CC. — DEUX-SÈV., VEND. C. — LOIRE-INF. Les *Prises* à *Machecoul* ! (Pesneau), *Maumusson* (Guiho et moi), c. talus de l'entrée du canal de Brest. RR.— MOR. R. *la Chênaie* en *Arradon* (Taslé). — FIN. *Brest, Plouigneau* (Crouan). — IL.-ET-V. *Bruz* (herb. Degland).

B. STERILIS L. Chaume de 4–8 déc. *Panic. très-lâche*, étalée, penchée, *à pédonc. très-allongés*, très-rudes. *Epillets pendants*, élargis au sommet, glabres, très-rudes. Valve inf. de la glumelle bifide, plus courte que l'arête. ①. mai-j^n. Murs, lieux secs incultes, bord des haies. CC.

B. TECTORUM L. Chaume de 2-4 déc. pubescent au sommet. *Panic. élégamment pendante d'un même côté.* Epillets élargis au sommet, pubescents, luisants. Valve inf. de la glumelle bifide, égalant l'arête. ①. mai-j^n. Murs, lieux sablonneux. — CHAR.-INF. *Montendre, Montlieu, Meschers.* — DEUX-SÈV. C. par localités dans le Nord. — LOIRE-INF. *Nantes, Machecoul, Arthon, Chéméré.* R.

B. RIGIDUS Roth, *B. madritensis* DC. Rac. fibreuse. Chaume de 3-6 déc. dressé, raide, pubescent au sommet. Feuil. et gaînes poilues; ligule déchirée-dentée. Panic. dressée; pédonc. ord. simples, élargis au sommet. *Valve inf. de la glumelle terminée en membrane fendue presque jusqu'à la base.* Arête beaucoup plus longue que la fl. lancéolée-allongée. Etam. 2,3. ①. mai-j^n. Murs, lieux sablonneux. C. — Au-delà de *Loire-Inf.* plutôt dans la région maritime. — Les individus robustes, à panic. lâche, penchée au sommet, croissant dans les lieux moins arides forment *B. maximus* Desf. — Voir in archiv. Billot 1841, un travail sur le groupe du *B. maximus* Desf., par M. Jordan, qui donne à la plante ci-dessus le nom nouveau de *B. ambigens*, et à sa forme robuste celui de *B. Boræi* (*B. Gussoni* Bor., non Parlat).

B. DIANDRUS Curtis et anglor. *B. madritensis* L. *B. polystachyus* DC. Chaume de 3-4 déc. glabre. Feuil. et gaînes pubescentes; ligule déchirée-dentée. Panic. ovale-oblongue, dressée; pédonc. un peu épaissis au sommet, à 1-3 épillets glabres ou pubescents. *Valve inf. de la glumelle terminée en membrane non fendue jusqu'à la moitié.* Arête un peu plus longue que la fl. linéaire-en alêne. ①. mai-j^n. Murs, lieux sablonneux, sables maritimes. C. — Au-delà de la *Vilaine* plutôt dans la région maritime. — Souvent mêlé au précéd. dont il se distingne facilement par les chaumes plus nombreux, ascendants. La panic. plus fournie a ord. une teinte rougeâtre occasionnée par les arêtes qui rougissent en vieillissant. Les épillets sont qqf. velus; alors le chaume est pubescent. Dans *B. rigidus* on trouve qqf. des individus à chaume glabre.

GAUDINIA P. Beauv. Epillets solitaires, sessiles sur chaque dent d'un axe articulé et parallèles à l'axe. Glume bivalve, à 4-6 fl. Glumelle à 2 valves, l'inf. munie d'une arête dorsale tortillée. *Fl. en épi.*

G. FRAGILIS P.B. *Avena* L. Chaume grêle de 3-5 déc. Feuil. et gaînes poilues; ligule très-courte. Epi grêle, fragile aux articulations; épillets distiques. ①. j^{n}-sept. Prés, bord des champs, des chemins. C. — R. au-delà de *Loire-Inf.* — MOR. Région maritime. AR. — FIN. *Plomeur, Pont-l'Abbé* (Crouan). — IL.-ET-V. R. calc. de *Rennes* (Degland).

TRITICUM L. Epillets solitaires, sessiles sur chaque dent de l'axe, opposés à l'axe par une de leurs faces. Glume à 3 fl. ou plus, carénées. Glumelle à 2 valves, l'inf. aristée ou mutique. *Fl. en épi.*

* *Epillets à 3-5 fl., glume à valves coriaces, ventrues, fruit velu au sommet sans appendice.* (Triticum P.B.).

Cette section comprend : *T. vulgare* Vil. le Froment, qui varie à fl. mutiques (T. hybernum L.) ou aristées (T. æstivum L.), cult. partout; *T. turgidum L.* Gros blé, peu cult. *Belle-Ile* et littoral de *Char.-Inf.*, moins dans les *Deux-Sèv.* et sa var. *compositum*, Blé de Miracle, très-rar. cult.

** *Epillets à 5-10 fl.; glume à valves non ventrues, fruit terminé par un appendice blanc arrondi* (Agropyrum P.B.).

T. CANINUM Schreb. *Elymus* L. *Trit. sepium* Lam. *Rac. fibreuse.* Chaume grêle. Feuil. larges, rudes des deux côtés; ligule courte. Epi distique; axe rude. Epillets à 4,5 fl. fertiles, longuement aristées. 2. jn-jt. Bords ombragés des ruisseaux, des rivières. — CHAR.-INF. *Vergeroux* (Faye), *forêt d'Aulnay* (Savatier), *la Grâce-Dieu* (de l'Isle). — DEUX-SÈV. Forêt de *Chizé* (Dussouchaud), *Niort* (Guillon), *la Mothe* (Maillard), *S.-Maixent; Airvault* (Bonnin), *Thouars* (J. Richard). — VEND. *Pont-Charrault* (Marichal), R. forêt de *Vouvant* (Letourneux), *Chavagne* (Genevier). — LOIRE-INF. De *Clisson* à *Vertou*, vallée de *la Divatte*; le Havre au-dessous de Couffé! (E. Bureau). — MOR. *Ploërmel* (Le Gall). — FIN. *Châteaulin* (Crouan). — C.-NORD. *S.-Jacut* (Mabille).

T. REPENS L. *Chiendent. Rac.* longuement *rampante.* Chaume de 4-8 déc. raide. *Feuil.* striées, plus ou moins *rudes en dessus;* ligule très-courte. Epi distique; axe ord. rude. Epillets à 5-8 fl. Valves de la glume presq. égales, acuminées, à 5 nervures. 2. jn-jt. Champs cultivés, haies, bord des chemins, des rivières, lieux sablonneux, pierreux. CC. —Plante très-variable; dans la région maritime, elle est plus raide et plus ou moins glauque, les feuil. sont qqf. enroulées, et les fl. sont écartées ou nombreuses et serrées, obtuses, aiguës, mutiques ou à arête atteignant jusqu'à 8 millim. A cette espèce appartiennent *T. repens, glaucum, pungens, acutum, campestre* de qq. auteurs de l'Ouest et *T. macrostachyum* Le Gall.

T. JUNCEUM L. Rac. longuement rampante. Chaume raide de 3-5 déc. *Feuil. enroulées, très-finement veloutées-poilues en dessus,* glauques. Epi raide, à épillets gros, robustes, écartés; axe glabre, très-cassant. *Valves de la glume à 9 ou 11 nervures,* obtuses, 1/3 plus courtes que l'épillet à 5-8 fl. un peu obtuses, mutiques. 2. mai-jn. Sables maritimes. AC.—Plus c. au midi de *la Loire* où il forme souv. la première ceinture végétale des dunes vis-à-vis la grande mer.

ELYMUS L. Epillets 2-4 sur chaque dent de l'axe, à 2 ou plusieurs fl. Glume à 2 valves linéaires, placées devant la fl. et imitant par leur réunion un involucre polyphylle. Valve inf. de la glumelle longuement aristée.

E. europæus L. Rac. fibreuse. Chaume de 6-8 déc. couvert ainsi que les gaînes de poils serrés réfléchis. Feuil. planes, rudes, à la fin glabres, ligule très-courte, tronquée. Epi linéaire-lancéolé. Epillets du milieu de l'épi ternés, à 2 fl. ou à 1 fl. avec un rudiment. Valves de la glume linéaires-lancéolées, aristées; valve inf. de la glumelle à arête 1 fois plus longue qu'elle. ♃. jn-jt. Bois. — Char.-Inf. Forêts d'*Aulnay*, de *Chizé*. — Deux-Sèv. *Forêt d'Aulnay*! (A. Guillon). R.

HORDEUM L. Epillets ternés sur chaque dent de l'axe, les latéraux mâles ou stériles, l'intermédiaire sessile, herm. Glume 1-flore ou avec un rudiment de fl. en forme d'arête, à 2 valves linéaires, placées devant la fl. et imitant par leur réunion un involucre à 6 fol. Valve inf. de la glumelle longuement aristée. *Fl. en épi.*

H. murinum L. Chaume de 2-4 déc. Feuil. molles, velues. Epi allongé. *Glume de la fl. intermédiaire à valves linéaires-lancéolées, ciliées,* celles des fl. latérales sétacées, rudes. ①. jn-at. Murs, lieux arides, chemins C. — Sur les murs des bords de la mer le chaume est qqf. plus court, et les épis plus robustes ressemblent à ceux de *H. maritimum.*

H. pratense Huds. *H. secalinum* Schreb. Chaume de 3-7 déc. grêle. Feuil. rudes. Epi grêle, distique. *Valves des glumes toutes sétacées,* rudes, *glabres,* celle des fl. latérales plus courtes. ♃. mai-jn. Prés. C.—Au-delà de *Loire-Inf.* rc. à l'intérieur.

H. maritimum With. Chaume de 2-4 déc. Feuil. glabres ou velues. Epi allongé. Valves des glumes glabres, *l'intér. des fl. latérales lancéolée,* toutes les autres sétacées. ①. mai-jn. Prés, pâturages, chemins de la région maritime. CC.

LOLIUM L. *Ivraie.* Epillets solitaires, sessiles sur chaque dent de l'axe, opposés à l'axe par un de leurs côtés. Glume à 3 ou plusieurs fleurs, extérieure, à 1 seule valve, bivalve dans la fl. supérieure. Valve extér. de la glumelle mutique ou aristée. Stigm. latéraux. *Fl. en épi.*

L. PERENNE L. *Ray-grass.* Rac. fibreuse. *Chaume* de 2-4 déc. lisse, *accompagné à la base de faisceaux de feuil. étroites*, d'abord *pliées* en long. Epillets dépassant la glume, à fl. lancéolées, *mutiques*. ♃. mai-j^t. Prés, bord des chemins. CC.—Les individus grêles à épillets 2,3.flores forment *L. tenue* Pesn.; et une monstruosité à épillets, excepté les infér., serrés sur un axe amaigri constituent *L. cristatum* du même auteur.

* L. ITALICUM Braun. Rac. fibreuse. Chaume de 2-4 déc. accompagné à la base de faisceaux de feuil. étroites, *d'abord enroulées*. Epillets dépassant la glume ; fl. lancéolées à *arête assez longue*. ♃. mai-j^t. Prés, bord des chemins.—Semé souv. sous le nom de Ray-grass, il se répand dans les champs voisins et sur le bord des chemins.

L. RIGIDUM Gaud. *L. strictum* God. Chaume de 3-5 déc. *sans faisceaux de feuil. à la base,* souv. rougeâtre. Epi allongé ; épillets à 5-10 *fl.* obtuses, lancéolées, *mutiques,* dépassant 1 f. la glume ou l'égalant. ①. j^n-j^t. Champs, vignes. — CHAR.-INF. cc. vignes. — DEUX-SÈV. *La Mothe, Souvigné* (Sauzé); prob. ailleurs dans le calc., ainsi que dans celui de *la Vend.* — VEND. *Ile d'Elle.* — LOIRE-INF. *Croisic, Arthon.* —MOR. *Belle-Ile.* — C.-NORD. « *Bobital, Hinglé* (Mabille). »

L. MULTIFLORUM Gaud. Vaill. 17, 3. *Chaume* de 6-10 déc. *sans faisceaux de feuil. à la base,* rude au sommet. Epi allongé ; *épillets à fl. nombreuses,* serrées, oblongues-lancéolées, les sup. aristées, qqf. mutiques ou toutes aristées, 2-3 *fois plus longs que la glume.* ①. j^n-j^t. Moissons. AC. — Varie rar. à épi rameux (Mut. fig. 638.)

* L. LINICOLA Sond. *L. arvense* Schrad. Chaume de 3-6 déc. grêle. *Epi grêle*; épillets à 4-7 fl. elliptiques-lancéolées à la maturité, mutiques, *dépassant un peu la glume*. ①. mai-j^{t}. Çà et là parmi le Lin, avec lequel il a été introduit.

L. TEMULENTUM L. Chaume de 6-10 déc. robuste. Feuil. planes. *Epi robuste; épillets* à 5-8 fl. elliptiques, aristées, *égalant la glume* ou plus courtes. ②. j^{n}-j^{t}. Moissons. C.

L. ARVENSE With. *L. speciosum* Stev. Caract. du précéd. Fl. mutiques; valve ext. de la glumelle portant au-dessons du sommet membraneux une petite soie blanchâtre, velue, flexueuse. Mêmes lieux. AC.

ÆGILOPS L. Epillets solitaires, à 3,4 fl., sessiles dans une échancrure de l'axe et parallèles à l'axe. Glume à 2 valves coriaces, arrondies sur le dos, non carénées, terminées par 3,4 dents lancéolées en alène, allongées en arête ou mutiques. Valve inf. de la glumelle portant au sommet 3,4 arêtes.

X. Æ. OVATA L. Chaume de 1-3 déc. Feuil. poilues, ligule barbue. *Epi ovale* de 3-4 épillets très-rudes. Valve de la glume munie de 3,4 arêtes presq. égales; valve inf. de la glumelle beaucoup plus courte que ses arêtes. ①. j^{n}. Coteaux secs. — CHAR.-INF. *S.-Xandre* (de Beaupreau), *Marsilly* (Hubert), *la Repentie* (Letourneux), *le Pin* (Mme George), *Migré* (Dussouchaud). AR. — DEUX-SÈV. Rochers du Ligron près *Thouars* (Trouillard).

X. Æ. TRIUNCIALIS L. Chaume de 2-4 déc. Feuil. velues ainsi que les gaînes. *Epi linéaire* de 5,6 épillets. Glumes à 2,3 arêtes, 1 f. plus longues dans les épillets supérieurs. Valve inf. de la glumelle beaucoup plus longue que ses dents ou arêtes. ①. j^{n}. Coteaux secs. — CHAR.-INF. *Le Pin* (Mme George).

LEPTURUS R.Br. Epillets solitaires, 1-flores ou

avec un rudiment de fl. avortée, enfoncés dans les concavités de l'axe. Glume à 1 ou 2 valves dépassant la glumelle à 2 valves.

L. INCURVATUS Trin. *Rottboellia* L. Rac. fibreuse. Chaume de 10-15 cent. gazonnants, ascendants. Feuil. planes. Epi cylindrique, plus courbé dans les lieux secs. *Glume* coriace, à 2 *valves contiguës*, extérieures. ①. mai-jn. Prés salés, vases et rochers, bords des chemins dans la région maritime. C. — La glume varie de longueur par rapport à l'épillet qu'il dépasse d'autant plus que la plante habite un lieu plus sec, une région plus méridionale. Les individus droits, allongés par les herbes environnantes ou par suite de l'inondation, forment le *R. filiformis* de qq. auteurs.

X. L. CYLINDRICUS Trin. *Rottboellia* Willd. *R. subulata* Savi. Rac. jaunâtre. Epi cylindrique, en alène, raide, dressé. *Glume à 1 seule valve.* ①. mai-jn. — Bois secs, bord des chemins. — CHAR.-INF. Vignes de *Beauvais*! (Savatier), c. marais salants d'*Oleron* (de Rochebrune).

NARDUS L. Epillets 1-flores, sessiles dans les concavités de l'axe. Glume 0. Glumelle à 2 valves, l'ext. coriace, en alène, trigone, aristée, embrassant l'int. membraneuse. Style à 1 seul stigm. filiforme, terminal.

N. STRICTA L. Chaumes de 1-3 déc. filiformes, raides, en touffe. Feuil. filiformes-enroulées, glauques. Epi grêle, unilatéral. ♃. mai-jt. Pelouses sèches, landes, aussi prés et marais tourbeux. C. — PC. le calc.

Classe III. — ACOTYLÉDONÉES ou ENDOGÈNES CRYPTOGAMES.

Etamines, pistils et embryon nuls.

ÉQUISÉTACÉES.

Fructifications terminales, en épis ou chatons composés d'écailles peltées, verticillées, portant en dessous plusieurs sporanges membraneux, uniloc. s'ouvrant en long, contenant des spores nombreux entourés par 4 filaments dilatés au sommet. *Plantes vivaces, sans feuil., à rac. longue, rampante; tiges cylindriques, sillonnées, articulées, munies d'une gaîne à chaque articulation, simples ou à rameaux verticillés.*

EQUISETUM L. *Prêle*. Caract. de la famille. — Voir Duval-Jouve, note sur *Equisetum* bul. soc. bot. fr. 1858, p. 515.

* *Tiges fertiles simples paraissant avant les stériles.*

E. ARVENSE L. Tiges stériles vert pâle à rameaux grêles, allongés, tétragones, dont le premier entrenœud dépasse beaucoup la gaîne de la tige qui l'avoisine. Tige fertile de 1–3 déc. fauve; gaînes lâches, évasées, *à 8–12 dents* brunes, lancéolées-en alène. Epi oblong. Mars–av. Champs sablonneux, bord des rivières. C.

E. TELMATEIA Ehrh. *E. maximum* Lam. ex Duval-Jouve, *E. eburneum* Roth, *E. fluviatile* Smith. Tiges stériles de 6–10 déc. robustes, d'un blanc d'ivoire, dents des gaînes terminées par une longue soie; rameaux nombreux, rapprochés et dont le 1er entrenœud est plus court que la gaîne de la tige qui l'avoisine. Tige fertile de 2–4 déc.; gaînes lâches *à 20–30 dents* longuement acuminées. Epi oblong-cylindrique. Mars–av. Lieux humides, fossés du calc. —

CHAR.-INF. *Montlieu, la Tremblade; Fouras* (Hubert), c. *S.-Bris-des-Bois* (Pinatel). — DEUX-SÈV. *S.-Maixent* (J. Richard). — VEND. c. *Pont des Fléchoux* sur la route de *Talmont* aux *Sables* (Pontarlier). c. *Challans, Paluau, le Molin* (Gobert). — LOIRE-INF. *Machecoul! Arthon* (Letourneux), *les Cléons; S.-Gildas! Quilly* (Delalande), R. *Oudon* (de l'Isle). — FIN. *Coat-Enez* (Crouan), *Plouigneau* (de Guernisac). — C.-NORD. Bois de *Lizandré* en *Plouha* (Baron), c. landes humides près *Languenan* (Mabille). — IL.-ET-V. Ecluse de *Hédé* (herb. Degland).

E. SYLVATICUM L. Tiges stériles de 3-7 déc. très-élégantes; *rameaux* nombreux, *très-fins, décomposés*, à la fin inclinés; gaînes principales à dents rousses, aiguës non acuminées. Tige fertile qqf. pourvue de rameaux courts; gaînes lâches, terminées par 3,4 lobes obtus. Epi ovale-oblong. Av.-mai. — C.-NORD. Lieux humides ombragés de la forêt de *Lorge; Lannion* (J.-M. Sacher).

** *Tiges toutes semblables, fertiles.*

E. LIMOSUM L. *Tige* lisse, épaisse, à 16-18 *stries*, nue ou munie au sommet de rameaux verticillés plus ou moins complets et allongés. Gaînes appliquées à 15-20 dents noires, en alène. Epi ovoïde, obtus. Mai-jn. Marais herbeux, fossés. C.

E. PALUSTRE L. *Tige à env.* 8 *côtes*, lisse, offrant dans sa coupe transversale une *lacune centrale égalant* à peu près celles qui l'entourent; rameaux env. 8 régulièrement verticillés et dont le premier entre-nœud est au moins 1/2 plus court que la gaîne de la tige qui l'avoisine. Gaînes lâches, à dents lancéolées, noirâtres, avec un large bord blanc. *Epi* linéaire-oblong, *obtus*. Jn-jt. Prés marécageux, bord des eaux, lieux sablonneux humides. AC.—Au-delà de *Loire-Inf.*: MOR. c. vallées mouillées de *Belle-Ile; Ploërmel* (J.-M. Sacher). — C.-NORD. AC. à plusieurs lieues autour de *Dinan*, dans les deux départ. (Mabille). — IL.-ET-V. Calc. de *Rennes* (Le Gall).

E. RAMOSUM Schleicher, *E. tuberosum* Hectot. Rac. noirâtre portant dans la partie inf. des petits tubercules ovoïdes. Tige de 3–8 déc. à 9-15 *côtes rudes*, simple ou irrégulièrement rameuse, offrant dans sa coupe transversale une *lacune centrale* très-grande, *beaucoup plus grande* que celles qui l'entourent; rameaux souv. très-longs, grêles, solitaires ou de 2–8 par verticille, à env. 6 sillons. Gaînes un peu lâches à côtes convexes, dents lancéolées, noirâtres, bordées de blanc et terminées par une longue pointe blanchâtre, molle, caduque, la gaîne terminale très-évasée. *Epi* oblong-ovale, *acuminé*. Jn–at. Lieux sablonneux. — CHAR.-INF. Çà et là bord de *la Gironde* et sables maritimes. — LOIRE-INF. Çà et là haies, buissons de la vallée de *la Loire*.

MARSILIACÉES.

Sporanges de deux sortes, renfermés dans un involucre en forme de caps. sessile ou pédicellée, coriace, à plusieurs loges. *Plantes herbacées, aquatiques; souche filiforme, rampante; feuil. alternes, roulées en crosse avant leur développement.*

MARSILIA L. Involucres irrégulièrement ovoïdes, 1–3 sur un pédicelle situé à la base des pétioles, à 2 loges s'ouvrant à la maturité en 2 lobes. *Feuil. à 4 folioles.*

M. QUADRIFOLIATA L. Souche rampante. Feuil. longuement pétiolées, à 4 fol. obovales–en coin, en croix, entières, glabres, qqf. flottantes. ♃. jt–oct. Bord des rivières et marais voisins. —VEND. c. *Port-la-Claye* ! (Guettard), c. plus bas v.-à-v. *Curzon* (Pontarlier, Marichal). — LOIRE-INF. AC. vallée de *la Loire*; *Sucé* ! (Pesneau), le Don au-dessous de *Guémené*, cc. marais de *Masserac*; plus bas dans les marais de la Vilaine jusqu'à *Redon*.

PILULARIA L. Involucres globuleux, solitaires, presque sessiles, à la base des feuil., à 4 loges. *Feuil. simples, filiformes.*

P. GLOBULIFERA L. Souche filiforme, rampante, qqf. flottante. Feuil. en touffes. Involucres velus. J^{n}–sept. Bord des eaux, mares, marais. — AC. *Bretagne, Bocage Vendéen* et des *Deux-Sèvres*.

Obs. Salvinia natans Hoffm. Marsilia L., famille des Salviniacées, croît à *Bordeaux* où il flotte sur les eaux stagnantes. Ses feuil. sont distiques, elliptiques, obtuses, couvertes en dessus de groupes de poils rangés en quinconce; les sporanges sont globuleux, 1.loc., indéhiscents, agglomérés 4–8 sur des rameaux submergés non feuillés, garnis de racines.

ISOÉTÉES.

Sporanges de deux sortes, logés dans une fossette formée par la base intérieure dilatée (gaîne) des feuil., adhérents à sa nervure dorsale, recouverts en entier ou en partie par une membrane (*velum*) naissant du bord de la fossette. Celle-ci séparée des bords membraneux de la gaîne par une bande (*area*) moins diaphane qui est terminée au sommet par une très-petite écaille (*ligula*). *Plantes herbacées, à feuil. linéaires, toutes radic. non roulées en crosse.*

ISOETES L. Sporanges, les uns toruleux, contenant les *macrospores* qui sont orbiculaires, divisés par un anneau circulaire en deux parties, dont l'une est partagée en trois par 3 côtes qui se réunissent au sommet; les autres sporanges ponctués, renfermant une poussière très-fine qui est un amas de *microspores* dont la forme n'est visible qu'à un fort grossissement du microscope.

I. HYSTRIX Durieu, *I. Delalandei* édit. 1. *Terrestre.* Racines velues. *Souche trigone,* entourée d'écailles (*phyllopodes*) noirâtres, luisantes, tronquées à la base, terminées par trois dents raides, les latérales ord. plus longues que l'intermédiaire qui manque qqf. Feuil. linéaires, aiguës, à peine en gouttière en dessus, convexes en dessous, *arquées sur la terre en cercle* de 4-5 cent. de diamètre et non dressées. Sporanges recouverts en entier par le *velum*. Ceux contenant les macrospores blancs, toruleux, ceux renfermant les microspores roussâtres, creusés de points reliés entre eux par des lignes irrégulières. *Macrospores légèrement granuleux*. Microspores très-finement muriqués. ♃. Fruct. av.-mai ; feuil. depuis les fraîcheurs de l'automne jusqu'en mai. — Mor. *Houat* ! (Delalande), *Belle-Ile*. — Cette espèce croît par pieds isolés et non en gazon, sur les pelouses et les plateaux maritimes secs et ras, reposant sur une petite couche de terreau, qqf. sur les coteaux abruptes exposés au midi. Ses feuilles s'étalent régulièrement en cercle qui le fait distinguer de toutes les plantes naissantes ou développées parmi lesquelles il croît, par ex. des *Romulea Columnæ, Scilla autumnalis*, qui lui tiennent souv. compagnie, et surtout le premier. — A chercher à l'*Ile d'Yeu* et depuis la Loire jusqu'à la pointe du Finistère ; Babington l'indique à l'Ile de Jersey.

Obs. I. Durieui Bory est terrestre, de la même station que le précéd. dont il se rapproche ; ses macropores sont alvéolés.

I. ECHINOSPORA Durieu. *Submergé*, de 4-7 cent. Rac. glabres, de couleur terreuse. Souche à 2 lobes, sans phyllopodes. Feuil. distiques sur les jeunes pieds, linéaires, cylindriques, en gouttière à la base en dedans, un peu arquées. *Macrospores hérissés* partout *de pointes fines*, très-serrées. Microspores ovales, lisses. ♃. fruct. jt-sept. — Loire-Inf. Côtés N. et E. du *Lac de Grand-Lieu*, en eau profonde de 3-6 déc. sur fond de cailloux ou de sable mêlé d'un peu de vase. — Cette espèce croît tantôt par pieds isolés, tantôt en petits groupes, souv. mêlée au *Littorella* et à l'*Alisma natans*, auxquels elle ressemble beaucoup. De ceux-ci, elle se distinguera par la souche non-rampante, les rac. de couleur terreuse, non blanches et par la base des feuil. dilatée contenant la fructification.

Obs. I. tenuissima Boreau, qui, selon M. Durieu, a l'aspect de notre forme du précéd., pourrait se trouver au même lieu ; il s'en distingue par les macrospores à angles saillants, obtus, crénelés, leur base est couverte de tubercules arrondis, et chacun des triangles en contient seulement 1 à 3-5 situés au milieu. — *I. Boryana* Durieu, qui croît dans l'étang de Cazau (Landes) jusqu'à 1 mèt. de profondeur, est plus robuste ; ses macrospores sont garnis sur la base arrondie de gros tubercules arrondis, qui sont moins nombreux sur les triangles dont les angles sont obtus et bien en relief ; les microspores sont ovales, lisses.

LYCOPODIACÉES.

Sporanges déhiscents, sessiles à l'aisselle des feuil. de la tige. *Tige tombante ou rampante, couverte de feuil. persistantes, imbriquées ou distiques.*

LYCOPODIUM L. Sporanges uniformes, s'ouvrant par une fente transversale. Spores très-fins en forme de poussière farineuse, globuleux.

L. CLAVATUM L. *Herbe de retourne, des égarés.* Tige de 3-10 déc. rampante, rameuse, couverte de feuil. serrées, imbriquées, linéaires, ascendantes, terminées par un *long poil* blanchâtre ; rameaux fertiles redressés. Sporanges en *épis géminés* longuement pédonculés, bractées ovales, acuminées, déchirées-ciliées. Jt-at. Coteaux ombragés, landes montueuses. — CHAR.-INF. *Jonzac* (Hubert). — LOIRE-INF. RR. *Pont du Cens, Pont Marchand ;* du *Pont de Massigné à la Verrière;* bords du *Don* près *Grand-Auverné* (Guérin), bois de *la Rivière* en *Guémené* (Moreau); forêt de *Teillé* (Desaintdo), R. — MOR. Forêt de *Lanvaux* (Taslé), *Pluméliau* (Delalande), *Pontivy* (Toussaints), *Baud* (Le Gall). R.

— FIN. Forêts de *Crannou, Pencran* et env. de *Brasparts* (de la Pylaie), tourbière du *Yunélez, S.-Herbot;* forêt de *Quimerc'h* (Toussaints), *Ménez-C'hom;* bois du *Relec,* de *Coat-Losquet* (de Guernisac).—C.-NORD. *Forêt de Lorge* (Cornillé), landes de *Lanfin* (Baron), *le Haut-Quélel, le Menez* près *Moncontour;* forêt de *Coëtquen,* vallée de l'*Echapt* (Mabille). — IL.-ET-V. *Louvigné-du-Désert* (Mlle Legrand), env. de *Rennes, Hédé* (herb. Degland), *S.-Médard, S.-Germain-sur-Ille* (Letourneux), forêt de *Fougères* (de la Pylaie), *Mellé* (Baron).

L. INUNDATUM L. Tige rampante, courte, feuil. ascendantes; les tiges fertiles raides, dressées, à *feuil.* linéaires-en alène, *mutiques.* Sporanges en *épi solitaire,* bractées semblables aux feuil. Jt-at. Landes marécageuses. — CHAR.-INF. Etang du *Grand-Moulin* près *Montendre.* R. — LOIRE-INF. Lande de *Laca*! entre *Brains* et *Port-S.-Père* (Pesneau), *Derval; S.-Gildas*! (Delalande). R. — MOR. Marais du *Petit-Rocher,* de *Valory;* étang du *Roho* en *S.-Dolay* (Delalande), *Plaudren, Nivillac, Meucon, Cliscoët* en *Plescop* (Taslé), *Pontivy* (Toussaints), *la Trinité* (Baron). — FIN. De *Kast* à *Ploénévé-Porzec* (Ar. Letourneux), *Lan-an-Trimm, Ménez-C'hom* (Tanguy), *Gouesnou, Quilien* (Crouan), *Ste-Sève, Pleybert-Christ* (de Crec'hquérault), à chercher tourbière du *Yunélez.* — C.-NORD. *Le Menez* près *Moncontour;* c. dans cette chaîne jusqu'à *Boquien* (Mabille), *Plumieux* (Louesdon). — IL.-ET-V. Forêt de *Coulon Montfort* (herb. Degland), forêt de *Fougères* (Godefroi), étang de *Landemarelle; Bains* (Moreau). R.

L. SELAGO L. *Tige non rampante* à rameaux ascendants, dichotomes, couverte de feuil. lancéolées-en alène, raides, ascendantes, les inf. étalées. *Sporanges axillaires* dans la partie sup. des rameaux. Jn-sept. Landes des Montagnes. — FIN. *Le Ménez-C'hom*! *Mont-S.-Michel* (de la Pylaie), *Kervéguen, Pen-ar-Vern* en *Ste-Sève, Keravézec, Kergumpès, Lestrézec* en *Pleybert-Christ* (de Guernisac, de Crec'hquérault). R. — C.-Nord. Le *Menez* près *Moncontour* (de la Pylaie), *le Cas-des-Noës* près *Collinée* (Mabille).

FOUGÈRES.

Fructifications composées de *sporanges* réunis en groupes (*sores*) de forme variée, situés sur la face inf. de la feuil. (*fronde*), rar. en épi ou en grappe, tantôt nus, tantôt recouverts par une écaille membraneuse (*indusium*) ou par le bord enroulé de la feuil. Sporanges 1-loc., ord. entourés d'un anneau élastique, remplis de petits grains très-nombreux (*spores*). *Plantes herbacées et à souche vivace* (ici) ; *feuil. paraissant radicales, ord. roulées en crosse dans leur jeunesse.*

OPHIOGLOSSUM L. Sporanges presque globuleux, à 2 valves s'ouvrant en travers, connées, formant un épi linéaire, distique.

O. vulgatum L. Rac. rampante, à fibres en faisceau. Tige de 1-2 déc. portant une seule feuil. ovale ou ovale-lancéolée, entière, engainante. Epi linéaire, terminal. Mai-jn. Prés humides; rar. coteaux où il est nain, à feuil. plus étroites. — Char.-Inf. *La Rochelle* (de Beaupreau, Toussaints), *la Flotte* (Magué), *Vergeroux* (Faye), *Montlieu* ; *Surgères* (Delalande), *S.-Ouen* près *Beauvais* (Sebilleau), c. *Dœuil* ! (Dussouchaud). — Deux-Sèv. *Niort*, *Melle* (A. Guillon), *Paizay* (Vernial), c. *la Mothe* et env. (Sauzé, Maillard), *Airvault* (Huyard). — Vend. Marr. entre *Champ-S.-Père* et *S.-Cyr-en-Talm.* (Marichal), *Luçon*, *S.-Hilaire*, *les Essarts* (Genevier), *Chavagne-en-Pareds*, *les Sables* (Gobert). — Loire-Inf. *Machecoul*, vallée de *la Loire*, *Pont-du-Cens* ; env. de *Mésanger*, *Saffré*, vallée du Don au-dessous de *Guémené* (Guiho), etc. AC. par localités. — Mor. Vignes de l'embouchure de *la Vilaine*, *Sarzeau* (Taslé), *Deil* (Moreau). — Fin. *Ile Beniguet* (de la Pylaie. — C.-Nord. *Ile de Pontperrin* (Mabille cat.).

— Il.-et-V. Env. de *Rennes* (herb. Degland), la Drouetée en *Laillé* (J. Gallée). — Prob. dans beaucoup d'autres localités où il est caché par la hauteur de l'herbe.

O. lusitanicum L. Caract. du précéd. Tige d'env. 3 cent. Feuil. lancéolée ou linéaire-lancéolée. Oct.-15 mars. Coteaux maritimes exposés au midi. — Vend. « *Ile d'Yeu* (de la Pylaie); » je le chercherais au port de *la Meule*. — Mor. *Houat, Belle-Ile*. R. — Fin. *Ile Penfret, Pointe-du-Raz* (LeMen), côte de *Kerguélen* en *Crozon*; *Brest*! et env. (Guiho), *le Conquet* (Crouan), îles d'*Ouessant*, de *Sein* (Bonnemaison), *S.-Pol-de-Léon* (Dudresnay). PC.

Obs. Botrychium Lunaria Sw. Osmunda L. a la tige isolée, de 10-15 cent., portant une feuil. stérile pinnatifide à lobes en éventail entiers ou dentés, dépassée par une grappe de sporanges sessiles, presque globuleux, distincts, s'ouvrant du sommet à la base. Fructifie en jn-jt dans les landes montueuses, les pelouses des bois.

OSMUNDA L. Sporanges presque globuleux, pédicellés, à 2 valves, en panicule.

O. regalis L. *Osmonde*. Tige de 6-10 déc. Feuil. 2 f. ailées à fol. oblongues-lancéolées, obtuses, obliquement tronquées à la base dilatée en oreillette du côté inf.; nervures nombreuses. Jt-at. Marais, bord des eaux. — Char.-Inf. c. *Rochecourbon* (de Beaupreau), *la Fredière* (Pinatel), *Montendre, Montlieu*. — Deux-Sèv. Forêt de *l'Absie* (A. Guillon), *Bretignolles* (Toussaints), *S.-Aubin-Baubigné* (Aubineau), *Bressuire, Menigoute* (J. Richard), *Parthenay* (Janneau), c. *S.-Loup* (Guyon), *S.-Martin-de-Sanzay* (Pellier). — AC. au-delà.

GRAMMITIS Sw. Sores linéaires ou oblongs, droits, épars sur les veines des lobes de la feuil. Indusium nul.

G. Ceterach Sw. *Asplenium* L. *Ceterach officina-*

rum Willd. Rac. fibreuse. Feuil. en touffe d'env. 1 déc. lancéolées, pinnatifides à lobes ovales, très-obtus, alternes, *couverts en dessous d'écailles* membraneuses, roussâtres, brillantes. J^t-sept. Vieux murs. AC. — Au-delà de *Loire-Inf.* : Mon. Château de l'*Ile* sur *la Vilaine* (Taslé), *Rieux* (Moreau), *Auray* (Toussaints). — Fin. *Landerneau* (Taslé), c. *La Lieue-de-Grève* (Crouan), *Morlaix* (de Guernisac). — C.-Nord. *S.-Michel-en-Grève*, *Portrieux*, *S.-Quay* (Baron), *Dinan* et env., *S.-Juvat*, etc. (Mabille). — Il.-et-V. *Rennes* (Degland), *Fougères*, *Redon* (Moreau).

G. leptophylla Sw. *Polypodium* L. *Plante délicate* de 7-15 cent. Feuil. ailées, pinnules écartées à fol. en coin à la base, incisées-crénelées. Sores à la fin confluents. ① ? mai-jⁿ. Chemins creux, dans les haies sèches exposées au midi, sur la partie abritée par les buissons ou les terres en saillie. — Fin. *Plomeur* (Bonnemaison), env. de *Brest*, *Ploudalmézeau* (de la Pylaie), *Plouescat*; et prob. dans d'autres stations semblables entre ces localités. R.

POLYPODIUM L. Sores arrondis. Indusium 0.

P. vulgare L. Souche rampante, écailleuse. *Feuil.* oblongues-lancéolées, profond. *pinnatifides*, à lobes linéaires, dentés en scie. Sporanges sur deux lignes parallèles à la côte des lobes. Toute l'année. Vieux murs, rochers, tronc des vieux arbres. C. — Varie qqf. à lobes profond. dentés ou même pinnatifides.

Obs. P. Dryopteris L. Souche rampante. Feuil. de 2-3 déc. délicates, longuement pétiolées, deltoïdes-rhomboïdales, 2 f. ailées dans le bas, fol. à lobes oblongs, obtus, crénelés. Sores écartés, sur 2 rangs. Lieux ombragés des bois. Cette espèce, indiquée c. à la forêt de Villecartié (Il.-et-V.) par Despréaux in herb. Degland et Bonnemaison, n'a pas été retrouvée, malgré des recherches très-attentives. Voir édit. 1, p. 554. — *P. calcareum* Sm. diffère du précéd. par la feuil. plus raide, le rachis pubescent-glanduleux, et les sores à la fin confluents. Murs et rochers calc.

ASPIDIUM R.Br. Sores arrondis, épars ou en séries régulières. Indusium orbiculaire, pelté, attaché par le centre, libre tout-autour.

A. ACULEATUM Sw. Souv. réuni au suiv., en diffère par les feuil. raides, un peu coriaces, vert sombre, à fol. peu ou point auriculées, moins dentées, les inf. en coin à la base. Mêmes lieux. — DEUX-SÈV. *Le Peu* près *le Pin* (J. Richard). — MOR. *Luscanen* près *Vannes* (Taslé). — RR.

A. ANGULARE Kit. Feuil. lancéolées, molles, vert pâle, à pétiole très-écailleux, 2 f. ailées à fol. ovales, pétiolées, un peu en faux, bordées de dents sétacées, ayant à la base sup. un lobe en forme d'oreillette; la 1re fol. sup. plus grande. Jn-sept. Bois, haies, chemins creux. C.

POLYSTICHUM Roth. Sores arrondis, épars ou en séries régulières. Indusium arrondi-réniforme, attaché par un point central et par un pli déprimé qui y correspond.

P. THELYPTERIS Roth, *Acrostichum* L. sp. Racine rampante. Feuil. ailées à long pétiole glabre; fol. linéaires-lancéolées, pinnatifides, à lobes ovales-triangulaires, un peu arqués, aigus, un peu roulés en dessous par les bords. Sores à la fin confluents et formant près du bord une ligne continue. Jt-sept. Marais. — CHAR.-INF. C. Marais de *Berjat*; *Ebéon*, C. *S.-Bris-des-Bois*, *Pont-de-S.-Julien* (A. Guillaud). — DEUX-SÈV. *S.-Maixent*! (A. Guillon), AC. *S.-Loup* (Guyon), R. *Airvault* (Bonnin), *Bretignolles* (Toussaints). — VEND. Env. de *Napoléon*! *Vivaies-des-Clouzeaux* (Pontarlier, Marichal), *la Châtaigneraie*, *Puy-de-Serre*, *Vouvant*, *S.-Cyr-des-Gats*, etc. (Ayraud), *Challans* (Gobert). — LOIRE-INF. AC. — C.-NORD. Bois de *la Garaye* (Mabille). — IL.-ET-V. *Orgères*, *Montauban*, *Teil* (herb. Degland), *Pontpéan* (Le Gall).

P. OREOPTERIS DC. *Aspidium* Sw. Feuil. en touffe, ailées à pétiole pâle écailleux à la base, fol. lancéolées, pinnatifides à *lobes* oblongs, obtus, à peu près entiers, *parsemés en dessous de points jaunes glanduleux*, odorants, brillants. Sores disposés en ligne le long du bord des lobes. Indusium très-caduc. J^t-sept. Bois humides, bord des ruisseaux. — LOIRE-INF. *S.-Gildas*! (Delalande). RR. — BRETAGNE. C. bord des ruisseaux, et lieux ombragés des *Montagnes Noires et d'Arès ;* presqu'île de *Plougastel, Morlaix;* C. *Collinée* et dans *le Menez,* vallée de l'*Echapt* (Mabille), forêts de *Lorge,* de *Villecartié,* de *Fougères ; Pontivy* (Le Gall), *Grand-champ* (Toussaints), *Pluherlin,* au bord de l'Ars (Taslé).

P. FILIX MAS Roth, *Polypodium* L. *Fougère mâle.* Feuil. en touffe à pétiole écailleux surtout dans le bas, ailées; pinnules lancéolées, pinnatifides à lobes oblongs, très-obtus, dentés. *Sores* assez gros, séparés, *sur deux lignes rapprochées, occupant env. les 2/3 du lobe.* Indusium persistant. J^t-sept. Fossés, bois, haies. C.

P. SPINULOSUM DC. *Aspidium dilatatum* Sw. Variable. Feuil. ovales ou oblongues à pétiole écailleux, 2 f. ailées; pinnules lancéolées, pinnatifides à lobes oblongs, obtus, bordés surtout dans le haut de *dents mucronées*. Sores épars. Indusium persistant. J^t.-sept. Lieux ombragés humides. — DEUX-SÈV. R. forêt de l'*Hermitain* (Sauzé), *Bretignolles* (Toussaints), *S.-Sauveur* (J. Richard), *Baussais* (Guyon). — VEND. *La Chaize, la Rochette, Napoléon* ! *la Flocelière, la Pommeraye,* forêt de *Vouvant* (Pontarlier, Marichal), *la Châtaigneraie* (Gobert). — LOIRE-INF. PC. — AC. au-delà.

CYSTOPTERIS Bernh. Sores arrondis. Indusium allongé, aigu, attaché par sa base arrondie.

C. FRAGILIS Bernh. *Polypodium* L. *Aspidium* Sw. Feuil. de 1-2 déc. oblongues-lancéolées à pétiole écailleux surtout à la base, fragile, 2 f. ailées, fol. ovales-en coin à lobes obtus, entiers ou dentés au sommet. Jn-sept. — Loire-Inf. Vieux mur ombragé à *Nantes*! (Grolleau). RR. — Char.-Inf. Dans un puits à *Ars* en *Ré* (Lemarié).

ASPLENIUM L. Sores oblongs ou linéaires. Indusium latéral s'ouvrant de dedans en dehors.

A. Filix foemina Bernh. *Athyrium* Roth, *Polypodium* L. *Fougère femelle*. Très-variable. Feuil. oblongues-lancéolées, 2 f. ailées à pétiole lisse, peu écailleux; pinnules oblongues, longuement acuminées, lobes terminés par 2,3 dents aiguës. *Sores oblongs*. Jt-sept. Bois, haies, fossés, lieux ombragés. C.

A. Trichomanes L. *Capillaire*. Feuil. de 1-2 déc. en touffe, lancéolées-linéaires, ailées à pétiole noirâtre, luisant, plane et étroitement bordé en-dessus; *fol*. elliptiques ou *ovales-arrondies*, crénelées. Mai-sept. Murs, rochers. C.

A. marinum L. Feuil. de 1-2 déc., en touffe, ailées à pétiole noirâtre luisant, *fol. en trapèze*, obtuses, dentées sur les 2 côtés sup., dilatées à la base sup. Sores obliques à la nervure moyenne. Jn-sept. Grottes, fentes humides des rochers maritimes, qq. puits du littoral. — Char.-Inf. *Ile-de-Ré* (de la Pylaie). R. — Vend. *Pointe du Perray* (Marichal), r. *Ile-d'Yeu*, r. *Noirmoutier* (Hubert). R. — Loire-Inf. PC. — Mor. et Fin. AC. — Puis çà et là jusqu'à *S.-Malo*.

A. Adiantum nigrum L. *Capillaire noir*. Rac. fibreuse. Feuil. triangulaires à pétiole noirâtre, luisant, 2-3 f. ailées, *pinnules inf. plus longues* à lobes incisés-dentés au sommet. Sores à la fin confluents. Jn-sept. Vieux murs, haies, lieux ombragés. CC.

A. lanceolatum Sm. Voisin du précéd., dont il se distingue par la feuil. lancéolée, vert clair, un peu crispée; *pinnules inf. plus courtes que celles du milieu*, lobes obovales, rétrécis à la base, dentés au sommet, à dents acuminées. Jn-sept. Fentes des rochers et des clôtures. — DEUX-SÈV. *La Mothe, S.-Maixent! Menigoute* (Sauzé, Maillard), *Bressuire, Argenton-Ch.!* (J. Richard), RR. *S.-Loup* (Guyon), *Thouars!* (Toussaints). — VEND. AC. (Pontarlier, Marichal). — LOIRE-INF. et BRETAGNE. C. région maritime, PC. à l'intérieur.

A. RUTA MURARIA L. Feuil. en petite touffe de 4-6 cent. à pétiole vert, 1-2 f. ailées à *fol.* peu nombreuses, *presque rhomboïdales*, un peu épaisses, entières ou crénelées dans le haut. Sores à la fin confluents. Presque toute l'année. Vieux murs, AC. — Moins c. au-delà de *Loire-Inf.*

A. BREYNII Retz, *A. germanicum* Weiss. Feuil. d'env. 1 déc. à pétiole brun dans le bas, ailées, *à 6-10 pinnules en coin*, incisées-dentées au sommet, simples ou 2-3-partites. Jn-sept. — DEUX-SÈV. *Puits d'Enfer* (P. Deloynes), Pont-Février près *Argenton-Ch.* (J. Richard). — VEND. RR. rochers du *Pont-Charrault* (Pontarlier). — Qq. auteurs le regardent comme un hybride du préc. et du suiv., au milieu desquels il croît.

A. SEPTENTRIONALE Sw. *Acrostichum* L. Feuil. en petite touffe serrée de 5-12 cent. à pétiole divisé au sommet en 2,3 *lobes linéaires*, allongés, incisés-tridentés à l'extrémité. Jt-sept. Rochers, vieux murs. — DEUX-SÈV. *Chambrille* (Sauzé), *Puits d'Enfer! la Touche Poupart* près *S.-Maixent* (A. Guillon), R. *Airvault* (Bonnin), *Thouars!* (Bastard), *Argenton-Ch.!* (J. Richard). — VEND. *Pont-Charrault, Mervent* (Pontarlier, Marichal, Letourneux). R. — LOIRE-INF. Était RR. sur un mur à *Chantenay!* (Desvaux). — IL.-ET-V. RR. ville de *Fougères* (Delise).

SCOLOPENDRIUM L. Sores linéaires, parallèles, obliques sur la nervure moyenne, géminés, recouverts chacun par un indusium libre du côté intér. et paraissant former un seul sore linéaire, recouvert par un indusium à 2 valves.

S. OFFICINALE L. *Herbe à la rate.* Feuil. en touffe à pétiole écailleux, lancéolées-allongées, simples, en cœur à la base. Jn-déc. Puits, murs et rochers humides, bois, bord des ruisseaux. AC. — Varie à feuil. ondulées et qqf. 1 ou plusieurs f. bifurquées au sommet.

BLECHNUM L. Sores linéaires, géminés, s'étendant tout le long de chaque côté de la nervure moyenne. Indusium s'ouvrant de dedans en dehors.

B. SPICANT Roth, *Osmunda* L. Feuil. en touffe, linéaires-lancéolées, les stériles profond. pinnatifides à lobes linéaires-oblongs, presque obtus, apiculés, les fertiles plus longues, ailées à fol. plus étroites, aiguës, écartées, couvertes en dessous par les 2 lignes de sores. Jn-sept. Bois, lieux ombragés humides. — CHAR.-INF. *La Tremblade* (de Beaupreau), *Montlieu, la Frédière* (Pinatel). — DEUX-SÈV., VEND. AC. Bocage. — C. au-delà.

PTERIS L. Sores formant une ligne continue qui borde les lobes de la feuil. Indusium continu avec le bord de ces lobes, s'ouvrant de dedans en dehors.

P. AQUILINA L. *Fougère.* Racine rampante. Feuil. grandes de 8-20 déc. 2-3 f. ailées; lobes triangulaires-lancéolés, velus en dessous. Jt-sept. Landes, bois, champs, coteaux. CC.

ADIANTUM L. Sores insérés sur un indusium placé au bord des lobes de la feuil. replié et ouvert en dedans.

A. CAPILLUS VENERIS L. *Capillaire de Montpellier.* Feuil. de 1-3 déc. délicates, élégantes, à pétiole noirâtre, 2 f. ailées à fol. incisées-lobées, en coin à la base, arrondies au sommet; lobes stériles dentés en scie, les fertiles terminés par un indusium oblong-réniforme. Jn-sept. — CHAR.-INFÉR.

c. fentes humides des falaises de *la Gironde* et puits de *Mortagne* à *Meschers; Pont-l'Abbé, S.-Savinien.* — Deux-Sèv. Village de *Gé* près *Thouars*, ex Boreau. — Mor. Rochers humides à *Belle-Ile.* RR.

HYMENOPHYLLUM L. Sores insérés sur un réceptacle cylindrique-en massue, formé par le prolongement d'une nervure de la feuil., recouverts par un indusium à 2 lobes de même substance que la feuille.

H. tunbridgense Sm. *Trichomanes L.* Souche filiforme, rampante. Feuil. à pétiole et nervures brunâtres, 2 fois pinnatifides à lobes oblongs-linéaires, obtus, dentés-épineux, minces, transparents. Indusium arrondi, comprimé, denté en scie. Jt-oct. Rochers très-humides, parmi la mousse. — Fin. *Plougastel*! et *Plougouvelen* près *Brest*, cascade de *S.-Herbot*! (Bonnemaison), cascade du *Huelgoat*! (de la Pylaie, qui me l'a indiqué encore aux env. de *S.-Rivoal* et à la forêt de *Pencran* près *Landerneau*). — Cette plante ne peut vivre que dans une atmosphère très-humide.

CHARACÉES.

Fructifications de deux sortes, sporanges et anthéridies, sur le même pied *(Monoïque)* ou sur des pieds différents *(Dioïque)*. *Sporanges* oblongs, ovales ou globuleux, striés en spirale, couronnés par 5 dents. *Anthéridies* globuleuses, d'un rouge vif, à 8 valves. *Plantes submergées dans les eaux tranquilles, ord. vivaces au moyen de bulbilles situés aux nœuds de la rac. et du bas de la tige, à tige cylindrique, sans feuilles, formée d'un tube simple ou entouré d'autres plus petits souv. en spirale; rameaux verticillés, simples ou plusieurs fois bifurqués.*

Obs. Les Characées sont extrêmement variables, comme beaucoup de plantes d'eau, et d'une détermination rigoureuse fort difficile. Consultez Brébisson. fl. norm., éd. 3; la traduction de Wallman essai, dans les actes de Soc. Lin. Bordeaux 1856; Coss. et Germ., Atlas de la Flore de Paris; et les *exsiccata* de Desmazières Crypt. fasc. 7, 1856. Ces plantes rangées parmi les Algues ne sont pas ici à leur place; cependant, à l'exemple de quelques botanistes et pour encourager leur étude dans le pays, j'en donne une courte description. Le prochain (19me) fascicule des *Algues de l'Ouest de la France* sera entièrement composé de ces espèces.

CHARA L. part. Sporanges entourés de bractées, terminés par une petite couronne formée de 5 cellules simples. Anthéridies placées au-dessous des sporanges, en dehors des bractées. Un involucre sous le verticille. *Plantes souv. très-fétides, incrustées de calcaire et fragiles par la dessiccation, vivant ord. dans les eaux calcaires.*

* *Tige composée d'un tube central entouré d'autres plus petits formant une écorce striée.*

C. HISPIDA L. Wallm. p. 67. Atl. fl. Paris, T. 38 B. Monoïque. *Tige* de 4–8 décim. grisâtre, opaque, *robuste, fortement* incrustée et *tordue-sillonnée*, munie surtout dans le haut de longs aiguillons fasciculés. Invol. à aiguillons sur plusieurs rangs. Verticilles à 8-10 rayons. Bractées dépassant le sporange ovale à 10-13 stries. Couronne étalée. ♃. jn-jt. AC. dans le calc.

Obs. C. ceratophylla Wallr., *C. tomentosa* L.? est voisin du précéd., mais *dioïque* à verticilles de 6,7 rayons et à couronne dressée.

C. FŒTIDA Al. Braun, *C. vulgaris* Wallr. Atl. fl. Paris, T. 37. Très-variable, *Monoïque*. *Tige* de 1–6 déc., assez grêle, ord. grisâtre et incrustée, *fortement striée*, nue ou munie d'aiguillons rares et fins. Verticilles à ord. 8 rayons. *Bractées 4 dépassant* (qqf. longuement, *longibracteata*) *les sporanges* petits, oblongs, à 12 stries. Couronne courte, tronquée. Jn–at. Ord. dans le calc. et région maritime. AC.

C. ASPERA Willd., Atl. fl. Paris, T. 38 D. *Dioïque*. Vert clair ou grisâtre. Nœuds inf. de la tige et de la rac. garnis de bulbilles blancs, globuleux. *Tiges* de 2-6 déc. souv. incrustées, en touffe, grêles, *très-finement striées, hérissées* surtout dans le haut d'*aiguillons longs, fins*. Verticilles à 7,8 rayons. Bractées 4-6 dépassant les sporanges ovales, à 14-15 stries. Anthéridies solitaires. ♃. jn–jt. Surtout dans le calc. et région maritime. C. par localités.

Obs. C. crinita Wallr. Dioïque, voisin du précéd., s'en distingue par la tige grossièrement striée, composée de tubes 3 f. moins nombreux, hérissée partout d'aiguillons en faisceau. Sporanges cylindriques-oblongs. MM. Crouan l'indiquent à la *baie d'Audierne* (Fin.).

C. CONNIVENS Salzm. Bréb. *Dioïque*. Assez foncé, non incrusté. Rac. et bas de la tige garnis de qq. bulbilles granuleux. *Tige* de 3-6 déc. grêle, *sans aiguillons*. Verticilles à 8-10 rayons souv. incurvés. *Bractées* 0 *ou bien plus courtes* que les sporanges petits, ovales-oblongs, à 12,13 stries. Couronne 1/5 du sporange. Anthéridies grosses, d'un beau rouge. ♃. jn–at. — LOIRE-INF. Marais de *la Loire*, cc. lac de *Grand-Lieu*, surtout entrée de *la Boulogne*, c. *Machecoul* cours d'eau du Marais. — FIN. *Goulven* (de Crec'hquérault). — Distinct : de *C. aspera* par l'absence d'aiguillons et la brièveté des bractées ; de *C. fragifera* par les anthéridies 1 f. plus grosses et par un port différent, moins grêle.

C. FRAGIFERA Durieu. *Dioïque*. Nœuds de la rac. et du bas de la tige garnis de nombreux bulbilles blancs, granuleux, en fraise. *Tige* de 1-3 déc. *très-grêle*, vert clair, non incrustée, flexible, *sans aiguillons*. Verticilles de 7,8 rayons à articles nombreux. Bractées égalant env. 1/2 du sporange ovale-oblong à 9, 10 stries. Couronne étalée. ♃. jn-jt. Etangs sablonneux peu profonds. — DEUX-SÈV. La Madoire près *Bressuire* (J. Richard). — LOIRE-INF. cc. lac de *Grand-Lieu*. — FIN. *Kerloc'h* en *Crozon* (Crouan). — C.-NORD. Etang de la *Garaye* (Mabille). — IL-ET-V. Canal de *Hédé* (Degland, de la Godelinais).

C. FRAGILIS Desv. Walm. p. 84, Atl. fl. Par. T. 38 C. Très-variable. *Monoïque*. Nœuds de la rac. et du bas de la tige garnis de bulbilles granuleux. *Tige* grêle, *finement striée*, ord. non incrustée et verte, sans aiguillons. Verticilles à 7,8 rayons. *Bractées* ord. *plus courtes* que le sporange ovale-oblong à 13-15 stries. Couronne allongée. ♃. jn-at. Partout. C. — Bulbilles qqf. très-agglomérés au collet.

** *Tige transparente, composée d'un seul tube, sans écorce striée.*

C. ALOPECUROÏDES Delile, Wallm. p. 45. Monoïque. *Petite plante* de 6-8 cent. rar. plus, raide, serrée. Nœuds de la rac. et du bas de la tige garnis de bulbilles blancs, globuleux. Involucre à 8-12 aiguillons longs, étalés ou réfléchis. Verticilles nombreux rapprochés en *épi allongé*, hérissé de longs aiguillons. Rayons 8 de 4 articles, garnis à chaque articulation de *bractées beaucoup plus longues que les sporanges* ovales à 10,11 stries. Couronne courte. ♃. jn-jt. Marais salants. — CHAR.-INF. Vulg. *Poil de chien*, c. *Oleron* (de Rochebrune). — IL.-ET-V. c. *S.-Sulliac* (Mabille).

C. BRAUNII Gmel. Wallm. p. 49, *C. coronata* Ziz. Monoïque. Tige de 1-6 déc. flexible. Verticilles de 9,10 rayons à 3,4 articles garnis à chaque articulation, qui est contractée, et au sommet du dernier, de *bractées unilatérales égalant* env. *le sporange* ovale-oblong à 8 stries. Couronne courte, ouverte. ♃. jt-sept. — DEUX-SÈV. Etang de *la Madoire* (J. Richard). — LOIRE-INF. Mares du bord de la Loire, *Port-Launay* ! (Monard).

NITELLA Agardh. Tige composée d'un seul tube. Sporanges terminés par une petite couronne formée de deux rangs superposés de 5 cellules caduques. Anthéridies placées au-dessus des sporanges. Involucre nul. *Plantes ord. transparentes et flexibles par la dessiccation, vivant ord. dans les eaux non calcaires.*

N. HYALINA Kutz. Wallm. p. 14, *Chara* DC. fl. fr. 5, 247. Monoïque. Vert foncé. Tiges assez fortes de 7–14 cent. en touffe élégante. *Verticilles assez compactes*, les sup. rapprochés, à 8 rayons 3 f. fourchus, entremêlés d'autres plus petits, plus nombreux ; divis. terminale cylindracée, non articulée au-dessous du mucron articulé. Sporanges presque globuleux à 7,8 stries. ①. a^t–oct. Etangs sablonneux. — LOIRE-INF. c. lac de *Grand-Lieu*. — FIN. Etang de *Kerloc'h* en *Crozon* (Crouan.)

N. TENUISSIMA Kutz. Atl. fl. Par. T. 41 F., *Chara* Desv. Voisin du précéd., s'en distingue par la grande ténuité de toutes ses parties. *Verticilles compactes, espacés en chapelet*, à 6–8 rayons 3–6 f. fourchus, divis. terminale non articulée, plus longuement mucronée. Sporanges presque globuleux à 6–8 stries. ①. j^n–j^t. — CHAR.-INF. *Challaux* près *Montlieu* (de Meschinet). — DEUX-SÈV. Marais de *Ste-Soline* (Sauzé.) — LOIRE-INF. Sables du lac de *Grand-Lieu*.

N. GRACILIS Ag. Wallm. p. 17, Atl. fl. Par. T. 41 E. *Chara* Smith. Monoïque. *Très-grêle. Verticilles lâches*, à 7,8 rayons 3,4 f. fourchus à *divis. capillaires, étalées*, la terminale à 1,2 articles avec mucron articulé. Sporanges globuleux à 5 stries, situés aux bifurcations. ①. j^n–sept. PC. mais répandu.

N. MUCRONATA A. Br. Atl. fl. Par. T. 40 D. 1–3. Monoïque. Assez grêle. Verticilles lâches à 5,6 rayons 1,2 f. fourchus, à *div. non capillaires, dressées*, la terminale à 2 articles, le *supér. mucroné*. Sporanges ovales-arrondis à 5 stries.

β. *heteromorpha* Atl. fl. Par. T. 40 D. 4-5. — Div. supér. des rayons rapprochés en glomérules. Jt-at. — LOIRE-INF. Graviers du lac de *Grand-Lieu*, *St-Gildas* (Delalande.) R.

N. FLEXILIS Ag. Wallm. p. 28, Atl. fl. Par. T. 40 C. *Monoïque.* Assez grêle. *Rayons* bifurqués, *aigus*, non mucronés, ni articulés. Sporanges ovales-globuleux à 6 stries, plus gros que les anthéridies, ord. réunis 2,3, (qqf. 4 ou solitaires) aux bifurcations. Jn-at. C.

N. TRANSLUCENS Ag. Wallm. p. 27, Atl. fl. Par. T. 40 B. *Chara* Pers. Monoïque. *Tige* de 4-8 déc. bulbillifère aux nœuds inf., *épaisse*, luisante par la dissiccation. Rayons simples, non articulés, le sup. qqf. terminé par 2,3 pointes très-fines. *Sporanges* petits, ovales-oblongs, à 7 stries, *réunis par* 3 au sommet des rayons *sous l'involucre* à 3 fol. au centre desquelles est l'anthéridie. ♃. jt-sept. PC. mais répandu.

N. STELLIGERA Bauer, Wallm. p. 33. Port et taille du précéd. *Dioïque.* Nœuds du bas de la tige et de la rac. entourés par une *étoile blanche* à 5 rayons, composée de cellules élégamment et symétriquement agglomérées (Clavaud, bul. soc. bot. fr. vol. 10 P. 3,17, très-bonne). Rayons 4-6 simples et ord. articulés, ou bifurqués. Anthéridies en mamelon, solitaires ou géminées, situées au point de division des rayons ou à l'articulation des rayons simples. ♃. at-sept. — LOIRE-INF. C. sur vase molle et profonde à l'entrée de la Boulogne dans le lac de *Grand-Lieu*, et çà et là dans le S. du lac, où je n'ai pu réussir à trouver un seul pied avec sporanges. Ceux-ci (d'après M. de Rochebrune, Bul. soc. bot. fr. 10 p. 32, qui trouve la plante abondante au fond de la Charente, avec les deux fruct.), sont sphériques, avec une pointe obtuse, à 8 plus rar. 5-7 stries, géminés très-rar. solitaires, situés comme les anthéridies et plus petits.

N. CAPITATA Nees, Wallm. p. 32, *N. syncarpa* Al. Br., Atl. fl. Par. T. 39, 1-6. *Dioïque*. Assez grêle, vert clair. Verticilles lâches, à 6 rayons allongés, simples ou bifurqués, à *div. supér. obtuse, non articulée*. Sporanges ovales à 5-7 stries, réunis 2,3 à l'articulation des rayons simples ou au point de division des rameaux souv. rapprochés en tête. Anthéridies entourées de mucilage, réunies la plupart en glomérules compactes et portées sur des petits rameaux très-courts. Jn-jt. AC.

N. OPACA Ag. Wallm. p. 32, Atl. fl. par T. 39, 7-12, vert foncé par la dessiccation, de consistance ferme, tenace, est plus robuste que le précéd., dont il diffère en outre par le bulbe radical très-gros, par les fruct. non entourées de mucilage, les anthéridies non en glomérules compactes. ♃. jt-at. — LOIRE-INF. Graviers du lac de *Grand-Lieu*, *Le Chaffault*, etc. R.

N. POLYSPERMA Al. Br. Monoïque. Distinct de tous par les rayons dont les divis. latérales sont plus fines que la continuation des rayons et dont les *verticilles fertiles* sont *entrelacés en pelotte*. Rayons à articles nombreux, les fertiles divisés aux premières articulations en plusieurs rameaux divisés de nouveau à l'articulation inf. Sporanges nombreux, réunis à la base des verticilles ou au point de division des rameaux.

α. *N. intricata* Roth. Rayons stériles allongés, divisés, dépassant les fertiles qui sont apiculés.

β. *N. glomerata* Desv. Rayons stériles ord. simples, les fertiles obtus. — LOIRE-INF. Avril. Fossés sablonneux du bord du lac de *Grand-Lieu* près le village de l'Etier. RR.—C.-NORD. Flaques de la baie du *Rosaire* en *Plérin* (Baron).—Plante précoce, incrustée dans les loc. citées. — Appartient ici? *C. Stenhammariana* Crouan, florule 172, de la baie d'*Audierne* (Fin.)

FIN DES DESCRIPTIONS.

TABLE ALPHABÉTIQUE.

B

C

G.

H.

N.

Q.

R.

S.

T.

U.

V.

FIN DE LA TABLE ALPHABÉTIQUE.

TABLE GÉNÉRALE DES MATIÈRES.

FIN.

Nantes, impr. MERSON, rue du Calvaire.

www.ingramcontent.com/pod-product-compliance
Ingram Content Group UK Ltd.
Pitfield, Milton Keynes, MK11 3LW, UK
UKHW022315190726
13856UKWH00001B/25

9 782013 04849